Reif
Grundlagen der Physikalischen Statistik
und der Physik der Wärme

F. Reif

Grundlagen der Physikalischen Statistik und der Physik der Wärme

Bearbeitung und wissenschaftliche Redaktion
der deutschsprachigen Ausgabe
W. Muschik

übersetzt von
K.-P. Charlé · W. Muschik · H.U. Zimmer · J. Zwanzger

Walter de Gruyter · Berlin · New York · 1976

Titel der Originalausgabe: *Fundamentals of Statistical and Thermal Physics*
McGraw-Hill Book Company, Copyright © 1965 by McGraw-Hill, Inc.

Autor der Originalausgabe:
Frederik Reif
Professor of Physics
University of California, Berkeley

Bearbeitung und wissenschaftliche Redaktion der deutschsprachigen Ausgabe:
Prof. Dr. W. Muschik
Institut für Theoretische Physik
Technische Universität Berlin

CIP-Kurztitelaufnahme der Deutschen Bibliothek

Reif, Frederik
Grundlagen der physikalischen Statistik und der Physik der Wärme/Bearb. u. wiss. Red. d. dt.-sprachigen Ausg. W. Muschik.
Einheitssacht.: Fundamentals of statistical and thermal physics ⟨dt.⟩
ISBN 3-11-004103-0

Satz: Composersatz Verena Boldin, Aachen. – Druck: Karl Gerike, Berlin.
Bindearbeiten: Lüderitz & Bauer, Berlin. – Einbandentwurf: Thomas Bonnie, Hamburg.

Vorwort zur deutschen Übersetzung

In den letzten Jahren hat die Statistische Physik eine Entwicklung erfahren, die noch vor kurzer Zeit nicht abzusehen war. Insbesondere die Theorie der Phasenübergänge und der Stabilität, die Theorie dissipativer Systeme sowie algebraische und feldtheoretische Methoden der Statistischen Thermodynamik haben neben einer steigenden Anzahl von Anwendungen der Statistischen Physik in nichtphysikalischen Disziplinen – wie der Biologie – mehr und mehr Bedeutung bekommen. Daher erscheint es geboten, den Studenten möglichst frühzeitig mit den grundlegenden Methoden der Statistischen Physik vertraut zu machen, und zwar in einem Umfang, der über die übliche Einführung hinausgeht, wie sie im Kurs „Theoretische Physik" gegeben wird. Da es in der deutschsprachigen Literatur bisher nur sehr wenige Lehrbücher gibt, die die phänomenologische und die statistische Thermodynamik gemeinsam aus einer Wurzel, nämlich aus dem Grundpostulat der Statistischen Thermodynamik, herleiten, ist es angebracht, ein didaktisch hervorragendes Lehrbuch dieser Richtung aus der vielfältigen angelsächsischen Literatur in die deutsche Sprache zu übersetzen. Die Wahl fiel auf Reifs Lehrbuch „Fundamentals of statistical and thermal physics". Für wen das Buch geschrieben wurde, welche Voraussetzungen zu seinem Studium erforderlich sind und wie es benutzt werden sollte, entnimmt man am besten dem nachstehenden Vorwort zur amerikanischen Ausgabe.

Daß das Buch in relativ kurzer Zeit übersetzt werden konnte, verdanke ich meinen Mitarbeitern, den Herren Dr. rer. nat. K.-P. Charlé, Dipl.Phys. U. Zimmer und Dipl.Phys. J. Zwanzger. Mit ihnen wurde die Übersetzung im Team angefertigt, die Bearbeitung einiger Kapitel bis ins einzelne besprochen und oftmals nach ihren Vorschlägen vorgenommen. Einige Abschnitte wurden umgestaltet (z.B. + 13.3 Bahnintegralmethode), andere wurden völlig neu geschrieben (z.B. + A.7 Diracsche Deltafunktion). Ein Abschnitt (+ 15.19 Skizze thermodynamischer Theorien irreversibler Prozesse) wurde dem Original hinzugefügt, weil in einem einführenden Werk meiner Meinung nach die phänomenologische Nichtgleichgewichtsthermodynamik nicht völlig fehlen darf. Das Glossar und die Kapitelzusammenfassungen sind ebenfalls ergänzend hinzugefügt worden, um dem Studenten die Übersicht zu erleichtern. Wo immer es nötig erschien, wurde der Text mit erläuternden oder hinweisenden Fußnoten versehen. Alle Zusätze zum amerikanischen Original und stärker bearbeitete Stellen sind mit einem Kreuz + gekennzeichnet. Der Text wurde so frei wie möglich übersetzt. Dabei hält sich die Übersetzung so eng wie nötig an die amerikanische Ausgabe, um nicht die didaktischen Bestrebungen des Autors zu verfälschen.

Herrn O. Bibl.-Rat Dipl.Ing. P. Detje bin ich für die Überprüfung der von Reif angegebenen Literaturstellen dankbar. Herr Detje hat diese Zusammenstellung auf den neuesten Stand gebracht und mich bei der ergänzenden Auswahl neuerer Literaturangaben beraten. Frau Oberstudienrat H. Scheffler war mir dankenswerterweise bei der Übersetzung des Vorworts zur amerikanischen Ausgabe und der Einleitung behilflich. Nicht zuletzt möchte ich – auch im Namen des Teams – Herrn Dr. R. Weber, Verlag de Gruyter, für das verständisvolle Entgegenkommen danken, das unsere Arbeit wesentlich erleichtert hat. Auf ihn geht auch die Auswahl des Buches zur Übersetzung zurück.

W. Muschik

Berlin, im Sept. 1975
Institut für Theoretische Physik
der Technischen Universität

Vorwort zur amerikanischen Ausgabe

In diesem Buch werden einige grundlegende physikalische Begriffe und Methoden erörtert, die für die Beschreibung solcher Systeme geeignet sind, die aus sehr vielen Teilchen bestehen. Es ist insbesondere beabsichtigt, die Gebiete der Thermodynamik, der statistischen Mechanik und der kinetischen Theorie von einem vereinheitlichten und modernen Gesichtspunkt aus darzustellen. Demgemäß weicht die Darstellung von der historischen Entwicklung ab, in der die Thermostatik die erste dieser Disziplinen war, die als ein unabhängiges Gebiet entstand. Die historische Entwicklung der Begriffe, die sich mit Wärme, Arbeit und der kinetischen Theorie der Materie befassen, ist interessant und lehrreich, aber sie gibt nicht die einfachste oder durchsichtigste Darstellung dieser Gegenstände wieder. Ich habe daher die historische Betrachtungsweise zugunsten einer Darstellung aufgegeben, die die wesentliche Einheit des behandelten Themas hervorhebt und das physikalische Verständnis zu entwickeln bestrebt ist, indem der mikroskopische Inhalt der Theorie betont wird.

Atome und Moleküle sind Gebilde, die in der modernen Wissenschaft so nachgewiesen sind, daß ein Zweifel an ihnen unangemessen erscheint. Aus diesem Grund habe ich es absichtlich vorgezogen, die ganze Erörterung auf der Voraussetzung zu gründen, daß alle makroskopischen Systeme letztlich aus Atomen bestehen, die den Gesetzen der Quantenmechanik gehorchen. Eine Kombination dieser mikroskopischen Beschreibung mit einigen statistischen Postulaten führt dann leicht zu einigen sehr allgemeinen Schlußfolgerungen auf einer rein *makroskopischen* Ebene. Diese Schlußfolgerungen sind unbestreitbar *unabhängig* von irgendwelchen besonderen Modellen, die über die Natur oder Wechselwirkung der Teilchen in den betrachteten Systemen vorausgesetzt werden könnten. Diese Schlußfolgerungen besitzen daher die unumschränkte Allgemeingültigkeit der klassischen Gesetze der Thermostatik. Sie sind darüberhinaus allgemeiner als diese, da sie klarlegen, daß die makroskopischen Parameter eines Systems von Natur aus statistisch sind und Schwankungen zeigen, die unter geeigneten Bedingungen berechenbar und wahrnehmbar sind. Trotz des mikroskopischen Ausgangspunktes enthält das Buch daher viele allgemeine Argumentationen auf einer rein makroskopischen Ebene – wahrscheinlich ungefähr ebensoviel wie ein Text über klassische Thermostatik – aber der mikroskopische Inhalt der makroskopischen Argumente bleibt in allen Abschnitten sichtbar. *Falls* man überdies gewillt ist, spezifische mikroskopische Modelle für die Teilchen eines Systems vorauszusetzen, dann ist es auch einleuchtend, wie man makroskopische Größen auf der Grundlage dieser mikroskopischen Information berechnen kann. Schließlich bilden die statistischen Begriffe, die gebraucht werden, um Gleichgewichtssituationen zu erörtern, eine angemessene Vorbereitung für die Behandlung der Nichtgleichgewichtssysteme.

Diese Art der Betrachtung hat sich in meiner eigenen Lehrpraxis als nicht schwieriger erwiesen als die übliche, die mit der klassischen Thermostatik beginnt. Die Thermostatik nach rein makroskopischen Grundsätzen zu entwickeln, ist begrifflich schwierig. Die zu benutzenden Beweisführungen sind oft bedenklich und von einer Art, die manchen Physikstudenten unnatürlich erscheint und die Bedeutung des Grundbegriffes der Entropie sehr schwer begreiflich macht. Ich habe es vorgezogen, auf die Spitzfindigkeiten traditioneller Argumentation, die auf ausgeklügelten Kreisprozessen beruht, zu verzichten und an ihre Stelle einige elementare statistische Begriffe zu setzen. Folgende Vorteile werden hierdurch erreicht:

a) Statt viel Zeit aufzuwenden, verschiedenartige Argumente zu diskutieren, die auf der Existenz spezieller Wärmemaschinen beruhen, kann man die Studenten in einem frühen Stadium mit statistischen Methoden bekanntmachen, die von großer und in der ganzen Physik wiederkehrender Bedeutung sind.

b) Die mikroskopische Art der Betrachtung gewährt bessere physikalische Einsicht in viele Erscheinungen und führt zu einem leichten Verständnis der Bedeutung der Entropie.

c) Ein großer Teil der modernen Physik befaßt sich mit der Erklärung makroskopischer Erscheinungen durch mikroskopische Begriffe. Es erscheint daher nützlich, sich an eine Darstellung zu halten, die zu jeder Zeit die Wechselbeziehung zwischen den mikroskopischen und makroskopischen Stufen der Beschreibung betont. Die traditionelle Lehre behandelt Thermostatik und statistische Mechanik als verschiedene Gebiete und hat deshalb auch das Wissen der Studenten ebenso zergliedert und sie somit schlecht dafür vorbereitet, neuere Ideen wie z.B. Spintemperatur oder negative Temperatur als folgerichtig und natürlich zu akzeptieren.

d) Da die vereinheitlichte Darstellung zweckmäßiger ist – sowohl begrifflich als auch in zeitlicher Hinsicht – erlaubt sie, mehr Material und modernere Themen zu diskutieren.

Der grundlegende Plan des Buches ist folgender: Das erste Kapitel führt in einige grundlegende wahrscheinlichkeitstheoretische Begriffe ein. Statistische Vorstellungen werden dann auf Teilchensysteme im Gleichgewicht angewandt, um die grundlegenden Begriffe der statistischen Mechanik zu entwickeln, und um davon ausgehend, die rein makroskopische allgemeine Darstellung der Thermostatik abzuleiten. Die *makro*skopischen Aspekte der Theorie werden dann ausführlich diskutiert und veranschaulicht; das gleiche wird dann für die *mikro*skopischen Aspekte der Theorie getan. Einige komplizierte Gleichgewichtssituationen – wie z.B. Phasenübergänge und Quantengase werden als nächstes behandelt. Danach werden Nichtgleichgewichtssituationen besprochen, und die Transporttheorie in verdünnten Gasen unter verschiedenen Aspekten erörtert. Schließlich befaßt sich das letzte Kapitel mit einigen allgemeinen Fragen der irreversiblen Prozesse und der Fluktuationstheorie. Mehrere Anhänge bringen einige nützliche mathematische Tatsachen.

Das Buch ist hauptsächlich als Einführungskurs in die statistische Physik und in die Theorie der Wärme für Studenten aller Semester gedacht. Das Buch beruht auf vervielfältigten Aufzeichnungen, die von mir und mehreren meiner Kollegen mehr als zwei Jahre lang für eine Vorlesungsreihe an der Universität von Kalifornien in Berkeley benutzt worden sind. Vorkenntnisse in Wärmelehre oder Thermostatik werden nicht vorausgesetzt; die notwendigen Vorbedingungen sind die Einführungsvorlesungen in Physik und Atomphysik. Die Vorlesung über Atomphysik soll nur die Voraussetzung für eine ausreichende Grundkenntnis in moderner Physik sichern:

a) zu wissen, daß die Quantenmechanik Systeme mit den Begriffen „Quantenzustand" und „Wellenfunktion" beschreibt,

b) die Energieniveaus eines harmonischen Oszillators und die quantenmechanische Beschreibung eines freien Teilchens in einem Kasten zu kennen, und

c) von der Heisenbergschen Unbestimmtheitsrelation und dem Paulischen Ausschließungsprinzip gehört zu haben.

Das sind im wesentlichen alle Quantenbegriffe, die benötigt werden.
Das hier enthaltene Material ist umfangreicher als in einer einsemestrigen Anfängervorlesung behandelt werden kann. Dies wurde absichtlich getan, um

a) jene grundlegenden Begriffe in die Behandlung einzuschließen, die dem Studierenden den Zugang zu vorgeschritteneren Arbeiten erleichtern,

b) Studenten mit einigem Wissensdurst es zu ermöglichen, über das Minimum hinaus zu einem gegebenen Thema zu lesen,

c) dem Dozenten einige Möglichkeiten zu bieten, zwischen alternativen Themen auszuwählen und

d) um die augenblickliche Umgestaltung des Grundkurses Physik vorwegzunehmen, die die Studenten in höheren Semestern besser als jetzt befähigen soll, sich mit vorgeschrittenem Material zu befassen.

In der Praxis habe ich erfolgreich die ersten 12 Kapitel (Kapitel 10 und die meisten mit einem Sternchen versehenen Abschnitte auslassend) in einer einsemestrigen Vorlesung behandelt, Kapitel 1 enthält eine umfassendere Darstellung der Grundbegriffe der Wahrscheinlichkeitsrechnung, wie sie für das Verständnis der folgenden Kapitel gebraucht wird. Außerdem sind die Kapitel so angelegt, daß es leicht möglich ist, nach den ersten acht Kapiteln einige zugunsten anderer auszulassen, ohne Schwierigkeiten zu haben.

Das Buch sollte auch für den Gebrauch in einer einführenden Vorlesung für höhere Semester geeignet sein, wenn man die mit einem Sternchen versehenen Abschnitte und die drei letzten Abschnitte einschließt, die vorgeschrittenere Themen enthalten. Man kann in der Tat bei Studenten, die klassische Thermostatik studiert haben, aber in ihrem Anfangsstudium keine wesentliche Bekanntschaft mit den Begriffen der statistischen Mechanik gemacht hatten, nicht hoffen, in einer einsemestrigen Vorlesung für Fortgeschrittene beträchtlich mehr Stoff zu behandeln als hier gebracht wird. Einer meiner Kollegen hat das Material deshalb in unserem Berkeley Kurs für Fortgeschrittene benutzt (eine Vorlesung, die bis jetzt meistens von Studenten mit der genannten Vorbildung besucht wird.)

Durch das ganze Buch hindurch habe ich versucht, die Schlußfolgerungen wohlbegründet zu halten und mich um Einfachheit der Darstellung bemüht. Es ist nicht mein Ziel gewesen, Genauigkeit im formalen mathematischen Sinn anzustreben. Ich habe dagegen versucht, die grundlegenden physikalischen Begriffe in den Vordergrund zu stellen und sie mit Sorgfalt zu erörtern. Im Verlauf des Schreibens ist das Buch länger geworden als es sonst hätte werden können, denn ich habe nicht gezögert, das Verhältnis der Worte zu den Formeln zu vergrößern, um erläuternde Beispiele zu geben oder verschiedene Arten der Problembetrachtung darzustellen, so oft ich meinte, daß dies das Verständnis vertiefen würde. Mein Ziel ist es gewesen, physikalische Einsicht und wichtige Methoden der Argumentation zu betonen, und ich rate sehr ernsthaft, daß der Student auf diese Aspekte des Themas Gewicht legen soll, anstatt zu versuchen, verschiedene in sich bedeutungslose Formeln auswendig zu lernen. Um zu vermeiden, daß sich der Leser in belanglose Details verliert, habe ich es unterlassen, den allgemeineren Fall eines Problems darzustellen und habe stattdessen versucht, relativ einfache Fälle durch wirksame und leicht zu verallgemeinernde Methoden zu behandeln. Das Buch soll nicht enzyklopädisch sein; es ist nur beabsichtigt, ein grundlegendes Gerüst aus einigen fundamentalen Begriffen zu geben, das geeignet ist, dem Studenten in seiner künftigen Arbeit zu helfen. Unnötig zu sagen, daß eine Auswahl getroffen werden mußte. Zum Beispiel hielt ich es für wichtig, die Boltzmann-Gleichung einzuführen, aber widerstand der Versuchung, die Anwendung der Onsagerschen Reziprozitätsbeziehungen auf verschiedene irreversible Phänomene wie z.B. thermoelektrische Effekte zu erörtern [+)].

Es ist nützlich, wenn ein Leser Material von nebensächlicher Bedeutung von dem unterscheiden kann, welches wesentlich für den Hauptfaden der Beweisführung ist. Um auf den Stoff von untergeordneter Bedeutung hinzuweisen, ist folgendermaßen verfahren worden:

a) Abschnitte, die durch ein Sternchen gekennzeichnet sind, enthalten vorgeschritteneres oder ausführlicheres Material; sie können ausgelassen werden (und sollten wahrscheinlich bei einer ersten Lesung übergangen werden), ohne daß beim Übergang zu den folgenden Abschnitten irgendeine Schwierigkeit auftritt.

b) Viele Bemerkungen, Beispiele und Ausarbeitungen sind in den ganzen Text eingestreut und durch einen dünnen Strich am Rande hervorgehoben. Umgekehrt sind schwarze am Rand befindliche Hinweiszeichen benutzt worden, um wichtige Resultate hervorzuheben und die Bezugnahme auf diese zu erleichtern.

+) Es gibt gute Gründe, dieser Versuchung zu erliegen (s. 15.19).

Das Buch enthält ungefähr 230 Aufgaben, die als ein wesentlicher Teil des Textes betrachtet werden sollten. Es ist unerläßlich, daß der Student einen beträchtlichen Anteil dieser Aufgaben löst, wenn er ein tieferes Verständnis des Stoffes erlangen will, und nicht nur eine beiläufige Kenntnis.

Ich bin mehreren meiner Kollegen für viele wertvolle Kritiken und Anregungen zu Dank verpflichtet. Im besonderen möchte ich Prof. Eyvind H. Wichmann danken, der eine ältere Version des ganzen Manuskriptes mit peinlich genauer Sorgfalt las, Prof. Owen Chamberlain, Prof. John J. Hopfield, Dr. Allan N. Kaufman und Dr. John M. Worlock. Unnötig zu sagen, daß keinem dieser Herren die Schuld für die Fehler der endgültigen Fassung gegeben werden sollte.

Lobende Anerkennung gebührt auch Herrn Roger F. Knacke für die Ausarbeitung der Lösungen zu den Aufgaben. Schließlich bin ich besonders meiner Sekretärin, Fräulein Beverly West dankbar, ohne deren Eifer und außerordentliche Geschicklichkeit, Seiten mit äußerst schlecht leserlicher Handschrift in ein perfekt getipptes Manuskript umzuwandeln, dieses Buch niemals hätte geschrieben werden können.

Es ist gesagt worden, daß „ein Autor niemals ein Buch beendet, er verläßt es nur." Ich bin dahingekommen, die Wahrheit dieser Feststellung klar zu würdigen, und ich fürchte den Tag zu erleben, an dem ich – wenn ich auf das gedruckte Manuskript sehe – erkennen muß, daß so vieles hätte besser getan und klarer erklärt werden können. Wenn ich das Buch dennoch verlasse, so ist es in der bescheidenen Hoffnung, daß es anderen trotz seiner Mängel nützlich sein möge.

F. Reif

Inhalt

1. Einführung in die statistische Methode

Für das eindimensionale Random-Walk-Problem (Irrflugproblem) ist die Wahrscheinlichkeit $W_N(n)$ dafür, daß nach N Schritten n Schritte in eine Richtung getan wurden, durch die Binomialverteilung $W_N(n) = [N!/n!\,(N-n)!]\,p^n q^{N-n}$ gegeben (p Wahrscheinlichkeit dafür, daß ein Schritt nach rechts ausgeführt wird, $q = 1 - p$). Ihr Mittelwert ist $\bar{n} \equiv \sum_{n=0}^{N} W_N(n)n = Np$, ihr Schwankungsquadrat ist $\overline{(\Delta n)^2} \equiv \overline{(n - \bar{n})^2} = Npq$. Die relative mittlere quadratische Abweichung beträgt für $p = q = ½\,\Delta^* n/\bar{n} \equiv \sqrt{\overline{(\Delta n)^2}}/\bar{n} = 1/\sqrt{N}$. Für große Schrittzahlen N geht die Binomialverteilung in die diskrete Gaußsche Verteilung über $W(n) = (2\pi Npq)^{-½} \exp\,[-(n - Np)^2/2Npq]$. Der Mittelwert $\overline{f(n)}$ einer Funktion f einer kontinuierlichen Zufallsveränderlichen n ist in einem Intervall Δn zu $\overline{f(n)} \equiv \int_{\Delta n} \mathcal{P}(u) f(u)\,du$ definiert, wobei $\mathcal{P}(u)$ die Dichteverteilung der Veränderlichen u (Wahrscheinlichkeitsdichte) ist. $\mathcal{P}(u)du$ ist die Wahrscheinlichkeit dafür, daß u im Intervall zwischen u und $u + du$ liegt. Bei Wechsel der Veränderlichen $u = u(\varphi)$ gilt für die Wahrscheinlichkeit dafür, daß φ zwischen φ und $\varphi + d\varphi$ liegt $W(\varphi)\,d\varphi = \mathcal{P}(du)|du/d\varphi|d\varphi$. Für kleine Schrittlänge l und große Schrittzahl N geht die diskrete Gaußsche Verteilung in die stetige Gauß-Verteilung mit der Verteilungsdichte $\mathcal{P}(x)dx = (2\pi\sigma^2)^{-½} \exp\,[-(x - \mu)^2/2\sigma^2]dx$ über, wobei $\mu \equiv (p - q)Nl$ der Mittelwert und $\sigma \equiv 2\sqrt{Npq}\,l$ die mittlere quadratische Abweichung der Verrückung ist.

Dieses Buch befaßt sich mit Systemen, die aus sehr vielen Teilchen bestehen. Beispiele sind Gase, Flüssigkeiten, feste Körper, elektromagnetische Strahlung (Photonen) usw. In der Tat bestehen die meisten physikalischen, chemischen oder biologischen Systeme aus vielen Teilchen; unser Thema schließt daher einen weiten Teil der Natur ein. Das Studium von Systemen, die aus vielen Teilchen bestehen, ist wahrscheinlich das am intensivsten bearbeitete Gebiet moderner physikalischer Forschung außerhalb des Bereichs der Hochenergiephysik. Auf dem letzeren Gebiet geht es darum, die fundamentalen Wechselwirkungen zwischen Nukleonen, Neutrinos, Mesonen oder anderen Elementarteilchen zu verstehen. Aber bei dem Versuch, feste Körper, Flüssigkeiten, Plasmen, chemische oder biologische Systeme und andere solcher Vielteilchensysteme zu beschreiben, steht man einer ziemlich schwierigen Aufgabe gegenüber, die nicht weniger anspruchsvoll ist. Hier gibt es gute Gründe für die Annahme, daß die bekannten Gesetze der Quantenmechanik die Bewegung der Atome und Moleküle dieser Systeme angemessen beschreiben; da außerdem die Atomkerne in gewöhnlichen chemischen oder biologischen Prozessen nicht gespalten werden und da Gravitationskräfte zwischen den Atomen dieser Systeme im wesentlichen allein von der elektromagnetischen Wechselwirkung verursacht. Jemand, der optimistisch genug ist, könnte daher versucht sein, zu behaupten, daß diese Systeme „im Prinzip verstanden" werden. Dies wäre jedoch eine ziemlich leere und irreführende Feststellung:
Denn trotz der Möglichkeit, die Bewegungsgleichungen für jedes dieser Systeme anzuschreiben, ist die Komplexität eines solchen Vielteilchensystems so groß, daß irgendwelche nützliche Folgerungen oder Vorhersagen aus den Bewegungsgleichungen abzuleiten, fast hoffnungslos erscheint. Die auftretenden Schwierigkeiten sind nicht nur Fragen quantitiven Details, die durch Anwendung größerer und besserer Computer gelöst werden können. Denn wenn auch die Wechselwirkungen zwischen individuellen Teilchen sogar ziemlich einfach sind, kann die Vielschichtigkeit, die aus der Wechselbeziehung einer großen Zahl von Teilchen hervorgeht, ganz unerwartete qualitative Merkmale im Verhalten eines Systems entstehen lassen. Es kann eine sehr gründliche Analyse erfordern, um das Auftreten dieser Merkmale aus der Kenntnis der individuellen Teilchen vorherzusagen. So ist es zum Beispiel eine auffallende und im mikroskopischen Detail schwierig zu verstehende Tatsache, daß einfache Atome, die ein Gas bilden, plötzlich kondensieren können, um eine Flüssigkeit mit sehr verschiedenen Eigenschaften zu bilden. Ebenso ist es eine unvorstellbar schwierige Aufgabe, zu verstehen, wie eine Ansammlung gewisser Molekülsorten zu einem System führen kann, das zur biologischen Entwicklung und Fortpflanzung fähig ist. Vielteilchensysteme sind also auch dann schwer zu durchschauen, wenn die Wechselwirkungen zwischen den individuellen Teilchen wohlbekannt sind, und dies ist nicht nur wegen der komplizierten Berechnungen ein Problem. Das Hauptziel besteht darin, aus den grundlegenden physikalischen Gesetzen neue Begriffe zu entwickeln, die die wesentlichen charakteristischen Merkmale solcher komplexen Systeme beleuchten und somit die Einsicht vermitteln, die es ermöglicht, wichtige Beziehungen zu erkennen und nützliche Voraussagen

zu machen. Wenn die betrachteten Probleme nicht zu komplex und wenn die gewünschte Genauigkeit der Beschreibung nicht zu detailliert ist, kann wirklich ein beträchtlicher Fortschritt durch relativ einfache analytische Methoden erreicht werden.

Die Systeme sollen der Größe nach unterschieden werden. Wir werden ein System „mikroskopisch" nennen, wenn es annähernd von Atom-Dimensionen oder kleiner ist (etwa von der linearen Abmessung 10 Å oder weniger). Zum Beispiel könnte das System ein Molekül sein. Andererseits werden wir ein System „makroskopisch" nennen, wenn es groß genug ist, um im gewöhnlichen Sinne sichtbar zu sein (etwa größer als 10^{-3} mm, so daß es wenigstens mit einem gewöhnlichen Licht-Mikroskop beobachtet werden kann). Das System besteht dann aus sehr vielen Atomen oder Molekülen. Zum Beispiel könnte es ein fester Körper oder eine Flüssigkeit von der Art sein, der wir in unserer täglichen Erfahrung begegnen. Wenn man es mit einem solchen makroskopischen System zu tun hat, befaßt man sich im allgemeinen nicht mit dem detaillierten Verhalten jedes dieser individuellen Teilchen, die das System bilden. Statt dessen ist man gewöhnlich an gewissen makroskopischen Parametern interessiert, die das System als ganzes charakterisieren, z.B. Größen, wie Volumen, Druck, magnetisches Moment, Wärmeleitfähigkeit usw. Wenn alle makroskopischen Parameter eines isolierten Systems nicht mit der Zeit variieren, dann sagt man, daß das System im Gleichgewicht sei. Wenn ein isoliertes System sich nicht im Gleichgewicht befindet, werden sich die Parameter des Systems im allgemeinen verändern, bis sie konstante Werte erreichen, die den Gleichgewichtsbedingungen des Endzustandes entsprechen. Die Theorie dieser Gleichgewichtszustände wird zweifellos einer einfacheren theoretischen Diskussion zugänglich sein, als die der allgemeineren zeitabhängigen Nichtgleichgewichtszustände.

Im letzten Jahrhundert begann man zuerst, makroskopische Systeme (wie Gase, Flüssigkeiten oder feste Körper) von einem makroskopischen phänomenologischen Gesichtspunkt aus systematisch zu erforschen. Die so entdeckten Gesetze bildeten die „Thermodynamik", die heute besser als „Thermostatik" bezeichnet wird, weil sie eine Theorie der Gleichgewichtszustände darstellt. In der zweiten Hälfte des letzten Jahrhunderts erlangte die Theorie der Atomstruktur der Materie allgemeine Anerkennung, und man begann, makroskopische Systeme von einem fundamentalen mikroskopischen Standpunkt aus als Systeme zu analysieren, die aus sehr vielen Atomen oder Molekülen bestehen. Die Entwicklung der Quantenmechanik nach 1926 lieferte eine angemessene Theorie für die Beschreibung von Atomen und machte so den Weg für eine Analyse solcher Systeme auf der Grundlage realistischer mikroskopischer Begriffe frei. Außer den modernsten Methoden des „Vielteilchenproblems" sind mehrere Disziplinen der Physik entwickelt worden, die sich mit Systemen befassen, die aus sehr vielen Teilchen bestehen. Obgleich die Grenzen zwischen diesen Gebieten nicht sehr scharf sind, ist es nützlich, kurz die Ähnlichkeiten und Unterschiede ihrer Betrachtungsweisen aufzuzeigen.

a) Für ein System im Gleichgewicht kann man versuchen, einige sehr allgemeine Beziehungen aufzuzeigen, die zwischen den makroskopischen Parametern des Systems bestehen. Dies ist der Zugang zur klassischen „Thermostatik", der historisch ältesten Disziplin. Die Stärke dieser Methode besteht in ihrer großen Allgemeingültigkeit, die es erlaubt, gültige Feststellungen zu treffen, die auf einer Mindestanzahl von Postulaten beruhen, ohne irgendwelche detaillierten Voraussetzungen über die mikroskopischen (d.h. molekularen) Eigenschaften des Systems zu benötigen. Diese Stärke der Methode impliziert auch ihre Schwäche: Nur relativ wenige Feststellungen können auf einer solchen allgemeinen Basis aufgestellt werden, und viele interessante Eigenschaften des Systems bleiben außerhalb des Rahmens dieser Methode.

b) Für ein System im Gleichgewicht kann man außerdem versuchen, sehr allgemeine Feststellungen zu treffen, die jedoch durchweg auf den mikroskopischen Eigenschaften der Teilchen in dem System und auf den Gesetzen der Mechanik beruhen, die das Verhalten der Teilchen bestimmen. Dies ist die Betrachtungsweise der „Statistischen Mechanik". Sie ergibt alle Resultate der Thermostatik zuzüglich einer großen Anzahl allgemeiner Relationen, um die makroskopischen Parameter des Systems aus einer Kenntnis seiner mikroskopischen Bestandteile zu berechnen. Diese Methode ist von großer Schönheit und Wirksamkeit.

c) Wenn das System nicht im Gleichgewicht ist, steht man vor einer viel schwierigeren Aufgabe. Man kann immer noch versuchen, sehr allgemeine Feststellungen über solche Systeme zu erhalten, und dies führt zu den Methoden der „Irreversiblen Thermodynamik", oder, allgemeiner, zum Studium der „Statistischen Mechanik irreversibler Prozesse". Aber die Allgemeinheit dieser Methoden ist viel begrenzter als im Falle der Gleichgewichtssysteme.

d) Man kann versuchen, die Wechselwirkungen aller Teilchen des Systems im Detail zu studieren und so Parameter von makroskopischer Bedeutung zu errechnen. Dies ist die Methode der „Kinetischen Theorie". Sie ist im Prinzip immer anwendbar, sogar wenn das System nicht im Gleichgewicht ist, so daß die wirksamen Methoden der statistischen Mechanik des Gleichgewichtes nicht verwendet werden müssen. Weil die kinetische Theorie, kurz Kinetik genannt, aufgrund eines mikroskopischen Modells die detaillierteste Beschreibung liefert, ist sie auch die schwierigste Methode. Außerdem kann ihr detaillierter Standpunkt dazu führen, allgemeine Beziehungen, die vom speziellen mikroskopischen Modell unabhängig und von größerer Tragweite sind, zu verdecken. Die in den vier Punkten a) bis d) zusammengestellten Tatsachen, lassen sich in einer Tabelle darstellen [1+]:

[1+] Die Tabelle stammt aus der vom Bearbeiter gehaltenen Kursvorlesung „Thermostatik".

<table>
<tr><th colspan="6">Theorien makroskopischer Systeme unter Berücksichtigung ihrer Wärmebewegung</th></tr>
<tr><td colspan="3">ohne Berücksichtigung ihres molekularen Aufbaus</td><td colspan="3">mit Berücksichtigung ihres molekularen Aufbaus</td></tr>
<tr><td colspan="3">phänomenologische Theorien</td><td colspan="3">statistische Theorien</td></tr>
<tr><td colspan="3">Thermodynamik</td><td>Kinetik</td><td colspan="2">physikalische Statistik</td></tr>
<tr><td colspan="3">makroskopische Variable</td><td>Master-Gleichungen</td><td colspan="2">repräsentative Ensembel</td></tr>
<tr><td>Thermostatik</td><td>irreversible Thermodynamik</td><td>Nichtklassische Thermodynamik</td><td>Transporttheorien</td><td>Statistik d. Gleichgewichtssysteme</td><td>Statistik irreversibler Prozesse</td></tr>
</table>

Historisch gesehen entstand die Thermostatik, bevor die atomare Struktur der Materie verstanden wurde. Auf die Vorstellung, daß Wärme eine Energieform sei, wurde zuerst durch die Arbeiten von Count Rumford (1798) und Davy (1799) hingewiesen. Die Idee, daß Wärme und Energie äquivalent seien, wurde ausführlich von dem deutschen Physiker R.J. Mayer (1842) dargelegt, aber sie fand erst nach den sorgfältigen experimentellen Arbeiten von Joule (1843–1849) Eingang in die Physik. Die ersten theoretischen Untersuchungen von Wärmekraftmaschinen wurden von dem französischen Ingenieur S. Carnot, 1824, durchgeführt. Die thermodynamische Theorie wurde in folgerichtiger Form von Clausius und Lord Kelvin um 1850 formuliert und von J.W. Gibbs in einigen grundlegenden Abhandlungen zur Vollendung entwickelt (1876–1878).

Die atomare Betrachtungsweise makroskopischer Systeme begann mit dem Studium der kinetischen Theorie verdünnter Gase. Diese Disziplin wurde durch die bahnbrechenden Arbeiten von Clausius, Maxwell und Boltzmann entwickelt. Maxwell entdeckte 1859 das Verteilungsgesetz für die Geschwindigkeiten der Moleküle, während Boltzmann 1872 seine fundamentale Integrodifferentialgleichung (die Boltzmannsche Gleichung) formulierte. Die kinetische Theorie der Gase erreichte ihre moderne Form, als es Chapman und Enskog (1916–1917) gelang, systematische Methoden zur Lösung dieser Gleichung zu entwickeln.

Die allgemeine Disziplin der Statistischen Mechanik entstand auch in den Arbeiten Boltzmanns, dem es ferner 1872 gelang, eine grundlegende mikroskopische Analyse der Irreversibilität und der Annäherung von Systemen an das Gleichgewicht durchzuführen. Die Theorie der Statistischen Mechanik wurde dann in voller Allgemeingültigkeit und Wirksamkeit durch die grundlegenden Beiträge von J.W. Gibbs (1902) entwickelt. Obwohl das Aufkommen der Quantenmechanik viele Änderungen gebracht hat, ist das grundlegende Gerüst der modernen Theorie immer noch das von Gibbs angegebene.

Bei der Diskussion von Vielteilchensystemen werden wir nicht danach streben, die historische Entwicklung der verschiedenen Disziplinen zu rekapitulieren: Statt dessen werden wir gleich von Anfang an einen modernen Standpunkt annehmen, der auf unseren heutigen Kenntnissen der Atomphysik und der Quantenmechanik beruht. Wir erwähnten bereits die Tatsache, daß man mit Hilfe ziemlich einfacher Methoden Vielteilchensysteme gut verstehen kann. Dies mag auf den ersten Blick ziemlich überraschend erscheinen; denn sind nicht Systeme wie Gase oder Flüssigkeiten, die eine Teilchenzahl von der Größe der Loschmidtschen Zahl (10^{23}) besitzen, hoffnungslos kompliziert? Die Antwort ist, daß gerade die Komplexität dieser Systeme in sich den Schlüssel zu einer erfolgreichen Methode des Angriffs enthält. Da man sich nicht mit dem detaillierten Verhalten jedes einzelnen Teilchens in solchen Systemen befaßt, wird es möglich, statistische Methoden auf sie anzuwenden. Aber wie jeder Spieler, Versicherungsvertreter oder ein anderer, der sich mit Wahrscheinlichkeitsrechnung beschäftigt, weiß, werden statistische Beweise höchst zufriedenstellend, wenn sie auf große Zahlen angewandt werden können. Was für ein Vergnügen dann, sie in solchen Fällen anzuwenden, in denen die Zahlen so groß wie 10^{23} sind! In Systemen wie Gase, Flüssigkeiten oder festen Körpern, in denen man es mit sehr vielen identischen Teilchen zu tun hat, werden statistische Beweise wegen der für große Zahlen geltenden Grenzwertsätze [2+)] besonders wirksam. Dies bedeutet nicht, daß alle Probleme verschwinden; die Physik der Vielteilchenprobleme läßt schon einige schwierige und faszinierende Fragen entstehen. Aber viele wichtige Probleme werden in der Tat ganz einfach, wenn man mit statistischen Hilfsmitteln an sie herangeht.

Zufallsbewegung [3+)] und Binomialverteilung

1.1 Elementare statistische Begriffe und Beispiele

Die vorangehenden Bemerkungen machen offenbar, daß statistische Überlegungen in diesem Buch eine zentrale Rolle spielen werden. Wir wollen deshalb dieses erste Kapitel der Diskussion einiger elementarer Aspekte der Wahrscheinlichkeitstheorie widmen, die von großer Nützlichkeit sind.

Wir gehen davon aus, daß der Leser mit den grundlegenden Wahrscheinlichkeitsbegriffen vertraut ist. Es ist wesentlich, daran zu denken, daß immer, wenn eine Situation von einem statistischen Gesichtspunkt aus beschrieben werden soll, ein sogenanntes Ensemble betrachtet werden muß, wobei man unter Ensemble die Gesamtheit einer sehr großen Anzahl N von gleich präparierten Systemen versteht.

[2+)] Diese Sätze machen Aussagen über Verteilungsfunktionen für eine Summe von Zufallsveränderlichen, wenn die Anzahl der Summanden sehr groß ist.

[3+)] Engl.: random walk.

Die Wahrscheinlichkeit für das Eintreten eines bestimmten Ereignisses wird dann in bezug auf ein solches Ensemble definiert und ist durch den Bruchteil der Systeme in dem Ensemble gegeben, die durch das Eintreten dieses bestimmten Ereignisses charakterisiert sind. Beim Werfen eines Würfelpaares z.B. läßt sich eine statistische Beschreibung dadurch geben, daß man den Wurf einer sehr großen Anzahl $\tilde{N}$ (im Prinzip $\tilde{N} \to \infty$) von gleichen Würfelpaaren unter gleichen Umständen betrachtet. (Alternativ dazu könnte man sich dasselbe Würfelpaar $\tilde{N}$mal hintereinander unter gleichen Umständen geworfen denken.) Die Wahrscheinlichkeit, eine doppelte Eins zu erhalten, ist dann durch den Bruchteil derjenigen Würfe gegeben, bei denen eine doppelte Eins das Wurfergebnis ist.
Man hat auch zu beachten, daß die Wahrscheinlichkeit sehr stark von der Natur des Ensembles abhängt, das bei der Definition dieser Wahrscheinlichkeit betrachtet wird. So hat es z.B. keinen Sinn, schlicht von der Wahrscheinlichkeit zu sprechen, daß aus einem einzelnen Samenkorn eine Pflanze mit roten Blüten wird. Aber man kann sinnvoll nach der Wahrscheinlichkeit fragen, daß aus einem Samenkorn, welches als Mitglied eines Ensembles gleicher, d.h. aus einer bestimmten Pflanzenmenge stammender Samenkörner betrachtet wird, eine Pflanze mit roten Blüten entsteht. Die Wahrscheinlichkeit hängt entscheidend von dem Ensemble ab, als dessen Mitglied das Samenkorn angesehen wird. So ist die Wahrscheinlichkeit, daß ein gegebenes Samenkorn rote Blüten hervorbringen wird, im allgemeinen davon abhängig, ob dieses Samenkorn betrachtet wird a) als Mitglied eines Ensembles von Samenkörnern, die von Pflanzen mit roten Blüten stammen, oder b) als Mitglied eines Ensembles von Samenkörnern, die von Pflanzen mit rosafarbenen Blüten herrühren.
Bei der folgenden Diskussion von Grundbegriffen der Wahrscheinlichkeitstheorie wird es nützlich sein, immer an ein besonders einfaches, aber wichtiges und illustratives Beispiel zu denken, nämlich an das sogenannte „Problem der Zufallsbewegung". In seiner einfachsten Form kann das Problem in der folgenden üblichen Weise dargestellt werden: Ein Betrunkener startet von einem Laternenpfahl, der sich auf einer Straße befindet. Jeder seiner Schritte hat die gleiche Länge l. Der Mann, der sich nur längs der Bordsteinkante bewegen möge, ist jedoch so betrunken, daß die Richtung jedes einzelnen Schrittes – ob nach links oder nach rechts – vollständig unabhängig vom vorangehenden Schritt ist. Alles, was sich sagen läßt, ist, daß jedesmal, wenn der Mann einen Schritt macht, die Wahrscheinlichkeit für rechts p ist, während die Wahrscheinlichkeit für links $q = 1 - p$ ist. (Im einfachsten Fall gilt $p = q$, aber im allgemeinen wird $p \neq q$ sein; dann z.B., wenn die Straße bezüglich der Horizontalen geneigt ist, so daß ein Schritt bergab, d.h. nach rechts, wahrscheinlicher ist als ein Schritt bergauf, d.h. nach links.)

Wir legen die x-Achse in Richtung der Straße und wählen als Ursprung den Ort des Laternenpfahls. Da jeder einzelne Schritt von der Länge l ist, muß offenbar die Lokalisierung des Mannes von der Form $x = ml$ sein, wobei m eine ganze Zahl ist (positiv, negativ oder Null). Die Frage, die dann interessiert, ist die folgende: Wie groß ist die Wahrscheinlichkeit dafür, daß der Mann, nachdem er N

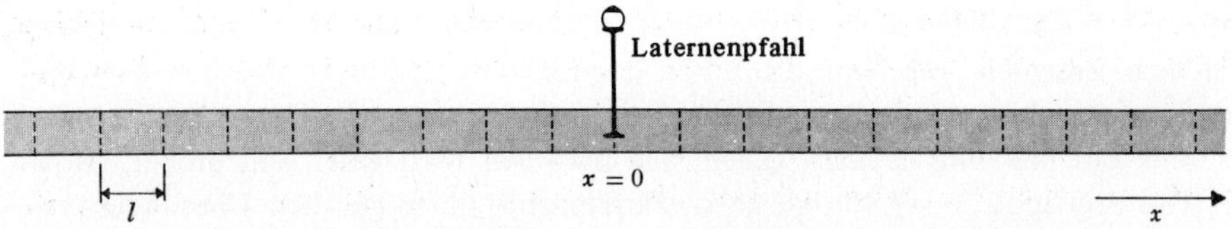

Abb. 1.1.1 Eindimensionale Zufallsbewegung eines Betrunkenen

gemacht hat, sich an der Stelle $x = ml$ befindet, wobei m eine vorgegebene ganze Zahl ist?

Die statistische Formulierung des Problems impliziert wiederum, daß man die Bewegung einer sehr großen Anzahl $\bar{N}$ von gleich betrunkenen Männern betrachtet. (Falls die Situation sich zeitlich nicht ändert, wenn also z.B. der Mann nicht im Laufe der Zeit wieder nüchtern wird, könnte man auch alternativ dazu dasselbe Experiment $\bar{N}$ mal mit demselben Mann wiederholen.) Bei jedem Schritt findet man, daß sich ein Bruchteil p der Männer nach rechts bewegt. Die Frage lautet dann, welcher Bruchteil der Männer sich nach N Schritten an der Stelle $x = ml$ befindet.

Dieses eindimensionale Problem läßt sich leicht auf mehrere Dimensionen, auf zwei, drei oder noch mehr, verallgemeinern. Man fragt dann wieder nach der

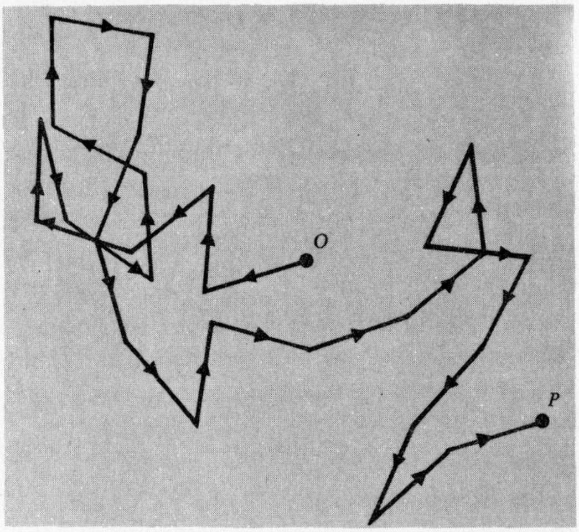

Abb. 1.1.2 Beispiel für eine zweidimensionale Zufallsbewegung

Wahrscheinlichkeit dafür, daß sich der Mann nach N Schritten in einer bestimmten Entfernung vom Ursprung befindet (obwohl nun die Entfernung nicht mehr von der Form $m \cdot l$ mit ganzzahligem m ist). Nun gilt das Hauptinteresse der Physik natürlich nicht Betrunkenen, die von irgendwelchen Laternenpfählen aus nach Hause torkeln. Aber das Problem, welches hierdurch veranschaulicht wird, ist im Grunde kein anderes als das des Addierens von N Vektoren gleicher Länge aber mit zufälligen Richtungen (oder Richtungen, die einer bestimmten Wahrscheinlichkeitsverteilung unterworfen sind), wobei anschließend nach der Wahrscheinlichkeit dafür gefragt wird, daß der resultierende Vektor eine bestimmte Länge und eine bestimmte Richtung besitzt (siehe Abb. 1.1.2). Wir wollen ein paar physikalische Beispiele erwähnen, bei denen diese Frage von Bedeutung ist.

a) Magnetismus: Ein Atom hat eine Spinquantenzahl ½ und ein magnetisches Moment μ; nach der Quantenmechanik kann sich deshalb sein Spin in bezug auf eine gegebene Richtung nur entweder „nach oben" oder „nach unten" einstellen. Wenn beide Möglichkeiten gleich wahrscheinlich sind, wie groß ist dann das zu erwartende Gesamtmoment von N solcher Atome?
b) Diffusion eines Moleküls in einem Gas: Ein gegebenes Molekül legt im dreidimensionalen Raum zwischen den Zusammenstößen mit anderen Molekülen eine mittlere Entfernung l zrück. Welche Entfernung wird es nach N Zusammenstößen zurückgelegt haben?
c) Intensität einer von N inkohärenten Lichtquellen herrührenden Strahlung: Die von jeder einzelnen Quelle ausgehende Lichtamplitude läßt sich durch einen zweidimensionalen Vektor darstellen, dessen Richtung die Phase der Erregung bestimmt. Hier sind die Phasen zufällig, so daß die resultierende Amplitude, welche die gesamte Intensität des von allen Quellen ausgehenden Lichtes bestimmt, mit statistischen Mitteln berechnet werden muß.

Der Vorgang der Zufallsbewegung hilft einige grundlegende Ergebnisse der Wahrscheinlichkeitstheorie zu verdeutlichen. Die Techniken, die beim Studium dieses Problems angewandt werden, sind nicht nur wirkungsvoll und grundlegend sondern tauchen auch in der statistischen Physik immer und immer wieder auf, so daß ein gründliches Verständnis dieses Problems außerordentlich gewinnbringend ist.

1.2 Das einfache Problem der eindimensionalen Zufallsbewegung

Der Einfachheit halber werden wir das Problem der Zufallsbewegung in einer Dimension diskutieren. Allerdings, anstatt von einem Betrunkenen zu sprechen, wollen wir uns dem weniger alkoholischen Vokabular der Physik zuwenden und an ein Teilchen denken, das in einer Dimension aufeinanderfolgende Verschiebungen erfährt. Nach insgesamt N solcher Verschiebungen – jede einzelne hat die Länge l – befindet sich das Teilchen an der Stelle

$$x = ml$$

wobei m ganzzahlig und

$$-N \leqslant m \leqslant N$$

ist. Wir wollen nun die Wahrscheinlichkeit $P_N(m)$ dafür berechnen, daß sich das Teilchen nach N solcher Verschiebungen an der Stelle $x = ml$ befindet.

n_1 bezeichne die Anzahl der Verschiebungen nach rechts und n_2 die entsprechende Anzahl von Verschiebungen nach links. Die Gesamtzahl N von Verschiebungen ist dann natürlich einfach

$$N = n_1 + n_2 \tag{1.2.1}$$

Die resultierende Verschiebung (positiv gemessen nach rechts in Einheiten von l) ist gegeben durch

$$m = n_1 - n_2 \tag{1.2.2}$$

Falls bekannt ist, daß das Teilchen in einer Folge von N Einzelverschiebungen n_1 Verschiebungen nach rechts erfahren hat, dann ist damit auch die resultierende Verschiebung vom Ursprung bestimmt. In der Tat ergeben die vorangehenden Beziehungen unmittelbar

$$m = n_1 - n_2 = n_1 - (N - n_1) = 2n_1 - N \tag{1.2.3}$$

Das zeigt, daß die möglichen Werte von m ungerade sind, falls N ungerade ist, und daß sie gerade sind, falls N gerade ist.

Unsere fundamentale Annahme bestand darin, daß aufeinanderfolgende Verschiebungen statistisch unabhängig sind. Somit kann man behaupten, daß jede einzelne Verschiebung, ungeachtet dessen, was vorher geschah, durch die jeweiligen Wahrscheinlichkeiten

$p =$ Wahrscheinlichkeit für „nach rechts"
$q = 1 - p =$ Wahrscheinlichkeit für „nach links"

charakterisiert ist.

Nun ist die Wahrscheinlichkeit für eine bestimmte Folge mit n_1 Verschiebungen nach rechts und n_2 Verschiebungen nach links einfach durch das Produkt der jeweiligen Wahrscheinlichkeiten, d.h. durch

$$\underbrace{p\,p \cdots p}_{n_1 \text{ Faktoren}}\ \underbrace{q\,q \cdots q}_{n_2 \text{ Faktoren}} = p^{n_1} q^{n_2} \tag{1.2.4}$$

gegeben. Aber es gibt natürlich viele verschiedene Möglichkeiten, N Verschiebungen so durchzuführen, daß n_1 von ihnen nach rechts und n_2 nach links gerichtet sind (siehe Abb. 1.2.1), und zwar ist die Anzahl der verschiedenen Möglichkeiten durch

$$\frac{N!}{n_1!\,n_2!} \tag{1.2.5}$$

gegeben. Folglich erhält man die Wahrscheinlichkeit $W_N(n_1)$ dafür, daß das Teilchen von insgesamt N Verschiebungen n_1 nach rechts und n_2 nach links erfährt [4+], durch Multiplikation von (1.2.4) und (1.2.5), d.h. es gilt

[4+] in irgendeiner Reihenfolge!

$$W_N(n_1) = \frac{N!}{n_1!n_2!} p^{n_1} q^{n_2} \qquad (1.2.6)$$

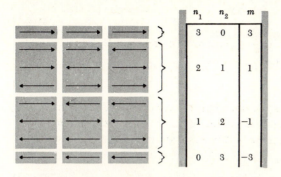

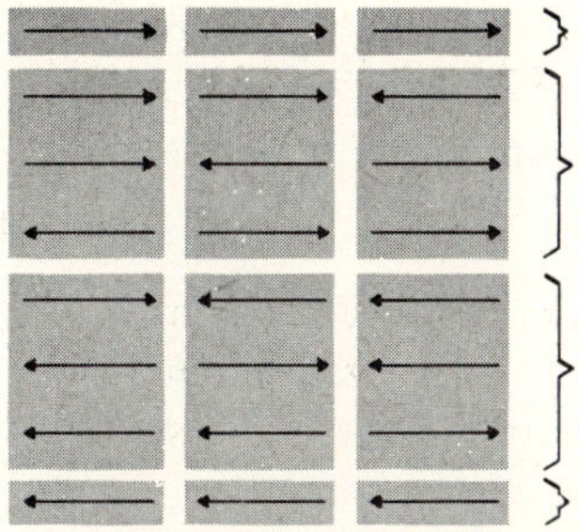

n_1	n_2	m
3	0	3
2	1	1
1	2	−1
0	3	−3

Abb. 1.2.1 Veranschaulichung der acht Folgen möglicher Verschiebungen für den Fall $N = 3$.

Einfaches Beispiel: Man betrachte das in Abb. 1.2.1 dargestellte Beispiel, das den Fall $N = 3$ behandelt. Es gibt nur eine Möglichkeit, daß alle drei aufeinanderfolgende Verschiebungen nach rechts gerichtet sind; die entsprechende Wahrscheinlichkeit $W(3)$, daß alle drei Verschiebungen nach rechts verlaufen, ist dann einfach $p \cdot p \cdot p = p^3$. Andererseits ist die Wahrscheinlichkeit für eine bestimmte Folge von Verschiebungen, bei der zwei nach rechts und eine nach links gerichtet sind, durch p^2q gegeben. Aber es gibt insgesamt drei mögliche Folgen solcher Verschiebungen, so daß die Wahrscheinlichkeit für irgendeine Folge mit zwei Verschiebungen nach rechts und einer nach links durch $3p^2q$ gegeben ist.

Begründung von Gleichung (1.2.5): Das Problem besteht darin, herauszufinden, auf wieviel verschiedene Weisen N Objekte, von denen n_1 einem Typ (1) und n_2 einem zweiten Typ (2) angehören [5+], auf insgesamt $N = n_1 + n_2$ Plätze verteilt werden können. In unserem Fall kann

der 1. Platz durch irgendeines der N Objekte
der 2. Platz durch irgendeines der verbleibenden $(N - 1)$ Objekte

. . .

der N. Platz durch das eine letzte Objekt besetzt werden.

Folglich können die verfügbaren Plätze auf insgesamt

$$N(N-1)(N-2)\cdots 1 \equiv N!$$

mögliche Weisen besetzt werden. Bei der obigen Abzählung wird aber jedes einzelne Objekt als unterscheidbar angesehen. Da aber die n_1 Objekte des ersten Types ununterscheidbar sind (z.B. sind alle n_1 Objekte Verschiebungen nach rechts), ergeben alle $n_1!$ Permutationen dieser Objekte nichts Neues. Genauso führen die $n_2!$ Permutationen der n_2 Objekte des zweiten Types stets wieder zu derselben Situation. Folglich erhält man die Anzahl der verschie-

[5+] Objekte, die einem Typ angehören, sollen ununterscheidbar sein.

denen Anordnungsmöglichkeiten von N Objekten, wenn n_1 einem Typ und n_2 einem zweiten Typ angehören, indem man die Gesamtzahl $N!$ der verschiedenen Permutationen der N Objekte durch die Anzahl $n_1!n_2!$ der nichts Neues liefernden Permutationen der Objekte jedes einzelnen Typs dividiert.

Beispiel: In dem vorangehenden Beispiel mit den drei Verschiebungen gibt es $N = 3$ mögliche Ereignisse (oder Plätze), die in Abb. 1.2.2 mit B_1, B_2, B_3 bezeichnet sind und die durch die drei Verschiebungen A_1, A_2, A_3 erfüllt

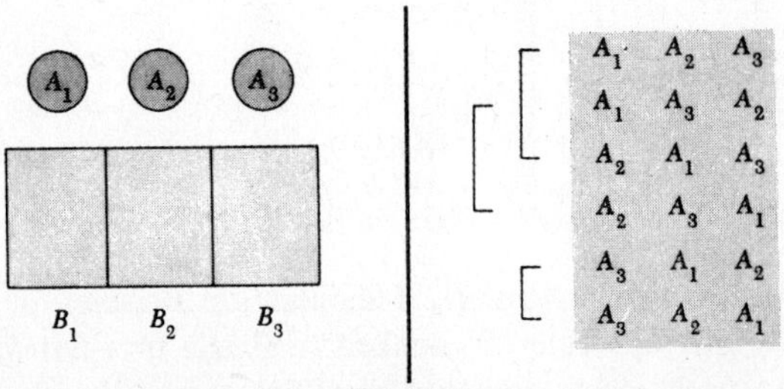

Abb. 1.2.2 Diagramm, das die Verteilung von drei Objekten A_1, A_2, A_3 auf drei Plätze B_1, B_2, B_3 verdeutlicht. Im rechten Teil sind die möglichen Anordnungen aufgeführt, wobei die eckigen Klammern diejenigen Anordnungen angeben, die identisch sind, wenn A_1 und A_2 als ununterscheidbar angesehen werden.

(realisiert) werden können. Das Ereignis B_1 kann auf irgendeine von drei Weisen, das Ereignis B_2 auf irgendeine von zwei Weisen und das Ereignis B_3 auf nur eine Weise eintreten. Somit gibt es $3 \cdot 2 \cdot 1 = 3! = 6$ mögliche Folgen dieser drei Verschiebungen. Aber nehmen wir an, daß es sich sowohl bei A_1 als auch bei A_2 um eine Verschiebung nach rechts handelt ($n_2 = 2$), während A_3 eine Verschiebung nach links darstellt ($n_2 = 1$). In diesem Fall sind Verschiebungsfolgen, die sich nur durch zwei unterschiedliche Anordnungen von A_1 und A_2 unterscheiden, in Wirklichkeit identisch. Somit verbleiben $6/2 = 3$ verschiedene Folgen mit zwei Verschiebungen nach rechts und einer nach links.

Die Wahrscheinlichkeitsfunktion (1.2.6) heißt Binomialverteilung. Der Name rührt daher, daß (1.2.6) ein typisches Glied in der als Binomialsatz bekannten Entwicklung von $(p + q)^N$ darstellt.

$$(p+q)^N = \sum_{n=0}^{N} \frac{N!}{n!(N-n)!} p^n q^{N-n} \tag{1.2.7}$$

Wir haben schon in (1.2.3) dargelegt, daß die resultierende Verschiebung m vom Ursprung bestimmt ist, falls man weiß, daß das Teilchen von insgesamt N Verschiebungen n_1 Verschiebungen nach rechts erfahren hat. Somit ist die Wahrscheinlichkeit $P_N(m)$ dafür, daß sich das Teilchen nach N Verschiebungen an der Stelle $x = ml$ befindet, durch $W_N(n_1)$ in (1.2.6) gegeben, also

$$P_N(m) = W_N(n_1) \tag{1.2.8}$$

Mit Hilfe von (1.2.1) und (1.2.2) findet man explizit [6*)]

$$n_1 = \tfrac{1}{2}(N+m), \qquad n_2 = \tfrac{1}{2}(N-m) \tag{1.2.9}$$

Einsetzen dieser Relationen in (1.2.6) ergibt

$$P_N(m) = \frac{N!}{[(N+m)/2]![(N-m)/2]!} p^{(N+m)/2}(1-p)^{(N-m)/2} \tag{1.2.10}$$

Ist speziell $p = q = \frac{1}{2}$, so nimmt (1.2.10) die symmetrische Form

$$P_N(m) = \frac{N!}{[(N+m)/2]![(N-m)/2]!}\left(\frac{1}{2}\right)^N$$

an.

Beispiele: Es sei $p = q = \frac{1}{2}$ und $N = 3$, wie in Abb. 1.2.1 dargestellt. Dann gibt es für die Anzahl der Verschiebungen nach rechts die Möglichkeiten $n_1 = 0, 1, 2, 3$; die entsprechenden Gesamtverschiebungen sind $m = -3, -1, 1, 3$; die entsprechenden Wahrscheinlichkeiten sind (wie aus Abb. 1.2.1 ersichtlich)

$$W_3(n_1) = P_3(m) = \tfrac{1}{8}, \tfrac{3}{8}, \tfrac{3}{8}, \tfrac{1}{8} \tag{1.2.11}$$

Abb. 1.2.3 veranschaulicht die Binomialverteilung für den Fall, daß $p = q = \frac{1}{2}$ und die Gesamtzahl der Verschiebungen $N = 20$ ist. Die Einhüllende dieser diskreten Wert von $P_N(m)$ ist eine Glockenkurve. Was das physikalisch bedeutet, ist offensichtlich: Nach N richtungsmäßig zufälligen Verschiebungen der Länge l ist die Wahrscheinlichkeit dafür, daß sich das Teilchen in einer Entfernung $x = Nl$ vom Ursprung befindet, nur sehr gering. Dagegen ist die Wahrscheinlichkeit dafür, daß es sich in der Umgebung des Ursprungs befindet, am größten.

6*) Beachte, daß nach (1.2.3) $(N+m)$ und $(N-m)$ *geradzahlig sind, da sie gleich* $2n_1$ bzw. gleich $2n_2$.

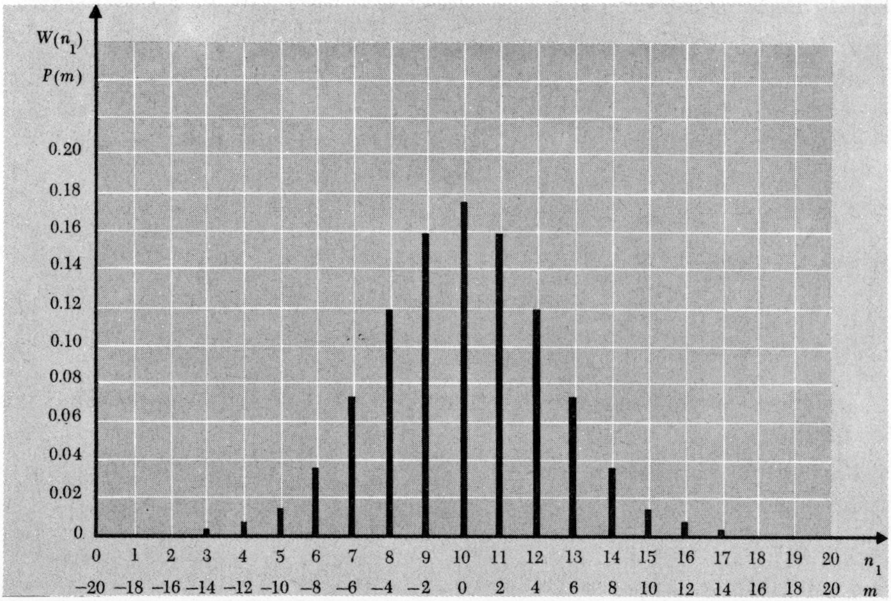

Abb. 1.2.3 Die Binomialverteilung für $p = q = 1/2$ und $N = 20$. Das Diagramm zeigt die Wahrscheinlichkeit $W_N(n_1)$ für n_1 Rechtsverschiebungen bzw. die Wahrscheinlichkeit $P_N(m)$ für eine resultierende Verschiebung um m Einheiten nach rechts

1.3 Mittelwerte

Es sei u eine Variable, die die M diskreten Werte

$$u_1, u_2, \ldots, u_M$$

mit den entsprechenden Wahrscheinlichkeiten

$$P(u_1), P(u_2), \ldots, P(u_M)$$

annehmen kann. Der Mittelwert (oder Durchschnittswert) von u wird mit $\bar{u}$ bezeichnet und ist durch

$$\bar{u} \equiv \frac{P(u_1)u_1 + P(u_2)u_2 + \cdots + P(u_M)u_M}{P(u_1) + P(u_2) + \cdots + P(u_M)}$$

definiert, oder kurz

$$\bar{u} \equiv \frac{\sum_{i=1}^{M} P(u_i)u_i}{\sum_{i=1}^{M} P(u_i)} \tag{1.3.1}$$

Das ist natürlich der übliche Weg, Durchschnitte zu berechnen. Ist z.B. u die Zensur eines Studenten bei einer Prüfung und $P(u)$ die Anzahl von Studenten, die diese Zensur erhalten, so berechnet sich nach (1.3.1) die Durchschnittsnote dadurch, daß man jede einzelne Zensur mit der zugehörigen Anzahl von Studenten multipliziert, das alles aufsummiert und anschließend durch die Gesamtzahl der Studenten dividiert.

Ist allgemein $f(u)$ irgendeine Funktion von u, so ist der Mittelwert von $f(u)$ durch

$$\overline{f(u)} \equiv \frac{\sum_{i=1}^{M} P(u_i)f(u_i)}{\sum_{i=1}^{M} P(u_i)} \tag{1.3.2}$$

definiert.

Dieser Ausdruck läßt sich vereinfachen. Da $P(u_i)$ als eine Wahrscheinlichkeit definiert ist, stellt die Größe

$$P(u_1) + P(u_2) + \cdots + P(u_M) \equiv \sum_{i=1}^{M} P(u_i)$$

die Wahrscheinlichkeit dafür dar, daß u irgendeinen seiner möglichen Werte annimmt, und die muß gleich eins sein. Folglich gilt ganz allgemein

▶ $$\sum_{i=1}^{M} P(u_i) = 1 \tag{1.3.3}$$

Dies ist die sogenannte „Normierungsbedingung", die von jeder Wahrscheinlichkeitsverteilung erfüllt wird. Damit wird aus der allgemeinen Definition (1.3.2)

▶ $$\overline{f(u)} \equiv \sum_{i=1}^{M} P(u_i)f(u_i) \tag{1.3.4}$$

Man beachte die folgenden einfachen Ergebnisse. Sind $f(u)$ und $g(u)$ irgendzwei Funktionen von u, so gilt

$$\overline{f(u) + g(u)} = \sum_{i=1}^{M} P(u_i)[f(u_i) + g(u_i)] = \sum_{i=1}^{M} P(u_i)f(u_i) + \sum_{i=1}^{M} P(u_i)g(u_i)$$

oder

▶ $$\overline{f(u) + g(u)} = \overline{f(u)} + \overline{g(u)} \tag{1.3.5}$$

Ist ferner c irgendeine Konstante, so gilt offensichtlich

▶ $$\overline{cf(u)} = c\overline{f(u)} \tag{1.3.6}$$

Einige einfache Mittelwertbildungen sind für die Beschreibung von charakteristischen Merkmalen der Wahrscheinlichkeitsverteilung P besonders nützlich. Da ist zunächst der Mittelwert $\bar{u}$ (z.B. die Durchschnittsnote in einer Gruppe von Studenten). Dieser ist ein Maß für den zentralen Wert von u, um den herum die verschiedenen Werte u_i verteilt sind. Mißt man die Werte von u von ihrem Mitelwert $\bar{u}$ aus, d.h. setzt man

$$\Delta u \equiv u - \bar{u} \tag{1.3.7}$$

so ist

$$\overline{\Delta u} = \overline{(u - \bar{u})} = \bar{u} - \bar{u} = 0 \tag{1.3.8}$$

Diese Gleichung besagt, daß der Mittelwert der Abweichung vom Mittel verschwindet.

Ein weiterer wichtiger Mittelwert ist

$$\overline{(\Delta u)^2} \equiv \sum_{i=1}^{M} P(u_i)(u_i - \bar{u})^2 \geq 0 \tag{1.3.9}$$

den man das „Schwankungsquadrat von u" (oder die „Dispersion von u") nennt. Diese Größe kann niemals negativ sein, da jeder Term in der Summe einen nichtnegativen Beitrag liefert. Nur falls $u_i = \bar{u}$ für alle Werte u_i gilt, verschwindet das Schwankungsquadrat. Je breiter die Verteilung der Werte u_i um den Wert $\bar{u}$ herum ist, desto größer ist das Schwankungsquadrat. Das Schwankungsquadrat ist somit ein Maß für die Streuung der von u angenommenen Werte um den Mittelwert $\bar{u}$. Man merke sich die folgende allgemeine Beziehung, die oft bei der Berechnung des Schwankungsquadrates von Nutzen ist:

$$\overline{(u - \bar{u})^2} = \overline{(u^2 - 2u\,\bar{u} + \bar{u}^2)} = \overline{u^2} - 2\bar{u}\bar{u} + \bar{u}^2$$

oder

▶ $$\overline{(u - \bar{u})^2} = \overline{u^2} - \bar{u}^2 \tag{1.3.10}$$

Da die linke Seite positiv sein muß, folgt

$$\overline{u^2} \geqslant \bar{u}^2 \tag{1.3.11}$$

Man kann noch weitere Mittelwerte wie $\overline{(\Delta u)^n}$, $n > 2$, definieren. Diese sind jedoch wenig gebräuchlich.

Man beachte, daß die Kenntnis von $P(u)$ die vollständige Information über die tatsächliche Verteilung der Werte von u bedeutet. Die Kenntnis einiger Mittelwerte, wie $\bar{u}$ und $\overline{(\Delta u)^2}$, bedeutet dagegen nur eine teilweise, wenn auch nützliche Information über die Charakteristik dieser Verteilung. Die Kenntnis von einigen Mittelwerten reicht nicht aus, um $P(u)$ vollständig zu bestimmen (sondern nur die Kenntnis der Werte $\overline{(\Delta u)^n}$ für *alle* Werte von n). Aus demselben Grund ist eine Berechnung der Wahrscheinlichkeitsverteilung $P(n)$ oft ziemlich schwierig, während sich einige einfache Mittelwerte leicht direkt ohne explizite Kenntnis von $P(u)$ berechnen lassen. Wir werden im folgenden auf einige dieser Anmerkungen noch ausführlicher eingehen.

1.4 Berechnung von Mittelwerten für das Problem der Zufallsbewegung

In (1.2.6) fanden wir, daß die Wahrscheinlichkeit, von insgesamt N Verschiebungen n_1 Verschiebungen nach rechts (und $N - n_1 \equiv n_2$ Verschiebungen nach links) zu erfahren, gegeben ist durch

$$W(n_1) = \frac{N!}{n_1!(N - n_1)!}\, p^{n_1} q^{N-n_1} \tag{1.4.1}$$

(Der Einfachheit halber lassen wir bei W den Index N weg, solange klar ist, was wir meinen.)

Zunächst wollen wir die Normierungsbedingung

$$\sum_{n_1=0}^{N} W(n_1) = 1 \tag{1.4.2}$$

verifizieren, welche besagt, daß für das Teilchen die Wahrscheinlichkeit, irgendeine Anzahl von Rechtsverschiebungen zwischen 0 und N zu erfahren, gleich eins sein muß. Durch Einsetzen von (1.4.1) in die linke Seite von (1.4.2) erhalten wir mit Hilfe des Binomialsatzes

$$\sum_{n_1=0}^{N} \frac{N!}{n_1!(N - n_1)!}\, p^{n_1} q^{N-n_1} = (p + q)^N$$
$$= 1^N = 1 \qquad \text{wegen } q \equiv 1 - p$$

wodurch (1.4.2) verifiziert ist.

Wie groß ist die mittlere Zahl $\bar{n}_1$ von Rechtsverschiebungen? Nach Definition gilt

$$\bar{n}_1 \equiv \sum_{n_1=0}^{N} W(n_1) n_1 = \sum_{n_1=0}^{N} \frac{N!}{n_1!(N - n_1)!}\, p^{n_1} q^{N-n_1} n_1 \tag{1.4.3}$$

Wenn nicht in jedem Term der letzten Summe der zusätzliche Faktor n_1 auftreten würde, wäre das wieder die Binomialentwicklung, und die Summation wäre kein Problem. Nun gibt es ein sehr praktisches, allgemeines Verfahren, einen solchen zusätzlichen Faktor zu behandeln, und damit die Summe in eine einfachere Form zu bringen. Dazu wollen wir uns mit dem rein mathematischen Problem der Auswertung der Summe in (1.4.3) befassen und p und q als irgendzwei *beliebige unabhängige* Parameter ansehen. Man bemerkt dann, daß sich der zusätzliche Faktor n_1 durch Differentiation erzeugen läßt, so daß

$$n_1 p^{n_1} = p \frac{\partial}{\partial p} (p^{n_1})$$

Folglich läßt sich die Summe in der Form schreiben

$$\sum_{n_1=0}^{N} \frac{N!}{n_1!(N-n_1)!} p^{n_1} q^{N-n_1} n_1 = \sum_{n_1=0}^{N} \frac{N!}{n_1!(N-n_1)!} \left[p \frac{\partial}{\partial p} (p^{n_1}) \right] q^{N-n_1}$$

$$= p \frac{\partial}{\partial p} \left[\sum_{n_1=0}^{N} \frac{N!}{n_1!(N-n_1)!} p^{n_1} q^{N-n_1} \right] \quad \text{Durch Vertauschen von Summation und Differentation}$$

$$= p \frac{\partial}{\partial p} (p+q)^N \quad \text{mit dem Binomialsatz}$$

$$= pN(p+q)^{N-1}$$

Da dieses Resultat für beliebige Werte von p und q gilt, muß es auch in dem uns speziell interessierenden Fall richtig sein, wo p eine bestimmte Konstante ist und $q \equiv 1 - p$. Dann ist $p + q = 1$. so daß (1.4.3) übergeht in

▶ $$\bar{n}_1 = Np \tag{1.4.4}$$

Wir hätten dieses Resultat erraten können. Da p die Wahrscheinlichkeit für eine Rechtsverschiebung ist, ist die mittlere Anzahl von Rechtsverschiebungen in einer Gesamtheit von N Verschiebungen einfach gegeben durch $N \cdot p$. Für die mittlere Anzahl von Linksverschiebungen ergibt sich entsprechend

$$\bar{n}_2 = Nq \tag{1.4.5}$$

wobei natürlich

$$\bar{n}_1 + \bar{n}_2 = N(p+q) = N$$

Die Gesamtverschiebung (positiv gemessen nach rechts in Einheiten von l) ist $m = n_1 - n_2$. Folglich erhalten wir für die mittlere Gesamtverschiebung

▶ $$\bar{m} = \overline{n_1 - n_2} = \bar{n}_1 - \bar{n}_2 = N(p-q) \tag{1.4.6}$$

Ist $p = q$, so gilt $\bar{m} = 0$. Dies muß auch so sein, da dann vollständige Symmetrie bezüglich links und rechts vorliegt.

Berechnung des Schwankungsquadrates $\overline{(\Delta n_1)^2}$: Nach (1.3.10) gilt

$$\overline{(\Delta n_1)^2} \equiv \overline{(n_1 - \bar{n}_1)^2} = \overline{n_1^2} - \bar{n}_1^2 \tag{1.4.7}$$

Wir kennen bereits $\bar{n}_1$. Somit müssen wir noch $\overline{n_1^2}$ berechnen:

$$\overline{n_1^2} \equiv \sum_{n_1=0}^{N} W(n_1) n_1^2 \tag{1.4.8}$$

$$= \sum_{n_1=0}^{N} \frac{N!}{n_1!(N-n_1)!} p^{n_1} q^{N-n_1} n_1^2$$

Indem man p und q als unabhängige Parameter ansieht und denselben Differentiationstrick wie vorher benutzt, kann man schreiben

$$n_1{}^2 p^{n_1} = n_1 \left(p \frac{\partial}{\partial p}\right)(p^{n_1}) = \left(p \frac{\partial}{\partial p}\right)^2 (p^{n_1})$$

Somit läßt sich die Summe in (1.4.8) schreiben als

$$\begin{aligned}
&\sum_{n_1=0}^{N} \frac{N!}{n_1!(N-n_1)!} \left(p \frac{\partial}{\partial p}\right)^2 p^{n_1} q^{N-n_1} \\
&= \left(p \frac{\partial}{\partial p}\right)^2 \sum_{n_1=0}^{N} \frac{N!}{n_1(N-n_1)!} p^{n_1} q^{N-n_1} && \text{Durch Vertauschen von Summation und Differentiation} \\
&= \left(p \frac{\partial}{\partial p}\right)^2 (p+q)^N && \text{infolge des Binomialsatzes} \\
&= \left(p \frac{\partial}{\partial p}\right) [pN(p+q)^{N-1}] \\
&= p[N(p+q)^{N-1} + pN(N-1)(p+q)^{N-2}]
\end{aligned}$$

Der in (1.4.8) interessierende Fall ist, daß $p + q = 1$. Somit wird (1.4.8) einfach

$$\begin{aligned}
\overline{n_1{}^2} &= p[N + pN(N-1)] \\
&= Np[1 + pN - p] \\
&= (Np)^2 + Npq && \text{da } 1 - p = 1 \\
&= \bar{n}_1{}^2 + Npq && \text{wegen (1.4.4)}
\end{aligned}$$

Folglich ergibt (1.4.7) für das Schwankungsquadrat von n_1

▶ $$\overline{(\Delta n_1)^2} = Npq \tag{1.4.9}$$

Die Größe $\overline{(\Delta n_1)^2}$ ist quadratisch in der Abweichung. Ihre Quadratwurzel, d.h. die „mittlere quadratische Abweichung $\Delta^* n_1 \equiv [\overline{(\Delta n_1)^2}]^{\frac{1}{2}}$", ist ein lineares Maß für die Breite des Bereichs, über den die Werte von n_1 verteilt sind. Ein gutes Maß für die relative Breite dieser Verteilung ist dann

$$\frac{\Delta^* n_1}{\bar{n}_1} = \frac{\sqrt{Npq}}{Np} = \sqrt{\frac{q}{p}} \frac{1}{\sqrt{N}}$$

Insbesondere ist für $p = q = ½$

$$\frac{\Delta^* n_1}{\bar{n}_1} = \frac{1}{\sqrt{N}}$$

Man beachte, daß mit wachsendem N der Mittelwert $\bar{n}_1$ wie N anwächst, während die Breite $\Delta^* n_1$ nur wie $N^{½}$ ansteigt. Folglich nimmt die relative Breite $\Delta^* n_1/\bar{n}_1$ mit wachsendem N wie $N^{-½}$ ab.

Man kann auch das Schwankungsquadrat von m, der resultierenden Verschiebung nach rechts, berechnen. Nach (1.2.3) ist

$$m = n_1 - n_2 = 2n_1 - N \tag{1.4.10}$$

Somit erhält man

$$\Delta m \equiv m - \bar{m} = (2n_1 - n) - (2\bar{n}_1 - N) = 2(n_1 - \bar{n}_1) = 2\Delta n_1 \tag{1.4.11}$$

und

$$(\Delta m)^2 = 4(\Delta n_1)^2$$

Als Mittelwert erhält man dann mittels (1.4.9)

$$\blacktriangleright \quad \overline{(\Delta m)^2} = 4\overline{(\Delta n_1)^2} = 4Npq \tag{1.4.12}$$

Ist insbesondere $p = q = ½$, so gilt

$$\overline{(\Delta m)^2}$$

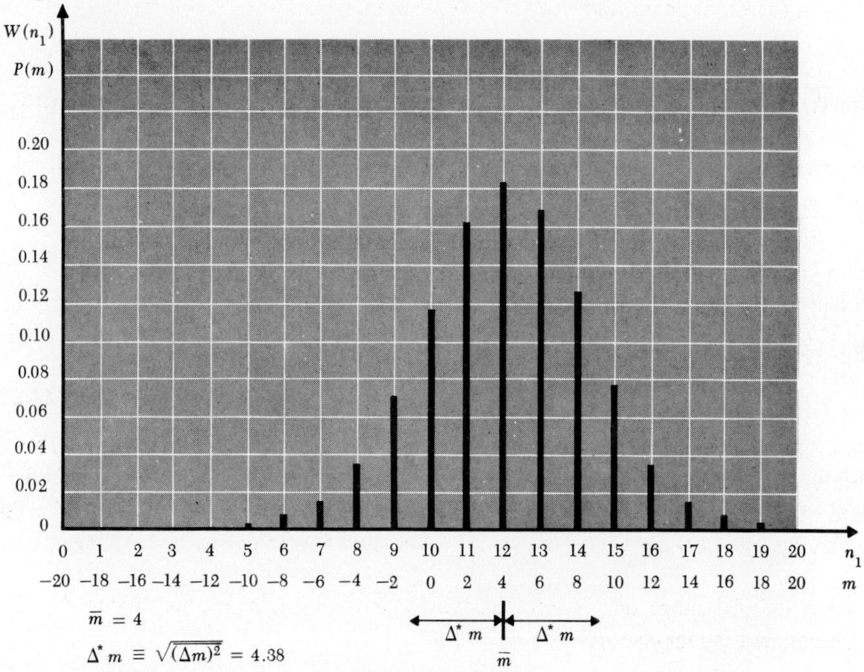

Abb. 1.4.1 Binomiale Wahrscheinlichkeitsverteilung für $p = 0.6$ und $q = 0.4$, wenn $N = 20$. Der Graph zeigt wieder die Wahrscheinlichkeit $W(n_1)$ für n_1 Rechtsverschiebungen bzw. die Wahrscheinlichkeit $P(m)$ für eine resultierende Verschiebung von m Einheiten nach rechts. Die Mittelwerte $\bar{m}$ und $\overline{(\Delta m)^2}$ sind ebenfalls angegeben.

Beispiel: Man betrachte den Fall von $N = 100$ Einzelverschiebungen, wobei $p = q = ½$ sei. Dann ist die mittlere Anzahl $\bar{n}_1$ von Rechtsverschiebungen (oder Linksverschiebungen) gleich 50; die mittlere Gesamtverschiebung $\bar{m} = 0$. Die mittlere quadratische Abweichung ist $[\overline{(\Delta m)^2}]^{1/2} = 10$ (Verschiebungen).

1.5 Wahrscheinlichkeitsverteilung für großes *N*

Wenn N sehr groß wird, hat die binomiale Wahrscheinlichkeitsverteilung $W(n_1)$ von (1.4.1) die Tendenz, bei einem bestimmten Wert $n_1 = \tilde{n}_1$ ein ausgeprägtes Maximum aufzuweisen und dann rasch abzufallen, sowie man sich von $\tilde{n}_1$ entfernt (s. z.B. Abb. 1.4.1). Wir wollen diesen Umstand ausnutzen, um für $W(n_1)$ einen Näherungsausdruck herzuleiten, der für hinreichend großes N Gültigkeit besitzt.

Wenn N sehr groß ist, und wir ein Gebiet in der Umgebung der Stelle betrachten, wo W sein Maximum annimmt [7+)], so ist die relative Änderung von W bei einer Änderung von n_1 um eins dort sehr klein:

$$|W(n_1 + 1) - W(n_1)| \ll W(n_1) \tag{1.5.1}$$

Somit kann W in guter Näherung als eine stetige Funktion der kontinuierlichen Variablen n_1 angesehen werden, obwohl natürlich nur ganzzahlige Werte von n_1 physikalisch relevant sind. Die Stelle $n_1 = \tilde{n}_1$ des Maximums von W ist dann näherungsweise bestimmt durch die Bedingung

$$\frac{dW}{dn_1} = 0 \text{ bzw. } \frac{d \ln W}{dn_1} = 0 \tag{1.5.2}$$

wobei die Ableitungen an der Stelle $n_1 = \tilde{n}_1$ zu nehmen sind. Um das Verhalten von $W(n_1)$ in der Umgebung von $\tilde{n}_1$ zu untersuchen, setzen wir

$$n_1 \equiv \tilde{n}_1 + \eta \tag{1.5.3}$$

und entwickeln $\ln W(n_1)$ um die Stelle $\tilde{n}_1$ in eine Taylorreihe. Der Grund dafür, daß wir $\ln W$ entwickeln anstatt die Funktion W selbst, besteht darin, daß $\ln W$ eine viel langsamer veränderliche Funktion von n_1 ist als W selbst, so daß die Potenzreihenentwicklung für $\ln W$ viel schneller konvergieren wird als die für W.

Ein Beispiel möge dies klarer machen. Angenommen, man möchte für $y \ll 1$ einen Näherungsausdruck für die Funktion

$$f \equiv (1 + y)^{-N}$$

finden, wobei N sehr groß ist. Direkte Entwicklung in eine Taylorreihe (oder mit Hilfe des Binomialsatzes) würde

$$f = 1 - Ny + \tfrac{1}{2}N(N + 1)y^2 \; . \; . \; .$$

[7+)] Wenn, wie wir voraussetzen wollen, p nicht sehr klein ist, so ist in diesem Gebiet mit N auch n_1 sehr groß.

ergeben. Da N sehr groß ist, gilt sogar für sehr kleine Werte von y die Beziehung $Ny \gtrsim 1$, so daß die obige Entwicklung keine brauchbare Näherung liefert. Man kann um diese Schwierigkeit herumkommen, indem man zuerst den Logarithmus bildet:

$$\ln f = -N \ln (1 + y)$$

Entwickelt man diesen in eine Taylorreihe, so erhält man

$$\ln f = -N(y - \tfrac{1}{2}y^2 \ldots)$$

oder $$f = e^{-N(y - \frac{1}{2}y^2 \ldots)}$$

eine Reihe mit betragsmäßig fallenden Gliedern, so lange nur $y < 1$ gilt.

Entwickelt man $\ln W$ in eine Taylorreihe, so erhält man

$$\ln W(n_1) = \ln W(\tilde{n}_1) + B_1\eta + \tfrac{1}{2}B_2\eta^2 + \tfrac{1}{6}B_3\eta^3 + \ldots \qquad (1.5.4)$$

wobei $$B_k \equiv \frac{d^k \ln W}{dn_1{}^k} \qquad (1.5.5)$$

die k-te Ableitung von $\ln W$ an der Stelle $n_1 = \tilde{n}_1$ ist. Da es sich um die Entwicklung um eine Extremstelle handelt, gilt nach (1.5.2) $B_1 = 0$. Außerdem folgt aus der Tatsache, daß W an der Extremstelle ein Maximum hat, daß B_2 bzw. das Glied $\frac{1}{2}B_2\eta^2$ negativ sein muß. Um das klar zum Ausdruck zu bringen, wollen wir schreiben $B_2 = -|B_2|$. Folglich ergibt (1.5.4), wenn wir $\tilde{W} = W(\tilde{n}_1)$ setzen,

$$W(n_1) = \tilde{W}\, e^{\frac{1}{2}B_2\eta^2 + \frac{1}{6}B_3\eta^3 \cdots} = \tilde{W}\, e^{-\frac{1}{2}|B_2|\eta^2}\, e^{\frac{1}{6}B_3\eta^3} \cdots \qquad (1.5.6)$$

Für das Gebiet, in dem η hinreichend klein ist, können in der Entwicklung Glieder höherer Ordnung vernachlässigt werden, so daß man in erster Näherung einen Ausdruck der einfachen Form

$$W(n_1) = \tilde{W}\, e^{-\frac{1}{2}|B_2|\eta^2} \qquad (1.5.7)$$

erhält.

Wir wollen nun die Entwicklung (1.5.4) genauer untersuchen. Nach (1.4.1) gilt

$$\ln W(n_1) = \ln N! - \ln n_1! - \ln(N - n_1)! + n_1 \ln p + (N - n_1) \ln q \qquad (1.5.8)$$

Aber wenn n irgendeine sehr große ganze Zahl ist, so daß $n \gg 1$, dann kann $\ln n!$ als eine nahezu stetige Funktion von n angesehen werden, da die relative Änderung von $\ln n!$ wieder sehr klein ist, wenn sich n um eine kleine ganze Zahl ändert. Folglich ist

$$\frac{d \ln n!}{dn} \approx \frac{\ln (n + 1)! - \ln n!}{1} = \ln \frac{(n + 1)!}{n!} = \ln (n + 1)$$

und für $n \gg 1$ gilt somit

$$\frac{d \ln n!}{dn} \approx \ln n \tag{1.5.9}$$

Damit wird aus (1.5.8)

$$\frac{d \ln W}{dn_1} = -\ln n_1 + \ln (N - n_1) + \ln p - \ln q \tag{1.5.10}$$

Durch Nullsetzen dieser ersten Ableitung erhält man den Wert $n_1 = \tilde{n}_1$, für den W sein Maximum annimmt:

$$\ln \left[\frac{(N - \tilde{n}_1)}{\tilde{n}_1} \frac{p}{q} \right] = 0$$

oder $(N - \tilde{n}_1)p = \tilde{n}_1 q$

so daß

$$\blacktriangleright \quad \tilde{n}_1 = Np \tag{1.5.11}$$

da $p + q = 1$ ist.

Weitere Differentiation von (1.5.10) ergibt

$$\frac{d^2 \ln W}{dn_1^2} = -\frac{1}{n_1} - \frac{1}{N - n_1} \tag{1.5.12}$$

Berechnet man diesen Ausdruck für die durch (1.5.11) gegebene Stelle $\tilde{n}_1$, so erhält man

$$B_2 = -\frac{1}{Np} - \frac{1}{N - Np} = -\frac{1}{N}\left(\frac{1}{p} + \frac{1}{q}\right)$$

oder

$$\blacktriangleright \quad B_2 = -\frac{1}{Npq} \tag{1.5.13}$$

da $p + q = 1$ ist. Somit ist B_2 tatsächlich negativ, wie es im Falle eines Maximums von W ja auch sein muß.

Wenn man noch weitere Ableitungen bildet, kann man auch die Glieder höherer Ordnung in der Entwicklung (1.5.4) untersuchen. Somit erhält man durch Differentiation von (1.5.12)

$$B_3 = \frac{1}{\tilde{n}_1^2} - \frac{1}{(N - \tilde{n}_1)^2} = \frac{1}{N^2p^2} - \frac{1}{N^2q^2}$$

oder $$|B_3| = \frac{|q^2 - p^2|}{N^2p^2q^2} < \frac{1}{N^2p^2q^2}$$

Man sieht, daß in (1.5.4) der k-te Term betragsmäßig kleiner ist als $\eta^k/(Npq)^{k-1}$. Die Vernachlässigung von Termen größerer als zweiter Ordnung, die zu (1.5.7) führt, ist somit gerechtfertigt, falls η hinreichend klein ist, so daß [8*]:

$$\eta \ll Npq \tag{1.5.14}$$

Andererseits bewirkt der Faktor exp $(-\tfrac{1}{2}|B_2|\eta^2)$ in (1.5.6), daß W mit wachsenden Werten von $|\eta|$ sehr rasch abfällt, falls $|B_2|$ sehr groß ist. Falls nämlich

$$|B_2|\eta^2 = \frac{\eta^2}{Npq} \gg 1 \tag{1.5.15}$$

wird die Wahrscheinlichkeit $W(n_1)$ verglichen mit $W(\tilde{n}_1)$ vernachlässigbar klein. Somit folgt, daß für Werte von η, die (1.5.14) und (1.5.15) erfüllen, den Ausdruck (1.5.7) eine ausgezeichnete Näherung für W in dem Gebiet liefert, wo W eine spürbare Größe besitzt. Diese Bedingung der gleichzeitigen Gültigkeit von (1.5.14) und (1.5.15) erfordert, daß

$$\sqrt{Npq} \ll \eta \ll Npq$$

bzw. $Npq \gg 1$ (1.5.16)

ist. Dies zeigt, daß in dem ganzen Gebiet, in dem die Wahrscheinlichkeit W nicht vernachlässigbar klein ist, der Ausdruck (1.5.7) eine sehr gute Näherung liefert, solange nur N sehr groß ist und weder p noch q zu klein sind [9*].

Der Wert der Konstanten $\widetilde{W}$ in (1.5.7) läßt sich aus der Normierungsbedingung (1.4.2) bestimmen. Da W und n_1 als quasikontinuierliche Variable behandelt werden können, kann die Summe über alle ganzzahligen Werte von n_1 durch ein Integral ersetztwerden. Somit läßt sich die Normierungsbedingung schreiben

$$\sum_{n_1=0}^{N} W(n_1) \approx \int W(n_1)\,dn_1 = \int_{-\infty}^{\infty} W(\tilde{n}_1 + \eta)\,d\eta = 1 \tag{1.5.17}$$

Hier kann das Integral über η in guter Näherung von $-\infty$ bis $+\infty$ erstreckt werden, da der Integrand überall dort einen vernachlässigbaren Beitrag zum Integral liefert, wo $|\eta|$ so groß ist, daß W weit von seinem ausgeprägten Maximum entfernt ist. Einsetzen von (1.5.7) in (1.5.17) ergibt dann unter Benutzung von (A.4.2)

8*) Beachte, daß die Bedingung (1.5.1) der Bedingung $|\partial W/\partial n_1| \ll W$ und somit wegen (1.5.7) und (1.5.13) $|B_2\eta| = (Npq)^{-1}|\eta| \ll 1$ äquivalent ist. Somit ist sie auch in dem Gebiet (1.5. (1.5.14) erfüllt, wo W nicht zu klein ist.

9*) Wenn $p \ll 1$ oder $q \ll 1$, läßt sich eine andere Näherung für die Binomialverteilung gewinnen, nämlich die sogenannte „Poisson-Verteilung" (siehe Aufgabe 1.9).

$$\tilde{W} \int_{-\infty}^{\infty} e^{-\frac{1}{2}|B_2|\eta^2} d\eta = \tilde{W} \sqrt{\frac{2\pi}{|B_2|}} = 1$$

Somit wird aus (1.5.7)

$$\blacktriangleright \quad W(n_1) = \sqrt{\frac{|B_2|}{2\pi}} e^{-\frac{1}{2}|B_2|(n_1-\tilde{n}_1)^2} \tag{1.5.18}$$

Die Überlegungen, die zu der funktionalen Gestalt (1.5.7) oder auch (1.5.18), der sogenannten „Gauss-Verteilung", führten, waren sehr allgemeiner Natur. Deshalb ist es nicht überraschend, daß Gauss-Verteilungen sehr häufig in der Statistik auftreten, wenn man es mit großen Zahlen zu tun hat. In unserem Fall der Binomialverteilung geht der Ausdruck (1.5.18) mit (1.5.11) und (1.5.13) in

$$\blacktriangleright \quad W(n_1) = (2\pi Npq)^{-\frac{1}{2}} \exp\left[-\frac{(n_1 - Np)^2}{2Npq}\right] \tag{1.5.19}$$

über. Man beachte, daß (1.5.19) viel einfacher ist als (1.4.1), da hier die Berechnung der binomischen Koeffizienten wegfällt. Man beachte ferner, daß sich (1.5.19) mit Hilfe von (1.4.4) und (1.4.9) durch die Mittelwerte $\tilde{n}_1$ und $\overline{(\Delta n_1)^2}$ ausdrücken läßt:

$$W(n_1) = [2\pi\overline{(\Delta n_1)^2}]^{-\frac{1}{2}} \exp\left[-\frac{(n_1 - \tilde{n}_1)^2}{2\overline{(\Delta n_1)^2}}\right]$$

1.6 Gaußsche Wahrscheinlichkeitsverteilungen

Der Gaußsche Näherungsausdruck (1.5.19) liefert unmittelbar die Wahrscheinlichkeit $P(m)$ dafür, daß bei einer großen Anzahl N von Einzelverschiebungen die effektive Verschiebung gleich m ist. Die entsprechende Anzahl von Rechtsverschiebungen ist nach (1.2.9) $n_1 = \frac{1}{2}(N + m)$. Folglich liefert (1.5.19)

$$P(m) = W\left(\frac{N+m}{2}\right) = [2\pi Npq]^{-\frac{1}{2}} \exp\left\{-\frac{[m - N(p-q)]^2}{8Npq}\right\} \tag{1.6.1}$$

da $\quad n_1 - Np = \frac{1}{2}[N + m - 2Np] = \frac{1}{2}[m - N(p-q)]$.

Nach (1.2.3) gilt $m = 2n_1 - N$, so daß m nur ganzzahlige Werte annimmt, die einen gegenseitigen Abstand von $\Delta m = 2$ haben.

Wir können dieses Ergebnis auch mit Hilfe der eigentlichen Verschiebungsvariablen x ausdrücken:

$$x = ml \tag{1.6.2}$$

wobei l die Schrittlänge ist. Wenn l klein ist verglichen mit der kleinsten Länge, die bei dem betrachteten physikalischen Problem von Belang ist [10*], so wird die Tatsache, daß x eigentlich nur in Abständen von $2l$ liegende, diskrete Werte annehmen kann, bedeutungslos. Ferner, wenn N sehr groß ist, ändert sich die Wahrscheinlichkeit $P(m)$ für das Auftreten einer resultierenden Verschiebung m nicht wesentlich beim Übergang zu einem benachbarten Wert von m, d.h.

$$|P(m+2) - P(m)| \ll P(m).$$

Deshalb kann $P(m)$ als eine stetige Funktion von x angesehen werden. Ein Graph

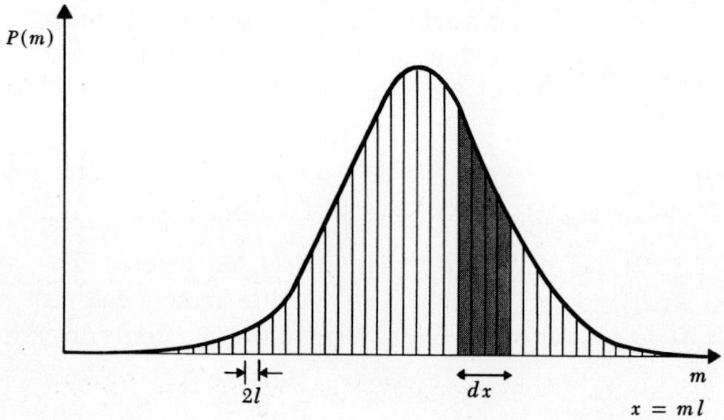

Abb. 1.6.1 Die Wahrscheinlichkeit $P(m)$ für eine resultierende Verschiebung nach rechts um m Einheiten, wenn die Gesamtzahl N der Einzelverschiebungen sehr groß und die Verschiebungslänge l sehr klein ist.

vom Typ, wie in Abb. 1.4.1 gezeigt, nimmt dann die in Abb. 1.6.1 dargestellte Form an, in der die senkrechten Linien sehr dicht liegen und die Einhüllende eine glatte Kurve bildet.

Unter diesen Umständen kann man x als eine kontinuierliche Variable in einem makroskopischen Maßstab ansehen und nach der Wahrscheinlichkeit dafür fragen, daß das Teilchen nach N Verschiebungen in einem Gebiet zwischen x und $x + dx$ angetroffen wird [11*]. Da m nur ganzzahlige Werte mit einem Abstand von $\Delta m = 2$ annimmt, enthält das Gebiet der Länge dx insgesamt $dx/2l$ mögliche Werte von m, die alle mit ungefähr derselben Wahrscheinlichkeit $P(m)$ auftreten. Somit erhält man die Wahrscheinlichkeit dafür, daß sich das Teilchen irgendwo in dem Gebiet zwischen x und $x + dx$ befindet, einfach dadurch, daß man $P(m)$ aufsummiert über alle Werte von m, die in dx liegen, d.h. daß man $P(m)$ mit $dx/2l$ multipliziert.

10*) Wenn man z.B. die Zufallsbewegung (Diffusion) eines Atoms in einem Festkörper betrachtet, ist l von der Ordnung der Gitterkonstanten, d.h. ungefähr 10^{-8} cm. Aber bei dem makroskopischen Maßstab der experimentellen Messung liegt die kleinste Länge L von physikalischem Belang bei 10^{-4} cm.

11*) Hier ist dx als ein Differential im makroskopischen Sinn zu verstehen, d.h. $dx \ll L$, wobei L die kleinste makroskopisch relevante Länge ist, aber $dx \gg l$. (In anderen Worten: dx ist makroskopisch klein, aber mikroskopisch groß.)

Diese Wahrscheinlichkeit ist somit proportional zu dx (wie zu erwarten war) und läßt sich als

$$\mathcal{P}(x)\,dx = P(m)\,\frac{dx}{2l} \tag{1.6.3}$$

schreiben, wobei die Größe $\mathcal{P}(x)$, die unabhängig von der Intervalllänge dx ist, „Wahrscheinlichkeitsdichte" heißt. Man beachte, daß sie mit einem differentiellen Wegelement der Länge dx multipliziert werden muß, um die Wahrscheinlichkeit selbst zu ergeben.

Unter Benutzung von (1.6.1) erhält man dann

▶ $$\mathcal{P}(x)\,dx = \frac{1}{\sqrt{2\pi}\,\sigma}\,e^{-(x-\mu)^2/2\sigma^2}\,dx \tag{1.6.4}$$

wobei wir die Abkürzungen

$$\mu \equiv (p-q)Nl \tag{1.6.5}$$

und $$\sigma \equiv 2\sqrt{Npq}\,l \tag{1.6.6}$$

eingeführt haben.

Der Ausdruck (1.6.4) ist die Standardform der Gaußschen Wahrscheinlichkeitsverteilung. Die große Allgemeinheit der zu (1.5.19) führenden Überlegungen, legt die Vermutung nahe, daß solche Gaußverteilungen sehr häufig in der Wahrscheinlichkeitstheorie auftreten, wenn man es mit großen Zahlen zu tun hat.

Ausgehend von (1.6.4) kann man ganz allgemein die Mittelwerte $\bar{x}$ und $\overline{(x-\bar{x})^2}$ berechnen. Bei der Berechnung dieser Mittelwerte gehen Summen über alle möglichen Intervalle dx natürlich in Integrale über. (Die Grenzen von x können zu $-\infty < x < +\infty$ gewählt werden, da $\mathcal{P}(x)$ vernachlässigbar klein wird, wenn $|x|$ so groß ist, daß sich die entsprechende Gesamtverschiebung mit N Einzelverschiebungen gar nicht erreichen läßt.)

Zunächst wollen wir verifizieren, daß $\mathcal{P}(x)$ geeignet normiert ist, d.h. daß die Wahrscheinlichkeit dafür, daß Teilchen irgendwo vorzufinden, gleich eins ist:

$$\begin{aligned}\int_{-\infty}^{\infty} \mathcal{P}(x)\,dx &= \frac{1}{\sqrt{2\pi}\,\sigma}\int_{-\infty}^{\infty} e^{-(x-\mu)^2/2\sigma^2}\,dx \\ &= \frac{1}{\sqrt{2\pi}\,\sigma}\int_{-\infty}^{\infty} e^{-y^2/2\sigma^2}\,dy \\ &= \frac{1}{\sqrt{2\pi}\,\sigma}\sqrt{\pi 2\sigma^2} \\ &= 1\end{aligned} \tag{1.6.7}$$

Hier haben wir $y \equiv x - \mu$ gesetzt und das Integral nach (A.4.2) ausgewertet.

Als nächstes berechnen wir den Mittelwert

$$\begin{aligned}\bar{x} &\equiv \int_{-\infty}^{\infty} x\mathcal{P}(x)\,dx \\ &= \frac{1}{\sqrt{2\pi}\,\sigma}\int_{-\infty}^{\infty} x\, e^{-(x-\mu)^2/2\sigma^2}\,dx \\ &= \frac{1}{\sqrt{2\pi}\,\sigma}\left[\int_{-\infty}^{\infty} y\, e^{-y^2/2\sigma^2}\,dy + \mu\int_{-\infty}^{\infty} e^{-y^2/2\sigma^2}\,dy\right]\end{aligned}$$

Da der Integrand in dem ersten Integral eine ungerade Funktion von y ist, verschwindet das erste Integral aus Symmetriegründen. Das zweite Integral ist dasselbe wie in (1.6.7), so daß man

$$\bar{x} = \mu \tag{1.6.8}$$

erhält. Dies ist eine einfache Folge der Tatsache, daß $\mathcal{P}(x)$ eine Funktion von

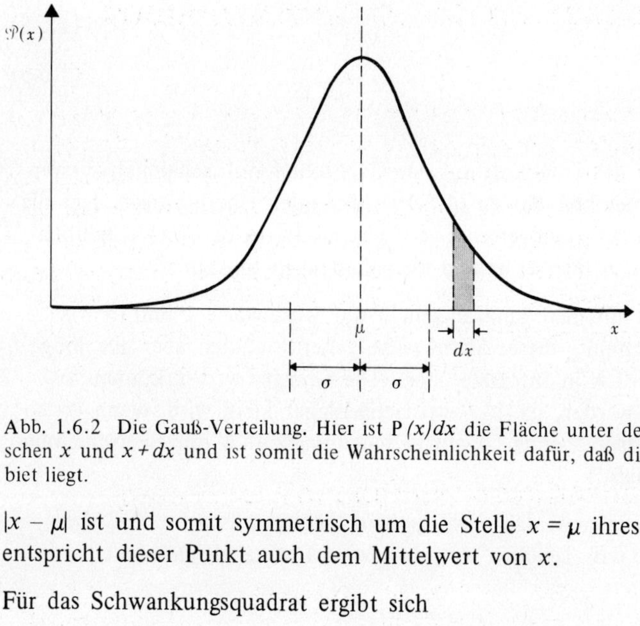

Abb. 1.6.2 Die Gauß-Verteilung. Hier ist $P(x)dx$ die Fläche unter der Kurve im Intervall zwischen x und $x+dx$ und ist somit die Wahrscheinlichkeit dafür, daß die Variable x in diesem Gebiet liegt.

$|x-\mu|$ ist und somit symmetrisch um die Stelle $x=\mu$ ihres Maximum ist. Folglich entspricht dieser Punkt auch dem Mittelwert von x.

Für das Schwankungsquadrat ergibt sich

$$\begin{aligned}\overline{(x-\mu)^2} &\equiv \int_{-\infty}^{\infty} (x-\mu)^2\mathcal{P}(x)\,dx \\ &= \frac{1}{\sqrt{2\pi}\,\sigma}\int_{-\infty}^{\infty} y^2\, e^{-y^2/2\sigma^2}\,dy \\ &= \frac{1}{\sqrt{2\pi}\,\sigma}\left[\frac{\sqrt{\pi}}{2}(2\sigma^2)^{\frac{3}{2}}\right] \\ &= \sigma^2\end{aligned}$$

wobei wir die Integralformeln (A.4.6) benutzt haben. Somit haben wir

$$\blacktriangleright \quad \overline{(\Delta x)^2} = \overline{(x-\mu)^2} = \sigma^2 \tag{1.6.9}$$

Folglich ist σ einfach die mittlere quadratische Abweichung von x vom Mittelwert der Gauß-Verteilung.
Mit Hilfe von (1.6.5) und (1.6.6) erhält man dann für das Problem der Zufallsbewegung die Beziehungen

$$\bar{x} = (p-q)Nl \tag{1.6.10}$$

$$\overline{(\Delta x)^2} = 4Npql^2 \tag{1.6.11}$$

Diese Ergebnisse (hier abgeleitet für großes N) stehen natürlich im Einklang mit den Mittelwerten $\bar{x} = \bar{m}l$ und $\overline{(\Delta x)^2} = \overline{(\Delta m)^2}l^2$, die wir in (1.4.6) und (1.4.12) bereits für den allgemeinen Fall eines beliebigen N berechnet haben.

Allgemeine Diskussion der Zufallsbewegung

Unsere Diskussion des Problems der Zufallsbewegung hat eine große Anzahl von wichtigen Ergebnissen geliefert und viele grundlegende Begriffe der Wahrscheinlichkeitstheorie eingeführt. Der im wesentlichen auf eine kombinatorische Analyse fußende Zugang, den wir hier zur Berechnung der Wahrscheinlichkeitsverteilung benutzt haben, hat jedoch strenge Grenzen. Es ist insbesondere schwierig, diesen Weg auf andere Fälle zu verallgemeinern, z.B. auf Situationen, in denen die Länge der Einzelverschiebungen nicht mehr konstant ist oder in denen die betrachtete Bewegung nicht mehr eindimensional ist. Wir wenden uns deshalb jetzt der Diskussion von schlagkräftigeren Methoden zu, die sich leicht verallgemeinern lassen und die dennoch einen einfachen und direkten Zugang ermöglichen.

1.7 Wahrscheinlichkeitsverteilungen mit mehreren Variablen

Die statistische Beschreibung einer Situation, bei der mehrere Variable auftreten, erfordert lediglich die direkte Verallgemeinerung der wahrscheinlichkeitstheoretischen Überlegungen, die auf eine einzige Variable anwendbar waren. Wir wollen der Einfachheit halber den Fall von nur zwei Variablen u und v betrachten, die die möglichen Werte

$$u_i \quad i = 1, 2, \ldots, M$$

und $$v_j \quad j = 1, 2, \ldots, N$$

annehmen können. Es sei $P(u_i, v_j)$ die Wahrscheinlichkeit dafür, daß u den Wert u_i und v den Wert v_j annimmt.

Die Wahrscheinlichkeit dafür, daß die Variablen u und v irgendeinen ihrer möglichen Werte annehmen, muß eins sein; d.h. man hat die Normierungsbedingung

$$\sum_{i=1}^{M} \sum_{j=1}^{N} P(u_i,v_j) = 1 \tag{1.7.1}$$

wobei sich die Summation über alle möglichen Werte von u und alle möglichen Werte von v erstreckt.
Die Wahrscheinlichkeit $P_u(u_i)$, daß u den Wert u_i annimmt, ohne Rücksicht darauf, welchen Wert die Variable v annimmt, ist die Summe der Wahrscheinlichkeiten für alle möglichen Situationen, die mit dem gegebenen Wert u_i verträglich sind; d.h.

$$P_u(u_i) = \sum_{j=1}^{N} P(u_i,v_j) \tag{1.7.2}$$

wobei sich die Summation über alle möglichen Werte v_j erstreckt. Genauso ist die Wahrscheinlichkeit $P_v(v_j)$, daß v den Wert v_j annimmt, ohne Rücksicht darauf, welchen Wert u annimmt, durch

$$P_v(v_j) = \sum_{i=1}^{M} P(u_i,v_j) \tag{1.7.3}$$

gegeben.

Jede der Wahrscheinlichkeiten P_u und P_v ist natürlich geeignet normiert. Z.B. hat man aufgrund von (1.7.2) und (1.7.1)

$$\sum_{i=1}^{M} P_u(u_i) = \sum_{i=1}^{M} \Big[\sum_{j=1}^{N} P(u_i,v_j) \Big] = 1 \tag{1.7.4}$$

Ein wichtiger Spezialfall liegt vor, wenn die Wahrscheinlichkeit dafür, daß die eine Variable einen gewissen Wert annimmt, nicht von dem Wert abhängt, der von der anderen Variablen angenommen wird. Die Variablen heißen dann „statistisch unabhängig" oder auch „unkorreliert". Die Wahrscheinlichkeit $P(u_i, v_j)$ läßt sich dann sehr einfach durch die Wahrscheinlichkeiten $P_u(u_i)$ und $P_v(v_j)$ ausdrücken. In diesem Fall erhält man nämlich [die Anzahl der Fälle in den Ensemble, bei denen $u = u_i$ und gleichzeitig $v = v_j$ ist] einfach dadurch, daß man [die Anzahl der Fälle, bei denen $u = u_i$ ist] mit [der Anzahl der Fälle, bei denen $v = v_j$ ist,] multipliziert; somit gilt

$$P(u_i, v_j) = P_u(u_i) P_v(v_j) \tag{1.7.5}$$

falls u und v statistisch unabhängig sind.

Wir wollen nun einige Eigenschaften der Mittelwerte erwähnen. Ist $F(u, v)$ irgendeine Funktion von u und v, so ist ihr Mittelwert durch

$$\overline{F(u,v)} \equiv \sum_{i=1}^{M} \sum_{j=1}^{N} P(u_i,v_j)F(u_i,v_j) \tag{1.7.6}$$

definiert. Man beachte, daß, falls $f(u)$ eine nur von u abhängige Funktion ist, aus (1.7.2)

$$\overline{f(u)} = \sum_i \sum_j P(u_i,v_j)f(u_i) = \sum_i P_u(u_i)f(u_i) \tag{1.7.7}$$

folgt. Sind F und G irgendwelche Funktionen von u und v, so hat man das allgemeine Ergebnis

$$\begin{aligned}\overline{F+G} &\equiv \sum_i \sum_j P(u_i,v_j)[F(u_i,v_j) + G(u_i,v_j)] \\ &= \sum_i \sum_j P(u_i,v_j)F(u_i,v_j) + \sum_i \sum_j P(u_i,v_j)G(u_i,v_j) \end{aligned} \tag{1.7.8}$$

▶

$$\overline{F+G} = \overline{F} + \overline{G}$$

d.h. der Mittelwert einer Summe ist gleich der Summe der Mittelwerte.

Sind irgendzwei Funktionen $f(u)$ und $g(v)$ gegeben, so kann man ebenfalls eine allgemeine Aussage über den Mittelwert ihres Produktes machen, vorausgesetzt, daß u und v statistisch unabhängige Variable sind. Man findet nämlich

$$\begin{aligned}\overline{f(u)g(v)} &\equiv \sum_i \sum_j P(u_i,v_j)f(u_i)g(v_j) \\ &= \sum_i \sum_j P_u(u_i)P_v(v_j)f(u_i)g(v_j) \qquad \text{nach (1.7.5)} \\ &= \Big[\sum_i P_u(u_i)f(u_i)\Big]\Big[\sum_j P_v(v_j)g(v_j)\Big]\end{aligned}$$

▶

$$\overline{f(u)g(v)} = \overline{f(u)}\;\overline{g(v)} \tag{1.7.9}$$

d.h. der Mittelwert eines Produktes ist gleich dem Produkt der Mittelwerte, falls u und v statistisch unabhängig sind. Falls u und v statistisch nicht unabhängig sind, ist die Aussage (1.7.9) im allgemeinen nicht richtig.

Die Verallgemeinerung der Definitionen und Resultate dieses Abschnittes auf mehr als zwei Variable ist evident.

1.8 Bemerkungen zu kontinuierlichen Wahrscheinlichkeitsverteilungen

Wir betrachten zunächst den Fall einer einzigen Variablen u, die irgendeinen Wert im Intervall $a_1 < u < a_2$ annehmen kann. Um für eine solche Situation eine sta-

tistische Beschreibung zu geben, kann man ein infinitesimales Intervall zwischen u und $u + du$ betrachten und nach der Wahrscheinlichkeit dafür fragen, daß die Variable einen Wert aus diesem Intervall annimmt. Man kann erwarten, daß diese Wahrscheinlichkeit proportional zu du ist, falls das Intervall hinreichend klein ist; d.h. man kann erwarten, daß diese Wahrscheinlichkeit in der Form $\mathcal{P}(u)\,du$ geschrieben werden kann, wo $\mathcal{P}(u)$ unabhängig von der Größe von du ist [12*)].
Die Größe $\mathcal{P}(u)$ nennt man eine „Wahrscheinlichkeitsdichte". Man beachte, daß diese mit du multipliziert werden muß, um eine tatsächliche Wahrscheinlichkeit zu ergeben.
Es ist ohne weiteres möglich, ein kontinuierliches Problem auf ein äquivalentes diskretes Problem zurückzuführen, wobei die möglichen Werte der Variablen abzählbar werden. Dazu braucht man nur das erlaubte Intervall $a_1 < u < a_2$ in (beliebig kleine) Teilintervalle gleicher Größe δu einzuteilen und diese durchzunumerieren. Der Wert von u im Intervall wird dann einfach mit u_i bezeichnet und die Wahrscheinlichkeit dafür, daß u diesen Wert annimmt, mit $P(u_i)$. Man hat es dann wieder mit einer abzählbaren Menge von Werten der Variablen u zu tun (wobei jeder dieser Werte einem der fest gewählten infinitesimalen Intervalle entspricht). Damit ist auch klar, daß wahrscheinlichkeitstheoretische Beziehungen für diskrete Variable in gleicher Weise für kontinuierliche Variable Gültigkeit besitzen. So sind z.B. die einfachen Mittelwerteigenschaften (1.3.5) und (1.3.6) auch anwendbar, wenn u eine kontinuierliche Variable ist.

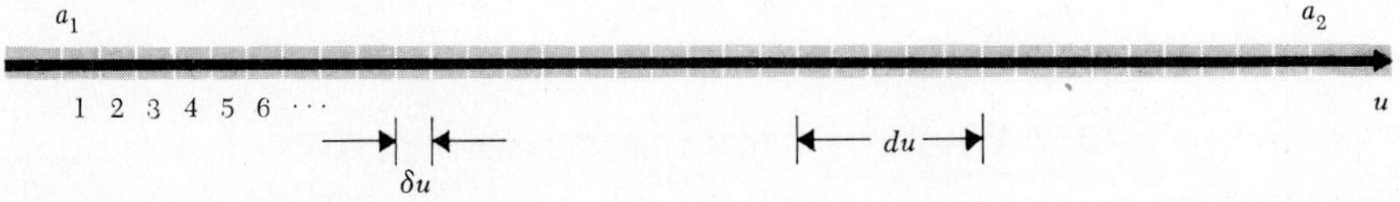

Abb. 1.8.1 Unterteilung des Gebietes $a_1 < u < a_2$ einer kontinuierlichen Variablen u in eine abzählbare Anzahl von infinitesimalen Intervallen der festen Größe δu.

Um den Zusammenhang zwischen dem kontinuierlichen und dem diskreten Standpunkt ganz deutlich zu machen, beachte man, daß aufgrund der ursprünglichen infinitesimalen Einteilung, die auf die Wahrscheinlichkeitsdichte $\mathcal{P}(u)$ führte, für das Intervall δu

$$P(u) = \mathcal{P}(u)\,\delta u$$

gilt. Wenn man nun irgendein Intervall zwischen u und $u + du$ betrachtet, das zwar makroskopisch klein ist, für das aber $du \gg \delta u$ gilt, so enthält dieses Intervall $du/\delta u$ mögliche Werte u_i, wobei die zugehörigen Wahrscheinlichkeiten $P(u_i)$ im wesentlichen denselben Wert haben, den wir einfach $P(u)$

[12*)] Die Wahrscheinlichkeit muß nämlich als eine Potenzreihe in du darstellbar sein und muß verschwinden, wenn $du \to 0$. Somit muß der führende Term von der Form $\mathcal{P}(du)$ sein, während Glieder mit höheren Potenzen von du vernachlässigbar sind, falls du hinreichend klein ist.

nennen wollen. Die Wahrscheinlichkeit $P(u)\,du$ dafür, daß die Variable einen Wert zwischen u und $u + du$ annimmt, ergibt sich dann offenbar dadurch, daß man die Wahrscheinlichkeit $P(u_i)$ für irgendeinen in diesem Intervall liegenden diskreten Wert mit der Anzahl $du/\delta u$ der darin vorhandenen diskreten Werte multipliziert; d.h. man hat die Beziehung

$$\mathcal{P}(u)\,du = P(u_i)\,\frac{du}{\delta u} = \frac{P(u)}{\delta u}\,du \tag{1.8.1}$$

Man beachte, daß die Summen, die bei der Berechnung von Normierungsbedingungen oder Mittelwerten auftreten, als Integrale geschrieben werden können, wenn die Variable kontinuierlich ist. Die Normierungsbedingung besteht z.B. in der Aussage, daß die Summe der Wahrscheinlichkeiten über alle möglichen Werte der Variablen gleich eins sein muß:

$$\sum_i P(u_i) = 1 \tag{1.8.2}$$

Aber wenn die Vairable kontinuierlich ist, kann man zunächst über alle Werte der Variablen in einem Gebiet zwischen u und $u + du$ summieren, womit man die Wahrscheinlichkeit $\mathcal{P}(u)\,du$ erhält, daß die Variable in diesem Gebiet liegt. Anschließend kann man dann die Summe (1.8.2) zu Ende führen, indem man über alle möglichen Gebiete du summiert (d.h. integriert). Somit ist (1.8.2) gleichbedeutend mit

$$\int_{a_1}^{a_2} \mathcal{P}(u)\,du = 1 \tag{1.8.3}$$

womit die Normierungsbedingung durch die Wahrscheinlichkeitsdichte $\mathcal{P}(u)$ ausgedrückt wird. Genauso lassen sich die Mittelwerte über $\mathcal{P}(u)$ berechnen. Die allgemeine Definition des Mittelwertes einer Funktion f war im Falle einer diskreten Variablen durch (1.3.4) gegeben, d.h.

$$\overline{f(u)} = \sum_i P(u_i)f(u_i) \tag{1.8.4}$$

Bei einer kontinuierlichen Variablen kann man zunächst wieder über alle Werte zwischen u und $u + du$ summieren [das liefert zur Summe (1.8.3) den Beitrag $\mathcal{P}(u)\,du\,f(u)$] und anschließend dann über alle Gebiete du integrieren. Somit ist (1.8.4) gleichbedeutend mit

$$\overline{f(u)} = \int_{a_1}^{a_2} \mathcal{P}(u)f(u)\,du \tag{1.8.5}$$

Anmerkung: Man beachte, daß in einigen Fällen die Wahrscheinlichkeitsdichte $\mathcal{P}(u)$ für gewisse Werte von u unendlich werden kann. Dies führt aber zu keinerlei Schwierigkeiten, solange das Integral $\int_{c_1}^{c_2} \mathcal{P}(u)\, du$, welches ja die Wahrscheinlichkeit mißt, daß u irgendeinen Wert im Intervall zwischen c_1 und c_2 annimmt, für beliebiges c_1 und c_2 immer endlich bleibt.

Diese Bemerkungen lassen sich unmittelbar auf Wahrscheinlichkeitsverteilungen mit mehreren Variablen ausdehnen. Betrachten wir z.B. den Fall von zwei Variablen u und v, die jeweils kontinuierlich alle Werte in den Gebieten $a_1 < u < a_2$ und $b_1 < v < b_2$ annehmen können. Man kann dann von der Wahrscheinlichkeit

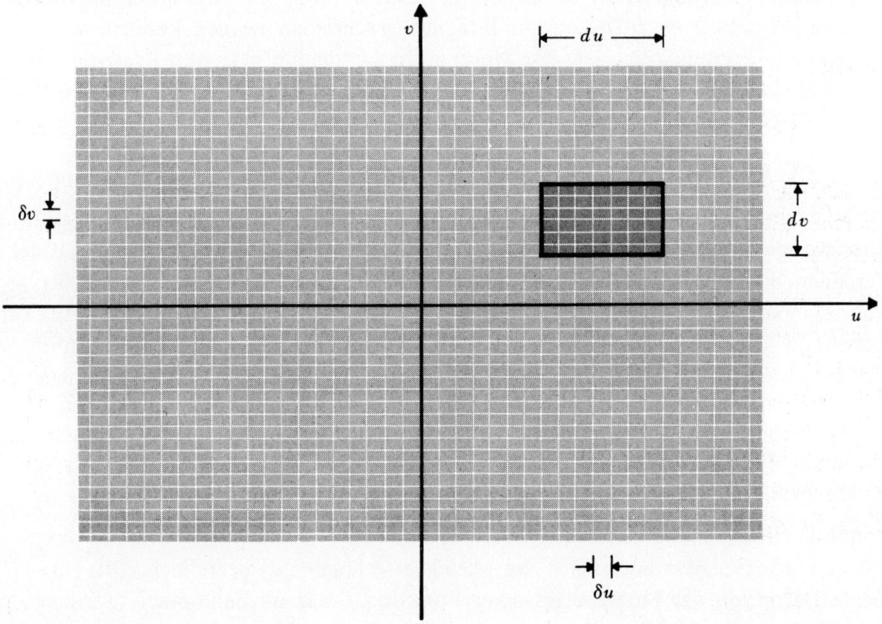

Abb. 1.8.2 Einteilung der kontinuierlichen Variablen u und v in kleine Intervalle der Größe δu und δv.

$\mathcal{P}(u, v)\, du\, dv$ sprechen, daß die Variablen in den Gebieten zwischen u und $u + du$ bzw. v und $v + dv$ liegen, wobei $\mathcal{P}(u, v)$ eine von der Größe von du und dv unabhängige Wahrscheinlichkeitsdichte ist. Man kann dann das kontinuierliche Problem wieder auf ein äquivalentes diskretes Problem mit abzählbar vielen Werten der Variablen zurückführen. Man braucht dazu nur die Definitionsbereiche von u und v jeweils in feste infinitesimale Intervalle der Größe δu bzw. δv zu unterteilen und erstere etwa durch einen Index i und letztere durch einen Index j zu kennzeichnen. Dann kann man von der Wahrscheinlichkeit $P(u_i, v_j)$ sprechen, daß $u = u_i$ und daß gleichzeitig $v = v_j$. Analog zu (1.8.1) erhält man dann die Beziehung

$$\mathcal{P}(u,v)\, du\, dv = P(u,v)\, \frac{du\, dv}{\delta u\, \delta v}$$

wobei der Faktor hinter $P(u, v)$ einfach die Anzahl der infinitesimalen Zellen mit der Größe $\delta u \delta v$ angibt, die in dem Gebiet zwischen u und $u + du$ und v und $v + dv$ liegen.

Die Normierungsbedingung (1.7.2) läßt sich dann durch die Wahrscheinlichkeitsdichte $\mathcal{P}(u, v)$ ausdrücken gemäß

$$\int_{a_1}^{a_2} \int_{b_1}^{b_2} du\, dv\, \mathcal{P}(u,v) = 1 \tag{1.8.6}$$

Analog zu (1.7.7) kann man dann auch schreiben

$$\overline{F(u,v)} = \int_{a_1}^{a_2} \int_{b_1}^{b_2} du\, dv\, \mathcal{P}(u,v) F(u,v) \tag{1.8.7}$$

Da sich das Problem sowohl in diskreter als auch in kontinuierlicher Form behandeln läßt, bleiben die allgemeinen Eigenschaften (1.7.8) und (1.7.9) natürlich auch im kontinuierlichen Fall erhalten.

Funktionen von Zufallsvariablen. Wir betrachten den Fall einer einzigen Variablen u und nehmen an, daß $\varphi(u)$ eine stetige Funktion von u ist. Es stellt sich dann häufig die folgende Frage: Ist $\mathcal{P}(u)du$ die Wahrscheinlichkeit dafür, daß u im Gebiet zwischen u und $u + du$ liegt, wie groß ist dann die entsprechende Wahrscheinlichkeit $W(\varphi)d\varphi$ dafür, daß φ im Gebiet zwischen φ und $\varphi + d\varphi$ liegt? Man erhält diese Wahrscheinlichkeit offenbar dadurch, daß man die Wahrscheinlichkeiten für alle Werte von u aufsummiert, die ein im Gebiet zwischen φ und $\varphi + d\varphi$ liegendes φ ergeben, d.h.

$$W(\varphi)\, d\varphi = \int_{d\varphi} \mathcal{P}(u)\, du \tag{1.8.8}$$

Hier kann u als eine Funktion von φ angesehen werden, wobei sich das Integral über alle Werte von u erstreckt, die im Gebiet zwischen $u(\varphi)$ und $u(\varphi + d\varphi)$ liegen. Somit wird aus (1.8.8) einfach

$$W(\varphi)\, d\varphi = \int_{\varphi}^{\varphi + d\varphi} \mathcal{P}(u) \left| \frac{du}{d\varphi} \right| d\varphi = \mathcal{P}(u) \left| \frac{du}{d\varphi} \right| d\varphi \tag{1.8.9}$$

Im letzten Schritt wird angenommen, daß u eine eindeutige Funktion von φ ist, woraus dann das Ergebnis folgt, da sich das Integral nur über ein infinitesimales Gebiet $d\varphi$ erstreckt. Da $u = u(\varphi)$ ist, kann die rechte Seite von (1.8.9) natürlich vollständig durch φ ausgedrückt werden. Falls $u(\varphi)$ keine eindeutige Funktion von φ ist, kann es passieren, daß das Integral (1.8.8) aus mehreren Beiträgen der Form (1.8.9) besteht (siebe Abb. 1.8.3). Ähnliche Überlegungen können angestellt werden, wenn es darum geht, die Wahrscheinlichkeiten für Funktionen von mehreren

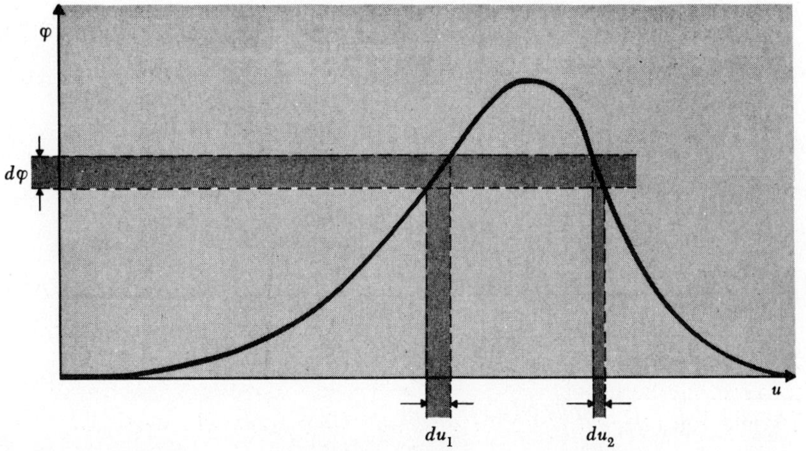

Abb. 1.8.3 Illustration einer Funktion $\varphi(u)$, deren Umkehrfunktion $u(\varphi)$ zweideutig [13+)] ist. Hier entspricht das Gebiet $d\varphi$ einem u, das entweder im Gebiet du_1 oder im Gebiet du_2 liegt.

Variablen zu finden, wenn die Wahrscheinlichkeiten für die Variablen selbst bekannt sind.

Beispiel: Angenommen, ein zweidimensionaler Vektor $\boldsymbol{B}$ mit der konstanten Länge $B = |\boldsymbol{B}|$ weist mit gleicher Wahrscheinlichkeit in jede durch den Winkel θ charakterisierte Richtung (siehe Abb. 1.8.4). Die Wahrscheinlichkeit $\mathcal{P}(\theta)d\theta$ dafür, daß dieser Winkel im Gebiet zwischen θ und $\theta + d\theta$ liegt, ist

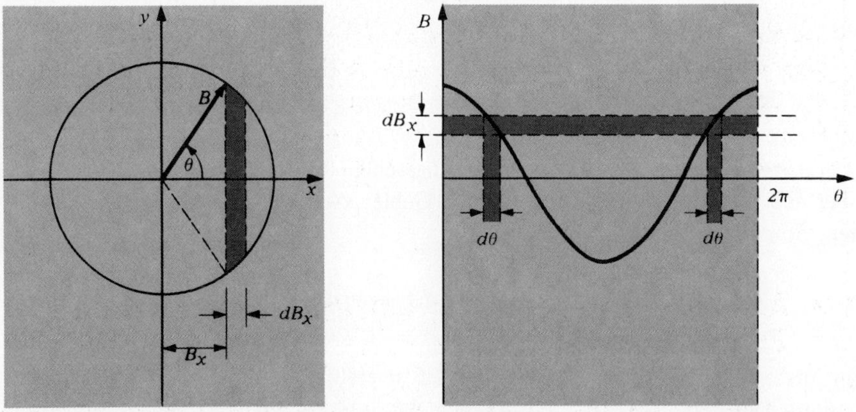

Abb. 1.8.4 Abhängigkeit der x-Komponente $B_x = B\cos\theta$ eines zweidimensionalen Vektors $\boldsymbol{B}$ von seinem Polarwinkel θ.

dann gegeben durch das Verhältnis des Winkelbereichs $d\theta$ zu dem Gesamtwinkelbereich 2π eines Vollkreises, d.h.

13+) Genauer: deren Umkehrfunktion nicht existiert.

$$\wp(\theta)\, d\theta = \frac{d\theta}{2\pi} \tag{1.8.10}$$

Wenn der Vektor mit der x-Achse einen Winkel θ einschließt, ist seine x-Komponente gegeben durch

$$B_x = B \cos \theta \tag{1.8.11}$$

Wie groß ist die Wahrscheinlichkeit $W(B_x)\,dB_x$ dafür, daß die x-Komponente dieses Vektors zwischen B_x und $B_x + dB_x$ liegt? Offenbar gilt für B_x immer $-B \leqslant B_x \leqslant B$. In diesem Intervall entspricht ein infinitesimales Gebiet zwischen B_x und $B_x + dB_x$ *zwei* möglichen infinitesimalen Gebieten von θ (siehe Abb. 1.8.4), wobei jedes dieser beiden Gebiete die Größe $d\theta$ besitzt und mit dB_x durch die Beziehung (1.8.11) verknüpft ist, so daß $dB_x = |B \sin \theta|\, d\theta$. Aufgrund von (1.8.10) ist die Wahrscheinlichkeit $W(B_x)\,dB_x$ dann durch

$$W(B_x)\, dB_x = 2\left[\frac{1}{2\pi}\frac{dB_x}{|B \sin \theta|}\right] = \frac{1}{\pi B}\frac{dB_x}{|\sin \theta|}$$

gegeben. Aber nach (1.8.11) ist

$$|\sin \theta| = (1 - \cos^2 \theta)^{\frac{1}{2}} = \left[1 - \left(\frac{B_x}{B}\right)^2\right]^{\frac{1}{2}}$$

$$W(B_x)\, dB_x = \begin{cases} \dfrac{dB_x}{\pi\sqrt{B^2 - B_x^2}} & \text{für } -B \leq B_x \leq B \\ 0 & \text{sonst} \end{cases} \tag{1.8.12}$$

Die Wahrscheinlichkeitsdichte ist maximal (und zwar unendlich), wenn $|B_x| \to B$, und sie ist minimal, wenn $B_x = 0$. Dieses Ergebnis läßt sich aus der Geometrie der Abb. 1.8.4 direkt ersehen, da ein gegebenes schmales Gebiet dB_x einem relativ großen Gebiet des Winkels θ entspricht, wenn $B_x \approx B$. Dagegen ist das zu dB_x gehörige Gebiet von θ sehr viel kleiner, wenn $B_x \approx 0$.

1.9 Allgemeine Berechnung von Mittelwerten für die Zufallsbewegung

Die Ausführungen des Abschnitts 1.7 erlauben eine äußerst einfache und durchsichtige Berechnung der Mittelwerte für sehr allgemeine Situationen. Wir wollen nun eine ganz allgemeine Form der eindimensionalen Zufallsbewegung betrachten. Wir bezeichnen mit s_i die (positive oder negative) Länge der i-ten Verschiebung und mit

$w(s_i)\, ds_i$ die Wahrscheinlichkeit dafür, daß der Wert von s_i im Intervall zwischen s_i und $s_i + ds_i$ liegt.

Wir wollen wieder annehmen, daß diese Wahrscheinlichkeit unabhängig von den anderen Verschiebungen ist, und gehen ferner der Einfachheit halber davon aus, daß die Wahrscheinlichkeitsverteilung w für jede einzelne Verschiebung i dieselbe ist. Es ist klar, daß die hier betrachtete Situation wesentlich allgemeiner ist als vorher, da wir nicht mehr für jede einzelne Verschiebung eine (bis aufs Vorzeichen bestimmte) konstante Länge l voraussetzen, sondern eine durch die Funktion w bestimmte Wahrscheinlichkeitsverteilung für einen ganzen Längenbereich.

Wir interessieren uns für die Gesamtverschiebung x [14+)] nach N Einzelverschiebungen. Wir können dazu nach der Wahrscheinlichkeit $\mathcal{P}(x)\,dx$ fragen, daß x im Gebiet zwischen x und $x + dx$ liegt. Ebenso können wir nach Mittelwerten von x fragen. Es wird sich in diesem Abschnitt zeigen, daß diese Mittelwerte sehr einfach auch ohne vorherige Kenntnis von $\mathcal{P}(x)$ berechnet werden können.

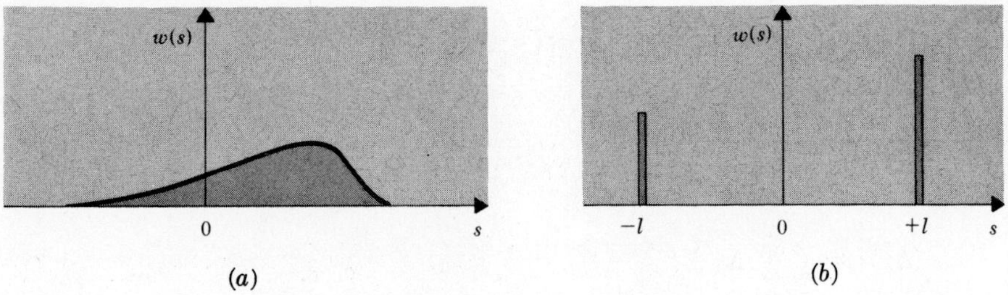

Abb. 1.9.1 Beispiele für Wahrscheinlichkeitsverteilungen, die für jede *einzelne* Verschiebung die Wahrscheinlichkeit $w(s)\,ds$ dafür angeben, daß die Verschiebung zwischen s und $s + ds$ liegt.
a) Ein ziemlich allgemeiner Fall, bei dem Verschiebungen nach rechts wahrscheinlicher sind als solche nach links.
b) Der in Abschnitt 1.2 diskutierte Spezialfall. Hier sind die „peaks" bei $+l$ und $-l$ sehr schmal; die Fläche unter dem rechten „peak" ist gleich p, die unter dem linken gleich q.
(Die Kurven a) und b) sind nicht im gleichen Maßstab gezeichnet. Die von ihnen eingeschlossenen Gesamtflächen müssen in beiden Fällen gleich eins sein.)

Die Gesamtverschiebung x ist

$$x = s_1 + s_2 + \cdots + s_N = \sum_{i=1}^{N} s_i \tag{1.9.1}$$

Bilden wir auf beiden Seiten den Mittelwert, so ergibt sich

$$\bar{x} = \overline{\sum_{i=1}^{N} s_i} = \sum_{i=1}^{N} \bar{s}_i \tag{1.9.2}$$

14+) Man sollte an sich entsprechend der vorangehenden Bezeichnungsweise von der „Länge x der Gesamtverschiebung" sprechen.

wobei wir von der Eigenschaft (1.7.8) Gebrauch gemacht haben. Da nun die Funktion $w(s_i)$ unabhängig von i und damit für jede Verschiebung dieselbe ist, sind alle Mittelwerte $\bar{s}_i$ gleich. Somit ist (1.9.2) einfach die Summe von N gleichen Termen und man erhält

▶ $$\bar{x} = N\bar{s} \tag{1.9.3}$$

wobei $$\bar{s} \equiv \bar{s}_i = \int ds\, w(s) s \tag{1.9.4}$$

die mittlere Einzelverschiebung ist.

Als nächstes berechnen wir das Schwankungsquadrat

$$\overline{(\Delta x)^2} \equiv \overline{(x - \bar{x})^2} \tag{1.9.5}$$

Nach (1.9.1) und (1.9.2) gilt

$$\begin{aligned} x - \bar{x} &= \sum_i (s_i - \bar{s}) \\ \Delta x &= \sum_{i=1}^{N} \Delta s_i \end{aligned} \tag{1.9.6}$$

wobei $$\Delta s = s_i - \bar{s} \tag{1.9.7}$$

Durch Quadrieren von (1.9.6) erhält man

$$(\Delta x)^2 = \Big(\sum_{i=1}^{N} \Delta s_i\Big)\Big(\sum_{j=1}^{N} \Delta s_j\Big) = \sum_i (\Delta s_i)^2 + \sum_i \sum_{\substack{j \\ i \neq j}} (\Delta s_i)(\Delta s_j) \tag{1.9.8}$$

Hier enthält der erste Term auf der rechten Seite alle quadratischen und der zweite Term alle gemischten Glieder, die sich durch die Multiplikation der Summe mit sich selbst ergeben. Bildet man den Mittelwert von (1.9.8), so erhält man wegen (1.7.8)

$$\overline{(\Delta x)^2} = \sum_i \overline{(\Delta s_i)^2} + \sum_i \sum_{\substack{j \\ i \neq j}} \overline{\Delta s_i\, \Delta s_j} \tag{1.9.9}$$

Bei den gemischten Gliedern machen wir von der Tatsache Gebrauch, daß verschiedene Verschiebungen statistisch unabhängig sind, so daß wir die Beziehung (1.7.9) anwenden und für $i \neq j$ schreiben können

$$\overline{(\Delta s_i)(\Delta s_j)} = \overline{(\Delta s_i)}\,\overline{(\Delta s_j)} = 0 \tag{1.9.10}$$

da $$\overline{\Delta s_i} = \bar{s}_i - \bar{s} = 0$$

Jeder einzelne gemischte Term verschwindet also im Mittel, so daß sich (1.9.9) einfach auf die Summe der quadratischen Glieder reduziert

$$\overline{(\Delta x)^2} = \sum_{i=1}^{N} \overline{(\Delta s_i)^2} \tag{1.9.11}$$

Von diesen quadratischen Gliedern kann natürlich keines negativ sein. Da die Wahrscheinlichkeitsverteilung $w(s_i)$ unabhängig von i für jede Verschiebung dieselbe ist, folgt wieder, daß $\overline{(\Delta s_i)^2}$ für alle Verschiebungen gleich ist. Somit besteht die Summe in (1.9.11) lediglich aus N gleichen Termen, so daß wir

$$\overline{(\Delta x)^2} = N\overline{(\Delta s)^2} \tag{1.9.12}$$

erhalten, wobei

$$\overline{(\Delta s)^2} \equiv \overline{(\Delta s_i)^2} = \int ds\, w(s)(\Delta s)^2 \tag{1.9.13}$$

das Schwankungsquadrat für die einzelne Verschiebung ist.

Trotz ihrer großen Einfachheit stellen die Beziehungen (1.9.3) und (1.9.12) sehr allgemeine und wichtige Resultate dar. Das Schwankungsquadrat $\overline{(\Delta x)^2} = \overline{(x - \overline{x})^2}$ ist ein Maß für das *Quadrat* der Breite des Gebietes, über das die Gesamtverschiebung x um ihren Mittelwert $\overline{x}$ herum verstreut ist. Die Quadratwurzel $\Delta^*(x) \equiv [\overline{(\Delta x)^2}]^{1/2}$, d.h. „die mittlere quadratische Abweichung vom Mittel", liefert deshalb ein direktes Maß für die Breite dieses Gebietes. Mit Hilfe der Ergebnisse (1.9.3) und (1.9.12) lassen sich nun die folgenden interessanten Aussagen über die Summe (1.9.1) statistisch unabhängiger Variabler machen. Falls $\overline{s} \neq 0$ und die Anzahl N der Variablen (d.h. der Verschiebungen) anwächst, so wächst der Mittelwert $\overline{x}$ ihrer Summe proportional zu N, während die Breite Δ^*x der Verteilung um das Mittel nur proportional zu $N^{1/2}$ anwächst. Somit haben wir für die *relative* Größe der Breite Δ^*x, bezogen auf das Mittel $\overline{x}$ selbst, eine *Abnahme* proportional zu $N^{-1/2}$, d.h. nach (1.9.3) und (1.9.12) für $\overline{s} \neq 0$

$$\frac{\Delta^* x}{\bar{x}} = \frac{\Delta^* s}{\bar{s}} \frac{1}{\sqrt{N}}$$

wobei $\Delta^*s \equiv [\overline{(\Delta s)^2}]^{1/2}$. Das bedeutet, daß die prozentuale Abweichung der x-Werte von ihrem Mittelwert $\bar{x}$ zunehmend vernachlässigbar wird, wenn die Anzahl N sehr stark anwächst. Dies ist ein charakteristisches Merkmal statistischer Verteilungen.

Beispiel: Wir wollen die allgemeinen Resultate (1.9.3) und (1.9.12) dieses Abschnittes auf den Spezialfall der Zufallsbewegung mit fester Verschiebungslänge l anwenden, den wir ja schon im Abschn. 1.2 gesondert diskutiert haben. Die Wahrscheinlichkeit für einen Schritt nach rechts ist dort p und die für einen Schritt nach links $q = 1 - p$. Die mittlere Länge der Einzelverschiebung ist dann durch

$$\overline{s} = pl + q(-l) = (p - q - l) = (2p - 1)l \tag{1.9.14}$$

gegeben. Als Kontrolle beachte man, daß $\overline{s} = 0$, falls $p = q$, wie es die Symmetrie erfordert.

Ebenso gilt

$$\overline{s^2} = pl^2 + q(-l)^2 = (p+q)l^2 = l^2$$
$$\overline{(\Delta s)^2} = \overline{s^2} - \bar{s}^2 = l^2[1-(2p-1)^2]$$
$$= l^2[1-4p^2+4p-1] = 4l^2p(1-p)$$

Somit $\overline{(\Delta s)^2} = 4pql^2$ (1.9.15)

Folglich ergeben die Beziehungen (1.9.3) und (1.9.12)

$$\left.\begin{aligned}\bar{x} &= (p-q)Nl\\ \overline{(\Delta x)^2} &= 4pqNl^2\end{aligned}\right\} \qquad (1.9.16)$$

Da $x = ml$, stimmen diese Beziehungen mit den früher berechneten Ergebnissen (1.4.6) und (1.4.12) genau überein.

*1.10 Berechnung der Wahrscheinlichkeitsverteilung

Bei dem im letzten Abschnitt diskutierten Problem ist die Gesamtverschiebung x bei N Einzelverschiebungen durch

$$x = \sum_{i=1}^{N} s_i \qquad (1.10.1)$$

gegeben. Wir wollen nun die Wahrscheinlichkeit $\mathcal{P}(x)\,dx$ dafür ermitteln, daß sich x im Gebiet zwischen x und $x + dx$ befindet. Da die einzelnen Verschiebungen voneinander statistisch unabhängig sind, ist die Wahrscheinlichkeit für eine *spezielle* Folge von Verschiebungen, bei der

die 1. Verschiebung im Gebiet zwischen s_1 und $s_1 + ds_1$
die 2. Verschiebung im Gebiet zwischen s_2 und $s_2 + ds_2$
. . .
die N. Verschiebung im Gebiet zwischen s_N und $s_N + ds_N$

liegt, einfach durch das Produkt der entsprechenden Wahrscheinlichkeiten gegeben, d.h. durch

$$w(s_1)\,ds_1 \cdot w(s_2)\,ds_2 \cdots w(s_N)\,ds_N$$

Wenn wir diese Wahrscheinlichkeit über alle möglichen Einzelverschiebungen aufsummieren, die mit der Bedingung verträglich sind, daß die Gesamtverschiebung x in (1.10.1) immer im Gebiet zwischen x und $x + dx$ liegt, so erhalten wir die gesuchte Wahrscheinlichkeit $\mathcal{P}(x)dx$, die also unabhängig von der Folge der Einzelverschiebungen ist, die diese Gesamtverschiebung hervorbringt. Wir haben somit

$$\mathcal{P}(x)\,dx = \underset{(dx)}{\int\!\!\int_{-\infty}^{\infty}\!\cdots\!\int} w(s_1)w(s_2)\cdots w(s_N)\,ds_1\,ds_2\cdots ds_N \qquad (1.10.2)$$

wobei sich die Integration über alle möglichen Werte der Variablen s_i erstreckt, die der Einschränkung

$$x < \sum_{i=1}^{N} s_i < x + dx \tag{1.10.3}$$

genügen. Offensichtlich ist mit der Auswertung des Integrals (1.10.2) die gesuchte Funktion $\mathcal{P}(x)$ gefunden.

Was die Praxis anbelangt, so ist das Integral sehr schwer zu berechnen, da die Bedingung (1.10.3) die Integrationsgrenzen sehr unangenehm macht; d.h. man hat es hier mit dem komplizierten geometrischen Problem zu tun, den mit (1.10.3) konsistenten Unterraum zu bestimmen, über den zu integrieren ist. Eine sehr wirkungsvolle Methode, Probleme dieser Art zu behandeln, besteht darin, daß man das geometrische Problem eliminiert, indem man über *alle* Werte der Variablen s_i *ohne* Einschränkung integriert, und dabei die durch (1.10.3) eingeführte Komplikation auf den *Integranden* abwälzt. Dies läßt sich ohne Weiteres dadurch bewerkstelligen, daß man den Integranden in (1.10.2) mit einem Faktor multipliziert, der gleich eins ist, wenn die s_i der Bedingung (1.10.3) genügen, und sonst immer Null. Die Diracsche δ-Funktion $\delta(x - x_0)$, die im Anhang A.7 besprochen wird, hat nun die Eigenschaft, daß man für (1.10.2) auch

$$\mathcal{P}(x)\, dx = \iint_{-\infty}^{\infty}\cdots\int w(s_1)w(s_2)\cdots w(s_N)\left[\delta\left(x - \sum_{i=1}^{N} s_i\right) dx\right] ds_1\, ds_2 \cdots ds_N \tag{1.10.4}$$

schreiben kann, wobei nun das Integrationsgebiet *keiner* Einschränkung mehr unterworfen ist. An dieser Stelle können wir die übliche Integraldarstellung (A.7.14) der δ-Funktion benutzen; d.h. wir können

$$\delta(x - \Sigma s_i) = \frac{1}{2\pi}\int_{-\infty}^{\infty} dk\, e^{ik[\Sigma s_i - x]} \tag{1.10.5}$$

schreiben. Einsetzen von (1.10.5) in (1.10.4) ergibt

$$\mathcal{P}(x) = \iint\cdots\int w(s_1)w(s_2)\cdots w(s_N)\,\frac{1}{2\pi}\int_{-\infty}^{\infty} dk\, e^{ik(s_1+\cdots+s_N-x)}\, ds_1\, ds_2 \cdots ds_N$$

$$\mathcal{P}(x) = \frac{1}{2\pi}\int_{-\infty}^{\infty} dk\, e^{-ikx}\int_{-\infty}^{\infty} ds_1\, w(s_1)\, e^{iks_1}\cdots\int_{-\infty}^{\infty} ds_N\, w(s_N)\, e^{iks_N} \tag{1.10.6}$$

wobei wir die Reihenfolge der Integrationen vertauscht und von der multiplikativen Eigenschaft der Exponentialfunktion Gebrauch gemacht haben. Abgesehen von dem belanglosen Symbol für die Integrationsvariable sind die letzten N Integrale alle gleich und wir setzen

▶ $$Q(k) \equiv \int_{-\infty}^{\infty} ds\, e^{iks} w(s) \tag{1.10.7}$$

Somit wird aus (1.10.6)

$$\mathcal{P}(x) = \frac{1}{2\pi}\int_{-\infty}^{\infty} dk\, e^{-ikx} Q^N(k) \tag{1.10.8}$$

Folglich ist das gestellte Problem mit der Berechnung von zwei einfachen (Fourier-)Integralen vollständig gelöst.

Beispiel: Wir wollen diese letzten Ergebnisse wieder auf den in Abschnitt 1.2 bereits besprochenen Fall konstanter Verschiebungslänge l anwenden. Die Wahrscheinlichkeit für eine Verschiebung $+l$ ist dort gleich p, die für eine Verschiebungslänge $-l$ ist gleich $q = 1-p$; d.h. die entsprechende Wahrscheinlichkeits*dichte* w ist gegeben durch

$$w(s) = p\delta(s-l) + q\delta(s+l)$$

Die Größe (1.10.7) wird

$$Q(k) \equiv \overline{e^{iks}} = p e^{ikl} + q e^{-ikl}$$

Unter Benutzung der Binomialentwicklung erhält man

$$\begin{aligned} Q^N(k) &= (p\, e^{ikl} + q\, e^{-ikl})^N \\ &= \sum_{n=0}^{N} \frac{N!}{n!(N-n)!} (p\, e^{ikl})^n (q\, e^{-ikl})^{N-n} \\ &= \sum_{n=0}^{N} \frac{N!}{n!(N-n)!} p^n q^{N-n}\, e^{ikl(2n-N)} \end{aligned}$$

Somit ergibt (1.10.8)

$$\begin{aligned} \mathcal{P}(x) &= \frac{1}{2\pi}\int_{-\infty}^{\infty} dk\, e^{-ikx} Q^N(k) \\ &= \sum_{n=0}^{N} \frac{N!}{n!(N-n)!} p^n q^{N-n} \left\{\frac{1}{2\pi}\int_{-\infty}^{\infty} dk\, e^{ik[(2n-N)l-x]}\right\} \end{aligned}$$

$$\mathcal{P}(x) = \sum_{n=0}^{N} \frac{N!}{n!(N-n)!} p^n q^{N-n} \delta[x-(2n-N)l] \tag{1.10.9}$$

Dies besagt, daß die Wahrscheinlichkeitsdichte $\mathcal{P}(x)$ verschwindet, sofern nicht

$$x = (2n-N)l, \qquad \text{wobei } n = 0, 1, 2, \ldots, N$$

Die Wahrscheinlichkeit $P(2n-N)$, ein Teilchen an einer solchen Stelle zu finden, ist dann gegeben durch

$$P(2n-N) = \int_{(2n-N)l-\epsilon}^{(2n-N)l+\epsilon} \mathcal{P}(x)\, dx = \frac{N!}{n!(N-n)!} p^n q^{N-n}$$

wobei ϵ irgendeine hinreichend kleine Größe ist; d.h. P ist gegeben durch den Koeffizienten der entsprechenden δ-Funktion in (1.10.9). Somit erhalten wir wieder das Ergebnis des Abschnitts 1.2, und zwar jetzt als Spezialfall einer allgemeineren und *ohne* kombinatorische Überlegungen operierenden Formulierung.

1.11 Wahrscheinlichkeitsverteilung für großes N

Wir betrachten die Integrale (1.10.7) und (1.10.8), die die Berechnung von $P(x)$ ermöglichen, und fragen nach passenden Näherungen für den Fall, daß N sehr groß wird. Die Überlegungen, auf die wir uns dabei stützen werden, ähneln weitgehend denen, die im Anhang A.6 zur Herleitung der Stirling-Formel benutzt werden.

Der Integrand in (1.10.7) enthält den Faktor e^{iks}, der eine oszillierende Funktion von s ist und umso schneller oszilliert, je größer k ist. Somit wird die durch das Integral (1.10.7) gegebene Größe $Q(k)$ im allgemeinen immer kleiner, wenn k groß wird. (Siehe unten.) Daraus folgt für großes N, daß die Potenz $Q^N(k)$ mit wachsendem k sehr rasch abnimmt. Es genügt deshalb zur Berechnung von $P(x)$ aus (1.10.8), wenn man $Q^N(k)$ für *kleine* Werte von k kennt, da für große Werte von k der Beitrag von $Q^N(k)$ zum Integral vernachlässigbar klein ist. Aber für kleine Werte von k läßt sich $Q^N(k)$ durch eine geeignete Potenzreihenentwicklung in k approximieren. Da $Q^N(k)$ selbst eine sehr schnell veränderliche Funktion von k ist, ist es (wie im Abschnitt 1.5) vorteilhaft, die schneller konvergierende Potenzreihenentwicklung des langsam veränderlichen Logarithmus $\ln Q^N(k)$ aufzusuchen.

Anmerkung: Solange $w(s)$ über eine Schwingungsperiode nur langsam variiert, gilt $Q(k) = \int ds\, e^{iks}\, w(s) \approx 0$. In jedem Intervall $a < s < b$, nämlich in dem w so langsam variiert, daß $|dw/ds|(b-a) \ll w$, das aber immer noch so viele Schwingungen enthält, daß $(b-a)k \gg 1$, gilt für das Integral

$$\int_a^b ds\, e^{iks} w(s) \approx w(a) \int_a^b ds\, e^{iks} \approx 0$$

Man kann deshalb sagen, daß

$$\int_{-\infty}^{\infty} ds\, e^{iks} w(s) \approx 0$$

solange k groß genug ist, so daß überall

$$\left|\frac{dw}{ds}\right| \frac{1}{k} \ll w$$

Die eigentliche Berechnung geht nun ganz einfach vonstatten. Wir beginnen mit $Q(k)$ für kleine Werte von k. Entwickeln wir e^{iks} in eine Taylorreihe, so wird aus (1.10.7)

$$Q(k) \equiv \int_{-\infty}^{\infty} ds\, w(s)\, e^{iks} = \int_{-\infty}^{\infty} ds\, w(s)(1 + iks - \tfrac{1}{2}k^2s^2 + \cdots)$$

$$Q(k) = 1 + i\bar{s}k - \tfrac{1}{2}\overline{s^2}k^2 \cdots \tag{1.11.1}$$

wobei $$\overline{s^n} \equiv \int_{-\infty}^{\infty} ds\, w(s) s^n \tag{1.11.2}$$

eine Konstante ist, die nach unserer früheren Definition einfach das n-te Moment von s darstellt. Wir nehmen hier an, daß schnell genug $|w(s)| \to 0$, wenn $|s| \to \infty$, so daß diese Momente endlich bleiben. Damit ergibt (1.11.1)

$$\ln Q^N(k) = N \ln Q(k) = N \ln [1 + i\bar{s}k - \tfrac{1}{2}\overline{s^2}k^2 \cdots] \tag{1.11.3}$$

Benutzen wir die für $y \ll 1$ gültige Potenzreihenentwicklung

$$\ln(1+y) = y - \tfrac{1}{2}y^2 \cdots$$

so wird aus (1.11.3), wenn wir nur bis zu quadratischen Gliedern in k gehen

$$\begin{aligned}\ln Q^N &= N[i\bar{s}k - \tfrac{1}{2}\overline{s^2}k^2 - \tfrac{1}{2}(i\bar{s}k)^2 \cdots] \\ &= N[i\bar{s}k - \tfrac{1}{2}(\overline{s^2} - \bar{s}^2)k^2 \cdots] \\ &= N[i\bar{s}k - \tfrac{1}{2}\overline{(\Delta s)^2}k^2 \cdots]\end{aligned}$$

wobei $$\overline{(\Delta s)^2} \equiv \overline{s^2} - \bar{s}^2 \tag{1.11.4}$$

Somit erhalten wir

$$Q^N(k) = e^{iN\bar{s}k - \frac{1}{2}N\overline{(\Delta s)^2}k^2} \tag{1.11.5}$$

und aus (1.10.8) wird

$$\mathcal{P}(x) = \frac{1}{2\pi}\int_{-\infty}^{\infty} dk\, e^{i(N\bar{s}-x)k - \frac{1}{2}N\overline{(\Delta s)^2}k^2} \tag{1.11.6}$$

Hier ist das Integral von der folgenden Form,

$$\begin{aligned}\int_{-\infty}^{\infty} du\, e^{-au^2+bu} &= \int_{-\infty}^{\infty} du\, e^{-a[u^2-(b/a)u]} \\ &= \int_{-\infty}^{\infty} du\, e^{-a(u-b/2a)^2+b^2/4a} && \text{(quadratische Ergänzung)} \\ &= e^{b^2/4a}\int_{-\infty}^{\infty} dy\, e^{-ay^2} && \left(y = u - \frac{b}{2a}\right) \\ &= e^{b^2/4a}\sqrt{\frac{\pi}{a}} && \text{(A.4.2)}\end{aligned}$$

somit $$\int_{-\infty}^{\infty} du\, e^{-au^2+bu} = \sqrt{\frac{\pi}{a}}\, e^{b^2/4a} \tag{1.11.7}$$

wobei a reel und positiv ist. Wenden wir diese Integralformel auf (1.11.6) an, so erhalten wir mit $b = i(N\bar{s} - x)$ und $a = \tfrac{1}{2}N\overline{(\Delta s)^2}$ das Ergebnis

$$\mathcal{P}(x) = \frac{1}{\sqrt{2\pi\sigma^2}}\, e^{-(x-\mu)^2/2\sigma^2} \tag{1.11.8}$$

$$\left.\begin{aligned} \mu &\equiv N\bar{s} \\ \sigma^2 &\equiv N\overline{(\Delta s)^2} \end{aligned}\right\} \tag{1.11.9}$$

Somit hat die Verteilung die Gaußsche Form, der wir ja schon früher in Abschnitt 1.6 begegnet sind. Man beachte jedoch die außerordentliche Allgemeinheit dieses Ergebnisses. *Ganz gleich wie* die Wahrscheinlichkeitsverteilung $w(s)$ für die Einzelverschiebung aussieht, solange die Verschiebungen *statistisch unabhängig* sind und $w(s)$ mit $|s| \to \infty$ schnell genug abfällt, wird die Gesamtverschiebung x immer nach dem Gaußschen Gesetz verteilt sein, *falls N hinreichend groß ist.* Dieses sehr wichtige Resultat ist der Inhalt des sogenannten „zentralen Grenzwertsatzes", der, wie der Name schon sagt, im Mittelpunkt der mathematischen Wahrscheinlichkeitstheorie steht [15*]. Die Allgemeinheit des Resultats erklärt auch die Tatsache, daß so viele Naturphänomene (z.B. Meßfehler) angenähert einer Gauß-Verteilung gehorchen.

Wir haben bereits gezeigt, daß für die Gauß-Verteilung (1.6.4) gilt

$$\left.\begin{aligned} \bar{x} &= \mu \\ \overline{(\Delta x)^2} &= \sigma^2 \end{aligned}\right\}$$

Somit besagt (1.11.9)

$$\left.\begin{aligned} \bar{x} &= N\bar{s} \\ \overline{(\Delta x)^2} &= N\overline{(\Delta s)^2} \end{aligned}\right\} \tag{1.11.10}$$

was mit den Ergebnissen übereinstimmt, die wir aus unseren allgemeinen Berechnungen (1.9.3) und (1.9.12) gewonnen haben.

Ergänzende Literatur

Wahrscheinlichkeitstheorie

Mosteller, F.; Rourke, R.E.K; Thomas, G.B.: Probability with statistical applications. 2. Aufl., Addison-Wesley Reading, Mass. (1970).
(Eine elementare Einführung).

15*) Ein Beweis dieses Satzes mit besonderer Rücksicht auf mathematische Strenge findet sich bei Chintschin, A.J.: Mathematische Grundlagen der Statistischen Mechanik (B-I-Hochschultaschenbücher Nr. 58/58 a.) S. 164 ff, Bibliograph. Institut Mannheim (1964).

Feller, W.: An introduction to probability theory and its applications. 3. Aufl. Wiley, New York (1968).

Cramér, H.: The elements of probability theory. Wiley, New York (1955).

Zufallsbewegung

Chandrasekhar, S.: Stochastic problems in physics and astronomy. Rev. mod. Phys. 15 (1943), 1–89. Dieser Artikel ist auch zu finden bei:

Wax, M.: Selected papers on noise and stochastic processes. Dover Publ. New York (1954).

Lindsay, R.B.: Introduction to physical statistics. Kap. 2. Wiley, New York (1941). (Eine elementare Diskussion der Zufallsbewegung und verwandter physikalische Probleme.)

Aufgaben

1.1 Wie groß ist die Wahrscheinlichkeit dafür, mit drei Würfeln insgesamt höchstens 6 Augen zu werfen?

1.2 Bei einem Spiel werden sechs ideale Würfel geworfen. Man bestimme die Wahrscheinlichkeit dafür, daß man dabei
a) genau eine Eins,
b) mindestens eine Eins
c) genau zwei Einsen
wirft.

1.3 Es wird eine Zahl zwischen 0 und 1 aufs Geratewohl gewählt. Wie groß ist die Wahrscheinlichkeit dafür, daß genau 5 ihrer ersten 10 Dezimalstellen kleiner als 5 sind?

1.4 Ein Betrunkener startet von einem Laternenpfahl aus, der sich genau in der Mitte zwischen den Enden einer Straße befindet. Er macht dabei mit gleicher Wahrscheinlichkeit gleich lange Schritte entweder nach links oder nach rechts. Wie groß ist die Wahrscheinlichkeit dafür, daß der Mann nach N Schritten wieder am Laternenpfahl angelangt ist,
a) falls N gerade ist?
b) falls N ungerade ist?

1.5 Beim Russischen Roulett (ein vom Autor nicht empfohlenes Spiel) steckt man in die Trommel eines Revolvers eine einzige Patrone und läßt die übrigen fünf Kammern der Trommel leer. Dann versetzt man die Trommel in eine rasche Drehbewegung und drückt schließlich, nachdem die Trommel wieder zum Stillstand gekommen ist, auf den eigenen Kopf ab.
a) Wie groß ist die Wahrscheinlichkeit, nach N Runden noch am Leben zu sein?

b) Wie groß ist die Wahrscheinlichkeit, $(N-1)$ Runden zu überleben und dann beim N-ten Mal erschossen zu werden?

c) Wie oft hat im Mittel ein Spieler bei diesem makabren Spiel die Gelegenheit, am Abzug zu ziehen?

1.6 Man betrachte das Problem der Zufallsbewegung mit $p = q$ und bezeichne mit $m = n_1 - n_2$ die Gesamtverschiebung nach rechts. Wie groß sind bei insgesamt N Einzelverschiebungen die Mittelwerte $\overline{m}$, $\overline{m^2}$, $\overline{m^3}$ und $\overline{m^4}$?

1.7 Man leite die Binomialverteilung auf die folgende algebraische Art her, die keinerlei explizite kombinatorische Untersuchungen enthält. Gesucht ist wieder die Wahrscheinlichkeit $W(n)$ für n positive Ausgänge aus einer Gesamtheit von N unabhängigen Versuchen. Es sei $w_1 \equiv p$ die Wahrscheinlichkeit für einen positiven Ausgang und $w_2 = 1 - p = q$ die entsprechende Wahrscheinlichkeit für einen negativen Ausgang. Dann ist $W(n)$ offenbar durch diejenige Teilsumme von

$$W(n) = \sum_{i=1}^{2} \sum_{j=1}^{2} \sum_{k=1}^{2} \cdots \sum_{m=1}^{2} w_i w_j w_k \cdots w_m \qquad (1)$$

gegeben, in der bei jedem Summanden w_1 n-mal als Faktor auftritt (denn jeder einzelne Summand in (1) gibt die Wahrscheinlichkeit für eine bestimmte Kombination von positiven und negativen Ausgängen an). Man berechne diese Teilsumme, indem man unter Benutzung elementarer Eigenschaften von Mehrfachsummen (1) so umformt, daß sich das Binomialtheorem anwenden, d.h. eine Entwicklung nach Potenzen von w_1 durchführen läßt.

1.8 Zwei Betrunkene starten gemeinsam vom Ursprung der x-Achse aus und bei beiden ist die Wahrscheinlichkeit für einen Schritt nach rechts genauso groß wie die für einen Schritt nach links. Man bestimme die Wahrscheinlichkeit dafür, daß sie sich nach N Schritten wieder treffen. Dabei wird natürlich vorausgesetzt, daß die Männer ihre Schritte gleichzeitig machen. (Die Betrachtung der Relativbewegung kann hier hilfreich sein.)

1.9 Die Wahrscheinlichkeit $W(n)$ dafür, daß ein durch die Wahrscheinlichkeit p charakterisiertes Ereignis bei N Versuchen n-mal eintritt, ist wie gezeigt wurde, durch die Binomialverteilung

$$W(n) = \frac{N!}{n!(N-n)!} p^n (1-p)^{N-n} \qquad (1)$$

gegeben. Man betrachte eine Situation, für die die Wahrscheinlichkeit p sehr klein ist ($p \ll 1$) und bei der man an dem Fall $n \ll N$ interessiert ist. [Man beachte, daß, falls N sehr groß ist, $W(n)$ mit $n \to N$ sehr klein wird, da der Faktor p^n sehr klein für $p \ll 1$ ist.] Es lassen sich dann verschiedene Näherungen durchführen, um (1) in eine einfachere Form zu bringen.

a) Unter Benutzung von $\ln(1-p) \approx -p$ zeige man, daß $(1-p)^{N-n} \approx e^{-Np}$.

b) Man zeige, daß $N!/(N-n)! \approx N^n$.

c) Damit zeige man, daß (1) sich auf

$$W(n) = \frac{\lambda^n}{n!} e^{-\lambda} \tag{2}$$

reduziert, wobei $\lambda \equiv Np$ die mittlere Anzahl der Ereignisse ist. Die Verteilung (2) heißt „Poisson-Verteilung".

1.10 Man betrachte die Poisson-Verteilung der vorangehenden Aufgabe:

a) Man zeige, daß die Normierung lautet: $\sum_{n=0}^{N} W_n = 1$.

(Dabei kann die Summation über n in guter Näherung auf „unendlich" ausgedehnt werden, da W_n vernachlässigbar klein ist, wenn $n \gtrsim N$.)

b) Man benutze die Poisson-Verteilung, um $\bar{n}$ zu berechnen.

c) Man benutze die Poisson-Verteilung, um $\overline{(\Delta n)^2} \equiv \overline{(n-\bar{n})^2}$ zu berechnen.

1.11 Angenommen, einem Schriftsetzer unterlaufen beim Druck eines Buches von 600 Seiten vollkommen zufällig 600 Druckfehler. Man benutze die Poisson-Verteilung, um die Wahrscheinlichkeit dafür zu berechnen,

a) daß eine Seite keinen Fehler enthält,

b) daß eine Seite mindestens drei Fehler enthält.

1.12 Man betrachte die α-Teilchen, die von einer radioaktiven Quelle während eines Zeitintervalls t emittiert werden. Man kann sich dieses Zeitintervall in viele kleine Intervalle der Länge Δt unterteilt denken. Da die Zeitpunkte, zu denen α-Teilchen emittiert werden, zufällig sind, ist die Wahrscheinlichkeit für einen radioaktiven Zerfall während eines solchen Zeitintervalls Δt vollständig unabhängig von irgendwelchen Zerfällen zu anderen Zeiten. Man kann sich nun Δt so klein gewählt denken, daß die Wahrscheinlichkeit für mehr als einen Zerfall während der Zeit Δt vernachlässigbar klein ist. Das bedeutet, daß es eine Wahrscheinlichkeit p dafür gibt, daß während eines Zeitintervalls Δt (genau) ein Zerfall stattfindet (mit $p \ll 1$, da Δt klein genug gewählt wurde), und eine Wahrscheinlichkeit $1-p$ dafür, daß während dieser Zeit kein Zerfall stattfindet. Jedes solche Zeitintervall kann dann als ein unabhängiger Versuch angesehen werden, wobei es während der Zeit t insgesamt $N = t/\Delta t$ solcher Versuche gibt.

a) Man zeige, daß die Wahrscheinlichkeit $W(n)$ für n Zerfälle während der Zeit t durch eine Poisson-Verteilung gegeben ist.

b) Angenommen die radioaktive Quelle ist so stark, daß die mittlere Anzahl von Zerfällen pro Minute gleich 24 ist. Wie groß ist dann die Wahrscheinlichkeit für n Zerfälle in einem Zeitintervall von 10 Sekunden? Man gebe speziell die numerischen Werte von $W(n)$ für alle Werte von n von 0 bis 8 an.

1.13 Ein Metall verdampft im Vakuum von einem heißen Glühfaden aus. Die Metallatome fallen auf eine Quarzplatte, die sich in einiger Entfernung davon befindet, und bilden dort eine dünne metallische Schicht. Diese Quarzplatte wird auf einer niedrigen Temperatur gehalten, so daß jedes auffallende Metallatom an der Stelle seines Auftreffens verbleibt, ohne sich weiter fortzubewegen. Von den Metallatomen kann angenommen werden, daß sie auf jedes Flächenelement der Platte mit gleicher Wahrscheinlichkeit auftreffen. Man zeige, daß die Anzahl der Metallatome, die sich auf einem Flächenelement der Größe b^2 anhäufen (wo b der Durchmesser der Metallatome ist), näherungsweise nach einer Poisson-Verteilung verteilt ist. Angenommen, man verdampft genügend Metall, damit sich ein Film mit einer mittleren Dicke von 6 Atomschichten bilden kann. Welcher Bruchteil der Untergrundfläche ist dann überhaupt nicht mit Metall bedeckt? Welcher Bruchteil ist mit Metall einer Dicke von 3 Atomschichten und welcher Bruchteil mit Metall einer Dicke von 6 Atomschichten bedeckt?

1.14 Eine Münze wird 400-mal geworfen. Wie groß ist die Wahrscheinlichkeit dafür, daß 215-mal als Ergebnis die „Zahl" erscheint?

1.15 Ein Satz von Telephonleitungen soll installiert werden, um die Stadt A mit der Stadt B zu verbinden. Die Stadt A hat 2000 Telephone. Wenn jeder Teilnehmer von A seine eigene Direktverbindung nach B beanspruchen würde, wären 2000 Telephonleitungen notwendig. Dies wäre ziemlich verschwenderisch. Angenommen, daß während der Hauptgeschäftszeit jeder Teilnehmer in A im Durchschnitt eine Telephonverbindung nach B für zwei Minuten benötigt und daß diese Telephongespräche ganz und gar zufällig geführt werden. Wie groß ist dann die Minimalzahl M von Telefonleitungen nach B, die notwendig ist, damit höchstens 1 Prozent der Anrufer aus A bei ihrer Wahl nach B nicht sofort durchkommen? (Hilfestellung: Man approximiere die Verteilung durch eine Gauß-Verteilung, um die Rechnung zu erleichtern.)

1.16 In einem Behälter mit dem Volumen V_0 befindet sich ein Gas von N_0 nichtwechselwirkenden Molekülen. Man betrachte in diesem Behälter irgendein Teilvolumen V und bezeichne mit N die Anzahl der darin befindlichen Moleküle. Jedes Molekül befindet sich an jeder Stelle des Behälters mit gleicher Wahrscheinlichkeit; somit ist die Wahrscheinlichkeit, daß sich ein gegebenes Molekül innerhalb des Teilvolumens V befindet, einfach gegeben durch V/V_0.

a) Wie groß ist die mittlere Anzahl N von Molekülen in V? Man drücke das Ergebnis durch N_0, V_0 und V aus.

b) Man bestimme das relative Schwankungsquadrat $\overline{(N-\bar{N})^2}/\bar{N}^2$ der in V befindliche Anzahl von Molekülen. Man drücke das Ergebnis durch $\bar{N}$, V und V_0 aus.

c) Was wird aus dem Ergebnis von b), wenn $V \ll V_0$?

d) Welchen Wert sollte das Schwankungsquadrat $\overline{(N-\bar{N})^2}$ annehmen, wenn $V \to V_0$? Stimmt das Ergebnis von b) mit dieser Erwartung überein?

1.17 Angenommen, daß für das in der vorangehenden Aufgabe betrachtete Volumen gilt: $0 \ll V/V_0 \ll 1$. Wie groß ist die Wahrscheinlichkeit dafür, daß die Anzahl von Molekülen in diesem Volumen zwischen N und $N + dN$ liegt?

1.18 Ein Molekül legt in einem Gas – in jede Richtung mit gleicher Wahrscheinlichkeit – gleiche Strecken l zwischen seinen Zusammenstößen mit anderen Molekülen zurück. Wie groß ist nach insgesamt N Einzelverschiebungen die mittlere quadratische Gesamtverschiebung $\overline{R^2}$ des Moleküls von seinem Ausgangspunkt?

1.19 Eine Batterie mit einer EMK V ist mit einem Widerstand R verbunden. Als Ergebnis wird in diesem Widerstand die Leistung $P = V^2/R$ verbraucht. Die Batterie selbst besteht aus N in Reihe geschalteten Einzelzellen, so daß V gerade die Summe der EMKs dieser Einzelzellen ist. Die Batterie ist jedoch alt, so daß nicht alle Zellen ganz in Ordnung sind. Es besteht deshalb nur eine Wahrscheinlichkeit p, daß die EMK irgendeiner Einzelzelle ihren Normalwert v hat und eine Wahrscheinlichkeit $1-p$, daß sie aufgrund eines inneren Kurzschlusses den Wert Null hat. Die Einzelzellen sind alle voneinander statistisch unabhängig. Man berechne unter diesen Bedingungen die mittlere, im Widerstand verbrauchte Leistung $\overline{P}$ und drücke das Ergebnis durch N, v und p aus.

1.20 Man betrachte N gleiche Antennen, die linear polarisierte elektromagnetische Strahlung der Wellenlänge λ und der Geschwindigkeit c aussenden. Die Antennen sind entlang der x-Achse mit einem gegenseitigen Abstand λ angeordnet. Ein Beobachter befindet sich auf der x-Achse in großer Entfernung von den Antennen. Wenn eine *einzelne* Antenne strahlt, mißt der Beobachter eine Intensität I (d.h. die mittlere quadratische E-Feldstärkenamplitude).

a) Wie groß ist die vom Beobachter gemessene Gesamtintensität, wenn alle Antennen durch denselben Generator mit der Frequenz $r = c/\lambda$ in Phase gespeist werden?

b) Wie groß ist die vom Beobachter gemessene mittlere Intensität, wenn die Antennen alle mit derselben Frequenz $r = c/\lambda$, aber mit vollständig zufälligen Phasen strahlen?
(Hinweis: Man stelle die Amplituden durch Vektoren dar und leite die beobachtete Intensität von der resultierenden Amplitude ab.)

1.21 Neuerdings sind Radarsignale von dem Planeten Venus reflektiert worden. Angenommen, daß bei einem solchen Experiment ein elektromagnetisches Signal der Dauer τ von der Erde zur Venus gesendet wird. Eine Zeitspanne t später (die das Signal benötigt, um von der Erde zur Venus und zurück zu gelangen) wird die Empfangsantenne auf der Erde für eine Zeit τ eingeschaltet. Das zurückkehrende Echo sollte dann von dem Meßinstrument, das am Ausgang der elektronischen Anlage hinter der Empfangsantenne angebracht ist, als äußerst schwaches Signal mit einer bestimmten Amplitude a_s verzeichnet werden. Außerdem wird aber (herrührend von den unvermeidlichen Schwankungen im Strahlungsfeld außerhalb der Erde und vorallem den Stromschwankungen in dem äußerst empfindlichen Empfangssystem selbst) von dem Meßinstrument ein Zufallssignal mit einer Amplitude a_n registriert. Das Meßinstrument registriert somit eine Gesamtamplitude $a = a_s + a_n$. Obwohl im Mittel $\bar{a}_n = 0$ ist, da a_n mit gleicher Wahrscheinlichkeit positiv oder negativ ist, besteht eine beträchtliche Wahrscheinlichkeit dafür, daß a_n Werte annimmt, die weit höher liegen als die von a_s; d.h. die Größe $(\overline{a_n^2})^{1/2}$ kann weitaus größer sein als das interessierende Signal a_s. Angenommen, daß

$(\overline{a_n^2})^{1/2} = 1000\, a_s$. Dann ruft das schwankende Signal a_n ein Rauschen hervor, welches eine Beobachtung des erwünschten Echosignals praktisch unmöglich macht.

Angenommen, daß N solche Radarsignale hintereinander ausgesandt werden und daß die Gesamtamplituden a, die von der Meßapparatur nach dem Signal aufgefangen werden, alle aufaddiert sind, bevor sie von dem Meßgerät aufgezeigt werden. Die resultierende Amplitude muß dann die Form $A = A_s + A_n$ haben, wo A_n die resultierende Rauschamplitude (mit $\overline{A_n} = 0$) und $\overline{A} = A_s$ die resultierende Echo-Signalamplitude bedeuten. Wieviele Signale müssen ausgesandt werden, bevor $(\overline{A_n^2})^{1/2} = A_s$ ist, so daß das Echosignal feststellbar wird?

1.22 Man betrachte das eindimensionale Problem der Zufallsbewegung mit der Wahrscheinlichkeitsverteilung

$$w(s)\, ds = (2\pi\sigma^2)^{-\frac{1}{2}}\, e^{-(s-l)^2/2\sigma^2} ds$$

Wie groß ist nach N Schritten (Einzelverschiebungen)

a) die mittlere Gesamtverschiebung $\bar{x}$ vom Ursprung?

b) das Schwankungsquadrat $\overline{(x - \bar{x})^2}$?

1.23 Man betrachte das Problem der eindimensionalen Zufallsbewegung für ein Teilchen. Angenommen, daß jede einzelne Verschiebung stets positiv ist und mit gleicher Wahrscheinlichkeit irgendwo im Bereich zwischen $l - b$ und $l + b$ liegt, wobei $b < l$. Wie groß ist nach N Einzelverschiebungen

a) die mittlere Gesamtverschiebung $\bar{x}$?

b) das Schwankungsquadrat $\overline{(x - \bar{x})^2}$?

1.24 a) Ein Teilchen befindet sich an jeder Stelle auf dem Umfang eines Kreises mit gleicher Wahrscheinlichkeit. Die z-Achse sei irgendeine Gerade in der Ebene des Kreises, die durch seinen Mittelpunkt hindurchgeht und θ sei der Winkel zwischen der z-Achse und der Geraden, die den Mittelpunkt des Kreises und das Teilchen auf seinem Umfang verbindet. Wie groß ist die Wahrscheinlichkeit dafür, daß dieser Winkel zwischen θ und $\theta + d\theta$ liegt?

b) Ein Teilchen befindet sich an jeder Stelle auf der Oberfläche einer Kugel mit gleicher Wahrscheinlichkeit. Die z-Achse sei irgendeine Gerade durch den Kugelmittelpunkt und θ der Winkel zwischen der z-Achse und der den Kugelmittelpunkt und das Teilchen verbindenden Geraden. Wie groß ist die Wahrscheinlichkeit dafür, daß dieser Winkel zwischen θ und $\theta + d\theta$ liegt?

1.25 Man betrachte eine polykristalline Probe von $CaSO_4 \cdot 2H_2O$ in einem äußeren Magnetfeld $\boldsymbol{B}$ in z-Richtung. Das innere Magnetfeld (in z-Richtung), hervorgerufen am Ort eines gegebenen Protons im H_2O Molekül durch das Nachbarproton, ist gegeben durch $(\mu/a^3)(3\cos^2\theta - 1)$, falls der Spin dieses Nachbarprotons in Richtung des angelegten Feldes zeigt; es ist gegeben durch – $-(\mu/a^3)(3\cos^2\theta - 1)$, falls der Spin des benachbarten Protons in die entgegengesetzte Richtung zeigt. Hier ist μ das magnetische Moment des Protons und a die Entfernung zwischen den beiden Protonen, während θ den Winkel zwischen der Verbindungslinie der beiden Protonen und der z-Achse bezeichnet. In dieser Probe von zufällig orientierten Kristallen befindet sich das Nachbarproton mit gleicher Wahrscheinlichkeit an jeder Stelle auf der Kugel mit dem Radius a, die das gegebene Proton umgibt.

a) Wie groß ist die Wahrscheinlichkeit $W(b)\,db$ dafür, daß das innere Feld b zwischen b und $b + db$ liegt, wenn der Spin des Nachbarprotons parallel zu $\boldsymbol{B}$ ist?

b) Wie groß ist die Wahrscheinlichkeit $W(b)\,db$, wenn der Spin des Nachbarprotons mit gleicher Wahrscheinlichkeit entweder parallel oder antiparallel zu $\boldsymbol{B}$ ist? Man skizziere $W(b)$ als Funktion von b.
(Bei einem kernmagnetischen Resonanzexperiment ist die Frequenz, bei der Energie von einem radiofrequenten Magnetfeld absorbiert wird, proportional zur lokalen magnetischen Feldstärke, die am Ort eines Protons herrscht. Die Antwort von Teil b) gibt deshalb die Gestalt der Absorptionslinie, die man bei diesem Experiment beobachtet.)

*1.26 Man betrachte das Problem der eindimensionalen Zufallsbewegung und nehme an, daß die Wahrscheinlichkeit für eine Einzelverschiebung zwischen s und $s + ds$ gegeben ist durch

$$w(s)\,ds = \frac{1}{\pi}\frac{b}{s^2 + b^2}\,ds$$

Man berechne die Wahrscheinlichkeit $\mathcal{P}(x)\,dx$ dafür, daß die Gesamtverschiebung nach N Schritten zwischen x und $x + dx$ liegt.

1.27 Man betrachte das sehr allgemeine Problem einer eindimensionalen Zufallsbewegung, bei dem die Wahrscheinlichkeit dafür, daß die i-te Verschiebung zwischen s_i und $s_i + ds_i$ liegt, gegeben ist durch $w_i(s_i)ds_i$. Hier kann also die Wahrscheinlichkeitsdichte w_i von Schritt zu Schritt verschieden und somit von i abhängig sein. Es gilt jedoch immer noch, daß verschiedene Verschiebungen statistisch unabhängig sind, d.h. bei einer beliebigen Verschiebung hängt w_i nicht von irgendwelchen anderen Verschiebungen ab, die das Teilchen erfahren hat. Man führe ähnliche Überlegungen an, wie im Abschn. 1.11, um zu zeigen, daß die Wahrscheinlichkeit $\mathcal{P}(x)\,dx$ sich nach wie vor der Gaussschen Form nähert mit einen Mittelwert $\bar{x} = \Sigma \bar{s}_i$ und einem Schwankungsquadrat $\overline{(\Delta x)^2} = \Sigma\,\overline{(\Delta s_i)^2}$, falls die Anzahl N der Einzelverschiebungen sehr groß wird. Dieses Ergebnis bildet eine sehr allgemeine Form des zentralen Grenzwertsatzes.

*1.28 Man betrachte die dreidimensionale Zufallsbewegung eines Teilchens und bezeichne mit $w(\boldsymbol{s})\,d^3s$ die Wahrscheinlichkeit dafür, daß seine Verschiebung $\boldsymbol{s}$ im Gebiet zwischen $\boldsymbol{s}$ und $\boldsymbol{s} + d\boldsymbol{s}$ liegt (d.h. daß s_x zwischen s_x und $s_x + ds_x$ liegt, daß s_y zwischen s_y und $s_y + ds_y$ liegt, und daß s_z zwischen s_z und $s_z + ds_z$ liegt). $\mathcal{P}(\boldsymbol{r})\,d^3r$ bezeichne die Wahrscheinlichkeit dafür, daß die Gesamtverschiebung $\boldsymbol{r}$ des Teilchens nach N Einzelverschiebungen im Gebiet zwischen $\boldsymbol{r}$ und $\boldsymbol{r} + d\boldsymbol{r}$ liegt. Man zeige durch Verallgemeinerung der Überlegungen von Abschnitt 1.10 auf drei Dimensionen, daß

$$\mathcal{P}(\boldsymbol{r}) = \frac{1}{(2\pi)^3} \int_{-\infty}^{\infty} d^3\boldsymbol{k}\, e^{-i\boldsymbol{k}\cdot\boldsymbol{r}} Q^N(\boldsymbol{k})$$

wobei $Q(\boldsymbol{k}) = \int_{-\infty}^{\infty} d^3\boldsymbol{s}\, e^{i\boldsymbol{k}\cdot\boldsymbol{s}} w(\boldsymbol{s})$

*1.29 a) Unter Benutzung einer geeigneten Diracschen Deltafunktion bestimme man die Wahrscheinlichkeitsdichte $w(s)$ für Verschiebungen mit einheitlicher Länge aber zufälliger Richtung im Raum.
[Hinweis: Man denke daran, daß $w(s)$ so beschaffen sein muß, daß $\iiint w(s)\, ds = 1$, wenn über den ganzen Raum integriert wird.]

b) Man benutze das Resultat von Teil a), um $Q(k)$ zu berechnen. (Man führe die Integration in Kugelkoordinaten aus.)

c) Man benutze diesen Wert von $Q(k)$ und berechne damit für $N = 3$ die Größe $\mathcal{P}(r)$.

2. Statistische Beschreibung von Vielteilchensystemen

Systemzustände klassischer Systeme werden durch $2f$ Koordinaten beschrieben, nämlich durch f generalisierte Koordinaten q_k und durch weitere f generalisierte Impulse p_k, wobei f die Anzahl der Freiheitsgrade des Systems ist. Werden die q_k und die p_k als kartesische Koordinaten aufgefaßt, so spannen sie einen $2f$-dimensionalen Raum auf, der Γ-Raum oder (großer) Phasenraum genannt wird. Systemzustände quantenmechanischer Systeme werden durch die Werte $(n_1, n_2, n_3, \ldots)$, n_j ganzzahlig, ihrer Quantenzahlen n_j charakterisiert. Ein statistisches Ensemble besteht aus einer Menge von identischen Systemen, die den gleichen makroskopischen Nebenbedingungen unterworfen sind und die sich in verschiedenen mikroskopischen Zuständen befinden. Diese Zustände sind mit den makroskopischen Nebenbedingungen verträglich und werden „die dem System zugänglichen Zustände" genannt. Das grundlegende Postulat der Statistischen Physik lautet: „Im Gleichgewicht wird ein isoliertes System durch ein Ensemble charakterisiert, das über die dem System zugänglichen Zustände im Γ-Raum gleichverteilt ist." Daher werden Nichtgleichgewichtssysteme und nicht isolierte Systeme durch nichtgleichverteilte Ensemble dargestellt. Der in einem Nichtgleichgewichtssystem ablaufende irreversible Prozeß wird damit durch den Übergang des nichtgleichverteilten Ensembles in ein gleichverteiltes beschrieben. Die Zustandsdichte eines Systems, d.h. die Anzahl seiner Zustände in einer Energieschale bezogen auf ihre Dicke, ist eine überaus schnell wachsende Funktion der Energie ($\sim E^f$, f Anzahl der Freiheitsgrade des Systems). Makroskopische Systeme können in thermischer und mechanischer Wechselwirkung miteinander stehen. Der Energieaustausch bei thermischer Wechselwirkung verändert die Besetzungen der Energieniveaus, die bei dieser Wechselwirkung unverändert bleiben. Dagegen ändert der Energieaustausch bei mechanischer Wechselwirkung die Lage der Energieniveaus ab. Geschieht dies hinreichend langsam, so wird dieser Prozeß „quasi-statisch" genannt. Die Energieänderung bei einem infinitesimalen Prozeß ist stets ein vollständiges Differential. Die infinitesimale Arbeit und der infinitesimale Wärmeübergang sind im allgemeinen keine vollständige Differentiale, es sei denn bei rein mechanischer bzw. rein thermischer Wechselwirkung.

Nachdem wir uns mit einigen elementaren statistischen Ideen vertraut gemacht haben, sind wir bereit, uns dem Hauptanliegen dieses Buches zuzuwenden: Die Besprechung der Systeme, die aus sehr vielen Teilchen bestehen. Bei der Untersuchung solcher Systeme werden wir einige statistische Ideen mit unserer Kenntnis von den Gesetzen der Mechanik kombinieren, denen diese Teilchen unterliegen. Diese Art der Betrachtung bildet die Basis der Disziplin „Statistische Mechanik". Die Methode ist jener ähnlich, die wir bei der Besprechung des Glücksspiels benutzt haben. Um die Analogie klar zu machen, betrachtet man z.B. ein System, das aus 10 Würfeln besteht, die in einem Experiment (Wurf) aus einem Becher auf einen Tisch geworfen werden. Die wesentlichen Fakten, die für eine Beschreibung dieser Situation notwendig sind, sind die folgenden:

1. Beschreibung des Systemzustandes: Man benötigt eine umfassende Methode, das Ergebnis eines jeden Experimentes eindeutig zu beschreiben; z.B. in diesem Falle erfordert die Beschreibung des Systemzustandes nach dem Wurf die Angabe, welche Zahl jeder der 10 Würfel zeigt.

2. Statistisches Ensemble: Im Prinzip könnte das Problem im folgenden Sinne vorherbestimmt sein: Falls wir wirklich alle Anfangslagen und Orientierungen und die zugehörigen Geschwindigkeiten aller Würfel im Becher am Anfang des Versuchs kennen würden, und wenn wir weiter die Behandlung des Bechers während des Wurfes wüßten, dann könnten wir tatsächlich den Ausgang des Experimentes durch die Anwendung der Gesetze der klassischen Mechanik und die Lösung der zugehörigen Differentialgleichungen vorhersagen. Aber solche genauen Informationen über den Anfangszustand des Systems sind uns nicht zugänglich. Deshalb werden wir so vorgehen, daß das Experiment mit wahrscheinlichkeitstheoretischen Methoden bebeschrieben werden soll. Das bedeutet, daß wir anstelle eines einzelnen Experimentes ein Ensemble betrachten, das aus vielen solcher Experimente besteht, die alle unter vergleichbaren Bedingungen ausgeführt werden (nach einigem Schütteln werden 10 Würfel aus dem Becher geworfen). Die Ergebnisse eines jeden Experimentes werden im allgemeinen unterschiedlich sein. Aber wir können nach der *Wahrscheinlichkeit* fragen, mit der ein bestimmtes Ergebnis auftritt, d.h. wir können den Bruchteil der Fälle aller Experimente bestimmen, der durch einen speziellen Endzustand der Würfel gekennzeichnet ist. Dieses Verfahren zeigt, wie die Wahrscheinlichkeit experimentell bestimmt wird [1+]. Unser theoretisches Ziel ist es, auf der Grundlage einiger Postulate diese Wahrscheinlichkeit vorauszusagen.

[1+] Unter gleichen Bedingungen werden hinreichend viele Einzelversuche durchgeführt, deren Ergebnis trotz gleicher Ausführungsbedingungen verschieden ausfallen. Sind M Versuchsausgänge möglich und werden N Versuche durchgeführt, so heißt $h_j \equiv N_j/N$ die relative Häufigkeit, mit der der j-te Versuchsausgang auftritt, wenn N_j die Anzahl der Versuche darstellt, für die der j-te Versuchsausgang auftritt. Es gilt $\sum_{j=1}^{M} N_j = N$ und $\sum_{j=1}^{M} h_j = 1$. h_j ist im allgemeinen eine Funktion der Versuchsanzahl: $h_j = h_j(N)$. Wird die Versuchsanzahl unter Beibehaltung aller Versuchsbedingungen erhöht, so heißt der Grenzwert $\lim_{N \to \infty} h_j(N) = W_j$ die Wahrscheinlichkeit dafür, daß der j-te Versuchsausgang eintritt.

3. Grundlegendes Postulat über die a-priori-Wahrscheinlichkeiten: Um theoretisch voranzukommen, müssen wir einige fundamentale Postulate einführen. Unsere Kenntnis der physikalischen Situation läßt uns aufgrund der Gesetze der Mechanik erwarten, daß für einen regulären Würfel einheitlicher Dichte nichts für das bevorzugte Erscheinen einer bestimmten Zahl des Würfels gegenüber allen anderen Zahlen spricht. Deshalb können wir das Postulat einführen, daß *a priori* (d.h. aufgrund unserer vorhergehenden Ansicht, die bis jetzt durch Beobachtungen noch nicht bestätigt ist) die Wahrscheinlichkeiten dafür, daß irgendeine der sechs Oberflächen eines Würfels nach dem Wurf oben liegt, gleich sind. Dieses Postulat ist außerordentlich einleuchtend und widerspricht keinem Gesetz der Mechanik. Ob das Postulat wirklich zutrifft, kann nur dadurch entschieden werden, daß theoretische Voraussagen, die mit seiner Hilfe gemacht wurden, durch experimentelle Beobachtungen geprüft und bestätigt werden. Werden solche Voraussagen wiederholt bestätigt, so kann die Gültigkeit dieses Postulates mit wachsendem Vertrauen angenommen werden.

4. Wahrscheinlichkeitsrechnung: Wenn das grundlegende Postulat bestätigt worden ist, erlaubt die Wahrscheinlichkeitstheorie die Berechnung der Wahrscheinlichkeit für den Ausgang eines jeden Experimentes mit diesen Würfeln.

Beim Studium der Vielteilchensysteme werden unsere Betrachtungen gleich jenen sein, die wir im vorstehenden Problem der 10 Würfel benutzt haben.

Statistische Formulierung des mechanischen Problems

2.1 Beschreibung des Systemzustandes

Es wird irgendein System von Teilchen betrachtet, wie kompliziert auch immer (z.B. eine Menge schwach gekoppelter, harmonischer Oszillatoren, ein Gas, eine Flüssigkeit, ein Automobil). Wir wissen, daß diese Teilchen in einem solchen System (z.B. die Elektronen, Atome oder Moleküle, die das System bilden) durch die Gesetze der Quantenmechanik beschrieben werden können. Insbesondere kann das System durch eine Wellenfunktion $\psi\,(q_1, \ldots, q_f)$ beschrieben werden, die eine Funktion von f Koordinaten (einschließlich möglicher Spinvariablen) ist, die zur Charakterisierung des Systems erforderlich sind. Die Zahl f ist die „Anzahl der Freiheitsgrade" des Systems. Ein spezieller Quantenzustand des Systems ist durch einen Satz von f Quantenzahlen gegeben. Die Beschreibung ist vollständig, wenn durch die Vorgabe von ψ zu irgendeiner Zeit t die Bewegungsgleichung der Quantenmechanik die Vorhersage von ψ zu irgendeiner anderen Zeit gestattet.

Beispiel 1: Es wird ein System betrachtet, das aus einem einzigen Teilchen an einem festen Ort besteht und das den Spin ½ besitzt (d.h. das Spin-Drehmoment ist $\frac{1}{2}\hbar$). Der Zustand dieses Teilchens ist in quantenmechanischer Beschreibung durch die Projektion m des Spins auf eine beliebige, feste Achse gegeben, die zur z-Achse gewählt werden kann. Die Quantenzahl m kann zwei Werte $m = \frac{1}{2}$ oder $m = -\frac{1}{2}$ annehmen, d.h. grob gesagt, der Spin kann entweder nach „oben" oder nach „unten" bezüglich der z-Achse orientiert sein.

Beispiel 2: Es wird ein System aus N Teilchen betrachtet, die sich alle an festen Orten befinden. Jedes Teilchen besitzt den Spin ½. N sei groß, etwa von der Größenordnung der Loschmidtschen Zahl $N_L = 6 \cdot 10^{23}$ mol^{-1}. Die Quantenzahl m eines jeden Teilchens kann zwei Werte $m = \pm\frac{1}{2}$ annehmen. Der Zustand des Gesamtsystems ist dann durch die Angabe der N Quantenzahlen $m_1, \ldots, m_N$ festgelegt, die die Spinorientierung jedes einzelnen Teilchens beschreiben.

Beispiel 3: Es wird ein System betrachtet, das aus einem eindimensionalen harmonischen Oszillator in fester Position x besteht. Die möglichen Quantenzustände dieses Oszillators können durch eine Quantenzahl n numeriert werden, so daß die Energie des Oszillators

$$E_n = (n + \tfrac{1}{2})\hbar\omega$$

ist. ω ist die klassische Kreisfrequenz der Schwingung. Die Quantenzahl n ist ganzzahlig $n = 0, 1, 2, \ldots$

Beispiel 4: Es wird ein System aus N untereinander schwach wechselwirkenden, eindimensionalen harmonischen Oszillatoren betrachtet. Der Quantenzustand dieses Systems kann durch die Menge der Quantenzahlen $n_1, \ldots, n_N$ beschrieben werden, wobei n_i zum i-ten Oszillator gehört und jede Quantenzahl ganzzahlig ist.

Beispiel 5: Es wird ein System betrachtet, das aus einem spin- und kräftefreien Teilchen in einem rechtwinkligen Kasten besteht (die Teilchenkoordinaten liegen somit innerhalb des Gebietes $0 \leqslant x \leqslant L_x$, $0 \leqslant y \leqslant L_y$, $0 \leqslant z \leqslant L_z$). Die Wellenfunktion ψ dieses Teilchens der Masse m muß die Schrödinger-Gleichung

$$-\frac{\hbar^2}{2m}\left(\frac{\partial^2}{\partial x^2} + \frac{\partial^2}{\partial y^2} + \frac{\partial^2}{\partial z^2}\right)\psi = E\psi \tag{2.1.1}$$

erfüllen. Weil das Teilchen den Kasten nicht verlassen kann, muß ψ an den Wänden verschwinden. Die Wellenfunktion mit dieser Randbedingung, die (2.1.1) erfüllt, hat die Form

$$\psi = \sin\left(\pi\frac{n_x x}{L_x}\right)\sin\left(\pi\frac{n_y y}{L_y}\right)\sin\left(\pi\frac{n_z z}{L_z}\right) \tag{2.1.2}$$

Die Energie E des Teilchens ergibt sich zu

$$E = \frac{\hbar^2}{2m}\pi^2\left(\frac{n_x^2}{L_x^2} + \frac{n_y^2}{L_y^2} + \frac{n_z^2}{L_z^2}\right) \tag{2.1.3}$$

Die Randbedingung $\psi = 0$, wenn $x = 0$ oder $x = L_x$, $y = 0$ oder $y = L_y$, $z=$ $z = 0$ oder $z = L_z$, erzwingt, daß die drei Zahlen n_x, n_y, n_z ganzzahlig sind. Der Zustand des Teilchens ist durch die Angabe dieser drei ganzzahligen Quantenzahlen gegeben. Die quantisierte Energie eines Zustandes ergibt sich aus (2.1.3).

Bemerkungen zur klassischen Beschreibung. Atome und Moleküle werden in Begriffen der Quantenmechanik beschrieben. Deshalb wird im weiteren bei der Erörterung der Vielteilchensysteme durchgängig die Quantenmechanik als Grundlage benutzt. Eine Beschreibung in Begriffen der klassischen Mechanik kann – obgleich sie im allgemeinen nicht zutreffend ist – manchmal eine nützliche Näherung darstellen. Deshalb ist es angebracht, einige Bemerkungen über die Beschreibung des Systemzustandes im Rahmen der klassischen Mechanik zu machen.

Wir beginnen mit einem sehr einfachen Fall – ein einziges Teilchen in einer Dimension. Dieses System kann durch die Angabe seiner Ortskoordinate q und seines zugehörigen Impulses p vollständig beschrieben werden. (Die Beschreibung ist deshalb vollständig, weil es die Gesetze der klassischen Mechanik gestatten, aus der Kenntnis von q und p zu irgendeiner Zeit die Werte von q und p zu irgendeiner anderen Zeit vorherzusagen.) Diese Situation läßt sich geometrisch dadurch veranschaulichen, indem in einem kartesischen p-q-Achsenkreuz (Abb. 2.1.1) für den Zustand des betrachteten Einteilchensystems ein Punkt gemacht wird. Der zweidimensionale p-q-Raum wird als „Phasenraum" dieses Systems bezeichnet. Wenn Ortskoordinate und Impuls des Teilchens zeitabhängig sind, bewegt sich der den Teilchenzustand beschreibende Punkt (repräsentativer Punkt) durch diesen Phasenraum.

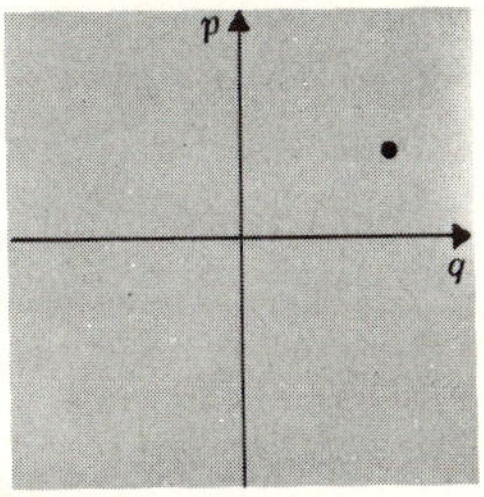

Abb. 2.1.1 Klassischer Phasenraum eines Teilchens in einer Dimension.

Um die Situation so zu beschreiben, daß die möglichen Zustände des Teilchens abzählbar sind, ist es angebracht, das Gebiet der Variablen q und p beliebig in kleine Intervalle einzuteilen; z.B. kann man für die Einteilung von q feste Intervalle der Länge δq wählen, für die von p solche der Länge δp. Somit ist in diesem

Falle der Phasenraum in kleine Zellen gleichen Volumens (hier wegen der Dimension 2 gleicher Flächen)

$$\delta q\, \delta p = h_0$$

eingeteilt. Dabei ist h_0 eine kleine Konstante der Dimension des Drehimpulses (Wirkung). Der Systemzustand kann nunmehr dadurch beschrieben werden, daß seine Ortskoordinate in einem Intervall zwischen q und $q + \delta q$ und sein Impuls zwischen p und $p + \delta p$ liegt, d.h. durch die Angabe, daß der repräsentative Punkt (q, p) in einer bestimmten Zelle des Phasenraums liegt. Die Beschreibung des Systemzustandes wird selbstverständlich umso genauer je kleiner die Zellengröße der Zellen gewählt wird, in die der Phasenraum eingeteilt wurde, d.h. je kleiner die Größe von h_0 gewählt wird. Natürlich kann in dieser klassischen Beschreibung h_0 beliebig klein gewählt werden.

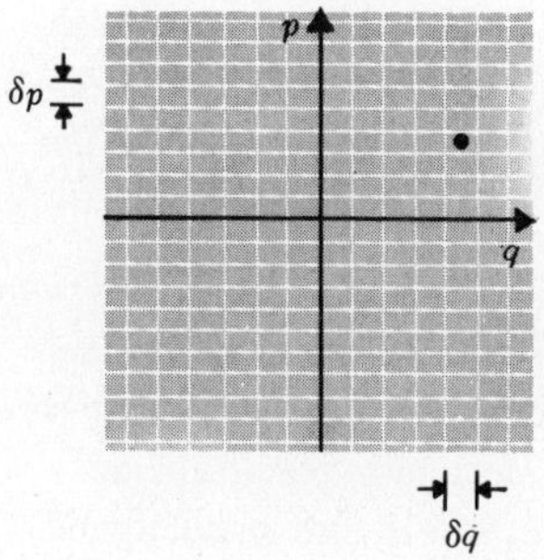

Abb. 2.1.2 Dies ist der in Abb. 2.1.1 gezeigte Phasenraum, der in Zellen gleichen Volumens $\delta q\, \delta p = h_0$ eingeteilt ist.

Es muß angemerkt werden, daß die Quantentheorie der Genauigkeit, mit der die gleichzeitige Bestimmung der Ortskoordinate q und des Impulses p möglich ist, eine Begrenzung auferlegt. Diese Begrenzung wird durch das Heisenbergsche Unbestimmtheitsprinzip ausgedrückt, das aussagt, daß die Unbestimmtheiten δp und δp derart sind, daß $\delta q\, \delta p \gtrsim \hbar$ gilt, wobei $\hbar$ die durch 2π dividierte Plancksche Konstante ist [2+]. Somit ist eine Einteilung des Phasenraums in Zellen, deren Volumen kleiner als $\hbar$ ist, physikalisch bedeutungslos, d.h. eine Wahl von $h_0 < \hbar$ würde zu einer genaueren Beschreibung des Systems führen als es die Quantentheorie erlaubte.

Die Verallgemeinerung der eingangs gemachten Bemerkungen auf ein beliebig komplexes System ist naheliegend. Ein solches System kann durch eine Menge von f Ortskoordinaten $q_1, \ldots, q_f$ und f zugehörigen Impulsen $p_1, \ldots, p_f$, d.h. durch $2f$ Parameter (eindeutig) beschrieben werden. Die Anzahl f der voneinander unabhängigen Ortskoordinaten, die zur Beschreibung des Systems benötigt wird, heißt „Anzahl der Freiheitsgrade" des Systems. (Wenn wir es z.B mit einem System aus N punktförmigen Teilchen zu tun haben, so ist jedes Teilchen durch seine drei Ortskoor-

[2+] δq und δp sind die mittleren quadratischen Abweichungen (nach 1.4.9) des Orts- und Impulsoperators.

dinaten charakterisiert, so daß $f = 3N$ ist.) Die Menge der Zahlen $\{q_1, \ldots, q_f, p_1, \ldots, p_f\}$ kann wieder als ein „Punkt" in einem „Phasenraum" von $2f$ Dimensionen angesehen werden, in dem jede kartesische Koordinatenachse durch eine der Orts- oder Impulskoordinaten gekennzeichnet ist. (Obgleich dieser Raum unanschaulich ist, entspricht er völlig dem 2-dimensionalen Raum in Abb. 2.1.1). Dieser Raum kann wieder in kleine Zellen eingeteilt werden. (Wählt man z.B. die Einteilung so, daß wie im 2-dimensionalen Beispiel $\delta q_k \, \delta p_k = h_0$ für alle k gilt, so ist das Zellenvolumen im $2f$-dimensionalen Phasenraum $\delta q_1 \ldots \delta q_f \, \delta p_1 \ldots \delta p_f = h_0^f$.) Der Systemzustand kann dann wieder durch die Angabe beschrieben werden, in welchem Gebiet oder in welcher Zelle des Phasenraums die Koordinaten $q_1, \ldots, q_f, p_1, \ldots, p_f$ des Systems zu finden sind.

Zusammenfassung: Der mikroskopische Zustand oder kurz „Mikrozustand" eines Systems von Teilchen kann einfach auf folgende Art beschrieben werden:

Man numeriere und indiziere in einer zweckmäßigen (also beliebigen) Reihenfolge alle möglichen Quantenzustände des Systems ($r = 1, 2, 3, \ldots$). Der Systemzustand wird dann durch die Angabe der speziellen Zustandsnummer r des Zustandes beschrieben, in dem das System vorgefunden wird.

Falls die Näherung der klassischen Mechanik benutzt werden soll, ist das Vorgehen völlig analog. Nachdem der Phasenraum des Systems in geeignete Zellen gleicher Größe eingeteilt worden ist, kann man diese Zellen in beliebiger Weise mit einem Index r numerieren ($r = 1, 2, 3, \ldots$). Der Systemzustand wird dann durch die Angabe des Index r der Zelle beschrieben, in der sich der repräsentative Punkt des Systems befindet.

Somit sind die quantenmechanische und klassische Beschreibung sehr ähnlich: Eine Zelle im Phasenraum ist das klassische Analogon zum Quantenzustand.

2.2 Statistisches Ensemble

Im Prinzip ist der Zustand eines Vielteilchensystems in dem Sinne völlig determinierend, daß die Angabe der Wellenfunktion ψ des Systems zu irgendeiner Zeit die Berechnung aller physikalischen Eigenschaften des Systems sowie die Vorhersage von ψ zu allen anderen Zeiten gestattet. (Analog ist es in der klassischen Mechanik, in der die Beschreibung des Systemzustands durch die Angabe aller Ortskoordinaten und aller Momente es gestattet, alle physikalischen Eigenschaften des Systems zu berechnen und alle Ortskoordinaten und Momente für alle anderen Zeiten vorauszusagen.) Aber im allgemeinen ist uns weder eine solche vollständige Beschreibung des Systems zugänglich noch sind wir an einer solchen interessiert. Deshalb werden wir das System wahrscheinlichkeitstheoretisch beschreiben. Zu diesem Zweck betrachten wir *nicht* nur ein einziges System, sondern wir denken uns ein Ensemble aus einer sehr großen Anzahl identischer Systeme, die alle irgendwelchen, als bekannt anzunehmenden Bedingungen unterworfen worden waren[3+]. Im allgemeinen sind die Systeme des Ensembles in verschiedenen Zuständen und werden deshalb auch durch verschiedene makroskopische Parameter charakterisiert (z.B. durch verschiedene Werte des Druckes oder der Magnetisierung). Aber wir können danach fragen, mit welcher Wahrscheinlichkeit ein bestimmter Wert eines solchen Parameters auftritt, d.h. wir können den Anteil der Fälle im Ensemble bestimmen, für den der Parameter diesen bestimmten Wert annimmt. Das Ziel der Theorie besteht darin, die Wahrscheinlichkeit vorauszusagen, mit der im Ensemble verschiedene Werte eines solchen Parameters auftreten, und zwar auf der Grundlage einiger fundamentaler Postulate.

Beispiel: Es wird ein System aus drei unbeweglichen Teilchen betrachtet, von denen jedes den Spin ½ hat, so daß jeder Spin nach oben oder nach unten zeigen kann. (d.h. in Richtung oder entgegengesetzt einer zur z-Achse gewählten. Richtung.) Jedes Teilchen hat ein magnetisches Moment μ in Richtung der z-Achse, wenn der Spin nach oben zeigt, ein solches $-\mu$, wenn der Spin nach unten gerichtet ist. Das System wird in ein äußeres Magnetfeld H gebracht, das in die positive Richtung der z-Achse zeigt.

Der Zustand eines jeden Teilchens i kann durch seine magnetische Quantenzahl m_i, die die beiden Werte $m_i = \pm \frac{1}{2}$ annehmen kann, beschrieben werden. Der Zustand des Gesamtsystems wird durch die Werte der drei Quantenzahlen m_1, m_2 und m_3 beschrieben. Ein Teilchen hat die Energie $-\mu H$, wenn sein Spin nach oben zeigt und die Energie μH, wenn der Spin abwärts gerichtet ist.

In der nachfolgenden Tafel sind alle möglichen Zustände des Systems zusammengestellt. Desgleichen einige Parameter, wie das resultierende magnetische Moment und die Gesamtenergie, die das System als Ganzes charakterisieren. (Zur Abkürzung ist $m = \frac{1}{2}$ durch +, $m = -\frac{1}{2}$ durch – gekennzeichnet.)

Zustands-Nr. r	Quantenzahlen m_1, m_2, m_3	resultierendes magn. Moment	Gesamtenergie
1	+ + +	3μ	$-3\mu H$
2	+ + –	μ	$-\mu H$
3	+ – +	μ	$-\mu H$
4	– + +	μ	$-\mu H$
5	+ – –	$-\mu$	μH
6	– + –	$-\mu$	μH
7	– – +	$-\mu$	μH
8	– – –	-3μ	$3\mu H$

[3+] Diese makroskopischen Nebenbedingungen sind für die Konstruktion des Ensembles wesentlich. Veränderte Nebenbedingungen ergeben im allgemeinen andere Ensemble

Gewöhnlich besitzt man von dem zu betrachtenden System nur einige Teilkenntnisse (z.B. könnten die Gesamtenergie und das Volumen eines Gases bekannt sein). Das System kann dann nur in einem seiner Zustände sein, die mit der vom System bekannten Information verträglich ist. Diese Zustände werden als die „dem System zugänglichen Zustände" bezeichnet. In einer statistische Beschreibung enthält somit das repräsentative Ensemble (die Menge der repräsentativen Punkte im Phasenraum) nur solche Systeme, die alle mit dem speziellen, vorhandenen Wissen über das betrachtete System verträglich sind, d.h. die Systeme im Ensemble müssen alle allein auf die verschiedenen zugänglichen Zustände verteilt sein.

Beispiel: Es wird angenommen, daß in dem vorhergehenden Beispiel des Systems, das aus den drei Spins besteht, die Gesamtenergie bekannt und gleich $-\mu H$ sei. Falls dies die einzige zugängliche Information ist, kann das System nur in einem der drei folgenden Zustände sein (vgl. Tabelle):

$$(+\,+\,-) \quad (+\,-\,+) \quad (-\,+\,+).$$

Natürlich wissen wir nicht, in welchem dieser Zustände sich das System wirklich befindet, noch kennen wir die unentbehrliche relative Wahrscheinlichkeit, das System in einem jeden dieser Zustände zu finden.

2.3 Grundlegende Postulate

Um in den theoretischen Betrachtungen voranzukommen, ist es nötig, einige Postulate darüber einzuführen, wie groß die relativen Wahrscheinlichkeiten sind, ein System in irgendeinem seiner zugänglichen Zustände vorzufinden. Es wird zunächst angenommen, daß das betrachtete System *isoliert* sei und daher keine Energie mit seiner Umgebung austauschen kann. Gemäß den Gesetzen der Mechanik ist dann die Gesamtenergie des Systems eine Erhaltungsgröße. Daraus folgt, daß das System stets durch diesen Wert der Energie charakterisiert sein muß und daß die zugänglichen Zustände des Systems alle diese Energie besitzen müssen. Im allgemeinen gibt es eine große Menge solcher Zustände, und das System kann in irgendeinem von ihnen sein. Was kann man nun über die relative Wahrscheinlichkeit aussagen, das System in irgendeinem dieser zugänglichen Zustände vorzufinden? [4+)]

Man kann hoffen, einige allgemeine Aussagen für den einfachen Fall eines isolierten Systems im *Gleichgewicht* zu machen. Eine solche Gleichgewichtssituation ist dadurch ausgezeichnet, daß die Wahrscheinlichkeit dafür, das System in irgendeinem zugänglichen Zustand vorzufinden, zeitunabhängig ist. (d.h. das repräsentative Ensemble ist unabhängig von der Zeit stets dasselbe.) Alle makroskopischen

[4+)] Das ist wie folgt zu verstehen: Eine große Menge gleichartiger isolierter Systeme gleicher Energie wird betrachtet. Dann wird der Zustand jedes dieser Systeme durch Messung ermittelt. Wie viele dieser Systeme waren in einem bestimmten, vorgegebenen Zustand?

Parameter, die zum isolierten System gehören, sind dann ebenfalls zeitunabhängig. Wenn man ein solches isoliertes System im Gleichgewicht betrachtet, so besteht die einzige Information, die über das System vorhanden ist darin, daß es sich in einem seiner zugänglichen Zustände befindet, die mit dem Wert seiner Energie verträglich sind. Es läßt sich nichts in den Gesetzen der Mechanik finden, daß Anlaß zu der Erwartung geben könnte, das System befinde sich häufiger in einem bestimmten seiner zugänglichen Zustände als in irgendeinem anderen. Daher erscheint es außerordentlich einleuchtend anzunehmen, daß das System in jedem seiner zugänglichen Zustände gleich wahrscheinlich vorgefunden wird [5+)]. Tatsächlich kann man mit den Gesetzen der Mechanik explizit zeigen, daß aus der Annahme, das repräsentative Ensemble eines solchen isolierten Systems sei zu *irgendeiner* Anfangszeit gleichmäßig (mit gleicher Wahrscheinlichkeit) über seine zugänglichen Zustände verteilt, die gleichmäßige Verteilung zu *allen Zeiten* folgt [6*)]. Dies zeigt, daß eine solche gleichmäßige Verteilung der Systeme des Ensembles über ihre zugänglichen Zustände in der Tat einer möglichen Gleichgewichtssituation entspricht, die sich zeitlich nicht ändert. Es liegt also nahe, daß es nichts in den Gesetzen der Mechanik gibt, das einige Zustände auf Kosten anderer vorzieht, weil (nach dem Liouvilleschen Satz) keine Tendenz besteht, die gleichmäßige Verteilung dadurch zu zerstören, daß einige Zustände bevorzugt besetzt und andere entleert werden.

Die vorstehenden Betrachtungen legen es nahe, daß alle zugänglichen Zustände eines isolierten Systems die gleiche Besetzungswahrscheinlichkeit besitzen. Somit wird man zur Einführung des folgenden grundlegenden Postulates über die gleichen a priori-Wahrscheinlichkeiten geführt:

▶ Ein isoliertes System im Gleichgewicht ist gleichwahrscheinlich in jedem seiner zugänglichen Zustände [7+)].

Dasselbe Postulat wird im Fall der klassischen Mechanik aufgestellt, in dem die Zustände einer Zelle im Phasenraum entsprechen. Das bedeutet bei einer Einteilung des Phasenraums in kleine Zellen gleicher Größe, daß ein isoliertes System im Gleichgewicht gleichwahrscheinlich in jeder seiner zugänglichen Phasenzellen ist [8*)].

Dieses grundlegende Postulat ist außerordentlich einsichtig und widerspricht zweifellos keinem der Gesetze der Mechanik. Ob das Postulat wirklich gilt, kann na-

---

5+) D.h., die in der Fußnote auf Seite 56 eingeführten Wahrscheinlichkeiten W_j, $j = 1, 2, \dots, M$, hängen *nicht* vom Index j ab, wenn dem System M Zustände zugänglich sind.

6*) Dies ist eine Folgerung aus einem Theorem, das als „Liouvillescher Satz" bezeichnet wird. Ein Beweis dieses Theorem für die klassische Mechanik findet sich im Anhang A.13. Eine ausführlichere Diskussion steht in Tolman, R.C.: The Principles of Statistical Mechanics, Kap. 3, Oxford University Press, Oxford, 1938. Eine Erörterung dieses Theorems für die Quantenmechanik kann im Kap. 9 des gleichen Buches gefunden werden.

7+) Dies ist ein Ausdruck dafür, daß das Ensemble, das das System repräsentiert, gleichmäßig über die dem System zugänglichen Zustände verteilt ist.

8*) Weitere Erläuterungen zu diesem Postulat finden sich am Ende dieses Abschnittes.

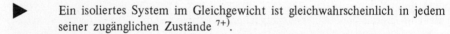

türlich nur dadurch entschieden werden, daß mit seiner Verwendung theoretische Vorhersagen gemacht, experimentelle Beobachtungen geprüft und bestätigt werden. Eine große Anzahl von Berechnungen, die auf diesem Postulat beruhen, haben in der Tat Ergebnisse gebracht, die sehr gut mit Beobachtungen übereinstimmen. Die Gültigkeit dieses Postulates kann daher mit großem Vertrauen als Grundlage unserer Theorie angenommen werden.

Wir erläutern dieses Postulat an einigen einfachen Beispielen.

Beispiel 1: Im vorhergehenden Beispiel des Systems mit den drei Spins wird angenommen, daß das System isoliert sei. Seine Gesamtenergie ist dann bekannt und hat irgendeinen konstanten Wert, der zu $-\mu H$ angenommen wird. Wie schon ausgeführt, kann das System nur in einem der drei Zustände

$$(+\,+\,-)\quad(+\,-\,+)\quad(-\,+\,+)$$

sein. Das Postulat behauptet, daß wenn das System im Gleichgewicht ist, es gleichwahrscheinlich in irgendeinem dieser Zustände vorgefunden wird.

Man beachte, daß es nicht stimmt, daß die beiden möglichen Zustände eines Einzelspins (nach „oben", nach „unten") gleichwahrscheinlich sind. (Das bedeutet natürlich keinen Widerspruch, weil ein Einzelspin in einem System aus drei Spins kein isoliertes System darstellt, sondern mit den beiden anderen Spins wechselwirkt). Es ist in der Tat zu sehen, daß in dem vorliegenden Beispiel es doppelt so wahrscheinlich ist, daß ein herausgegriffener Spin nach oben als nach unten zeigt (im Zustand kleinerer Energie als im Zustand höherer Energie ist).

Beispiel 2: Ein Beispiel, das der Praxis nähersteht, ist das eines makroskopischen Systems aus N magnetischen Atomen, wobei N von der Größenordnung der Loschmidtschen Zahl ist. Falls diese Atome den Spin ½ tragen und in ein äußeres Magnetfeld gebracht werden, liegt eine Situation vor, die völlig analog zum vorhergehenden Fall der drei Spins ist. Aber hier gibt es im allgemeinen eine außerordentlich große Anzahl möglicher Zustände des Systems für jeden vorgegebenen Wert seiner Gesamtenergie.

Beispiel 3: Es wird ein eindimensionaler harmonischer Oszillator der Masse m und der Federkonstanten κ betrachtet und für den Fall der klassischen Mechanik diskutiert. Die Auslenkung des Oszillators sei x und sein Impuls p. Der Phasenraum ist zweidimensional. Die Energie E des Oszillators ist durch

$$E = \frac{p^2}{2m} + \frac{1}{2}\kappa x^2 \tag{2.3.1}$$

gegeben, wobei der erste Summand der rechten Seite seine kinetische Energie, der zweite seine potentielle Energie darstellt. Bei konstanter Energie E beschreibt Gleichung (2.3.1) eine Ellipse im Phasenraum, d.h. in der px-Ebene. Nimmt man an, daß die Energie des Oszillators in einem kleinen Bereich 9*) zwischen E und $E + \delta E$ liegt, dann liegen noch viele Phasenzellen zwischen den beiden Ellipsen, die zu den Energien E und $E + \delta E$ gehören. Somit sind viele verschiedene Wertepaare von x und p für den Zustand des Oszillator möglich. Die einzige bekannte Information über den Oszillator ist die Energie im vorgegebenen Bereich, und daß er sich im Gleichgewicht befindet 10+). Das statistische Postulat verlangt dann die Gleichwahrscheinlichkeit aller Phasenzellen zwischen den beiden Ellipsen, d.h. der Oszillator hat gleichwahrscheinliche Werte x und p, wenn diese nur in irgendeiner der zugelassenen Phasenzellen liegen.

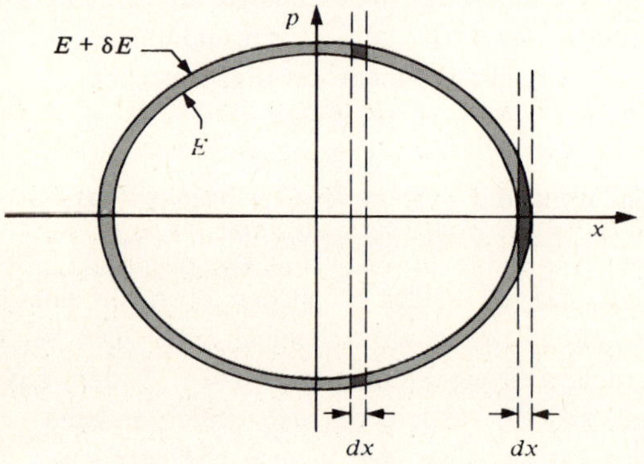

Abb. 2.3.1 Klassischer Phasenraum eines eindimensionalen harmonischen Oszillators mit der Energie zwischen E und $E + \delta E$. Der zugängliche Teil des Phasenraums ist die Fläche zwischen den beiden Ellipsen.

Eine andere Art der Betrachtung ist folgende: Die Zeitabhängigkeit von x und p des Oszillators ist von der Form (elementare Mechanik):

$$x = A\cos(\omega t + \varphi)$$
$$p = m\dot{x} = -mA\omega\sin(\omega t + \varphi)$$

wobei $\omega = \sqrt{\varkappa/m}$ und A und φ Konstanten sind. Nach (2.3.1) ist die Gesamtenergie

$$E = \frac{m\omega^2}{2}A^2\sin^2(\omega t + \varphi) + \frac{\varkappa}{2}A^2\cos^2(\omega t + \varphi) = \tfrac{1}{2}m\omega^2A^2$$

Dies ist tatsächlich eine Konstante. Die obige Gleichung bestimmt die Amplitude A in Abhängigkeit von E. Der Phasenwinkel φ ist noch ganz willkürlich. Er hängt von dem unbekannten Anfangsbedingungen ab. Sein Wert kann als im Bereich $0 \leqslant \varphi < 2\pi$ liegend angenommen werden. Für jedes φ gibt es so-

9*) Die Energie eines Systems kann niemals vom Meßtechnischen her mit beliebiger Genauigkeit bekannt sein (in der Quantentheorie noch nicht einmal prinzipiell, es sei denn, die Meßzeit sei beliebig lang). Wird mit einer beliebig scharf definierten Energie gearbeitet, so kann dies zu unnötigen begrifflichen Schwierigkeiten rein mathematischer Art führen.

10+) Gemeint ist, daß der Oszillator als Individuum eines repräsentativen Gleichgewichtsensembles angesehen wird.

mit eine Menge möglicher Werte von x und p, die zur gleichen Energie gehören.

Zu einem vorgegebenen Intervall dx gehören mehr Zellen (d.h. eine größere Fläche), die zwischen den Ellipsen liegen, wenn $x \approx A$ als wenn $x = 0$ ist. Somit ist es wahrscheinlicher, daß ein Oszillator mit dem Ortskoordinaten x näher an A als an 0 häufiger im Ensemble vorzufinden ist. Dieses Ergebnis ist einsichtig, wenn man berücksichtigt, daß der Oszillator in der Nähe der Extremwerte seiner Ortskoordinate, $x \approx A$, nur eine kleine Geschwindigkeit hat und sich somit dort längere Zeit aufhält als in der Gegend um $x \approx 0$, in der er sich schnell bewegt.

Die Annäherung an das Gleichgewicht. Es wird eine Situation betrachtet, von der bekannt ist, daß ein isoliertes System *nicht* gleichwahrscheinlich in jedem seiner zugänglichen Zustände vorgefunden wird. Unser grundlegendes Postulat verlangt dann, daß in dieser Situation kein Gleichgewicht vorliegen kann. Somit erwartet man, daß sich die Situation mit der Zeit ändert. Das bedeutet, daß sich in dem repräsentativen statistischen Ensemble die Verteilung der Systeme über die zugänglichen Zustände mit der Zeit verändern wird. Demzufolge werden sich die Mittelwerte der verschiedenen zum System gehörigen makroskopischen Parameter ebenfalls mit der Zeit verändern. Bevor Nichtgleichgewichts-Vorgänge genauer diskutiert werden sollen, ist es nützlich, einige Bemerkungen über die Art der Zustände zu machen, die in unserer Theorie ein isoliertes Vielteilchensystem beschreiben. Diese Zustände sind strenggenommen *keine* exakten Quantenzustände des total isolierten Systems unter Berücksichtigung aller Wechselwirkungen zwischen seinen Teilchen [11*]. Wegen der auftretenden Schwierigkeiten ist jeder Versuch einer solchen vollständigen, genauen Beschreibung zwecklos; außerdem sind genügend ausführliche Informationen über das makroskopische System nicht zugänglich, um eine solche genaue Beschreibung durchzuführen. Deshalb beschreibt man das System anstelle von Eigenzuständen durch einen gewissen vollständigen Satz von approximativen Quantenzuständen, die näherungsweise alle wesentlichen dynamischen Eigenschaften des Systems berücksichtigen, ohne daß sie Eigenzustände sind. Wenn das System sich in einem dieser Quantenzustände befindet, so bleibt es nicht in diesem Zustand. Es gibt eine von Null verschiedene Wahrscheinlichkeit dafür, daß sich das System zu einer späteren Zeit in einem anderen dieser ihm zugänglichen approximativen Quantenzustände befindet. Der Übergang in diese anderen Zustände wird durch eine kleine restliche Wechselwirkung zwischen den Teilchen bewirkt (das sind Wechselwirkungen, die nicht bei der Definition der approximativen Quantenzustände des Systems berücksichtigt worden sind).

Es wird nun angenommen, daß sich das System zur Zeit t in einer *Teil*menge der ihm zugänglichen Zustände befindet. Es gibt keine Einschränkungen, die dem Sy-

[11*] Befindet sich das System zu irgendeiner Zeit in einem solchen exakten Eigenzustand, so bleibt es für alle Zeiten in diesem Zustand.

stem verbieten, zu einer späteren Zeit in *irgend*einem seiner zugänglichen Zustände zu sein, da alle diese Zustände die Energieerhaltung erfüllen und mit den Nebenbedingungen, denen das System unterworfen ist, verträglich sind. Außerdem gibt es nichts in den Gesetzen der Mechanik, was einen dieser approximativen Zustände vor einem anderen auszeichnen würde. Es ist deshalb höchst unwahrscheinlich, daß das System beliebig lange in der Teilmenge der Zustände bleibt, in der es sich zur Anfangszeit t befunden hat. Vielmehr wird das System im Laufe der Zeit in alle seine ihm zugänglichen Zustände übergehen, was durch die kleine Restwechselwirkung zwischen seinen Teilchen bewirkt wird. Wie groß ist dann die Wahrscheinlichkeit dafür, daß das System zu einer späteren Zeit in irgendeinem dieser Zustände vorgefunden wird? [12*)].

Um Genaueres zu sehen, wird ein statistisches Ensemble von Systemen betrachtet, die anfänglich in einer beliebigen Weise über die ihnen zugänglichen Zustände verteilt sind, d.h. sie werden nur in einigen speziellen Teilmengen dieser zugänglichen Zustände vorgefunden. Die Systeme des Ensembles wandern unaufhörlich durch die verschiedenen zugänglichen Zustände, so daß letzten Endes jedes System praktisch durch alle die Zustände hindurchgegangen ist, die ihm zugänglich sind. Man erwartet, daß der Endeffekt dieser dauernden Übergänge analog dem wiederholten Mischen eines Kartenstapels ist. Falls man im letzteren Fall nur lange genug mischt, ist jede beliebige Lage einer jeden einzelnen Karte im Stapel gleichwahrscheinlich und unabhängig von der Anfangskonfiguration des Stapels. Ähnlich ist es im Falle des Ensembles von Systemen; man erwartet, daß die Systeme schließlich zufällig (d.h. hier gleichmäßig) über alle ihre zugänglichen Zustände verteilt werden. Die Verteilung der Systeme über diese Zustände bleibt gleichmäßig d.h. sie entspricht einer zeitunabhängigen Gleichgewichtssituation. Man erwartet – mit anderen Worten – daß unabhängig von den Anfangsbedingungen ein isoliertes System, das sich selbst überlassen bleibt, schließlich einen Gleichgewichtszustand erreicht, in dem es gleichwahrscheinlich in einem jeden seiner zugänglichen Zustände vorgefunden wird. Die Erwartung, die vorstehend diskutiert worden ist, kann man als höchst plausible, grundlegende Hypothese ansehen, die sehr gut durch die Erfahrung erhärtet wird. Von einem mehr fundamentalen Standpunkt aus kann diese Hypothese als eine Folgerung aus dem sogenannten „H-Theorem" angesehen werden, das auf der Grundlage der Gesetze der Mechanik und gewisser Näherungen, die einer statistischen Beschreibung eigen sind, begründet werden kann [13*)].

Beispiel 1: Es wird wieder das sehr einfache Beispiel eines isolierten Systems aus drei Spins ½ in einem starken Magnetfeld H betrachtet. Der approximati-

---

12*) Im Prinzip kann man genauere Fragen über die schwierig zu ermittelnden Korrelationen zwischen den Systemzuständen stellen, d.h. Fragen sowohl über die Phasen als auch über die Amplituden der infrage kommenden Wellenfunktionen. Aber im allgemeinen ist es bedeutungslos, eine solche genaue Beschreibung in einer Theorie zu suchen, in der eine vollständige Information über irgendein System weder zugänglich noch von Interesse ist.

13*) Der interssierte Leser findet eine Diskussion des H-Theorems im Anhang A.12.

ve Quantenzustand des Systems ist durch die Orientierung eines jeden Spins bzgl. der Feldrichtung gegeben („nach oben" oder „nach unten"). Es wird angenommen, daß das System zu einer Anfangszeit so präpariert wird, daß es sich im Zustand (+ + –) befindet; dann wird es sich selbst überlassen. Zwischen den Spins bestehen kleine Wechselwirkungen, weil das magnetische Moment eines jeden Spins ein kleines Magnetfeld H_m erzeugt $(H_m \ll H)$, das mit dem Moment eines anderen Spins wechselwirkt. Diese Wechselwirkung zwischen den magnetischen Momenten der Spins bewirkt Übergänge, in welchen sich ein Spin aus der „aufwärts"-Richtung in die „abwärts"-Richtung dreht, während ein anderer das Umgekehrte tut. Ein solcher gleichzeitiger Spin-Flip läßt die Gesamtenergie des Systems unverändert. Das Gesamtergebnis nach einer hinreichend langen Zeit besteht darin, daß das System gleichwahrscheinlich in einem seiner drei zugänglichen Zustände (+ + –), (+ – +) und (– + +) vorgefunden wird.

Beispiel 2: Ein anderes anschauliches Beispiel ist in Abb. 2.3.2 dargestellt: Ein Gas aus Molekülen ist ursprünglich in der linken Hälfte eines Kasten eingeschlossen; die rechte Hälfte ist leer. Zu einer Anfangszeit t wird der die beiden Hälften trennende Schieber herausgezogen. Unmittelbar danach sind die Moleküle mit Gewißheit nicht gleichwahrscheinlich über alle zugänglichen Zustände verteilt, denn sie sind noch alle in der linken Hälfte des Kastens, wogegen die rechte Hälfte leer ist, obgleich sie völlig zugänglich ist. Es ist aber äußerst unwahrscheinlich, daß diese Situation eine längere Zeit anhalten wird. Durch Stöße mit den Wänden und untereinander werden die Moleküle sehr schnell über das ganze Volumen des Kastens verteilt. Das sich einstellende Gleichgewicht, in dem die Dichte der Moleküle einheitlich im ganzen Kasten ist, wird sehr schnell erreicht.

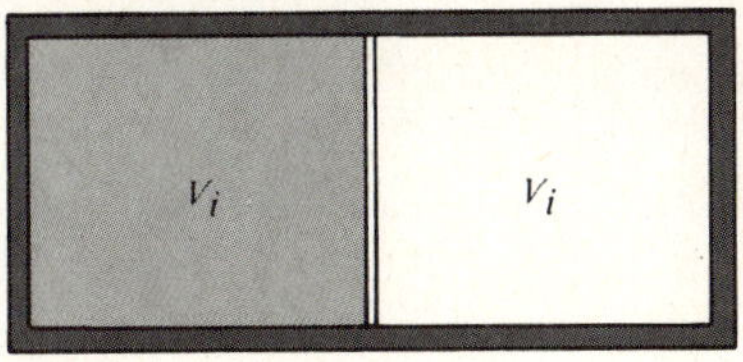

Abb. 2.3.2 Ein System besteht aus einem Kasten, der durch einen Schieber in zwei gleichgroße Hälften mit dem Volumen V_i geteilt wird. Die linke Hälfte ist mit Gas gefüllt, die rechte ist leer.

Es muß bemerkt werden, daß die vorstehenden Erörterungen keine Aussage darüber machen, wie lange man warten muß, bis sich schließlich das Gleichgewicht einstellt. Ist anfänglich ein System nicht im Gleichgewicht, so kann die Zeit, in der sich das Gleichgewicht einstellt (die sogenannte „Relaxationszeit"), kürzer als eine Mikrosekunde oder länger als ein Jahrhundert sein. Dies hängt von der speziellen Eigenart der Wechselwirkung zwischen den Teilchen des Systems und von der Geschwindigkeit ab, mit der Übergänge zwischen den zugänglichen Zuständen des Systems stattfinden. Das Problem, diese *Geschwindigkeit* zu berechnen, ist schwierig, obgleich man weiß, daß ein isoliertes System dem Gleichgewicht zu-

zustrebt, wenn man nur lange genug wartet. Die Aufgabe, Systemeigenschaften in solchen *zeitunabhängigen* Problemen zu berechnen, ist im Prinzip einfach, weil sie nur Argumente erfordert, die auf dem grundlegenden statistischen Postulat der gleichen a priori-Wahrscheinlichkeiten beruhen.

* **Bemerkungen zum klassischen Phasenraum**: Der Phasenraum ist durch die generalisierten Koordinaten und *Impulse* definiert, weil in diesen Variablen das Theorem von Liouville gilt. In kartesischen Koordinaten gilt $p_i = mv_i$ und deshalb kann der Phasenraum ebenso gut in Ortskoordinaten und *Geschwindigkeiten* definiert werden. Im allgemeinen ist der Zusammenhang zwischen p_i und v_i komplizierter, z.B. bei Anwesenheit eines Magnetfeldes.

* **Bemerkung zum grundlegenden Postulat im quantenmechanischen Fall**: Die Wahrscheinlichkeit P_r dafür, daß sich ein quantenmechanisches System im Zustand r befindet (der ein Eigenzustand des Hamiltonoperators ist), ist durch $P_r = |a_r|^2$ gegeben, wobei a_r die komplexe „Wahrscheinlichkeitsamplitude" zum Zustand r ist. Genau genommen behauptet das grundlegende Postulat, daß im Gleichgewicht die Wahrscheinlichkeiten P_r für alle zugänglichen Zustände gleich sind *und* daß die zugehörigen Amplituden a_r *zufällig* verteilte Phasenfaktoren (random phases) haben [14*].

2.4 Berechnung der Wahrscheinlichkeit

Das Postulat der gleichen a priori-Wahrscheinlichkeiten ist für die gesamte Statistische Mechanik grundlegend und erlaubt eine vollständige Diskussion der Systemeigenschaften im Gleichgewicht. Im Prinzip sind die Berechnungen sehr einfach. Zur Veranschaulichung wird ein isoliertes System im Gleichgewicht betrachtet, dessen Energie bekannt ist und einen festen Wert im Bereich E und $E + \delta E$ hat. Um statistische Vorhersagen zu machen, betrachten wir ein Ensemble aus solchen Systemen, deren Gesamtenergie in diesem Bereich liegt. Es sei $\Omega(E)$ die *Gesamt*anzahl der Zustände dieses Systems im betrachteten Energiebereich. Weiterhin sei unter diesen Zuständen eine gewisse Anzahl $\Omega(E; y_k)$, für die ein Parameter y des Systems einen bestimmten Wert y_k annimmt. Dieser Parameter könnte das magnetische Moment des Systems oder der auf das System ausgeübte Druck sein. (Die möglichen Werte, die y annehmen kann, werden mit k indiziert; falls der Wertevorrat von y kontinuierlich ist, wird er abzählbar eingeteilt.) Das grundlegende Postulat behauptet, daß die zugänglichen Zustände des Systems, d.h. die $\Omega(E)$ Zustände, die im Energiebereich zwischen E und $E + \delta E$ liegen, gleichwahrscheinlich im Ensemble auftreten. Somit können wir für die Wahrscheinlichkeit $P(y_k)$ dafür, daß der Parameter y des Systems den Wert y_k annimmt, schreiben

[14*] Tolman, R.C.: The principles of statistical mechanics. Univ. Press Oxford, 1938, S. 349–356.

$$P(y_k) = \frac{\Omega(E;\, y_k)}{\Omega(E)} \tag{2.4.1}$$

Um den *Mittel*wert des Parameters y für das System zu berechnen, wird einfach das Mittel über die Systeme des Ensembles genommen (Scharmittel), d.h.

$$\bar{y} = \frac{\sum_k \Omega(E;\, y_k)\, y_k}{\Omega(E)} \tag{2.4.2}$$

Die Summation über k läuft über alle möglichen Werte, die der Parameter y annehmen kann.

Berechnungen dieser Art sind im Prinzip ganz einfach. Es ist wahr, daß die reinen mathematischen Schwierigkeiten der Berechnung schon bei ganz einfachen Systemen erheblich sind. Der Grund ist darin zu suchen, daß das Zählen von Zuständen, die keinen einschränkenden Bedingungen unterliegen, außerordentlich leicht ist; aber es kann ein gewaltiges Problem sein, die speziellen $\Omega(E)$ Zustände herauszusuchen, die die Bedingung erfüllen, eine Energie in der Nähe des festen Wertes E zu besitzen. Mathematische Schwierigkeiten dieser Art lassen sich durch geeignete Methoden überwinden.

Beispiel: Diese allgemeinen Bemerkungen sollen nun für den Fall des extrem einfachen Systems der drei Spins im Gleichgewicht im äußeren Magnetfeld H veranschaulicht werden. Falls die Gesamtenergie des Systems bekannt und $-\mu H$ ist, ist das System gleichwahrscheinlich in jedem der drei Zustände

$$(+\,+\,-)\quad(+\,-\,+)\quad(-\,+\,+)$$

anzutreffen. Wie groß ist nun die Wahrscheinlichkeit dafür, daß z.B. der erste Spin nach oben zeigt? Da dies in zwei von drei Fällen eintritt, gilt

$$P_+ = \tfrac{2}{3}$$

Wie groß ist das mittlere magnetische Moment $\bar{\mu}_z$ (in positiver z-Richtung), das durch den ersten Spin verursacht wird? Da die Wahrscheinlichkeit, mit der jeder der drei Zustände auftritt $^1/_3$ ist, gilt einfach

$$\bar{\mu}_z = \tfrac{1}{3}\mu + \tfrac{1}{3}\mu + \tfrac{1}{3}(-\mu) = \tfrac{1}{3}\mu$$

2.5 Zustandsdichte

Ein *makro*skopisches System ist eines, das sehr viele Freiheitsgrade besitzt (z.B. ein Stück Kupfer, eine Flasche Wein, usw.). Die Energie des Systems sei E. Die Energieskala wurde in gleichgroße, schmale Bereiche der Größe δE eingeteilt, wobei δE durch die Genauigkeit bestimmt ist, mit der die Energie des Systems gemessen wird. Ein sehr kleines Intervall δE enthält für ein makroskopisches System viele mögliche Systemzustände. Mit $\Omega(E)$ wird ihre Anzahl bezeichnet, d.h. die Anzahl der Systemzustände, deren Energie zwischen E und $E + \delta E$ liegt.

Die Anzahl der Zustände $\Omega(E)$ hängt von der Größe δE, d.h. von der Feinheit der Einteilung der Energieskala ab. Es wird vorausgesetzt, daß δE groß gegen den Abstand der möglichen Energieniveaus des Systems, aber *makro*skopisch hinreichend klein ist. Dann muß $\Omega(E)$ proportional [15*] zu δE sein, d.h. es gilt

$$\Omega(E) = \omega(E)\,\delta E, \tag{2.5.1}$$

wobei $\omega(E)$ unabhängig von der Größe von δE ist. Somit ist $\omega(E)$ eine charakteristische Systemeigenschaft, die die Anzahl der Systemzustände pro Energieeinheit, d.h. die „Zustandsdichte" angibt. Da alle statistischen Berechnungen das Abzählen von Zuständen erfordern, ist es wichtig, zu untersuchen, wie empfindlich $\Omega(E)$ [bzw. $\omega(E)$] von der Energie E eines makroskopischen Systems abhängt.

An irgendwelchen genauen Ergebnissen sind wir nicht interessiert, sondern an einer groben Abschätzung, die das wesentliche Verhalten von Ω als Funktion von E zeigt. Eine einfache Erörterung zeigt das Folgende: Es wird ein System mit f Freiheitsgraden betrachtet, so daß f Quantenzahlen zur Festlegung eines jeden seiner möglichen Zustände erforderlich sind. E sei die Energie des Systems, deren Nullpunkt mit dem tiefsten Energiezustand übereinstimme (d.h. die Energie des quantenmechanischen Grundzustands wird zu null normiert). $\Phi(E)$ bezeichnet die gesamte Anzahl der möglichen Quantenzustände des Systems, die eine kleinere Energie als E besitzen. Natürlich wächst $\Phi(E)$ mit E. Es wird nun untersucht, wie *schnell* $\Phi(E)$ mit E wächst.

$^+$Dazu betrachte man die Energie E des Systems, die durch den Satz $s_1, s_2, \ldots, s_f$ von f Quantenzahlen numeriert wird:

$$E = E(s_1, s_2, \ldots, s_f). \tag{2.5.2}$$

Erteilt man der Energie E einen bestimmten Wert $E = \hat{E}$, so lassen sich alle möglichen Zustände des betrachteten Systems in zwei Klassen einteilen. In der ersten Klasse befinden sich die $\Phi(\hat{E})$ Zustände, deren Energie E kleiner als $\hat{E}$ ist, in die zweite Klasse kommen alle anderen Zustände. Somit entsteht im Zustandsraum, der durch die $s_1, \ldots, s_f$ aufgespannt wird, durch

$$\hat{E} = E(s_1, \ldots, s_f) \tag{2.5.3}$$

bei geeigneter Numerierung der Energieniveaus eine Fläche, die die beiden Zustandsklassen voneinander trennt (vgl. Abb. 2.5.1). Diese Fläche läßt sich durch einen Kugelausschnitt mit dem Volumen $a_f \cdot R^f$ ersetzen, der die gleiche Anzahl $\Phi(\hat{E})$ von Zuständen einschließt. Somit gilt

[15*] Die Anzahl der Zustände $\Omega(E)$ muß mit δE verschwinden und ist somit durch Eine Taylor-Reihe in Potenzen von δE ausdrückbar. Wenn δE hinreichend klein ist, sind alle Glieder, die höhere Potenzen von δE enthalten, vernachlässigbar klein, und man erhält einen Ausdruck der Form (2.5.1).

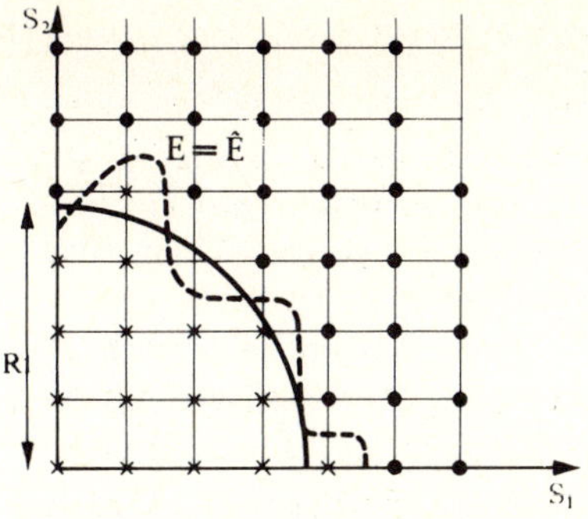

Abb. 2.5.1 Einteilung der Zustände in zwei Klassen. Die durch x gekennzeichneten Zustände besitzen Energien $E < \hat{E}$, die durch · gekennzeichneten Energien $E \geqslant \hat{E}$. Die gestrichelte Fläche $\hat{E} = E(s_1, s_2)$ trennt beide Klassen. Die durchgezogene Kurve stellt den Kugelausschnitt dar, der gleichviele Zustände umfaßt, wie die gestrichelte Fläche (die Zahl der von den Flächen eingeschlossenen Zustände kann um einen differieren, was bei vielen Zuständen wenig ausmacht).

$$\Phi(\hat{E}) \sim R^f(\hat{E}) \tag{2.5.4}$$

Dabei ist der Kugelradius R des Kugelausschnitts im f-dimensionalen Zustandsraum eine Funktion von $\hat{E}$.

Ist die Numerierung der Energieniveaus so vorgenommen worden, daß die Energie mit wachsenden Quantenzahlen zunimmt, so ist

$$R = R(\hat{E})$$

eine monoton steigende Funktion, die unabhängig von der Anzahl der Freiheitsgrade ist. Daher gilt

$$R \sim \hat{E}^a, \tag{2.5.5}$$

wobei a eine vom System abhängige schwach veränderliche Funktion von $\hat{E}$ sein kann, deren Werte in der Gegend von 1 liegen:

$$m \leqslant a(\hat{E}) \leqslant M.$$

Gemäß (2.5.5) wird aus (2.5.4)

$$\Phi(E) \approx E^{af}. \tag{2.5.7}$$

Daher ist wegen (2.5.1) und $\omega = d\Phi/dE$

$$\Omega(E) \approx af E^{af-1}\, \delta E,$$

wobei $da/dE \approx 0$ gesetzt wurde, weil a nur wenig mit E variiert. Somit gilt

$$\ln \Omega(E) \approx (af - 1) \ln E + \ln (af\, \delta E) \tag{2.5.8}$$

Da nun die Anzahl f der Freiheitgrade von der Größenordnung $f \approx 10^{24}$ ist, gilt $\ln f \approx 55$. Somit ist das zweite Glied in (2.5.8) gegenüber dem ersten völlig zu vernachlässigen, wie auch die Eins in der Klammer des ersten Gliedes. Somit wird aus (2.5.8)

▶ $$\Omega(E) \sim E^{\alpha f},\ f \text{ groß}. \tag{2.5.9}$$

Ein Vergleich von (2.5.7) mit (2.5.9) zeigt

▶ $$\Omega(E) \approx \Phi(E),\ f \text{ groß}. \tag{2.5.10}$$

Dieses wichtige Ergebnis, das hier nur grob als Größenordnungsabschätzung erhalten wird, läßt sich wie folgt deuten: Die Gesamtheit der $\Phi(E)$-Zustände, deren Energie kleiner als E ist, liegt für ein Makrosystem mit vielen Freiheitsgraden in einer Schicht der Dicke δE um E, d.h. unmittelbar unter der Oberfläche des Raumgebietes im f-dimensionalen Zustandsraum, das durch 2.5.2 eingeschlossen wird [+].

Spezialfall: Ideales Gas im klassischen Grenzfall. Es wird der Fall eines Gases aus N identischen Molekülen betrachtet, die in einem Behälter mit dem Volumen V eingeschlossen sind. Die Energie dieses Systems ist

$$E = K + U + E_{int} \tag{2.5.11}$$

Dabei ist K die gesamte kinetische Translationsenergie der Moleküle. Wird der Impuls des Schwerpunkts des i-ten Moleküls mit $\boldsymbol{p}_i$ bezeichnet, so ist K durch

$$K = K(\boldsymbol{p}_1, \boldsymbol{p}_2, \ldots, \boldsymbol{p}_N) = \frac{1}{2m} \sum_{i=1}^{N} \boldsymbol{p}_i^2 \tag{2.5.12}$$

gegeben. Die Größe $U = U(\boldsymbol{r}_1, \boldsymbol{r}_2, \ldots, \boldsymbol{r}_N)$ ist die potentielle Energie der gegenseitigen Wechselwirkung zwischen den Molekülen. Sie hängt vom Abstand der Moleküle untereinander ab und somit von ihren Schwerpunktslagen $\boldsymbol{r}_i$.

Wenn die Moleküle nicht einatomig sind, können die Atome eines jeden Moleküls bezüglich ihres gemeinsamen Schwerpunktes Rotationen und Schwingungen ausführen. Es seien $Q_1, Q_2, \ldots, Q_M$ und $P_1, P_2, \ldots, P_M$ die Koordinaten und Impulse, die diese innermolekulare Bewegung beschreiben. E_{int} ist dann die *Gesamt*energie des Systems, die zu dieser innermolekularen Bewegung gehört; sie hängt nur von den inneren Koordinaten Q_i und den inneren Impulsen P_i aller Moleküle ab. Wenn die Moleküle einatomig sind, ist natürlich $E_{int} = 0$.

Ein spezieller einfacher Fall liegt dann vor, wenn die Wechselwirkungsenergie zwischen den Molekülen vernachlässigbar klein ist. Dann gilt $U \approx 0$, und die Moleküle bilden definitionsgemäß ein „ideales Gas". Diese Situation kann physikalisch dadurch hergestellt werden, indem die Konzentration der Moleküle N/V hinreichend klein gehalten wird und damit ihr mittlerer gegenseitiger Abstand so groß wird, daß die gegenseitige Wechselwirkungsenergie vernachlässigbar klein ist.

Wie stellt sich $\Omega(E)$ für ein ideales Gas dar? Wir betrachten den klassischen Grenzfall, d.h. die Energie E des Gases ist viel größer als die Energie seines Grundzustandes. Somit sind die zu E gehörigen Quantenzahlen groß und eine Beschreibung im Sinne der klassischen Mechanik ist eine gute Näherung. Die Zahl der Zustände

$\Omega(E)$, die zwischen E und $E + \delta E$ liegt, ist dann gleich der Anzahl der Phasenraumzellen, die zwischen diesen beiden Energien liegen. Somit ist $\Omega(E)$ proportional dem Phasenraumvolumen, das zwischen den Energieschalen E und $E + \delta E$ liegt:

$$\Omega(E) \sim \int_E^{E+\delta E} \cdots \int d^3\boldsymbol{r}_1 \cdots d^3\boldsymbol{r}_N\, d^3\boldsymbol{p}_1 \cdots d^3\boldsymbol{p}_N\, dQ_1 \cdots dQ_M\, dP_1 \cdots dP_M \tag{2.5.13}$$

Der Integrand ist das Volumenelement im Phasenraum. Dabei wurden die Abkürzungen

$$d^3\boldsymbol{r}_i \equiv dx_i dy_i dz_i$$
$$d^3\boldsymbol{p}_i \equiv dp_{ix} dp_{iy} dp_{iz}$$

benutzt. Die Integration erstreckt sich über alle Koordinaten und Momente derart, daß die durch (2.5.11) gegebene Gesamtenergie zwischen E und $E + \delta E$ liegt.

Da für ein ideales Gas $U = 0$ gilt, ist E in (2.5.11) unabhängig von der Lage $\boldsymbol{r}_i$ der Schwerpunkte der Moleküle [16*]. Somit kann die Integration über die Ortsvektoren $\boldsymbol{r}_i$ sofort ausgeführt werden. Jedes Integral über $\boldsymbol{r}_i$ ergibt das Volumen V des Behälters: $\int d^3\boldsymbol{r}_i = V$. Da N solcher Integrale vorhanden sind, wird aus (2.5.13)

▶ $$\Omega(E) \sim V^N \chi(E) \tag{2.5.14}$$

Dabei ist

$$\chi(E) \sim \int_E^{E+\delta E} \cdots \int d^3\boldsymbol{p}_1 \cdots d^3\boldsymbol{p}_N\, dQ_1 \cdots dQ_M\, dP_1 \cdots dP_M \tag{2.5.15}$$

unabhängig vom Volumen, weil weder K noch E_{int} in (2.5.11) von den Koordinaten $\boldsymbol{r}_i$ abhängen, so daß das Integral (2.5.15) nicht vom Volumen des Behälters abhängt. Die Beziehung (2.5.14) stellt ein physikalisch bemerkenswertes Ergebnis für wechselwirkungsfreie Moleküle dar: Sie zeigt, daß durch die Verdoppelung des Behältervolumens bei konstant gehaltener kinetischer Energie eines jeden Moleküls sich die Anzahl der für jedes Molekül erreichbaren Zustände ebenfalls verdoppelt. Die Anzahl der für N Moleküle erreichbaren Zustände nimmt dann um den Faktor $2 \cdot 2 \cdot 2 \ldots = 2^N$ zu.

Betrachten wir nun den einfachen Spezialfall, in dem die Moleküle einatomig sind, so daß $E_{int} = 0$ ist und keine innermolekularen Koordinaten Q_i und P_i auftreten. Dann vereinfacht sich (2.5.11) auf den Anteil der kinetischen Energie

$$2mE = \sum_{i=1}^{N} \sum_{\alpha=1}^{3} p_{i\alpha}^2 \tag{2.5.16}$$

16*) Das gilt für Moleküle im Inneren des Behälters. Die Wände des Behälters, die die Moleküle am Verlassen des Innenraums hindern, werden durch $E \to \infty$ für alle Orte, die nicht im Inneren des Behälters liegen, dargestellt.

Die Summe enthält das Quadrat einer jeden Impulskomponente $p_{i\alpha}$ eines jeden Teilchens $(p_i^2 = p_{i1}^2 + p_{i2}^2 + p_{i3}^2$, wobei die x, y, z-Komponenten durch 1, 2, 3 gekennzeichnet wurden). Die Summe in (2.5.16) enthält $3N = f$ Quadratterme. Für E = konstant beschreibt somit die Gleichung (2.5.16) im f-dimensionalen Raum der Impulskomponenten eine Kugel von Radius $R(E) = (2mE)^{1/2}$. Somit ist $\Omega(E)$ oder $\chi(E)$ in (2.5.15) proportional zum Phasenraumvolumen, das in der Kugelschale mit dem äußeren Radius $R(E + \delta E)$ und dem inneren Radius $R(E)$ liegt (siehe Abb. 2.5.2). Nun ist das Volumen einer Kugel in f Dimensionen proportional zu

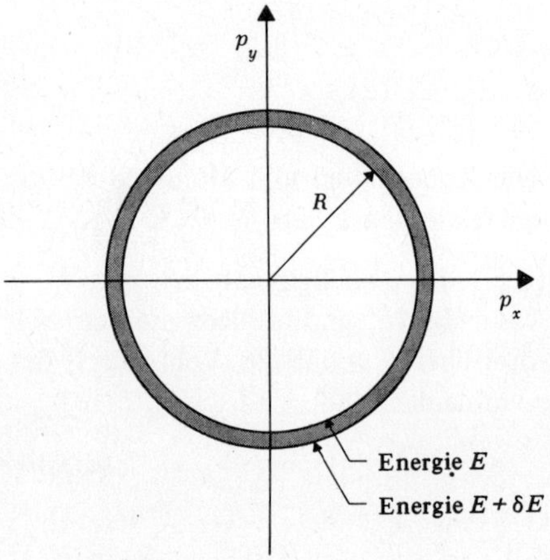

Abb. 2.5.2 Zweidimensionale Darstellung einer „Kugel" im Impulsraum für ein freies Teilchen der Masse m, das zwei Freiheitsgrade besitzt. Die Energie ist $E = (2m)^{-1}(p_x^2 + p_y^2)$, der Radius der Kugel $R = (2mE)^{1/2}$.

R^f, weil man es im wesentlichen durch Multiplikation der f Linearabmessungen miteinander erhält. Somit ist die Gesamtanzahl $\Phi(E)$ aller Zustände, deren Energie *kleiner* als E ist, proportional zu diesem Volumen

$$\Phi(E) \sim R^f = (2mE)^{f/2} \tag{2.5.17}$$

Die Anzahl $\Omega(E)$ der Zustände, die in der Kugel*schale* zwischen den Energien E und $E + \delta E$ liegen, ist dann durch (2.5.1) und $\omega = d\Phi/dE$ gegeben.

$$\Omega(E) \sim E^{(f/2)-1} \sim E^{(3N/2)-1} \tag{2.5.18}$$

Danach ist $\Omega(E)$ proportional zu R^{f-1}, d.h. proportional zur *Oberfläche* der Kugel im f-dimensionalen Raum. Wird dieses Ergebnis mit (2.5.14) verglichen, so erhält man für das klassische, *einatomige* ideale Gas

▶ $$\Omega(E) = BV^N E^{3N/2} \tag{2.5.19}$$

Dabei ist B eine von V und E unabhängige Konstante, und 1 wurde gegen N vernachlässigt. Man beachte noch einmal, daß für ein N von der Größenordnung der Loschmidtschen Zahl, $\Omega(E)$ eine extrem schnell wachsende Funktion der Energie E des Systems ist.

Wechselwirkung zwischen makroskopischen Systemen

2.6 Thermische Wechselwirkung

Bei der Beschreibung makroskopischer Systeme ist es im allgemeinen möglich, einige makroskopisch meßbare und voneinander unabhängige Parameter $x_1, x_2, \ldots, x_n$ anzugeben, von denen bekannt ist, daß sie die Bewegungsgleichung des Systems beeinflussen (d.h. sie treten im Hamiltonoperator auf). Diese Parameter werden als „äußere Parameter" bezeichnet. Beispiele solcher Parameter sind äußere magnetische oder elektrische Felder, in die das System eingebracht wurde, oder das Volumen V des Systems (z.B. das Volumen V des Behälters, der ein Gas enthält [17*]). Die Energieniveaus des Systems hängen dann von den Werten der äußeren Parameter ab. In einem speziellen Quantenzustand r besitzt das System somit eine Energie

$$E_r = E_r(x_1, x_2, \ldots, x_n) \tag{2.6.1}$$

Der makroskopische Zustand oder „Makrozustand" eines Systems ist durch die spezielle Wahl der Werte der äußeren Parameter des Systems und durch jede weitere Bedingung, der das System unterworfen wurde, definiert. Hat man es z.B. mit einem isolierten (abgeschlossenen) System zu tun, so ist der *Makro*zustand des Systems durch die Werte der äußeren Systemparameter (z.B. durch die Größe des Systemvolumens) und durch den Wert seiner konstanten Gesamtenergie gegeben. Das repräsentative Ensemble dieses Systems muß in Übereinstimmung mit den speziellen Bedingungen dieses Makrozustandes konstruiert werden, d.h. alle Systeme in diesem Ensemble sind durch die vorgegebenen Werte der äußeren Parameter und der Gesamtenergie charakterisiert. Natürlich kann sich das System nur in einem der vielen möglichen *Mikro*zustände (d.h. Quantenzustände) befinden, die mit dem vorgegebenen *Makro*zustand verträglich sind.

Es werden nun zwei makroskopische Systeme A und A' betrachtet, die so miteinander in Wechselwirkung stehen, daß sie Energie austauschen. (Ihre Gesamtenergie bleibt dabei natürlich deshalb konstant, weil das zusammengesetzte System $A^{(0)}$, das aus A und A' besteht, isoliert sein soll.) In einer makroskopischen Beschreibung ist es zweckmäßig, zwischen zwei Typen möglicher Wechselwirkungen zwischen solchen Systemen zu unterscheiden. Im ersten Fall bleiben alle äußeren Parameter unverändert, so daß die Energieniveaus des Systems ebenfalls unveränder-

[17*] Das Volumen kommt in den Bewegungsgleichungen deshalb vor, weil die Wände des Behälters durch einen Anteil der potentiellen Energie dargestellt werden, der für Lagen der Moleküle auf der Wand und außerhalb des Behälters über alle Grenzen wächst. Für das Beispiel eines Einzelteilchens zeigt (2.1.3) explizit, wie die Energieniveaus von der Größe des Behälters abhängen: Für einen vorgegebenen Zustand ist $E \sim V^{-2/3}$, wenn das Volumen des Behälters ohne Gestaltänderung verändert wird.

lich sind. Im zweiten Fall verändern sich die äußeren Parameter und mit ihnen die Energieniveaus. Diese beiden Typen der Wechselwirkung werden nun genauer erörtert.

Es sollen erstens die äußeren Systemparameter während der Wechselwirkung unverändert bleiben. Dies definiert den Fall der rein „thermischen Wechselwirkung".

Beispiel: Als triviales Beispiel betrachte man eine Flasche Bier, die aus einem Kühlschrank in das Innere einer Kühltasche gestellt wird, in der sie eine hinreichend lange Zeit verbleibt. Dabei werden keine äußeren Parameter geändert: Sowohl das Volumen der Flasche als auch das Volumen der in der Kühltasche eingeschlossenen Luft bleiben unverändert. Aber Energie wird von der Luft in der Kühltasche auf das Bier übertragen, was zu einer Änderung seiner Eigenschaften führt (es schmeckt weniger gut, wenn man nur lange genug wartet).

Als ein Ergebnis reiner thermischer Wechselwirkung wird Energie von einem System zum anderen übertragen. In einer statistischen Beschreibung des Sachverhalts wird ein Ensemble gleicher zusammengesetzter Systeme $(A + A')$ betrachtet (siehe Abb. 2.6.1), deren Teile A und A' in thermischer Wechselwirkung stehen, d.h. die Energie eines jeden Systems A aus dem Ensemble (oder eines jeden Systems A') ändert sich nicht um genau den gleichen Betrag. Die Situation läßt sich zweckmäßigerweise durch die Änderung der über das Ensemble der A (oder der A') gemittelten Energie darstellen. Die Änderung dieser mittleren Energie durch den Energietransport von einem Teilsystem zum anderen als Ergebnis einer rein thermischen Wechselwirkung wird als „Wärme" („Wärmeübergang") bezeichnet.

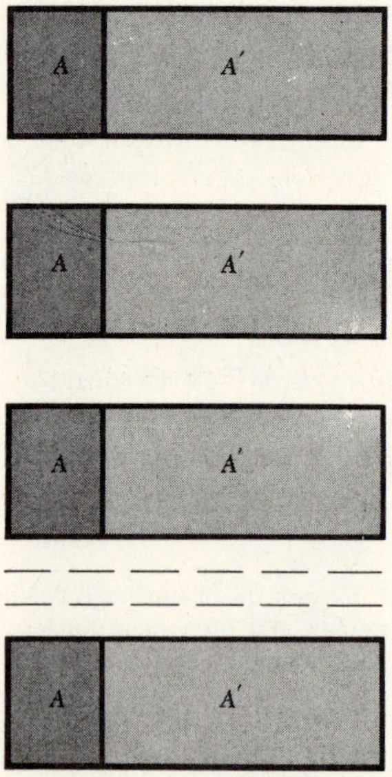

Abb. 2.6.1 Das Schema stellt ein repräsentatives statistisches Ensemble aus ähnlichen isolierten Systemen $A^{(0)} = A + A'$ dar, die alle aus zwei Teilsystemen A und A' zusammengesetzt sind, die miteinander in thermischer Wechselwirkung stehen.

Genauer heißt die Änderung $\Delta\bar{E}$ der mittleren Energie des Systems A die durch das System „absorbierte Wärme Q": $Q \equiv \Delta\bar{E}$. Diese Wärme kann sowohl negativ als auch positiv sein: Die Größe $(-Q)$ heißt die vom System „abgegebene Wärme". Da die Energie des zusammengesetzten Systems $(A + A')$ konstant ist, folgt

$$\Delta\bar{E} + \Delta\bar{E}' = 0 \tag{2.6.2}$$

Dabei ist $\Delta\bar{E}$ die Änderung der mittleren Energie von A, und $\Delta\bar{E}'$ die von A'. Mit den oben definierten Wärmen wird daraus

$$Q + Q' = 0 \quad \text{oder} \quad Q = -Q' \tag{2.6.3}$$

Dies beinhaltet lediglich die Energieerhaltung in der Aussage: Die von dem einen System absorbierte Wärme muß gleich der vom anderen System abgegebenen sein.

Da sich die äußeren Parameter bei rein thermischer Wechselwirkung nicht ändern, sind die Energieniveaus der am Wärmeaustausch beteiligten Systeme von diesem völlig unberührt. Die Änderung der mittleren Energie eines Systems entsteht dadurch, daß die thermische Wechselwirkung die Verteilung des Ensembles auf die festen Energieniveaus verändert (siehe Abb. 2.7.3 a und b).

2.7 Mechanische Wechselwirkung

Ein System, das mit keinem anderen System in thermische Wechselwirkung treten kann, heißt „thermisch isoliert". Es ist einfach, thermische Wechselwirkung zwischen irgendzwei Systemen zu verhindern, indem man sie räumlich weit genug trennt oder indem sie in „thermisch isolierende" („adiabatische") Wände einschließt. Dieser Name wird also definitionsgemäß für Wände mit den folgenden Eigenschaften verwendet: Trennt die Wand *irgend*zwei Systeme A und A', deren äußere Parameter festgehalten werden und die sich anfangs im inneren Gleichgewicht befanden [18+)], so bleibt jedes dieser Systeme unbegrenzt lange in seinem Makrozustand (siehe Abb. 2.7.1). Diese Definition beinhaltet physikalisch, daß die Wand keinen Energieaustausch zuläßt. (In der Praxis haben Wände aus Asbest oder Glaswolle näherungsweise Eigenschaften adiabatischer Wände.)

Wenn zwei Systeme voneinander thermisch isoliert sind, so können sie noch miteinander über Änderungen ihrer entsprechenden äußeren Parameter wechselwirken. Dies stellt die zweite Möglichkeit einer einfachen makroskopischen Wechselwirkung dar, der Fall rein „mechanischer Wechselwirkung". Von den Systemen sagt man dann, sie tauschten Energie miteinander aus, indem sie aneinander „makroskopische Arbeit" leisten.

18+) Ein System befindet sich im Gleichgewicht, wenn es von seiner Umgebung thermisch isoliert ist und sich sein Makrozustand zeitlich nicht ändert.

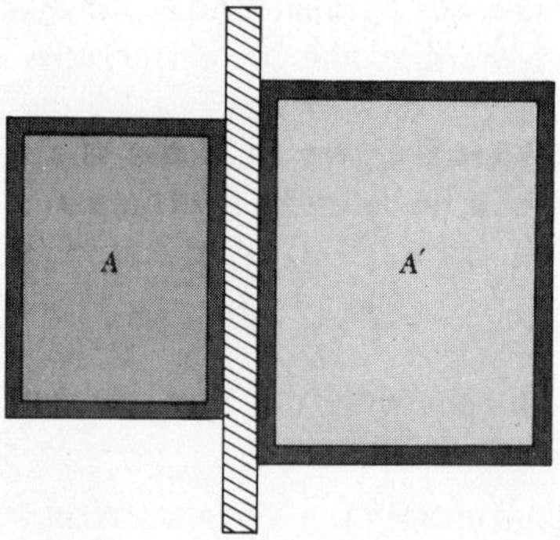

Abb. 2.7.1 Zwei Systeme A und A', die je aus einem Gas bestehen, das in Behälter festen Volumens eingeschlossen ist, werden durch eine Wand getrennt. Falls diese adiabatisch ist, kann jedes System unabhängig für jeden Wert seines mittleren Druckes im Gleichgewicht bleiben. Ist die Wand nicht adiabatisch, so werden die Gasdrucke sich im allgemeinen mit der Zeit so lange ändern, bis sie schließlich gewisse, miteinander verträgliche Werte im Gleichgewichts-Endzustand erreichen werden.

Beispiel: Die Abb. 2.7.2 zeigt ein Gas, das in einem senkrechten Zylinder durch einen vom Gas thermisch isolierten Stempel mit dem Gewicht w eingeschlossen wird. Anfangs ist der Stempel in einer Höhe s_i befestigt. Wenn der Stempel losgelassen wird, dann schwingt er für eine Zeit und kommt schließlich in einer größeren Höhe s_f zur Ruhe. Es sei A das aus dem Gas und dem Zylinder bestehende System und A' das aus dem Stempel (mit dem Gewicht) und der Erde bestehende System. Die Wechselwirkung bewirkt eine Änderung der äußeren Parameter des Systems A: Eine Änderung des Gasvolumens und der Höhe des Stempels. In diesem Prozeß leistet das Gas eine Arbeit, die im Heben des Gewichtes besteht.

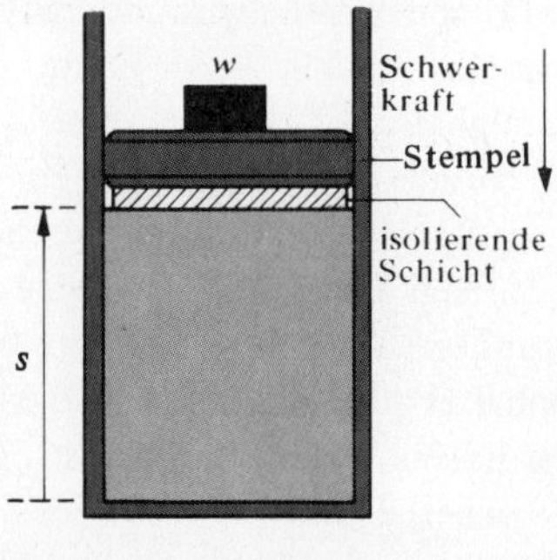

Abb. 2.7.2 Ein Gas ist in einem Zylinder durch einen Stempel mit dem Gewicht w eingeschlossen. Eine Schicht thermisch isolierenden Materials mit vernachlässigbaren Gewicht ist auf dem Boden des Stempels angebracht und isoliert ihn vom Gas.

In einer statistischen Beschreibung des Sachverhalts wird ein Ensemble aus gleichen zusammengesetzten Systemen $A + A'$ betrachtet, deren Teilsysteme miteinander wechselwirken. Nicht jedes System des Ensembles hat bei dieser Wechselwirkung seine Energie durch die Abänderung der äußeren Parameter um genau den gleichen Betrag geändert. Somit läßt sich wie im Fall der thermischen Wechselwirkung die Situation durch die Änderung der über das Ensemble gemittelten Energie beschreiben. Es sei die mittlere Energieänderung des Systems A infolge der Abänderung äußerer Parameter $\Delta_x \bar{E}$, dann ist die „makroskopische Arbeit" W, die *am* System geleistet wird, durch

$$\mathcal{W} = \Delta_x \bar{E} \tag{2.7.1}$$

definiert. Die makroskopische Arbeit W, die *vom* System geleistet wird, ist dann ihr Negatives

$$W \equiv -\mathcal{W} \equiv -\Delta_x \bar{E} \tag{2.7.2}$$

Immer wenn der Ausdruck „Arbeit" ohne weitere Erklärung gebraucht wird, beziehen wir uns auf die obige Definition der makroskopischen Arbeit. Die Erhaltung der Energie in (2.6.2) ist natürlich weiter gültig und kann in der Form

$$W + W' = 0 \qquad \text{oder} \qquad W = -W' \tag{2.7.3}$$

dargestellt werden; d.h. die Arbeit, die von dem einen System geleistet wird, muß gleich der Arbeit sein, die am anderen System geleistet wird.

Die mechanische Wechselwirkung zwischen Systemen ruft eine Veränderung ihrer äußeren Parameter hervor und bewirkt somit eine Änderung der Energieniveaus der Systeme. Selbst wenn die Energien E_r verschiedener Quantenzustände ursprünglich gleich sind, verschiebt eine Änderung der äußeren Parameter gewöhnlich diese Energieniveaus für verschiedene Zustände r um verschiedene Beträge. Im allgemeinen hängt die Änderung der mittleren Energie davon ab, wie und wie schnell die äußeren Parameter geändert werden. Wenn diese Parameter in einer beliebigen Weise abgeändert werden, geschieht im allgemeinen zweierlei: Die Energieniveaus des Systems ändern sich, und es finden Übergänge zwischen den verschiedenen Systemzuständen statt. (Falls das Ensemble anfänglich aus Systemen im gleichen Zustand bestand, wird es im allgemeinen nach der Änderung der äußeren Parameter über viele Zustände verteilt sein.) Somit kann eine sehr komplizierte Situation während der Änderung der äußeren Parameter vorliegen, obgleich zum Anfang und zum Ende dieser Änderung die Bedingungen des Gleichgewichts vorliegen.

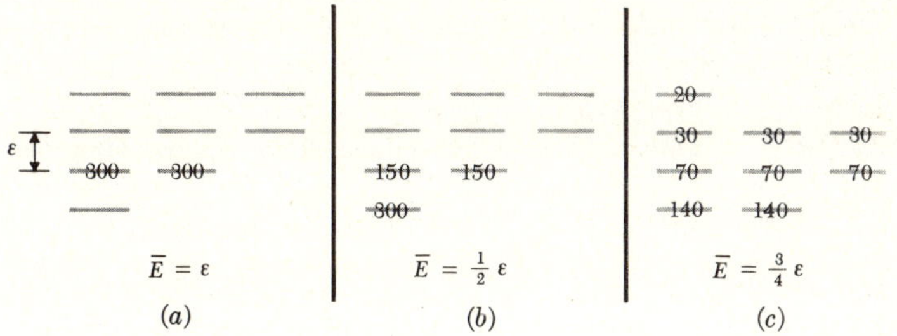

Abb. 2.7.3 Schematische Veranschaulichung von Wärme und Arbeit. Das Diagramm zeigt die Energieniveaus, die durch die Energie ϵ voneinander getrennt sind, eines hypothetischen Systems, das neun mögliche Zustände besitzt. Das statistische Ensemble besteht aus 600 Systemen, und die Zahlen zeigen die Besetzung des Zustands durch Systeme des Ensembles.

a) Ausgangsgleichgewichtszustand.
b) Endgleichgewichtszustand, nachdem das System Wärme vom Betrag ½ ϵ an ein anderes System abgegeben hat.
c) Endgleichgewichtszustand, nachdem das System von a) ausgehend in irgendeiner beliebigen Weise eine Arbeit vom Betrage 3/4 ϵ an einem anderen System geleistet hat. (Die sehr kleinen Besetzungszahlen, die der Einfachheit wegen gewählt wurden, sind natürlich nicht repräsentativ für reale makroskopische Systeme.)

Beispiel: Die Schwierigkeiten können an dem Beispiel der Abb. 2.7.2 oder unmittelbarer am Beispiel der Abb. 2.7.4 gezeigt werden. Unter der Voraussetzung, daß das System anfänglich im Gleichgewicht ist, wird der Stempel im Abstand s_i vom Boden des Zylinders befestigt. Dann ist das System in einem seiner gleichwahrscheinlichen Zustände, die mit dem Anfangsabstand $s = s_i$ und der Anfangsenergie E_i des Systems verträglich sind. Nun wird der Stempel von außen schnell in eine neue Lage $s = s_f$ gebracht, wobei das Gas komprimiert wird. In diesen Prozeß wird von außen Arbeit geleistet, derart daß sich die mittlere Energie des Systems um den Betrag $\Delta_x \bar{E}$ erhöht. Außerdem entstehen im Gas Druckunterschiede und turbulente Strömungen; während dieser Zeit ist das System *nicht* gleichwahrscheinlich in jedem seiner zugänglichen Zustände. Wenn man natürlich lange genug wartet und dabei $s = s_f$ festhält, wird sich ein neuer Gleichgewichtszustand einstellen, der mit denen gleichwahrscheinlich ist, die mit $s = s_f$ und der neuen mittleren Energie $E_i + \Delta_x \bar{E}$ verträglich sind.

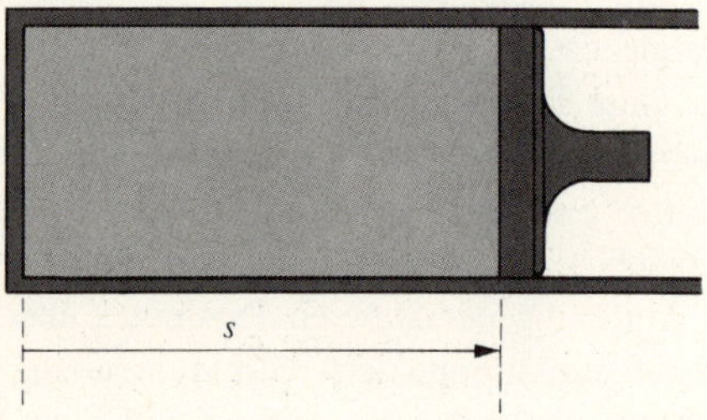

Abb. 2.7.4 Ein System, das aus einem Gas besteht, welches in einem Zylinder eingeschlossen ist, der durch einen beweglichen Stempel abgeschlossen ist. Der einzige äußere Parameter ist der Abstand s des Stempels vom Boden des Zylinders.

Makroskopische Arbeit ist eine Größe, die unmittelbar experimentell gemessen werden kann. Eine mechanische Wechselwirkung bestehe zwischen zwei Systemen A und A', wobei A' ein so relativ einfaches System sei, daß eine Änderung seiner mittleren Energie unmittelbar aus der Änderung seiner äußeren Parameter berechenbar ist. Man kennt z.B. die mittlere Kraft, die A' auf A ausübt, und die Änderung der äußeren Parameter besteht einfach aus einer bekannten Verschiebung des Schwerpunktes von A'. Dann ist die mittlere Arbeit W', die A' an A leistet, unmittelbar durch das Produkt der mittleren Kraft mit der Verschiebung des Schwerpunktes gegeben; daher ist nach (2.7.3) die Arbeit, die A leistet, durch $W = -W'$ gegeben.

Beispiel 1: Es wird die in der Abb. 2.7.2 dargestellte Situation betrachtet, bei der der Stempel anfänglich die Höhe s_i hatte und schließlich bei einer Höhe s_f zur Ruhe kommt. Hierbei wurde der Schwerpunkt des Stempels um den Betrag $s_f - s_i$ verschoben. Außerdem kann man jede Änderung der inneren Energie des Stempels, die durch eine Änderung der Bewegungsenergie seiner Moleküle relativ zu seinem Schwerpunkt verursacht wurde, vernachlässigen. Damit ergibt sich die Gesamtänderung der Energie des Systems A', das aus dem Stempel und der Erde besteht, durch die Änderung der potentiellen Energie $w(s_f - s_i)$ des Stempelschwerpunktes im Gravitationsfeld der Erde. Somit folgt, daß in dem Prozeß, dem das System A unterworfen war, das aus dem Gas und dem Zylinder besteht, die Arbeit $W = -w(s_f - s_i)$ an das System A' abgegeben wurde.

Beispiel 2: Das fallende Gewicht w (Abb. 2.7.5) ist über ein Seil mit dem Schaufelrad derart verbunden, daß sich dieses dreht und die Flüssigkeit rührt. Das Gewicht durchfalle mit gleichförmiger Geschwindigkeit die Höhe s. Dabei nimmt die Energie des Systems A', das aus dem Gewicht und der Erde besteht, um dem Betrag ws ab: $W' = -ws$; somit wird also am System A, das aus dem Schaufelrad und der Flüssigkeit besteht, die Arbeit $W = ws$ geleistet.

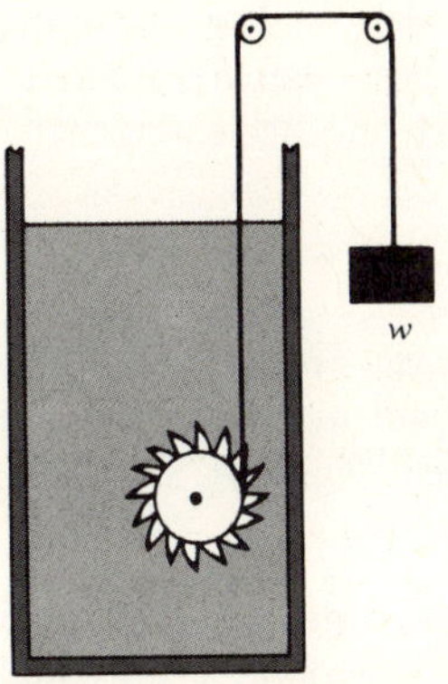

Abb. 2.7.5 Ein System besteht aus einem Behälter, der eine Flüssigkeit und ein Schaufelrad enthält. Das fallende Gewicht leistet dadurch Arbeit am System, daß sich das Schaufelrad dreht.

Beispiel 3: Eine Batterie der Spannung $\mathcal{V}$ (Abb. 2.7.6) ist über einen Widerstand, der in eine Flüssigkeit eintaucht, kurzgeschlossen. Wenn die Ladung q durch den Stromkreis fließt, nimmt die Energie der Batterie um den Betrag $W' = -q\mathcal{V}$ ab. Somit leistet sie eine Arbeit $W = q\mathcal{V}$ am System A, das aus dem Widerstand und aus der Flüssigkeit besteht.

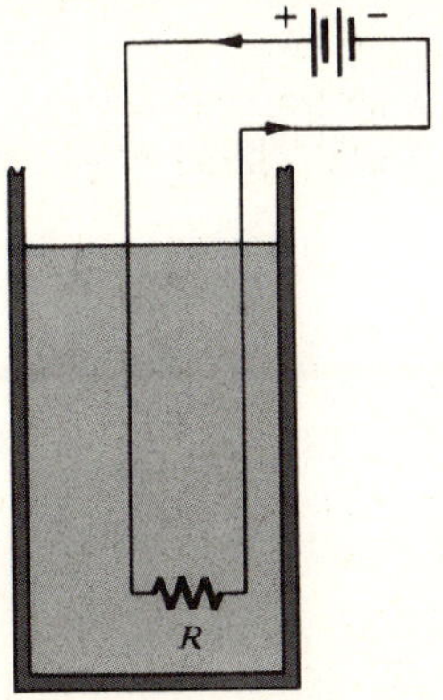

Abb. 2.7.6 Ein System besteht aus einem Widerstand, der in eine Flüssigkeit eintaucht. Die Batterie leistet elektrische Arbeit dadurch, daß ein Strom durch den Widerstand fließt.

2.8 Allgemeine Wechselwirkungen

Im allgemeinen Fall der Wechselwirkung zwischen zwei Systemen bleiben die äußeren Parameter *nicht* fest, und die Systeme sind *nicht* thermisch isoliert. Daraus resultiert, daß sich die mittlere Energie des Systems um den Betrag $\Delta\bar{E}$ ändern kann, wobei nicht die gesamte Änderung durch Änderung der äußeren Parameter verursacht wird. Es sei $\Delta_x\bar{E} = \mathcal{W}$ die Zunahme der mittleren Energie, die durch die Änderung der äußeren Parameter verursacht wird (d.h. durch die makroskopische Arbeit $\mathcal{W}$ die am System geleistet wird). Dann ist die Gesamtänderung der mittleren Energie des Systems

$$\Delta\bar{E} \equiv \Delta_x\bar{E} + Q = \mathcal{W} + Q \tag{2.8.1}$$

Dabei ist die Größe Q so eingeführt, daß sie einfach ein Maß für jene Änderung der mittleren Energie ist, die *nicht* durch eine Änderung der äußeren Parameter verursacht wird. Somit *definiert* (2.8.1) die Größe Q durch die Beziehung

$$Q \equiv \Delta\bar{E} - \mathcal{W} = \Delta\bar{E} + W \tag{2.8.2}$$

Dabei ist $W \equiv -\mathcal{W}$ die *vom* System geleistete Arbeit. (2.8.2) ist die allgemeine *Definition* der von einem System aufgenommenen Wärmemenge. Werden die äußeren Parameter festgehalten, so reduziert sich (2.8.2) natürlich auf die Definition, die schon im Abschnitt 2.6 für den Fall rein thermischer Wechselwirkung angegeben worden war.

Die Beziehung (2.8.1) teilt die Gesamtänderung der mittleren Energie einfach in zwei Teile auf: Einen Teil $\mathcal{W}$, der zur mechanischen Wechselwirkung gehört und einen anderen Teil Q, der zur thermischen Wechselwirkung gehört. Dies ist der Grund dafür, daß der Name „Thermodynamik" für diese klassische Disziplin verwendet wird.

Man beachte, daß gemäß (2.8.1) sowohl die Wärmemenge als auch die Arbeit die Dimension der Energie besitzen, und somit in den Einheiten erg oder J gemessen werden.

Beispiel: Zwei Gase A und A' sind in einem Zylinder enthalten, der durch eine bewegliche Wand in zwei Teile geteilt ist (Abb. 2.8.1).

a) Zunächst sei die Zwischenwand befestigt und thermisch isolierend. Dann wechselwirken beide Gase nicht miteinander.
b) Wenn die Zwischenwand *nicht* thermisch isolierend, aber befestigt ist, wird im allgemeinen Energie von einem Gas zum anderen fließen (obgleich keine makroskopische Arbeit geleistet wird). Somit werden sich die Drucke der Gase verändern. Dies ist ein Beispiel rein thermischer Wechselwirkung.
c) Wenn die Zwischenwand sich frei bewegen kann, aber thermisch isolierend ist, so wird sie sich im allgemeinen bewegen, und die Volumina und

Drucke der Gase werden sich verändern. Ein Gas leistet am anderen mechanische Arbeit. Dies ist ein Beispiel rein mechanischer Wechselwirkung.

d) Ist schließlich die Zwischenwand sowohl beweglich als auch nicht thermisch isolierend, so findet im allgemeinen sowohl mechanische als auch thermische Wechselwirkung zwischen den beiden Gasen A und A' statt.

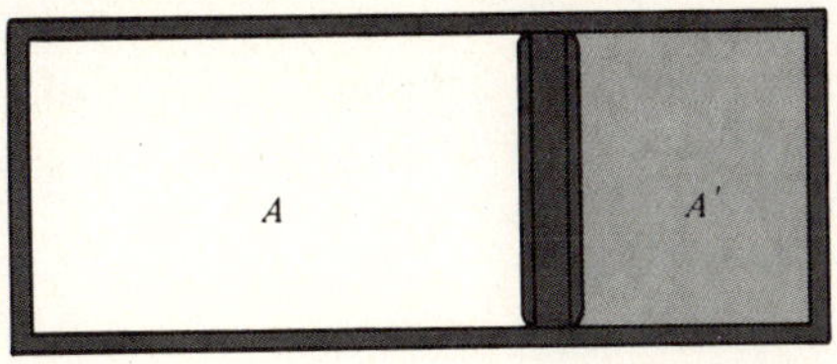

Abb. 2.8.1 Zwei Gase A und A', die durch eine Zwischenwand getrennt sind.

Betrachtet man infinitesimale Änderungen, dann läßt sich die kleine Veränderung der mittleren Energie, die durch die Wechselwirkung hervorgerufen wird, als Differential $d\bar{E}$ schreiben. Der infinitesimale Betrag der Arbeit, die vom System geleistet wird, wird mit $đW$ bezeichnet, die vom System aufgenommene Wärmemenge mit $đQ$. Damit wird (2.8.2) für infinitesimale Prozeße

$$đQ \equiv d\bar{E} + đW \tag{2.8.3}$$

Bemerkung: Das spezielle Symbol $đW$ wird anstelle von W deshalb eingeführt, um anzudeuten, daß die Arbeit infinitesimal ist. Es bezeichnet *nicht* irgendwelche Arbeitsdifferenzen. Die geleistete Arbeit ist eine Größe, die sich auf den Wechselwirkungs*prozeß* selbst bezieht. Somit hat es keinen Sinn, von der Arbeit am System vor oder nach dem Prozeß zu sprechen oder etwa die Differenzen zu betrachten. Ähnliche Bemerkungen lassen sich für die Größe $đQ$ machen, die ebenfalls nur den infinitesimalen Betrag der vom System aufgenommenen Wärmemenge bezeichnet und *nicht* irgendeine bedeutungslose Differenz zwischen Wärmemengen.

2.9 Quasistatische Prozesse

In den letzten Abschnitten wurden ganz allgemeine Prozesse betrachtet, in denen Systeme miteinander wechselwirken konnten. Ein bedeutender und viel einfacherer Spezialfall ist der, in dem ein System A mit einem anderen System in einem Prozeß wechselwirkt (unter Arbeitsleistung, Wärmeaustausch, oder beidem), der so langsam geführt wird, daß A dem Gleichgewicht während des ganzen Prozesses beliebig nahe bleibt. Ein solcher Prozeß heißt „quasistatisch". *Wie* langsam ein solcher Prozeß zu führen ist, um quasistatisch zu sein, hängt von der Zeit τ (Relaxationszeit) ab, die das System benötigt, um nach einer plötzlichen Störung das Gleichgewicht zu erreichen. So langsam, um quasistatisch zu sein, heißt, daß alle zeitlichen Änderungen langsam im Vergleich zu τ sein müssen. Wenn z.B. in der

Abb. 2.7.4 das Gas nach $\tau \approx 10^{-3}$ s das Gleichgewicht erreicht, wenn der Abstand s plötzlich halbiert wird, dann ist ein Prozeß, in dem der Abstand s in 0,1 s halbiert wird, in guter Näherung ein quasistatistischer.

Haben die äußeren Parameter eines Systems die Werte $x_1, \ldots, x_n$, dann ist die Energie des Systems in einem bestimmten Quantenzustand r

$$E_r = E_r(x_1, \ldots, x_n) \tag{2.9.1}$$

Wenn die Werte der äußeren Parameter sich verändern, gilt dies gemäß (2.9.1) auch für die Energie zum Quantenzustand r. Ändern sich die Parameter speziell um infinitesimale Beträge $x_a \rightarrow x_a + dx_a$, für alle a, so gilt nach (2.9.1) für die Energieänderung

$$dE_r = \sum_{\alpha=1}^{n} \frac{\partial E_r}{\partial x_\alpha} dx_\alpha \tag{2.9.2}$$

Die Arbeit $đW$, die das System leistet, ist, wenn es im Quantenzustand r verbleibt, wie folgt definiert

$$đW_r \equiv -dE_r = \Sigma X_{\alpha,r}\, dx_\alpha \tag{2.9.3}$$

Dabei wurde die Abkürzung

$$X_{\alpha,r} \equiv -\frac{\partial E_r}{\partial x_\alpha} \tag{2.9.4}$$

eingeführt. Dieser Ausdruck wird „generalisierte Kraft" im Zustand r genannt (konjugiert zum äußeren Parameter x_a). Wenn x_a einen Abstand bezeichnet, dann ist X_a einfach eine gewöhnliche Kraft.

Es wird nun die statistische Beschreibung eines Ensembles aus ähnlichen Systemen betrachtet [19+)]. Wenn die äußeren Parameter des Systems sich quasistatisch verändern, dann haben die generalisierten Kräfte zu jeder Zeit wohldefinierte Mittelwerte; diese sind aus jener Verteilung der Systeme berechenbar, die zum zur Zeit vorliegenden Gleichgewicht gehört und die mit den Werten der äußeren Parameter zu dieser Zeit verträglich ist. (Falls das System z.B. thermisch isoliert ist, dann sind die Systeme des Ensembles zu jeder Zeit gleichwahrscheinlich in irgendeinem ihrer zugänglichen Zustände, die mit den Werten der äußeren Parameter zu dieser Zeit verträglich sind.) Die makroskopische Arbeit $đW$, die von einer infinitesimalen quasistatistischen Änderung der äußeren Parameter herrührt, ist dann durch die Abnahme der mittleren Energie über die Änderungen der Parameter berechenbar. Aus dem Mittelwert von (2.9.3) über alle zugänglichen Zustände r ergibt sich

$$đW = \sum_{\alpha=1}^{n} \bar{X}_\alpha\, dx_\alpha \tag{2.9.5}$$

wobei $$\bar{X}_\alpha \equiv -\overline{\frac{\partial E_r}{\partial x_\alpha}} \tag{2.9.6}$$

19+) Das sind identische Systeme, die den gleichen makroskopischen Randbedingungen unterliegen.

die *mittlere* generalisierte Kraft zu x_a ist. Dabei sind die Mittelwerte aus jener Gleichgewichtsverteilung der Systeme zu berechnen, die zu den Werten x_a der äußeren Parameter gehören. Die makroskopische Arbeit W bei einer *endlichen* quasistatischen Änderung der äußeren Parameter kann durch Integration ermittelt werden.

Bemerkung: Wenn wir es mit einem abgeschlossenen System im Zustand r zu tun haben, der ein *exakter* stationärer Quantenzustand des *gesamten* Hamiltonoperators ist (der alle Wechselwirkungen zwischen den Teilchen erfaßt), dann wird das System für alle Zeiten in diesem Zustand der Energie E_r bleiben, wenn die äußeren Parameter festgehalten werden. Es wird ebenfalls in diesem Zustand verbleiben, wenn sich die äußeren Parameter hinreichend langsam verändern [seine Energie E_r ändert sich gemäß (2.9.1)]. Somit werden keine Übergänge in andere Zustände im Laufe der Zeit stattfinden. In der statistischen Beschreibung hat man es nicht mit solchen genau definierten Situationen zu tun. Vielmehr betrachtet man ein System, das sich in einem Zustand befindet, der einer aus der großen Anzahl der zugänglichen ist, die keine exakten stationären Eigenzustände des Gesamt-Hamiltonoperators sind. Somit finden Übergänge zwischen den zugänglichen Zuständen statt. Wenn man nun lange genug wartet, bewirken diese Übergänge, daß das System in den Gleichgewichts-Endzustand übergeht, der, falls das System abgeschlossen ist, einer seiner gleichwahrscheinlichen zugänglichen Zustände ist. Wenn die äußeren Parameter des Systems sich quasistatistisch ändern, bleibt ein vorgegebenes System aus dem Ensemble nicht immer im gleichen Zustand. Eine kontinuierliche Neuverteilung der Systeme auf ihre zugänglichen Zustände findet so statt, daß stets eine Verteilung vorliegt, die mit der Gleichgewichtssituation verträglich ist, d.h. eine gleichmäßige Verteilung über alle zugänglichen Zustände für ein Ensemble aus abgeschlossenen Systemen (siehe Abb. 2.9.1).

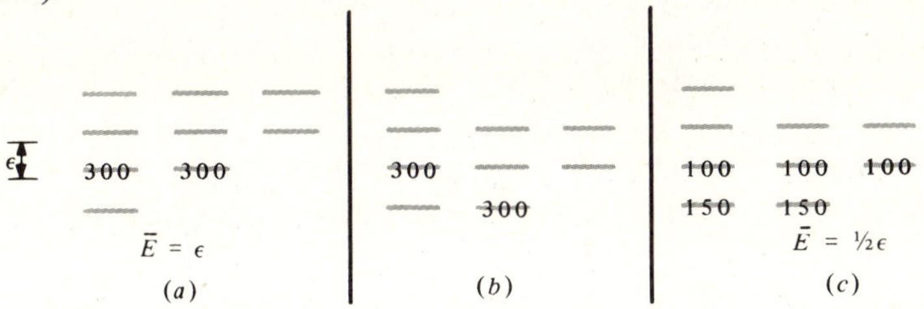

Abb. 2.9.1 Schematische Veranschaulichung der quasistatistischen Arbeit, die vom thermisch isolierten System der Abb. 2.7.3 geleistet wird. Die Abbildung zeigt nochmals die Energieniveaus des Systems, und die Zahlen zeigen die Anzahl der Systeme des Ensembles, die den betrachteten Zustand besetzen.

a) Anfangsgleichgewichtszustand.
b) Hypothetischer Zustand nach quasistatischer Änderung der äußeren Parameter ohne Zustandsänderung, aber mit Energieänderung des Systems.
c) Tatsächlicher Gleichgewichtsendzustand, durch quasistatische Änderung der äußeren Parameter bewirkt; vom System wurde die Arbeit $\epsilon/2$ geleistet.

2.10 Quasistatische Arbeit durch Druck

Als ein wichtiges Beispiel für quasistatische Arbeit wird der Fall eines Systems betrachtet, für das nur ein einziger äußerer Parameter von Bedeutung ist: das Volumen V des Systems. Die geleistete Arbeit bei der Volumenänderung von V nach $V + dV$ kann aus der elementaren Mechanik als das Produkt aus einer Kraft und einer Verschiebung berechnet werden. Das betrachtete System sei in einem Zylinder eingeschlossen (siehe Abb. 2.7.4). Wenn das System im Zustand r ist, wird der Druck auf den Stempel mit der Fläche A mit p_r bezeichnet. Dann ist $p_r \cdot A$ die Kraft, die vom System auf den Stempel ausgeübt wird. Das Volumen des Systems wird durch den Abstand s des Stempels vom Boden des Zylinders bestimmt: $V = As$. Wird der Abstand s sehr langsam um den Betrag ds verändert, so bleibt das System im Zustand r und leistet eine Arbeit

$$đW_r = (p_r A)\, ds = p_r(A\, ds) = p_r\, dV \tag{2.10.1}$$

Da $đW_r = -dE$ ist, folgt daraus

$$p_r = -\frac{\partial E_r}{\partial V} \tag{2.10.2}$$

Somit ist p_r die zum Volumen V konjugierte Kraft.

Falls das Volumen quasistatisch geändert wird, verbleibt das System stets im inneren Gleichgewicht, so daß sein Druck einen wohldefinierten Mittelwert $\bar{p}$ besitzt. Die vom System geleistete makroskopische Arbeit bei quasistatischen Veränderungen des Volumens ist dann gemäß (2.10.1) durch den mittleren Druck bestimmt [20*)]

$$đW = \bar{p}\, dV \tag{2.10.3}$$

Bemerkung: Der Ausdruck (2.10.3) für die geleistete Arbeit ist viel allgemeiner als die einfache Herleitung am Zylinder zeigt. Um dies zu zeigen, wird eine quasistatische Expansion eines Systems betrachtet, das anfangs in einem Volumen V eingeschlossen war (durchgezogene Umrandung) und das schließlich das von der durchbrochenen Umrandung umschlossene Volumen einnimmt (Abb. 2.10.1). Ist der mittlere Druck $\bar{p}$, so ist $\bar{p} \cdot dA$ der Betrag der mittleren Kraft auf ein Flächenelement der Größe dA und die Normale **n** ihre Richtung. Ist weiter ds die Verschiebung des Flächenelementes in eine Richtung, die mit der Normalen den Winkel θ einschließt, so ist die vom Druck $\bar{p}$ am Flächenelement geleistete Arbeit $(\bar{p}\,dA)\, ds \cos\theta = \bar{p}\, dv$, wobei

20*) Im Systemzustand r hängt im allgemeinen die Arbeit $đW_r$ und der zugehörige Druck p_r davon ab, wie das Volumen verändert wird. (Ist z.B. das System in einem Quader eingeschlossen, so kann die Arbeit $đW_r$ davon abhängen, welche der Wände bewegt wird, weil der Druck auf die verschiedenen Wände nicht gleich sein muß.) Nachdem aber über alle Zustände r gemittelt wurde, ist die makroskopische Arbeit und der mittlere Druck unabhängig von der speziellen Art der Volumenänderung.

$dv \equiv (dA\, ds \cos\theta)$ das Volumenelement ist, das durch die Bewegung von dA um ds überstrichen wird. Die gesamte Arbeit bekommt man durch Summation über alle Flächenelemente der Systemoberfläche

$$đW = \Sigma \bar{p}\, dv = \bar{p} \Sigma\, dv = \bar{p}\, dV$$

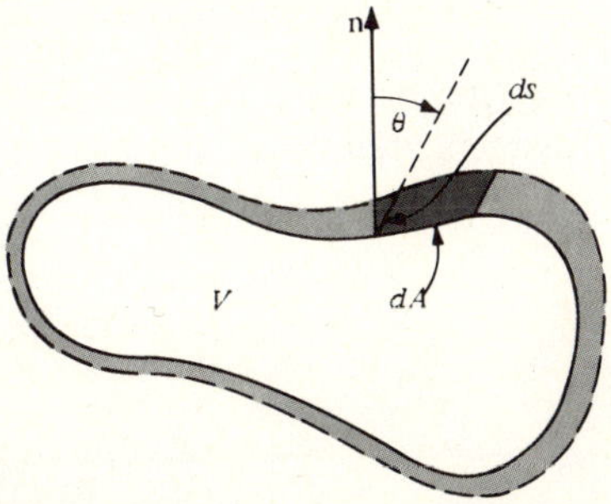

Abb. 2.10.1 Beliebige Ausdehnung eines Systems vom Volumen V.

Dabei ist $dV = \Sigma dv$ die Summe aller überstrichenen Volumenelemente, d.h. dV ist die Volumenzunahme des Gesamtsystems. Somit erhält man wieder (2.10.3)

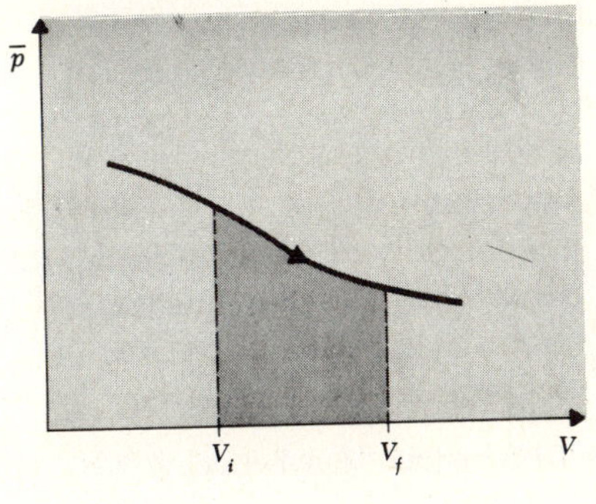

Abb. 2.10.2 Abhängigkeit des mittleren Druckes $\bar{p}$ vom Volumen V eines Systems. Die schattierte Fläche unter der Kurve stellt die vom System geleistete Arbeit dar, wenn sich sein Volumen quasistatisch von V_i auf V_f vergrößert.

Es werde ein quasistatischer Prozeß ausgeführt, in dessen Verlauf das Systemvolumen von V_i in V_f übergeht. Z.B. möge dieser Prozeß so geführt werden, daß für alle Volumina $V_i \leqslant V \leqslant V_f$ der mittlere Druck $\bar{p} = \bar{p}(V)$ die Werte aus der Abb. 2.10.2 annehmen möge. Dann ist die durch das System geleistete makroskopische Arbeit

$$W_{if} = \int_{V_i}^{V_f} đW = \int_{V_i}^{V_f} \bar{p}\, dV \qquad (2.10.4)$$

Das Integral ist der Flächeninhalt der in Abb. 2.10.2 schattierten Fläche.

2.11 Exakte (vollständige) und „nichtexakte" Differentiale

Der Ausdruck (2.8.3) bringt das Differential $d\bar{E}$ der Energie mit den infinitesimalen Größen $đW$ und $đQ$ in Zusammenhang. Solche infinitesimalen Größen sollen nun näher untersucht werden.

F sei eine Funktion von zwei unabhängigen Veränderlichen $F = F(x, y)$. Somit ist der Wert von F durch die Werte von x und y bestimmt. Geht man von (x, y) zu einem Nachbarpunkt $(x + dx, y + dy)$ über, so ändert sich der Wert von F um den Betrag

$$dF = F(x + dx, y + dy) - F(x, y) \tag{2.11.1}$$

Dies kann in der Form

$$dF = A(x, y)\, dx + B(x, y)\, dy \tag{2.11.2}$$

geschrieben werden, wobei $A = \partial F/\partial x$ und $B = \partial F/\partial y$ ist. In (2.11.1) ist dF einfach die infinitesimale Differenz zwischen den zwei benachbarten Werten der Funktion F. Die infinitesimale Größe dF ist somit hier ein übliches Differential; sie wird „exaktes" oder „vollständiges Differential" genannt, um sie von anderen noch zu besprechenden infinitesimalen Größen zu unterscheiden. Das Linienintegral längs eines Weges in der x-y-Ebene von (x_i, y_i) nach (x_f, y_f) ergibt für die Änderung von F

$$\Delta F = F_f - F_i = \int_i^f dF = \int_i^f (A\, dx + B\, dy) \tag{2.11.3}$$

Wie aus der linken Seite ersichtlich ist, hängt das Integral nur vom Anfangs- und Endpunkt der Integration und nicht vom Wege ab, auf dem man zur Auswertung vom Anfangs- zum Endpunkt übergeht.

Nicht jede infinitesimale Größe ist ein exaktes Differential: Man betrachte z.B.

$$A'(x,y)\, dx + B'(x,y)\, dy \equiv đG \tag{2.11.4}$$

wobei A' und B' Funktionen von x und y sind. $đG$ ist lediglich die Abkürzung für die linke Seite von (2.11.4). Obgleich $đG$ sicherlich eine infinitesimale Größe ist, folgt daraus *nicht* notwendig, daß sie ein vollständiges Differential ist. So ist es z.B. im allgemeinen *nicht* so, daß eine Funktion $G = G(x, y)$ der Variablen x und y existiert, deren Differential $dG = G(x + dy, y + dy) - G(x, y)$ mit dem Ausdruck (2.11.4) übereinstimmt. Gleichermaßen ist es im allgmeinen nicht so, daß ein Linienintegral längs eines Weges in der x-y-Ebene über die infinitesimale Größe $đG$, das von einem Anfangspunkt i zu einem Endpunkt f führt,

$$\int_i^f đG = \int_i^f (A'\, dx + B'\, dy) \tag{2.11.5}$$

unabhängig vom speziell gewählten Weg ist. Eine infinitesimale Größe, die kein exaktes (vollständiges) Differential ist, wird als „nichtexaktes Differential" bezeichnet und durch ein Fähnchen gekennzeichnet: $đ$.

Beispiel: Es wird die infinitesimale Größe

$$đG = \alpha\, dx + \beta \frac{x}{y}\, dy = \alpha\, dx + \beta x\, d(\ln y)$$

betrachtet. α und β seien Konstante. Der Anfangspunkt i sei (1,1) und der Endpunkt f eines Weges in der x-y-Ebene sei (2,2). Es werden nun zwei Wege gewählt (siehe Abb. 2.11.1): $i \to a \to f$, wobei a die Koordinaten (2.1) hat und $i \to b \to f$, wobei b die Koordinaten (1,2) besitzt:

$$\int_{iaf} đG = \alpha + 2\beta \ln 2$$

$$\int_{ibf} đG = \beta \ln 2 + \alpha$$

Da sich die Ergebnisse unterscheiden, ist die Größe $đG$ kein exaktes Differential.

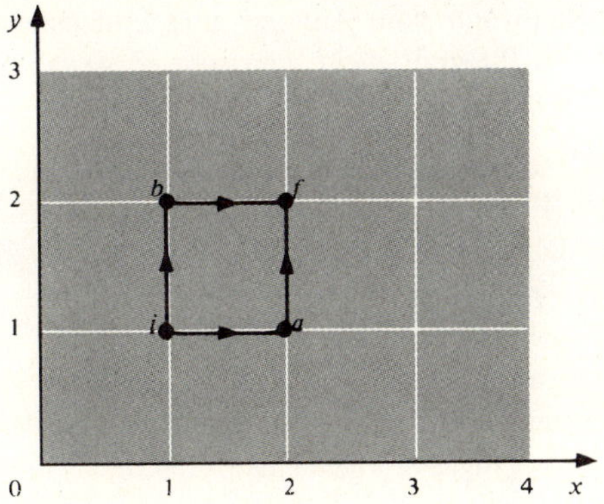

Abb. 2.11.1 Verschiedene Wege, die Anfangs- und Endpunkt in der x-y-Ebene verbinden.

Die infinitesimale Größe

$$dF \equiv \frac{đG}{x} = \frac{\alpha}{x}\, dx + \frac{\beta}{y}\, dy$$

ist ein exaktes Differential der wohldefinierten Funktion $F = \alpha \ln x + \beta \ln y$. Das Linienintegral über dF zwischen i und f ist daher unabhängig vom Wege und hat den Wert

$$\int_i^f dF = \int_i^f \frac{đG}{x} = (\alpha + \beta) \ln 2$$

Nach dieser rein mathematischen Erläuterung wenden wir uns nun physikalischen Dingen zu. Der Makrozustand eines makroskopischen Systems kann durch die Werte seiner äußeren Parameter (z.B. durch sein Volumen V) und durch seine mittlere Energie $\bar{E}$ angegeben werden; andere Größen, so etwa der mittlere Druck $\bar{p}$, sind dann festgelegt. Umgekehrt kann man die äußeren Parameter und den Druck $\bar{p}$ als unabhängige Variable zur Beschreibung des Makrozustandes wählen; dann ist die mittlere Energie $\bar{E}$ festgelegt. Größen wie $d\bar{p}$ oder $d\bar{E}$ sind somit infinitesimale Differenzen zwischen wohldefinierten Größen, d.h. sie sind vollständige Differentiale. Z.B. ist $d\bar{E} = \bar{E}_f - \bar{E}_i$ die Differenz zwischen der mittleren Energie des Systems im makroskopischen Endzustand f und der im makroskopischen Anfangszustand i, falls diese beiden Zustände infinitesimal benachbart sind. Ebenso folgt, daß die Änderung der mittleren Energie beim Übergang des Systems von i nach f durch

$$\Delta\bar{E} = \bar{E}_f - \bar{E}_i = \int_i^f d\bar{E} \tag{2.11.6}$$

gegeben ist. Da aber $\bar{E}$ eine Funktion des betrachteten Makrozustandes ist, hängen $\bar{E}_i$ und $\bar{E}_f$ nur von den speziellen Anfangs- und Endzuständen ab. Somit hängt das Integral $\int_i^f d\bar{E}$ längs des durch den Prozeß bestimmten Weges in dem durch die unabhängigen Variablen aufgespannten Raum *nur* vom Anfangs- und Endzustand ab. Insbesondere hängt somit der Wert des Integrals *nicht* vom speziell gewählten Prozeß ab, der i und f verbindet.

Betrachtet man die infinitesimale vom System beim Übergang von i nach f geleistete Arbeit $đW$, so ist im allgemeinen $đW = \Sigma \bar{X}_\alpha \, dx_\alpha$ *keine* Differenz zwischen zwei Größen, die sich auf benachbarte Makrozustände beziehen. Vielmehr ist $đW$ charakteristisch davon abhängig, *welcher Prozeß* i und f verbindet. (Es ist bedeutungslos, von der Arbeit *in* einem gegebenen Zustand zu sprechen; man kann nur die Arbeit betrachten, die vom System beim Übergang *von* i *nach* f geleistet wird.) Die Arbeit $đW$ ist somit im allgemeinen ein *nichtexaktes* Differential. Die gesamte Arbeit, die vom System beim Übergang aus irgendeinem Makrozustand i in irgendeinen anderen Makrozustand f geleistet wird, ist somit

$$W_{if} = \int_i^f đW \tag{2.11.7}$$

Dabei stellt das Integral einfach die Summe der infinitesimalen Beträge der Arbeit $đW$ während des Prozeßablaufs dar. Der Wert dieses Integrals hängt im allgemeinen vom speziellen Prozeß ab, den das System zwischen irgendeinem Makrozustand i und einem anderen f durchläuft.

Beispiel: Es wird ein System, z.B. ein Gas betrachtet, dessen einziger wichtiger äußerer Parameter das Volumen sei (siehe Abb. 2.7.4). Weiter wird angenommen, daß das System quasistatisch aus seinem anfänglichen Makrozustand mit dem Volumen V_i in seinen makroskopischen Endzustand mit dem Volumen V_f gebracht wird. (Während dieses Prozesses kann das System Wärme mit anderen Systemen austauschen.)

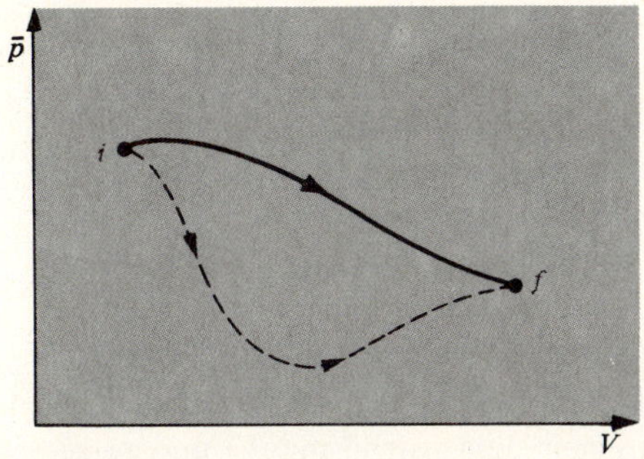

Abb. 2.11.2 Abhängigkeit des mittleren Drucks $\bar{p}$ vom Volumen V für zwei verschiedene quasistatische Prozesse.

Den speziellen Prozeß können wir durch den mittleren Druck $\bar{p}(V)$ kennzeichnen, den das System für die verschiedenen Volumina während des Prozesses besitzt. Diese funktionale Abhängigkeit kann durch die Kurve in der Abb. 2.11.2 dargestellt werden, und die zugehörige Arbeit ist durch (2.10.4) gegeben, d.h. durch die Fläche unter der Kurve. Werden zwei verschiedene Prozesse betrachtet, die von i nach f gehen und deren mittlerer Druck durch die ausgezogene und gestrichelte Kurve in Abb. 2.11.2 dargestellt wird, so sind im allgemeinen die Flächen unter diesen beiden Kurven verschieden. Somit hängt die Arbeit W_{if}, die das System leistet, vom speziellen Prozeß ab, der von i nach f verläuft.

Geht man vom Makrozustand i zum Makrozustand f über, so hängt die Änderung der mittleren Energie $\Delta\bar{E}$ *nicht* vom Prozeß ab, während dies für die Arbeit W im allgemeinen zutrifft. Daher folgt aus (2.8.2), daß die Wärme Q ebenfalls im allgemeinen vom speziellen Prozeß abhängt. Somit kennzeichnet $đQ$ einen infinitesimalen Betrag ausgetauschter Wärme, aber wie $đW$ ist $đQ$ im allgemeinen *kein* vollständiges Differential.

Wenn das System thermisch isoliert ist, so daß $Q = 0$ gilt, dann folgt aus (2.8.2)

$$W_{if} = -\Delta\bar{E} \tag{2.11.8}$$

In diesem Falle hängt die Arbeit *nur* von der Energiedifferenz zwischen dem Anfangs- und Endzustand ab und *ist* vom speziellen Prozeß zwischen ihnen unabhängig. Damit haben wir ein Ergebnis, daß oftmals als „erster Hauptsatz der Thermodynamik" bezeichnet wird:

> Wird ein *thermisch isoliertes* System von einem makroskopischen Anfangszustand in irgendeinen Endzustand gebracht, so ist die vom System geleistete Arbeit unabhängig vom Prozeß, der diese beiden Zustände verbindet. (2.11.9)

Bemerkung: Diese Aussage beinhaltet die Erhaltung der Energie und ist unmittelbar experimentell nachprüfbar. Es sei z.B. ein thermisch isolierter Zylinder mit einem Stempel abgeschlossen. Der Zylinder enthält ein System, das aus einer Flüssigkeit und einem Schaufelrad besteht, das durch ein fallendes Gewicht in Drehung versetzt werden kann. Arbeit kann von diesem System geleistet werden

a) durch Bewegung des Stempels oder
b) durch Drehen des Schaufelrades. Die entsprechenden Arbeiten können in mechanischen Größen gemessen werden:
   a) durch den mittleren Druck auf dem Stempel und seine Verschiebung und
   b) durch die Höhendifferenz des Gewichtes. Durch solche Arbeit kann das System aus seinem makroskopischen Anfangszustand mit dem Volumen V_i und dem Druck $\bar{p}_i$ in einem Endzustand mit V_f und $\bar{p}_f$ gebracht werden. Das kann auf verschiedenen Wegen geschehen: z.B. wird erst das Schaufelrad gedreht und dann der Stempel um den erforderlichen Betrag bewegt; oder es wird zuerst der Stempel bewegt und dann

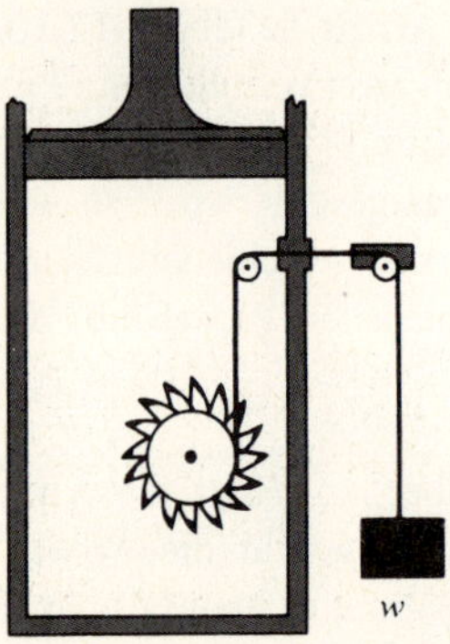

Abb. 2.11.3 Ein thermisch isoliertes System, an dem auf verschiedene Weise Arbeit geleitet werden kann.

das Schaufelrad in die erforderliche Anzahl von Umdrehungen versetzt; oder es werden diese beiden Möglichkeiten der Arbeitsleistung abwechselnd in kleineren Beträgen vollzogen. Die Aussage (2.11.9) behauptet, daß die *gesamte* Arbeit, die auf diese verschiedenen Arten am System geleistet werden kann, immer die gleiche ist, wenn nur für alle Arten der Arbeitsleistung i und f die gleichen sind [21*].

Ähnlich wie für das Arbeitsdifferential folgt für festgehaltene äußere Parameter ($đW = 0$) aus (2.8.3)

[21*] Solche Schaufelräder wurden von Joule im letzten Jahrhundert benutzt, um die Äquivalenz von Wärme und mechanischer Arbeit zu zeigen. In dem eben angeführten Experiment kann das Schaufelrad ebenso gut durch einen elektrischen Widerstand ersetzt werden, mit dem elektrische Arbeit dadurch geleistet werden kann, daß durch ihn ein bekannter elektrischer Strom fließt.

$$đQ = d\bar{E}$$

so daß $đQ$ ein vollständiges Differential wird. In diesem Falle ist der Betrag der absorbierten Wärme beim Übergang von einem Makrozustand in einen anderen unabhängig vom speziellen Prozeß und hängt nur von der Differenz der mittleren Energie zwischen ihnen ab.

Ergänzende Literatur

Statistische Formulierung

Tolman, R.C.: The Principles of Statistical Mechanics, Kap. 3 u. 9, Univ. Press, Oxford (1938). (Dies ist ein klassisches Buch der statistischen Mechanik. Es ist ganz der sorgfältigen Darstellung der grundlegenden Ideen gewidmet. Die angegebenen Kapitel behandeln Ensemble von Systemen und die grundlegenden statistischen Postulate der klassischen sowie der Quantenmechanik.)

Arbeit und Wärme – Makroskopische Darstellung

Zemansky, M.W.: Heat and thermodynamics. 5. Aufl. New York; Kap. 3 u. 4. McGraw-Hill (1968).

Callen, H.B.: Thermodynamics. Abschnitt 1.1–1.7. New York: Wiley (1960). (Die Analogie, die auf den Seiten 19 und 20 erwähnt wird, ist besonders instruktiv.)

Aufgaben

2.1 Ein Teilchen der Masse m kann sich in einer Dimension frei bewegen. Seine Ortskoordinate sei x und sein Impuls p. Es wird vorausgesetzt, daß dieses Teilchen sich in einem Kasten befindet und somit sein Ort zwischen $x = 0$ und $x = L$ liegt. Weiter sei seine Energie bekannt und zwischen E und $E + \delta E$. Man zeichne den klassischen Phasenraum dieses Teilchens und kennzeichne den Teilraum, der dem Teilchen zugänglich ist.

2.2 Ein System bestehe aus zwei schwach miteinander wechselwirkenden Teilchen, jedes habe die Masse m und sei frei, sich in einer Dimension zu bewegen. Die Koordinaten der beiden Teilchen seien x_1 und x_2, ihre Impulse p_1 und p_2. Beide Teilchen befinden sich in einem Kasten, dessen Wände bei $x = 0$ und bei $x = L$ liegen. Die Gesamtenergie des Systems sei bekannt und liege zwischen E und $E + \delta E$. Da es zu schwierig ist, den vierdimensionalen Phasenraum zu zeichnen, skizziere man die Teilräume, die von x_1 und x_2 sowie von p_1 und p_2 aufgespannt werden. In beiden Diagrammen kennzeichne man den zugänglichen Teil des Phasenraums.

2.3 Es wird ein Ensemble von klassischen eindimensionalen harmonischen Oszillatoren betrachtet.

a) Die Auslenkung x des Oszillators sei eine Funktion der Zeit t, und zwar $x = A \cos (\omega + \varphi)$. Es werde angenommen, daß der Phasenwinkel φ gleichwahrscheinlich einen Wert in seinem Wertevorrat $0 \leqslant \varphi < 2\pi$ annimmt. Die Wahrscheinlichkeit $w(\varphi)\,d\varphi$ dafür, daß φ im Bereich zwischen φ und $\varphi + d\varphi$ liegt, ist dann einfach $w(\varphi)\,d\varphi = (2\pi)^{-1}\,d\varphi$. Die Wahrscheinlichkeit $P(x)\,dx$ dafür, daß x zwischen x und $x + dx$ liegt, findet man zur festen Zeit t durch Aufintegration von $w(\varphi)\,d\varphi$ über alle Winkel φ, für die x in dem Bereich liegt. Man stelle $P(x)$ als Funktion von A und x dar.

b) Man betrachte den klassischen Phasenraum für das angegebene Ensemble von Oszillatoren, deren Energie bekannt sei und in einem schmalen Bereich zwischen E und $E + \delta E$ liege. Man berechne $P(x)\,dx$ durch den Bruchteil jenes Volumens des Phasenraums, das im Energiebereich und im Bereich zwischen x und $x + dx$ liegt zum Gesamtvolumen des Phasenraums im Energiebereich zwischen E und $E + \delta E$ (siehe Abb. 2.3.1). Man stelle $P(x)$ als Funktion von E und x dar. Man bringe E mit der Amplitude A in Zusammenhang und zeige, daß man das gleiche Ergebnis wie im Teil a) erhält.

2.4 Man betrachte ein isoliertes System aus einer großen Anzahl von N schwach miteinander wechselwirkender lokalisierter Teilchen vom Spin ½. Jedes Teilchen besitzt ein magnetisches Moment μ, das in Richtung oder in Gegenrichtung des angelegten Feldes H zeigen kann. Die Energie E des Systems ist dann $E = -(n_1 - n_2)\,\mu H$, wobei n_1 die Anzahl der zum Feld H parallelen, n_2 die der antiparallelen Spins ist.

a) Man betrachte den Energiebereich zwischen E und $E + \delta E$, wobei δE sehr klein gegen E, aber mikroskopisch groß ist: $\delta E \gg \mu H$. Wie groß ist die Gesamtanzahl der Zustände $\Omega(E)$, die in diesem Energiebereich liegen?

b) Man gebe einen Ausdruck für $\ln \Omega(E)$ als Funktion von E an. Man vereinfache diesen Ausdruck durch Anwendung der Stirlingschen Formel in ihrer einfachsten Form (A.6.2).

c) Man nehme an, daß die Energie in einem Bereich liegt, in dem $\Omega(E)$ abzuschätzen ist, d.h. daß die Energie nicht in der Nähe ihrer möglichen Extremwerte $\pm N\mu H$ liegt. In diesem Falle wende man die Gauß-Approximation auf den Teil a) an, um einen einfachen Ausdruck für $\Omega(E)$ als Funktion von E zu erhalten.

2.5 Man betrachte die infitiesimale Größe

$$A\,dx + B\,dy \equiv đF$$

Dabei seien A und B Funktionen von x und y.

a) Man nehme an, daß dF ein vollständiges Differential sei, so daß $F = F(x, y)$ existiert. Man zeige, daß dann A und B die Bedingung

$$\frac{\partial A}{\partial y} = \frac{\partial B}{\partial x}$$

erfüllen.

b) Falls $đF$ ein vollständiges Differential ist, zeige man, daß das Integral

$\int đF$ längs eines jeden geschlossenen Weges in der x-y-Ebene verschwinden muß.

2.6 Man betrachte die infinitesimale Größe

$$(x^2 - y)\,dx + x\,dy \equiv đF \tag{1}$$

a) Ist dies ein vollständiges Differential?

b) Berechne das Integral $\int đF$ zwischen den Punkten (1,1) und (2,2) in der Abb. 2.11.1 längs der geradlinigen Wege, die die folgenden Punkte verbinden:

(1,1) → (1,2) → (2,2)
(1,1) → (2,1) → (2,2)
(1,1) → (2,2)

c) Vorausgesetzt beide Seiten von (1) seien durch x^2 dividiert. Ist dann die Größe $đG = đF/x^2$ ein vollständiges Differential?

d) Berechne das Integral $\int đG$ längs der drei Wege, die im Teil b) angegeben sind.

2.7 Man betrachte ein Teilchen in einem Würfel der Kantenlänge $L_x = L_y = L_z$. Die möglichen Energieniveaus dieses Teilchens sind dann durch (2.1.3) gegeben.

a) Man nehme an, daß das Teilchen in einem Zustand ist, der durch die drei ganzen Zahlen n_x, n_y *und* n_z gekennzeichnet ist. Durch die Überlegung, wie sich die Energie dieses Zustandes verändern muß, wenn die Kastenlänge L_x quasistatistisch um den kleinen Betrag dL_x geändert wird, zeige man, daß die Kraft, die das Teilchen in diesem Zustand auf die Wand senkrecht zur x-Achse ausübt, durch $F_x = -\delta E/\delta L_x$ gegeben ist.

b) Berechne explizit den Druck auf die Wand. Durch Mittelung über alle möglichen Zustände gebe man einen Ausdruck für den mittleren Druck auf diese Wand an. (Man nutze die Eigenschaft aus, daß die Mittelwerte $\overline{n_x^2} = \overline{n_y^2} = \overline{n_z^2}$ aus Symmetriegründen gleich sein müssen.) Man zeige, daß sich dieser mittlere Druck sehr einfach durch die mittlere Energie des Teilchens $\bar{E}$ und das Volumen des Kastens $V = L_x L_y L_z$ ausdrücken läßt.

2.8 Ein System durchläuft einen quasistatischen Prozeß, der in einem Diagramm, in dem der mittlere Druck $\bar{p}$ gegen das Volumen V aufgetragen ist, sich als geschlossene Kurve darstellt. (Siehe Abb. Ein solcher Prozeß heißt „zyklisch", da das System sich in einem Makro-Endzustand befindet, der mit dem anfänglichen Makrozustand übereinstimmt.) Man zeige, daß die vom System geleistete Arbeit durch die Fläche innerhalb der geschlossenen Kurve dargestellt wird.

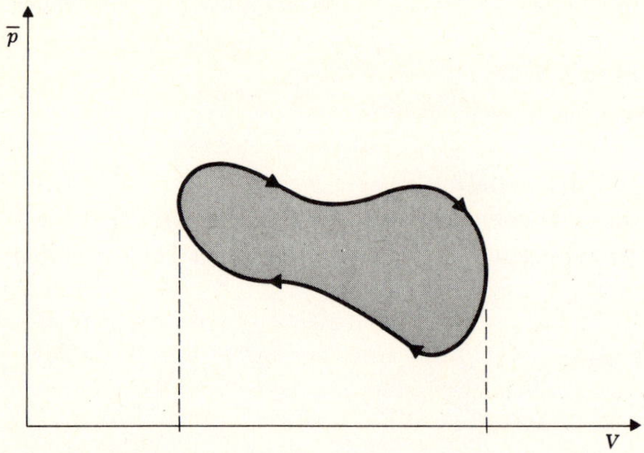

2.9 Der Zug an einem Draht wird quasistatistisch von F_1 auf F_2 erhöht. Der Draht hat eine Länge L, den Querschnitt A und den linearen Elastizitätsmodul Y. Man berechne die geleistete Arbeit.

2.10 Der mittlere Druck $\bar{p}$ eines thermisch isolierten Gases hängt vom Volumen V gemäß

$$\bar{p}V^{\gamma} = K$$

ab. Dabei sind γ und K Konstante. Man gebe die Arbeit an, die in einem quasistatistischen Prozeß zwischen dem anfänglichen Makrozustand mit dem mittleren Druck $\bar{p}_i$ und dem Volumen V_i und dem Endzustand mit $\bar{p}_f$ und V_f geleistet wird. Das Ergebnis soll als Funktion der $\bar{p}_i$, V_i, $\bar{p}_f$, V_f und γ angegeben werden.

2.11 In einem quasistatischen Prozeß $A \to B$ (siehe Diagramm), in dem keine Wärme mit der Umgebung ausgetauscht wird, hängt der mittlere Druck $\bar{p}$ eines Gases von dessen Volumen ab:

$$\bar{p} = \alpha V^{-\frac{5}{3}}$$

Dabei ist a eine Konstante. Man gebe die vom System geleistete quasistatische Arbeit und die vom System aufgenommene Wärmemenge für die folgenden drei Prozesse an, die alle zwischen den beiden Makrozuständen A und B verlaufen.

a) Das System wird bei konstantem Druck vom Anfangs- auf das Endvolumen expandiert. Bei konstantem Volumen wird dann Wärme entzogen bis sich der Druck von 1 bar einstellt.

b) Das Volumen wird vergrößert und der Wärmeübergang wird so geregelt, daß der Druck linear mit dem Volumen abnimmt.

c) Die beiden Schritte des Prozesses a) werden in vertauschter Reihenfolge durchgeführt.

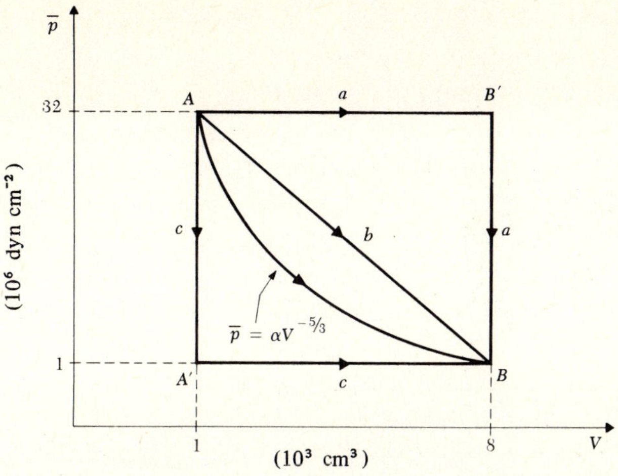
$\bar{p}$
32
1
$(10^6$ dyn $cm^{-2})$
A
a
B′
c
b
a
$\bar{p} = \alpha V^{-5/3}$
A′
c
B
1
8
V
$(10^3\ cm^3)$

3. Statistische Thermodynamik

Werden an einem isolierten System Zwangsbedingungen aufgehoben, so stellen sich die nunmehr veränderlichen äußeren Parameter derart ein, daß die Anzahl der dem System zugänglichen Zustände maximal wird. Stehen zwei Systeme im thermischen Kontakt miteinander, so sind ihre gemeinsamen Gleichgewichtszustände durch die gleiche Temperatur $T \equiv 1/k\beta$, $\beta(E) \equiv \partial \ln \Omega(E)/\partial E$ gekennzeichnet. Dabei ist $\Omega(E)$ die Anzahl der dem System bei der Energie E zugänglichen Zustände und k eine positive, frei wählbare Konstante. Mit der Entropie $S \equiv k \ln \Omega$ des Systems ergibt sich $1/T = \partial S/\partial E$. Beim thermischen Kontakt zweier Systeme $'$ und $''$ gilt $\Delta S' + \Delta S'' \geqslant 0$ und $Q' = -Q''$, wobei Q der Wärmeübergang zwischen den Systemen ist, der durch den thermischen Energieaustausch $Q \equiv \bar{E}_f - \bar{E}_i$ definiert ist. Zwei Gleichgewichtssysteme gleicher Temperatur (bzgl. des gleichen Thermometers) zeigen – in thermischen Kontakt gebracht – keinen Wärmeübergang. Für Wärmereservoire der Temperatur T, das sind Systeme, die gegenüber anderen eine große Anzahl von Freiheitsgraden besitzen, gilt $\Delta S = Q/T$. Die relative mittlere quadratische Abweichung der Energie verschwindet mit der wachsenden Anzahl der Freiheitsgrade des Systems: $\Delta^* E/\bar{E} \approx (f)^{-1/2}$. Der Zusammenhang zwischen den äußeren Parametern x_k eines Systems und den generalisierten Kräften $\bar{X}_k$ (Arbeitsdifferential $đW = \sum_k \bar{X}_k \, dx_k$) ist durch $\partial \ln \Omega/\partial x_k = \beta \bar{X}_k$ gegeben. In thermisch isolierten Systemen (nur adiabatische Prozesse werden zugelassen), verschwindet für quasi-statische Prozesse die Änderung der Entropie. Daraus ergeben sich die Gleichgewichtsbedingungen: $\bar{p}' = \bar{p}''$ und $T' = T''$. Es gelten die vier Hauptsätze der phänomenologischen Thermostatik:

0. Das thermische Gleichgewicht ist transitiv.
1. Jedem Gleichgewichtssystem ist eine Größe $\bar{E}$ – die innere Energie – zugeordnet, für deren Änderung $\Delta\bar{E}$ zwischen zwei Gleichgewichtszuständen $\Delta\bar{E} = -W + Q$ gilt (W makroskopische Arbeit durch Änderung der äußeren parameter, Q aufgenommene Wärme).
2. Zu jedem Gleichgewichtszustand eines Systems gehört eine Größe S – die Entropie – deren Änderung in thermisch isolierten Systemen nicht negativ ist. Außerdem gilt $dS = đQ/T$, wobei T die absolute Temperatur des Systems (Gleichgewicht!) ist.
3. Für tiefe Temperaturen wird die Entropie unabhängig von allen weiteren Zustandsvariablen des Systems.

Das grundlegende statistische Postulat der gleichen a-priori-Wahrscheinlichkeiten kann als Basis für die gesamte Theorie der Systeme im Gleichgewicht benutzt werden. Darüberhinaus macht die am Ende des Abschnitts 2.3 genannte Hypothese, die auf der Annahme der allgemeinen Gültigkeit des *H*-Theorems beruht, eine Aussage über isolierte Nichtgleichgewichtssysteme, nach der solche Systeme schließlich gegen einen makroskopischen Gleichgewichtszustand streben sollen. Dieser ist gemäß dem grundlegenden Postulat durch eine Gleichverteilung über die zugänglichen Zustände des Systems in seinem Phasenraum gekennzeichnet.

In diesem Kapitel wird gezeigt, wie diese grundlegenden Annahmen zu einigen sehr allgemeinen Ergebnissen über makroskopische Systeme führen. Diese wichtigen Ergebnisse und Beziehungen bilden den Rahmen der Disziplin „Statistische Mechanik des Gleichgewichtes" oder, wie sie zuweilen auch genannt wird, der „Statistischen Thermodynamik". Der Hauptteil dieses Buches wird sich mit Systemen im Gleichgewicht beschäftigen und wird daher eine Ausarbeitung der in diesem Kapitel entwickelten Grundideen darstellen.

Irreversibilität und die Annäherung an das Gleichgewicht

3.1 Gleichgewichtsbedingungen und äußere Zwänge

Man betrachte ein isoliertes System, von dessen Energie bekannt ist, daß sie in einem bestimmten schmalen Bereich liegt. Wie üblich bezeichnen wir mit Ω die Anzahl der dem System zugänglichen Zustände. Durch das fundamentale Postulat ist bekannt, daß ein solches System im Gleichgewicht gleichwahrscheinlich in jedem dieser Zustände vorgefunden wird.

Wir wiederholen kurz, was wir unter „zugänglichen Zuständen" verstehen wollen. Es gibt im allgemeinen bekannte Bedingungen, die vom betrachteten System erfüllt werden. Diese Bedingungen beschränken möglicherweise die Anzahl der Zustände, in denen das System vorgefunden werden kann. Die zugänglichen Zustände sind nun alle jene, die mit den vorgegebenen Bedingungen verträglich sind.

Diese Bedingungen lassen sich mehr quantitativ dadurch beschreiben, daß durch sie bestimmte Werte einiger Parameter [1*] $y_1, y_2, \ldots, y_n$ festgelegt werden, die das System makroskopisch kennzeichnen. Die Anzahl der zugänglichen Zustände des Systems hängt dann von den Werten dieser Parameter ab; d.h. die Anzahl der zugänglichen Zustände des Systems ist

$$\Omega = \Omega(y_1, \ldots, y_n)$$

[1*] Es müssen nicht notwendig *äußere* Parameter sein.

wobei jeder Parameter y_a in dem Bereich zwischen y_a und $y_a + dy_a$ liegt. So bezeichnet z.B. ein Parameter y_a das Volumen oder die Energie irgendeines Untersystems. Nun einige konkrete Beispiele.

Beispiel 1: Man betrachte das in der Abb. 2.3.2 dargestellte System: Ein Kasten, der durch eine Wand in zwei gleichgroße Teile, beide mit dem Volumen V_i , geteilt wird. Die linke Hälfte des Kastens ist mit Gas gefüllt, die rechte ist leer. Hier wirkt die Wand als Bedingung (Nebenbedingung), die nur solche Zustände des Systems als zugänglich zuläßt, deren Koordinaten aller Moleküle in der linken Hälfte des Kastens liegen. Mit anderen Worten ist das dem Gas zugängliche Volumen V ein Parameter mit einem vorgegebenen Wert $V = V_i$.

Beispiel 2: Ein System $A^{(0)}$ besteht aus zwei Untersystemen A und A', die durch eine feste, adiabatisch isolierende Wand voneinander getrennt sind (siehe Abb. 2.7.1). Diese Wand stellt eine Nebenbedingung dar, die bewirkt, daß zwischen A und A' keine Energie ausgetauscht werden kann. Somit sind nur solche Zustände von $A^{(0)}$ zugänglich, die die Eigenschaft haben, daß die Energie von A einen festen Wert $E = E_i$ und die von A' ebenfalls einen festen Wert $E' = E_i'$ hat.

Beispiel 3: Man betrachte das System in Abb. 2.8.1, in dem ein adiabatisch isolierender Stempel zwei Gase A und A' trennt. Wird der Stempel befestigt, so stellt er eine Nebenbedingung dar, die bewirkt, daß nur solche Zustände des Gesamtsystems zugänglich sind, für die die Moleküle aus A in einem vorgegebenen Volumen V_i liegen, während die Moleküle aus A' in einem anderen festen Volumen liegen.

Es werde vorausgesetzt, daß die Ausgangssituation mit den vorgegebenen Nebenbedingungen eine Gleichgewichtssituation ist, in der das System mit gleicher Wahrscheinlichkeit in jedem seiner zugänglichen Zustände Ω_i vorgefunden wird. Nun werden einige dieser Nebenbedingungen aufgehoben. Dann bleiben alle Zustände, die vorher zugänglich waren, weiterhin für das System zugänglich; aber sehr viele andere Zustände werden im allgemeinen zusätzlich zugänglich. Eine Beseitigung von Nebenbedingungen bewirkt somit eine Zunahme oder möglicherweise ein Gleichbleiben der dem System zugänglichen Zustände. Wird die Anzahl der zugänglichen Zustände nach Beseitigung einiger Nebenbedingungen mit Ω_f bezeichnet, so gilt

$$\Omega_f \geqslant \Omega_i \tag{3.1.1}$$

Man betrachte ein repräsentatives Ensemble aus Systemen, die alle den gleichen Nebenbedingungen unterworfen sind wie das ursprünglich betrachtete System. Es wird angenommen, daß nach der Beseitigung der Nebenbedingungen $\Omega_f > \Omega_i$ gilt. *Unmittelbar* nach der Aufhebung der Nebenbedingungen werden die Systeme in keinem der Zustände sein, die ihnen vorher unzugänglich waren. Somit besetzen die Systeme nur den Bruchteil

$$P_i = \frac{\Omega_i}{\Omega_f} \tag{3.1.2}$$

der Ω_f Zustände, die ihnen nunmehr zugänglich sind. Dies entspricht *keinem* Gleichgewicht, denn das grundlegende Postulat behauptet, daß im Gleichgewichtsendzustand ohne Nebenbedingungen es gleichwahrscheinlich ist, daß jeder der Ω_f Zustände durch Systeme besetzt ist. Falls $\Omega_f \gg \Omega_i$ gilt, ist die besondere Situation, sehr unwahrscheinlich, daß die Systeme nur über die Ω_i ursprünglichen Zustände verteilt sind. Diese Wahrscheinlichkeit ist durch (3.1.2) gegeben. In Übereinstimmung mit der am Ende des Abschnitts 2.3 erörterten Hypothese besteht eine ausgesprochene Tendenz dafür, daß sich die Situation mit der Zeit solange verändert, bis die überaus wahrscheinlichere Gleichgewichtsendsituation erreicht ist, in der die Systeme des Ensembles über alle Ω_f möglichen Zustände gleichwahrscheinlich verteilt sind.

Diese Darlegungen seien an schon früher genannten Beispielen erläutert.

Beispiel 1: Man nehme an, daß die Wand in Abb. 2.3.2 entfernt wird. Dann gibt es keine Nebenbedingung mehr, die es verhindert, daß die Moleküle die rechte Hälfte des Kastens besetzen. Daher ist es außerordentlich unwahrscheinlich, daß alle Moleküle in der linken Hälfte des Kastens verbleiben. Stattdessen werden sie sich zufällig über den gesamten Kasten verteilen. Im Gleichgewichtsendzustand wird jedes Molekül gleichwahrscheinlich irgendwo im Inneren des Kastens zu finden sein.

Man nehme an, daß dieser Gleichgewichtsendzustand ohne Zwischenwand hergestellt wurde. Wie groß ist dann die Wahrscheinlichkeit P_i dafür, daß die Situation vorgefunden wird, in der sich alle Moleküle in der linken Hälfte des Kastens befinden? Die Wahrscheinlichkeit dafür, ein Molekül in der linken Hälfte vorzufinden ist ½. Somit ist die Wahrscheinlichkeit P_i dafür, alle N Moleküle in der linken Hälfte zu finden, durch Multiplikation der entsprechenden Wahrscheinlichkeiten für jedes einzelne Molekül zu erhalten, d.h.

$$P_i = (½)^N$$

Wenn N von der Größenordnung der Loschmidtschen Zahl ist, $N \approx 6 \cdot 10^{23}$, dann ist diese Wahrscheinlichkeit *grotesk* unvorstellbar klein:

$$P_i \approx 10^{-2 \cdot 10^{23}}$$

Beispiel 2: Man stelle sich vor, daß die Wand in Abb. 2.7.1 wärmeleitend gemacht worden sei. Dies beseitigt die ursprüngliche Nebenbedingung, weil nunmehr die Systeme A und A' Energie miteinander austauschen können.

Die Anzahl der zugänglichen Zustände des zusammengesetzen Systems $A^{(0)} = A + A'$ werden im allgemeinen viel größer, wenn sich die Energie von A auf einen neuen Wert einstellt (und wenn die Energie von A' einen solchen Wert annimmt, daß die Energie des isolierten Gesamtsystems $A^{(0)}$ unverändert bleibt). Somit entsteht der Gleichgewichtsendzustand maximaler Wahrscheinlichkeit über die Neueinstellung des Gleichgewichts nach dem Wärmeaustausch zwischen den beiden Systemen.

Beispiel 3: Der Stempel in Abb. 2.8.1 sei unbefestigt, so daß er sich frei bewegen kann. Dadurch wird die Anzahl der zugänglichen Zustände des zusammengesetzten Systems $A + A'$ im allgemeinen wesentlich erhöht, falls die Volumina von A und A' solche neuen Werte annehmen, die sich wesentlich von ihren ursprünglichen unterscheiden. Dadurch wird für das zusammengesetzte System $A + A'$ ein viel wahrscheinlicherer Gleichgewichtsendzustand durch die Bewegungsmöglichkeit des Stempels erreicht[2*]. Wie man es erwartet (und wie wir später beweisen werden), sind im Gleichgewichtsendzustand die mittleren Drucke beider Gase gleich, so daß der Stempel sich im mechanischen Gleichgewicht befindet.

Diese Diskussion kann mit Hilfe der relevanten Parameter $y_1, \ldots, y_n$ des Systems formalisiert werden. Man nehme an, daß eine Nebenbedingung aufgehoben wird; z.B. einer dieser Parameter (er wird einfach y genannt), der ursprünglich den festen Wert $y = y_i$ besaß, kann sich nunmehr verändern. Da alle Zustände, die dem System zugänglich sind, a priori gleichwahrscheinlich sind, ist im Gleichgewicht die Wahrscheinlichkeitsverteilung $P(y)$ dafür, das System im Bereich zwischen y und $y + \delta y$ vorzufinden, proportional zur Anzahl der zugänglichen Zustände, deren Parameter in diesem Bereich liegen; d.h.

$$P(y) \sim \Omega(y) \qquad (3.1.3)$$

Dieser Wahrscheinlichkeit entspricht ein Wert des Parameters y, der im allgemeinen wesentlich verschieden vom Ausgangswert $y = y_i$ ist und dem ein Ensemble von Systemen entspricht, die zu diesem Wert gehören. (siehe Abb. 3.1.1.) Ohne die Nebenbedingungen gehört der Wert $y = y_i$ zu einer sehr unwahrscheinlichen Konfiguration des Systems. Daher besteht die Tendenz, daß sich die Situation mit der Zeit so lange verändert, bis die gleichmäßige Gleichgewichtsverteilung der Systeme über die zugänglichen Zustände erreicht ist, d.h. bis die verschiedenen Werte von y mit den durch (3.1.3) gegebenen Wahrscheinlichkeiten auftreten. Gewöhnlich hat $\Omega(y)$ ein stark ausgeprägtes Maximum an einer Stelle $\tilde{y}$. In einem solchen Falle werden fast alle Systeme im Gleichgewicht Parameterwerte y annehmen, die gemäß der Verteilung am wahrscheinlichsten sind und deshalb sehr dicht bei $\tilde{y}$ liegen. Falls ursprünglich $y_i \neq \tilde{y}$ war, werden sich daher nach Aufhebung der Nebenbedingung die Werte von y ändern, bis sie Werte dicht bei $\tilde{y}$ erreichen, für

[2*] Der Stempel kann einige Male hin- und herschwingen, bevor er seine Endposition erreicht.

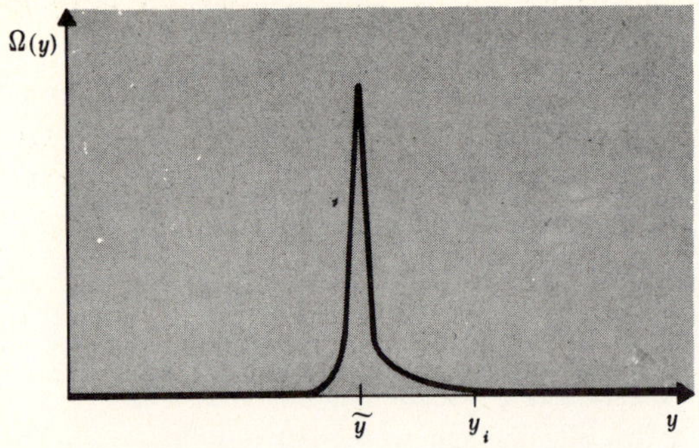

Abb. 3.1.1 Schematisches Diagramm, das die Anzahl der dem System zugänglichen Zustände $\Omega(y)$ als Funktion des Parameters y zeigt. Der Anfangswert dieses Parameters mit mit y_i bezeichnet.

das Ω sein Maximum hat. Diese Ausführungen können in folgender Feststellung zusammengefaßt werden:

> Falls Nebenbedingungen eines isolierten Systems aufgehoben werden, stellen sich die Parameter des Systems so ein, daß $\Omega(y_1, \ldots, y_n)$ maximal wird:
>
> $$\Omega(y_1, \ldots, y_n) \to \text{maximal} \tag{3.1.4}$$

3.2 Reversible und irreversible Prozesse

Man nehme an, daß das Gleichgewicht erreicht sei, so daß die Systeme des Ensembles gleichförmig über die Ω_f zugänglichen Endzustände verteilt sind. Falls nun die Nebenbedingungen wiederhergestellt werden, besetzen die Systeme des Ensembles noch immer diese Ω_f Zustände mit gleicher Wahrscheinlichkeit. Somit bedeutet im Falle $\Omega_f > \Omega_i$ die erneute Herstellung der Nebenbedingungen nicht auch die Herstellung der Ausgangssituation. Die Systeme sind zufällig über die Ω_f-Zustände verteilt, und ein erneutes Auferlegen der Nebenbedingungen kann die Systeme nicht veranlassen, sich spontan aus ihren möglichen Zuständen zu bewegen, um eine mehr eingeschränkte Klasse von Zuständen zu besetzen. Auch die Aufhebung von irgendwelchen anderen Nebenbedingungen ändert die Situation nicht: Nur mehr Zustände werden für das System zugänglich, so daß es in jedem von ihnen ebensogut vorgefunden werden kann.

Man betrachte ein isoliertes System (d.h. ein solches, das keine Energie in Form von Wärme oder Arbeit mit anderen Systemen austauschen kann) und nehme an, daß irgendein Prozeß stattfindet, in dessen Verlauf das System aus einen Ausgangszustand in einen Endzustand übergeht. Ist der Endzustand von der Art, daß eine Herstellung oder Aufhebung von Nebenbedingungen an diesem isolierten System nicht die Ausgangssituation wiederherstellen kann, dann heißt der Prozeß „irreversibel". Ist es andererseits möglich, durch Einführen oder Aufheben von Nebenbedingungen die Ausgangssituation herzustellen, so heißt der Prozeß „reversibel".

Nach dieser Definition bewirkt die ursprüngliche Aufhebung von Nebenbedingungen im Fall $\Omega_f > \Omega_i$ einen irreversiblen Prozeß. Natürlich ist es auch möglich, den speziellen Fall anzutreffen, in den die Aufhebung der Nebenbedingungen die Anzahl der zugänglichen Zustände nicht ändert, so daß $\Omega_f = \Omega_i$ gilt. Dann bleibt das System, das ursprünglich im Gleichgewicht und gleichwahrscheinlich in irgendeinem seiner Ω_i Zustände war, mit gleicher Wahrscheinlichkeit über diese Zustände verteilt. Das Gleichgewicht dieses Systems ist dann völlig ungestört, so daß dieser spezielle Prozeß reversibel ist.

Wir werden diese Feststellungen wieder an den vorangegangenen Beispielen erläutern:

Beispiel 1: Ist das System erst einmal im Gleichgewicht, so sind die Moleküle gleichmäßig im Kasten verteilt und das erneute Hineinschieben der Wand ändert die Situation nicht: Die Moleküle bleiben gleichmäßig im Kasten verteilt. Somit bewirkt das ursprüngliche Entfernen der Zwischenwand einen irreversiblen Prozeß.

Dies bedeutet nun *nicht*, daß der Anfangszustand des Systems *niemals* wieder hergestellt werden kann. Dies kann dadurch geschehen, daß die Isolierung des Systems aufgehoben wird und daß das System mit anderen in Wechselwirkung treten kann. In der vorliegenden Situation z.B. kann man einen dünnen Stempel nehmen, der ursprünglich an der rechten Wand des Kastens anliegt. Dann bewegt man durch eine äußere Vorrichtung A' (z.B. durch ein fallendes Gewicht) den Stempel zum Mittelpunkt des Kastens, leistet so Arbeit gegen den Druck des Gases und komprimitiert das Gas in der linken Hälfte des Kastens. Somit ist das ursprüngliche Volumen V_i des Gases wieder hergestellt und die rechte Kastenhälfte ist leer wie zuvor. Allerdings ist die Energie des Gases durch die bei der Kompression geleistete Arbeit größer als anfangs. Um auch die Energie wieder herzustellen, muß man dem Gas eine bestimmte Wärmemenge dadurch entziehen, daß man es mit einem geeigeneten Wärmereservoir A'' in thermischen Kontakt bringt. Damit ist der Anfangszustand des Gases wieder hergestellt: Volumen und Energie sind die ursprünglichen.

Natürlich ist der ursprüngliche Zustand des *isolierten* Systems $A^{(0)}$, das aus dem Gas und den Systemen A' und A'' geändert haben. Somit ist der betrachtete Prozeß für das ganze System $A^{(0)}$ noch immer irreversibel. Tatsächlich wurden durch das Freilassen des Gewichtes, um den Stempel zu bewegen, und durch das Beseitigen der thermischen Isolierung, um den Wärmeaustausch mit A'' zu ermöglichen, Nebenbedingungen des Systems $A^{(0)}$ beseitigt und somit stieg die Anzahl der dem isolierten System zugänglichen Zustände.

Beispiel 2: Man nehme an, daß die thermische Wechselwirkung zwischen A und A' stattgefunden habe und daß das System im Gleichgewicht sei. Wird die Zwischenwand nun wieder thermisch isolierend gemacht, so ändern sich die neuen Energien von A und A' nicht. Man kann den Anfangszustand des Systems $A + A'$ nicht dadurch wieder herstellen, daß man den Wärmestrom entgegensetzt zur ursprünglichen Richtung des spontanen Wärmeübergangs fließen läßt (es sei denn, man läßt das System mit einer geeigneten Umgebung wechselwirken). Somit ist der ursprüngliche Wärmeübergang ein irreversibler Prozeß.

Beispiel 3: Dies ist ebenfalls im allgemeinen ein irreversibler Prozeß. Das erneute Festklemmen des Stempels stellt nicht das anfängliche Volumen des Gases her.

Die Ausführungen dieses Abschnittes können in folgender Feststellung zusammengefaßt werden: Werden Nebenbedingungen eines isolierten Gleichgewichtssystems aufgehoben, so kann sich die Anzahl der dem System zugänglichen Zustände nur vergrößern oder gleich bleiben, d.h. $\Omega_f \geqslant \Omega_i$.

Falls $\Omega_f = \Omega_i$ gilt, so sind die Systeme des repräsentativen Ensembles schon gleichwahrscheinlich über alle ihre zugänglichen Zustände verteilt. Deshalb bleibt das System stets im Gleichgewicht, und der Prozeß ist *reversibel.*

Falls $\Omega_f > \Omega_i$ gilt, ist die Verteilung der Systeme des repräsentativen Ensembles auf die zugänglichen Zustände eine sehr unwahrscheinliche. Das System tendiert daher, im Laufe der Zeit sich so zu verändern, daß schließlich die wahrscheinlichste Verteilung, nämlich die dem Gleichgewicht entsprechende Gleichverteilung über alle zugänglichen Systemzustände erreicht wird. Der Prozeß läuft durch Nichtgleichgewichtszustände und ist daher *irreversibel.*

Bemerkungen über wichtige Zeitskalen: Bisher haben wir keine Ausführungen über die Prozeß*geschwindigkeit* gemacht, d.h. über die Relaxationszeit τ, die das System benötigt, um das Gleichgewicht zu erreichen. Eine Antwort auf diese Frage kann nur durch eine *detaillierte* Analyse der Wechselwirkungen zwischen den Teilchen erhalten werden, da diese Wechselwirkungen für die zeitlichen Veränderungen im System verantwortlich sind, in deren Folge der Gleichgewichtszustand eintritt. Die Schönheit unserer allgemeinen Schlußweise mit Wahrscheinlichkeiten besteht darin, daß sie eine Information über die Gleichgewichtssituation gibt, *ohne* daß man in die schwierige detaillierte Untersuchung der Wechselwirkungen zwischen den sehr vielen Teilchen des Systems verwickelt wird.

Die hier benutzte allgemeine auf der Gleichverteilung über die zugänglichen Zustände beruhende Schlußweise der statistischen Mechanik ist naturgemäß auf die Betrachtung von Gleichgewichtszuständen beschränkt. Aber diese Einengung ist nicht ganz so gravierend, wie es auf den ersten Blick erscheint. Der wesentliche Parameter ist tatsächlich die vom Experimentellen her interessante Zeit t_{exp} verglichen mit der Relaxationszeit τ des betrachteten Systems. Es können drei Fälle auftreten:

1. $\tau \ll t_{\text{exp}}$: In diesem Falle erreicht das System im Vergleich mit Meßzeiten sehr schnell das Gleichgewicht. Daher kann die benutzte Schlußweise mit Sicherheit angewandt werden.

2. $\tau \gg t_{\text{exp}}$: In diesem entgegengesetzten Fall wird das Gleichgewicht verglichen mit den Meßzeiten nur sehr langsam erreicht. Hier würde sich die Situation nicht wesentlich dadurch ändern, daß man sich Zwangsbedingungen eingeführt denkt, die verhindern würden, daß das System das Gleichgewicht erreicht. Durch diese Zwangsbedingungen würde das System im Gleichgewicht sein; daraus folgt, daß das System auch in diesem Falle wahrscheinlichkeitstheoretisch behandelt werden kann.

Beispiel 1: Es wird vorausgesetzt, daß in Abb. 2.7.1 die Trennwand eine sehr kleine Wärmeleitfähigkeit besitzt, so daß die in der Meßzeit t_{exp} zwischen A und A' übertragene Energie sehr klein ist. Dies würde der Situation entsprechen, in der die Trennwand adiabatisch wäre; in diesem Fall können A und A' als einzeln im thermischen Gleichgewicht angesehen werden und dementsprechend behandelt werden.

Beispiel 2: Ein Gas ist in einem Zylinder enthalten, der durch einen beweglichen Stempel verschlossen ist (siehe Abb. 3.2.1) und der auf einen Tisch im Labor steht.

Abb. 3.2.1 Ein Gas ist in einem Zylinder enthalten, der durch einen Stempel verschlossen ist, der frei schwingen kann. Das Gas ist im thermischen Kontakt mit dem Labortisch.

Wenn der Stempel niedergedrückt und dann losgelassen wird, so schwingt er mit der Periodendauer t_{osz} um seine Gleichgewichtslage. Das Problem besitzt zwei wichtige Relaxationszeiten. Wenn der Stempel plötzlich ausgelenkt wird, so benötigt das Gas die Zeit τ_{th}, bis es durch Wärmeaustausch mit dem Labortisch wieder ins thermische Gleichgewicht kommt. Es vergeht ebenfalls eine gewisse Zeit τ_{int} bis sich die Moleküle des Gases im inneren thermischen Gleichgewicht befinden, so daß der Zustand des Gases wieder einer aus der Gleichverteilung über alle zugänglichen Zustände ist. Gewöhnlich gilt $\tau_{int} \ll \tau_{th}$. Falls für die „Meßzeit", die hier die Periodendauer t_{osz} ist,

$$\tau_{int} \ll t_{osz} \ll \tau_{th}$$

gilt, kann man das Problem in guter Näherung so behandeln, als ob sich das Gas stets im inneren Gleichgewicht befände, das einem Makrozustand zur augenblicklichen Zylinderstellung entspräche, wobei die Wände des Zylinders als thermisch isolierend angesehen werden können.

3. $\tau \approx t_{exp}$: In diesem Fall ist die Zeit, in der das System seinen Gleichgewichtszustand erreicht, vergleichbar mit der durch das Experiment gegebenen Meßzeit. Die statistische Verteilung der zum Ensemble gehörenden Systeme über die zugänglichen Zustände ist dann nicht gleichmäßig und verändert sich in der betrachteten Meßzeit. Daher ist man hier mit einem schwierigen Problem konfrontiert, das nicht auf eine Behandlung von Gleichgewichtssituationen zurückgeführt werden kann.

Thermische Wechselwirkung zwischen makroskopischen Systemen

3.3 Verteilung der Energie auf Systeme im Gleichgewicht

Es wird nun in größerer Ausführlichkeit die thermische Wechselwirkung zwischen zwei makroskopischen Systemen A und A' behandelt. Die Energien dieser Systeme sind E bzw. E'. Diese Energieskalen denken wir uns der Bequemlichkeit halber in kleine, gleiche Intervalle der Größe δE bzw. $\delta E'$ eingeteilt; die Anzahl der Zustände von A im Bereich zwischen E und $E + \delta E$ wird mit $\Omega(E)$ bezeichnet, gleiches gilt für A'.

Es wird angenommen, daß die Systeme nicht voneinander thermisch isoliert sind, so daß ein Energieaustausch zwischen ihnen möglich ist. (Die äußeren Parameter der Systeme werden als unveränderlich vorausgesetzt; daher findet der Energieaustausch als Wärmeübergang statt.) Das zusammengesetzte System $A^{(0)} \equiv A + A'$ ist abgeschlossen und seine Energie $E^{(0)}$ ist daher konstant. Die Energie jedes Einzelsystems ist nicht unveränderlich, da es mit den anderen Systemen Energie austauschen kann. Wir nehmen stets an, daß beim thermischen Kontakt zweier Systeme die Wechselwirkung zwischen diesen Systemen so schwach ist, daß ihre Energien additiv sind. Daher gilt

$$E + E' = E^{(0)} = \text{constant} \tag{3.3.1}$$

Anmerkung: Der Hamiltonoperator $\mathcal{H}$ des zusammengesetzten Systems kann stets in der Form

$$\mathcal{H} = \mathcal{H} + \mathcal{H}' + \mathcal{H}^{(\text{int})}$$

geschrieben werden. Dabei hängt $\mathcal{H}$ nur von den Variablen, die A beschreiben, ab, $\mathcal{H}'$ nur von denen, die A' beschreiben. Der Wechselwirkungsanteil $\mathcal{H}^{(\text{int})}$ hängt von den Variablen beider Systeme ab [3*]. Dieser letzte Term $\mathcal{H}^{(\text{int})}$ kann nicht Null sein, weil dann die beiden Systeme nicht miteinander in Wechselwirkung stünden und somit keine Möglichkeit besäßen, Energie auszutauschen und miteinander ins Gleichgewicht zu kommen. Aber die Annahme schwacher Wechselwirkung bedeutet, daß $\mathcal{H}^{(\text{int})}$ – obgleich endlich – gegenüber $\mathcal{H}$ und $\mathcal{H}'$ vernachlässigbar klein ist.

Es wird angenommen, daß die Systeme A und A' im Gleichgewicht miteinander sind, und es wird ein repräsentatives Ensemble betrachtet, wie es in der Abb. 2.6.1 dargestellt ist. Die Energie von A kann einen großen Bereich möglicher Werte annehmen, aber diese Werte treten keineswegs mit gleicher Wahrscheinlichkeit auf. Dann habe A die Energie E (d.h. genauer eine Energie zwischen E und $E + \delta E$), so ist die zu A' gehörige Energie durch (3.3.1) zu

$$E' = E^{(0)} - E \tag{3.3.2}$$

gegeben. Die Anzahl der dem Gesamtsystem $A^{(0)}$ zugänglichen Zustände kann somit als Funktion eines einzigen Parameter E angesehen werden. Es sei $\Omega^{(0)}(E)$ die Anzahl der dem System $A^{(0)}$ zugänglichen Zustände, wenn A eine Energie zwischen E und $E + \delta E$ besitzt. Das grundlegende Postulat fordert, daß im Gleichgewicht $A^{(0)}$ gleichwahrscheinlich in einem seiner Zustände vorgefunden werden muß. Somit folgt, daß die Wahrscheinlichkeit $P(E)$ dafür, das zusammengesetzte System so vorzufinden, daß A eine Energie zwischen E und $E + \delta E$ besitzt, proportional zu der Anzahl $\Omega^{(0)}(E)$ der dem System $A^{(0)}$ unter diesen Umständen zugänglichen Zustände ist. In Formeln:

$$P(E) = C\Omega^{(0)}(E) \tag{3.3.3}$$

Dabei ist C eine von E unabhängige Proportionalitätskonstante.

[3*] Z.B. ist der Hamiltonoperator für zwei sich in einer Dimension bewegende Teilchen

$$\mathcal{H} = \frac{p^2}{2m} + \frac{p'^2}{2m'} + U(x,x')$$

Dabei beschreiben die beiden ersten Terme die kinetischen Energien beider Teilchen und der letzte Term beschreibt die potentielle Energie ihrer gegenseitigen Wechselwirkung, die von den Lagen x und x' der Teilchen abhängt.

Genauer kann diese Wahrscheinlichkeit als

$$P(E) = \frac{\Omega^{(0)}(E)}{\Omega^{(0)}_{tot}}$$

geschrieben werden, wobei $\Omega^{(0)}_{tot}$ die Gesamtanzahl der $A^{(0)}$ zugänglichen Zustände ist. Natürlich kann $\Omega^{(0)}_{tot}$ dadurch erhalten werden, indem $\Omega^{(0)}(E)$ über alle möglichen Energien von A aufsummiert wird. Die Konstante C in (3.3.3) kann analog durch die Normierungsvorschrift bestimmt werden, daß die Wahrscheinlichkeit $P(E)$ über alle möglichen Energien von A summiert die Einheit ergeben muß. Somit gilt

$$C^{-1} = \Omega^{(0)}_{tot} = \sum_E \Omega^{(0)}(E)$$

Wenn A die Energie E besitzt, kann das System in irgendeinem seiner $\Omega(E)$ möglichen Zustände sein. Gleichzeitig muß A' die Energie (3.3.2) besitzen und ist deshalb in irgendeinem seiner $\Omega'(E') = \Omega'(E^{(0)} - E)$ möglichen Zustände. Da jeder mögliche Zustand von A mit jedem möglichen Zustand von A' zu verschiedenen Zuständen von $A^{(0)}$ kombiniert werden kann, so folgt die Anzahl verschiedener, $A^{(0)}$ zugänglicher Zustände, wenn A die Energie E besitzt, zu

$$\Omega^{(0)}(E) = \Omega(E)\,\Omega'(E^{(0)} - E) \tag{3.3.4}$$

Somit die die Wahrscheinlichkeit (3.3.3) dafür, daß A eine Energie in der Nähe von E hat, durch

▶ $$P(E) = C\Omega(E)\,\Omega'(E^{(0)} - E) \tag{3.3.5}$$

gegeben.

Erläuterndes Beispiel mit sehr kleinen Zahlen: Es werden zwei Systeme A und A' betrachtet, deren Eigenschaften in Abb. 3.3.2 erläutert sind [$\Omega(E)$ und $\Omega'(E')$ sind vorgegeben]. Es wird angenommen, daß die Gesamtenergie $E^{(0)}$ beider Systeme 15 beliebige Einheiten entspräche. Z.B. ist $E = 4$ und $E' = 11$ eine mögliche Situation. In diesem Falle könnte A in einem seiner 2 möglichen Zustände sein, A' in einem seiner 40. Somit gibt es $\Omega^{(0)} = 2 \cdot 40 = 80$ verschiedene mögliche Zustände für das zusammengesetzte System $A + A'$. Einige denkbare Situationen für die Gesamtenergie $E^{(0)} = 15$ werden in einer Tabelle angeführt: siehe nächste Seite.
Man beachte, daß es am wahrscheinlichsten ist, das zusammengesetzte System in einem Zustand vorzufinden, in dem A die Energie $E = 6$ und A' die Energie $E' = 9$ besitzt. Diese Situation ist zweimal häufiger anzutreffen als jene, in der $E = 4$ und $E' = 11$ ist.

Vorgegeben E = ;	dann ist E' = ;	$\Omega(E)$;	$\Omega'(E')$;	$\Omega^{\circ}(E)$
4	11	2	40	80
5	10	5	26	130
6	9	10	16	160
7	8	17	8	136
8	7	25	3	75

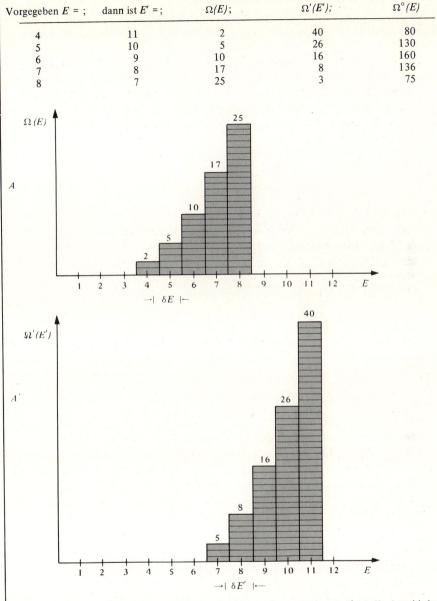

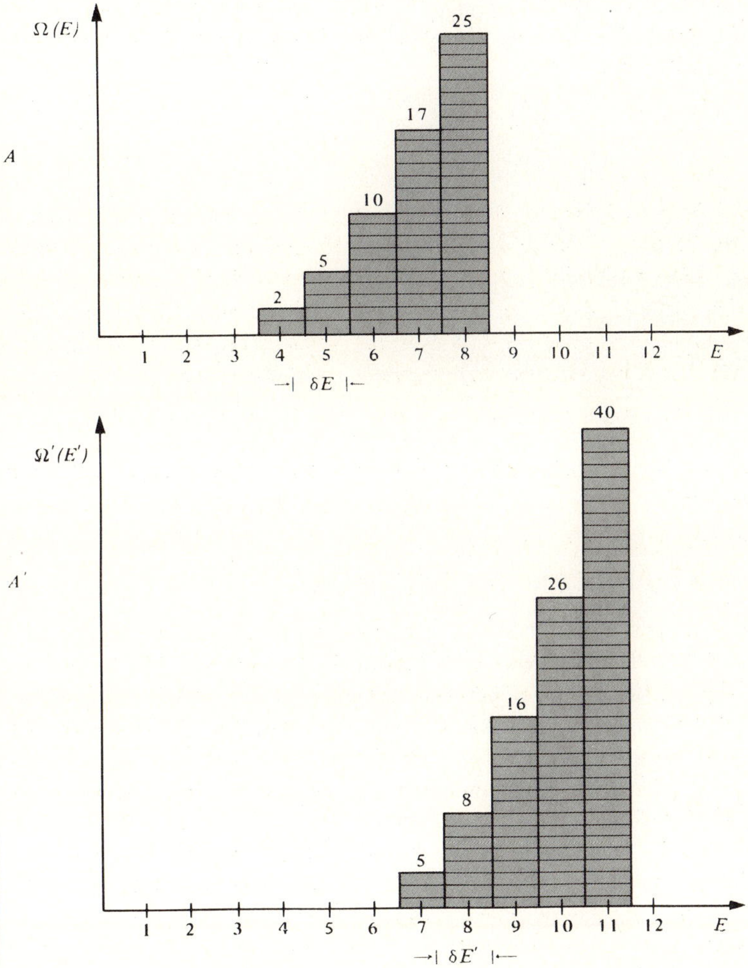

Abb. 3.3.2 Für den Fall zweier spezieller, sehr kleiner Systeme A und A' ist die Anzahl der Zustände $\Omega(E)$, die A zugänglich sind, wenn A die Energie E besitzt, aufgetragen. Analoge Bedeutung hat $\Omega'(E')$ (Die Energien werden in Vielfachen einer beliebigen Einheit angegeben).

Nun soll die Abhängigkeit von $P(E)$ von der Energie E untersucht werden. Da A und A' Systeme von sehr vielen Freiheitsgraden sind, wissen wir aus (2.5.9), daß $\Omega(E)$ und $\Omega'(E')$ extrem schnell wachsende Funktionen ihrer Argumente sind. Daraus folgt für den Ausdruck (3.3.5), daß bei wachsender Energie E der Faktor $\Omega(E)$ extrem schnell *zunimmt* und der Faktor $\Omega'(E^{(0)} - E)$ extrem schnell *abnimmt*. Als Folge dieses Verhaltens zeigt das Produkt dieser beiden Faktoren, d.h. die Wahrscheinlichkeit $P(E)$, ein sehr scharfes Maximum für einen speziellen Wert $\tilde{E}$ der Energie E[4+]. Somit zeigt die Abhängigkeit von $P(E)$ von E ein allgemeines Verhalten, wie es in Abb. 3.3.3 gezeigt ist, wobei die Breite ΔE des Bereichs, in dem $P(E)$ merklich von Null verschieden ist, die Bedingung $\Delta^* E <<< \tilde{E}$ erfüllt.

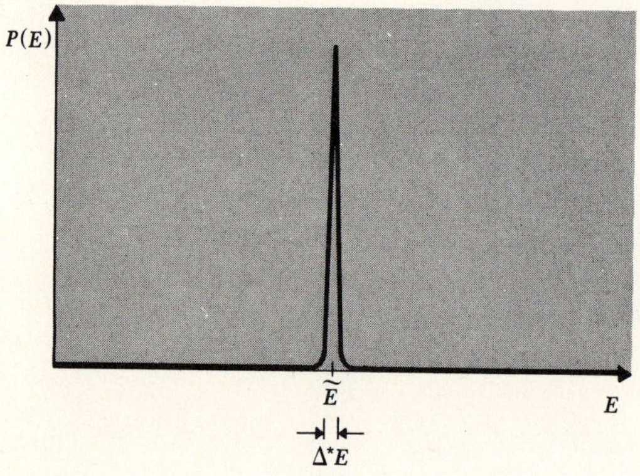

Abb. 3.3.3 Schematische Darstellung der funktionalen Abhängigkeit der Wahrscheinlichkeit $P(E)$ von der Energie E.

Anmerkung: Falls die Anzahl der Zustände das in (2.5.9) diskutierte Verhalten zeigt, d.h. $\Omega \sim E^f$ und $\Omega' \sim E'^{f'}$, dann ergibt (3.3.5) genauer

$$\ln P \approx f \ln E + f' \ln (E^{(0)} - E) + \text{constant}$$

Somit zeigt $\ln P$ als Funktion von E genau ein Maximum. Dieses Maximum des Logarithmus entspricht einem *sehr* deutlich ausgeprägten Maximum von P selbst. Bis auf die Tatsache, daß für makroskopische Systeme dieses Maximum ganz *außerordentlich* viel schärfer ist, entspricht die Situation dem einfachen, oben besprochenen Beispiel. Wir werden eine mehr quantitative Abschätzung der Breite $\Delta^* E$ dieses Maximums für makroskopische Systeme bis zum Abschnitt 3.6 aufschieben.

Um die Lage des Maximums von $P(E)$ zu bestimmen, oder – was gleichwertig ist – die von $\ln P(E)$, muß der Wert $E = \tilde{E}$ bestimmt werden, für den

$$\frac{\partial \ln P}{\partial E} = \frac{1}{P}\frac{\partial P}{\partial E} = 0 \qquad (3.3.6)$$

[4+] Für vorgegebene Gesamtenergie $E^{(0)}$ des zusammengesetzten Systems wird $\Omega^\circ(E)$ gemäß der angegebenen Tabelle für kleine und große E klein. Nach (3.3.3) gilt dies dann auch für $P(E)$, wenn man beachtet, daß C unabhängig von E ist.

gilt [5*]. Nun ist gemäß (3.3.5)

$$\ln P(E) = \ln C + \ln \Omega(E) + \ln \Omega'(E') \tag{3.3.7}$$

wobei $E' = E^{(0)} - E$ ist. Daher wird aus (3.3.6)

$$\frac{\partial \ln \Omega(E)}{\partial E} + \frac{\partial \ln \Omega'(E')}{\partial E'}(-1) = 0$$

oder

▶ $$\beta(\tilde{E}) = \beta'(\tilde{E}') \tag{3.3.8}$$

Dabei sind $\tilde{E}$ und $\tilde{E}'$ die Energien von A und A' im Maximum. Außerdem wurde die Abkürzung

▶ $$\beta(E) \equiv \frac{\partial \ln \Omega}{\partial E} \tag{3.3.9}$$

und eine entsprechende für β' eingeführt. Aus der Beziehung (3.3.8) bestimmt sich der Wert von $\tilde{E}$, für den $P(E)$ sein Maximum annimmt.

Definitionsgemäß hat der Parameter β die Dimension einer reziproken Energie. Es ist üblich, einen *dimensionslosen* Parameter T durch die Definition

$$kT \equiv \frac{1}{\beta} \tag{3.3.10}$$

einzuführen. Dabei ist k eine positive Konstante, die die Dimension einer Energie besitzt und deren Größe irgendwie beliebig gewählt werden kann. Nach (3.3.9) gilt dann für den Parameter T

$$\frac{1}{T} = \frac{\partial S}{\partial E} \tag{3.3.11}$$

wobei die Abkürzung

▶ $$S \equiv k \ln \Omega \tag{3.3.12}$$

eingeführt wurde. Diese Größe S erhält den Namen „Entropie". Die Bedingung für das Maximum der Wahrscheinlichkeit $P(E)$ ist gemäß (3.3.7) durch die Bedingung

$$S + S' = \text{maximum} \tag{3.3.13}$$

ersetzbar, d.h. die Gesamtentropie wird in diesem Falle maximal. Gemäß (3.3.8) lautet die Bedingung dafür

$$T = T' \tag{3.3.14}$$

5*) Die Ableitung wird als partielle Ableitung geschrieben, um anzuzeigen, daß in der folgenden Erörterung alle externen Parameter des betrachteten Systems unverändert bleiben. Weil $\ln P$ in E langsamer veränderlich als $P(E)$ ist, wird der Bequemlichkeit halber oftmals mit dieser Größe gearbeitet. Außerdem ist $\ln P$ eine Summe in den Größen Ω und Ω' und kein Produkt wie P.

Anmerkung: Man beachte, daß die Anzahl Ω der zugänglichen Zustände im Energiebereich δE [und somit nach (3.3.12) auch die Entropie] von der zur Unterteilung des Energieintervalls gewählte Größe δE abhängt. Die Abhängigkeit von S ist für makroskopische Systeme völlig zu vernachlässigen und berührt keineswegs den Parameter β.

Um dies zu zeigen, erinnere man sich an (2.5.1) $\Omega(E) = \omega(E)\,\delta E$, wobei $\omega(E)$ die von δE unabhängige Zustandsdichte ist. Da δE in einem festen Intervall unabhängig von E ist, gilt nach (3.3.9)

$$\beta = \frac{\partial}{\partial E}(\ln \omega + \ln \delta E) = \frac{\partial \ln \omega}{\partial E} \tag{3.3.15}$$

was unabhängig von δE ist. Weiter wird angenommen, daß anstelle von δE eine andere Energieeinteilung $\delta^* E$ gewählt worden wäre. Die zugehörige Anzahl $\Omega^*(E)$ der Zustände im Bereich zwischen E und $E + \delta^* E$ würde dann wegen der Unabhängigkeit der Dichte von der Einteilung durch

$$\Omega^*(E) = \frac{\Omega(E)}{\delta E}\,\delta^* E$$

gegeben sein. Die zugehörige Entropie ist nach (3.3.12)

$$S^* = k \ln \Omega^* = S + k \ln \frac{\delta^* E}{\delta E} \tag{3.3.16}$$

Nun ist $S = k \ln \Omega$ nach (2.5.9) von der Größenordnung kf, wobei f die Anzahl der Freiheitsgrade des Systems ist. Stellen wir uns nun die extreme Situation vor, in der das Intervall $\delta^* E$ extrem verschieden von δE gewählt würde: $\delta^* E = f \delta E\,(f \approx 10^{24})$. Dann würde der letzte Term in (3.3.16) $k \ln f$. Für sehr große f gilt $\ln f <<< f$. (z.B.: Falls $f = 10^{24}$, so ist $\ln f = 55$, was gewiß gänzlich gegen f selbst zu vernachlässigen ist.) Somit ist der letzte Summand in (3.3.16) vollständig gegenüber S zu vernachlässigen, und es gilt die ausgezeichnete Näherung

$$S^* = S.$$

Somit ist der Wert der Entropie $S = k \ln \Omega$ nach (3.3.12) im wesentlichen unabhängig vom Intervall δE, das für die Einteilung der Energieskala gewählt wurde.

3.4 Die Annäherung an das thermische Gleichgewicht

Es wurde schon betont, daß das Maximum von $P(E)$ an der Stelle $E = \tilde{E}$ extrem scharf ist. Daher ist die Wahrscheinlichkeit dafür, daß im Gleichgewicht bei thermischem Kontakt der Systeme A und A' die Energie E von A ganz in der Nähe von $\tilde{E}$ und die von A' ganz in der Nähe von $\tilde{E}' = E^{(0)} - \tilde{E}$ ist, außerordentlich groß. Die zugehörigen *mittleren* Energien der Systeme im thermischen Kontakt müssen deshalb diesen Energien gleich sein; d.h. es gilt im Gleichgewicht bei thermischem Kontakt der Systeme

$$\bar{E} = \tilde{E} \text{ und } \bar{E}' = \tilde{E}' \tag{3.4.1}$$

Es wird nun der Fall betrachtet, in dem A und A' anfänglich getrennt im Gleichgewicht und voneinander isoliert sind. Ihre Energien sind E_i bzw. E'_i. (Die zugehörigen mittleren Energien sind folglich $\bar{E}_i = E_i$ und $\bar{E}_i = E'_i$) Nunmehr werden die Systeme A und A' so miteinander in thermischen Kontakt gebracht, daß sie Energie austauschen können. Die entstehende Situation ist extrem unwahrscheinlich, es sei denn, die Systeme besaßen Anfangsenergien, die sehr dicht bei $\tilde{E}$ bzw. $\tilde{E}'$ lagen. Daher werden sich die Zustände beider Systeme so mit der Zeit verändern, bis sie schließlich mittlere Energien $\bar{E}_f$ bzw. $\bar{E}'_f$ annehmen, so daß die Wahrscheinlichkeit $P(E)$ maximal wird

$$\bar{E}_f = \tilde{E} \quad \text{und} \quad \bar{E}'_f = \tilde{E}' \tag{3.4.2}$$

Gemäß (3.3.8) sind die β-Parameter der Systeme gleich

$$\beta_f = \beta_f' \qquad \beta_f \equiv \beta(\bar{E}_f) \quad \text{und} \quad \beta_f' \equiv \beta(\bar{E}_f') \tag{3.4.3}$$

Die Wahrscheinlichkeit des Endzustands ist maximal und niemals kleiner als die Ausgangswahrscheinlichkeit. Gemäß (3.3.7) kann diese Aussage mit der Definition (3.3.12) der Entropie wie folgt angegeben werden

$$S(\bar{E}_f) + S'(\bar{E}_f') \geq S(\bar{E}_i) + S'(\bar{E}_i') \tag{3.4.4}$$

Während des Energieaustausches zwischen A und A' bleibt die Gesamtenergie stets erhalten. Somit gilt

$$\bar{E}_f + \bar{E}_f' = \bar{E}_i + \bar{E}_i' \tag{3.4.5}$$

Die Entropieänderungen der Systeme sind

$$\begin{aligned} \Delta S &\equiv S_f - S_i \equiv S(\bar{E}_f) - S(\bar{E}_i) \\ \Delta S' &\equiv S_f' - S_i' \equiv S(\bar{E}_f') - S(\bar{E}_i') \end{aligned} \tag{3.4.6}$$

Damit kann die Bedingung (3.4.4) kompakter geschrieben werden

$$\Delta S + \Delta S' \geqslant 0 \tag{3.4.7}$$

Die Änderungen der mittleren Energie sind definitonsgemäß einfach gleich den zugehörigen, von den beiden Systemen absorbierten Wärmemengen

$$\begin{aligned} Q &\equiv \bar{E}_f - \bar{E}_i \\ Q' &\equiv \bar{E}_f' - \bar{E}_i' \end{aligned} \tag{3.4.8}$$

Somit kann die Erhaltung der Energie kurz wie folgt geschrieben werden

▶ $$Q + Q' = 0 \tag{3.4.9}$$

Daher folgt $Q' = -Q$, so daß falls $Q \geqslant 0$ $Q' \leqslant 0$ folgt und umgekehrt. Die Absorption einer negativen Wärmemenge entspricht einer abgegebenen Wärmemenge. (3.4.9) drückt die augenfällige Tatsache aus, daß die von einem System absorbierte Wärmemenge gleich der vom anderen System abgegeben sein muß.

Definitionsgemäß wird das System, das Wärme aufnimmt als das „kältere" bezeichnet; das System, das Wärme abgibt heißt das „wärmere" oder „heißere" System.

Somit können prinzipiell zwei Fälle auftreten:

1. Die Anfangsenergien beider Systeme können so sein, daß $\beta_i = \beta_i'$ gilt, $\beta_i = \beta(\bar{E}_i)$. Dann ist $\bar{E}_i = \tilde{E}$ und die Bedingung für das Maximum der Wahrscheinlichkeit (oder der Entropie) ist schon erfüllt. [Aus (3.4.7) wird eine Gleichung.] Deshalb bleibt das System im Gleichgewicht. Es gibt auch keinen Netto-Energieaustausch (d.h. Wärmeaustausch) zwischen den Systemen.

2. Im allgemeinen sind die Anfangsenergien derart, daß $\beta_i \neq \beta_i'$ gilt. Daraus folgt $\bar{E}_i \neq \tilde{E}$, und die Systeme sind in einem sehr unwahrscheinlichen Nichtgleichgewichtszustand. [(3.4.7) ist eine Ungleichung]. Somit ändert sich der Zustand der Systeme mit der Zeit. Wärmeaustausch zwischen den Systemen findet solange statt, bis das Maximum der Wahrscheinlichkeit (oder der Entropie) erreicht ist, wobei $\bar{E}_f = \tilde{E}$ und $\beta_f' = \beta_f$ gilt.

3.5 Temperatur

Im vorhergehenden Abschnitt sahen wir, daß der Parameter β (oder gleichwertig $T = (k\beta)^{-1}$) die beiden folgenden Eigenschaften besitzt:

1. Sind zwei Systeme jedes für sich im Gleichgewicht und hat für beide der Parameter β *denselben* Wert, so bleiben beide Systeme im Gleichgewicht, wenn sie miteinander in thermischen Kontakt gebracht werden.
2. Nimmt β in beiden Systemen *verschiedene* Werte an, so bleiben die Systeme *nicht* im Gleichgewicht, wenn sie miteinander in thermischen Kontakt gebracht werden.

Wir betrachten nun drei Systeme A, B und C im Gleichgewicht. Wenn man weiß, daß A und C nach thermischem Kontakt im Gleichgewicht bleiben, so gilt $\beta_A = \beta_C$. Gleiches soll für B und C gelten: $\beta_B = \beta_C$. Dann aber kann man schließen[6+], daß $\beta_A = \beta_B$ gilt, so daß die Systeme A und B ebenfalls im Gleichgewicht bleiben, nachdem sie in thermischen Kontakt gebracht worden sind. Somit bekommen wir

[6+] Die Gleichgewichtssysteme A, B und C sind thermisch homogen, d.h. sie enthalten in ihrem Inneren keine adiabatischen Wände und werden deshalb durch *ein* β gekennzeichnet.

die folgende Aussage, die oftmals als „nullter Hauptsatz der Thermodynamik [7+] bezeichnet wird:

> Sind zwei Gleichgewichtssysteme mit einem dritten im thermischen Gleichgewicht, so sind sie auch untereinander im thermischen Gleichgewicht [8+]. (3.5.1)

Dieses Empirem ermöglicht den Gebrauch von Test-Systemen, die „Thermometer" genannt werden und die Messungen erlauben, mit denen man entscheiden kann, ob irgendzwei Systeme im Gleichgewicht, die miteinander in thermischen Kontakt gebracht werden, im Gleichgewicht verbleiben. Ein solches Thermometer ist irgendein makroskopisches System *M*, das in Übereinstimmung mit den beiden folgenden Spezifizierungen gewählt ist:

1. Unter den vielen makroskopischen Parametern des Systems *M* wird einer (genannt ϑ) ausgewählt, der sich um geeignete Beträge verändert, wenn *M* mit den verschiedenen zu testenden Systemen in thermischen Kontakt gebracht wird. Alle anderen makroskopischen Parameter bleiben dabei fest. Der Parameter ϑ, der sich als einziger beim Testen der verschiedenen Systeme verändern darf, wird „thermometrischer Parameter" von *M* genannt.

2. Das System *M* wird sehr viel kleiner (d.h. mit sehr viel weniger Freiheitsgraden) als das zu testende System gewählt. Dies ist deshalb wünschenswert, um den möglichen Energietransport auf die zu testenden Systeme möglichst klein zu halten und damit auch Störungen der zu testenden Systeme so klein wie möglich zu halten.

Beispiele für Thermometer.

a) Quecksilber in einer Glasröhre: Die Höhe der Quecksilbersäule wird als thermometrischer Parameter ϑ gewählt. Dies ist das wohlbekannte Hg-Thermometer.

b) Gas in einem Kolben, dessen Volumen konstant gehalten wird. Der mittlere Druck wird als thermometrischer Parameter ϑ gewählt. Diese Vorrichtung heißt „Gasthermometer bei konstantem Volumen".

c) Gas in einem Kolben, der Gasdruck wird konstant gehalten. Das Gasvolumen wird als thermometrischer Parameter ϑ gewählt. Diese Vorrichtung heißt „Gasthermometer bei konstantem Druck".

d) Ein elektrischer Leiter stromdurchflossen bei konstantem Druck. Der elektrische Widerstand des Leiters sei der thermometrische Parameter ϑ. Dies wird ein „Widerstandsthermometer" genannt.

[7+] Besser: Thermostatik.

[8+] Der nullte Hauptsatz der Thermostatik ist ein Erfahrungssatz, der die in (3.5.1) formulierte Transitivität des thermischen Gleichgewichtes beinhaltet.

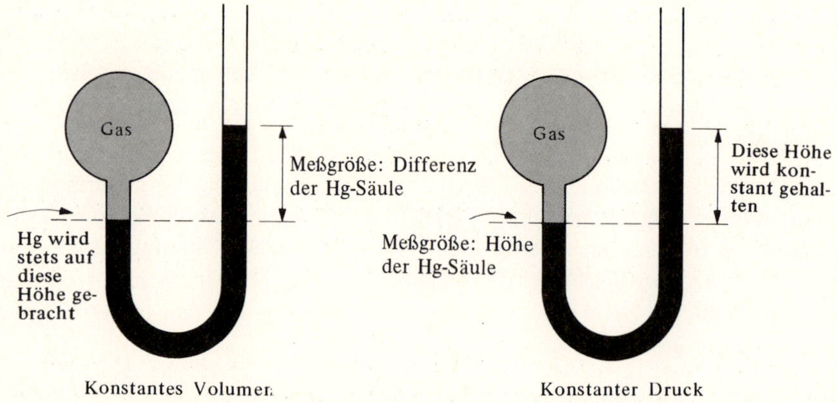

Abb. 3.5.1 Gasthermometer bei konstantem Volumen und bei konstantem Druck.

Ein Thermometer wird wie folgt benutzt. Es wird nacheinander mit den zu testenden Systemen A und B in thermischen Kontakt gebracht, und es wird gewartet, bis sich Gleichgewicht zwischen System und Thermometer einstellt.

1. Falls der thermometrische Parameter ϑ des Thermometers (z.B. die Höhe der Hg-Säule eines Quecksilberthermometers) in beiden Fällen denselben Wert hat, weiß man, daß, nachdem M mit A ins Gleichgewicht gekommen ist, es im Gleichgewicht bleibt, wenn es mit B in thermischen Kontakt gebracht wurde. Der nullte Hauptsatz erlaubt folglich den Schluß, daß A und B im Gleichgewicht bleiben werden, wenn sie miteinander in Kontakt gebracht werden.

2. Falls der thermometrische Parameter ϑ von M in beiden Fällen *nicht* denselben Wert hat, so weiß man, daß A und B *nicht* im Gleichgewicht bleiben, wenn sie miteinander in thermischen Kontakt gebracht werden. Denn nimmt man an, sie würden im Gleichgewicht bleiben, so würde auch M nach dem Erreichen des Gleichgewichts mit A gemäß dem nullten Hauptsatz mit B im Gleichgewicht sein. Daher könnte der Parameter ϑ sich nicht verändern, wenn M mit B in thermischen Kontakt gebracht würde.

Man betrachte *irgendeinen* Parameter ϑ, der als thermometrischer Parameter gewählt wird. Der Wert, den ϑ annimmt, wenn M mit einem System A ins thermische Gleichgewicht kommt, wird definitionsgemäß die „Temperatur" des Systems A bezüglich des speziellen thermometrischen Parameters des speziellen Thermometers M genannt.

Gemäß dieser Definition kann die Temperatur eine Länge, ein Druck oder irgendeine andere Größe sein. Haben zwei verschiedene Thermometer Parameter der gleichen Dimension, so beachte man, daß es im allgemeinen nicht so ist, daß sie die gleiche Temperatur für den gleichen Körper anzeigen. Hat vielmehr ein Körper C

eine Temperatur genau in der Mitte zwischen den Temperaturen der Körper A und B, wenn die Messung mit einem bestimmten Thermometer ausgeführt wurde, so ist diese Feststellung nicht notwendig richtig, wenn die Messung mit einem anderen Thermometer ausgeführt wird.

Dennoch hat der von uns definierte Temperaturbegriff – wie es sich gezeigt hat – die folgenden grundlegenden und nützlichen Eigenschaften:

> Zwei Gleichgewichtssysteme, die miteinander in thermischen Kontakt gebracht werden, werden dann und nur dann im Gleichgewicht bleiben, wenn sie die gleiche Temperatur (bezogen auf das gleiche Thermometer) haben. (3.5.2)

Ist $\psi(\vartheta)$ irgendeine eineindeutige Funktion von ϑ, so kann sie genau so gut wie ψ selbst als thermometrischer Parameter verwendet werden. Diese Funktion $\psi(\vartheta)$ erfüllt ebenfalls die Eigenschaft (3.5.2) und kann daher gleichwertig als die Temperatur eines Systems bezüglich eines speziellen Thermometers angesprochen werden.

Der hier definierte Temperaturbegriff ist wichtig und nützlich, aber ziemlich willkürlich in dem Sinne, daß die Temperatur, die dem System zugeordnet wird, wesentlich von den speziellen Eigenschaften des speziellen Systems M abhängt, das als Thermometer benutzt wird.

Andererseits können wir die Eigenschaften des Parameters β ausnutzen und den speziellen Parameter β_M des Thermometers M als seinen thermometrischen Parameter benutzen. Wenn das Thermometer mit einem System A im Gleichgewicht ist, dann wissen wir, daß $\beta_M = \beta_A$ gilt. Das Thermometer mißt dann gemäß (3.3.9) eine grundlegende Eigenschaft des Systems A, nämlich die Änderung seiner Zustandsdichte mit der Energie. Wird *irgendein anderes* Thermometer M' benutzt, so wird es ebenfalls einen Wert $\beta_{M'} = \beta_A$ anzeigen, wenn es mit dem System A in thermischen Kontakt gebracht wird. Somit gilt:

> Wird der Parameter β als thermometrischer Parameter benutzt, dann ergibt jedes Thermometer die *gleiche* Temperatur, wenn es zur Messung der Temperatur eines speziellen Systems benutzt wird. Diese Temperatur mißt eine grundlegende Systemeigenschaft, nämlich die Änderung seiner Zustandsdichte mit der Energie.

Daher ist der Parameter β ein besonders nützlicher und grundlegender Temperaturparameter. Die zugehörige dimensionslose Größe $T \equiv (k\beta)^{-1}$ wird demgemäß „absolute Temperatur" genannt. Wie numerische Werte von β oder T durch geeignete Messungen gefunden werden, wird später diskutiert.

Einige Eigenschaften der absoluten Temperatur. Nach (3.3.9) ist die absolute Temperatur durch

$$\frac{1}{kT} \equiv \beta \equiv \frac{\partial \ln \Omega}{\partial E} \tag{3.5.3}$$

gegeben. Im Abschnitt 2.5 sahen wir, daß $\Omega(E)$ eine sehr schnell wachsende Funktion der Energie E ist. Daher zeigt (3.5.3), daß gewöhnlich

$$\beta > 1 \quad \text{oder} \quad T > 0 \tag{3.5.4}$$

gilt.

* **Anmerkung**: Dies gilt für alle gewöhnlichen Systeme, bei denen man die kinetische Energie der Teilchen berücksichtigt. Solche Systeme besitzen keine obere Grenze ihrer möglichen Energie (eine untere Grenze existiert natürlich stets, nämlich die quantenmechanische Grundzustandsenergie des Systems); wie wir im Abschnitt 2.5 gesehen haben, wächst $\Omega(E)$ annähernd wie E^f, wobei f die Anzahl der Freiheitsgrade des Systems ist. Besondere Situationen können entstehen, wenn die Translationsfreiheitsgrade nicht berücksichtigt werden sollen (d.h. Lage- und Impulskoordinaten), sondern z.B. *nur* die Spinfreiheitsgrade berücksichtigt werden. In diesem Fall hat das System eine obere Grenze der Energie (z.B. alle Spins sind antiparallel zum Feld) ebenso wie eine untere Grenze (z.B. alle Spins sind parallel zum Feld). Dementsprechend ist die *Gesamt*anzahl der dem System zugänglichen Zustände (unabhängig von der Energie) endlich. In diesem Falle wächst zunächst die Anzahl der möglichen Spinzustände $\Omega_{spin}(E)$ mit wachsender Energie. Nach Erreichen eines Maximums wird die Anzahl wieder kleiner. Somit ist es möglich, absolute Spintemperaturen zu erhalten, die sowohl negativ als auch positiv sein können [9+].

Sieht man von solchen außergewöhnlichen Fällen ab, in denen das System eine obere Grenze der Energie besitzt, so ist T stets positiv und einige weitere Aussagen können leicht gemacht werden. Gemäß (2.5.9) gilt

$$\Omega(E) \sim E^f$$

wobei f die Anzahl der Freiheitsgrade des Systems und E die Energie bezüglich seines Grundzustands ist. Somit gilt

$$\ln \Omega \approx f \ln E + \text{constant}.$$

Daher erhält man mit $E = \tilde{E} \approx \bar{E}$

$$\beta = \frac{\partial \ln \Omega(E)}{\partial E} \approx \frac{f}{\bar{E}} \tag{3.5.5}$$

und

$$kT \approx \frac{\bar{E}}{f} \tag{3.5.6}$$

9+) Ein Vorzeichenwechsel der Spintemperatur kann gemäß (3.5.3) nicht über $T = 0$ erfolgen.

Somit ist die Größe kT ein grobes Maß für die mittlere Energie über dem Grundzustand pro Freiheitsgrad des Systems.

Die Gleichgewichtsbedingung (3.3.8) für zwei Systeme im thermischen Kontakt fordert, daß ihre absoluten Temperaturen gleich sein müssen. Gemäß (3.5.6) bedeutet dies, daß sich die Gesamtenergie beider wechselwirkender Systeme in erster Näherung auf diese so verteilt, daß die mittlere Energie pro Freiheitsgrad für beide Systeme die gleiche ist.

3.6 Wärmereservoire

Die thermische Wechselwirkung zwischen zwei Systemen ist besonders einfach, wenn eines von ihnen sehr viel größer als das andere ist (d.h. wenn es sehr viel mehr Freiheitsgrade besitzt). Genauer bezeichne A' ein großes System und A irgendein relativ kleines System, das mit A' wechselwirkt. A' wirkt dann auf A als „Wärmereservoir" oder „Wärmebad", wenn es so groß ist, daß seine Temperatur im wesentlichen unverändert bleibt, unabhängig von der Größe der Wärmemenge Q', die es mit dem kleinen System austauscht. Somit gilt für A'

$$\left| \frac{\partial \beta'}{\partial E'} Q' \right| \ll \beta' \tag{3.6.1}$$

$\partial\beta'/\partial E'$ ist hier von der Größenordnung $\beta'/\bar{E}'$, wobei $\bar{E}'$ die vom Grundzustand gezählte mittlere Energie von A' ist [10*], während Q', die von A' aufgenommene Wärmemenge, höchstens von der Größenordnung der mittleren $\bar{E}$ des kleinen Systems A ist ($E = 0$ im Grundzustand von A). Daher erwartet man die Gültigkeit von (3.6.1), falls

$$\frac{\bar{E}}{\bar{E}'} \ll 1$$

gilt, d.h. falls A' genügend groß gegenüber A ist.

Man beachte, daß der Begriff eines Wärmereservoirs ein relativer ist. Ein Glas Tee wirkt näherungsweise wie ein Wärmereservoir bezüglich einer Zitronenscheibe, die im Tee schwimmt. Es ist andererseits sicher kein Wärmereservoir bezüglich des Zimmers, in dem das Teeglas steht. Hier ist es gerade umgekehrt.

Wenn das makroskopische System A' $\Omega'(E')$ zugängliche Zustände besitzt und die Wärmemenge $Q' = \Delta\bar{E}'$ aufnimmt, kann die Änderung von $\ln\Omega'$ durch eine Taylor-Reihe dargestellt werden:

10*) Nach (2.5.9) gilt $\Omega' \sim E'^{f}$. Daraus folgt mit $E' = \bar{E}'$, daß $\beta' \approx (\partial \ln \Omega'/\partial E') \approx f/\bar{E}'$ gilt. Somit folgt $|\partial\beta'/\partial E'| \approx f/\bar{E}'^2 \approx \beta'/\bar{E}'$.

$$\ln \Omega'(E' + Q') - \ln \Omega'(E') = \left(\frac{\partial \ln \Omega'}{\partial E'}\right) Q' + \frac{1}{2}\left(\frac{\partial^2 \ln \Omega'}{\partial E'^2}\right) Q'^2 + \cdots$$

$$= \beta' Q' + \frac{1}{2}\frac{\partial \beta'}{\partial E'} Q'^2 + \cdots \qquad (3.6.2)$$

Dabei wurde die Definition (3.3.9) benutzt. Wenn aber A' als Wärmereservoir wirkt, so daß (3.6.1) erfüllt ist, dann verändert sich β' nicht beträchtlich und Terme höherer Ordnung sind auf der rechten Seite von (3.6.2) zu vernachlässigen. Aus (3.6.2) wird dann

$$\ln \Omega'(E' + Q') - \ln \Omega'(E') = \beta' Q' = \frac{Q'}{kT'} \qquad (3.6.3)$$

Wie (3.3.12) zeigt, stellt die linke Seite die Entropieänderung des Wärmereservoirs dar. Somit erhält man das einfache Ergebnis, daß die Änderung der Entropie durch Aufnahme der Wärmemenge Q' durch das Wärmereservoir mit der Temperatur T' durch

▶ $$\Delta S' = \frac{Q'}{T'} \quad \text{für ein Wärmereservoir} \qquad (3.6.4)$$

gegeben ist.

Eine ähnliche Beziehung gilt für jedes System mit der absoluten Temperatur $T = (k\beta)^{-1}$, das eine *infinitesimal* kleine Wärmemenge $đQ$ von einem System mit wenig unterschiedlicher Temperatur aufnimmt. Da $đQ << E$ ist, wobei E die Energie des betrachteten System ist, folgt

$$\ln \Omega\,(E + đQ) - \ln \Omega(E) = \frac{\partial \ln \Omega}{\partial E}\, đQ = \beta đQ$$

Da $S = k \ln \Omega$ gilt, wird daraus

$$dS = \frac{đQ}{T} \qquad (3.6.5)$$

wobei dS die Entropieänderung des Systems ist.

3.7 Das Maximum der Wahrscheinlichkeitsverteilung

Im Abschnitt 3.3 wurde vermutet, daß die Wahrscheinlichkeit $P(E)$ dafür, daß A die Energie E zeigt, ein sehr ausgeprägtes Maximum besitzt. Es wird nun quantitativer untersucht, wie scharf dieses Maximum wirklich ist.

Das Vorgehen ist identisch mit dem im Abschnitt 1.5. Um das Verhalten von $P(E)$ in der Nähe seines Maximums $E = \tilde{E}$ zu untersuchen, betrachten wir die sich langsamer verändernde Funktion $\ln P(E)$ aus (3.3.7) und entwickeln sie in eine Potenzreihe nach der Energiedifferenz

$$\eta \equiv E - \tilde{E} \tag{3.7.1}$$

Für $\ln \Omega(E)$ erhält man

$$\ln \Omega(E) = \ln \Omega(\tilde{E}) + \left(\frac{\partial \ln \Omega}{\partial E}\right)\eta + \frac{1}{2}\left(\frac{\partial^2 \ln \Omega}{\partial E^2}\right)\eta^2 + \cdots \tag{3.7.2}$$

Die Ableitungen sind an der Stelle $E = \tilde{E}$ vorzunehmen. Mit den Abkürzungen

$$\beta \equiv \left(\frac{\partial \ln \Omega}{\partial E}\right) \tag{3.7.3}$$

$$\lambda \equiv -\left(\frac{\partial^2 \ln \Omega}{\partial E^2}\right) = -\left(\frac{\partial \beta}{\partial E}\right) \tag{3.7.4}$$

kann (3.7.2) wie folgt geschrieben werden:

$$\ln \Omega(E) = \ln \Omega(\tilde{E}) + \beta\eta - \tfrac{1}{2}\lambda\eta^2 + \cdots \tag{3.7.5}$$

Ein analoger Ausdruck ergibt sich für $\ln \Omega'(E')$ in der Umgebung von $E' = \tilde{E}'$. Wegen der Energieerhaltung $E' = E^{(0)} - E$ gilt

$$E' - \tilde{E}' = -(E - \tilde{E}) = -\eta \tag{3.7.6}$$

Somit erhält man analog zu (3.7.5)

$$\ln \Omega'(E') = \ln \Omega'(\tilde{E}') + \beta'(-\eta) - \tfrac{1}{2}\lambda'(-\eta)^2 + \cdots \tag{3.7.7}$$

Dabei sind β' und λ' die dem System A' entsprechenden Parameter (3.7.3) und (3.7.4) an der Stelle $E' = \tilde{E}'$. Addition von (3.7.5) und (3.7.7) ergibt

$$\ln [\Omega(E)\Omega'(E')] = \ln [\Omega(\tilde{E})\Omega'(\tilde{E}')] + (\beta - \beta')\eta - \tfrac{1}{2}(\lambda + \lambda')\eta^2 \tag{3.7.8}$$

Aus (3.3.8) folgt, daß für das Maximum von $\Omega(E)\,\Omega'(E')$ $\beta = \beta'$ gilt, so daß der in η lineare Term in (3.7.8) verschwindet. Daher wird mit (3.7.8) aus (3.3.8)

$$\ln P(E) = \ln P(\tilde{E}) - \tfrac{1}{2}\lambda_0\eta^2$$

oder

▶ $$P(E) = P(\tilde{E})\, e^{-\frac{1}{2}\lambda_0(E-\tilde{E})^2} \tag{3.7.9}$$

mit $$\lambda_0 \equiv \lambda + \lambda' \tag{3.7.10}$$

Man beachte, daß λ_0 nicht negativ sein kann, da dann die Wahrscheinlichkeit $P(E)$ kein Maximum besäße, d.h. das zusammengesetzte System $A^{(0)}$ würde kein wohl definiertes Gleichgewicht erreichen, was aber aus physikalischen Gründen stets der Fall ist. Ferner können weder λ noch λ' negativ sein; denn man kann für A' ein System wählen, für das $|\lambda'| << |\lambda|$ unabhängig von λ gilt, d.h. in diesem Falle ist

$\lambda_0 \approx \lambda$. Da λ_0 nicht negativ sein kann, folgt $\lambda \geqslant 0$. Ähnlich wird gezeigt, daß $\lambda' \geqslant 0$ gilt [11*].

Dasselbe Ergebnis folgt aus $\Omega \sim E^f$; denn mit der Definition (3.7.4) folgt aus (3.5.5)

$$\lambda = -\left(-\frac{f}{\tilde{E}^2}\right) = \frac{f}{\tilde{E}^2} > 0 \tag{3.7.11}$$

Die vorstehende Diskussion führt zu einigen interessanten Bemerkungen. Aus dem allgemeinen Verhalten der Zustandsdichte von wechselwirkenden Systemen schlossen wir im Abschnitt 3.3, daß die Wahrscheinlichkeit $P(E)$ genau ein Maximum an einer Stelle $E = \tilde{E}$ hat. Wir haben nun ausführlicher gezeigt, daß für Energien E in der Nähe von $\tilde{E}$ die Wahrscheinlichkeit $P(E)$ durch eine Gauss-Verteilung (3.7.9) beschrieben wird. Gemäß (1.6.8) folgt dann, daß die mittlere Energie $\bar{E}$ durch

$$\bar{E} = \tilde{E} \tag{3.7.12}$$

gegeben ist. Somit ist die mittlere Energie von A tatsächlich gleich der Energie $\tilde{E}$, für die das Maximum von $P(E)$ vorliegt. Ferner zeigt (3.7.9), daß $P(E)$ vernachlässigbar klein gegenüber seinem Wert am Maximum wird, wenn $\frac{1}{2}\lambda_0 (E - \tilde{E})^2 >> 1$, d.h. wenn $|E - \tilde{E}| >> \lambda_0^{-1/2}$ ist [12+]. Mit anderen Worten: Es ist sehr unwahrscheinlich, daß die Energie von A außerhalb des Bereiches $\tilde{E} \pm \Delta^*E$ liegt [13*], wobei

$$\Delta^*E = \lambda_0^{-1/2} \tag{3.7.13}$$

ist.

Angenommen A sei das System mit dem größeren Parameter λ. Dann gilt näherungsweise

$$\lambda_0 \approx \lambda \approx \frac{f}{\tilde{E}^2} = \frac{f}{\bar{E}^2}$$

und $$\Delta^*E \approx \frac{\bar{E}}{\sqrt{f}}$$

Dabei ist $\bar{E}$ die mittlere Energie von A über seinem Grundzustand. Die Halbwertsbreite des Maximums von $P(E)$ ist dann durch

---

11*) Das Gleichheitszeichen entspricht außergewöhnlichen Umständen. Ein Beispiel ist ein aus Eis und Wasser bestehendes System. Eine Energiezufuhr zu diesem System bewirkt, daß Eis schmilzt, aber die Temperatur verändert sich nicht. Somit gilt $\lambda = -\partial\beta/\partial E = 0$.

12+) Wegen der vorausgesetzten Gültigkeit der Taylor-Entwicklung (3.7.2) muß λ_0 hinreichend groß sein.

13*) (1.6.9) auf die GAUSS-Verteilung (3.7.9) angewendet zeigt, daß λ_0^{-1} das Schwankungsquadrat der Energie ist.

▶ $$\frac{\Delta^* E}{\bar{E}} \approx \frac{1}{\sqrt{f}} \tag{3.7.14}$$

gegeben. Wenn A ein Mol Partikel enthält, $f \approx N_L = 10^{24}$, so wird $\Delta^* E / \bar{E} \approx 10^{-12}$.

Somit hat die Wahrscheinlichkeitsverteilung in der Tat ein außerordentlich scharfes Maximum, wenn makroskopische Systeme aus sehr vielen Teilchen behandelt werden. In unserem Beispiel wird die Wahrscheinlichkeit $P(E)$ schon vernachlässigbar klein, falls die Energie von ihrem Mittelwert mehr als 1 zu 10^{12} abweicht! Dies ist ein Beispiel, das allgemeine Züge makroskopischer Systeme zeigt. Da die Anzahl der Teilchen so sehr groß ist, sind Schwankungen eines jeden makroskopischen Parameters y (z.B. Energie oder Druck) gewöhnlich völlig zu vernachlässigen. Das bedeutet, daß fast stets der Mittelwert $\bar{y}$ des Parameters beobachtet wird. Deshalb bleibt der statistische Aspekt der makroskopischen Welt unbewußt. Nur wenn genauere Messungen vorgenommen werden oder wenn man es mit sehr kleinen Systemen zu tun hat, wird die Existenz von Schwankungen offenbar.

Die Bedingung $\lambda \geqslant 0$ ergibt gemäß (3.7.4)

$$\lambda = -\frac{\partial^2 \ln \Omega}{\partial E^2} = -\frac{\partial \beta}{\partial E} \geq 0$$

oder $$\frac{\partial \beta}{\partial E} \leq 0 \tag{3.7.15}$$

Mit $\beta = (kT)^{-1}$ wird die äquivalente Bedingung für T

$$\frac{\partial \beta}{\partial T}\frac{\partial T}{\partial E} = -\frac{1}{kT^2}\frac{\partial T}{\partial E} \leq 0$$

Somit gilt

$$\frac{\partial T}{\partial E} \geq 0 \tag{3.7.16}$$

d.h., die absolute Temperatur irgendeines Systems steigt mit seiner Energie.

Die Beziehung (3.7.15) erlaubt, eine allgemeine Aussage über die Richtung des Wärmestroms in Verbindung mit der absoluten Temperatur zu treffen. Die Situation sei so wie in Abschnitt 3.4 beschrieben, und anfangs gelte $\beta_i \neq \beta_i'$. Wenn A eine positive Wärmemenge Q aufnimmt, so folgt aus (3.7.15), daß der Wert von β kleiner werden muß. Gleichzeitig gibt A' die Wärmemenge Q ab, so daß β' anwachsen muß. Da β für jedes System eine stetige Funktion in E ist, verändern sich die β-Werte der Systeme mit der Zeit stetig, bis sie ihren Endwert $\beta_f = \beta_f'$ erreichen. Aus dem vorhergegangenen folgt: $\beta_f < \beta_i$ und $\beta_f' > \beta_i'$. Somit ergibt sich $\beta_i > \beta_i'$ und dabei wird die positive Wärmemenge Q vom System mit dem höheren β-Wert aufgenommen. Analog gilt für positive absolute Temperaturen, daß die positive Wärmemenge vom System mit der kleineren absoluten Temperatur T absorbiert wird [14*].

* **Anmerkung zur Gesamtanzahl der zugänglichen Zustände.** Es ist interessant, die Gesamtanzahl $\Omega^{(0)}_{tot}$ der zugänglichen Zustände des Gesamtsystems $A^{(0)}$ zu berechnen. Da die Wahrscheinlichkeitsverteilung ein scharfes Maximum besitzt, liegen alle besetzten Zustände innerhalb des Bereichs $\Delta^*E = \lambda_0^{-1/2}$ um $\tilde{E}$ (s. Abb. 3.3.3). Da weiter die Zustandsdichte in der Nähe von $E = \tilde{E}$ durch $\Omega^{(0)}(\tilde{E})/\partial E$ [s. (2.5.1)] gegeben ist, folgt näherungsweise für die Gesamtanzahl der zugänglichen Zustände

$$\Omega^{(0)}_{tot} \approx \frac{\Omega^{(0)}(\tilde{E})}{\delta E} \Delta^*E = K\Omega^{(0)}(\tilde{E}) \tag{3.7.17}$$

mit
$$K \equiv \frac{\Delta^*E}{\delta E} \tag{3.7.18}$$

Gemäß (3.7.17) folgt, daß

$$\ln \Omega^{(0)}_{tot} = \ln \Omega^{(0)}(\tilde{E}) + \ln K \approx \ln \Omega^{(0)}(\tilde{E}) \tag{3.7.19}$$

gilt. Das letzte Ergebnis ist eine ausgezeichnete Approximation, weil $\ln K$ völlig zu vernachlässigen ist. Dieses ist eine weitere eindrucksvolle Folgerung der Tatsache, daß wir es mit so großen Zahlen zu tun haben; denn gemäß (3.7.18) ist $K \approx O(f)$, aber gemäß (2.5.9) gilt $\ln \Omega \approx O(f)$. Weil $f \approx N_L \approx 10^{24}$ ist, gilt $f >>> \ln f$, und somit $\ln \Omega >>> \ln K$. Die Beziehung (3.7.19) zeigt, daß die Wahrscheinlichkeitsverteilung so um ihr Maximum konzentriert ist, daß zur Berechnung der Logarithmen die Gesamtanzahl der Zustände durch die Zustände in der Nähe dieses Maximums ersetzbar ist. Gemäß (3.3.12) gilt

$$S^{(0)} = k \ln \Omega^{(0)}_{tot}$$

Mit (3.7.19) wird daraus

$$S^{(0)} = k \ln \Omega^{(0)}(\tilde{E}) = k \ln [\Omega(\tilde{E})\Omega'(\tilde{E}')] = k \ln \Omega(\tilde{E}) + k \ln \Omega'(\tilde{E}')$$

oder
$$S^{(0)} = S(\bar{E}) + S'(\bar{E}') \tag{3.7.20}$$

Somit ist die Entropie so definiert, daß sie die einfache Eigenschaft der Additivität besitzt.

14*) Die Aussage bezüglich T ist auf den gewöhnlichen Fall positiver Temperaturen beschränkt, weil sonst T keine stetige Funktion von β ist. Für Spin-Systeme nämlich, die eine obere Grenze der möglichen Energien besitzen, hat Ω ein Maximum und daher geht β stetig durch null, d.h. $T \equiv (k\beta)^{-1}$ springt von ∞ nach $-\infty$.

Allgemeine Wechselwirkung zwischen makroskopischen Systemen

3.8 Abhängigkeit der Zustandsdichte von äußeren Parametern

Bisher wurde genauestens die thermische Wechselwirkung zwischen Systemen untersucht. Nun wird der allgemeine Fall, in dem mechanische Wechselwirkung ebenfalls stattfinden kann, behandelt, d.h. nunmehr sind die äußeren Parameter des Systems frei zur Veränderung. Daher beginnen wir die Untersuchung damit, wie die die Zustandsdichte von den äußeren Parametern abhängt.

Der Einfachheit halber soll ein System betrachtet werden, das nur einen einzigen freien äußeren Parameter x besitzt. Die Verallgemeinerung auf mehrere solcher Parameter ist evident. Die Anzahl der Zustände, die einem System im Energiebereich zwischen E und $E + \delta E$ zugänglich sind, werden auch vom speziellen Wert abhängen, den der äußere Parameter annimmt; diese Anzahl werde mit $\Omega(E, x)$ bezeichnet. Es soll nun untersucht werden, wie Ω von x abhängt.

Wenn sich x um einen Betrag dx ändert, so ändert sich die Energie $E_r(x)$ des Mikrozustandes r um den Betrag $(\partial E_r/\partial x)\,dx$. Die Energien verschiedener Zustände verändern sich im allgemeinen um verschiedene Beträge. Die Anzahl jener Zustände, die bei festem Parameter x eine Energie im Bereich zwischen E und $E + \delta E$ haben und deren Ableitung $\partial E_r/\partial x$ im Bereich zwischen Y und $Y + \delta Y$ liegt, werde mit $\Omega_Y(E, x)$ bezeichnet. Die Gesamtanzahl der Zustände ist dann durch

$$\Omega(E,x) = \sum_Y \Omega_Y(E,x) \tag{3.8.1}$$

gegeben. Dabei läuft die Summation über alle möglichen Werte von Y.

Man betrachte eine bestimmte Energie E. Wird der äußere Parameter verändert, so werden einige Zustände, die eine Energie unterhalb E besaßen, eine Energie oberhalb E erlangen und umgekehrt. Es wird nun nach der Anzahl der Zustände $\sigma(E)$ gefragt, deren Energie sich von einem Wert kleiner als E auf einen Wert größer als E verändert, wenn der Parameter von x auf $x + dx$ abgeändert wird. Jene Zustände, für die $\partial E_r/\partial x$ den speziellen Wert Y besitzt, verändern ihre Energie um den infinitesimalen Betrag $Y dx$. Somit wechseln alle jene Zustände, die in einem Energiebereich zwischen E und $E\text{-}Y dx$ liegen, ihre Energie kleiner als E in eine Energie größer als E (s. Abb. 3.8.1). Die Anzahl $\sigma_Y(E)$ dieser Zustände ist somit durch die Anzahl pro Energieeinheit multipliziert mit dem Energieintervall $Y dx$ gegeben:

$$\sigma_Y(E) = \frac{\Omega_Y(E,x)}{\delta E}\, Y dx \tag{3.8.2}$$

Abb. 3.8.1 Die schattierte Fläche kennzeichnet den Energiebereich, der durch Zustände mit $\partial E_r/\partial x = Y$ besetzt ist, deren Energie von einem Wert kleiner als E in einem Wert größer als E übergeht, wenn der äußere Parameter von x auf $x + dx$ abgeändert wird.

Die Gesamtanzahl $\sigma(E)$ der Zustände, die ihre Energie von einem Wert unterhalb von E auf einen oberhalb von E verändern, entsteht durch Summation von (3.8.2) über alle $Y = \partial E_r/\partial x$:

$$\sigma(E) = \sum_Y \frac{\Omega_Y(E,x)}{\delta E} Y\,dx = \frac{\Omega(E,x)}{\delta E} \bar{Y}\,dx \tag{3.8.3}$$

Dabei ist

$$\bar{Y} = \frac{1}{\Omega(E,x)} \sum_Y \Omega_Y(E,x) Y = \bar{Y}(E, x) \tag{3.8.4}$$

der Mittelwert von Y über alle zwischen E und $E + \delta E$ zugänglichen Zustände, wobei jeder dieser Zustände mit gleichem Gewicht eingeht. Gemäß (2.9.6) gilt

$$\bar{Y} = \overline{\frac{\partial E_r}{\partial x}} \equiv -\bar{X} \tag{3.8.5}$$

wobei $\bar{X}$ der Mittelwert der zu x konjugierten generalisierten Kraft ist.

Nun wird die Gesamtanzahl $\Omega(E, x)$ der Zustände zwischen E und $E + \delta E$ betrachtet (Abb. 3.8.2). Wenn der Parameter sich von x nach $x + dx$ ändert, so verändert sich die Anzahl der Zustände in diesem Energiebereich um $[\partial\Omega(E, x)/\partial x]\,dx$. Dieser Betrag ist gleich [der Anzahl der Zustände, die in den Bereich deswegen hineinlaufen, weil ihre Anfangsenergie zwischen $E - Y\,dy$ und E liegt] verringert um [die Anzahl der Zustände, die aus dem Bereich deswegen hinauslaufen, weil ihre Anfangsenergie zwischen E und $E + \delta E$ liegt]. Damit gilt:

$$\frac{\partial\Omega(E,x)}{\partial x} dx = \sigma(E) - \sigma(E + \delta E) = -\frac{\partial\sigma}{\partial E}\delta E$$

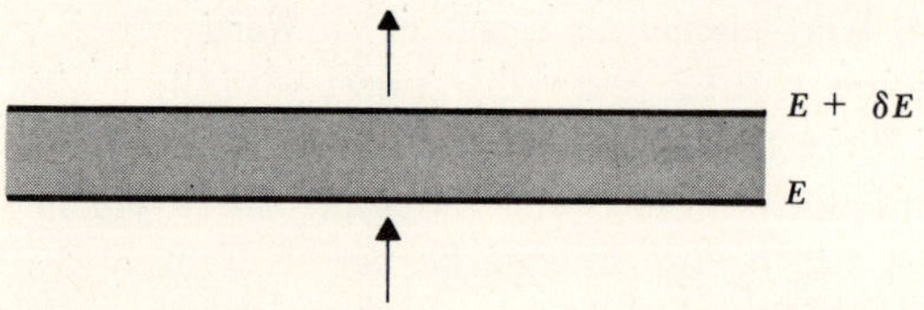

Abb. 3.8.2 Die Anzahl der Zustände im schattierten Energiebereich ändert sich, wenn der äußere Parameter variiert, dadurch daß Zustände in den Bereich hinein- und hinauswandern.

Mit (3.8.3) wird daraus

$$\frac{\partial \Omega}{\partial x} = -\frac{\partial}{\partial E}(\Omega \bar{Y}) \tag{3.8.6}$$

oder $$\frac{\partial \Omega}{\partial x} = -\frac{\partial \Omega}{\partial E}\bar{Y} - \Omega \frac{\partial \bar{Y}}{\partial E}$$

Nach Division durch Ω ergibt sich

$$\frac{\partial \ln \Omega}{\partial x} = -\frac{\partial \ln \Omega}{\partial E}\bar{Y} - \frac{\partial \bar{Y}}{\partial E} \tag{3.8.7}$$

Da $\Omega \sim E^f$ gilt, ist das erste Glied der rechten Seite von der Größenordnung $(f/E)\,\bar{Y}$. Aus (3.8.4) ist ersichtlich, daß das zweite Glied der rechten Seite nicht proportional zu f ist und somit für makroskopische Systeme gegen das erste Glied gänzlich zu vernachlässigen ist. Aus (3.8.7) ergibt sich so die ausgezeichnete Näherung

$$\frac{\partial \ln \Omega}{\partial x} = -\frac{\partial \ln \Omega}{\partial E}\bar{Y} = \beta \bar{X} \tag{3.8.8}$$

Dabei wurde (3.8.5) und die Definition (3.3.9) für β benutzt.

Wenn es nun mehrere äußere Parameter $x_1, \ldots, x_n$ gibt [so daß $\Omega = \Omega(E, x_1, \ldots, x_n)$], so ist es einsichtig, daß (3.8.8) für jeden einzelnen gilt. Für jeden äußeren Parameter x_α und seiner zugehörigen generalisierten Kraft $\bar{X}_\alpha$ gilt die allgemeine Beziehung

▶ $$\frac{\partial \ln \Omega}{\partial x_\alpha} = \beta \bar{X}_\alpha \tag{3.8.9}$$

3.9 Wechselwirkende Systeme im Gleichgewicht

Es werden zwei Systeme A und A' betrachtet, die miteinander wechselwirken können, indem sie Wärme austauschen und Arbeit aneinander leisten. Ein spezielles Beispiel ist in der Abb. 2.8.1 dargestellt. Das System A habe die Energie E und sei durch einige variable äußere Parameter $x_1, \ldots, x_n$ gekennzeichnet. Größen mit $'$ beziehen sich auf A'. Das zusammengesetzte System $A^{(0)} \equiv A + A'$ ist abgeschlossen. Daher gilt

$$E + E' = E^{(0)} = \text{constant} \tag{3.9.1}$$

Bei bekannter Gesamtenergie $E^{(0)}$ ist somit die Energie E' von A' durch die Energie E von A festgelegt. Durch die mechanische Wechselwirkung sind die Parameter x' irgendwelche Funktionen der Parameter x.

Beispiel: Das Gas A in Abb. 2.8.1 wird durch einen äußeren Parameter x beschrieben, nämlich durch sein Volumen V. V' ist das Volumen von A'. Bei der Bewegung des Stempels bleibt das Gesamtvolumen unverändert, d.h.

$$V + V' = V^{(0)} = \text{constant} \tag{3.9.2}$$

Die Gesamtanzahl der $A^{(0)}$ zugänglichen Zustände ist somit eine Funktion der Energie E und der äußeren Parameter x_a $(a = 1, \ldots, n)$. Wieder wird $\Omega^{(0)}(E, x_1, \ldots, x_n)$ ein sehr scharfes Maximum für $E = \tilde{E}$ und $x_a = \tilde{x}_a$ haben. Das Gleichgewicht entspricht dann der Situation maximaler Wahrscheinlichkeit, in der fast alle Systeme $A^{(0)}$ Werte von E und x_a sehr nahe bei $\tilde{E}$ und $\tilde{x}_a$ haben. Im Gleichgewicht sind die Mittelwerte dieser Größen somit $\bar{E} = \tilde{E}$ und $\bar{x}_a = \tilde{x}_a$.

Infinitesimaler quasistatischer Prozeß. Es wird ein quasistatischer Prozeß betrachtet, in dem das System A durch Wechselwirkung mit dem System A' von einem Gleichgewichtszustand $(\bar{E}, \bar{x}_1, \ldots, \bar{x}_n)$ in einem infinitesimal benachbarten Gleichgewichtszustand $(\bar{E} + d\bar{E}, \bar{x}_1 + d\bar{x}_1, \ldots, \bar{x}_n + d\bar{x}_n)$ gebracht wird. Wie ändert sich die Anzahl der dem System A zugänglichen Zustände?

Da $\Omega = \Omega(E, x_1, \ldots, x_n)$ ist, gilt

$$d \ln \Omega = \frac{\partial \ln \Omega}{\partial E} d\bar{E} + \sum_{\alpha=1}^{n} \frac{\partial \ln \Omega}{\partial x_\alpha} d\bar{x}_\alpha \tag{3.9.3}$$

Mit (3.8.9) ergibt sich daraus

$$d \ln \Omega = \beta(d\bar{E} + \sum_\alpha \bar{X}_\alpha \, d\bar{x}_\alpha) \tag{3.9.4}$$

Gemäß (2.9.5) ist der letzte Term in Klammern die makroskopische Arbeit $đW$, die von A in diesem infinitesimalen Prozeß geleistet wird. Daher wird aus (3.9.4)

$$d \ln \Omega = \beta(d\bar{E} + đW) \equiv \beta \, đQ \tag{3.9.5}$$

Dabei wurde die Definition (2.8.3) der durch A aufgenommenen infinitesimalen Wärmemenge benutzt. (3.9.5) ist eine grundlegende Beziehung, die für jeden infinitesimalen quasistatischen Prozeß gilt. Mit (3.3.10) und (3.3.12) wird daraus

▶ $$đQ = T\,dS = d\bar{E} + đW \tag{3.9.6}$$

oder gleichwertig

▶ $$dS = \frac{đQ}{T} \tag{3.9.7}$$

Somit bleibt die Beziehung (3.6.5) gültig, falls die äußeren Parameter des Systems quasistatisch verändert werden. Im speziellen Fall des thermisch isolierten Systems (d.h. wenn der Prozeß adiabatisch ist) ist die aufgenommene Wärmemenge $đQ = 0$ und (3.9.7) fordert

$dS = 0.$

Dies zeigt, daß S oder $\ln \Omega$ sich nicht ändert, obgleich sich die äußeren Parameter *quasistatisch* um einen *endlichen* Betrag geändert haben. Daher hat man das wichtige Ergebnis:

> Falls sich die äußeren Parameter in einem *thermisch isolierten* System *quasistatisch* verändern, so gilt stets $\Delta S = 0$. (3.9.8)

Somit verändert die quasistatische Arbeitleistung zwar die Energie eines thermisch isolierten Systems, aber die Anzahl der ihm zugänglichen Zustände bleibt dabei unverändert. In Übereinstimmung mit der im Abschnitt 3.2 geführten Diskussion ist ein solcher Prozeß somit reversibel.

Es soll unterstrichen werden, daß in thermisch isolierten Systemen, die *keine* Wärme aufnehmen können, die Entropie *zunehmen* wird, wenn Prozesse stattfinden, die *nicht* quasistatisch sind. So ist z.B. jedes der am Anfang von Abschnitt 3.1 besprochenen zusammengesetzten Systeme $A^{(0)}$ thermisch isoliert, und dennoch wächst die Anzahl der ihnen zugänglichen Zustände und somit ihre Entropie.

Gleichgewichtsbedingungen. Es wird das Gleichgewicht zwischen zwei Systemen A und A' betrachtet, und zwar für den einfachen Fall, daß die äußeren Parameter die beiden Volumina V und V' der beiden Systeme sind. Die Anzahl der dem zusammengesetzten System $A^{(0)}$ zugänglichen Zustände ist gemäß (3.3.5) durch das Produkt

$$\Omega^{(0)}(E, V) = \Omega(E, V)\, \Omega'(E', V') \tag{3.9.9}$$

gegeben. Dabei stehen E' und V' mit E und V durch (3.9.1) und (3.9.2) in Beziehung.

Der Logarithmus von (3.9.9) ist

$$\ln \Omega^{(0)} = \ln \Omega + \ln \Omega' \tag{3.9.10}$$

oder

$$S^{(0)} = S + S' \tag{3.9.11}$$

Das Maximum von $\Omega^{(0)}$ oder $S^{(0)}$ ist dann durch die Bedingung

$$d \ln \Omega^{(0)} = d(\ln \Omega + \ln \Omega') = 0 \tag{3.9.12}$$

bestimmt. Für beliebige dE und dV gilt

$$d \ln \Omega = \frac{\partial \ln \Omega}{\partial E} dE + \frac{\partial \ln \Omega}{\partial V} dV = \beta\, dE + \beta \bar{p}\, dV \tag{3.9.13}$$

Dabei wurde (3.8.8) benutzt und gemäß (2.10.2) ist die generalisierte Kraft $\bar{X} = -\overline{(\partial E_r/\partial V)}$ der mittlere auf A ausgeübte Druck $\bar{p}$. Analog gilt für A'

$$d \ln \Omega' = \beta'\, dE' + \beta' \bar{p}'\, dV' = -\beta'\, dE - \beta' \bar{p}'\, dV \tag{3.9.14}$$

Wegen (3.9.1) und (3.9.2) gilt $dE' = -dE$ und $dV' = -dV$. Damit wird (3.9.12)

$$(\beta - \beta')\, dE + (\beta\bar{p} - \beta'\bar{p}')\, dV = 0 \tag{3.9.15}$$

Da dies für beliebige Werte dE und dV erfüllt sein muß, folgt, daß die Koeffizienten des Differentials einzeln verschwinden müssen:

$$\left.\begin{aligned} \beta - \beta' &= 0 \\ \beta\bar{p} - \beta'\bar{p}' &= 0 \end{aligned}\right\}$$

oder
$$\left.\begin{aligned} \beta &= \beta' \\ \bar{p} &= \bar{p}' \end{aligned}\right\} \tag{3.9.16}$$

Wie zu erwarten war, fordern diese Bedingungen, daß die Temperaturen der Systeme im thermischen Gleichgewicht und ihre mittleren Drücke im mechanischen Gleichgewicht gleich sein müssen.

Als ein spezielles, einfaches Beispiel wird die mechanische Wechselwirkung eines Systems A mit einer rein mechanischen Anordnung A' betrachtet, deren Energie E' eine Funktion nur eines äußeren Parameters x ist. Es sei so, wie in Abb. 3.9.1 skizziert, daß A' eine Feder ist, deren Auslenkung durch den Abstand x gemessen werde. Die Gesamtanzahl $\Omega^{(0)}$ der dem System $A + A'$ zugänglichen Zustände ist proportional der Anzahl der Zustände $\Omega(E, x)$, die dem System A zugänglich sind [15*]. $E^{(0)}$ ist die konstante Gesamtenergie. Dann ist die Energie von A eine Funktion von x.

$$E = E^{(0)} - E'(x) \tag{3.9.17}$$

Falls x sich frei einstellen kann, wird es gegen einen Wert gehen, für den das System sein Gleichgewicht besitzt und Ω sein Maximum annimmt, d.h. für den

$$\frac{\partial}{\partial x} \ln \Omega(E,x) = 0$$

gilt. Daraus wird

$$\frac{\partial \ln \Omega}{\partial E}\frac{\partial E}{\partial x} + \frac{\partial \ln \Omega}{\partial x} = 0$$

Mit (3.9.17) und (3.8.9) folgt daraus

$$\beta\left(-\frac{\partial E'}{\partial x}\right) + \beta\bar{X} = 0$$

oder
$$\bar{X} = \frac{\partial E'}{\partial x}$$

[15*] Die Anzahl $\Omega'(E', x)$ der A' zugänglichen Zustände ist keine Funktion von E' und x, denn zu jeder Energie E' gibt es genau ein x und genau einen Zustand von A': $\Omega' = 1$. Dies ist es, was als rein mechanische Vorrichtung bezeichnet wird, die durch ihre äußeren Parameter vollständig beschrieben wird.

Diese Bedingung fordert, daß im Gleichgewicht die mittlere, vom Gas A ausgeübte Kraft gleich der von der Feder ausgeübten Kraft $\partial E'/\partial x$ sein muß.

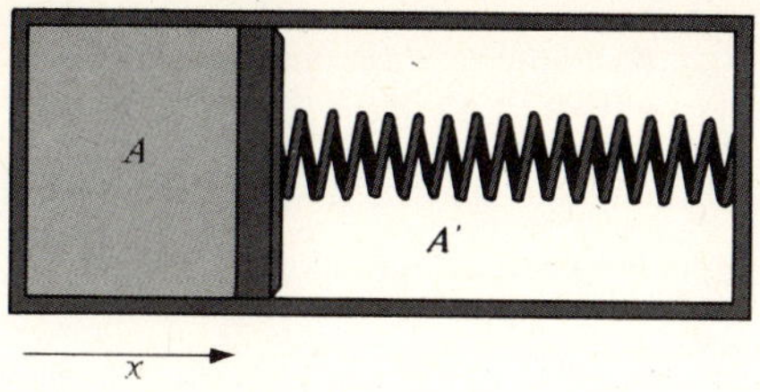

Abb. 3.9.1 Ein Gas A, das über einen beweglichen Stempel mit einer Feder A' in Wechselwirkung steht.

3.10 Eigenschaften der Entropie

Entropie und exakte Differentiale. Im Abschnitt 2.9 wurde besprochen, daß die infinitesimale Größe $đQ$ *kein* vollständiges (oder exaktes) Differential ist. Die Beziehung (3.9.7) zeigt folgendes bemerkenswerte Ergebnis: Die in einem quasistatischen Prozeß aufgenommene Wärmemenge $đQ$ ist *kein* vollständiges Differential, wogegen $dS = đQ/T$ ein vollständiges Differential darstellt. Dies ist deshalb so, weil die Entropie eine für einen jeden Makrozustand charakteristische Funktion ist, und dS die Differenz zweier Werte der Entropie für benachbarte Makrozustände ist.

Anmerkung: Falls die Multiplikation mit einem Faktor aus einem nichtexakten Differential ein vollständiges macht, heißt dieser Faktor ein „integrierender Faktor" für das nichtexakte Differential. Somit kann gesagt werden, daß die absolute Temperatur T dadurch gekennzeichnet ist, daß T^{-1} ein integrierender Faktor für $đQ$ ist.

Sind also zwei Makrozustände i und f eines Systems gegeben, so ist die zugehörige Entropiedifferenz

$$S_f - S_i = \int_i^f dS = \underset{(\text{eq})}{\int_i^f} \frac{đQ}{T} \qquad (3.10.1)$$

wobei (3.9.7) im letzten Integral berücksichtigt wurde. Dieses wurde durch den Index „eq" (Gleichgewicht) gekennzeichnet, um ausdrücklich zu betonen, daß dieses Integral längs eines jeden Prozesses berechnet werden kann, der *quasistatisch* über eine Folge von gleichgewichtsnahen Zuständen vom Makrozustand i zum Makrozustand f führt. Somit ist die Temperatur längs eines solchen Prozesses wohl definiert. Da die linke Seite von (3.10.1) nur die Anfangs- und Endzustände enthält, folgt daraus, daß die rechte Seite unabhängig vom speziellen, zwischen i und f verlaufenden quasistatischen Prozeß ist, der zur Berechnung des Integrals gewählt wurde:

$$\int_{i\,(\mathrm{eq})}^{f} \frac{đQ}{T} \quad \text{ist vom quasistatischen Prozeß unabhängig} \tag{3.10.2}$$

Beispiel: Man betrachte die beiden quasistatischen Prozesse, die durch die ausgezogene und die unterbrochene Linie in Abb. 2.11.2 dargestellt werden. Das Integral $\int_i^f đQ$, das die gesamte Wärmemenge für einen speziellen Prozeß zwischen i und f angibt, ist für die beiden Prozesse verschieden. Aber das Integral $\int_i^f (đQ/T)$ ergibt für beide Prozesse das gleiche Ergebnis.

Es soll nun erläutert werden, wie ein solches Integral berechnet wird. Im Verlaufe des Prozesses wird das System durch einen Wert von V und dem zugehörigen Wert von $\bar{p}$ gekennzeichnet, der in der Abb. 2.11.2 durch die Kurven bestimmt wird. Diese Kenntnis ermöglicht es, eine bestimmte Temperatur T für den Makrozustand des Systems zu ermitteln [16+)]. Beim Übergang zu einem benachbarten Wert von V wird eine Wärmemenge $đQ$ aufgenommen. Aus der Kenntnis von T und $đQ$ können alle $đQ/T$ ermittelt und nacheinander aufsummiert werden, wenn man das Volumen von V_i auf V_f anwachsen läßt.

Folgerungen aus der statistischen Definition der Entropie. In (3.3.12) wurde die Entropie durch die Anzahl Ω der dem System zugänglichen Zustände im Energiebereich zwischen E und $E + \delta E$ angegeben

$$S \equiv k \ln \Omega \tag{3.10.3}$$

Wichtig ist, daß durch die Kenntnis des Makrozustandes, d.h. durch die Kenntnis der äußeren Parameter und der Energie E des Systems, die Anzahl Ω der dem System zugänglichen Zustände vollständig bestimmt ist, wenn das System quantenmechanisch beschrieben wird. Somit besitzt die Entropie S gemäß (3.10.3) *genau einen* Wert, der aus der Kenntnis des mikroskopischen Aufbaus des Systems berechenbar ist [17*)].

Anmerkung: Diese letzte Aussage ist nicht richtig, wenn das System im Rahmen der klassischen Mechanik beschrieben wird. Das System habe f Freiheitsgrade, und sein Phasenraum ist (wie im Abschnitt 2.1) in Zellen beliebig gewählten Volumens h_0^f eingeteilt. Die Gesamtanzahl der Zellen oder Zustände, die dem System zugänglich sind, erhält man durch Division des zugänglichen

---

16+) Dies geschieht mit Hilfe der Zustandsgleichung $T = T(\bar{p}, V)$, die für jeden Gleichgewichtszustand des Systems existiert.

17*) Sicherlich ist der Wert von S eindeutig für eine gewählte Energieeinteilung δE. Am Ende des Abschnitts 3.3 wurde gezeigt, daß der Wert der Entropie höchst unempfindlich gegenüber der gewählten Größe δE ist.

Volumens des Phasenraums zwischen E und $E + \delta E$ durch das Zellenvolumen:

$$\Omega = \frac{1}{h_0^f} \int \cdots \int dq_1 \cdots dq_f \, dp_1 \cdots dp_f$$

oder $$S = k \ln \left(\int \cdots \int dq_1 \cdots dp_f \right) - kf \ln h_0 \qquad (3.10.4)$$

Diese Beziehung zeigt, daß Ω wesentlich von der Zellengröße der Zelleneinteilung des Phasenraums abhängt. Folgerichtig enthält S eine additive Konstante, die von diesem Zellenvolumen abhängt. Somit ist in der klassischen Beschreibung der Wert der Entropie nicht eindeutig, sondern nur bis auf eine beliebige additive Konstante bestimmt. In der quantenmechanischen Beschreibung eines Systems existiert eine natürliche Einteilung des Phasenraums in Zellen, für die h_0 mit dem Planckschen Wirkungsquantum übereinstimmt; die additive Konstante wird dadurch eindeutig bestimmt.

Entropie bei tiefen Temperaturen. Wenn man zu kleineren Energien übergeht, nähert sich in der quantenmechanischen Beschreibung jedes System der kleinsten möglichen Energie E_0 seines Grundzustandes. Zu dieser Energie gehört gewöhnlich nur ein möglicher Zustand des Systems; oder es kann sein, daß eine relativ kleine Anzahl solcher Zustände existiert, die alle die gleiche Energie E_0 besitzen (der Grundzustand wird dann „entartet" genannt). Wenn man nun Energien betrachtet, die ein wenig größer als E_0 sind, dann nimmt die Anzahl $\Omega(E)$ der Zustände natürlich sehr schnell zu; nach (2.5.9) gilt grob $\Omega \sim (E - E_0)^f$, wobei f die Anzahl der Freiheitsgrade des Systems ist. Die Abhängigkeit von $\ln\Omega$ von der Energie E ist somit von der Art, wie sie in Abb. 3.10.1 skizziert ist.

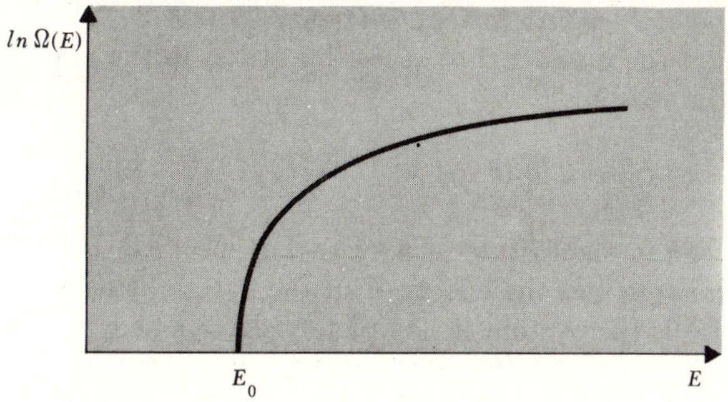

Abb. 3.10.1 Verhalten von $\ln\Omega(E)$ für Energien $E > E_0$. Beachte, daß die Steigung der Kurve β, sehr groß für $E \to E_0$ wird und daß $\partial\beta/\partial E < 0$ gilt.

Immer wenn die Energie eines Systems wesentlich größer als seine Grundzustandsenergie E_0 ist, wird seine Entropie $S \equiv k \ln \Omega$ gemäß (2.5.9) von der Größenordnung kf. Geht die Energie gegen E_0, so fällt die Anzahl $\Omega(E)$ der Zustände im vorgegebenen Intervall δE außerordentlich schnell ab; sie ist höchstens von der Ordnung f oder kleiner, weil der Grundzustand selbst nur aus einem oder aus einigen wenigen Zuständen besteht. Somit nähert sich dann $S = k \ln \Omega$ einer Zahl der Größenordnung $k \ln f$ oder weniger, und diese ist verglichen mit der Größe kf, der Entropie bei höheren Energien, völlig zu vernachlässigen. Somit kann man in sehr guter Näherung aussagen, daß die Entropie für den Grundzustand des Systems verschwindend klein wird:

$$E \to E_0, \qquad S \to 0 \tag{3.10.5}$$

Anmerkung: Voraussetzung für die obigen Erörterungen ist die quantenmechanische Systembeschreibung. Im Rahmen der klassischen Mechanik würde es keine kleinste Energie in Verbindung mit einer kleinen Anzahl von Zuständen geben.

Dieses Grenzwertverhalten von S kann auch durch die Temperatur des Systems ausgedrückt werden. Gemäß (3.7.15) gilt $\partial\beta/\partial E < 0$, oder gleichwertig $\partial T/\partial E > 0$. Daraus folgt, daß mit gegen E_0 fallendem E β wächst, und somit $T = (k\beta)^{-1}$ fällt. Gewöhnlich wächst $\ln \Omega$ außerordentlich schnell mit E an, so daß in sehr guter Näherung

$$E \to E_0, \quad \beta = \frac{\partial \ln \Omega(E)}{\partial E} \to \infty$$

gilt. Somit folgt gemäß (3.10.5)

$$T \to 0, \qquad S \to 0 \tag{3.10.6}$$

Will man (3.10.6) auf Experimente anwenden, muß man sicher sein, daß für den betrachteten Fall tatsächlich ein Gleichgewicht vorliegt. Bei sehr tiefen Temperaturen muß man im Hinblick auf die Zeit bis zur Einstellung des Gleichgewichts besonders sorgfältig sein, da letzteres oft nur sehr langsam erreicht wird. Eine andere praktische Frage besteht darin, ob die Grenzsituation $T \to 0$ wirklich schon erreicht ist. Mit anderen Worten: Wie klein muß eine Temperatur sein, um (3.10.6) anwenden zu können?

Um diese Fragen zu beantworten, muß man einiges über das spezielle System wissen, das betrachtet wird. Ein Fall, der oft auftritt, besteht darin, daß die Atomkerne des Systems einen Kernspin besitzen. Bringt man ein solches System auf eine hinreichend tiefe Temperatur T_0, so wird die Entropie (oder die Anzahl der Zustände), die zu den Freiheitsgraden gehört, die nicht die Kernspins enthalten, vernachlässigbar. Jedoch kann die Anzahl Ω_s der Zustände, die zu den möglichen Orientierungen der Kernspins gehören, sehr groß sein, und zwar so groß wie bei sehr viel höheren Temperaturen. Der Grund dafür ist, daß die magnetischen Kernmomente sehr klein sind; die Wechselwirkung, die die Spinorientierung beeinflußt, ist somit ebenfalls sehr klein. Deshalb ist gewöhnlich jeder Kernspin selbst bei so niedrigen Temperaturen wie T_0 völlig zufällig orientiert.

Das betrachtete System sei z.B. aus Atomen mit dem Kernspin ½ zusammengesetzt (z.B. ein Silberlöffel). Jeder Spin hat zwei mögliche Einstellungen. Sind die spinunabhängigen Wechselwirkungen sehr klein, so unterscheiden sich diese beiden Einstellungen nicht wesentlich in der Energie, und jeder Spin zeigt gleichwahrscheinlich nach „oben" oder nach „unten". Sind N Kerne im System, so gibt es $\Omega_s = 2^N$ dem System zugängliche Spinzustände eben auch bei Temperaturen, die so klein wie T_0 sind. Für Temperaturen, die sehr viel kleiner als T_0 sind, wird die Wechselwirkung zwischen den Kernspins bedeutsam. Sind z.B. alle Kernspins parallel zueinander ausgerichtet (Kernmagnetismus), so hat diese Anordnung eine kleinere Energie als jede andere Spinorientierung. Im Gleichgewicht wird das System bei außerordentlich kleinen Temperaturen $(T <<< T_0)$ einen seiner Zustände annehmen, in dem alle Spins gleichgerichtet sind.

In dem betrachteten Falle in dem die Kernspins bei Temperaturen so niedrig wie T_0 noch zufällig verteilt sind und diese zufällige Verteilung erst bei Temperaturen zerstört wird, die außerordentlich kleiner als T_0 sind, kann man eine nützliche Aussage machen. So kann man fordern, daß bei gegen T_0 fallendem T die Entropie den Wert S_0 erreicht, der einfach durch die Anzahl der möglichen Kernspinorientierungen gegeben ist, d.h. $S_0 = k \ln \Omega_s$:

$$T \to 0_+, \quad S \to S_0 \tag{3.10.7}$$

Hier ist $T \to 0_+$ eine Grenztemperatur, die sehr klein ist, aber dabei groß genug, um zu gewährleisten, daß die Spins zufällig verteilt bleiben. S_0 ist eine definierte Konstante, die nur von der Art der Atomkerne abhängt, aus denen das System zusammengesetzt ist, die aber von irgendwelchen Details, die die Energieniveaus des Systems betreffen, völlig unabhängig ist. Schlagwortartig kann man sagen, daß S_0 von allen Systemparametern im weitesten Sinne unabhängig ist, d.h. unabhängig von der räumlichen Anordnung der Atome und der Wechselwirkung zwischen ihnen. Die Aussage (3.10.7) ist nützlich, weil sie für Temperaturen angewendet werden kann, die nicht exotisch tief sind.

Zusammenstellung der grundlegenden Ergebnisse

3.11 Hauptsätze und fundamentale statistische Beziehungen

Die Diskussion dieses Kapitels beruhte vollständig auf den grundlegenden statistischen Postulaten des Abschnitts 2.3. Einige Einzelheiten wurden herausgearbeitet, und verschiedenartige erläuternde Beispiele wurden angegeben, um mit den wichtigsten Eigenschaften makroskopischer Systeme vertraut zu werden. Die grundlegenden Ideen waren ganz einfach; die meisten von ihnen sind in den Abschnitten 3.1, 3.3 und 3.9 enthalten. Die Erörterungen dieses Kapitels umfassen alle grundlegenden Ergebnisse der klassischen Thermostatik und alle wesentliche Ergebnisse der statistischen Mechanik. Diese Resultate werden nun in Form sehr allgemeiner Aussagen zusammengestellt und in zwei Klassen eingeteilt. Die erste wird nur reine *makroskopische* Aussagen enthalten, die *keinen* Bezug auf *mikroskopische* Eigenschaften der Systeme nehmen, d.h. keinen Bezug auf die Moleküle, aus denen sie bestehen. Die zweite Klasse von Aussagen wird sich auf mikroskopische Eigenschaften der Systeme beziehen. Sie wird als Klasse der „statistischen Beziehungen" gekennzeichnet.

Hauptsätze. Die erste Aussage ist ganz einfach und im Abschnitt 3.5 erörtert worden.

▶ *Nullter Hauptsatz:* Sind zwei Gleichgewichtssysteme im thermischen Gleichgewicht mit einem dritten Gleichgewichtssystem, so sind sie auch miteinander im thermischen Gleichgewicht [18+)].

Die nächste Aussage drückt die Erhaltung der Energie aus und ist im Aschnitt 2.8 diskutiert worden.

▶ *Erster Hauptsatz:* Jedem Makrozustand eines Systems kann eine Größe $\bar{E}$ (die „innere Energie") zugerechnet werden, die für abgeschlossene Systeme eine Erhaltungsgröße ist [19+)]:

$$\bar{E} = \text{constant} \tag{3.11.1}$$

Falls das System mit seiner Umgebung wechselwirken *kann* und dabei von einem Makrozustand in einen anderen übergeht, gilt für die Energieänderung

$$\Delta\bar{E} = -W + Q \tag{3.11.2}$$

18+) Im amerikanischen Original ist anstelle von „Gleichgewichtssystemen" nur von „Systemen" die Rede.

19+) Im amerikanischen Original wird dies nur für Makrozustände verlangt, die zusätzlich Gleichgewichtszustände sind.

Dabei ist W die *vom* System geleistete makroskopische Arbeit, die durch die Änderung der äußeren Parameter bewirkt wird. Die Größe Q, die durch (3.11.2) *definiert* wird, heißt die „vom System aufgenommene Wärmemenge" [20+)].

Nun muß die Entropie S eingeführt werden, deren einfache Eigenschaften in den Abschnitt 3.1 und 3.9 erörtert wurden.

▶ *Zweiter Hauptsatz:* Jedem Makrozustand eines Gleichgewichtssystems kann eine Größe S (die „Entropie") zugeordnet werden, die folgende Eigenschaften hat:

a) In jedem Prozeß, der in einem thermisch *isolierten* System abläuft und von einem makroskopischen Gleichgewichtszustand ausgehend in einem solchen endet, kann die Entropiedifferenz nicht negativ sein:

$$\Delta S \geqslant 0 \tag{3.11.3}$$

b) Wenn das System nicht abgeschlossen ist und einen quasistatischen infinitesimalen Prozeß durchläuft und dabei die Wärmemenge $đQ$ aufnimmt, so gilt

$$dS = \frac{đQ}{T} \tag{3.11.4}$$

Dabei ist T (die „absolute Temperatur") eine charakteristische Größe für den Makrozustand eines Gleichgewichtssystems.

Schließlich gibt es eine letzte auf (3.10.7) basierende Aussage:

▶ *Dritter Hauptsatz:* Die Entropie eines Gleichgewichtssystems hat die Grenzwerteigenschaft

$$T \to 0_+, \qquad S \to S_0 \tag{3.11.5}$$

Dabei ist S_0 eine von allen Parametern des betrachteten Systems unabhängige Konstante.

Man beachte erneut, daß die obigen vier Hauptsätze einen völlig *makro*skopischen Inhalt besitzen. Drei Größen ($\bar{E}$, S und T) wurden eingeführt, von denen gefordert wurde, daß sie für jeden Makrozustand des Systems definiert seien [21+)]. Aussagen wurden gemacht, wie diese Größen zusammenhängen. Aber *nirgends* wurde in diesen vier Hauptsätzen explizit von der mikroskopischen Natur der System Gebrauch gemacht (z.B. von Eigenschaften der Moleküle, aus denen das System besteht, oder von deren Wechselwirkung untereinander).

20+) In dieser Formulierung gilt der erste Hauptsatz nur für geschlossene Systeme, d.h. für Systeme mit stoffundurchlässigen Wänden.

21+) S und T sind nur für Gleichgewichtszustände definiert worden.

Statistische Beziehungen. Da ist zuerst die allgemeine Beziehung

$$S = k \ln \Omega \tag{3.11.6}$$

Sie gestattet eine Verbindung zwischen den Größen aus den Hauptsätzen und der mikroskopischen Kenntnis vom System herzustellen. Denn ist die Art der Teilchen bekannt, aus denen das System besteht, und die Wechselwirkung zwischen ihnen, so kann man wenigstens prinzipiell mit den Gesetzen der Quantenmechanik die möglichen Zustände des Systems berechnen und somit Ω ermitteln.

Weiter wurde das grundlegende statistische Postulat im Abschnitt 2.3 benutzt, um Aussagen über die Wahrscheinlichkeit P dafür zu machen, ein abgeschlossenes System in einer durch Parameter $y_1, \ldots, y_n$ charakterisierten Situation vorzufinden. Ist Ω die zugehörige Anzahl der dem System in dieser Situation zugänglichen Zustände, so gilt im Gleichgewicht

$$P \sim \Omega \sim e^{S/k} \tag{3.11.7}$$

Eine große Anzahl von Schlußfolgerungen ergeben sich aus den rein *makro*skopischen Aussagen, die wir als Hauptsätze der Thermodynamik bezeichnet haben. Die gesamte Disziplin der klassischen Thermostatik setzt diese Hauptsätze als grundlegende Postulate voraus. Aus ihnen werden in makroskopischen Erörterungen Folgerungen gezogen, die nirgends auf eine mikroskopische Beschreibung des Systems Bezug nehmen. Diese Näherung ist hinreichend ergiebig und hat eine Menge wichtiger Ergebnisse gebracht. Diese werden insbesondere im Kap. 5 behandelt werden. Diese Näherung war historisch die älteste, da die atomistische Struktur der Materie noch nicht bekannt war oder nur unvollkommen verstanden wurde [22*)]. Macht man von der *mikro*skopischen Information Gebrauch und benutzt die statistische Mechanik, um Ω zu berechnen, so wird natürlich die Wirksamkeit einer Voraussage ungeheuer erhöht. Man kann nicht nur thermodynamische Größen über (3.11.6) aus *first principles* berechnen, man kann ebenso Wahrscheinlichkeiten und somit Schwankungen physikalischer Größen um ihre Mittelwerte berechnen. Die statistische Mechanik ist somit eine mehr umfassende Disziplin, welche die gesamte klassische Thermostatik umschließt. Um diese Tatsache zu unterstreichen, wird sie deshalb oftmals „statistische Thermodynamik" genannt.

3.12 Statistische Berechnung thermodynamischer Größen

Es wird nun gezeigt, wie aus der Kenntnis der Anzahl der Zustände ($\Omega = \Omega(E; x_1, \ldots, x_n)$ eines Systems wichtige makroskopische Größen berechnet werden können, die das System im Gleichgewicht charakterisieren. Ω ist eine Funk-

---

22*) Literaturhinweise auf Bücher, die rein makroskopisch vorgehen, sind am Ende des Kap. zu finden.

tion der Energie und der äußeren Parameter des betrachteten Systems. Daraus ergibt sich gemäß (3.3.9) und (3.8.9)

$$\beta = \frac{\partial \ln \Omega}{\partial E} \qquad \text{und} \qquad \bar{X}_\alpha = \frac{1}{\beta}\frac{\partial \ln \Omega}{\partial x_\alpha} \tag{3.12.1}$$

Diese Beziehungen gestatten aus Ω die absolute Temperatur und die mittleren generalisierten Kräfte des Systems zu berechnen. So ist z.B. im speziellen Falle für $x_a = V$ (V Volumen des Systems) die zugehörige mittlere generalisierte Kraft $\bar{X}_a$ gemäß (2.10.2) der mittlere Druck $\bar{p}$

$$\bar{p} = \frac{1}{\beta}\frac{\partial \ln \Omega}{\partial V} \tag{3.12.2}$$

Die Gleichungen (3.12.1) erlauben, eine Beziehung zu finden, welche die generalisierten Kräfte, die äußeren Parameter und die absolute Temperatur miteinander verbindet. Solche Beziehungen werden „Zustandsgleichungen" genannt. Sie sind wichtig, weil sie Parameter zueinander in Beziehung setzen, die leicht durch Experimente bestimmt werden können. So kann man z.B. herausfinden, wie der mittlere Druck $\bar{p}$ von der Temperatur T und dem Volumen V des Systems abhängt; die Beziehung $\bar{p} = \bar{p}(T, V)$ ist die zugehörige „Zustandsgleichung".

Anmerkung: Man beachte, daß die Gleichungen (3.12.1) auf der Aussage (3.11.4) beruhen. Für einen quasistatischen Prozeß folgt daraus die Entropieänderung

$$dS = \frac{đQ}{T} = \frac{1}{T}\left(d\bar{E} + \sum_{\alpha=1}^{n} \bar{X}_\alpha \, d\bar{x}_\alpha\right) \tag{3.12.3}$$

Da aber die Entropie S eine Funktion der Energie und der äußeren Parameter ist, gilt für ihr vollständiges Differential

$$dS = \left(\frac{\partial S}{\partial E}\right) d\bar{E} + \sum_{\alpha=1}^{n} \left(\frac{\partial S}{\partial x_\alpha}\right) d\bar{x}_\alpha \tag{3.12.4}$$

Ein Vergleich von (3.12.3) und (3.12.4) ergibt

$$\frac{1}{T} = \frac{\partial S}{\partial E} \qquad \text{und} \qquad \frac{\bar{X}_\alpha}{T} = \left(\frac{\partial S}{\partial x_\alpha}\right) \tag{3.12.5}$$

Dabei sind die Ableitungen an der Stelle $\bar{E} = \tilde{E}$ und $\bar{x}_a = \tilde{x}_a$ zu berechnen, wobei $\tilde{}$ den betrachteten Gleichgewichtszustand kennzeichnet. Die Beziehungen (3.12.5) sind identisch mit (3.12.1), da $S = k \ln \Omega$ und $T = (k\beta)^{-1}$ gelten.

Die vorstehenden Ausführungen werden nun durch ihre Anwendung auf ein einfaches, aber wichtiges System erläutert: das ideale Gas. In (2.5.14) wurde gezeigt, daß für ein ideales Gas aus N Molekülen in einem Volumen V die Größe Ω von der Form

$$\Omega \sim V^N \chi(E) \tag{3.12.6}$$

ist. Dabei ist $\chi(E)$ eine von V unabhängige Funktion der Energie E des Gases. Somit gilt

$$\ln \Omega = N \ln V + \ln \chi(E) + \text{constant} \tag{3.12.7}$$

Aus (3.12.2) ergibt sich somit unmittelbar für den mittleren Druck des idealen Gases

$$\bar{p} = \frac{N}{\beta}\frac{1}{V} = \frac{N}{V} kT \tag{3.12.8}$$

oder

▶ $$\bar{p} = nkT \tag{3.12.9}$$

Dabei ist $n \equiv N/V$ die Anzahl der Moleküle pro Volumeneinheit. Dies ist die Zustandsgleichung für ein ideales Gas. Mit der Molzahl ν und der Loschmidtschen Zahl $N_L = N/\nu$ wird aus (3.12.8)

▶ $$\bar{p}\, V = \nu RT \tag{3.12.10}$$

Dabei ist $R \equiv kN_L$ die „Gaskonstante". Man beachte, daß weder die Zustandsgleichung noch die Konstante R von der *Art* der Moleküle abhängt, aus denen das ideale Gas besteht.

Gemäß (3.12.1) und (3.12.7) gilt

$$\beta = \frac{\partial \ln \chi(E)}{\partial E}$$

wobei der Wert der Ableitung an der Stelle $E = \bar{E}$ der mittleren Energie des Gases zu nehmen ist. Die rechte Seite ist eine Funktion von E allein und *nicht* von V. Somit folgt, daß für ein ideales Gas $\beta = \beta(\bar{E})$ oder

$$\bar{E} = \bar{E}(T) \tag{3.12.11}$$

gilt. Somit erhält man das wichtige Ergebnis, daß die mittlere Energie eines idealen Gases nur von seiner Temperatur abhängt und unabhängig von seinem Volumen ist. Dieses Ergebnis ist physikalisch einleuchtend. Wird das Volumen des Behälters vergrößert, in dem das Gas eingeschlossen ist, so vergrößert sich auch der mittlere Abstand zwischen den Molekülen, und somit ändert sich im allgemeinen die mittlere potentielle Energie ihrer gegenseitigen Wechselwirkung. Im Falle eines *idealen* Gases ist aber diese Wechselwirkung vernachlässigbar klein, weil die kinetische und innere Energie der Moleküle nicht vom Abstand zwischen ihnen abhängt. Somit bleibt die Gesamtenergie des Gases bei Volumenänderung unverändert.

Ergänzende Literatur

Die folgenden Bücher sind ähnlich aufgebaut wie der vorliegende Text:

Kittel, C.: Elementary statistical physics. Abschnitte 1–10, Wiley & Sohn, New York (1958).

Becker, R.: Theorie der Wärme, Abschnitte 32–35, 45 (Heidelberger Taschenbücher Nr. 10), 1966, Springer-Verlag, Berlin.

Landau, L.D.; Lifschitz, E.M.: Statistische Physik, Abschnitte 1–13. 2. Auflage, Akademie-Verlag Berlin (1969).

Die folgenden Bücher geben von einem rein makroskopischen Standpunkt aus eine gute Einführung in die Thermostatik:

Zemansky, M.W.: Heat and thermodynamics, 5. Auflage, McGraw Hill Book Company, New York (1968).

Fermi, E.: Thermodynamics, Dover Publications, New York (1957).

Callen, H.B.: Thermodynamics, John Wiley & Sohn, New York (1960). (Dieses Buch ist anspruchsvoller als die beiden vorhergehenden.)

Aufgaben

3.1 Das Volumen eines Kastens wird durch eine Wand im Verhältnis 3:1 geteilt. Im größeren Teilvolumen befinden sich 1000 Moleküle Ne-Gas, im kleineren 100 Moleküle He-Gas. Eine kleine Öffnung wird in der Zwischenwand geöffnet. Man wartet bis Gleichgewicht eintritt.

a) Man gebe die mittlere Anzahl der Moleküle einer jeden Sorte auf jeder Seite der Zwischenwand an.

b) Wie groß ist die Wahrscheinlichkeit dafür, daß im größeren Teilvolumen 1000 Ne-Moleküle und im kleineren 100 He-Moleküle gefunden werden (d.h. die Anfangsverteilung)?

3.2 Man betrachte ein aus N lokalisierten Teilchen bestehendes System. Die Teilchen, die schwach miteinander wechselwirken, besitzen den Spin ½ und das magnetische Moment μ. Sie befinden sich in einem äußeren Magnetfeld H. Dieses System wurde schon in der Aufgabe 2.4 behandelt.

a) Unter Benutzung des in Aufgabe 2.4 b) berechneten Ausdrucks für $\ln \Omega(E)$ und der Definition $\beta = \partial \ln \Omega / \partial E$ gebe man die Beziehung zwischen der absoluten Temperatur T und der Gesamtenergie E des Systems an.

b) Wann ist T negativ?

c) Das gesamte magnetische Moment M des Systems hängt mit seiner Energie E zusammen. Mit dem Ergebnis aus dem Teil a) soll M als Funktion von H und T angegeben werden.

3.3 Zwei Spinsysteme A und A' befinden sich in einem äußeren Magnetfeld H. Das System A besteht aus N lokalisierten, schwach wechselwirkenden Teilchen mit dem Spin ½ und dem magnetischen Moment μ. Analoges gelte für A' $(N', ½, \mu')$. Anfänglich sind beide Systeme abgeschlossen. Gesamtenergien: $bN\mu H$

und $b'N'\mu'H$. Dann werden sie miteinander in thermischen Kontakt gebracht. Man nehme an, daß $|b| << 1$ und $|b'| << 1$ gilt, so daß der einfache Ausdruck aus der Aufgabe 2.4 c) für die Zustandsdichten der beiden Systeme verwendet werden kann.

a) Wie hängen im thermischen Gleichgewicht, das der wahrscheinlichsten Verteilung entspricht, die Energien $\tilde{E}$ und $\tilde{E}'$ von A und A' zusammen?
b) Wie groß ist die Energie $\tilde{E}$ von A?
c) Wie groß ist die vom System A aufgenommene Wärmemenge Q beim Übergang aus dem Anfangszustand in den Endzustand, der durch das gemeinsame thermische Gleichgewicht mit A' gekennzeichnet ist?
d) Wie groß ist die Wahrscheinlichkeit $P(E)\,dE$ dafür, daß A seine Endenergie im Bereich zwischen E und $E + dE$ besitzt?
e) Wie groß ist das Schwankungsquadrat $(\Delta^*E)^2 \equiv \overline{(E - \bar{E})^2}$ der Energie des Systems A im Endzustand?
f) Wie groß ist die relative mittlere quadratische Schwankung $|\Delta^*E/\tilde{E}|$ für den Fall $N' >> N$?

3.4 Ein System A werde mit einem Wärmereservoir A' in thermischen Kontakt gebracht, das die absolute Temperatur T' hat. A nimmt die Wärmemenge Q auf. Man zeige, daß der Entropiezuwachs ΔS von A die Ungleichung $\Delta S \geqslant Q/T'$ erfüllt, wobei das Gleichheitszeichen nur dann gilt, wenn die Anfangstemperatur von A infinitesimal von der Temperatur T' von A' abweicht.

3.5 Ein System besteht aus N_1 Molekülen der Sorte 1 und aus N_2 Molekülen der Sorte 2, die in einem Kasten mit dem Volumen V eingeschlossen sind. Die Moleküle wechselwirken so schwach miteinander, daß sie eine ideale Mischung idealer Gase darstellen.

a) Wie hängt die Gesamtanzahl $\Omega(E)$ der Zustände im Energiebereich zwischen E und $E + \delta E$ vom Volumen V dieses Systems ab? Das Problem soll klassisch behandelt werden.
b) Aus diesem Ergebnis soll die Zustandsgleichung dieses Systems ermittelt werden, d.h. der mittlere Druck $\bar{p}$ ist als Funktion von V und T anzugeben.

3.6 Ein Glaskolben enthält Luft bei Zimmertemperatur und einem Druck von 1 atm. Er wird in eine Kammer gebracht, die mit He-Gas bei Zimmertemperatur und einem Druck von 1 bar gefüllt ist. Einige Monate später liest der Experimentator in einer Zeitschrift, daß das spezielle Glas, aus dem der Kolben gemacht ist, völlig durchlässig für He, aber undurchlässig für alle anderen Gase ist. Unter der Annahme, daß das Gleichgewicht sich in dieser Zeit schon eingestellt hat, gebe man an, welchen Druck der Experimentator nun im Inneren des Kolbens mißt.

4. Makroskopische Parameter und ihre Messung

Mit Hilfe des 1. Hauptsatzes lassen sich Änderungen der inneren Energie und damit auch Wärmemengen auf die makroskopische Arbeit zurückführen. Die absolute Temperatur wird mit dem (idealen) Gasthermometer gemessen. Als Bezugssystem wird eine Tripelpunkt-Zelle benutzt, die mit reinem Wasser gefüllt ist. Definitionsgemäß erhält der Tripelpunkt des reinen Wassers die absolute Temperatur $T_t \equiv 273{,}16$ K (exakt). Die Temperatur in „°C" ist $\Theta \equiv T - 273{,}15$. Die Wärmekapazität eines Systems ist $C_y \equiv (đQ/dT)_y$. $c_y \equiv C_y/\nu$ heißt spezifische Wärme pro Mol und $C_y' \equiv C_y/m$ spezifische Wärme pro Gramm (y = const.). Es gilt $C_p > C_V$. Extensive Größen sind für Teilsysteme additiv, intensive sind durch Gleichgewichte zwischen Teilsystemen festgelegt.

Der Abschnitt 3.11 enthält alle Ergebnisse, die für eine ausführliche Diskussion von Gleichgewichtssystemen nötig sind. Wir werden diese Diskussion mit der Untersuchung einiger weniger, rein *makroskopischer* Konsequenzen der Theorie beginnen. Das vorliegende Kapitel wird kurz einige Parameter betrachten, die allgemein zur Beschreibung makroskopischer Systeme verwendet werden. Viele dieser Parameter, wie Wärme, absolute Temperatur und Entropie wurden bereits eingeführt. Sie wurden mittels mechanischer *mikroskopischer* Begriffe definiert, die sich auf die Teilchen des Systems beziehen, und ihre Eigenschaften und gegenseitigen Beziehungen wurden schon auf der Basis der mikroskopischen Theorie eingeführt. Aber wir müssen noch untersuchen, wie diese Größen experimentell durch geeignete Messungen am System bestimmt werden können. Eine Prüfung solcher Art von Fragen ist natürlich wesentlich für jede physikalische Theorie, weil man zeigen muß, wie theoretische Konstruktionen und Vorhersagen mit wohldefinierten experimentellen Messungen verglichen werden können. In diesem Kapitel werden wir diskutieren, wie durch die Theorie nahegelegt wird, *welche* Größen experimentell untersucht werden müssen und *wie* sie zu messen sind. Im Kapitel 5 werden wir dann zeigen, wie es möglich ist, durch diese Theorien verschiedene wichtige Beziehungen zwischen solchen meßbaren makroskopischen Größen vorherzusagen.

4.1 Arbeit und innere Energie

Die von einem System geleistete makroskopische Arbeit ist sehr leicht zu bestimmen, da man die äußeren Parameter des Systems und die zugehörigen mittleren verallgemeinerten Kräfte einfach messen kann. Wird z.B. das Volumen eines Systems quasistatisch von V_i auf V_f verändert und hat während dieses Prozesses der mittlere Druck des Systems den meßbaren Wert $\bar{p}(V)$, dann ist die vom System geleistete Arbeit durch das Integral (2.10.4) gegeben:

$$W = \int_{V_i}^{V_f} \bar{p}(V)\, dV \tag{4.1.1}$$

Die Bestimmung der inneren Energie $\bar{E}$ des Systems ist wegen (3.11.2) auf die Messung makroskopischer Arbeit zurückzuführen. Wenn man ein *thermisch isoliertes* System betrachtet, das keinerlei Wärme absorbieren kann, dann ist $Q = 0$ und man hat einfach

$$\Delta\bar{E} = -W$$

oder
$$\bar{E}_b - \bar{E}_a = -W_{ab} = -\int_a^b đW \tag{4.1.2}$$

Diese Beziehung definiert Differenzen von inneren Energien durch die makroskopische Arbeit W_{ab}, die das System beim Übergang vom Makrozustand a in den Makrozustand b leistet. Nur solche Energiedifferenzen sind von physikalischer Bedeutung; d.h. die mittlere Energie ist nur bis auf eine beliebige additive Konstante bestimmt (genauso, wie die potentielle Energie in der Mechanik nur bis auf eine beliebige additive Konstante bestimmt ist). Demnach kann man einen bestimmten Makrozustand a des Systems als Standardzustand wählen, von dem aus die mittlere Energie gemessen wird. Zum Beispiel kann man vereinbaren $\bar{E}_a = 0$ zu setzen. Um die innere Energie $\bar{E}_b$ des Systems zu bestimmen, muß man nur das System thermisch isolieren und durch Verrichtung einer geeigneten makroskopischen Arbeit vom Zustand a zum Zustand b (oder umgekehrt von b zu a) übergehen. Gleichung (4.1.2) zeigt, daß die geleistete Arbeit beim Übergang von a nach b unabhängig von dem gerade benutzten Prozeß ist. (Das war der wesentliche Inhalt des ersten Hauptsatzes der Thermodynamik, der in Abschnitt 2.11 behandelt wurde.) Dadurch ist garantiert, daß die vom System geleistete Arbeit eine eindeutige meßbare Zahl liefert. Die innere Energie des Makrozustandes b ist somit durch (4.1.2) eindeutig definiert als

$$\bar{E}_b = -W_{ab} = W_{ba} \tag{4.1.3}$$

Die obige Prozedur kann auf alle [1+)] Makrozustände b des Systems angewendet werden und erlaubt somit, jeden Zustand durch einen bestimmten experimentell meßbaren Wert $\bar{E}_b$ des Parameters „innere Energie" zu charakterisieren. Man beachte, daß die Einheit der inneren Energie die gleiche ist wie die der Arbeit, nämlich Joule.

Beispiel 1: Man betrachte ein System, das eine Flüssigkeit und ein frei drehbares Schaufelrad enthält (vgl. Abb. 2.7.5). Wird das System bei konstantem Druck gehalten, dann ist sein Makrozustand vollständig durch die innere Energie $\bar{E}$ beschrieben. Ebenso gut kann er durch die Temperatur ϑ eines *beliebigen* Thermometers beschrieben werden, da zwischen $\bar{E}$ und ϑ eine eindeutige funktionale Beziehung besteht. Ein fallendes Gewicht kann durch Drehen des Schaufelrades am System makroskopische Arbeit leisten.

Man betrachte irgendeinen Makrozustand a mit $\vartheta = \vartheta_a$ und $\bar{E} = \bar{E}_a$. Indem man eine meßbare Arbeit $\mathcal{W}$ am System leistet, kann man zu einem anderen Makrozustand kommen, der durch eine andere Temperatur ϑ und eine größere innere Energie $\bar{E} = \bar{E}_a + \mathcal{W}$ charakterisiert ist. In ähnlicher Weise kann man die innere Energie eines Makrozustandes, wenn sie tiefer als $\bar{E}_a$ liegt, bestimmen, indem man von diesem Zustand mit der Temperatur ϑ ausgeht und die Arbeit $\mathcal{W}$ mißt, die *am* System zu leisten ist, um es auf die Temperatur ϑ_a zu bringen. Die innere Energie des Anfangszustandes ist dann $\bar{E}_a - \mathcal{W}$. Auf diese Weise kann man eine Kurve von $\bar{E}$ über ϑ konstruieren (vgl. Abb. 4.1.1). Die Energie des Bezugszustandes $\bar{E}_a$ kann natürlich Null gesetzt werden.

1+) Dies gilt nur für Makrozustände b, die mit dem Standardzustand a adiabatisch verbindbar sind, d.h. das thermisch isolierte System muß von a nach b überführbar sein oder umgekehrt. Gemäß dem Empirem: *Zwei vorgegebene Zustände eines geschlossenen Systems sind stets adiabatisch verbindbar,* existiert eine einheitliche Eichung der inneren Energie.

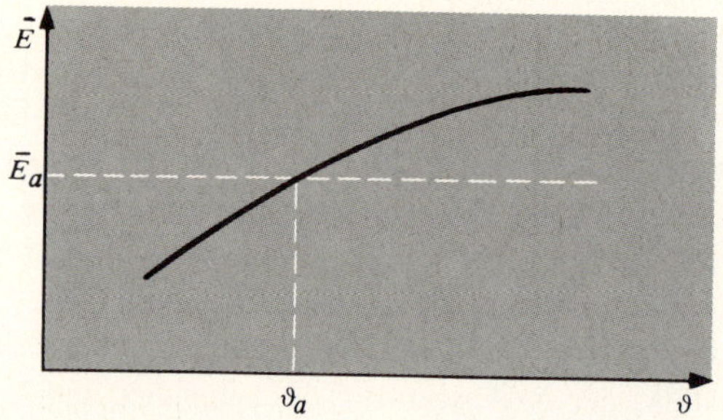

Abb. 4.1.1 Schematische Kurve, die die Abhängigkeit der gemessenen mittleren Energie $\bar{E}$ von einem beliebigen Temperaturparameter ϑ darstellt, der das System von Abb. 2.7.5 charakterisiert.

Beispiel 2: Man betrachte ein System, das aus einem elektrischen Widerstand (z.B. eine Spule aus Platindraht) besteht. Wird der Druck des Systems festgehalten, dann kann sein Makrozustand wieder vollständig durch einen beliebigen Temperaturparameter ϑ beschrieben werden. Hier kann man die Werte der inneren Energie, die zu den verschiedenen Temperaturwerten des Systems gehören, bestimmen, indem man eine Batterie an den Widerstand anschließt und elektrische Arbeit an ihm leistet. Abgesehen von der Tatsache, daß elektrische Messungen gewöhnlich bequemer und genauer als mechanische sind, ist die Untersuchung dieses Beispiels identisch mit der des vorangehenden.

Beispiel 3: Das System in Abb. 4.1.2 besteht aus einem Zylinder, der ein Gas enthält. Der Makrozustand dieses Systems kann durch zwei Parameter festgelegt werden, z.B. durch sein Volumen V und durch seine innere Energie $\bar{E}$. Der mittlere Gasdruck $\bar{p}$ ist dann bestimmt. (Anders könnte man den Makrozustand mit V und $\bar{p}$ als unabhängigen Variablen charakterisieren, dann ist die innere Energie $\bar{E}$ bestimmt.) Man betrachte einen Bezugszustand a mit dem Volumen V_a und dem mittleren Druck $\bar{p}_a$, wobei $\bar{E} = \bar{E}_a$ ist. Wie würde man nun die mittlere Energie $\bar{E}_b$ irgendeines anderen Makrozustandes b mit Volumen V_b und mittlerem Druck $\bar{p}_a$ bestimmen?

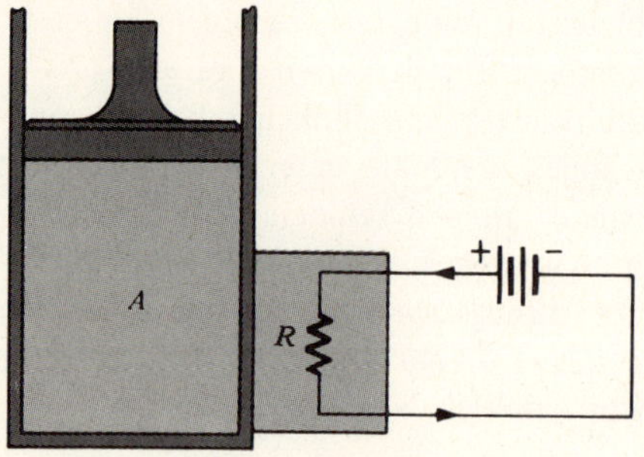

Abb. 4.1.2 Das System besteht aus einem Zylinder, der ein Gas enthält. Das Volumen des Gases ist durch die Lage des beweglichen Kolbens bestimmt. Der Widerstand R kann in thermischen Kontakt mit dem System gebracht werden.

Jeder Makrozustand kann durch einen Punkt einem $\bar{p}$-V-Diagramm (s. Abb. 4.1.3) dargestellt werden. Man könnte wie folgt vorgehen:

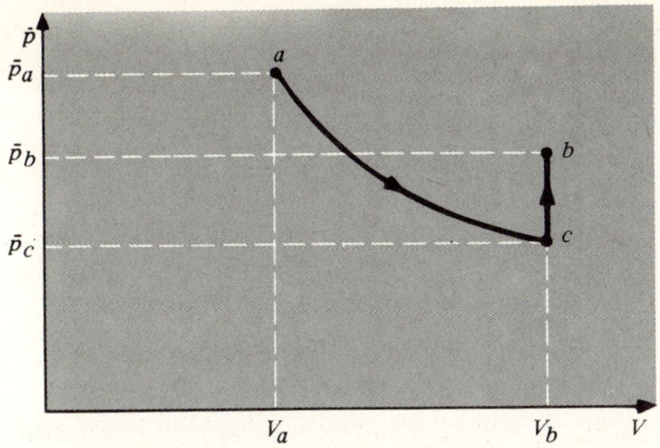

Abb. 4.1.3 Diagramm, das den Zusammenhang zwischen Volumen und mittlerem Druck für verschiedene Makrozustände des Gases (vgl. Abb. 4.1.2) darstellt.

1. Man läßt das Gas gegen den Kolben expandieren, bis sich sein Volumen vom Anfangswert V_a zum gewünschten Endwert V_b verändert hat. Dabei nimmt der mittlere Druck des Gases auf einen Wert $\bar{p}_c$ ab. W_{ac} soll die Arbeit bezeichnen, die das Gas bei diesem Prozeß am Kolben leistet.

2. Um mit dem mittleren Druck auf den gewünschten Endwert $\bar{p}_b$ zu kommen (wobei das Volumen konstant gehalten wird), bringt man das System mit einem anderen System, dessen innere Energie bereits bekannt ist, in thermischen Kontakt; z.B. mit dem elektrischen Widerstand aus dem vorangehenden Beispiel. Dann leistet man an dem Widerstand gerade so viel elektrische Arbeit, daß das Gas den Druck $\bar{p}_b$ erreicht. Bei diesem Prozeß ändert sich die innere Energie des Widerstandes um einen meßbaren Betrag $\Delta\bar{\epsilon}$ und eine Energiemenge $\mathcal{W} - \Delta\bar{\epsilon}$ wird (in Form von Wärme) auf das uns interessierende System übertragen. Die gesamte innere Energie des Systems im Zustand b ist dann gegeben durch [2*]

$$\bar{E}_b = \bar{E}_a - W_{ac} + (\mathcal{W} - \Delta\bar{\epsilon})$$

4.2 Wärme

Die Wärme Q_{ab}, die vom System beim Übergang vom Makrozustand a zu einem anderen Makrozustand b absorbiert wird, ist durch (2.8.2) definiert als

$$Q_{ab} = (\bar{E}_b - \bar{E}_a) + W_{ab} \tag{4.2.1}$$

wobei W_{ab} die *vom* System in diesem Prozeß geleistete makroskopische Arbeit ist. Da wir schon diskutiert haben, wie die Arbeit W_{ab} und die innere Energie $\bar{E}$ zu

[2*] Da die Arbeitsleistung am Widerstand zu einem Anwachsen des Gasdruckes führt, kann der obige Weg nicht gegangen werden, wenn $\bar{p}_b < \bar{p}_c$ ist. Dann kann man aber in umgekehrter Richtung vorgehen und die beim Übergang von Zustand b zum Zustand a erforderliche Arbeit messen.

messen sind, liefert die Beziehung (4.2.1) einen wohldefinierten Zahlenwert für die absorbierte Wärme. Man beachte, daß die Einheit der Wärme die gleiche ist wie die der Arbeit, nämlich Joule (J).

In der Praxis werden gewöhnlich zwei ein wenig verschiedene Methoden für die „Kalorimetrie", d.h. für die Messung der von einem System absorbierten Wärmemenge verwendet.

Direkte Messung in Form von Arbeit. Nehmen wir an, man will die Wärme Q_{ab} messen, die von einem System A absorbiert wird, wenn die äußeren Parameter festgelegt sind (z.B. das Gas in Abb. 4.1.2 mit befestigtem Kolben). Dann kann man A mit irgendeinem anderen System, an dem Arbeit geleistet werden kann, in thermischen Kontakt bringen, z.B. mit einem elektrischen Widerstand (oder ebensogut mit dem Schaufelradsystem von Abb. 2.7.5). Indem man eine meßbare Menge Arbeit $\mathcal{W}$ am Widerstand leistet, kann man das System A aus dem Zustand a in den Zustand b bringen. Da das aus A und dem Widerstand zusammengesetzte System keine Wärme mit irgendeinem äußeren System austauscht, liefert Gleichung (4.2.1) auf das zusammengesetzte System angewendet

$$\mathcal{W} = \Delta\bar{E} + \Delta\bar{\epsilon}$$

wobei $\Delta\bar{E}$ die Änderung der mittleren Energie von A und $\Delta\bar{\epsilon}$ die des Widerstands ist. Da A selbst keine Arbeit leistet, folgt aus derselben Gleichung (4.2.1), wenn man sie auf A anwendet

$$Q_{ab} = \Delta\bar{E}$$

und somit

$$Q_{ab} = \mathcal{W} - \Delta\bar{\epsilon} \qquad (4.2.2)$$

Wenn das System des Widerstandes hinreichend klein im Vergleich zu A ist, dann ist $\Delta\bar{\epsilon} << \Delta\bar{E}$ und der Term $\Delta\bar{\epsilon}$ in (4.2.2) ist vernachlässigbar klein. Andernfalls kann man die innere Energie $\bar{\epsilon}$ des Widerstands als eine bekannte Zustandsfunktion betrachten (z.B. eine Funktion seiner Temperatur ϑ), die bei früheren Messungen durch elektrische Arbeitsleistung am isolierten Widerstand ermittelt wurde. Gleichung (4.2.2) bestimmt somit die von A beim Übergang vom Makrozustand a zu b absorbierte Wärme.

Wärmemengenmessung. Während alle äußeren Parameter festgehalten werden, bringe man A in thermischen Kontakt mit einem Bezugssystem B, dessen innere Energie bereits als Funktion seiner Parameter bekannt ist. Bei diesem Prozeß wird keine Arbeit geleistet. Die Erhaltung der Energie des isolierten zusammengesetzten Systems hat zur Folge, daß bei dem Prozeß: [Anfangszustand: die Systeme sind im Gleichgewicht und voneinander isoliert] → [Endzustand: die Systeme sind im Gleichgewicht und in thermischen Kontakt] die Änderungen der inneren Energien die folgende Bedingung erfüllen

$$\Delta\bar{E}_A + \Delta\bar{E}_B = 0.$$

Durch die absorbierten Wärmemengen läßt sich dies so ausdrücken:

$$Q_A + Q_B = 0. \tag{4.2.3}$$

Da $Q_B = \Delta\bar{E}_B$ für das Bezugssystem B über die Änderung seiner Parameter bei diesem Prozeß bekannt ist hat man damit

$$Q_A = -Q_B \tag{4.2.4}$$

gemessen.

Ein vertrautes Beispiel für diese Methode ist Wasser als Bezugssystem B. Das System A wird in das Wasser eingetaucht. Die resultierende Temperaturänderung des Wassers kann gemessen werden und bestimmt die Änderung der inneren Energie des Wassers. Dann kennt man die von A absorbierte Wärme.

4.3 Absolute Temperatur

Wir haben in Abschnitt 3.5 die Temperaturmessung in bezug auf einen beliebigen thermometrischen Parameter irgendeines beliebigen Thermometers diskutiert. Wir wollen jetzt die experimentelle Bestimmung der *absoluten Temperatur T* eines Systems betrachten. Im Vergleich mit irgendeinem Temperaturparameter hat die absolute Temperatur die beiden folgenden wichtigen Eigenschaften:

1. Wie in Abschnitt 3.5 besprochen, verschafft einem die absolute Temperatur einen Temperaturparameter, der vollständig unabhängig von der Natur des gerade zu einer Temperaturmessung benutzten Thermometers ist.
2. Die absolute Temperatur ist ein Parameter von fundamentaler Bedeutung, der in viele theoretische Gleichungen eingeht. Daher werden theoretische Voraussagen gerade diesen besonderen Temperaturparameter enthalten.

Jede theoretische Beziehung, die die absolute Temperatur T enthält, kann als Grundlage für eine experimentelle Bestimmung für T dienen. Wir können zwischen zwei Klassen von solchen Beziehungen unterscheiden.

a) Theoretische Beziehungen, die *mikro*skopische Aspekte der Theorie enthalten: Zum Beispiel kann man die statistische Mechanik auf ein bestimmtes System anwenden, um mit mikroskopischen Überlegungen die Zustandsgleichung des Systems zu berechnen. Die Zustandsgleichung (in Abschnitt 3.12 diskutiert) ist eine Beziehung zwischen makroskopischen Parametern des Systems und der absoluten Temperatur T. Daher kann sie als Grundlage für die Messung von T benutzt werden.

b) Theoretische Beziehungen, die auf rein *makro*skopischen Aussagen der Theorie beruhen: Zum Beispiel sagt der zweite Hauptsatz aus, daß $dS = đQ/T$ für einen infinitesimalen quasistatischen Prozeß gilt. Diese Beziehung enthält die absolute Temperatur T und kann somit zur Messung von T benutzt werden. (Ein Beispiel dieses Verfahrens wird in Abschnitt 11.3 diskutiert.)

Die einfachste und wichtigste Anwendung der ersten Methode beruht auf der Zustandsgleichung eines idealen Gases. In (3.12.8) fanden wir, daß sich diese Zustandsgleichung in der Form schreiben läßt

$$\bar{p}V = NkT \tag{4.3.1}$$

oder $$\bar{p}V = \nu RT \tag{4.3.2}$$

wobei $$R \equiv N_a k \tag{4.3.3}$$

Hierbei ist ν die Anzahl der Mole des Gases und N_a die Loschmidtsche Zahl. In der Praxis kann man die Bedingung für ein ideales Gas, nämlich die Vernachlässigbarkeit der Wechselwirkung zwischen Molekülen dadurch erreichen, indem man mit Gasen sehr hoher Verdünnung arbeitet, so daß die Molekülabstände groß sind.

Im Grenzfall genügend hoher Verdünnung wird der mittlere Molekülabstand auch groß gegenüber der de Broglie-Wellenlänge, die dem mittleren Impuls eines Gasmoleküls entspricht. Quantenmechanische Effekte werden also in diesem Grenzfall unwichtig, und die Zustandsgleichung (4.3.1), die unter Verwendung der klassischen statistischen Mechanik abgeleitet wurde, muß ebenfalls gültig sein. [Die streng quantenmechanische Ableitung von (4.3.1) wird in Kapitel 9 durchgeführt.]

Die Zustandsgleichung (4.3.1) macht einige bestimmte Voraussagen. Sie besagt z.B., daß man bei festgehaltener Temperatur die Beziehung

$$\bar{p}V = \text{constant}$$

hat. Dieses Ergebnis ist das bekannte und historisch wichtige „Boyle-Mariottesche Gesetz". Eine andere wichtige Konsequenz von (4.3.1) ist die *Unabhängigkeit* der Zustandsgleichung von dem im Einzelfall betrachteten Gas; d.h. sie läßt sich mit gleich gutem Erfolg auf Helium, Wasserstoff oder Methan anwenden, solange nur diese Gase so stark verdünnt sind, daß man sie als ideal betrachten kann.

Um die Zustandsgleichung (4.3.1) zur Bestimmung der absoluten Temperatur zu benutzen, geht man folgendermaßen vor. Man hält das Volumen V der gegebenen Gasmenge fest. Dann hat man ein Gasthermometer konstanten Volumens von der in Abschnitt 3.5 beschriebenen Art. Sein thermometrischer Parameter ist der Druck $\bar{p}$. Gemäß (4.3.1) weiß man, daß $\bar{p}$ der absoluten Temperatur des Gases direkt proportional ist. Wenn man nämlich einmal den Wert der beliebigen Konstanten k, über die noch zu verfügen ist, festlegt (oder ganz entsprechend den Wert von R), dann bestimmt Gleichung (4.3.1) einen eindeutigen Wert von T. Wir beschreiben jetzt, wie diese Konstante k üblicherweise gewählt wird, beziehungsweise wie die *Skala* der absoluten Temperatur gewählt wird.

Wenn das Gasthermometer mit irgendeinem System A in thermischen Kontakt gebracht wird, dann wird sein Druck mit der Herstellung des Gleichgewichts einen ganz bestimmten Wert $\bar{p}_A$ annehmen. Wird es mit irgendeinem anderen System B in thermischen Kontakt gebracht (es kann sich dabei um ein System der gleichen Art handeln, das jedoch in einem anderen Makrozustand ist), dann wird das Gasthermometer mit dem Gleichgewicht einen anderen festen Wert $\bar{p}_B$ erreichen. Durch (4.3.1) ist das Verhältnis der Drucke durch

$$\frac{\bar{p}_A}{\bar{p}_B} = \frac{T_A}{T_B} \tag{4.3.4}$$

gegeben, wobei T_A und T_B die absoluten Temperaturen der Systeme A und B sind. Auf diese Weise kann jedes ideale Gasthermometer zur Messung des Verhältnisses absoluter Temperaturen benutzt werden. Wird speziell das System B als ein Meßnormal in irgendeinem Standard-Makrozustand gewählt, dann kann das Gasthermometer benutzt werden, um das Verhältnis der absoluten Temperatur T irgendeines Systems zur Temperatur T_B des Meßnormals zu messen.

Die Beziehung (4.3.4) ist eine weitere Folgerung aus der Zustandsgleichung (4.3.1), die sich experimentell prüfen läßt, denn sie besagt, daß das Verhältnis der Drucke das gleiche sein sollte, egal welches Gas im Thermometer verwendet wird – vorausgesetzt, das Gas ist hinreichend verdünnt. In Symbolen

$$\lim_{\nu \to 0} \frac{\bar{p}_A}{\bar{p}_B} \to \text{(von der Natur des Gases unabhängige Konstante)} \tag{4.3.5}$$

wobei ν die Zahl der Mole Gas in der Thermometerkugel ist.

Diese Feststellung liefert auch ein experimentelles Kriterium, um zu entscheiden, wann ein Gas hinreichend verdünnt ist, um als ideal betrachtet werden zu können. Das Druckverhältnis $\bar{p}_A/\bar{p}_B$ kann mit einer gegebenen Menge Gas im Kolben gemessen werden. Diese Messung kann dann mit stets kleiner werdenden Gasmengen wiederholt werden; der Quotient $\bar{p}_A/\bar{p}_B$ muß dann, wegen (4.3.5), einen konstanten Grenzwert erreichen. Wenn das der Fall ist, weiß man, daß das Gas ausreichend verdünnt ist, um ideales Verhalten zu zeigen.

Aufgrund einer internationalen Konvention wählt man als Meßnormal reines Wasser und als Standardmakrozustand denjenigen, bei dem die feste, flüssige und gasförmige Phase dieses Systems (d.h. Eis, Wasser und Wasserdampf) miteinander im Gleichgewicht sind. (Dieser Zustand heißt „Tripelpunkt" des Wassers.) Der Grund für diese Wahl ist die Tatsache, daß es nur einen einzigen Wert von Druck und Temperatur gibt, bei dem alle drei Phasen im Gleichgewicht koexistieren können und daß, wie sich leicht experimentell nachprüfen läßt, die Temperatur nicht durch irgendwelche Änderungen der Mengenverhältnisse von fester, flüssiger und gasförmiger Substanz beeinflußt wird. Der Tripelpunkt liefert damit eine wirklich

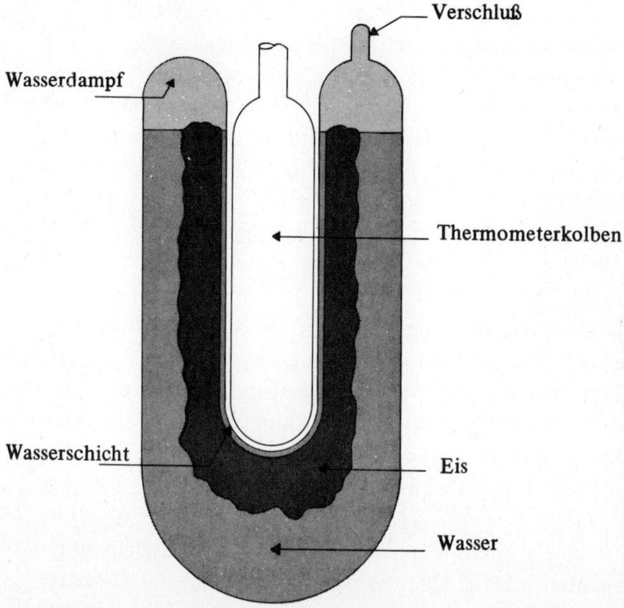

Abb. 4.3.1 Diagramm einer Tripelpunktzelle, die zur Eichung eines Thermometers am Tripelpunkt des Wassers dient. Zuerst wird eine Gefriermischung in die Zelle gefüllt, um etwas Eis zu erzeugen. Nachdem die Gefriermischung wieder entfernt ist, führt man den Thermometerkolben in die Zelle ein und läßt das System ins thermische Gleichgewicht kommen.

reproduzierbare Standardtemperatur. Nach internationaler Konvention wird dem Tripelpunkt des Wassers [3+)] die absolute Temperatur T_t (in Kelvin) zugeordnet:

$$T_t \equiv 273{,}16\,K \ exakt \tag{4.3.6}$$

Diese spezielle Wahl war durch den Wunsch motiviert, die moderne Temperaturskala, die 1960 durch eine internationale Konvention verbindlich wurde [4+)], so identisch wie möglich mit einer älteren historischen Temperaturskala zu gestalten.

Die Wahl (4.3.6) fixiert einen Skalenfaktor für T, was wir dadurch ausdrücken können, daß wir T die Einheit [5*)] „K (Kelvin)" zuordnen (so genannt nach dem berühmten britischen Physiker des letzten Jahrhunderts). Wir erwähnten in Abschnitt 3.3, daß kT die Dimension einer Energie hat. Daraus folgt, daß die Konstante k die Einheit J/k hat.

Hat man sich einmal die obigen Konventionen zu eigen gemacht, dann läßt sich die absolute Temperatur T_A irgendeines Systems A vollständig mit dem Gasthermometer bestimmen. Wenn das Thermometer in thermischem Kontakt mit A den Druck $\bar{p}_A$ anzeigt und in thermischem Kontakt mit Wasser am Tripelpunkt $\bar{p}_t$, dann ist

---

3+) Wasser mit natürlicher Isotopenzusammensetzung.

4+) 11. Generalkonferenz (SI-Einheiten), gesetzliche Einheiten ab. 5.7.1970.

5*) Diese Einheit ist eine Einheit im gleichen Sinn wie der Grad bei der Winkelmessung, sie enthält weder Länge, Masse noch Zeit.

$$T_A = 273{,}16 \frac{\bar{p}_A}{\bar{p}_t} K \tag{4.3.7}$$

Hier ist der Druckquotient im Grenzfall des idealen Gases zu ermitteln, d.h. wenn das im Thermometer verwendete Gas hinreichend verdünnt ist. Also kann die absolute Temperatur eines beliebigen Systems direkt bestimmt werden, indem man den Druck eines Gasthermometers von konstantem Volumen mißt. Das ist praktisch eine relativ einfache Methode, um die absolute Temperatur zu messen, vorausgesetzt, daß die Temperatur nicht so hoch oder so niedrig ist, daß ein Gasthermometer nicht mehr zu verwenden ist.

Hat man einmal die Temperaturskala mit (4.3.6) festgelegt, dann kann man zur Zustandsgleichung (4.3.2) zurückgehen und die Konstante R bestimmen. Man nimmt ν Mole irgendeines Gases bei der Tripelpunkttemperatur $T_t = 273{,}16\ K$ und muß dann nur sein Volumen V (in m^3) und den entsprechenden mittleren Druck $\bar{p}$ (in Pascal, d.h. $N/m^2 = J/m^3$) messen. Diese Information gestattet die Berechnung von R gemäß (4.3.2). Sorgfältige Messungen dieser Art ergeben für die Gaskonstante den Wert

$$R = (8{,}3143 \pm 0{,}0012)\ \mathrm{J\,mol^{-1}\,K^{-1}} \tag{4.3.8}$$

($1\ J = 10^7$ erg). Mit der Kenntnis der Loschmidtschen Zahl („vereinheitlichter Maßstab", Atomgewicht von $C^{12} = 12$ exakt)

$$N_a = (6{,}02252 \pm 0{,}00028) \cdot 10^{23}\ \mathrm{mol^{-1}} \tag{4.3.9}$$

kann man (4.3.3) benutzen, um den Wert von k zu finden. Diese wichtige Konstante trägt den Namen „Boltzmann-Konstante" zu Ehren des österreichischen Physikers, der so bedeutende Beiträge zur Entwicklung der kinetischen Gastheorie und zur statistischen Mechanik geleistet hat. Man findet für k den Wert

$$k = (1{,}38054 \pm 0{,}00018) \cdot 10^{-23}\ \mathrm{J\,K^{-1}} \tag{4.3.10}$$

Auf der durch die Wahl von (4.3.6) definierten absoluten Temperaturskala beruht die Energie von einem eV [6+)] (Elektronenvolt), einer Energie kT, wobei $T \approx 11600\ K$ ist: Zimmertemperatur entspricht auf dieser Skala etwa 300 K, wozu die Energie $kT \approx {}^1/_{40}$ eV gehört.

Eine andere häufig benutzte Temperaturskala ist die Celsius-Temperatur θ, die mit der absoluten Temperatur durch die Definitionsgleichung verknüpft ist:

$$\theta \equiv (T - 273{,}15)°\mathrm{C},\ [T] = K. \tag{4.3.11}$$

Auf dieser Skala gefriert Wasser bei atmosphärischem Druck *näherungsweise* bei 0° C und kocht *näherungsweise* bei 100° C

6+) $1\,\mathrm{eV} = (1{,}60210 \pm 0{,}00007) \cdot 10^{-19}$ J.

Historische Anmerkung: Wir wollen kurz den historischen Zusammenhang erwähnen, der die spezielle Wahl des numerischen Wertes in (4.3.6) motiviert. Der Hauptgrund war, daß man, bevor die volle Bedeutung des Begriffs der absoluten Temperatur klargeworden war, die Celsius-Temperaturskala benutzte, die auf *zwei* festen Standardtemperaturen aufgebaut ist. Bei diesem Modell wurde die Celsiustemperatur als lineare Funktion des thermometrischen Parameters gewählt. Bei einem Gasthermometer (mit konstantem Volumen) z.B., für das der thermometrische Parameter der Druck $\bar{p}$ ist, wählte man für die Celsiustemperatur

$$\theta = a\bar{p} + b, \tag{4.3.12}$$

wobei a und b zwei Konstante sind, die mittels der zwei festen Standardtemperaturen zu bestimmen sind. Diesen wiederum wurde Wasser als Meßnormal zugrundegelegt, und die Standard-Makrozustände waren folgendermaßen gewählt worden:

1. Der Zustand, bei dem Eis im Gleichgewicht mit Wasser und Luft bei 1 atm [7+)] Druck ist. Das ist der sogenannte „Gefrierpunkt" des Wassers. Definitionsgemäß wurde diesem Zustand die Temperatur $\theta = 0°$ C zugeordnet.

2. Der Zustand, in dem Wasser im Gleichgewicht mit Wasserdampf bei einem Druck von 1 atm ist. Das ist der sogenannte „Siedepunkt" des Wassers. Definitionsgemäß erhielt dieser Zustand die Temperatur $\theta = 100°$ C.

[Wir bemerken nebenbei, daß diese Punkte experimentell sehr viel schwieriger zu reproduzieren sind als der Tripelpunkt des Wassers, bei dem nur reines Wasser (ohne daß Luft anwesend ist) eine Rolle spielt und bei dem der angewandte Druck nicht spezifiziert werden muß.]

Werden am Gasthermometer für den Druck am Gefrier- und am Siedepunkt $\bar{p}_i$ bzw. $\bar{p}_s$ abgelesen, dann ergibt Gleichung (4.3.12) auf die zwei Zustände angewandt, die beiden folgenden Beziehungen

$$\begin{aligned} 0 &= a\bar{p}_i + b \\ 100 &= a\bar{p}_s + b \end{aligned}$$

Diese zwei Gleichungen können nach a und b als Funktionen von $\bar{p}_i$ und $\bar{p}_s$ aufgelöst werden. Die Beziehung (4.3.12) wird dann

$$\theta = 100 \frac{\bar{p} - \bar{p}_i}{\bar{p}_s - \bar{p}_i} \tag{4.3.13}$$

Andererseits kann man damit $\bar{p}$ durch θ ausdrücken

[7+)] 1 atm = 101325 Pa = 101325 Nm^{-2}.

$$\bar{p} = \bar{p}_i \left(1 + \frac{\theta}{\theta_0}\right) \tag{4.3.14}$$

wobei $$\theta_0 \equiv 100 \left(\frac{\bar{p}_s}{\bar{p}_i} - 1\right)^{-1} \tag{4.3.15}$$

nur vom Druck*quotienten* abhängt und deswegen unabhängig von der Natur des benutzten Gases ist. Deshalb ist θ_0 eine universale Konstante für alle Gase, die man mithilfe eines Gasthermometers am Gefrier- und Siedepunkt messen kann. Man findet auf diese Weise

$$\theta_0 = 273{,}15°\,\mathrm{C} \tag{4.3.16}$$

Nach (4.3.14) liefern Messungen an zwei Systemen mit den Temperaturen θ_A bzw. θ_B für das Verhältnis der entsprechenden Drucke

$$\frac{\bar{p}_A}{\bar{p}_B} = \frac{\theta_0 + \theta_A}{\theta_0 + \theta_B} \tag{4.3.17}$$

Dieser Ausdruck hat die gleiche Form wie (4.3.4) wenn man die absolute Temperatur durch die Beziehung *definiert:*

$$T \equiv \theta_0 + \theta \tag{4.3.18}$$

Wird der Tripelpunkt des Wassers mit dieser Temperaturskala gemessen, findet man $\theta \approx 0{,}01°\,\mathrm{C}$ oder mit (4.3.18) $T \approx 273{,}16$ K.

Es ist klar, daß dieses altmodische Verfahren zur Festlegung einer Temperaturskala mühsam, logisch nicht sehr befriedigend und nicht von bestmöglicher Genauigkeit ist. Die moderne Konvention, die nur einen einzigen Fixpunkt benutzt, ist in allen genannten Punkten weitaus befriedigender. Indem man aber für T_t exakt den Wert 273,16 *K wählt,* gewinnt man den Vorteil, daß alle älteren Temperaturmessungen, die auf der früheren Temperaturskala beruhen (innerhalb der Grenzen der Genauigkeit, mit der der Tripelpunkt des Wassers nach der alten Skala gemessen wurde) numerisch mit den Werten übereinstimmen, die auf der modernen Konvention beruhen.

4.4 Wärmekapazität und spezifische Wärme

Man betrachte ein makroskopisches System, dessen Zustand durch seine absolute Temperatur und irgendeinen anderen makroskopischen Parameter (oder einen Satz von solchen Parametern) y beschrieben werden kann. Z.B. könnte y das Volumen oder der mittlere Druck des Systems sein. Man nehme an, daß dem System bei der Temperatur T die infinitesimale Wärmemenge $đQ$ zugeführt wird, während alle anderen Parameter y festgehalten werden. Die resultierende Temperaturänderung des Systems dT hängt von dessen Natur und von den Werten der Parameter T und y ab, die den Makrozustand des Systems charakterisieren. Wir definieren den Quotienten

$$\left(\frac{đQ}{dT}\right)_y \equiv C_y \tag{4.4.1}$$

im Limes $đQ \to 0$ [8+] als die „Wärmekapazität", des Systems. Wir haben hier den Index y angeschrieben, um explizit die Parameter zu bezeichnen, die während der Wärmezufuhr konstant gehalten werden. Die Größe C_y hängt natürlich von der Natur des Systems und seinem speziell betrachteten Makrozustand ab, d.h. im allgemeinen ist

$$C_y = C_y(T, y) \tag{4.4.2}$$

Die Wärmemenge $đQ$, die einem homogenen System zugeführt werden muß, um eine gegebene Temperaturänderung dT hervorzurufen, wird der darin enthaltenen Materiemenge proportional sein. Deshalb ist es zweckmäßig, eine Größe, die „spezifische Wärme", zu definieren, die nur von der Natur der Substanz und nicht von der vorhandenen Menge abhängt. Das kann dadurch bewerkstelligt werden, daß man die Wärmekapazität C_y von ν Molen (oder m Gramm) Substanz durch eben diese Molzahl (Grammzahl) dividiert. Die „spezifische Wärme pro Mol" oder die „Wärmekapazität pro Mol" wird demnach als

$$c_y \equiv \frac{1}{\nu} C_y = \frac{1}{\nu}\left(\frac{đQ}{dT}\right)_y \tag{4.4.3}$$

definiert. Ganz entsprechend ist die „spezifische Wärme pro Masseneinheit" definiert:

$$c_y' \equiv \frac{1}{m} C_y = \frac{1}{m}\left(\frac{đQ}{dT}\right)_y \tag{4.4.4}$$

Die SI-Einheit der molaren spezifischen Wärme ist somit $\mathrm{J\,mol^{-1}\,K^{-1}}$, der spezifischen Wärme pro Masseneinheit $\mathrm{J\,Kg^{-1}\,K^{-1}}$ (oder $\mathrm{Jg^{-1}\,K^{-1}}$).

Man sollte bei der operativen Definition der Wärmekapazität C_y (4.4.1) beachten, daß diese Größe davon abhängt, welche speziellen Parameter y während des Wärmeaustausches konstant gehalten werden. Angenommen wir betrachten eine Substanz, z.B. ein Gas oder eine Flüssigkeit, deren Zustand durch zwei Parameter, sagen wir die Temperatur T und das Volumen V festgelegt werden kann (vgl. Abb. 4.4.1). In einem gegebenen Makrozustand können wir nach den folgenden zwei Größen fragen:

1. c_V, die (molare) spezifische Wärme des Systems in diesem Zustand (bei konstantem Volumen) und
2. c_p, die (molare) spezifische Wärme des Systems in diesem Zustand (bei konstantem Druck).

[8+] $dQ \neq 0$ bedingt nicht notwendig $dT \neq 0$, z.B. Wärmezufuhr bei Phasenänderungen.

Abb. 4.4.1 Zur Illustration von Messungen der spezifischen Wärme eines Gases, wenn Druck oder Volumen konstant gehalten werden.

1. Um c_V zu bestimmen, klemmen wir den Kolben fest, so daß das Volumen des Systems konstant bleibt. In diesem Fall kann das System keinerlei Arbeit leisten und die zugeführte Wärme $đQ$ dient vollständig zur Vergrößerung der inneren Energie des Systems

$$đQ = d\bar{E} \tag{4.4.5}$$

2. Um c_p zu bestimmen, wird der Kolben völlig frei beweglich gelassen. Das Gewicht des Kolbens ist im Gleichgewicht gleich der konstanten Kraft, die durch den mittleren Druck $\bar{p}$ des Systems verursacht wird. Der Kolben wird sich bewegen, wenn dem System die Wärme $đQ$ zugeführt wird; damit leistet das System mechanische Arbeit. Somit dient die Wärme $đQ$ sowohl zur Vergrößerung der inneren Energie als auch dazu, mechanische Arbeit am Kolben zu leisten; d.h.

$$đQ = d\bar{E} + \bar{p}\, dV \tag{4.4.6}$$

Für eine gegebene Wärmemenge wird also die innere Energie im zweiten Fall gegenüber dem ersten um einen kleineren Betrag zunehmen (und daher wird auch die Temperatur weniger anwachsen). Wegen (4.4.1) erwartet man deshalb für den zweiten Fall eine größere Wärmekapazität als für den ersteren, d.h.

$$c_p > c_V \tag{4.4.7}$$

Anmerkung: Beachte, daß die spezifische Wärme bei konstantem Volumen selbst noch eine Funktion des Volumens V sein kann; d.h. $c_V = c_V(T, V)$. Zum Beispiel ist die Wärmemenge, die nötig ist, um die Temperatur eines Gases von 300 auf 301 K zu erhöhen im allgemeinen verschieden, je nachdem, ob das Gasvolumen während des Wärmezufuhrprozesses bei $50\,\text{cm}^3$ oder bei $1000\ \text{cm}^3$ konstant gehalten wird.

Da wir gemäß dem zweiten Hauptsatz $đQ = T\,dS$ schreiben können, läßt sich die Wärmekapazität (4.4.1) auch durch die Entropie ausdrücken:

$$C_y = T\left(\frac{\partial S}{\partial T}\right)_y \tag{4.4.8}$$

Wenn S in diesem Ausdruck die Entropie pro Mol ist, dann stellt C_y die molare spezifische Wärme dar.

Wenn man eine Situation betrachtet, bei der alle *äußeren* Parameter eines Systems konstant gehalten werden, dann leistet das System keine makroskopische Arbeit $đW = 0$, und der erste Hauptsatz reduziert sich schlicht auf die Aussage $đQ = d\bar{E}$. Ist z.B. das Volumen V der einzige äußere Parameter, dann kann man schreiben

$$C_V = T\left(\frac{\partial S}{\partial T}\right)_V = \left(\frac{\partial \bar{E}}{\partial T}\right)_V \tag{4.4.9}$$

Wegen (3.7.16) folgt, daß diese Größe stets positiv ist.

Bei Messungen der spezifischen Wärme kommen Wärmemessungen, wie sie in Abschnitt 4.2 diskutiert wurden, vor. Bei Messungen mit der Vergleichsmethode erfreute sich Wasser als Meßnormal großer Beliebtheit. Daher war die Kenntnis der spezifischen Wärme des Wassers von besonderer Wichtigkeit. Eine solche Messung kann direkt durch Arbeitsmessung bewerkstelligt werden und wurde zum ersten Mal von Joule in den Jahren 1843–1849 durchgeführt. Für die spezifische Wärme des Wassers bei einem Druck von 1 atm und einer Temperatur von 15° C (288,2 K) findet man 4,18 Jg^{-1} K^{-1}.

Bevor man die Wärme als eine Energieform erkannte, war es üblich, eine Wärmeeinheit, die „Kalorie" (cal) als die Wärme zu definieren, die erforderlich ist, um die Temperatur einer vorgegebenen Wassermenge [9+)] bei einer Atmosphäre Druck von 14,5° C auf 15,5° C zu erhöhen. Joules Messungen der Wärmekapazität des Wassers durch Arbeitsleistung erlaubten die Kalorie durch absolute Energieeinheiten auszudrücken. Die Kalorie darf vom 1.1.1978 an nicht mehr als Einheit benutzt werden. Sie wird durch sie SI-Einheit J ersetzt. Es gilt:

$$1 \text{ cal} \equiv 4{,}1868 \text{ J} \tag{4.4.10}$$

Beispiel: Wir wollen Wärmemessungen mit der Mischungsmethode betrachten, bei denen die spezifischen Wärmen der verwendeten Substanzen eine Rolle spielen. Man betrachte zwei Substanzen A und B mit den Massen m_A bzw. m_B, die bei konstantem Druck in thermischen Kontakt gebracht werden. (Z.B. ein Kupferblock, der bei atmosphärischem Druck in Wasser eingetaucht wird.) Die spezifischen Wärmen (pro Masseneinheit) sollen bei diesem Druck $c'_A(T)$ bzw. $c'_B(T)$ sein. Weiterhin sollen die Gleichgewichtstemperaturen der beiden Substanzen vor Herstellung des thermischen Kontaktes T_A bzw. T_B sein. Nach Erreichen des Gleichgewichts sei die gemeinsame Endtemperatur T_f. Bei diesem Prozeß wird keine Arbeit geleistet, so daß sich die Erhaltung der Energie (4.2.3) durch

9+) Ist diese Wassermenge 1 kg, so heißt die Einheit „große Kalorie" (1 kcal), für 1 g Wasser 1 cal.

$$Q_A + Q_B = 0 \tag{4.4.11}$$

ausdrückt. Wegen (4.4.4) ist die Wärmemenge, die eine Substanz absorbiert, wenn ihre Temperatur um dT vergrößert wird, gleich $đQ = mc'dT$. Daher ist die Wärme, die A beim Übergang von der Anfangstemperatur T_A zur Endtemperatur T_f absorbiert, durch

$$Q_A = \int_{T_A}^{T_f} m_A c_A'(T')\, dT'$$

oder durch

$$Q_A = m_A c_A'(T_f - T_A)$$

gegeben, *falls* die Temperaturabhängigkeit von c_A' zu vernachlässigen ist. Ähnliche Ausdrücke gelten für B. Daher kann man für die wichtige Beziehung (4.4.11)

$$m_A \int_{T_A}^{T_f} c_A'\, dT' + m_B \int_{T_B}^{T_f} c_B'\, dT' = 0 \tag{4.4.12}$$

schreiben. Diese Beziehung erlaubt z.B. die Berechnung der Endtemperatur T_f, wenn die anderen Größen bekannt sind. Die Situation ist besonders einfach, wenn die spezifischen Wärmen c_A' und c_B' temperaturunabhängig sind. In diesem Fall wird (4.4.12) einfach

$$m_A c_A'(T_f - T_A) + m_B c_B'(T_f - T_B) = 0 \tag{4.4.13}$$

Dies kann explizit nach der Endtemperatur T_f aufgelöst werden:

$$T_f = \frac{m_A c_A' T_A + m_B c_B' T_B}{m_A c_A' + m_B c_B'}$$

4.5 Entropie

Die Entropie kann leicht bestimmt werden, indem man die Aussage des zweiten Hauptsatzes auf einen infinitesimalen quasistatischen Prozeß anwendet. Für irgendeinen Zustand b kann man die Entropiedifferenz zwischen diesem Zustand und irgendeinem „Bezugszustand" a finden, indem man einen beliebigen quasistatischen Prozeß, der das System aus dem Zustand a in den Zustand b überführt [10+)], betrachtet und für diesen Prozeß das Integral

$$S_b - S_a = \int_{a\,(\mathrm{eq})}^{b} \frac{đQ}{T} \tag{4.5.1}$$

10+) Dabei wird vorausgesetzt, daß b von a aus quasistatisch erreichbar ist.

berechnet. Die Auswertung dieses Integrals liefert, wie in Abschnitt 3.10 diskutiert wurde, stets den gleichen eindeutigen Wert für $S_a - S_b$ ganz *unabhängig* davon, welcher quasistatische Prozeß gewählt wurde, um das System aus dem Zustand a in den Zustand b zu bringen.

Wir wollen nochmals betonen, daß der zur Berechnung des Integrals (4.5.1) gewählte Prozeß quasistatisch sein *muß*. Das bedeutet, daß wir das System irgendwie vom Zustand a in den Zustand b überführen müssen, indem wir seine Parameter stetig und so langsam (verglichen mit typischen Relaxationszeiten) ändern, daß es in jedem Augenblick dem Gleichgewicht sehr nahe ist. Im allgemeinen erfordert das die Verwendung anderer Hilfssysteme, an denen das System Arbeit leisten kann, und von denen es Wärme absorbieren kann. Wenn wir z.B. das Volumen des Systems ändern müssen, könnten wir den Kolben, der das System begrenzt, nacheinander um ganz kleine Beträge verschieben, wobei wir ausreichend langsam vorgehen, so daß das System in jedem Stadium das Gleichgewicht erreichen kann. Wenn wir dagegen die Temperatur des Systems zu verändern haben, könnten wir das System nacheinander mit einer großen Anzahl von Wärmereservoiren, deren Temperaturen nur wenig voneinander verschieden sind, in thermischen Kontakt bringen, und dies wieder so langsam, daß das System bei jedem Schritt das Gleichgewicht erreichen kann. Offensichtlich ist die Temperatur T eine wohldefinierte Größe, wenn wir durch diese Folge von Gleichgewichtszuständen gehen, und die Wärmemenge $đQ$, die beim Übergang von einem Makrozustand zu einem danebenliegenden absorbiert wird, ist ebenfalls eine meßbare Größe. Die Berechnung der Entropiedifferenz mittels (4.5.1) stellt somit keine begrifflichen Schwierigkeiten dar. Man beachte, daß die Einheit der Entropie nach (4.5.1) JK^{-1} ist.

Angenommen, der Makrozustand eines Körpers werde nur durch seine Temperatur charakterisiert, da alle anderen Parameter y (z.B. sein Volumen V und sein mittlerer Druck $\bar{p}$) konstant gehalten werden, dann ist, wenn man die Wärmekapazität des Körpers $C_y(T)$ unter diesen Bedingungen kennt, seine Entropiedifferenz (für die gegebenen Werte der Parameter y) durch

$$S(T_b) - S(T_a) = \int_a^b \frac{đQ}{T} = \int_{T_a}^{T_b} \frac{C_y(T')\, dT'}{T'} \tag{4.5.2}$$

gegeben. Für den Spezialfall, daß $C_y(t)$ unabhängig von T ist, wird das einfach

$$S(T_b) - S(T_a) = C_y \ln \frac{T_b}{T_a} \tag{4.5.3}$$

Beispiel: Man betrachte das am Ende von Abschnitt 4.4 behandelte Beispiel zweier Systeme A und B mit konstanten spezifischen Wärmen c_A' und c_B' und den Anfangstemperaturen T_A und T_B, die miteinander in thermischen Kontakt gebracht werden. Wenn das System ins Gleichgewicht gekommen ist, erreichen sie die gleiche Endtemperatur T_f. Wie groß ist die Entropieänderung des Gesamtsystems bei diesem Prozeß? Der geschilderte Prozeß war sicherlich kein quasistatischer (außer im Falle $T_A = T_B$); zwischen dem Anfangs- und Endzustand durchläuft das System Nichtgleichgewichtszustände. Um die Entropieänderung des Systems A zu berechnen, stellen wir uns vor, daß es von seiner Anfangstemperatur T_A auf seine Endtemperatur T_f mittels einer Folge von infinitesimalen Wärmeübergängen gebracht wird, wobei das System bei irgendeiner Zwischentemperatur T von einem Reservoir mit infinitesimal höherer Temperatur $T + dT$ eine kleine Wärmemenge $đQ = m_A c_A' \, dT$ absorbiert. Damit ist die Entropieänderung von A durch

$$\Delta S_A = S_A(T_f) - S_A(T_A) = \int_{T_A}^{T_f} \frac{m_A c_A' \, dT}{T} = m_A c_A' \ln \frac{T_f}{T_A}$$

gegeben. Ein ähnlicher Ausdruck gilt für das System B. Damit ist die Entropieänderung des gesamten Systems

$$\Delta S_A + \Delta S_B = m_A c_A' \ln \frac{T_f}{T_A} + m_B c_B' \ln \frac{T_f}{T_B} \tag{4.5.4}$$

Da dies die gesamte Entropieänderung des isolierten Systems $(A + B)$ beim Temperaturausgleich darstellt, wissen wir dank dem 2. Hauptsatz (3.11.3), daß (4.5.4) niemals negativ wird. Um das explizit zu zeigen, benutzten wir die einfache Ungleichung (Beweis im Anhang A.8)

$$\ln x \leqslant x - 1 \quad \text{(Gleichheitszeichen für } x = 1) \tag{4.5.5}$$

Also ist

$$-\ln x \geqslant -x + 1$$

oder, mit $y = 1/x$

$$\ln y \geqslant 1 - \frac{1}{y} \quad \text{(Gleichheitszeichen für } y = 1) \tag{4.5.6}$$

Gleichung (4.5.4) führt also zu der Ungleichung

$$\Delta S_A + \Delta S_B \geq m_A c_A' \left(1 - \frac{T_A}{T_f}\right) + m_B c_B' \left(1 - \frac{T_B}{T_f}\right)$$

$$= T_f^{-1}[m_A c_A'(T_f - T_A) + m_B c_B'(T_f - T_B)]$$

$$= 0 \qquad \text{wegen (4.4.13)}$$

Also $\quad \Delta S_A + \Delta S_B \geq 0 \qquad (4.5.7)$

Das Gleichheitszeichen gilt nur, wenn $T_A/T_f = 1$, d.h. wenn $T_B = T_A$; dann bleibt natürlich das Gleichgewicht erhalten, und es findet kein irreversibler Prozeß statt, wenn die Systeme miteinander in thermischen Kontakt gebracht werden.

Die Beziehung (4.5.2) ist interessant, da sie eine explizite Verknüpfung von zwei verschiedenen Arten von Informationen über das betrachtete System darstellt. Auf der einen Seiten enthält (4.5.2) die Wärmekapazität $C(T)$, die man aus makroskopischen Wärmeabsorptionsmessungen gewinnen kann. Auf der anderen Seite enthält sie die Entropie, die ihrerseits mit den mikroskopischen Quantenzuständen des Systems zusammenhängt und entweder ab initio oder mittels experimenteller Information aus spektroskopischen Daten berechnet werden kann.

Beispiel: Zur Illustration betrachten wir ein einfaches System aus N magnetischen Atomen mit dem Spin ½. Weiß man von diesem System, daß es bei hinreichend niedrigen Temperaturen ferromagnetisch ist, dann müssen alle Spins für $T \to 0$ vollständig ausgerichtet sein, so daß die Zahl der zugänglichen Zustände gegen $\Omega \to 1$ geht, oder $S = k \ln \Omega \to 0$ (in Übereinstimmung mit dem 3. Hauptsatz). Dagegen müssen bei genügend hohen Temperaturen die Spins vollständig willkürlich orientiert sein, so daß $\Omega = 2^N$ und $S = kN \ln 2$ ist. Hieraus folgt, daß das System eine Wärmekapazität $C(T)$ haben muß, die wegen (4.5.2) folgende Gleichung erfüllt:

$$\int_0^\infty \frac{C(T')\,dT'}{T'} = kN \ln 2$$

Diese Beziehung muß unabhängig von den besonderen Einzelheiten der Wechselwirkung, die das ferromagnetische Verhalten zustande bringt, und unabhängig von der Temperaturabhängigkeit von $C(T)$ gültig sein.

Diese Bemerkungen sollten deutlich machen, daß die Messung von Wärmekapazitäten nicht einfach eine stumpfsinnige Tätigkeit zum Auffüllen von Handbüchern mit Daten für materialbesessene Ingenieure ist. Genaue Messungen der Wärmekapazitäten können von beträchtlichem Interesse sein, da sie wichtige Aufschlüsse über die Natur der Energieniveaus von physikalischen Systemen liefern.

4.6 Konsequenzen der absoluten Entropiedefinition

In vielen Fällen trifft es zu, daß nur Entropie*differenzen,* d.h. Entropiewerte bezüglich eines Standardzustandes, von Bedeutung sind. In dieser Hinsicht ist die Entropie der inneren Energie $\bar{E}$ eines Systems ähnlich und die Entropie irgendeines Zustandes in bezug auf einen Standardzustand kann durch das Integral (4.5.1) bestimmt werden. Allerdings wissen wir, daß, wie in Abschnitt 3.10. diskutiert wurde, die Entropie eine vollständig berechenbare Größe und nicht nur bis auf eine beliebige additive Konstante definiert ist. Das spiegelt sich in der Aussage des 3. Hauptsatzes wider, nach dem die Entropie mit $T \to 0$ einem bestimmten Wert S_0 (gewöhnlich $S_0 = 0$) unabhängig von allen Parametern des Systems zustrebt. Um einen absoluten Wert für die Entropie zu bekommen, kann man entweder mithilfe der statistischen Mechanik den absoluten Wert der Entropie für den Standardzustand *berechnen,* oder man kann die Entropiedifferenzen bezüglich eines Standardzustandes bei $T \to 0$ messen, für den man weiß, daß $S = S_0$ einen bestimmten von allen Systemparametern unabhängigen Wert besitzt.

Die Tatsache, daß die Entropie einen wohlbestimmten Wert (ohne irgendeine beliebige additive Konstante) besitzt, macht wesentliche physikalische Aussagen möglich. Die folgenden zwei Beispiele sollen diesen Punkt beleuchten.

Beispiel 1: Man betrachte einen Festkörper, der in zwei verschiedenen Kristallstrukturen vorkommen kann. Ein klassisches Beispiel dafür ist Zinn, das in zwei ziemlich verschiedenen Formen auftritt: eine davon ist das „weiße" Zinn, ein Metall; die andere das „graue" Zinn, ein Halbleiter. Graues Zinn ist die stabile Form unterhalb $T_0 = 292$ K, während das weiße Zinn die stabile Form oberhalb dieser Temperatur ist. Bei T_0 sind die beiden Formen miteinander im Gleichgewicht. Sie können bei dieser Temperatur auf unbestimmte Zeit in beliebigen Proportionen koexistieren. Eine positive Wärmemenge Q_0 muß absorbiert werden, um ein Mol grauen Zinns in weißes Zinn zu verwandeln.

Obwohl weißes Zinn unterhalb von T_0 die instabile Form darstellt, ist die Geschwindigkeit, mit der die Umwandlung in graues Zinn vor sich geht, in Hinsicht auf experimentell interessante Zeiten sehr niedrig. Daher ist es sehr einfach, mit weißem Zinn, dem gewöhnlichen Metall, bis hinunter zu sehr tiefen Temperaturen zu arbeiten. (Praktisch bemerkt man kaum die Tendenz des Metalls, sich in die graue Form umzuwandeln). Eine Probe von weißem Zinn kommt für Temperaturen unterhalb von T_0 leicht in inneres Gleichgewicht, obwohl es eine vernachlässigbare Tendenz zur Umwandlung in graues Zinn zeigt. Also kann man leicht die (molare) spezifische Wärme $C^{(w)}(T)$ von weißem Zinn im Temperaturbereich $T < T_0$ messen. Natürlich gibt es keine Schwierigkeiten, wenn man mit einer Probe von grauem Zinn in diesem Temperaturbereich arbeitet; man kann also auch Messungen der spezifischen Wärme $C^{(g)}(T)$ von grauem Zinn bei Temperaturen $T < T_0$ [11*] machen.

Da die Umwandlung von weißem in graues Zinn mit vernachlässigbarer Geschwindigkeit vonstatten geht, würde sich die Situation nur unbedeutend verändern, wenn man in Gedanken eine Einschränkung einführte, die die Umwandlung vollständig unmöglich machte. Dann kann man weißes Zinn als echtes Gleichgewichtssystem betrachten, das statistisch über alle Zustände, die mit der Struktur des weißen Zinns konsistent sind, verteilt ist; entsprechendes gilt dann auch für graues Zinn. Überlegungen der statistischen Mechanik können dann auf beide Systeme angewandt werden. Wir wollen speziell den Grenzfall $T \to 0$ betrachten. Unter diesem Grenzwert wollen wir ausreichend niedrige Temperaturen verstehen (etwa 0,1 K), allerdings nicht so extrem niedrige (etwa weniger als 10^{-6} K), daß die

---

11*) Alle Größen in dieser Diskussion beziehen sich auf Messungen bei konstantem Druck.

willkürliche Spinorientierung der Zinnkerne beeinflußt würde [12*]. Entsprechend der Diskussion im Abschnitt 3.10, strebt eine Probe aus einem Mol weißem Zinn einer Grundzustandskonfiguration zu, die mit der Kristallstruktur des weißen Zinn konsistent ist. Dementsprechend strebt seine Entropie $S^{(w)}$ gegen Null, bis auf den Anteil $S_0 = k \ln \Omega_s$, der mit den Ω_s möglichen Spinorientierungszuständen verknüpft ist. Ganz Analoges gilt für graues Zinn. Da man es in beiden Fällen mit der *gleichen* Anzahl der *gleichen* Kernsorte zu tun hat, ist Ω_s in beiden Fällen gleich und es gilt für $T \to 0$

$$S^{(w)}(T) \to S_0 \quad \text{und} \quad S^{(g)}(T) \to S_0$$

d.h. $$S^{(w)}(0) = S^{(g)}(0) \tag{4.6.1}$$

Die Beziehung (4.6.1) stellt gerade die Aussage des 3. Hauptsatzes dar, daß sich die Entropie mit $T \to 0$ einem von allen Parametern des Systems *unabhängigen* Wert nähert (in unserem Fall ist der Wert unabhängig von der Kristallstruktur). Wir werden jetzt zeigen, wie diese Aussage mit der Kenntnis der spezifischen Wärmen kombiniert werden kann, um die Übergangswärme Q_0 von grauem zu weißem Zinn bei der Übergangstemperatur T_0 zu berechnen. Angenommen, man will die Entropie $S^{(w)}(T_0)$ von einem Mol weißem Zinn bei $T = T_0$ berechnen. Man kann dazu zwei verschiedene quasistatische Prozesse verwenden, um von $T = 0$ zu dem gleichen Endzustand zu gelangen.

1. Man bringe ein Mol von weißem Zinn quasistatisch von $T = 0$ auf $T = T_0$. Dies ergibt für die Entropie des Endzustandes

$$S^{(w)}(T_0) = S^{(w)}(0) + \int_0^{T_0} \frac{C^{(w)}(T')}{T'}\, dT' \tag{4.6.2}$$

2. Man bringe graues Zinn (ein Mol) zunächst quasistatisch von $T = 0$ auf $T = T_0$. Dann soll es quasistatisch in weißes Zinn (bei dieser Gleichgewichtsübergangstemperatur) umgewnadelt werden; die Entropieänderung bei dieser Umwandlung ist einfach Q_0/T_0. Daher kann man schreiben [13*],

$$S^{(w)}(T_0) = S^{(g)}(0) + \int_0^{T_0} \frac{C^{(g)}(T')}{T'}\, dT' + \frac{Q_0}{T_0} \tag{4.6.3}$$

Unter Verwendung von (4.6.1) erhält man die Beziehung

12*) Das von einem Kernmoment μ erzeugte Magnetfeld H bei einem benachbarten Kern im Abstand r ist von der Größenordnung μ/r^3, d.h. etwa $5 \cdot 10^{-4}$ T (Tesla) [1 T = 10^4 G (Gauß)], wenn μ ein Kernmagneton ($5 \cdot 10^{-27}$ J/T) und $r = 10^{-8}$ cm ist. Abweichungen von der willkürlichen Spinorientierung können daher nur bei so niedrigen Temperaturen T erwartet werden, für die $kT \lesssim \mu H$ gilt, wobei μH die Wechselwirkungsenergie zwischen den Kernen ist.

13*) Die Integrale (4.6.2) und (4.6.3) müssen konvergieren, da alle anderen Größen endlich sind. Deshalb müssen die spezifischen Wärmen mit $T \to 0$ gegen Null gehen. Das ist eine allgemeine Eigenschaft der spezifischen Wärmen aller Substanzen, die sich experimentell gut verifizieren läßt.

$$\frac{Q_0}{T_0} = \int_0^{T_0} \frac{C^{(w)}(T')}{T'} dT' - \int_0^{T_0} \frac{C^{(g)}(T')}{T'} dT' \tag{4.6.4}$$

Mit den experimentell ermittelten Werten der spezifischen Wärmen lassen sich die Integrale numerisch auswerten und man bekommt so für das erste 51,4 [J/K] und für das zweite 44,1 [J/K]. Mit $T_0 = 292\ K$ errechnet man dann $Q_0 = 292 \cdot 7{,}3 =$ 2130 [J], was gut dem Vergleich mit dem durch direkte Messung erhaltenen Wert von 2240 [J] standhält. Man beachte, daß diese Berechnung von Q_0 unmöglich wäre, wenn der 3. Hauptsatz nicht die Gleichsetzung (4.6.1) der Entropien bei $T = 0$ erlaubte.

Beispiel 2: Als zweites Beispiel zur Illustration der Bedeutung des 3. Hauptsatzes für Entropieberechnungen betrachte man das System A bestehend aus einem Mol festem Blei (Pb) und einem Mol festen Schwefel (S), die voneinander getrennt sind. Man betrachte außerdem ein System B, das aus einem Mol festem Bleisulfid (PbS) besteht. Obwohl die Systeme A und B ganz verschieden sind, bestehen sie doch aus den gleichen Atomen. Daher besagt der 3. Hauptsatz, daß die Entropien beider Systeme mit $T \to 0$ dem gleichen Wert zustreben, einem Wert, der nur von der Anzahl der möglichen Orientierungen der Kernspins abhängt. In Symbolen ist

$$S^{(\mathrm{Pb\,+\,S})}(0) = S^{(\mathrm{PbS})}(0) \tag{4.6.5}$$

wobei $S^{(\mathrm{Pb\,+\,S})}(T)$ die Entropie des Systems A und $S^{(\mathrm{Pb\,+\,S})}(T)$ die des Systems B bezeichnet.

Man nehme an, daß beide Systeme unter atmosphärischem Druck stehen. Weiterhin setze man die Kenntnis der spezifischen Wärmen (bei konstantem Druck) $C^{(\mathrm{Pb})}$, $C^{(\mathrm{S})}$ und $C^{(\mathrm{PbS})}$ – als Funktion der Temperatur – voraus. Dann läßt sich für die Entropie des Systems A (Pb und S liegen getrennt vor) schreiben:

$$S^{(\mathrm{Pb+S})}(T) = S^{(\mathrm{Pb+S})}(0) + \int_0^T \frac{C^{(\mathrm{Pb})}(T')}{T'} dT' + \int_0^T \frac{C^{(\mathrm{S})}(T')}{T'} dT' \tag{4.6.6}$$

Für die Entropie des Systems B (bestehend aus PbS) kann man bei der gleichen Temperatur

$$S^{(\mathrm{PbS})}(T) = S^{(\mathrm{PbS})}(0) + \int_0^T \frac{C^{(\mathrm{PbS})}(T')}{T'} dT' \tag{4.6.7}$$

schreiben. Wegen (4.6.5) ergeben dann die beiden letzten Relationen einen eindeutigen Wert für die Entropiedifferenz $[S^{(\mathrm{Pb\,+\,S})}(T) - S^{(\mathrm{PbS})}(T)]$, obwohl für die Rechnung nur die Kenntnis der spezifischen Wärmen verwendet wird und keinerlei Information darüber, wie Pb und S unter Bildung von PbS reagieren könnten. Auch über den Wert des Integrals $\int đQ/T$ erhält man so eine genaue Aussage. Dieses Integral erhielte man mittels eines quasistatischen Prozesses, bei dem PbS bei der Temperatur T über eine Folge von Gleichgewichtszuständen in Pb und S bei der gleichen Temperatur getrennt wird. Ein solcher quasistatischer Prozeß könnte folgendermaßen durchgeführt werden: Man erwärme PbS langsam bis es verdampft;

dann erwärme man weiter, bis alle PbS-Moleküle vollständig in Pb- und S-Atome dissoziiert sind; anschließend trenne man die Gase langsam mit Hilfe einer semipermeablen Membran; dann erniedrige man die Temperatur des gesamten Systems wieder auf T, während die Membran fest bleibt.

Anmerkung über die Trennung von Gasen durch semipermeable Membranen. Man kann sich eine Membran denken, die vollständig durchlässig für einen Molekültyp und vollständig undurchlässig für alle anderen Moleküle ist. (Solche Membranen lassen sich wirklich in der Praxis herstellen: z.B. ist heißes Palladium-Metall für Wasserstoffgas (H_2) aber nicht für andere Gase durchlässig). Mit Hilfe solcher Membranen kann man Gase, wie in Abb. 4.6.1 dargestellt, entmischen. Um z.B. die Moleküle A und B quasistatisch zu entmischen, muß man nur die zwei Membranen langsam bewegen, bis sie irgendwo im Behälter zusammenstoßen. Dann sind alle A-Moleküle in dem linken und alle B-Moleküle in dem rechten Teil des Behälters.

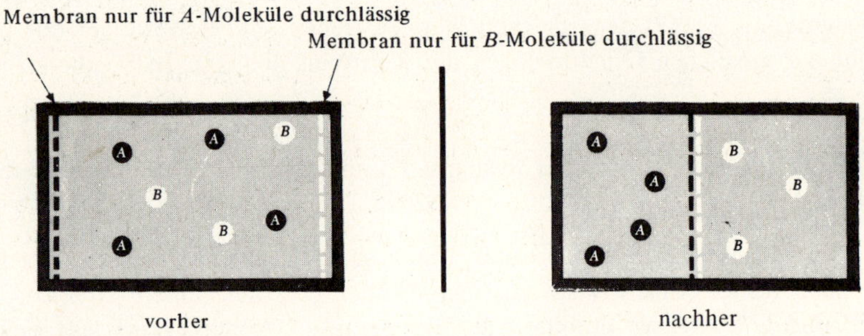

Abb. 4.6.1 Trennung von zwei Gasen A und B durch semipermeable Membranen.

4.7 Extensive und intensive Parameter

Die makroskopischen Parameter, die den Makrozustand eines *homogenen* Systems festlegen, können in zwei Klassen eingeteilt werden. Es sei y ein solcher Parameter. Man stelle sich das System in zwei Teile getrennt vor, z.B. durch Einführen einer Trennwand, und bezeichne mit y_1 und y_2 die Werte dieses Parameters für die beiden Untersysteme.

Zwei Fälle können dann auftreten:

1. Es gilt $y_1 + y_2 = y$. Der Parameter y wird dann *extensiv* genannt.
2. Es gilt $y_1 = y_2 = y$. Der Parameter y wird dann *intensiv* genannt.

Schlicht ausgedrückt heißt das, ein extensiver Parameter verdoppelt sich, wenn das System doppelt so groß gemacht wird, während ein intensiver Parameter unverändert bleibt.

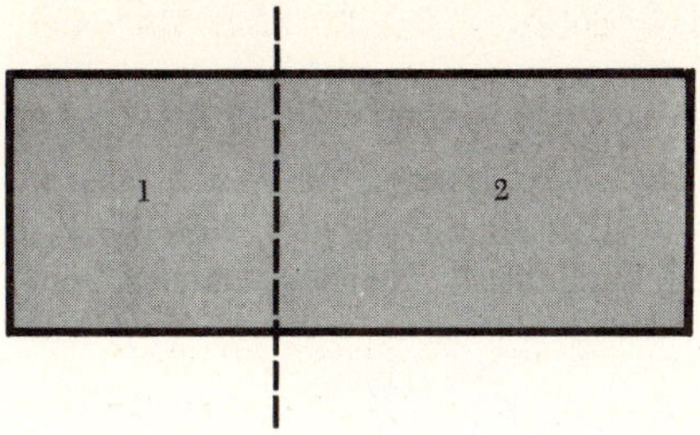

Abb. 4.7.1 Teilung eines homogenen Systems durch eine Trennwand in zwei Teile.

Somit ist das Volumen V und die Gesamtmasse M eines Systems ein extensiver Parameter. Andererseits ist die Dichte $\rho = M/V$ eines Systems ein intensiver Parameter [14+].

Die innere Energie $\bar{E}$ eines Systems ist eine extensive Größe. Tatsächlich ist keine Arbeit erforderlich, um ein System in zwei Teile zu unterteilen (*wenn* man die Arbeit, die mit der Schaffung von zwei neuen Oberflächen verbunden ist, vernachlässigt; sie ist vernachlässigbar für große Systeme, für die das Zahlenverhältnis von Molekülen an der Begrenzung zu denen im Inneren sehr klein ist). Daher ist die Gesamtenergie des Systems nach der Unterteilung genauso groß wie vorher, d.h. $\bar{E}_1 + \bar{E}_2 = \bar{E}$. Ähnlich ist die Wärmekapazität $C = đQ/dT$ eine extensive Größe. Die spezifischen Wärmen C/ν und C/M sind intensive Größen.

Die Entropie S ist ebenfalls eine extensive Größe. Das folgt aus der Beziehung $\Delta S = \int đQ/T$, da die absorbierte Wärme $đQ = CdT$ eine extensive Größe ist. Es folgt dies auch aus der statistischen Definition, z.B. aus (3.7.20).

Wenn man es mit extensiven Größen wie der Entropie S zu tun hat, ist es häufig zweckmäßig, diese Größe auf ein Mol zu beziehen: S/ν; dies ist dann ein von der Systemgröße unabhängiger intensiver Parameter. Es ist üblich, die auf ein Mol bezogene Größe mit einem kleinen Buchstaben zu bezeichnen, z.B. die Entropie pro Mol mit s. Somit gilt: $S = \nu s$.

Ergänzende Literatur

Makroskopische Erörterung der inneren Energie, der Wärme und der Temperatur:
Zemansky, M.W.: Heat and Thermodynamics, 5. Auflage, Kap. 1 und 4, McGraw-Hill Book Company, New York (1968).

[14+] Die Eigenschaft (1.) gilt auch für inhomogene Systeme. Somit sind extensive Parameter stets additiv, wenn zwei Systeme ohne Änderung des physikalischen Sachverhaltes zu einem Obersystem zusammengefaßt werden. Aus diesem Grund gehen extensive Größen mit den Linearabmessungen des Systems gegen Null. – Die Eigenschaft (2.) gilt nur in homogenen Systemen. So ist in einem System inhomogener Massenverteilung die Dichte zweier Teilsysteme A und B $\rho_A \neq \rho_B$. Der Sprachgebrauch ist nun so, daß die Bezeichnungen „extensiv" und „intensiv", die für bestimmte Größen an homogenen Systemen definiert wurden, auch dann beibehalten werden, wenn diese Größen zu inhomogenen Systemen gehören.

Callen, M.B.: Thermodynamics, Kap. 1, John Wiley & Sons, Inc., New York (1960).

Folgerungen aus dem dritten Hauptsatz:

Fermi, E.: Thermodynamics, Kap. 8, Dover Publications, New York (1956).

Wilks, J.: Der dritte Hauptsatz der Thermodynamik, Vieweg Verlag, Braunschweig (1963). (Ein Buch für Fortgeschrittene.)

Aufgaben

4.1 a) Ein Kilogramm Wasser bei 0° C wird mit einem Wärmereservoir bei 100° C in thermischen Kontakt gebracht. Wenn das Wasser 100° C erreicht hat, wie groß war dann die Entropieänderung: 1. des Wassers?, 2. des Wärmereservoirs?, 3. des Gesamtsystems bestehend aus Wasser und Wärmereservoir?

b) Wäre das Wasser von 0° C auf 100° C erwärmt worden, indem es zuerst mit einem Reservoir bei 50° C und dann mit einem Reservoir bei 100° C in Kontakt gebracht worden wäre, wie groß wäre dann die Entropieänderung des gesamten Systems?

c) Man zeige, wie das Wasser von 0° C auf 100° C erwärmt werden kann, ohne daß sich die Entropie des Gesamtsystems ändert.

4.2 Ein 750 g schweres Kupferkalorimetergefäß enthält 200 g Wasser und ist bei 20° C im Gleichgewicht. Ein Experimentator legt 30 g Eis (bei 0° C) in das Kalorimeter und isoliert dieses thermisch (gegen die Umgebung).

a) Wie groß ist die Wassertemperatur, wenn alles Eis geschmolzen und Gleichgewicht hergestellt ist? (Die spezifische Wärme von Kupfer ist 418 $\mathrm{Jkg^{-1}K^{-1}}$. Eis hat die Dichte 917 $\mathrm{kgm^{-3}}$ und eine Schmelzwärme von $333 \cdot 10^3$ $\mathrm{Jkg^{-1}}$ (das ist die Wärmemenge, die 1 kg Eis in Wasser von 0°C überführt).

b) Man berechne die gesamte Entropieänderung.

c) Wieviel Arbeit (in J) muß nach dem Schmelzen des Eises dem System zugeführt werden (z.B. mit einem Quirl), um das gesamte Wasser auf 20° C zu bringen?

4.3 Die von einem Mol eines idealen Gases in einem quasistatischen Prozeß $(T \to T + dT;\ V \to V + dV)$ absorbierte Wärme ist durch

$$đQ = c\,dT + \bar{p}\,dV$$

gegeben, wobei c die konstante spezifische Wärme (bei konstantem Volumen: $c = c_V$) und $\bar{p}$ der mittlere Druck $\bar{p} = RT/V$ ist. Man finde einen Ausdruck für die Entropieänderung dieses Gases in einem quasistatischen Prozeß $(V_i, T_i) \to (V_f, T_f)$. Ist das Ergebnis von dem Prozeßweg abhängig, der vom Anfangs- (V_i, T_i) zum Endzustand (V_f, T_f) führt?

4.4 Ein Festkörper hat N magnetische Atome mit dem Spin ½. Bei genügend hoher Temperatur sind die Spins völlig willkürlich ausgerichtet, d.h. die zwei möglichen Spin-Zustände sind gleichwahrscheinlich besetzt. Bei hinreichend niedrigen Temperaturen dagegen zeigt das System aufgrund der magnetischen Wechselwirkung Ferromagnetismus, mit dem Ergebnis, daß für $T \to 0$ alle Spins in die gleiche Richtung orientiert sind. Eine sehr grobe Näherung gibt für den spinabhängigen Anteil der Wärmekapazität des Festkörpers folgende Temperaturunabhängigkeit:

$$C(T) = C_1\left(2\frac{T}{T_1} - 1\right) \quad \text{für } \tfrac{1}{2}T_1 < T < T_1$$

$$= 0 \quad \text{für alle anderen Fälle}$$

Das plötzliche Anwachsen der spezifischen Wärme beim Unterschreiten der Temperatur T_1 ist auf das Auftreten des Ferromagnetismus zurückzuführen.

Unter Benutzung der Entropie gebe man einen expliziten Ausdruck für den maximalen Wert C_1 der Wärmekapazität an.

4.5 Ein Festkörper enthält N magnetische Eisenatome mit dem Spin S. Bei genügend hohen Temperaturen sind alle möglichen $2(S + 1)$ Spinzustände gleichwahrscheinlich besetzt. Für den Beitrag der magnetischen Atome zur Wärmekapazität gilt die gleiche Beziehung wie in Aufgabe 4.4.

„Verdünnt" man die magnetischen Atome, indem man 30 % der Eisenatome durch nichtmagnetische Zinkatome ersetzt, dann können die übrigen 70 % Eisenatome immer noch bei genügend niedrigen Temperaturen Ferromagnetismus zeigen. Der Beitrag der magnetischen Atome zur Wärmekapazität hat nun eine andere Temperaturabhängigkeit, die in grober Näherung durch

$$C(T) = C_2 \frac{T}{T_2} \quad \text{für } 0 < T < T_2$$

$$= 0 \quad \text{für alle anderen Fälle}$$

gegeben ist. Da die Wechselwirkung zwischen den magnetischen Ionen verringert wurde, setzt das ferromagnetische Verhalten bei einer tieferen Temperatur T_2 (gegenüber dem „unverdünnten" Fall bei T_1) ein und die Wärmekapazität fällt unterhalb T_2 langsamer ab.

Unter Benutzung der Entropie vergleiche man das Maximum der Wärmekapazität C_2 im „verdünnten" Fall mit dem des „unverdünnten" Falles C_1. Man finde einen expliziten Ausdruck für C_2/C_1.

5. Einige Anwendungen der makroskopischen Thermostatik

Aus der Zustandsgleichung für das ideale Gas $pV = \nu RT$ folgt, daß seine Energie nicht vom Volumen abhängt: $(\partial E/\partial V)_T = 0$, $E = E(T)$. Weiter gilt $C_p = C_V + R$ und für Prozesse konstanter spezifischer Wärme (Polytrope) $pV^\gamma = \text{constant}$, $\gamma = C_p/C_V$. Folgende Funktionen sind thermodynamische Potentiale: Energie $E = E(S, V)$; Enthalpie: $H = H(S, p)$; freie Energie: $F = F(T, V)$; freie Enthalpie $G = G(T, p)$. Die gemischten zweiten Ableitungen dieser Funktionen erzeugen die Maxwellschen Relationen. Zwischen der Kompressibilität $\kappa \equiv -(1/V)(\partial V/\partial p)_T$ und dem Ausdehnungskoeffizienten $\alpha \equiv (1/V)(\partial V/\partial T)_p$ besteht der Zusammenhang $C_p - C_V = VZ(\alpha^2/\kappa)$. Aus der Zustandsgleichung kann die Volumenabhängigkeit der inneren Energie ermittelt werden: $(\partial E/\partial V)_T = T(\partial p/\partial T)_V - p$. Bei der Ausdehnung eines idealen Gases ins Vakuum tritt keine Temperaturänderung auf. Der Joule–Thomson-Effekt – adiabatisch irreversible Expansion eines realen Gases – ist isenthalpisch. Für den Joule-Thomson-Koeffizienten gilt $\mu \equiv (\partial T/\partial p)_H = (V/C_p)(T\alpha - 1)$. Der Wirkungsgrad einer Wärmekraftmaschine besitzt eine obere Grenze: $\eta \leqslant 1 - T_2/T_1$, wobei T_1 die Temperatur des Wärmereservoirs bei der Wärmeaufnahme und T_2 die bei der Wärmeabgabe ist. Der Carnot-Prozeß ist ein reversibler Kreisprozeß zwischen zwei Isothermen und zwei Adiabaten.

In diesem Kapitel wollen wir die rein makroskopischen Konsequenzen unserer Theorie mit dem Ziel untersuchen, verschiedene wichtige Beziehungen zwischen makroskopischen Größen herzuleiten. Das gesamte Kapitel wird sich allein auf die allgemeinen Aussagen stützen, die im Kapitel 3 hergeleitet und im Abschnitt 3.11 als „thermodynamische Gesetze" zusammengestellt wurden. Trotz ihrer scheinbaren Harmlosigkeit erlauben diese Aussagen doch, eine beeindruckende Anzahl von bemerkenswerten Schlußfolgerungen zu ziehen, die *unabhängig* von irgendwelchen speziellen, zur Beschreibung der mikroskopischen Bestandteile eines Systems eingeführten Modellen sind.

Da es in diesem Kapitel ausschließlich um makroskopische Begriffe gehen wird, sind bei Größen wie Energie E und Druck p stets nur deren Mittelwerte gemeint. Wir werden deshalb die Querstriche über den entsprechenden Buchstabensymbolen (die den Mittelwert kennzeichnen) hier der Einfachheit halber weglassen.

Die meisten in diesem Kapitel betrachteten Systeme sind durch einen einzigen äußeren Parameter, das Volumen V, charakterisiert. Der Makrozustand eines solchen Systems kann dann vollständig durch zwei makroskopische Variable bestimmt werden: seinen äußeren Parameter V und seine innere Energie E [1*]. Die anderen makroskopischen Parameter wie Temperatur T oder Druck p sind dann festgelegt. Aber die Größen V und E entsprechen nicht immer der bequemsten Wahl unabhängiger Variabler. Zwei beliebige andere makroskopische Variable, z.B. E und p, oder T und V, können in gleicher Weise als unabhängige Variable gewählt werden. In beiden Fällen wären dann E und V festgelegt.

Bei den meisten mathematischen Operationen, denen man in thermodynamischen Berechnungen begegnet, hat man es mit Variablenwechsel und Bildung partieller Ableitungen zu tun. Um Eindeutigkeit zu gewährleisten, kennzeichnet man üblicherweise explizit durch untere Indizes, welche der unabhängigen Variablen bei der Bildung einer gegebenen partiellen Ableitung konstant gehalten werden. Wenn z.B. T und V als unabhängige Variable gewählt werden, bezeichnet $(\partial E/\partial T)_V$ eine partielle Ableitung, bei der die andere unabhängige Variable V konstant gehalten wird. Wenn andererseits T und p als unabhängige Variable gewählt werden, bezeichnet $(\partial E/\partial T)_p$ eine partielle Ableitung, bei der die andere unabhängige Variable p konstant gehalten wird. Diese beiden partiellen Ableitungen sind im allgemeinen nicht gleich. Wenn man für die partielle Ableitung einfach nur $(\partial E/\partial T)$ schreiben würde, wäre nicht klar, welches die andere, bei der Differentiation konstant gehaltene Variable ist [2*].

[1*] Diese sind natürlich dieselben Variablen, die die Anzahl $\Omega(E, V)$ der zugänglichen Zustände bestimmen.

[2*] Eine weitergehende Diskussion über partielle Ableitungen findet sich im Anhang A.9.

Der erste Hauptsatz (3.11.2), angewandt auf irgendeinen infinitesimalen Prozeß, ergibt die Beziehung

$$đQ = dE + đW$$

wobei dE die Änderung der inneren Energie des betrachteten Systems darstellt. Wenn es sich um einen quasistatischen Prozeß handelt, läßt sich aufgrund des zweiten Hauptsatzes (3.11.2) die vom System bei dem Prozeß aufgenommene Wärmemenge $đQ$ durch die Änderung der Entropie des Systems ausdrücken, d.h. es gilt $đQ = TdS$; ferner ist die von dem System bei einer Volumenänderung dV während des Prozesses geleistete Arbeit gegeben durch $đW = pdV$. Somit erhält man die fundamentale thermostatische Beziehung

▶ $$TdS = dE + pdV$$

Das Meiste in diesem Kapitel basiert auf dieser einen Gleichung, und es ist tatsächlich so, daß man bei der Diskussion irgendeines thermostatischen Problems gewöhnlich am besten von dieser grundlegenden Beziehung ausgeht.

Eigenschaften idealer Gase

5.1 Zustandsgleichung und innere Energie

Makroskopisch wird ein ideales Gas durch die Zustandsgleichung beschrieben, die seinen Druck p, sein Volumen V und die absolute Temperatur T zueinander in Beziehung setzt. Für ν Mole Gas lautet diese Zustandsgleichung

$$pV = \nu RT \tag{5.1.1}$$

In (3.12.10) haben wir diese Beziehung im Rahmen der statistischen Mechanik durch *mikro*skopische Überlegungen hergeleitet, die wir auf ein ideales Gas im klassischen Grenzfall anwandten. Aber von dem jetzt eingenommenen *makro*skopischen Standpunkt aus charakterisiert die Gleichung (5.1.1) lediglich die Art von Systemen, mit der wir es zu tun haben; somit könnte man (5.1.1) ebensogut als eine rein phänomenologische Beziehung auffassen, in der experimentelle Messungen am System zusammengefaßt sind.

Ein ideales Gas hat eine weitere wichtige Eigenschaft, die bereits in (3.12.11) auf der Basis der (mikroskopischen) statistischen Mechanik bewiesen wurde: Seine innere Energie hängt nicht von seinem Volumen, sondern nur von seiner Temperatur ab:

$$E = E(T) \qquad \text{unabhängig von } V \tag{5.1.2}$$

Diese Eigenschaft ist eine direkte Folge der Zustandsgleichung (5.1.1); d.h. selbst wenn (5.1.1) als eine rein empirische Zustandsgleichung betrachtet werden müßte, die ein spezielles Gas beschreibt, so würden die thermodynamischen Gesetze dennoch sofort zu der Schlußfolgerung führen, daß dieses Gas die Eigenschaft (5.1.2) besitzen muß. Das wollen wir nun explizit nachweisen.

Die innere Energie E von ν Molen irgendeines Gases kann ganz allgemein als eine Funktion von T und V betrachtet werden,

$$E = E(T, V) \tag{5.1.3}$$

Somit gilt die rein mathematische Aussage

$$dE = \left(\frac{\partial E}{\partial T}\right)_V dT + \left(\frac{\partial E}{\partial V}\right)_T dV \tag{5.1.4}$$

Nun lautet die grundlegende thermostatische Relation für eine quasistatische, kontinuierliche Parameteränderung

▶ $$T\, dS = đQ = dE + p\, dV \tag{5.1.5}$$

Benutzt man (5.1.1), um p durch V und T auszudrücken, wird aus (5.1.5)

$$dS = \frac{1}{T} dE + \frac{\nu R}{V} dV$$

oder mit (5.1.4)

$$dS = \frac{1}{T}\left(\frac{\partial E}{\partial T}\right)_V dT + \left[\frac{1}{T}\left(\frac{\partial E}{\partial V}\right)_T + \frac{\nu R}{V}\right] dV \tag{5.1.6}$$

Die bloße Tatsache, daß dS auf der linken Seite von (5.1.6) das totale Differential einer wohldefinierten Funktion ist, erlaubt uns, eine wichtige Schlußfolgerung zu ziehen. Wir können S als von T und V abhängig betrachten. Dann ist $S = S(T, V)$, und es gilt

$$dS = \left(\frac{\partial S}{\partial T}\right)_V dT + \left(\frac{\partial S}{\partial V}\right)_T dV \tag{5.1.7}$$

Da dieser Ausdruck für alle Werte von dT und dV gilt, zeigt ein Vergleich mit (5.1.4) unmittelbar, daß

$$\begin{aligned} \left(\frac{\partial S}{\partial T}\right)_V &= \frac{1}{T}\left(\frac{\partial E}{\partial T}\right)_V \\ \left(\frac{\partial S}{\partial V}\right)_T &= \frac{1}{T}\left(\frac{\partial E}{\partial V}\right)_T + \frac{\nu R}{V} \end{aligned} \tag{5.1.8}$$

gilt. Aufgrund der für die zweiten Ableitungen gültigen Beziehungen [3+)]

[3+)] Dies gilt, wenn eine gemischte zweite Ableitung stetig ist.

$$\frac{\partial^2 S}{\partial V\, \partial T} = \frac{\partial^2 S}{\partial T\, \partial V} \tag{5.1.9}$$

ergibt sich für die Ausdrücke auf der rechten Seite von (5.1.8) der Zusammenhang

$$\left(\frac{\partial}{\partial V}\right)_T \left(\frac{\partial S}{\partial T}\right)_V = \left(\frac{\partial}{\partial T}\right)_V \left(\frac{\partial S}{\partial V}\right)_T$$

bzw.
$$\frac{1}{T}\left(\frac{\partial^2 E}{\partial V\, \partial T}\right) = \left[-\frac{1}{T^2}\left(\frac{\partial E}{\partial V}\right)_T + \frac{1}{T}\left(\frac{\partial^2 E}{\partial T\, \partial V}\right)\right] + 0$$

Da für die zweiten Ableitungen von E wieder die zu (5.1.9) analoge Beziehung gilt, folgt aus dieser letzten Relation unmittelbar

$$\left(\frac{\partial E}{\partial V}\right)_T = 0 \tag{5.1.10}$$

Diese Gleichung stellt fest, daß E unabhängig von V ist, womit der Beweis erbracht ist, daß (5.1.2) aus (5.1.1) folgt.

Historische Bemerkung zum Experiment der „freien Expansion". Die Tatsache, daß die innere Energie E eines Gases nicht von seinem Volumen abhängt (vorausgesetzt, daß das Gas hinreichend verdünnt ist, um als ideal angesehen werden zu können), wurde in einem klassischen Experiment durch Joule nachgewiesen. Er benutzte dazu die „freie Expansion" eines idealen Gases, wie es in Abb. 5.1.1 dargestellt ist. Ein Behälter, der aus zwei durch ein Ventil voneinander getrennten Kammern besteht, ist in Wasser getaucht. Zu Beginn des Experimentes ist das Ventil geschlossen und die eine Kammer ist mit dem zu untersuchenden Gas gefüllt, während die andere Kammer evakuiert ist. Wenn nun das Ventil geöffnet

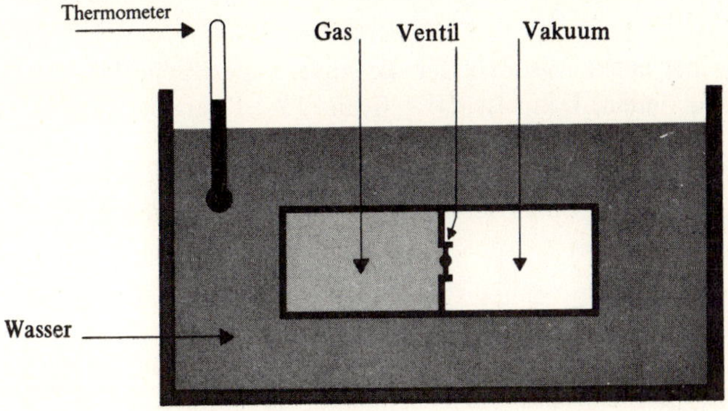

Abb. 5.1.1 Experimenteller Aufbau zur Untersuchung der freien Expansion eines Gases.

wird, so daß sich das Gas frei ausdehnen und die beiden Kammern ausfüllen kann, so wird bei diesem Prozeß von dem aus dem Gas und dem Behälter bestehenden System keinerlei Arbeit geleistet. (Die Wände des Behälters sind starr und nichts bewegt sich.) Somit läßt sich nach dem ersten Hauptsatz sagen, daß die von dem System aufgenommene Wärmemenge gleich dem Zuwachs an innerer Energie ist,

$$Q = \Delta E \tag{5.1.11}$$

Wir wollen annehmen, daß die Änderung der inneren Energie des (dünnwandigen) Behälters vernachlässigbar klein ist; dann stellt ΔE einfach die Energieänderung des Gases dar.

Joule stellte nun fest, daß sich die Wassertemperatur bei diesem Experiment nicht ändert. (Wegen der hohen Wärmekapazität des Wassers ist allerdings irgendeine gemutmaßte Temperaturänderung nur äußerst gering; die Empfindlichkeit der von Joule durchgeführten Temperaturmessung war deshalb aus heutiger Sicht, ziemlich unbefriedigend.) Somit ging vom Gas keine Wärme an das Wässer über, und folglich gab es auch keine vom Gas aufgenommene Wärmemenge Q. Alles, was bei dem Experiment passiert, ist, daß die Temperatur des Gases unverändert bleibt, während sein Volumen von dem Anfangswert V_i in den Endwert V_f übergeht. Da $Q = 0$ ist, führt das Joulesche Experiment aufgrund von (5.1.11) zu der Schlußfolgerung

$$E(T, V_f) - E(T, V_i) = 0$$

welche bestätigt, daß $E(T, V)$ unabhängig vom Volumen V ist.

5.2 Spezifische Wärmen

Die bei einem infinitesimalen quasistatischen Prozeß aufgenommene Wärmemenge ist aufgrund des ersten Hauptsatzes durch

$$đQ = dE + p\,dV \tag{5.2.1}$$

gegeben. Wir wollen zunächst einen Ausdruck für die molare spezifische Wärme c_V bei konstantem Volumen herleiten. Dann ist $dV = 0$ und (5.2.1) ergibt einfach

$$đQ = dE$$

Somit erhält man

$$c_V \equiv \frac{1}{\nu}\left(\frac{đQ}{dT}\right)_V = \frac{1}{\nu}\left(\frac{\partial E}{\partial T}\right)_V \tag{5.2.2}$$

Die spezifische Wärme c_V selbst kann dabei natürlich eine Funktion von T sein. Aber wegen (5.1.2) ist sie für ein ideales Gas unabhängig von V.

Da E unabhängig von V und damit nur eine Funktion von T ist, geht die allgemeine Beziehung (5.1.4) in

$$dE = \left(\frac{\partial E}{\partial T}\right)_V dT \tag{5.2.3}$$

über, d.h. die Energieänderung hängt *nur* von der Temperaturänderung des Gases ab, selbst wenn sich das Volumen ebenfalls ändert. Unter Benutzung von (5.2.2) kann man dann ganz allgemein für ein *ideales* Gas schreiben

$$dE = \nu c_V\, dT \tag{5.2.4}$$

Wir wollen nun einen Ausdruck für die molare spezifische Wärme c_p bei konstantem Druck herleiten. Hier ist der Druck konstant, während sich das Volumen im allgemeinen bei Wärmezufuhr ändert. Da der allgemeine Ausdruck (5.2.4) für dE nach wie vor gilt, kann man ihn in (5.2.1) einsetzen und erhält dann

$$đQ = \nu c_V\, dT + p\, dV \tag{5.2.5}$$

Wir wollen nun davon Gebrauch machen, daß der Druck konstant gehalten wird. Aufgrund der Zustandsgleichung (5.1.1) sind eine Volumenänderung dV und eine Temperaturänderung dT miteinander gemäß

$$p dV = \nu \;\, R\, dT \tag{5.2.6}$$

verknüpft. Setzt man das in (5.2.5) ein, so erhält man für die bei konstantem Druck aufgenommene Wärmemenge

$$đQ = \nu c_V\, dT + \nu R\, dT \tag{5.2.7}$$

Nun gilt nach Definition

$$c_p = \frac{1}{\nu}\left(\frac{đQ}{dT}\right)_p$$

Unter Benutzung von (5.2.7) wird daraus

▶ $$c_p = c_V + R \tag{5.2.8}$$

Somit gilt $c_p > c_V$ in Übereinstimmung mit (4.4.7), und die molaren spezifischen Wärmen eines idealen Gases unterscheiden sich also exakt um die Gaskonstante R. Das Verhältnis γ der spezifischen Wärmen ist dann durch

$$\gamma \equiv \frac{c_p}{c_V} = 1 + \frac{R}{c_V} \tag{5.2.9}$$

gegeben. Die Größe γ kann aus der Schallgeschwindigkeit in dem betreffenden Gas bestimmt oder auch direkt durch andere Methoden gemessen werden. In der Tafel 5.2.1 sind einige repräsentative experimentelle Werte von c_V für eine Reihe von Gasen angegeben. Es geht daraus hervor, in welchem Maß die experimentell ermittelten und die mit (5.2.9) berechneten Werte von γ miteinander übereinstimmen.

Mikroskopische Berechnung spezifischer Wärmen. Wenn man von *mikro*skopischen Informationen Gebrauch macht, kann man natürlich noch viele weitere interessante Aussagen erhalten. Bei einem *monoatomaren* idealen Gas liegen die Verhältnisse besonders einfach. In (2.5.19) haben wir für die Anzahl der Zustände eines solchen Gases in einem kleinen Energiebereich δE den Ausdruck

$$\Omega(E,V) = BV^N E^{3N/2}$$

Tafel 5.2.1 Spezifische Wärmen einiger Gase (bei 15° C und 1 bar) [4*)]

Gas	Symbol	c_V (experimentell) ($J\,mol^{-1}\,K^{-1}$)	γ (experimentell)	γ [berechnet nach (5.2.9)]
Helium	He	12.5	1.666	1.666
Argon	Ar	12.5	1.666	1.666
Stickstoff	N_2	20.6	1.405	1.407
Sauerstoff	O_2	21.1	1.396	1.397
Kohlendioxid	CO_2	28.2	1.302	1.298
Äthan	C_2H_6	39.2	1.220	1.214

gefunden, wobei N die Anzahl der Moleküle im Gas und B eine von E und V unabhängige Konstante ist. Folglich ist

$$\ln \Omega = \ln B + N \ln V + \frac{3N}{2} \ln E$$

Der Temperaturparameter $\beta = (kT)^{-1}$ ist dann durch

$$\beta = \frac{\partial \ln \Omega}{\partial E} = \frac{3N}{2} \frac{1}{E}$$

gegeben. Somit ist

$$E = \frac{3N}{2\beta} = \frac{3N}{2} kT \tag{5.2.10}$$

Hierdurch wird direkt die Beziehung zwischen der inneren Energie und der absoluten Temperatur des Gases ausgedrückt. Wenn wir mit N_a die Loschmidtsche Zahl bezeichnen, ist $N = \nu N_a$ und (5.2.10) läßt sich auch schreiben

$$E = \tfrac{3}{2}\nu(N_a k)T = \tfrac{3}{2}\nu RT \tag{5.2.11}$$

wobei $R = N_a k$ die Gaskonstante ist.

Für die molare spezifische Wärme bei konstantem Volumen eines monoatomaren idealen Gases ergibt sich dann aufgrund von (5.2.2) und (5.2.11)

$$c_V = \frac{1}{\nu}\left(\frac{\partial E}{\partial T}\right)_V = \frac{3}{2} R \tag{5.2.12}$$

Wegen (4.3.8) hat dies den numerischen Wert

$$c_V = 12.47\ \mathrm{JK^{-1}\,mol^{-1}} \tag{5.2.13}$$

4*) Die experimentellen Werte sind übernommen von I.R. Partington und W.G. Shilling „The Specific Heats of Gases" S. 201, Benn, London (1924).

Weiterhin ergibt (5.2.8)

$$c_p = \tfrac{3}{2}R + R = \tfrac{5}{2}R \tag{5.2.14}$$

$$\gamma \equiv \frac{c_p}{c_v} = \tfrac{5}{3} = 1.667 \tag{5.2.15}$$

Diese einfache mikroskopischen Überlegungen führen somit zu ganz konkreten quantitativen Vorhersagen. Die in Tafel 5.2.1 für die monoatomaren Gase Helium und Argon angegebenen experimentellen Werte stimmen mit den theoretischen Werten (5.2.13) und (5.2.15) sehr gut überein.

5.3 Adiabatische Expansion bzw. Kompression

Angenommen, die Temperatur eines Gases wird infolge thermischen Kontaktes mit einem Wärmereservoir konstant gehalten. Wenn sich das Gas unter solchen „isothermen" (d.h. „gleiche Temperatur") Bedingungen quasistatisch ausdehnen kann, genügen der Druck p und das Volumen V aufgrund der Zustandsgleichung (5.1.1) der Beziehung

$$pV = \text{constant} \tag{5.3.1}$$

Wenn jedoch das Gas thermisch von seiner Umgebung isoliert wird (d.h. wenn es unter adiabatischen Bedingungen gehalten wird) und sich unter diesen Bedingungen ausdehnen kann, so wird es auf Kosten seiner inneren Energie Arbeit leisten, was eine Änderung seiner Temperatur zur Folge hat. Wie sind nun bei einem quasistatischen adiabatischen Prozeß dieser Art der Druck p des Gases und sein Volumen V miteinander verknüpft?

Unser Ausgangspunkt ist wieder der 1. Hauptsatz (5.2.1). Da keinerlei Wärme bei dem hier betrachteten adiabatischen Prozeß aufgenommen wird, ist dQ = 0. Mithilfe von (5.2.4) wird dann aus (5.2.1)

$$0 = \nu c_V\, dT + p\, dV \tag{5.3.2}$$

Diese Beziehung verknüpft die drei Variablen p, V und T. Mithilfe der Zustandsgleichung (5.1.1) kann man eine von diesen durch die beiden anderen ausdrücken. Somit ergibt (5.1.1)

$$p\, dV + V dp = \nu R\, dT \tag{5.3.3}$$

Wir wollen nun diese Gleichung nach dT auflösen und das Ergebnis in (5.3.2) einsetzen, wodurch wir eine Beziehung zwischen dp und dV gewinnen

$$0 = \frac{c_V}{R}(p\, dV + V\, dp) + p\, dV = \left(\frac{c_V}{R} + 1\right) p\, dV + \frac{c_V}{R} V\, dp$$

oder $(c_V + R)p\,dV + c_V V\,dp = 0$

Division beider Seiten dieser Gleichung durch die Größe $c_V p V$ ergibt

$$\gamma \frac{dV}{V} + \frac{dp}{p} = 0 \tag{5.3.4}$$

wobei wegen (5.2.9) gilt

$$\gamma \equiv \frac{c_V + R}{c_V} = \frac{c_p}{c_V} \tag{5.3.5}$$

Nun ist für die meisten Gase c_V unabhängig von der Temperatur oder nur eine *langsam* veränderliche Funktion von T. Somit hat man immer eine sehr gute Näherung, wenn man annimmt, daß das Verhältnis γ der spezifischen Wärmen in einem begrenzten Temperaturbereich unabhängig von T ist. Dann läßt sich (5.3.4) unmittelbar integrieren und ergibt

$$\gamma \ln V + \ln p = \text{constant}$$

bzw.

▶ $$pV^{\gamma} = \text{constant} \tag{5.3.6}$$

Da aufgrund von (5.3.5) $\gamma > 1$ ist, variiert p mit V schneller als im isothermen Fall (5.3.1), für den pV = konstant gilt.

Von (5.3.6) ausgehend lassen sich natürlich auch entsprechende Beziehungen zwischen V und T sowie zwischen p und T gewinnen. Z.B. folgt aus (5.3.6) wegen $p = \nu RT/V$

$$V^{\gamma-1} T = \text{constant} \tag{5.3.7}$$

5.4 Entropie

Die Entropie eines idealen Gases läßt sich aus der fundamentalen Beziehung (5.1.5) leicht mit Hilfe der Methode aus Abschnitt 4.5 berechnen. Aufgrund von (5.2.4) und der Zustandsgleichung (5.1.1) wird aus (5.1.5)

$$T\,dS = \nu c_V(T)\,dT + \frac{\nu RT}{V}\,dV$$

bzw. $$dS = \nu c_V(T)\frac{dT}{T} + \nu R\frac{dV}{V} \tag{5.4.1}$$

Diese Beziehung ermöglicht es, durch Integration die Entropiedifferenz zwischen zwei beliebigen Makrozuständen (T, V) und (T_0, V_0) für ν Mole des Gases zu bestimmen.

Wir wählen als Standard- oder Ausgangszustand einen Makrozustand des Gases, bei dem ν_0 Mole des Gases bei der Temperatur T_0 ein Volumen V_0 einnehmen. Wir bezeichnen dabei mit s_0 die *molare* Entropie des Gases in diesem Standardzustand. Um die Entropie $S(T, V, \nu)$ von ν Molen dieses Gases bei einer Temperatur T und einem Volumen V zu berechnen, brauchen wir lediglich *irgendeinen* quasistatischen Prozeß zu betrachten, durch den wir diese ν Mole Gas aus dem Standardzustand in den interessierenden Endzustand bringen. Wir wollen deshalb zunächst ν Mole Gas im Standardzustand durch eine Trennwand abspalten; diese haben eine Entropie νs_0 und nehmen ein Volumen $V_0(\nu/\nu_0)$ ein. Wir lassen nun in diesen ν Molen Gas die Temperatur langsam auf den Wert T anwachsen, während wir das Volumen konstant, d.h. auf dem Wert $V_0(\nu/\nu_0)$ lassen. Anschließend ändern wir das Volumen langsam auf den Wert V, während wir die Temperatur konstant bei T halten. Für diesen soeben beschriebenen Prozeß ergibt die Integration von (5.4.1)

$$S(T,V;\nu) - \nu s_0 = \nu \int_{T_0}^{T} \frac{c_V(T')\,dT'}{T'} + \nu R \int_{V_0(\nu/\nu_0)}^{V} \frac{dV'}{V'} \tag{5.4.2}$$

Das letzte Integral läßt sich unmittelbar ausführen:

$$\int_{V_0(\nu/\nu_0)}^{V} \frac{dV'}{V'} = [\ln V']_{V_0(\nu/\nu_0)}^{V} = \ln V - \ln\left(V_0 \frac{\nu}{\nu_0}\right) = \ln\frac{V}{\nu} - \ln\frac{V_0}{\nu_0}$$

Somit wird aus (5.4.2)

$$S(T,V;\nu) = \nu\left[\int_{T_0}^{T} \frac{c_V(T')}{T'}\,dT' + R\ln\frac{V}{\nu} - R\ln\frac{V_0}{\nu_0} + s_0\right] \tag{5.4.3}$$

bzw. $$S(T,V;\nu) = \nu\left[\int \frac{c_V(T')}{T'}\,dT' + R\ln V - R\ln\nu + \text{constant}\right] \tag{5.4.4}$$

Im letzten Ausdruck haben wir alle Größen, die sich auf den Standardzustand beziehen, in einer einzigen Konstanten zusammengefaßt. Die Ausdrücke (5.4.3) oder (5.4.4) geben die Abhängigkeit der Entropie S von T, V und ν an. In dem Spezialfall, daß c_V temperaturunabhängig ist, wird das Integral über die Temperatur natürlich trivial, d.h.

$$\int \frac{c_V}{T'}dT' = c_V \ln T,\ c_V = \text{const.}$$

Allgemeine Beziehungen für ein homogenes System

5.5 Ableitung allgemeiner Beziehungen

Wir betrachten ein homogenes System, dessen Volumen V der einzige äußere Parameter ist. Der Ausgangspunkt unserer Diskussion ist wieder die Grundgleichung der Thermostatik für einen quasistatischen infinitesimalen Prozeß

$$đQ = T\,dS = dE + p\,dV \tag{5.5.1}$$

Diese Gleichung führt zu einer Reihe weiterer Beziehungen, die im folgenden aufgestellt werden sollen.

Unabhängige Variable *S* und *V*. Gleichung (5.5.1) läßt sich schreiben

► $$dE = T\,dS - p\,dV \tag{5.5.2}$$

Daraus geht hervor, wie E von unabhängigen Änderungen der Parameter S und V abhängt. Wenn diese beiden nun als die zwei unabhängigen Parameter des Systems angesehen werden, d.h. wenn

$$E = E(S, V)$$

gilt die rein mathematische Aussage

$$dE = \left(\frac{\partial E}{\partial S}\right)_V dS + \left(\frac{\partial E}{\partial V}\right)_S dV \tag{5.5.3}$$

Da (5.5.2) und (5.5.3) für alle möglichen Werte von dS und dV gleich sind, folgt, daß die entsprechenden Koeffizienten von dS und dV übereinstimmen müssen. Somit gilt

$$\left(\frac{\partial E}{\partial S}\right)_V = T \qquad \left(\frac{\partial E}{\partial V}\right)_S = -p \tag{5.5.4}$$

Der wichtige Inhalt der Beziehung (5.5.2) besteht darin, daß die Kombination von Parametern auf der rechten Seiten immer gleich dem vollständigen Differential einer Größe ist, bei der es sich in diesem Fall um die Energie E handelt. Folglich können die Parameter T, S, p und V, die auf der rechten Seite von (5.5.2) auftreten, nicht völlig willkürlich variiert werden; es muß zwischen ihnen ein Zusammenhang bestehen, der garantiert, daß ihre Kombination das Differential dE ergibt. Um diesen Zusammenhang zu erhalten, braucht man nur zu beachten, daß die zweiten Ableitungen von E unabhängig von der Differentiationsreihenfolge sind [5+)], d.h.

$$\frac{\partial^2 E}{\partial V\,\partial S} = \frac{\partial^2 E}{\partial S\,\partial V}$$

bzw. $$\left(\frac{\partial}{\partial V}\right)_S \left(\frac{\partial E}{\partial S}\right)_V = \left(\frac{\partial}{\partial S}\right)_V \left(\frac{\partial E}{\partial V}\right)_S$$

Somit gewinnt man über (5.5.4) das Ergebnis

$$\left(\frac{\partial T}{\partial V}\right)_S = -\left(\frac{\partial p}{\partial S}\right)_V \tag{5.5.5}$$

[5+)] Schwarzscher Satz siehe Fußnote [3+)].

Diese nützliche Beziehung spiegelt lediglich die Tatsache wider, daß dE das vollständige Differential einer wohldefinierten Größe E ist, die den Makrozustand des Systems charakterisiert.

Unabhängige Variable S und p. Gleichung (5.5.2) zeigt die Wirkung unabhängiger Änderungen von S und V. Man kann nun ebensogut zu unabhängigen Variablen S und p übergehen, indem man einfach von dem Ausdruck $p\,dV$, in dem das Differential dV auftritt, wegen

$$p\,dV = d(pV) - V\,dp$$

zu dem äquivalenten Ausdruck auf der rechten Seite dieser Gleichung übergeht, in dem dp vorkommt. (5.2.2) geht dann über in

$$dE = T\,dS - p\,dV = T\,dS - d(pV) + V\,dp$$

bzw. $$d(E + pV) = T\,dS + V\,dp.$$

Wir können das in der Form

$$dH = T\,dS + V\,dp \tag{5.5.6}$$

schreiben, wobei wir die Definition

$$H \equiv E + pV \tag{5.5.7}$$

eingeführt haben. Die Größe H heißt „Enthalpie".

Betrachtet man S und p als unabhängige Variable, so gilt

$$H = H(S, p)$$

und $$dH = \left(\frac{\partial H}{\partial S}\right)_p dS + \left(\frac{\partial H}{\partial p}\right)_S dp \tag{5.5.8}$$

Ein Vergleich von (5.5.6) und (5.5.8) ergibt die Beziehungen

$$\left(\frac{\partial H}{\partial S}\right)_p = T \qquad \left(\frac{\partial H}{\partial p}\right)_S = V \tag{5.5.9}$$

Der wesentliche Gesichtspunkt in (5.5.6) ist wieder die Tatsache, daß die Parameterkombination auf der rechten Seite gleich dem vollständigen Differential einer Größe ist, die wir mit H bezeichnet und durch (5.5.7) definiert haben. Die Gleichheit der gemischten Ableitungen dieser Größe, d.h.

$$\frac{\partial^2 H}{\partial p\,\partial S} = \frac{\partial^2 H}{\partial S\,\partial p}$$

impliziert unmittelbar die Beziehung

$$\left(\frac{\partial T}{\partial p}\right)_S = \left(\frac{\partial V}{\partial S}\right)_p \tag{5.5.10}$$

Diese Gleichung ist analog zu (5.5.5) und stellt wieder einen notwendigen Zusammenhang zwischen den Parametern T, S, p und V dar. Damit dürfte klar sein, wie man vorzugehen hat, um thermodynamische Beziehungen dieser Art zu gewinnen. Alles, was man zu tun hat, ist das Begonnene fortzusetzen und die möglichen Variablenänderungen in der Grundgleichung (5.5.2) der Reihe nach durchzuspielen.

Unabhängige Variable T und V. Wir transformieren (5.5.2) in einen Ausdruck, der dT anstatt dS enthält. Dazu schreiben wir

$$dE = T\,dS - p\,dV = d(TS) - S\,dT - p\,dV$$

oder
$$dF = -S\,dT - p\,dV \tag{5.5.11}$$

wobei wir die Definition

$$F \equiv E - TS \tag{5.5.12}$$

eingeführt haben. Die Größe F heißt „freie Energie".

Da wir T und V als unabhängige Variable betrachten, gilt

$$F = F(T, V)$$

und
$$dF = \left(\frac{\partial F}{\partial T}\right)_V dT + \left(\frac{\partial F}{\partial V}\right)_T dV \tag{5.5.13}$$

Ein Vergleich von (5.5.11) und (5.5.13) ergibt

$$\left(\frac{\partial F}{\partial T}\right)_V = -S$$

$$\left(\frac{\partial F}{\partial V}\right)_T = -p \tag{5.5.14}$$

Die Gleichheit der gemischten Ableitungen

$$\frac{\partial^2 F}{\partial V\,\partial T} = \frac{\partial^2 F}{\partial T\,\partial V}$$

besagt dann

$$\left(\frac{\partial S}{\partial V}\right)_T = \left(\frac{\partial p}{\partial T}\right)_V \tag{5.5.15}$$

Unabhängige Variable T und p. Wir transformieren schließlich (5.5.2) in einem Ausdruck, der dT und dp anstelle von dS und dV enthält. Wir schreiben dazu

$$dE = T\,dS - p\,dV = d(TS) - S\,dT - d(pV) + V\,dp$$

oder
$$dG = -S\,dT + V\,dp \tag{5.5.16}$$

wobei wir die Definition

$$G \equiv E - TS + pV \tag{5.5.17}$$

eingeführt haben. Die Größe G heißt „freie Enthalpie". Mit Hilfe der vorangehenden Definitionen (5.5.7) oder (5.5.12) könnten wir auch schreiben $G = H - TS$, oder $G = F + pV$.

Da wir T und p als unabhängige Variable betrachten, gilt

$$G = G(T, p)$$

und
$$dG = \left(\frac{\partial G}{\partial T}\right)_p dT + \left(\frac{\partial G}{\partial p}\right)_T dp \tag{5.5.18}$$

Ein Vergleich von (5.5.16) und (5.5.18) ergibt

$$\left(\frac{\partial G}{\partial T}\right)_p = -S \qquad \left(\frac{\partial G}{\partial p}\right)_T = V \tag{5.5.19}$$

Die Gleichheit der gemischten Ableitungen

$$\frac{\partial^2 G}{\partial p\, \partial T} = \frac{\partial^2 G}{\partial T\, \partial p}$$

besagt dann

$$-\left(\frac{\partial S}{\partial p}\right)_T = \left(\frac{\partial V}{\partial T}\right)_p \tag{5.5.20}$$

Die Ergebnisse dieses Abschnitts lassen sich mit Hilfe eines Schemas leicht merken:

$$\begin{matrix} S & H & p \\ E & & G \\ V & F & T \end{matrix} \tag{5.5.21}$$

In den Ecken dieses Schemas stehen die Größen, mit deren Differentialen durch Linear-Kombination das Differential der Größe zwischen ihnen gebildet wird. Dabei sind die Differentiale der oberen Zeile positiv, die der unteren negativ zu nehmen. Die Koeffizienten vor den Differentialen finden sich am anderen Ende der Diagonalen. Beispiel:

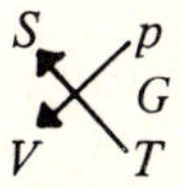

$$dG = S(-dT) + V(dp)$$

5.6 Zusammenfassung der Maxwellschen Relationen und der thermodynamischen Potentiale

Die Maxwellschen Relationen. Die gesamte Diskussion des vorangehenden Abschnitts basierte auf der Grundgleichung der Thermostatik

▶ $$dE = T\,dS - p\,dV \tag{5.6.1}$$

Aus dieser Gleichung haben wir die wichtigen Beziehungen (5.5.5), (5.5.10), (5.5.15) und (5.5.20) abgeleitet, die wir noch einmal gesondert zusammenstellen wollen.

$$\left(\frac{\partial T}{\partial V}\right)_S = -\left(\frac{\partial p}{\partial S}\right)_V \tag{5.6.2}$$

$$\left(\frac{\partial T}{\partial p}\right)_S = \left(\frac{\partial V}{\partial S}\right)_p \tag{5.6.3}$$

$$\left(\frac{\partial S}{\partial V}\right)_T = \left(\frac{\partial p}{\partial T}\right)_V \tag{5.6.4}$$

$$\left(\frac{\partial S}{\partial p}\right)_T = -\left(\frac{\partial V}{\partial T}\right)_p \tag{5.6.5}$$

Diese Gleichungen heißen „Maxwellsche Relationen". Sie sind eine unmittelbare Folge der Tatsache, daß die Größen T, S, p und V nicht unabhängig, sondern durch die Grundgleichung der Thermostatik (5.6.1) miteinander verknüpft sind. Die Maxwellschen Relationen sind alle äquivalent [6*)]; jede von ihnen läßt sich aus einer beliebigen anderen durch eine einfache Variablentransformation herleiten.

Es ist der Mühe wert, sich deutlich ins Gedächtnis zu rufen, warum dieser durch die Maxwellschen Relationen ausgedrückte Zusammenhang zwischen den Variablen eigentlich besteht. Der Grund ist der folgende: Eine vollständige makroskopische Beschreibung eines Systems im Gleichgewicht ist möglich, wenn man die Anzahl Ω der dem System zugänglichen Zustände (oder, was dasselbe ist, seine Entropie $S = k \ln \Omega$) als Funktion seiner Energie E und seines einen äußeren Parameters V kennt. Aber sowohl die Temperatur T als auch der mittlere Druck p lassen sich durch $\ln \Omega$ oder S ausdrücken: in Kapitel 3 haben wir die Ausdrücke (3.12.1) und (3.12.5) gefunden, d.h.

$$\frac{1}{T} = \left(\frac{\partial S}{\partial E}\right)_V \qquad \text{und} \qquad p = T\left(\frac{\partial S}{\partial V}\right)_E \tag{5.6.6}$$

Dieser Umstand, daß sowohl T als auch p durch dieselbe Funktion S ausgedrückt werden können, ist es, der auf den Zusammenhang (5.6.1) und damit auf die Maxwellschen Relationen führt.

[6*)] Sie lassen sich etwa in der einzigen Aussage zusammenfassen, daß $\partial(T, S)/\partial(p, V) = 1$ gilt.

Tatsächlich gilt

$$dS = \left(\frac{\partial S}{\partial E}\right)_V dE + \left(\frac{\partial S}{\partial V}\right)_E dV$$

$$= \frac{1}{T} dE + \frac{p}{T} dV \text{ von (5.6.6)}$$

und der letzte Ausdruck ist nichts anderes als die Grundgleichung (5.6.1)

Thermodynamische Potentiale. Die Maxwellschen Relationen bilden das wichtige Ergebnis des letzten Abschnitts. Es ist jedoch für spätere Zwecke nützlich, die verschiedenen thermodynamischen Potentiale, die wir dort eingeführt haben, noch einmal zusammenzufassen

$$\begin{array}{ll} E & E = E(S, V) \\ H \equiv E + pV & H = H(S, p) \\ F \equiv E - TS & F = F(T, V) \\ G \equiv E - TS + pV & G = G(T, p) \end{array} \qquad (5.6.7)$$

Hier sind jeweils diejenigen unabhängigen Variablen angegeben worden, als Funktionen derer allein die Größen E, H, F und G als „Potentiale" bezeichnet werden. Die Bezeichnung rührt daher, daß die partiellen Ableitungen der Potentiale gemäß (5.5.4), (5.5.9), (5.5.14) und (5.5.19) einfache physikalische Größen ergeben (d.h. Potentialeigenschaft besitzen). Wird z.B. die Energie als Funktion von T und V angegeben $E = E(T, V)$, so verliert E seine Potentialeigenschaft und wird daher in diesen Variablen auch nicht als Potential bezeichnet.

Die Potentiale genügen den thermodynamischen Relationen

$$dE = T\,dS - p\,dV \qquad (5.6.8)$$

$$dH = T\,dS + V\,dp \qquad (5.6.9)$$

$$dF = -S\,dT - p\,dV \qquad (5.6.10)$$

$$dG = -S\,dT + V\,dp \qquad (5.6.11)$$

Die Relationen (5.5.4), (5.5.9), (5.5.14) und (5.5.19), die Ableitungen der Funktionen E, H, F und G enthalten, lassen sich aus diesen Gleichungen unmittelbar ablesen.

5.7 Spezifische Wärme

Wir betrachten irgendeine homogene Substanz, deren einziger äußerer Parameter das Volumen V sei und untersuchen allgemein die Beziehung zwischen der molaren spezifischen Wärme c_V bei konstantem Volumen und der molaren spezifischen Wärme c_p bei konstantem Druck. Diese Beziehung ist von großer praktischer Bedeutung, da sich Berechnungen mit Hilfe der statistischen Mechanik gewöhnlich leichter für ein festes Volumen durchführen lassen, während experimentelle Messungen einfacher bei konstantem (etwa atmosphärischem) Druck vorzunehmen sind. Um deshalb die theoretisch berechnete Größe c_V mit der experimentell gemessenen c_p vergleichen zu können, benötigt man eine Beziehung zwischen diesen beiden Größen.

Die Wärmekapazität [7+)] bei konstantem Volumen ist durch

$$C_V = \left(\frac{đQ}{dT}\right)_V = T\left(\frac{\partial S}{\partial T}\right)_V \tag{5.7.1}$$

definiert. Analog ist die Wärmekapazität bei konstantem Druck durch

$$C_p = \left(\frac{đQ}{dT}\right)_p = T\left(\frac{\partial S}{\partial T}\right)_p \tag{5.7.2}$$

definiert. Wir suchen nun eine allgemeine Beziehung zwischen diesen beiden Größen.

Experimentell lassen sich gewöhnlich am besten die Temperatur T und der Druck p kontrollieren. Wir betrachten diese beiden Parameter deshalb als unabhängige Variable. Dann ist $S = S(T, p)$, und man erhält den folgenden allgemeinen Ausdruck für die Wärmemenge dQ, die bei einem infinitesimalen quasistatischen Prozeß aufgenommen wird

$$đQ = T\,dS = T\left[\left(\frac{\partial S}{\partial T}\right)_p dT + \left(\frac{\partial S}{\partial p}\right)_T dp\right] \tag{5.7.3}$$

Mit Hilfe von (5.7.2) können wir das in der Form schreiben

$$đQ = T\,dS = C_p\,dT + T\left(\frac{\partial S}{\partial p}\right)_T dp \tag{5.7.4}$$

Wenn der Druck konstant gehalten wird, ist $dp = 0$, und (5.7.4) geht in (5.7.2) über. Nun werden aber bei der Berechnung von C_V mittels (5.7.1) T und V als unabhängige Variable benutzt. Um $đQ$ in (5.7.4) durch dT und dV auszudrücken, braucht man nur dp durch diese Differentiale auszudrücken. Dies ergibt

$$đQ = T\,dS = C_p\,dT + T\left(\frac{\partial S}{\partial p}\right)_T \left[\left(\frac{\partial p}{\partial T}\right)_V dT + \left(\frac{\partial p}{\partial V}\right)_T dV\right] \tag{5.7.5}$$

Die Wärmemenge $đQ$, die bei konstantem Volumen aufgenommen wird, erhält man daraus, indem man $dV = 0$ setzt. Division dieser Wärmemenge durch dT ergibt dann C_V, also

$$C_V = T\left(\frac{\partial S}{\partial T}\right)_V = C_p + T\left(\frac{\partial S}{\partial p}\right)_T \left(\frac{\partial p}{\partial T}\right)_V \tag{5.7.6}$$

[7+)] Engl. heat capacity.

Dies ist eine Beziehung zwischen C_V und C_p, die aber auf der rechten Seite noch Größen enthält, die sich nicht ohne Weiteres messen lassen. Was ist z.B. $(\partial S/\partial p)_T$? Diese Größe läßt sich ohne Zweifel nur schwer messen. Da es sich dabei aber um die Ableitung einer Variablen aus dem (T, S)-Paar nach einer Variablen aus dem (p, V)-Paar handelt, können wir die Maxwellschen Relationen benutzen. Nach (5.6.5) ist

$$\left(\frac{\partial S}{\partial p}\right)_T = -\left(\frac{\partial V}{\partial T}\right)_p \tag{5.7.7}$$

Hier steht auf der rechten Seite eine leicht zu messende Größe, nämlich einfach die Änderung des Volumens mit der Temperatur bei konstantem Druck. Mit der Definition des „Ausdehnungskoeffizienten" [8+)]

$$\alpha \equiv \frac{1}{V}\left(\frac{\partial V}{\partial T}\right)_p \tag{5.7.8}$$

erhalten wir aus (5.7.7)

$$\left(\frac{\partial S}{\partial p}\right)_T = -V\alpha \tag{5.7.9}$$

Die Ableitung $(\partial p/\partial T)_V$ läßt sich ebenfalls nicht sehr leicht bestimmen, da sie eine Messung erfordert, bei der das Volumen konstant ist [9*)]. Wie bereits erwähnt, werden üblicherweise die Temperatur T und der Druck p (und nicht das Volumen V) experimentell vorgegeben. Nun können wir aber dV durch dT und dp ausdrücken

$$dV = \left(\frac{\partial V}{\partial T}\right)_p dT + \left(\frac{\partial V}{\partial p}\right)_T dp$$

was für den Fall konstanten Volumens, $dV = 0$, für das gesuchte Verhältnis dp/dT bei konstantem Volumen das Ergebnis liefert

$$\left(\frac{\partial p}{\partial T}\right)_V = -\frac{\left(\frac{\partial V}{\partial T}\right)_p}{\left(\frac{\partial V}{\partial p}\right)_T} \tag{5.7.10}$$

[Dies ist genau das Resultat (A.9.5), das wir auch, ohne es nochmals abzuleiten, einfach hätten hinschreiben können.] Hier ist der Zähler wieder nach (5.7.8) mit α verknüpft. Der Nenner ist eine leicht zu messende Größe, nämlich die Änderung des Substanzvolumens mit wachsendem Druck bei konstanter Temperatur. (Die Änderung des Volumens ist natürlich negativ, da das Volumen mit wachsendem Druck abnimmt.) Man definiert nun die positive intensive Größe

---

8+) α ist aufgrund seiner Definition eine intensive Größe.

9*) Bei Festkörpern und Flüssigkeiten ruft ein kleiner Temperaturanstieg bei konstantem Volumen einen sehr großen Druckanstieg hervor. Dies stellt hohe Anforderungen an die Stabilität der benutzten Behälter.

$$\kappa \equiv -\frac{1}{V}\left(\frac{\partial V}{\partial p}\right)_T \tag{5.7.11}$$

als die „isotherme Kompressibilität" der Substanz. Damit wird aus (5.7.10)

$$\left(\frac{\partial p}{\partial T}\right)_V = \frac{\alpha}{\kappa} \tag{5.7.12}$$

Einsetzen von (5.7.9) und (5.7.12) in (5.7.6) ergibt dann

$$C_V = C_p + T(-V\alpha)\left(\frac{\alpha}{\kappa}\right)$$

oder

▶ $$C_p - C_V = VT\frac{\alpha^2}{\kappa} \tag{5.7.13}$$

Falls C_p und C_V in diesem Ausdruck die Wärmekapazitäten pro Mol bedeuten, dann ist entsprechend V das Molvolumen.

Die Gleichung (5.7.13) ergibt den gewünschten Zusammenhang zwischen C_p und C_V und enthält nur Größen, die sich entweder leicht direkt messen oder aus der Zustandsgleichung berechnen lassen. Für Festkörper und Flüssigkeiten ist die rechte Seite von (5.7.13) recht klein, so daß sich C_p und C_V hier nicht sehr voneinander unterscheiden.

Numerisches Beispiel: Wir betrachten eine Kupferprobe bei Raumtemperatur (298 K) und atmosphärischem Druck. Die Dichte des Metalls ist 8,9 $\mathrm{g\,cm^{-3}}$ und sein Atomgewicht ist 63,5. Somit ist sein Molvolumen $V = 63{,}5/8{,}9 = 7{,}1\ \mathrm{cm^3/mol^{-1}}$. Die anderen beobachteten [10*] Werte sind $\alpha = 5 \cdot 10^{-5}\ \mathrm{K^{-1}}$, $\kappa = 4{,}5 \cdot 10^{-7} \cdot \mathrm{bar^{-1}}$ und $c_p = 24{,}5\ \mathrm{J\,K^{-1}\,mol^{-1}}$. Man berechnet dann mit (5.7.13), daß $c_p - c_V = 1{,}2\ \mathrm{J\,K^{-1}\,mol^{-1}}$. Somit $c_V = 23{,}3\ \mathrm{J\,K^{-1} \cdot mol^{-1}}$ und $\gamma \equiv c_p/c_V = 1{,}05$.

Einfache Anwendung: ideales Gas. Wir wollen (5.7.13) auf den Spezialfall des in Abschnitt 5.2 besprochenen idealen Gases anwenden. Hier lautet die Zustandsgleichung

$$pV = \nu RT \tag{5.7.14}$$

Wir berechnen zunächst den durch (5.7.8) definierten Ausdehnungskoeffizienten α. Für konstanten Druck p gilt

$$p\,dV = \nu R\,dT$$

somit $$\left(\frac{\partial V}{\partial T}\right)_p = \frac{\nu R}{p}$$

10*) Die Meßwerte sind aus: „American Institute of Physics Handbook". 2. Aufl., McGraw-Hill, New York (1963).

und $$\alpha = \frac{1}{V}\left(\frac{\nu R}{p}\right) = \frac{\nu R}{\nu RT} = \frac{1}{T} \tag{5.7.15}$$

Als nächstes berechnen wir die in (5.7.11) definierte Kompressibilität κ. Für konstante Temperatur T ergibt (5.7.14)

$$p\,dV + V\,dp = 0$$

somit $$\left(\frac{\partial V}{\partial p}\right)_T = -\frac{V}{p}$$

und $$\kappa = -\frac{1}{V}\left(-\frac{V}{p}\right) = \frac{1}{p} \tag{5.7.16}$$

Damit wird aus (5.7.13)

$$C_p - C_V = VT\,\frac{(1/T)^2}{1/p} = \frac{Vp}{T} = \nu R$$

oder pro Mol

$$c_p - c_V = R \tag{5.7.17}$$

was mit unserem früheren Ergebnis (5.2.8) übereinstimmt.

+ **Grenzeigenschaften in der Nähe des absoluten Nullpunkts.** Der dritte Hauptsatz der Thermodynamik (3.11.5) behauptet, daß die Entropie S eines Systems unabhängig von allen Parametern des Systems glatt gegen einen festen Grenzwert S_0 strebt, wenn die absolute Temperatur T gegen Null strebt[11*]:

$$\text{für } T \to 0, \quad S(T, V) \to S_0$$
$$S(T, p) \to S_0 \tag{5.7.18}$$
$$\left(\frac{\partial S}{\partial V}\right)_T \to 0, \quad \left(\frac{\partial S}{\partial p}\right)_T \to 0$$

Die Maxwellschen Relationen (5.6.4) und (5.6.5) zeigen, daß

$$\left(\frac{\partial p}{\partial T}\right)_V \to 0, \quad \left(\frac{\partial V}{\partial T}\right)_p \to 0 \tag{5.7.19}$$

gilt. Danach verschwinden auch der Ausdehnungskoeffizient (5.7.8) und der Spannungskoeffizient

$$\beta \equiv \frac{1}{P}\left(\frac{\partial p}{\partial T}\right)_V$$

$$\text{für } T \to 0: \quad \alpha \to 0, \quad \beta \to 0. \tag{5.7.20}$$

11*) Üblicherweise ist die Grenzbetrachtung so zu verstehen, daß die Temperatur immer noch hoch genug ist, um vollständig zufällige Orientierungen der Kernspins zu gewährleisten.

Gemäß (5.7.12) und (5.7.19) verschwindet auch α/κ, so daß die Kompressibilität am absoluten Nullpunkt endlich bleibt oder nicht so schnell wie α mit T verschwindet.

Aus (5.6.7) $F = E - TS$ ergibt sich

$$\text{für } T \to 0: \quad F = E \tag{5.7.21}$$

Werden (5.7.1) und (5.7.2) integriert, so ergibt sich

$$\begin{aligned} S(T, V) - S_0 &= \int_0^T \frac{C_V(T')}{T'} dT' \\ S(T, p) - S_0 &= \int_0^T \frac{C_p\,(T')}{T'} dT' \end{aligned} \tag{5.7.22}$$

Da aber die Entropiedifferenz auf der linken Seite endlich ist, muß, um die richtige Konvergenz des Integrals auf der rechten Seite zu gewährleisten

$$\text{für } T \to 0 \quad \frac{C_V(T)}{T} \sim T^a, \; a > -1 \tag{5.7.23}$$

gelten [12+)]. Daher verschwinden die spezifischen Wärmen am absoluten Nullpunkt gemäß

$$C_v(T) \sim T^{a+1}, \; C_p(T) \sim T^{a'+1}, \; a, a' > 1 \tag{5.7.24}$$

Vergleicht man dieses Ergebnis mit (5.7.1) und (5.7.2), so sieht man, daß

$$\left(\frac{\partial S}{\partial T}\right)_V \sim T^a, \quad \left(\frac{\partial S}{\partial T}\right)_p \sim T^{a'} \tag{5.7.25}$$

gilt. Die Ergebnisse des letzten Absatzes, d.h. die Gleichungen (5.7.22) bis (5.7.25) beruhen nicht auf dem dritten Hauptsatz, denn es wurde kein Gebrauch davon gemacht, daß S_0 weder eine Funktion von V noch eine solche von p ist. Daher folgen die Aussagen dieses Absatzes allein aus den beiden ersten Hauptsätzen.

Anders ist das für die folgende Abschätzung. Gemäß (5.7.13) gilt

$$\frac{C_p - C_V}{T} = V\frac{\alpha}{\kappa}\;\alpha \sim T^b\, T^{b'}, \quad b, b' > 0 \tag{5.7.26}$$

Dabei wurden (5.7.12), (5.7.19) und (5.7.20) benutzt. Diese Aussage steht keineswegs in Widerspruch zu (5.7.17), wonach $C_p - C_V$ für ein ideales Gas eine Konstante ist. Es ist nur so, daß für $T \to 0$, d.h. für den Übergang des Systems in seinen Grundzustand quantenmechanische Effekte wesentlich werden, so daß hier die klassische Zustandsgleichung $pV = \nu RT$ nicht mehr gültig ist, und zwar auch dann nicht,

---

12+) Das Integral $\int_0^1 x^a dx = \frac{1}{a+1} x^{a+1}\Big|_0^1$ konvergiert für $a > -1$.

wenn die Wechselwirkung zwischen den Teilchen so klein ist, daß das Gas als ideales Gas behandelt werden kann.

Nun wird gezeigt, daß aus dem dritten Hauptsatz die Aussage folgt, daß der absolute Nullpunkt durch einen reversiblen Prozeß unerreichbar ist. Eine Abkühlung eines Systems kann nur durch Wärmeabgabe an ein Wärmereservoir oder adiabatische Abkühlung erreicht werden. Da es für hinreichend tiefe Temperaturen keine Wärmereservoire mit noch tieferen Temperaturen gibt, kommt hier nur die adiabatische Abkühlung des Systems in Betracht. Gemäß (3.11.4) gilt für einen solchen reversiblen Prozeß $dS = 0$ oder $S(V, T) = \text{const.}$ Somit gilt gemäß (5.7.22)

$$S(V, T) = \text{const.} = S_0 + \int_0^T \frac{C_V(V, T')}{T'}\, dT' \tag{5.7.27}$$

Da nach dem 3. Hauptsatz S_0 eine von V unabhängige Konstante ist, folgt daraus

$$\int_0^T \frac{C_V(V, T')}{T'}\, dT' = \text{const.} \equiv S(V, T) - S_0 \tag{5.7.28}$$

für alle T längs der Adiabaten $V = V(T)$.

Wegen $C_V > 0$ ist const. > 0. (5.7.28) kann nun für hinreichend kleine T nicht mehr erfüllt werden, weil dann die linke Seite dieser Gleichung gegen Null strebt, wogegen die rechte Seite stets größer als Null zu sein hat. Daher ist es nicht möglich, auf einer Adiabaten die Temperatur $T = 0$ zu erreichen.

Je nach der Größe, der in (5.7.28) auftretenden Konstanten, d.h. je nach dem Ausgangspunkt des adiabatischen Prozesses werden tiefere Temperaturen als die Ausgangstemperatur erreicht, es gibt jedoch eine kleinste, von Null verschiedene Temperatur, für die (5.7.28) noch gerade gilt. Daher kann man sich dem absoluten Nullpunkt durch eine Folge von einander abwechselnden reversiblen isothermen und adiabatischen Prozessen nähern, $T = 0$ selbst ist jedoch nicht erreichbar.

Nun wird die adiabatische Abkühlung eines Systems durch einen irreversiblen Prozeß betrachtet. Für einen solchen Prozeß ist gemäß (3.11.3)

$$\Delta S > 0 \tag{5.7.29}$$

d.h. die Entropie kann nur zunehmen. Da nach (5.7.22) wegen $C_V > 0$ stets $S(V, T) > S_0$ gilt, muß die Entropie bei Annäherung an den absoluten Nullpunkt abnehmen. Da dies gemäß (5.7.29) nicht möglich ist, kann man auch durch *irreversible* adiabatische Abkühlung den Temperaturnullpunkt nicht erreichen. Unter der Voraussetzung, daß es kein Wärmereservoir der Temperatur $T = 0$ gibt, folgt daher, – wie die vorstehenden Ausführungen zeigen – daß der Temperaturnullpunkt unerreichbar ist.

Es werden nun Systeme betrachtet, deren zugänglicher Teil des Phasenraums für $T = 0$ aus einem einzigen Zustand, dem nichtentarteten Grundzustand besteht. Gemäß (3.10.5) gilt dann

$$S_0 = 0 \tag{5.7.30}$$

Für diese Systeme (es gibt nur wenige Ausnahmen) läßt sich ein Zusammenhang zwischen $(\partial E/\partial T)_V$ und $(\partial F/\partial T)_V$ an der Stelle $T = 0$ herstellen. Die Entropie wird um $T = 0$ unter Verwendung von (5.6.7) entwickelt

$$S = \frac{1}{T}(E - F) = \frac{1}{T}\left\{E_0 - F_0 + \left[\left(\frac{\partial E}{\partial T}\right)_V^0 - \left(\frac{\partial F}{\partial T}\right)_V^0\right] T + \ldots\right\} \tag{5.7.31}$$

Gemäß (5.7.21) und (5.7.30) gilt

$$S_0 = 0 = \left[\left(\frac{\partial E}{\partial T}\right)_V^0 - \left(\frac{\partial F}{\partial T}\right)_V^0\right] \tag{5.7.32}$$

Da nach (3.10.3) S nicht negativ ist, folgt aus (5.6.7)

$$F \leqslant E \tag{5.7.33}$$

Somit ergibt sich der in Abb. 5.7.1 qualitativ dargestellte Temperaturverlauf von F und E.

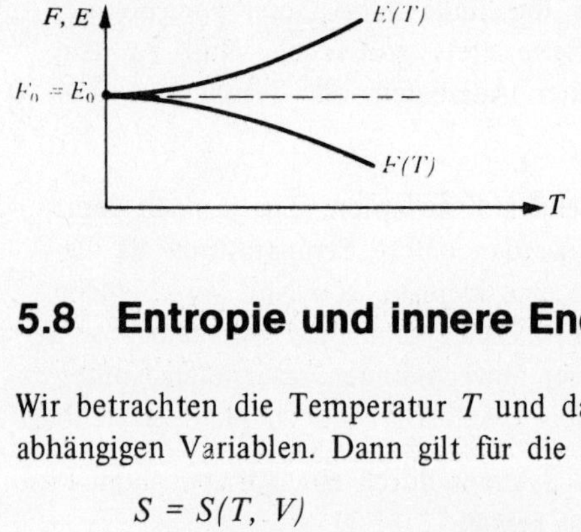

Abb. 5.7.1 Temperaturverlauf der Energie E und der freien Energie F in der Nähe des absoluten Nullpunktes für Systeme mit nichtentartetem Grundzustand.

5.8 Entropie und innere Energie

Wir betrachten die Temperatur T und das Volumen V einer Substanz als die unabhängigen Variablen. Dann gilt für die Entropie

$$S = S(T, V)$$

$$dS = \left(\frac{\partial S}{\partial T}\right)_V dT + \left(\frac{\partial S}{\partial V}\right)_T dV \tag{5.8.1}$$

Die erste der hier auftretenden Ableitungen steht nach (5.7.1) in einem einfachen Zusammenhang mit der Wärmekapazität bei konstantem Volumen, während die zweite in der Maxwellschen Relation (5.6.4) auftritt, so daß

$$\left(\frac{\partial S}{\partial T}\right)_V = \frac{1}{T} C_V \tag{5.8.2}$$

$$\left(\frac{\partial S}{\partial V}\right)_T = \left(\frac{\partial p}{\partial T}\right)_V \tag{5.8.3}$$

gilt. Damit wird aus (5.8.1)

$$dS = \frac{C_V}{T}dT + \left(\frac{\partial p}{\partial T}\right)_V dV \tag{5.8.4}$$

Man beachte, daß sich die rechte Seite von (5.8.3) auswerten läßt, wenn man die Zustandsgleichung kennt. Die Größe C_V ist im allgemeinen eine Funktion sowohl von T als auch von V. Ihre Abhängigkeit von V kann jedoch ebenfalls aus der Zustandsgleichung bestimmt werden. Definitionsgemäß ist nämlich

$$C_V = T\left(\frac{\partial S}{\partial T}\right)_V$$

Differentiation bei einer festen Temperatur T ergibt dann

$$\begin{aligned}\left(\frac{\partial C_V}{\partial V}\right)_T &= \left(\frac{\partial}{\partial V}\right)_T\left[T\left(\frac{\partial S}{\partial T}\right)_V\right] = T\frac{\partial^2 S}{\partial V\,\partial T}\\ &= T\frac{\partial^2 S}{\partial T\,\partial V} = T\left(\frac{\partial}{\partial T}\right)_V\left(\frac{\partial S}{\partial V}\right)_T\\ &= T\left(\frac{\partial}{\partial T}\right)_V\left(\frac{\partial p}{\partial T}\right)_V \quad \text{mit (5.8.3)}\end{aligned}$$

Somit gilt

$$\blacktriangleright \quad \left(\frac{\partial C_V}{\partial V}\right)_T = T\left(\frac{\partial^2 p}{\partial T^2}\right)_V \tag{5.8.5}$$

wobei sich die rechte Seite bei Kenntnis der Zustandsgleichung auswerten läßt.

Wir haben bereits darauf hingewiesen, zuletzt in Abschnitt 5.6, daß sich alle thermodynamischen Eigenschaften eines Systems aus seiner Entropie berechnen lassen. Wir wollen uns deshalb fragen, welche experimentelle Kenntnis notwendig ist, um die Entropie S und damit alle anderen thermodynamischen Funktionen zu berechnen. Wie man nun leicht einsieht, braucht man dazu lediglich zu kennen

1. Die Wärmekapazität als Funktion von T für irgend*einen* festen Wert $V = V_1$ des Volumens.
2. Die Zustandsgleichung.

Die Zustandsgleichung läßt sich z.B. in (5.8.5) benutzten, um $(\partial C_V/\partial V)_T$ als Funktion von T und V zu berechnen. Diese Information reicht dann aus, um die Wärmekapazität $C_V(T, V)$ bei irgendeinem Volumen V aus der bekannten Wärmekapazität $C_V(T, V_1)$ bei dem Volumen V_1 und derselben Temperatur T zu berechnen:

$$C_V(T,V) = C_V(T,V_1) + \int_{V_1}^{V}\left(\frac{\partial C_V(T,V')}{\partial V}\right)_T dV' \tag{5.8.6}$$

Kennt man $C_V(T, V)$, so läßt sich, da $(\partial p/\partial T)_V$ aufgrund der Zustandsgleichung ebenfalls als Funktion von T und V bekannt ist, (5.8.4) benutzen, um $S(T, V)$ bzw. die Differenz $S(T, V) - S(T_0, V_0)$ zu bestimmen. Man hat dazu lediglich (5.8.4) zu integrieren, indem man schreibt

$$S(T,V) - S(T_0,V_0) = [S(T,V) - S(T_0,V)] + [S(T_0,V) - S(T_0,V_0)] \quad (5.8.7)$$

wobei der erste Term der rechten Seite die Entropieänderung bei konstantem Volumen V und der zweite Term die Entropieänderung bei konstanter Temperatur T_0 darstellt. Damit erhält man

$$S(T,V) - S(T_0,V_0) = \int_{T_0}^{T} \frac{C_V(T',V)}{T'} \, dT' + \int_{V_0}^{V} \left(\frac{\partial p(T_0,V')}{\partial T}\right)_V dV \quad (5.8.8)$$

Anmerkung: Man hätte (5.8.4) natürlich auch in umgekehrter Reihenfolge integrieren können, indem man anstelle von (5.8.7) geschrieben hätte

$$S(T,V) - S(T_0,V_0) = [S(T,V) - S(T,V_0)] + [S(T,V_0) - S(T_0,V_0)]$$

$$= \int_{V_0}^{V} \left(\frac{\partial p(T,V')}{\partial T}\right)_V dV' + \int_{T_0}^{T} \frac{C_V(T',V_0)}{T'} \, dT' \quad (5.8.9)$$

Dieser Ausdruck enthält C_V bei dem Volumen V_0 anstelle von V und $(\partial p/\partial T)_V$ bei der Temperatur T anstelle von T_0. Trotzdem muß (5.8.9) natürlich mit dem Resultat (5.8.8) übereinstimmen. Daß dies auch so ist, liegt an der fundamentalen Eigenschaft der Entropie, einen bestimmten Makrozustand des Systems zu charakterisieren, so daß die berechnete Entropiedifferenz unabhängig von dem benutzten Prozeß ist, der vom Makrozustand (T_0, V_0) zum Makrozustand (T, V) führt.

Wir wollen uns nun der inneren Energie E der Substanz zuwenden und diese als Funktion von T und V betrachten. Nach der Grundgleichung der Thermostatik gilt

$$dE = T\,dS - p\,dV$$

Drücken wir dS wie in (5.8.4) durch dT und dV aus, können wir dafür schreiben

$$dE = C_V \, dT + \left[T\left(\frac{\partial p}{\partial T}\right)_V - p\right] dV \quad (5.8.10)$$

Der Vergleich mit

$$dE = \left(\frac{\partial E}{\partial T}\right)_V dT + \left(\frac{\partial E}{\partial V}\right)_T dV$$

ergibt die Beziehungen

$$\blacktriangleright \quad \left(\frac{\partial E}{\partial T}\right)_V = C_V \quad (5.8.11)$$

$$\blacktriangleright \quad \left(\frac{\partial E}{\partial V}\right)_T = T\left(\frac{\partial p}{\partial T}\right)_V - p \tag{5.8.12}$$

Die Gleichung (5.8.12) zeigt, daß sich die Abhängigkeit der inneren Energie vom Volumen wieder aus der Zustandsgleichung bestimmen läßt. Die Kenntnis dieser Zustandsgleichung sowie der Wärmekapazität erlaubt es somit, (5.8.10) zu integrieren und $E(T, V)$ bzw. die Differenz $E(T, V) - E(T_0, V_0)$ zu berechnen.

Aus (5.8.11) ergibt sich

$$E(T, V) = E(T_0, V) + \int_{T_0}^{T} C_V(T', V)\, dT'$$

Für die freie Energie folgt aus (5.6.7) und (5.7.22)

$$F(T, V) = E(T, V) - T\left[S_0 + \int_0^T \frac{C_V(T', V)}{T'}\, dT'\right]$$

Wird $T_0 = 0$ gewählt, so folgt für Systeme mit nichtentartetem Grundzustand ($S_0 = 0$)

$$E(T, V) = E(0, V) + \int_0^T C_V(T', V)\, dT'$$

$$F(T, V) = E(0, V) + \int_0^T C_V(T', V)\, dT - T \int_{T_0}^{T} \frac{C_V(T', V)}{T'}\, dT'$$

Damit ist gezeigt, daß es der dritte Hauptsatz ermöglicht, die Energie und die innere Energie aus der Wärmekapazität C_V des Systems bis auf eine gemeinsame, gleiche Konstante $E(0, V)$ zu bestimmen.

Beispiel: Das van der Waals-Gas. Wir betrachten ein Gas, dessen Zustandsgleichung durch

$$\left(p + \frac{a}{v^2}\right)(v - b) = RT \tag{5.8.13}$$

gegeben ist, wobei $v = V/\nu$ das Molvolumen ist. (5.8.13) ist eine unter dem Namen van der Waals-Gleichung bekannte empirische Beziehung. (Mit geeigneten Näherungen läßt sich diese Gleichung auch aus der statistischen Mechanik ableiten; siehe Kapitel 10.) Sie beschreibt das Verhalten eines realen Gases genauer als die ideale Gasgleichung. (Die van der Waals-Gleichung ist sogar noch näherungsweise bei Temperaturen und Molvolumina gültig, die so klein sind, daß bereits Verflüssigung eingetreten ist.) Die in (5.8.13) zusätzlich auftretenden positiven Konstanten a und b sind für das jeweils betrachtete Gas charakteristisch.

Von einem qualitativen, mikroskopischen Gesichtspunkt aus haben Anziehungskräfte großer Reichweite zwischen den Molekülen die Tendenz, diese dichter zusammenzuhalten, als es bei nichtwechselwirkenden Molekülen der Fall wäre. Diese Kräfte haben somit denselben Effekt wie eine geringfügige Kompression des Gases. In Gleichung (5.8.13) wird dieser zusätzliche positive Druck durch den Term a/v^2 berücksichtigt. Andererseits gibt es zwischen den Molekülen auch abstoßende Kräfte kleiner Reichweite, die die Moleküle hinreichend weit auseinanderhalten. Diesem Umstand Rechnung tragend stellt der Term b in (5.8.13) das von den Molekülen eingenommene „Eigenvolumen" dar, das somit von dem Behältervolumen zu subtrahieren ist.

Für $a = b = 0$, oder in der Grenze, in der das Gas sehr dünn wird (so daß $v \to \infty$), geht (5.8.13) in die ideale Gasgleichung

$$pv = RT$$

über, wie es auch sein muß.

Wir berechnen zunächst mit (5.8.12) die Volumenabhängigkeit der Molenergie ϵ. Dazu benötigen wir $(\partial p/\partial T)_v$. (5.8.13) ergibt nach p aufgelöst

$$p = \frac{RT}{v-b} - \frac{a}{v^2} \tag{5.8.14}$$

Somit ist

$$\left(\frac{\partial p}{\partial T}\right)_v = \frac{R}{v-b} \tag{5.8.15}$$

und (5.8.12) ergibt

$$\left(\frac{\partial \epsilon}{\partial v}\right)_T = T\left(\frac{\partial p}{\partial T}\right)_v - p = \frac{RT}{v-b} - p$$

oder nach (5.8.14)

$$\left(\frac{\partial \epsilon}{\partial v}\right)_T = \frac{a}{v^2} \tag{5.8.16}$$

Für ein ideales Gas, gilt $a = 0$, so daß $(\partial\epsilon/\partial v)_T = 0$ in Übereinstimmung mit unserem früheren Resultat (5.1.10) ist.

Nach (5.8.5) und (5.8.15) gilt ferner

$$\left(\frac{\partial c_V}{\partial v}\right)_T = T\left(\frac{\partial^2 p}{\partial T^2}\right) = T\left(\frac{\partial}{\partial T}\right)_v\left(\frac{R}{v-b}\right) = 0$$

Folglich ist c_V *unabhängig* vom Molvolumen und somit nur eine Funktion der Temperatur T,

$$c_V = c_V(T) \tag{5.8.17}$$

(Das gleiche Ergebnis gilt natürlich erst recht für ein ideales Gas.) Gleichung (5.8.10) läßt sich dann schreiben

$$d\epsilon = c_V(T)\,dT + \frac{a}{v^2}\,dv \tag{5.8.18}$$

Bezieht man sich auf irgendeinen Standardmakrozustand (T_0, v_0) des Gases, so ergibt die Integration von (5.8.18)

$$\epsilon(T,v) - \epsilon(T_0,v_0) = \int_{T_0}^{T} c_V(T')\,dT' - a\left(\frac{1}{v} - \frac{1}{v_0}\right)$$

oder

$$\epsilon(T,v) = \int_{T_0}^{T} c_V(T')\,dT' - \frac{a}{v} + \text{constant} \tag{5.8.19}$$

Wenn c_V temperaturunabhängig ist, wird daraus einfach

$$\epsilon(T,v) = c_V T - \frac{a}{v} + \text{constant} \tag{5.8.20}$$

Man beachte, daß ϵ (im Gegensatz zu c_V) vom Molvolumen v abhängt: wenn v zunimmt, nimmt ϵ ebenfalls zu. Das ist physikalisch verständlich, da der intermolekulare Zwischenraum größer wird, wenn v zunimmt, so daß die anziehende (d.h. negative) potentielle Wechselwirkungsenergie zwischen den Molekülen betragsmäßig abnimmt.

Wir wollen schließlich noch die Entropie pro Mol des Gases berechnen. Mit (5.8.15) wird aus (5.8.4)

$$ds = \frac{c_V(T)}{T}\,dT + \frac{R}{v - b}\,dv \tag{5.8.21}$$

Integration ergibt

$$s(T,v) - s(T_0,v_0) = \int_{T_0}^{T} \frac{c_V(T')\,dT'}{T'} + R\ln\left(\frac{v - b}{v_0 - b}\right) \tag{5.8.22}$$

Wenn c_V temperaturunabhängig ist, wird daraus

$$s(T, v) = c_V \ln T + R\ln(v - b) + \text{constant} \tag{5.8.23}$$

Freie Expansion und Drosselexperimente

5.9 Freie Expansion eines Gases

Dieses Experiment haben wir bereits früher erwähnt. Wir denken uns einen thermisch isolierten, starren Behälter, der in zwei Kammern unterteilt ist, die über ein anfangs geschlossenes Ventil miteinander in Verbindung stehen. Die eine Kammer mit dem Volumen V_1 enthält das zu untersuchende Gas, während die andere leer ist. Die Anfangstemperatur des Systems ist T_1. Das Ventil wird nun geöffnet, so daß das Gas frei expandieren und das gesamte Behältervolumen V_2 ausfüllen kann (siehe Abb. 5.9.1). Welche Temperatur T_2 stellt sich dann ein, wenn das Gas wieder seinen Gleichgewichtszustand erreicht hat?

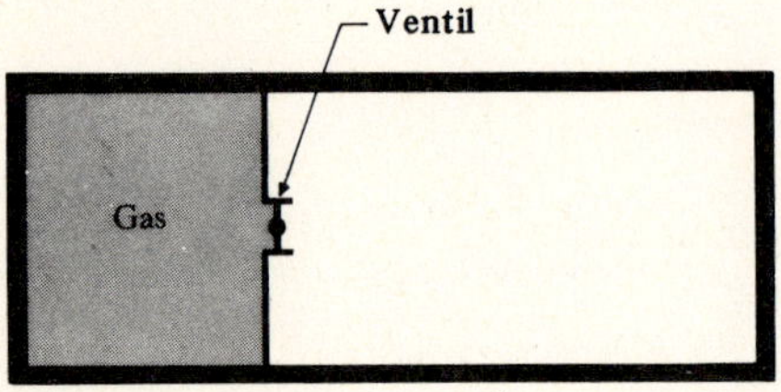

Abb. 5.9.1 Freie Expansion eines Gases

Da das aus Gas und Behälter bestehende System adiabatisch isoliert ist, gilt

$$Q = 0$$

Ferner leistet das System bei dem Prozeß keine Arbeit, d.h.

$$W = 0$$

Damit folgt aus dem 1. Hauptsatz, daß die Gesamtenergie des Systems erhalten bleibt, d.h.

$$\Delta E = 0 \tag{5.9.1}$$

Nimmt man an, daß die Wärmekapazität des Behälters vernachlässigbar klein ist, so daß sich dessen innere Energie nicht ändert (dies ist eine in der Praxis schwer zu realisierende Bedingung, auf die wir später noch zu sprechen kommen werden), so ist die Änderung der Gesamtenergie einfach die Änderung der Gasenergie allein, und die Energieerhaltung (5.9.1) läßt sich dann schreiben:

$$E(T_2, V_2) = E(T_1, V_1) \tag{5.9.2}$$

Um den Ausgang des Experimentes vorauszusagen, braucht man nur die innere Energie des Gases $E(T, V)$ als Funktion von T und V zu kennen, denn, wenn die Anfangsparameter T_1 und V_1 sowie das Endvolumen V_2 bekannt sind, liefert (5.9.2) eine Gleichung für die unbekannte Endtemperatur T_2.

Anmerkung: Die eigentliche freie Expansion ist natürlich ein außerordentlich komplizierter irreversibler Nichtgleichgewichtsprozeß, bei dem Turbulenzerscheinungen auftreten und außerdem Druck und Temperatur überhaupt nicht definiert sind. Gleichgewichtsbedingungen liegen nur in der Anfangs- und Endphase vor. Trotzdem ist für den *Ausgang* des Prozesses lediglich die

Kenntnis der Energiefunktion E als einer die Gleichgewichtszustände des Systems charakterisierenden Größe erforderlich.

Bei einem *idealen* Gas ist E unabhängig vom Volumen V, d.h. $E = E(T)$. Damit wird aus (5.9.2) einfach $E(T_2) = E(T_1)$, so daß $T_2 = T_1$ sein muß. Bei der freien Expansion eines idealen Gases findet also *keine* Temperaturänderung statt.

Allgemein ist die Energie $E(T, V)$ eine Funktion sowohl der Temperatur T als auch des Volumens V. Sie läßt sich in einem zweidimensionalen Diagramm darstellen, indem man für verschiedene Werte des Parameters V die Energie E über T aufträgt (siehe Abb. 5.9.2).

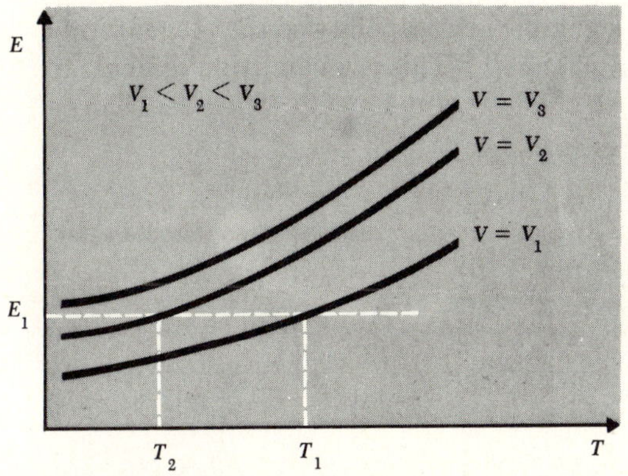

Abb. 5.9.2 Schematisches Diagramm, das die Abhängigkeit der inneren Energie E eines Gases von seiner Temperatur T für verschiedene Werte seines Volumens V zeigt.

Mit einem solchen Diagramm läßt sich das Ergebnis des Experimentes sofort vorhersagen. Sind T_1 und V_1 gegeben, kann man den Wert $E = E_1$ aus dem Diagramm ablesen. Nach (5.9.2) liefert dann der Schnittpunkt der horizontalen Linie $E = E_1$ mit der Kurve V_2 die Endtemperatur T_2. Wenn die Kurven wie in Abb. 5.9.2 sind, ist $T_2 < T_1$.

Man kann $E(T, V)$ [13+)] auch so darstellen, daß man T über V für verschiedene Werte der Energie E aufträgt (siehe Abb. 5.9.3). In einem solchen Diagramm legen die Anfangswerte von T und V eine bestimmte Energiekurve, sagen wir die Kurve $E = E_1$, fest. Wegen (5.9.2) weiß man dann sofort, daß das Ergebnis der freien Expansion durch einen Punkt irgendwo auf *derselben* Kurve E_1 dargestellt wird. Die Endtemperatur T_2 läßt sich deshalb unmittelbar aus dieser Kurve für jeden Wert V_2 des Endvolumens ablesen.

Beispiel: Van der Waals-Gas. Wir wollen die Temperaturänderung bei der freien Expansion von einem Mol van der Waals-Gas berechnen. Bezeichnen wir

---

13+) Natürlich immer vorausgesetzt, daß man diese Funktion auch kennt.

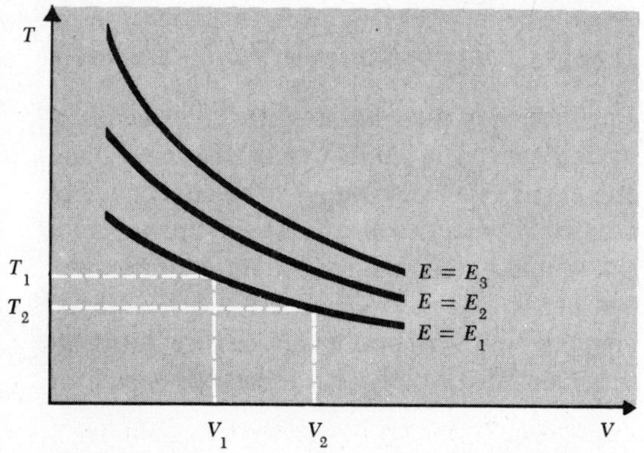

Abb. 5.9.3 Schematisches Diagramm mit Kurven konstanter innerer Energie E. Jede Kurve beschreibt den Zusammenhang zwischen T und V für den gegebenen Energiewert E.

die innere Energie pro Mol mit $\epsilon(T, v)$, so lautet die Energieerhaltungsbedingung (5.9.2)

$$\epsilon(T_2, v_2) = \epsilon(T_1, v_2)$$

Daraus wird mit (5.8.19)

$$\int_{T_0}^{T_2} c_V(T')\, dT' - \frac{a}{v_2} = \int_{T_0}^{T_1} c_V(T')\, dT' - \frac{a}{v_1}$$

Somit $$\int_{T_0}^{T_2} c_V(T')\, dT' - \int_{T_0}^{T_1} c_V(T')\, dT' = a\left(\frac{1}{v_2} - \frac{1}{v_1}\right)$$

oder $$\int_{T_1}^{T_2} c_V(T')\, dT' = a\left(\frac{1}{v_2} - \frac{1}{v_1}\right) \tag{5.9.3}$$

Über den kleinen Temperaturbereich $T_1 < T' < T_2$ ist jede mögliche Temperaturabhängigkeit von c_V vernachlässigbar klein. Somit kann c_V als eine Materialkonstante angesehen werden und aus (5.9.3) wird näherungsweise

$$c_V(T_2 - T_1) = a\left(\frac{1}{v_2} - \frac{1}{v_1}\right)$$

oder $$T_2 - T_1 = -\frac{a}{c_V}\left(\frac{1}{v_1} - \frac{1}{v_2}\right) \tag{5.9.4}$$

Für eine Expansion mit $v_2 > v_1$ oder $1/v_1 > 1/v_2$ erhält man deshalb (wegen $c_V > 0$)

$$T_2 < T_1 \tag{5.9.5}$$

Somit nimmt die Temperatur bei der freien Expansion *ab.*

Im Prinzip ist die freie Expansion eines Gases eine Methode, um das Gas auf niedrige Temperaturen abzukühlen. In der Praxis treten aber wegen der merklichen Wärmekapazität C_B des Behälters erhebliche Schwierigkeiten auf. Da sich nämlich dessen innere Energie um den Betrag $C_B(T_2 - T_1)$ ändert, hat eine gegebene Volumenänderung des Gases eine viel kleinere Temperaturänderung zur Folge, wenn C_B endlich ist als wenn es Null ist. (Wenn der Behälter mitberücksichtigt wird, ist in (5.9.4) die Wärmekapazität c_V durch die gesamte Wärmekapazität $c_V + C_B$ zu ersetzen.)

5.10 Der Drossel- (oder Joule-Thomson-) Prozeß

Die mit dem Vorhandensein von Behälterwänden verbundenen Schwierigkeiten lassen sich umgehen, indem man den eben besprochenen *stoßartigen* Prozeß der freien Expansion durch einen *kontinuierlichen* Strömungsprozeß ersetzt. Eine experimentelle Anordnung für einen solchen stationären Strömungsprozeß wurde zuerst von Joule und Thomson vorgeschlagen und soll nun im Einzelnen diskutiert werden.

Wir betrachten eine Röhre mit thermisch isolierten Wänden. In Gestalt eines porösen Pfropfens ist in die Röhre ein Hindernis für den Gasstrom eingebaut. (Als Hindernis kann auch ein nur geringfügig geöffnetes Ventil benutzt werden.) In der Röhre strömt kontinuierlich Gas von links nach rechts. Das Vorhandensein des Hindernisses führt zu einer konstanten Druckdifferenz, die über dieses Hindernis hin aufrecht erhalten wird. Somit ist der Gasdruck p_1 auf der linken Seite des Hindernisses größer als der Gasdruck p_2 auf der rechten Seite. Wenn nun T_1 die Gastemperatur auf der linken Seite des Hindernisses ist, wie groß ist dann die Temperatur T_2 auf der rechten Seite?

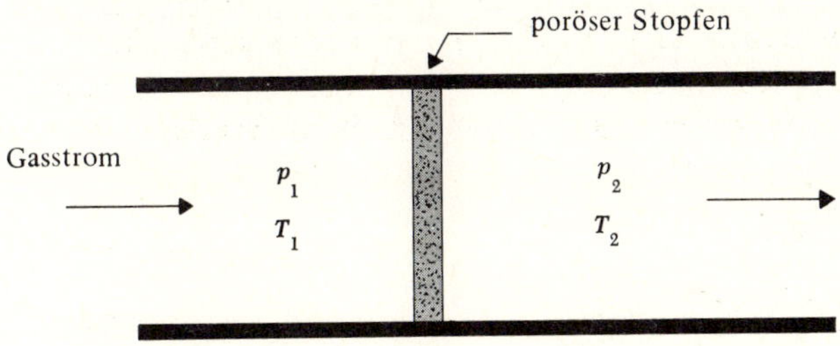

Abb. 5.10.1 Stationärer Drosselprozeß, bei dem ein Gas durch einen porösen Pfropfen strömt.

Um die Situation zu analysieren, untersuchen wir die zwischen den gestrichelten Ebenen A und B in Abb. 5.10.2 befindliche Gasmenge der Masse M. (Wir nehmen an, daß die Ebenen A und B so weit auseinanderliegen, daß das Volumen des Hindernisses gegenüber dem von A und B eingeschlossenen Volumen vernachlässigbar klein ist.) Zu irgendeiner Anfangszeit fällt die Ebene B mit der rechten Begrenzung des Hindernisses zusammen, so daß sich praktisch die gesamte Gasmasse M auf der linken Seite des Hindernisses befindet (siehe Abb. 5.10.2 a) und dabei irgendein dem Druck p_1 entsprechendes Volumen V_1 einnimmt. Wenn nun die Gasmenge M durch die Röhre strömt, bewegen sich ihre geometrischen Grenzen, nämlich die Ebenen A und B, natürlich ebenfalls durch die Röhre. Nach einer gewis-

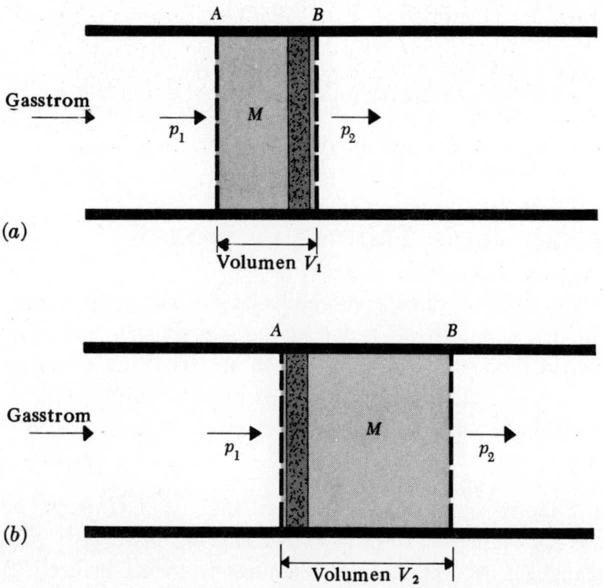

Abb. 5.10.2 Das Diagramm zeigt eine durch einen porösen Pfropfen strömende Gasmenge der Masse M (a) vor und (b) nach dem Durchgang durch das Hindernis.

sen Zeit wird sich die Ebene A dann so weit bewegt haben, daß sie mit der linken Begrenzung des Hindernisses zusammenfällt [14+)]. Praktisch die gesamte Gasmasse M befindet sich dann auf der rechten Seite des Hindernisses und nimmt dort ein neues, das dem niedrigeren Druck p_2 entsprechende Volumen V_2 ein (siehe Abb. 5.10.2 b).

Bei dem eben beschriebenen Prozeß ist für die Gasmasse M die Energiedifferenz zwischen dem Endzustand (b) und dem Anfangszustand (a) einfach

$$\Delta E = E_2 - E_1 = E(T_2, p_2) - E(T_1, p_1) \tag{5.10.1}$$

Nun leistet die Gasmasse M bei diesem Prozeß auch Arbeit und zwar die Arbeit $p_2 V_2$, die notwendig ist, um das rechts angrenzende Gas gegen den *konstanten* Druck p_2 um das Volumen V_2 nach rechts zu verschieben. Andererseits leistet auch das links angrenzende Gas Arbeit *an* der Gasmasse M und zwar die Arbeit $p_1 V_1$, die notwendig ist, um diese Gasmasse unter *konstantem* Druck p_1 um das Volumen V_1 nach rechts zu verschieben. Somit ist die *insgesamt* bei dem Prozeß *von* der Gasmasse M geleistete Arbeit

$$W = p_2 V_2 - p_1 V_1 \tag{5.10.2}$$

[14+)] Der Prozeß ist idealisiert dargestellt; in Wirklichkeit treten Turbulenzen auf, so daß die Ebene B in (a) nicht in eine Ebene in (b) übergeht.

Es wird bei diesem Prozeß von der Gasmasse M aber kleinerlei Wärme aufgenommen. Dies liegt nicht einfach nur daran, daß die Wände adiabatisch isoliert sind und somit von außen keine Wärme eintreten kann, sondern vorallem daran, daß zwischen den Wänden und dem angrenzenden Gas keine Temperaturdifferenz herrscht, so daß keine Wärme von den Wänden an das Gas übergehen kann. Deshalb gilt

$$Q = 0 \tag{5.10.3}$$

und der erste Hauptsatz ergibt für den betrachteten Prozeß

$$\Delta E + W = Q = 0 \tag{5.10.4}$$

Nach (5.10.1) und (5.10.2) wird daraus

$$(E_2 - E_1) + (p_2 V_2 - p_1 V_1) = 0$$

oder

$$E_2 + p_2 V_2 = E_1 + p_1 V_1 \tag{5.10.5}$$

Definieren wir durch

$$H \equiv E + pV \tag{5.10.6}$$

die sogenannte „Enthalpie" H, der wir schon in (5.5.7) begegnet sind, so können wir (5.10.5) auch als

$$H_2 = H_1$$

schreiben oder

▶ $$H(T_2, p_2) = H(T_1, p_1) \tag{5.10.7}$$

Damit sind wir bei dem Ergebnis angelangt, daß bei einem Drosselprozeß das Gas so durch das Hindernis strömt, daß seine Enthalpie H dabei konstant bleibt.

Man beachte, daß (5.10.7) eine zur Bedingung (5.9.2) für die freie Expansion analoge Bedingung ist. Der Unterschied besteht eben darin, daß beim Drosselprozeß das Gas Arbeit verrichtet, so daß hier die Enthalpie und nicht die innere Energie erhalten bleibt.

Anmerkung: Hier ist der eigentliche Durchgang des Gases durch das Hindernis wieder ein außerordentlich komplizierter irreversibler Nichtgleichgewichtsprozeß, während von Gleichgewichtsbedingungen nur links und rechts vom Hindernis die Rede sein kann. Aber auch hier ist die Kenntnis einer das Gleichgewicht des Systems charakterisierenden Funktion, eben der Enthalpie $H(T, p)$, ausreichend, um den Versuchsausgang vorherzusagen.

Ist $H(T,p)$ bekannt, so stellt (5.10.7) bei gegebenen T_1, p_1 und p_2 eine Gleichung zur Bestimmung der unbekannten Endtemperatur T_2 dar. Im Falle eines idealen Gases ist

$$H = E + pV = E(T) + \nu RT$$

so daß $H = H(T)$ eine Funktion der Temperatur allein ist. Dann besagt die Bedingung (5.10.7)

$$H(T_2) = H(T_1)$$

so daß also $T_1 = T_2$. Somit ändert sich die Temperatur eines *idealen* Gases bei einem Drosselprozeß *nicht*.

Im Falle eines nichtidealen Gases geht man ähnlich vor wie bei der freien Expansion im Abschnitt 5.9. Mit der Kenntnis von $H(T, p)$ läßt sich für verschiedene Werte der Enthalpie H die Temperatur T über dem Druck p auftragen (siehe Abb. 5.10.3). In einem solchen Diagramm bestimmen die Anfangswerte T_1 und p_1 eine bestimmte Enthalpiekurve. Wegen (5.10.7) ist das Ergebnis des Drosselversuchs dann durch einen Punkt auf *derselben* Kurve gegeben, und die Endtemperatur T_2 kann aus dieser Kurve sofort für jeden Wert p_2 des Enddruckes abgelesen werden.

Die Kurven in Abb. 5.10.3 weisen im allgemeinen Maxima auf, so daß bei einem solchen Drosselprozeß mit $p_2 < p_1$ die Temperatur T entweder zunehmen, abneh-

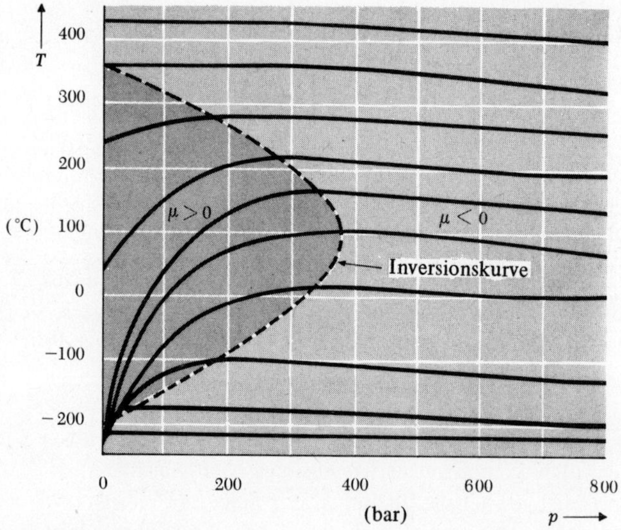

Abb. 5.10.3 Kurven konstanter Enthalpie H in der pT-Ebene eines Gases. Die numerischen Werte gelten für Stickstoff (N_2). Die gestrichelte Linie ist die Inversionskurve.

men oder unverändert bleiben kann. Ein wesentlicher Parameter in diesem Zusammenhang ist die Steigung μ dieser Kurven

$$\mu \equiv \left(\frac{\partial T}{\partial p}\right)_H \tag{5.10.8}$$

die man Joule-Thomson-Koeffizienten nennt [15*]. Diese Größe gibt an, wie sich bei einem Drosselprozeß die Temperatur mit dem Druck bei konstanter Enthalpie ändert. Bei einer infinitesimalen Druckabnahme nimmt die Temperatur ebenfalls ab, wenn $\mu > 0$. Die Bedingung $\mu = 0$ besagt, daß keine Temperaturänderung stattfindet, und legt somit die Maxima der Kurven in Abb. 5.10.3 fest. Die Maxima bilden ihrerseits eine Kurve, die in Abb. 5.10.3 gestrichelt eingezeichnet ist und „Inversionskurve" heißt. Diese Kurve trennt in dem Diagramm das Gebiet positiver Steigung μ (indem sich die Temperatur erniedrigt) von dem Gebiet negativer Steigung μ (indem sich die Temperatur erhöht).

Wir wollen nun die Größe μ durch leicht zu messende Parameter des Gases ausdrücken. Wir gehen von der Grundgleichung

$$dE = T\,dS - p\,dV$$

aus und erhalten daraus für die Enthalpieänderung

$$dH \equiv d(E + pV) = T\,dS + V\,dp \tag{5.10.9}$$

(Das haben wir bereits in (5.5.6) erhalten.) In unserem Fall ist H konstant, so daß $dH = 0$. Drücken wir in (5.10.9) dS durch die Differentiale der beim Drosselprozeß als unabhängig betrachteten Größen T und p aus, so erhalten wir

$$0 = T\left[\left(\frac{\partial S}{\partial T}\right)_p dT + \left(\frac{\partial S}{\partial p}\right)_T dp\right] + V\,dp$$

oder $$C_p\,dT + \left[T\left(\frac{\partial S}{\partial p}\right)_T + V\right] dp = 0$$

Dabei wurde $C_p = T(\partial S/\partial T)_p$ benutzt. Lösen wir dieses für konstantes H gültige Ergebnis nach dT/dp auf, so erhalten wir

$$\mu \equiv \left(\frac{\partial T}{\partial p}\right)_H = -\frac{T(\partial S/\partial p)_T + V}{C_p} \tag{5.10.10}$$

Der Zähler läßt sich mit Hilfe einer Maxwellschen Relation noch umformen. Nach (5.6.5) gilt

$$\left(\frac{\partial S}{\partial p}\right)_T = -\left(\frac{\partial V}{\partial T}\right)_p = -V\alpha$$

wobei α der in (5.7.8) definierte Ausdehnungskoeffizient ist. Damit wird aus (5.10.10)

▶ $$\mu = \frac{V}{C_p}(T\alpha - 1) \tag{5.10.11}$$

[15*] Man spricht hier manchmal auch vom Joule-Kelvin-Koeffizienten. Beide Namen, Thomson und Kelvin, beziehen sich aber auf dieselbe Person, William Thomson, der später geadelt und so zu Lord Kelvin wurde.

Dies ist natürlich – wie schon aus der Definition ersichtlich – eine intensive Größe, da sowohl das Volumen V als auch die Wärmekapazität C_p extensive Größen sind.

Für ein ideales Gas haben wir in (5.7.15) gefunden, daß $\alpha = T^{-1}$. Dann ist $\mu = 0$, so daß, wie bereits früher erwähnt, hier bei einem Drosselprozeß keine Temperaturänderung stattfindet.

Allgemein gilt $\mu > 0$ falls $\alpha > T^{-1}$ und umgekehrt $\mu < 0$ falls $\alpha < T^{-1}$. Der geometrische Ort aller Punkte in der pT-Ebene, für die $\alpha = T^{-1}$ gilt, ist durch die Inversionskurve gegeben.

Der Joule-Thomson-Effekt liefert eine praktische Methode zur Abkühlung von Gasen und wird vorallem häufig zur Gasverflüssigung benutzt. Um eine Temperaturerniedrigung zu erreichen, muß nach unseren Ergebnissen in einem Druck- und Temperaturbereich gearbeitet werden, indem $\mu > 0$; insbesondere muß die Anfangstemperatur niedriger sein als die maximale Temperatur auf der Inversionskurve (siehe Abb. 5.10.3). Diese maximale „Inversionstemperatur" beträgt z.B. bei Helium 34 K, bei Wasserstoff 202 K und bei Stickstoff 625 K. Ein Drosselversuch mit Helium bei Raumtemperatur hätte somit stets ein *Ansteigen* der Temperatur zur Folge. Man muß deshalb, um Helium mit Hilfe des Joule-Thomson-Effektes auf sehr niedrige Temperaturen abzukühlen, vorher das Gas zunächst auf Temperaturen unter 34 K bringen. Dieses Vorkühlen läßt sich z.B. mit flüssigem Wasserstoff erreichen. Man kann aber auch so vorgehen, daß man das Heliumgas thermisch isoliert und es auf Kosten seiner inneren Energie mechanische Arbeit leisten läßt [16+)]. Ist durch die Vorkühlung eine hinreichend große Temperaturabnahme erzielt worden, kann mit Hilfe des Joule-Thomson-Effektes dann eine weitere Abkühlung vorgenommen werden.

Der Joule-Thomson-Effekt und molekulare Kräfte. Bei einem idealen Gas haben weder freie Expansion noch Drosselung eine Temperaturänderung zur Folge. Beide Prozesse werden erst interessant, wenn das Gas nicht ideal ist, d.h. wenn die Wechselwirkung zwischen den Molekülen von Bedeutung ist. Die Zustandsgleichung irgendeines Gases läßt sich allgemein in Form einer Reihenentwicklung

$$p = kT[n + B_2(T)n^2 + B_3(T)n^3 \ . \ . \ .] \tag{5.10.12}$$

nach Potenzen von $n = N/V$, der Anzahl der Moleküle pro Volumeneinheit, schreiben. Den Ausdruck (5.10.12) nennt man „Virialentwicklung" und die Koeffizienten $B_2, B_3, \ldots$ heißen Virialkoeffizienten. Für ein ideales Gas gilt $B_2 = B_3 = \ldots = 0$. Wenn n nicht zu groß ist, sind in (5.10.12) auf der rechten Seite nur die ersten Glieder wesentlich. Berücksichtigt man nur die ersten beiden Glieder und vernachlässigt dementsprechend alle Glieder höherer als zweiter Ordnung, so erhält man aus (5.10.12) in

---

16+) Methode von Kapitza.

$$p = \frac{N}{V} kT \left(1 + \frac{N}{V} B_2\right) \tag{5.10.13}$$

die erste Korrektur der idealen Gasgleichung.

Bezüglich des Verhaltens von B_2 als Funktion von T lassen sich aufgrund einfacher mikroskopischer Überlegungen leicht einige qualitative Aussagen machen. Die Wechselwirkung zwischen zwei Gasmolekülen ist schwach anziehend, solange der gegenseitige Abstand relativ groß ist, aber sie wird stark abstoßend, wenn der gegenseitige Abstand in die Größenordnung eines Moleküldurchmessers [17*] fällt. Bei niedrigen Temperaturen ist die mittlere kinetische Energie eines Moleküls klein. Die schwachen aber weitreichenden Anziehungskräfte zwischen den Molekülen treten dann stark in Erscheinung und bewirken eine Verringerung des mittleren molekularen Abstandes. Diese Anziehungskräfte führen somit zu einer Abnahme des Gasdruckes gegenüber dem idealen Gas, so daß B_2 in (5.10.13) für niedrige Temperaturen nur negativ sein kann. Bei hohen Temperaturen dagegen wird die mittlere kinetische Energie eines Moleküls so groß, daß das schwache, zwischenmolekulare Anziehungspotential vergleichsweise klein und damit vernachlässigbar ist. In diesem Fall sind die starken abstoßenden Wechselwirkungskräfte kleiner Reichweite ausschlaggebend. Sie bewirken eine Zunahme des Gasdruckes gegenüber dem idealen Gas, so daß B_2 hier also positiv sein wird. Aufgrund dieser qualitativen Überlegungen kann man folglich erwarten, daß B_2 eine wachsende Funktion von T ist, die für hinreichend niedrige Temperaturen negativ und für genügend hohe Temperaturen positiv ist. (Diese Überlegungen werden in Abschnitt 10.4 in quantitativer Hinsicht ergänzt werden und dann auf eine Kurve $B_2(T)$ wie in Abb. 10.4.1 führen.)

Wir wollen nun diese Betrachtungen auf den Joule-Thomson-Effekt anwenden und (5.10.11) auswerten. Wir benutzen dazu zunächst die Zustandsgleichung (5.10.13), um V als Funktion von T und p auszudrücken. Dies wird einfach, wenn man beachtet, daß der Term $(N/V)B_2$ ein Korrekturglied ist, welches klein gegen Eins ist, so daß man einen vernachlässigbar kleinen Fehler macht, wenn man in diesem Term das Verhältnis N/V durch den Wert p/kT ersetzt, den dieses Verhältnis in erster Näherung annimmt. Damit wird aus (5.10.13)

$$p = \frac{NkT}{V}\left(1 + \frac{p}{kT} B_2\right) = \frac{N}{V}(kT + pB_2)$$

oder
$$V = N\left(\frac{kT}{p} + B_2\right) \tag{5.10.14}$$

so daß (5.10.11) das Ergebnis

[17*] In Abb. 10.3.1 ist die potentielle Wechselwirkungsenergie als Funktion des molekularen Abstandes graphisch dargestellt.

$$\mu = \frac{1}{C_p}\left[T\left(\frac{\partial V}{\partial T}\right)_p - V\right] = \frac{N}{C_p}\left(T\frac{\partial B_2}{\partial T} - B_2\right) \tag{5.10.15}$$

liefert. Die im Vorangehenden besprochene Temperaturabhängigkeit von B_2 erlaubt nun, einige interessante Schlußfolgerungen zu ziehen. Da B_2 eine wachsende Funktion von T ist, ist der Term $T(\partial B_2/\partial T)$ positiv. Bei niedrigen Temperaturen, für die molekulare Anziehung vorherrscht, ist B_2 selbst negativ, so daß nach (5.10.15) für diesen Temperaturbereich $\mu > 0$ folgt. Wenn man aber zu hinreichend hohen Temperaturen übergeht, für die die molekulare Abstoßung vorherrschend ist, wird B_2 positiv und auch hinreichend groß, um in (5.10.15) $\mu < 0$ zu machen. Die Existenz der Inversionskurve, für die $\mu = 0$ gilt, spiegelt somit den Wettstreit zwischen molekularer Anziehung und Abstoßung wider.

Wärmemaschinen und Kältemaschinen

5.11 Wärmemaschinen

Der historische Ausgangspunkt der Thermodynamik war das Studium der grundlegenden Eigenschaften von Wärmemaschinen. Da dieses Thema nicht nur von großer technischer Bedeutung (die industrielle Entwicklung wurde hierdurch ausgelöst und bestimmt) sondern auch physikalisch außerordentlich interessant ist, soll ihm ein eigener Abschnitt gewidmet werden.

Es ist sehr einfach, an einer geeigneten Vorrichtung M eine Arbeit w zu verrichten, um dieser dann die äquivalente Wärmemenge q zu entziehen und an irgendein Wärmereservoir B unter Vergrößerung dessen innerer Energie abzugeben [18*]. Die Vorrichtung M könnte z.B. ein Schaufelrad sein, das, von einem fallenden Gewicht angetrieben, in einer Flüssigkeit rotiert, oder ein elektrischer Widerstand, in dem elektrische Arbeit verbraucht wird.

Die grundsätzliche Frage, die sich dabei stellt, lautet nun: Inwieweit ist es möglich, diesen Prozeß umzukehren, d.h. eine Vorrichtung (eine sogenannte „Wärmemaschine") zu bauen, die einem Wärmereservoir innere Energie in Form von Wärme entziehen und dann in makroskopische Arbeit umwandeln kann (siehe Abb. 5.11.3)?

Man hat dabei die folgenden Punkte zu beachten:

a) Die Arbeit soll nicht auf Kosten der Wärmemaschine selbst gewonnen werden, da in diesem Fall der Prozeß der Umwandlung von Wärme in Arbeit nicht beliebig fortgesetzt werden könnte. Es ist deshalb wichtig, daß die Maschine einen Kreisprozeß durchläuft, bei dem sie sich nach jedem Durchgang wieder im gleichen

[18*] Wir benutzen zur Bezeichnung der *positiven* Beiträge von Arbeit und Wärme die kleinen Buchstaben w und q.

Makrozustand befindet wie vorher. Dampfmaschinen und Verbrennungsmotoren durchlaufen offenbar alle solche Kreisprozesse.

b) Ferner sollte es mit Hilfe der von der Wärmemaschine gelieferten Arbeit möglich sein, in einfacher Weise einen äußeren Parameter irgendeiner weiteren Vorrichtung zu verändern (z.B. ein Gewicht zu heben), ohne dabei die anderen Freiheitsgrade (oder die Entropie) dieser Vorrichtung zu beeinflussen. Das Problem, eine Wärmemaschine zu konstruieren, läßt sich somit folgendermaßen formulieren: Inwieweit ist es möglich, einem oder mehreren Wärmereservoiren, in denen Energie über *sehr viele* Freiheitsgrade statistisch verteilt ist, einen resultierenden Energiebetrag zu entziehen und diesen in eine mit *einigen wenigen* äußeren Parametern einer zusätzlichen Vorrichtung verknüpften Energieform zu bringen?

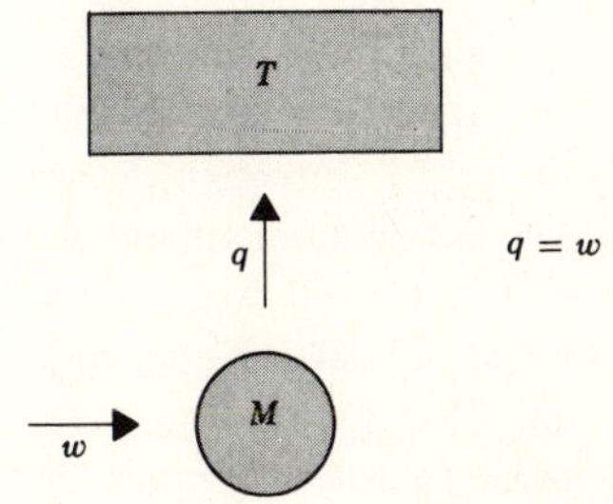

Abb. 5.11.1 Umwandlung einer Arbeit w in eine Wärmemenge q, die an ein Wärmereservoir der Temperatur T abgegeben wird.

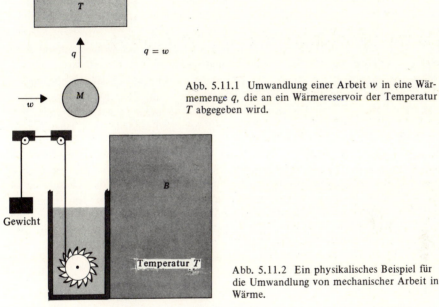

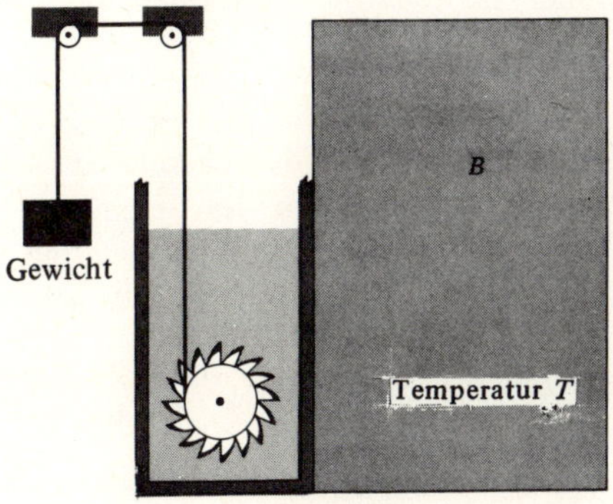

Abb. 5.11.2 Ein physikalisches Beispiel für die Umwandlung von mechanischer Arbeit in Wärme.

Abb. 5.11.3 zeigt den Prototyp einer Maschine M, wie man sie am liebsten hätte: Nach einem Zyklus befindet sich M wieder im gleichen Makrozustand wie zu Beginn, so daß die innere Energie ebenfalls wieder dieselbe ist. Aus dem ersten Hauptsatz folgt dann, daß

$$w = q \tag{5.11.1}$$

d.h., damit die Energie erhalten bleibt, muß die von der Maschine abgegebene Arbeit gleich der dem Reservoir entzogenen Wärme sein.

Aber leider läßt sich eine derart „perfekte Maschine", die einen Kreisprozeß durchläuft und dabei einem Reservoir Wärme entzieht, um diese, *ohne* irgendwelche anderen Veränderungen in der Umgebung zu bewirken, in Form von Arbeit wieder abzuge-

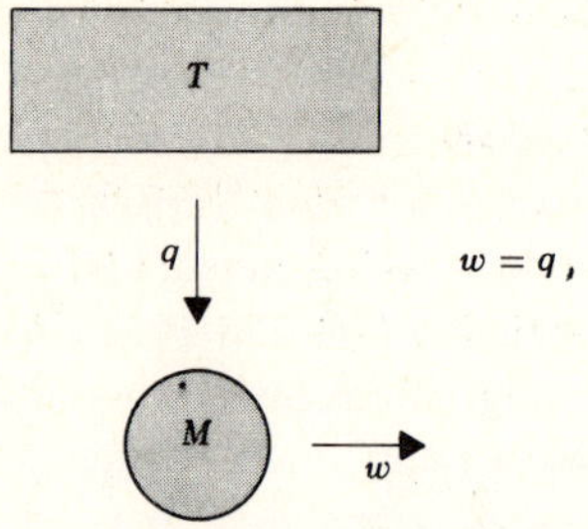

Abb. 5.11.3 Eine ideale Wärmemaschine, die in der Natur nicht vorkommt. Sie wird häufig Joule-Thomson-Maschine genannt.

ben, *nicht* realisieren. Aus der Diskussion in Abschnitt 3.2 wissen wir nämlich, das die Umwandlung von Arbeit in Wärme, wie sie in Abb. 5.11.2 oder schematisch in Abb. 5.11.1 dargestellt ist, ein irreversibler Prozeß ist, in dessen Verlauf die Verteilung der Systeme auf die zugänglichen Zustände immer gleichförmiger wird, so daß die Entropie zunimmt. Man kann deshalb nicht, wie in Abb. 5.11.3 geschehen, diesen Prozeß einfach umkehren. Bei dem in Abb. 5.11.2 gezeigten, konkreten Beispiel etwa kann man nicht einfach erwarten, daß das Wärmereservoir B seine innere Energie, die über alle seine Freiheitsgrade zufällig verteilt ist, in eine systematische Aufwärtsbewegung des Gewichtes verwandelt. Es ist natürlich im Prinzip nicht ausgeschlossen, daß dies eintritt, aber vom statistischen Gesichtspunkt aus ist ein solches Ereignis eben so *außerordentlich unwahrscheinlich,* daß es nicht beobachtet wird und aus diesem Grunde als unmöglich angesehen werden kann.

Dementsprechend läßt sich zeigen, daß eine Joule-Thomson-Maschine, wie sie in Abb. 5.11.3 schematisch dargestellt ist, den zweiten Hauptsatz der Thermodynamik verletzt. Nach diesem muß nämlich für die Entropieänderung des Gesamtsystems (bestehend aus der Wärmemaschine, der daran angeschlossenen Vorrichtung, an der die Arbeit geleistet wird, und dem Wärmereservoir) bei einem Zyklus gelten

$$\Delta S \geqslant 0 \tag{5.11.2}$$

Nun kehrt nach einem Zyklus die Maschine in ihren Ausgangszustand zurück, so daß ihre Entropie wieder dieselbe ist. Die Entropieänderung der äußeren Vorrichtung, an der die Arbeit geleistet wird, ist nach unseren Voraussetzungen ebenfalls Null. Andererseits ist die Entropieänderung des Wärmereservoirs mit der Temperatur T_1 nach (3.6.4) durch $-q/T_1$ gegeben, da das Reservoir die Wärmemenge $(-q)$ aufnimmt. Damit wird aus (5.11.2)

$$\frac{-q}{T_1} \geq 0$$

oder wegen (5.11.1)

$$\frac{q}{T_1} = \frac{w}{T_1} \leq 0 \tag{5.11.3}$$

Diese Beziehung kann aber mit einem positiven w, das dem von uns geforderten Fall einer *von* der Maschine geleisteten Arbeit entspricht, nicht erfüllt werden, womit der Widerspruch zum zweiten Hauptsatz aufgezeigt ist. Der umgekehrte Prozeß in der Abb. 5.11.1 dagegen, bei dem $w < 0$ ist, d.h. bei dem Arbeit in Wärme umgewandelt wird, kann offenbar ohne Weiteres durchgeführt werden. Der zweite Hauptsatz postuliert damit eine fundamentale Irreversibilität der Naturprozesse. Er besagt insbesondere nach (5.11.3):

Es ist unmöglich, eine Joule-Thomson-Maschine zu bauen. (5.11.4)

(Diese Aussage wird manchmal als Kelvinsche Formulierung des zweiten Hauptsatzes der Thermodynamik bezeichnet.)

Eine Joule-Thomson-Maschine läßt sich also deshalb nicht realisieren, weil eine solche das spontane Auftreten eines Prozesses erfordern würde, der von einer Anfangssituation, in der ein gewisser Energiebetrag über viele Freiheitsgrade eines Wärmereservoirs zufällig verteilt ist, zu einer viel spezielleren und weitaus unwahrscheinlicheren Endsituation führt, in der diese Energie im wesentlichen mit der Bewegung einiger weniger Freiheitsgrade verbunden ist und in Form von makroskopischer Arbeit frei wird, kurz, weil eine solche Maschine einen Prozeß erfordern würde, bei dem die Entropie S abnimmt. Allerdings *kann* ein solcher Prozeß, bei dem ein aus Wärmereservoir und Maschine bestehendes System in einer weniger wahrscheinlichen Zustand übergeht, dann stattfinden, wenn dieses System noch mit einem Hilfssystem verbunden ist, dessen Entropie bei dem Prozeß um einen kompensierenden Betrag zunimmt (d.h. um einen Betrag, der so groß ist, daß die Entropie des *Gesamtsystems* immer noch zunimmt.) Das einfachste derartige Hilfssystem ist ein zweites Wärmereservoir mit irgendeiner Temperatur $T_2 < T_1$. Man erhält dann eine nichtideale, aber realisierbare Wärmemaschine, die nicht nur eine bestimmte Wärmemenge q_1 von einem Reservoir der Temperatur T_1 aufnimmt, sondern auch Wärme an ein zweites Reservoir der niedrigeren Temperatur T_2 abgibt (siehe Abb. 5.11.4).

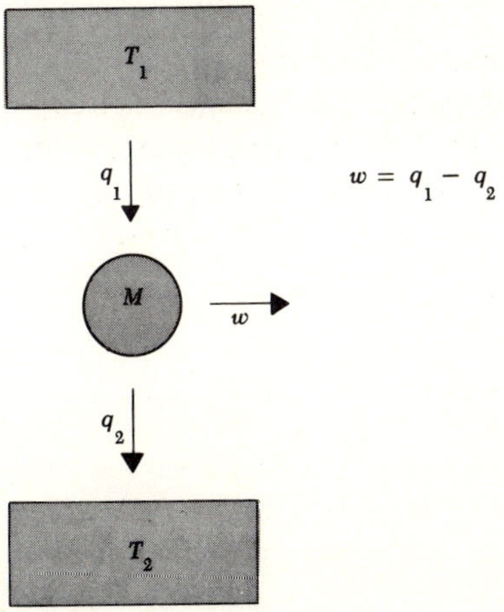

Abb. 5.11.4 Eine reale Wärmemaschine

In diesem Fall gilt nach dem ersten Hauptsatz für einen Zyklus

$$q_1 = w + q_2 \tag{5.11.5}$$

Andererseits gilt nach dem zweiten Hauptsatz für die Änderung der Gesamtentropie der beiden Reservoire bei diesem Zyklus

$$\Delta S = \frac{(-q_1)}{T_1} + \frac{q_2}{T_2} \geq 0 \tag{5.11.6}$$

Die Gleichungen (5.11.5) und (5.11.6) lassen sich mit einem positiven w, d.h. mit einer von der Maschine an der Außenwelt geleisteten Arbeit erfüllen. Durch Kombination dieser Gleichungen erhält man

$$\frac{-q_1}{T_1} + \frac{q_1 - w}{T_2} \geq 0$$

$$\frac{w}{T_2} \leq q_1 \left(\frac{1}{T_2} - \frac{1}{T_1}\right)$$

oder

$$\eta \equiv \frac{w}{q_1} \leq 1 - \frac{T_2}{T_1} = \frac{T_1 - T_2}{T_1} \tag{5.11.7}$$

Für eine ideale Maschine würde $w/q_1 = 1$ gelten. Für eine reale Maschine ist dieses Verhältnis kleiner als Eins, d.h.

$$\eta \equiv \frac{w}{q_1} = \frac{q_1 - q_2}{q_1} < 1 \tag{5.11.8}$$

da ein Teil der Wärme nicht in Arbeit umgewandelt, sondern in ein anderes Wärmereservoir übergeführt wird. Die Größe $\eta = w/q_1$ heißt „Wirkungsgrad" der Maschine. Gleichung (5.11.7) stellt somit eine Beziehung für den maximal möglichen Wirkungsgrad einer Maschine dar, die zwischen zwei Wärmereservoiren mit vorgegebenen Temperaturen arbeitet. Da das Gleichheitszeichen in (5.11.6) nur für einen Quasiprozeß gilt, besagt (5.11.7) also, daß keine zwischen zwei gegebenen Wärmereservoiren arbeitende Maschine einen größeren Wirkungsgrad haben kann, als eine zwischen denselben Reservoiren quasistatisch arbeitende Maschine. Darüberhinaus besagt (5.11.7), daß *jede* zwischen diesen beiden Reservoiren quasistatisch arbeitende Maschine *denselben* Wirkungsgrad

$$\eta = \frac{T_1 - T_2}{T_1} \tag{5.11.9}$$

besitzt, da weder die Arbeitssubstanz noch die Bauart der Maschine in (5.11.9) eingehen.

Carnot-Maschinen. Es ist interessant, ausführlich darzulegen, wie eine solche, zwischen zwei Wärmereservoiren quasistatisch arbeitende Maschine konstruiert werden kann. Wir behandeln den denkbar einfachsten Fall, die so genannte „Carnot-Maschine" (genannt nach dem französischen Ingenieur Carnot, der als erster die Wirkungsweise von Wärmemaschinen theoretisch untersuchte). Es sei x der äußere Parameter der Maschine M; Änderungen dieses Parameters bewirken die von der Maschine zu leistende Arbeit. Die Maschine möge sich anfangs in einem Zustand befinden, für den $x = x_a$ und die Temperatur T mit der Temperatur T_2 des kälteren Wärmereservoirs übereinstimmt, so daß also $T = T_2$. Die Carnot-Maschine durchläuft dann quasistatisch einen aus vier Schritten bestehenden Zyklus [19+]:

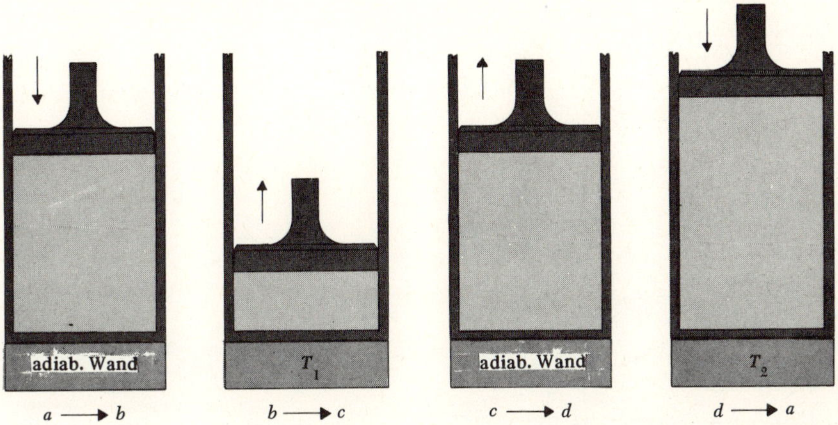

Abb. 5.11.5 Die vier Schritte in einem Carnot-Zyklus, bei dem ein Gas als Arbeitssubstanz benutzt wird. Der äußere Parameter x ist das Volumen des Gases.

1. a → b: Die Maschine wird *thermisch isoliert*. Ihr äußerer Parameter wird dann langsam geändert, bis die Temperatur der Maschine den Wert T_1 erreicht. Somit verläuft $x_a \to x_b$ derart, daß $T_2 \to T_1$.
2. b → c: Zwischen der Maschine und dem Wärmereservoir mit der Temperatur T_1 wird nun *thermischer Kontakt* hergestellt. Der äußere Parameter wird daraufhin weiter verändert, wobei die Maschine auf der Temperatur T_1 verbleibt und eine gewisse Wärme q_1 aus dem Behälter aufnimmt. Somit verläuft $x_b \to x_c$ derart, daß die Wärmemenge q_1 von der Maschine aufgenommen wird.
3. *c → d:* Die Maschine wird wieder *thermisch isoliert*. Ihr äußerer Parameter wird so verändert, daß die Temperatur wieder auf den Wert T_2 zurückgeht. Somit verläuft $x_c \to x_d$ derart, daß $T_1 \to T_2$.
4. *d → a:* Die Maschine wird nun in *thermischen Kontakt* mit dem Wärmereservoir der Temperatur T_2 gebracht. Daraufhin wird der äußere Parameter wieder auf seinen Anfangswert x_a gebracht, wobei die Maschine auf der Temperatur T_2 verbleibt und an das Wärmereservoir eine Wärmemenge q_2 abgibt. Die Maschine ist damit wieder in ihrem Anfangszustand und der Zyklus ist vollendet.

[19+] Die Makrozustände der Maschine werden durch kleine Buchstaben a, b, c, d bezeichnet.

Beispiel: Wir wollen den Carnot Zyklus an einem speziellen System veranschaulichen, und zwar an einem (nicht notwendig idealen) Gas, das sich in einem durch einen Kolben abgeschlossenen Zylinder befindet. Der äußere Parameter ist das Volumen V des Gases. Die vier Schritte des Carnot-Zyklus sind in Abb. 5.11.5 dargestellt. Der Flächeninhalt der in Abb. 5.11.6 wiedergegebenen Kontur stellt die Gesamtarbeit

$$w = \int_a^b p\,dV + \int_b^c p\,dV + \int_c^d p\,dV + \int_d^a p\,dV$$

dar, die von der Maschine bei einem Zyklus geleistet wird.

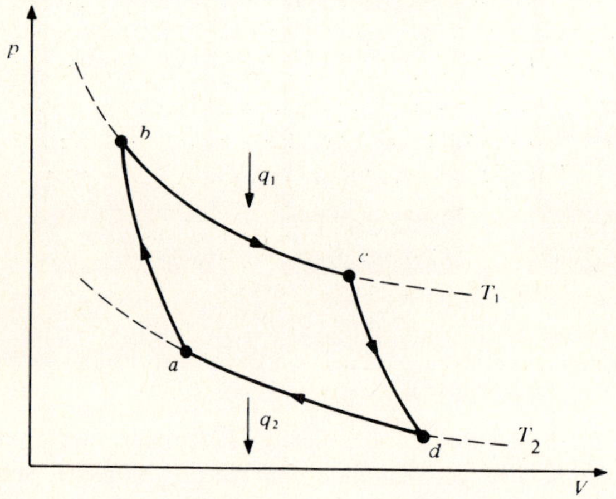

Abb. 5.11.6 Der Carnot-Zyklus der Abb. 5.11.5, dargestellt in einem pV-Diagramm.

In der Praxis auftretende Maschinen, wie z.B. Dampf- oder Verbrennungsmaschinen, sind etwas komplizierter als Carnot-Maschinen. Aber wie alle Wärmemaschinen können sie niemals im oben besprochenen Sinne ideal sein, sondern haben immer irgendwelche Mechanismen (wie z.B. Kühlrohre oder Auspuffe), durch die sie Wärme an irgendein Wärmereservoir, gewöhnlich die umgebende Atmosphäre, abgeben.

5.12 Kältemaschinen

Eine Kältemaschine ist eine Vorrichtung, die einen Kreisprozeß durchläuft und dabei einem Wärmebehälter der Temperatur T_2 Wärme entzieht, um diese dann an einen Wärmebehälter der höheren Temperatur T_1 wieder abzugeben. Eine solche Kältemaschine läßt sich schematisch durch ein (in Abb. 5.12.1 wiedergegebenes) Diagramm darstellen, das aus dem Diagramm in Abb. 5.11.4 einfach dadurch hervorgeht, daß man die Richtungen aller Pfeile umkehrt. Der 1. Hauptsatz, angewandt auf die in Abb. 5.12.1 dargestellte Kältemaschine, besagt, daß

$$w + q_2 = q_1 \tag{5.12.1}$$

gilt. Da eine Carnot-Maschine quasistatisch arbeitet und damit kontinuierlich benachbarte Fastgleichgewichtszustände durchläuft, kann sie ebenso gut in umgekehrter Richtung betrieben werden. In diesem Fall würde sie als eine besonders einfache Art von Kältemaschine arbeiten.

Es ist klar, daß Abb. 5.12.1 nicht die ideale Kältemaschine darstellt: Wenn man zwei Wärmereservoire in thermischen Kontakt miteinander bringen würde, würde irgendein Wärmebetrag q spontan vom Reservoir mit der höheren Temperatur T_1 zum Reservoir mit der tieferen Temperatur T_2 übergehen: Von einer „idealen Kältemaschine" müßte man dann verlangen, daß sie diesen Prozeß einfach umkehrt, d.h. daß sie die Wärmemenge q vom Reservoir mit der Temperatur T_2 zum Reservoir mit der Temperatur T_1 überführt, *ohne* dabei in der Umgebung irgendwelche Veränderungen hervorzurufen. Eine solche ideale Kältemaschine, die auch Clausius-Maschine genannt wird, würde also keinerlei Arbeit erfordern und würde durch das in Abb. 5.12.2 dargestellte Diagramm beschrieben werden.

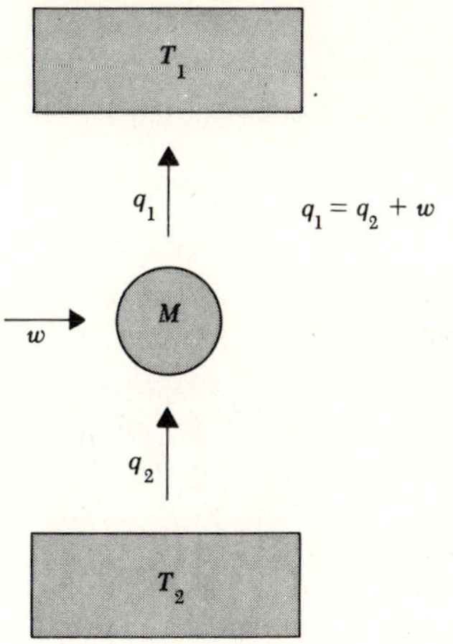

Abb. 5.12.1 Eine reale Kältemaschine

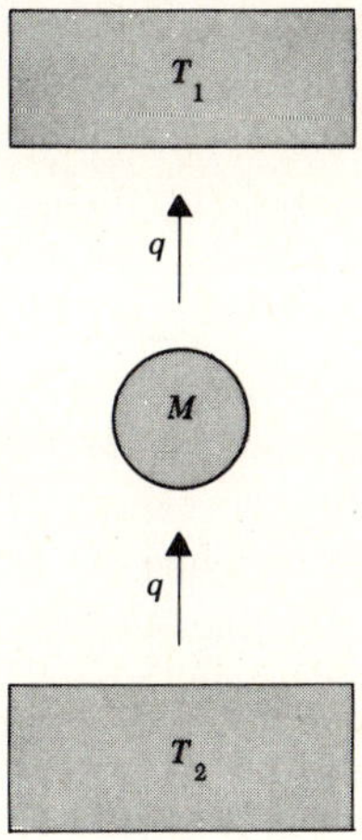

Abb. 5.12.2 Eine ideale Kältemaschine

Aber eine Clausius-Maschine würde wiederum den zweiten Hauptsatz verletzen. Denn die Änderung der Gesamtentropie in Abb. 5.12.2 hat der Ungleichung

$$\Delta S = \frac{q}{T_1} + \frac{(-q)}{T_2} \geq 0$$

oder $$q\left(\frac{1}{T_1} - \frac{1}{T_2}\right) \geq 0 \tag{5.12.2}$$

zu genügen, was aber für $q > 0$ und $T_1 > T_2$ unmöglich ist. Damit gelangen wir zu dem folgenden Satz:

Es ist unmöglich, eine Clausius-Maschine zu bauen. (5.12.3)

(Dieser Satz wird manchmal als Clausiussche Formulierung des zweiten Hauptsatzes bezeichnet.)

Dieses Ergebnis ist natürlich nur allzu bekannt. Kühlschränke haben z.B. die lästige Angewohnheit, eine äußere Energiequelle zu benötigen.

Eine reale Kältemaschine wird somit durch Abb. 5.12.1 dargestellt, in der ein gewisser Arbeitsbetrag w in die Kältemaschine gesteckt werden muß, um sie zum Funktionieren zu bringen. In diesem Fall gilt nach (5.12.1)

$$q_2 = q_1 - w \tag{5.12.4}$$

d.h. die dem kälteren Reservoir entzogene Wärmemenge ist *kleiner* als die an das wärmere Reservoir abgegebenen Wärmemenge. Der zweite Hauptsatz erfordert dann, daß

$$\Delta S = \frac{q_1}{T_1} + \frac{(-q_2)}{T_2} \geq 0$$

oder

$$\frac{q_2}{q_1} \leq \frac{T_2}{T_1} \tag{5.12.5}$$

wobei das Gleichheitszeichen nur für eine Kältemaschine gilt, die zwischen den beiden Reservoiren quasistatisch arbeitet.

Anmerkung: Es läßt sich zeigen, daß die Kelvinsche und die Clausiussche Formulierung des zweiten Hauptsatzes äquivalent sind, und daß aus beiden Formulierungen notwendig die Existenz einer Funktion folgt, welche die Eigenschaften der Entropie besitzt. Dies war der historische Ausgangspunkt für die klassische Thermodynamik. Der interessierte Leser wird auf die Bibliographie am Ende dieses Kapitels verwiesen, in der Bücher, die diesen Gesichtspunkt weiterentwickeln, aufgeführt sind.

Ergänzende Literatur

Thermodynamische Relationen und Eigenschaften reiner Substanzen

Zermansky, M.W.: Heat and Thermodynamics, 5. Auflage, Kapitel 2, 5 und 11, McGraw-Hill Book-Company, New York (1968).

Callen, H.B.: Thermodynamics, Kapitel 5 und 6, John Wiley & Sons, Inc. New York (1960).

Wärme- und Kältemaschinen

Zermansky, M.W.: Heat and Thermodynamics, 5. Auflage, Kapitel 7, McGraw-Hill Book-Company, New York (1968).

Roberts, J.K.; Miller, A.R.: Heat and Thermodynamics, 5. Auflage, Kapitel 14, Interscience Publishers, New York (1960).

Verflüssigung von Gasen

Zermansky, M.W.: Heat and Thermodynamics, 5. Auflage, Abschnitt 12.1–12.2, McGraw-Hill Book-Company, New York (1968).

Roberts, J.K.; Miller, A.R.: Heat and Thermodynamics, 5. Auflage, S. 130–139, Interscience Publisher, New York (1960).

Vollständige Entwicklung der Thermodynamik aus der Kelvinschen oder Clausiusschen Formulierung des zweiten Hauptsatzes; Diskussion von Carnot-Maschinen

Zermansky, M.W.: Heat and Thermodynamics, 5. Auflage, Kapitel 7, 8 und 9, McGraw-Hill Book-Company, New York (1968).

Fermi, E.: Thermodynamics, Abschnitt 7–13, Dover Publications, New York (1968).

Jacobische Methode zur Behandlung partieller Ableitungen

Landau, L.D.; Litschitz, E.M.: Statistische Physik, 2. Auflage, Abschnitt 16, Akademie-Verlag, Berlin (1969).

Crawford, F.H.: Heat, Thermodynamics and statistical physics, Abschnitt 11.13–11.17, Harcourt, Brace & World, New York (1963).

Aufgaben

5.1 Ein ideales Gas hat eine temperaturunabhängige molare spezifische Wärme c_V bei konstantem Volumen. Es sei $\gamma = c_p/c_V$ das Verhältnis seiner spezifischen Wärmen. Das Gas ist thermisch isoliert und kann quasistatisch von einem Anfangsvolumen V_i bei der Temperatur T_i zu einem Endvolumen V_f expandieren.

a) Man benutze die Beziehung pV^γ = const. um die Endtemperatur T_f dieses Gases zu bestimmen.

b) Man benutze die Tatsache, daß die Entropie bei diesem Prozeß konstant bleibt, um die Endtemperatur T_f zu bestimmen.

5.2 Die molare spezifische Wärme bei konstantem Volumen eines monoatomaren, idealen Gases ist bekanntlich $3/2\ R$. Angenommen, man unterwirft ein Mol eines solchen Gases einen quasistatisch geführten Kreisprozeß, der sich in pV-Diagramm als Kreis darstellt (siehe Abb.). Man bestimme dann die folgenden Größen:

a) Die von dem Gas bei einem Zyklus insgesamt geleistete Arbeit.

b) Die Differenz der inneren Energie des Gases in den Zuständen C und A.

c) Die von dem Gas beim Übergang von A nach C über den Weg ABC des Zyklus aufgenommene Wärmemenge.

5.3 Ein ideales, zweiatomiges Gas hat eine molare innere Energie $E = 5/2\ RT$, die nur von seiner absoluten Temperatur T abhängt. Ein Mol dieses Gases wird quasistatisch zunächst vom Zustand A in den Zustand B und dann vom Zustand B in den Zustand C gebracht, wobei diese Zustandsänderungen im

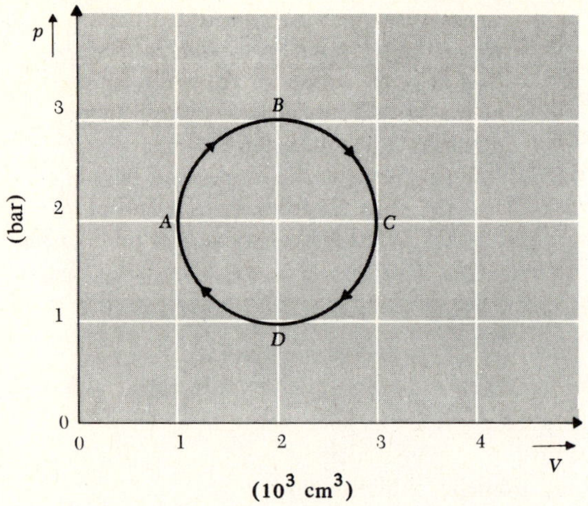

pV-Diagramm jeweils über ein Geradenstück erfolgen (siehe Abb.).

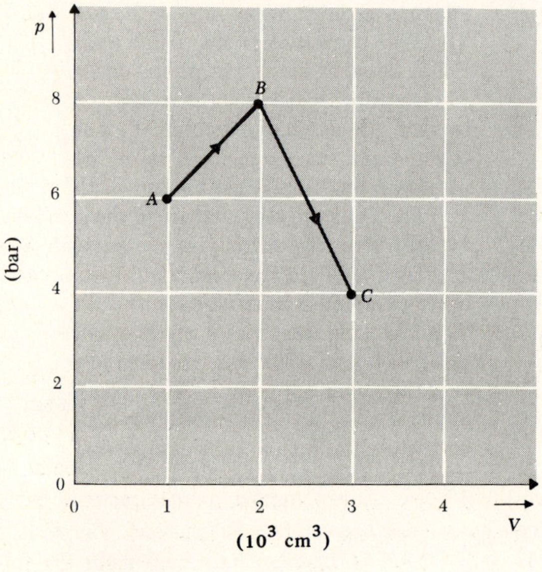

a) Wie groß ist bei diesem Gas die molare spezifische Wärme bei konstantem Volumen?
b) Wie groß ist die von dem Gas bei dem Prozeß $A \to B \to C$ geleistete Arbeit?
c) Wie groß ist die von dem Gas bei diesem Prozeß aufgenommene Wärmemenge?
d) Wie groß ist bei diesem Prozeß die Entropieänderung des Gases?

5.4 Ein zylindrischer Behälter von 80 cm Länge ist durch einen schmalen Kolben in zwei Kammern unterteilt, wobei der Kolben zu Beginn in einer Entfernung von 30 cm vom linken Ende befestigt ist. Die linke Kammer ist mit einem Mol Heliumgas bei einem Druck von 5 bar angefüllt. In der rechten Kammer befindet sich Argongas unter einem Druck von 1 bar. Die beiden Gase können als ideal angesehen werden. Der Zylinder ist in 1 Liter Wasser eingetaucht, und das gesamte System ist isoliert und befindet sich anfangs auf einer einheitlichen Temperatur von 25° C. Die Wärmekapazitäten von Zylinder und Kolben seien vernachlässigbar. Wenn der Kolben nun losgelassen wird, stellt sich alsbald eine neue Gleichgewichtssituation ein, wobei sich der Kolben dann in einer anderen Stellung befindet:

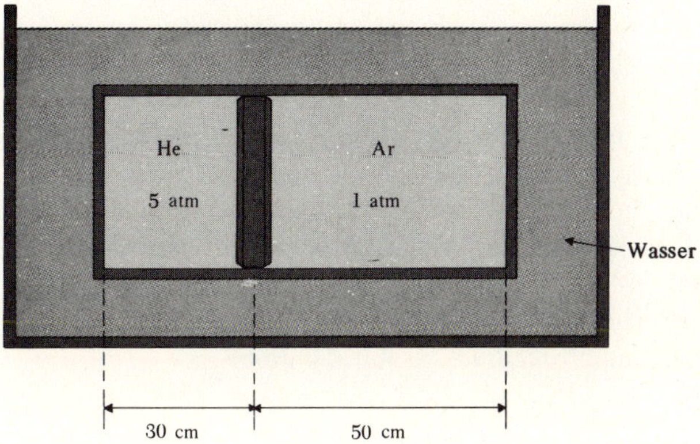

a) Wie groß ist die Temperaturzunahme des Wassers?
b) In welcher Entfernung vom linken Ende des Zylinders kommt der Kolben zur Ruhe?
c) Wie groß ist die Zunahme der Gesamtentropie des Systems?
d) Was passiert, wenn die Gase nicht ideal sind?

5.5 Ein vertikaler Zylinder enthält γ Mole eines idealen Gases und ist durch einen Kolben der Masse M und der Fläche A abgeschlossen. Die Schwerebeschleunigung sei g. Die molare spezifische Wärme c_V des Gases ist eine von der Temperatur unabhängige Konstante. Die Wärmekapazitäten von Kolben und Zylinder sind vernachlässigbar klein und irgendwelche Reibungskräfte zwischen Kolben und Zylinderwand sollen ebenfalls vernachlässigbar sein. Das gesamte System ist *thermisch isoliert.* Zu Beginn ist der Kolben so eingestellt, daß das Gas ein Volumen V_0 und eine Temperatur T_0 besitzt. Anschließend wird der Kolben losgelassen und kommt dann nach einigen Schwingungen in eine Gleichgewichtsruhelage, die einem größeren Volumen des Gases entspricht.

a) Nimmt die Temperatur des Gases ab, zu, oder bleibt sie unverändert?
b) Nimmt die Entropie des Gases ab, zu, oder bleibt sie unverändert?
c) Man drücke die Endtemperatur des Gases durch T_0, V_0 und die anderen in der Aufgabenstellung angegebenen Parameter aus.

5.6 Im folgenden wird eine Methode [20+)] beschrieben, die zur Messung des Verhältnisses $\gamma = c_p/c_V$ bei einem Gas benutzt wird. Das als ideal angenommene Gas befindet sich innerhalb eines vertikalen, zylindrischen Behälters und trägt einen frei beweglichen Kolben der Masse m. Der Kolben und der Zylinder haben beide die gleiche Querschnittsfläche A. Der atmosphärische Druck ist p_0, und wenn sich der Kolben unter dem Einfluß der Schwere (Schwerebeschleunigung g) und des Gasdruckes im Gleichgewicht befindet, hat das Gasvolumen den Wert V_0. Der Kolben wird nun geringfügig aus seiner Gleichgewichtslage ausgelenkt und dann losgelassen, woraufhin er mit einer Frequenz ν um diese Gleichgewichtslage Schwingungen ausführt. Diese Schwingungen sind langsam genug, um zu gewährleisten, daß das Gas immer im inneren Gleichgewicht bleibt, aber schnell genug, um zu garantieren, daß das Gas mit dem Außenraum keine Wärme austauschen kann. Die Änderungen von Druck und Volumen gehen somit adiabatisch vor sich. Man drücke γ durch m, g, A, p_0, V_0 und ν aus.

5.7 Man betrachte die Erdatmosphäre als ein ideales Gas mit dem Molekulargewicht μ, das sich in einem homogenen Gravitationsfeld (Schwerebeschleunigung g) befindet.

a) Man zeige: Bezeichnet z die Höhe über dem Meeresspiegel, so gilt für die Änderung des Atmosphärendrucks p mit der Höhe

$$\frac{dp}{p} = -\frac{\mu g}{RT}\, dz$$

wobei T die absolute Temperatur in der Höhe z ist.

b) Man zeige: Falls die Druckabnahme in a) von einer adiabatischen Expansion herrührt, gilt

$$\frac{dp}{p} = \frac{\gamma}{\gamma - 1}\,\frac{dT}{T}$$

c) Aus a) und b) berechne man dT/dz in Grad pro Kilometer und gehe dazu von der Annahme aus, daß die Atmosphäre hauptsächlich aus Stickstoffgas (N_2) besteht, für das $\gamma = 1{,}4$ ist.

d) Man drücke für eine isotherme Atmosphäre der Temperatur T den Druck p in der Höhe z durch den Druck p_0 in Meereshöhe aus.

e) Man bestimme den Druck p in der Höhe z für den Fall, daß in Meereshöhe Druck und Temperatur die Werte p_0 bzw. T_0 haben, und daß die Atmosphäre, wie in Teil b), als adiabatisch angesehen wird.

5.8 Wenn eine Schallwelle durch ein strömendes Medium (Flüssigkeit oder Gas) läuft, ist die Schwingungsdauer klein im Vergleich mit der Relaxationszeit, die ein makroskopisch kleines Volumenelement des Mediums benötigt, um mit dem Rest des Mediums durch Wärmeleitung Energie auszutauschen. So-

[20+)] Methode von Rüchhardt (1929).

mit können Dichteänderungen eines solchen Volumenelementes als adiabatisch verlaufend angesehen werden.

Man untersuche eindimensionale Verdichtungen und Verdünnungen des in einer Scheibe der Dicke dx enthaltenen Mediums und zeige, daß der Druck $p(x, t)$ im Medium in Abhängigkeit vom Ort x und von der Zeit t der Wellengleichung

$$\frac{\partial^2 p}{\partial t^2} = u^2 \frac{\partial^2 p}{\partial x^2}$$

genügt, wobei die Schallgeschwindigkeit u eine Konstante ist, die durch $u = (\rho \cdot \kappa_S)^{-1/2}$ gegeben ist. Hier ist ρ die Gleichgewichtsdichte des Mediums und κ_S die *adiabatische* Kompressibilität $\kappa_S = -V^{-1}(\partial V/\partial p)_S$, d.h. die unter der Bedingung thermischer Isolation gemessene Kompressibilität des Mediums.

5.9 Man beziehe sich auf die Ergebnisse der vorangehenden Aufgabe:

a) Man drücke die adiabatische Kompressibilität κ_S eines idealen Gases durch seinen Druck und das Verhältnis $\gamma = c_p/c_V$ aus.

b) Man drücke die Schallgeschwindigkeit in einem idealen Gas durch γ, das Molekulargewicht μ und die absolute Temperatur T aus.

c) Wie hängt die Schallgeschwindigkeit bei festem Druck von der Temperatur T des Gases ab? Wie hängt die Schallgeschwindigkeit bei fester Temperatur von dem Druck p des Gases ab?

d) Man berechne die Schallgeschwindigkeit in Stickstoffgas (N_2) bei Zimmertemperatur und Normaldruck (mit $\gamma = 1{,}4$).

5.10 Flüssiges Quecksilber bei atmosphärischem Druck und 0° C (d.h. 273 K) hat ein molares Volumen von 14,72 cm³/mol und eine spezifische Wärme bei konstantem Druck $c_p = 28{,}0\ \mathrm{JK^{-1}mol^{-1}}$. Sein Expansionskoeffizient ist $\alpha = 1{,}81 \cdot 10^{-4}\,\mathrm{K^{-1}}$ und seine Kompressibilität ist $\kappa = 3{,}88 \cdot 10^{-6}\,\mathrm{bar^{-1}}$. Man bestimme die spezifische Wärme c_V bei konstantem Volumen und das Verhältnis $\gamma = c_p/c_V$.

5.11 Man betrachte einen isotropen Festkörper der Länge L. Sein linearer Expansionskoeffizient α_L ist definiert als $\alpha_L = L^{-1}(\partial L/\partial T)_p$ und ist ein Maß für die durch eine kleine Temperaturänderung hervorgerufene Längenänderung des Festkörpers. Man betrachte ein infinitesimales rechtwinkliges Parallelepiped dieses Festkörpers und zeige, daß der Volumenexpansionskoeffizient $\alpha = V^{-1}(\partial V/\partial T)_p$ einfach gegeben ist durch $\alpha = 3\alpha_L$.

5.12 Das folgende Problem stellt sich in der Praxis, wenn an Festkörpern bei hohen Dichten Experimente durchgeführt werden. Wenn der Druck um einen Betrag Δp erhöht wird, und zwar hinreichend langsam, damit der Prozeß als quasistatisch angesehen werden kann, und außerdem unter der Bedingung thermischer Isolation, wie groß ist dann die resultierende Temperaturänderung ΔT der Probe? Man leite für den Fall, daß Δp recht klein ist, einen Ausdruck für ΔT als Funktion von Δp, der Probentemperatur T, der Dichte $\rho\,[\mathrm{g/cm^3}]$ und des Volumenexpansionskoeffizienten $\alpha\,[\mathrm{K^{-1}}]$ her.

5.13 Eine homogene Substanz hat bei einer Temperatur T und einem Druck p ein molares Volumen v und eine molare spezifische Wärme bei konstantem Druck c_p. Ihr Volumenexpansionskoeffizient α sei als Funktion der Temperatur bekannt. Man berechne, wie c_p bei gegebener Temperatur vom Druck abhängt; d.h. man berechne $(\partial c_p/\partial p)_T$ und drücke das Ergebnis durch T, v und die Eigenschaften von α aus.

5.14 In einem Temperaturbereich um die absolute Temperatur T_0 herum ist die Kraft F, die einen Plastikstab dehnt, mit der Stablänge L gemäß

$$F = aT^2 (L - L_0)$$

verknüpft. Dabei sind a und L_0 (Länge des ungedehnten Stabes) positive Konstanten. Wenn $L = L_0$, so ist die Wärmekapazität C_L des Stabes (gemessen bei konstanter Länge) durch $C_L = bT$ gegeben, wobei b eine Konstante ist.

a) Man schreibe für dieses System die Grundgleichung der Thermostatik an und drücke dS durch dE und dL aus.

b) Die Entropie $S(T, L)$ des Stabes sei eine Funktion von T und L. Man berechne $(\partial S/\partial L)_T$.

c) Bei bekannten $S(T_0, L_0)$ bestimme man $S(T, L)$ bei *irgendeiner* anderen Temperatur T und Länge L. (Es ist bequemer, zuerst die Änderung der Entropie mit der Temperatur bei der konstanten Länge L_0 zu berechnen, für die die Wärmekapazität bekannt ist.)

d) Wenn man bei $T = T_i$ und $L = L_i$ beginnt und den thermisch isolierten Stab quasistatisch dehnt, bis er die Länge L_f erreicht, wie groß ist dann die Endtemperatur T_f?

e) Man berechne die Wärmekapazität des Stabes $C_L(L, T)$, wenn seine Länge L anstatt L_0 ist.

f) Man berechne $S(T, L)$, indem man schreibt

$$S(T, L) - S(T_0, L_0) = [S(T, L) - S(T_0, L)] + [S(T_0, L) - S(T_0, L_0)]$$

und das Ergebnis aus Teil c) benutzt, um den ersten Term in eckigen Klammern zu berechnen. Man zeige, daß das Endergebnis mit dem übereinstimmt, was in c) gefunden wurde.

5.15 Die Abbildung zeigt einen Seifenfilm (grau gezeichnet), der in einem Drahtrahmen eingespannt ist. Aufgrund der Oberflächenspannung übt der Film

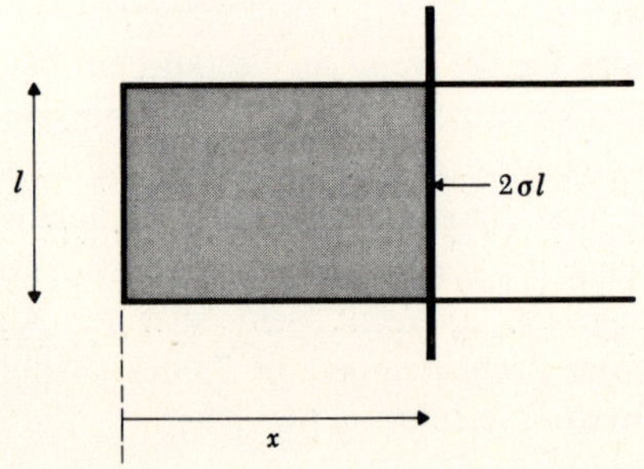

auf das quergelegte Drahtstück eine Kraft $2\sigma l$ aus. Diese Kraft versucht das Drahtstück so zu bewegen, daß die Fläche des Films verkleinert wird. Die Größe σ heißt „Oberflächenspannung" des Films und der Faktor 2 tritt auf, weil der Film 2 Oberflächen hat. Die Temperaturabhängigkeit von σ ist durch

$$\sigma = \sigma_0 \cdot - \alpha T$$

gegeben. Dabei sind σ_0 und a von T und x unabhängige Konstanten.

a) Man nehme an, daß der Abstand x (bzw. die Gesamtfilmfläche $2lx$) der einzige wesentliche äußere Parameter des Systems sei und drücke die mit einer quasistatischen Änderung von x um dx verbundene Energieänderung dE des Films durch die von ihm aufgenommene Wärmemenge $đQ$ und die von ihm geleistete Arbeit aus.

b) Man berechne die Änderung der mittleren Energie $\Delta E = E(x) - E(0)$ des Films, wenn dieser bei konstanter Temperatur T_0 von der Länge $x = 0$ auf eine Länge x gedehnt wird.

c) Man berechne die Arbeit $\mathcal{W}$, die an dem Film zu leisten ist, um ihn bei dieser konstanten Temperatur von der Länge $x = 0$ auf die Länge x zu dehnen.

5.16 Man betrachte eine elektrochemische Zelle des in der Abbildung wiedergegebenen Typs.

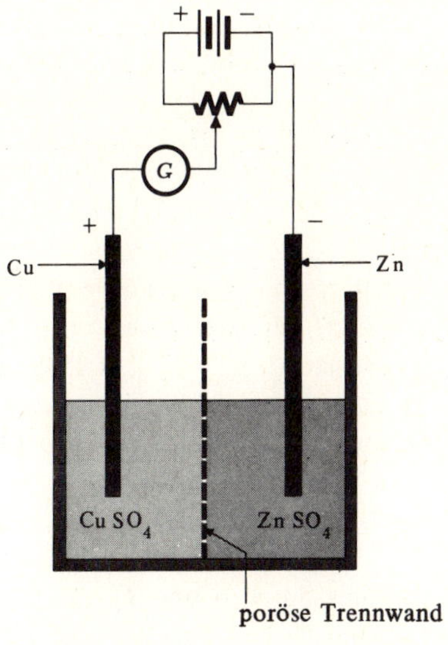

Die Zelle kann im Gleichgewicht gehalten werden, indem man ihre Ausgänge so mit einem Potentiometer verbindet, daß die von der Zelle erzeugte EMK $\mathcal{V}$ exakt kompensiert wird und kein resultierender Strom durch den äußeren Stromkreis fließt. Die folgende chemische Reaktion kann in der Zelle stattfinden:

$$Zn + CuSO_4 \rightleftarrows Cu + ZnSO_4 \tag{1}$$

Angenommen, daß Gleichgewicht wird um einen infinitesimalen Betrag quasistatisch verschoben, so daß die Reaktion von links nach rechts verläuft und dN Kupferatome (Cu) bei dem Prozeß erzeugt werden. Dann fließt durch den äußeren Stromkreis die Ladung $ze\,dN$ von der Kupferelektrode zur Zinkelektrode (wobei $z = 2$ die Wertigkeit von Kupfer ist) und die Zelle leistet die Arbeit $\mathcal{V}ze\,dN$. In Molen ausgedrückt, ist die transportierte Ladung, wenn $d\nu = dN/N_a$ Mole Kupfer erzeugt werden, durch $zeN_a\,d\nu = zf\,d\nu$ gegeben (wobei $f = N_a e$ die sogenannte Faraday-Konstante ist) und die von der Zelle geleistete Arbeit ist $\mathcal{V}zfd\nu$. Die Zelle kann somit durch die folgenden unabhängigen Parameter beschrieben werden: die Temperatur T, den Druck p und die Anzahl ν der Mole von Kupfer. Die Volumenänderung des Materials in der Zelle ist vernachlässigbar. Die Grundgleichung der Thermostatik für diese Zelle lautet dann

$$T\,dS = dE + zf\mathcal{V}\,d\nu \tag{2}$$

Man benutze diese Relation, um einen Ausdruck für die Energieänderung ΔE der Zelle bei fester Temperatur T und bei festem Druck p zu finden, wenn ein Mol Kupfer erzeugt wird. Man zeige dabei, daß ΔE (welches die bei der chemischen Umwandlung (1) auftretende Reaktionswärme ist) allein durch Messung der EMK $\mathcal{V}$, also ohne irgendwelche kalometrische Messungen bestimmt werden kann.

5.17 Die Zustandsgleichung eines Gases läßt sich in der Form

$$p = nkT(1 + B_2 n)$$

schreiben, wobei p der Druck, T die absolute Temperatur, $n = N/V$ die Anzahl der Moleküle in der Volumeneinheit und $B_2 = B_2(T)$ der zweite Virialkoeffizient ist. Die Diskussion in Abschnitt 5.10 zeigte, daß B_2 eine wachsende Funktion der Temperatur ist. Man untersuche, wie die innere Energie E dieses Gases von dessen Volumen V abhängt; d.h. man finde einen Ausdruck für $(\partial E/\partial V)_T$. Ist dieser positiv oder negativ?

5.18 Die freie Expansion eines Gases ist ein Prozeß, bei dem die Gesamtenergie E konstant bleibt. Im Zusammenhang mit diesem Prozeß sind die folgenden Größen von Interesse:

a) Was ist $(\partial T/\partial V)_E$? Man drücke das Ergebnis durch p, T, $(\partial p/\partial T)_V$ und C_V aus.

b) Was ist $(\partial S/\partial V)_E$? Man drücke das Ergebnis durch p und T aus.

c) Unter Benutzung der Ergebnisse von a) und b) berechne man die Temperaturänderung $\Delta T = T_2 - T_1$ bei der freien Expansion eines Gases vom Volumen V_1 auf das Volumen V_2. Man gebe explizit das Ergebnis für ν Mole eines van der Waals-Gases an und setze dabei voraus, daß C_V temperaturunabhängig ist.

5.19 Die van der Waalssche Zustandsgleichung für 1 Mol Gas lautet $(p + av^{-2})$ $(v - b) = RT$. Im allgemeinen weisen die zu verschiedenen Werten von T gehörigen Kurven im pv-Diagramm ein Maximum und ein Minimum in den durch $(\partial p/\partial V)_T = 0$ bestimmten Punkten auf (die Kurven sehen ähnlich aus wie jene in Abb. 8.6.1). Das Maximum und das Minimum fällt einen einzigen Punkt auf der jenigen Kurve zusammen, für die zusätzlich zu $(\partial p/\partial v)_T =$ 0 die Bedingung $(\partial^2 p/\partial v^2)_T = 0$ erfüllt ist. Dieser Punkt heißt „kritischer Punkt" der Substanz und die zugehörigen Temperatur-, Druck- und Volumenwerte werden mit T_c, p_c und v_c bezeichnet.

a) Man drücke a und b durch T_c und v_c aus.

b) Man drücke p_c durch T_c und v_c aus.

c) Man schreibe die van der Waalssche Zustandsgleichung in den reduzierten dimensionslosen Variablen

$$T' \equiv \frac{T}{T_c}, \qquad v' \equiv \frac{v}{v_c}, \qquad p' \equiv \frac{p}{p_c}$$

an. Diese Form darf weder a noch b enthalten.

5.20 Man ermittle die Inversionskurve für ein van der Waals-Gas in den reduzierten Variablen p' und T' und bestimme p' als Funktion von T' entlang der Inversionskurve. Man zeichne diese Kurve als Graph in einem $p'T'$-Diagramm und gebe quantitativ die Schnittpunkte mit der T'-Achse und die Lage des maximalen Druckes auf dieser Kurve an.

5.21 Der Joule-Kelvin-Koeffizient ist durch

$$\mu \equiv \left(\frac{\partial T}{\partial p}\right)_H = \frac{V}{C_p}\left[\frac{T}{V}\left(\frac{\partial V}{\partial T}\right)_p - 1\right] \qquad (1)$$

gegeben. Da hier die absolute Temperatur T auftritt, kann diese Beziehung zur Bestimmung von T benutzt werden.

Man betrachte *irgendeinen beliebigen* leicht meßbaren Temperaturparameter ϑ (z.B. die Höhe einer Quecksilbersäule); d.h. also eine Größe, von der bekannt ist, daß sie irgendeine eineindeutige (unbekannte) Funktion von T ist, also $\vartheta = \vartheta(T)$.

a) Man drücke (1) durch die verschiedenen direkt meßbaren Größen aus, die den Temperaturparameter ϑ anstatt der absoluten Temperatur T enthalten; d.h. durch $\mu' \equiv (\partial\vartheta/\partial p)_H$, $C_p' \equiv (đQ/d\vartheta)_p$, $a' \equiv V^{-1}(\partial V/\partial\vartheta)_p$ und die Ableitung $d\vartheta/dT$.

b) Man zeige, daß durch Integration des sich auf diese Weise ergebenden Ausdruckes T für jeden vorgegebenen Wert von ϑ gefunden werden kann, sofern $\vartheta_0 = \vartheta(T_0)$ bekannt ist (z.B. falls man den Wert ϑ_0 aus Tripelpunkt $T_0 = 273{,}16$ K kennt).

5.22 Zum Heizen von Gebäuden sind sogenannte „Wärmepumpen" entwickelt worden. Von ihnen wird aus der Umgebung Wärme absorbiert und dann bei einer höheren Temperatur an das Innere des Gebäudes wieder abgegeben.

a) Wenn eine solche Wärmepumpe zwischen der Außentemperatur T_0 und der Innentemperatur T_i arbeitet, wieviel Kilowattstunden Wärme können dann maximal für jede einzelne Kilowattstunde elektrischer Energie erhalten werden, die notwendig ist, um die Maschine zu betreiben.

b) Man gebe das Ergebnis numerisch für den Fall an, daß die Außentemperatur 0° C und die Innentemperatur 25° C beträgt.

5.23 Zwei identische Körper, jeder charakterisiert durch eine temperaturunabhängige Wärmekapazität bei konstantem Druck C, werden als Wärmereservoire für eine Wärmemaschine benutzt. Die Körper bleiben unter konstantem Druck und ändern ihre Phase nicht. Ihre Temperaturen sind zu Beginn T_1 und T_2. Durch die zwischen ihnen arbeitende Wärmemaschine findet dann ein Temperaturausgleich statt, so daß die beiden Körper schließlich eine gemeinsame Endtemperatur T_f erreichen.

a) Welche Gesamtarbeit W wird von der Maschine geleistet? Man drücke das Ergebnis durch C, T_1, T_2 und T_f aus.

b) Mittels Betrachtungen über das Verhalten der Entropie leite man eine Ungleichung her, durch die die Endtemperatur T_f mit den Anfangstemperaturen T_1 und T_2 verknüpft wird.

c) Wie groß ist die für gegebene Anfangstemperaturen T_1 und T_2 maximal aus der Maschine zu gewinnende Arbeit?

5.24 Die latente Schmelzwärme von Eis pro Einheitsmasse ist L. Ein Kübel enthält eine Mischung von Wasser und Eis auf Gefrierpunktstemperatur (absolute Temperatur T_0). Mit Hilfe eines Kühlschranks soll in dem Kübel eine zusätzliche Wassermasse m zum Gefrieren gebracht werden. Die vom Kühlschrank abgegebene Wärme geht an einen Körper mit der konstanten Wärmekapazität C über, der sich anfangs auf der Temperatur T_0 befindet. Welche Wärmemenge muß der Kühlschrank bei dem gewünschten Prozeß mindestens an diesen Körper abgeben?

5.25 Man betrachte die in Abb. 5.11.2 dargestellte Situation. Angenommen das Gewicht, dessen Masse $m = 50$ g beträgt, kann unter dem Einfluß der Schwere ($g = 980$ cm sec^{-2}) eine Strecke von $L = 1$ cm herabfallen, bevor es auf einer Plattform zur Ruhe kommt. Bei diesem Prozeß dreht das Gewicht die Achse des Schaufelrades und erhöht damit die Temperatur der Flüssigkeit, die ursprünglich 25° C betrug, um einen geringen Betrag.

Man berechne die Wahrscheinlichkeit dafür, daß, als Ergebnis einer spontanen Fluktuation, das Wasser an das Gewicht Energie abgibt und dieses in seine ursprüngliche Lage von 1 cm Höhe anhebt.

5.26 Die Vorgänge in einer Verbrennungsmaschine können *näherungsweise* durch einen idealisierten Kreisprozeß *abcd* dargestellt werden, der von einem Gas in einem Zylinder durchlaufen wird und hier in einem pV-Diagramm wiedergegeben ist. Dabei stellt $a \to b$ die adiabatische Kompression des Benzin-Luftgemisches dar, $b \to c$ das von der Explosion des Gemisches herrührende Ansteigen des Druckes bei konstantem Volumen, $c \to d$ die adiabatische Ex-

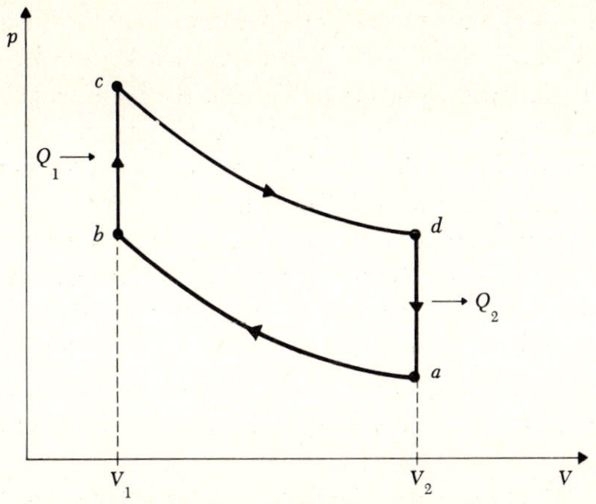

pansion des Gemisches während des eigentlichen Arbeitsvorgangs der Maschine und $d \to a$ schließlich das Abkühlen des Gases bei konstantem Volumen.

Angenommen dieser Kreisprozeß wird mit einer bestimmten Menge idealen Gases quasistatisch durchgeführt. Man berechne für diesen Fall den Wirkungsgrad η der Maschine und drücke das Ergebnis durch V_1, V_2 und $\gamma = c_p/c_V$ aus.

6. Grundlegende Methoden und Ergebnisse der statistischen Mechanik

Gemäß dem Grundpostulat der Statistischen Physik wird ein isoliertes System im Gleichgewicht durch ein mikrokanonisches Ensemble repräsentiert. Ein System im thermischen Kontakt mit einem Wärmereservoir wird durch ein kanonisches Ensemble $P_r = e^{-\beta E_r}/\sum_r e^{-\beta E_r}$ dargestellt. Mit seiner Hilfe ergibt sich die Magnetisierung $\overline{M}_0$ eines Paramagnetikums im äußeren Magnetfeld H zu $\overline{M}_0 = N_0\, \mu \,\mathrm{tgh}\, (\mu H/kT)$, wobei N_0 die Teilchendichte und μ das magnetische Moment der Teilchen ist. Mit dem kanonischen Ensemble ergibt sich die Maxwell-Verteilung $P(\boldsymbol{p})\, d^3 \boldsymbol{p} = C \exp\, (-\beta \boldsymbol{p}^2/2m)\, d^3 \boldsymbol{p}$. Der Energiemittelwert des kanonischen Ensembles ist $\bar{E} = -\, \partial \ln Z/\partial\beta$, ihr Schwankungsquadrat $\overline{(\Delta E)^2} = \partial^2 \ln Z/\partial\beta^2$. Dabei ist Z die Zustandssumme $Z = \sum_r \exp(-\beta E_r)$. Die Entropie wird $S = k(\ln Z + \beta\bar{E})$ und die freie Energie $F = -kT\ln Z$. Offene Systeme, die im thermischen Kontakt mit einem Wärmereservoir stehen, werden durch ein großkanonisches Ensemble $P_r = C \exp\, (-\beta E_r - \alpha N_r)$ dargestellt, wobei N_r die Teilchenanzahl im r-ten Zustand, α proportional dem chemischen Potential und C die Normierungskonstante ist.

Man kann eine Menge wichtiger Anwendungen erörtern, die auf den makroskopischen Aspekten der allgemeinen Theorie beruhen, die im Kap. 3 behandelt wurde. Eine beträchtlich größere Einsicht und weitere Anwendungsmöglichkeiten werden aber dadurch gewonnen, daß die mikroskopischen Aspekte der Theorie betrachtet werden. Daher wollen wir in diesem Kapitel unsere Aufmerksamkeit den statistischen Beziehung widmen, die im letzten Teil des Abschnitts 3.11 zusammengefaßt sind. Unsere Ziele sind

1. allgemeine Wahrscheinlichkeitsaussagen für verschiedene Situationen von physikalischem Interesse herzuleiten
2. praktische Methoden zur Berechnung makroskopischer Größen (z.B. Entropien oder spezifische Wärmen) aus rein mikroskopischen Eigenschaften des Systems anzugeben.

Im Kapitel 7 werden dann diese Methoden zur Erörterung physikalisch wichtiger Anwendungen benutzt.

Repräsentative Ensemble für Systeme unter verschiedenen Nebenbedingungen

6.1 Abgeschlossenes System

Will man ein System statistisch beschreiben, so besitzt man stets einige Informationen über die zu betrachtende physikalische Situation. Das repräsentative statistische Ensemble wird dann so konstruiert, daß alle Systeme des Ensembles die Bedingungen erfüllen, die den Informationen zum ursprünglichen System entsprechen. Da es eine Menge verschiedener physikalischer Situationen gibt, muß man eine ebenso große Anzahl repräsentativer Ensemble betrachten. Einige der wichtigsten Fälle werden in den folgenden Abschnitten beschrieben.

Ein abgeschlossenes System ist von grundlegender Bedeutung. Dies wurde ausführlich in den Kapiteln 2 und 3 ausgeführt. Immer wenn man nämlich ein System A betrachtet, das nicht abgeschlossen ist und deshalb mit einem anderen System A' wechselwirken kann, so läßt sich diese Situation auf den Fall eines abgeschlossenen, zusammengesetzten Systems $A + A'$ zurückführen.

Wir nehmen der Einfachheit halber an, daß das Volumen V des Systems sein einziger wesentlicher äußerer Parameter sei. Ein abgeschlossenes System dieser Art besteht dann aus N vorgegebenen Teilchen in einem bestimmen Volumen V. Die konstante Energie des Systems liege in einem Bereich zwischen E und $E + \delta E$. Wahrscheinlichkeitsaussagen werden dann bezüglich eines Ensembles gemacht, das aus vielen Systemen besteht, die alle N Teilchen im Volumen V enthalten und deren Energie für alle im Bereich zwischen E und $E + \delta E$ liegt. Das grundlegende statistische Postulat fordert nun, daß im Gleichgewicht das System gleichwahrscheinlich in einem seiner zugänglichen Zustände vorgefunden wird. Wird die Energie des Systems im Zustand r mit E_r bezeichnet, so ist also die Wahrscheinlichkeit P_r dafür, das System im r-ten Zustand vorzufinden, durch

$$P_r = \begin{cases} C & \text{wenn } E < E_r < E + \delta E \\ 0 & \text{sonst} \end{cases} \tag{6.1.1}$$

gegeben. Dabei ist C eine Konstante, die aus der Normierungsbedingung $\Sigma P_r = 1$ bestimmt werden kann, wobei r über alle im Bereich zwischen E und $E + \delta E$ zugänglichen Zustände durchläuft.

Ein Ensemble, das ein isoliertes System im Gleichgewicht repräsentiert, ist somit gemäß (6.1.1) über die Systemzustände verteilt. Es wird als „mikrokanonisches Ensemble" bezeichnet.

6.2 System im Kontakt mit einem Wärmereservoir

Es wird der Fall eines kleinen Systems A betrachtet, das mit einem Wärmereservoir A' in thermischer Wechselwirkung steht. Dieser Fall wurde schon im Abschnitt 3.6 erörtert. Dabei war $A << A'$, d.h. A hat wesentlich weniger Freiheitsgrade als A'. Das System A möge ein kleines makroskopisches System sein (z.B. eine Flasche mit Wein, die in ein Schwimmbecken eintaucht, das als Wärmereservoir dient.) Manchmal kann A auch ein gegenüber anderen unterscheidbares mikroskopisches System sein, das stets wohl zu identifizieren ist [1*]. (Z.B. kann A ein Atom an einem bestimmten Gitterplatz sein, wobei der Festkörper als Wärmereservoir wirkt.) Folgende Frage wird nun gestellt: Wie groß ist im Gleichgewicht die Wahrscheinlichkeit P_r dafür, das System A in irgendeinem bestimmten Mikrozustand r der Energie E_r vorzufinden?

Diese Frage läßt sich unmittelbar durch den gleichen Beweisgang wie im Abschnitt 3.3 beantworten. Wir nehmen wieder eine schwache Wechselwirkung zwischen A und A' an, so daß ihre Energien additiv sind. Natürlich ist die Energie von A nicht fest. Dagegen hat die Gesamtenergie des zusammengesetzten Systems $A^{(0)} = A + A'$ einen festen Wert im Bereich zwischen $E^{(0)}$ und $E^{(0)} + \delta E$. Ist E' die Energie von A', so lautet der Energieerhaltungssatz

$$E_r + E' = E^{(0)} \tag{6.2.1}$$

Wenn daher A in einem genau definierten Zustand r ist, so ist die Anzahl der dem zusammengesetzten System $A^{(0)}$ zugänglichen Zustände gerade so groß, wie die Anzahl $\Omega'(E')$ der dem System A' zugänglichen Zustände, wenn dessen Energie zwischen $E' = E^{(0)} - E_r$ und $E' + \delta E$ liegt. Gemäß dem grundlegenden stati-

[1*] Diese Anmerkung muß deshalb gemacht werden, weil es bei quantenmechanischer Beschreibung nicht immer möglich ist, ein einzelnes Mikroteilchen von anderen zu unterscheiden.

stischen Postulat ist somit die Wahrscheinlichkeit P_r dafür, daß A im Zustand r vorgefunden wird, proportional zur Anzahl der Zustände, die dem zusammengesetzten System $A^{(0)}$ unter den angegebenen Nebenbedingungen zugänglich sind. Daher gilt

$$P_r = C'\Omega'(E^{(0)} - E_r) \tag{6.2.2}$$

wobei C' ein von r unabhängiger Proportionalitätsfaktor ist. Wie üblich kann er durch die Normierungsbedingung für Wahrscheinlichkeiten bestimmt werden:

$$\sum_r P_r = 1 \tag{6.2.3}$$

Die Summe läuft dabei unabhängig von der Energie über alle möglichen Zustände von A.

Bis hierher waren die Betrachtungen völlig allgemein. Nunmehr wird davon Gebrauch gemacht, daß A sehr viel kleiner als A' ist. Somit gilt $E_r << E^{(0)}$ [2+] und (6.2.2) kann durch eine Entwicklung des langsam veränderlichen Logarithmus von $\Omega'(E')$ um $E' = E^{(0)}$ approximiert werden:

$$\ln \Omega'(E^{(0)} - E_r) = \ln \Omega'(E^{(0)}) - \left[\frac{\partial \ln \Omega'}{\partial E'}\right]_0 E_r \cdots \tag{6.2.4}$$

Die Ableitung

$$\left[\frac{\partial \ln \Omega'}{\partial E'}\right]_0 \equiv \beta \tag{6.2.5}$$

wird an der festen Stelle $E' = E^{(0)}$ berechnet und ist somit eine von der Energie E_r unabhängige Konstante. Nach (3.3.10) ist $\beta = (kT)^{-1}$ der konstante Temperaturparameter des *Wärmereservoirs* A'. (Physikalisch bedeutet dies, daß das Wärmereservoir A' verglichen mit A so groß ist, daß seine Temperatur durch einen Austausch einer hinreichend kleinen Energie mit A unverändert bleibt.) Somit wird aus (6.2.4)

$$\ln \Omega'(E^{(0)} - E_r) = \ln \Omega'(E^{(0)}) - \beta E_r$$

oder

$$\Omega'(E^{(0)} - E_r) = \Omega'(E^{(0)}) e^{-\beta E_r} \tag{6.2.6}$$

Da $\Omega'(E^{(0)})$ von r unabhängig ist, wird aus (6.2.2)

$$P_r = C e^{-\beta E_r} \tag{6.2.7}$$

wobei C eine von r unabhängige Proportionalitätskonstante ist. Aus der Normierungsbedingung (6.2.3) ergibt sich C zu

[2+] Das zu berechnende P_r muß somit alle Zustände, deren Energien diese Ungleichung nicht erfüllen, praktisch ausschließen.

$$C^{-1} = \sum_r e^{-\beta E_r}$$

und aus (6.2.7) wird

$$P_r = \frac{e^{-\beta E_r}}{\sum_r e^{-\beta E_r}} \tag{6.2.8}$$

Das Ergebnis (6.2.2) oder (6.2.7) wird nun genauer erörtert. Wenn von A bekannt ist, daß es sich in genau einem seiner Zustände befindet, so kann sich das Wärmereservoir in irgendeinen seiner vielen $\Omega'(E^{(0)} - E_r)$ zugänglichen Zustände befinden. Man erinnere sich, daß die Anzahl $\Omega'(E')$ der dem Reservoir zugänglichen Zustände gewöhnlich eine außerordentlich schnell wachsende Funktion seiner Energie ist. (d.h. β in (6.2.5) ist positiv.) Je höher somit die Energie E_r ist, desto kleiner muß wegen der Energieerhaltung (6.2.1) E' sein und damit ist die Anzahl der dem Reservoir zugänglichen Zustände wesentlich kleiner. Somit sinkt die zugehörige Wahrscheinlichkeit dafür, im Ensemble Systeme mit höheren E_r vorzufinden, außerordentlich schnell. Dies drückt gerade die exponentielle Abhängigkeit des P_r von E_r in (6.2.7) aus.

Beispiel: Ein einfaches numerisches Beispiel zeigt die Abb. 6.2.1. Die Querstriche deuten die Anzahl der den Systemen A und A' zugänglichen Zustände in Abhängigkeit ihrer Energien an. Die Gesamtenergie des zusammengesetzten Systems sei 1007. A sei im Zustand r der Energie 6. Daher ist die Ener-

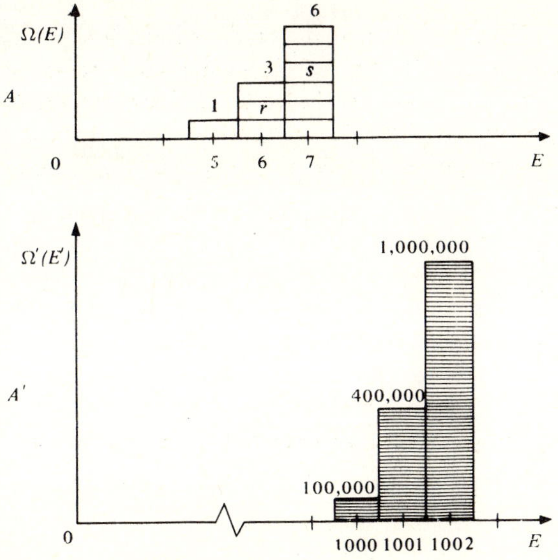

Abb. 6.2.1 Schematische Darstellung der Anzahl der den Systemen A und A' zugänglichen Zustände als Funktion ihrer Energie (gemessen in willkürlichen Einheiten).

gie des Reservoirs A' 1001 und es kann sich in irgendeinem seiner 400 000 zugänglichen Zustände befinden. In einem Ensemble aus vielen Systemen $A^{(0)}$ gibt es daher 400 000 verschiedene zusammengesetzte Systeme, für die A im Zustand r ist. Sei nun A im Zustand s der Energie 7, so muß das Reservoir A' die Energie 1000 besitzen, für die es nur 100 000 zugängliche Zustände gibt. Daher enthält das Ensemble nunmehr nur 100 000 verschiedene zusammengesetzte Systeme, für die A im Zustand s ist.

Die Wahrscheinlichkeit (6.2.7) ist ein sehr allgemeines Ergebnis von grundlegender Bedeutung für die statistische Mechanik. Der Exponentialfaktor $e^{-\beta E_r}$ wird „Boltzmann-Faktor" genannt; die zugehörige Wahrscheinlichkeitsverteilung (6.2.7) heißt „kanonische Verteilung". Ein Ensemble aus Systemen im Gleichgewicht, die alle mit einem Wärmereservoir bekannter Temperatur T in Kontakt stehen, d.h. die sich gemäß (6.2.7) über die Systemzustände verteilen, heißt „kanonisches Ensemble".

(6.2.7) gibt die Wahrscheinlichkeit dafür an, das System A in einem bestimmten Zustand r der Energie E_r vorzufinden. Die Wahrscheinlichkeit $P(E)$ dafür, daß A eine Energie im schmalen Bereich zwischen E und $E + \delta E$ besitzt, erhält man dadurch, daß über alle Zustände summiert wird, deren Energie in diesem Bereich liegt:

$$P(E) = \sum_r P_r, \quad r\colon E < E_r < E + \delta E$$

Diese Zustände sind gemäß (6.2.7) gleichwahrscheinlich und durch den im wesentlichen gleichen Exponentialfaktor $e^{-\beta E}$ gekennzeichnet. Daher wird mit (6.2.7) aus der letzten Gleichung

$$P(E) = C\Omega(E)\, e^{-\beta E} \tag{6.2.9}$$

wobei $\Omega(E)$ die Anzahl der Zustände von A im angegebenenen Energiebereich ist. Weil A ein makroskopisches System ist (obgleich sehr viel kleiner als A'), wächst $\Omega(E)$ sehr schnell mit E. Der schnell *fallende* Faktor $e^{-\beta E}$ in (6.2.9) ergibt im Produkt $\Omega(E)e^{-\beta E}$ ein Maximum. Je größer A ist, desto schärfer ist dieses Maximum für $P(E)$; d.h. je schneller $\Omega(E)$ mit E wächst, desto schärfer wird dieses Maximum. Somit erhalten wir wieder die Ergebnisse des Abschnitts 3.7. Es soll betont werden, daß (6.2.9) gilt, wie klein auch A sein mag. Es kann sogar ein System von atomaren Abmessungen sein, wenn es nur ein unterscheidbares System ist, das die Additivität der Energie (6.2.1) erfüllt.

Aus der Wahrscheinlichkeitsverteilung (6.2.7) können verschiedene Mittelwerte einfach berechnet werden. Sei z.B. y eine Größe, die den Wert y_r im Zustand r des Systems A annimmt, dann gilt

$$\bar{y} = \frac{\sum_r e^{-\beta E_r} y_r}{\sum_r e^{-\beta E_r}} \tag{6.2.10}$$

wobei die Summation über alle Zustände r des Systems läuft.

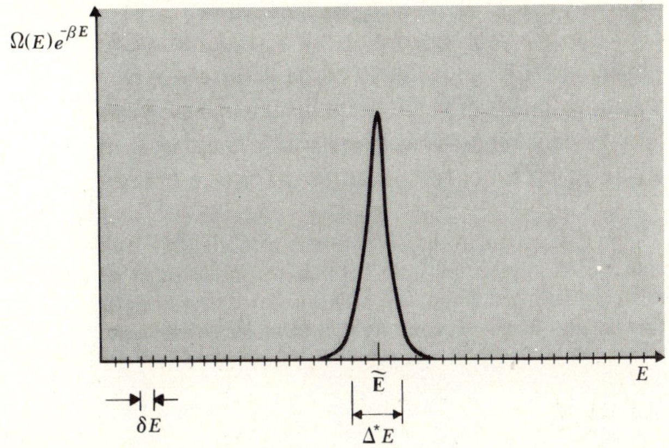

Abb. 6.2.2 Schematische Darstellung der Funktion $\Omega(E)e^{-\beta E}$ in Abhängigkeit von E für ein makroskopisches System.

6.3 Einfache Anwendungen der kanonischen Verteilung

Aus der kanonischen Verteilung (6.2.7) ergibt sich eine Unzahl von Folgerungen. Hier werden nur einige wenige, erläuternde Anwendungen angegeben, für die die kanonische Verteilung unmittelbar physikalisch sehr wichtige Ergebnisse bringt. Die meisten von ihnen werden genauer im Kap. 7 besprochen.

Paramagnetismus. Man betrachte einen Stoff, der N_0 magnetische Atome pro Volumeneinheit enthält und sich in einem äußeren Magnetfeld $\boldsymbol{H}$ befindet. Jedes Atom habe den Spin ½ (der einem ungepaarten Elektron entspricht) und ein inneres magnetisches Moment μ. Nach den Gesetzen der Quantenmechanik kann das magnetische Moment eines jeden Atoms parallel oder antiparallel zum äußeren Feld $\boldsymbol{H}$ ausgerichtet sein. Wenn der Stoff die absolute Temperatur T besitzt, wie groß ist dann das mittlere magnetische Moment $\bar{\mu}_H$ (in Richtung von $\boldsymbol{H}$) eines solchen Atoms? Wir nehmen an, daß jedes Atom nur schwach mit den anderen Atomen und mit weiteren Freiheitsgraden des Stoffes wechselwirkt. Dann kann ein einzelnes Atom als kleines System angesehen werden, das sich in einem Wärmereservoir befindet, das aus allen anderen Atomen und Freiheitsgraden gebildet wird [3*].

[3*] Fußnote siehe Seite 242.

Jedes Atom kann in zwei möglichen Zuständen sein; Im Zustand (+) mit zu $\boldsymbol{H}$ parallelem Spin und im Zustand (–) mit zu $\boldsymbol{H}$ antiparallelem Spin.

Im (+)-Zustand ist das magnetische Moment $\boldsymbol{\mu}$ des Atoms parallel zu $\boldsymbol{H}$, so daß $\mu_H = \mu$ gilt. Die zugehörige magnetische Energie des Atoms ist dann $\epsilon_+ = -\mu H$. Die Wahrscheinlichkeit dafür, ein Atom in diesem Zustand vorzufinden, ist somit

$$P_+ = C\, e^{-\beta\epsilon_+} = C\, e^{\beta\mu H} \tag{6.3.1}$$

Dabei ist C eine Proportionalitätskonstante und $\beta = (kT)^{-1}$. Falls μ positiv ist, ist der (+)-Zustand der mit der kleineren Energie, und somit der Zustand, in dem das Atom wahrscheinlicher als in seinem anderen Zustand vorgefunden wird.

Im (–)-Zustand ist $\boldsymbol{\mu}$ antiparallel zu $\boldsymbol{H}$, so daß $\mu_H = -\mu$ gilt. Die Energie ist dann $\epsilon_- = +\mu H$ und die zugehörige Wahrscheinlichkeit

$$P_- = C\, e^{-\beta\epsilon_-} = C\, e^{-\beta\mu H} \tag{6.3.2}$$

Da der (+)-Zustand wahrscheinlicher ist, muß das mittlere magnetische Moment $\bar{\sigma}_H$ in die Richtung des äußeren Feldes $\boldsymbol{H}$ weisen. Gemäß (6.3.1) und (6.3.2) ist der wesentliche Parameter die Größe

$$y \equiv \beta\mu H = \frac{\mu H}{kT}$$

ein Quotient aus einer typischen magnetischen Energie und einer typischen thermischen Energie. Für große T, d.h. $y \ll 1$, wird die Wahrscheinlichkeit dafür, daß $\boldsymbol{\mu}$ und $\boldsymbol{H}$ parallel sind, gleich der dafür, daß sie antiparallel sind. In diesem Fall ist $\boldsymbol{\mu}$ fast vollständig zufällig orientiert, so daß $\bar{\mu}_H \approx 0$ gilt. Für kleine T, d.h. $y \gg 1$, ist es viel wahrscheinlicher, daß $\boldsymbol{\mu}$ und $\boldsymbol{H}$ parallel sind anstatt antiparallel. In diesem Fall gilt $\bar{\mu}_H \approx \mu$.

Alle diese qualitativen Überlegungen können schnell durch die Berechnung von $\bar{\mu}_H$ zu quantitativen Aussagen gemacht werden. Es gilt

$$\bar{\mu}_H = \frac{P_+\mu + P_-(-\mu)}{P_+ + P_-} = \mu\,\frac{e^{\beta\mu H} - e^{-\beta\mu H}}{e^{\beta\mu H} + e^{-\beta\mu H}}$$

oder
$$\bar{\mu}_H = \mu \tanh\frac{\mu H}{kT} \tag{6.3.3}$$

Dabei wurde die Definition

3*) Das setzt die unzweideutige Identifizierung eines einzelnen Atoms voraus, eine Annahme, die für auf bestimmten Gitterplätzen lokalisierte Atome eines Festkörpers zutrifft oder dann erfüllt ist, wenn es sich um ein verdünntes Gas handelt, für das die Atome weit voneinander entfernt sind. In einem dichten Gas könnte die Annahme nicht erfüllt sein. Dann ist es nötig, das ganze Gas der Atome als ein kleines mikroskopisches System im Kontakt mit einem Wärmereservoir anzusehen, das durch andere Freiheitsgrade gebildet wird.

$$\tanh y \equiv \frac{e^y - e^{-y}}{e^y + e^{-y}}$$

benutzt. Die „Magnetisierung" $\bar{M}_0$, das mittlere magnetische Moment pro Volumeneinheit, ist dann in der Richtung von $\boldsymbol{H}$ durch

$$\bar{M}_0 = N_0 \bar{\mu}_H \tag{6.3.4}$$

gegeben.

Man kann nun leicht nachprüfen, daß $\bar{\mu}_H$ das schon diskutierte qualitative Verhalten zeigt. Falls $y << 1$, so gilt $e^y \approx 1 + y$ und $e^{-y} \approx 1 - y$. Somit folgt für $y << 1$

$$\tanh y = \frac{(1 + y + \cdots) - (1 - y - \cdots)}{2} = y$$

Für den Fall $y >> 1$ folgt $e^y >> e^{-y}$ und damit

$$\tanh y \approx 1.$$

Gemäß (6.3.3) gilt somit

$$\text{für } \mu H/kT \ll 1, \qquad \bar{\mu}_H = \frac{\mu^2 H}{kT} \tag{6.3.5 a}$$

$$\text{für } \mu H/kT \gg 1, \qquad \bar{\mu}_H = \mu \tag{6.3.5 b}$$

Mit (6.3.4) und (6.3.5 a) folgt dann

$$\text{für } \mu H/kT \ll 1, \qquad \bar{M}_0 = \chi H \tag{6.3.6}$$

Dabei ist χ eine von H unabhängige Proportionalitätskonstante. Sie wird „magnetische Suszeptibilität" genannt. (6.3.5 a) gibt einen expliziten Ausdruck für χ in mikroskopischen Größen

$$\chi = \frac{N_0 \mu^2}{kT} \tag{6.3.7}$$

Die Abhängigkeit $\chi \sim T^{-1}$, die nur für hohe Temperaturen gilt, heißt Gesetz von Curie. Weiter gilt

$$\text{für } \mu H/kT \gg 1, \qquad \bar{M}_0 \to N_0 \mu \tag{6.3.8}$$

Daher wird $\bar{M}_0$ für tiefe Temperaturen magnetfeldunabhängig und gleich dem Maximum der Magnetisierung, die eine Substanz zeigen kann (Sättigung). Die Abhängigkeit der Magnetisierung von der Temperatur T und vom Magnetfeld ist in Abb. 6.3.1 dargestellt.

Molekül in einem idealen Gas. Es wird ein Gas aus einatomigen Molekülen betrachtet, das die Temperatur T besitzt und sich in einem Behälter mit dem Volumen V befindet. Die Gasdichte sei so klein, daß die Wechselwirkung zwischen den Molekülen sehr klein ist. Dann ist die Gesamtenergie des Gases gleich der Summe der

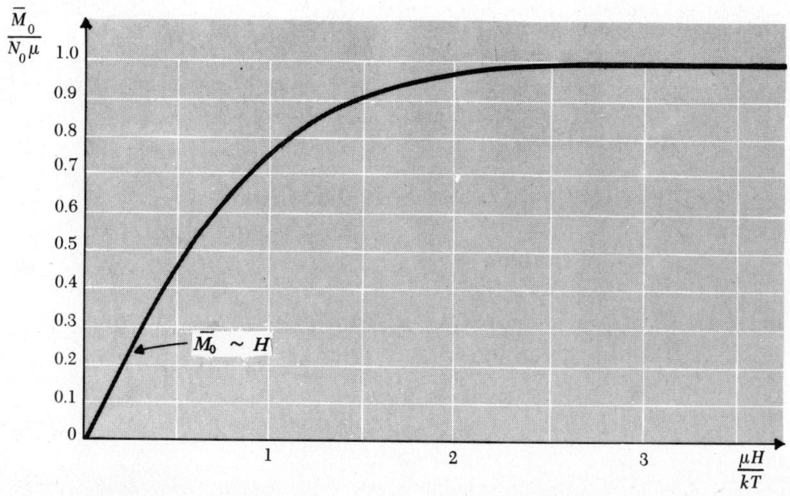

Abb. 6.3.1 Abhängigkeit der Magnetisierung $\bar{M}_0$ vom Magnetfeld H und der Temperatur T für wechselwirkungsfreie magnetische Atome mit dem Spin ½ und dem magnetischen Moment μ.

Energien eines jeden Moleküls. Das Problem wird klassisch behandelt, so daß es erlaubt ist, ein Molekül zu kennzeichnen (mit der Ununterscheidbarkeit der Moleküle im Gas brauchen wir uns dann nicht zu befassen). Alle übrigen Moleküle können dann als ein Wärmereservoir der Temperatur T angesehen werden.

Ein Molekül kann sich nur im Inneren des Behälters befinden. Dort ist seine Energie allein die kinetische

$$E = \frac{1}{2} m\boldsymbol{v}^2 = \frac{1}{2}\frac{\boldsymbol{p}^2}{m} \tag{6.3.9}$$

Dabei ist m die Masse des Moleküls und $\boldsymbol{v} = \boldsymbol{p}/m$ seine Geschwindigkeit. Ist die Lage des Moleküls im Bereich zwischen $\boldsymbol{r}$ und $\boldsymbol{r} + d\boldsymbol{r}$ (d.h. liegt seine x-Koordinate im Bereich zwischen x und $x + dx$, seine y-Koordinate im Bereich zwischen y und $y + dy$, usw.) und liegt sein Impuls im Bereich zwischen $\boldsymbol{p}$ und $\boldsymbol{p} + d\boldsymbol{p}$ (d.h. liegt p_x zwischen p_x und $p_x + dp_x$, usw.), dann ist das zugehörige Phasenvolumen

$$d^3\boldsymbol{r}\, d^3\boldsymbol{p} \equiv (dx\, dy\, dz)\,(dp_x\, dp_y\, dp_z) \tag{6.3.10}$$

Um die Wahrscheinlichkeit $P(\boldsymbol{r},\boldsymbol{p})\, d^3\boldsymbol{r}\, d^3\boldsymbol{p}$ dafür zu finden, daß das Molekül im Phasenraumvolumen $d^3\boldsymbol{r}\, d^3\boldsymbol{p}$ anzutreffen ist, hat man die Anzahl $(d^3\boldsymbol{r}\, d^3\boldsymbol{p})/h_0^3$ der Zellen in diesem Phasenraumvolumen mit der Wahrscheinlichkeit dafür zu multiplizieren, daß das Molekül in einer bestimmten Zelle vorzufinden ist:

$$P(\boldsymbol{r},\boldsymbol{p})\, d^3\boldsymbol{r}\, d^3\boldsymbol{p} \sim \left(\frac{d^3\boldsymbol{r}\, d^3\boldsymbol{p}}{{h_0}^3}\right) e^{-\beta(p^2/2m)} \tag{6.3.11}$$

Dabei ist $\beta \equiv (kT)^{-1}$.

Man beachte, daß die Wahrscheinlichkeit P nicht von der Lage $\boldsymbol{r}$ des Moleküls im Kasten abhängt, denn wenn keine äußeren Kräfte wirken, gibt es keinen vom Molekül bevorzugten Ort im Inneren des Kastens.

Um die Wahrscheinlichkeit $P(\boldsymbol{p})\, d^3\boldsymbol{p}$ dafür zu finden, daß das Molekül unabhängig von seiner Lage einem Impuls im Bereich zwischen $\boldsymbol{p}$ und $\boldsymbol{p} + d\boldsymbol{p}$ besitzt, muß die Wahrscheinlichkeit (6.3.11) über alle möglichen Lagen aufsummiert, d.h. über das Volumen des Behälters integriert werden

$$P(\boldsymbol{p})\, d^3\boldsymbol{p} = \int_{(r)} P(\boldsymbol{r},\boldsymbol{p})\, d^3\boldsymbol{r}\, d^3\boldsymbol{p} \sim e^{-\beta(p^2/2m)}\, d^3\boldsymbol{p} \tag{6.3.12}$$

Ebensogut kann man dieses durch die Geschwindigkeit $\boldsymbol{v} = \boldsymbol{p}/m$ ausdrücken. Die Wahrscheinlichkeit $P'(\boldsymbol{v})\, d^3\boldsymbol{v}$ dafür, daß das Molekül eine Geschwindigkeit im Bereich zwischen $\boldsymbol{v}$ und $\boldsymbol{v} + d\boldsymbol{v}$ besitzt, ist dann

$$P'(\boldsymbol{v})\, d^3\boldsymbol{v} = P(\boldsymbol{p})\, d^3\boldsymbol{p} = C\, e^{-\beta m v^2/2}\, d^3\boldsymbol{v} \tag{6.3.13}$$

wobei C eine aus der Normierungsbedingung bestimmbare Proportionalitätskonstante ist. Die Normierung erfordert, daß das Integral der Wahrscheinlichkeit (6.3.13) über alle möglichen Geschwindigkeiten eins ergeben muß. Das Ergebnis (6.3.13) ist die berühmte „Maxwellsche Geschwindigkeitsverteilung" für molekulare Geschwindigkeiten.

Molekül in einem idealen Gas in einem Schwerefeld. Es wird die gleiche Situation wie im vorigen Beispiel betrachtet, nur daß zusätzlich ein homogenes Gravitationsfeld vorhanden ist, das in ($-z$)-Richtung wirkt. Dann ist anstelle von (6.3.9) die Energie eines Moleküles im Gase

$$E = \frac{\boldsymbol{p}^2}{2m} + mgz \tag{6.3.14}$$

wobei g die Gravitationsbeschleunigung durch das Schwerefeld ist. Analog zu (6.3.11) ergibt sich

$$\begin{aligned} P(\boldsymbol{r},\boldsymbol{p})\, d^3\boldsymbol{r}\, d^3\boldsymbol{p} &\sim \frac{d^3\boldsymbol{r}\, d^3\boldsymbol{p}}{h_0{}^3}\, e^{-\beta[(p^2/2m)+mgz]} \\ &\sim d^3\boldsymbol{r}\, d^3\boldsymbol{p}\, e^{-\beta(p^2/2m)}\, e^{-\beta mgz} \end{aligned} \tag{6.3.15}$$

Nunmehr hängt die Wahrscheinlichkeit von der z-Koordinate ab. Die Wahrscheinlichkeit $P(\boldsymbol{p})\, d^3\boldsymbol{p}$ dafür, daß ein Molekül unabhängig von seiner Lage einen Impuls im Bereich zwischen $\boldsymbol{p}$ und $\boldsymbol{p} + d\boldsymbol{p}$ besitzt, ist wie vorher durch

$$P(\boldsymbol{p})\, d^3\boldsymbol{p} = \int_{(r)} P(\boldsymbol{r},\boldsymbol{p})\, d^3\boldsymbol{r}\, d^3\boldsymbol{p} \tag{6.3.16}$$

gegeben. Dabei erstreckt sich die Integration über das Volumen des Behälters. Da (6.3.15) ein Produkt zweier Exponentialfunktionen ist, wird (6.3.16)

$$P(\boldsymbol{p})\, d^3\boldsymbol{p} = C\, e^{-\beta(p^2/2m)}\, d^3\boldsymbol{p} \tag{6.3.17}$$

wobei C eine Proportionalitätskonstante ist. Dies bedeutet, daß die Impulsverteilung, und somit dei Geschwindigkeitsverteilung genau die gleiche ist, wie wir sie ohne Schwerefeld in (6.3.12) erhalten haben.

Schließlich kann man die Wahrscheinlichkeit $P(z)\,dz$ dafür angeben, daß ein Molekül in einer Höhe zwischen z und $z + dz$ vorzufinden ist, und zwar unabhängig von seinen x- und y-Koordinaten und seinem Impuls. Dies ergibt sich aus (6.3.15) durch Integration:

$$P(z)\,dz = \int_{(x,y)} \int_{(p)} P(\boldsymbol{r},\boldsymbol{p})\, d^3\boldsymbol{r}\, d^3\boldsymbol{p} \tag{6.3.18}$$

Dabei wird über alle Impulse (von $-\infty$ bis $+\infty$ für jede Impulskomponente) und über alle möglichen x- und y-Werte integriert, die innerhalb des Behälters liegen (d.h. für festes z über die Querschnittsfläche des Zylinders). Da (6.3.15) in zwei Faktoren zerfällt, ergibt sich aus (6.3.18)

$$P(z)\,dz = C'\, e^{-\beta mgz}\, dz \tag{6.3.19}$$

Für Behälter mit konstanter Querschnittsfläche ist C' eine Proportionalitätskonstante. Daraus folgt

$$P(z) = P(0)\, e^{-mgz/kT} \tag{6.3.20}$$

d.h. die Wahrscheinlichkeit dafür, ein Molekül in der Höhe z vorzufinden, nimmt exponentiell mit der Höhe ab. Das Ergebnis (6.3.20) wird als „barometrische Höhenformel" bezeichnet. Sie beschreibt die Abhängigkeit der Luftdichte von der Höhe über der Erdoberfläche bei konstanter Temperatur der Atmosphäre (die natürlich keine konstante Temperatur besitzt).

6.4 System mit fester mittlerer Energie

Ein anderes Beispiel von physikalischem Interesse ist ein System A mit der konstanten Teilchenzahl N in einem vorgegebenen Volumen V, von dem eine einzige weitere Information bekannt ist: seine mittlere Energie $\bar{E}$. Diese Situation ist recht häufig anzutreffen. Man nehme z.B. an, daß ein System A durch Wechselwirkung mit anderen makroskopischen Systemen in einen makroskopischen Endzustand gebracht wurde. In diesem Falle bestimmt die vom System geleistete makroskopische Arbeit und die während des Prozesses aufgenommene Wärmemenge nicht die Energie eines jeden einzelnen Systems des Ensembles, sondern liefert nur eine Information über die mittlere Energie $\bar{E}$ des makroskopischen Endzustandes von A [4+)].

4+) Zum makroskopischen Endzustand gehören im allgemeinen viele Mikrozustände verschiedener Energie. Durch die Vorgabe des makroskopischen Endzustandes liegt das Ensemble und somit die mittlere Energie des Ensembles fest.

Ein System A mit fester mittlerer Energie wird auch durch eine kanonische Gesamtheit beschrieben; denn würde ein System mit einem Wärmereservoir mit dem Temperaturparameter β in Kontakt gebracht, so wäre die mittlere Energie des Systems bestimmt [5+]. Somit ermöglicht eine geeignete Wahl von β, daß das System einen bestimmten Wert $\bar{E}$ für die mittlere Energie annimmt.

Eine direkte Begründung läßt sich leicht angeben. Die Systemenergie im Zustand r sei E_r. Das statistische Ensemble bestehe aus einer sehr großen Anzahl a solcher Systeme, von denen a_r im Zustand r sind. Die vorhandene Information besteht in der Gleichung

$$\frac{1}{a}\sum_s a_s E_s = \bar{E} = \text{const.} \tag{6.4.1}$$

Daraus folgt, daß die Situation mit vorgegebener mittlerer Energie wegen $a\bar{E}$ = const. = $\Sigma a_s E_s$ einer Situation gleichwertig ist, in der ein fester Energiebetrag $a\bar{E}$ über alle Systeme des Ensembles verteilt wird, wobei die Systeme mit gleicher Wahrscheinlichkeit in irgendeinen Zustand anzutreffen sind. Ist ein System des Ensembles im Zustand r, so besitzen alle $(a - 1)$ restlichen Systeme insgesamt die Energie $(a\bar{E} - E_r)$. Somit können diese System mit gleicher Wahrscheinlichkeit in jedem der $\Phi(a\bar{E} - E_r)$ zugänglichen Zustände angetroffen werden. Da $E_r \ll a\bar{E}$ gilt, ist das mathematische Problem genau das gleiche wie im Abschnitt 6.2, in dem ein System in thermischem Kontakt mit einem Wärmereservoir behandelt wurde. Die Rolle des Wärmereservoirs wird hier nicht durch ein Wärmebad mit dem Temperaturparameter β übernommen, sondern durch die Gesamtheit aller anderen Systeme des Ensembles. Somit erhält man wieder die kanonische Verteilung

$$P_r \sim e^{-\beta E_r} \tag{6.4.2}$$

Der Parameter $\beta = (\partial \ln \Phi/\partial E')$ hat hier keine unmittelbare physikalische Bedeutung wie die Temperatur eines wirklichen Wärmebades. Vielmehr wird er durch die Bedingung bestimmt, nach der der Energiemittelwert mit der Verteilung (6.4.2) zu bestimmen ist:

$$\frac{\sum_r e^{-\beta E_r} E_r}{\sum_r e^{-\beta E_r}} = \bar{E} \tag{6.4.3}$$

Kurz gesagt, liegt folgender Sachverhalt vor: Wird ein System betrachtet, daß in thermischem Kontakt mit einem Wärmereservoir der Temperatur $\beta = (kT)^{-1}$ steht, so liegt die kanonische Verteilung (6.4.2) vor und die mittlere Energie kann bei bekannten β aus (6.4.3) berechnet werden. Wird ein System bekannter mittlerer

[5+] Werden an diesem System zu verschiedenen Zeiten Energiemessungen vorgenommen, so sind die Meßwerte von der Zeit abhängig. Die mittlere Energie des Systems ist hier der Zeitmittelwert der Energie.

Energie $\bar{E}$ betrachtet, so gilt die kanonische Verteilung (6.4.2) ebenfalls, nur wird nun β mit (6.4.3) aus dem bekannten Wert von $\bar{E}$ berechnet.

6.5 Berechnungen von Mittelwerten im kanonischen Ensemble

Wenn ein System A in thermischem Kontakt mit einem Wärmereservoir steht (siehe Abschnitt 6.2) oder wenn nur seine mittlere Energie bekannt ist (s. Abschnitt 6.4), so sind die Systeme des zugehörigen repräsentativen statistischen Ensembles gemäß der kanonischen Verteilung

$$P_r = C\, e^{-\beta E_r} = \frac{e^{-\beta E_r}}{\sum_r e^{-\beta E_r}} \tag{6.5.1}$$

über die ursprünglichen ihnen zugänglichen Zustände r verteilt. Die Energie des Systems ist nicht genau festgelegt [6+]. Die Berechnung wichtiger Mittelwerte wird besonders einfach.

Gemäß (6.5.1) ist der Energiemittelwert durch

$$\bar{E} = \frac{\sum_r e^{-\beta E_r} E_r}{\sum_r e^{-\beta E_r}} \tag{6.5.2}$$

gegeben. Dabei laufen die Summen über alle zugänglichen Zustände r des Systems, und zwar unabhängig von ihrer Energie. (6.5.2) kann dadurch vereinfacht werden, daß die Summe im Zähler durch die Summe im Nenner ausgedrückt werden kann:

$$\sum_r e^{-\beta E_r} E_r = -\sum_r \frac{\partial}{\partial \beta}(e^{-\beta E_r}) = -\frac{\partial}{\partial \beta} Z$$

Dabei heißt

$$\blacktriangleright \quad Z \equiv \sum_r e^{-\beta E_r} \tag{6.5.3}$$

„Zustandssumme" (partition function) [7*]. Damit erhält man aus (6.5.2)

$$\blacktriangleright \quad \bar{E} = -\frac{1}{Z}\frac{\partial Z}{\partial \beta} = -\frac{\partial \ln Z}{\partial \beta} \tag{6.5.4}$$

Die kanonische Verteilung stellt eine Verteilung von Systemen über mögliche Energien dar. Das sich daraus ergebende Schwankungsquadrat der Energie ist einfach zu berechnen. Nach der allgemeinen statistischen Relation (1.3.10)

[6+] Eine Energiemessung am betrachteten System ergibt einen Wert, der nicht genau vorherzusagen ist.

[7*] Man beachte, daß Z viele gleiche Summanden enthält, weil es viele Zustände gleicher Energie gibt.

$$\overline{(\Delta E)^2} \equiv \overline{(E - \bar{E})^2} = \overline{E^2 - 2\bar{E}E + \bar{E}^2} = \overline{E^2} - \bar{E}^2 \tag{6.5.5}$$

müssen dazu $\overline{E^2}$ und $\bar{E}^2$ ermittelt werden. Es ergibt sich unter Verwendung von

$$\overline{E^2} = \frac{\sum_r e^{-\beta E_r} E_r^2}{\sum_r e^{-\beta E_r}} \tag{6.5.6}$$

und $$\sum_r e^{-\beta E_r} E_r^2 = -\frac{\partial}{\partial \beta}\left(\sum_r e^{-\beta E_r} E_r\right) = \left(-\frac{\partial}{\partial \beta}\right)^2 \left(\sum_r e^{-\beta E_r}\right)$$

$$\overline{E^2} = \frac{1}{Z}\frac{\partial^2 Z}{\partial \beta^2} \tag{6.5.7}$$

Dies kann so umgeschrieben werden, daß die mittlere Energie (6.5.4) vorkommt:

$$\overline{E^2} = \frac{\partial}{\partial \beta}\left(\frac{1}{Z}\frac{\partial Z}{\partial \beta}\right) + \frac{1}{Z^2}\left(\frac{\partial Z}{\partial \beta}\right)^2 = -\frac{\partial \bar{E}}{\partial \beta} + \bar{E}^2$$

Damit wird aus (6.5.5)

▶ $$\overline{(\Delta E)^2} = -\frac{\partial \bar{E}}{\partial \beta} = \frac{\partial^2 \ln Z}{\partial \beta^2} \tag{6.5.8}$$

Da $\overline{(\Delta E)^2}$ niemals negativ sein kann, folgt $\partial \bar{E}/\partial \beta \leqslant 0$ oder $\partial \bar{E}/\partial T \geqslant 0$. Diese Ergebnisse stimmen mit denen von (3.7.15) und (3.7.16) überein.

Ein System besitze einen äußeren Parameter x (Die Verallgemeinerung auf mehrere Parameter ist evident). Man betrachte eine quasistatische Veränderung des äußeren Parameters von x auf $x + dx$. Die Energie für den Zustand r ändert sich in diesem Prozeß um den Betrag

$$\Delta_x E_r = \frac{\partial E_r}{\partial x}\, dx$$

Die vom System geleistete makroskopische Arbeit $đW$ durch die Veränderung des äußeren Parameters ist dann gemäß (2.9.5) durch

$$đW = \frac{\sum_r e^{-\beta E_r}\left(-\frac{\partial E_r}{\partial x}\, dx\right)}{\sum_r e^{-\beta E_r}} \tag{6.5.9}$$

gegeben, wobei der Mittelwert mit der kanonischen Verteilung (6.5.1) berechnet wurde. Der Zähler kann wieder durch Z ausgedrückt werden:

$$\sum e^{-\beta E_r}\frac{\partial E_r}{\partial x} = -\frac{1}{\beta}\frac{\partial}{\partial x}\left(\sum_r e^{-\beta E_r}\right) = -\frac{1}{\beta}\frac{\partial Z}{\partial x}$$

Damit wird (6.5.9)

$$đW = \frac{1}{\beta Z}\frac{\partial Z}{\partial x}\,dx = \frac{1}{\beta}\frac{\partial \ln Z}{\partial x}\,dx \tag{6.5.10}$$

Wegen

$$đW = \bar{X}\,dx, \qquad \bar{X} \equiv -\overline{\frac{\partial E_r}{\partial x}}$$

folgt somit aus einem Vergleich mit (6.5.10)

▶ $$\bar{X} = \frac{1}{\beta}\frac{\partial \ln Z}{\partial x} \tag{6.5.11}$$

Ist z.B. $x = V$, das Volumen des Systems, so ergibt (6.5.11) einen Ausdruck für den mittleren Druck

▶ $$đW = \bar{p}\,dV = \frac{1}{\beta}\frac{\partial \ln Z}{\partial V}\,dV \tag{6.5.12}$$

Hier ist Z eine Funktion von β und V (da die Energien E_r von V abhängen). Damit ist (6.5.12) eine Gleichung, die $\bar{p}$ zu $T = (k\beta)^{-1}$ und V in Beziehung setzt, d.h. (6.5.12) ist die Zustandsgleichung des Systems.

6.6 Zusammenhang mit der Thermostatik

Man beachte, daß alle wichtigen physikalischen Größen vollständig durch $\ln Z$ ausgedrückt werden können [8*]. So zeigt die Tatsache, daß sowohl die mittlere Energie $\bar{E}$ als auch die Arbeit $đW$ durch $\ln Z$ darstellbar sind, den engen Zusammenhang zwischen $d\bar{E}$ und $đW$, der den Inhalt des ersten Teils des zweiten Hauptsatzes darstellt. Um dies explizit zu zeigen, erinnern wir uns, daß Z in (6.5.3) eine Funktion von β und x ist, weil $E_r = E_r(x)$ gilt. Damit ergibt sich $Z = Z(\beta, x)$, und man kann für eine kleine Änderung dieser Größe

$$d \ln Z = \frac{\partial \ln Z}{\partial x}\,dx + \frac{\partial \ln Z}{\partial \beta}\,d\beta \tag{6.6.1}$$

schreiben. Man betrachte einen quasistatischen Prozeß, in dem x und β sich so langsam ändern, daß das System stets sehr dicht am Gleichgewicht ist und somit stets wie ein kanonisches Ensemble verteilt ist. Dann folgt aus (6.6.1) nach (6.5.4) und (6.5.10) die Relation

$$d \ln Z = \beta\,đW - \bar{E}\,d\beta \tag{6.6.2}$$

Der letzte Term kann von $d\beta$ auf $d\bar{E}$ umgeschrieben werden:

[8*] Die Situation ist der in (3.12.1) völlig analog, in der alle physikalischen Größen durch $\ln\Omega$ ausgedrückt werden konnten. Die physikalischen Folgerungen [die Gültigkeit des zweiten Hauptsatzes in der Form (6.6.4)] sind in beiden Fällen die gleichen.

$$d \ln Z = \beta\, đW - d(\bar{E}\beta) + \beta\, d\bar{E}$$

oder $$d\,(\ln Z + \beta\bar{E}) = \beta(đW + d\bar{E}) \equiv \beta\, đQ \tag{6.6.3}$$

Dabei wurde die Definition (2.8.3) für die durch das System aufgenommene Wärme $đQ$ benutzt. Die Gleichung (6.6.3) zeigt wieder, daß durch Multiplikation mit dem Temperaturparameter β aus $đQ$ ein vollständiges Differential wird, obgleich $đQ$ selbst kein vollständiges Differential ist. Dies ist natürlich der Inhalt des zweiten Hauptsatzes der Thermostatik, der in (3.9.5) abgeleitet wurde und dort in der Form

$$dS = \frac{đQ}{T} \tag{6.6.4}$$

geschrieben wurde. Die Identifizierung von (6.6.3) mit (6.6.4) ergibt

▶ $$S \equiv k(\ln Z + \beta\bar{E}) \tag{6.6.5}$$

Es kann schnell verifiziert werden, daß dieses Ergebnis mit der allgemeinen Definition $S \equiv k \ln \Omega(\bar{E})$ übereinstimmt, die in (3.3.12) für die Entropie eines makroskopischen Systems der mittleren Energie $\bar{E}$ gegeben wurde. Die Zustandssumme (6.5.3) ist die Summe über alle Zustände r, von denen viele die gleiche Energie haben. Man kann es so einrichten, daß erst über alle $\Omega(E)$ Zustände im Energiebereich zwischen E und $E + \delta E$ summiert wird und dann über alle möglichen Energiebereiche. Somit gilt

$$Z = \sum_r e^{-\beta E_r} = \sum_E \Omega(E)\, e^{-\beta E} \tag{6.6.6}$$

Jeder Summand ist proportional zur Wahrscheinlichkeit (6.2.9) dafür, daß das System A eine Energie zwischen E und $E + \delta E$ besitzt. Da $\Omega(E)$ sehr schnell wächst und $e^{-\beta E}$ sehr schnell mit wachsendem E fällt, zeigt der Summand $\Omega(E)e^{-\beta E}$ ein *sehr* scharfes Maximum für einen Energiewert $\tilde{E}$ (siehe Abb. 6.2.2). Der Mittelwert der Energie muß dann gleich $\tilde{E}$ sein (d.h. $\bar{E} = \tilde{E}$), und der Summand trägt nur in einer schmalen Umgebung Δ^*E um $\bar{E}$ wesentlich zur Summe bei. Der folgende Schluß ist dem in (3.7.17) durchgeführten ähnlich. Die Summe in (6.6.6) muß gleich dem Wert $\Omega(\bar{E})e^{-\beta\bar{E}}$ des Summanden an seinem Maximum sein, multipliziert mit einer Zahl der Größenordnung $(\Delta^*E/\delta E)$, die die Anzahl der Energieintervalle δE im Bereich Δ^*E angibt. Somit gilt

$$Z = \Omega(\bar{E})\, e^{-\beta\bar{E}}\, \frac{\Delta^*E}{\delta E}$$

und $$\ln Z = \ln \Omega(\bar{E}) - \beta\bar{E} + \ln \frac{\Delta^*E}{\delta E}$$

Ist f die Anzahl der Freiheitsgrade des Systems, so ist der letzte Summand von der Größenordnung $\ln f$ und somit gegenüber den beiden anderen Termen, die von der Größenordnung f sind, zu vernachlässigen. Somit folgt

$$\ln Z = \ln \Omega(\bar{E}) - \beta \bar{E} \tag{6.6.7}$$

so daß sich (6.6.5) tatsächlich auf

$$S = k \ln \Omega(\bar{E}) \tag{6.6.8}$$

zurückführen läßt.

Wegen $k\beta = T^{-1}$ kann (6.6.5) in der Form

$$TS = kT \ln Z + \bar{E}$$

oder

▶ $$F \equiv \bar{E} - TS = -kT \ln Z \tag{6.6.9}$$

geschrieben werden. Somit hängt $\ln Z$ sehr einfach mit der freien Energie F zusammen, die uns schon in (5.5.12) begegnet ist. Die Beziehungen (6.5.12) und (6.5.4), die $\bar{p}$ und $\bar{E}$ als Ableitungen von $\ln Z$ darstellen, sind den Relationen (5.5.14) gleichwertig, die $\bar{p}$ und $\bar{E}$ durch Ableitungen von F ausdrücken. Diese Beziehungen stellen eine Verbindung zwischen diesen makroskopischen Größen und der Zustandssumme Z her, die aus mikroskopischen Informationen über das System berechenbar ist. Sie sind somit zu den Beziehungen (3.12.1) oder (3.12.5) analog, die T und $\bar{E}$ mit den Größen $\ln \Omega$ oder S verbinden.

Nun soll die Zustandssumme (6.5.3) im Grenzfall $T \to 0$ oder $\beta \to \infty$ untersucht werden. Nur die Glieder kleinstmöglicher Energie E_r tragen merklich zur Summe bei, d.h. die Ω_0 Zustände, die zur Grundzustandsenergie E_0 gehören. Somit folgt

$$\text{für } T \to 0, \qquad Z \to \Omega_0\, e^{-\beta E_0}$$

Für diesen Grenzfall wird die mittlere Energie $\bar{E} \to E_0$ und die in (6.6.5) definierte Entropie

$$\text{für } T \to 0, \qquad S \to k\,[(\ln \Omega_0 - \beta E_0) + \beta E_0] = k \ln \Omega_0 \tag{6.6.10}$$

Somit gewinnen wir wieder die Aussage (bekannt als „dritter Hauptsatz der Thermostatik"), daß die Entropie die im Abschnitt 3.10 erörterte Grenzwerteigenschaft besitzt, d.h. die Entropie nähert sich einem Wert, der von allen anderen Parametern des Systems unabhängig ist.

Man nehme an, daß ein System $A^{(0)}$ behandelt werde, das aus zwei Systemen A und A' zusammengesetzt sei, die schwach miteinander wechselwirken. Jeder Zustand von A werde durch einen Index r bezeichnet und seine zugehörige Energie durch E_r. Ähnlich werde jeder Zustand von A' durch s gekennzeichnet und die zugehörige Energie durch E'_s. Ein Zustand des zusammengesetzen Systems $A^{(0)} = A + A'$ kann dann durch ein Indexpaar r, s bezeichnet werden. Da A und A' nur schwach miteinander wechselwirken, ist die zugehörige Energie dieses Zustands einfach durch

$$E_{rs}^{(0)} = E_r + E_s' \tag{6.6.11}$$

gegeben. Die Zustandssumme von $A^{(0)}$ ist dann definitionsgemäß

$$\begin{aligned} Z^{(0)} &= \sum_{r,s} e^{-\beta E_{rs}^{(0)}} \\ &= \sum_{r,s} e^{-\beta(E_r + E_s')} \\ &= \sum_{r,s} e^{-\beta E_r} e^{-\beta E_s'} \\ &= \Big(\sum_r e^{-\beta E_r}\Big) \Big(\sum_s e^{-\beta E_s'}\Big) \end{aligned}$$

Somit gilt

▶ $$Z^{(0)} = ZZ' \tag{6.6.12}$$

oder $$\ln Z^{(0)} = \ln Z + \ln Z' \tag{6.6.13}$$

Dabei sind Z und Z' die Zustandssummen von A bzw. A'. Mit (6.5.4) ergibt sich für die zugehörigen mittleren Energien von $A^{(0)}$, A und A'

$$\bar{E}^{(0)} = \bar{E} + \bar{E}' \tag{6.6.14}$$

Aus (6.6.5) folgt somit für die Entropie des zusammengesetzten Systems

$$S^{(0)} = S + S' \tag{6.6.15}$$

Somit gibt (6.6.12) oder (6.6.13) die einleuchtende Tatsache wieder, daß die extensiven thermodynamischen Funktionen zweier schwach wechselwirkender Systeme einfach additiv sind.

Schließlich werde angenommen, daß zwei Systeme A und A' einzeln im Gleichgewicht sind, und zwar mit bekannten mittleren Energien oder – was gleichwertig ist – mit bekannten Temperaturparametern β bzw. β'. Dann sind die Wahrscheinlichkeiten P_r und P_s dafür, das System A im Zustand r bzw. A' im Zustand s vorzufinden, durch die kanonischen Verteilungen

$$P_r = \frac{e^{-\beta E_r}}{\sum_r e^{-\beta E_r}} \qquad \text{und} \qquad P_s = \frac{e^{-\beta' E_s'}}{\sum_s e^{-\beta' E_s'}} \tag{6.6.16}$$

gegeben. Falls diese Systeme so miteinander in thermischen Kontakt gebracht werden, daß sie nur schwach miteinander wechselwirken, so sind ihre Wahrscheinlichkeiten voneinander statistisch unabhängig, und die Wahrscheinlichkeit P_{rs} dafür, A im Zustand r *und* A' im Zustand s vorzufinden ist durch

$$P_{rs} = P_r P_s$$

gegeben. Unmittelbar nach Herstellen des thermischen Kontaktes folgt aus (6.6.16)

$$P_{rs} = \frac{e^{-\beta E_r}}{\sum_r e^{-\beta E_r}} \frac{e^{-\beta' E_s'}}{\sum_s e^{-\beta' E_s'}} \tag{6.6.17}$$

Für $\beta = \beta'$ wird daraus

$$P_{rs} = \frac{e^{-\beta(E_r+E_s')}}{\sum_r \sum_s e^{-\beta(E_r+E_s')}} \tag{6.6.18}$$

Dies ist die zum Temperaturparameter β gehörige kanonische Verteilung, die das Gleichgewicht des zusammengesetzten Systems $A + A'$ charakterisiert, dessen Energieniveaus durch (6.6.11) gegeben sind. Somit bleiben in diesem Falle ($\beta = \beta'$) A und A' im Gleichgewicht, wenn sie thermisch verbunden werden. Falls nun $\beta \neq \beta'$ ist, entspricht (6.6.17) nicht einer kanonischen Verteilung des zusammengesetzten Systems, und daher beschreibt (6.6.17) keine Gleichgewichtssituation. Somit findet eine Neuverteilung von Systemen auf Zustände statt, bis schließlich ein Gleichgewicht erreicht wird, für das P_{rs} durch eine kanonische Verteilung der Art (6.6.18) gegeben ist, wobei β einen allgemeinen Temperaturparameter darstellt. Diese Bemerkungen zeigen unmittelbar, daß der in der kanonischen Verteilung vorkommende Parameter β die üblichen Eigenschaften einer Temperatur besitzt.

Die Erörterungen dieses Abschnittes zeigen, daß die kanonische Verteilung alle thermodynamischen Beziehungen umfaßt, die uns schon aus dem Kapitel 3 bekannt sind. Die spezielle Definition (6.6.5) der Entropie ist ganz bequem, da sie die Kenntnis von $\ln Z$ und nicht die von $\ln \Omega$ benötigt. Nun ist aber die Berechnung von Z gemäß (6.5.3) relativ einfach, weil eine Summe über alle Zustände ausgewertet werden muß, wogegen zur Berechnung von $\Omega(E)$ das schwierigere Problem, alle Zustände im Energiebereich zwischen E und $E + \delta E$ zu zählen, gelöst werden muß. Die Definition (6.6.5) der Entropie eines Systems mit vorgegebener Temperatur β hat den weiteren Vorteil, daß sie nicht von der Größe δE des beliebigen Energieintervalls abhängt. Daher kann diese Definition auch für beliebig kleine Systeme benutzt werden. Somit zeigt (6.6.5) verschiedene mathematische Vorteile; die physikalische Bedeutung der ursprünglichen Definition (6.6.8) der Entropie [die für große Systeme mit (6.6.5) gleichwertig ist] ist durchsichtiger.

* **Anmerkung**: Es ist lehrreich, die interessierenden physikalischen Größen unmittelbar durch die kanonische Wahrscheinlichkeit P_r aus (6.5.1) darzustellen. Nach (6.5.3) kann P_r in der Form

$$P_r = \frac{e^{-\beta E_r}}{Z} \tag{6.6.19}$$

geschrieben werden. Die mittlere Energie des Systems ist durch

$$\bar{E} = \Sigma P_r E_r \tag{6.6.20}$$

gegeben. In einem allgemeinen quasistatischen Prozeß ändert sich diese Energie, weil sich sowohl E_r als auch P_r ändert. Somit gilt

$$d\bar{E} = \sum_r (E_r\, dP_r + P_r\, dE_r) \tag{6.6.21}$$

Die vom System in diesem Prozeß geleistete Arbeit ist

$$đW = \sum_r P_r(-dE_r) = -\sum P_r\, dE_r{}^{9+)} \tag{6.6.22}$$

Definitionsgemäß gilt

$$đQ \equiv d\bar{E} + đW$$

so daß
$$đQ = \sum_r E_r\, dP_r \tag{6.6.23}$$

folgt. Somit bleibt durch den Wärmeaustausch die Energie eines jeden Zustands unberührt, aber seine Wahrscheinlichkeit ändert sich.

Die Entropie (6.6.5) kann somit geschrieben werden:

$$\begin{aligned} S &= k\left[\ln Z + \beta \sum_r P_r E_r\right] \\ &= k\left[\ln Z - \sum_r P_r \ln (ZP_r)\right] \\ &= k\left[\ln Z - \ln Z \left(\sum_r P_r\right) - \sum_r P_r \ln P_r\right] \end{aligned}$$

oder

▶
$$S = -k \sum_r P_r \ln P_r \tag{6.6.24}$$

da
$$\sum_r P_r = 1$$

Näherungsmethoden

6.7 Ensembles als Näherungen

Ein abgeschlossenes System gegebener Teilchenzahl N mit dem Volumen V soll beschrieben werden, wenn seine Energie im Bereich zwischen E und $E + \delta E$ liegt. Das Gleichgewicht eines solchen Systems wird statistisch durch ein mikrokanoni-

---

9+) Dies folgt sofort aus (2.9.5), wenn (2.9.6) eingesetzt und der Mittelwert mit den P_r ausgeschrieben wird. Unter Beachtung von (2.9.2) ergibt sich (6.6.22).

sches Ensemble beschrieben, in dem alle Zustände im vorgegebenen Energiebereich gleichwahrscheinlich sind. Falls der Parameter y im Zustand r den Wert y_r annimmt, dann ist sein Mittelwert durch

$$\bar{y} = \frac{\sum_r y_r}{\Omega(E)} \tag{6.7.1}$$

gegeben. Die Summation läuft nur über solche Zustände r, deren Energie E_r in dem schmalen Bereich

$$E < E_r < E + \delta E \tag{6.7.2}$$

liegt. $\Omega(E)$ ist die Anzahl der Zustände in diesem Bereich. Die Berechnung von Zähler und Nenner in (6.7.1) kann wegen der Nebenbedingungen (6.7.2) recht schwierig sein. Die Schwierigkeit besteht darin, daß man nicht einfach wahllos über alle Zustände wie im Abschnitt 6.5 aufsummieren kann, wie das bei der Berechnung von Mittelwerten mit der kanonischen Verteilung möglich war. Man muß im Gegenteil nur jene speziellen Zustände auswählen, die die Nebenbedingung (6.7.2) erfüllen. Diese Schwierigkeit kann durch Näherungsmethoden überwunden werden.

Eine Möglichkeit, die durch die Nebenbedingung (6.7.2) auftretende Schwierigkeit zu umgehen, besteht darin, diese durch die schwächere Bedingung zu ersetzen, daß nur die *mittlere* Energie $\bar{E}$ des Systems festgelegt ist, wobei $\bar{E}$ gleich der vorgegebenen Energie E gewählt wird. Dann ist die kanonische Verteilung (6.4.2) anwendbar, und die Wahrscheinlichkeit dafür, daß das System in irgendeinem seiner $\Omega(E_1)$ Zustände mit einer Energie zwischen E_1 und $E_1 + \delta E_1$ vorgefunden wird, ist durch

$$P(E_1) \sim \Omega(E_1)\, e^{-\beta E_1} \tag{6.7.3}$$

gegeben.

Da die Anzahl $\Omega(E_1)$ der Zustände für ein großes System sehr schnell mit E_1 anwächst, während $e^{-\beta E_1}$ schnell abfällt, besitzt der Ausdruck (6.7.3) das übliche scharfe Maximum für die Energie $\bar{E} = E$ (siehe Abb. 6.2.2). Die Schärfe dieses Maximums kann in der Tat mit der kanonischen Verteilung explizit berechnet werden. Dazu wird das Schwankungsquadrat $\overline{(E_1 - \bar{E}_1)^2}$ in (6.5.8) berechnet. Die Breite $\Delta^* E_1$ des Maximums, gegeben durch die mittlere quadratische Abweichung, ist für ein makroskopisches System sehr klein im Vergleich zu $\bar{E}$. [Wie in (3.7.14) angegeben, ist $\Delta^* E/\bar{E}$ gewöhnlich von der Größenordnung $f^{-1/2}$, wenn f die Anzahl der Freiheitsgrade ist.) Die Energie des Systems sei so genau bekannt, daß δE in (6.7.2) sehr klein ist (z.B. $\delta E/E \approx 10^{-11}$), dann gilt $\Delta^* E_1 < \delta E$ für ein System, das aus einem Mol Teilchen besteht. Somit erscheinen Energiewerte E_1, die außerhalb des Bereichs (6.7.2) liegen, in der kanonischen Verteilung mit einer zu vernachlässigenden Wahrscheinlichkeit. Eine Festlegung der mittleren Energie $\bar{E}$ ist somit einer Festlegung der Gesamtenergie E durch (6.7.2) gleichwertig. Daher erwartet man, daß die Mittelwerte mit zu vernachlässigendem Fehler durch die kanonische Verteilung berechnet werden können; d.h. anstelle von (6.7.1) kann

$$\bar{y} = \frac{\sum_r e^{-\beta E_r} y_r}{\sum_r e^{-\beta E_r}} \tag{6.7.4}$$

geschrieben werden. Dabei treten nun keine weiteren erschwerenden Nebenbedingungen bezüglich der Summation auf, da die Summation über alle Zustände läuft.

Diese Erörterungen können in einer mehr physikalischen Art und Weise dargestellt werden. Wenn ein makroskopisches System A im Kontakt mit einem Wärmereservoir ist, so sind die relativen Schwankungen der Energie außerordentlich klein. Man nehme nun an, daß A vom Wärmereservoir getrennt und thermisch isoliert wird. Dann kann sich seine Gesamtenergie nicht mehr verändern. Aber der Unterschied zwischen dieser Situation und der vorhergehenden ist so gering, daß er wirklich für die meisten Anwendungen höchst bedeutungslos ist; so bleiben speziell die Mittelwerte aller physikalischen Größen (z.B. der mittlere Druck oder das mittlere magnetische Moment) völlig unberührt. Daher besteht kein Unterschied darin, ob für die Berechnung dieser Mittelwerte angenommen wird, daß das System isoliert ist, oder ob es in Kontakt mit einem Wärmereservoir steht. Im ersten Fall ist das System mit gleicher Wahrscheinlichkeit in irgendeinem seiner Zustände mit vorgegebener Energie anzutreffen, im zweiten Fall ist das System in solchen Zuständen vorzufinden, die im Einklang mit der kanonischen Verteilung sind. Der letztere Fall ist mathematisch leichter zu behandeln.

Die Berechnung des *Schwankungsquadrats* $\overline{(y - \bar{y})^2}$ einer Größe y ist schon schwieriger. Es gibt keine Garantie dafür, daß das Schwankungsquadrat das gleiche ist, wenn es für vorgegebene Gesamtenergie E [d.h. $\delta E \to 0$ in (6.7.2)] berechnet wird oder für vorgegebene mittlere Energie $\bar{E}$. Man würde erwarten, daß im zweiten Fall das Schwankungsquadrat größer ausfällt. Speziell würde für $y = E$ das Schwankungsquadrat im ersten Falle verschwinden, wogegen dies im zweiten Falle nicht zuträfe.

Wenn daher ein makroskopisches System mit sehr genau festgelegter Energie behandelt wird, so können die mathematischen Schwierigkeiten, die in der Berechnung von (6.7.1) enthalten sind, durch ausgezeichnete Näherungen umgangen werden. Für die Berechnung von Mittelwerten genügt die Betrachtung eines Systems mit kanonischer Verteilung, deren mittlere Energie der aktuellen Energie des Systems entspricht.

*6.8 Mathematische Näherungsmethoden

Der Gebrauch des kanonischen Ensembles als Näherungsmethode, um die Schwierigkeiten der Nebenbedingung (6.7.2) in den Griff zu bekommen, kann auch als eine rein mathematische Näherungsmethode angesehen werden. Dieser Gesichtspunkt ist lehrreich, weil er klar macht, wie Näherungen für ähnliche Situationen zu finden sind und weil er erlaubt, Fehlerabschätzungen anzugeben.

Um für ein abgeschlossenes System physikalische Größen mit den Beziehungen (3.12.1) zu berechnen, benötigt man die Kenntnis der Funktion $\ln \Omega(E)$. Das einfache Abzählen der Zustände ist nicht schwer. Die Schwierigkeit besteht darin, daß nur solche Zustände gezählt werden sollen, die eine Energie E_r besitzen, die im Bereich

$$E < E_r < E + \delta E \tag{6.8.1}$$

liegt. Die zu berechnende Summe ist somit von der Art

$$\Omega(E) = \sum_r{}' u_r, \qquad u_r = 1 \text{ für alle } r \tag{6.8.2}$$

Der Strich am Summenzeichen zeigt an, daß die Summe unter Berücksichtigung der Nebenbedingung (6.8.1) auszuführen ist.

Das grundlegende Problem besteht wieder darin, diese Nebenbedingung zu berücksichtigen. Dafür gibt es verschiedene Wege.

Methode 1: Dies ist das mathematische Analogon der physikalischen Näherung, die im vorigen Abschnitt benutzt wurde. Wegen (6.8.1) hängt die Summe (6.8.2) von der speziellen Energie E ab. Ist die interessierende Energie nicht E sondern E_1, so wird der Wert der Summe (6.8.2) ein ganz anderer sein; denn $\Omega(E_1)$ ist eine sehr schnell mit E_1 wachsende Funktion. Diese soll nun für einen speziellen Wert $E_1 = E$ berechnet werden. Wir können dazu das schnelle Anwachsen der Summe $\Omega(E_1)$ so auswerten, daß die Multiplikation mit dem schnell abnehmenden Faktor $e^{-\beta E_1}$ eine Funktion $\Omega(E_1) e^{-\beta E_1}$ ergibt, die in der Nähe eines Wertes $E_1 = \tilde{E}_1$ ein außerordentlich scharfes Maximum ergibt. Hier ist β ein beliebiger positiver Parameter, der zunächst keinen Zusammenhang mit irgendeiner Temperatur besitzt. Durch eine geeignete Wahl von β kann man erreichen, daß das Maximum an einer gewünschten Stelle $\tilde{E}_1 = E$ auftritt. Dazu hat man β so zu wählen, daß

$$\frac{\partial}{\partial E_1} \ln\,[\Omega(E_1)\, e^{-\beta E_1}] = \frac{\partial \ln \Omega}{\partial E_1} - \beta = 0 \tag{6.8.3}$$

mit $E_1 = E$ gilt.

Das scharfe Maximum von $\Omega(E_1) e^{-\beta E_1}$ bewirkt, daß bei der Aufsummation über alle möglichen Energien E_1 ohne Berücksichtigung der Nebenbedingung (6.8.1) nur die Summanden wesentlich zur Summe beitragen, die in einer schmalen Umgebung $\Delta^* E$ um E liegen. Somit werden nur jene Summanden ausgewählt, die überhaupt interessieren:

$$\sum_{E_1} \Omega(E_1)\, e^{-\beta E_1} = \Omega(E)\, e^{-\beta E} K, \qquad K \equiv \frac{\Delta^* E}{\delta E_1}$$

Dabei ist die Summe durch den Wert des Summanden am Maximum dargestellt, der mit der Anzahl K von Zuständen multipliziert ist, die im Bereich Δ^*E um E liegen (siehe Abb. 6.2.2). Durch Logarithmieren erhält man

$$\ln\left[\sum_{E_1}\Omega(E_1)\,e^{-\beta E_1}\right] = \ln\Omega(E) - \beta E$$

da $\ln K$ gegenüber den anderen Termen zu vernachlässigen ist. Daher folgt

▶ $$\ln\Omega(E) = \ln Z + \beta E \tag{6.8.4}$$

wobei $$Z \equiv \sum_{E_1}\Omega(E_1)\,e^{-\beta E_1} = \sum_r e^{-\beta E_r} \tag{6.8.5}$$

ist. Die letzte Form der Zustandssumme auf der rechten Seite wird durch Summation über alle Einzelzustände erhalten, wogegen in der ersten Summe alle Summanden gleicher Energie zusammengefaßt werden, und dann über alle Energien summiert wird. (6.8.4) stellt die gewünschte Näherung für $\ln\Omega$ als eine uneingeschränkte Summe über alle Zustände dar.

Der Parameter β ist aus der Maximumsbedingung (6.8.3) zu bestimmen, die eine Gleichung für β als Funktion von E ist. Somit ist Z über die β-Abhängigkeit ebenfalls eine Funktion von E. Mit (6.8.4) wird (6.8.3) für $E_1 = E$

$$\left[\frac{\partial\ln Z}{\partial\beta}\frac{\partial\beta}{\partial E} + \left(E\frac{\partial\beta}{\partial E} + \beta\right)\right] - \beta = 0$$

oder $$\frac{\partial\ln Z}{\partial\beta} + E = 0 \tag{6.8.6}$$ [10+)]

Mit (6.8.5) wird daraus eine Bestimmungsgleichung für β

$$\frac{\sum_r e^{-\beta E_r}E_r}{\sum_r e^{-\beta E_r}} = E \tag{6.8.7}$$

Aus (6.8.3) ist ersichtlich, daß der sich in dieser Näherungsmethode verwendete Parameter β gerade die Temperatur des Systems ist. Ähnlich kann die Entropie aus (6.8.4) zu

$$S = k\ln\Omega = k(\ln Z + \beta E)$$

berechnet werden. Dabei ist die in (6.8.5) definierte Summe Z einfach die Zustandssumme, die uns bereits in (6.5.3) begegnete.

Methode 2: Es ist möglich, die Nebenbedingung in der Summe (6.8.2) in einer mehr direkten Art zu behandeln, ähnlich wie sie im Abschnitt 1.10 benutzt wurde. Die infolge der Nebenbedingung auftretende Schwierigkeit wird durch die Mul-

---

10+) $\partial\beta/\partial E \neq 0$.

tiplikation jedes Summanden mit der Funktion $\delta(E_r - E)\delta E$ von der Summation auf die Summanden geschoben, weil

$$\delta(E_r - E) = \begin{cases} 1, & E < E_r < E + \delta E \\ 0, & \text{für alle anderen Fälle} \end{cases}$$

gilt. Im Anhang A.7 wird Näheres über die Diracsche δ-Funktion berichtet. Somit wird aus (6.8.1)

$$\Omega(E) = \sum_r \delta(E_r - E)\,\delta E^{11+)} \tag{6.8.8}$$

Die Summation läuft ohne Einschränkung über alle Zustände, weil die δ-Funktion die Terme auswählt, die der Nebenbedingung (6.8.1) genügen.

Es wird nun die in (A.7.16) angegebene analytische Darstellung der δ-Funktion

$$\delta(E - E_r) = \frac{1}{2\pi} \int_{-\infty}^{\infty} d\beta'\, e^{i(E-E_r)\beta'}\, e^{(E-E_r)\beta}$$

benutzt. Oder kompakter geschrieben

$$\delta(E - E_r) = \frac{1}{2\pi} \int_{-\infty}^{\infty} d\beta'\, e^{(E-E_r)\underline{\beta}} \tag{6.8.9}$$

wobei $\underline{\beta} \equiv \beta + i\beta'$ (6.8.10)

komplex ist. Die Integration erstreckt sich nur über den Imaginärteil β'. Der Realteil β kann beliebig gewählt werden.

Die Summe (6.8.8) ist nun leicht zu berechnen. Man hat einfach

$$\Omega(E) = \frac{\delta E}{2\pi} \sum_r \int_{-\infty}^{\infty} d\beta'\, e^{(E-E_r)\underline{\beta}}$$

oder $$\Omega(E) = \frac{\delta E}{2\pi} \int_{-\infty}^{\infty} d\beta'\, e^{\underline{\beta}E} Z(\underline{\beta}) \tag{6.8.11}$$

wobei $$Z(\underline{\beta}) \equiv \sum_r e^{-\underline{\beta}E_r} = \sum_r e^{-(\beta+i\beta')E_r} \tag{6.8.12}$$

Die letzte Summe läuft ohne Einschränkung über alle Zustände und ist daher verhältnismäßig einfach zu berechnen.

Diese Ergebnisse sind *exakt.* Wir bemerken, daß für den Fall $\beta' = 0$ alle Glieder der Summe (6.8.12) positiv sind. Ist $\beta' \neq 0$, so bewirken die oszillatorischen Anteile $e^{-i\beta' E_r}$, daß sich die Summanden nicht in Phase addieren, sondern mit zufälli-

---

11+) Zur Multiplikation mit δE siehe Fußnote zu (2.5.1).

gen Vorzeichen in den Real- und Imaginärteilen eingehen. Da die Summe aus so vielen Summanden besteht, ist daher der Betrag $|e^{\underline{\beta}E} Z(\underline{\beta})|$ für den Fall $\beta' = 0$ sehr viel größer als für $\beta' \neq 0$ [12+)]. Somit besteht für $\beta' = 0$ ein sehr scharfes Maximum, und deshalb trägt zur Integration in (6.8.11) im wesentlichen nur die Umgebung um $\beta' = 0$ bei. Daher erwarten wir, daß das Integral durch

$$\Omega(E) = K' e^{\beta E} Z(\beta) \tag{6.8.13}$$

sehr gut genähert wird [13+)]. Dabei ist K' irgendeine Konstante, die verglichen mit der Anzahl der Freiheitsgrade hinreichend klein ist. Somit gilt

▶
$$\ln \Omega(E) = \beta E + \ln Z(\beta) \tag{6.8.14}$$

weil $\ln K'$ vernachlässigbar klein gegenüber Gliedern ist, die von der Größenordnung von f sind. Somit erhalten wir wieder das Ergebnis (6.8.4).

Es lohnt sich, das Argument näher zu betrachten, das zu (6.8.13) führt. Weil der Integrand in (6.8.11) nur für $\beta' \approx 0$ wesentlich ist, kann man in dem wichtigen Integrationsgebiet den Logarithmus des Integranden in eine Potenzreihe um $\beta' = 0$ entwickeln. Daher gilt

$$\begin{aligned} \ln [e^{\underline{\beta}E} Z(\underline{\beta})] &= \underline{\beta}E + \ln Z(\underline{\beta}) \\ &= (\beta + i\beta')E + \ln Z(\beta) + B_1(i\beta') + \tfrac{1}{2}B_2(i\beta')^2 + \cdots \end{aligned}$$

oder
$$\ln [e^{\underline{\beta}E} Z(\underline{\beta})] = \beta E + \ln Z(\beta) + i(E + B_1)\beta' - \tfrac{1}{2}B_2\beta'^2 + \cdots \tag{6.8.15}$$

mit der Abkürzung

$$B_k \equiv \left[\frac{\partial^k \ln Z}{\partial \underline{\beta}^k}\right]_{\beta'=0} = \frac{\partial^k \ln Z}{\partial \beta^k} \tag{6.8.16}$$

Somit gilt

$$e^{\underline{\beta}E} Z(\underline{\beta}) = e^{\beta E} Z(\beta) e^{-\frac{1}{2}B_2\beta'^2} e^{i(E+B_1)\beta'} \tag{6.8.17}$$

Der Parameter β ist noch frei, und wir können ihn so wählen, daß er unsere Näherung optimalisiert. Wir wissen unabhängig von der Wahl von β, daß $|e^{\underline{\beta}E} Z(\underline{\beta})|$ maximal für $\beta' = 0$ ist (dies zeigt (6.8.17) unmittelbar). Wir hätten es gern, daß der Integrand am wesentlichsten zum Integral in der unmittelbaren Umgebung der Stelle $\beta' = 0$ beiträgt, weil dort die Entwicklung (6.8.15) am besten gilt. Wegen der oszillatorischen Eigenschaften des Integranden, die durch den Imaginärteil β' verursacht werden, trägt dieser Integrand am meisten in der Region bei, in der er am *wenigsten* oszilliert, d.h. dort wo

---

12+) Näherungen, die mit „zufälligen Phasen" arbeiten, werden *random phase*-Näherungen genannt.

13+) Gemäß der Bemerkung nach (6.8.10) ist β noch beliebig wählbar. Wie β geeignet festzulegen ist, wird im nächsten Unterabschnitt behandelt.

$$\frac{\partial}{\partial \beta'} [e^{\underline{\beta} E} Z(\underline{\beta})] = 0 \tag{*}$$

gilt. Nun wird β so gewählt, daß diese Region der geringsten Oszillation bei $\beta' = 0$ zu liegen kommt. Aus (6.8.15) und (8) ergibt sich somit

$$E + B_1 = 0$$

oder mit (6.8.16)

$$E + \frac{\partial \ln Z}{\partial \beta} = 0 \tag{6.8.18}$$

Damit reduziert sich (6.8.17) auf

$$e^{\underline{\beta} E} Z(\underline{\beta}) = e^{\beta E} Z(\beta)\, e^{-\frac{1}{2} B_2 \beta'^2} \tag{6.8.19}$$

Die Überlegung, die uns ein scharfes Maximum von $e^{\underline{\beta} E}\, Z(\underline{\beta})$ an der Stelle $\beta' = 0$ erwarten ließ, fordert, daß $B_2 \gg 1$ gilt. Somit wird aus (6.8.11) einfach

$$\Omega(E) = \frac{\delta E}{2\pi} e^{\beta E} Z(\beta) \int_{-\infty}^{\infty} d\beta'\, e^{-\frac{1}{2} B_2 \beta'^2}$$

oder $$\Omega(E) = e^{\beta E} Z(\beta) \frac{\delta E}{\sqrt{2\pi B_2}} \tag{6.8.20}$$

Somit gilt

$$\ln \Omega(E) \approx \beta E + \ln Z$$

Dies sind die Ergebnisse (6.8.13) und (6.8.14). Man beachte, daß die Bedingung (6.8.18), die β bestimmt, die gleiche wie (6.8.6) ist, d.h. sie ist wieder zu (6.8.7) äquivalent [14*].

14*) Diese Methoden, die auf der näherungsweisen Berechnung des Integrals (6.8.11) durch die Methode der stationären Phase beruht, ist der ,,Darwin-Fowler-Methode" äquivalent, die Linienintegrale in der komplexen Ebene benutzt, sowie der Methode des steilsten Abstiegs gleichwertig. Siehe z.B.

Fowler, R.H.: Statistical Mechanics, 2. Auflage, Kap. 2, University Press, Cambridge (1955).
Schrödinger, E.: Statistische Thermodynamik, Kap. 6, Barth-Verlag, Leipzig (1952).

Verallgemeinerungen und andere Näherungen

*6.9 Großkanonisches und andere Ensemble

System mit einer unbestimmten Anzahl von Teilchen. Ein System A mit gegebenem festen Volumen V sei mit einem großen Reservoir A' in Kontakt, mit dem es nicht nur Energie, sondern auch Teilchen austauschen kann (siehe Abb. 6.9.1). Daher sind weder die Energie E noch die Teilchenzahl N von A fest, jedoch sind

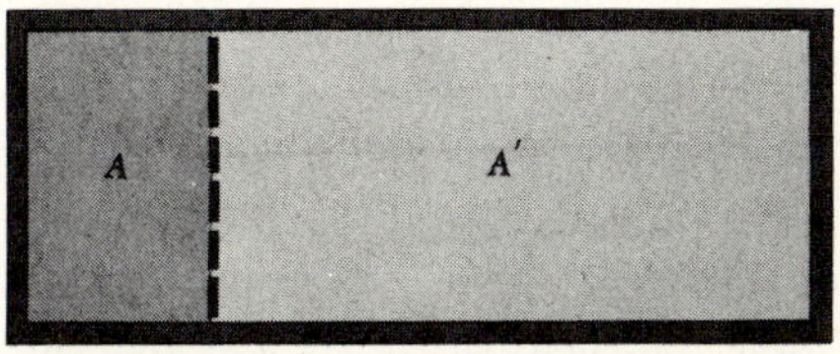

Abb. 6.9.1 Ein kleines System A ist durch eine perforierte Trennwand von einem viel größeren System A' getrennt. Beide Systeme können Energie und Teilchen austauschen.

die Gesamtenergie $E^{(0)}$ und die Gesamtanzahl der Teilchen $N^{(0)}$ des zusammengesetzten Systems $A^{(0)} \equiv A + A'$ festgelegt, d.h. es gilt

$$\begin{aligned} E + E' &= E^{(0)} = \text{constant} \\ N + N' &= N^{(0)} = \text{constant} \end{aligned} \tag{6.9.1}$$

Dabei sind E' und N' die Energie und die Teilchenzahl des Reservoirs A'. Nunmehr kann man nach der Wahrscheinlichkeit im Ensemble dafür fragen, das System A in irgendeinem speziellen Zustand r vorzufinden, in dem es die Energie E_r besitzt und N_r Teilchen enthält.

Die Antwort auf diese Frage wird wie im Abschnitt 6.2 gegeben. Es sei $\Omega(E', N')$ die Anzahl der dem Reservoir A' zugänglichen Zustände, falls es N' Teilchen enthält und eine Energie im Bereich um E' besitzt. Falls A in dem speziellen Zustand r ist, so ist die Anzahl der dem zusammengesetzten System $A^{(0)}$ zugänglichen Zustände gerade durch die Anzahl der dem Reservoir zugänglichen Zustände gegeben. Die Wahrscheinlichkeit P_r dafür, A im Zustand r vorzufinden, ist somit proportional zu dieser Anzahl, d.h. es gilt

$$P_r(E_r, N_r) \sim \Omega'(E^{(0)} - E_r, N^{(0)} - N_r) \tag{6.9.2}$$

Dabei wurden die Erhaltungssätze (6.9.1) benutzt. Da A verglichen mit A' sehr klein ist, gilt $E_r \ll E^{(0)}$ und $N_r \ll N^{(0)}$. Somit ist

$$\ln \Omega'(E^{(0)} - E_r, N^{(0)} - N_r) = \ln \Omega'(E^{(0)}, N^{(0)}) - \left[\frac{\partial \ln \Omega}{\partial E'}\right]_0 E_r - \left[\frac{\partial \ln \Omega}{\partial N'}\right]_0 N_r$$

eine außerordentlich gute Näherung. Die Ableitungen sind an der Stelle $E' = E^{(0)}$ und $N' = N^{(0)}$ zu berechnen. Sie sind daher Konstante, die das Reservoir A' kennzeichnen. Mit den Abkürzungen

$$\beta \equiv \left[\frac{\partial \ln \Omega}{\partial E'}\right]_0 \qquad \text{and} \qquad \alpha \equiv \left[\frac{\partial \ln \Omega}{\partial N'}\right]_0 \tag{6.9.3}$$

ergibt sich

$$\Omega'(E^{(0)} - E_r, N^{(0)} - N_r) = \Omega'(E^{(0)}, N^{(0)})\, e^{-\beta E_r - \alpha N_r}$$

und damit

▶ $$P_r \sim e^{-\beta E_r - \alpha N_r} \tag{6.9.4}$$

Diese Beziehung wird die „großkanonische Verteilung" genannt. Ein Ensemble von Systemen, das gemäß dieser Wahrscheinlichkeitsverteilung verteilt ist, heißt „großkanonisches Ensemble". Der in (6.9.3) definierte Parameter β ist der Temperaturparameter des Reservoirs. Somit ist $T \equiv (k\beta)^{-1}$ die absolute Temperatur des Reservoirs. Die Größe $\mu \equiv -kT\alpha$ heißt „chemisches Potential" des Reservoirs.

Nach den Erörterungen im Abschnitt 6.4 ist es klar, daß für ein System A, von dem nur die mittlere Energie $\bar{E}$ und die mittlere Teilchenzahl $\bar{N}$ bekannt sind, die Verteilung über die Systeme des Ensembles wieder durch die großkanonische Gesamtheit der Form (6.9.4) gegeben ist. Nunmehr charakterisieren aber die Parameter β und α kein Reservoir. Sie sind durch die Bedingungen zu bestimmen, nach denen das System A die bestimmte mittlere Energie $\bar{E}$ und die bestimmte mittlere Teilchenzahl $\bar{N}$ besitzt, d.h. durch die Gleichungen

$$\bar{E} = \frac{\sum_r e^{-\beta E_r - \alpha N_r} E_r}{\sum_r e^{-\beta E_r - \alpha N_r}}$$
$$\bar{N} = \frac{\sum_r e^{-\beta E_r - \alpha N_r} N_r}{\sum_r e^{-\beta E_r - \alpha N_r}} \tag{6.9.5}$$

Hier läuft die Summe über alle möglichen Zustände des Systems A, unabhängig davon, wie groß seine Energie und seine Teilchenzahl sind.

Wenn ein makroskopisches System A, so wie es Abb. 6.9.1 zeigt, mit einem Reservoir in Kontakt steht, so ist es wieder klar, daß die relativen Schwankungen seiner Energie um ihren Mittelwert $\bar{E}$ und seiner Teilchenzahl um deren Mittelwert $\bar{N}$ sehr klein sind. Somit werden die physikalischen Eigenschaften von A nicht wesentlich dadurch verändert, daß das System vom Reservoir getrennt wird und seine Energie und Teilchenzahl völlig festgelegt werden. Somit bestehen für die Berechnung von Mittelwerten physikalischer Größen keine wesentlichen Unterschiede darin, ob das makroskopische System abgeschlossen oder im Kontakt mit einem Reservoir ist, mit dem es nur Energie oder mit dem es sowohl Energie als auch Teilchen austauschen kann. Daher können diese Mittelwerte mit einer mikrokanonischen Verteilung ebensogut berechnet werden wie mit einer kanonischen oder einer großkanonischen. So läßt sich in einigen Problemen die beschwerliche

Nebenbedingung der festen Teilchenzahl dadurch umgehen, daß die tatsächlich vorliegende Situation näherungsweise durch jene ersetzt wird, bei der nur die mittlere Teilchenzahl des Systems festliegt, d.h. durch Benutzung der großkanonischen Verteilung (6.9.4). Dies ist oftmals für praktische Berechnungen nützlich.

System in makroskopischer Bewegung. Bisher haben wir stets darauf geachtet, die Bedingung der Erhaltung der Gesamtenergie für abgeschlossene Systeme zu befriedigen. Was geschieht aber mit den anderen Konstanten der Bewegung wie dem Gesamtimpuls und dem Gesamtdrehimpuls? Der Grund dafür, weshalb diese Größen bisher unbeachtet geblieben waren, besteht darin, daß wir stets Systeme A betrachtet haben, die in einem Behälter A' mit sehr großer Masse eingeschlossen waren. Dieser Behälter kann beliebige Beträge des Impulses vom System A aufnehmen, ohne daß sich näherungsweise seine Geschwindigkeit des Schwerpunktes ändert. Somit kann das System A beliebige Beträge des Impulses besitzen, und man muß sich nicht um irgendeinen Erhaltungssatz des Impulses kümmern. Es sei $\boldsymbol{v}_0$ die Geschwindigkeit des Behälters A', die gegenüber dem Laboratorium zu $\boldsymbol{v}_0 = \boldsymbol{0}$ gewählt worden sei. Das System A kann einen beliebigen Impuls besitzen; die Gleichgewichtsbedingung besteht darin, daß die mittlere Geschwindigkeit von A mit der des Behälters $\boldsymbol{v}_0$ übereinstimmt.

Diese Anmerkungen zeigen, daß der Behälter A' mit der Masse M', die sehr viel größer als die von A ist, wie ein Impulsreservoir wirkt. Die Analogie mit den im Abschnitt 6.2 besprochenen Energiereservoiren ist augenscheinlich. Daher wird nun ein zusammengesetztes System $A^{(0)} \equiv A + A'$ betrachtet, das sich bezüglich des Labors in makroskopischer Bewegung befinden möge. Es wird der Fall betrachtet, in dem A Energie und Impuls mit dem sehr viel größeren Behälter A' austauschen kann. Ist A im Zustand r mit der Gesamtenergie ϵ_r und dem Impuls $\boldsymbol{p}_r$, so sind die Erhaltungssätze für die Gesamtenergie ϵ_0 und den Gesamtimpuls $\boldsymbol{p}_0$ des zusammengesetzten Systems $A^{(0)}$ durch

$$\begin{aligned} \epsilon_r + \epsilon' &= \epsilon_0 = \text{constant} \\ \boldsymbol{p}_r + \boldsymbol{p}' &= \boldsymbol{p}_0 = \text{constant} \end{aligned} \tag{6.9.6}$$

gegeben. ϵ' ist dabei die Gesamtenergie und $\boldsymbol{p}'$ der Gesamtimpuls des Reservoirs A'.

Bisher wurden stets Systeme betrachtet, deren Schwerpunkt bezüglich des Labors ruhte; dann besteht die Gesamtenergie ϵ des Systems nur aus der inneren Energie E der Teilchenbewegung bezüglich des Schwerpunktes. Hier ist nun die Situation unterschiedlich. Die Anzahl $\Omega'(E')$ der dem Behälter A' zugänglichen Zustände hängt von seiner inneren Energie E' ab. Da sich der Schwerpunkt mit der Geschwindigkeit $\boldsymbol{p}'/M'$ bewegt, unterscheidet sich die innere Energie E' von A' von seiner Gesamtenergie ϵ' um die makroskopische kinetische Energie der Schwerpunktsbewegung. Somit gilt:

$$E' = \epsilon' - \frac{\boldsymbol{p}'^2}{2M'} \tag{6.9.7}$$

Ist A im Zustand r, so folgt gemäß (6.9.6) für die innere Energie von A'

$$E' = \epsilon_0 - \epsilon_r - \frac{1}{2M'}(\boldsymbol{p}_0 - \boldsymbol{p}_r)^2$$

$$= \epsilon_0 - \epsilon_r - \frac{\boldsymbol{p}_0{}^2}{2M'} + \frac{\boldsymbol{p}_0 \cdot \boldsymbol{p}_r}{M'} - \frac{\boldsymbol{p}_r{}^2}{2M'}$$

oder
$$E' \approx \left(\epsilon_0 - \frac{\boldsymbol{p}_0{}^2}{2M'}\right) - (\epsilon_r - \boldsymbol{v}_0 \cdot \boldsymbol{p}_r) \tag{6.9.8}$$

Da M' sehr groß ist, wurde das Glied p_r^2/M' vernachlässigt. Da M' fast gleich der Masse des zusammengesetzten Systems $A^{(0)}$ ist, gilt für die Schwerpunktsgeschwindigkeit von $A^{(0)}$ näherungsweise $\boldsymbol{v} = \boldsymbol{p}_0/M'$.

Die Wahrscheinlichkeit P_r dafür, daß A im Zustand r ist, ist

$$P_r \sim \Omega'(E')$$

wobei E' durch (6.9.8) gegeben ist. Wird $\ln \Omega'(E')$ in üblicher Weise entwickelt, so erhält man

▶ $$P_r \sim e^{-\beta(\epsilon_r - v_0 \cdot p_r)} \tag{6.9.9}$$

wobei $\beta = \partial \ln \Omega'/\partial E'$ der Temperaturparameter des Reservoirs an der Stelle seiner inneren Energie $E' = \epsilon_0 - p_0^2/2M'$ ist.

Beispiel: Ein Molekül A in einem idealen Gas A' werde betrachtet; der Schwerpunkt des ganzen Gases bewege sich mit konstanter Geschwindigkeit $\boldsymbol{v} \cdot A$ sei in einem Zustand mit einem Impuls zwischen $\boldsymbol{p}$ und $\boldsymbol{p} + d\boldsymbol{p}$, bzw. mit einer Geschwindigkeit zwischen $\boldsymbol{v}$ und $\boldsymbol{v} + d\boldsymbol{v}$. Dabei gilt $\boldsymbol{p} = m\boldsymbol{v}$, wobei m die Masse des Moleküls ist. Daher ist

$$\epsilon_r - \boldsymbol{v}_0 \cdot \boldsymbol{p}_r = \tfrac{1}{2}m\boldsymbol{v}^2 - \boldsymbol{v}_0 \cdot m\boldsymbol{v} = \tfrac{1}{2}m(\boldsymbol{v} - \boldsymbol{v}_0)^2 - \tfrac{1}{2}m\boldsymbol{v}_0{}^2$$

Da $\boldsymbol{v}_0$ eine Konstante ist, folgt aus (6.9.9) die Wahrscheinlichkeit dafür, daß die Molekülgeschwindigkeit im Bereich zwischen $\boldsymbol{v}$ und $\boldsymbol{v} + d\boldsymbol{v}$ liegt.

$$P(\boldsymbol{v})\, d^3\boldsymbol{v} \sim e^{-\frac{1}{2}\beta m(\boldsymbol{v} - \boldsymbol{v}_0)^2}\, d^3\boldsymbol{v}$$

Das hat man natürlich erwartet. Die Moleküle sind nach der Maxwellschen Geschwindigkeitsverteilung relativ zum Bezugssystems verteilt, das sich mit der konstanten Geschwindigkeit $\boldsymbol{v}_0$ bewegt.

*6.10 Alternative Herleitung der kanonischen Verteilung

Die kanonische Verteilung ist so wichtig, daß sie auf eine andere Weise hergeleitet werden soll. Obgleich diese Herleitung mühsamer als die im Abschnitt 6.4 angegebene ist, enthält sie einige lehrreiche Aspekte.

Wir benutzen die im Abschnitt 6.4 eingeführten Bezeichnungen und betrachten ein System A konstanter vorgegebener mittlerer Energie $\bar{E}$. Das repräsentative Ensemble bestehe aus einer sehr großen Anzahl a von Systemen, von denen a_r im Zustand r sind. Wir wissen, daß

$$\sum_r a_r = a \tag{6.10.1}$$

und $$\frac{1}{a}\sum a_r E_r = \bar{E} \tag{6.10.2}$$

gelten. Die Anzahl $\Gamma(a_1, a_2, \ldots)$ verschiedener Anordnungsmöglichkeiten von a unterscheidbaren Systemen, wobei a_1 im Zustand r_1, a_2 im Zustand r_2, . . . , sind, ist nach den kombinatorischen Ausführungen im Abschnitt 1.2 durch

$$\Gamma = \frac{a!}{a_1!a_2!a_3!\cdots} \tag{6.10.3}$$

gegeben. (Permutationen mit Wiederholungen.) Somit gilt

$$\ln \Gamma = \ln a! - \sum_r \ln a_r! \tag{6.10.4}$$

Da das repräsentative Ensemble aus einer beliebig großen Anzahl von Systemen besteht, darf vorausgesetzt werden, daß alle Zahlen a und a_r sehr groß sind, so daß die Stirlingsche Formel (A.6.2) in ihrer einfachsten Form

$$\ln a_r! = a_r \ln a_r - a_r$$

eine gute Approximation darstellt. Mit ihr wird aus (6.10.4)

$$\ln \Gamma = a \ln a - a - \sum_r a_r \ln a_r + \sum_r a_r$$

oder $$\ln \Gamma = a \ln a - \Sigma a_r \ln a_r \tag{6.10.5}$$

wobei (6.10.1) benutzt wurde. Folgende Frage wird nun beantwortet: Für welche Verteilung der Systeme über die möglichen Zustände wird die Zahl Γ der verschiedenen Möglichkeiten, eine solche Verteilung herzustellen, maximal? D.h. für welchen Satz von Zahlen $a_1, a_2, a_3, \ldots$, die den Nebenbedingungen (6.10.1) und (6.10.2) genügen, wird Γ (oder $\ln \Gamma$) ein Maximum annehmen?

Die Bedingung dafür, daß $\ln \Gamma$ ein Extremum besitzt, besteht darin, daß sich für kleine Änderungen δa_r Γ nicht ändert [15*].

[15*] Obgleich die a_r ganze Zahlen sind, sind sie doch derart groß, daß δa_r verglichen mit a_r infinitesimal klein ist, obgleich δa_r ebenfalls ganzzahlig ist. Daher sind die Methoden der Differentialrechnung anwendbar.

So fordern wir, daß

$$\delta \ln \Gamma = - \sum_r (\delta a_r + \ln a_r \, \delta a_r) = 0 \tag{6.10.6}$$

Die aus (6.10.1) und (6.10.2) sich ergebenden Nebenbedingungen für die Variation der δa_r sind

$$\sum_r \delta a_r = 0 \tag{6.10.7}$$

und $$\sum_r E_r \, \delta a_r = 0 \tag{6.10.8}$$

Mit Hilfe von (6.10.7) wird (6.10.6)

$$\sum_r \ln a_r \, \delta a_r = 0 \tag{6.10.9}$$

In (6.10.9) sind die δa_r nicht voneinander unabhängig, weil sie die Nebenbedingungen (6.10.7) und (6.10.8) befriedigen müssen. Dies wird mit der Methode der Lagrangeschen Multiplikatoren berücksichtigt (siehe Anhang A.10). Danach werden (6.10.7) und (6.10.8) mit Parametern α und β multipliziert und zu (6.10.9) addiert

$$\sum_r (\ln a_r + \alpha + \beta E_r) \, \delta a_r = 0 \tag{6.10.10}$$

Durch eine geeignete Wahl der α und β können nun alle δa_r in (6.10.10) als voneinander unabhängig angesehen werden. Deshalb verschwindet jeder Koeffizient der δa_r. Wird der Wert von a_r, für den Γ extremal wird, mit $\tilde{a}_r$ bezeichnet, so erhält man aus (6.10.10)

$$\ln \tilde{a}_r + \alpha + \beta E_r = 0$$

oder $$\tilde{a}_r = e^{-\alpha} e^{-\beta E_r} \tag{6.10.11}$$

Der Parameter α muß aus der Normierungsbedingung (6.10.1) bestimmt werden

$$e^{-\alpha} = a (\Sigma e^{-\beta E_r})^{-1}$$

Der Parameter β muß durch die Nebenbedingung (6.10.2) bestimmt werden

$$\frac{\Sigma \, e^{-\beta E_r} E_r}{\Sigma \, e^{-\beta E_r}} = \bar{E} \tag{6.10.12}$$

Mit der Abkürzung

▶ $$\tilde{P}_r \equiv \frac{\tilde{a}_r}{a} = \frac{e^{-\beta E_r}}{\sum_r e^{-\beta E_r}} \tag{6.10.13}$$

erhält man wieder die kanonische Verteilung (6.4.2). Diese hat somit die Eigenschaft, die maximale Anzahl Γ der Anordnungsmöglichkeiten, verglichen mit allen anderen Verteilungen, zu besitzen.

Mit den eingeführten Wahrscheinlichkeiten $P_r = a_r/a$ wird aus (6.10.5)

$$\begin{aligned}\ln \Gamma &= a \ln a - \sum_r a P_r \ln (a P_r) \\ &= a \ln a - a \sum P_r (\ln a + \ln P_r) \\ &= a \ln a - a \ln a \left(\sum_r P_r\right) - a \sum P_r \ln P_r\end{aligned}$$

oder $$\ln \Gamma = -a \sum_r P_r \ln P_r \qquad (6.10.14)$$

wobei $\Sigma P_r = 1$ benutzt wurde. (Man beachte, daß die rechte Seite wegen $0 \leqslant P_r \leqslant 1$ positiv ist).

Daher ist die kanonische Verteilung P_r dadurch gekennzeichnet, daß für sie die Größe $-\sum_r P_r \ln P_r$ für einen vorgegebenen Mittelwert der Energie $\bar{E} = \Sigma P_r E_r$ maximal wird. Ein Vergleich mit (6.6.24) zeigt, daß

$$\ln \tilde{\Gamma} = \frac{a}{k} S \qquad (6.10.15)$$

gilt. Ein Anwachsen von $\ln \Gamma$ bedeutet, daß für das System mehr zugängliche Zustände vorhanden sind. d.h. es tritt ein Verlust an Information darüber auf, wie das System über seine zugänglichen Zustände verteilt ist. Der größte Wert von $\ln \Gamma$ ist gemäß (6.10.5) die Entropie des Gleichgewichtsendzustandes.

Die Größe $-\ln \Gamma$, d.h. die Funktion $\sum_r P_r \ln P_r$ kann als Maß für die über die Systeme im Ensemble vorhandene Information benutzt werden. Diese Funktion stellt als Informationsmaß eine Grundgröße der Informationstheorie und der Theorie der Nachrichtenübermittlung dar [16*].

Anmerkung: Man kann leicht nachprüfen, daß Γ tatsächlich sein Maximum annimmt, indem (6.10.5) in eine Reihe um $\tilde{a}_r$ entwickelt wird:

$$\ln \Gamma = a \ln a - \Sigma(\tilde{a}_r + \delta a_r) \ln (\tilde{a}_r + \delta a_r) \qquad (6.10.16)$$

16*) Siehe z.B.:

Brillouin, L.: Science and information theory, 2. Auflage, Academic Press, New York (1962),

Pierce, J.R.: Phänomene der Kommunikation. Informationstheorie, Nachrichtenübertragung, Kybernetik, Econ-Verlag, Düsseldorf (1965).

Statistische Mechanik aus der Sicht der Informationstheorie:
Jaynes, E.T.: Phys. Rev. *106,* 620 (1957); Stahl, A.: Z. Naturforschung *15a* (1960), 655.
Engelmann, F., M. Feix, E. Minardi u. J. Oxenius: Z. Naturforschung *16a* (1961), 1223.
Fick, E. u. H. Schwegler: Z: Physik *200* (1967), 165; Schlögl, F.: Z. Physik *249* (1971), 1.

Mit $\ln(\tilde{a}_r + \delta a_r) = \ln \tilde{a}_r + \ln\left(1 + \frac{\delta a_r}{\tilde{a}_r}\right) \approx \ln \tilde{a}_r + \frac{\delta a_r}{\tilde{a}_r} - \frac{1}{2}\left(\frac{\delta a_r}{\tilde{a}_r}\right)^2 \dots$

wird aus (6.10.16)

$$\ln \Gamma = a \ln a - \sum_r \tilde{a}_r \ln \tilde{a}_r - \sum_r (1 + \ln \tilde{a}_r)\, \delta a_r - \sum_r \frac{1}{2} \frac{(\delta a_r)^2}{\tilde{a}_r}$$

Die Glieder in δa_r verschwinden gemäß (6.10.7) und (6.10.8)

$$\Sigma \ln \tilde{a}_r \delta a_r = -\Sigma(a + \beta E_r)\delta a_r = 0$$

Daher ergibt sich

$$\ln \Gamma = \left(a \ln a - \sum_r \tilde{a}_r \ln \tilde{a}_r\right) - \frac{1}{2} \sum_r \frac{(\delta a_r)^2}{\tilde{a}_r}$$

oder $$\Gamma = \tilde{\Gamma} \exp\left[-\frac{1}{2} \sum_r \frac{(\delta a_r)^2}{\tilde{a}_r}\right] \qquad (6.10.17)$$

Dies zeigt, daß $\tilde{\Gamma}$ ein Maximum von Γ ist.

Phasenräume

+6.11 μ- und Γ-Raum

In den vorhergehenden Abschnitten dieses Kapitels war von der Wahrscheinlichkeit P_r dafür die Rede, ein System in einem seiner zugänglichen Zustände r vorzufinden. Dabei spielte es keine Rolle, von welcher Art die betrachteten Zustände waren, d.h. der Zustandsbegriff mußte für die bisherigen Betrachtungen nicht spezifiziert werden. Die statistischen Überlegungen waren unabhängig davon, auf welchem Zustandsraum die Wahrscheinlichkeiten P_r definiert waren. Diese Unabhängigkeit von der Zustandsdefinition des betrachteten Systems ist ein charakteristischer Zug der statistischen Systembeschreibung.

Im folgenden sollen nun zwei Zustandsräume betrachtet werden, die üblicherweise als Phasenräume bezeichnet und μ- bzw. Γ-Raum genannt werden. Zunächst werde der klassische μ-Raum behandelt, der durch die Ortskoordinaten x_1, x_2, x_3 und die Impulskoordinaten p_1, p_2, p_3 eines Moleküls aufgespannt wird. Somit stellt jeder Punkt dieses sechsdimensionalen Raumes einen Zustand γ des betrachteten Moleküls dar [17+]. Mit der Zeit ändern sich Ort und Impuls des betrachteten Moleküls: Im μ-Raum entsteht eine Trajektorie

$$(x_1, x_2, x_3, p_1, p_2, p_3)(t) \tag{6.11.1}$$

mit $\quad p_i = m\dot{x}_i, \quad i = 1, 2, 3.$ (6.11.2)

Dabei ist m die Molekülmasse.

In den vorhergehenden Abschnitten wurden repräsentative Ensemble betrachtet. Dabei besteht ein solches Ensemble aus Duplikaten des betrachteten Systems, die alle mit den vorgegebenen makroskopischen Nebenbedingungen verträglich sind. In unserem Falle handelt es sich um ein repräsentatives Ensemble im μ-Raum, also um eine Punktmenge im μ-Raum, und da jeder Punkt ein Molekül in einem bestimmten Zustand darstellt, kennzeichnet also das Ensemble eine Menge von Molekülen in verschiedenen Zuständen, die alle mit den makroskopischen Nebenbedingungen verträglich sein müssen. Ist z.B. bekannt, daß sich das ursprünglich betrachtete Molekül nur in einem Kasten bewegen kann, dann sind ihm nur die Teile des Phasenraums zugänglich, deren Ortsanteil innerhalb der Kastenkoordinaten liegt. Alle Duplikate des Moleküls, aus denen das repräsentative Ensemble besteht, müssen dann ebenfalls in diesem Teil des Phasenraums liegen.

Das repräsentative Ensemble ist im μ-Raum mit einer Verteilungsfunktion $f(x_1, x_2, x_3, p_1, p_2, p_3) \equiv f(\mathbf{r}, \mathbf{p})$ im zugänglichen Teil des Phasenraums verteilt. Diese Verteilungsfunktion muß aus den Bewegungsgleichungen des Systems, den makroskopischen Nebenbedingungen und noch zu besprechenden statistischen Annahmen berechnet werden (Kapitel 12 bis 14). Dabei tritt nun die Schwierigkeit auf, daß die Phasenraumpunkte im μ-Raum sich nicht unabhängig voneinander bewegen, da die zu ihnen gehörigen Moleküle miteinander wechselwirken. Das repräsentative Ensemble im μ-Raum besteht somit aus Phasenraumpunkten, deren Bewegungen untereinander korreliert sind. Somit hängt die Bewegung z.B. von der Dichte der Phasenraumpunkte ab.

Der zweite nun zu betrachtende Phasenraum, der Γ-Raum, vermeidet diese Schwierigkeit. In ihm besteht das repräsentative Ensemble aus Phasenraumpunkten, die nicht miteinander wechselwirken und sich daher unabhängig voneinander auf Trajektorien bewegen. Dies erreicht man dadurch, daß anstelle der sechs Molekülkoordinaten die $2f$ generalisierten Koordinaten und die dazu konjugierten Impulse

$$(q_1, \ldots, q_f, p_1, \ldots, p_f) \equiv (\mathbf{q}, \mathbf{p})$$

$$\dot{q}_i = \frac{\partial \mathcal{H}}{\partial p_i}, \ \dot{p}_i = -\frac{\partial \mathcal{H}}{\partial q_i} \tag{6.11.3}$$

[17+] Von weiteren Freiheitsgraden des Moleküls, wie z.B. Rotations- und Schwingungsfreiheitsgraden werde abgesehen. Somit beschreibt der eingeführte sechsdimensionale μ-Raum die Translationsfreiheitsgrade eines Moleküls.

den Phasenraum aufspannen. Dabei ist f dic Anzahl der Freiheitsgrade des Systems und $\mathcal{H} = \mathcal{H}(\boldsymbol{q}, \boldsymbol{p})$ seine Hamiltonfunktion. Die Lösung des Differentialgleichungssystems (6.11.3), der kanonischen Gleichungen, ergibt die Trajektorie

$$q_i = q_i(t), \; p_i = p_i(t), \tag{6.11.4}$$

auf der sich der Systempunkt im Γ-Raum bewegt. Somit stellt ein Punkt des Γ-Raums ein Vielteilchensystem in einem bestimmten Zustand dar. Das repräsentative Ensemble besteht im Γ-Raum aus Vielteilchensystemen, die Duplikate des betrachteten Systems sind, die wie üblich mit den makroskopischen Nebenbedingungen verträglich sein müssen.

Allerdings besteht ein wesentlicher Unterschied zum μ-Raum darin, daß die Γ-Raum-Phasenpunkte sich stets wechselwirkungsfrei bewegen, weil die Duplikate von Vielteilchensystemen nicht miteinander wechselwirken, wie das im allgemeinen Moleküle in einem Gas tun.

Wie auch im μ-Raum ist das repräsentative Ensemble im Γ-Raum mit einer Verteilungsfunktion $\rho = \rho(\boldsymbol{q},\boldsymbol{p})$ im zugänglichen Teil des Phasenraums verteilt. Diese Verteilungsfunktion wird in A.13 behandelt.

Die Ergebnisse der vorhergehenden Abschnitte sind unabhängig davon, ob die Zustände r des Systems μ- oder Γ-Raum-Zustände sind. Schlagwortartig läßt sich dieser Sachverhalt so kennzeichnen: Die statistische Systembeschreibung ist unabhängig von der Zustandsdefinition des Systems. Somit müssen sich die Überlegungen dieses Abschnitts auch für eine quantenmechanische Beschreibung des Systems durchführen lassen. Dazu muß die Frage nach dem quantenmechanischen Analogon des Γ-Raums beantwortet werden. Dies würde aber über den Rahmen des Buches hinausführen [18+)].

Ergänzende Literatur

Kittel, C.: Elementary statistical physics, Abschnitte 11–14, John Wiley & Sons, Inc., New York (1958).

Hill, T.L.: An Introduction to statistical Thermodynamics, Kapitel 1 und 2, Addison-Wesley Publishing Company, Reading, Mass., (1960).

Schrödinger, E.: Statistische Thermodynamik, Kapitel 2 und 6, Barth, Leipzig (1952).

Becker, R.: Theorie der Wärme, Abschnitte 36–41, 46, (Heidelberger Taschenbücher Nr. 10), Springer Verlag, Berlin (1966).

18+) Van Kampen, G.N.: Physica *20* (1954), 603.

Aufgaben

6.1 Ein eindimensionaler harmonischer Oszillator besitzt die Energieniveaus $E_n = (n + ½)\hbar\omega$, wobei ω eine charakteristische Frequenz des Oszillators ist, und wobei die Quantenzahl n ganzzahlige Werte annehmen kann: $n = 0, 1, 2, \ldots$. Es wird angenommen, daß ein solcher Oszillator im thermischen Kontakt mit einem Wärmereservoir der Temperatur T stehe, die hinreichend klein ist, so daß $kT/\hbar\omega \ll 1$ gilt.

a) Man gebe den Quotienten aus den Wahrscheinlichkeiten dafür an, den Oszillator im ersten angeregten Zustand und im Grundzustand vorzufinden.

b) Unter der Annahme, daß nur der Grundzustand und der erste angeregte Zustand hinreichend besetzt sind, gebe man die mittlere Energie des Oszillators als Funktion der Temperatur an.

6.2 Es werde das System der Aufgabe 3.2 betrachtet: N schwach miteinander wechselwirkende Teilchen, jedes mit dem Spin ½ und dem magnetischen Moment μ, in einem äußeren Magnetfeld H. Dieses System sei mit einem Wärmereservoir der Temperatur T im Kontakt. Man berechne die mittlere Systemenergie $\bar{E}$ als Funktion von T und H und vergleiche das Ergebnis mit der Lösung der Aufgabe 3.2 a.

6.3 Ein Festkörper der Temperatur T befindet sich in einem äußeren Magnetfeld H = 3 T (Tesla). Der Festkörper besteht aus schwach miteinander wechselwirkenden paramagnetischen Atomen mit dem Spin ½, so daß die Energie eines jeden Atoms $\pm\mu H$ ist.

a) Falls das magnetische Moment μ gleich einem Bohrschen Magneton ist, d.h. $\mu_B = 0{,}927 \cdot 10^{-23}$ J/T unter welcher Temperatur muß man den Festkörper abkühlen, damit 75 % aller Atomspins parallel zum äußeren Feld polarisiert sind?

b) Es wird ein Festkörper betrachtet, der keine paramagnetischen Atome, sondern viele Protonen enthält (z.B. Paraffin). Jedes Proton hat den Spin ½ und ein magnetisches Moment $\mu = 1{,}41 \cdot 10^{-26}$ J/T. Unter welcher Temperatur muß man diesen Festkörper abkühlen, so daß mehr als 75 % der Protonen ihren Spin parallel zum äußeren Feld ausrichten?

6.4 Eine Probe eines Mineralöls befindet sich in einem äußeren Magnetfeld H. Jedes Proton hat den Spin ½ und ein magnetisches Moment μ; daher besitzt es zwei mögliche Energien $\epsilon = \pm\mu H$, je nach Einstellung des Spin zum äußeren Feld. Ein Radiowellenfeld kann Übergänge zwischen diesen zwei Zuständen bewirken, falls seine Frequenz ν der Bohrschen Bedingung $h\nu = 2\mu H$ genügt. Die Leistung, die von diesem elektromagnetischen Feld aufgenommen wird, ist daher proportional zur Differenz der Besetzungszahlen beider Energieniveaus. Weiter seien die Protonen im Mineralöl bei der Temperatur T im thermischen Gleichgewicht, und es gelte $\mu H \ll kT$. Wie hängt die absorbierte Leistung von der Temperatur T der Probe ab?

6.5 Es wird ein ideales Gas der Temperatur T in einem homogenen Gravitationsfeld mit der Beschleunigung g betrachtet. Mit Hilfe der Gleichgewichtsbedingung der Hydrostatik für eine Gasschicht zwischen den Höhen z und $z + dz$ leite man einen Ausdruck für die Dichte der Moleküle $n(z)$ in der Höhe z her. Vergleiche dies mit der Gleichung (6.3.20), die aus der Statistischen Mechanik hergeleitet worden war.

6.6 Ein System besteht aus N schwach wechselwirkenden Teilchen, von denen jedes in einem von zwei Zuständen mit den Energien ϵ_1 und ϵ_2 sein kann, $\epsilon_1 < \epsilon_2$.

a) Ohne explizite Rechnung gebe man eine Skizze der mittleren Energie $\bar{E}$ des Systems als Funktion seiner Temperatur T. Wie ist der Grenzwert von $\bar{E}$ im Falle von sehr niedrigen und sehr hohen Temperaturen? Zwischen welchen Temperaturen wechselt $\bar{E}$ von seinem unteren Grenzwert zu seinem oberen?

b) Mit Hilfe des Ergebnisses aus a) gebe man eine Skizze der spezifischen Wärme C_V (bei konstantem Volumen) als Funktion der Temperatur T.

c) Man berechne die mittlere Energie $\bar{E}(T)$ und die spezifische Wärme $C_V(T)$ dieses Systems explizit. Man zeige, daß diese Funktionen das in a) und b) diskutierte qualitative Verhalten zeigen.

6.7 Der Atomkern in einem kristallinen Festkörper habe den Spin 1. Nach der Quantentheorie kann sich daher jeder Kern in einem der drei Quantenzustände der Quantenzahl $m = 1, 0, -1$ befinden. Diese Quantenzahl stellt die Projektion des Kernspins auf die Kristallachse des Festkörpers dar. Da die elektrische Ladungsverteilung des Kerns nicht kugelsymmetrisch ist, hängt die Kernenergie von der Spinorientierung bezüglich des inneren elektrischen Feldes ab. Somit hat der Kern die gleiche Energie $E = \epsilon$ im Zustand $m = 1$ und im Zustand $m = -1$, verglichen mit der Energie $E = 0$ im Zustand $m = 0$.

a) Man finde einen Ausdruck als Funktion von T für den Kernanteil zur molaren inneren Energie des Festkörpers.

b) Man finde einen Ausdruck als Funktion von T für den Kernanteil zur molaren Entropie des Festkörpers.

c) Durch direktes Auszählen der Gesamtanzahl der zugänglichen Zustände berechne man den Kernanteil zur molaren Entropie des Festkörpers bei sehr niedrigen Temperaturen. Das Gleiche für sehr hohe Temperaturen. Man zeige, daß der Ausdruck im Teil b) diese Werte für $T \to 0$ und $T \to \infty$ annimmt.

d) Man gebe eine qualitative Skizze der Temperaturabhängigkeit des Kernanteils zur molaren Wärme des Festkörpers. Berechne diese Temperaturabhängigkeit explizit. Wie ist diese Temperaturabhängigkeit für große T?

6.8 Es wird das zweidimensionale Modell eines Festkörpers der Temperatur T betrachtet, der N negativ geladene Verunreinigungsionen pro cm^3 enthält, die Ionen des Wirtsgitters ersetzen. Der Festkörper als Ganzes ist elektrisch neutral, weil jedes negative Ion in seiner Nachbarschaft ein positives Ion gleicher Ladung besitzt. Das positive Ion sei so klein, daß es sich im als starr angenommenen Gitter der negativen Ionen bewegen kann. Ist kein äußeres elektrisches Feld vorhanden, so wird daher das positive Ion gleichwahrscheinlich in einem der vier äquidistanten Gitterplätze in der Umgebung des negativen Ions vorgefunden (siehe Skizze; a ist der Gitterabstand). Wird ein kleines elektrisches Feld ϵ längs der x-Richtung angelegt, so entsteht eine elektrische Polarisation. Man berechne das mittlere elektrische Dipolmoment pro Volumeneinheit längs der x-Richtung.

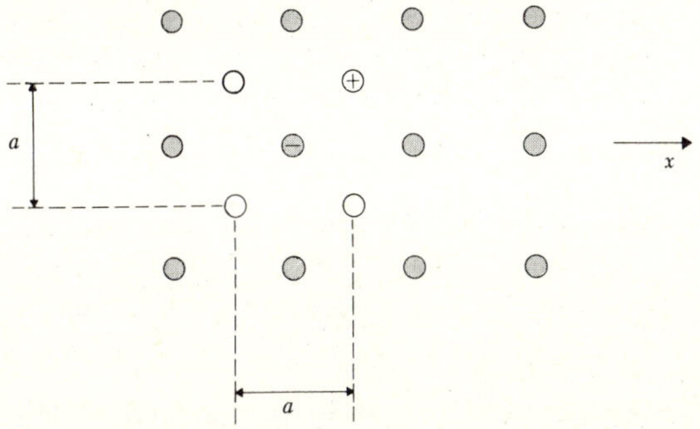

6.9 Ein Draht mit dem Radius r_0 liegt in der Achse eines Metallzylinders mit dem Radius R und der Länge L. Der Draht besitzt gegenüber dem Zylinder ein positives Potential V. Das gesamte System befindet sich auf einer hohen Temperatur T. Daher werden Elektronen emittiert, die den zylindrischen Behälter mit einem verdünnten Elektronengas füllen, das sich mit den Metallflächen im Gleichgewicht befindet. Die Dichte dieses Gases sei so gering, daß die gegenseitige elektrostatische Wechselwirkung der Elektronen zu vernachlässigen ist.

a) Mit dem Durchflutungsgesetz (integrale 4. Maxwellsche Gleichung) berechne man einen Ausdruck für das elektrostatische Feld im Abstand r von der Drahtachse ($r_0 < r < R$). L soll als hinreichend groß angenommen werden, so daß Randeffekte zu vernachlässigen sind.

b) Im thermischen Gleichgewicht bilden die Elektronen im Raum zwischen Draht und Zylinder ein Gas variabler Dichte. Mit dem Ergebnis aus a) gebe man die Abhängigkeit der elektrischen Ladungsdichte von Abstand r an.

6.10 Eine verdünnte Lösung von Makromolekülen der Temperatur T wird in eine Ultrazentrifuge gebracht, die sich mit der Winkelgeschwindigkeit ω dreht. Die Zentripetalbeschleunigung $\omega^2 r$, die auf ein Teilchen der Masse m wirkt, kann im rotierenden Bezugssystem durch die Zentrifugalkraft $m\omega^2 r$ ersetzt werden.

a) Wie ändert sich die Dichte $\rho(r)$ der Moleküle mit dem Abstand von der Drehachse?

b) Man zeige quantitativ, wie sich das Molgewicht der Makromoleküle aus dem Quotienten $\rho(r_1)/\rho(r_2)$ ermitteln läßt, der durch optische Methoden meßbar ist.

6.11 Zwei Atome der Masse m wechselwirken miteinander über eine Kraft, die aus einer gegenseitigen potentiellen Energie der Form

$$U = U_0 \left[\left(\frac{a}{x} \right)^{12} - 2 \left(\frac{a}{x} \right)^{6} \right]$$

ableitbar ist. Dabei ist x der Abstand zwischen den beiden Teilchen. Die Teilchen stehen in Kontakt mit einem Wärmereservoir niedriger Temperatur T, $kT \ll U_0$, die aber so groß ist, daß die klassische statistische Mechanik anwendbar ist. Man berechne den mittleren Abstand $\bar{x}(T)$ der Teilchen und benutze dabei die Größe

$$\alpha \equiv \frac{1}{\bar{x}} \frac{\partial \bar{x}}{\partial T}$$

(Dies kennzeichnet das grundlegende Vorgehen bei der Berechnung des linearen Ausdehnungskoeffizienten eines Festkörpers.) Näherungen sollen aufgrund der niedrigen Temperatur gemacht werden; nur das Glied kleinster Ordnung, das einen Wert $\alpha \neq 0$ ergibt, soll berücksichtigt werden. [Hinweis: Entwickle die potentielle Energie um ihr Minimum in eine Potenzreihe in x. Zur Berechnung der Integrale benutze man Näherungen ähnlich jenen, die zur Berechnung des Integrals (A.6.12) verwendet wurden.]

6.12 Ein rechtwinkliger Kasten mit vier Wänden und einem Boden (aber ohne Deckel) wird betrachtet. Die Gesamtfläche der Wände und des Bodens sei A. Man gebe die Größe des Kastens an, für die sein Volumen maximal wird, und zwar

a) durch Vorwärtsrechnen,

b) unter Benutzung der Lagrangeschen Multiplikatoren (siehe Anhang A.10).

*6.13 Man nehme an, daß der Ausdruck

$$S \equiv -k \sum_r P_r \ln P_r$$

als die allgemein gültige Definition der Entropie eines Systems vorausgesetzt wird. Die folgende Aufgabe zeigt, daß die so definierte Entropie einige interessante Eigenschaften besitzt, die zeigen, daß S ein Maß für die Unordnung oder Zufallshäufigkeit eines Systems darstellt.

Sei $P_r^{(1)}$ die Wahrscheinlichkeit dafür, das System A_1 im Zustand r vorzufinden (analog $P_s^{(2)}$). So ist

$$S_1 = -k \sum_r P_r^{(1)} \ln P_r^{(1)} \quad \text{und} \quad S_2 = -k \sum_s P_s^{(2)} \ln P_s^{(2)}$$

Jeder Zustand des zusammengesetzten Systems $A \equiv A^{(1)} + A^{(2)}$ kann durch ein Paar r, s numeriert werden. Die zugehörige Wahrscheinlichkeit sei P_{rs}. Die Entropie von A ist dann durch

$$S = -k \sum_r \sum_s P_{rs} \ln P_{rs}$$

definiert. Falls A_1 und A_2 nur schwach miteinander wechselwirken, sind sie voneinander statistisch unabhängig, und es gilt $P_{rs} = P_r^{(1)} P_s^{(2)}$. Man zeige, daß unter diesen Voraussetzungen die Entropie additiv ist, d.h. $S = S_1 + S_2$.

*6.14 Es wird nun angenommen, daß A_1 und A_2 nicht nur schwach miteinander wechselwirken, so daß $P_{rs} \equiv P_r^{(1)} P_s^{(2)}$ gilt. Natürlich gilt

$$P_r^{(1)} = \sum_s P_{rs} \quad \text{und} \quad P_s^{(2)} = \sum_r P_{rs}$$

$$\sum_r P_r^{(1)} = 1, \quad \sum_s P_s^{(2)} = 1, \quad \sum_r \sum_s P_{rs} = 1$$

a) Man zeige

$$S - (S_1 + S_2) = k \sum_{r,s} P_{rs} \ln \left(\frac{P_r^{(1)} P_s^{(2)}}{P_{rs}} \right)$$

b) Mit der Ungleichung aus dem Anhang A.8, $-\ln x \geqslant -x + 1$, zeige man die Ungleichung

$$S \leqslant S_1 + S_2$$

Die Gleichheit gilt genau dann, wenn $P_{rs} = P_r^{(1)} P_s^{(2)}$ für alle r und s gilt. Dies bedeutet, daß Korrelationen zwischen den Systemen aufgrund ihrer Wechselwirkung zu einer Situation führt, die weniger wahrscheinlich ist, als würden die Systeme völlig voneinander unabhängig sein.

*6.15 Es wird ein System betrachtet, dessen Ensemble über die zugänglichen Systemzustände r nach einer beliebigen Verteilung P_r verteilt sei. Die Entropie des Systems und die Normierungsbedingung sind dann

$$S = -k \sum_r P_r \ln P_r, \quad \sum_r P_r = 1.$$

Man vergleiche diese Verteilung mit der kanonischen

$$P_r^{(0)} = \frac{e^{-\beta E_r}}{Z}, \qquad Z \equiv \sum_r e^{-\beta E_r}$$

die die gleiche mittlere Energie $\bar{E}$ besitzt

$$\Sigma P_r^{(0)} E_r = \Sigma P_r E_r = \bar{E}$$

Die Entropie dieser kanonischen Verteilung ist durch

$$S_0 = -k \sum_r P_r^{(0)} \ln P_r^{(0)}.$$

gegeben.

a) Zeige die Gültigkeit der Gleichung

$$S - S_0 = k \sum_r [-P_r \ln P_r + P_r \ln P_r^{(0)} - P_r \ln P_r^{(0)} + P_r^{(0)} \ln P_r^{(0)}]$$
$$= k \sum_r P_r \ln \frac{P_r^{(0)}}{P_r}$$

b) Mit der Ungleichung aus dem Anhang A.8, $\ln x \leqslant x - 1$, zeige man $S_0 \geqslant S$, wobei das Gleichheitszeichen genau für den Fall $P_r = P_r^{(0)}$, für alle r, gilt.

Dies zeigt (in Übereinstimmung mit den Erörterungen im Abschnitt 6.10), daß für einen festgelegten Wert der mittleren Energie die Entropie S für die kanonische Verteilung ein Maximum ist.

7. Einfache Anwendungen der statistischen Mechanik

Die klassische Zustandssumme für ein ideales einatomiges Gas ergibt als Zustandsgleichung $\bar{p}V = NkT$, für die mittlere Energie pro Molekül $\bar{\epsilon} = 3\,kT/2$ und für das Schwankungsquadrat der Energie $\overline{(\Delta E)^2} = kT^2 C_V$. Unter Beachtung des Gibbsschen Paradoxons, das zur korrekten Boltzmann-Abzählung führt, ergibt sich für die Entropie $S = kN\,[\ln(V/N) + 3\ln T/2 + \sigma_0]$. Die klassische Abzählmethode, d.h. die Annahme, daß die Teilchen unterscheidbar seien, gilt näherungsweise gut im Bereich, in dem die Teilchenabstände größer als ihre de Broglie-Wellenlänge sind. Dann gilt auch der Gleichverteilungssatz, nach dem die mittlere Energie pro Teilchen und Freiheitsgrad $\bar{\epsilon} = kT/2$ ist. Mit diesem Satz ergeben sich die folgenden Aussagen: $C_V = 3R/2$ für ein ideales, einatomiges Gas; $\overline{v_x^2} = kT/m$ für die Brownsche Bewegung; $\bar{E} = kT$ für den harmonischen Oszillator; $C_V = 3R$ für einen Festkörper. Eine quantenmechanisch korrekte Auswertung (d.h. ohne Benutzung des Gleichverteilungssatzes) ergibt $\bar{E} = \hbar\omega\;[\tfrac{1}{2} + 1/\;(\exp\beta\hbar\omega - 1)]$ für den harmonischen Oszillator und $c_V = 3\,R\,(\Theta_E/T)^2\;\exp\,(\Theta_E/T)/[\exp\,(\Theta_E/T) - 1]^2$, $\Theta_E = \hbar\omega/k$ für die molare spezifische Wärme eines Festkörpers. Eine genauere Berechnung unter Beachtung der Richtungsquantelung ergibt für die Magnetisierung eines Paramagnetikums in Feldrichtung $\overline{M}_2 = N_0\, g\, \mu_0 J\, B_J(\eta)$ (N_0 Teilchendichte, g Landé-Faktor, μ_0 Bohrsches Magneton, J Betrag des Drehimpulses eines Teilchens, Brillouin-Funktion $B_J(\eta) = (1/J)\,[(J + \tfrac{1}{2})\coth(J + \tfrac{1}{2})\eta - (\tfrac{1}{2})\coth(\eta/2)]$. Die Maxwellsche Geschwindigkeitsverteilung ist $f(v)d^3r d^3v = n(m/2\pi kT)^{\frac{1}{2}}\exp(-mv^2/2kT)d^3r d^3v$ (n Teilchendichte). Daraus ergeben sich die Verteilungen für eine Geschwindigkeitskomponente $g(v_x)\,dv_x = n(m/2\pi kT)^{\frac{1}{2}}\;\exp(-mv_x^2/2kT)\,dv_x$ und die für den Betrag der Geschwindigkeit $F(v)\,dv = 4\pi n(m/2\pi kT)^{3/2}\;v^2\;\exp\,(-mv^2/2kT)dv$. Die Anzahl der Moleküle, deren Geschwindigkeit zwischen v und $v + dv$ liegt und die pro Zeit- und Flächeneinheit auf eine Wand auftreffen, ist durch $\phi(v)\,d^3v = f(v)\,v\,\cos\theta\;d^3v$ gegeben (θ Winkel zwischen Flugrichtung und Wandnormale). Die Gesamtanzahl der Moleküle, die pro Zeit- und Flächeneinheit die Wand treffen, ist $\phi_0 = n\bar{v}/4$. Der mittlere Impulstransport durch ein Flächenelement dA senkrecht zur z-Richtung pro Zeiteinheit ist durch $\bar{F} = dA\int d^3v f(v)v_z(mv)$ gegeben. Daher ist der mittlere Druck $\bar{p} = nm\bar{v}^2/3$.

Die Diskussion im vorangehenden Kapitel galt einigen detaillierten mikroskopischen Aspekten der im Kapitel 3 vorgestellten allgemeinen Theorie. Als Ergebnis dieser Diskussion haben wir eine Reihe von äußerst wirkungsvollen Hilfsmitteln erworben, mit denen sich die makroskopischen Eigenschaften irgendeines Gleichgewichtssystems aus der Kenntnis seiner mikroskopischen Bestandteile berechnen lassen. Das Anwendungsgebiet dieser Hilfsmittel ist in der Tat sehr umfangreich. Im folgenden soll die Nützlichkeit dieser Methoden anhand von einigen einfachen aber physikalisch sehr wichtigen Beispielen dargelegt werden.

Allgemeine Methoden

7.1 Verteilungsfunktionen und ihre Eigenschaften

Das Vorgehen bei der Berechnung makroskopischer Eigenschaften mit Hilfe der statistischen Mechanik ist im Prinzip äußerst einfach. Wenn das betrachtete System eine bestimmte Temperatur T besitzt, d.h. wenn es sich im thermischen Kontakt mit einem Wärmereservoir dieser Temperatur befindet, so hat man lediglich die Verteilungsfunktion Z (6.5.3) zu berechnen. Irgendwelche physikalische Größen wie $\bar{E}$, $\bar{p}$, S oder auch $\overline{(\Delta E)^2}$ erhält man dann sofort, indem man, ausgehend von den Beziehungen des Abschnitts 6.5, einfach geeignete Ableitungen von $\ln Z$ bildet. Wenn sich das System nicht mit einem Reservoir in Kontakt befindet, ist die Situation auch nicht wesentlich anders. Selbst wenn das System abgeschlossen ist und eine feste Energie besitzt, so sind doch die Mittelwerte der makroskopischen Parameter des Systems mit seiner Temperatur T verknüpft, als befände es sich im thermischen Kontakt mit einem Wärmereservoir dieser Temperatur. Somit ist die Berechnung der makroskopischen Eigenschaften wieder auf die Berechnung der Verteilungsfunktion Z zurückgeführt und die nahezu universelle Vorschrift zur Berechnung makroskopischer Eigenschaften mit Hilfe der statistischen Mechanik lautet damit: Man stelle die Verteilungsfunktion

$$Z \equiv \sum_r e^{-\beta E_r} \tag{7.1.1}$$

auf [1*]. Dies ist eine uneingeschränkte Summe über alle Zustände des Systems. Wenn man die Teilchen, aus denen sich das System zusammensetzt, und die Wechselwirkungen zwischen ihnen kennt, so lassen sich die Quantenzustände des Systems bestimmen, und die Summe (7.1.1) damit berechnen. Das statistische Problem ist dann gelöst. Im Prinzip gibt es keinerlei Schwierigkeiten, das Problem zu

[1*] Eine andere Möglichkeit wäre, die Funktion $\Omega(E)$ aufzustellen und dann Beziehungen wie (3.12.1) zu benutzen, um andere Größen zu finden. Aber, wie bereits erwähnt, ist im allgemeinen die direkte Berechnung von $\Omega(E)$ schwieriger als die von Z.

formulieren, ganz gleich, wie kompliziert das System ist. Die Schwierigkeiten sind zurückgeführt auf das mathematische Problem, die genannten Schritte auch wirklich durchzuführen. So ist es sehr einfach, die Quantenzustände und die Verteilungsfunktion für ein ideales Gas nicht wechselwirkender Atome zu berechnen; aber etwas ganz anderes ist es, dies für eine Flüssigkeit zu tun, bei der alle Moleküle stark miteinander in Wechselwirkung stehen.

Wenn das System in der klassischen Näherung behandelt werden kann, so hängt seine Energie $E(q_1, \ldots, q_f, p_1, \ldots, p_f)$ von irgendwelchen f generalisierten Koordinaten und f generalisierten Impulsen ab. Wenn man den Phasenraum in einzelne Zellen mit dem Volumen $h_0{}^f$ unterteilt, so läßt sich die Verteilungsfunktion (7.1.1) berechnen, indem man zunächst über die Anzahl $(dq_1 \ldots dq_f dp_1 \ldots dp_f)/h_0{}^f$ der Zellen im Phasenraum summiert, die in dem Volumenelement $(dq_1 \ldots dq_f\, dp_1 \ldots dp_f)$ um den Punkt $(q_1, \ldots, q_f, p_1, \ldots, p_f)$ herumliegen und denen nahezu dieselbe Energie $E(q_1, \ldots, q_f, p_1, \ldots, p_f)$ zukommt. Anschließend ist dann über alle Volumenelemente zu summieren (bzw. zu integrieren), so daß man in der klassischen Näherung

$$Z = \int \cdots \int e^{-\beta E(q_1, \ldots, p_f)} \frac{dq_1 \cdots dp_f}{h_0^f} \tag{7.1.2}$$

erhält.

Es lohnt sich, die folgenden Bemerkungen bezüglich der Verteilungsfunktion im Gedächtnis zu behalten. Die erste Bemerkung betrifft die bei der Berechnung von Z benutzte Energieskala. Die Energie eines Systems ist immer nur bis auf eine willkürliche additive Konstante definiert. Wenn man den Energiebezugspunkt um ϵ_0 verschiebt, so ist in jedem Zustand r die Energie durch $E_r^* = E_r + \epsilon_0$ gegeben, und die neue Verteilungsfunktion lautet

$$Z^* = \sum_r e^{-\beta(E_r + \epsilon_0)} = e^{-\beta\epsilon_0} \sum_r e^{-\beta E_r} = e^{-\beta\epsilon_0} Z \tag{7.1.3}$$

bzw. $\quad \ln Z^* = \ln Z - \beta\epsilon_0$.

Nach (6.5.4) gilt dann für die neue mittlere Energie

$$\bar{E}^* = -\frac{\partial \ln Z^*}{\partial \beta} = -\frac{\partial \ln Z}{\partial \beta} + \epsilon_0 = \bar{E} + \epsilon_0$$

d.h. diese ist ebenfalls um den Betrag ϵ_0 verschoben. Andererseits bleibt die Entropie unverändert, da nach (6.6.5)

$$S^* = k(\ln Z^* + \beta \bar{E}^*) = k(\ln Z + \beta \bar{E}) = S$$

Ähnlich bleiben auch alle Ausdrücke für generalisierte Kräfte (d.h. alle Zustandsgleichungen) unverändert, da diese nur Ableitungen von $\ln Z$ nach einem äußeren Parameter enthalten.

Die zweite Bemerkung bezieht sich auf die Zerlegung der Verteilungsfunktion eines Systems A, das sich aus zwei nur schwach miteinander wechselwirkenden Teilsystemen A' und A'' zusammensetzt. Wenn die Zustände von A' und A'' mit r bzw. s bezeichnet werden, so ist ein Zustand von A durch das Paar r, s gekennzeichnet und für die zugehörige Energie E_{rs} gilt einfach

$$E_{rs} = E_r' + E_s'' \tag{7.1.4}$$

Hier können A' und A'' zwei verschiedene, unterscheidbare Teilchengruppen bedeuten, die schwach miteinander wechselwirken (z.B. He- und Ne-Moleküle in einem aus diesen beiden Molekülsorten bestehenden Gasgemisch). Es kann sich dabei aber auch um zwei verschiedene Sätze von Freiheitsgraden in *ein und derselben* Teilchengruppe handeln (z.B. kann in einem zweiatomigen Gas A' die Freiheitsgrade der Translationsbewegung der Molekülmassezentren bedeuten und A'' die Freiheitsgrade der Rotationsbewegung dieser Moleküle um ihre Massenzentren).

Der wesentliche Punkt ist nur die Additivität der Energien in (7.1.4); denn dann ist die Verteilungsfunktion Z für das Gesamtsystem A eine Summe über alle Zustände rs, d.h.

$$Z = \sum_{r,s} e^{-\beta(E_r'+E_s'')} = \sum_{r,s} e^{-\beta E_r'}\, e^{-\beta E_s''} = \Big(\sum_r e^{-\beta E_r'}\Big)\Big(\sum_s e^{-\beta E_s''}\Big)$$

Somit gilt

$$Z = Z'Z'' \tag{7.1.5}$$

und
$$\ln Z = \ln Z' + \ln Z'' \tag{7.1.6}$$

wobei Z' und Z'' die Verteilungsfunktionen von A' bzw. A'' sind. Wir haben damit gezeigt, daß bei einem System, welches sich aus nicht oder nur schwach wechselwirkenden Teilsystemen zusammensetzt, die Verteilungsfunktion einfach durch das Produkt der zu den Teilsystemen gehörenden Verteilungsfunktionen gegeben ist [2*]. Es ist klar, daß dieses nützliche Resultat auch dann gilt, wenn man es mit mehr als zwei schwach miteinander wechselwirkenden Teilsystemen zu tun hat.

Das ideale einatomige Gas

7.2 Berechnung thermodynamischer Größen

Wir betrachten ein aus N identischen, einatomigen Molekülen der Masse m bestehendes Gas, das in einen Behälter mit dem Volumen V eingeschlossen ist. Der

---

2*) Wir haben dieses Ergebnis bereits in (6.6.13) erhalten, woraus die Additivität aller extensiven thermodynamischen Größen folgt.

Ortsvektor des i-ten Moleküls sei $\boldsymbol{r}_i$, sein Impuls $\boldsymbol{p}_i$. Die Gesamtenergie des Gases ist dann durch

$$E = \sum_{i=1}^{N} \frac{\boldsymbol{p}_i^2}{2m} + U(\boldsymbol{r}_1, \boldsymbol{r}_2, \ldots, \boldsymbol{r}_N) \tag{7.2.1}$$

gegeben. Hier stellt der erste Term auf der rechten Seiten die kinetische Energie der Moleküle dar, während U die potentielle Wechselwirkungsenergie zwischen den Molekülen bedeutet [3*]. Wenn das Gas genügend verdünnt ist, so daß die Wechselwirkung zwischen den Molekülen vernachlässigbar wird, gilt $U \to 0$, und wir erhalten den einfachen Fall eines idealen Gases.

Wir wollen das Problem zunächst klassisch behandeln, wobei die Gültigkeit dieser Näherung erst im Abschnitt 7.4 untersucht werden wird. Mit (7.1.2) lautet dann die *klassische* Verteilungsfunktion (wir bezeichnen sie mit Z')

$$Z' = \int \exp\left\{-\beta\left[\frac{1}{2m}(\boldsymbol{p}_1^2 + \cdots + \boldsymbol{p}_N^2) + U(\boldsymbol{r}_1, \ldots, \boldsymbol{r}_N)\right]\right\} \frac{d^3\boldsymbol{r}_1 \cdots d^3\boldsymbol{r}_N\, d^3\boldsymbol{p}_1 \cdots d^3\boldsymbol{p}_N}{h_0^{3N}}$$

$$\text{oder } Z' = \frac{1}{h_0^{3N}} \int e^{-(\beta/2m)p_1^2}\, d^3\boldsymbol{p}_1 \cdots \int e^{-(\beta/2m)p_N^2}\, d^3\boldsymbol{p}_N \int e^{-\beta U(r_1, \ldots, r_N)}\, d^3\boldsymbol{r}_1 \cdots d^3\boldsymbol{r}_N \tag{7.2.2}$$

wobei sich der zweite Ausdruck aus dem ersten durch Ausnutzung der multiplikativen Eigenschaft der Expoentialfunktion ergibt. Da die kinetische Energie eine Summe von Einteilchenenergien ist, spaltet sich der entsprechende Anteil der Verteilungsfunktion in ein Produkt von N Integralen auf, die alle von der Form

$$\int_{-\infty}^{\infty} e^{-(\beta/2m)p^2}\, d^3\boldsymbol{p}$$

sind. Da im Gegensatz dazu U *nicht* einfach eine Summe von Einteilchenenergien ist, gestaltet sich hier die Integration über die Koordinaten $\boldsymbol{r}_1, \ldots, \boldsymbol{r}_N$ außerordentlich schwierig. Dies ist der Grund dafür, daß die Behandlung von nicht idealen Gasen so kompliziert ist. Anders wird es, wenn das Gas hinreichend verdünnt ist, so daß es als ideal angesehen und $U = 0$ gesetzt werden kann. In diesem Fall wird die Integration trivial, und man erhält

$$\int d^3\boldsymbol{r}_1 \cdots d^3\boldsymbol{r}_N = \int d^3\boldsymbol{r}_1 \int d^3\boldsymbol{r}_2 \cdots \int d^3\boldsymbol{r}_N = V^N$$

da jede einzelne Integration über das Volumen des Behälters zu erstrecken ist. Aus Z' wird dann einfach ein Produkt, nämlich

$$Z' = \zeta^N \tag{7.2.3}$$

[3*] Bei dieser Schreibweise wird natürlich vorausgesetzt, daß die Ortsvektoren $\boldsymbol{r}_i$ auf das Innere des Behälters beschränkt sind.

oder $\ln Z' = N \ln \zeta$ (7.2.4)

wobei $$\zeta \equiv \frac{V}{h_0^3} \int_{-\infty}^{\infty} e^{-(\beta/2m)p^2}\, d^3\mathbf{p} \tag{7.2.5}$$

die Verteilungsfunktion für ein einzelnes Molekül ist.

Anmerkung: Man könnte dieses Problem noch auf eine etwas andere Weise formulieren, indem man nämlich dem Ortsvektor $\boldsymbol{r}$ jedes einzelnen Moleküls *nicht* die Bedingung auferlegt, nur auf das Innere des Behälters begrenzt zu sein. In diesem Fall müßte man, um einen überall gültigen Ausdruck für die Gesamtenergie hinschreiben zu können, in (7.2.1) noch einen Term

$$U' = \sum_i u(\boldsymbol{r}_i)$$

addieren, wobei $u(\boldsymbol{r}_i)$ die von dem Behälter herrührende potentielle Energie des i-ten Moleküls darstellt; d.h.

$$u(\boldsymbol{r}) = \begin{cases} 0 & \text{falls } \boldsymbol{r} \text{ im Behälter liegt} \\ \infty & \text{falls } \boldsymbol{r} \text{ außerhalb des Behälters liegt} \end{cases}$$

In diesem Fall würde die Verteilungsfunktion (7.2.2) einen Faktor $e^{-\beta U'}$ enthalten, der 1 wäre, wenn sich alle Moleküle innerhalb des Behälters befinden, und 0, wenn irgendeines der Moleküle außerhalb ist. Somit würde die Integration über alle Koordinaten ohne Einschränkung wieder auf die Form (7.2.2) führen, in der lediglich über das Behältervolumen zu integrieren ist.

Das Integral in (7.2.5) läßt sich einfach berechnen:

$$\begin{aligned}\int_{-\infty}^{\infty} e^{-(\beta/2m)p^2}\, d^3\mathbf{p} &= \iiint_{-\infty}^{\infty} e^{-(\beta/2m)(p_x^2+p_y^2+p_z^2)}\, dp_x\, dp_y\, dp_z \\ &= \int_{-\infty}^{\infty} e^{-(\beta/2m)p_x^2}\, dp_x \int_{-\infty}^{\infty} e^{-(\beta/2m)p_y^2}\, dp_y \int_{-\infty}^{\infty} e^{-(\beta/2m)p_z^2}\, dp_z \\ &= \left(\sqrt{\frac{\pi 2m}{\beta}}\right)^3 \qquad \text{gemäß (A.4.2)}\end{aligned}$$

Somit ist

$$\zeta = V\left(\frac{2\pi m}{h_0^2 \beta}\right)^{\frac{3}{2}} \tag{7.2.6}$$

und $$\ln Z' = N\left[\ln V - \frac{3}{2}\ln\beta + \frac{3}{2}\ln\left(\frac{2\pi m}{h_0^2}\right)\right] \tag{7.2.7}$$

Aus dieser Verteilungsfunktion läßt sich unmittelbar eine Reihe weiterer physikalischer Größen berechnen. Nach (6.5.12) ist der mittlere Gasdruck $\bar{p}$ durch

$$\bar{p} = \frac{1}{\beta}\frac{\partial \ln Z'}{\partial V} = \frac{1}{\beta}\frac{N}{V}$$

gegeben. Also gilt

$$\bar{p}V = NkT \tag{7.2.8}$$

d.h. man erhält erneut die Zustandsgleichung, die bereits in (3.12.8) unter allgemeineren Bedingungen (das Gas mußte dort nicht notwendig einatomig sein) hergeleitet wurde.

Nach (6.5.4) ist die mittlere Gesamtenergie des Gases

$$\bar{E} = -\frac{\partial}{\partial\beta}\ln Z' = \frac{3}{2}\frac{N}{\beta} = N\bar{\epsilon} \tag{7.2.9}$$

wobei

$$\bar{\epsilon} = \tfrac{3}{2}kT \tag{7.2.10}$$

die mittlere Energie pro Molekül ist. Die Wärmekapazität bei konstantem Volumen ist dann durch

$$C_V = \left(\frac{\partial\bar{E}}{\partial T}\right)_V = \frac{3}{2}Nk = \frac{3}{2}\nu N_a k \tag{7.2.11}$$

gegeben, wobei ν die Anzahl der Mole und N_a die Loschmidtsche Zahl ist. Damit ergibt sich für die *molare* spezifische Wärme bei konstantem Volumen

$$c_V = \tfrac{3}{2}R \tag{7.2.12}$$

wobei $R = N_a k$ die Gaskonstante ist. Diese Ergebnisse stimmen mit den bereits in (5.2.10) und (5.2.12) erhaltenen voll überein.

Anmerkung zu Schwankungen: Die Schwankung der Gesamtenergie des Gases, welches sich mit einem Wärmereservoir der Temperatur T in Kontakt befindet, läßt sich ebenfalls leicht berechnen. Nach (6.5.8) ist das Schwankungsquadrat der Energie durch

$$\overline{(\Delta E)^2} = -\frac{\partial\bar{E}}{\partial\beta}$$

gegeben. Hier ist das Volumen V bei der Bildung der Ableitung natürlich konstant zu halten. Setzen wir $\beta = (kT)^{-1}$, so wird

$$\overline{(\Delta E)^2} = -\left(\frac{\partial\bar{E}}{\partial T}\right)_V \frac{\partial T}{\partial\beta} = kT^2\left(\frac{\partial\bar{E}}{\partial T}\right)_V$$

bzw.

$$\overline{(\Delta E)^2} = kT^2 C_V \tag{7.2.13}$$

Somit ist die Schwankung der Energie *irgendeines* Systems ganz allgemein mit dessen Wärmekapazität bei konstantem Volumen korreliert. In dem speziellen Fall eines aus N einatomigen Molekülen bestehenden idealen Gases erhält man mit (7.2.11)

$$\overline{(\Delta E)^2} = \tfrac{3}{2}Nk^2T^2 \qquad (7.2.14)$$

Für die mittlere quadratische Abweichung der Energie $\Delta^*E = [\overline{(\Delta E)^2}]^{1/2}$, bezogen auf die mittlere Energie $\bar{E}$, folgt daraus

$$\frac{\Delta^*E}{\bar{E}} = \frac{\sqrt{\tfrac{3}{2}Nk^2T^2}}{\tfrac{3}{2}NkT} = \sqrt{\frac{2}{3N}} \qquad (7.2.15)$$

Dieser Ausdruck ist sehr klein, wenn N von der Größenordnung der Loschmidtschen Zahl ist.

Die Entropie des Gases läßt sich aus (6.6.5) berechnen. Unter Benutzung von (7.2.7) und (7.2.9) erhält man

$$S = k(\ln Z' + \beta\bar{E}) = Nk\left[\ln V - \frac{3}{2}\ln\beta + \frac{3}{2}\ln\left(\frac{2\pi m}{h_0^2}\right) + \frac{3}{2}\right]$$

oder $$S = Nk[\ln V + \tfrac{3}{2}\ln T + \sigma] \qquad (7.2.16)$$

wobei $$\sigma \equiv \frac{3}{2}\ln\left(\frac{2\pi mk}{h_0^2}\right) + \frac{3}{2}$$

eine von T, V und N unabhängige Konstante ist. Dieser Ausdruck für die Entropie ist jedoch *nicht* korrekt.

7.3 Das Gibbssche Paradoxon

Der provozierende Satz am Ende des letzten Abschnitts behauptet, daß der Ausdruck (7.2.16) für die Entropie eine Erörterung verdient. Zunächst ist zu beachten, daß unsere Berechnung im Rahmen der klassischen Mechanik durchgeführt wurde, welche sicherlich bei sehr niedrigen Temperaturen nicht gültig ist. Dort sind dem System nämlich praktisch nur die (relativ wenigen) Zustände niedriger Energie in der Nähe des Grundzustands zugänglich, so daß Quanteneffekte wesentlich werden. Folglich braucht der Umstand, daß Gleichung (7.2.16) in offensichtlichem Widerspruch zum dritten Hauptsatz für $T \to 0$ die Entropie $S \to -\infty$ ergibt, nicht sonderlich zu beunruhigen. In Übereinstimmung mit ihrer klassischen Herleitung, kann von der Gleichung (7.2.16) unmöglich erwartet werden, daß sie bei niedrigen Temperaturen gilt.

Unabhängig davon ist der Ausdruck (7.2.16) für S aber deswegen falsch, weil er die Entropie nicht in ihrer Eigenschaft als extensive Größe beschreibt. Man muß ganz allgemein verlangen, daß alle thermodynamischen Relationen gültig bleiben, wenn man die Ausmaße des betrachteten Systems um einen Faktor a vergrößert, d.h. wenn man alle seine extensiven Parameter mit demselben Faktor a multipliziert. Wenn nun in unserem Fall die unabhängigen extensiven Parameter V und N mit a multipliziert werden, so wird die mittlere Energie $\bar{E}$ in (7.2.9) richtig um genau denselben Faktor vergrößert. Die Entropie S in (7.2.16) dagegen wird wegen des Terms $N \cdot \ln V$ *nicht* mit a multipliziert.

Nach Gleichung (7.2.16) ist die Entropie S für ein festes Gasvolumen V einfach proportional zur Anzahl N der Moleküle. Aber diese Abhängigkeit *kann,* wie man leicht einsieht nicht richtig sein. Stellen wir uns vor, daß eine Trennwand eingeführt wird, die den Behälter in zwei Kammern unterteilt. Dies ist ein reversibler Prozeß, durch den die Verteilung der Systeme auf die zugänglichen Zustände nicht beeinflußt wird. Deshalb ist die Gesamtentropie dieselbe, ob mit, oder ob ohne Trennwand; d.h.

$$S = S' + S'' \tag{7.3.1}$$

wobei S' und S'' die Entropien der beiden Kammern sind. Aber gerade diese einfache, hier durch (7.3.1) geforderte Additivität der Entropie liefert der Ausdruck (7.2.16) *nicht.* Wenn wir nämlich z.B. annehmen, daß die Trennwand das Gas genau halbiert und jede Hälfte N' Gasmoleküle in einem Volumen V' enthält, so ist die Entropie jeder Hälfte nach (7.2.16) durch

$$S' = S'' = N'k[\ln V' + \tfrac{3}{2} \ln T + \sigma]$$

gegeben, während die Entropie des gesamten Gases ohne Trennwand

$$S = 2N'k[\ln (2V') + \tfrac{3}{2} \ln T + \sigma]$$

ist. Also gilt

$$S - 2S' = 2N'k \ln (2V') - 2N'k \ln V' = 2N'k \ln 2 \tag{7.3.2}$$

und das ist *nicht* Null, wie (7.3.1) verlangt.

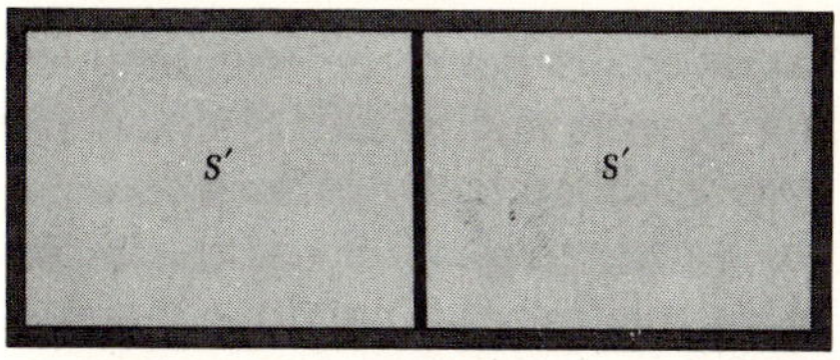

Abb. 7.3.1 Ein Gasbehälter, der durch eine Trennwand halbiert ist.

Dieses Paradoxon wurde zuerst von Gibbs diskutiert und ist seitdem unter dem Namen „Gibbssches Paradoxon" bekannt. Irgendetwas muß offenbar an unserer Behandlung falsch sein. Haben wir nicht in (6.6.15) ganz allgemein bewiesen, daß die Entropien zweier schwach wechselwirkender Systeme additiv sind. Wie kann es dann passieren, daß es nun nicht gelingt, die Bedingung (7.3.1) zu erfüllen? Die Antwort ist ganz einfach. Unsere allgemeine Schlußfolgerung in Abschnitt 6.6 basierte auf der Voraussetzung, daß die äußeren Parameter jedes einzelnen Teilsystems *dieselben* bleiben. Wenn wir die beiden Gase – jedes für sich in einer Kammer – zusammenbrächten und das Ganze als ein System betrachteten, würde das Volumen V' jedes einzelnen Teilsystems dasselbe bleiben und ihre Entropien würden die Additivitätsbedingung (7.3.1) erfüllen. Aber wir haben mehr als das getan – wir haben auch noch die Trennwand entfernt. In diesem Fall ist jedoch die Gleichung (6.6.11) nicht mehr gültig, weil die Energien E'_r und E''_s beide mit dem Volumen V' als dem äußeren Parameter berechnet werden, während für das kombinierte System (mit entfernter Trennwand) die möglichen Zustände der Energie E_{rs} mit dem Gesamtvolumen $2V'$ als dem äußeren Parameter zu berechnen sind.

Das Entfernen der Trennwand hat somit ganz bestimmte physikalische Konsequenzen. Während vor der Entfernung ein Molekül eines Teilsystems nur innerhalb eines Volumens V' angetroffen werden konnte, kann es sich nach der Entfernung der Trennwand irgendwo innerhalb des Volumens $2V'$ befinden. Wenn die beiden Teilsysteme aus verschiedenen Gasen beständen, würde das Entfernen der Trennwand zu einer Diffusion der Moleküle im gesamten Volumen $2V'$ führen und damit zu einer zufälligen Vermischung der verschiedenen Moleküle. Dies ist ganz offensichtlich ein irreversibler Prozeß; einfaches Wiedereinfügen der Trennwand würde die Gase nicht entmischen. In diesem Fall wäre das Anwachsen der Entropie in (7.3.2) einfach zu verstehen als ein Maß für das Anwachsen der aus dem Mischen verschiedener Gase resultierenden Unordnung.

Aber wenn die Gase in den Teilsystemen identisch sind, ergibt das Anwachsen der Entropie *keinerlei* physikalischen Sinn. Der eigentliche Grund für die bei dem Gibbsschen Paradoxon auftretende Schwierigkeit besteht darin, daß wir die Gasmoleküle bisher als individuell unterscheidbar behandelt haben, so als ob die Vertauschung der Orte von zwei gleichen Molekülen zu einem physikalisch neuen Zustand des Gases führen würde. Das ist aber nicht so. Wenn wir nämlich das Gas quantenmechanisch behandelten (wie wir es in Kapitel 9 auch tun werden), hätten wir die Moleküle aus prinzipiellen Gründen als vollständig ununterscheidbar anzusehen. Eine Berechnung der Verteilungsfunktion würde dann automatisch das richtige Ergebnis liefern und das Gibbssche Paradoxon würde gar nicht erst auftreten. Unser Fehler war eine zu klassische Betrachtungsweise. Selbst wenn man sich in einem Temperatur- und Dichtebereich befindet, in dem die Bewegung der Moleküle in guter Näherung mit den Mitteln der klassischen Mechanik behandelt werden kann, darf man doch nicht so weit gehen, daß man die wesentliche Ununterscheidbarkeit der Moleküle mißachtet; man kann einzelne atomare Teilchen grundsätzlich nicht behandeln wie makroskopische Billiardkugeln (sie lassen sich nicht numerieren!). Wenn man die klassische Näherung benutzten möchte, so hat man auf jeden Fall bei der Berechnung der Verteilungsfunktion (7.2.2) explizit der Ununterscheidbarkeit der Moleküle Rechnung zu tragen. Dies kann geschehen, indem man berücksichtigt, daß die $N!$ möglichen Permutationen der Moleküle untereinander zu keiner physikalisch neuen Situation führen, so daß die Anzahl der verschiedenen Zustände, über die in (7.2.2) summiert wird, um den Faktor $N!$ zu groß ist. Die richtige Verteilungsfunktion Z, die der wesentlichen Ununterscheidbarkeit der Moleküle Rechnung trägt und zu keinem Gibbsschen Paradoxon führt, erhält man dann aus (7.2.3) durch Division mit $N!$ [4+], d.h.:

$$Z = \frac{Z'}{N!} = \frac{\zeta^N}{N!} \tag{7.3.3}$$

Man beachte, daß bei einer *streng* klassischen Beschreibung jedes Teilchen als Individuum anzusehen wäre. Wenn man identische Teilchen als wesentlich ununterscheidbar ansieht, um das Gibbssche Paradoxon zu vermeiden, so erhebt sich die folgende Frage: Wie verschieden müssen Moleküle sein, um als unterscheidbar angesehen werden zu können (d.h. damit ihr gegenseitiges Durchmischen zu einem endlichen, anstelle von keinem, Anwachsen der Entropie führt)? In einer klassischen Betrachtungsweise der Natur könnten sich zwei Moleküle natürlich infinitesimal voneinander unterscheiden (z.B. könnten sich die Kerne zweier Atome in ihren Massen infinitesimal voneinander unterscheiden). Bei einer quantenmechanischen Beschreibung erhebt sich aufgrund der quantisierten Diskretheit der Natur diese Frage nicht (die Kerne zweier Isotope unterscheiden sich z.B. mindestens um eine Nukleonenmasse). Folglich ist die Unterscheidung zwischen identischen und nichtidentischen Molekülen bei einer quantenmechanischen Beschreibung vollkommen eindeutig. Das Gibbssche Paradoxon wies somit bereits im letzten Jahrhundert auf begriffliche Schwierigkeiten hin, die erst mit dem Auftreten der Quantenmechanik befriedigend gelöst werden konnten.

Nach (7.3.3) erhält man

$$\ln Z = N \ln \zeta - \ln N!$$

oder

$$\ln Z = N \ln \zeta - N \ln N + N \tag{7.3.4}$$

wobei wir die Stirlingsche Formel benutzt haben. Gleichung (7.3.4) unterscheidet sich von der entsprechenden Gleichung (7.2.4) lediglich durch den zusätzlichen Term $(-N \ln N + N)$. Da der Druck $\bar{p}$ und die Energie $\bar{E}$ nur von den *Ableitungen* von $\ln Z$ nach V oder β abhängen, bleiben die früheren Ergebnisse (7.2.8) und (7.2.9) für diese Größen unbeeinflußt. Aber der Ausdruck für S, der $\ln Z$ selbst und nicht nur Ableitungen von $\ln Z$ enthält, wird durch diesen zusätzlichen Term verändert. Mit (7.3.4) erhält man, anstatt (7.2.16), das Ergebnis

$$S = kN[\ln V + \tfrac{3}{2} \ln T + \sigma] + k(-N \ln N + N)$$

oder

▶ $$S = kN\left[\ln \frac{V}{N} + \frac{3}{2} \ln T + \sigma_0\right] \tag{7.3.5}$$

mit

$$\sigma_0 \equiv \sigma + 1 = \frac{3}{2} \ln\left(\frac{2\pi mk}{h_0^2}\right) + \frac{5}{2} \tag{7.3.6}$$

[4+] Diese Abzählung wird „korrekte Boltzmann-Zählung" genannt.

Es ist offensichtlich, daß der Zusatzterm mit $\ln N$ die Schwierigkeiten des Gibbsschen Paradoxons umgeht. Die Entropie (7.3.5) verhält sich, wie es sein muß, nämlich wie eine extensive Größe; d.h. sie wird mit einem Faktor α multipliziert, wenn V und N mit α multipliziert werden.

Da h_0 eine im Rahmen der klassischen Berechnung auftretende, willkürliche Konstante ist, ist σ_0 irgendeine willkürliche, additive Entropiekonstante. Man beachte, daß (7.3.5) genau mit dem Ausdruck für die Entropie übereinstimmt, der in (5.4. (5.4.4) durch makroskopische Überlegungen abgeleitet wurde. Man hat nur $N = \nu N_a$ zu setzen, wo ν die Anzahl der Gasmole ist, und die Beziehung (7.2.12) zu benutzen, nach der für ein einatomiges ideales Gas $c_v = {}^3/_2\, N_a k$ gilt.

7.4 Gültigkeit der klassischen Näherung

Wir haben gesehen, daß die prinzipielle Ununterscheidbarkeit identischer Moleküle nicht außer acht gelassen werden darf, auch wenn die Bewegung der Moleküle mit Hilfe der klassischen Mechanik behandelt wird. Aber inwieweit ist letzteres erlaubt, d.h. inwieweit darf die Verteilungsfunktion (7.2.2) über Koordinaten $\mathbf{r}_i$ und $\mathbf{p}_i$ berechnet werden, die gleichzeitig bestimmbar sind?

Ein ungefähres Kriterium für die Gültigkeit dieser klassischen Beschreibung kann man erhalten, indem man von der Heisenbergschen Unschärferelation

$$\Delta q \Delta p \gtrsim \hbar \tag{7.4.1}$$

ausgeht. Diese Relation verknüpft die Unschärfen [5+] Δq und Δp, die durch Quanteneffekte bei jedem Versuch einer gleichzeitigen Bestimmung von Ort q und Impuls p eines Teilchens auftreten. Angenommen man versucht die Bewegung der Gasmoleküle nach der klassischen Mechanik zu beschreiben. Bezeichnet man dann den Betrag des mittleren Impulses eines Moleküls mit $\bar{p}$ und den mittleren Molekülabstand mit $\bar{R}$, so wird eine klassische Beschreibung anwendbar sein, falls $\bar{R}\bar{p} \gg \Delta q \Delta p$ ist und daher

$$\bar{R}\bar{p} \gg \hbar \tag{7.4.2}$$

gilt. (7.4.2) drückt die Bedingung dafür aus, daß

$$\blacktriangleright \quad \bar{R} \gg \bar{\lambda} \tag{7.4.3}$$

d.h. daß der mittlere Molekülabstand sehr viel größer ist als die mittlere de Broglie-Wellenlänge

$$\bar{\lambda} = 2\pi \frac{\hbar}{\bar{p}} = \frac{h}{\bar{p}} \tag{7.4.4}$$

[5+] Das sind die mittleren quadratischen Abweichungen.

Wenn die Bedingung (7.4.3) erfüllt ist, führt die quantenmechanische Beschreibung auf eine Bewegung von Wellenpaketen, die der unabhängigen Bewegung einzelner Teilchen in quasiklassischer Manier entspricht. Im entgegengesetzten Grenzfalll in dem $\bar{R} \ll \bar{\lambda}$ gilt, wird – wie in Kapitel 9 gezeigt – ein Zustand des gesamten Gases durch eine einzige Wellenfunktion beschrieben, die sich nicht in einfacher Weise zerlegen läßt; in diesem Fall sind die Bewegungen der einzelnen Teilchen miteinander korreliert, selbst wenn keinerlei Kräfte zwischen ihnen vorhanden sind.

Der mittlere Molekülabstand $\bar{R}$ kann abgeschätzt werden, indem man sich jedes einzelne Molekül im Mittelpunkt eines kleinen Würfels mit der Seitenlänge $\bar{R}$ vorstellt und das Gesamtvolumen V dann aus diesen kleinen Würfeln aufbaut. Dann gilt

$$\bar{R}^3 N = V$$

bzw. $$\bar{R} = \left(\frac{V}{N}\right)^{\frac{1}{3}} \tag{7.4.5}$$

Der mittlere Impuls $\bar{p}$ kann aus der mittleren Energie $\bar{\epsilon}$ eines Moleküls in einem Gas der Temperatur T bestimmt werden. Nach (7.2.10) gilt

$$\frac{1}{2m}\bar{p}^2 \approx \bar{\epsilon} = \frac{3}{2}kT$$

so daß $$\bar{p} \approx \sqrt{3mkT}$$

und $$\bar{\lambda} \approx \frac{h}{\sqrt{3mkT}} \tag{7.4.6}$$

ist. Damit wird aus der Bedingung (7.4.3)

$$\left(\frac{V}{N}\right)^{\frac{1}{3}} \gg \frac{h}{\sqrt{3mkT}} \tag{7.4.7}$$

Dies zeigt, daß die klassische Näherung angewendet werden darf, wenn die Konzentration N/V der Moleküle in dem Gas hinreichend klein ist, oder wenn die Temperatur T hinreichend groß ist oder wenn die Masse der Moleküle nicht zu klein ist.

Numerische Abschätzungen. Wir wollen als Beispiel Heliumgas (He) bei Raumtemperatur und Normaldruck betrachten. Dann gilt

mittlerer Druck $\bar{P}$ = 1 bar
Temperatur T ≈ 300 K, somit $kT \approx 4{,}10^{-21}$ Js
Molekülmasse m ≈ $7{,}10^{-27}$ kg.

Die Zustandsgleichung ergibt

$$\frac{N}{V} = \frac{\bar{P}}{kT} = 2{,}5 \cdot 10^{19} \text{ Moleküle/cm}^3.$$

Also $\bar{R} \approx 34 \cdot 10^{-8}$ cm nach (7.4.5)

und $\bar{\lambda} \approx 0{,}6 \cdot 10^{-8}$ cm nach (7.4.6)

Hier ist die Bedingung (7.4.3) erfüllt, so daß die klassisch berechnete Verteilungsfunktion eine gute Näherung darstellen müßte, vorausgesetzt, daß die Ununterscheidbarkeit der Teilchen berücksichtigt ist. Die meisten Gase haben größere Molekulargewichte und damit kleinere de Broglie-Wellenlängen; das Kriterium (7.4.3) ist dann noch besser erfüllt.

Betrachten wir andererseits die Leitungselektronen in einem Metall. Hier können die Wechselwirkungen zwischen den Elektronen in erster Näherung vernachlässigt werden, so daß diese als ideales Gas behandelt werden dürfen. Die numerischen Werte der maßgebenden Größe sehen in diesem Fall aber ganz anders aus. Zunächst ist die Masse des Elektrons äußerst klein, nämlich ungefähr 10^{-30} kg, d.h. etwa 7000 mal kleiner als die des He-Atoms. Dies führt zu einer viel größeren de-Broglie-Wellenlänge des Elektrons, nämlich zu

$$\bar{\lambda} \approx (0{,}6 \cdot 10^{-8}) \sqrt{7000} \approx 50 \cdot 10^{-8} \text{ cm.}$$

Außerdem ist etwa ein Leitungselektron pro Atom im Metall. Da jedes Atom ungefähr das Volumen eines Würfels mit der Seitenlänge $2 \cdot 10^{-8}$ cm einnimmt, gilt

$$\bar{R} \approx 2 \cdot 10^{-8} \text{ cm.}$$

Dies ist viel kleiner als im Falle des Heliumgases; d.h. die Elektronen in einem Metall bilden ein sehr dichtes Gas, so daß das Kriterium (7.4.3) sicherlich nicht erfüllt ist. Für eine Behandlung der Elektronen in einem Metall mittels der klassischen statistischen Mechanik gibt es daher keinerlei Rechtfertigung und ein quantenmechanisches Vorgehen ist unumgänglich.

Der Gleichverteilungssatz

7.5 Beweis des Satzes

In der *klassischen* statistischen Mechanik existiert ein sehr nützliches allgemeines Theorem, das wir nun aufstellen wollen. Wie üblich, ist die Energie eines Systems eine Funktion von irgendwelchen f generalisierten Koordinaten q_k und f zugehörigen generalisierten Impulsen p_k, d.h.

$$E = E(q_1, \ldots, q_f, p_1, \ldots, p_f) \tag{7.5.1}$$

Die folgende Situation tritt nun häufig auf:

a) Die Gesamtenergie spaltet sich auf in eine Summe der Form

$$E = \epsilon_i(p_i) + E'(q_1, \ldots, p_f) \tag{7.5.2}$$

wobei ϵ_i nur die eine Variable p_i enthält und der restliche Teil E' *nicht* von p_i abhängt.

b) Die Funktion ϵ_i ist quadratisch in p_i; d.h. sie ist von der Form

$$\epsilon_i(p_i) = bp_i^2 \tag{7.5.3}$$

wobei b irgendeine Konstante ist. Normalerweise ist p_i ein Impuls, und zwar deswegen, weil die kinetische Energie eine quadratische Funktion jeder einzelnen Impulskomponente ist, während in der potentiellen Energie die Impulse nicht vorkommen.

Wenn in den Voraussetzungen a) und b) die abgespaltene Variable nicht ein Impuls p_i sondern eine Koordinate q_i wäre, so würde das folgende Theorem ganz genauso lauten.

Wir stellen nun die Frage: Wie groß ist der Mittelwert von ϵ_i im thermischen Gleichgewicht, wenn die Bedingungen a) und b) erfüllt sind?

Wenn sich das System bei der absoluten Temperatur $T = (k\beta)^{-1}$ im Gleichgewicht befindet, ist die Verteilung auf seine möglichen Zustände durch die kanonische Verteilung gegeben. Der Mittelwert $\bar{\epsilon}_i$ ist dann definitionsgemäß ein über den ganzen Phasenraum erstrecktes Integral, nämlich

$$\bar{\epsilon}_i = \frac{\int_{-\infty}^{\infty} e^{-\beta E(q_1, \ldots, p_f)} \epsilon_i \, dq_1 \cdots dp_f}{\int_{-\infty}^{\infty} e^{-\beta E(q_1, \ldots, p_f)} \, dq_1 \cdots dp_f} \tag{7.5.4}$$

Wegen der Bedingung a) wird daraus

$$\bar{\epsilon}_i = \frac{\int e^{-\beta(\epsilon_i + E')} \epsilon_i \, dq_1 \cdots dp_f}{\int e^{-\beta(\epsilon_i + E')} \, dq_1 \cdots dp_f}$$
$$= \frac{\int e^{-\beta\epsilon_i} \epsilon_i \, dp_i \int e^{-\beta E'} \, dq_1 \cdots dp_f}{\int e^{-\beta\epsilon_i} \, dp_i \int e^{-\beta E'} \, dq_1 \cdots dp_f}$$

wobei wir die multiplikative Eigenschaft der Exponentialfunktion ausgenutzt haben. Das letzte Integral im Zähler und im Nenner erstreckt sich über alle q und alle p mit Ausnahme von p_i. Da dieses Integral für Zähler und Nenner gleich ist, fällt es heraus und übrig bleibt:

$$\bar{\epsilon}_i = \frac{\int e^{-\beta\epsilon_i} \epsilon_i \, dp_i}{\int e^{-\beta\epsilon_i} \, dp_i} \tag{7.5.5}$$

Dieser Ausdruck kann weiter vereinfacht werden, indem man das Integral im Zähler auf das im Nenner zurückführt:

$$\bar{\epsilon}_i = \frac{-\frac{\partial}{\partial\beta}\left(\int e^{-\beta\epsilon_i} \, dp_i\right)}{\int e^{-\beta\epsilon_i} \, dp_i}$$

oder $$\bar{\epsilon}_i = -\frac{\partial}{\partial\beta}\ln\left(\int_{-\infty}^{\infty} e^{-\beta\epsilon_i}\,dp_i\right) \tag{7.5.6}$$

Bis zu diesem Punkt haben wir lediglich von der Voraussetzung (7.5.2) Gebrauch gemacht. Wir wollen nun die zweite Voraussetzung (7.5.3) benutzten und damit das Integral (7.5.6) berechnen. Es gilt dann

$$\int_{-\infty}^{\infty} e^{-\beta\epsilon_i}\,dp_i = \int_{-\infty}^{\infty} e^{-\beta b p_i^2}\,dp_i = \beta^{-\frac{1}{2}}\int_{-\infty}^{\infty} e^{-by^2}\,dy$$

wobei wir die Variable $y = \beta^{1/2} p_i$ eingeführt haben. Also ist

$$\ln\int_{-\infty}^{\infty} e^{-\beta\epsilon_i}\,dp_i = -\tfrac{1}{2}\ln\beta + \ln\int_{-\infty}^{\infty} e^{-by^2}\,dy$$

Hier tritt in dem Integral auf der rechten Seite β überhaupt nicht mehr auf, so daß wir aus (7.5.6) einfach erhalten

$$\bar{\epsilon}_i = -\frac{\partial}{\partial\beta}\left(-\frac{1}{2}\ln\beta\right) = \frac{1}{2\beta}$$

oder

▶ $$\bar{\epsilon}_i = \tfrac{1}{2}kT \tag{7.5.7}$$

Man beachte die große Allgemeinheit dieses Ergebnisses, das wir erhalten haben, *ohne* ein einziges Integral auswerten zu müssen.

Die Gleichung (7.5.7) ist der sogenannte „Gleichverteilungssatz" der klassischen statistischen Mechanik. In Worten besagt dieses Theorem, daß der Mittelwert jedes unabhängigen quadratischen Terms der Gesamtenergie gleich ½ kT ist.

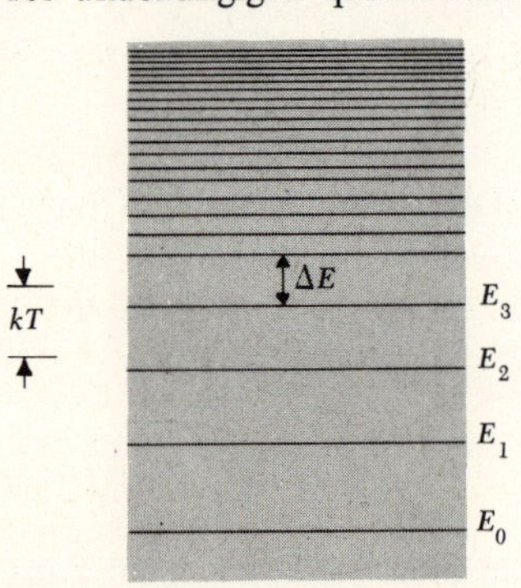

Abb. 7.5.1 Schematisches Diagramm der Energieniveaus eines Systems.

Es sollte betont werden, daß der Gleichverteilungssatz nur in der *klassischen* statistischen Mechanik gültig ist. In der korrekten, quantenmechanischen Beschreibung besitzt ein System einen Satz von möglichen Energieniveaus, bei denen die über der Grundzustandsenergie E_0 angeordneten höheren Energieniveaus im allgemeinen, wie in Abb. 7.5.1 angedeutet, immer dichter zusammenrücken. Wenn die absolute Temperatur T hinreichend hoch ist (und damit die mittlere Energie des Systems auch hinreichend groß ist), ist die Energielücke ΔE zwischen benachbarten Niveaus um die mittlere Energie $\bar{E}$ herum klein gegenüber der thermischen Energie kT, d.h. $\Delta E \ll kT$. In diesem Fall ist die Tatsache, daß die Energieniveaus diskret sind, nicht von besonderer Bedeutung, und man darf erwarten, daß die klassische Beschreibung (und damit der Gleichverteilungssatz) eine gute Näherung liefert. Wenn andererseits die Temperatur hinreichend niedrig ist, so daß $kT \lesssim \Delta E$, wird mit Sicherheit die klassische Beschreibung ungültig.

7.6 Einfache Anwendungen

Die mittlere kinetische Energie eines Moleküls in einem Gas. Wir betrachten ein Molekül in einem (nicht notwendig idealen) Gas der Temperatur T. Wenn dieses Molekül eine Masse m und einen Schwerpunktsimpuls $\mathbf{p} = m\mathbf{v}$ besitzt, lautet seine kinetische Translationsenergie

$$K = \frac{1}{2m}(p_x^2 + p_y^2 + p_z^2) \tag{7.6.1}$$

In der kinetischen Energie der anderen Moleküle kommt der Impuls $\mathbf{p}$ dieses besonderen Moleküls nicht mehr vor. Die potentielle Wechselwirkungsenergie der Moleküle hängt nur von deren Lagekoordinaten ab und enthält deshalb $\mathbf{p}$ mit Sicherheit nicht. Wenn das Molekül schließlich aus mehreren Atomen aufgebaut ist, so hängt seine innere Energie, die von der Schwingung bzw. Rotation seiner atomaren Bestandteile herrührt, ebenfalls nicht von $\mathbf{p}$ ab. Damit sind die Voraussetzungen des Gleichverteilungssatzes erfüllt. Da (7.6.1) drei quadratische Terme enthält, folgt aus dem Gleichverteilungssatz unmittelbar, daß

$$\bar{K} = \tfrac{3}{2}kT \tag{7.6.2}$$

vorausgesetzt, daß die Bewegung des Schwerpunktes klassisch behandelt werden darf.

Bei einem idealen, einatomigen Gas ist die *gesamte* Energie kinetische Energie, so daß die mittlere Energie pro Mol einfach durch

$$\bar{E} = N_a(\tfrac{3}{2}kT) = \tfrac{3}{2}RT$$

gegeben ist. Die molare spezifische Wärme bei konstantem Volumen ist dann

$$c_V = \left(\frac{\partial \bar{E}}{\partial T}\right)_V = \frac{3}{2}R \tag{7.6.3}$$

Die Brownsche Bewegung. Betrachten wir ein makroskopisches Teilchen der Masse m, das sich in einer ruhenden Flüssigkeit der Temperatur T befindet. Die z-Achse habe die Richtung des Schwerefeldes (sofern vorhanden) und untersucht werde v_x, die x-Komponente der Schwerpunktsgeschwindigkeit des Teilchens. Der Mittelwert von v_x muß aus Symmetriegründen verschwinden, d.h.

$$\bar{v}_x = 0$$

Aber es ist natürlich nicht so, daß v_x selbst immer verschwindet, wenn man eine gewisse Menge solcher Teilchen beobachtet. Man wird vielmehr feststellen, daß Geschwindigkeitsschwankungen auftreten, und wir können wieder, genauso wie im vorangehenden Beispiel, den Gleichverteilungssatz auf jene Energieterme anwenden, die die Schwerpunktsbewegung betreffen. Wir erhalten dann

$$\overline{\tfrac{1}{2}mv_x^2} = \tfrac{1}{2}kT \qquad \text{oder} \qquad \overline{v_x^2} = \frac{kT}{m}$$

Das Schwankungsquadrat $\overline{v_x^2}$ dieser Geschwindigkeitskomponente ist demnach vernachlässigbar klein, wenn m sehr groß ist. Wenn das Teilchen z.B. die Größe eines Golfballes hat, sind die Geschwindigkeitsschwankungen praktisch nicht beobachtbar, und das Teilchen scheint in Ruhe zu sein. Wenn aber m klein ist, hat $\overline{v_x^2}$ einen durchaus meßbaren Wert und Geschwindigkeitsschwankungen können ohne weiteres unter dem Mikroskop beobachtet werden. Die Tatsache, daß kleine Teilchen dieser Art sich fortwährend auf Zufallsbahnen umherbewegen, wurde von Brown, einem Botaniker, im letzten Jahrhundert entdeckt. Das Phänomen wird deshalb „Brownsche Bewegung" genannt. Seine theoretische Erklärung wurde 1905 von Einstein gegeben, der von den thermischen Schwankungen ausging, die sich aus der Wechselwirkung des Teilchens mit dem Wärmebad, d.h. aus dessen zufälligen Zusammenstößen mit den Flüssigkeitsmolekülen ergeben. Die Brownsche Bewegung war ein historisch wichtiges Phänomen, das der Theorie von der atomaren Struktur der Materie und der darauf aufbauenden statistischen Beschreibung mit zum Durchbruch verhalf.

Der harmonische Oszillator. Wir betrachten einen eindimensionalen harmonischen Oszillator, der sich mit einem Wärmereservoir der Temperatur T im Gleichgewicht befindet. Die Energie eines solchen Oszillators ist durch

$$E = \frac{p^2}{2m} + \frac{1}{2}\kappa_0 x^2 \tag{7.6.4}$$

gegeben, wobei der erste Term auf der rechten Seite die den Impuls p und die Masse m enthaltende kinetische Energie ist, während der zweite Term die von der Ortskoordinate x und der Federkonstanten κ_0 abhängige potentielle Energie ist. Jeder dieser Terme ist in der jeweiligen Variablen quadratisch, so daß sich aus dem Gleichverteilungssatz die in der klassischen Näherung gültige Folgerung ergibt:

$$\text{mittlere kinetische Energie} = \frac{1}{2m}\overline{p^2} = \tfrac{1}{2}kT$$

$$\text{mittlere potentielle Energie} = \tfrac{1}{2}\kappa_0\overline{x^2} = \tfrac{1}{2}kT$$

Also ist die mittlere Gesamtenergie

$$\bar{E} = \tfrac{1}{2}kT + \tfrac{1}{2}kT = kT \tag{7.6.5}$$

Es ist lehrreich, dieses Beispiel auch mit Hilfe der Quantenmechanik zu behandeln, um daraus die Gültigkeitsgrenzen der klassischen Beschreibung ablesen zu können. Nach der Quantenmechanik sind die möglichen Energieniveaus des harmonischen Oszillators durch

$$E_n = (n + \tfrac{1}{2})\hbar\omega \tag{7.6.6}$$

gegeben, wobei die möglichen Zustände des Oszillators durch die Quantenzahl n gekennzeichnet sind, die die ganzzahligen Werte

$$n = 0, 1, 2, 3, \ldots$$

annehmen kann. Hier ist $\hbar$ die (durch 2π dividierte) Plancksche Konstante und

$$\omega = \sqrt{\frac{\kappa_0}{m}} \tag{7.6.7}$$

ist die klassische Kreisfrequenz des Oszillators. Für die mittlere Energie des Oszillators gilt dann

$$\bar{E} = \frac{\sum\limits_{n=0}^{\infty} e^{-\beta E_n} E_n}{\sum\limits_{n=0}^{\infty} e^{-\beta E_n}} = -\frac{1}{Z}\frac{\partial Z}{\partial \beta} = -\frac{\partial}{\partial \beta}\ln Z \tag{7.6.8}$$

mit $$Z \equiv \sum_{n=0}^{\infty} e^{-\beta E_n} = \sum_{n=0}^{\infty} e^{-(n+\frac{1}{2})\beta\hbar\omega} \tag{7.6.9}$$

bzw. $$Z = e^{-\frac{1}{2}\beta\hbar\omega} \sum_{n=0}^{\infty} e^{-n\beta\hbar\omega} = e^{-\frac{1}{2}\beta\hbar\omega}(1 + e^{-\beta\hbar\omega} + e^{-2\beta\hbar\omega} + \cdots)$$

Diese unendliche Summe ist eine konvergente geometrische Reihe mit dem Grenzwert

$$Z = e^{-\frac{1}{2}\beta\hbar\omega} \frac{1}{1 - e^{-\beta\hbar\omega}} \tag{7.6.10}$$

bzw. $$\ln Z = -\tfrac{1}{2}\beta\hbar\omega - \ln(1 - e^{-\beta\hbar\omega}) \tag{7.6.11}$$

Damit ergibt sich aus (7.6.8)

$$\bar{E} = -\frac{\partial}{\partial \beta}\ln Z = -\left(-\frac{1}{2}\hbar\omega - \frac{e^{-\beta\hbar\omega}\hbar\omega}{1 - e^{-\beta\hbar\omega}}\right)$$

bzw.

▶ $$\bar{E} = \hbar\omega\left(\frac{1}{2} + \frac{1}{e^{\beta\hbar\omega} - 1}\right) \tag{7.6.12}$$

Wir wollen nun zwei Grenzfälle untersuchen. Wenn

$$\beta\hbar\omega = \frac{\hbar\omega}{kT} \ll 1 \tag{7.6.13}$$

ist die Temperatur so hoch, daß die thermische Energie kT sehr groß gegenüber der Lücke $\hbar\omega$ zwischen benachbarten Energieniveaus des Oszillators. Man würde dann erwarten, daß die klassische Beschreibung eine gute Näherung darstellt. Dies ist auch tatsächlich der Fall; denn für (7.6.13) läßt sich die Exponentialfunktion in eine Taylorreihe entwickeln, und (7.6.12) geht damit über in

$$\bar{E} = \hbar\omega\left[\frac{1}{2} + \frac{1}{(1 + \beta\hbar\omega + \cdot\cdot\cdot) - 1}\right] \approx \hbar\omega\left[\frac{1}{2} + \frac{1}{\beta\hbar\omega}\right]$$

$$\approx \hbar\omega\left[\frac{1}{\beta\hbar\omega}\right] \qquad \text{wegen (7.6.13)}$$

bzw. $$\bar{E} = \frac{1}{\beta} = kT \tag{7.6.14}$$

was mit dem klassischen Ergebnis (7.6.5) übereinstimmt.

Wenn andererseits die Temperatur niedrig ist, so daß

$$\beta\hbar\omega = \frac{\hbar\omega}{kT} \gg 1 \tag{7.6.15}$$

so gilt $e^{\beta\hbar\omega} \gg 1$ und aus (7.6.12) wird

$$\bar{E} = \hbar\omega(½ + e^{-\beta\hbar\omega}) \tag{7.6.16}$$

Dieses Ergebnis weicht von dem klassischen Resultat (7.6.5) erheblich ab und geht für $T \to 0$, wie es sein muß, in die („Nullpunkts-")Energie $½\hbar\omega$ des Grundzustandes über.

7.7 Spezifische Wärmen von Festkörpern

Wir betrachten irgendeinen einfachen Festkörper mit N_a (Loschmidtsche Zahl) Atomen pro Mol, also z.B. Kupfer, Gold, Aluminium oder einen Diamanten. In einem solchen Festkörper können die Atome frei um ihre Gleichgewichtslagen schwingen. (Diese Schwingungen heißen „Gitterschwingungen".) Jedes einzelne Atom ist durch drei Lagekoordinaten und drei Impulskoordinaten gekennzeichnet. Da die Schwingungen als klein vorausgesetzt werden, kann die potentielle Wechselwirkungsenergie um die Gleichgewichtslagen der Atome entwickelt und diese Entwicklung nach den Gliedern zweiter Ordnung abgebrochen werden. Die Gesamtenergie der Gitterschwingungen läßt sich dann (nach Einführung geeigneter, sogenannter „Normalkoordinaten") in der einfachen Form

$$E = \sum_{i=1}^{3N_a} \left(\frac{p_i^2}{2m} + \frac{1}{2} \kappa_i q_i^2 \right) \tag{7.7.1}$$

darstellen. Hier ist der erste Term die gesamte kinetische Energie, ausgedrückt durch die zu den Normalkoordinaten q_i gehörigen kanonisch konjugierten Impulse p_i, während der zweite Term die gesamte potentielle Energie in den $3N_a$ Normalkoordinaten darstellt. Die Koeffizienten κ_i sind positive Konstanten. Die Gesamtenergie hat damit die Form von $3N_a$ unabhängigen eindimensionalen harmonischen Oszillatoren. Wenn die Temperatur T hoch genug für eine klassische Behandlung ist (und Raumtemperaturen sind dafür gewöhnlich bereits ausreichend), kann der Gleichverteilungssatz angewendet werden, und es ergibt sich für die mittlere Gesamtenergie pro Mol unmittelbar

$$\bar{E} = 3N_a kT = 3RT \tag{7.7.2}$$

bzw. $\bar{E} = 3N_a[½kT) \cdot 2]$

Damit erhält man für die molare spezifische Wärme bei konstantem Volumen

▶ $$c_V = \left(\frac{\partial \bar{E}}{\partial T}\right)_V = 3R \tag{7.7.3}$$

Dieses Ergebnis besagt, daß bei hinreichend hohen Temperaturen alle einfachen Festkörper dieselbe molare spezifische Wärme $3R$ (25 J mol^{-1} K^{-1}) besitzen. Historisch wurde diese Gesetzmäßigkeit zuerst empirisch entdeckt und ist als Dulong-Petitsches Gesetz bekannt. In Tafel 7.7.1 sind für eine Reihe von Festkörpern direkt gemessene Werte der molaren spezifischen Wärme c_p bei konstantem *Druck* angegeben.

Tafel 7.7.1 Werte[6*)] von c_p (in J mol^{-1} K^{-1}) für einige Festkörper bei T = 298 K

Festkörper	c_p	Festkörper	c_p
Kupfer	24,5	Aluminium	24,4
Silber	25,5	Zinn (weiß)	26,4
Blei	26,4	Schwefel (rhombisch)	22,4
Zink	25,4	Kohlenstoff (Diamant)	6,1

Die molare spezifische Wärme c_V bei konstantem Volumen liegt etwas niedriger (und zwar ungefähr um 5 Prozent, wie in dem numerischen Beispiel von Abschnitt 5.7 ausgerechnet wurde.)

Die vorangehenden Ergebnisse gelten natürlich nicht für Festkörper bei wesentlich niedrigeren Temperaturen. Denn der dritte Hauptsatz führt auf die allgemeine Beziehung (5.7.19), derzufolge c_V für $T \to 0$ ebenfalls gegen Null gehen muß. Eine

---

6*) „American Institute of Physics Handbook", 2d. ed. McGraw Hill Book Company, New York, (1963), S. 4–48.

ungefähre Vorstellung von dem Verhalten von c_V über den gesamten Temperaturbereich hin kann man dadurch gewinnen, daß man (wie zuerst Einstein) die grobe Annahme macht, daß alle Atome im Festkörper mit *derselben* Kreisfrequenz ω schwingen. Dann ist in (7.7.1) $\kappa_i = m\omega^2$ für alle Werte von i, und der Festkörper ist (pro Mol) einer Gesamtheit von $3N_a$ unabhängigen eindimensionalen harmonischen Oszillatoren gleicher Frequenz äquivalent. Diese lassen sich quantenmechanisch behandeln und für die mittlere Gesamtenergie ergibt sich dann gerade das $3N_a$-fache des in (7.6.12) für den einzelnen Oszillator erhaltenen Wertes, d.h.

$$\bar{E} = 3N_a\hbar\omega\left(\frac{1}{2} + \frac{1}{e^{\beta\hbar\omega} - 1}\right) \tag{7.7.4}$$

Damit ist die molare spezifische Wärme des Festkörpers in diesem einfachen Einstein-Modell durch

$$c_V = \left(\frac{\partial\bar{E}}{\partial T}\right)_V = \left(\frac{\partial\bar{E}}{\partial\beta}\right)_V \frac{\partial\beta}{\partial T} = -\frac{1}{kT^2}\left(\frac{\partial\bar{E}}{\partial\beta}\right)_V$$

$$= -\frac{3N_a\hbar\omega}{kT^2}\left[-\frac{e^{\beta\hbar\omega}\hbar\omega}{(e^{\beta\hbar\omega} - 1)^2}\right]$$

bzw.

$$c_V = 3R\left(\frac{\Theta_E}{T}\right)^2 \frac{e^{\Theta_E/T}}{(e^{\Theta_E/T} - 1)^2} \tag{7.7.5}$$

gegeben, wobei $R = N_a k$ ist und durch

$$\Theta_E \equiv \frac{\hbar\omega}{k} \tag{7.7.6}$$

die charakteristische „Einstein-Temperatur" eingeführt wurde.

Wenn die Temperatur so hoch ist, daß $kT \gg \hbar\omega$ oder $T \gg \Theta_E$, dann ist $\Theta/T \ll 1$, und die Entwicklung der Exponentialfunktionen liefert erneut das klassische Ergebnis:

$$\text{für } T \gg \Theta_E \qquad c_V \to 3R \tag{7.7.7}$$

Wenn die Temperatur andererseits so niedrig ist, daß $kT \ll \hbar\omega$ oder $T \ll \Theta$ gilt, dann ist $\Theta_E/T \gg 1$ und die Exponentialfunktion ist sehr groß gegenüber eins. Die spezifische Wärme wird dann recht klein, d.h. genau

$$\text{für } T \ll \Theta_E \qquad c_V \to 3R\left(\frac{\Theta_E}{T}\right)^2 e^{-\Theta_E/T} \tag{7.7.8}$$

Demnach sollte die spezifische Wärme für $T \to 0$ exponentiell gegen Null streben. Dies entspricht aber nicht dem experimentellen Ergebnis, wonach nämlich $c_V \sim T^3$ für $T \to 0$ ist. Der Grund für diese Diskrepanz liegt in der Voraussetzung, daß die Schwingungen der Atome alle mit derselben charakteristischen Frequenz stattfinden. In Wirklichkeit ist das natürlich nicht der Fall (selbst dann nicht, wenn alle Atome identisch sind), da nicht jedes einzelne Atom für sich allein Schwingungen ausführt. Es ist vielmehr so, daß viele verschiedene Schwingungsformen (Moden) existieren, bei denen verschiedene *Gruppen* von Atomen mit derselben Frequenz in Phase schwingen. Man muß deshalb die verschiedenen möglichen Frequenzen dieser Schwingungsmoden bestimmen [d.h. die Werte aller Koeffizienten κ_i in (7.7.1)]. Dieser Aufgabe werden wir uns eingehend in den Abschnitten 10.1 und 10.2 zuwenden. Aber es ist auch so schon qualitativ klar, daß es, auch wenn T sehr klein ist, immer einige Schwingungsmoden geben wird, deren Frequenz ω so niedrig ist, daß $\hbar \cdot \omega \ll kT$. Diese Moden leisten noch immer einen merklichen Beitrag zur spezifischen Wärme und bewirken damit, daß c_V nicht ganz so schnell abnimmt, wie es durch (7.7.8) gefordert wird.

Dennoch liefert die einfache Einsteinsche Näherung eine relativ gute Beschreibung der spezifischen Wärme von Festkörpern. Sie macht auch die Existenz eines charakteristischen Parameters Θ_E deutlich, der von den Eigenschaften des betrachteten Festkörpers abhängt. Wenn ein Festkörper zum Beispiel ein niedriges Moleku-

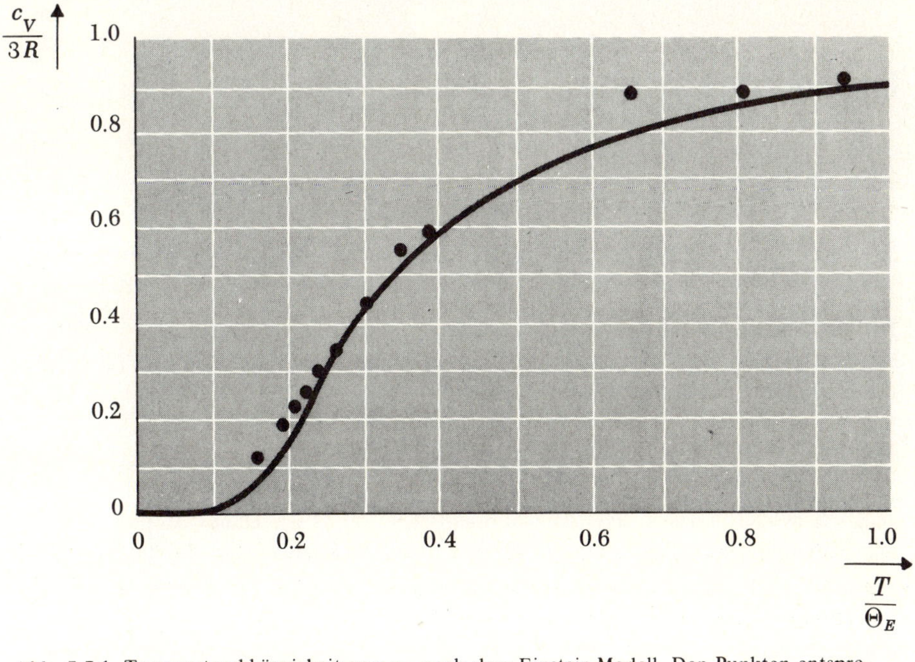

Abb. 7.7.1 Temperaturabhängigkeit von c_V nach dem Einstein-Modell. Den Punkten entsprechen experimentelle Werte von c_V für Diamant, an die die Kurve durch die Wahl $\Theta_E = 1320\ K$ angepaßt wurde [nach A. Einstein, Ann. Phys. 1322, S. 186 (1907)].

largewicht besitzt und hart (d.h. relativ inkompressibel) ist, bedeutet dies, daß jeder einzelne Oszillator eine kleine Masse m und eine große Federkonstante κ_0 besitzt (d.h. die Feder ist steif). Aus (7.6.7) ergibt sich dann eine hohe Kreisfrequenz ω, bzw. nach (7.7.6) ein großes Θ_E. Man muß deshalb in diesem Fall zu hohen Temperaturen übergehen, bevor die klassische Grenze $c_V = 3R$ erreicht wird.

Dies erklärt, warum ein Festkörper wie z.B. der Diamant, der aus relativ leichten Kohlenstoffatomen besteht und sehr hart ist, bei Raumtemperatur eine spezifische Wärme c_V besitzt, die immer noch beträchtlich unter dem klassischen Wert $3R$ liegt (siehe Tafel 7.7.1). Eine einigermaßen gute Anpassung an das Experiment erhält man für den Diamanten, wenn man $\Theta_E = 1320\,K$ wählt (siehe Abb. 7.7.1). Für die meisten anderen Festkörper liegt Θ_E in der Nähe von 300 K. Dies entspricht einer Frequenz $\omega/2\pi = k\,\Theta_E/2\pi\hbar \approx 6 \cdot 10^{12} \cdot \mathrm{s}^{-1}$, also einer im infraroten Spektralbereich liegenden Frequenz.

Vor dem Entstehen der Quantentheorie war es nicht zu verstehen, warum die molare spezifische Wärme eines Festkörpers bei niedrigen Temperaturen unter dem klassischen, aus dem Gleichverteilungssatz folgenden Wert $3R$ liegt. Erst Einsteins Theorie brachte 1907 Licht in die bestehenden Unklarheiten und verhalf damit den neuen quantentheoretischen Begriffen zum Erfolg.

Paramagnetismus

7.8 Allgemeine Berechnung der Magnetisierung

Wir haben in Abschnitt 6.3 ein einfaches Beispiel für den Paramagnetismus kennengelernt. Jetzt soll der allgemeine Fall beliebigen Spins behandelt werden.

Wir betrachten ein System von N nichtwechselwirkenden Atomen in einer Substanz der absoluten Temperatur T und in einem äußeren Magnetfeld $\boldsymbol{H}$ ($\boldsymbol{H}$ möge die Richtung der z-Achse besitzen). Dann ist die magnetische Energie eines Atoms durch

$$\epsilon = -\boldsymbol{\mu} \cdot \boldsymbol{H} \tag{7.8.1}$$

gegeben, wobei $\boldsymbol{\mu}$ das magnetische Moment des Atoms ist. Dieses ist proportional zum Gesamtdrehimpuls $\hbar\boldsymbol{J}$ des Atoms und wird üblicherweise in der Form

$$\boldsymbol{\mu} = g\mu_0\boldsymbol{J} \tag{7.8.2}$$

geschrieben, wobei μ_0 eine Standardeinheit für das magnetische Moment (gewöhnlich das Bohrsche Magneton $\mu_0 = e\hbar/2mc$, mit m als Elektronenmasse) und g eine reine Zahl in der Größenordnung von eins, der sogenannte g-Faktor des Atoms ist [7*].

[7*] Im Falle von Atomen, die sowohl elektronischen Spin als auch Bahndrehimpuls besitzen, ist g der sogenannte Landésche g-Faktor.

Anmerkung: Genaugenommen ist das Magnetfeld $\boldsymbol{H}$ in (7.8.1) die lokale magnetische Feldstärke, die auf das Atom wirkt. Dieses stimmt nicht ganz mit dem äußeren Magnetgeld überein, da es auch noch das von allen anderen Atomen hervorgerufene Magnetfeld mitenthält. Die Unterscheidung zwischen äußerem und lokalem Feld wird aber umso bedeutungsloser, je kleiner die Konzentration der magnetischen Atome ist.

Durch Kombination von (7.8.1) und (7.8.2) erhält man, da $\boldsymbol{H}$ in die z-Richtung zeigt,

$$\epsilon = -g\mu_0 \boldsymbol{J} \cdot \boldsymbol{H} = -g\mu_0 H J_z \tag{7.8.3}$$

In der quantenmechanischen Beschreibung sind die Werte, die J_z annehmen kann, diskret und durch

$$J_z = m$$

gegeben, wobei m alle Werte zwischen $-J$ und $+J$ mit ganzzahligen Abständen, d.h.

$$m = -J,\ -J+1,\ -J+2,\ \ldots,\ J-1,\ J \tag{7.8.4}$$

annehmen kann. Somit gibt es insgesamt $2J+1$ mögliche Werte von m, die ebenso vielen möglichen Projektionen des Drehimpulsvektors auf die z-Achse entsprechen. Aufgrund von (7.8.3) ergibt sich für die möglichen magnetischen Energien des Atoms dann

$$\epsilon_m = -g\mu_0 H m \tag{7.8.5}$$

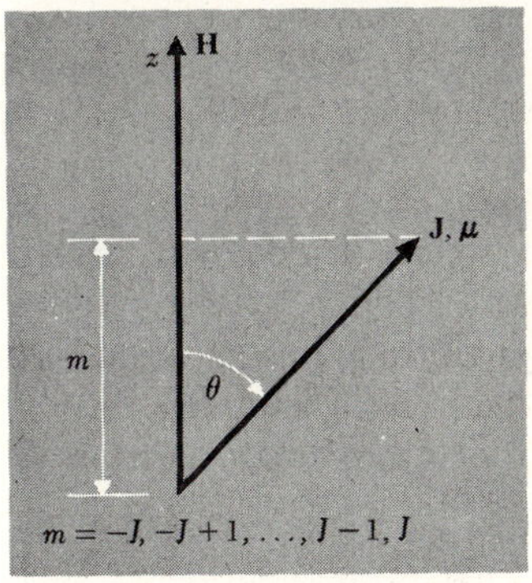

Abb. 7.8.1 Relative Orientierung des Drehimpulses $\boldsymbol{J}$ bezüglich $\boldsymbol{H}$.

Wenn z.B. $J = \frac{1}{2}$, wie es bei einem Atom mit einem einzigen resultierenden Elektronenspin der Fall ist, so gibt es nur zwei, nämlich die den beiden Möglichkeiten $m = \pm\frac{1}{2}$ entsprechenden Energiewerte. Das ist gerade der einfache Fall, der in Abschnitt 6.3 behandelt wurde.

Die Wahrscheinlichkeit P_m dafür, daß sich ein Atom in einem Zustand m befindet, ist durch

$$P_m \sim e^{-\beta\epsilon_m} = e^{\beta g\mu_0 Hm}$$

gegeben. Die z-Komponente seines magnetischen Momentes in diesem Zustand ist nach (7.8.2) gleich

$$\mu_z = g\mu_0 m$$

Die mittlere z-Komponente des magnetischen Moments eines Atoms ist deshalb

$$\bar{\mu}_z = \frac{\sum\limits_{m=-J}^{J} e^{\beta g\mu_0 Hm}(g\mu_0 m)}{\sum\limits_{m-J}^{J} e^{\beta g\mu_0 Hm}} \tag{7.8.6}$$

Hier läßt sich der Zähler in einfacher Weise durch eine Ableitung nach dem äußeren Parameter H ausdrücken:

$$\sum_{m=-J}^{J} e^{\beta g\mu_0 Hm}(g\mu_0 m) = \frac{1}{\beta}\frac{\partial Z_a}{\partial H}$$

wobei $$Z_a \equiv \sum_{m=-J}^{J} e^{\beta g\mu_0 Hm} \tag{7.8.7}$$

die Verteilungsfunktion der Einzelatome ist. Folglich wird aus (7.8.6) [8*)]

▶ $$\bar{\mu}_z = \frac{1}{\beta}\frac{1}{Z_a}\frac{\partial Z_a}{\partial H} = \frac{1}{\beta}\frac{\partial \ln Z_a}{\partial H} \tag{7.8.8}$$

Um Z_a zu berechnen, führen wir die Abkürzung

$$\eta \equiv \beta g\mu_0 H = \frac{g\mu_0 H}{kT} \tag{7.8.9}$$

ein. Diese Größe ist ein dimensionsloser Parameter, der das Verhältnis der magnetischen Energie $g\mu_0 H$, welche das magnetische Moment auszurichten versucht, zu der thermischen Energie kT angibt, welche dieses in einer zufälligen Orientierung zu halten trachtet. Damit wird aus (7.8.7)

$$Z_a = \sum_{m=-J}^{J} e^{\eta m} = e^{-\eta J} + e^{-\eta(J-1)} + \cdots + e^{\eta J}$$

Diese geometrische Reihe läßt sich ohne weiteres aufsummieren, und man erhält

$$Z_a = \frac{e^{-\eta J} - e^{\eta(J+1)}}{1 - e^{\eta}}$$

8*) Dieser Ausdruck ist auch dann gültig, wenn die Abhängigkeit der Energieniveaus eines Atoms von H komplizierter ist als in (7.8.5). Siehe Aufgabe 11.1.

Durch Multiplikation von Zähler und Nenner mit $e^{-\eta/2}$ kann dieses Ergebnis noch in eine etwas symmetrischere Form gebracht werden, nämlich

$$Z_a = \frac{e^{-\eta(J+\frac{1}{2})} - e^{\eta(J+\frac{1}{2})}}{e^{-\frac{1}{2}\eta} - e^{\frac{1}{2}\eta}}$$

oder

$$Z_a = \frac{\sinh (J + \frac{1}{2})\eta}{\sinh \frac{1}{2}\eta} \tag{7.8.10}$$

wobei wir die Definition des hyperbolischen Sinus

$$\sinh y \equiv \frac{e^y - e^{-y}}{2} \tag{7.8.11}$$

benutzt haben. Also gilt

$$\ln Z_a = \ln \sinh (J + ½)\eta - \ln \sinh ½\eta \tag{7.8.12}$$

Nach (7.8.8) und (7.8.9) erhält man dann

$$\bar{\mu}_z = \frac{1}{\beta}\frac{\partial \ln Z_a}{\partial H} = \frac{1}{\beta}\frac{\partial \ln Z_a}{\partial \eta}\frac{\partial \eta}{\partial H} = g\mu_0 \frac{\partial \ln Z_a}{\partial \eta}$$

Folglich $\bar{\mu}_z = g\mu_0 \left[\frac{(J + \frac{1}{2}) \cosh (J + \frac{1}{2})\eta}{\sinh (J + \frac{1}{2})\eta} - \frac{\frac{1}{2} \cosh \frac{1}{2}\eta}{\sinh \frac{1}{2}\eta}\right]$

bzw.

$$\bar{\mu}_z = g\mu_0 J B_J(\eta) \tag{7.8.13}$$

wobei

$$B_J(\eta) \equiv \frac{1}{J}\left[\left(J + \frac{1}{2}\right) \coth \left(J + \frac{1}{2}\right)\eta - \frac{1}{2}\coth \frac{1}{2}\eta\right] \tag{7.8.14}$$

Die so definierte Funktion $B_J(\eta)$, die manchmal auch „Brillouin-Funktion" genannt wird, soll nun hinsichtlich ihres Grenzverhaltens für sehr große und sehr kleine Werte des Parameters η untersucht werden.

Der hyperbolische Kotangens ist durch

$$\coth y \equiv \frac{\cosh y}{\sinh y} = \frac{e^y + e^{-y}}{e^y - e^{-y}} \tag{7.8.15}$$

definiert. Für $y \gg 1$ gilt

$$e^{-y} \ll e^y \quad \text{und} \quad \coth y = 1 \tag{7.8.16}$$

Umgekehrt können für $y \ll 1$ sowohl e^y als auch e^{-y} in Potenzreihen entwickelt werden:

$$\coth y = \frac{1 + \frac{1}{2}y^2 + \cdots}{y + \frac{1}{6}y^3 + \cdots}$$
$$= \left(1 + \frac{1}{2}y^2\right)\left[\frac{1}{y}\left(1 + \frac{1}{6}y^2\right)^{-1}\right]$$
$$= \frac{1}{y}\left(1 + \frac{1}{2}y^2\right)\left(1 - \frac{1}{6}y^2\right)$$
$$= \frac{1}{y}\left(1 + \frac{1}{3}y^2\right)$$

Für $y \ll 1$

$$\coth y = \frac{1}{y} + \frac{1}{3}y \tag{7.8.17}$$

Wenden wir dieses Ergebnis auf die in (7.8.14) definierte Funktion $B_J(\eta)$ an, so erhalten wir für $\eta \gg 1$

$$B_J(\eta) = \frac{1}{J}\left[\left(J + \frac{1}{2}\right) - \frac{1}{2}\right] = 1 \tag{7.8.18}$$

In dem anderen Grenzfall, in dem $\eta << 1$ ist, gilt

$$B_J(\eta) = \frac{1}{J}\left\{\left(J + \frac{1}{2}\right)\left[\frac{1}{(J + \frac{1}{2})\eta} + \frac{1}{3}\left(J + \frac{1}{2}\right)\eta\right] - \frac{1}{2}\left[\frac{2}{\eta} + \frac{\eta}{6}\right]\right\}$$
$$= \frac{1}{J}\left\{\frac{1}{3}\left(J + \frac{1}{2}\right)^2 \eta - \frac{1}{12}\eta\right\}$$
$$= \frac{\eta}{3J}\left\{J^2 + J + \frac{1}{4} - \frac{1}{4}\right\}$$

Für $\eta \ll 1$ folgt

$$B_J(\eta) = \frac{(J + 1)}{3}\eta \tag{7.8.19}$$

Abb. 7.8.2 zeigt die Abhängigkeit der Funktion $B_J(\eta)$ von η für verschiedene Werte von J.

Wenn sich in der Volumeneinheit N_0 Atome befinden, wird das mittlere magnetische Moment pro Volumeneinheit (d.h. die Magnetisierung) nach (7.8.13)

▶ $$\bar{M}_z = N_0\bar{\mu}_z = N_0 g\mu_0 J B_J(\eta) \tag{7.8.20}$$

Falls $\eta \ll 1$, folgt aus (7.9.19), daß $\bar{M}_z \sim \eta \sim H/T$. Diese Beziehung läßt sich in der Form schreiben:

$$\bar{M}_z = \chi H \tag{7.8.21}$$

für $g\mu_0 H/kT \ll 1$, wobei die hier als Proportionalitätskonstante eingeführte Suszeptibilität χ durch

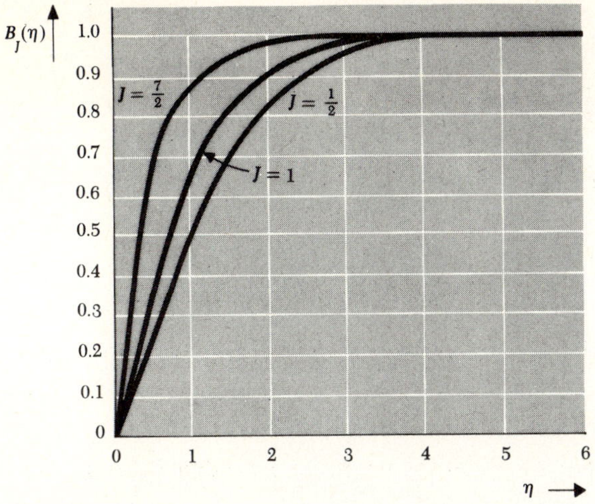

Abb. 7.8.2 Abhängigkeit der Brillouin-Funktion $B_J(\eta)$ von ihrem Argument η für verschiedene Werte von J.

$$\chi = N_0 \frac{g^2 \mu_0{}^2 J(J+1)}{3kT} \tag{7.8.22}$$

gegeben ist. Somit gilt $\chi \sim T^{-1}$, ein Ergebnis, das als Curiesches Gesetz bekannt ist. Für den anderen Grenzfall erhalten wir:

$$\bar{M}_z \to N_0 g \mu_0 J \tag{7.8.23}$$

wenn $g\mu_0 H/kT \gg 1$. Man hat es dann mit einem Sättigungsverhalten zu tun, bei dem die z-Komponente des magnetischen Momentes jedes einzelnen Atoms ihren maximal möglichen Wert besitzt.

Obwohl die allgemeinen Ergebnisse (7.8.20) und (7.8.21) sehr wichtig sind, ist an physikalischen Ideen doch nichts anderes aufgetreten als das, was bereits in Abschnitt 6.3 für den Spezialfall $J = ½$ diskutiert wurde. Es sei darauf hingewiesen, daß unsere Diskussion in gleicher Weise für den Fall gilt, daß der Gesamtdrehimpuls J und das magnetische Moment $\boldsymbol{\mu}$ des Atoms von ungepaarten Atomelektronen herrührt (wie z.B. beim Gadolinium – oder Eisenatom), wie für den Fall, daß das Atom keine ungepaarten Elektronen besitzt und J und $\boldsymbol{\mu}$ allein vom Atomkern herrühren (wie z.B. beim He^3-Atom oder beim Fluorion F^-). Der Unterschied drückt sich nur in den Größenordnungen aus. Im ersten Fall ist μ von der Größenordnung des Bohrschen Magnetons. Im zweiten Fall dagegen ist das magnetische Moment etwa um das Verhältnis Elektronenmasse zu Nukleonenmasse kleiner; d.h. es ist von der Größenordnung des Kernmagnetons, welches ungefähr 1000 mal kleiner ist als das Bohrsche Magneton. Kernparamagnetismus ist somit rund 1000 mal schwächer als elektronischer Paramagnetismus. Dementsprechend ist für ein bestimmtes Maß an Kernspinausrichtung (entlang einem angelegten Magnetfeld) eine ungefähr 1000 mal kleinere Temperatur erforderlich als für das gleiche Maß an Elektronenspinausrichtung (siehe Aufgabe 6.3).

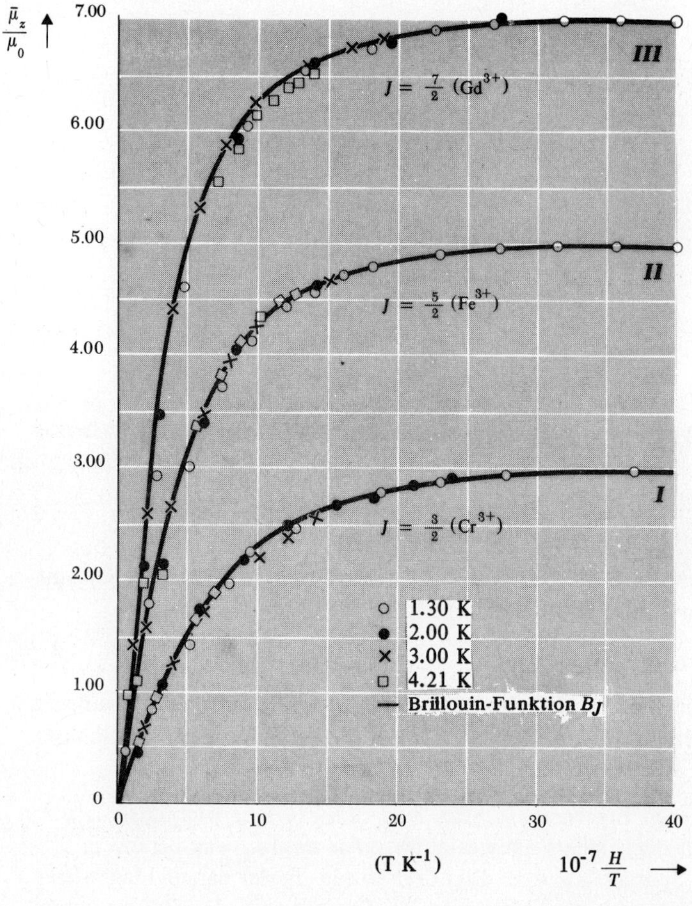

Abb. 7.8.3 Graphische Darstellung der Abhängigkeit des mittleren magnetischen Momentes $\bar{\mu}_z$ eines Ions (in Einheiten des Bohrschen Magnetons μ_0) von H/T. Die durchgezeichneten Kurven entsprechen Brillouin-Funktionen. Die experimentell ermittelten Punkte beziehen sich auf Kalium-Chrom-Alaun (I), Eisen-Ammonium-Alaun (II) und Gadoliniumsulfat (III). In allen Fällen ist $J = S$, der gesamte Elektronenspin des Ions, und $g = 2$. Man beachte, daß bei 1,3 K ein Feld von 5 T ausreicht, um mehr als 99,5 Prozent magnetische Sättigung zu erreichen. [Nach W.E. Henry, Phys. Rev. *88,* 561 (1952)].

Kinetische Theorie verdünnter Gase im Gleichgewicht

7.9 Die Maxwellsche Geschwindigkeitsverteilung

Wir betrachten ein Molekül der Masse m in einem verdünnten Gas. Das Gas kann aus verschiedenen Arten von Molekülen bestehen, und das betrachtete Molekül kann auch mehratomig sein. Wir wollen den Ortsvektor des Massenzentrums dieses Moleküls mit $\boldsymbol{r}$ und seinen Impuls mit $\boldsymbol{p}$ bezeichnen. Wenn äußere Kraftfelder (z.B. das Schwerefeld) vernachlässigt werden, lautet die Energie ϵ des Moleküls

$$\epsilon = \frac{\boldsymbol{p}^2}{2m} + \epsilon^{(\text{int})} \tag{7.9.1}$$

Hier ist der erste Term auf der rechten Seite die kinetische Energie der Schwerpunktsbewegung, während der zweite Term nur dann auftritt, wenn das Molekül nicht einatomig ist, und die innere Schwingungs- und Rotationsenergie der um das Massenzentrum des Moleküls bewegten atomaren Bestandteile darstellt. Da das Gas als hinreichend verdünnt vorausgesetzt wird, um als ideal angesehen werden zu können, darf jede potentielle Wechselwirkungsenergie mit anderen Molekülen vernachlässigt werden; ϵ hängt somit nicht von $\boldsymbol{r}$ ab.

Während für die inneren Freiheitsgrade gewöhnlich die Quantenmechanik herangezogen werden muß, können die Freiheitsgrade der Translation, jedenfalls wenn das Gas verdünnt und die Temperatur nicht zu niedrig ist, in guter Näherung klassisch behandelt werden. Der Zustand des Moleküls läßt sich dann beschreiben, indem man angibt,

a) daß der Schwerpunkt des Moleküls in einem bestimmten Bereich $(\boldsymbol{r}; d\boldsymbol{r})$ liegt, d.h. in einem Volumenelement der Größe $d^3\boldsymbol{r} = dx\,dy\,dz$ um den Ortsvektor $\boldsymbol{r}$,
b) daß der Impuls des Moleküls in einem bestimmten Bereich $(\boldsymbol{p}; d\boldsymbol{p})$ liegt, d.h. (im Impulsraum!) in einem Volumenelement der Größe $d^3\boldsymbol{p} = dp_x\,dp_y\,dp_z$ um den „Ortsvektor" $\boldsymbol{p}$, und
c) daß der Zustand der inneren Bewegung des Moleküls durch gewisse Quantenzahlen s charakterisiert ist, denen die innere Energie $\epsilon_s^{(\text{int})}$ entspricht.

Da die Wechselwirkung unseres Moleküls mit allen anderen Molekülen sehr schwach ist, wirken diese als ein Wärmereservoir der Gastemperatur T. Da außerdem in unserem Fall das Molekül nach klassischer Manier als eine unterscheidbare Größe angesehen werden darf, erfüllt dieses alle Bedingungen eines eigenständigen, im Kontakt mit einem Wärmereservoir befindlichen Systems und untersteht damit der kanonischen Verteilung. Folglich ist die Wahrscheinlichkeit $P_s(\boldsymbol{r}, \boldsymbol{p})\,d^3\boldsymbol{r}\,d^3\boldsymbol{p}$ dafür, daß sich das Molekül in dem inneren Zustand s befindet und daß seine Schwerpunktsvariablen in den Bereichen $(\boldsymbol{r}, d\boldsymbol{p})$ und $(\boldsymbol{p}, d\boldsymbol{p})$ liegen, durch

$$\begin{aligned} P_s(\boldsymbol{r},\boldsymbol{p})\,d^3\boldsymbol{r}\,d^3\boldsymbol{p} &\sim e^{-\beta[p^2/2m+\epsilon_s^{(\text{int})}]}\,d^3\boldsymbol{r}\,d^3\boldsymbol{p} \\ &\sim e^{-\beta p^2/2m}\,e^{-\beta\epsilon_s^{(\text{int})}}\,d^3\boldsymbol{r}\,d^3\boldsymbol{p}. \end{aligned} \tag{7.9.2}$$

gegeben. Die Wahrscheinlichkeit $P(\boldsymbol{r}, \boldsymbol{p})\, d^3\boldsymbol{r}\, d^3\boldsymbol{p}$ dafür, daß die Schwerpunktsvariablen des Moleküls in den Bereichen $(\boldsymbol{r}, d\boldsymbol{r})$ und $(\boldsymbol{p}, d\boldsymbol{p})$ liegen, unabhängig davon, in welchem inneren Zustand dieses sich befindet, erhält man, indem man (7.9.2) für alle möglichen Werte von s aufsummiert. Die Summe über den Faktor $\exp(-\beta\epsilon_s^{(\mathrm{int})})$ liefert dann nur einen konstanten Proportionalitätsfaktor, so daß das Ergebnis einfach

$$P(\boldsymbol{r},\boldsymbol{p})\, d^3\boldsymbol{r}\, d^3\boldsymbol{p} \sim e^{-\beta(p^2/2m)}\, d^3\boldsymbol{r}\, d^3\boldsymbol{p} \tag{7.9.3}$$

lautet. Dies ist natürlich mit dem Ergebnis (6.3.11) identisch, das früher unter weniger allgemeinen Voraussetzungen hergeleitet wurde.

Wenn man die Wahrscheinlichkeit (7.9.3) mit der Gesamtzahl N der Moleküle vom betrachteten Typ multipliziert, erhält man die mittlere Anzahl von Molekülen in diesem Orts- und Impulsbereich. Wir wollen das Ergebnis durch die Geschwindigkeit des Molekülschwerpunkts $\boldsymbol{v} = \boldsymbol{p}/m$ ausdrücken und definieren zu diesem Zweck:

$f(\boldsymbol{r}, \boldsymbol{v})d^3\boldsymbol{r}d^3\boldsymbol{v}$ = die mittlere Anzahl von Molekülen mit einer Schwerpunktslage zwischen $\boldsymbol{r}$ und $\boldsymbol{r} + d\boldsymbol{r}$ sowie einer Schwerpunktsgeschwindigkeit zwischen $\boldsymbol{v}$ und $\boldsymbol{v} + d\boldsymbol{v}$. (7.9.4)

Dann ergibt (7.9.3)

$$f(\boldsymbol{r},\boldsymbol{v})\, d^3\boldsymbol{r}\, d^3\boldsymbol{v} = Ce^{-\beta(mv^2/2)}\, d^3\boldsymbol{r}\, d^3\boldsymbol{v} \tag{7.9.5}$$

wobei C eine Proportionalitätskonstante ist, die aus der Normierungsbedingung

$$\int_{(r)} \int_{(v)} f(\boldsymbol{r},\boldsymbol{v})\, d^3\boldsymbol{r}\, d^3\boldsymbol{v} = N \tag{7.9.6}$$

bestimmt werden kann, welche besagt, daß die Summe über alle Moleküle, deren Geschwindigkeiten irgendwo zwischen $-\infty$ und $+\infty$ und deren Ortsvektoren irgendwo im Behälter liegen, die *Gesamt*zahl der Moleküle ergeben muß. Einsetzen von (7.9.5) in (7.9.6) ergibt somit

$$C \int_{(r)} \int_{(v)} e^{-\beta(mv^2/2)}\, d^3\boldsymbol{v}\, d^3\boldsymbol{r} = N \tag{7.9.7}$$

Da f *nicht* von $\boldsymbol{r}$ abhängt, ergibt die Integration über diese Variable einfach das Volumen V. Die restliche Integration verläuft ähnlich wie in Abschnitt 7.2 [siehe vor (7.2.6)], so daß (7.9.7) in

$$CV\left(\int_{-\infty}^{\infty} e^{-\frac{1}{2}\beta m v_x^2}\, dv_x\right)^3 = CV\left(\frac{2\pi}{\beta m}\right)^{\frac{3}{2}} = N$$

bzw. $$C = n\left(\frac{\beta m}{2\pi}\right)^{\frac{3}{2}}, \qquad n \equiv \frac{N}{V} \tag{7.9.8}$$

übergeht, wobei n die Gesamtzahl der Moleküle (vom betrachteten Typ) pro Volumeneinheit ist. Damit wird aus (7.9.5)

$$f(\boldsymbol{v})\, d^3\boldsymbol{r}\, d^3\boldsymbol{v} = n\left(\frac{\beta m}{2\pi}\right)^{\frac{3}{2}} e^{-\frac{1}{2}\beta m v^2}\, d^3\boldsymbol{r}\, d^3\boldsymbol{v} \tag{7.9.9}$$

oder

▶ $$f(\boldsymbol{v})\, d^3\boldsymbol{r}\, d^3\boldsymbol{v} = n\left(\frac{m}{2\pi kT}\right)^{\frac{3}{2}} e^{-mv^2/2kT}\, d^3\boldsymbol{r}\, d^3\boldsymbol{v} \tag{7.9.10}$$

Hier haben wir die Variable $\boldsymbol{r}$ im Argument von f weggelassen, da f von $\boldsymbol{r}$ nicht abhängt. Diese Bedingung folgt natürlich auch aus Symmetriebetrachtungen, da bei Abwesenheit von äußeren Kraftfeldern kein Ort im Raum ausgezeichnet ist. Darüberhinaus sieht man, daß f nur vom Betrag von $\boldsymbol{v}$ abhängt, d.h.

$$f(\boldsymbol{v}) = f(v) \tag{7.9.11}$$

mit $v = |\boldsymbol{v}|$. Dies leuchtet wiederum aus Symmetriegründen ein, da der Behälter und damit der Schwerpunkt des gesamten Gases als ruhend angesehen wird, so daß keinerlei Richtung im Raum ausgezeichnet ist.

Dividiert man (7.9.10) durch das Volumenelement $d^3\boldsymbol{r}$, so erhält man

$f(\boldsymbol{v})d^3\boldsymbol{v}$ = die mittlere Anzahl von Molekülen *pro Volumeneinheit* mit einer Schwerpunktsgeschwindigkeit im Bereich zwischen $\boldsymbol{v}$ und $\boldsymbol{v} + d\boldsymbol{v}$. (7.9.12)

Gleichung (7.9.10) ist die Maxwellsche Geschwindigkeitsverteilung eines im thermischen Gleichgewicht befindlichen, verdünnten Gases.

7.10 Verwandte Geschwindigkeitsverteilungen und Mittelwerte

Verteilung einer Geschwindigkeitskomponente. Aus (7.9.10) ergeben sich unmittelbar eine Reihe weiterer, physikalisch interessanter Verteilungen. So interessiert man sich zum Beispiel für die Größe

$g(v_x)dv_x$ = die mittlere Anzahl von Molekülen pro Volumeneinheit mit einer Geschwindigkeitskomponente in x-Richtung im Bereich zwischen v_x und $v_x + dv_x$ und mit beliebigen Geschwindigkeitskomponenten in y- und z-Richtung. (7.10.1)

Diese Größe ist offenbar durch

$$g(v_x)\, dv_x = \int_{(v_y)} \int_{(v_z)} f(\boldsymbol{v})\, d^3\boldsymbol{v} \tag{7.10.2}$$

gegeben, wobei über alle möglichen Werte der y- und z-Komponente von $\boldsymbol{v}$ zu summieren (integrieren) ist. Nach (7.9.10) ergibt dies

$$g(v_x)\,dv_x = n\left(\frac{m}{2\pi kT}\right)^{\frac{3}{2}} \int_{(v_y)} \int_{(v_z)} e^{-(m/2kT)(v_x^2+v_y^2+v_z^2)}\,dv_x\,dv_x\,dv_z$$

$$= n\left(\frac{m}{2\pi kT}\right)^{\frac{3}{2}} e^{-mv_x^2/2kT}\,dv_x \int_{-\infty}^{\infty} e^{-(m/2kT)v_y^2}\,dv_y \int_{-\infty}^{\infty} e^{-(m/2kT)v_z^2}\,dv_z$$

$$= n\left(\frac{m}{2\pi kT}\right)^{\frac{3}{2}} e^{-mv_x^2/2kT}\,dv_x \left(\sqrt{\frac{2\pi kT}{m}}\right)^2$$

oder

► $$g(v_x)\,dv_x = n\left(\frac{m}{2\pi kT}\right)^{\frac{1}{2}} e^{-mv_x^2/2kT}\,dv_x \tag{7.10.3}$$

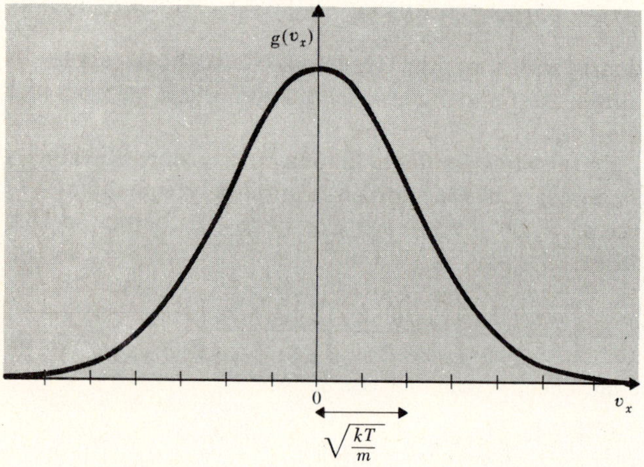

Abb. 7.10.1 Maxwellsche Verteilung einer Geschwindigkeitskomponente

Dieser Ausdruck ist natürlich so normiert, daß

$$\int_{-\infty}^{\infty} g(v_x)\,dv_x = n \tag{7.10.4}$$

gilt. Gleichung (7.10.3) zeigt, daß jede einzelne Geschwindigkeitskomponente nach einer Gaußverteilung *symmetrisch* um den Mittelwert

$$\bar{v}_x = 0 \tag{7.10.5}$$

verteilt ist. Physikalisch ist aus Symmetriegründen klar, daß $\bar{v}_x = 0$ ist, da die x-Komponente der Geschwindigkeit eines Moleküls mit gleicher Wahrscheinlichkeit positiv wie negativ ist. Mathematisch ergibt sich dieses Ergebnis aus

$$\bar{v}_x = \frac{1}{n}\int_{-\infty}^{\infty} g(v_x)\,v_x\,dv_x$$

Hier ist der Integrand eine ungerade Funktion von v_x, da $g(v_x)$ eine gerade Funktion von v_x ist. Somit heben sich die Beiträge zum Integral von $+v_x$ und $-v_x$ jeweils gegenseitig auf. Eine ähnliche Argumentation führt zu dem Ergebnis

$$\overline{v_x^k} = 0 \tag{7.10.6}$$

falls k ungerade ist.

Die Größe $\overline{v_x^2}$ ist naturgemäß positiv und aufgrund von (7.10.5) identisch mit dem Schwankungsquadrat von v_x. Durch direkte Integration mithilfe von (7.10.3), oder, indem man sich die Eigenschaften der Gaußverteilung aus Abschnitt 1.6 ins Gedächtnis ruft, folgt, daß

$$\overline{v_x^2} = \frac{1}{n}\int_{-\infty}^{\infty} g(v_x)\, v_x^2\, dv_x = \frac{kT}{m} \tag{7.10.7}$$

gilt. Dasselbe Ergebnis leitet sich natürlich auch sofort aus dem Gleichverteilungssatz ab, demzufolge

$$\overline{\tfrac{1}{2}\, m v_x^2} = \tfrac{1}{2} kT$$

ist. Somit ist die mittlere quadratische Abweichung als Maß für die Breite der Gaußverteilung (7.10.3) durch $\Delta^* v_x = \sqrt{kT/m}$ gegeben. Die der Verteilungsfunktion $g(v_x)$ entsprechende Kurve ist also umso schmaler, je niedriger die Temperatur ist.

Selbstverständlich gelten für v_x und v_z genau dieselben Ergebnisse, da wegen der Symmetrie des Problems alle Geschwindigkeitskomponenten vollständig gleichberechtigt sind. Daraus ergibt sich, daß wegen $v^2 = v_x^2 + v_y^2 + v_z^2$ Gleichung (7.9.10) in der Produktform

$$\frac{f(\boldsymbol{v})\, d^3\boldsymbol{v}}{n} = \left[\frac{g(v_x)\, dv_x}{n}\right]\left[\frac{g(v_y)\, dv_y}{n}\right]\left[\frac{g(v_z)\, dv_z}{n}\right]$$

geschrieben werden kann. Das bedeutet, daß die Wahrscheinlichkeit dafür, daß die Geschwindigkeit im Bereich zwischen $\boldsymbol{v}$ und $\boldsymbol{v} + d\boldsymbol{v}$ liegt, gleich dem Produkt der Wahrscheinlichkeiten dafür ist, daß die Geschwindigkeitskomponenten in den entsprechenden Bereichen liegen. Somit verhalten sich die einzelnen Geschwindigkeitskomponenten wie statistisch unabhängige Größen.

Verteilung des Geschwindigkeitsbetrages. Eine weitere physikalisch interessante Größe ist

$F(v)dv$ = die mittlere Anzahl von Molekülen pro Volumeneinheit mit einem Geschwindigkeitsbetrag $v = |\boldsymbol{v}|$ im Bereich zwischen v und $v + dv$. (7.10.8)

Diese Größe ist offenbar durch

$$F(v)\, dv = \int' f(\boldsymbol{v})\, d^3\boldsymbol{v}$$

gegeben, wobei sich die Integration über alle Geschwindigkeiten erstreckt, die der Bedingung

$$v < |\boldsymbol{v}| < v + dv$$

genügen, d.h. über alle Geschwindigkeitsvektoren, deren Endpunkte im Geschwindigkeitsraum innerhalb einer Kugelschale mit dem inneren Radius v und dem äußeren Radius $v + dv$ liegen. Da $f(\mathbf{v})$ *nur von* $|\mathbf{v}|$ abhängt, ist dieses Integral einfach gleich $f(v)$, multipliziert mit dem Volumen $4\,\pi v^2\,dv$ der Kugelschale, also

$$F(v)\,dv = 4\pi f(v) v^2\,dv \tag{7.10.9}$$

Unter Benutzung von (7.9.10) ergibt das ausführlich

$$F(v)\,dv = 4\pi n \left(\frac{m}{2\pi kT}\right)^{\frac{3}{2}} v^2\, e^{-mv^2/2kT}\,dv \tag{7.10.10}$$

Diese Beziehung wird ebenfalls häufig als Maxwellsche Geschwindigkeitsverteilung bezeichnet [9+)]. Man beachte, daß hier aus demselben Grund ein Maximum auftritt wie bei unserer allgemeinen Diskussion der statistischen Mechanik. Wenn v anwächst, nimmt der Exponentialfaktor *ab*, während das dem Molekül zugängliche Volumen des Phasenraums proportional $\mathbf{v}^2$ ist und deshalb *zunimmt*. Insgesamt führt das zu einem Maximum. Der Ausdruck (7.10.10) ist natürlich so normiert, daß

$$\int_0^\infty F(v)\,dv = n \tag{7.10.11}$$

gilt.

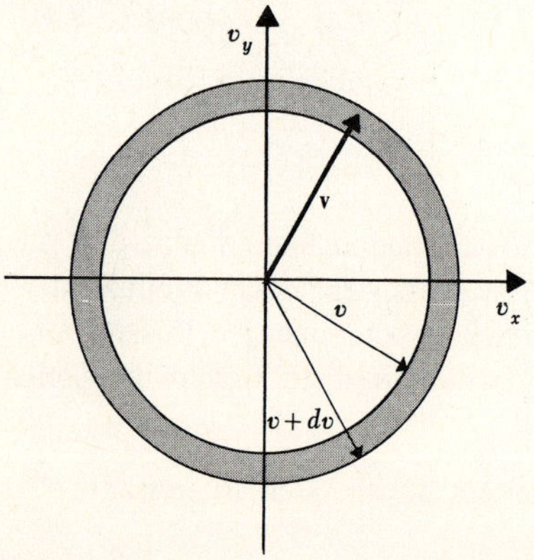

Abb. 7.10.2 Zweidimensionale Kugelschale im Geschwindigkeitsraum für Molekülgeschwindigkeiten $\mathbf{v}$ mit $v < |\mathbf{v}| < v + dv$.

Mittelwerte. Es ist wieder interessant, einige wichtige Mittelwerte zu berechnen. Zunächst ist die wegen $v = |\mathbf{v}| \geqslant 0$ natürlich positive mittlere Geschwindigkeit durch

$$\bar{v} = \frac{1}{n} \iiint f(\mathbf{v}) v\, d^3\mathbf{v} \tag{7.10.12}$$

9+) Hier und im restlichen Teil dieses Abschnitts wird für „Geschwindigkeitsbetrag" kurz „Geschwindigkeit" gesagt.

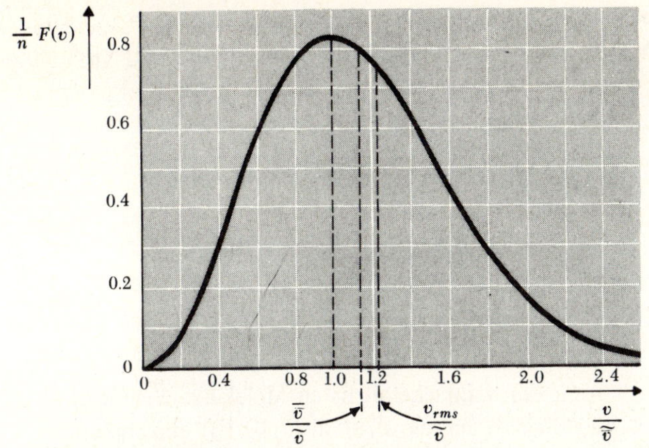

Abb. 7.10.3 Maxwellsche Geschwindigkeitsverteilung (genau: Verteilung des Geschwindigkeitsbetrags). Der Geschwindigkeitsbetrag v ist auf die Geschwindigkeit $\tilde{v} = (2kT/m)^{1/2}$ bezogen, für die F ein Maximum besitzt.

gegeben, wobei über alle Geschwindigkeiten zu integrieren ist, oder, was dasselbe ist, durch

$$\bar{v} = \frac{1}{n}\int_0^\infty F(v)v\,dv$$

wobei ebenfalls über alle Geschwindigkeitsbeträge zu integrieren ist. Somit erhält man

$$\begin{aligned}\bar{v} &= \frac{1}{n}\int_0^\infty f(v)v \cdot 4\pi v^2\,dv = \frac{4\pi}{n}\int_0^\infty f(v)v^3\,dv \\ &= 4\pi\left(\frac{m}{2\pi kT}\right)^{\frac{3}{2}}\int_0^\infty e^{-mv^2/2kT}\,v^3\,dv \quad \text{wegen (7.9.10)} \\ &= 4\pi\left(\frac{m}{2\pi kT}\right)^{\frac{3}{2}}\cdot\frac{1}{2}\left(\frac{m}{2kT}\right)^{-2} \quad \text{wegen (A.4.6)}\end{aligned}$$

Folglich gilt

$$\bar{v} = \sqrt{\frac{8}{\pi}\frac{kT}{m}} \tag{7.10.13}$$

Andererseits ist das mittlere Geschwindigkeitsquadrat durch

$$\overline{v^2} = \frac{1}{n}\int f(v)v^2\,d^3\boldsymbol{v} = \frac{4\pi}{n}\int_0^\infty f(v)v^4\,dv \tag{7.10.14}$$

gegeben. Anstatt dieses Integral mittels (A.4.6) auszuwerten, machen wir uns die Arbeit einfach und benutzen die Tatsache, daß

$$\overline{\tfrac{1}{2}mv^2} = \overline{\tfrac{1}{2}m(v_x^2 + v_y^2 + v_z^2)}$$

Aus dem Gleichverteilungssatz (oder der Symmetrieüberlegung, daß $\overline{v_x^2} = \overline{v_y^2} = \overline{v_z^2}$, so daß $\overline{v^2} = 3\overline{v_z^2}$, welches eine in (7.10.3) bereits berechnete Größe ist) erhalten wir dann

$$\tfrac{1}{2}\, m\overline{v^2} = \tfrac{3}{2}kT$$

bzw.
$$\overline{v^2} = \frac{3kT}{m} \tag{7.10.15}$$

Die Wurzel aus dem mittleren Geschwindigkeitsquadrat ist somit

$$v_{\text{rms}} \equiv \sqrt{\overline{v^2}} = \sqrt{\frac{3kT}{m}} \tag{7.10.16}$$

Wir können schließlich noch nach der wahrscheinlichsten Molekülgeschwindigkeit $\tilde{v}$ fragen, d.h. nach der Geschwindigkeit, für die $F(v)$ in (7.10.10) ein Maximum annimmt. Diese ergibt sich aus der Bedingung

$$\frac{dF}{dv} = 0$$

d.h.
$$2v\, e^{-mv^2/2kT} + v^2 \left(- \frac{m}{kT} v \right) e^{-mv^2/2kT} = 0$$

oder
$$v^2 = \frac{2kT}{m}$$

Also ist $\tilde{v}$ durch

$$\tilde{v} = \sqrt{\frac{2kT}{m}} \tag{7.10.17}$$

gegeben.

Alle diese verschiedenen Geschwindigkeiten sind proportional zu $(kT/m)^{1/2}$. Somit sind die Moleküle bei hohen Temperaturen (durchschnittlich) schneller als bei niedrigen Temperaturen und schwere Moleküle sind bei gegebener Temperatur (durchschnittlich) langsamer als leichte Moleküle. Das Verhältnis dieser verschiedenen Geschwindigkeiten zueinander ist durch

$$\left.\begin{array}{ccccc} v_{\text{rms}} & : & \bar{v} & : & \tilde{v} \\ \sqrt{3} & : & \sqrt{\frac{8}{\pi}} & : & \sqrt{2} \\ 1.224 & : & 1.128 & : & 1 \end{array}\right\} \tag{7.10.18}$$

gegeben. Für Stickstoffgas (N_2) bei Raumtemperatur (300 K) findet man aus (7.10.16) mit $m = 28 \cdot 1{,}67 \cdot 10^{-27}$ kg

$$v_{\text{rms}} \approx 5 \cdot 10^4 \text{ cm/sec} \approx 500 \text{ m/sec} \tag{7.10.19}$$

einen Wert, der größenordnungsmäßig mit der Schallgeschwindigkeit im Gas übereinstimmt.

7.11 Anzahl der auf eine Oberfläche aufschlagenden Moleküle

Eine Reihe physikalisch interessanter Situationen läßt sich dadurch diskutieren, daß man die Bewegung einzelner Moleküle im Detail betrachtet. Solche auf das Detail gehende Überlegungen bilden den Gegenstand dessen, was gewöhnlich als „kinetische Theorie" bezeichnet wird. Für den Gleichgewichtsfall, auf den wir uns vorläufig beschränken werden, sind diese Betrachtungen außerordentlich einfach.

Wir wollen ein verdünntes Gas betrachten, das in einem Behälter eingeschlossen ist, und dann die folgenden Fragen stellen: Wieviele Moleküle fallen pro Zeiteinheit auf die Flächeneinheit der Wand dieses Behälters? Diese Frage ist sehr eng verwandt mit einer anderen physikalisch interessanten Frage, nämlich: Wenn sich in der Wand des Behälters ein winziges Loch befindet, wieviele Moleküle strömen dann pro Zeiteinheit durch dieses Loch ins Freie?

Grobe Berechnung. Um das Wesentliche der Situation zu erfassen, empfiehlt es sich, einen stark vereinfachenden Standpunkt einzunehmen. Der Behälter sei ein quaderförmiger Kasten, dessen eine Endwand die Fläche A habe. Wieviele Moleküle treffen dann pro Zeiteinheit auf diese Endwand? Angenommen im Gas befinden sich n Moleküle pro Volumeneinheit. Da diese sich alle in zufällige Richtungen bewegen, können wir grob sagen, daß sich ein Drittel von ihnen, d.h. $n/3$ Moleküle pro Volumeneinheit, parallel zur z-Achse bewegt (deren Richtung wie in Abb. 7.11.1 mit der Normalenrichtung der betrachteten Endwand übereinstimmen soll.) Die Hälfte von

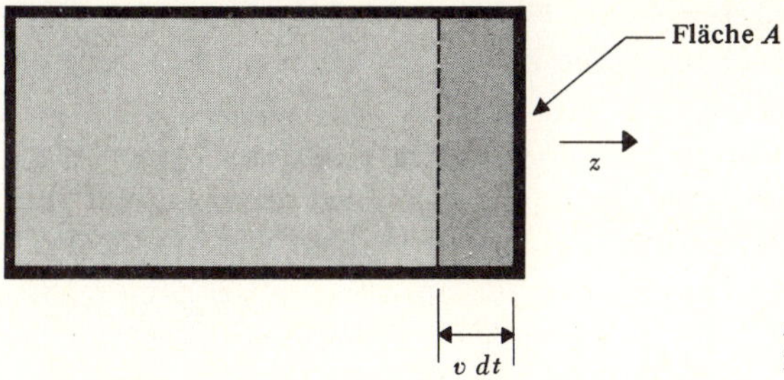

Abb. 7.11.1 Auf eine Wand auftreffende Moleküle.

diesen Molekülen; d.h. $n/6$ Moleküle pro Volumeneinheit, bewegt sich *in* Richtung der z-Achse, so daß sie auf die betrachtete Endwand auftreffen wird. Wenn die mittlere Geschwindigkeit der Moleküle $\bar{v}$ ist, fliegen diese (sich in Richtung der z-Achse bewegenden) Moleküle in einem infinitesimalen Zeitintervall dt im Mittel die Strecke $\bar{v}\,dt$. Folglich werden alle sich mit der Geschwindigkeit $\bar{v}$ in z-Richtung bewegenden Moleküle, die von der Endwand nicht weiter als $\bar{v}dt$ entfernt sind, innerhalb des Zeitintervalls dt auf diese Endwand auftreffen. Alle anderen Moleküle bewegen sich entweder nicht in die richtige Richtung oder sind von der betrachteten Wand zu weit entfernt, um auf diese innerhalb der Zeit dt auftreffen zu können. Somit gelangen wir zu dem Ergebnis, daß [die Anzahl der Moleküle, die in der Zeit dt auf die Endwand mit der Fläche A auftreffen] gleich ist [der Anzahl der Moleküle, die sich mit der Geschwindigkeit $\bar{v}$ in z-Richtung bewegen und sich in einem Quader mit dem Volumen $A\bar{v}dt$ befinden]; d.h. erstere ist durch

$$\left(\frac{n}{6}\right)(A\bar{v}\,dt) \tag{7.11.1}$$

gegeben. Die Gesamtzahl Φ_0 der Moleküle, die pro Zeiteinheit auf die Flächeneinheit der Wand fallen, erhält man dann aus (7.11.1), indem man durch den Flächeninhalt A und die Zeitspanne dt dividiert, also

$$\Phi_0 \approx \tfrac{1}{6} n\bar{v} \tag{7.11.2}$$

Wir betonen, daß dieses Ergebnis durch eine ausgesprochen oberflächliche Argumentation gewonnen wurde, bei der in keiner Weise die Geschwindigkeitsverteilung der Moleküle, weder was ihre Richtung noch was ihren Betrag anbelangt, berücksichtigt wurde. Trotzdem sind Überlegungen dieser Art oft sehr nützlich, weil sie die wesentlichen Züge eines Phänomens darlegen, ohne dabei auf mühselige exakte Berechnungen zurückgreifen zu müssen. So darf z.B. der Faktor 1/6 in (7.11.2) nicht allzu ernst genommen werden. Eigentlich sollte dort ein numerischer Faktor stehen, der zwar von der Größenordnung 1/6 ist, dessen genauer Wert aber sicherlich von der besonderen Art der Mittelwertbildung abhängt. (Die genaue Berechnung ergibt auch tatsächlich den Faktor 1/4 anstatt 1/6.) Andererseits darf man erwarten, daß die charakteristische Abhängigkeit der Größe Φ_0 von n und $\bar{v}$, d.h. $\Phi_0 \sim n\bar{v}$, richtig ist. Somit stellt (7.11.2) die plausible Behauptung dar, daß Φ_0 zur mittleren Geschwindigkeit der Moleküle und zu deren Konzentration proportional ist.

Die Abhängigkeit von Φ_0 von der Temperatur T und dem mittleren Druck $\bar{p}$ des Gases ergibt sich unmittelbar aus (7.11.2). Die Zustandsgleichung ergibt

$$\bar{p} = nkT \qquad \text{oder} \qquad n = \frac{\bar{p}}{kT} \tag{7.11.3}$$

Ferner ist nach dem Gleichverteilungssatz

$$\tfrac{1}{2} m\overline{v^2} = \tfrac{3}{2} kT$$

so daß $$\bar{v} \sim \sqrt{\overline{v^2}} \sim \sqrt{\frac{kT}{m}} \tag{7.11.4}$$

Somit besagt (7.11.2), daß

$$\Phi_0 \sim \frac{\bar{p}}{\sqrt{mT}} \tag{7.11.5}$$

Exakte Berechnung. Wir betrachten ein Flächenelement dA der Behälterwand und wählen die z-Achse in Richtung der äußeren Normalen dieses Flächenelementes (siehe Abb. 7.11.2). Wir betrachten zunächst diejenigen Moleküle (in der unmittelbaren Umgebung der Wand), deren Geschwindigkeiten im Bereich zwischen $\mathbf{v}$ und $\mathbf{v} + d\mathbf{v}$ liegen (d.h. deren Geschwindigkeiten Beträge haben, die im Bereich zwischen v und $v + dv$ liegen, und Richtungen, die durch Polarwinkel zwischen θ und $\theta + d\theta$ und Azimutwinkel zwischen φ und $\varphi + d\varphi$ charakterisiert sind).

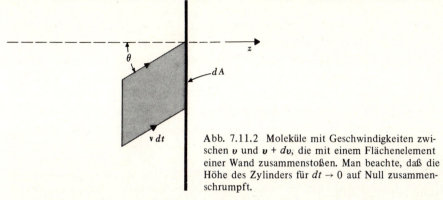

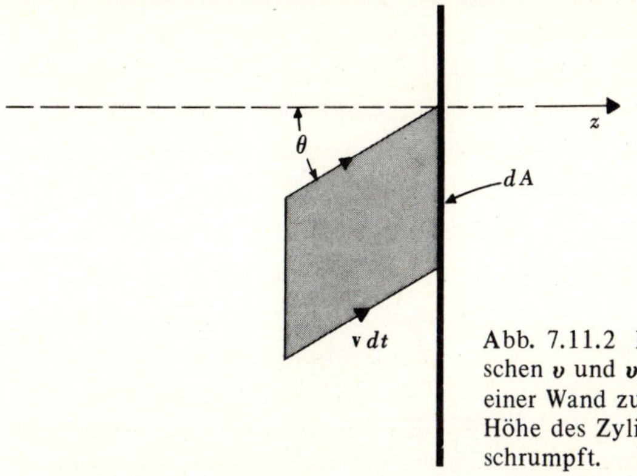

Abb. 7.11.2 Moleküle mit Geschwindigkeiten zwischen $\boldsymbol{v}$ und $\boldsymbol{v} + d\boldsymbol{v}$, die mit einem Flächenelement einer Wand zusammenstoßen. Man beachte, daß die Höhe des Zylinders für $dt \to 0$ auf Null zusammenschrumpft.

Moleküle dieses Typs erfahren in dem infinitesimalen Zeitintervall dt eine Verschiebung $\boldsymbol{v}\, dt$. Folglich werden alle diese Moleküle, wenn sie im Inneren des infinitesimalen, mit der z-Achse einen Winkel θ einschließenden Zylinders mit der Querschnittsfläche dA und der Länge vdt liegen, innerhalb des Zeitintervalls dt auf die Wand auftreffen; die außerhalb dieses Zylinders befindlichen Moleküle werden dies nicht tun [10*]. Das Volumen dieses Zylinders ist $dA \cdot vdt \cdot \cos\theta$, während die Anzahl der Moleküle pro Volumeneinheit im betrachteten Geschwindigkeitsbereich $f(\boldsymbol{v})\, d^3\boldsymbol{v}$ ist. Folglich gilt: [die Anzahl von Molekülen des betrachteten Typs, die in der Zeit dt auf das Flächenelement dA der Wand auftreffen] = $[f(\boldsymbol{v})\, d^3\boldsymbol{v}]$ $[dA vdt \cos\theta]$. Dividieren wir das durch den Flächeninhalt dA und die Zeitspanne dt, so erhalten wir für

$\Phi(\boldsymbol{v})\, d^3\boldsymbol{v} \equiv$ die Anzahl von Molekülen mit Geschwindigkeiten zwischen $\boldsymbol{v}$ und $\boldsymbol{v} + d\boldsymbol{v}$, die pro Zeiteinheit auf die Flächeneinheit der Wand auftreffen (7.11.6)

den Ausdruck

$$\Phi(\boldsymbol{v})\, d^3\boldsymbol{v} = d^3\boldsymbol{v}\, f(\boldsymbol{v}) v \cos\theta \tag{7.11.7}$$

Es sei

Φ_0 = die Gesamtzahl von Molekülen, die pro Zeiteinheit auf die Flächeneinheit der Wand fällt. (7.11.8)

[10*] Da die Länge vdt des Zylinders als beliebig klein angesehen werden kann, sind nur in unmittelbarer Nähe der Wand befindliche Moleküle in die Betrachtung einbezogen. Da ferner vdt stets kleiner gemacht werden kann als die mittlere Weglänge l, die von einem Molekül vor dem Zusammenstoß mit einem anderen Molekül (im Durchschnitt) zurückgelegt wird, brauchen Zusammenstöße zwischen Molekülen hier nicht betrachtet werden; d.h. jedes Molekül, das sich im Zylinder befindet und auf die Wand zu bewegt, wird tatsächlich auf die Wand treffen, ohne vorher durch Zusammenstöße abgelenkt zu werden.

Diese Größe erhält man einfach dadurch, daß man (7.11.7) über alle möglichen Geschwindigkeiten integriert, die ein Molekül haben kann und die zu einem Auftreffen auf die Wand führen. Das bedeutet, daß wir über alle Geschwindigkeitsbeträge $0 < v < \infty$, alle Azimutwinkel $0 < \varphi < 2\pi$ und alle Polarwinkel aus dem Bereich $0 < \theta < \pi/2$ zu integrieren haben. (Diejenigen Moleküle, für die $\pi/2 < \theta < \pi$, bewegen sich von der Wand weg und werden deshalb *nicht* in der Zeit dt mit ihr zusammenstoßen.) Mit anderen Worten haben wir über alle Geschwindigkeiten $\boldsymbol{v}$ zu integrieren, für die $v_z = v \cos\theta > 0$ (da Moleküle mit $v_z < 0$ in der Zeit dt *nicht* mit dem betrachteten Flächenelement der Wand zusammenstoßen können). Also haben wir

$$\Phi_0 = \int_{v_z>0} d^3\boldsymbol{v}\, f(\boldsymbol{v}) v \cos\theta \tag{7.11.9}$$

Die Ergebnisse (7.11.7) und (7.11.9) sind allgemeingültig, auch wenn sich das Gas nicht im Gleichgewicht befindet (obwohl f dann auch eine Funktion von $\boldsymbol{r}$ und t sein könnte). Aber wenn wir ein im thermischen Gleichgewicht befindliches Gas betrachten, ist $f(\boldsymbol{v}) = f(v)$ nur eine Funktion von $|\boldsymbol{v}|$. Das Volumenelement im Geschwindigkeitsraum lautet in Kugelkoordinaten

$$d^3\boldsymbol{v} = v^2\, dv\, (\sin\theta\, d\theta\, d\varphi)$$

wobei $\sin\theta\, d\theta\, d\varphi = d\Omega$ gerade das Raumwinkelelement ist. Damit wird aus (7.11.9)

$$\Phi_0 = \int_{v_z>0} v^2\, dv \sin\theta\, d\theta\, d\varphi\, f(v) v \cos\theta$$
$$= \int_0^\infty f(v) v^3\, dv \int_0^{\pi/2} \sin\theta \cos\theta\, d\theta \int_0^{2\pi} d\varphi$$

Die Integration über φ ergibt 2π, während das Integral über θ gleich ½ ist. Folglich ist

$$\Phi_0 = \pi \int_0^\infty f(v) v^3\, dv \tag{7.11.10}$$

Das hier auftretende Integral kann auf die bereits in (7.10.12) berechnete mittlere Geschwindigkeit zurückgeführt werden, denn es gilt

$$\bar{v} = \frac{1}{n} \int d^3\boldsymbol{v}\, f(v) v = \frac{1}{n} \int_0^\infty \int_0^\pi \int_0^{2\pi} (v^2\, dv \sin\theta\, d\theta\, d\varphi) f(v) v$$

oder $$\bar{v} = \frac{4\pi}{n} \int_0^\infty f(v) v^3\, dv \tag{7.11.11}$$

da die Integration über die Winkel θ und φ gerade den vollen Raumwinkel 4π ergibt. Damit ergibt sich

▶ $$\Phi_0 = \tfrac{1}{4} n \bar{v} \tag{7.11.12}$$

Wenn wir dieses Ergebnis mit unserer vorhergehenden groben Abschätzung (7.11.2) vergleichen, sehen wir, daß letztere nur um einen Faktor 2/3 danebenlag.

Die mittlere Geschwindigkeit wurde bereits in (7.10.13) aus der Maxwellverteilung berechnet. Kombiniert man dieses Ergebnis mit der Zustandsgleichung (7.11.3), so erhält man für Φ_0 aus (7.11.12)

$$\Phi_0 = \frac{\bar{p}}{\sqrt{2\pi mkT}} \tag{7.11.13}$$

7.12 Effusion

Wenn in die Wand des Behälters ein hinreichend kleines Loch (oder ein Schlitz) gemacht wird, wird das Gleichgewicht des Gases im Inneren des Behälters in einem vernachlässigbaren Maß gestört. In diesem Fall ist die Anzahl der Moleküle, die durch das Loch ins Freie treten, genauso groß wie die Anzahl der Moleküle, die bei nicht vorhandenem Loch auf die entsprechende Fläche auftreffen würden. Der Prozeß, bei dem Moleküle durch ein derart kleines Loch ausströmen, heißt „Effusion."

Man kann sich fragen, wie klein der Durchmesser D des Loches (oder die Breite D des Schlitzes) sein muß, damit der Gleichgewichtszustand des Gases nicht merklich beeinflußt wird. Die typische Dimension, mit der man D zu vergleichen hat, ist die „mittlere freie Weglänge" l, d.h. die Länge der Strecke, die ein Molekül im Durchschnitt zurücklegt, bevor es mit einem anderen Molekül zusammenstößt. Der Begriff der mittleren freien Weglänge wird in Kapitel 12 eingehend diskutiert werden. Hier mag der einleuchtende Hinweis genügen, daß l umgekehrt proportional zur Anzahl von Molekülen pro Volumeneinheit ist. (Bei Raumtemperatur und Atmosphärendruck gilt für ein typisches Gas $l \approx 10^{-5}$ cm). Wenn $D \ll l$, kann das Loch als sehr klein angesehen werden. In diesem Fall werden hin und wieder Moleküle aus dem Loch austreten, deren Geschwindigkeiten zufällig die richtige Richtung besitzen. Wenn einige wenige Moleküle durch das Loch ins Freie treten, werden die verbleibenden Moleküle im Behälter kaum beeinflußt, da l so groß ist. Das ist der Fall der „Effusion".

Wenn andererseits $D \gg l$, finden über Distanzen, die von der Größenordnung des Lochdurchmessers sind, *häufig* Zusammenstöße zwischen Molekülen statt. Wenn jetzt einige Moleküle durch das Loch ins Freie treten, befinden sich die Moleküle hinter ihnen in einer ganz anderen Situation (siehe Abb. 7.12.1): Einerseits stoßen sie mit den Molekülen zur Rechten, die gerade durch das Loch entwichen sind, nicht mehr zusammen, während sie andererseits mit den Molekülen zur Linken nach wie vor Zusammenstöße erleiden. Insgesamt führt das zu dem Ergebnis, daß die Moleküle in der Nähe des Loches aufgrund dieser fortwährenden molekularen Stöße eine resultierende Kraft nach rechts erfahren und auf diese Weise eine bestimmte Driftgeschwindigkeit in Richtung des Loches erlangen. Die resultierende Kollektivbewegung all dieser Moleküle ist dann ähnlich wie das Strömen von Wasser durch das Loch eines Tanks. In diesem Fall hat man es nicht mit Effusion, sondern mit „hydrodynamischem Strömen" zu tun.

Wir wollen den Fall betrachten, daß das Loch hinreichend klein ist, so daß das Ausströmen der Moleküle durch das Loch einen Effusionsvorgang darstellt. Wenn dann im Außenraum des Behälters für ein Vakuum gesorgt wird, läßt sich aus den ins Freie tretenden Molekülen durch weitere zusätzliche Schlitze ein wohldefinierter „Molekularstrahl" ausblenden. Solche Molekularstrahlen sind in großem Umfang bei experimentellen Untersuchungen benutzt worden, da sie einen in die Lage versetzen, einzelne Moleküle unter Bedingungen zu untersuchen, bei denen intermolekulare Wechselwirkungen praktisch vernachlässigbar sind. Die Anzahl der Moleküle mit Geschwindigkeitsbeträgen im Bereich zwischen v und $v + dv$, die pro Zeiteinheit aus einem kleinen Loch der Fläche A in einen Raumwinkel $d\Omega$ mit der Richtung $\theta \approx 0$ austreten, ist nach (7.11.7) durch

$$\begin{aligned} A\Phi(\boldsymbol{v})\, d^3\boldsymbol{v} &\sim A[f(v)v \cos\theta](v^2\, dv\, d\Omega) \\ &\sim f(v)v^3\, dv\, d\Omega \sim e^{-mv^2/2kT}v^3\, dv\, d\Omega \end{aligned} \tag{7.12.1}$$

gegeben. Man beachte, daß dieser Ausdruck anstatt des Faktors v^2, der in der Maxwellschen Geschwindigkeitsverteilung (7.10.10) auftritt, den Faktor v^3 enthält.

Mit Experimenten an solchen Molekularstrahlen läßt sich durch Überprüfung der Aussage (7.12.1) direkt die Richtigkeit der Maxwellschen Geschwindigkeitsverteilung testen. Abb. 7.12.2 zeigt eine experimentelle Anordnung, die zu diesem

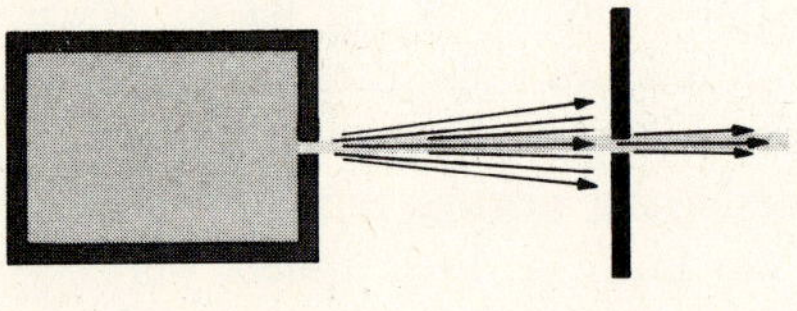

Abb. 7.12.1 Bildung eines Molekularstrahls durch ausströmende Moleküle

Zweck benutzt wurde. In einem Ofen werden durch Verdampfen Silberatome (Ag) produziert, die dann durch einen schmalen Schlitz in Form eines Molekularstrahls austreten. Eine hohle, zydindrische Trommel, in der sich ein Schlitz befindet, rotiert rasch um ihre Achse und ist vor dem Strahl angebracht. Wenn nun Moleküle durch den Schlitz in die Trommel eintreten, benötigen diese verschiedene Zeiten, um die andere Seite der Trommel zu erreichen, und zwar braucht ein schnelles Molekül weniger Zeit als ein langsames. Da sich die Trommel die ganze Zeit über dreht, sind die Moleküle, die sich auf der Innenfläche der gegenüberliegenden Seite festsetzen, entsprechend ihrer Geschwindigkeitsverteilung verstreut. Somit liefert eine Messung der Silberschichtdicke als Funktion der Entfernung entlang der Trommelinnenfläche eine Messung der molekularen Geschwindigkeitsverteilung (Sternsche Methode).

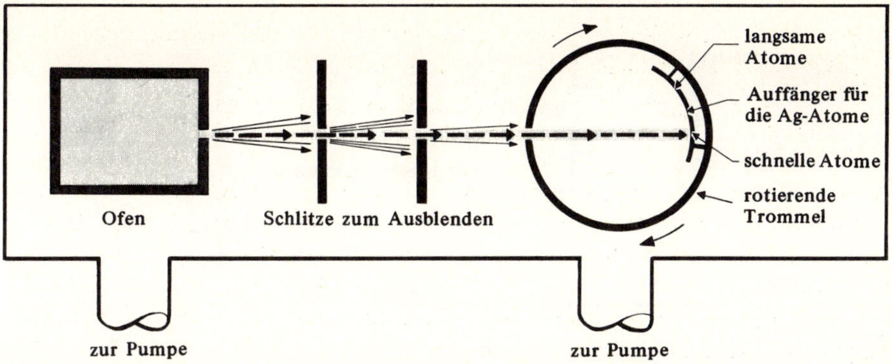

Abb. 7.12.2 Ein Molekularstrahlapparat zur Untersuchung der Geschwindigkeitsverteilung von Silber-(Ag)Atomen. Die Ag-Atome bleiben nach ihrem Auftreffen an der Trommelinnenfläche hängen.

Eine genauere Methode zur Bestimmung der Geschwindigkeitsverteilung macht von einem Geschwindigkeitsfilter Gebrauch, der im Prinzip jenen ähnelt, die bei der Neutronenflugzeitspektroskopie oder bei der Bestimmung der Lichtgeschwindigkeit (Fizeausches Zahnrad) benutzt werden. Bei dieser Methode tritt der Molekularstrahl aus einem Loch aus und wird durch eine geeignete Vorrichtung am anderen Ende des Apparates aufgefangen. Das Geschwindigkeitsfilter befindet sich zwischen der Quelle und dem Detektor und besteht, im einfachsten Fall, aus einem Scheibenpaar, das auf einer gemeinsamen, mit bekannter Winkelgeschwindigkeit rotierenden Achse montiert ist. Beide Scheiben sind identisch und besitzen entlang ihrer Peripherie eine Reihe von Einschnitten, so daß die rotierenden Scheiben wie zwei Klappen arbeiten, die abwechselnd geöffnet und geschlossen werden. Wenn die Scheiben (bezüglich ihrer Einschnitte) genau ausgerichtet sind und nicht rotieren, können alle Moleküle zum Detektor gelangen, sofern die erste Scheibe (und damit dann auch die zweite Scheibe) gerade so steht, daß der Molekularstrahl auf einen Einschnitt trifft. Wenn die Scheiben aber rotieren, können Moleküle, die durch einen Einschnitt in der ersten Scheibe hindurchtreten, nur dann zum Detektor gelangen, wenn ihre Geschwindigkeit so beschaffen ist, daß [die von ihnen für den Flug bis zur zweiten Scheibe benötigte Zeit] genauso groß ist wie [die Zeit, die vom nachfolgenden Einschnitt dieser Scheibe benötigt wird, um die Lage des vorangehenden Einschnittes einzunehmen]. Andernfalls werden sie auf das Scheibenmaterial treffen und gestoppt werden. Folglich werden für verschiedene Winkelgeschwindigkeiten der Scheibenrotation Moleküle verschiedener Geschwindigkeiten den Detektor erreichen. Die Messung der relativen Anzahl von Molekülen, die dort pro Zeiteinheit ankommen, erlaubt dann eine direkte Überprüfung der molekularen Geschwindigkeitsverteilung. Die Gültigkeit der Maxwellschen Verteilung ist durch solche Experimente ausgezeichnet bestätigt worden [11*].

11*) Fußnote siehe S. 324.

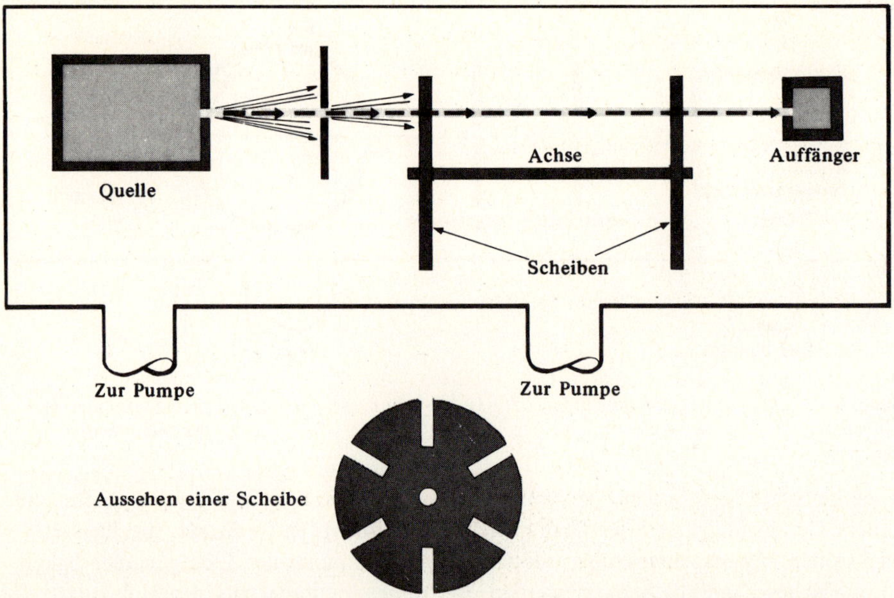

Abb. 7.12.3 Anordnung zur Untersuchung der molekularen Geschwindigkeitsverteilung mit einem Geschwindigkeitsfilter. (Einen effektiveren Geschwindigkeitsfilter erhält man dadurch, daß man mehr als zwei gleiche Scheiben auf einer gemeinsamen Achse montiert.)

Gleichung (7.11.5) zeigt, daß der Effusionsgrad von der Molekülmasse abhängt: leichte Moleküle strömen rascher aus als schwere. Dies legt es nahe, die Effusion als eine Methode zur Trennung von Isotopen zu verwenden. Angenommen ein Behälter ist durch eine Membran abgeschlossen, in der sich sehr viele kleine Löcher befinden, durch die Moleküle hindurchtreten können. Wenn dieser Behälter mit einem Vakuum umgeben und dann zu irgendeiner Anfangszeit mit einem aus zwei Isotopen bestehenden Gasgemischs angefüllt wird, so wächst im Behälter die relative Konzentration der Isotope mit dem größeren Molekulargewicht im Laufe der Zeit an. Entsprechend wird das aus dem umgebenden Vakuum abgepumpte Gas eine höhere Konzentration des leichteren Isotopes enthalten [12*)].

Ein weiteres interessantes Beispiel ist in Abb. 7.12.4 dargestellt. Hier ist der Behälter durch eine Trennwand mit einem kleinen Loch in zwei Kammern unterteilt.

11*) Bezüglich experimenteller Arbeiten über Geschwindigkeitsverteilungen siehe:
Miller, R.C.; Kusch, P.: J. chem. Phys. *25* (1956), 860.
Marcus, P.M.; McFee, J.H. in: Estermann, I. (Hrsg.): Recent research in molecular beams. New York: Acad. Pr. 1959, S. 43.

12*) Die mit dieser Methode in großem Umfang erfolgreich durchgeführte Trennung von Uranisotopen (in Form von UF_6-Gas) war ein entscheidender Schritt bei der Entwicklung der künstlichen Kernspaltung (in Reaktoren und Bomben) und wird beschrieben in dem Buch von Smyth, H. de W.: Atomenergie und ihre Verwertung im Kriege, Kap. 10, Reinhard, Basel (1947) oder in Rev. mod. Phys. 17 (1945), 430.

Der Behälter ist mit Gas gefüllt, wobei aber die eine Kammer auf der Temperatur T_1 und die andere Kammer auf der Temperatur T_2 gehalten wird. Man kann sich nun die folgende Frage stellen: Welche Beziehung besteht zwischen den mittleren Gasdrücken $\bar{p}_1$ und $\bar{p}_2$ in den beiden Kammern, wenn das System im Gleichge-

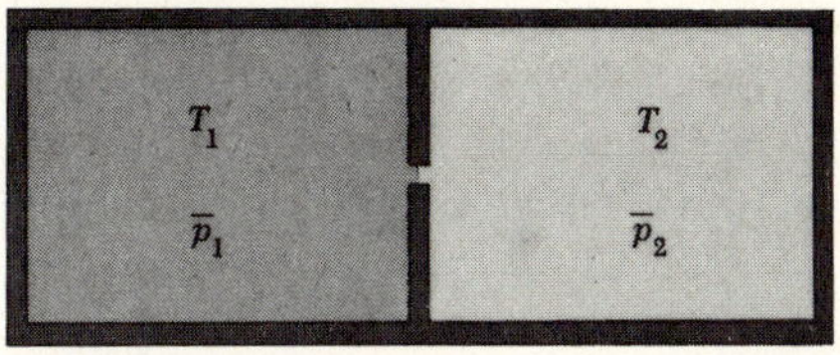

Abb. 7.12.4 Ein durch eine Trennwand mit einem kleinen Loch in zwei Kammern unterteilter Behälter. Das Gas besitzt in den beiden Kammern verschiedene Temperaturen und verschiedene Drücke.

wicht ist, d.h. wenn eine Situation erreicht ist, bei der sich weder die Drücke $\bar{p}_1$ bzw. $\bar{p}_2$ noch die Gasmengen in den beiden Kammern zeitlich ändern? Wenn der Durchmesser D des Loches sehr groß ist $(D \gg l)$, dann gilt offenbar einfach $\bar{p}_1 = \bar{p}_2$, denn andernfalls würde die Druckdifferenz solange zu einer Bewegung von Gasmasse in die Kammer niedrigeren Druckes führen, bis sich die Drücke in beiden Kammern schließlich ausgleichen würden. Wenn aber $D \ll l$, so hat man es mit Effusion und nicht, wie im ersten Fall, mit hydrodynamischem Strömen zu tun. In diesem Fall verlangt die Gleichgewichtsbedingung, daß die Gasmasse auf beiden Seiten konstant bleibt, d.h. daß [die Anzahl der Moleküle, die pro Zeiteinheit durch das Loch von links nach rechts strömen] gleich ist [der Anzahl der Moleküle, die pro Zeiteinheit durch das Loch von rechts nach links strömen]. Nach (7.11.12) führt dies zu der einfachen Gleichheit

$$n_1 \bar{v}_1 = n_2 \bar{v}_2 \tag{7.12.2}$$

Mit (7.11.5) wird aus dieser Bedingung

$$\frac{\bar{p}_1}{\sqrt{T_1}} = \frac{\bar{p}_2}{\sqrt{T_2}} \tag{7.12.3}$$

Somit sind die Drücke in den beiden Kammern nicht etwa gleich, sondern in dem Teil des Behälters, in dem die höhere Temperatur ist, herrscht auch der höhere Druck.

Diese Diskussion hat praktische Konsequenzen für die experimentelle Arbeit. Angenommen man möchte z.B. den Dampfdruck $\bar{p}_v$ (d.h. den Druck des mit der Flüssigkeit im Gleichgewicht befindlichen Dampfes) von flüssigem Helium bei 2 K messen. Die experimentelle Anordnung sei so beschaffen, wie in Abb. 7.12.5 dargestellt, in der das Quecksilbermanometer bei Raumtemperatur zur Druckmessung benutzt wird. Ein kleines Röhrchen mit dem Durchmesser D stellt die Verbindung zwischen dem Manometer und dem Heliumdampf her, und aus der Höhendifferenz der Quecksilbersäulen in den beiden Manometerteilchen wird die Druckdifferenz $\bar{p}$ bestimmt. Nun ist bei 2 K $\bar{p}_v$ noch ziemlich groß, d.h. die Dichte des Heliumdampfes ist groß genug, um zu gewährleisten, daß die mittlere freie Weglänge l der Moleküle im Dampf viel kleiner als

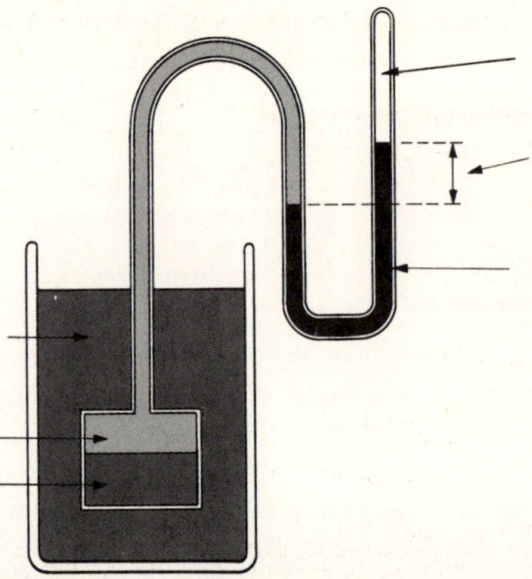

Abb. 7.12.5 Experimentelle Anordnung zur Dampfdruckmessung von flüssigem Helium.

der Durchmesser D des Verbindungsröhrchens ist. In diesem Fall ist der am Manometer abgelesene Druck $\bar{p}$ mit dem interessierenden Dampfdruck $\bar{p}_v$ identisch. Aber angenommen, man möchte $\bar{p}_v$ bei niedrigeren Temperaturen, sagen wir bei 0,5 K, messen. Dann ist $\bar{p}_v$ recht niedrig, und die Dichte des Heliumdampfes ist so klein, daß l, verglichen mit dem Durchmesser D des Verbindungsröhrchens, sehr groß ist. In diesem Fall wäre es sträflich, anzunehmen, daß der am Manometer abgelesene Druck $\bar{p}$ noch immer mit dem gesuchten Dampfdruck $\bar{p}_v$ identisch ist. Sogenannte „thermomolekulare Korrekturen" sind dann nämlich notwendig, um den Zusammenhang zwischen $\bar{p}_v$ und dem gemessenen Druck $\bar{p}$ herzustellen. In dem Grenzfall $D \ll l$ wird wieder Gleichung (7.12.3) gültig, so daß

$$\frac{\bar{p}_v}{\sqrt{0.5}} = \frac{\bar{p}}{\sqrt{300}}$$

gilt, wenn man als Raumtemperatur 300 K wählt. Somit kann sich $\bar{p}$ um einen Faktor $\sqrt{600} \approx 25$ von $\bar{p}_v$ unterscheiden, einen Faktor also der tatsächlich eine erhebliche Korrektur darstellt.

7.13 Druck- und Impulsübertragung

Es ist interessant, im Detail zu betrachten, auf welche Weise ein Gas einen Druck ausübt. Der grundlegende Mechanismus ist sicherlich klar: die im Mittel auf eine Behälterwand ausgeübte Kraft rührt von den vielen Zusammenstoßen zwischen den

Molekülen und der Wand her. Wir wollen diesen Mechanismus nun etwas genauer untersuchen und werden zu diesem Zweck das Problem zunächst erst wieder in stark vereinfachter Form angehen, bevor wir dann zu genauen Berechnungen übergehen.

Grobe Berechnung. Wir gehen ähnlich vor wie zu Beginn von Abschnitt 7.11 und stellen uns wie in Abb. 7.11.1 wieder vor, daß sich ungefähr ein Drittel aller Moleküle

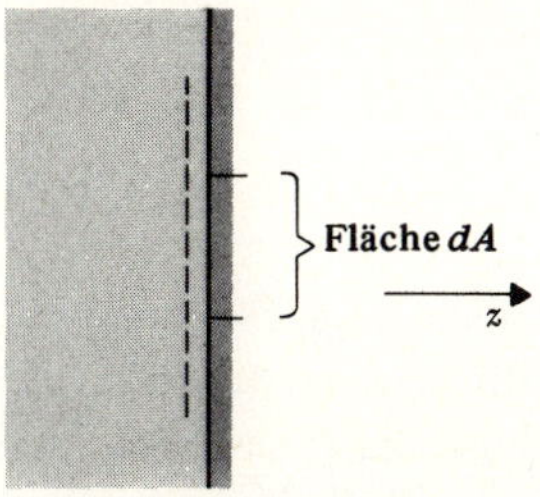

Abb. 7.13.1 Ein Flächenelement dA der Behälterwand und ein Flächenelement dA, das sich im Inneren des Gases unmittelbar vor der Wand befindet.

parallel zur z-Achse bewegt. Wenn von diesen eines gegen die rechte Wand prallt, bleibt seine kinetische Energie erhalten. (Dies gilt zumindest im Mittel, da sonst kein Gleichgewicht herrschen könnte.) Der *Betrag* seines Impulses bleibt dann ebenfalls erhalten; d.h. das Molekül, das sich der rechten Wand mit dem Impuls mv in z-Richtung nähert, prallt mit dem Impuls $-mv$ von dieser zurück. Die z-Komponente des Impulses ändert sich also bei dem Zusammenstoß mit der Wand um $\Delta p_z = -2mv$. Dementsprechend erfährt die Wand aufgrund der Impulserhaltung bei jedem Zusammenstoß eines Impuls $-\Delta p_z = 2mv$. Nun ist nach den Newtonschen Grundgesetzen die im Mittel auf die Wand ausgeübte Kraft gleich der mittleren zeitlichen Änderung des Impulses der Wand. Folglich erhält man die mittlere Kraft auf die Wand einfach dadurch, daß man [den im Mittel pro Zusammenstoß auf die Wand übertragenen Impuls $2m\bar{v}$] mit [der mittleren Anzahl der in der Zeiteinheit mit der Wand stattfindenden Zusammenstöße $(1/6\, \bar{n} v A)$] multipliziert. Diese mittlere Kraft pro Flächeneinheit, bzw. der mittlere Druck $\bar{p}$ auf die Wand, ist demnach durch [13*)]

$$\bar{p} = \frac{1}{A}(2m\bar{v})\left(\frac{1}{6}\,n\bar{v}A\right) = \frac{1}{3}\,nm\bar{v}^2 \tag{7.13.1}$$

gegeben.

Genaue Berechnung. Angenommen wir möchten die im Mittel von dem Gas auf ein kleines Flächenelement dA der Behälterwand ausgeübte Kraft $\bar{F}$ berechnen. (Siehe Abb. 7.13.1, in der wir die z-Achse in Richtung der Normalen des Flächenelementes gewählt haben.) Dann haben wir die mittlere zeitliche Änderung des Impulses dieses Wandelementes zu berechnen, d.h. den im Mittel von den aufprallen-

---

13*) Das Symbol $\bar{p}$ bezeichnet den mittleren Druck und darf nicht mit dem Zeichen p für die Impulsvariable verwechselt werden.

den Molekülen pro Zeiteinheit auf dieses Wandelement übertragenen Impuls. Dazu können wir so vorgehen, daß wir ein in infinitesimaler Entfernung von der Wand im Inneren des Gases befindliches Flächenelement dA betrachten und nach dem mittleren molekularen Impuls fragen, der pro Zeiteinheit von den in beiden Richtungen durch dieses Flächenelement hindurchtretenden Molekülen insgesamt von links nach rechts transportiert wird [14*]. Bezeichnen wir den mittleren molekularen Impuls, der pro Zeiteinheit durch das Flächenelement dA von links nach rechts transportiert wird, mit $G^{(+)}$ und entsprechend den, der durch dA pro Zeiteinheit von rechts nach links transportiert wird, mit $G^{(-)}$, so gilt einfach

$$\bar{F} = G^{(+)} - G^{(-)} \tag{7.13.2}$$

Um $G^{(+)}$ zu berechnen, betrachten wir alle Moleküle mit Geschwindigkeiten zwischen $\boldsymbol{v}$ und $\boldsymbol{v} + d\boldsymbol{v}$ (siehe Abb. 7.13.2). Die mittlere Anzahl solcher Moleküle, die in der infinitesimalen Zeit dt das Flächenelement dA durchqueren, ist wieder gleich der mittleren Anzahl von solchen Molekülen, die sich in einem Zylinder mit dem Volumen $|dA \cdot v \cdot dt \cdot \cos\theta|$ befinden, d.h. sie ist gleich $f(\boldsymbol{v})d^3\boldsymbol{v}\,|dA \cdot v \cdot dt \cdot \cos\theta|$

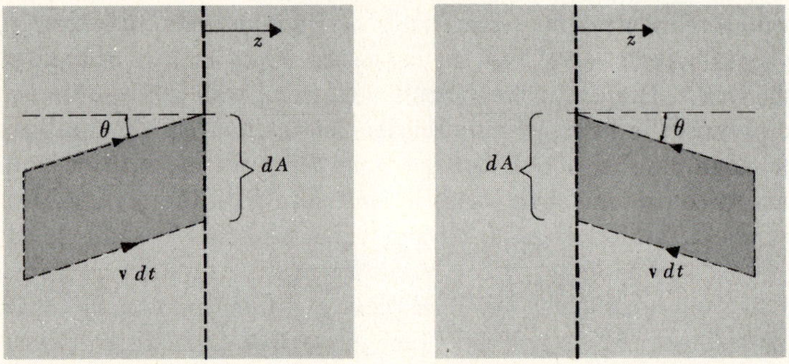

(+) (−)

Abb. 7.13.2 Moleküle, die ein Flächenelement dA in einem Gas von links nach rechts (+) und von rechts nach links (−) durchqueren. (Man beachte, daß die Höhe des Zylinders mit $dt \to 0$ ebenfalls gegen Null strebt.)

Wenn wir diese Anzahl mit dem Impuls $m\boldsymbol{v}$ jedes einzelnen dieser Moleküle multiplizieren und durch die Zeitspanne dt dividieren, erhalten wir den mittleren Impuls, der von Molekülen mit Geschwindigkeiten zwischen $\boldsymbol{v}$ und $\boldsymbol{v} + d\boldsymbol{v}$ pro Zeiteinheit über die Fläche dA hinweg transportiert wird. Wenn wir über alle Moleküle summieren, die diese Fläche von links nach rechts durchqueren, d.h. wenn wir über alle Geschwindigkeiten mit $v_z > 0$ summieren (integrieren), erhalten wir den mittleren Gesamtimpuls $G^{(+)}$, der von den Molekülen pro Zeiteinheit über dieses Flächenelement hinweg von links nach rechts transportiert wird, d.h.

[14*] Ganz genauso kann man ein Flächenelement irgendwo im Innern des Gases betrachten und nach der mittleren Kraft fragen, die das Gas auf der einen Seite auf das Gas auf der anderen Seite ausübt. Dies ist wieder dasselbe, als wenn man nach dem insgesamt durch dieses Flächenelement transportierten molekularen Impuls fragt.

$$\boldsymbol{G}^{(+)} = \int_{v_z>0} f(\boldsymbol{v})\, d^3\boldsymbol{v}\, |dA\, v\cos\theta|(m\boldsymbol{v})$$

bzw. $$\boldsymbol{G}^{(+)} = dA \int_{v_z>0} d^3\boldsymbol{v}\, f(\boldsymbol{v})|v_z|(m\boldsymbol{v}) \tag{7.13.3}$$

Dabei haben wir $v_z = v\cos\theta$ gesetzt und die Integration über alle Geschwindigkeiten mit $v_z > 0$ erstreckt. Einen ähnlichen Ausdruck erhält man für den mittleren Gesamtimpuls $\boldsymbol{G}^{(-)}$, der von den Molekülen über dieses Flächenelement hinweg von rechts nach links transportiert wird. Der einzige Unterschied besteht darin, daß jetzt über alle Geschwindigkeiten mit $v_z < 0$ zu integrieren ist, d.h.

$$\boldsymbol{G}^{(-)} = dA \int_{v_z<0} d^3\boldsymbol{v}\, f(\boldsymbol{v})|v_z|(m\boldsymbol{v}) \tag{7.13.4}$$

Die Kraft (7.13.2) ist dann durch den *insgesamt* über das Flächenelement hinweg transportierten mittleren Impuls, d.h. durch die Differenz von (7.13.4) und (7.13.3) gegeben. Da in (7.13.3) nur über positive Werte von v_z zu integrieren ist, kann dort im Integranden einfach $|v_z| = v_z$ gesetzt werden, und da in (7.13.4) nur über negative Werte von v_z integriert wird, kann dort entsprechend im Integranden $|v_z| = -v_z$ gesetzt werden. Folglich ergibt (7.13.2) einfach

$$\bar{\boldsymbol{F}} = \boldsymbol{G}^{(+)} - \boldsymbol{G}^{(-)} = dA \int_{v_z>0} d^3\boldsymbol{v}\, f(\boldsymbol{v})v_z(m\boldsymbol{v}) + dA \int_{v_z<0} d^3\boldsymbol{v}\, f(\boldsymbol{v})v_z(m\boldsymbol{v})$$

bzw.

▶ $$\bar{\boldsymbol{F}} = dA \int d^3\boldsymbol{v}\, f(\boldsymbol{v})v_z(m\boldsymbol{v}) \tag{7.13.5}$$

Dabei wurden die beiden Integrale zu einem einzigen Integral über *alle* möglichen Geschwindigkeiten zusammengefaßt. Gleichung (7.13.5) ist ein sehr allgemeiner Ausdruck und gilt auch für den Fall, daß das Gas nicht im Gleichgewicht ist, d. h. daß f keine Gleichgewichtsverteilung ist.

Wenn das Gas im Gleichgewicht ist, so ist $f(\boldsymbol{v})$ eine Funktion von $v = |\boldsymbol{v}|$ allein. Es folgt dann zunächst, daß

$$\bar{F}_x = dA\, m \int d^3\boldsymbol{v}\, f(\boldsymbol{v})v_z v_x = 0 \tag{7.13.6}$$

ist, da der Integrand eine ungerade Funktion von v_z ist. Gleichung (7.13.6) drückt den unmittelbar einleuchtenden Sachverhalt aus, daß im Gleichgewicht auf die Wand keine mittlere Tangentialkraft wirken kann. Die mittlere Normalkraft verschwindet dagegen natürlich nicht. Bezogen auf die Flächeneinheit ergibt sie den mittleren Druck, der somit, nach (7.13.5), gleich

$$\bar{p} = \frac{\bar{F}_z}{dA} = \int d^3\boldsymbol{v}\, f(\boldsymbol{v}) m v_z^2$$

bzw. $$\bar{p} = nm\overline{v_z^2}\ . \tag{7.13.7}$$

ist. Hier haben wir die Definition

$$\overline{v_z^2} \equiv \frac{1}{n} \int d^3\boldsymbol{v}\, f(\boldsymbol{v}) v_z^2$$

benutzt. Aus Symmetriegründen ist $\overline{v_x^2} = \overline{v_y^2} = \overline{v_z^2}$, so daß

$$\overline{v^2} = \overline{v_x^2 + v_y^2 + v_z^2} = 3\overline{v_z^2}$$

Folglich läßt sich (7.13.7) auch als

$$\bar{p} = \tfrac{1}{3} n m \overline{v^2} \tag{7.13.8}$$

schreiben. Dies stimmt im wesentlichen mit unserem oberflächlich hergeleiteten Ergebnis (7.13.1) überein (mit dem Unterschied, daß die Mittelwertbildung jetzt sauber durchgeführt ist, so daß hier $\overline{v^2}$ anstatt $\bar{v}^2$ auftritt). Da $\overline{v^2}$ mit der mittleren kinetischen Energie K eines Moleküls verknüpft ist, folgt aus (7.13.8) die allgemeine Beziehung

$$\bar{p} = \tfrac{2}{3} n \left(\tfrac{1}{2} m \overline{v^2}\right) = \tfrac{2}{3} n \bar{K} \tag{7.13.9}$$

d.h. der mittlere Druck beträgt gerade 2/3 der mittleren kinetischen Energie des Gases pro Volumeneinheit.

Bisher haben wir noch keinerlei Gebrauch davon gemacht, daß die mittlere Dichte der Moleküle $f(\boldsymbol{v})\, d^3\boldsymbol{v}$ durch die Maxwellsche Geschwindigkeitsverteilung gegeben ist [15*]. Damit sind wir in der Lage, $\overline{v^2}$ explizit zu berechnen. Wir können aber genauso gut auch den Gleichverteilungssatz anwenden und das Ergebnis verarbeiten, daß $\bar{K} = 3/2\; kT$ ist. Damit wird aus (7.13.9)

$$\bar{p} = nkT \tag{7.13.10}$$

so daß man von neuem die Zustandsgleichung eines klassischen idealen Gases erhält.

Ergänzende Literatur

Lec, J.F.; Sears, F.W.; Turcotte, D.L.: Statistical Thermodynamics, Kap. 3 und 5, Addison-Wesley Publishing Company, Reading, Mass. (1963).

Davidson, N.: Statistical Mechanics, Kap. 10 und 19, McGraw-Hill, New York (1962).

Present, R.D.: Kinetic Theory of Gases, Kap. 2 und 5, McGraw-Hill, New York (1958).

15*) Die Ausdrücke (7.13.7) bis (7.13.9) gelten also auch dann, wenn f durch die in Kapitel 9 zu besprechenden quantenmechanischen Gleichgewichtsverteilungen, d.h. durch die Fermi-Dirac oder die Bose-Einstein Verteilung gegeben ist.

Aufgaben

7.1 Man betrachte ein homogenes Gemisch von idealen, einatomigen Edelgasen der absoluten Temperatur T in einem Behälter mit dem Volumen V. Das Gemisch bestehe aus ν_1 Molen der Gassorte 1, ν_2 Molen der Gassorte 2, . . ., und ν_k Molen der Gassorte k.

a) Durch Betrachtung der klassischen Verteilungsfunktion dieses Systems, leite man seine Zustandsgleichung her, d.h. man finde einen Ausdruck für seinen mittleren Gesamtdruck $\bar{p}$.

b) In welcher Beziehung steht dieser Gesamtdruck $\bar{p}$ des Gases zu dem Druck $\bar{p}_i$, den die i-te Gassorte erzeugen würde, wenn sie allein das gesamte Volumen bei derselben Temperatur einnehmen würde?

7.2 Ein ideales, einatomiges Gas aus N Teilchen der Masse m befindet sich bei der absoluten Temperatur T im thermischen Gleichgewicht. Das Gas ist in einen würfelförmigen Behälter der Seitenlänge L eingeschlossen, dessen Ober- und Unterseite zur Erdoberfläche parallel sind. Bei der Beantwortung der folgenden Fragen ist der Einfluß des als homogen anzusehenden Gravitationsfeldes der Erde auf die Teilchen (Erdbeschleunigung g) zu berücksichtigen.

a) Wie groß ist die mittlere kinetische Energie eines Teilchen?

b) Wie groß ist die mittlere potentielle Energie eines Teilchens?

7.3 Ein thermisch abgeschlossener Behälter ist durch eine Trennwand in zwei Kammern unterteilt, von denen die rechte ein b-faches Volumen der linken besitzt. Die linke Kammer enthält ν Mole eines idealen Gases mit der Temperatur T und dem Druck $\bar{p}$. Die rechte Kammer enthält ebenfalls ν Mole eines idealen Gases der Temperatur T. Man berechne für den Fall, daß die Trennwand entfernt wird,

a) den Enddruck des Gasgemisches als Funktion von $\bar{p}$,

b) die Gesamtänderung der Entropie, wenn die Gase verschieden sind;

c) die Gesamtänderung der Entropie, wenn die Gase identisch sind.

7.4 Ein thermisch abgeschlossener Behälter ist durch eine Trennwand in zwei Teile unterteilt. Beide Teile enthalten ideale Gase mit der gleichen konstanten Wärmekapazität c_V. Der eine dieser beiden Teile enthält ν_1 Mole Gas mit der Temperatur T_1 und dem Druck $\bar{p}_1$, der andere Teil ν_2 Mole Gas mit der Temperatur T_2 und dem Druck $\bar{p}_2$. Man berechne für den Fall, daß die Trennwand entfernt wird und das System seinen neuen Gleichgewichtszustand erreicht

a) den Enddruck,

b) die Änderung ΔS der Gesamtentropie, wenn die Gase verschieden sind,

c) die Änderung ΔS der Gesamtentropie, wenn die Gase identisch sind.

7.5 Ein Gummiband der absoluten Temperatur T ist mit dem einen Ende an einem Nagel befestigt und trägt mit dem anderen Ende ein Gewicht W. Man gehe von dem einfachen mikroskopischen Modell aus, daß das Gummiband eine polymere Kette darstellt, die aus N, an ihren Enden miteinander verbundenen Einzelgliedern besteht, deren jedes die Länge a besitzt und entweder parallel oder antiparallel zur Vertikalrichtung orientiert sein kann. Man bestimme die resultierende mittlere Länge $\bar{l}$ des Gummibandes als Funktion von W. (Die kinetische Energien oder die Gewichte der einzelnen Kettenglieder sowie irgendwelche Wechselwirkungen zwischen ihnen sind zu vernachlässigen.)

7.6 Man betrachte ein Gas, das *nicht* ideal ist, so daß seine Moleküle miteinander wechselwirken. Dieses Gas befindet sich bei der absoluten Temperatur T im thermischen Gleichgewicht. Wie groß ist unter der Voraussetzung, daß die Translationsfreiheitsgrade dieses Gases klassisch behandelt werden dürfen, die mittlere kinetische Translationsenergie eines Moleküls in diesem Gas?

7.7 An einer Oberfläche adsorbierte, einatomige Moleküle sind dort frei beweglich und können als klassisches, ideales zweidimensionales Gas behandelt werden. Wie groß ist bei der absoluten Temperatur T die molare Wärmekapazität der so an einer Oberfläche feste Größe adsorbierten Moleküle?

7.8 Der spezifische Widerstand ρ eines Metalls bei Raumtemperatur ist proportional zur Wahrscheinlichkeit dafür, daß ein Elektron an den schwingenden Gitteratomen gestreut wird, und diese Wahrscheinlichkeit wiederum ist proportional zur mittleren quadratischen Schwingungsamplitude dieser Atome. Wie sieht unter der Voraussetzung, daß in diesem Temperaturbereich die klassische Statistik gilt, die Temperaturabhängigkeit $\rho(T)$ des spezifischen Widerstands aus?

7.9 Eine sehr empfindliche Federwaage besteht aus einer Quarzfeder, die an einem festen Aufhängepunkt angebracht ist. Die Federkonstante ist α, und die Waage befindet sich auf der Temperatur T und an einem Ort der Schwerebeschleunigung g.

a) Wie groß ist die resultierende mittlere Elongation $\bar{x}$ der Feder, wenn an sie ein sehr kleines Objekt der Masse M gehängt wird?

b) Wie groß sind die durch $\overline{(x - \bar{x})^2}$ charakterisierten thermischen Schwankungen des Objekts um seine Gleichgewichtslage?

c) Die Masse eines Objekts läßt sich nicht mehr messen, wenn die Schwankungen so groß sind, daß $[\overline{(x - \bar{x})^2}]^{1/2} = \bar{x}$. Welches ist die kleinste Masse M, die mit der Waage noch gemessen werden kann?

7.10 Ein System besteht aus N sehr schwach wechselwirkenden Teilchen. Die Temperatur T des Systems ist hinreichend hoch, so daß die klassische statistische Mechanik anwendbar ist. Jedes Teilchen hat die Masse m und kann eindimensionale Schwingungen um seine Gleichgewichtslage durchführen. Man berechne die Wärmekapazität dieses Systems für die folgenden Fälle:

a) Die in die Gleichgewichtslage rücktreibende Kraft ist jeweils zur Auslenkung x aus dieser Gleichgewichtslage proportional.

b) Die rücktreibende Kraft ist proportional zu x^3.

7.11 Man gehe zur Berechnung der spezifischen Wärme von Graphit, welches eine stark anisotrope Kristallstruktur besitzt, von dem folgenden stark vereinfachten Modell aus. Jedes Kohlenstoffatom im Kristallgitter kann einfache harmonische Schwingungen in drei Dimensionen durchführen. Die rücktreibenden Kräfte in Richtungen parallel zu einer Schichtebene sind sehr groß; folglich sind die Grundfrequenz der in einer Schichtebene stattfindenden Schwingungen in zueinander senkrechte Richtungen beide einem Wert $\omega_{\|}$ gleich, der so groß ist, daß $\hbar\omega_{\|} \gg 300\ k$. Andererseits ist die rücktreibende Kraft senkrecht zu einer Schichtebene sehr klein, so daß die zu dieser Richtung gehörende Schwingungsfrequenz $\omega_{\perp}$ so klein ist, daß $\hbar\omega_{\perp} \ll 300$ k. Man bestimme auf der Grundlage dieses Modells die molare spezifische Wärme (bei konstantem Volumen) von Graphit bei 300 K.

7.12 Man betrachte einen Festkörper der Kompressibilität κ und nehme an, daß die Atome dieses Festkörpers in einem regulären kubischen Gitter mit der Gitterkonstanten a angeordnet sind. Man nehme ferner an, daß eine rücktreibende Kraft $-\kappa_0 \Delta a$ auf ein gegebenes Atom wirkt, wenn dieses um eine Strecke Δa von seinem nächsten Nachbarn entfernt wird.

a) Man gebe auf einfache Weise eine Näherungsbeziehung zwischen der Federkonstanten κ_0 und der Kompressibilität κ des Festkörpers an. (Man betrachte dazu die Kraft, die notwendig ist, um eine Seitenlänge des parallelepipedförmigen Festkörpers um einen geringen Betrag zu verkleinern.)

b) Man schätze grob die Größenordnung der Einsteintemperatur Θ_E für Kupfer (Atomgewicht 63.5) ab, indem man von einer einfachen kubischen Gitterstruktur, einer Dichte von 8,9 g cm^{-3} und einer Kompressibilität von $4{,}5 \cdot 10^{-7}$ bar^{-1} ausgeht.

7.13 Man zeige, daß der allgemeine Ausdruck (7.8.13) für $\bar{\mu}_z$ in dem Fall, daß $J = ½$ ist, in den einfachen Ausdruck (6.3.3) übergeht.

7.14 Man betrachte ein System mit N_0 schwach wechselwirkenden, magnetischen Atomen pro Volumeneinheit bei einer Temperatur T und beschreibe das System *klassisch.* Jedes einzelne magnetische Moment $\boldsymbol{\mu}$ kann dann mit einer vorgegebenen z-Richtung einen beliebigen Winkel θ bilden. Bei Abwesenheit eines Magnetfeldes ist die Wahrscheinlichkeit dafür, daß dieser Winkel zwischen θ und $\theta + d\theta$ liegt, einfach zum zugehörigen Raumwinkel $2\pi \sin\theta d\theta$ proportional. Bei vorhandenem Magnetfeld H in z-Richtung muß diese Wahrscheinlichkeit darüberhinaus noch zum Boltzmannfaktor $e^{-\beta E}$ proportional sein, wobei E die magnetische Energie des Momentes $\boldsymbol{\mu}$ ist. Man benutze dieses Ergebnis, um den klassischen Ausdruck für das mittlere magnetische Moment $\bar{M}_z$ dieser N_0 Atome zu berechnen.

7.15 Man betrachte den Ausdruck (7.8.20) für $\bar{M}_z$ in der Grenze, für die die Lücke zwischen benachbarten magnetischen Energieniveaus klein ist gegenüber kT; d.h. für die $\eta = g\mu_0 J/kT \ll 1$ gilt. Der Winkel θ zwischen J und der z-Achse kann dabei als quasikontinuierlich angesehen werden; d.h. J soll so groß sein, daß die möglichen Werte von $\cos\theta = m/J$ sehr dicht beieinander liegen, oder anders ausgedrückt, J ist so groß, daß $J\eta \gg 1$. Man zeige, daß sich in dieser Grenze der allgemeine Ausdruck (7.8.20) für $\bar{M}_z$ dem in der vorangehenden Aufgabe abgeleiteten klassischen Ausdruck nähert.

7.16 Eine wäßrige Lösung auf Raumtemperatur enthält in geringer Konzentration magnetische Atome, von denen jedes einzelne den Spin ½ und ein magnetisches Moment μ besitzt. Die Lösung befindet sich in einem äußeren Magnetfeld H in z-Richtung. Der Betrag $H = H(z)$ dieses Feldes ist eine monoton wachsende Funktion von z, die am Boden der Lösung (wo $z = z_1$ ist) den Wert H_1 und an der Oberfläche (wo $z = z_2$ ist) den größeren Wert H_2 besitzt.

a) Es bezeichne $n_+(z)dz$ die mittlere Anzahl von magnetischen Atomen, deren Spin in Richtung der z-Achse zeigt und die zwischen z und $z + dz$ liegen. Wie groß ist das Verhältnis $n_+(z_2)/n_+(z_1)$?

b) Es bezeichne $n(z)\,dz$ die mittlere Gesamtzahl von magnetischen Atomen (mit beiden Spinorientierungen), die zwischen z und $z + dz$ liegen. Wie groß ist das Verhältnis $n(z_2)/n(z_1)$? Ist es kleiner, größer oder gleich Eins?

c) Um die Antworten auf die vorangehenden Fragen zu erleichtern, mache man davon Gebrauch, daß $\mu H \ll kT$.

7.17 Welcher Bruchteil der Moleküle eines Gases hat Geschwindigkeitskomponenten in x-Richtung im Bereich zwischen $-\tilde{v}$ und $+\tilde{v}$, wobei $\tilde{v}$ die wahrscheinlichste Geschwindigkeit der Moleküle ist. (Hinweis: Man ziehe eine Tafel der Fehlerfunktion zu Rate; siehe Anhang A.5.)

7.18 Man benutze die Ergebnisse aus Aufgabe 5.9, um die Schallgeschwindigkeit in einem idealen Gas durch die wahrscheinlichste Geschwindigkeit $\tilde{v}$ der Moleküle und das Verhältnis $\gamma = c_p/c_v$ auszudrücken.

Welcher Bruchteil der Moleküle hat im Falle von Heliumgas (He) Geschwindigkeiten, die niedriger sind als die Schallgeschwindigkeit im Gas?

7.19 Ein aus Molekülen der Masse m bestehendes Gas befindet sich bei der Temperatur T im thermischen Gleichgewicht. Es sei $\mathbf{v}$ die Geschwindigkeit eines Moleküls, v_x, v_y und v_z seien die kartesischen Geschwindigkeitskomponenten und v der Geschwindigkeitsbetrag. Wie groß sind dann die folgenden Mittelwerte:

a) $\overline{v_x}$ d) $\overline{v_x^3 v_y}$

b) $\overline{v_x^2}$ e) $\overline{(v_x + bv_y)^2}$, b ist eine Konstante

c) $\overline{v^2 v_x}$ f) $\overline{v_x^2 v_y^2}$

(Wer hier irgendwelche Integrale explizit ausrechnet, gehört zu den Menschen, die vielleicht gut rechnen, aber nur schlecht denken können.)

7.20 Ein ideales, einatomiges Gas befindet sich bei einer Raumtemperatur T im thermischen Gleichgewicht, so daß seine molekulare Geschwindigkeitsverteilung durch die Maxwellverteilung gegeben ist.

a) Wenn v den Geschwindigkeitsbetrag eines Moleküls bezeichnet, wie groß ist dann $\overline{(1/v)}$? Man vergleiche dies mit $1/\bar{v}$.

b) Man bestimme die mittlere Anzahl der Moleküle pro Volumeneinheit, deren Energien im Bereich zwischen ϵ und $\epsilon + d\epsilon$ liegen.

7.21 Wie groß ist die wahrscheinlichste kinetische Energie $\tilde{\epsilon}$ von Molekülen mit einer Maxwellschen Geschwindigkeitsverteilung? Ist sie gleich $\frac{1}{2} m\tilde{v}^2$, wobei $\tilde{v}$ die wahrscheinlichste Geschwindigkeit der Moleküle ist?

7.22 Ein aus Atomen der Masse m bestehendes Gas wird im Inneren eines Behälters auf der absoluten Temperatur T gehalten. Die Atome emittieren Licht, welches durch ein Fenster im Behälter (in x-Richtung) austritt und als Spektrallinie in einem Spektroskop beobachtet werden kann. Ein ruhendes Atom würde Licht einer ganz bestimmten Frequenz ν_0 emittieren. Aber bei einem mit der Geschwindigkeit v_x in x-Richtung bewegten Atom wird aufgrund des Dopplereffektes nicht einfach die Frequenz ν_0, sondern die näherungsweise durch

$$\nu = \nu_0\left(1 + \frac{v_x}{c}\right)$$

gegebene Frequenz beobachtet, wobei c die Lichtgeschwindigkeit ist. Demzufolge hat nicht alles Licht, das im Spektroskop ankommt, die Frequenz ν_0, sondern dieses ist charakterisiert durch eine bestimmte Intensitätsverteilung $I(\nu)\,d\nu$, welche den Bruchteil der Lichtintensität angibt, der im Frequenzbereich zwischen ν und $\nu + d\nu$ liegt. Man berechne

a) Die mittlere Frequenz $\bar{\nu}$, die im Spektroskop beobachtet wird.

b) Die mittlere quadratische Abweichung $(\Delta\nu)_{rms} = [\overline{(\nu - \bar{\nu})^2}]^{1/2}$ der im Spektroskop beobachteten Frequenz vom Mittel.

c) Die relative Intensitätsverteiling $I(\nu)d\nu$ des im Spektroskop beobachteten Lichts.

7.23 Bei einem Molekularstrahlexperiment dient eine Röhre als Quelle, die Wasserstoff unter einem Druck $\bar{p}_S = 1{,}95 \cdot 10^{-4}$ bar und bei einer Temperatur T = 300 K enthält. In der Röhrenwand befindet sich ein Schlitz von 20 mm · 0,025 mm, der in einen hoch evakuierten Raum führt. Gegenüber von diesem Schlitz befindet sich in einer Entfernung von einem Meter ein zweiter Schlitz, der zum ersten genau parallel ist und dieselben Ausmaße hat wie jener. Dieser Schlitz ist in die Wand eines kleinen, als Detektor fungierenden Behälter eingeritzt, indem der Druck $\overline{p_d}$ gemessen werden kann.

a) Wie viele H_2-Moleküle verlassen den Schlitz der Quelle.

b) Wie viele H_2-Moleküle gelangen pro Sekunde durch den Schlitz des Detektors?

c) Wie hoch ist der Druck $\overline{p_d}$ in der Detektorkammer, wenn sich ein stationärer Zustand eingestellt hat, so daß $\overline{p_d}$ zeitunabhängig ist?

7.24 Ein dünnwandiges Gefäß mit dem Volumen V, das auf konstanter Temperatur gehalten wird, enthält ein Gas, welches durch ein kleines Loch der Fläche A langsam ausströmt. Der Außendruck ist so niedrig, daß das Rückströmen in das Gefäß vernachlässigbar ist. Welche Zeit verstreicht, bis der Druck in dem Gefäß auf $1/e$ seines ursprünglichen Wertes abgesunken ist? Man drücke das Ergebnis durch A, V und die mittlere Molekülgeschwindigkeit $\bar{v}$ aus.

7.25 Ein kugelförmiger Kolben mit einem Radius von 10 cm wird bis auf einen Quadratzentimeter seiner Oberfläche, der auf der Temperatur von flüssigem Stickstoff (77 K) gehalten wird, auf Raumtemperatur (300 K) gehalten. Im Kolben befindet sich Wasserdampf unter einem Anfangsdruck von $1{,}33 \cdot 10^{-4}$ bar. Man schätze unter der Voraussetzung, daß jedes Wassermolekül, das auf die kalte Fläche trifft, kondensiert und an der Oberfläche haften bleibt, die Zeit ab, die notwendig ist, damit der Druck auf den 10^{-5}ten Teil absinkt.

7.26 Ein Gefäß ist durch eine poröse Wand abgeschlossen, durch die Gase effundieren und dann in irgendeinen Sammelbehälter abgepumpt werden können. Das Gefäß selbst ist mit einem verdünnten Gas gefüllt, das aus zwei Molekülsorten besteht, die sich darin voneinander unterscheiden, daß es sich bei ihnen um zwei verschiedene Isotope mit den Massen m_1 und m_2 handelt. Die Konzentrationen c_1 und c_2 dieser Moleküle im Gefäß werden dadurch konstant gehalten, daß durch ständige Zufuhr von frischem Gas der Gasvorrat im Gefäß fortwährend aufgefüllt wird.

a) Es seien c'_1 und c'_2 die Konzentrationen der beiden Molekülsorten in dem Sammelbehälter. Wie groß ist das Verhältnis c'_2/c'_1?

b) Unter Benutzung von UF_6-Gas kann man versuchen, die Isotope U^{235} und U^{238} voneinander zu trennen, wobei das erste dieser beiden Isotope dasjenige ist, was sich zur Einleitung von Kernspaltungsreaktionen besonders gut eignet. Die Moleküle im Gefäß sind dann $U^{238}F_6^{19}$ und $U^{235}F_6^{19}$. (Die Konzentrationen dieser Moleküle sind entsprechend dem natürlichen Isotopenverhältnis von Uran $c_{238} = 99{,}3\ \%$ und $c_{235} = 0{,}7\ \%$.) Man berechne das nach der Effusion der Moleküle im Sammelbehälter zu erwartende Verhältnis c'_{235}/c'_{238} als Funktion des ursprünglichen Konzentrationsverhältnisses c_{235}/c_{238}.

7.27 Ein Behälter hat in einer seiner Wände eine Membran, die viele kleine Löcher enthält. Wenn der Behälter mit Gas unter einem nicht zu hohen Druck p_0 gefüllt ist, effundieren Gasmoleküle in das umgebende Vakuum. Es wurde dabei festgestellt, daß der Druck im Behälter, wenn dieser mit Heliumgas bei Raumtemperatur und mit dem Anfangsdruck p_0 gefüllt worden war, nach einer Stunde auf den Wert $\frac{1}{2}p_0$ abfiel.

Angenommen der Behälter wird mit einem Gasgemisch aus Helium (He) und Neon (Ne) bei Raumtemperatur und mit einem Gesamtdruck p_0 gefüllt, wobei die atomaren Konzentrationen beider Gassorten gleich seien (d.h. 50 % der Atome sind Heliumatome und 50 % der Atome sind Neonatome.) Wie groß ist dann das Verhältnis n_{Ne}/n_{He} der atomaren Konzentrationen von Neon und Helium nach einer Stunde? Man drücke das Ergebnis durch die Atomgewicht μ_{Ne}/μ_{He} von Neon und Helium aus.

7.28 Ein Behälter mit dem Volumen V, der ein ideales Gas mit dem Molekulargewicht μ bei der Temperatur T enthält, ist durch eine Trennwand in zwei gleiche Hälften unterteilt. Zu Beginn herrscht auf der linken Seite der Druck $p_1(0)$ und auf der rechten Seite der Druck $p_2(0)$. Anschließend wird durch Öffnen eines Ventils in der Trennwand ein kleines Loch mit der Fläche A freigelegt, durch das die Moleküle hindurcheffundieren können.

a) Man bestimme den Gasdruck $p_1(t)$ auf der linken Seite des Behälters als Funktion der Zeit.

b) Um welchen Betrag ΔS hat sich die Entropie des gesamten Gases geändert, nachdem sich wieder ein Gleichgewichtszustand eingestellt hat?

7.29 In einem abgeschlossenen Gefäß befindet sich ein verdünntes Gas der Temperatur T. Einige Moleküle können durch ein kleines Loch in der Gefäßwand in ein umgebendes Vakuum effundieren. Die z-Achse zeige in Richtung der äußeren Normalen dieses Loches. Ferner sei m die Masse und v_z die z-Komponente der Geschwindigkeit eines Moleküls.

a) Wie groß ist die mittlere Geschwindigkeitskomponente $\overline{v_z}$ eines Moleküls im Innern des Gefäßes?

b) Wie groß ist die mittlere Geschwindigkeitskomponente $\overline{v_z}$ eines Moleküls, das ins Vakuum effundiert ist?

7.30 Die Moleküle eines einatomigen idealen Gases effundieren durch ein kleines Loch in der Wand eines Behälters, der auf der Temperatur T gehalten wird.

a) Wäre aus physikalischen Überlegungen heraus (d.h. also ohne explizite Berechnungen) zu erwarten, daß die mittlere kinetische Energie $\bar{\epsilon}_0$ eines Moleküls im Effusionsstrahl größer, kleiner oder gleich der mittleren kinetischen Energie $\bar{\epsilon}_i$ eines Moleküls im Innern des Behälters ist?

b) Man berechne $\bar{\epsilon}_0$ und drücke das Ergebnis durch $\bar{\epsilon}_i$ aus.

7.31 Ein Behälter, in dem sich Gas unter einem Druck $\bar{p}$ befindet, enthält in seiner Wand ein kleines Loch der Fläche A, durch das Gasmoleküle in ein umgebendes Vakuum effundieren können. In diesem Vakuum ist direkt vor dem Loch in einer Entfernung L eine kreisförmige Scheibe mit dem Radius R aufgehängt. Diese ist so orientiert, daß ihre Flächenormale genau auf das Loch zeigt (siehe Abbild). Man nehme an, daß die Moleküle im Effusionsstrahl an dieser Scheibe elastisch gestreut werden, und berechne damit die Kraft, die von dem Molekularstrahl auf die Scheibe ausgeübt wird.

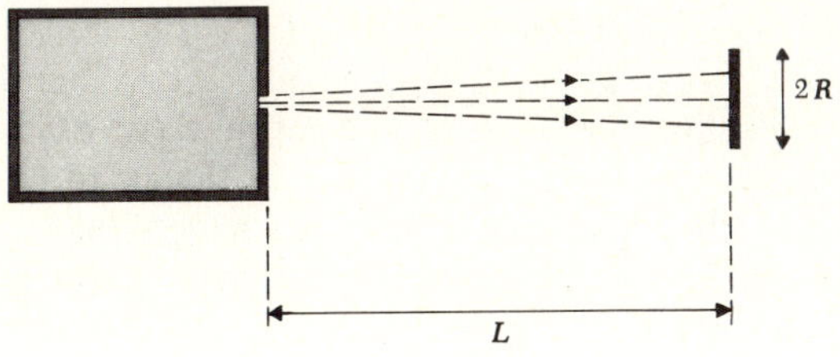

8. Gleichgewicht zwischen Phasen oder chemischen Verbindungen

In einem thermisch isolierten System ist das stabile Gleichgewicht durch die maximale Entropie des Systems gekennzeichnet. Daher ist für feste äußere Parameter die freie Energie eines Systems, das mit einem Wärmereservoir im thermischen Kontakt steht, im stabilen Gleichgewicht ein Minimum. Werden alle äußeren Parameter eines Systems bis auf sein Volumen festgehalten und steht das System im thermischen Kontakt mit einem Wärmereservoir und im mechanischen mit einem Druckbehälter, so ist seine freie Enthalpie im stabilen Gleichgewicht minimal. Stabilitätsbedingungen sind durch die Vorzeichen der zweiten Ableitungen der Potentiale nach ihren Variablen gegeben. So gilt: $C_V \geqslant 0$ und $\kappa \geqslant 0$. Für das Gleichgewicht zwischen zwei Phasen 1 und 2 gilt $g_1 = g_2$ (g freie Energie pro Mol). Daraus ergibt sich für die Grenzkurve des Phasengleichgewichts die Gleichung von Clausius-Clapeyron $dp/dT = L/(T\Delta v)$ (L Übergangswärme pro Mol, Δv Änderung des molaren Volumens beim Phasenübergang). Für Systeme mit m verschiedenen Molekülsorten N_j lautet das Differential der Energie $dE = TdS - pdV + \sum_{j=1}^{m} \mu_j dN_j$ (μ_j chemisches Potential pro Molekül der j-ten Sorte). Die freie Enthalpie wird damit $G = E - TS + pV = \sum_j \mu_j N_j$. Mit den stöchiometrischen Koeffizienten b_j lautet die Bedingung für chemisches Gleichgewicht $\sum_{j=1}^{m} b_j \mu_j = 0$. Für ein ideales Gas ist das chemische Potential $\mu_j = -kT \ln(\xi_j/N_j)$; dabei ist $\xi_j = \sum_s \exp(-\beta\epsilon(s))$ die Zustandssumme bezüglich der Einteilchenenergie. Für chemisches Gleichgewicht gilt das Massenwirkungsgesetz $N_1^{b_1}\, N_2^{b_2} \ldots N_m^{b_m} = K_N(T, V)$.

Die letzten Kapitel haben sowohl die makroskopischen als auch die mikroskopischen Aspekte der elementaren Theorie herausgearbeitet, die im Kapitel 3 behandelt worden war. Wir sind also wohl vorbereitet, diese Theorie auf wichtige physikalische Beispiele anzuwenden. Bisher haben wir uns beinahe ausschließlich mit Systemen beschäftigt, die aus einer einzelnen „Komponente" (d.h. aus einem Typ von Molekülen oder chemischer Verbindung) und einer einzelnen „Phase" (d.h. aus einem einzelnen räumlich homogenen Aggregatzustand) bestanden. Aber die am meisten interessierenden Fälle sind häufig komplizierter. Zum Beispiel könnte man an einem Einkomponentensystem interessiert sein, das aus mehreren Phasen besteht (z.B. Eis und Wasser im Gleichgewicht, oder eine Flüssigkeit und ihr Dampf im Gleichgewicht). Auf der anderen Seite könnte man sich für ein Einphasensystem interessieren, das aus verschiedenen Komponenten besteht (z.B. ein Gas aus verschiedenen Arten von Molekülen, die chemisch miteinander reagieren können). Im allgemeinen Fall könnte man sich für ein System interessieren, das aus mehreren Komponenten in mehreren Phasen besteht.

In diesem Kapitel werden wir zeigen, wie solche Systeme mit den Methoden der statistischen Thermodynamik behandelt werden können. Die meisten unserer Überlegungen werden unabhängig von irgendwelchen speziellen mikroskopischen Modellen sein und werden zu einer Anzahl von sehr allgemeinen Ergebnissen führen. Diese liefern einen wertvollen Einblick in viele Arten von Systemen, denen man häufig begegnet. Zusätzlich sind sie nützlich, sowohl zur Aufstellung von wichtigen Beziehungen zwischen makroskopischen Größen, als auch als Ausgangspunkte für detaillierte mikroskopische Berechnungen.

Allgemeine Gleichgewichtsbedingungen

Die folgenden Abschnitte werden die Erörterungen aus Abschnitt 3.1 mit dem Ziel erweitern, Gleichgewichtsbedingungen auf Systeme unter verschiedenen physikalischen Randbedingungen anzuwenden.

8.1 Isoliertes System

Man betrachte ein thermisch isoliertes System A. Aus der Diskussion im Abschnitt 3.1, die im zweiten Hauptsatz der Thermodynamik zusammengefaßt ist, wissen wir, daß jeder spontan auftretende Prozeß so verläuft, daß die Entropie des Systems anzuwachsen sucht. In der Sprache der Statistik bedeutet dies, daß das System sich einen Zustand größerer Wahrscheinlichkeit zu nähern versucht. In jedem solchen Prozeß erfüllt die spontane Änderung der Entropie die Bedingung

$$\Delta S \geqslant 0 \text{ [1+)]} \tag{8.1.1}$$

Daraus folgt, daß nach Erreichen des stabilen Gleichgewichts, in dem keine weiteren spontanen Prozesse (außer den stets vorhandenen Fluktuationen) stattfinden können, S maximal ist; d.h. es liegt die wahrscheinlichste Situation für ein System vor, das gegebenen Zwängen unterworfen ist. Daher können wir die folgende Feststellung treffen:

Für ein thermisch isoliertes System ist der stabile Gleichgewichtszustand durch die Tatsache charakterisiert, daß gilt

▶ $$S = \text{Maximum} \tag{8.1.2}$$

Wenn man sich also vom Zustand mit $S = S_{\text{Max}}$ entfernt, dann ändert sich S für sehr kleine Abweichungen vom Gleichgewichtszustand nicht ($dS = 0$ für ein Extremum), aber für größere Abweichungen muß S abnehmen. Das heißt, die Entropieänderung $\Delta_m S$ gemessen in bezug auf den Gleichgewichtswert ist so, daß

$$\Delta_m S \equiv S - S_{Max} \leqslant 0 \tag{8.1.3}$$

Beispiel 1: Wir wollen die Situation schematisch darstellen (vgl. Abb. 8.1.1): Man nehme an, das System werde durch einen Parameter y (oder mehrere solcher Parameter) charakterisiert, der frei veränderlich sei (z.B. könnte das System aus Eis und Wasser bestehen, und y könnte die relative Konzentration des Eises angeben). Dann entspricht der Punkt a im Diagramm dem Maximum von S, und der stabile Gleichgewichtszustand des Systems entspricht

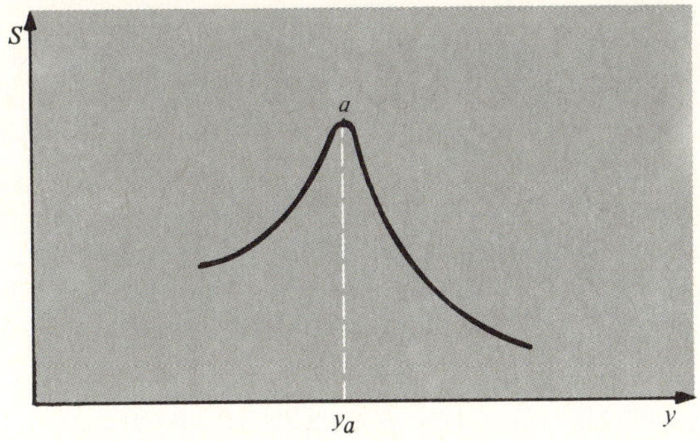

Abb. 8.1.1 Diagramm, das die Abhängigkeit der Entropie S von einem Parameter y zeigt.

einer Einstellung des Parameters y auf den Wert y_a. Hier erreicht S sein absolutes Maximum, so daß dieser Zustand einer absoluter Stabilität ist.

Beispiel 2: Eine kompliziertere Situation ist schematisch in Abb. 8.1.2 dargestellt. Hier entspricht der Punkt a einem lokalen Maximum von S. Also ist

---

1+) Dabei kennzeichnet Δ gemäß (3.1.4) die Differenz zwischen dem Gleichgewichtszustand, der sich nach Aufhebung der Nebenbedingungen einstellt und jenem, der vor Aufhebung dieser Nebenbedingungen vorlag.

kein spontaner Prozeß möglich, bei dem sich y von dem Wert y_a um relativ kleine Beträge entfernen könnte. Dieser Wert von y entspricht dann einer Situation relativen Gleichgewichts (oder metastabilen Gleichgewichts). Auf der anderen Seite ist es möglich, daß der Parameter y durch irgendeine *größere* Störung einen Wert in der näheren Umgebung von y_b erreichen könnte. Dann wird er sich dem Wert y_b nähern, für den die Entropie S ihr absolutes Maximum hat. Der Punkt b repräsentiert also eine Situation absolut stabilen Gleichgewichts.

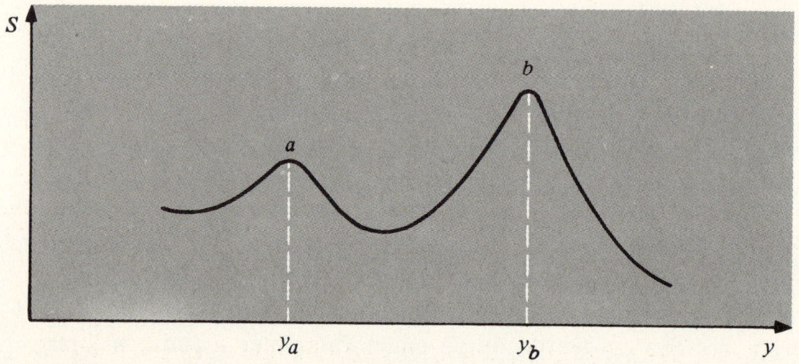

Abb. 8.1.2 Diagramm, das die Abhängigkeit der Entropie S von einem Parameter y zeigt, wenn die Möglichkeit eines metastabilen Gleichgewichts besteht.

In einem thermisch isolierten System der diskutierten Art folgt aus dem ersten Hauptsatz der Thermodynamik, daß

$$Q = 0 = W + \Delta\bar{E}$$

oder $$W = -\Delta\bar{E} \tag{8.1.4}$$

gilt.

Wenn die äußeren Parameter des Systems (z.B. sein Volumen) festgehalten werden, dann wird keine Arbeit geleistet

$$\bar{E} = \text{const.} \tag{8.1.5}$$

während S in Übereinstimmung mit (8.1.2) seinem Maximalwert zustrebt.

Das Argument, das zu (8.1.2) führte, kann besser in statistischen Begriffen ausgedrückt werden. Man nehme an, daß das isolierte System durch einen Parameter y (oder durch mehrere solcher Parameter) beschrieben werde, so daß seine Gesamtenergie konstant ist. $\Omega(y)$ bezeichne die dem System zugänglichen Zustände, wenn der Parameter einen gegebenen Wert zwischen y und $y + \delta y$ hat (δy ist ein kleines festes Intervall); die entsprechende Entropie des Systems ist dann definitionsgemäß $S(y) = k \ln \Omega(y)$. Wenn der Parameter y frei variieren kann, dann stellt das fundamentale statistische Postulat sicher, daß in einem Gleichgewichtszustand die

Wahrscheinlichkeit $P(y)$ dafür, das System mit einem Parameterwert zwischen y und $y + \delta y$ zu finden, durch

$$P(y) \sim \Omega(y) = e^{S(y)/k} \tag{8.1.6}$$

gegeben ist.

Gleichung (8.1.6) zeigt explizit, daß bei freier Einstellungsmöglichkeit y einem Wert $\tilde{y}$ zustrebt, für den $P(y)$ ein Maximum hat, d.h. für den S maximal ist. Im Gleichgewicht ist die relative Wahrscheinlichkeit für das Auftreten einer Fluktuation, bei der $y \neq \tilde{y}$ ist, gemäß (8.1.6) durch

$$\frac{P(y)}{P_{\text{Max}}} = e^{\Delta_m S/k} \tag{8.1.7}$$

gegeben, wobei $\Delta_m S = S(y) - S_{Max}$ ist.

Die Beziehungen (8.1.6) oder (8.1.7) stellen quantitativere Aussagen dar als die Behauptung (8.1.2), weil sie nicht nur beinhalten, daß das System dem Zustand mit $S = S_{\text{Max}}$ zustrebt, sondern weil sie auch erlauben, die Wahrscheinlichkeit für das Auftreten von Fluktuationen mit $S < S_{\text{Max}}$ zu berechnen.

Anmerkung: Wenn S nur von einem einzelnen Parameter y abhängt, dann tritt das Maximum bei einem Wert $y = \tilde{y}$ auf, der durch die Bedingung

$$\frac{\partial S}{\partial y} = 0$$

bestimmt ist. Entwicklung von S um sein Maximum ergibt

$$S(y) = S_{\text{Max}} + \frac{1}{2}\left(\frac{\partial^2 S}{\partial y^2}\right)(y - \tilde{y})^2 + \cdots$$

wobei die zweite Ableitung an der Stelle $y = \tilde{y}$ zu nehmen ist und negativ sein muß, weil S bei $y = \tilde{y}$ ein Maximum hat. Daher kann man schreiben $(\partial^2 S/\partial^2 y) = -|\partial^2 S/\partial^2 y|$ und erhält mit (8.1.6) den expliziten Ausdruck

$$\frac{P(y)}{P_{\text{Max}}} = \exp\left[-\frac{1}{2k}\left|\frac{\partial^2 S}{\partial y^2}\right|(y - \tilde{y})^2\right] \tag{8.1.8}$$

für die Wahrscheinlichkeit von Fluktuationen in der Nähe des Gleichgewichtszustandes bei $y = \tilde{y}$. Diese Wahrscheinlichkeit wird also durch eine Gauß-Verteilung mit dem Schwankungsquadrat

$$\overline{(y - \tilde{y})^2} = k\left|\frac{\partial^2 S}{\partial y^2}\right|^{-1}$$

beschrieben.

8.2 System in Kontakt mit einem Reservoir konstanter Temperatur

Nachdem man die Gleichgewichtsbedingung für ein isoliertes System kennt, kann man leicht ähnliche Bedingungen für andere physikalisch interessante Situationen ableiten. Zum Beispiel werden viele experimentelle Arbeiten bei konstanter Temperatur ausgeführt. Daher würden wir gerne die Gleichgewichtsbedingungen für ein System A untersuchen, das in thermischem Kontakt mit einem Wärmereservoir A' der konstanten absoluten Temperatur T_0 steht.

Das zusammengesetzte System $A^{(0)}$, das aus dem System A und dem Wärmereservoir A' besteht, ist ein isoliertes System von der im Abschnitt 8.1 diskutierten Art. Die Entropie $S^{(0)}$ von $A^{(0)}$ erfüllt dann die Bedingung (8.1.1), so daß für jeden spontanen Prozeß

$$\Delta S^{(0)} \geqslant 0 \tag{8.2.1}$$

gilt. Diese Bedingung kann leicht durch Größen ausgedrückt werden, die sich nur auf das interessierende System A beziehen. So gilt

$$\Delta S^{(0)} = \Delta S + \Delta S' \tag{8.2.2}$$

wobei ΔS die Entropieänderung von A und $\Delta S'$ die des Wärmereservoirs A' ist. Wenn aber A bei diesem Prozeß die Wärme Q vom Reservoir A' absorbiert, dann absorbiert A' die Wärmemenge $(-Q)$ und erfährt eine entsprechende Entropieänderung

$$\Delta S' = \frac{(-Q)}{T_0}$$

da es im Gleichgewicht bei der Temperatur T_0 bleibt. Darüberhinaus gilt der erste Hauptsatz

$$Q = \Delta \bar{E} + W$$

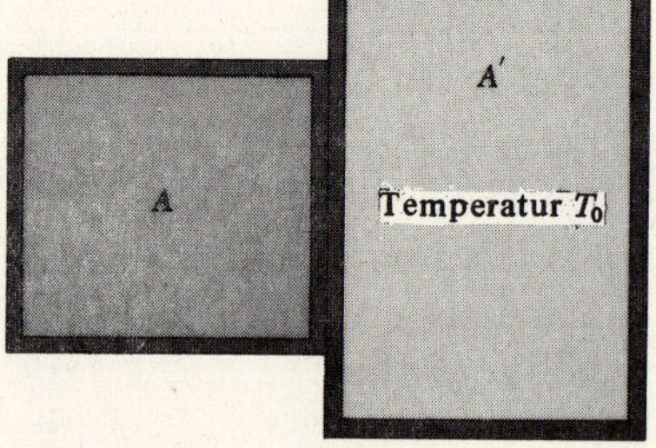

Abb. 8.2.1 Ein System A im Kontakt mit einem Wärmereservoir der Temperatur T_0

wobei $\Delta \bar{E}$ die Änderung der inneren Energie von A und W die von A in dem betrachteten Prozeß geleistete Arbeit ist. Also kann für (8.2.2) geschrieben werden

$$\Delta S^{(0)} = \Delta S - \frac{Q}{T_0} = \frac{T_0\,\Delta S - (\Delta \bar{E} + W)}{T_0} = \frac{\Delta(T_0 S - \bar{E}) - W}{T_0}$$

oder $$\Delta S^{(0)} = \frac{-\Delta F_0 - W}{T_0} \tag{8.2.3}$$

wobei wir die Tatsache benutzt haben, daß T_0 eine Konstante ist, und die Definition

$$F_0 \equiv \bar{E} - T_0 S \tag{8.2.4}$$

eingeführt haben. Dies reduziert sich zu der gewöhnlichen Helmholtzschen freien Energie $F = E - TS$ des Systems A, wenn letzteres eine Temperatur T hat, die gleich der des Wärmereservoirs A' ist. Natürlich ist im allgemeinen Fall, wenn A nicht im Gleichgewicht mit A' ist, seine Temperatur T nicht notwendigerweise gleich T_0.

Die gesamte Entropieänderung $\Delta S^{(0)}$ ist in (8.2.3) vollständig durch Größen ausgedrückt, die sich nur auf das System A beziehen [2+)]. Die fundamentale Bedingung (8.2.1) erlaubt uns dann, einige interessante Schlüsse zu ziehen. Da T_0 in allen gewöhnlichen Fällen positiv ist, erhält man aus (8.2.3)

$$-\Delta F_0 \geqslant W \tag{8.2.5}$$

Diese Relation beinhaltet, daß die *maximale* Arbeit, die ein System im Kontakt mit einem Wärmereservoir leisten kann, durch $(-\Delta F_0)$ gegeben ist. (Das ist der Grund dafür, daß F den Namen „freie Energie" hat). Die maximale Arbeit entspricht natürlich dem Gleichheitszeichen in (8.2.1) und wird gewonnen, wenn der benutzte Prozeß quasistatistisch ist (so daß A stets im Gleichgewicht mit A' ist). Gleichung (8.2.5) sollte mit der ziemlich verschiedenen Beziehung (8.1.4) verglichen werden, die für die Arbeit gilt, welche ein *isoliertes* System leistet.

Wenn die äußeren Parameter des Systems A (z.B. sein Volumen) festgehalten werden, dann ist $W = 0$ und (8.2.5) ergibt die Bedingung

$$\Delta F_0 \leqslant 0 \tag{8.2.6}$$

Diese Gleichung ist analog zu (8.1.1) für ein isoliertes System. Sie besagt, daß ein System in thermischem Kontakt mit einem Wärmereservoir die Tendenz zur *Abnahme* seiner freien Energie hat. So kommen wir zu der Feststellung:

> Wenn sich ein System, dessen äußere Parameter fest sind, in thermischem Kontakt befindet, dann ist der stabile Gleichgewichtszustand charakterisiert durch die Bedingung

▶ $$F_0 = \text{Minimum} \tag{8.2.7}$$

Diese letzte Bedingung kann wieder durch rein statistische Begriffe ausgedrückt werden. Man stelle sich die äußeren Parameter von A festgehalten vor, so daß $W = 0$ ist. Aus (8.2.3) wird dann

---

[2+)] Das gilt für quasistatische Prozesse, für die $T = T_0$ ist.

$$\Delta S^{(0)} = -\frac{\Delta F_0}{T_0} \tag{8.2.8}$$

Im Gleichgewicht ist die Wahrscheinlichkeit $P(y)$ dafür, den festgehaltenen Parameter zwischen y und $y + \delta y$ zu finden proportional zur Anzahl der dem gesamten isolierten System $A^{(0)}$ zugänglichen Zustände $\Omega^{(0)}(y)$, wenn der feste Parameter in diesem Bereich liegt. Damit hat man analog zu (8.1.6)

$$P(y, T) \sim e^{S(0)(y, T)/k} \tag{8.2.9}$$

Normierung ergibt die zu (8.1.7) analoge Gleichung

$$\frac{P(y, T)}{P_{\text{Max}}} = e^{\Delta_m S^{(0)}/k}$$

mit $\Delta_m S^{(0)} = S^{(0)}(y, T) - S^{(0)}_{max}(y, T_0) \equiv -\Delta S^{(0)}$. Da y beim Übergang nach Aufhebung der Nebenbedingungen fest ist, gilt für diesen Übergang $W = 0$. Mit (8.2.8) ergibt sich damit

$$\frac{P(y, T)}{P_{\text{Max}}} = e^{\Delta F_0 (y, T)/kT_0}$$

mit $\Delta F_0(y, T) = F_0(y, T_0) - F_0(y, T)$. Da y und T_0 feste Parameter sind, können die entsprechenden konstanten Summanden in die Proportionalitätskonstante gezogen werden:

$$P(y, T) \sim e^{-F_0(y, T)/kT_0} \tag{8.2.10}$$

Diese Beziehung zeigt unmittelbar, daß der wahrscheinlichste Zustand der ist, für den F_0 ein Minimum ist.

Anmerkung: Die Beziehung (8.2.10) ist natürlich mit der kanonischen Verteilung verwandt. Nach letzterer ist die gesuchte Wahrscheinlichkeit durch

$$P(y) \sim \sum_r e^{-\beta_0 E_r}, \qquad \beta_0 \equiv (kT_0)^{-1} \tag{8.2.11}$$

gegeben, wobei sich die Summe über Zustände erstreckt, für die der Parameter zwischen y und $y + \delta y$ liegt. Wenn $\Omega(E; y)$ die Anzahl der Zustände bezeichnet, für die der Parameter zwischen y und $y + \delta y$ und die Energie zwischen E und $E + \delta E$ liegt, dann wird aus der Beziehung (8.2.11)

$$P(y) \sim \sum_E \Omega(E; y)\, e^{-\beta_0 E}$$

wobei nunmehr die Summe über alle möglichen Energieintervalle zu nehmen ist. Der Summand hat als Funktion von E das übliche scharfe Maximum bei einem Wert $\bar{E}(y)$, der von y abhängt und gleich der mittleren Energie des Systems für diesen Wert von y ist. Daher tragen nur Terme in der Nähe dieses Maximums merklich zur Summe bei und

$$P(y) \sim \Omega(\bar{E}; y)\, e^{-\beta_0 \bar{E}(y)} = e^{S(y)/k - \beta_0 \bar{E}(y)} = e^{-\beta_0 F_0(y)}$$

8.3 System konstanten Drucks in Kontakt mit einem Reservoir konstanter Temperatur

Ein anderer Fall von physikalischem Interesse ist ein System A, das auf konstanter Temperatur und konstantem Druck gehalten wird. Dies ist eine Situation, die einem häufig im Labor begegnet, wenn man einen Versuch in einem Thermostaten bei atmosphärischem Druck ausführt. Eine Situation wie diese bedeutet, daß das System A in thermischem und mechanischem Kontakt mit einem Wärmereservoir A' steht, das konstante Temperatur T_0 und konstanten Druck p_0 hat. Das System A kann Wärme mit A' austauschen; aber dieses ist so groß, daß seine Temperatur T_0 unverändert bleibt. Ähnlich kann das System A auf Kosten des Reservoirs A' sein Volumen V ändern, wobei es während des Prozesses am Reservoir Arbeit leistet; aber wieder ist A' so groß, daß sein Druck von dieser relativ kleinen Volumenänderung unbeeinflußt bleibt.

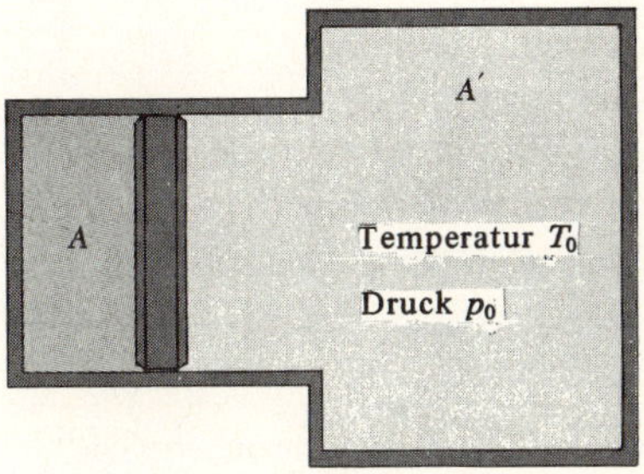

Abb. 8.3.1 Ein System A in Kontakt mit einem Reservoir A' bei konstanter Temperatur T_0 und konstantem Druck p_0,

Anmerkung: Das System A' kann ein einzelnes Reservoir sein, mit dem A sowohl durch Wärmetransport als auch durch mechanische Arbeit wechselwirken kann. Auf der anderen Seite kann A' eine Kombination von zwei Reservoiren sein, eines bei der Temperatur T_0, mit dem A nur durch Wärmetransport wechselwirken kann, und das andere bei dem Druck p_0, mit dem A nur durch mechanische Arbeit wechselwirken kann.

Die Analyse der Gleichgewichtsbedingungen für ein System A unter diesen Bedingungen ist der im letzten Abschnitt sehr ähnlich. Wiederum erfüllt die Entropie $S^{(0)}$ des kombinierten Systems $A^{(0)} = A + A'$ die Bedingung, daß bei irgendeinem spontanen Prozeß

$$\Delta S^{(0)} = \Delta S + \Delta S' \geqslant 0 \tag{8.3.1}$$

gilt. Wenn A die Wärme Q in diesem Prozeß von A' absorbiert, dann ist $\Delta S' = -Q/T_0$. Aber nun ergibt der erste Hauptsatz für A

$$Q = \Delta\bar{E} + p_0 \Delta V + W^*$$

wobei $p_0 \Delta V$ die Arbeit ist, die A gegen den konstanten Druck p_0 des Reservoirs A' leistet und wobei W^* jede andere Arbeit bezeichnet, die A bei diesem Prozeß leistet. (Zum Beispiel könnte sich W^* auf elektrische oder magnetische von A geleistete Arbeit beziehen.) Daher kann man schreiben

$$\Delta S^{(0)} = \Delta S - \frac{Q}{T_0} = \frac{1}{T_0}[T_0\,\Delta S - Q] = \frac{1}{T_0}[T_0\,\Delta S - (\Delta\bar{E} + p_0\,\Delta V + W^*)]$$

$$= \frac{1}{T_0}[\Delta(T_0 S - \bar{E} - p_0 V) - W^*]$$

oder $$\Delta S^{(0)} = \frac{-\Delta G_0 - W^*}{T_0} \qquad (8.3.2)$$

Hier haben wir die Tatsache benutzt, daß T_0 und p_0 konstant sind, und die Definition

$$G_0 \equiv \bar{E} - T_0 S + p_0 V \qquad (8.3.3)$$

eingeführt. Dies reduziert sich zu der üblichen freien Enthalpie $G = \bar{E} - TS + pV$ für das System A, wenn Temperatur und Druck des letzteren gleich denen vom Reservoir A' sind.

Die totale Entropieänderung $\Delta S^{(0)}$ in (8.3.2) ist für quasistatische Prozesse wieder vollständig durch Größen ausgedrückt, die sich nur auf System A beziehen. Die fundamentale Bedingung (8.3.1) bedeutet dann, daß

$$-\Delta G_0 \geqslant W^* \qquad (8.3.4)$$

Daraus folgt, daß die vom System geleistete maximale Arbeit *(ohne* die am Druckreservoir geleistete) durch $(-\Delta G_0)$ gegeben ist. Die maximale Arbeit entspricht wieder dem Gleichheitszeichen in (8.3.1) und gehört zu einem quasistatischen Prozeß.

Wenn alle äußeren Parameter von A *außer* seinem Volumen festgehalten werden, dann ist $W^* = 0$, und (8.3.4) liefert die Bedingung

$$\Delta G_0 \leqslant 0 \qquad (8.3.5)$$

Daraus schließt man

> Wenn ein System in Kontakt mit einem Reservoir konstanter Temperatur und konstanten Druckes ist, und wenn seine äußeren Parameter fest sind, so daß es nur Arbeit am Druckreservoir leisten kann, dann ist der stabile Gleichgewichtszustand charakterisiert durch die Bedingung

▶ $$G_0 = \text{Minimum} \qquad (8.3.6)$$

Diese letzte Bedingung kann wieder durch rein statistische Begriffe ausgedrückt werden. Die Wahrscheinlichkeit dafür, daß der Parameter y des Systems $A^{(0)}$ einen Wert zwischen y und $y + \delta y$ annimmt, ist durch

$$P(y, p, T) \sim e^{S^{(0)}(y,\,p,\,T)/k} \qquad (8.3.7)$$

gegeben. Dabei gehören die Parameter y zur Arbeit W^*. Da die y während des Überganges fest sind, gilt $W^* = 0$ und daher gemäß (8.3.2)

$$\Delta S^{(0)} = -\frac{\Delta G_0}{T_0} \tag{8.3.8}$$

wobei $\Delta G_0 = G_0(y, p_0, T_0) - G_0(y, p, T)$ ist. Wie im Abschnitt 8.2 für F_0 ergibt sich

$$P(y, p, T) \sim e^{-G_0(y,\, p,\, T)/kT_0} \tag{8.3.9}$$

Dies zeigt wieder explizit, daß der wahrscheinlichste Zustand der ist, für den G_0 ein Minimum ist. (8.3.9) gestattet die Berechnung der Wahrscheinlichkeit für Fluktuationen (Schwankungen) um dieses Gleichgewicht.

8.4 Stabilitätsbedingungen für eine homogene Substanz

Als ein einfaches Beispiel für die vorhergehende Diskussion betrachte man ein Einkomponentensystem in einer einzigen Phase (z.B. eine einfache Flüssigkeit oder einen Festkörper). Man betrachte einen kleinen aber makroskopischen Teil A des Systems, wobei A aus einer festen Zahl von Teilchen besteht. Der Rest des Systems ist dann relativ groß und wirkt wie ein Reservoir bei konstanter Temperatur T_0 und konstantem Druck p_0. Nach (8.3.5) ist die Bedingung für ein stabiles Gleichgewicht von A, daß für diesen Zustand die Funktion

$$G_0 \equiv \bar{E} - T_0 S + p_0 V = \text{Minimum} \tag{8.4.1}$$

minimal wird.

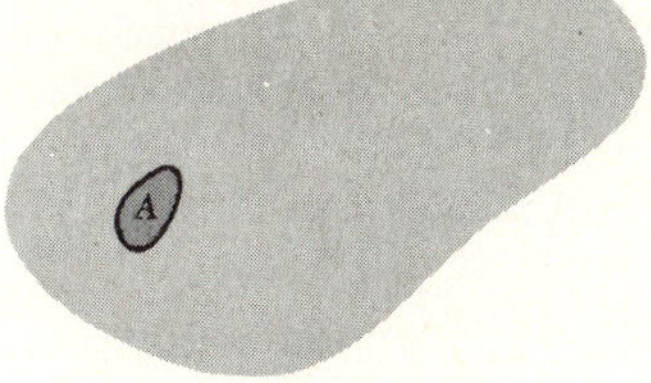

Abb. 8.4.1 Ein kleiner Teil A einer homogenen Substanz wird zur Betrachtung herausgegriffen, um die Bedingungen für ein stabiles Gleichgewicht zu prüfen.

Stabilität gegenüber Temperaturschwankungen. T und V seien die zwei unabhängigen Parameter, die den Makrozustand von A charakterisieren. Man betrachte zuerst eine Situation, bei der V festgehalten werden soll, die Temperatur dagegen variieren darf. Man nehme an, daß das Minimum von G_0 bei $T = \tilde{T}$ auftritt: $G_0 = G_{\text{Min}}$. Indem man G um dieses Minimum entwickelt und für $T - \tilde{T} \equiv \Delta T$ schreibt, erhält man

$$\Delta_m G_0 = G_0 - G_{\text{Min}} = \left(\frac{\partial G_0}{\partial T}\right)_V \Delta T + \frac{1}{2}\left(\frac{\partial^2 G_0}{\partial T^2}\right)_V (\Delta T)^2 + \cdots \tag{8.4.2}$$

Hier sind alle Ableitungen bei $T = \tilde{T}$ zu nehmen. Da G ein Minimum ist, muß in erster Näherung $\Delta_m G = 0$ sein, d.h. der Term erster Ordnung – proportional zu ΔT – muß verschwinden

$$\left(\frac{\partial G_0}{\partial T}\right)_V = 0, \quad \text{für } T = \tilde{T} \tag{8.4.3}$$

Die Tatsache, daß G_0 nicht nur stationär, sondern ein *Minimum* bei $T = \tilde{T}$ ist, erfordert, daß in zweiter Näherung, wenn der Term mit $(\Delta T)^2$ wichtig wird, gilt

$$\Delta_m G_0 \geqslant 0$$

$$\left(\frac{\partial^2 G_0}{\partial T^2}\right)_V \geq 0 \quad \text{für } T = \tilde{T} \tag{8.4.4}$$

(8.4.4) heißt Stabilitätsbedingung.

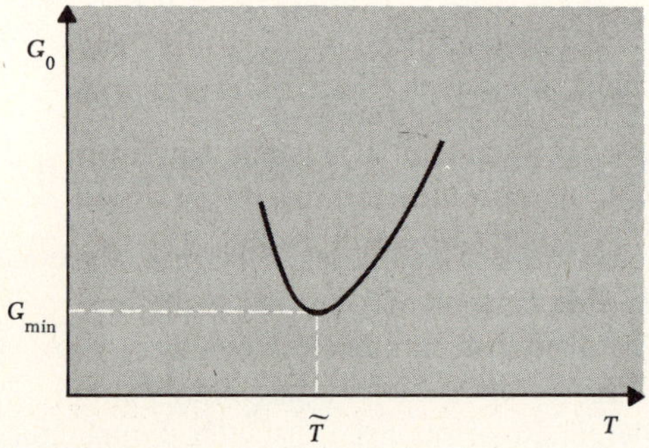

Abb. 8.4.2 Schematische Abhängigkeit von $G_0(T, V)$ von der Temperatur T bei festem Volumen V.

Unter Benutzung von (8.4.1) wird die Bedingung (8.4.3) dafür, daß G_0 stationär ist, wenn V konstant gehalten wird

$$\left(\frac{\partial G_0}{\partial T}\right)_V = \left(\frac{\partial \bar{E}}{\partial T}\right)_V - T_0\left(\frac{\partial S}{\partial T}\right)_V = 0 \tag{8.4.5}$$

Aus der fundamentalen thermostatischen Beziehung

$$T\,dS = d\bar{E} + \bar{p}\,dV \tag{8.4.6}$$

folgt, daß für konstantes Volumen $dV = 0$

$$T\left(\frac{\partial S}{\partial T}\right)_V = \left(\frac{\partial \bar{E}}{\partial T}\right)_V$$

gilt. Somit wird aus (8.4.5)

$$\left(\frac{\partial G}{\partial T}\right)_V = \left(1 - \frac{T_0}{T}\right)\left(\frac{\partial \bar{E}}{\partial T}\right)_V \tag{8.4.7}$$

Wenn man dies für $T = \tilde{T}$ gleich Null setzt, erhält man einfach

$$T = \tilde{T} = T_0 \tag{8.4.8}$$

Daher kommen wir zu dem einleuchtenden Schluß, daß eine notwendige Bedingung für das Gleichgewicht darin besteht, daß die Temperatur T des Unter-Systems A die gleiche ist, wie die des umgebenden Mediums.

Wir gehen jetzt zu den Gliedern zweiter Ordnung über, die die Bedingung (8.4.4) erfüllen, welche garantiert, daß G_0 tatsächlich ein Minimum ist. Aus (8.4.7) folgt

$$\left(\frac{\partial^2 G_0}{\partial T^2}\right)_V = \frac{T_0}{T^2}\left(\frac{\partial \bar{E}}{\partial T}\right)_V + \left(1 - \frac{T_0}{T}\right)\left(\frac{\partial^2 \bar{E}}{\partial T^2}\right)_V \geq 0$$

Wenn dies am Minimum von G ausgewertet wird, für das wegen (8.4.8) $T = T_0$ ist, so verschwindet der zweite Term, und man erhält einfach

$$\left(\frac{\partial \bar{E}}{\partial T}\right)_V \geq 0 \tag{8.4.9}$$

Aber das ist gerade die Wärmekapazität C_V bei konstantem Volumen. Also

▶ $$C_V \geqslant 0 \tag{8.4.10}$$

Die Bedingung (8.4.9) oder (8.4.10) ist bereits früher in (3.7.16) oder (6.5.8) abgeleitet worden. Diese fundamentale Ungleichung garantiert die innere Stabilität jeder Phase.

Die Bedingung (8.4.10) ist physikalisch sehr vernünftig. In der Tat muß die folgende Aussage, die als „Le Châteliersches Prinzip" bekannt ist, ganz allgemein gültig sein:

▶ Wenn ein System im stabilen Gleichgewicht ist, dann muß jede spontane Änderung seiner Parameter zu einem Prozeß führen, welcher die Tendenz hat, das System wieder ins Gleichgewicht zu bringen.

Wäre diese Behauptung nicht richtig, dann würde die leichteste Fluktuation, die zu einer Abweichung vom Gleichgewicht führt, zu einem Anwachsen dieser Abweichung führen, so daß das System deutlich instabil wäre. Um das Prinzip am gegenwärtigen Beispiel zu verdeutlichen, nehme man an, daß die Temperatur T des Untersystems A über der Umgebung A' infolge einer spontanen Fluktuation angewachsen ist. Dann ist der entstehende Prozeß ein Wärmetransport vom System A mit der höheren Temperatur zur Umgebung A' und eine daraus resultierende Abnahme der Energie $\bar{E}$ von A (d.h. $\Delta\bar{E} < 0$). Aber die Stabilitätsbedingung, die sich im Le Châtelierschen Prinzip ausdrückt, erfordert, daß dieser Prozeß, der durch den anfänglichen Temperaturanstieg ausgelöst wurde, so verläuft, daß die Temperatur wieder abnimmt (d.h. $\Delta T < 0$). Hieraus folgt, daß $\Delta\bar{E}$ und ΔT das gleiche Vorzeichen haben müssen, d.h., daß $\partial\bar{E}/\partial T > 0$ ist, was in Übereinstimmung mit (8.4.9) steht.

Stabilität gegenüber Volumenschwankungen. Man nehme an, daß die Temperatur des Untersystems A bei $T = T_0$ festgehalten werde, aber daß sein Volumen V variieren darf. Dann kann man schreiben

$$\Delta_m G_0 \equiv G_0 - G_{\text{Min}} = \left(\frac{\partial G_0}{\partial V}\right)_T \Delta V + \frac{1}{2}\left(\frac{\partial^2 G_0}{\partial V^2}\right)_T (\Delta V)^2 + \cdots \tag{8.4.11}$$

wobei $\Delta V \equiv V - \tilde{V}$ ist und um die Stelle $V = \tilde{V}$ entwickelt wird, an der G_0 ein Minimum hat. Eine notwendige Bedingung für dieses Minimum ist

$$\left(\frac{\partial G_0}{\partial V}\right)_T = 0 \tag{8.4.12}$$

Mit der Definition (8.4.1) wird

$$\left(\frac{\partial G_0}{\partial V}\right)_T = \left(\frac{\partial \bar{E}}{\partial V}\right)_T - T_0\left(\frac{\partial S}{\partial V}\right)_T + p_0$$

Aber wegen (8.4.6) gilt

$$T\left(\frac{\partial S}{\partial V}\right)_T = \left(\frac{\partial \bar{E}}{\partial V}\right)_T + \bar{p}$$

Also $$\left(\frac{\partial G_0}{\partial V}\right)_T = T\left(\frac{\partial S}{\partial V}\right)_T - \bar{p} - T_0\left(\frac{\partial S}{\partial V}\right)_T + p_0$$

oder $$\left(\frac{\partial G_0}{\partial V}\right)_T = -\bar{p} + p_0 \tag{8.4.13}$$

da $T = T_0$. Die Bedingung (8.4.12) besagt, daß im Gleichgewicht $(V = \tilde{V})$

$$\bar{p} = p_0 \tag{8.4.14}$$

gilt. Das ist wieder ein ziemlich augenfälliges Ergebnis, das sicherstellt, daß im Gleichgewicht der Druck des Untersystems A gleich dem des umgebenden Mediums ist.

Die Bedingungen dafür, daß G tatsächlich ein Minimum ist, lautet $\Delta_m G_0 \geqslant 0$; oder wegen (8.4.11), daß die zweite Ableitung von G_0 positiv ist. Aus (8.4.13) ergibt sich

$$\left(\frac{\partial^2 G_0}{\partial V^2}\right)_T = -\left(\frac{\partial \bar{p}}{\partial V}\right)_T \geq 0 \tag{8.4.15}$$

Ausgedrückt durch die isotherme Kompressibilität, die durch

$$\kappa = -\frac{1}{V}\left(\frac{\partial V}{\partial \bar{p}}\right)_T \tag{8.4.16}$$

definiert ist, ist die Bedingung (8.4.15) gleichwertig mit

▶ $$\kappa \geqslant 0 \tag{8.4.17}$$

Die Stabilitätsbedingung (8.4.15) ist wiederum ein physikalisch vernünftiges Ergebnis, das mit dem Le Châtelierschen Prinzip in Einklang steht. Man nehme an, daß das Volumen des Untersystems A um den Betrag ΔV als Ergebnis einer Fluktuation angewachsen sei. Der Druck $\bar{p}$ von A muß dann unter den seiner Umgebung absinken (d.h., $\Delta p < 0$), um zu garantieren, daß die resultierende Kraft, die auf A von seiner Umgebung ausgeübt wird, so gerichtet ist, daß sie das Volumen auf seinen früheren Wert zu reduzieren sucht.

Dichteschwankungen. Die vorangegangenen Überlegungen erlauben es, auch die Volumenschwankungen des kleinen Untersystems A zu berechnen. Der wahrscheinlichste Zustand ist der, bei dem G_0 ein Minimum ist: $G_0(\tilde{V}) = G_{\text{Min}}$. $\mathcal{P}(V)\,dV$ sei die Wahrscheinlichkeit dafür, daß das Volumen von A zwischen V und $V + dV$ liegt. Dann hat man wegen (8.3.9)

$$\mathcal{P}(V)\,dV \sim e^{-G_0(V)/kT}\,dV \tag{8.4.18}$$

Wenn aber $\Delta V \equiv V - \tilde{V}$ klein ist, kann man die Entwicklung (8.4.11) anwenden. Wegen (8.4.12) und (8.4.15) ergibt das

$$G_0(V) = G_{\text{Min}} - \frac{1}{2}\left(\frac{\partial \bar{p}}{\partial V}\right)_T (\Delta V)^2 = G_{\text{Min}} + \frac{(\Delta V)^2}{2\tilde{V}\kappa}$$

wobei wir die Definition (8.4.16) im letzten Schritt benutzt haben. Also wird aus (8.4.18)

$$\mathcal{P}(V)\,dV = B \exp\left[-\frac{(V - \tilde{V})^2}{2kT_0\tilde{V}\kappa}\right] dV \tag{8.4.19}$$

wobei wir G_{Min} in den Proportionalitätsfaktor B gesteckt haben. Dieser Faktor kann natürlich durch die Normierungsbedingung bestimmt werden, nämlich dadurch, daß das Integral von (8.4.19) über alle möglichen Werte des Volumens V gleich Eins sein muß [3*].

Die Wahrscheinlichkeit (8.4.19) ist einfach eine Gaußverteilung mit einem Maximum bei $V = \tilde{V}$. Also ist $\tilde{V}$ auch gleich dem mittleren Volumen $\bar{V}$, und das allgemeine Ergebnis (1.6.9) besagt, daß aus (8.4.19) das Schwankungsquadrat des Volumens ablesbar ist:

$$\overline{(\Delta V)^2} \equiv \overline{(V - \tilde{V})^2} = kT_0\tilde{V}\kappa \tag{8.4.20}$$

Das Vorhandensein solcher Volumenschwankungen in einer kleinen Materiemenge mit einer festen Teilchenzahl N bedeutet natürlich entsprechende Fluktuationen in der Anzahl von Molekülen pro Volumeneinheit $n = N/V$ (und somit in der Massendichte der Substanz). Die Fluktuationen von n treten um den Wert $\tilde{n} = N/\tilde{V}$ auf, und für relativ kleine Werte von $\Delta n \equiv n - \tilde{n}$ gilt $\Delta n = -(N/\tilde{V}^2)\,\Delta V = (\tilde{n}/\tilde{V})\Delta V$. Daher ergibt (8.4.20) für das Schwankungsquadrat der Dichte

$$\overline{(\Delta n)^2} = \left(\frac{\tilde{n}}{\tilde{V}}\right)^2 \overline{(\Delta V)^2} = \tilde{n}^2\left(\frac{kT_0}{\tilde{V}}\kappa\right) \tag{8.4.21}$$

Man beachte, daß dieses Ergebnis von der Größe des betrachteten Volumens $\tilde{V}$ abhängt.

Ein interessanter Fall tritt auf, wenn

[3*] Dieses Integral kann von $V = -\infty$ bis $V = +\infty$ ausgedehnt werden, da der Integrand (8.4.19) vernachlässigbar wird, wenn V merklich von dem Wert $\tilde{V}$ abweicht, bei dem $\mathcal{P}$ sein Maximum hat.

$$\left(\frac{\partial \bar{p}}{\partial V}\right)_T \rightarrow 0 \tag{8.4.22}$$

Dann geht $\kappa \rightarrow \infty$ und die Dichteschwankungen werden sehr groß [4*]. Die Bedingung $(\partial \bar{p}/\partial V)_T = 0$ definiert den sogenannten „kritischen Punkt" der Substanz. Die großen Dichteschwankungen an diesem Punkt führen zu einer sehr starken Lichtstreuung. Als Folge davon wird eine Substanz, die transparent ist, ein milchig-weißes Aussehen an ihrem kritischen Punkt annehmen (z.B. wenn sich flüssiges CO_2 seinem kritischen Punkt bei $T = 304$ K und $\bar{p} = 73$ bar nähert). Dieses eindrucksvolle Phänomen ist als „Opaleszenz am kritischen Punkt" bekannt.

Anmerkung: Das Ergebnis (8.4.19), das für konstante Temperatur bewiesen wurde, bleibt sogar gültig, wenn man T und V gleichzeitig variieren läßt (vgl. Aufgabe 8.1). Deswegen ist diese Diskussion der Dichteschwankungen auf den wirklich experimentell interessierenden Fall anwendbar.

Gleichgewicht zwischen Phasen

8.5 Gleichgewichtsbedingungen und die Clausius-Clapeyronsche Gleichung

Man betrachte ein Einkomponentensystem, das aus zwei Phasen besteht, die wir mit 1 und 2 bezeichnen wollen. Zum Beispiel kann das ein fester Körper und eine Flüssigkeit, oder eine Flüssigkeit und ein Gas sein. Wir nehmen an, daß das System im Gleichgewicht mit einem Reservoir bei konstanter Temperatur T und konstantem Druck p ist. Das System kann in jeder seiner beiden möglichen Phasen existieren oder in einer Mischung der beiden. Wir wollen zunächst die Bedingungen dafür suchen, daß die zwei Phasen miteinander im Gleichgewicht existieren können.

In Übereinstimmung mit der Diskussion im Abschnitt 8.3 besteht die Gleichgewichtsbedingung darin, daß die freie Enthalpie G des Systems ein Minimum hat

$$G = E - TS + pV = \text{Minimum} \tag{8.5.1}$$

Es sei ν_i = Anzahl der Mole der i-ten Phase des Systems $g_i(T, p)$ = freie Enthalpie pro Mol der i-ten Phase bei der Temperatur T und dem Druck p.

[4*] Sie werden nicht unendlich, da die Näherungen, die uns in (8.4.11) Glieder höherer Ordnung als $(\Delta V)^2$ vernachlässigen ließen, nicht mehr länger zu rechtfertigen sind.

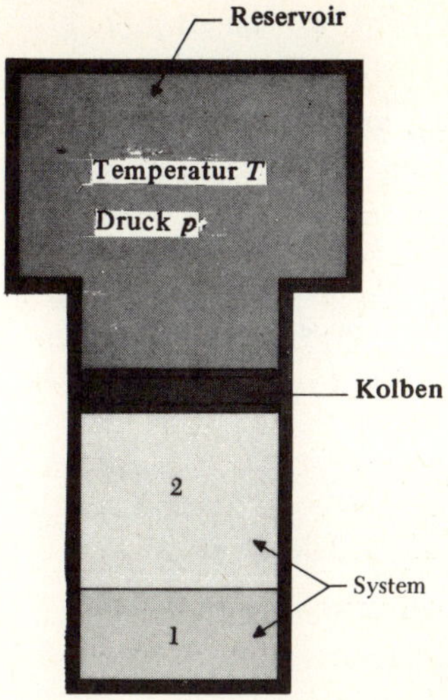

Abb. 8.5.1 Ein System aus zwei Phasen wird bei konstanter Temperatur und konstantem Druck gehalten

Da G eine extensive Größe ist, gilt

$$G = \nu_1 g_1 + \nu_2 g_2 \tag{8.5.2}$$

Der Massenerhaltungssatz für dieses zweiphasige Einkomponentensystem lautet

$$\nu_1 + \nu_2 = \nu = \text{const.} \tag{8.5.3}$$

Somit kann man ν_1 als unabhängigen frei variablen Parameter nehmen. Im Gleichgewicht verlangt (8.5.1), daß G stationär gegenüber Änderungen in ν_1 ist, also

$$dG = g_1\, d\nu_1 + g_2\, d\nu_2 = 0$$

oder $\quad (g_1 - g_2)\, d\nu_1 = 0$

da wegen (8.5.3) $d\nu_2 = -d\nu_1$ ist. Daher erhalten wir als notwendige Bedingung für das Gleichgewicht

▶ $$g_1 = g_2 \tag{8.5.4}$$

Wenn diese Bedingung erfüllt ist, dann ändert offensichtlich der Übergang von einem Mol Substanz von einer Phase in die andere nichts am Wert von G in (8.5.2); dann ist also G, – wie gefordert – stationär.

Anmerkung: Man könnte weiter gehen und die Bedingungen dafür untersuchen, daß G tatsächlich ein Minimum ist, aber das würde nichts von besonderem Interesse liefern, außer den Bedingungen, daß die Wärmekapazität und Kompressibilität beider Phasen positiv sein müssen, um die Stabilität jeder Phase zu garantieren (wie im Abschnitt 8.4 gezeigt).

Wir wollen das Gleichgewicht zwischen den beiden Phasen eines Einkomponentensystems betrachten. Sind T und p gegeben, so ist $g_1\,(T, p)$ eine wohldefinierte

Funktion, die die Eigenschaften von Phase 1 charakterisiert; ähnlich ist $g_2(T, p)$ charakteristisch für Phase 2.

Sind T und p so, daß $g_1 > g_2$ ist, dann erreicht G sein Minimum, wenn die gesamte Substanz in Phase 2 übergeht, so daß $G = \nu g_2$. Phase 2 ist dann die stabile.

Sind T und p so, daß $g_1 = g_2$ ist, dann ist die Bedingung (8.5.4) erfüllt, und jede beliebige Menge ν_1 der Phase 1 kann im Gleichgewicht mit der restlichen Menge $\nu_2 = \nu - \nu_1$ Phase 2 koexistieren. Der Wert von G bleibt unverändert, wenn ν_1 variiert wird. Der geometrische Ort aller Punkte (T, p), für welche die Bedingung (8.5.4) erfüllt ist, stellt dann die „Phasen-Gleichgewichtskurve" dar, längs derer die beiden Phasen im Gleichgewicht koexistieren können. Diese Kurve für die $g_1 = g_2$ ist, teilt die pT-Ebene in zwei Gebiete: in einem ist $g_1 < g_2$, so daß Phase 1 stabil ist, während im anderen $g_1 > g_2$ ist, so daß 2 die stabile Phase ist.

Es ist möglich, die Phasengleichgewichtskurve durch eine Differentialgleichung zu beschreiben. Man betrachte in Abb. 8.5.2 irgendeinen Punkt A auf der Phasengleichgewichtskurve mit der zugehörigen Temperatur T und dem Druck p. Die Bedingung (8.5.4) verlangt dann, daß

$$g_1(T, p) = g_2(T, p) \tag{8.5.5}$$

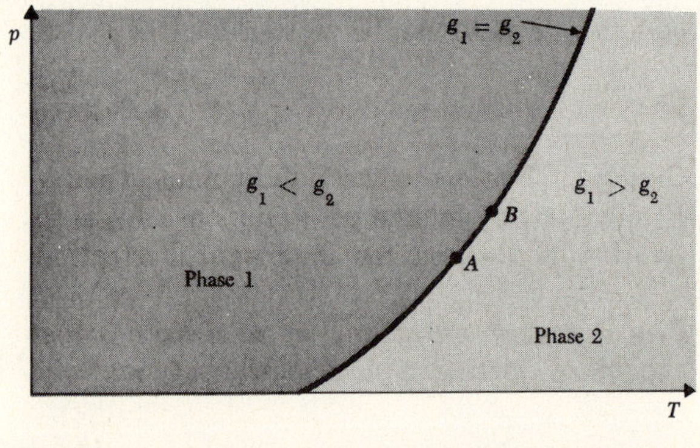

Abb. 8.5.2 Druck–Temperatur-Diagramm, das die Bereiche relativer Stabilität zweier Phasen und die Phasengleichgewichtskurve zeigt.

gilt. Man betrachte nun einen benachbarten Punkt B, der ebenfalls auf der Phasengleichgewichtskurve liegt und zur Temperatur $T + dT$ und dem Druck $p + dp$ gehört. Dann erfordert die Bedingung (8.5.4), daß

$$g_1(T + dT, p + dp) = g_2(T + dT, p + dp) \tag{8.5.6}$$

gilt. Indem man (8.5.5 von (8.5.6) subtrahiert erhält man die Bedingung

$$dg_1 = dg_2 \tag{8.5.7}$$

wobei $dg_i = \left(\frac{\partial g_i}{\partial T}\right)_p dT + \left(\frac{\partial g_i}{\partial p}\right)_T dp$

die Änderung der freien Enthalpie pro Mol für die Phase i darstellt, wenn sie vom Punkt A zum Punkt B übergeht.

Die Änderung dg für jede Phase kann man auch erhalten, wenn man die Fundamentalgleichung der Thermostatik benutzt

$$d\epsilon = Tds - pdv$$

die die Änderung der mittleren molaren Energie ϵ dieser Phase ausdrückt. Also

$$dg \equiv d(\epsilon - Ts + pv) = -s\,dT + v\,dp \tag{8.5.8}$$

Damit wird aus (8.5.7)

$$-s_1\,dT + v_1\,dp = -s_2\,dT + v_2\,dp$$

$$(s_2 - s_1)\,dT = (v_2 - v_1)\,dp$$

oder
$$\frac{dp}{dT} = \frac{\Delta s}{\Delta v} \tag{8.5.9}$$

wobei $\Delta s \equiv s_1 - s_2$ und $\Delta v \equiv v_2 - v_1$ ist. Dies ist die „Clausius-Clapeyronsche Gleichung". Man betrachte irgendeinen Punkt auf der Phasengleichgewichtskurve bei der Temperatur T und dem entsprechenden Druck p. (8.5.9) stellt eine Beziehung zwischen dem Anstieg der Phasengleichgewichtskurve in diesem Punkt dar und der Entropie- bzw. Volumenänderung (Δs bzw. Δv) der Substanz beim „Überqueren der Kurve" an diesem Punkt, d.h. bei einem Phasenübergang bei der Temperatur T und dem Druck p. (Beachte, daß die Größen auf der rechten Seite von (8.5.9) sich nicht auf ein Mol der Substanz beziehen müssen; sowohl der Zähler als auch der Nenner können mit der gleichen Molzahl multipliziert werden, wobei dp/dT offensichtlich unverändert bleibt.)

Da mit dem Phasenübergang eine Entropieänderung verbunden ist, muß auch gemäß (3.9.7) Wärme absorbiert werden. Diese „Latente Wärme" L_{12} ist als die Wärme definiert, die absorbiert wird, wenn eine gegebene Menge der Phase 1 in die Phase 2 übergeht. Da der Prozeß bei konstanter Temperatur T stattfindet, ist die entsprechende Entropieänderung einfach

$$\Delta S = S_2 - S_1 = \frac{L_{12}}{T} \tag{8.5.10}$$

wobei L_{12} die latente Wärme bei dieser Temperatur ist. Damit kann man für die Clausius-Clapeyronsche Gleichung (8.5.9) schreiben

▶
$$\frac{dp}{dT} = \frac{\Delta S}{\Delta V} = \frac{L_{12}}{T\,\Delta V} \tag{8.5.11}$$

Bezieht sich V auf das Molvolumen, dann ist natürlich L_{12} die latente Wärme pro Mol; bezieht sich V auf das Volumen pro Gramm, dann ist L_{12} die latente Wärme pro Gramm.

Wir wollen einige wichtige Beispiele behandeln.

Phasenübergang einer einfachen Substanz. Einfache Substanzen können in drei verschiedenen Phasen existieren: fest, flüssig und gasförmig. (Es kann auch mehrere feste Phasen mit verschiedenen Kristallstrukturen geben.) Abb. 8.5.3 zeigt die typischen Phasengleichgewichtskurven, die diese Phasen trennen. Diese Kurven trennen die Gebiete fest und flüssig, flüssig und gasförmig und fest und gasförmig [5*]. Die drei Kurven treffen sich in einem Punkt *A*, dem „Tripelpunkt"; bei diesen eindeutigen Temperatur- und Druckwerten können daher beliebige Mengen *aller*

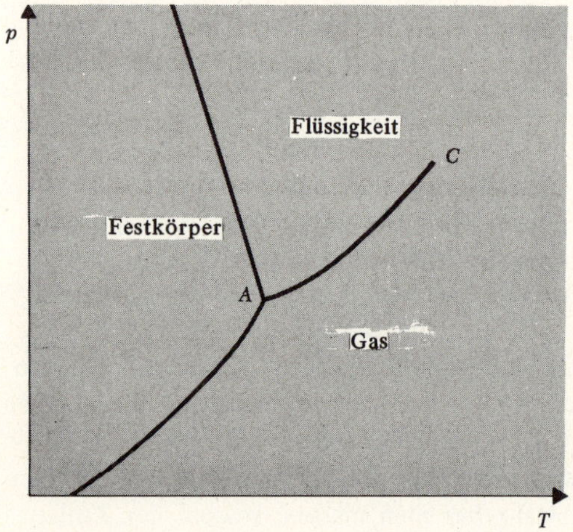

Abb. 8.5.3 Phasendiagramm für eine eineinfache Substanz, Punkt *A* ist der Tripelpunkt, Punkt *C* der kritische Punkt.

drei Phasen im Gleichgewicht koexistieren. (Gerade diese Eigenschaft macht den Tripelpunkt des Wassers so geeignet als einfach reproduzierbaren Temperaturstandard.) Am Punkt *C*, dem sogenannten „kritischen Punkt", endet die Gleichgewichtskurve zwischen dem Gebiet der Flüssigkeit und dem des Gases. Die Volumenänderung ΔV beim Phasenübergang zwischen Flüssigkeit und Gas hat sich hier dem Wert Null genähert; jenseits von *C* gibt es keine weitere Phasenumwandlung, da dort nur eine Phase existiert (das sehr dichte Gas ist ununterscheidbar von der wenig dichten Flüssigkeit geworden).

Geht man von fest *(s)* zu flüssig *(l)* über, so wächst die Entropie der Substanz (oder der Grad der Unordnung) fast immer an [6*]. Daher ist die entsprechende latente Wärme positiv, und es wird bei der Umwandlung Wärme absorbiert. In den meisten Fällen dehnt sich der Festkörper beim Schmelzen aus, so daß $\Delta V > 0$ ist. In diesem Fall stellt die Clausius-Clapeyronsche Gleichung sicher, daß der Anstieg der Schmelzkurve positiv ist. Es gibt einige Substanzen, z.B. Wasser, die sich beim Schmelzen zusammenziehen, so daß $\Delta V < 0$. Für diese muß also der Anstieg der Schmelzkurve negativ sein (wie in Abb. 8.5.3).

[5*] Die Gasphase heißt manchmal auch „Dampfphase". Die Umwandlung von fest in flüssig heißt „Schmelzen", die von flüssig in gasförmig „Verdampfen" und die von fest in gasförmig „Sublimation".

[6*] Einen Ausnahmefall stellt festes He^3 in einem gewissen Temperaturbereich dar, indem die Kernspins des festen Körpers beliebig orientiert sind, während sie in der Flüssigkeit antiparallel zueinander ausgerichtet sind, um so die Fermi-Dirac-Statistik zu erfüllen.

Näherungsweise Berechnung des Dampfdruckes. Die Clausius-Clapeyronsche Gleichung kann benutzt werden, um einen Näherungsausdruck für den Druck eines Dampfes abzuleiten, der sich im Gleichgewicht mit der Flüssigkeit (oder der festen Phase) bei der Temperatur T befindet. Aus (8.5.11) folgt

$$\frac{dp}{dT} = \frac{l}{T\,\Delta v} \tag{8.5.12}$$

wobei $l \equiv l_{12}$ die latente Wärme pro Mol und v das Molvolumen ist. 1 soll sich auf die flüssige (oder feste) Phase und 2 auf den Dampf beziehen. Dann ist

$$\Delta v = v_2 - v_1 \approx v_2$$

da der Dampf weit weniger dicht als die Flüssigkeit ist, so daß $v_2 \gg v_1$ gilt. Wir wollen weiter annehmen, daß der Dampf hinreichend als ideales Gas behandelt werden kann, so daß seine Zustandsgleichung einfach

$$pv_2 = RT$$

ist. Dann ist $\Delta v = RT/p$ und aus (8.5.12) wird

$$\frac{1}{p}\frac{dp}{dT} = \frac{l}{RT^2} \tag{8.5.13}$$

Außerdem soll l näherungsweise temperaturunabhängig sein. Dann kann (8.5.13) unmittelbar integriert werden

$$\ln p = -\frac{l}{RT} + \text{constant}$$

oder $$p = p_0 e^{-l/RT} \tag{8.5.14}$$

wobei p_0 eine Konstante ist. Dies zeigt, daß der Dampfdruck p eine sehr rasch wachsende Funktion von T ist, wobei die Temperaturabhängigkeit durch den Wert der latenten Verdampfungswärme bestimmt ist.

8.6 Phasenübergänge und Zustandsgleichung

Man betrachte ein Einkomponentensystem und nehme an, daß die Zustandsgleichung für ein Mol dieser Substanz

$$p = p(v, T) \tag{8.6.1}$$

(dank theoretischer Überlegungen oder aus empirischen Informationen) für einen Variablenbereich bekannt sei, in dem die Substanz gasförmig oder flüssig ist. Z.B. könnte die Zustandsgleichung die in (5.8.13) erwähnte van der Waals-Gleichung sein, d.h.

$$\left(p + \frac{a}{v^2}\right)(v - b) = RT$$

Die Zustandsgleichung (8.6.1) kann in einem zweidimensionalen Diagramm dargestellt werden, indem man für verschiedene Werte der Temperatur T eine Anzahl von Kurven des mittleren Druckes p über dem molaren Volumen v aufzeichnet. Ein solches Diagramm ist schematisch in Abb. 8.6.1 dargestellt [7*].

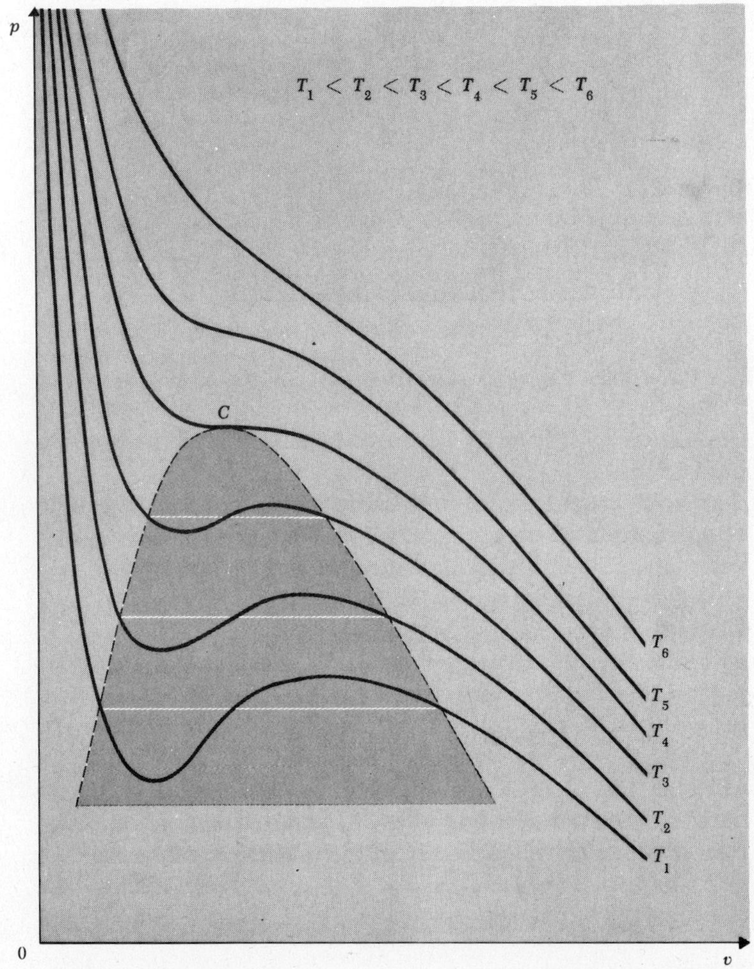

Abb. 8.6.1 Schematische Darstellung einer Schar von Kurven konstanter Temperatur für eine Zustandsgleichung (8.6.1). C ist der kritische Punkt. In dem dunkleren Gebiet können Gemische zweier Phasen längs der horizontalen Linien existieren.

[7*] Nach Multiplikation mit v^2 wird deutlich, daß die van der Waals-Gleichung kubisch in v ist. Somit gibt es auch s-förmige Kurven des in Abb. 8.6.1 dargestellten Typs.

Man denke sich das System, das durch (8.6.1) beschrieben wird, mit einem Reservoir bei gegebener Temperatur T und gegebenem Druck p in Kontakt gebracht. Die intensiven Parameter T und p können als unabhängige Variable des Problems gewählt werden. Man betrachte eine bestimmte Kurve konstanter Temperatur („Isotherme") der Zustandsgleichung (8.6.1). Eine Kurve dieses Typs ist in Abb. 8.6.2 dargestellt und enthält eine Fülle von Information. Ist bei gegebener Temperatur T der Druck genügend niedrig ($p < p_1$), so folgt aus der Kurve ein eindeutiger Wert von v. Es existiert dann eine wohldefinierte einzelne Phase. Der Anstieg der Kurve $\partial p/\partial v \leqslant 0$ ist – wie von der Stabilitätsbedingung (8.4.15) verlangt wird – negativ. Ebenfalls ist $|\partial p/\partial v|$ relativ klein, so daß die Kompressibilität dieser Phase relativ groß ist, wie es für eine gasförmige Phase der Fall wäre.

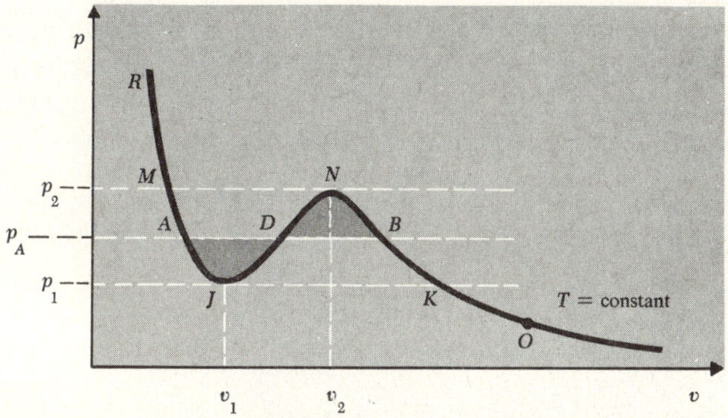

Abb. 8.6.2 Graphische Darstellung der Zustandsgleichung (8.6.1) für eine bestimmte Temperatur T (Isotherme).

Wenn bei der gegebenen Temperatur T der Druck genügend hoch ist ($p > p_2$) dann gibt es wieder eine einzige Phase mit einem eindeutigen Wert von v. Die Stabilitätsbedingung $\partial p/\partial v \leqslant 0$ ist wieder erfüllt, aber $|\partial p/\partial v|$ ist relativ groß. Daher ist die Kompressibilität in dieser Phase relativ klein, wie es für eine flüssige Phase der Fall wäre.

Nun betrachte man den mittleren Druckbereich $p_1 < p < p_2$. Bei der gegebenen Temperatur T gibt es jetzt für jeden Druck p drei mögliche Werte des Volumens v. Die Frage ist, welcher Wert von v dem stabilen Zustand entspricht. Wir sehen sofort, daß die Stabilitätsbedingung $\partial p/\partial v \leqslant 0$ in dem Bereich $v_1 < v < v_2$, in dem die Kurve einen positiven Anstieg hat, verletzt ist. Also sind die Werte von v in diesem Bereich sicher ausgeschlossen, da sie zu instabilen Zuständen gehören würden. Allerdings bleiben dann noch zwei v-Werte übrig, zwischen denen man aufgrund der relativen Stabilität zu entscheiden hat. Anhand des Diagramms muß man fragen, welcher der stabilere Zustand ist, der mit $v = v_A$ oder der mit $v = v_B$. Diese Frage reduziert sich dann – dank der Diskussion in Abschnitt 8.3 – auf eine Untersuchung der Werte der molaren freien Energien $g_A(T, p)$ und $g_B(T, p)$.

Änderungen der Funktion $g \equiv \epsilon - Ts + pv$ können leicht längs der Kurve konstanter Temperatur in Abb. 8.6.2 berechnet werden. Aus der allgemeinen thermostatischen Beziehung

$$T\,ds = d\epsilon + p\,dv$$

folgt unmittelbar, daß für eine Druckänderung (bei konstantem T)

$$dg = d(\epsilon - Ts + pv) = v\,dp \tag{8.6.2}$$

gilt. Differenzen zwischen g an einem beliebigen Punkt der Kurve von Abb. 8.6.2 und irgendeinem festen Bezugspunkt 0 sind dann gegeben durch

$$g - g_0 = \int_{p_0}^{p} v\,dp \tag{8.6.3}$$

Die rechte Seite stellt geometrisch die Fläche zwischen der Kurve und der p-Achse im Bereich zwischen p_0 und p dar. Wenn man vom Punkt 0 ausgeht und das Integral (8.6.3) längs der Kurve ausrechnet (s. Abb. 8.6.2), dann nimmt der Wert dieses Integrals zunächst zu, bis man den Punkt N erreicht hat, dann nimmt er ab bis zum Punkt J, um wieder anzuwachsen, wenn man in Richtung des Punktes M fortfährt. Daher sieht eine Kurve von $g(T, p)$ über p längs der Isotherme ungefähr so aus wie in Abb. 8.6.3 dargestellt. Die Punkte auf dieser Kurve sind entsprechend denen von Abb. 8.6.2 indiziert).

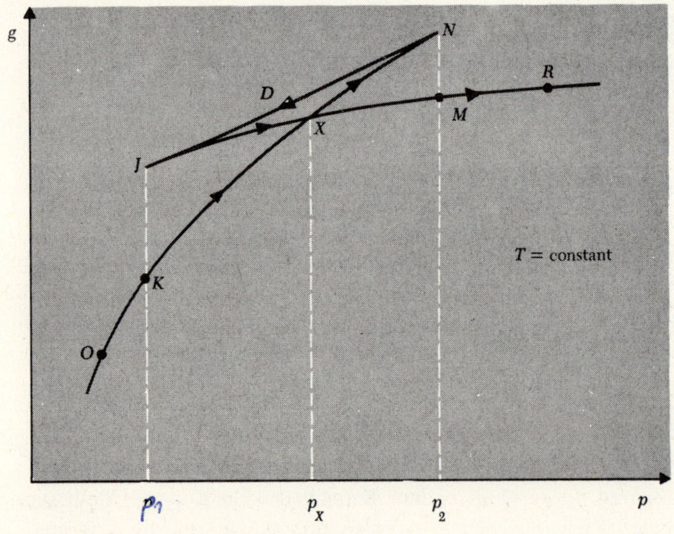

Abb. 8.6.3 Schematische Darstellung des Verhaltens von $g(T, p)$ als Funktion des Druckes p, wie es aus der Kurve in Abb. 8.6.2 folgt.

Aus diesem Diagramm kann man leicht sehen, was für verschiedene Druckwerte passiert. Bei 0 existiert nur die hochkompressible Phase (in unserem Beispiel das Gas). Wächst der Druck in den Bereich $p_1 < p < p_2$ an, dann gibt es für g drei mögliche Werte. Die Werte von g längs der Kurve $OKXN$ gehören zu großen Werten von $v > v_2$ im Bereich hoher Kompressibilität; dies entspricht der Gasphase. Die Werte von g längs der Kurve $JXMR$ gehören zu kleinen Werten von $v < v_1$

im Bereich niedriger Kompressibilität; dies entspricht der flüssigen Phase. Die Werte von g längs der Kurve JDN gehören zum instabilen Bereich $v_1 < v < v_2$. Ist p nur ein wenig größer als p_1, dann zeigt die Abb. 8.6.3, daß die Gasphase mit einem Volumen in der Nähe von v_k den niedrigeren g-Wert hat und somit die stabile Phase ist. Dieser Zustand besteht bei wachsendem Druck weiter, bis p den Wert p_X erreicht, der dem Schnittpunkt X der Kurven KXN und JXM in der Abb. 8.6.3 entspricht. An diesem Punkt werden die freien Enthalpien g des Gases und der Flüssigkeit gleich groß. Das ist dann der Druck, bei dem beliebige Mengen beider Phasen im Gleichgewicht miteinander existieren können. Wird der Druck über p_X hinaus vergrößert, dann liegen für die Kurve JXM, die der flüssigen Phase entspricht, die niedrigeren Werte der freien Enthalpie vor, so daß die flüssige Phase die stabile ist. Am Punkt X geht deswegen das System von der Kurve $OKXN$ (entspricht der Gasphase) auf die Kurve $JXMR$ (entspricht der flüssigen Phase) über. Also entspricht p_X dem Druck, bei dem der Phasenübergang vom Gas zur Flüssigkeit stattfindet.

Wir wollen uns den Phasenübergang genauer ansehen. Man nehme an, daß in Abb. 8.6.2 der Druck beim Phasenübergang $p_A = p_X$ sei. Dann entsprechen sowohl A als auch B dem Punkt X in Abb. 8.6.3. Weiterhin ist v_B das Molvolumen des Gases und v_A das der Flüssigkeit bei den zum Phasenübergang gehörigen Werten von Druck und Temperatur. Ist unter diesen Bedingungen der ξ-te Teil eines Mols der Substanz in der gasförmigen Phase, dann beträgt das totale Molvolumen

$$v_{tot} = \xi v_B + (1 - \xi) v_A \tag{8.6.4}$$

Bei dem Phasenübergang ändert sich das gesamte Molvolumen stetig vom Wert v_B für das Gas zu v_A für die Flüssigkeit, indem ξ stetig von 1 nach 0 übergeht. In diesem Prozeß wird es natürlich eine Entropieänderung und eine dementsprechende latente Wärme geben. In der Abb. 8.6.2 ist die horizontale Gerade BDA, längs derer die Phasenumwandlung vor sich geht, durch

$$g_A = g_B \tag{8.6.5}$$

charakterisiert, oder wegen (8.6.3) durch die Forderung, daß das Integral

$$\int_{BNDJA} v\, dp = 0 \tag{8.6.6}$$

sein muß, wenn es längs der Kurve $BNDJA$ in Abb. 8.6.2 ausgewertet wird. Dieses Integral kann in verschiedene Anteile zerlegt werden, die Beiträge mit verschiedenen Vorzeichen liefern:

$$\int_B^N v\, dp + \int_N^D v\, dp + \int_D^J v\, dp + \int_J^A v\, dp = 0$$

$$\left(\int_B^N v\, dp - \int_D^N v\, dp\right) + \left(- \int_J^D v\, dp + \int_J^A v\, dp\right) = 0$$

oder Fläche (DNB) – Fläche $(AJD) = 0$,

wobei mit Fläche (*DNB*) die Fläche zwischen den Geraden *DB* und der Kurve *DNB* gemeint ist (Fläche (*AJD*) analog). Somit haben wir als Ergebnis eine Bedingung für die Lage der Phasenübergangsgeraden in Abb. 8.6.2, nämlich

▶ Fläche (*AJD*) = Fläche (*DNB*) (8.6.7)

Anmerkung: Die molare Entropieänderung und die entsprechende latente Wärme l bei der Umwandlung können auch aus der Zustandsgleichung bestimmt werden. Da T während der Umwandlung konstant und damit $dT = 0$ ist, hat man einfach

$$ds = \left(\frac{\partial s}{\partial v}\right)_T dv = \left(\frac{\partial p}{\partial T}\right)_v dv \tag{8.6.8}$$

Beim letzten Schritt haben wir eine Maxwellsche Relation benutzt. Die entsprechende Entropieänderung auf dem Weg von A nach B in Abb. 8.6.2 kann dann durch Integration ausgerechnet werden

$$\Delta s = s_B - s_A = \int_{AJDNB} \left(\frac{\partial p}{\partial T}\right)_v dv \tag{8.6.9}$$

Man betrachte zwei benachbarte Isothermen für T und für $T + \delta T$. Bei einem gegebenen Volumen v soll δp die Druckdifferenz zwischen den zwei Isothermen bezeichnen (s. Abb. 8.6.4). Dann kann für (8.6.9) geschrieben werden

$$\Delta s = \frac{1}{\delta T} \int_{AJDNB} \delta p \, dv$$

oder $\Delta s = \frac{1}{\delta T}$ [Fläche zwischen den Isothermen im Intervall $v_A < v < v_B$] (8.6.10)

Diese Fläche ist in Abb. 8.6.4 schattiert.

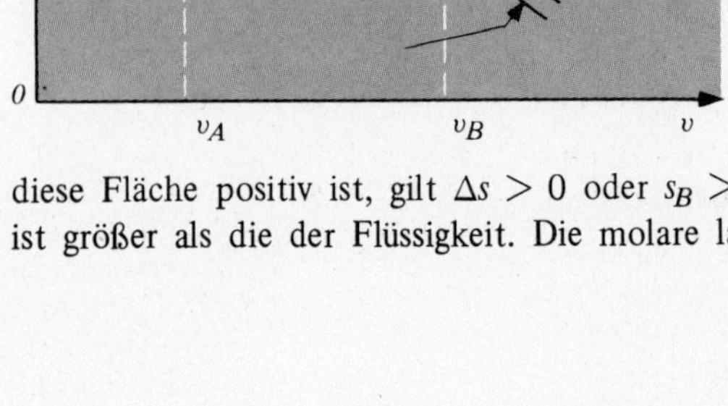

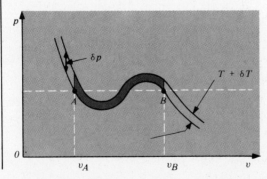

Abb. 8.6.4 Abhängigkeit des Druckes p vom Molvolumen v für zwei benachbarte Isothermen

Da diese Fläche positiv ist, gilt $\Delta s > 0$ oder $s_B > s_A$, d.h. die Entropie des Gases ist größer als die der Flüssigkeit. Die molare latente Wärme, die beim Übergang vom flüssigen in den gasförmigen Zustand absorbiert wird, ist einfach durch

$$l = T\Delta s \tag{8.6.11}$$

gegeben. Die Änderung der molaren inneren Energie der beiden Phasen ist durch die Fundamentalgleichung $T ds = d\epsilon + p dv$ zu

$$\Delta\epsilon = l - p\Delta v \tag{8.6.12}$$

gegeben, da T und p konstant sind. Hierbei ist $\Delta v = v_B - v_A$ und $\Delta\epsilon = \epsilon_B - \epsilon_A$.

Geht man zu höheren Temperaturen, so rücken die beiden Extrema, für die $(\partial p/\partial v)_T = 0$ gilt (in Abb. 8.6.2 sind sie durch $v = v_1$ und $v = v_2$ bezeichnet), näher zusammen. Das hat zur Folge, daß die Volumenänderung Δv beim Phasenübergang abnimmt. Erhöht man die Temperatur weiter, so erreicht man einen Punkt, für den die beiden Extremalpunkte v_1 und v_2 zusammenfallen, so daß sich das Vorzeichen von $(\partial p/\partial v)$ nicht mehr ändert, d.h. die Ableitung von $(\partial p/\partial v)$ verschwindet ebenfalls. Also ist an diesem Punkt sowohl $(\partial^2 p/\partial v^2)_T = 0$ als auch $(\partial p/\partial v)_T = 0$; es handelt sich also um einen Wendepunkt der Isotherme. Dieser eindeutig bestimmte Punkt ist der „kritische Punkt" (Punkt C in Abb. 8.6.1) und die zugehörigen Werte von T, p und v nennt man kritische Temperatur, kritischen Druck und kritisches Volumen. An dieser Stelle ist der Phasenübergang vollständig verschwunden und die Volumenänderung Δv hat den Wert Null erreicht [8*]. Bei noch höheren Temperaturen gilt überall $(\partial p/\partial v) < 0$, so daß es keine Phasenumwandlung gibt. Man hat es dann immer mit einer einzelnen Phase zu tun. Wird der Druck erhöht, dann geht man *stetig* von einem Zustand mit großem Molvolumen v und hoher Kompressibilität zu einem Zustand mit kleinem Molvolumen und niedriger Kompressibilität über, ohne daß in diesem Gebiet mit $(\partial p/\partial v) < 0$ jemals eine Phasengrenzfläche auftritt.

[8*] Da am kritischen Punkt $(\partial p/\partial v)_T = 0$ ist, folgt aus unseren früheren Überlegungen im Anschluß an (8.4.22), daß die Dichteschwankungen an diesem Punkt sehr groß werden; d.h. die Substanz „kann sich nicht so recht entscheiden", ob sie Flüssigkeit oder Gas sein soll.

Systeme aus mehreren Komponenten; chemisches Gleichgewicht

8.7 Allgemeine Beziehungen für ein System aus mehreren Komponenten

Man betrachte ein homogenes System mit der inneren Energie E und dem Volumen V, das aus m verschiedenen Molekülarten besteht. N_i sei die Anzahl der Moleküle der i-ten Sorte. Die Entropie des Systems ist dann eine Funktion der folgenden Variablen:

$$S = S(E, V, N_1, N_2, \ldots, N_m) \tag{8.7.1}$$

Alle diese Variablen können sich in einem Prozeß verändern. Z.B. können sich die Molekülzahlen infolge von chemischen Reaktionen ändern. Im allgemeinen Fall ist die Entropieänderung bei einem infinitesimalen quasistatischen Prozeß [9*)]

$$dS = \left(\frac{\partial S}{\partial E}\right)_{V,N} dE + \left(\frac{\partial S}{\partial V}\right)_{E,N} dV + \sum_{i=1}^{m} \left(\frac{\partial S}{\partial N_i}\right)_{E,V,N} dN_i \tag{8.7.2}$$

Bei den beiden ersten partiellen Ableitung steht N für $N_1, \ldots N_m$, bei der partiellen Ableitung $(\partial S/\partial N_i)$ steht N für alle Molekülzahlen, die konstant gehalten werden, also $N_1, \ldots N_{i-1}, N_{i+1}, \ldots N_m$.

Gleichung (8.7.2) ist eine rein mathematische Aussage. Aber für den einfachen Fall, daß alle Zahlen N_i fest gehalten werden, besagt die Fundamentalgleichung der Thermostatik

$$dS = \frac{đQ}{T} = \frac{dE + p\,dV}{T} \tag{8.7.3}$$

Unter diesen Umständen ist in (8.7.2) $dN_i = 0$ für alle i; ein Koeffizientenvergleich in (8.7.2) und (8.7.3) ergibt dann

$$\left(\frac{\partial S}{\partial E}\right)_{V,N} = \frac{1}{T}$$
$$\left(\frac{\partial S}{\partial V}\right)_{E,N} = \frac{p}{T} \tag{8.7.4}$$

Wir wollen folgende Abkürzung einführen

9*) Das System steht im allgemeinen mit irgendwelchen anderen Systemen in Wechselwirkung. Für die Variablen in (8.7.2) und den folgenden Relationen müssen die Werte des Gleichgewichtszustandes (oder die wahrscheinlichsten) eingesetzt werden, also im wesentlichen die Mittelwerte $\bar{E}$, $\bar{V}$, $\bar{N}_i$, $\bar{p}$ usf. Wir werden uns aber die „Mittelwertquerstriche" über diesen Symbolen ersparen.

$$\mu_j \equiv -T\left(\frac{\partial S}{\partial N_j}\right)_{E,V,N} \tag{8.7.5}$$

Die Größe μ_j heißt „chemisches Potential" der j-ten Molekülsorte und hat die Dimension einer Energie. (8.7.2) kann dann in der Form geschrieben werden

$$dS = \frac{1}{T}\,dE + \frac{p}{T}\,dV - \sum \frac{\mu_i}{T}\,dN_i \tag{8.7.6}$$

oder

▶ $$dE = T\,dS - p\,dV + \sum_{i=1}^{m} \mu_i\,dN_i \tag{8.7.7}$$

Das ist gerade eine Verallgemeinerung der Fundamentalgleichung $dE = TdS - pdV$ für den Fall veränderlicher Teilchenzahlen.

Man beachte, daß das chemische Potential in vielen zu (8.7.5) äquivalenten Formen geschrieben werden kann. Man nehme z.B. an, daß alle unabhängigen Variablen außer N_j in (8.7.7) konstant gehalten werden. Dann ist $dS = dV = 0$, $dN_i = 0$ für alle $i \neq j$ und (8.7.7) ergibt die Beziehung

$$\mu_j = \left(\frac{\partial E}{\partial N_j}\right)_{S,V,N} \tag{8.7.8}$$

Andererseits kann man (8.7.7) in der Form schreiben

$$d(E - TS) = dF = -S\,dT - p\,dV + \sum_i \mu_i\,dN_i \tag{8.7.9}$$

Werden alle unabhängigen Variablen außer N_j konstant gehalten, so folgt unmittelbar, daß

$$\mu_j = \left(\frac{\partial F}{\partial N_j}\right)_{T,V,N} \tag{8.7.10}$$

gilt. Man kann auch (8.7.7) mittels der freien Enthalpie ausdrücken:

$$d(E - TS + pV) = dG = -S\,dT + V\,dp + \sum_i \mu_i\,dN_i \tag{8.7.11}$$

Demnach kann man also auch schreiben

$$\mu_j = \left(\frac{\partial G}{\partial N_j}\right)_{T,p,N} \tag{8.7.12}$$

Ist nur eine chemische Verbindung, sagen wir die j-te Sorte, vorhanden, dann ist

$$G = G(T, p, N_j).$$

G muß aber gemäß (8.7.11) eine extensive Größe sein. Wenn also alle unabhängigen extensiven Parameter mit einem Faktor α multipliziert werden, d.h. wenn N_j mit α multipliziert wird, dann muß G mit dem gleichen Faktor α multipliziert werden. Also muß G proportional zu N_j sein und kann in der Form

$$G(T, p, N_j) = N_j g'(T, p)$$

geschrieben werden, wobei $g'(T, p)$ von N_j nicht abhängt. Also ist

$$\mu_j = \left(\frac{\partial G}{\partial N_j}\right)_{T,p} = g'(T,p) \tag{8.7.13}$$

d.h., das chemische Potential ist gerade die freie Enthalpie $g' = G/N_j$ pro *Molekül.*

Sind verschiedene Komponenten vorhanden, dann gilt $G = G(T, p, N_1, \ldots N_m)$ und im allgemeinen ist

$$\mu_j = \left(\frac{\partial G}{\partial N_j}\right)_{T,p,N} \neq \frac{G}{N_j}$$

Anmerkung: Da die Gesamtenergie

$$E = E(S, V, N_1, \ldots, N_m) \tag{8.7.14}$$

eine extensive Größe ist, gilt

$$E(\alpha S, \alpha V, \alpha N_1, \ldots, \alpha N_m) = \alpha E(S, V, N_1, \ldots, N_m) \tag{8.7.15}$$

Ist speziell

$$\alpha = 1 + \gamma$$

wobei $|\gamma| \ll 1$ ist, dann wird aus der linken Seite von (8.7.15) $E(S + \gamma S, V + \gamma V, N_1 + \gamma N_1, \ldots)$, was man um dem Wert $E(S, V, N_1, \ldots)$ mit $\gamma = 0$ entwickeln kann. Also enthält (8.7.15) die Forderung

$$E + \left(\frac{\partial E}{\partial S}\right)_{V,N} \gamma S + \left(\frac{\partial E}{\partial V}\right)_{S,N} \gamma V + \sum_{i=1}^{m} \left(\frac{\partial E}{\partial N_i}\right)_{S,V,N} \gamma N_i = (1 + \gamma)E$$

oder [10*]

$$E = \left(\frac{\partial E}{\partial S}\right)_{V,N} S + \left(\frac{\partial E}{\partial V}\right)_{S,N} V + \sum_{i=1}^{m} \left(\frac{\partial E}{\partial N_i}\right)_{S,V,N} N_i \tag{8.7.16}$$

Die Ableitungen sind aber gerade durch die entsprechenden Koeffizienten von dS, dN und dN_i in (8.7.7) gegeben. Deswegen ist (8.7.16) äquivalent zu der Beziehung

$$E = TS - pV + \sum_i \mu_i N_i \tag{8.7.17}$$

oder

▶ $$G = E - TS + pV = \sum_i \mu_i N_i \tag{8.7.18}$$

10*) Diese rein mathematische Folgerung aus (8.7.15) wird gewöhnlich als „Eulerscher Satz für homogene Funktionen" bezeichnet.

Ist eine einzige Art j von Molekülen vorhanden, dann reduziert sich (8.7.18) auf die frühere Beziehung

$$\mu_j = \frac{G}{N_j}$$

Gleichung (8.7.17) besagt, daß

$$dE = T\,dS + S\,dT - p\,dV - V\,dp + \sum_i \mu_i\,dN_i + \sum_i N_i\,d\mu_i$$

Da aber (8.7.7) ebenfalls gelten muß, erhält man das allgemeine Ergebnis

$$S\,dT - V\,dp + \sum_i N_i\,d\mu_i = 0 \qquad (8.7.19)$$

(Dies ist bekannt als die „Gibbs-Duhem-Beziehung".)

8.8 Alternative Behandlung des Phasengleichgewichtes

Im Abschnitt 8.5 haben wir das Problem des Gleichgewichtes zwischen zwei Phasen für den Fall behandelt, daß sich das System mit einem Reservoir bei konstanter Temperatur und konstantem Druck im Gleichgewicht befindet. Es ist lehrreich, dieses Problem von einem allgemeineren Standpunkt aus zu behandeln, indem man das Gesamtsystem als isoliert betrachtet. Unsere Erörterung wird eine direkte Erweiterung jener am Ende von Abschnitt 3.9 sein.

Man betrachte eine Substanz aus N Molekülen, die aus zwei Phasen (1 und 2) besteht. Das ganze System ist isoliert, so daß seine Gesamtenergie E und sein Gesamtvolumen V fest sind. Die Phase i soll N_i Moleküle enthalten, die Energie E_i und das Volumen V_i besitzen. Dann haben wir die folgenden Bedingungen

$$\left.\begin{aligned} E_1 + E_2 &= E = \text{const.} \\ V_1 + V_2 &= V = \text{const.} \\ N_1 + N_2 &= N = \text{const.} \end{aligned}\right\} \qquad (8.8.1)$$

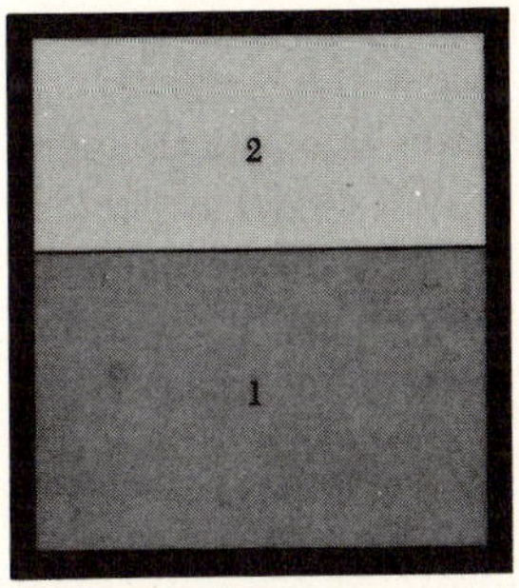

Abb. 8.8.1 Gleichgewicht zwischen zwei Phasen, die ein isoliertes System mit konstanter Gesamtenergie und konstantem Volumen bilden.

Die Entropie des gesamten Systems (oder die Anzahl der für das Gesamtsystem zugänglichen Zustände) ist eine Funktion dieser Parameter. Die Gleichgewichtsbedingung, die dem wahrscheinlichsten Zustand entspricht, erfordert, daß die Entropie maximal ist, d.h. daß

$$S = S(E_1, V_1, N_1; E_2, V_2, N_2) = \text{Maximum} \tag{8.8.2}$$

Es gilt

$$S = S_1(E_1, V_1, N_1) + S_2(E_2, V_2, N_2)$$

wobei S_i die Entropie der i-ten Phase ist. Also liefert die Maximalbedingung (8.8.2)

$$dS = dS_1 + dS_2 = 0 \tag{8.8.3}$$

wobei die Bedingungen (8.8.1) erfüllt sein müssen, die in differentieller Form lauten:

$$\left.\begin{aligned} dE_1 + dE_2 &= 0 \\ dV_1 + dV_2 &= 0 \\ dN_1 + dN_2 &= 0 \end{aligned}\right\} \tag{8.8.4}$$

Durch Anwendung der Beziehung (8.7.6) auf die beiden Phasen wird aus (8.8.3)

$$dS = \left(\frac{1}{T_1}\,dE_1 + \frac{p_1}{T_1}\,dV_1 - \frac{\mu_1}{T_1}\,dN_1\right) + \left(\frac{1}{T_2}\,dE_2 + \frac{p_2}{T_2}\,dV_2 - \frac{\mu_2}{T_2}\,dN_2\right) = 0$$

oder $$dS = \left(\frac{1}{T_1} - \frac{1}{T_2}\right) dE_1 + \left(\frac{p_1}{T_1} - \frac{p_2}{T_2}\right) dV_1 - \left(\frac{\mu_1}{T_1} - \frac{\mu_2}{T_2}\right) dN_1 = 0 \tag{8.8.5}$$

wobei wir die Bedingungen (8.8.4) verwendet haben. Da (8.8.5) für beliebige Änderungen dE_1, dV_1, dN_1 gelten muß, folgt, daß alle Koeffizienten dieser Differentiale einzeln verschwinden müssen. Also erhält man

$$\frac{1}{T_1} - \frac{1}{T_2} = 0$$

$$\frac{p_1}{T_1} - \frac{p_2}{T_2} = 0$$

$$\frac{\mu_1}{T_1} - \frac{\mu_2}{T_2} = 0$$

oder

▶ $$\left.\begin{aligned} T_1 &= T_2 \\ p_1 &= p_2 \\ \mu_1 &= \mu_2 \end{aligned}\right\} \tag{8.8.6}$$

Dies sind die notwendigen Bedingungen für das Gleichgewicht zwischen den beiden Phasen; sie enthalten die zu den „Erhaltungsgrößen" von (8.8.1) konjugierten Größen. Die Beziehungen (8.8.6) sagen aus, daß die Temperaturen und mittleren Drukke der Phasen gleich sein müssen, was ja zu erwarten war. Die Bedingung, daß die chemischen Potentiale ebenfalls gleich sein müssen, mag weniger vertraut aussehen. Da aber jede Phase nur aus einer einzelnen Komponente besteht, folgt aus (8.7.13), daß $\mu_i = g_i$ das chemische Potential der i-ten Phase ist. Die letzte Beziehung aus (8.8.6) ist dann mit

$$g_1' = g_2' \tag{8.8.7}$$

gleichwertig. Auf diese Weise gewinnen wir die Beziehung (8.5.4) wieder.

Anmerkung: Im Abschnitt 8.5 benutzten wir die freie Enthalpie g pro *Mol;* also ist $g_i = N_a g_i'$ wobei N_a die Loschmidtsche Zahl ist. In gleicher Weise ist es manchmal nützlich, ein chemisches Potential pro Mol zu definieren. Dieses ist dann durch die Beziehung $(\partial G/\partial \nu_i)$ gegeben; da $\nu_i = N_i/N_a$ gilt, ist es N_a-mal größer als das entsprechende chemische Potential $\mu_i = \partial G/\partial N_i$ (pro Molekül).

Man könnte leicht die Überlegungen dieses Abschnittes erweitern, um das Gleichgewicht zwischen Phasen mit mehreren Komponenten zu behandeln, oder um die Teilchenzahlfluktuationen in jeder Phase zu berechnen.

Schließlich sind die mikroskopischen Folgerungen aus unseren Erörterungen bemerkenswert. Man kann die Gleichgewichtsbedingung (8.8.6) oder (8.8.7) in der Form schreiben

$$\mu_1(T, p) = \mu_2(T, p) \tag{8.8.8}$$

Dabei haben wir die chemischen Potentiale in Abhängigkeit von T und p ausgedrückt. Nun wissen wir, – wenigstens im Prinzip – wie wir mit der statistischen Mechanik thermodynamische Größen wie die Entropie S für jede Phase berechnen können. Wir können dann weitergehen und für jede Phase das chemische Potential ausrechnen [gemäß der Definition (8.7.5)] und als Funktion von T und p ausdrükken. Das Ergebnis ist eine Gleichung der Form (8.8.8), die man auflösen kann, um p als Funktion von T zu bekommen. Auf diese Weise kann man z.B. eine ab initio-Berechnung des Dampfdruckes einer Substanz für eine gegebene Temperatur durchführen. Die einzige Schwierigkeit in einer solchen Rechnung ist die Auswertung der Zustandsumme für jede Phase. Wir werden eine solche Dampfdruck-Berechnung im nächsten Kapitel erläutern.

8.9 Allgemeine Bedingungen für chemisches Gleichgewicht

Man betrachte ein homogenes System (das aus einer einzigen Phase besteht), welches m verschiedene Molekülsorten enthält. Die chemischen Symbole für diese Moleküle wollen wir mit $B_1, B_2, \ldots B_m$ bezeichnen. Wir wollen die Möglichkeit einer chemischen Reaktion zwischen diesen Molekülen annehmen, wobei Moleküle ineinander umgewandelt werden können. Diese chemische Umwandlung muß im Einklang mit der Erhaltung der Gesamtzahl der *Atome aller* beteiligten Atomarten sein. Eine chemische Reaktionsgleichung drückt genau diese Erhaltungsbedingungen aus.

Beispiel: Man nehme an, das System bestehe aus H_2, O_2 und H_2O Molekülen in der Gasphase. Die Umwandlung von Molekülen ineinander ist nach der chemischen Reaktion

$$2H_2 + O_2 \rightleftarrows 2H_2O$$

möglich. Diese Reaktionsgleichung ist richtig „ausgewogen", so daß die Gesamtzahl von H-Atomen ebenso wie die der O-Atome auf der linken und rechten Seite gleich sind.

Mit b_i soll der Koeffizient von B_i in der Reaktionsgleichung bezeichnet werden [11+)], demnach ist b_i eine kleine ganze Zahl, die angibt, wie viele der B_i-Moleküle an der chemischen Umwandlung beteiligt sind. Der Zweckmäßigkeit wegen wollen wir die Vereinbarung treffen, daß – wenn man die chemische Reaktion in Gedanken beliebig in einer vorgegebenen Richtung ablaufen läßt – die b_i positiv sind für „Produkt"-Moleküle, die als Ergebnis der Reaktion gebildet werden, und negativ für die „reagierenden" Moleküle, die als Ergebnis der Reaktion verschwinden. Zum Beispiel würde die Reaktion

$$2H_2 + O_2 \rightarrow 2H_2O$$

in der Standardform geschrieben werden:

$$-2H_2 - O_2 + 2H_2O = 0 \tag{8.9.1}$$

Eine allgemeine chemische Reaktionsgleichung kann dann in der Form geschrieben werden

▶ $$\sum_{i=1}^{m} b_i B_i = 0 \tag{8.9.2}$$

Die Anzahl der B_i Moleküle des Systems sei N_i. Die Zahlen N_i können sich als Ergebnis der chemischen Reaktion zwischen den Molekülen verändern. Aber sie können sich nicht beliebig verändern, weil die Erhaltung der *Atome* erfordert, daß die Reaktionsgleichung (8.9.2) erfüllt ist. Eine solche Reaktionsgleichung wird zu einer Massenbilanzgleichung, wenn man die B_i als die Molmassen der zugehörigen Molekülsorten ansieht.

11+) b_i heißt „stöchiometrischer Koeffizient".

Wird 8.9.1 als Massenbilanzgleichung angeschrieben, so lautet sie

$$-2{,}2\text{g} - 32\text{g} + 2{,}18\text{g} = 0\text{g}$$

Neben (8.9.2) gibt es die übliche Form des Massenerhaltungssatzes

$$\sum_{i=1}^{m} dm_i = \sum_{i=1}^{m} B_i\, dN_i = 0$$

Dabei ist dm_i die Massenänderung der i-ten Molekülsorte mit der Molmasse B_i durch die chemische Reaktion. Wird (8.9.2) mit einer Konstanten $d\lambda$ multipliziert, so ergibt ein Vergleich mit der letzten Gleichung

$$dN_i = b_i\, d\lambda, \text{ für alle } i. \tag{8.9.3}$$

Die Konstante $d\lambda$ heißt „Reaktionslaufzahl". Sie hängt nicht von der Molekülsorte ab und gibt an, wie weit die Reaktion fortgeschritten ist, d.h. wie groß die Molzahländerungen aller an der Reaktion beteiligten Molekülsorten gemäß (8.9.3) sind.

Aus (8.9.3) folgt

$$\frac{dN_i}{d\lambda} = b_i, \quad \frac{dN_i}{dN_j} = \frac{b_i}{b_j}.$$

Beispiel: Bei der Reaktion (8.9.1) können sich die Molekülzahlen N_{H_2O}, N_{H_2} und N_{O_2} nur in folgenden Verhältnissen verändern

$$dN_{H_2O} : dN_{H_2} : dN_{O_2} = 2 : -2 : -1$$

Wir wollen nun einen Gleichgewichtszustand betrachten, bei dem die Moleküle in einem isolierten Behälter des Volumens V eingeschlossen sind und nach Gleichung (8.9.2) miteinander reagieren können. Die Gesamtenergie des Systems sei E. Die Gleichgewichtsbedingung ist dann

$$S = S(E, V, N_1, \ldots N_m) = \text{Maximum} \tag{8.9.4}$$

oder $dS = 0$ (8.9.5)

Unter den obigen Bedingungen (V und E konstant) wird daraus unter Zuhilfenahme von Gleichung (8.7.6)

$$\sum_{i=1}^{m} \mu_i\, dN_i = 0 \tag{8.9.6}$$

Wegen (8.9.3) wird aus (8.9.6) einfach

▶ $$\sum_{i=1}^{m} b_i \mu_i = 0 \tag{8.9.7}$$

Das ist die allgemeine Bedingung für das chemische Gleichgewicht.

Anmerkung: Hätten wir angenommen, daß die Reaktion unter der Bedingung konstanter Temperatur und konstanten Volumens stattfindet, dann würde die Bedingung F = Minimum oder $dF = 0$ wegen (8.7.9) wieder auf (8.9.6) und (8.9.7) führen. In ähnlicher Weise würden für eine Reaktion bei konstanter Temperatur T und konstantem Druck p die Bedingung G = Minimum oder $dG = 0$ wegen (8.7.11) ebenfalls auf (8.9.6) und (8.9.7) führen.

Die chemischen Potentiale μ_i sind Funktionen der Variablen des Systems. Zum Beispiel ist $\mu_i = \mu_i(E, V, N_1, \ldots N_m)$, wenn E und V als unabhängige Variable gewählt werden, oder $\mu_i = \mu_i(T, V, N_1, \ldots N_m)$, wenn T und V als unabhängige Variable gewählt werden. Deshalb hat die Bedingung (8.9.7) im Gleichgewichtszustand eine eindeutige Beziehung zwischen den mittleren Molekülzahlen N_i zur Folge. Da die statistische Thermodynamik erlaubt, thermodynamische Funktionen wie die Entropie S zu berechnen, macht sie ebenso die Berechnung der chemischen Potentiale μ_i möglich, woraus sich explizit eine Verknüpfung zwischen den Zahlen $N_1, \ldots, N_m$, wie sie in der Bedingung (8.9.7) enthalten ist, ableiten läßt. Wir werden eine solche Berechnung im nächsten Abschnitt vorführen.

8.10 Chemisches Gleichgewicht zwischen idealen Gasen

Die chemische Reaktion (8.9.2) soll zwischen m verschiedenen Molekültypen möglich sein. Man nehme an, daß sie als ideale Gase in einem Behälter des Volumens V bei der Temperatur T behandelt werden können. Welche Beziehung besteht nun zwischen den mittleren Teilchenzahlen der reagierenen Moleküle im Gleichgewicht?

Diese Frage kann leicht beantwortet werden, indem man explizit die Bedingung (8.9.7) ausnutzt. Mit anderen Worten, wir wollen annehmen, die freie Energie

$$F = F(T, V, N_1, \ldots N_m)$$

des Gasgemisches zu kennen. Stellt man sich bei gegebenem konstantem T und V eine Umwandlung gemäß der Reaktionsgleichung (8.9.2) vor, so gilt für die Änderung der freien Energie

$$dF = \sum_i \left(\frac{\partial F}{\partial N_i}\right)_{T,V,N} dN_i$$

Mit (8.9.3) wird daraus

$$dF = d\lambda \sum_i \mu_i b_i =: d\lambda \Delta F.$$

Dabei wurde die Änderung der freien Energie pro Formelumsatz eingeführt

$$\Delta F = \sum_i \mu_i b_i \tag{8.10.1}$$

und gemäß (8.7.10) ist

$$\mu_i \equiv \left(\frac{\partial F}{\partial N_i}\right)_{T,V,N} \tag{8.10.2}$$

das chemische Potential der i-ten Molekülsorte, das wie F selbst eine Funktion der Variablen $T, V, N_1, \ldots N_m$ ist. Im Gleichgewicht hat die freie Energie gemäß (8.2.7) ein Minimum. Da die Reaktionslaufzahl $d\lambda$ die einzige verbleibende Variable ist, gilt daher für diesen Fall $(dF/d\lambda) = 0$. Somit ergibt sich die vertraute Bedingung (8.9.7)

$$\Delta F = \sum_i b_i\mu_i = 0 \tag{8.10.3}$$

Übrig bleibt dann lediglich die Aufgabe, F und damit die chemischen Potentiale μ_i des Gasgemisches zu berechnen.

Berechnung des chemischen Potentials. Wir betrachten wieder Gase bei genügend hoher Temperatur und ausreichend niedriger Dichte, so daß ihre translatorische Bewegung klassisch behandelt werden kann.

Die möglichen Zustände des k-ten Gasmoleküls sollen mit s_k indiziert werden und $\epsilon_k(s_k)$ soll die Energie des Moleküls in diesem Zustand bezeichnen. Da die Wechselwirkung zwischen den Molekülen vernachlässigbar ist, läßt sich die Gesamtenergie des Gases in einem seiner möglichen Zustände stets als Summe schreiben

$$E = \epsilon_1(s_1) + \epsilon_2(s_2) + \epsilon_3(s_3) + \ldots$$

wobei die Anzahl der Summanden gleich der Gesamtzahl der Moleküle ist. Daher wird die Zustandsumme (alle Moleküle werden als unterscheidbar behandelt)

$$Z' = \sum_{s_1,s_2,s_3} e^{-\beta[\epsilon_1(s_1)+\epsilon_2(s_2)+\cdots]}$$

wobei die Summe über *alle* Zustände eines jeden Moleküls läuft. Wie üblich faktorisiert dieser Ausdruck

$$Z' = \Big(\sum_{s_1} e^{-\beta\epsilon_1(s_1)}\Big)\Big(\sum_{s_2} e^{-\beta\epsilon_2(s_2)}\Big) \cdots \tag{8.10.4}$$

In diesem Produkt gibt es N_i gleiche Faktoren für alle Moleküle des i-ten Typs, wobei jeder dieser Faktoren

$$\zeta_i \equiv \sum_s e^{-\beta\epsilon(s)} \tag{8.10.5}$$

ist, während die Summe über alle Zustände s und die entsprechenden Energien eines Moleküls der i-ten Sorte zu bilden ist. Damit wird aus (8.10.4) einfach

$$Z' = \zeta_1^{N_1}\zeta_2^{N_2} \cdots \zeta_m^{N_m} \tag{8.10.6}$$

Hierbei haben wir als verschiedene Zustände des Gases alle jenen gezählt, die sich nur durch Permutationen von gleichen Molekülen unterscheiden. Wie wir in Abschnitt 7.3 gesehen haben, wäre es ein Irrtum (Gibbssches Paradoxon) und nicht konsistent mit der wesentlichen Ununterscheidbarkeit von Molekülen in der Quantenmechanik, wollten wir diese Gaszustände als verschieden ansehen. Um die korrekte Zustandsumme Z zu erhalten, muß deshalb der Ausdruck (8.10.6) durch die $(N_1!N_2! \ldots N_m!)$ möglichen Permutationen von gleichen Molekülen untereinander dividiert werden. Also erhalten wir

$$Z = \frac{\zeta_1^{N_1}\zeta_2^{N_2} \cdots \zeta_m^{N_m}}{N_1!N_2! \cdots N_m!} \tag{8.10.7}$$

Dies kann auch als

▶ $$Z = Z_1 Z_2 \ldots Z_m \tag{8.10.8}$$

geschrieben werden, wobei

▶ $$Z_i = \frac{\zeta_i^{N_i}}{N_i!} \tag{8.10.9}$$

die Zustandsumme eines Gases von N_i Molekülen ist, die in Abwesenheit von allen anderen Gassorten das gegebene Volumen V erfüllen.

Eine Anzahl von wichtigen Ergebnissen folgt aus (8.10.8), d.h. aus der Beziehung

$$\ln Z = \sum_i \ln Z_i \tag{8.10.10}$$

Diese Resultate spiegeln alle die Tatsache wider, daß die Moleküle schwach wechselwirken, so daß die thermodynamischen Funktionen einfach additiv sind. Zum Beispiel folgt aus (8.10.10), da die mittlere Energie eines Systems ganz allgemein durch $\bar{E} = -(\partial \ln Z/\partial\beta)$ gegeben ist, daß

$$\bar{E}(T,V) = \sum_i \bar{E}_i(T,V) \tag{8.10.11}$$

gilt, wobei $\bar{E}_i$ die mittlere Energie der i-ten Gaskomponente ist, wenn sie alleine das gegebene Volumen erfüllt. Da der mittlere Druck eines Systems allgemein durch $\bar{p} = \beta^{-1} (\partial \ln Z/\partial V)$ gegeben ist, folgt ebenfalls aus (8.10.10)

$$\bar{p} = \sum_i \bar{p}_i \tag{8.10.12}$$

wobei $\bar{p}_i$ der mittlere Druck ist, den das i-te Gas ausüben würde, wenn es allein in dem vorgegebenen Volumen V wäre. Die Größe $\bar{p}_i$ heißt „Partialdruck des i-ten Gases". Nun haben wir schon die Zustandsgleichung für ein einzelnes Gas abgeleitet; d.h. für das i-te Gas, das allein im Volumen V ist, gilt

$$\bar{p}_i = n_i kT, \qquad n_i \equiv \frac{N_i}{V} \tag{8.10.13}$$

Daher liefert uns (8.10.12) sofort die Zustandsgleichung für das Gasgemisch

$$\bar{p} = nkT, \qquad \text{wobei } n \equiv \sum_{i=1}^{m} n_i \tag{8.10.14}$$

Da die freie Energie allgemein durch die Beziehung $F = -kT \ln Z$ gegeben ist, folgt aus (8.10.10)

$$F(T,V) = \sum_i F_i(T,V) \tag{8.10.15}$$

wobei F_i die freie Energie des i-ten Gases selbst ist. Wegen $F = \bar{E} - TS$ folgt aus (8.10.11) und (8.10.15) auch die Additivität der Entropien

$$S(T,V) = \sum_i S_i(T,V) \tag{8.10.16}$$

wobei S_i die Entropie des i-ten Gases allein im vorgegebenen Volumen ist.

Wir wollen nun einen Schritt weitergehen und das chemische Potential berechnen. Mit (8.10.9) ist

$$\ln Z_i = N_i \ln \zeta_i - \ln N_i!$$

wobei $\zeta_i = \zeta_i(T, V)$ die Zustandsumme (8.10.5) für ein einzelnes Molekül ist und demnach nicht von N_i abhängt. Unter Benutzung von (6.6.9) und (8.10.10) erhält man dann

$$F = -kT \ln Z = -kT \sum_i (N_i \ln \zeta_i - \ln N_i!)$$

oder $$F = -kT \sum_i N_i (\ln \zeta_i - \ln N_i + 1) \tag{8.10.17}$$

wobei wir die Stirlingsche Formel $\ln N! = N \ln N - N$ benutzt haben (A.6.2). Da

$$\frac{\partial \ln (N!)}{\partial N} = \ln N$$

ist (worauf wir schon in (1.5.9) gestoßen sind), folgt mit (8.10.2), daß das chemische Potential der j-ten Molekülsorte einfach gegeben ist durch

$$\mu_j = \left(\frac{\partial F}{\partial N_j}\right)_{T,V,N} = -kT(\ln \zeta_j - \ln N_j)$$

oder

▶ $$\mu_j = -kT \ln \frac{\zeta_j}{N_j} \tag{8.10.18}$$

Massenwirkungsgesetz. Mit (8.10.1) ist dann die Änderung der freien Energie bei der Reaktion gleich

$$\Delta F = -kT \sum b_i (\ln \zeta_i - \ln N_i) = \Delta F_0 + kT \sum_i b_i \ln N_i \tag{8.10.19}$$

wobei $$\Delta F_0 \equiv -kT \sum_i b_i \ln \zeta_i \tag{8.10.20}$$

eine Größe ist (die sog. „Standardänderung der freien Energie" bei der Reaktion), die von T und V aber nicht von den Zahlen N_i abgehängt. Die Gleichgewichtsbedingung (8.10.3) wird dann

$$\Delta F = \Delta F_0 + kT \sum_i b_i \ln N_i = 0$$

$$\sum_i \ln N_i^{b_i} = \ln (N_1^{b_1} N_2^{b_2} \cdot\cdot\cdot N_m^{b_m}) = -\frac{\Delta F_0}{kT}$$

oder

▶ $$N_1^{b_1} N_2^{b_2} \cdot\cdot\cdot N_m^{b_m} = K_N(T,V) \tag{8.10.21}$$

mit

▶ $$K_N(T,V) \equiv e^{-\Delta F_0/kT} = \zeta_1^{b_1} \zeta_2^{b_2} \cdot\cdot\cdot \zeta_m^{b_m} \tag{8.10.22}$$

Die Größe K_N ist unabhängig von der Anzahl der vorhandenen Moleküle und wird als die „Gleichgewichtskonstante" bezeichnet; sie hängt lediglich von T und V ab, und zwar über die molekularen Zustandsummen ζ_i. Gleichung (8.10.21) ist die gewünschte explizite Beziehung zwischen den mittleren Molekülzahlen im Gleichgewicht; sie heißt das „Massenwirkungsgesetz" und sollte schon aus der elementaren Chemie bekannt sein.

Beispiel: Man betrachte die Reaktion (8.9.1) in der Gasphase

$$-2H_2 - O_2 + 2H_2O = 0$$

Das Massenwirkungsgesetz (8.10.21) lautet dafür

$$N_{H_2}^{-2} N_{O_2}^{-1} N_{H_2O}^{2} = K_N$$

oder $$\frac{N_{H_2O}^2}{N_{H_2}^2 N_{O_2}} = K_N(T,V)$$

Man beachte, daß (8.10.22) einen expliziten Ausdruck für die Gleichgewichtskonstante K_N als Funktion der Zustandsummen ζ_i für die einzelnen Molekülsorten darstellt. Daher kann K_N aus „first principles" berechnet werden, wenn die Moleküle genügend einfach sind, so daß die ζ_i in (8.10.5) aus der Kenntnis der Quantenzustände eines einzelnen Moleküls berechnet werden können. Sogar wenn die Moleküle komplexer sind, kann man immer noch spektroskopische Daten zur Ableitung ihrer Energieniveaus heranziehen und damit die ζ_i und die Gleichgewichtskonstante K_N berechnen.

Anmerkung: Man beachte, daß der Faktor $N_i!$ in (8.10.9), der der Ununterscheidbarkeit der Moleküle Rechnung trägt, von absoluter Wichtigkeit für die ganze Theorie ist. Wäre dieser Faktor nicht da, dann hätte man einfach $\ln Z = \Sigma N_i \ln \zeta_i$, so daß das chemische Potential $\mu_j = -kT \ln \zeta_j$ *unabhängig* von N_j wäre. Damit würde uns (8.10.3) überhaupt keine Beziehung zwischen den Molekülzahlen liefern! Auf diese Weise führen die klassischen Schwierigkeiten, die durch das Gibbssche Paradoxon veranschaulicht werden, immer weiter zu Unstimmigkeiten.

Nun soll gezeigt werden, daß $\zeta_i(T, V)$ – wie schon aus (7.2.6) ersichtlich – einfach proportional zu V ist. In der Tat kann man für (8.10.5)

$$\zeta_i \sim \int d^3\boldsymbol{r} \int d^3\boldsymbol{p}\, e^{-\beta p^2/2m} \sum_s e^{-\beta\epsilon_s^{(\mathrm{int})}}$$

schreiben, wobei wir den Translationsanteil der Zustandsumme klassisch berechnet haben. (Die übrigbleibende Summe läuft über alle Zustände der *inneren* Bewegung, also Schwingung und Rotation, wenn es sich um ein mehratomiges Molekül handelt.) Der Massenschwerpunkt $\boldsymbol{r}$ taucht nur im Integral $\int d^3\boldsymbol{r}$ auf, was das Volumen V ergibt. Also kann man schreiben

$$\zeta_i(T, V) = V\zeta_i'(T) \qquad (8.10.23)$$

wobei ζ_i' nur von T abhängt. Daher wird aus dem chemischen Potential (8.10.18)

$$\mu_j = -kT \ln \frac{\zeta_j'}{n_j} \qquad (8.10.24)$$

wobei $n_j = N_j/V$ die Anzahl der Moleküle der j-ten Sorte pro Volumeneinheit ist. Die fundamentale Gleichgewichtsbedingung (8.10.3) kann dann einfacher geschrieben werden

$$\sum_i b_i \ln n_i = \sum_i b_i \ln \zeta_i'$$

oder

▶ $$n_1^{b_1} n_2^{b_2} \cdots n_m^{b_m} = K_n(T) \qquad (8.10.25)$$

wobei

▶ $$K_n(T) = \zeta_1'^{b_1} \zeta_2'^{b_2} \cdots \zeta_m'^{b_m} \qquad (8.10.26)$$

ist, und die Gleichgewichtskonstante K_n *nur* von der Temperatur abhängt.

Mit (8.10.22) und (8.10.26) erhält man die Beziehung

$$K_N(T, V) = V^b K_n(T), \text{ mit } b \equiv \sum_{i=1}^{m} b_i \qquad (8.10.27)$$

Anmerkung: Dem Massenwirkungsgesetz kann man eine detaillierte kinetische Intrepretation geben. Dazu schreiben wir die Reaktion (8.9.2) in der Form

$$b_1'B_1 + b_2'B_2 + \cdots + b_k'B_k \leftrightarrows b_{k+1}B_{k+1} + \cdots + b_mB_m \qquad (8.10.28)$$

wobei $i = 1, \ldots, k$ sich auf die k-Arten von reagierenden Molekülen und $i = k+1, \ldots, m$ sich auf die entstehenden $(m-k)$ Molekülsorten bezieht. Die Wahrscheinlichkeit pro Zeiteinheit P_+ dafür, daß die Reaktion von links nach rechts abläuft, sollte der Wahrscheinlichkeit proportional sein, daß gleichzeitig in einem gegebenen Volumenelement b_1' B_1-Moleküle, b_2' B_2-Moleküle, . . . b'_k B_k-Moleküle aufeinanderstoßen. Da die Moleküle eines idealen Gases statistisch unabhängig sind, ist die Wahrscheinlichkeit dafür, daß das Molekül i im Volumenelement ist, einfach proportional n_i, und die Wahrscheinlichkeit P_+ wird

$$P_+ = K_+(T) n_1^{b_1'} n_2^{b_2'} \cdots n_k^{b_k'}$$

wobei $K_+(T)$ eine Proportionalitätskonstante ist, die von T abhängen kann. In ähnlicher Weise sollte die Wahrscheinlichkeit pro Zeiteinheit P_- dafür, daß die Reaktion (8.10.28) von rechts nach links abläuft, proportional der Wahrscheinlichkeit eines gleichzeitigen Aufeinandertreffens von b_{k+1} B_{k+1}-Molekülen, . . ., b_m B_m-Molekülen sein, d.h.

$$P_- = K_-(T) n_{k+1}^{b_{k+1}} n_{k+2}^{b_{k+2}} \cdots n_m^{b_m}$$

Im Gleichgewicht muß

$$P_+ = P_-$$

gelten. Daraus folgt

$$\frac{n_{k+1}^{b_{k+1}} n_{k+2}^{b_{k+2}} \cdots n_m^{b_m}}{n_1^{b_1'} n_2^{b_2'} \cdots n_k^{b_k'}} = \frac{K_+(T)}{K_-(T)}$$

was in der Form mit (8.10.25) identisch ist.

Temperaturabhängigkeit der Gleichgewichtskonstanten. Die Beziehung (8.10.22) ergibt explizit

$$\ln K_N(T,V) = -\frac{\Delta F_0}{kT} \tag{8.10.29}$$

Daher ist

$$\left(\frac{\partial \ln K_N}{\partial T}\right)_V = -\left(\frac{\partial}{\partial T}\right)_V \left(\frac{\Delta F_0}{kT}\right) = -\left(\frac{\partial}{\partial T}\right)_{V,N} \frac{\Delta F}{kT} \tag{8.10.30}$$

Der letzte Ausdruck folgt aus (8.10.19), da sich $\Delta F/KT$ und $\Delta F_0/KT$ nur durch einen Ausdruck unterscheiden, der die Zahlen N_i enthält, die ja nach Vereinbarung bei der Differentiation von $\Delta F/kT$ konstant gehalten werden. Also ist

$$\left(\frac{\partial \ln K_N}{\partial T}\right)_V = \frac{1}{kT^2}\Delta F - \frac{1}{kT}\left(\frac{\partial \Delta F}{\partial T}\right)_{V,N} \tag{8.10.31}$$

Nun ist

$$-\left(\frac{\partial}{\partial T}\right)\Delta F = -\sum_i \left(\frac{\partial}{\partial T}\right)\left(\frac{\partial F}{\partial N_i}\right) b_i = -\sum_i \left(\frac{\partial}{\partial N_i}\right)\left(\frac{\partial F}{\partial T}\right) b_i = \sum \frac{\partial S}{\partial N_i} b_i \equiv \Delta S$$

Hierbei haben wir die allgemeine Beziehung

$$\left(\frac{\partial F}{\partial T}\right)_{V,N} = -S$$

die aus (8.7.9) folgt, benutzt und mit ΔS die Entropieänderung pro Formelumsatz bezeichnet. Damit wird aus (8.10.31)

$$\left(\frac{\partial \ln K_N}{\partial T}\right)_V = \frac{1}{kT^2}(\Delta F + T\,\Delta S) = \frac{\Delta E}{kT^2} \tag{8.10.32}$$

da $F \equiv E - TS$ ist; also ist $\Delta E = \Delta(F + TS)$ die mittlere Energiezunahme pro Formelumsatz. Da die Reaktion bei konstantem Volumen stattfindet, ist ΔE also die bei dieser Reaktion absorbierte Wärme. Da sich K_n von K_N nur durch einen von V abhängigen Faktor unterscheidet, besagt (8.10.32), daß

$$\frac{d \ln K_n}{dT} = \frac{\Delta E}{kT^2} \tag{8.10.33}$$ [12+)]

gültig ist.

+ Ist $\Delta E > 0$, dann sagt (8.10.32) aus, daß K_N mit T wächst. Dieses Ergebnis steht wieder im Einklang mit dem, was man nach dem Le Chatelierschen Prinzip erwarten würde. ΔE bedeutet nämlich die Wärmetönung der Reaktion (8.9.2) für einen Formelumsatz. So ist $\Delta E > 0$ für Reaktionen, die beim Ablauf von „links" nach „rechts" endotherm sind, d.h. für solche, die bei isothermer Führung Wärme verbrauchen (Energie muß zugeführt werden!). Wird nun die Temperatur in einem isochoren Gleichgewichtssystem erhöht, so sollte nach dem Le Chatelierschen Prinzip die Reaktion in die endotherme Richtung verlaufen, in die Richtung also, die Wärme verbraucht. Mit $\Delta E > 0$, $dT > 0$ nimmt K_n zu, d.h. das Gleichgewicht verschiebt sich gemäß (8.10.25) zu den rechten Endprodukten (für die die b_i positiv sind). Daher wird Wärme verbraucht. Somit ist der Zusammenhang mit dem Le Chatelierschen Prinzip hergestellt.

Beispiel [13+)]: Die Reaktion

$$2HJ \rightleftarrows H_2 + J_2$$

verläuft nach „rechts" endotherm. Es werden nämlich bei der Dissoziation von zwei Molen gasförmigen Jodwasserstoffs $\Delta E \approx 11$ kJ Energie verbraucht. Bei 356 K ist $K_n = 0{,}01494$, und bei 393 K ist $K_n = 0{,}01679$. Dies steht in Übereinstimmung mit den vorstehenden Ausführungen +.

12+) Diese Gleichung wird als „Van t'Hoffsche Reaktionsisochore" bezeichnet.

13+) Aus: Brdička, R.: Grundlagen der Physikalischen Chemie, Abschnitt 167, VEB. Dt. Verl. Wiss. Berlin (1958).

Ergänzende Literatur

Stabilitätsbedingungen

Callen, H.B.: Thermodynamics, Kapitel 8, John Wiley & Sons, Inc., New York (1960).

Münster, A.: Chemische Thermodynamik, Kapitel 2 und 6, Verlag Chemie, Weinheim (1969).

Schwankungen thermodynamischer Größen

Landau, L.D.; Lifschitz, E.M.: Statistische Physik, 2. Auflage, Abschnitte 109–111, Akademie-Verlag, Berlin (1969).

Phasenübergänge

Zemansky, M.W.: Heat and thermodynamics, 5. Auflage, Kapitel 12, McGraw-Hill Book Company, New York (1952).

Callen, H.B.: Thermodynamics, Kapitel 9, John Wiley & Sons, Inc., New York (1960).

Pippard, A.B.: The elements of classical thermodynamics, Kapitel 8 und 9, Cambridge University Press, Cambridge (1957). (Enthält eine gute Erörterung der Phasenübergänge von höherer Ordnung.)

Chemisches Gleichgewicht

Zemansky, M.W.: Heat and thermodynamics, 5. Auflage, Kapitel 16 und 17, McGraw-Hill Book-Company, New York (1968).

Callen, H.B.: Thermodynamics, Kapitel 12, John Wiley & Sons, Inc, New York (1960).

Hill, T.L.: An Introduction to statistical thermodynamics, Kapitel 10, Addison-Wesley Publishing Company, Reading, Mass. (1960).

Lec, J.F.; Scars, F.W.; Turcotte, D.L.: Statistical thermodynamics, Kapitel 13, Addison-Wesley Publishing Company, Reading, Mass. (1963).

Münster, A.: Chemische Thermodynamik, Kapitel 5, Verlag Chemie, Weinheim (1969).

Aufgaben

8.1 Aus einer homogenen Substanz (z.B. einer Flüssigkeit oder einem Gas der absoluten Temperatur T_0 betrachtete man einen kleinen Teil mit der Masse M. Dieser kleine Teil sei mit der übrigen Substanz im Gleichgewicht; er sei so groß, daß man ihn als makroskopisch behandeln und durch ein Volumen V und eine Temperatur T charakterisieren kann. Man berechne die Wahrscheinlichkeit $\mathcal{P}(V, T)\, dV dT$ dafür, daß das Volumen dieses Teils zwischen V und $V + dV$ und seine Temperatur zwischen $T + dT$ liegt. Die Antwort ist durch die Kompressibilität κ, die Dichte ρ_0 und die spezifische Wärme pro Gramm c_V der Substanz auszudrücken.

8.2 Der Dampfdruck (in mm Hg = 133,32 Pa) von festem Ammoniak ist durch $\ln p = 23{,}03 - 3754/T$ und der von flüssigem durch $\ln p = 19{,}49 - 3063/T$ gegeben.

a) Wie groß ist die Temperatur des Tripelpunktes?

b) Wie groß sind die latenten Wärmen der Sublimation und der Verdampfung am Tripelpunkt?

c) Wie groß ist die latente Schmelzwärme am Tripelpunkt?

8.3 Eine einfache Substanz mit dem Molekulargewicht μ hat ihren Tripelpunkt bei der absoluten Temperatur T_0 und dem Druck p_0. Die Dichten der festen und der flüssigen Phase sind an diesem Punkt ρ_s bzw. ρ_l. Der Dampf kann näherungsweise als ideales Gas behandelt werden. Wenn am Tripelpunkt die Steigung der Schmelzkurve durch $(dp/dT)_m$ und die der Verdampfungskurve durch $(dp/dT)_V$ gegeben ist, wie groß ist dann die Steigung der Sublimationskurve (dp/dT)?

8.4 Helium bleibt bei atmosphärischem Druck bis zum absoluten Nullpunkt flüssig, wird aber bei genügend hohem Druck fest. Die Dichte der festen Phase ist wie gewöhnlich größer als die der flüssigen. Man betrachte die Phasengleichgewichtskurve zwischen flüssiger und fester Phase. Ist im Grenzfall $T \to 0$ der Anstieg dieser Kurve positiv, null oder negativ?

8.5 Flüssiges Helium siedet bei einer Temperatur T_0 (4,2 K), wenn sein Dampfdruck $p_0 = 1$ at $= 9{,}80665 \cdot 10^4$ Pa ist. Die latente Wärme L bei der Verdampfung von einem Mol Flüssigkeit ist näherungsweise von der Temperatur unabhängig. Die Flüssigkeit ist in einem Dewar-Gefäß, das sie thermisch von der Umgebung mit Zimmertemperatur isolieren soll. Da die Isolation keine ideale ist, erreicht eine Wärmemenge $\mathcal{Q}$ pro Sekunde die Flüssigkeit und verdampft ein wenig davon. (Dieser Wärmefluß $\mathcal{Q}$ ist im wesentlichen konstant, unabhängig davon, ob die Flüssigkeitstemperatur kleiner oder gleich T_0 ist.) Um niedrige Temperaturen zu erreichen, kann man den Dampfdruck des He über der Flüssigkeit durch Absaugen des Dampfes mittels einer Pumpe (bei Zimmertemperatur T_r) reduzieren. (Bis zum Erreichen der Pumpe hat sich der Heliumdampf auf Zimmertemperatur erwärmt.) Die Pumpe hat eine maximale Pumpgeschwindigkeit, insoweit, als sie ein konstantes Gasvolumen $\mathcal{V}$ pro Sekunde entfernt, unabhängig vom Gasdruck. (Das ist eine charakteristische Eigenschaft der üblichen mechanischen Pumpen, die einfach bei jeder Umdrehung ein festes Volumen mit Gas „wegnehmen".)

a) Man berechne den minimalen Dampfdruck p_m, den die Pumpe über der Flüssigkeit aufrecht zu erhalten in der Lage ist, wenn der Wärmezufluß $\mathcal{Q}$ ist.

b) Wenn die Flüssigkeit auf diese Weise beim Druck p_m im Gleichgewicht mit ihrem Dampf gehalten wird, berechne man näherungsweise ihre entsprechende Temperatur T_m.

8.6 Ein Strahl von Natriumatomen wird erzeugt, indem man flüssiges Natrium in einem Behälter auf einer erhöhten Temperatur T hält. Aus dem Dampf über der Flüssigkeit entweichen dann Natriumatome durch einen schmalen Schlitz aus dem Behälter und erzeugen einen Atomstrahl der Itensität I. (Die Intensität I ist definiert als die Zahl der Atome des Strahles, die pro Zeiteinheit eine Flächeneinheit durchqueren.) Die molare Verdampfungswärme des flüssigen Na sei L. Um abzuschätzen, wie empfindlich die Intensität des Strahls gegenüber Temperaturschwankungen des Behälters ist, drücke man die relative Intensitätsänderung $I^{-1}(dI/dT)$ durch L und die absolute Temperatur T des Behälters aus.

8.7 Die molare latente Wärme des Phasenüberganges (Phase 1 → Phase 2) bei der Temperatur T und dem Druck p ist l. Wie groß ist die latente Wärme dieses Phasenüberganges bei einer um wenig verschiedenen Temperatur (und dem entsprechenden Druck), oder anders ausgedrückt, wie groß ist dl/dT? Man drücke die Antwort aus durch l, die molare spezifische Wärme c_p, den Expansionskoeffizienten α und durch die spezifischen Molvolumina v der betreffenden Phasen bei der ursprünglichen Temperatur T und Druck p.

8.8 Ein Stahlstab mit rechteckigem Querschnitt (Breite b, Höhe a) wird auf einen Eisblock gelegt, wobei die Enden wie in der Skizze ein wenig überstehen. Ein Gewicht der Masse m hängt an jedem Ende des Stabes. Das gesamte System ist auf 0° C gekühlt. Infolge des Druckes schmilzt das Eis unterhalb und gefriert wieder oberhalb des Stabes. Daher wird oberhalb des Stabes Wärme frei, die dann durch das Metall geleitet und unten wieder vom Eis absorbiert wird. (Wir nehmen an, daß dies der wichtigste Mechanismus ist, durch den Wärme unmittelbar an das Eis unterhalb des Stabes gelangt um es zu schmelzen.) Man finde näherungsweise einen Ausdruck für die Geschwindigkeit, mit welcher der Stab durch das Eis wandert. Das Ergebnis soll durch die Schmelzwärme l (pro Gramm) des Eises, die Dichten von Eis und Wasser ρ_i bzw. ρ_w, die Wärmeleitfähigkeit von Stahl κ, die Temperatur T (0° C) des Eises, die Gravitationsbeschleunigung g, die Masse m und durch die Längen a, b und c ausgedrückt werden.

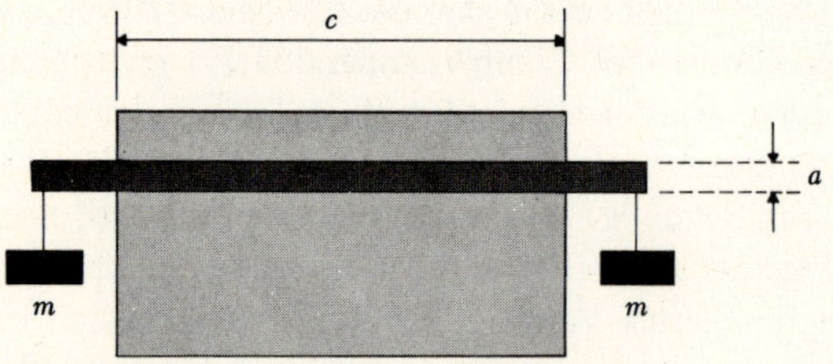

8.9 Sorgfältige Messungen des Dampfdruckes von flüssigem Pentan als Funktion der Temperatur wurden durchgeführt. Die Temperatur wurde sehr genau mit der *EMK* von Thermoelementen gemessen, deren eines auf dem Tripelpunkt des Wassers gehalten wurde. Auf diese Weise wurde die Dampfdruckkurve als Funktion der gemessenen *EMK* ϕ bestimmt. Ebenso wurde die Verdampfungswärme L (pro Gramm flüssiges Pentan) und die entsprechende Volumenänderung ΔV (pro Gramm Pentan) als Funktion von ϕ gemessen. Man zeige, daß diese Information ausreicht, um das Thermoelement zu eichen;

d.h. man gebe einen expliziten Ausdruck (in Form eines Integrals) für die absolute Temperatur T als Funktion der gemessenen *EMK* ϕ an.

8.10 Man betrachte irgendeine Substanz, die in Anwesenheit einer äußeren Kraft im Gleichgewicht ist (Gravitationsfeld oder elektrisches Feld). Man richte seine Aufmerksamkeit auf zwei beliebige infinitesimale Volumenelemente (von konstanter Größe). Unter Benutzung der Tatsache, daß die gesamte Entropie der Substanz stationär bleiben muß, wenn ein wenig Energie oder wenige Teilchen oder beide gleichzeitig von einem dieser Volumenelemente zum anderen gebracht werden, zeige man, daß die Temperatur T und das chemische Potential μ in der ganzen Substanz einen konstanten Wert haben müssen.

8.11 Man betrachte ein klassisches ideales Gas im Gleichgewicht bei der Temperatur T, das sich in einem Behälter des Volumens V in einem homogenen Gravitationsfeld befindet. Die Gravitationsbeschleunigung sei g und in die z-Richtung gerichtet.

a) Man berechne das chemische Potential μ (eines Volumenelementes) eines solchen Gases als Funktion des Druckes p, der Temperatur T und der Höhe z.

b) Man zeige, daß die Forderung, μ solle konstant sein, unmittelbar auf die barometrische Höhenformel führt, die p als Funktion von T und z angibt.

8.12 Bei der festen Temperatur T = 1200 K sind die Gase

$$CO_2 + H_2 \rightleftarrows CO + H_2O$$

in einem Gefäß des Volumens V in chemischem Gleichgewicht. Wenn das Volumen des Gefäßes vergrößert wird, wächst dann die relative Konzentration von CO_2, nimmt sie ab oder bleibt sie unverändert?

8.13 Mit einem Molekularstrahlapparat wird ein Experiment an Jodatomen (J) durchgeführt. Den Strahl erhält man durch Effusion aus einem schmalen Schlitz eines Ofens, der infolge thermischer Dissoziation ein Gemisch von J_2-Molekülen und J-Atomen enthält. Wenn die Ofentemperatur konstant gehalten wird, während der gesamte Gasdruck im Ofen verdoppelt wird, um welchen Faktor verändert sich dann die Intensität der J-Atome im Strahl?

8.14 Man betrachte folgende chemische Reaktion zwischen idealen Gasen:

$$\sum_{i=1}^{m} b_i B_i = 0$$

Die Temperatur sei T, der Partialdruck der Sorte i sei p_i. Man zeige, daß das Massenwirkungsgesetz in die Form

$$p_1^{b_1} p_2^{b_2} \cdots p_m^{b_m} = K_p(T)$$

gebracht werden kann, wobei $K_p(T)$ nur von der Temperatur abhängt.

8.15 Für den Fall, daß die obige Reaktion unter konstantem Druck durchgeführt wird, zeige man, daß die molare Reaktionswärme (d.h. die Wärmemenge, die nötig ist, um jeweils $|b_i|$ Mole der reagierenden Gase in jweils $|b_i|$ Mole der Reaktionsprodukte umzuwandeln) durch die Enthalpieänderung

$$\Delta H = \Sigma\, b_i h_i$$

gegeben ist, wobei h_i die molare Enthalpie des i-ten Gases bei der gegebenen Temperatur und dem gegebenen Druck ist.

8.16 Man zeige, daß

$$\frac{d \ln K_p}{dT} = \frac{\Delta H}{RT^2}$$

ist. R ist die Gaskonstante.

8.17 Man nehme an, daß ν_0 H_2-Gasmoleküle in einen Behälter mit dem konstanten Volumen V gefüllt werden, und zwar bei einer so niedrigen Temperatur, daß praktisch das gesamte Gas undissoziierter Wasserdampf bleibt. Bei höheren Temperaturen kann Dissoziation nach der Reaktion

$$2H_2O \rightarrow 2H_2 + O_2$$

stattfinden. ξ sei der Bruchteil der bei irgendeiner Temperatur T und dem entsprechenden Gesamtdruck p dissoziierten H_2O-Moleküle. Man gebe eine Beziehung zwischen ξ, p und $K_p(T)$ an.

8.18 Im vorangehenden Problem habe man für den Dissoziationsgrad ξ bei atmosphärischem Druck und verschiedenen Temperaturen folgende Werte gemessen:

$T(K)$	ξ
1500	$1{,}97 \cdot 10^{-4}$
1705	$1{,}2 \cdot 10^{-3}$
2155	$1{,}2 \cdot 10^{-2}$

Welche Wärmemenge ist erforderlich, um ein Mol Wasserdampf bei 1 at und 1700 K in O_2 und H_2 zu dissoziieren?

8.19 Die Zustandsumme eines idealen Gases von Molekülen im Volumen V kann in der Form

$$Z = \frac{1}{N!}(V\zeta')^N$$

geschrieben werden, wobei $V\zeta'$ die Zustandsumme für ein einzelnes Molekül ist (unter Berücksichtigung seiner kinetischen Energie und seiner inneren Energie, falls es kein einatomiges Molekül ist) und ζ' nur von der absoluten Temperatur abhängt.

Wenn diese Moleküle zu einer Flüssigkeit kondensiert sind, besteht die gröbste Näherung darin, die Flüssigkeit so zu behandeln, als ob die Moleküle noch immer ein Gas von sich unabhängig bewegenden Molekülen darstellte, vorausgesetzt, daß

1. jedes Molekül die *konstante* potentielle Energie $-\eta$ aufgrund seiner gemittelten Wechselwirkung mit den restlichen Molekülen haben soll.
2. sich jedes Molekül durch ein Gesamtvolumen NV_0 frei bewegen kann, wobei V_0 das (konstante) Volumen ist, das jedem Molekül in der flüssigen Phase zur Verfügung steht.

a) Unter diesen Voraussetzungen schreibe man die Zustandsumme für eine Flüssigkeit aus N_l Molekülen an.

b) Man schreibe das chemische Potential μ_g für N_g Dampfmoleküle im Volumen V_g bei der Temperatur T an. Man behandle sie wie ein ideales Gas.

c) Man schreibe das chemische Potential μ_L für N_L Moleküle einer Flüssigkeit der Temperatur T an.

d) Durch Gleichsetzen der chemischen Potentiale finde man eine Relation zwischen dem Dampfdruck und der Temperatur T, bei welcher Gas und Flüssigkeit im Gleichgewicht sind.

e) Man berechne die molare Entropiedifferenz zwischen Gas und Flüssigkeit, wenn die beiden bei gleichem Druck und gleicher Temperatur im Gleichgewicht sind. Daraus berechne man die molare Verdampfungswärme L. Man zeige, daß $L = N_A \eta$ ist, wenn $\eta \gg kT$ ist.

f) Der Siedepunkt T_b ist die Temperatur, bei welcher der Dampfdruck eine Atmosphäre beträgt. Man drücke den Quotienten L/RT_b durch v_0 und v_g – das für ein Molekül in der Gasphase bei 1 at und der Temperatur T_b verfügbare Volumen – aus.

g) Man gebe eine Abschätzung der Größenordnung von L/RT_b an und zeige, daß sie für gewöhnliche Flüssigkeiten etwa die Größenordnung 10 liefert. (Dieses Ergebnis heißt „Troutonsche Regel".)

h) Man vergleiche diese einfache Theorie mit dem Experiment, indem man sich Dichten und Molekulargewichte einiger Flüssigkeiten heraussucht, L/T_b berechnet und dann mit experimentellen Werten für L/T_b vergleicht. Daten entnehme man entsprechenden Handbüchern der Physik, Chemie bzw. Physikalischen Chemie. Man untersuche z.B. Stickstoff und Benzol.

9. Quantenstatistik idealer Gase

Die mittlere Besetzungszahl eines Einteilchenzustandes r in einem System aus N wechselwirkungsfreien Teilchen ist $\bar{n}_r = -(1/\beta)\, \partial \ln Z/\partial \epsilon_r$; dabei ist $Z := \Sigma \exp[-\beta(n_1 \epsilon_1 + n_2 \epsilon_2 + \ldots)]$ die Zustandssumme des Systems, und es gilt die Normierung $\sum_r n_r = N$. Die Summation in der Zustandssumme erstreckt sich über alle Vielteilchenzustände des Systems, die mit der Normierung auf die Gesamtteilchenzahl verträglich sind. Diese zur Konkurrenz zugelassenen Vielteilchenzustände lassen sich je nach Art der Teilchen und der Besetzbarkeit der Einteilchenenergieniveaus durch verschiedenartige Abzählmethoden ermitteln: Für unterscheidbare Teilchen nach der Abzählmethode von Maxwell–Boltzmann, für ununterscheidbare Teilchen bei beliebiger Besetzbarkeit des Niveaus nach der von Bose–Einstein und für ebensolche Teilchen bei maximal einfacher Besetzbarkeit nach Fermi–Dirac. Die mittleren Besetzungszahlen ergeben sich in gleicher Reihenfolge zu: $\bar{n}_s = N \exp(-\beta\epsilon_s)/\sum_r \exp(-\beta\epsilon_r)$; $\bar{n}_s = [\exp(\alpha + \beta\epsilon_s) - 1]^{-1}$; $\bar{n}_s = [\exp(\alpha + \beta\epsilon_s) + 1]^{-1}$. Das Schwankungsquadrat für die Teilchenzahl ergibt sich zu $\overline{(\Delta n_s)^2} = -(1/\beta)\, \partial\bar{n}_s/\partial\epsilon_s$. Die Zustandssumme für ein ideales Gas ist $Z = (1/N!)\, V^N (2\pi mkT)^{3N/2}/h^{3N}$. – Für Photonen gilt die Abzählmethode nach Bose–Einstein unter der Nebenbedingung, daß die Anzahl der Photonen nicht fixierbar ist. In diesem Fall ergibt sich für die mittlere Besetzungszahl die Plancksche Verteilung $\bar{n}_s = (\exp \beta\epsilon_s - 1)^{-1}$. Aus ihr folgt für die Frequenzverteilung der mittleren Energie $\bar{u}(\omega; T)\, d\omega = (\hbar/\pi^2 c^3)\, \omega^3 (\exp \beta\hbar\omega - 1)^{-1}\, d\omega$ sowie für die Gesamtenergie das Stefan–Boltzmannsche Gesetz $\bar{u}_0(T) \sim T^4$. Der mittlere Strahlungsdruck beträgt $\bar{p} = \bar{u}_0/3$. Für einen Körper im Strahlungsfeld gilt im Gleichgewicht das Prinzip des detaillierten Gleichgewichts: Die emittierte Energie ist gleich der absorbierten. – Für die Leitungselektronen in Metallen gilt das Fermi–Diracsche Verteilungsgesetz. Für die spezifische Wärme der Elektronen ergibt sich: $C_V = 2\pi^2 k^2 T \rho(\mu_0)/3$, wobei ρ die Zustandsdichte der Elektronen an der Fermikante μ_0 für $T = 0$ ist.

Dieses Kapitel beschäftigt sich mit Systemen aus Teilchen, deren Wechselwirkung vernachlässigbar ist, d.h. mit „idealen Gasen". Wir werden aber jetzt diese Systeme vollständig aus quantenmechanischer Sicht behandeln. Dies wird uns erlauben, Probleme zu lösen, bei denen es um Gase bei niedrigen Temperaturen oder hohen Dichten geht, und die Probleme von Abschnitt 7.3 im Zusammenhang mit der Ununterscheidbarkeit der Teilchen zu vermeiden. Es wird uns gleichfalls möglich sein, eindeutige Entropiewerte zu ermitteln, absolute Berechnungen von Dampfdrücken und chemischen Gleichgewichtskonstanten durchzuführen und nichtklassische Gase wie Photonen oder Leitungselektronen in Metallen zu behandeln.

Maxwell–Boltzmann-, Bose–Einstein- und Fermi–Dirac-Statistik

9.1 Identische Teilchen und Symmetrie-Bedingungen

Man betrachte ein Gas, das aus N identischen, strukturlosen Teilchen besteht, die in einem Behälter vom Volumen V eingeschlossen sind. Q_i bezeichne alle Koordinaten des i-ten Teilchens (z.B. seine drei kartesischen Ortskoordinaten und seine Spinkoordinate – falls vorhanden). Die möglichen Quantenzustände dieses einzelnen Teilchen sollen durch den Index s_i gekennzeichnet werden (z.B. entspricht jeder mögliche Wert von s_i einer Spezifizierung der drei Impulskomponenten und seiner Spin-Orientierung; wir verschieben eine genauere Diskussion auf Abschnitt 9.9). Der Zustand des gesamten Gases ist dann durch den Satz von Quantenzahlen

$$\{s_1, s_2, \ldots, s_N\} \tag{9.1.1}$$

beschrieben, welche die Wellenfunktion Ψ des Gases in diesem Zustand numerieren

$$\Psi = \Psi_{\{s_1, \ldots, s_N\}}(Q_1, Q_2, \ldots, Q_N) \tag{9.1.2}$$

Wir wollen nun die verschiedenen interessierenden Fälle diskutieren.

„Klassischer" Fall *(Maxwell–Boltzmann-Statistik).* In diesem Fall betrachtet man die Teilchen als unterscheidbar, und jede beliebige Anzahl von Teilchen kann sich im gleichen Einteilchenzustand s befinden. Diese „klassische" Beschreibung stellt keine Symmetriebedingung an die Wellenfunktion, wenn zwei Teilchen vertauscht werden. Man sagt dann, die Teilchen gehorchen der „Maxwell–Boltzmann-Statistik" (abgekürzt „MB-Statistik"). Diese Beschreibung ist quantenmechanisch *nicht* korrekt, aber interessant für Vergleichszwecke.

Quantenmechanik. Die quantenmechanische Beschreibung ist natürlich die wirklich anwendbare. Aber wenn Quantenmechanik auf ein System von identischen Teilchen angewendet wird, dann erfordert das bestimmte Symmetriebedingungen für die Wellenfunktion (9.1.2) beim Austausch von zwei beliebigen identischen Teilchen. Als Ergebnis erhält man keinen neuen Zustand des Gases, wenn man zwei solche Teilchen vertauscht. Wenn man die verschiedenen möglichen, für das Gas zugänglichen Zustände abzählt, müssen die Teilchen als wirklich ununterscheidbar betrachtet werden. Beim Zählen dieser möglichen Zustände des Gases kommt es also nicht darauf an, *welches* Teilchen in *welchem* Zustand ist, sondern nur, *wie viele* Teilchen es in jedem Einteilchen-Zustand s gibt.

Die Symmetriebedingungen können als fundamentale quantenmechanische Postulate [1*] betrachtet werden und sind eng mit dem Spin der Teilchen verknüpft. Es gibt zwei mögliche Fälle, die auftreten können: entweder
a) die Teilchen haben einen ganzzahligen oder
b) die Teilchen haben einen halbzahligen Spin.

a) Teilchen mit ganzzahligem Spin (Bose–Einstein-Statistik): Das ist der Fall, bei dem jedes Teilchen einen Gesamtspin (in Einheiten von $\hbar$ gemessen) hat, der ganzzahlig ist, d.h. 0, 1, 2, . . . (Beispiele wären He-Atome oder Photonen). Dann ist die fundamentale quantenmechanische Symmetriebedingung, daß die Gesamt-Wellenfunktion Ψ symmetrisch ist (d.h. unverändert) gegenüber der Vertauschung von irgendzwei Teilchen (d.h. der Vertauschung ihrer räumlichen *und* Spin-Koordinaten). Im Symbolen

$$\Psi(\ldots Q_j \ldots Q_i \ldots) = \Psi(\ldots Q_i \ldots Q_j \ldots) \qquad (9.1.3)$$

[Hier haben wir der Kürve wegen die Indizes $\{s_1, \ldots s_N\}$ aus (9.1.2) weggelassen]. Somit führt die Vertauschung von zwei Teilchen nicht zu einem neuen Zustand des Gases. Die Teilchen müssen deswegen beim Aufzählen der verschiedenen Zustände des Gases als echt ununterscheidbar betrachtet werden. Man beachte, daß es keine Beschränkung der Teilchenzahl in irgendeinem Einteilchenzustand s gibt. Von Teilchen, die die Symmetriebedingung (9.1.3) befriedigen, sagt man, daß sie der „Bose–Einstein-Statistik" (abgekürzt „BE-Statistik") gehorchen und nennt sie manchmal „Bosonen".

b) Teilchen mit halbzahligem Spin (Fermi–Dirac-Statistik): Dies ist der Fall, wenn jedes Teilchen einen Gesamtspin hat, der (in Einheiten von $\hbar$ gemessen) halbzahlig ist, d.h. 1/2, 3/2, . . . (als Beispiele könnten Elektronen oder He^3-Atome dienen). Die fundamentale quantenmechanische Symmetriebedingung ist, daß die Gesamt-Wellenfunktion Ψ antisymmetrisch (d.h. sie ändert ihr Vorzeichen) gegenüber der Vertauschung zweier Teilchen ist. In Symbolen

$$\Psi(\ldots Q_j \ldots Q_i \ldots) = -\Psi(\ldots Q_i \ldots Q_j \ldots) \qquad (9.1.4)$$

[1*] Diese Postulate können jedoch (wie es zuerst durch Pauli geschah) aus viel grundlegenderen Gesichtspunkten abgeleitet werden, bei dem es um eine Untersuchung der Bedingungen einer konsistenten Beschreibung der Teilchen im Rahmen der Quantenfeldtheorie geht.

Wieder einmal führt die Vertauschung von zwei Teilchen nicht zu einem neuen Zustand des Gases. Daher müssen die Teilchen wieder als echt ununterscheidbar beim Abzählen der verschiedenen Zustände des Gases betrachtet werden. Aber die Vorzeichenänderung in (9.1.4) hat eine zusätzliche Konsequenz: Man nehme an, daß sich zwei Teilchen i und j beide im *gleichen* Einteilchen-Zustand s befinden und vertauscht werden. In diesem Fall hat man offensichtlich

$$\Psi(\ldots Q_j \ldots Q_i \ldots) = \Psi(\ldots Q_i \ldots Q_j \ldots) \tag{9.1.5}$$

Da aber die fundamentale Symmetrieforderung (9.1.4) ebenfalls gelten muß, implizieren (9.1.4) und (9.1.5) zusammen:

$$\Psi = 0, \text{ wenn Teilchen } i \text{ und } j \text{ im gleichen Zustand } s \text{ sind} \tag{9.1.6}$$

So existiert also im Fermi–Dirac-Fall *kein* Zustand des gesamten Gases, bei dem zwei oder mehr Teilchen im gleichen Einteilchenzsutand sein können. Dies ist das sogenannte „Paulische Ausschließungsprinzip" [2*]. Beim Abzählen der verschiedenen Zustände des Gases muß man sich also stets die Einschränkung vor Augen halten, daß nie mehr als ein Teilchen in irgendeinem Einteilchenzustand sein kann. Von Teilchen, die die Antisymmetrie-Forderung (9.1.4) erfüllen, sagt man, sie gehorchen der Fermi–Dirac-Statistik (abgekürzt „FD-Statistik") und manchmal werden sie „Fermionen" genannt.

Erläuterung. Ein ganz einfaches Beispiel sollte dazu dienen, diese allgemeinen Begriffe viel klarer zu machen. Man betrachte ein „Gas" aus nur zwei Teilchen; sie sollen A und B heißen. Man nehme an, daß sich jedes Teilchen in einem von drei möglichen Quantenzuständen $s = 1, 2, 3$ befinden kann. Wir wollen alle möglichen Zustände des gesamten Gases aufzählen. Das entspricht der Frage, auf wie viele verschiedene Arten kann man zwei Teilchen (A und B) auf drei Einteilchenzustände verteilen (durch 1, 2, 3 gekennzeichnet)?

Maxwell–Boltzmann-Statistik: Die Teilchen werden als ununterscheidbar angesehen. Jede Anzahl von Teilchen kann in jedem Zustand sein.

1	2	3
AB	. . .	. . .
. . .	*AB*	. . .
. . .	. . .	*AB*
A	*B*	. . .
B	*A*	. . .
A	. . .	*B*
B	. . .	*A*
. . .	*A*	*B*
. . .	*B*	*A*

[2*] Dieses Prinzip sollte vertraut sein, da es für den wichtigen Fall von Elektronen gilt (die den Spin ½ haben) und für das Periodische System der Elemente verantwortlich ist.

Jedes der beiden Teilchen kann in irgendeinem der drei Zustände untergebracht werden. Daher gibt es im ganzen $3^2 = 9$ mögliche Zustände für das ganze Gas.

Bose–Einstein-Statistik: Die Teilchen müssen als ununterscheidbar betrachtet werden. Jede Anzahl von Teilchen kann in irgendeinem Zustand sein. Die Ununterscheidbarkeit impliziert $B = A$, so daß die drei Zustände im MB-Fall, die sich nur durch Vertauschung von A und B unterscheiden, jetzt nicht länger als verschieden gezählt werden können. Die Aufzählung ist dann wie folgt

1	2	3
AA	. . .	. . .
. . .	AA	. . .
. . .	. . .	AA
A	A	. . .
A	. . .	A
. . .	A	A

Es gibt jetzt drei verschiedene Arten, die Teilchen in den gleichen und drei verschiedene Arten, sie in verschiedene Zustände zu plazieren. Daher gibt es im ganzen $3 + 3 = 6$ verschiedene Zustände für das ganze Gas.

Fermic–Dirac-Statistik: Die Teilchen müssen als ununterscheidbar betrachtet werden. Nicht mehr als ein Teilchen kann in irgendeinem Zustand sein. Die drei Zustände im BE-Fall, in denen sich zwei Teilchen im gleichen Zustand befanden, dürfen in diesem Fall nicht mitgezählt werden. Es bleiben dann folgende Aufzählung übrig

1	2	3
A	A	. . .
A	. . .	A
. . .	A	A

Es gibt jetzt im ganzen nur 3 mögliche Zustände für das Gas.

Dieses Beispiel zeigt einen weiteren interessanten qualitativen Zug. Sei

$$\xi = \frac{\text{Wahrscheinlichkeit dafür, daß die zwei Teilchen im gleichen Zustand gefunden werden}}{\text{Wahrscheinlichkeit dafür, daß die zwei Teilchen in verschiedenen Zuständen gefunden werden}}$$

Dann haben wir für die drei Fälle

$$\xi_{MB} = \tfrac{3}{6} = \tfrac{1}{2}$$
$$\xi_{BE} = \tfrac{3}{3} = 1$$
$$\xi_{FD} = \tfrac{0}{3} = 0$$

Somit ist im BE-Fall bei den Teilchen eine größere relative Tendenz vorhanden, sich im gleichen Zustand anzusammeln als in der klassischen Statistik. Auf der anderen Seite gibt es im FD-Fall eine größere relative Tendenz der Teilchen, in verschiedenen Zuständen getrennt zu bleiben als in der klassischen Statistik.

Diskussion mit Hilfe der Wellenfunktionen: Das gleiche einfache Beispiel kann ebensogut mit Hilfe der möglichen Wellenfunktionen des Gases diskutiert werden. Es sei

$\Psi_s(Q) =$ die Einteilchenwellenfunktion für ein einzelnes Teilchen (mit der Koordinate Q) im Zustand s.

Wie zuvor sei Ψ die Wellenfunktion für das ganze Gas. Da die Teilchen nicht wechselwirken, kann Ψ als ein einfaches Produkt von Einteilchenwellenfunktionen geschrieben werden, oder als geeignete Linearkombination von solchen. Wir wollen wieder die Fälle der Reihe nach erörtern.

Maxwell–Boltzmann-Statistik: Es gibt keine bestimmte Symmetriebedingung für Ψ bezüglich einer Teilchenvertauschung. Abgesehen von der Normierung besteht dann ein vollständiger Satz von Wellenfunktionen für das Gas aus den $3 \cdot 3 = 9$ Funktionen der Form

$$\psi_i(Q_A)\, \psi_j(Q_B)$$

mit $i = 1, 2, 3$ und $j = 1, 2, 3$.

Bose–Einstein-Statistik: Hier muß Ψ symmetrisch gegenüber einer Teilchenvertauschung sein. Von den oben angegebenen Wellenfunktionen kann man nur sechs symmetrische konstruieren. Ein vollständiger (nicht normierter) Satz von verschiedenen Wellenfunktionen sind dann die drei Funktionen der Form

$$\psi_i(Q_A)\, \psi_i(Q_B)$$

mit $i = 1, 2, 3$ und die drei Funktionen der Form

$$\psi_i(Q_A)\, \psi_j(Q_B) + \psi_i(Q_B)\, \psi_j(Q_A)$$

mit $j > i$; wieder ist $i, j = 1, 2, 3$.

Fermi–Dirac-Statistik: Hier muß Ψ antisymmetrisch gegen die Vertauschung zweier Teilchen sein. Von den im MB-Fall angegebenen neun Wellenfunktionen kann man nur drei antimetrische konstruieren. Ein vollständiger (nicht normierter) Satz von verschiedenen Wellenfunktionen sind dann die drei Funktionen der Form

$$\psi_i(Q_A)\, \psi_j(Q_B) - \psi_i(Q_B)\, \psi_j(Q_A)$$

mit $j > i$; wieder ist $i, j = 1, 2, 3$.

9.2 Formulierung des statistischen Problems

Wir betrachten ein Gas aus identischen Teilchen in einem Volumen V im Gleichgewicht bei der Temperatur T. Wir werden die folgende Bezeichnung verwenden:

> Man indiziere die möglichen Quantenzustände eines Teilchens mit r (oder s).
> Die Energie eines Teilchens im Zustand r sei ϵ_r.
> Die Anzahl der Teilchen im Zustand r sei n_r.
> Man indiziere die möglichen Quantenzustände des gesamten Gases mit R.

Die Annahme einer vernachlässigbar kleinen Wechselwirkung zwischen den Teilchen erlaubt uns, für die Gesamtenergie des Gases, wenn es sich in einem Zustand R befindet, bei dem n_1 Teilchen im Zustand $r = 1$, n_2 im Zustand $r = 2$ usw. sind, einen additiven Ausdruck zu schreiben

$$E_R = n_1\epsilon_1 + n_2\epsilon_2 + n_3\epsilon_3 + \cdots = \sum_r n_r\epsilon_r \tag{9.2.1}$$

wobei sich die Summe über alle möglichen Zustände r eines Teilchens erstreckt. Wenn man darüber hinaus weiß, daß die Gesamteilchenzahl N ist, so gilt

$$\sum_r n_r = N \tag{9.2.2}$$

Um die thermodynamischen Funktionen des Gases zu berechnen (z.B. seine Entropie), muß man seine Zustandsumme auswerten

$$Z = \sum_R e^{-\beta E_R} = \sum_R e^{-\beta(n_1\epsilon_1+n_2\epsilon_2+\cdots)} \tag{9.2.3}$$

Hierbei läuft die Summe über alle möglichen Zustände R des Gases, d.h. über alle möglichen verschiedenen Werte der Zahlen $n_1, n_2, n_3 \ldots$

Da $\exp[-\beta(n_1\epsilon_1 + n_2\epsilon_2 + \ldots)]$ die relative Wahrscheinlichkeit dafür darstellt, das Gas in einem bestimmten Zustand zu finden, bei dem sich n_1 Teilchen im Zustand 1, n_2 im Zustand 2 usw. befinden, kann man für die mittlere Anzahl von Teilchen in einem Zustand s schreiben:

$$\bar{n}_s = \frac{\sum_R n_s\, e^{-\beta(n_1\epsilon_1+n_2\epsilon_2+\cdots)}}{\sum_R e^{-\beta(n_1\epsilon_1+n_2\epsilon_2+\cdots)}} \tag{9.2.4}$$

Daher $\quad \bar{n}_s = \dfrac{1}{Z}\displaystyle\sum_R \left(-\frac{1}{\beta}\frac{\partial}{\partial\epsilon_s}\right) e^{-\beta(n_1\epsilon_1+n_2\epsilon_2+\cdots)} = -\frac{1}{\beta Z}\frac{\partial Z}{\partial\epsilon_s}$

oder
$$\bar{n}_s = -\frac{1}{\beta}\frac{\partial \ln Z}{\partial\epsilon_s} \tag{9.2.5}$$

So kann die mittlere Teilchenzahl in einem gegebenen Einteilchen-Zustand s auch durch die Zustandssumme Z ausgedrückt werden.

Berechnung des Schwankungsquadrats der Teilchenzahl. Man kann in ähnlicher Weise einen Ausdruck für das Schwankungsquadrat der Teilchenzahl im Zustand s anschreiben. Es gilt

$$\overline{(\Delta n_s)^2} = \overline{(n_s - \bar{n}_s)^2} = \overline{n_s^2} - \bar{n}_s^2 \tag{9.2.6}$$

Für $\overline{n_s^2}$ kann man definitionsgemäß schreiben

$$\overline{n_s^2} = \frac{\sum_R n_s^2 \, e^{-\beta(n_1\epsilon_1 + n_2\epsilon_2 + \cdots)}}{\sum_R e^{-\beta(n_1\epsilon_1 + n_2\epsilon_2 + \cdots)}} \tag{9.2.7}$$

Daher ist

$$\overline{n_s^2} = \frac{1}{Z} \sum \left(-\frac{1}{\beta}\frac{\partial}{\partial \epsilon_s}\right)\left(-\frac{1}{\beta}\frac{\partial}{\partial \epsilon_s}\right) e^{-\beta(n_1\epsilon_1 + n_2\epsilon_2 + \cdots)} = \frac{1}{Z}\left(-\frac{1}{\beta}\frac{\partial}{\partial \epsilon_s}\right)^2 Z$$

oder
$$\overline{n_s^2} = \frac{1}{\beta^2 Z}\frac{\partial^2 Z}{\partial \epsilon_s^2} \tag{9.2.8}$$

Dies kann in eine bequemere Form gebracht werden, die $\bar{n}_s$ aus (9.2.5) enthält:

$$\overline{n_s^2} = \frac{1}{\beta^2}\left[\frac{\partial}{\partial \epsilon_s}\left(\frac{1}{Z}\frac{\partial Z}{\partial \epsilon_s}\right) + \frac{1}{Z^2}\left(\frac{\partial Z}{\partial \epsilon_s}\right)^2\right] = \frac{1}{\beta^2}\left[\frac{\partial}{\partial \epsilon_s}\left(\frac{\partial \ln Z}{\partial \epsilon_s}\right) + \beta^2 \bar{n}_s^2\right]$$

Damit wird (9.2.6)

$$\overline{(\Delta n_s)^2} = \frac{1}{\beta^2}\frac{\partial^2 \ln Z}{\partial \epsilon_s^2} \tag{9.2.9}$$

oder wegen (9.2.5)

$$\overline{(\Delta n_s)^2} = -\frac{1}{\beta}\frac{\partial \bar{n}_s}{\partial \epsilon_s} \tag{9.2.10}$$

Die Berechnung aller interessierenden physikalischen Größen erfordert die Auswertung der Zustandssumme (9.2.3). Wir wollen jetzt ganz genau darlegen, was wir mit der Summe über alle möglichen Zustände des Gases meinen. In Übereinstimmung mit der Diskussion im Abschnitt 9.1 meinen wir folgendes:

Maxwell–Boltzmann-Statistik: Hier muß man über alle möglichen Teilchenzahlen jedes Zustandes summieren, d.h. über alle Werte

$$n_r = 0, 1, 2, 3, \ldots \quad \text{für jedes } r \tag{9.2.11}$$

unter der Nebenbedingung einer festen Gesamtzahl der Teilchen

$$\sum_r n_r = N \tag{9.2.12}$$

Die Teilchen müssen aber auch als unterscheidbar betrachtet werden. So muß jede Permutation von zwei Teilchen in verschiedenen Zuständen wie ein neuer Zustand des gesamten Gases gezählt werden, obwohl das Zahlentupel $\{n_1, n_2, n_3, \ldots\}$ unverändert bleibt. Das liegt daran, daß es nicht ausreicht, wenn man angibt, wie viele Teilchen sich in jedem Einteilchenzustand befinden, vielmehr ist notwendig anzugeben, *welches* Teilchen sich in welchem Zustand befindet.

Bose-Einstein- und Photonen-Statistik: Hier müssen die Teilchen als ununterscheidbar betrachtet werden, so daß lediglich die Angabe der Zahlen $\{n_1, n_2, n_3, \ldots\}$ ausreichend ist, um den Zustand des Gases zu kennzeichnen. Deswegen ist nur die Summation über alle möglichen Teilchenzahlen jedes Einteilchenzustandes notwendig, d.h. über alle möglichen Werte

$$n_r = 0, 1, 2, 3 \ldots \quad \text{für jedes } r \tag{9.2.13}$$

Wenn die Gesamtteilchenzahl fest ist, müssen diese Zahlen lediglich der Einschränkung (9.2.2) genügen

$$\sum_r n_r = N \tag{9.2.14}$$

Ein einfacherer Spezialfall ist der, für den *keine* Einschränkung bezüglich der Gesamtzahl der Teilchen besteht. Dies ist zum Beispiel der Fall, wenn man als Teilchen Photonen in einem Behälter des Volumens V betrachtet, da die Photonen von den Wänden absorbiert und emittiert werden. Es muß dann keine Nebenbedingung (9.2.14) erfüllt werden, und man bekommt den Spezialfall „Photonen-Statistik".

Fermi–Dirac-Statistik: Hier müssen die Teilchen wieder als ununterscheidbar betrachtet werden, so daß lediglich die Angabe der Zahlen $\{n_1, n_2, n_3, \ldots\}$ ausreichend ist, um den Zustand des Gases zu kennzeichnen. Daher ist nur notwendig, über alle möglichen Teilchenzahlen von Einteilchenzuständen zu summieren, wobei daran zu denken ist, daß in jedem solchen Zustand nicht mehr als ein Teilchen sein kann; d.h. man muß über die zwei möglichen Werte summieren

$$n_r = 0,1 \quad \text{für jedes } r \tag{9.2.15}$$

Wenn die Gesamtzahl der Teilchen festgelegt ist, müssen diese Zahlen nur die Nebenbedingung (9.2.2) erfüllen.

9.3 Die quantenmechanischen Verteilungsfunktionen

Bevor wir uns einer systematischen Berechnung der Zustandssummen der verschiedenen Fälle zuwenden, wollen wir in diesem Abschnitt die wesentlichen Züge der Quantentheorie idealer Gase erörtern. Wir beginnen mit der Feststellung, daß ein tiefgreifender Unterschied zwischen den Gasen besteht, die der BE- und die der FD-Statistik gehorchen. Dieser Unterschied wird am augenfälligsten im Grenzfall $T \to 0$, wenn das Gas als Ganzes in seinem Zustand niedrigster Energie ist. Man betrachte ein Gas mit fester Teilchenzahl N und nehme an, daß der Zustand niedrigster Energie eines einzelnen Teilchens die Energie ϵ_1 hat. (Dies entspricht einem Zustand, in dem das Teilchen im wesentlichen den Impuls Null hat.) Im Fall der BE-Statistik, für die die Zahl der Teilchen, die in einem Einteilchen-Zustand untergebracht werden können, nicht beschränkt ist, erhält man den Zustand niedrigster Energie des gesamten Gases, wenn sich *alle* N Teilchen des Gases in ihrem Zustand niedrigster Energie befinden, z.B. sind alle Teilchen in ihrem Zustand des Impulses Null.) Dies beschreibt dann die Situation bei $T = 0$.

Im Fall der FD-Statistik jedoch kann nicht mehr als ein Teilchen irgendeinen Einteilchenzustand besetzen. Ist man am Zustand niedrigster Energie des gesamten Gases interessiert, so muß man die Einteilchenzustände nach wachsender Energie besetzen, d.h. man kann vom Zustand niedrigster Energie ϵ_1 beginnen und muß dann die Einteilchenzustände nächsthöherer Energie, einen nach dem anderen, auffüllen, bis alle N Teilchen untergebracht sind. Das Resultat ist, daß es im Gas – selbst wenn dieses sich bei $T = 0$ im Grundzustand befindet – Teilchen gibt, die eine im Vergleich zu ϵ_1 sehr hohe Energie besitzen. Entsprechend hat das Gas als Ganzes eine beträchtlich höhere Energie als es der Fall wäre, wenn die Teilchen der BE-Statistik gehorchten, wo die Grundzustandsenergie durch $N\epsilon_1$ gegeben ist. Das Paulische Ausschließungsprinzip hat somit wesentliche Konsequenzen.

Wir wollen nun den Fall beliebiger Temperatur T betrachten und für die verschiedenen Fälle die mittlere Teilchenzahl in einem bestimmten Zustand s berechnen. Wir können direkt vom Ausdruck (9.2.4) ausgehen:

$$\bar{n}_s = \frac{\sum\limits_{n_1,n_2,\ldots} n_s\, e^{-\beta(n_1\epsilon_1+n_2\epsilon_2+\cdots+n_s\epsilon_s+\cdots)}}{\sum\limits_{n_1,n_2,\ldots} e^{-\beta(n_1\epsilon_1+n_2\epsilon_2+\cdots+n_s\epsilon_s+\cdots)}} \tag{9.3.1}$$

Indem wir zunächst über alle möglichen Werte von n_s summieren, dann die Multiplikativitätseigenschaft der Exponentialfunktion benutzten und schließlich die Reihenfolge der Summation umordnen, können wir (9.3.1) auch in der Form schreiben:

$$\bar{n}_s = \frac{\sum\limits_{n_s} n_s\, e^{-\beta n_s\epsilon_s} \sum\limits_{n_1,n_2,\ldots}^{(s)} e^{-\beta(n_1\epsilon_1+n_2\epsilon_2+\cdots)}}{\sum\limits_{n_s} e^{-\beta n_s\epsilon_s} \sum\limits_{n_1,n_2,\ldots}^{(s)} e^{-\beta(n_1\epsilon_1+n_2\epsilon_2+\cdots)}} \tag{9.3.2}$$

Hier lassen die Summen $\Sigma^{(s)}$ im Zähler und im Nenner den Zustand s außer Betracht, (worauf das *(s)* beim Summationszeichen hinweisen soll).

Photonen-Statistik. Dies ist der Fall der BE-Statistik mit unbestimmter Teilchenzahl. In Übereinstimmung mit der Erörterung im letzten Abschnitt nehmen hier die Zahlen n_1, n_2, . . . alle Werte $n_r = 0, 1, 2, 3, \ldots$ für jedes r ohne irgendeine weitere Einschränkung an. Die Summen $\Sigma^{(s)}$ im Zähler und Nenner von (9.3.2) sind deswegen identisch und heben sich heraus. Deswegen bleibt einfach

$$\bar{n}_s = \frac{\sum\limits_{n_s} n_s\, e^{-\beta n_s \epsilon_s}}{\sum\limits_{n_s} e^{-\beta n_s \epsilon_s}} \tag{9.3.3}$$

übrig. Die restliche Rechnung geht leicht. Aus (9.3.3) wird

$$\bar{n}_s = \frac{(-1/\beta)(\partial/\partial\epsilon_s)\Sigma\, e^{-\beta n_s \epsilon_s}}{\Sigma\, e^{-\beta n_s \epsilon_s}} = -\frac{1}{\beta}\frac{\partial}{\partial\epsilon_s}\ln\,(\Sigma\, e^{-\beta n_s \epsilon_s}) \tag{9.3.4}$$

Die letzte Summe ist eine unendliche geometrische Reihe, die aufsummiert werden kann:

$$\sum_{n_s=0}^{\infty} e^{-\beta n_s \epsilon_s} = 1 + e^{-\beta\epsilon_s} + e^{-2\beta\epsilon_s} + \cdots = \frac{1}{1 - e^{-\beta\epsilon_s}}$$

Deswegen ergibt (9.3.4)

$$\bar{n}_s = \frac{1}{\beta}\frac{\partial}{\partial\epsilon_s}\ln\,(1 - e^{-\beta\epsilon_s}) = \frac{e^{-\beta\epsilon_s}}{1 - e^{-\beta\epsilon_s}}$$

oder $$\bar{n}_s = \frac{1}{e^{\beta\epsilon_s} - 1} \tag{9.3.5}$$

Das nennt man die „Plancksche Verteilung".

Fermi–Dirac-Statistik. Wir wollen uns jetzt dem Fall zuwenden, bei dem die Gesamtteilchenzahl fest ist. Diese Einschränkung macht die Rechnung ein wenig komplizierter. Wir diskutieren als erstes den Fall der FD-Statistik, da er um einiges einfacher ist. In Übereinstimmung mit der Diskussion in Abschnitt 9.2 laufen hier die Summen in (9.3.2) über alle Werte der Zahlen $n_1, n_2, \ldots$, so daß $n_r = 0$ und 1 ist für jedes r; aber diese Zahlen müssen stets die Bedingung

$$\sum_r n_r = N \tag{9.3.6}$$

erfüllen. Diese Einschränkung impliziert zum Beispiel, daß sich die Summe $\Sigma^{(s)}$ in (9.3.2) nur über die restlichen $(N-1)$ Teilchen erstreckt, die auf alle Zustände – mit Ausnahme von s – verteilt werden können, wenn sich ein Teilchen im Zustand s befindet. Wir wollen für die Summe $\Sigma^{(s)}$, die sich über alle Zustände außer s erstreckt, die bequeme Abkürzung einführen

$$Z_s(N) \equiv \sum_{n_1, n_2, \ldots}^{(s)} e^{-\beta(n_1\epsilon_1 + n_2\epsilon_2 + \cdots)} \tag{9.3.7}$$

wenn N Teilchen über diese restlichen Zustände verteilt werden müssen, d.h. wenn

$$\sum_r^{(s)} n_r = N \qquad \text{(Zustand } s \text{ wird in dieser Summe ausgelassen)}$$

gilt. Indem man die Summe über $n_s = 0$ und 1 explizit ausführt, wird aus dem Ausdruck (9.3.2)

$$\bar{n}_s = \frac{0 + e^{-\beta\epsilon_s} Z_s(N-1)}{Z_s(N) + e^{-\beta\epsilon_s} Z_s(N-1)} \tag{9.3.8}$$

oder
$$\bar{n}_s = \frac{1}{[Z_s(N)/Z_s(N-1)]\, e^{\beta\epsilon_s} + 1} \tag{9.3.9}$$

Dies kann durch eine Beziehung zwischen $Z_s(N-1)$ und $Z_s(N)$ vereinfacht werden. So gilt für den Fall $\Delta N \ll N$

$$\ln Z_s(N - \Delta N) = \ln Z_s(N) - \frac{\partial \ln Z_s}{\partial N} \Delta N = \ln Z_s(N) - \alpha_s \, \Delta N$$

oder
$$Z_s(N - \Delta N) = Z_s(N)\, e^{-\alpha_s \Delta N} \tag{9.3.10}$$

wobei
$$\alpha_s \equiv \frac{\partial \ln Z_s}{\partial N} \tag{9.3.11}$$

ist. Da aber $Z_s(N)$ eine Summe über sehr viele Zustände ist, erwartet man, daß die Ableitung des Logarithmus nach der Gesamtzahl der Teilchen N sehr unempfindlich gegenüber dem speziellen Zustand s ist, der in der Summe (9.3.7) ausgelassen wurde. Wir wollen daher die Näherung (deren Gültigkeit später verifiziert werden kann) einführen, daß α_s unabhängig von s ist, so daß man einfach

$$\alpha_s = \alpha \tag{9.3.12}$$

für alle s schreiben kann. Die Ableitung (9.3.11) kann dann ebenfalls näherungsweise durch die Ableitung der vollen Zustandssumme $Z(N)$ (über *alle* Zustände), die im Nenner von (9.3.1) oder (9.3.8) auftritt, ausgedrückt werden; d.h.

$$\alpha = \frac{\partial \ln Z}{\partial N} \tag{9.3.13}$$

Unter Benutzung von (9.3.10) mit $\delta N = 1$ und der Näherung (9.3.12) wird dann aus dem Ergebnis (9.3.9)

▶
$$\bar{n}_s = \frac{1}{e^{\alpha + \beta\epsilon_s} + 1} \tag{9.3.14}$$

Dies nennt man die „Fermi–Dirac-Verteilung".

Der Parameter α in (9.3.14) kann aus der Bedingung (9.3.6) bestimmt werden, welche verlangt, daß die Mittelwerte die Beziehung

$$\sum_r \bar{n}_r = N \tag{9.3.15}$$

oder
$$\sum_r \frac{1}{e^{\alpha + \beta\epsilon_r} + 1} = N \tag{9.3.16}$$

erfüllen. Beachte: Da die freie Energie $F = -kT \ln Z$ ist, ist die Beziehung (9.3.13) äquivalent zu

$$\alpha = -\frac{1}{kT}\frac{\partial F}{\partial N} = -\frac{\mu}{kT} = -\beta\mu \tag{9.3.17}$$

wobei μ das in (8.7.10) definierte chemische Potential pro Teilchen ist. Das Ergebnis (9.3.14) kann somit auch in der Form

$$\bar{n}_s = \frac{1}{e^{\beta(\epsilon_s-\mu)} + 1} \tag{9.3.18}$$

geschrieben werden.

Beachte, daß $\overline{n_s} \to 0$, wenn ϵ_s genügend groß wird. Da aber andererseits der Nenner in (9.3.14) niemals kleiner als Eins wird, egal wie klein ϵ_s wird, folgt, daß $\overline{n_s} \leqslant 1$. Daher gilt

$$0 \leqslant \overline{n_s} \leqslant 1$$

eine Beziehung, die Einschränkung des Paulischen Ausschließungsprinzips widerspiegelt.

Anmerkung zur Gültigkeit der Näherung: Die Zustandssumme im Nenner von (9.3.1) oder (9.3.8) hängt mit $Z_s(N)$ über

$$Z(N) = Z_s(N) + e^{-\beta\epsilon_s} Z_s(N-1) = Z_s(N)(1 + e^{-\alpha-\beta\epsilon_s})$$

oder $\quad \ln Z = \ln Z_s + \ln(1 + e^{-\alpha-\beta\epsilon_s})$

zusammen, wobei wir (9.3.10) und (9.3.12) benutzt haben. Daher ist

$$\frac{\partial \ln Z}{\partial N} = \frac{\partial \ln Z_s}{\partial N} - \frac{e^{-\alpha-\beta\epsilon_s}}{1 + e^{-\alpha-\beta\epsilon_s}}\frac{\partial\alpha}{\partial N}$$

oder $\quad \alpha = \alpha_s - \bar{n}_s \dfrac{\partial\alpha}{\partial N}$

Die Annahme (9.3.12) ist dann erfüllt, wenn

$$\frac{\partial\alpha}{\partial N}\bar{n}_s \ll \alpha \tag{9.3.19}$$

oder für die FD-Statistik, für die $\overline{n_s} < 1$ ist, wenn $\partial\alpha/\partial N \ll \alpha$, d.h. wenn die Teilchenzahl N groß genug ist, so daß sich das chemische Potential nicht merklich ändert, wenn dem System ein weiteres Teilchen zugefügt wird.

Bose–Einstein-Statistik. Die Erörterung ist der für den FD-Fall sehr ähnlich. Hier gehen die Summen in (9.3.2) über alle Werte der Zahlen $n_1, n_2, \ldots$ so daß $n_r = 0, 1, 2, 3, \ldots$ für alle r; aber die Situation unterscheidet sich vom Fall der Photonen, weil diese Zahlen immer die Bedingung (9.3.6) für eine feste Gesamtteilchenzahl N erfüllen müssen. Indem man die Summe über n_s explizit ausführt, wird aus Gleichung (9.3.2)

$$\bar{n}_s = \frac{0 + e^{-\beta\epsilon_s} Z_s(N-1) + 2e^{-2\beta\epsilon_s} Z_s(N-2) + \cdots}{Z_s(N) + e^{-\beta\epsilon_s} Z_s(N-1) + e^{-2\beta\epsilon_s} Z_s(N-2) + \cdots} \tag{9.3.20}$$

wobei $Z_s(N)$ in (9.3.7) definiert ist. Unter Benutzung von (9.3.10) und der Näherung (9.3.12) wird aus dem Ergebnis (9.3.20)

$$\bar{n}_s = \frac{Z_s(N)[0 + e^{-\beta\epsilon_s} e^{-\alpha} + 2e^{-2\beta\epsilon_s} e^{-2\alpha} + \cdots]}{Z_s(N)[1 + e^{-\beta\epsilon_s} e^{-\alpha} + e^{-2\beta\epsilon_s} e^{-2\alpha} + \cdots]}$$

oder
$$\bar{n}_s = \frac{\sum_s n_s e^{-n_s(\alpha+\beta\epsilon_s)}}{\sum_s e^{-n_s(\alpha+\beta\epsilon_s)}} \tag{9.3.21}$$

Aber dieser einfache Ausdruck ist ähnlich wie (9.3.3), außer daß in diesem Ausdruck $\beta\epsilon_s$ durch $(\alpha + \beta\epsilon_s)$ ersetzt ist. Der Rest der Rechnung ist identisch mit der zu (9.3.4) führenden und ergibt deshalb

$$\bar{n}_s = \frac{1}{e^{\alpha+\beta\epsilon_s} - 1} \tag{9.3.22}$$

Das nennt man die „Bose-Einstein-Verteilung". Beachte, daß in diesem $\bar{n}_s$ sehr groß werden kann. Der Parameter α kann wieder durch die Bedingung (9.3.15) bestimmt werden, d.h. durch die Beziehung

$$\sum_r \frac{1}{e^{\alpha+\beta\epsilon_r} - 1} = N \tag{9.3.23}$$

Er hängt wieder mit dem chemischen Potential μ über die Beziehung $\alpha = -\mu\beta$ (9.3.17) zusammen, so daß (9.3.22) auch in der Form geschrieben werden kann

$$\bar{n}_s = \frac{1}{e^{\beta(\epsilon_s-\mu)} - 1} \tag{9.3.24}$$

Im Falle von Photonen müssen die Summen ohne irgendwelche Einschränkungen bezüglich der gesamten Teilchenzahl N ausgeführt werden, so daß $Z(N)$ [oder $Z_s(N)$] nicht von N abhängt. Somit ist wegen (9.3.13) $\alpha = 0$ und die Bose–Einstein-Verteilung (9.3.22) reduziert sich folgerichtig auf den Spezialfall der Planckschen Verteilung (9.3.5)

Anmerkung: Im Fall von Photonen (oder anderen Teilchen, deren Gesamtzahl nicht fest ist) bezeichnet ϵ_s die eindeutig definierte Energie, die notwendig ist, um ein Teilchen im Zustand s zu erzeugen (so ist z.B. $\epsilon_s = \hbar\omega_s$, wenn ω_s die Frequenz des Photons ist). Nimmt man an, daß die Energieskala um eine beliebige Konstante η verschoben ist, so hat der Grundzustand des Photonengases (für den $n_1 = n_2 = n_3 = \ldots = 0$ ist) statt Null die Energie η. Dann wird die Energie des Gases in einem bestimmten Zustand $E = \sum_r n_r \epsilon_r + \eta$. Aber die Konstante η kürzt sich in (9.3.1) heraus, so daß die Planckschen Verteilung (9.3.5), wie es sein muß, unbeeinflußt bleibt. Im Falle gewöhnlicher Gase mit fester Teilchenzahl N, bezeichnet ϵ_s das Energieniveau eines Teilchens im Zustand s. Man nehme an, daß die Energieskala um eine beliebige Konstante verschoben ist. Dann sind alle Einteilchenenergieniveaus um die gleiche Konstante η' verschoben und die Energie aller Zustände des Gases als Ganzem ist um die Konstante $\eta \equiv N\eta'$ verschoben. Wiederum hebt sich diese additive Konstante in (9.3.1) heraus; somit bleiben wie zu erwarten, die *FD*- und *BE*-Verteilung (9.3.18) und (9.3.24) unbeeinflußt (dabei wird das chemische Potential μ auch um η' verschoben).

Damit ist die Erörterung der wesentlichen Züge der Quantenstatistik idealer Gase vollständig. Es lohnt sich jedoch, sich die verschiedenen Fälle mit dem Ziel genauer anzusehen, nicht nur die Verteilungsfunktionen $\bar{n}_s$, sondern auch die thermodynamischen Funktionen (z.B. die Entropie) und die Größe der Fluktuationen der Teilchenzahl für einen gegebenen Zustand zu berechnen. Wir werden daher in den nächsten Abschnitten die Zustandssumme Z für jeden interessierenden Fall berechnen, d.h. wir suchen einen expliziten Ausdruck für Z in den Energieniveaus eines einzelnen Teilchens.

9.4 Maxwell–Boltzmann-Statistik

Zu Vergleichszwecken ist es instruktiv, sich zunächst nur mit dem klassischen Fall der Maxwell–Boltzmann-Statistik zu beschäftigen. Hier ist die Zustandssumme

$$Z = \sum_R e^{-\beta(n_1\epsilon_1 + n_2\epsilon_2 + \cdots)} \tag{9.4.1}$$

wobei die Summe, wie am Ende von Abschnitt 9.2 beschrieben wurde, durch Summation über alle Zustände R des Gases [3+)] auszuwerten ist, d.h. indem man über alle möglichen Werte der Zahlen n_r summiert und dabei die *Unterscheidbarkeit* der Teilchen berücksichtigt. Gibt es im ganzen N Moleküle, dann gibt es für ein *vorgegebenes* Zahlentupel $\{n_1, n_2, \ldots\}$

$$\frac{N!}{n_1!n_2! \cdots}$$

Möglichkeiten, die Teilchen so auf die gegebenen Einteilchenzustände zu verteilen, daß n_1 Teilchen im Zustand 1, n_2 Teilchen im Zustand 2, etc. sind. Wegen der Unterscheidbarkeit der Teilchen entspricht jede dieser möglichen Anordnungen einem *bestimmten* Zustand des ganzen Gases. Deswegen kann (9.4.1) explizit als

3+) Der Zustand wird durch die Besetzungszahlen n_j und dadurch gekennzeichnet, ob die Teilchen unterscheidbar sind oder nicht.

$$Z = \sum_{n_1, n_2, \ldots} \frac{N!}{n_1! n_2! \cdots} e^{-\beta(n_1\epsilon_1 + n_2\epsilon_2 + \cdots)} \tag{9.4.2}$$

geschrieben werden, wobei man über alle Werte $n_r = 0, 1, 2, \ldots$ für jedes r mit der Einschränkung

$$\sum_r n_r = N \tag{9.4.3}$$

summiert. (9.4.2) ist

$$Z = \sum_{n_1, n_2, \ldots} \frac{N!}{n_1! n_2! \cdots} (e^{-\beta\epsilon_1})^{n_1} (e^{-\beta\epsilon_2})^{n_2} \cdots$$

was wegen (9.4.3) gerade das Ergebnis einer Polynomialentwicklung (1.2.7) ist. Somit ist

$$Z = (e^{-\beta\epsilon_1} + e^{-\beta\epsilon_2} + \cdots)^N$$

oder $$\ln Z = N \ln \left(\sum_r e^{-\beta\epsilon_r}\right) \tag{9.4.4}$$

wobei das Argument des Logarithmus einfach die Zustandssumme für ein einzelnes Teilchen ist.

Alternative Herleitung: Man kann ebensogut die Zustandssumme (9.4.1) des gesamten Gases in der Form schreiben

$$Z = \sum_{r_1, r_2, \ldots} \exp\left[-\beta(\epsilon_{r_1} + \epsilon_{r_2} + \cdots + \epsilon_{r_N})\right] \tag{9.4.5}$$

wobei die Summation jetzt über alle möglichen *Zustände jedes* einzelnen Teilchens läuft. Selbstverständlich betrachtet diese Art zu summieren die Teilchen als unterscheidbar und erzeugt zu unterscheidende Terme in der Summe, wenn einerseits Teilchen 1 im Zustand r_1 und Teilchen 2 im Zustand r_2 ist, und wenn andererseits Teilchen *2* im Zustand r_1 und Teilchen 1 im Zustand r_2 ist. Jetzt faktorisiert (9.4.5) sofort und ergibt

$$\begin{aligned} Z &= \sum_{r_1, r_2, \ldots} \exp(-\beta\epsilon_{r_1}) \exp(-\beta\epsilon_{r_2}) \cdots \\ &= \left[\sum_{r_1} \exp(-\beta\epsilon_{r_1})\right] \left[\sum_{r_2} \exp(-\beta\epsilon_{r_2})\right] \cdots \end{aligned}$$

oder $$Z = \left[\sum_{r_1} \exp(-\beta\epsilon_{r_1})\right]^N \tag{9.4.6}$$

So erhält man wieder das Ergebnis (9.4.4).

Aus (9.2.5) erhält man mit (9.4.4) durch Differenzieren mit Rücksicht auf den Term, der ϵ_s enthält

$$\bar{n}_s = -\frac{1}{\beta}\frac{\partial \ln Z}{\partial \epsilon_s} = -\frac{1}{\beta} N \frac{-\beta\, e^{-\beta\epsilon_s}}{\sum_r e^{-\beta\epsilon_r}}$$

oder

▶ $$\bar{n}_s = N \frac{e^{-\beta\epsilon_s}}{\sum_r e^{-\beta\epsilon_r}} \tag{9.4.7}$$

Dies nennt man die „Maxwell–Boltzmann-Verteilung". Das ist natürlich genau das Ergebnis, das wir früher auf klassischem Wege erhielten, als wir die kanonische Verteilung auf ein einzelnes Teilchen anwendeten.

Berechnung des Schwankungsquadrats der Teilchenzahl: Durch Kombination des allgemeinen Ergebnisses (9.2.10) mit (9.4.7) erhält man

$$\overline{(\Delta n_s)^2} = -\frac{1}{\beta}\frac{\partial \bar{n}_s}{\partial \epsilon_s} = -\frac{N}{\beta}\left[\frac{-\beta e^{-\beta\epsilon_s}}{\Sigma e^{-\beta\epsilon_r}} - \frac{-\beta e^{-\beta\epsilon_s}\, e^{-\beta\epsilon_s}}{(\Sigma e^{-\beta\epsilon_r})^2}\right]$$

$$= \bar{n}_s - \frac{\bar{n}_s^2}{N}$$

oder $$\overline{(\Delta n_s)^2} = \bar{n}_s\left(1 - \frac{\bar{n}_s}{N}\right) \approx \bar{n}_s \tag{9.4.8}$$

Dieser letzte Schritt folgt, da $\bar{n}_s \ll N$ ist, es sei denn, die Temperatur T ist extrem niedrig. Das relative Schwankungsquadrat ist dann

▶ $$\frac{\overline{(\Delta n_s)^2}}{\bar{n}_s^2} = \frac{1}{\bar{n}_s} \tag{9.4.9}$$

9.5 Photonen-Statistik

Die Zustandssumme ist durch

$$Z = \sum_R e^{-\beta(n_1\epsilon_1 + n_2\epsilon_2 + \cdots)} \tag{9.5.1}$$

gegeben, wobei in Übereinstimmung mit der Diskussion des Abschnitts 9.2 die Summation einfach über alle Werte $n_r = 0, 1, 2, 3 \ldots$ für jedes r *ohne* weitere Einschränkung zu nehmen ist. So wird (9.5.1) explizit

$$Z = \sum_{n_1, n_2, \ldots} e^{-\beta n_1\epsilon_1}\, e^{-\beta n_2\epsilon_2}\, e^{-\beta n_3\epsilon_3} \cdots$$

oder $$Z = \Big(\sum_{n_1=0}^{\infty} e^{-\beta n_1 \epsilon_1}\Big)\Big(\sum_{n_2=0}^{\infty} e^{-\beta n_2 \epsilon_2}\Big)\Big(\sum_{n_3=0}^{\infty} e^{-\beta n_3 \epsilon_3}\Big) \cdots \tag{9.5.2}$$

Jede Summe ist gerade eine unendliche geometrische Reihe, deren erstes Glied 1 ist und für die das Verhältnis zwischen aufeinanderfolgenden Termen $e^{-\beta\epsilon_r}$ ist. Sie kann also unmittelbar aufsummiert werden. Folglich wird (9.5.2)

$$Z = \left(\frac{1}{1 - e^{-\beta\epsilon_1}}\right)\left(\frac{1}{1 - e^{-\beta\epsilon_2}}\right)\left(\frac{1}{1 - e^{-\beta\epsilon_3}}\right) \cdots$$

oder

▶ $$\ln Z = -\sum_r \ln\left(1 - e^{-\beta\epsilon_r}\right) \tag{9.5.3}$$

Aus (9.2.5) ergibt sich mit (9.5.3) durch Differentiation nach ϵ_s

$$\bar{n}_s = -\frac{1}{\beta}\frac{\partial \ln Z}{\partial \epsilon_s} = \frac{e^{-\beta\epsilon_s}}{1 - e^{-\beta\epsilon_s}}$$

oder

▶ $$\bar{n}_s = \frac{1}{e^{\beta\epsilon_s} - 1} \tag{9.5.4}$$

So gewinnen wir wieder die Plancksche Verteilung, die vorher in (9.3.5) abgeleitet wurde.

Berechnung des Schwankungsquadrates der Teilchenzahl: Aus (9.2.10) folgt mit (9.5.4)

$$\overline{(\Delta n_s)^2} = -\frac{1}{\beta}\frac{\partial \bar{n}_s}{\partial \epsilon_s} = \frac{e^{\beta\epsilon_s}}{(e^{\beta\epsilon_s} - 1)^2}$$

Man kann (9.5.4) benutzen, um dies durch $\bar{n}_s$ auszudrücken. Damit wird

$$\overline{(\Delta n_s)^2} = \frac{(e^{\beta\epsilon_s} - 1) + 1}{(e^{\beta\epsilon_2} - 1)^2} = \bar{n}_s + \bar{n}_s^2$$

oder $$\overline{(\Delta n_s)^2} = \bar{n}_s(1 + \bar{n}_s) \tag{9.5.5}$$

oder $$\frac{\overline{(\Delta n_s)^2}}{\bar{n}_s^2} = \frac{1}{\bar{n}_s} + 1 \tag{9.5.6}$$

Beachte, daß dieses Schwankungsquadrat größer ist als im MB-Fall (9.4.8). Deshalb wird, wenn man es mit Photonen zu tun hat, das relative Schwankungsquadrat *nicht* beliebig klein, selbst dann nicht, wenn $n_s \gg 1$.

9.6 Bose-Einstein-Statistik

Die Zustandssumme ist wieder durch

$$Z = \sum_R e^{-\beta(n_1\epsilon_1+n_2\epsilon_2+\cdots)} \tag{9.6.1}$$

gegeben, wobei in Übereinstimmung mit der Erörterung im Abschnitt 9.2 die Summation über alle Werte

$$n_r = 0,\ 1,\ 2,\ \ldots \text{ für jedes } r \tag{9.6.2}$$

läuft. Abweichend vom Photonenfall müssen diese Zahlen jedoch jetzt die Nebenbedingung

$$\sum_r n_r = N \tag{9.6.3}$$

erfüllen, wobei N die Gesamtzahl der Teilchen des Gases ist. Hätte man nicht die Bedingungsgleichung (9.6.3), dann könnte die Summe (9.6.1) genau wie im letzten Abschnitt leicht ausgewertet werden. Aber die Bedingung (9.6.3) bringt eine Komplikation.

Es gibt verschiedene Wege, das Problem, das mit der Bedingung (9.6.3) auftaucht, zu behandeln. Wir wollen eine Näherungsmethode benutzen, ähnlich der im Abschnitt 6.8 beschriebenen. Als Folge von (9.6.3) hängt Z von der gesamten Teilchenzahl N des Systems ab. Wäre die Teilchenzahl N' statt N, so hätte die Zustandssumme einen anderen Wert $Z(N')$. Da so viele Terme in der Summe (9.6.1) auftreten, ist $Z(N')$ tatsächlich eine sehr schnell anwachsende Funktion von N'. Aber wegen (9.6.3) sind wir nur am Wert von Z für $N' = N$ interessiert. Wir können jedoch das starke Anwachsen von $Z(N')$ ausnutzen, wenn wir uns klarmachen, daß Multiplikation mit einer rasch abfallenden Funktion $e^{-\alpha N'}$ eine Funktion $Z(N')\,e^{-\alpha N'}$ mit einem sehr scharfen Maximum erzeugt, daß man durch geeignete Wahl des positiven Parameters α gerade an der Stelle $N' = N$ auftreten lassen kann. Eine Summation dieser Funktion über *alle* möglichen Werte N' wählt also nur jene interessierenden Terme in der Nähe von $N' = N$ aus, d.h.

$$\sum_{N'} Z(N')\, e^{-\alpha N'} = Z(N)\, e^{-\alpha N}\, \Delta^* N' \tag{9.6.4}$$

Dabei ist die rechte Seite gerade das Maximum des Summanden multipliziert mit der Breite Δ^*N' dieses Maximums (mit $\Delta^*N' \ll N$).

Wir wollen die Abkürzung einführen

▶ $$\mathcal{Z} \equiv \sum_{N'} Z(N') e^{-\alpha N'} \tag{9.6.5}$$

Durch Logarithmieren von (9.6.4) erhält man als *sehr gute* Approximation

$$\ln Z(N) = \alpha N + \ln \mathcal{Z} \tag{9.6.6}$$

wobei wir den Term $\ln(\Delta^* N')$ vernachlässigt haben, der gegenüber den anderen Termen der Größenordnung N vollständig vernachlässigbar ist. Nun ist die Summe (9.6.5) leicht auszuführen, da sie sich über alle möglichen Zahlen *ohne* eine Einschränkung erstreckt. (Die Größe $\mathcal{Z}$ heißt „große Zustandssumme".)

Wir wollen $\mathcal{Z}$ auswerten. Mit (9.6.1) ergibt sich

$$\mathcal{Z} = \sum_R e^{-\beta(n_1\epsilon_1 + n_2\epsilon_2 + \cdots)}\, e^{-\alpha(n_1+n_2+\cdots)} \tag{9.6.7}$$

wobei die Summe ohne Einschränkung über alle möglichen Zahlen (9.6.2) läuft. Durch Umordnen der Terme erhält man

$$\mathcal{Z} = \sum_{n_1, n_2, \ldots} e^{-(\alpha+\beta\epsilon_1)n_1 - (\alpha+\beta\epsilon_2)n_2 - \cdots}$$

$$= \left(\sum_{n_1=0}^{\infty} e^{-(\alpha+\beta\epsilon_1)n_1}\right)\left(\sum_{n_2=0}^{\infty} e^{-(\alpha+\beta\epsilon_2)n_2}\right) \cdots$$

Das ist gerade das Produkt von einfachen geometrischen Reihen. Daher gilt

$$\mathcal{Z} = \left(\frac{1}{1 - e^{-(\alpha+\beta\epsilon_1)}}\right)\left(\frac{1}{1 - e^{-(\alpha+\beta\epsilon_2)}}\right) \cdots$$

oder

$$\ln \mathcal{Z} = -\sum_r \ln\left(1 - e^{-\alpha-\beta\epsilon_r}\right) \tag{9.6.8}$$

Aus (9.6.6) wird dann

$$\ln Z = \alpha N - \sum_r \ln\left(1 - e^{-\alpha-\beta\epsilon_r}\right) \tag{9.6.9}$$

In unseren Überlegungen nahmen wir an, daß der Parameter α so zu wählen sei, daß die Funktion $Z(N')\,e^{-\alpha N'}$ ihr Maximum bei $N' = N$ hat, d.h. so, daß

$$\frac{\partial}{\partial N'}\left[\ln Z(N') - \alpha N'\right] = \frac{\partial \ln Z(N)}{\partial N} - \alpha = 0 \tag{9.6.10}$$

gilt. Da in dieser Bedingung der bestimmte Wert $N' = N$ vorkommt, muß α selbst eine Funktion von N sein. Wegen (9.6.6) ist die Bedingung (9.6.10) äquivalent zu

$$\left[\alpha + \left(N + \frac{\partial \ln \mathcal{Z}}{\partial \alpha}\right)\frac{\partial \alpha}{\partial N}\right] - \alpha = 0$$

oder

$$N + \frac{\partial \ln \mathcal{Z}}{\partial \alpha} = \frac{\partial \ln Z}{\partial \alpha} = 0 \tag{9.6.11}$$

Mit (9.6.9) wird aus (9.6.10)

$$N - \sum_r \frac{e^{-\alpha-\beta\epsilon_r}}{1 - e^{-\alpha-\beta\epsilon_r}} = 0$$

oder

$$\blacktriangleright \qquad \sum_r \frac{1}{e^{\alpha+\beta\epsilon_r} - 1} = N \tag{9.6.12}$$

Aus (9.2.5) wird mit (9.6.9)

$$\bar{n}_s = -\frac{1}{\beta}\frac{\partial \ln Z}{\partial \epsilon_s} = -\frac{1}{\beta}\left[-\frac{\beta e^{-\alpha-\beta\epsilon_s}}{1 - e^{-\alpha-\beta\epsilon_s}} + \frac{\partial \ln Z}{\partial \alpha}\frac{\partial \alpha}{\partial \epsilon_s}\right]$$

Der letzte Term berücksichtigt die Tatsache, daß α über die Beziehung (9.6.12) von ϵ_s abhängt. Aber dieser Term verschwindet wegen (9.6.11). Deswegen hat man einfach

$$\bar{n}_s = \frac{1}{e^{\alpha+\beta\epsilon_s} - 1} \tag{9.6.13}$$

So erhält man wieder die Bose–Einstein-Verteilung, die schon vorher in (9.3.22) abgeleitet wurde. Man beachte, daß die Bedingung (9.6.12) zur Bestimmung von α äquivalent zu

$$\sum_r \bar{n}_r = N \tag{9.6.14}$$

ist, was offensichtlich die Forderung ist, die man zur Erhaltung der Gesamtteilchenzahl (9.6.3) stellen muß.

Das chemische Potential des Gases ist durch

$$\mu = \frac{\partial F}{\partial N} = -kT\frac{\partial \ln Z}{\partial N} = -kT\alpha$$

gegeben, wobei wir (9.6.10) benutzt haben. Damit ist der Parameter

$$\alpha = -\beta\mu \tag{9.6.15}$$

direkt mit dem chemischen Potential des Gases verknüpft. Im Falle von Photonen, wo es keine Beschränkung der Gesamtteilchenzahl gibt, ist Z unabhängig von N; dann ist $\alpha = 0$ und alle Beziehungen reduzieren sich auf die des vorhergehenden Abschnitts.

Berechnung des Schwankungsquadrats der Teilchenzahl: (9.2.10) wird mit (9.6.13)

$$\overline{(\Delta n_s)^2} = -\frac{1}{\beta}\frac{\partial \bar{n}_s}{\partial \epsilon_s} = \frac{1}{\beta}\frac{e^{\alpha+\beta\epsilon_s}}{(e^{\alpha+\beta\epsilon_s} - 1)^2}\left(\frac{\partial \alpha}{\partial \epsilon_s} + \beta\right)$$

$$\frac{e^{\alpha+\beta\epsilon_s}}{(e^{\alpha+\beta\epsilon_s} - 1)^2} = \frac{(e^{\alpha+\beta\epsilon_s} - 1) + 1}{(e^{\alpha+\beta\epsilon_s} - 1)^2} = \bar{n}_s + \bar{n}_s^2$$

Daher ergibt sich

$$\overline{(\Delta n_s)^2} = \bar{n}_s(1 + \bar{n}_s)\left(1 + \frac{1}{\beta}\frac{\partial \alpha}{\partial \epsilon_s}\right) \approx \bar{n}_s(1 + \bar{n}_s) \tag{9.6.16}$$

und

$$\frac{\overline{(\Delta n_s)^2}}{\bar{n}_s^2} \approx \frac{1}{\bar{n}_s} + 1 \tag{9.6.17}$$

wobei wir den Term $\partial\alpha/\partial\epsilon_s$ vernachlässigt haben. Dieser Term ist gewöhnlich sehr klein, da α durch (9.6.11) zu bestimmen ist und [wenn nicht die Temperatur $T = (k\beta)^{-1}$ so niedrig ist, daß nur einige wenige Terme in Z von bemerkenswerter Größe sind] eine kleine Änderung *eines* Energieniveaus ϵ_s die Zustandssumme (und daher α) im wesentlichen unverändert läßt.

Man beachte, daß die Beziehung (9.6.17) genau die gleiche wie (9.5.6) für Photonen ist. Das relative Schwankungsquadrat ist wieder größer als im MB-Fall (9.4.9). Es wird also das relative Schwankungsquadrat nicht beliebig klein, selbst wenn $\bar{n}_s \gg 1$. Der Korrekturterm in (9.6.16) kann natürlich explizit ausgewertet werden, indem man (9.6.12) nach ϵ_s differenziert:

$$-\frac{\beta e^{\alpha+\beta\epsilon_s}}{(e^{\alpha+\beta\epsilon_s}-1)^2} - \sum_r \frac{e^{\alpha+\beta\epsilon_r}}{(e^{\alpha+\beta\epsilon_r}-1)^2}\frac{\partial\alpha}{\partial\epsilon_s} = 0$$

oder

$$-\beta(\bar{n}_s + \bar{n}_s^2) - \left[\sum_r (\bar{n}_r + \bar{n}_r^2)\right]\frac{\partial\alpha}{\partial\epsilon_s} = 0$$

Daher gilt

$$\frac{\partial\alpha}{\partial\epsilon_s} = -\beta\frac{\bar{n}_s(1+\bar{n}_s)}{\sum_r \bar{n}_r(1+\bar{n}_r)}$$

und

$$\overline{(\Delta n_s)^2} = \bar{n}_s(1+\bar{n}_s)\left[1 - \frac{\bar{n}_s(1+\bar{n}_s)}{\sum_r n_r(1+n_r)}\right] \tag{9.6.18}$$

Das Schwankungsquadrat ist somit etwas kleiner, als wenn man den letzten Summanden in den eckigen Klammern vernachlässigt. Geht man aber zum Grenzfall $T \to 0$ über, dann besetzen alle Teilchen den Einteilchenzustand niedrigster Energie $s = 1$, so daß $\bar{n}_1 \approx N$, während $\bar{n}_s \approx 0$ für alle anderen Zustände wird. Der Korrekturterm in (9.6.18) ist dann wichtig, da er ganz richtig voraussagt, daß die Fluktuation der Teilchenzahl im Grundzustand gegen Null geht.

9.7 Fermi-Dirac-Statistik

Die Diskussion ist hier ähnlich wie bei der Bose–Einstein-Statistik. Das Problem besteht wieder darin, die Zustandssumme (9.6.1) auszuwerten. Aber in Übereinstimmung mit der Erörterung im Abschnitt 9.2 geht die Summation nur über zwei Werte

$$n_r = 0 \text{ und } 1 \text{ für jedes } r \tag{9.7.1}$$

wobei diese Zahlen wieder die einschränkende Bedingung (9.6.3) erfüllen müssen.

Das Problem kann in genau der gleichen Weise wie im letzten Abschnitt bei der BE-Statistik behandelt werden. Die uneingeschränkte Summe $\mathcal{Z}$ von (9.6.5) wird

$$\begin{aligned}\mathcal{Z} &= \sum_{n_1,n_2,n_3} e^{-\beta(n_1\epsilon_1+n_2\epsilon_2+\cdots)-\alpha(n_1+n_2+\cdots)} \\ &= \left(\sum_{n_1=0}^{1} e^{-(\alpha+\beta\epsilon_1)n_1}\right)\left(\sum_{n_2=0}^{1} e^{-(\alpha+\beta\epsilon_2)n_2}\right)\cdots\end{aligned} \tag{9.7.2}$$

Hier besteht jede Summe wegen (9.7.1) nur aus zwei Termen. Daher ist

$$\mathcal{Z} = (1 + e^{-\alpha-\beta\epsilon_1})(1 + e^{-\alpha-\beta\epsilon_2}) \cdots$$

oder $$\ln \mathcal{Z} = \sum_r \ln (1 + e^{-\alpha-\beta\epsilon_r}) \tag{9.7.3}$$

Deswegen wird aus (9.6.6)

▶ $$\ln Z = \alpha N + \sum_r \ln (1 + e^{-\alpha-\beta\epsilon_r}) \tag{9.7.4}$$

Außer einigen wichtigen Vorzeichenänderungen ist dieser Ausdruck von der gleichen Form wie (9.6.9) im BE-Fall. Der Parameter α ist wieder aus der Bedingung (9.6.11) zu bestimmen:

$$\frac{\partial \ln Z}{\partial \alpha} = N - \sum_r \frac{e^{-\alpha-\beta\epsilon_r}}{1 + e^{-\alpha-\beta\epsilon_r}} = 0$$

oder

▶ $$\sum_r \frac{1}{e^{\alpha+\beta\epsilon_r} + 1} = N \tag{9.7.5}$$

Aus (9.2.5) erhält man (9.7.4)

$$\bar{n}_s = -\frac{1}{\beta}\frac{\partial \ln Z}{\partial \epsilon_s} = \frac{1}{\beta}\frac{\beta e^{-\alpha-\beta\epsilon_s}}{1 + e^{-\alpha-\beta\epsilon_s}}$$

oder

▶ $$\bar{n}_s = \frac{1}{e^{\alpha+\beta\epsilon_s} + 1} \tag{9.7.6}$$

So erhält man die Fermi–Dirac-Verteilung wieder, die früher in (9.3.14) abgeleitet wurde. Die Beziehung (9.7.5), die zur Bestimmung von α dient, ist wieder gerade die Bedingung (9.6.14), und der Parameter α hängt mit dem chemischen Potential wieder über die Beziehung (9.6.15) zusammen.

Berechnung des Schwankungsquadrates der Teilchenzahl: Aus (9.2.10) erhält man mit (9.7.4)

$$\overline{(\Delta n_s)^2} = -\frac{1}{\beta}\frac{\partial \bar{n}_s}{\partial \epsilon_s} = \frac{1}{\beta}\frac{e^{\alpha+\beta\epsilon_s}}{(e^{\alpha+\beta\epsilon_s}+1)^2}\left(\frac{\partial\alpha}{\partial\epsilon_s}+\beta\right)$$

$$\frac{e^{\alpha+\beta\epsilon_s}}{(e^{\alpha+\beta\epsilon_s}+1)^2} = \frac{(e^{\alpha+\beta\epsilon_s}+1)-1}{(e^{\alpha+\beta\epsilon_s}+1)^2} = \bar{n}_s - \bar{n}_s^2$$

Damit gilt

$$\overline{(\Delta n_s)^2} = \bar{n}_s(1-\bar{n}_s)\left(1+\frac{1}{\beta}\frac{\partial\alpha}{\partial\epsilon_s}\right) \approx \bar{n}_s(1-\bar{n}_s) \tag{9.7.7}$$

und

▶ $$\frac{\overline{(\Delta n_s)^2}}{\bar{n}_s^2} \approx \frac{1}{\bar{n}_s} - 1 \tag{9.7.8}$$

Man beachte, daß das relative Schwankungsquadrat kleiner ist als im MB-Fall, der in Gleichung (9.4.9) angegeben wurde. Wenn z.B. $\bar{n}_s \to 1$ geht, den maximalen Wert, den es nach dem Ausschließungsprinzip erreichen kann, dann verschwindet das Schwankungsquadrat. Es gibt keine Fluktuation der Teilchenzahl für Zustände, die vollständig besetzt sind.

9.8 Quantenstatistik im klassischen Grenzfall

Die vorangehenden Abschnitte, welche die Quantenstatistik idealer Gase behandelten, können durch die Aussage

▶ $$\bar{n}_r = \frac{1}{e^{\alpha+\beta\epsilon_r} \pm 1} \tag{9.8.1}$$

zusammengefaßt werden, wobei sich das obere Vorzeichen auf die FD- und das untere auf die BE-Statistik bezieht. Wenn das Gas aus einer festen Zahl N von Teilchen besteht, so ist der Parameter α durch die Bedingung

▶ $$\sum_r \bar{n}_r = \sum_r \frac{1}{e^{\alpha+\beta\epsilon_r} \pm 1} = N \tag{9.8.2}$$

zu bestimmen. Die Zustandsumme des Gases ist

$$\ln Z = \alpha N \pm \sum_r \ln\left(1 \pm e^{-\alpha-\beta\epsilon_r}\right) \tag{9.8.3}$$

Wir wollen jetzt die Größe von α in einigen Grenzfällen angeben. Man betrachte zunächst den Fall eines hinreichend verdünnten Gases bei gegebener Temperatur. Die Beziehung (9.8.2) kann wegen des kleinen N nur dann erfüllt werden, wenn jeder Term in der Summe über alle Zustände ausreichend klein ist, d.h. wenn $\bar{n}_r \ll 1$ oder $\exp(\alpha + \beta\epsilon_r) \gg 1$ für alle Zustände r ist. In ähnlicher Weise betrachtet man den Fall eines Gases mit einer festen Teilchenzahl N bei hinreichend hoher Temperatur, d.h. wenn β ausreichend klein ist. In der Summe (9.8.2) sind dann die Glieder, für die $\beta\epsilon_r \ll \alpha$ gilt, von wesentlicher Größe; daraus folgt, daß mit $\beta \to 0$ eine wachsende Zahl von Summanden mit großen Werten von ϵ_r wesentlich zur Summe beitragen kann. Damit die Summe nicht N überschreitet, muß der Parameter α groß genug werden, so daß jeder Term ausreichend klein ist; d.h. es ist wieder notwendig, daß $\exp(\alpha + \beta\epsilon_r) \gg 1$ oder $\bar{n}_r \ll 1$ für alle Zustände r ist. Somit kommt man zum Schluß, daß bei genügend niedriger Konzentration oder ausreichend hoher Temperatur α so groß werden muß, daß

$$\text{für alle } r \quad e^{\alpha + \beta\epsilon_r} \gg 1 \tag{9.8.4}$$

gilt. Gleichwertig damit ist, daß dann die Besetzungszahlen genügend klein werden müssen, so daß

$$\text{für alle } r \quad \bar{n}_r \ll 1 \tag{9.8.5}$$

Wir werden den Grenzfall von ausreichend niedriger Konzentration oder genügend hoher Temperatur, in dem (9.8.4) oder (9.8.5) erfüllt sind, den „klassischen Grenzfall" nennen.

In diesem Grenzfall folgt wegen (9.8.4), daß sich sowohl für die FD- *als auch* für die BE-Statistik (9.8.1) auf

$$\bar{n}_r = e^{-\alpha-\beta\epsilon_r} \tag{9.8.6}$$

reduziert. Wegen (9.8.2) wird der Parameter α dann durch die Bedingung bestimmt

$$\sum_r e^{-\alpha-\beta\epsilon_r} = e^{-\alpha} \sum_r e^{-\beta\epsilon_r} = N$$

oder
$$e^{-\alpha} = N \Big(\sum_r e^{-\beta\epsilon_r}\Big)^{-1} \tag{9.8.7}$$

Also
$$\bar{n}_r = N \frac{e^{-\beta\epsilon_r}}{\sum_r e^{-\beta\epsilon_r}} \tag{9.8.8}$$

Daher folgt, daß im klassischen Grenzfall genügend niedriger Dichte oder ausreichend hoher Temperatur sich die quantenmechanischen Verteilungen, sei es nun die FD- oder die BE-Verteilung, auf die MB-Verteilung reduzieren.

Dieses Ergebnis stimmt mit unserer Diskussion im Abschnitt 7.4 überein, in dem wir quantitativ abschätzten, wie niedrig die Konzentration und wie hoch die Temperatur sein müssen, damit man die klassischen Resultate anwenden darf.

Wir wollen nun die Zustandsumme (9.8.3) betrachten. Im klassischen Grenzfall, in dem (9.8.4) erfüllt ist, kann man den Logarithmus von (9.8.3) entwickeln und erhält

$$\ln Z = \alpha N \pm \sum_r (\pm e^{-\alpha-\beta\epsilon_r}) = \alpha N + N$$

Wegen (9.8.7) gilt

$$\alpha = -\ln N + \ln \left(\sum_r e^{-\beta\epsilon_r}\right)$$

Also ist $\ln Z = -N \ln N + N + N \ln \left(\sum_r e^{-\beta\epsilon_r}\right)$ (9.8.9)

Man beachte, daß dies *nicht* gleich der Zustandsumme Z_{MB} ist, die in Gleichung (9.4.4) für die MB-Statistik berechnet wurde

$$\ln Z_{\text{MB}} = N \ln \left(\sum_r e^{-\beta\epsilon_r}\right) \tag{9.8.10}$$

Tatsächlich gilt

$$\ln Z = \ln Z_{\text{MB}} - (N \ln N - N)$$

Also $\ln Z = \ln Z_{\text{MB}} - \ln N!$

oder $$Z = \frac{Z_{\text{MB}}}{N!} \tag{9.8.11}$$

wobei wir die Stirlingsche Formel (A.6.11) benutzt haben, da N groß ist. Hier entspricht der Faktor $N!$ einfach der Anzahl der möglichen Permutationen der Teilchen, Permutationen, die physikalisch bedeutungslos sind, wenn die Teilchen identisch sind. Es war genau dieser Faktor, den wir in Abschnitt 7.3 *ad hoc* einführen mußten, um uns vor den unphysikalischen Konsequenzen des Gibbsschen Paradoxon zu retten. In diesem Abschnitt haben wir also eine Rechtfertigung für die Eröterungen im Abschnitt 7.3 gegeben. Die korrekte Boltzmann-Zählung ergibt sich für ein quantenmechanisch richtig beschriebenes Gas im Grenzfall kleiner Konzentration oder hoher Temperatur ohne zusätzliche Annahmen. Mit (9.8.6) wird die Zustandssumme richtig ausgewertet. Es entsteht kein Gibbssches Paradoxon, und alles ist konsistent miteinander.

Von einem Gas im klassischen Grenzfall, für das (9.8.6) erfüllt ist, sagt man, es sei „nicht entartet". Wenn auf der anderen Seite die Konzentration und die Temperatur so sind, daß tatsächlich die FD- oder die BE-Statistik benutzt werden muß, dann sagt man, das Gas sei „entartet".

Das ideale Gas im klassischen Grenzfall

9.9 Quantenzustände eines einzelnen Teilchens

Wellenfunktion. Um die Diskussion des statistischen Problems zu vervollständigen, ist es notwendig die möglichen Quantenzustände s und die entsprechenden Energien ϵ_s eines einzelnen nicht wechselwirkenden Teilchens anzugeben. Das Teilchen sei nichtrelativistisch, seine Masse sei m, der Ortsvektor $\boldsymbol{r}$ und sein Impuls $\boldsymbol{p}$: Man nehme an, das Teilchen sei in einem Behälter des Volumens V eingeschlossen und dort keinen Kräften ausgesetzt. Wenn wir im Moment den Effekt der begrenzenden Wände vernachlässigen, wird die Wellenfunktion des Teilchens einfach durch eine ebene Welle der Form

$$\Psi = Ae^{i(\boldsymbol{\kappa}\cdot\boldsymbol{r}-\omega t)} = \psi(\boldsymbol{r})\, e^{-i\omega t} \tag{9.9.1}$$

beschrieben, welche sich in der durch den „Wellenvektor" $\boldsymbol{\kappa}$ bezeichneten Richtung ausbreitet und irgendeine konstante Amplitude A hat. Hier ist die Energie ϵ des Teilchens mit der Frequenz ω durch

$$\epsilon = \hbar\omega \tag{9.9.2}$$

verknüpft, während sein Impuls mit seinem Wellenvektor $\boldsymbol{\kappa}$ über die de Broglie-Relation zusammenhängt

$$\boldsymbol{p} = \hbar\boldsymbol{\kappa} \tag{9.9.3}$$

Also hat man

$$\epsilon = \frac{\boldsymbol{p}^2}{2m} = \frac{\hbar^2\boldsymbol{\kappa}^2}{2m} \tag{9.9.4}$$

Die grundlegende Rechtfertigung dieser Behauptungen, ist natürlich die Tatsache, daß Ψ die Schrödinger-Gleichung befriedigen muß

$$i\hbar\frac{\partial\Psi}{\partial t} = \mathcal{H}\Psi \tag{9.9.5}$$

Da man die potentielle Energie innerhalb des Behälters zu Null setzen kann, reduziert sich der Hamiltonoperator allein auf die kinetische Energie, d.h.

$$\mathcal{H} = \frac{1}{2m}\boldsymbol{p}^2 = \frac{1}{2m}\left(\frac{\hbar}{i}\nabla\right)^2 = -\frac{\hbar^2}{2m}\nabla^2$$

mit $$\nabla^2 = \frac{\partial^2}{\partial x^2} + \frac{\partial^2}{\partial y^2} + \frac{\partial^2}{\partial z^2}$$

Mit dem Ansatz

$$\Psi = \psi\, e^{-i\omega t} = \psi\, e^{-(i/\hbar)\epsilon t} \tag{9.9.6}$$

– wobei ψ nicht von der Zeit abhängt – geht (9.9.5) in die zeitunabhängige Schrödinger-Gleichung über

$$\mathcal{H}\psi = \epsilon\psi \tag{9.9.7}$$

oder
$$\nabla^2\psi + \frac{2m\epsilon}{\hbar^2}\psi = 0 \tag{9.9.8}$$

Gleichung (9.9.7) zeigt, daß ϵ den möglichen Eigenwerten von $\mathcal{H}$ entspricht und somit die Energie des Teilchens ist. Die Wellengleichung (9.9.8) hat Lösungen der allgemeinen Form

$$\psi = A\, e^{i(\kappa_x x + \kappa_y y + \kappa_z z)} = A\, e^{i\boldsymbol{\kappa}\cdot\boldsymbol{r}} \tag{9.9.9}$$

wobei $\boldsymbol{\kappa}$ der konstante „Wellenvektor" mit den Komponenten κ_x, κ_y, κ_z ist. Durch Einsetzen von (9.9.9) in (9.9.8) findet man, daß die letztere Gleichung erfüllt ist, wenn

$$-(\kappa_x^2 + \kappa_y^2 + \kappa_z^2) + \frac{2m\epsilon}{\hbar^2} = 0$$

gilt und somit ist

$$\epsilon = \frac{\hbar^2\boldsymbol{\kappa}^2}{2m} \tag{9.9.10}$$

ϵ hängt nur vom Betrag $\kappa \equiv |\boldsymbol{\kappa}|$ von $\boldsymbol{\kappa}$ ab. Da

$$\boldsymbol{p}\psi = \frac{\hbar}{i}\nabla\psi = \hbar\boldsymbol{\kappa}\psi$$

gilt, erhält man dann die Beziehungen (9.9.3) und (9.9.4).

Bisher haben wir nur die translatorischen Freiheitsgrade betrachtet. Wenn das Teilchen auch noch einen Spindrehimpuls hat, ist die Situation kaum komplizierter; es gibt dann nur jeweils eine andere Wellenfunktion für jede mögliche Spinorientierung. Wenn z.B. das Teilchen den Spin ½ hat (z.B., wenn es ein Elektron ist), dann gibt es zwei mögliche Wellenfunktionen $\psi_\pm$, die den zwei möglichen Werten der Spinorientierungsquantenzahl $m^{(s)} = \pm\frac{1}{2}$ entsprechen.

Grenzbedingungen und Abzählung der Zustände. Die Wellenfunktion ψ muß gewisse Grenzbedingungen erfüllen. Dementsprechend sind nicht alle möglichen Werte von $\boldsymbol{\kappa}$ (oder $\boldsymbol{p}$) erlaubt, sondern nur bestimmte diskrete Werte. Die entsprechenden Energien des Teilchens sind dann ebenso wegen (9.9.4) gequantelt.

Die Grenzbedingungen können in sehr allgemeiner und einfacher Weise behandelt werden, wenn in der üblichen Situation der Behälter, der das Teilchengas einschließt, groß genug ist, so daß seine kleinste lineare Ausdehnung L viel größer als die de Broglie-Wellenlänge $\lambda = 2\pi/|\kappa|$ des betrachteten Teilchens ist [4*]. Es ist dann physikalisch einleuchtend, daß die speziellen Eigenschaften der begrenzenden Wände des Behälters (z.B. ihre Form oder die Natur des Materials, aus dem sie bestehen) nur noch von vernachlässigbarer Bedeutung sind, wenn man das Verhalten eines im Behälter lokalisierten Teilchens beschreibt [5*]. Um dieses Argument zu präzisieren, wollen wir irgendein makroskopisches Volumenelement betrachten, welches groß im Vergleich zu λ ist und tief im Inneren des Behälters liegt, so daß es von allen Behälterwänden gegenüber λ große Abstände hat. Die wirkliche Wellenfunktion irgendwo im Behälter kann immer als Überlagerung von ebenen Wellen (9.9.1) mit allen möglichen Wellenvektoren κ geschrieben werden. Daher kann man annehmen, daß das betrachtete Volumenelement von Wellen der Form (9.9.1) in allen möglichen durch κ spezifizierten Richtungen durchquert wird, und zwar mit allen möglichen Wellenlängen, die vom Betrag von κ abhängen. Da die Behälterwände (im Vergleich zu λ) weit entfernt sind, macht es tatsächlich nichts aus, wie jede dieser Wellen schließlich von diesen Wänden reflektiert wird, oder welche Welle wie oft reflektiert wird, bevor sie wieder das betrachtete Volumenelement durchquert. Die Anzahl von Wellen jeder Art, die dieses Volumenelement durchqueren, sollte ziemlich unempfindlich gegenüber irgendwelchen Details sein, die beschreiben, was in der Nähe der Behälterwände vor sich geht, und sie sollte im wesentlichen unverändert bleiben, wenn Gestalt oder Eigenschaften dieser Wände modifiziert werden. Tatsächlich ist es am einfachsten, wenn man sich diese Wände ins Unendliche verschoben denkt, d.h., wenn man die Wände effektiv völlig ausschaltet. Man kann dann die Notwendigkeit vermeiden, das Problem der Reflexion an den Wänden zu behandeln, weil es tatsächlich irrelevant für die Beschreibung der Situation im betrachteten Volumenelement ist. Es spielt keine Rolle, ob eine gegebene Welle in dieses Volumenelement eintritt, nachdem sie irgendwo weit weg reflektiert worden ist, oder ob sie aus dem Unendlichen kommt, ohne jemals reflektiert worden zu sein.

Die vorangegangenen Bemerkungen zeigen, daß zur Erörterung der Eigenschaften des Gases überall – außer in der unmittelbaren Nachbarschaft der Behälterwände – die exakte Natur der jedem Teilchen auferlegten Randbedingungen unwichtig sein sollte. Man kann deshalb das Problem auf eine Weise formulieren, die diese Randbedingungen so einfach wie möglich darstellt. Wir wollen deshalb als Grundvolumen V des betrachteten Gases ein Quader mit den Kanten parallel zur x, y, z-Achse und den Kantenlängen L_x, L_y, L_z wählen. Also ist $V = L_x L_y L_z$. Die einfachsten Randbedingungen, die man aufstellen kann, sind so, daß eine laufende Welle der Form (9.9.1) tatsächlich eine exakte Lösung des Problems ist. Dies er-

---

4*) Diese Bedingung ist gewöhnlich sehr gut für praktisch alle Moleküle eines Gases erfüllt, da – wie bereits in Abschnitt 7.4 abgeschätzt wurde – $\lambda \approx 1$ Å eine typische Größenordnung für ein Atom mit thermischer Energie bei Zimmertemperatur darstellt.

5*) Man beachte, daß der Bruchteil von Teilchen in der Nähe der Behälteroberfläche, d.h. innerhalb eines Abstands λ von seinen Wänden, von der Größenordnung $\lambda L^2/L^3 = \lambda/L$ ist und deswegen gewöhnlich für einen makroskopischen Behälter völlig vernachlässigbar ist.

fordert, daß sich die Welle (9.9.1) unendlich ausbreiten kann, ohne irgendwelche Reflexionen zu erleiden. Um die Randbedingungen mit dieser einfachen Situation verträglich zu machen, kann man die Gegenwart irgendwelcher Behälterwände vollständig vernachlässigen und sich vorstellen, daß das betrachtete Gasvolumen in eine unendliche Menge ähnlicher Volumina eingebettet ist, wobei in jedem genau die gleiche physikalische Situation herrscht (vgl. Abb. 9.9.1). Die Wellenfunktion

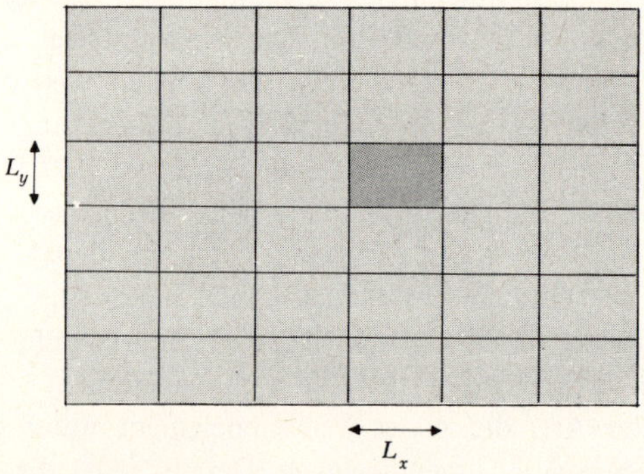

Abb. 9.9.1 Das betrachtete Volumen (angedeutet durch dunkleres Grau) ist hier in eine Anordnung ähnlicher Volumina eingebettet gedacht, die den ganzen Raum ausfüllen. Wandeffekte sind so effektiv beseitigt.

muß dann die Bedingungen

$$\left.\begin{aligned}\psi(x+L_x, y, z) &= \psi(x,y,z)\\ \psi(x, y+L_y, z) &= \psi(x,y,z)\\ \psi(x, y, z+L_z) &= \psi(x,y,z)\end{aligned}\right\} \qquad (9.9.11)$$

erfüllen. Die Forderung, daß die Wellenfunktion in jedem der Quader die gleiche ist, sollte die interessierende Physik in dem betrachteten Volumen nicht beeinflussen, wenn seine Dimensionen groß im Vergleich zur de Broglie-Wellenlänge λ des Teilchens sind.

Anmerkung: Man nehme an, das Problem wäre eindimensional, so daß sich das Teilchen in der x-Richtung in einem Behälter der Länge L_x bewegt. Dann kann man Reflexionseffekte beseitigen, indem man sich den Behälter zu einem Kreis gebogen denkt, wie es in Abb. 9.9.2 gezeigt wird. Wenn L_x sehr groß ist, so ist die Krümmung ziemlich vernachlässigbar, so daß die Situation im Behälter im wesentlichen die gleiche ist wie vorher. Aber der Vorteil ist, daß man sich jetzt um keine Behälterwände Gedanken machen muß. Deshalb sind laufende Wellen (9.9.1), die ohne Reflexion herumgehen, Lösungen des Problems. Man muß nur bemerken, daß die Punkte x und $x + L_x$ jetzt zusammenfallen; die Forderung nach Eindeutigkeit der Wellenfunktion impliziert die Bedingung

$$\psi(x + L_x) = \psi(x) \qquad (9.9.12)$$

Dies ist genau das Analogon von (9.9.11) in einer Dimension. Tatsächlich könnte man die Bedingung (9.9.11) als das Ergebnis des Versuchs betrachten, die Reflexionen in drei Dimensionen zu eliminieren, indem man sich

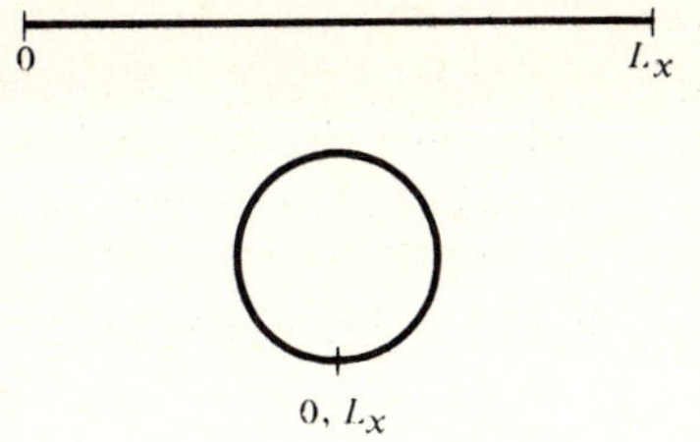

Abb. 9.9.2 Ein eindimensionaler Behälter der Länge L_x durch Verbinden seiner Enden zu einem Kreis gebogen.

das ursprüngliche Parallelepiped zu einem vierdimensionalen „doughnut[6+] gebogen denkt. (Sich dies vorzustellen ist zugegebenermaßen schwierig.)

Dieser Standpunkt, der die Situation einfach durch laufende Wellen beschreibt, welche die *periodischen Grenzbedingungen* (9.9.11) erfüllen, ist sehr bequem und mathematisch außerordentlich einfach. Gemäß (9.9.1) oder (9.9.9) ist

$$\psi = e^{i\boldsymbol{\kappa}\cdot\mathbf{r}} = e^{i(\kappa_x x + \kappa_y y + \kappa_z z)}$$

Um (9.9.11) zu befriedigen, muß man fordern, daß

$$\kappa_x(x + L_x) = \kappa_x x + 2\pi n_x \quad (n_x \text{ ganzzahlig})$$

$$\left.\begin{aligned} \text{oder} \quad & \kappa_x = \frac{2\pi}{L_x} n_x \\ \text{ähnlich} \quad & \kappa_y = \frac{2\pi}{L_y} n_y \\ \text{und} \quad & \kappa_z = \frac{2\pi}{L_z} n_z \end{aligned}\right\} \tag{9.9.13}$$

Hier sind die Zahlen n_x, n_y, n_z *irgendein* Satz ganzer Zahlen – positiv, negativ oder Null.

Die Komponenten von $\boldsymbol{\kappa} = \boldsymbol{p}/\hbar$ sind somit in diskreten Einheiten quantisiert. Entsprechend ergibt (9.9.4) die möglichen quantisierten Teilchenenergien

$$\epsilon = \frac{\hbar^2}{2m}(\kappa_x^2 + \kappa_y^2 + \kappa_z^2) = \frac{2\pi^2\hbar^2}{m}\left(\frac{n_x^2}{L_x^2} + \frac{n_y^2}{L_y^2} + \frac{n_z^2}{L_z^2}\right) \tag{9.9.14}$$

Man beachte, daß für große L_x, L_y, L_z die möglichen Werte der Komponenten des Wellenvektors (9.9.13) sehr dicht liegen. Es gibt also sehr viele Zustände des Teilchens (d.h. sehr viele mögliche ganze Zahlen n_x) in einem kleinen Intervall $d\kappa_x$ einer Wellenvektorkomponente. Die Abzählung ist einfach. Für gegebene Werte von κ_y und κ_z folgt aus (9.9.13), daß die Anzahl Δn_x von möglichen ganzen Zahlen n_x, für welche κ_x im Bereich zwischen κ_x und $\kappa_x + d\kappa_x$ liegt, gleich

[6+] „doughnut" ist in ein in den USA mit Vorliebe genossenes, toroidförmiges Gebäck (allerdings selbst in den USA nur dreidimensional).

$$\Delta n_x = \frac{L_x}{2\pi} d\kappa_x \tag{9.9.15}$$

ist. Die Anzahl von translatorischen Zuständen $\rho(\boldsymbol{\kappa})\, d^3\boldsymbol{\kappa}$, für die $\boldsymbol{\kappa}$ im Bereich zwischen $\boldsymbol{\kappa}$ und $\boldsymbol{\kappa} + d\boldsymbol{\kappa}$ liegt (d.h. die x-Komponente liegt zwischen κ_x und $\kappa_x + d\kappa_x$, die y-Komponente zwischen κ_y und $\kappa_y + d\kappa_y$ und die z-Komponente zwischen κ_z und $\kappa_z + d\kappa_z$) ist dann durch das Produkt der Anzahl der möglichen ganzen Zahlen in den Intervallen der drei Komponenten

$$\rho d^3\boldsymbol{\kappa} = \Delta n_x\, \Delta n_y\, \Delta n_z = \left(\frac{L_x}{2\pi} d\kappa_x\right)\left(\frac{L_y}{2\pi} d\kappa_y\right)\left(\frac{L_z}{2\pi} d\kappa_z\right) = \frac{L_x L_y L_z}{(2\pi)^3} d\kappa_x\, d\kappa_y\, d\kappa_z$$

oder

▶ $$\rho\, d^3\boldsymbol{\kappa} = \frac{V}{(2\pi)^3} d^3\boldsymbol{\kappa} \tag{9.9.16}$$

gegeben, wobei $d^3\boldsymbol{\kappa} \equiv d\kappa_x d\kappa_y d\kappa_z$ das Volumenelement im „$\boldsymbol{\kappa}$-Raum" ist. Man beachte, daß die Zustandsdichte ρ unabhängig von $\boldsymbol{\kappa}$ und proportional zum betrachteten Volumen V ist; d.h. die Anzahl der Zustände *pro Einheitsvolumen,* mit einem Wellenvektor $\boldsymbol{\kappa}$ (oder Impuls $\boldsymbol{p} = \hbar\boldsymbol{\kappa}$) in irgendeinem vorgegebenen Intervall, ist eine Konstante, unabhängig von Größe oder Gestalt [7+)] des Volumens.

Anmerkung: Man beachte, daß (9.9.3) für die Anzahl der translatorischen Zustände $\rho_p d^3\boldsymbol{p}$ in dem Impuls-Intervall zwischen $\boldsymbol{p}$ und $\boldsymbol{p} + d\boldsymbol{p}$ den Ausdruck

$$\rho_p\, d^3\boldsymbol{p} = \rho\, d^3\boldsymbol{\kappa} = \frac{V}{(2\pi)^3}\frac{d^3\boldsymbol{p}}{\hbar^3} = V\frac{d^3\boldsymbol{p}}{h^3} \tag{9.9.17}$$

ergibt, wobei $h = 2\pi\hbar$ die gewöhnliche Plancksche Konstante ist. Nun ist $Vd^3\boldsymbol{p}$ das Volumen im klassischen sechsdimensionalen Phasenraum, den ein Teilchen in einem Kasten des Volumens V und mit einem Impuls zwischen $\boldsymbol{p}$ und $\boldsymbol{p} + d\boldsymbol{p}$ einnimmt. Also zeigt (9.9.17), daß die Unterteilung dieses Phasenraumes in Zellen der Größe h^3 die richtige Anzahl der Quantenzustände des Teilchens liefert.

Verschiedene andere Relationen können aus dem Ergebnis (9.9.16) abgeleitet werden. Wir wollen zum Beispiel die Anzahl der translatorischen Zustände $\rho_\kappa d\kappa$ suchen, für die der Betrag von $\boldsymbol{\kappa}$, in dem Intervall zwischen κ und $\kappa + d\kappa$ liegt. Diese Zahl erhält man, wenn man über alle Werte von $\boldsymbol{\kappa}$ in diesem Bereich summiert, d.h. über das Volumen der Kugelschale im $\boldsymbol{\kappa}$-Raum, die zwischen den Radien κ und $\kappa + d\kappa$ liegt:

$$\rho_\kappa\, d\kappa = \frac{V}{(2\pi)^3}(4\pi\kappa^2\, d\kappa) = \frac{V}{2\pi^2}\kappa^2\, d\kappa \tag{9.9.18}$$

7+) Obgleich hier alles an einem Quader hergeleitet wurde, gilt die Aussage für makroskopische Volumina allgemein.

Anmerkung: Da ϵ nur von $\kappa = |\boldsymbol{\kappa}|$ abhängt, ergibt (9.9.18) unmittelbar die dem Intervall von κ entsprechende Anzahl translatorischer Zustände $\rho_\epsilon d\epsilon$, für welche die Energie des Teilchens zwischen ϵ und $\epsilon + d\epsilon$ liegt. Wegen der Gleichheit der Anzahl der Zustände hat man

$$|\rho_\epsilon \, d\epsilon| = |\rho_\kappa \, d\kappa| = \rho_\kappa \left|\frac{d\kappa}{d\epsilon}\right| d\epsilon = \rho_\kappa \left|\frac{d\epsilon}{d\kappa}\right|^{-1} d\epsilon$$

Mit (9.9.4) erhält man dann

$$\rho_\epsilon \, d\epsilon = \frac{V}{2\pi^2} \kappa^2 \left|\frac{d\kappa}{d\epsilon}\right| d\epsilon = \frac{V}{4\pi^2} \frac{(2m)^{\frac{3}{2}}}{\hbar^3} \epsilon^{\frac{1}{2}} \, d\epsilon \tag{9.9.19}$$

Alternative Erörterung: Es ist natürlich möglich, einen etwas komplizierteren Standpunkt einzunehmen, der explizit die Reflexionen an den Behälterwänden in Betracht zieht. Da die exakten Grenzbedingungen unwesentlich sind, wollen wir der Einfachheit halber annehmen, daß der Behälter die Form eines Quaders hat, mit den Wänden bei $x = 0$ und $x = L_x$, $y = 0$ und $y = L_y$ und $z = 0$ und $z = L_z$. Wir wollen weiterhin annehmen, daß diese Wände ideal reflektieren, d.h., daß die potentielle Energie des Teilchens innerhalb des Kastens $U = 0$ und außerhalb $U = \infty$ ist. Dann muß die Wellenfunktion ψ die Forderung erfüllen

$$\psi = 0 \quad \left\{ \text{falls} \begin{array}{l} x = 0 \text{ oder } L_x \\ y = 0 \text{ oder } L_y \\ z = 0 \text{ oder } L_z \end{array} \right. \tag{9.9.20}$$

Die partikuläre Lösung $\psi = e^{i\boldsymbol{\kappa}\cdot\boldsymbol{r}}$ von (9.9.9) stellt eine laufende Welle dar und erfüllt nicht die Randbedingungen (9.9.20). Aber man kann geeignete Linearkombinationen von (9.9.9) konstruieren [die alle naturgemäß auch die Schrödinger-Gleichung (9.9.8) erfüllen], welche die Randbedingungen (9.9.20) befriedigen. Dies bedeutet physikalisch, daß sich in diesem Kasten mit ideal reflektierenden parallelen Wänden stehende Wellen ausbilden, die aus einer Überlagerung von vor- und zurücklaufenden Wellen entstehen [8*]. Mathematisch ist $e^{-i\kappa_x x}$ eine Lösung, da $e^{i\kappa_x x}$ eine Lösung von (9.9.8) darstellt. Die Kombination

$$(e^{i\kappa_x x} - e^{-i\kappa_x x}) \sim \sin \kappa_x x \tag{9.9.21}$$

verschwindet ganz richtig bei $x = 0$. Man kann sie auch für $x = L_x$ verschwinden lassen, vorausgesetzt, man wählt κ_x so, daß

[8*] Einfache stehende Wellen der Form (9.9.21) würden sich nicht bilden, wenn die Behälterwände nicht exakt parallel wären. Deshalb stellt unsere frühere Diskussion, bei der wir laufende Wellen betrachteten, die das Volumen in allen möglichen Richtungen durchqueren, und zwar in einer Weise, die unempfindlich gegenüber den genauen Randbedingungen ist, einen bequemeren und allgemeineren Standpunkt dar.

$$\kappa_x L_x = \pi n_x$$

gilt, wobei n_x irgendeine ganze Zahl ist. Hierbei sollten die möglichen Werte von n_x auf positive Werte beschränkt sein:

$$n_x = 1, 2, 3, \ldots$$

da eine Vorzeichenumkehr von n_x (oder κ_x) die Funktion (9.9.21) einfach in

$$\sin(-\kappa_x)x = -\sin \kappa_x x$$

verwandelt, was keine neue Wellenfunktion darstellt. Also ist eine Lösung in Form einer stehenden Welle vollständig durch $|\kappa_x|$ charakterisiert.

Indem man analog zu (9.9.21) auch für die y- und z-Richtung stehende Wellen bildet, erhält man eine Produkt-Wellenfunktion

$$\psi = A(\sin \kappa_x x)(\sin \kappa_y y)(\sin \kappa_z z) \tag{9.9.22}$$

wobei A irgendeine Konstante ist. Diese erfüllt die Schrödinger-Gleichung (9.9.8) und auch die Randbedingungen (9.9.20), vorausgesetzt, daß

$$\kappa_x = \frac{\pi}{L_x} n_x, \qquad \kappa_y = \frac{\pi}{L_y} n_y, \qquad \kappa_z = \frac{\pi}{L_z} n_z \tag{9.9.23}$$

ist, wobei n_x, n_y, n_z ganze Zahlen sind. Die möglichen Teilchenenergien sind durch

$$\epsilon = \frac{\hbar^2}{2m}\kappa^2 = \frac{\pi^2\hbar^2}{2m}\left(\frac{n_x^2}{L_x^2} + \frac{n_y^2}{L_y^2} + \frac{n_z^2}{L_z^2}\right)$$

gegeben. Für vorgegebene Werte von κ_y und κ_z ist die Anzahl der translatorischen Zustände mit κ_x im Intervall zwischen κ_x und $\kappa_x + d\kappa_x$ gleich

$$\Delta n_x = \frac{L_x}{\pi} d\kappa_x \tag{9.9.24}$$

Die Anzahl der translatorischen Zustände mit $\boldsymbol{\kappa}$ im Bereich zwischen $\boldsymbol{\kappa}$ und $\boldsymbol{\kappa} + d\boldsymbol{\kappa}$ ist dann durch

$$\rho\, d^3\boldsymbol{\kappa} = \Delta n_x \,\Delta n_y \,\Delta n_z = \left(\frac{L_x}{\pi} d\kappa_x\right)\left(\frac{L_y}{\pi} d\kappa_y\right)\left(\frac{L_z}{\pi} d\kappa_z\right)$$

oder $$\rho\, d^3\boldsymbol{\kappa} = \frac{V}{\pi^3} d^3\boldsymbol{\kappa} \tag{9.9.25}$$

gegeben. Die Anzahl der translatorischen Zustände $\rho_\kappa d\kappa$, für welche der Betrag von $\boldsymbol{\kappa}$ im Intervall zwischen κ und $\kappa + d\kappa$ liegt, erhält man durch Summation von (9.9.25) über alle Werte von $\boldsymbol{\kappa}$ in diesem Bereich, d.h. über das Volumen im $\boldsymbol{\kappa}$-Raum, das zwischen den Kugelflächen mit den Radien κ und $\kappa + d\kappa$ *und* im ersten Oktanten liegt, für den κ_x, κ_y, $\kappa_z > 0$ sind und so

(9.9.23) erfüllen. Also ergibt (9.9.25)

$$\rho_\kappa \, d\kappa = \frac{V}{\pi^3}\left(\frac{4\pi\kappa^2 \, d\kappa}{8}\right) = \frac{V}{2\pi^2}\,\kappa^2 \, d\kappa \tag{9.9.26}$$

Dies ist das *gleiche* Ergebnis, das wir in (9.9.18) erhalten haben. Der Grund dafür ist einfach. Nach (9.9.24) gibt es im Vergleich zu (9.9.15) doppelt so viele Zustände in einem gegebenenen Intervall $d\kappa_x$, da aber jetzt nur positive Werte von κ_x zu zählen sind, ist die Anzahl von solchen Intervallen durch den kompensierenden Faktor 2 vermindert.

Aus (9.9.26) folgt auch, daß $\rho_\epsilon \, d\epsilon$ mit (9.9.19) übereinstimmt. Das entspricht auch dem Ergebnis (das auch durch komplizierte allgemeine mathematische Argumente begründet werden kann [9*)]), nach dem die Zustandsdichte die gleiche sein sollte, ohne Rücksicht auf die Form des Behälters oder die exakten Randbedingungen auf seiner Oberfläche, solange die de Broglie-Wellenlänge des Teilchens klein im Vergleich zur Dimension des Behälters ist.

9.10 Auswertung der Zustandsumme

Wir sind jetzt soweit, die Zustandsumme eines einatomigen, idealen Gases für den klassischen Grenzfall genügend niedriger Dichte oder hoher Temperatur zu berechnen. Wegen (9.8.9) hat man

$$\ln Z = N(\ln \zeta - \ln N + 1) \tag{9.10.1}$$

wobei
$$\zeta \equiv \sum_r e^{-\beta\epsilon_r} \tag{9.10.2}$$

die Summe über alle Zustände eines einzelnen Teilchens ist. Der Ausdruck (9.10.1) ist identisch mit dem Ergebnis (7.3.3):

$$Z = \frac{\zeta^N}{N!} \tag{9.10.3}$$

Da wir soeben die möglichen Zustände eines einzelnen Teilchens abgezählt haben, ist die Summe (9.10.2) leicht auszuwerten. Mit (9.9.14) erhält man

$$\zeta = \sum_{\kappa_x,\kappa_y,\kappa_z} \exp\left[-\frac{\beta\hbar^2}{2m}\left(\kappa_x^2 + \kappa_y^2 + \kappa_z^2\right)\right] \tag{9.10.4}$$

wobei die Summe über alle möglichen Werte von κ_x, κ_y, κ_z läuft, die durch

---

9*) Vgl. z.B. Courant, R.; Hilbert, D.: Methoden der mathematischen Physik, 3. Auflage, *I*, 373, Springer-Verlag, Berlin (1968) (Heidelberger Taschenbücher Nr. 30, 31).

(9.9.13) gegeben sind. Da die Exponentialfunktion faktorisiert, wird ζ einfach das Produkt aus Summen

$$\zeta = \Big(\sum_{\kappa_x} e^{-(\beta\hbar^2/2m)\kappa_x^2}\Big)\Big(\sum_{\kappa_y} e^{-(\beta\hbar^2/2m)\kappa_y^2}\Big)\Big(\sum_{\kappa_z} e^{-(\beta\hbar^2/2m)\kappa_z^2}\Big) \tag{9.10.5}$$

Aufeinanderfolgende Terme in einer Summe, wie der über $\kappa_x = (2\pi/L_x)n_x$, haben einen sehr kleinen Zuwachs $\Delta\kappa_x = 2\pi/L_x$ in κ_x und unterscheiden sich deswegen nur wenig voneinander, d.h.

$$\left|\frac{\partial}{\partial\kappa_x}[e^{-(\beta\hbar^2/2m)\kappa_x^2}]\left(\frac{2\pi}{L_x}\right)\right| \ll e^{-(\beta\hbar^2/2m)\kappa_x^2} \tag{9.10.6}$$

Vorausgesetzt, daß diese Bedingung erfüllt ist, stellt die Ersetzung der Summen in (9.10.5) durch Integrale eine exzellente Näherung dar. Ein kleiner Bereich zwischen κ_x und $\kappa_x + d\kappa_x$ enthält dann, wegen (9.9.15), $\Delta n_x = L_x/2\pi\, d\kappa_x$ Terme, die beinahe von gleicher Größe sind. Deshalb kann man zum Integral übergehen:

$$\sum_{\kappa_x=-\infty}^{\infty} e^{-(\beta\hbar^2/2m)\kappa_x^2} \approx \int_{-\infty}^{\infty} e^{-(\beta\hbar^2/2m)\kappa_x^2}\left(\frac{L_x}{2\pi}\,d\kappa_x\right)$$

$$= \frac{L_x}{2\pi}\left(\frac{2\pi m}{\beta\hbar^2}\right)^{\frac{1}{2}} = \frac{L_x}{2\pi\hbar}\left(\frac{2\pi m}{\beta}\right)^{\frac{1}{2}} \quad \text{gemäß (A.4.2)}$$

Damit wird (9.10.5)

▶ $$\zeta = \frac{V}{(2\pi\hbar)^3}\left(\frac{2\pi m}{\beta}\right)^{\frac{3}{2}} = \frac{V}{h^3}(2\pi mkT)^{\frac{3}{2}} \tag{9.10.7}$$

Man beachte, daß dies das gleiche Ergebnis ist, das bei der klassischen Rechnung in (7.2.6) erhalten wurde, vorausgesetzt, daß wir dort den willkürlichen Parameter h_0 (der die Größe einer Zelle im klassischen Phasenraum mißt) gleich der Planckschen Konstante h setzen. Aus (9.10.1) folgt dann

$$\ln Z = N\left(\ln\frac{V}{N} - \frac{3}{2}\ln\beta + \frac{3}{2}\ln\frac{2\pi m}{h^2} + 1\right) \tag{9.10.8}$$

Daher ist

$$\bar{E} = -\frac{\partial \ln Z}{\partial\beta} = \frac{3}{2}\frac{N}{\beta} = \frac{3}{2}NkT \tag{9.10.9}$$

und

▶ $$S = k(\ln Z + \beta\bar{E}) = Nk\left(\ln\frac{V}{N} + \frac{3}{2}\ln T + \sigma_0\right) \tag{9.10.10}$$

mit

▶ $$\sigma_0 \equiv \frac{3}{2}\ln\frac{2\pi mk}{h^2} + \frac{5}{2} \tag{9.10.11}$$

Diese Ergebnisse sind genau die gleichen, die wir in (7.3.5) erhalten hatten, allerdings mit einem wichtigen Unterschied: Da wir jetzt das Problem quantenmechanisch behandelt haben, hat die Konstante σ_0 einen wohlbestimmten Wert, in dem die Plancksche Konstante h auftritt (abweichend vom klassischen Fall, in dem h_0 ein willkürlicher Parameter war). Die Tatsache, daß die Entropie keine willkürlichen Konstanten mehr enthält, hat wichtige physikalische Konsequenzen, die wir in Abschnitt 9.11 erörtern werden. Alle Größen, wie $\bar{E}$ oder der mittlere Druck $\bar{p}$, die nur von Ableitungen von S abhängen, sind natürlich die gleichen, wie die in Abschnitt 7.2 berechneten.

Wir wollen verifizieren, daß die Bedingung (9.10.6), die den Übergang von der Summe über die Zustände zu einem Integral rechtfertigt, tatsächlich erfüllt ist. Diese Bedingung erfordert, daß

$$\left|\frac{\beta\hbar^2}{m}\kappa_x\frac{2\pi}{L_x}\right| \ll 1 \tag{9.10.12}$$

Der Mittelwert von κ_x kann mit (9.10.9) oder dem Gleichverteilungssatz abgeschätzt werden. Also

$$\frac{\hbar^2\overline{\kappa_x^2}}{2m} = \frac{1}{3}\frac{\hbar^2\overline{\kappa^2}}{2m} = \frac{1}{2}kT$$

oder $\quad \hbar\bar{\kappa}_x \approx \sqrt{mkT}$

Damit wird (9.10.12)

$$\frac{\hbar}{mkT}\sqrt{mkT}\frac{2\pi}{L_x} = \frac{h}{\sqrt{mkT}}\frac{1}{L_x} \ll 1$$

oder näherungsweise

$$\bar{\lambda} \ll L_z \tag{9.10.13}$$

wobei $\bar{\lambda} = h/\bar{p}$ die mittlere de Broglie-Wellenlänge des Teilchens ist.

Somit fordert (9.10.12), daß $\bar{\lambda}$ kleiner als die kleinste Dimension L des Behälters ist. Andererseits sahen wir in Abschnitt 7.4, daß die Bedingung für die Anwendung der klassischen Näherung erfordert, daß $\bar{\lambda}$ kleiner als der mittlere Teilchenabstand ist:

$$\bar{\lambda} \ll \frac{L}{N^{\frac{1}{3}}} \tag{9.10.14}$$

Dies ist eine viel einschneidendere Bedingung als (9.10.13).

Schließlich wollen wir andeuten, was passiert, wenn jedes Teilchen auch einen Spin J hat. Die möglichen Orientierungen dieses Spins sind durch seine Projektion $m_J = -J, -J+1, \ldots J-1, J$ charakterisiert. Es gibt dann $(2J+1)$ mögliche Zustände mit gleicher Energie, die mit jedem möglichen translatorischen Zustand des Teilchens verknüpft sind. Das Endergebnis ist, daß die Summe über Zustände ζ einfach mit $(2J+1)$ multipliziert ist, so daß die Entropie um die Konstante $Nk \ln(2J+1)$ anwächst.

9.11 Physikalische Folgerungen aus der quantenmechanischen Abzählung der Zustände

Obwohl die Ergebnisse der quantenmechanischen Berechnung von Z praktisch die gleichen sind wie die der halbklassischen Berechnung in Abschnitt 7.3, gibt es zwei wesentliche Unterschiede:

a) Die korrekte Abhängigkeit (9.10.1) des $\ln Z$ von N [d.h. der Faktor $N!$ in (9.10.3)] ist eine automatische Konsequenz der Theorie. So entsteht das Gibbssche Paradoxon nicht und $\ln Z$ in (9.10.8) verhält sich richtig wie eine extensive Größe unter gleichzeitiger Maßstabänderung von N und V.
b) Es tauchen in Z oder der Entropie S keine willkürlichen Konstanten auf; stattdessen ist Z eine wohldefinierte Zahl, welche die Plancksche Konstante h enthält.

Diese Unterschiede spiegeln die Tatsache wieder, daß wir jetzt ganz eindeutig die Anzahl der für das Gas verfügbaren Quantenzustände abgezählt haben. Wir sollten erwarten, daß diese Abzählung besonders wichtig für die Fälle ist, bei denen Teilchen von einer Phase in eine andere übergehen (oder von einer Komponente in eine andere), da in diesen Fällen bei einer Berechnung des Gleichgewichts die tatsächlich verfügbare Anzahl von Zuständen der einen Phase mit denen der anderen verglichen werden muß (oder die Anzahl von Zuständen der einen Sorte mit denen der anderen). Mathematisch zeigt sich das in den Eigenschaften des chemischen Potentials.

$$\mu = \left(\frac{\partial F}{\partial N}\right)_{V,T} = -kT\left(\frac{\partial \ln Z}{\partial N}\right)_{V,T} \tag{9.11.1}$$

Im letzten Kapitel sahen wir, daß das chemische Potential der wichtige Parameter ist, der die Gleichgewichtsbedingungen zwischen Phasen oder chemischen Komponenten bestimmt. Andererseits ist aus (9.11.1) und (9.10.1) klar, daß

$$\mu = -kT \ln \frac{\zeta}{N} \tag{9.11.2}$$

von N und den verschiedenen Konstanten abhängt, die in ζ enthalten sind. So erlaubt die quantenmechanische Berechnung von Z, Vorhersagen zu machen, die vollständig außerhalb des Gültigkeitsbereiches der klassischen statistischen Mechanik liegen. Wir werden zwei repräsentative Beispiele angeben.

Thermische Ionisierung von Wasserstoffatomen. Man nehme an, daß die H-Atome in einem Behälter des Volumens V bei einer sehr hohen Temperatur T eingeschlossen seien [10*]. Es existiert dann die Möglichkeit einer Ionisierung in ein Wasserstoffion H^+ und ein Elektron e^-. Das kann mit der Reaktionsgleichung beschrieben werden

$$H \rightleftarrows H^+ + e^- \tag{9.11.3}$$

ϵ_0 soll die Energie bezeichnen, die notwendig ist, um das Atom zu ionisieren, d.h. sein „Ionisations-Potential". Das bedeutet, daß der Grundzustand des H-Atoms eine Energie $(-\epsilon_0)$ bezüglich des Zustandes hat, bei dem Proton H^+ und Elektron e^- in Ruhe und unendlich weit voneinander entfernt sind [11*]. Wir betrachten (9.11.3) als ein chemisches Gleichgewicht des in Abschnitt 8.9 diskutierten Typs und schreiben die Reaktionsgleichung

$$-H + H^+ + e^- = 0$$

so daß das Massenwirkungsgesetz (9.10.21) lautet

$$\frac{N_+N_-}{N_H} = K_N \tag{9.11.4}$$

mit $$K_N = \frac{\zeta_+\zeta_-}{\zeta_H} \tag{9.11.5}$$

Hier bezeichnet N die mittlere Zahl der Teilchen jeder Art und die Indizes +, – und H beziehen sich auf das H^+-Ion, das Elektron und das H-Atom.

Wir sind jetzt in der Lage, die Größen ζ aus „first principles" zu berechnen. Es ist notwendig, daß alle Energien vom gleichen Bezugszustand aus gemessen werden. Wir werden als Bezugszustand den wählen, bei dem Proton und Elektron in Ruhe und unendlich weit voneinander entfernt sind. Darüber hinaus werden wir annehmen, daß die H^+- und e^--Konzentrationen relativ klein sind. Der klassische Grenzfall ist dann bei diesen hohen Temperaturen anwendbar, und jede Coulomb-Anziehung zwischen getrennten Protonen und Elektronen kann vernachlässigt werden.

Also kann man (9.10.7) benutzen und für ein Elektron der Masse m schreiben

$$\zeta_- = 2\,\frac{V}{h^3}\,(2\pi mkT)^{\frac{3}{2}} \tag{9.11.6}$$

Hier wurde der Faktor 2 eingeführt, da das *Elektron* den Spin ½ hat, und es deswegen für jeden translatorischen Zustand zwei Spin-Zustände gibt. Ähnlich erhält man für das frei bewegliche Proton der Masse M

10*) Wir nehmen an, daß diese Temperatur hoch genug ist, um die Anzahl von H_2 Molekülen vernachlässigen zu können, die nicht in H-Atome dissoziiert sind.

11*) Aus der Atom-Physik wissen wir, daß $\epsilon_0 = \frac{1}{2}(e^2/a_0)$, wobei $a_0 = \hbar^2/me^2$ der Bohrsche Radius ist. Numerisch gilt $\epsilon_0 = 13{,}6$ eV. (Dies ist etwa drei mal so viel wie die Dissoziationsenergie eines H_2-Moleküls)

$$\zeta_+ = 2 \frac{V}{h^3} (2\pi MkT)^{\frac{3}{2}} \tag{9.11.7}$$

Hier wurde der Faktor 2 eingeführt, weil der *Kern*spin des Protons ½ ist, so daß es zwei mögliche Kernspinorientierungen für jeden translatorischen Zustand des Protons gibt.

Das H-Atom hat die Masse $M + m \approx M$, da $m \ll M$ ist. Seine *innere* Energie ist auf unseren gewählten Bezugszustand bezogen gleich $(-\epsilon_0)$, da praktisch alle H-Atome bei der betrachteten Temperatur in ihrem Grundzustand sind [12*]. Daher kann man für das H-Atom

$$\zeta_H = 4 \frac{V}{h^3} (2\pi MkT)^{\frac{3}{2}} e^{\epsilon_0/kT} \tag{9.11.8}$$

schreiben. Hier wurde der Faktor 4 eingeführt, da es vier mögliche Zustände des Atoms für jeden translatorischen Zustand gibt. Zwei Zustände möglicher Elektronenspin-Orientierung, und für jeden von diesen, zwei Zustände möglicher Kernspin-Orientierung.

Durch Einsetzen dieser verschiedenen Ausdrücke in (9.11.5) erhält man

$$K_N = \frac{V}{h^3} (2\pi mkT)^{\frac{3}{2}} e^{-\epsilon_0/kT} \tag{9.11.9}$$

Dies ist der gesuchte Ausdruck für die Gleichgewichtskonstante. Man beachte, daß sich alle statistischen Gewichtsfaktoren, die mit dem Auftreten des Spins zusammenhängen, herausgehoben haben.

Was (9.11.4) und (9.11.9) physikalisch aussagen, ist, daß eine große Ionisationsenergie ϵ_0 die Bildung des H-Atoms begünstigt, da dieses eine kleinere Energie besitzt als seine dissoziierten Anteile. Andererseits stehen dem System erheblich mehr Zustände zur Verfügung, wenn es in zwei Teilchen dissoziiert ist. Der Gleichgewichtszustand stellt einen Kompromiß zwischen diesen beiden Tendenzen dar. Allgemeiner gesprochen ist die wahrscheinlichste Situation die, bei welcher die freie Energie $F = E - TS$ minimal ist. Bei niedrigen Temperaturen, für die $F \approx E$ ist, begünstigt das den Zustand niedriger Energie, d.h. das H-Atom. Wenn andererseits T groß wird, kann F klein werden, wenn die Entropie groß ist, und das begünstigt die Dissoziation.

Man nehme an, daß eine Zahl N_0 von H-Atomen bei einer Temperatur im Behälter vorhanden seien, die genügend niedrig ist, so daß $N_+ = N_- \approx 0$ ist, und daß dann diese Temperatur auf den Wert T angehoben wird. ξ soll den Bruchteil von Atomen bezeichnen, die bei dieser Temperatur dissoziiert sind, d.h.

12*) Der erste angeregte Zustand hat die Energie $-\frac{1}{4}\epsilon_0$, so daß die relative Wahrscheinlichkeit, ein Atom eher in diesem Zustand als im Grundzustand zu finden, gleich

$$e^{\frac{1}{4}\beta\epsilon_0}/e^{\beta\epsilon_0} = e^{-\frac{3}{4}\beta\epsilon_0}$$

ist. Das ist sehr klein, selbst wenn $T = (k\beta)^{-1} = 10\,000$ K ist.

$$\xi \equiv \frac{N_+}{N_0} \tag{9.11.10}$$

Gemäß (9.11.3) gilt

$$N_+ = N_- = N_0 \xi$$

und $$N_H = N_0 - N_0 \xi = N_0 (1 - \xi) \approx N_0$$

da $\xi \ll 1$. Dann ergibt das Massenwirkungsgesetz (9.11.4) mit (9.11.9)

$$\xi^2 = \left(\frac{V}{N_0}\right)\left(\frac{2\pi mkT}{h^2}\right)^{\frac{3}{2}} e^{-\epsilon_0/kT} \tag{9.11.11}$$

so daß der Dissoziationsgrad einfach berechnet werden kann. Man beachte, daß die Plancksche Konstante ganz explizit in dieser Beziehung erscheint.

Dampfdruck eines Festkörpers. Man betrachte einen Festkörper, der aus einatomigen Molekülen besteht, z.B. festes Argon. Ist er im Gleichgewicht mit seinem Dampf, dann lautet die Gleichgewichtsbedingung (8.8.8)

$$\mu_1 = \mu_2 \tag{9.11.12}$$

wobei μ_1 das chemische Potential des Dampfes und μ_2 das des Festkörpers ist. Solange die Temperatur nicht extrem hoch ist, ist der Dampf nicht zu dicht und kann wie ein ideales Gas behandelt werden. Dann ergeben (9.11.2) und (9.10.7) für das chemische Potential von N_1 Atomen des Dampfes in einem Volumen V_1

$$\mu_1 = -kT \ln\left[\frac{V_1}{N_1}\left(\frac{2\pi mkT}{h^2}\right)^{\frac{3}{2}}\right] \tag{9.11.13}$$

Hier haben wir der Einfachheit halber angenommen, daß die Atome der Masse m keine Spin-Freiheitsgrade besitzen.

Wir wollen uns jetzt der Erörterung des Festkörpers zuwenden. Wenn er aus N_2-Atomen besteht und das Volumen V_2 hat, dann ist sein chemisches Potential mit der Zustandsumme Z durch

$$\mu_2 = \left(\frac{\partial F}{\partial N_2}\right)_{T,V_2} = -kT\left(\frac{\partial \ln Z}{\partial N_2}\right)_{T,V_2} \tag{9.11.14}$$

verknüpft. Obwohl wir versuchen könnten, Z mit Hilfe eines Modells wie des Einsteinschen von Abschnitt 7.7 zu berechnen, wollen wir die Diskussion allgemeiner halten und Z direkt mit der spezifischen Wärme in Verbindung bringen. Die mittlere Energie des Festkörpers ist mit Z durch

$$\bar{E}(T) = -\left(\frac{\partial \ln Z}{\partial \beta}\right)_V = kT^2\left(\frac{\partial \ln Z}{\partial T}\right)_V$$

verknüpft. Dies kann unmittelbar integriert werden

$$\ln Z(T) - \ln Z(T_0) = \int_{T_0}^{T} \frac{\bar{E}(T')}{kT'^2}\,dT' \tag{9.11.15}$$

Hier werden wir $T_0 \to 0$ wählen. Da der Festköprer beinahe inkompressibel ist, bleibt sein Volumen V_2 ziemlich konstant, und seine thermodynamischen Funktionen hängen im wesentlichen nur von T ab. Wir wollen mit $c(T)$ die spezifische Wärme des Festkörpers pro *Atom* bezeichnen. (Es macht wenig aus, ob sie bei konstantem Volumen oder konstantem Druck gemessen wird, da der Festkörper beinahe inkompressibel ist). Da $(\partial \bar{E}/\partial T)_V = N_2 c$ ist, können wir $\bar{E}(T)$ durch die spezifische Wärme ausdrücken. Also

$$\bar{E}(T) = -N_2\eta + N_2 \int_0^T c(T'')\, dT'' \tag{9.11.16}$$

Hier haben wir $\bar{E}(0) \equiv -N_2\eta$ gesetzt. Das ist einfach die Grundzustandsenergie des Festkörpers gemessen vom gleichen Bezugszustand aus wie dem des Dampfes, d.h. von dem Zustand aus, bei dem alle Atome in Ruhe und sehr weit voneinander entfernt sind. Also ist η die latente Sublimationswärme pro Atom bei $T = 0$.

Schließlich bemerken wir, daß mit $T \to 0$ oder $\beta \to \infty$

$$Z = \Sigma\, e^{-\beta E_r} \longrightarrow \Omega_0\, e^{-\beta(-N_2\eta)}$$

oder
$$\ln Z(T_0) = \frac{N_2\eta}{kT_0} \qquad \text{für } T_0 \to 0 \tag{9.11.17}$$

gilt, da die Anzahl der dem Festkörper im Grundzustand zugänglichen Zustände Ω_0 von der Größenordnung eins ist [13*]. (Die Atome sollen nach Voraussetzung keine Spin-Freiheitsgrade haben, was sonst zu vielen Zuständen bei $T_0 = 0$ führen könnte.) Einsetzen von (9.11.16) und (9.11.17) in (9.11.15) ergibt mit $T_0 \to 0$

$$\ln Z(T) = \frac{N_2\eta}{kT} + N_2 \int_0^T \frac{dT'}{kT'^2} \int_0^{T'} c(T'')\, dT'' \tag{9.11.18}$$

Damit ergibt (9.11.14)

$$\mu_2(T) = -\eta - T \int_0^T \frac{dT'}{T'^2} \int_0^{T'} c(T'')\, dT'' \tag{9.11.19}$$

Die Gleichgewichtsbedingung (9.11.12) wird dann

$$\ln \left[\frac{V_1}{N_1} \left(\frac{2\pi mkT}{h^2} \right)^{\frac{3}{2}} \right] = -\frac{\mu_2(T)}{kT} \tag{9.11.20}$$

Um den Dampfdruck $\bar{p}$ zu finden, braucht man nur die Zustandsgleichung des idealen Gases für den Dampf $\bar{p}\, V_1 = N_1 kT$. So wird aus (9.11.20)

$$\ln \left[\frac{kT}{\bar{p}} \left(\frac{2\pi mkT}{h^2} \right)^{\frac{3}{2}} \right] = -\frac{\mu_2}{kT}$$

Damit ist

[13*] Das bedeutet, die Entropie $S = k \ln \Omega$ des Festkörpers verschwindet, wenn $T \to 0$, im Einklang mit dem dritten Hauptsatz.

$$\ln \bar{p} = \ln \left[\frac{(2\pi m)^{\frac{3}{2}}}{h^3} (kT)^{\frac{5}{2}} \right] + \frac{\mu_2}{kT}$$

und $$\bar{p}(T) = \frac{(2\pi m)^{\frac{3}{2}}}{h^3} (kT)^{\frac{5}{2}} \exp \left[- \frac{\eta}{kT} - \frac{1}{k} \int_0^T \frac{dT'}{T'^2} \int_0^{T'} c(T'')\, dT'' \right] \tag{9.11.21}$$

Dies ist der gesuchte Ausdrück für den Dampfdruck. Man beachte wieder, daß er die Plancksche Konstante enthält.

Die spezifische Wärme des Festkörpers kann man entweder aus einer mikroskopischen Rechnung mit irgendeinem Modell (z.B. mit dem Einstein-Modell aus Abschnitt 7.7) oder aus experimentellen Messungen erhalten. Das Doppelintegral in (9.11.21) ist offensichtlich eine positive mit T wachsende Funktion; es konvergiert ohne Schwierigkeit, da c genügend schnell verschwindet, wenn $T \to 0$.

Beachte: Hätten wir versucht, den Dampfdruck mittels der Clapeyronschen Gleichung in ähnlicher Weise wie am Ende von Abschnitt 8.5 zu berechnen, dann hätten wir die Integrationskonstante nicht bestimmen können, d.h. alle Konstanten auf der rechten Seite von (9.11.21) blieben unbekannt.

*9.12 Die Zustandsummen mehratomiger Moleküle

Wir wollen jetzt kurz skizzieren, wie man darangeht, die Zustandsumme eines idealen Gases zu berechnen, das aus *mehratomigen* Molekülen besteht. Im klassischen Grenzfall, in dem die mittlere de Broglie-Wellenlänge $\bar{\lambda}$, die mit dem Impuls der Schwerpunktsbewegung verknüpft ist, klein im Vergleich mit dem mittleren Abstand der Moleküle ist, erhält man wieder

$$Z = \frac{\zeta^N}{N!} \tag{9.12.1}$$

Hier ist $$\zeta = \sum_s e^{-\beta\epsilon(s)} \tag{9.12.2}$$

die Zustandsumme für ein einzelnes Molekül, wobei die Summe über alle Quantenzustände s des Moleküls läuft. In guter Näherung kann man den Hamiltonoperator für ein Molekül in additiver Form schreiben

$$\mathcal{H} = \mathcal{H}_t + \mathcal{H}_e + \mathcal{H}_r + \mathcal{H}_v \tag{9.12.3}$$

und entsprechend die Energieniveaus des Moleküls in der Form

$$\epsilon(s) = \epsilon_t(s_t) + \epsilon_e(s_e) + \epsilon_r(s_r) + \epsilon_v(s_v) \tag{9.12.4}$$

$\mathcal{H}_t$ bezeichnet den Anteil des Hamiltonoperators, der die translatorische Bewegung des Molekülschwerpunktes beschreibt; $\epsilon_t(s_t)$ ist entsprechend die Energie des translatorischen Zustandes s_t.

$\mathcal{H}_e$ ist der Anteil, der die Bewegung der Elektronen um die als starr angenommenen Kerne beschreibt; $\epsilon_e(s_e)$ bezeichnet das entsprechende Elektronenniveau mit der Quantenzahl s_e.

$\mathcal{H}_r$ bezeichnet den Rotationsanteil der Kerne des Moleküls um ihren Schwerpunkt; $\epsilon_r(s_r)$ ist die entsprechende Rotationsenergie des Rotations-Zustandes s_r.

$\mathcal{H}_v$ bezeichnet den Anteil der Schwingung der Kerne des Moleküls relativ zueinander; $\epsilon_v(s_v)$ ist die entsprechende Schwingungsenergie des Schwingungszustandes s_v.

Aus der Additivität von (9.12.4) folgt unmittelbar, daß die Zustandsumme ζ in ein Produkt zerfällt, d.h.

$$\zeta = \sum_{s_t, s_e, \ldots} e^{-\beta[\epsilon_t(s_t)+\epsilon_e(s_e)+\epsilon_r(s_r)+\epsilon_v(s_v)]}$$

$$= \Big(\sum_{s_t} e^{-\beta\epsilon_t(s_t)}\Big)\Big(\sum_{s_e} e^{-\beta\epsilon_e(s_e)}\Big)\Big(\sum_{s_r} e^{-\beta\epsilon_r(s_r)}\Big)\Big(\sum_{s_v} e^{-\beta\epsilon_v(s_v)}\Big)$$

oder $$\zeta = \zeta_t\zeta_e\zeta_r\zeta_v \tag{9.12.5}$$

wobei ζ_t die Zustandsumme für die translatorische Bewegung des Schwerpunktes, ζ_e die der elektronischen Bewegung usw. ist.

Wir wollen die Zustandsumme speziell für ein zweiatomiges Molekül aus Atomen der Masse m_1 und m_2 diskutieren.

Translatorische Bewegung des Schwerpunktes. Der Schwerpunkt bewegt sich wie ein Teilchen der Masse $m_1 + m_2$. Also ist

$$\mathcal{H}^{(t)} = \frac{\boldsymbol{p}^2}{2(m_1 + m_2)}$$

wobei $\boldsymbol{p}$ den Impuls des Schwerpunktes darstellt. Mit der Masse $m_1 + m_2$ sind die translatorischen Zustände die gleichen wie die im Zusammenhang mit dem monoatomaren Gas diskutierten. Daher ergibt die Summe über die translatorischen Zustände durch Vergleich mit (9.10.7)

$$\mathcal{H}^{(t)} = \frac{\boldsymbol{p}^2}{2(m_1 + m_2)} \tag{9.12.6}$$

Elektronische Bewegung. Wir wenden uns als nächstem der inneren Bewegung der Atome bezüglich des Schwerpunktes zu. Man betrachte zunächst die möglichen elektronischen Zustände des Moleküls. Für *festgehaltene* Kerne kann die elektronische Grundzustandsenergie ϵ_{e0} als Funktion des internuklearen Abstandes R berechnet werden und ergibt eine Kurve, wie sie in Abb. 9.12.1 dargestellt ist. Das Minimum dieser Kurve bestimmt für den elektronischen Grundzustand des Moleküls den Gleichgewichtskernabstand R_0, wobei $\epsilon_{e0} = -\epsilon'_D$ ist. Diese Energie ist negativ, wenn sie bezüglich eines Bezugszustandes gemessen wird, bei dem die Kerne in Ruhe und unendlich weit voneinander entfernt sind. Da der erste angeregte elektronische Zustand für fast alle Moleküle um einige Elektronenvolt höher als

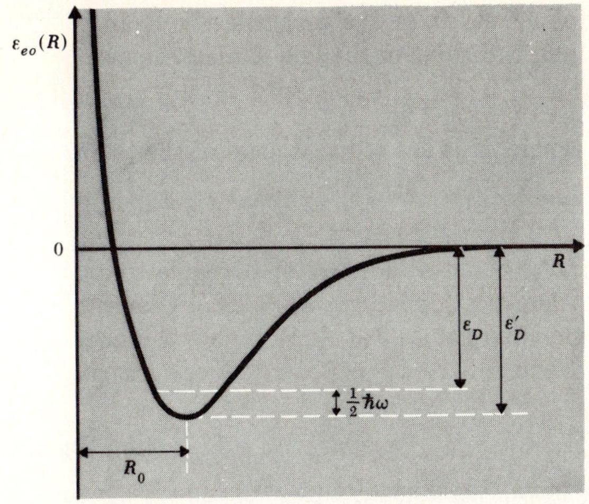

Abb. 9.12.1 Energie des elektronischen Grundzustandes $\epsilon_{e0}(R)$ eines zweiatomigen Moleküls als Funktion des Kernabstandes R. Die Dissoziationsenergie ist mit ϵ_D bezeichnet, die Nullpunkt-Schwingungsenergie mit $\frac{1}{2}\hbar\omega$

der Grundzustand liegt, was im Vergleich zu kT sehr viel ist, sind für die elektronische Zustandsumme alle Terme außer dem niedrigster Energie vernachlässigbar. (D.h. das Molekül befindet sich mit größter Wahrscheinlichkeit in seinem elektronischen Grundzustand.) Also hat man einfach

$$\zeta_e = \Omega_0 \, e^{\beta \epsilon_D'} \tag{9.12.7}$$

wobei Ω_0 der Entartungsgrad (falls überhaupt vorhanden) des elektronischen Grundzustandes ist.

Rotation. Man betrachte nun die Rotation des Moleküls. Diese ist in erster Näherung wie die Rotation einer starren Hantel mit den zwei Massen m_1 und m_2 im Abstand des Gleichgewichtskernabstandes R_0. Das Trägheitsmoment A des Moleküls bezüglich einer Achse durch den Schwerpunkt und senkrecht zur Verbindungslinie der Kerne ist durch

$$A = \tfrac{1}{2}\mu^* R_0{}^2 \tag{9.12.8}$$

gegeben, wobei μ^* die reduzierte Masse der beiden Atome ist:

$$\mu^* = \frac{m_1 m_2}{m_1 + m_2} \tag{9.12.9}$$

Wenn $\hbar \boldsymbol{J}$ der Drehimpuls dieser Hantel ist, dann ist ihre klassische Energie durch $(\hbar \boldsymbol{J}^2)/2A$ gegeben. Quantenmechanisch kann $\boldsymbol{J}^2$ die Werte $J(J+1)$ annehmen, wobei $J = 0, 1, 2, 3, \ldots$ sein kann. Deswegen sind die Rotations-Energieniveaus durch

$$\epsilon_r = \frac{\hbar^2}{2A} J(J+1) \tag{9.12.10}$$

gegeben. (Man beachte, daß ein kleines Trägheitsmoment große Abstände der Rotations-Energieniveaus zur Folge hat.) Der Vektor $\boldsymbol{J}$ kann natürlich verschiedene

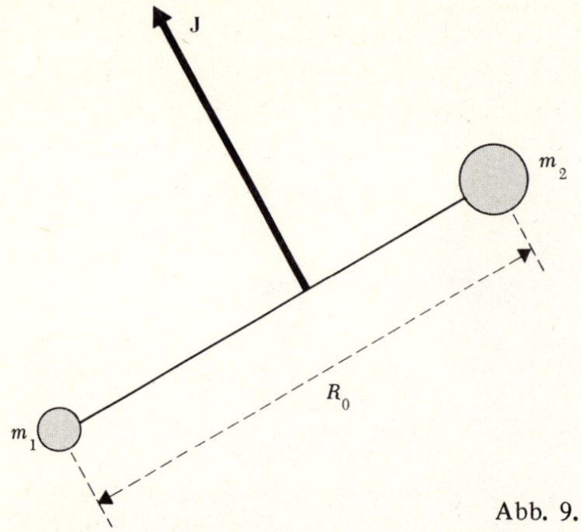

Abb. 9.12.2 Rotation eines starren Hantelmoleküls

diskrete Orientierungen im Raum haben, die durch die Quantenzahl m_J der Projektion auf eine beliebige Achse, gekennzeichnet werden. Die möglichen Werte von m_g sind

$$m_J = -J, -J+1, \ldots (J-1), J$$

so daß es für jeden Wert von J gerade $2J + 1$ mögliche Quantenzustände der gleichen Energie (9.12.10) gibt. Die Rotations-Zustandsumme wird dann

$$\zeta_r = \sum_{J=0}^{\infty} (2J+1)\, e^{-(\beta\hbar^2/2A)J(J+1)} \tag{9.12.11}$$

Der wesentliche Parameter in (9.12.11) ist das Argument der Exponentialfunktion, d.h. das Verhältnis der Rotationsenergie zur thermischen Energie. Für niedrige Temperaturen T oder kleines Trägheitsmoment ist $\hbar^2/(2AkT) \gg 1$; dann sind praktisch alle Moleküle im niedrigsten Rotations-Zustand und alle Terme in der Summe (9.12.11) bis auf die ersten vernachlässigbar.

Anmerkung: Beim Hinschreiben von (9.12.11), haben wir uns nicht um die Komponente des Drehimpulses parallel zur Achse der Hantel gekümmert. Der Grund ist, daß das Trägheitsmoment um diese Achse sehr klein ist. Jeder Zustand, bei dem diese Drehimpulskomponente von Null verschieden ist, hätte in Analogie zu (9.12.10) eine sehr hohe Energie vergleichen mit kT und kann deswegen vernachlässigt werden.

Nun wollen wir annehmen, daß die Temperatur ziemlich groß und das Trägheitsmoment nicht zu klein ist, so daß $\hbar^2 J(J+1)(2AkT)^{-1} \ll 1$ (Das ist der Fall für viele zweiatomige Moleküle, bei denen der Abstand zwischen Rotations-Energieniveaus (9.12.10) von der Größenordnung 10^{-4} eV ist. Ausnahmen sind Moleküle wie H_2 unterhalb der Zimmertemperatur, weil sie so kleine Trägheitsmoment haben).

Dann sind die Abstände zwischen den Rotations-Energieniveaus klein im Vergleich mit kT. Dies hat zur Folge, daß dann die Rotation des Moleküls auch mit klassischer statistischer Mechanik behandelt werden könnte. Mathematisch bedeutet das, daß sich in der Summe (9.12.11) aufeinanderfolgende Terme durch relativ kleine Beträge unterscheiden, so daß diese Summe durch ein Integral approximiert werden kann. So ergibt sich, wenn man $u = J(J + 1)$ setzt

$$\zeta_r \approx \int_0^\infty du\, e^{-(\beta\hbar^2/2A)u} = \frac{2A}{\beta\hbar^2}$$

oder $$\zeta_r \approx \frac{2AkT}{\hbar^2} \tag{9.12.12}$$

Wenn die zwei Atome des Moleküls identisch sind, dann müssen wir uns wieder um ihre wesentliche Ununterscheidbarkeit kümmern (genauso wie es beim Faktor $N!$ in der translatorischen Zustandsumme der Fall war). Im klassischen Grenzfall, in dem (9.12.12) gültig ist, kann die Ununterscheidbarkeit leicht behandelt werden. Wenn man das Moleküle auf den Kopf stellt, ist es das gleiche, als würde man die zwei identischen Atome vertauschen. Wir haben so ein Herumdrehen um 180° bei der Berechnung von (9.12.12) als einen unterscheidbaren Zustand gezählt, und zwar ganz richtig für ungleiche Atome. Aber für *gleiche* Atome ist dies *kein* unterscheidbarer Zustand; in diesem Fall ist (9.12.12) um einen Faktor 2 zu groß. Deswegen sollte man allgemein setzen

$$\zeta_r = \frac{2AkT}{\hbar^2\sigma} \tag{9.12.13}$$

wobei $$\sigma = \begin{cases} 1 \text{ wenn die Atome ungleich sind,} \\ 2 \text{ wenn die Atome identisch sind.} \end{cases} \tag{9.12.14}$$

Ist die quasiklassische Behandlung der Rotation nicht anwendbar (z.B. für H_2 bei niedrigen Temperaturen), so ist die Situation komplizierter und führt in sehr verwickelter Weise zur Einbeziehung der Kernspins. Wir werden auf die Diskussion der interessanten Eigenheiten, die in solchen Fällen auftreten, verzichten.

Anmerkung: Im klassischen Grenzfall für den (9.12.13) anwendbar ist, gilt

$$\ln \zeta_r = -\ln\beta + \text{const.}$$

Daher ist die mittlere Energie der Rotation durch

$$\bar{\epsilon}_r = -\frac{\partial}{\partial\beta}\ln\zeta_r = \frac{1}{\beta} = kT \tag{9.12.15}$$

gegeben. Dies bekäme man auch nach dem klassischen Gleichverteilungssatz, wenn man ihn auf die beiden Freiheitsgrade anwendet, die bei der klassischen Rotation auftreten, nämlich der Rotation um die beiden zueinander orthogonalen Hauptachsen, die senkrecht zur Verbindungslinie der Kerne stehen. (Wir haben in unserer letzten Bemerkung schon erwähnt, daß die Rotation um die Verbindungslinie der Kerne nicht im klassischen Grenzfall behandelt werden kann.)

Schwingung. Schließlich können die Kerne relativ zueinander um ihren Gleichgewichtsabstand R_0 schwingen. Die potentielle Energie der Kerne als Funktion ihres Abstandes R ist durch die elektronische Grundzustandsenergie $\epsilon_{e0}(R)$ in Abb. 9.12.1 gegeben. In der Nähe des Minimums kann sie entwickelt werden:

$$\epsilon_{e0}(R) = -\epsilon_D' + \tfrac{1}{2}b\xi^2 \tag{9.12.16}$$

wobei $$b \equiv \frac{\partial^2 \epsilon_{e0}(R_0)}{\partial R^2} \quad \text{und } \xi \equiv R - R_0 \tag{9.12.17}$$

Die kinetische Energie der Schwingung der Kerne bezüglich des Schwerpunktes ist durch

$$K = \tfrac{1}{2}\mu^*\dot{R}^2 = \tfrac{1}{2}\mu^*\dot{\xi}^2 \tag{9.12.18}$$

gegeben. Mit (9.12.16) und (9.12.18) würde man klassisch einfach eine harmonische Bewegung mit der Frequenz

$$\omega = \sqrt{\frac{b}{\mu^*}} \tag{9.12.19}$$

erhalten. Quantenmechanisch ergeben (9.12.16) und (9.12.18) den Hamiltonoperator eines einfachen harmonischen Oszillators, dessen mögliche Schwingungs-Energieniveaus durch

$$\epsilon_v = \hbar\omega(n + \tfrac{1}{2}) \tag{9.12.20}$$

gegeben sind. Hierbei sind die möglichen Quantenzustände durch n numeriert, wobei n alle Werte $n = 0, 1, 2, 3, \ldots$ annehmen kann.

Daher ist die Schwingungs-Zustandssumme

$$\zeta_v = \sum_{n=0}^{\infty} e^{-\beta\hbar\omega(n+\frac{1}{2})} \tag{9.12.21}$$

Wir haben diese einfache geometrische Reihe schon in (7.6.10) ausgewertet. Also gilt

$$\zeta_v = \frac{e^{-\frac{1}{2}\beta\hbar\omega}}{1 - e^{-\beta\hbar\omega}} \tag{9.12.22}$$

Für die meisten zweiatomigen Moleküle ist $\hbar\omega$ bei gewöhnlichen Temperaturen so groß (von der Größenordnung 0,1 eV), daß $\beta\hbar\omega \gg 1$. In diesem Fall reduziert sich (9.12.21) auf seinen ersten Summanden

$$\epsilon_D = \epsilon_D' - \tfrac{1}{2}\hbar\omega$$

Die Schwingungsfreiheitsgrade können dann sicherlich *nicht* klassisch behandelt werden.

> **Anmerkung**: Man beachte, daß sogar bei $T = 0$ die Kerne in ihrem niedrigsten Schwingungszustand noch eine Nullpunktsenergie $\frac{1}{2}\,\hbar\omega$ haben. Deswegen ist in Abb. 9.12.1 ϵ'_D *nicht gleich der D*issoziationsenergie ϵ_D, die bei $T = 0$ zur Verfügung stehen muß, um das Molekül, in zwei ruhende Atome, die unendlich weit voneinander entfernt sind, zu dissoziieren. Stattdessen hat man (vgl. Abb. 9.12.1)
>
> $$\epsilon_D = \epsilon'_D - \tfrac{1}{2}\,\hbar\omega \tag{9.12.23}$$

Wir haben jetzt alle wesentlichen Bestandteile der Zustandsumme (9.12.5) eines idealen Gases aus zweiatomigen Molekülen berechnet. (Einige Anwendungsbeispiele sind in den Aufgaben zu finden). Besitzen die Kerne der Moleküle einen Spin, dann muß ζ in (9.12.5) auch mit der möglichen Anzahl von Kernspinzuständen multipliziert werden. Hat man es mit Molekülen zu tun, die aus mehr als zwei Atomen bestehen, so ist die Zerlegung (9.12.4) oder (9.12.5) im allgemeinen noch gültig, aber die Rotations- und Schwingungszustandsummen ζ_r und ζ_v werden komplizierter.

Die Strahlung des schwarzen Körpers

9.13 Elektromagnetische Hohlraumstrahlung im thermischen Gleichgewicht

Wir wollen die elektromagnetische Strahlung (oder in der Sprache der Quantenmechanik: eine Menge von Photonen) betrachten, die sich in thermischem Gleichgewicht in einem Hohlraum vom Volumen V befindet. Die Wände werden auf der absoluten Temperatur T gehalten. In dieser Situation werden kontinuierlich Photonen von den Wänden absorbiert und wieder emittiert; aufgrund dieses Mechanismus kommt die Abhängigkeit der Strahlung im Behälter von der Temperatur der Wände zustande. Aber wie gewöhnlich ist es überhaupt nicht notwendig, den exakten Mechanismus zu untersuchen, der zum thermischen Gleichgewicht führt, da allgemeine Wahrscheinlichkeitsüberlegungen der statistischen Mechanik genügen, um den Gleichgewichtszustand zu beschreiben.

Betrachten wir die Strahlung als eine Ansammlung von Photonen. Diese müssen natürlich als nicht unterscheidbare Teilchen behandelt werden. Die Gesamtzahl der Photonen im Hohlraum ist nicht konstant, sondern hängt von der Temperatur T der Wände ab. Der Zustand s jedes Photons kann, wie anschließend gezeigt wird, durch Größe und Richtung seines Impulses und durch die Polarisationsrichtung des elektromagnetischen Feldes angegeben werden, das zum Photon gehört. Das Strahlungsfeld, das sich im thermischen Gleichgewicht im Hohlraum befindet, ist vollständig beschrieben, wenn man die mittlere Anzahl $\bar{n}_s$ von Photonen in jedem möglichen Zustand kennt. Die Berechnung dieser Zahl ist genau das Problem, das schon in (9.3.5) gelöst wurde. Das Ergebnis ist die Plancksche Verteilung

$$\bar{n}_s = \frac{1}{e^{\beta\epsilon_s} - 1} \tag{9.13.1}$$

wobei ϵ_s die Energie eines Photons im Zustand s ist.

Um dieses Ergebnis konkreter zu machen, müssen wir untersuchen, wie der Zustand eines jeden Photons charakterisiert wird. Da wir es mit elektromagnetischer Strahlung zu tun haben, erfüllt der elektrische Feldvektor $\boldsymbol{\mathcal{E}}$ (oder jede seiner Komponenten) die Wellengleichung

$$\nabla^2\boldsymbol{\mathcal{E}} = \frac{1}{c^2}\frac{\partial^2\boldsymbol{\mathcal{E}}}{\partial t^2} \tag{9.13.2}$$

Diese wird durch ebene Wellen (Realteil) der Form

$$\boldsymbol{\mathcal{E}} = \boldsymbol{A}\, e^{i(\boldsymbol{\kappa}\cdot\mathbf{r}-\omega t)} = \boldsymbol{\mathcal{E}}_0(\boldsymbol{r})\, e^{-i\omega t} \tag{9.13.3}$$

befriedigt (wobei A eine beliebige Konstante ist), vorausgesetzt, der Wellenvektor κ erfüllt die Bedingung

$$\kappa = \frac{\omega}{c}, \qquad \kappa \equiv |\boldsymbol{\kappa}| \tag{9.13.4}$$

Anmerkung: Man beachte, daß der räumliche Anteil $\boldsymbol{\mathcal{E}}_0(\boldsymbol{r})$ auf der rechten Seite von (9.13.3) die zeitunabhängige Wellengleichung erfüllt

$$\nabla^2\,\boldsymbol{\mathcal{E}}_0 + \frac{\omega^2}{c^2}\,\boldsymbol{\mathcal{E}}_0 = 0$$

die für jede Komponente von $\boldsymbol{\mathcal{E}}_0$ genau die gleiche Form wie die zeitunabhängige Schrödinger-Gleichung (9.9.8) für ein nichtrelativistisches Teilchen hat.

Wenn man die elektromagnetische Welle als quantisiert betrachtet, dann wird das zugehörige Photon in vertrauter Weise als relativistisches Teilchen mit der Energie ϵ und dem Impuls p beschrieben, für welche die bekannten Beziehungen

$$\left.\begin{aligned} \epsilon &= \hbar\omega \\ \boldsymbol{p} &= \hbar\boldsymbol{\kappa} \end{aligned}\right\} \tag{9.13.5}$$

gelten. Somit ergibt sich aus (9.13.4)

$$|\boldsymbol{p}| = \frac{\hbar\omega}{c} \qquad (9.13.6)$$

Da eine elektromagnetische Welle die Maxwellsche Gleichung $\nabla \cdot \boldsymbol{\mathcal{E}} = 0$, erfüllt, folgt mit (9.13.3), daß $\boldsymbol{\kappa} \cdot \boldsymbol{\mathcal{E}} = 0$, gilt, d.h., daß $\boldsymbol{\mathcal{E}}$ senkrecht zu der durch den Vektor $\boldsymbol{x}$ bestimmten Ausbreitungsrichtung ist. Für jedes $\boldsymbol{\kappa}$ lassen sich somit nur zwei voneinander unabhängige Komponenten von $\boldsymbol{\mathcal{E}}$, senkrecht zu $\boldsymbol{\kappa}$, angegeben. Im Photonenbild bedeutet dies, daß es für jedes $\boldsymbol{\kappa}$ zwei mögliche Photonen gibt, entsprechend den beiden möglichen Polarisationsrichtungen des elektrischen Feldes $\boldsymbol{\mathcal{E}}$.

Wie im Falle des Teilchens, das in Abschnitt 9.9 behandelt wurde, sind nicht alle möglichen Werte von κ erlaubt, sondern nur gewisse diskrete Werte, die von den Randbedingungen abhängen. Wir wollen wieder annehmen, daß der Hohlraum die Form eines Quaders mit den Kantenlängen L_x, L_y, L_z hat. Wir nehmen an, daß die kleinste dieser Längen, sagen wir L, so groß ist, daß $L \gg \lambda$, wobei $\lambda = 2\pi/\kappa$ die längste Wellenlänge sein soll, die hier von Bedeutung ist. Dann können wir wieder Randeffekte an den Behälterwänden vernachlässigen und die Situation durch einfache laufende Wellen der Form (9.13.3) beschreiben. Um die Randeffekte auszuschalten, muß man nur wie in Abschnitt 9.9 periodische Grenzbedingungen fordern. Das Abzählen der möglichen Zustände ist dann völlig identisch mit dem in Abschnitt 9.9; die möglichen Werte von $\boldsymbol{\kappa}$ sind durch (9.9.13) gegeben:

> Es sei $f(\boldsymbol{\kappa})\, d^3\boldsymbol{\kappa} =$ die mittlere Anzahl von Photonen pro Volumeneinheit mit *einer* festen Polarisationsrichtung, deren Wellenvektor zwischen $\boldsymbol{\kappa}$ und $\boldsymbol{\kappa} + d\boldsymbol{\kappa}$ liegt.

Wegen (9.9.16) gibt es $(2\pi)^{-3}\, d^3\boldsymbol{\kappa}$ Photonenzustände dieser Art pro Volumeneinheit. Jeder von diesen hat eine Energie $\epsilon = \hbar\omega = \hbar c\kappa$. Da die mittlere Photonenanzahl mit *einem* bestimmten $\boldsymbol{\kappa}$-Wert in diesem Bereich durch (9.13.1) gegeben ist, folgt

▶ $$f(\boldsymbol{\kappa})\, d^3\boldsymbol{\kappa} = \frac{1}{e^{\beta\hbar\omega} - 1} \frac{d^3\boldsymbol{\kappa}}{(2\pi)^3} \qquad (9.13.7)$$

Offensichtlich ist $f(\boldsymbol{\kappa})$ nur eine Funktion von $|\boldsymbol{\kappa}|$.

Wir suchen nun die mittlere Photonenanzahl pro Volumeneinheit von *beiden* Polarisationsrichtungen mit der Frequenz im Bereich zwischen ω und $\omega + d\omega$. Diese erhält man durch Summation von (9.13.7) über das gesamte Volumen des $\boldsymbol{\kappa}$-Raumes, das in einer Kugelschale mit den Radien $\kappa = \omega/c$ und $\kappa + d\kappa = (\omega + d\omega)/c$ enthalten ist. Dann ist noch mit 2 zu multiplizieren, um beide Polarisationsrichtungen zu erfassen; d.h., die gesuchte Anzahl ist

$$2f(\kappa)(4\pi\kappa^2\, d\kappa) = \frac{8\pi}{(2\pi c)^3} \frac{\omega^2\, d\omega}{e^{\beta\hbar\omega} - 1} \qquad (9.13.8)$$

Wir wollen mit $\bar{u}(\omega; T)d\omega$ die mittlere Energie pro Volumeneinheit (d.h. die mittlere „Energiedichte") der Photonen beider Polarisationsrichtungen im Frequenzbereich zwischen ω und $\omega + d\omega$ bezeichnen. Da jedes Photon von diesem Typ die Energie $\hbar\omega$ hat, erhält man

$$\bar{u}(\omega; T)\, d\omega = [2f(\kappa)(4\pi\kappa^2\, d\kappa)](\hbar\omega) = \frac{8\pi\hbar}{c^3} f(\kappa)\omega^3\, d\omega \tag{9.13.9}$$

oder
$$\bar{u}(\omega; T)\, d\omega = \frac{\hbar}{\pi^2 c^3} \frac{\omega^3\, d\omega}{e^{\beta\hbar\omega} - 1} \tag{9.13.10}$$

Man beachte, daß der wesentliche dimensionslose Parameter in diesem Problem

$$\eta \equiv \beta\hbar\omega = \frac{\hbar\omega}{kT} \tag{9.13.11}$$

ist, nämlich das Verhältnis von Photonenenergie zu thermischer Energie. Somit läßt sich $\bar{u}$ durch η ausdrücken

$$\bar{u}(\omega; T)\, d\omega = \frac{\hbar}{\pi^2 c^3} \left(\frac{kT}{\hbar}\right)^4 \frac{\eta^3\, d\eta}{e^\eta - 1} \tag{9.13.12}$$

Eine Darstellung von $\bar{u}$ als Funktion von η ist in Abb. 9.13.1 gegeben.

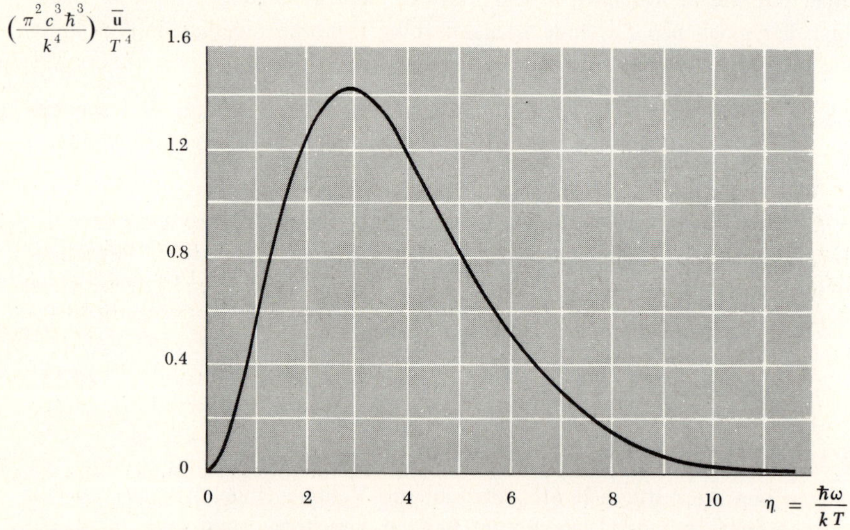

Abb. 9.13.1 Die Energiedichte $\bar{u}(\eta)$ (pro dimensionsloser Frequenzeinheit $d\eta$) als Funktion von $\eta = \hbar\omega/kT$.

Die Kurve hat ein Maximum bei $\eta = \tilde{\eta} \approx 3$. Man beachte eine einfache Konsequenz dieser Darstellung: wenn bei einer Temperatur T_1 das Maximum bei $\tilde{\omega}_1$ und bei einer anderen T_2 bei $\tilde{\omega}_2$ auftritt, dann muß

$$\frac{\hbar\tilde{\omega}_1}{kT_1} = \frac{\hbar\tilde{\omega}_2}{kT_2} = \tilde{\eta}$$

oder $$\frac{\tilde{\omega}_1}{T_1} = \frac{\tilde{\omega}_2}{T_2} \tag{9.13.13}$$

gelten. Dieses Ergebnis ist als das „Wiensche Verschiebungsgesetz" bekannt.

Die gesamte mittlere Energiedichte $\bar{u}_0$ aller Frequenzen ist

$$\bar{u}_0(T) = \int_0^\infty \bar{u}(T;\omega)\,d\omega$$

Mittels (9.13.11) wird daraus

$$\bar{u}_0(T) = \frac{\hbar}{\pi^2 c^3}\left(\frac{kT}{\hbar}\right)^4 \int_0^\infty \frac{\eta^3\,d\eta}{e^\eta - 1} \tag{9.13.14}$$

Das bestimmte Integral hierin ist einfach eine Konstante. Daher stößt man auf das interessante Ergebnis

▶ $$\bar{u}_0(T) \sim T^4 \tag{9.13.15}$$

Dieser Zusammenhang heißt Stefan-Boltzmannsches Gesetz. Das Integral (9.13.14) kann leicht numerisch integriert oder – wie im Anhang A.11 ausgeführt – exakt ausgewertet werden. Das Ergebnis ist

$$\int_0^\infty \frac{\eta^3\,d\eta}{e^\eta - 1} = \frac{\pi^4}{15} \tag{9.13.16}$$

Auf diese Weise erhält man den expliziten Ausdruck

$$\bar{u}_0(T) = \frac{\pi^2}{15}\frac{(kT)^4}{(c\hbar)^3} \tag{9.13.17}$$

Berechnung des Strahlungsdruckes. Es ist von Interesse, den mittleren Druck $\bar{p}$ zu berechnen, den die Strahlung auf die Hohlraumwände ausübt. Der Beitrag eines Photons im Zustand s zum Druck ist durch $-\partial\epsilon_s/\partial V$ gegeben; daher ist der mittlere Druck von allen Photonen [14*)]

$$\bar{p} = \sum_s \bar{n}_s\left(-\frac{\partial\epsilon_s}{\partial V}\right) \tag{9.13.18}$$

wobei $\bar{n}_s$ durch (9.13.1) gegeben ist. Um $-\partial\epsilon_s/\partial V$ zu berechnen, betrachte man der Einfachheit halber den Hohlraum als einen Würfel mit den Kantenlängen $L_x = L_y = L_z = L$, so daß sein Volumen $V = L^3$ beträgt. Die möglichen κ-Werte sind durch (9.9.13) gegeben, und so hat man für einen durch die ganzen Zahlen n_x, n_y, n_z charakterisierten Zustand s

$$\epsilon_s = \hbar\omega = \hbar c\kappa = \hbar c(\kappa_x^2 + \kappa_y^2 + \kappa_z^2)^{\frac{1}{2}} = \hbar c\left(\frac{2\pi}{L}\right)(n_x^2 + n_y^2 + n_z^2)^{\frac{1}{2}}$$

oder $$\epsilon_s = CL^{-1} = CV^{-\frac{1}{3}}, \tag{9.13.19}$$

14*) Das gleiche Ergebnis hätte man aus der allgemeinen Beziehung $\bar{p} = \beta^{-1}(\partial \ln Z/\partial V)$ unter Verwendung der Zustandssumme für Photonen (9.5.3) erhalten können.

wobei C eine Konstante ist. Daher gilt

$$\frac{\partial \epsilon_s}{\partial V} = -\frac{1}{3} C V^{-\frac{4}{3}} = -\frac{1}{3} \frac{\epsilon_s}{V} \tag{9.13.20}$$

Somit wird aus (9.13.18)

$$\bar{p} = \sum_s \bar{n}_s \left(\frac{1}{3} \frac{\epsilon_s}{V} \right) = \frac{1}{3V} \sum_s \bar{n}_s \epsilon_s = \frac{1}{3V} \bar{E}$$

oder

▶ $$\bar{p} = \tfrac{1}{3} \bar{u}_0 \tag{9.13.21}$$

Der Strahlungsdruck ist somit sehr einfach mit der mittleren Energiedichte der Strahlung verknüpft.

Lehrreich ist es, den Strahlungsdruck mit detaillierten kinetischen Überlegungen zu berechnen, ähnlich wie im Abschnitt 7.13 bei der Berechnung des mittleren Drukkes eines klassischen Teilchengases vorgegangen wurde. Photonen, die auf ein Flächenelement dA der Behälterwand (senkrecht zur z-Richtung) treffen, übertragen diesen in der Zeiteinheit eine mittlere z-Komponente des Impulses $G_z^{(+)}$. Im Gleichgewicht verläßt eine gleiche Anzahl von Photonen die Wand und ruft einen Impulsfluß gleicher Größe in entgegengesetzter Richtung hervor $-G_z^{(+)}$. Daher ist die resultierende Kraft pro Flächeneinheit – oder der Druck auf die Wand – mit der mittleren Impulsänderung verknüpft durch

$$\bar{p} = \frac{1}{dA} [G_z^{(+)} - (-G_z^{(+)})] = \frac{2G_z^{(+)}}{dA}$$

Man betrachte in Abb. 9.13.2 alle Photonen mit einem Wellenvektor zwischen $\boldsymbol{\kappa}$ und $\boldsymbol{\kappa} + d\boldsymbol{\kappa}$. Es gibt $2f(\boldsymbol{\kappa}) d^3\boldsymbol{\kappa}$ Photonen dieser Art (mit beiden möglichen Polarisationsrichtungen) pro Volumeneinheit. Da die Photonen mit der Geschwindigkeit c fliegen, treffen alle Photonen, die in den Zylindervolumen $c\, dt\, dA \cos\theta$ enthalten sind, in der Zeit dt auf die Fläche dA und tragen als z-Komponente des Impulses $\hbar\kappa_z$. Der gesamte Photonenimpuls der bei dA pro Zeiteinheit eintrifft ist daher

$$G_z^{(+)} = \frac{1}{dt} \int_{\kappa_z > 0} [2f(\boldsymbol{\kappa})\, d^3\boldsymbol{\kappa}](c\, dt\, dA \cos\theta)(\hbar\kappa_z)$$

Somit ergibt sich

$$\bar{p} = 2c\hbar \int_{\kappa_z > 0} [2f(\boldsymbol{\kappa})\, d^3\boldsymbol{\kappa}] \frac{\kappa_z^2}{\kappa}$$

wobei wir für $\cos\theta = \kappa_z/\kappa$ gesetzt haben. Da $f(\boldsymbol{\kappa})$ nur von $|\boldsymbol{\kappa}|$ abhängt, ist der Integrand eine gerade Funktion von κ_z. Deshalb kann man die Integration über alle Werte von $\boldsymbol{\kappa}$ ausdehnen und schreiben

$$\bar{p} = c\hbar \int [2f(\kappa)\, d^3\boldsymbol{\kappa}] \frac{\kappa_z^2}{\kappa} = \frac{1}{3} c\hbar \int [2f(\kappa)\, d^3\boldsymbol{\kappa}] \frac{(\kappa_x^2 + \kappa_y^2 + \kappa_z^2)}{\kappa}$$

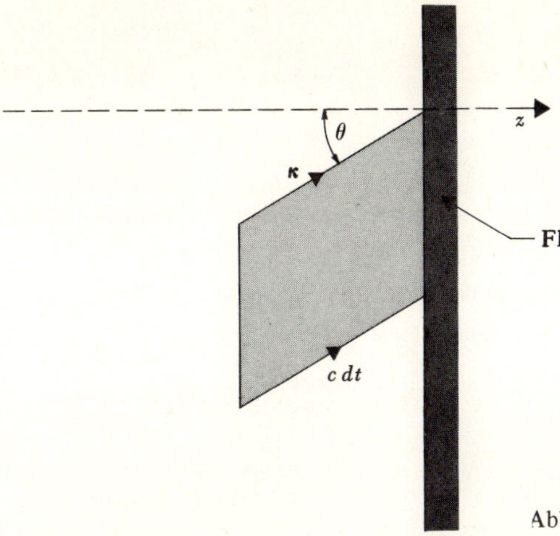

Abb. 9.13.2 Photonen stoßen auf eine Wand.

wobei das letzte Resultat sich aus der Tatsache ergibt, daß alle Richtungen gleichwertig sind. Wegen $\kappa_x^2 + \kappa_y^2 + \kappa_z^2 = \kappa^2$ erhält man

$$\bar{p} = \frac{1}{3} \int [2f(\boldsymbol{\kappa})\, d^3\boldsymbol{\kappa}](c\hbar\kappa) = \frac{1}{3}\bar{u}_0$$

weil $c\hbar\kappa$ die Energie eines Photons mit dem Wellenvektor $\boldsymbol{\kappa}$ ist.

9.14 Untersuchung der Strahlung in einem beliebigen Hohlraum

Die Allgemeingültigkeit der Ergebnisse des vorangehenden Abschnittes kann durch einige einfache physikalische Überlegungen anschaulich gemacht werden. Man betrachte einen Hohlraum von beliebiger Gestalt, in dem sich verschiedene Körper befinden mögen. Seine Wände, die aus einem beliebigen Material bestehen können, werden auf der absoluten Temperatur T gehalten. So wirkt die Umgebung des Hohlraums als Wärmereservoir. Von unseren allgemeinen Überlegungen aus der statistischen Thermodynamik wissen wir, daß der Gleichgewichtszustand, d.h. der Zustand größter Wahrscheinlichkeit bzw. Entropie, gerade derjenige ist, bei dem sowohl die Strahlung, als auch die Körper im Hohlraum die gleiche Temperatur T besitzen.

Die Natur des Strahlungsfeldes, das bei der Temperatur T im Hohlraum vorhanden ist, kann beschrieben werden durch:

> $f_\alpha(\boldsymbol{\kappa},\boldsymbol{r})\, d^3\boldsymbol{\kappa}$ = die mittlere Anzahl von Photonen pro Volumeneinheit am Ort $\boldsymbol{r}$, mit dem Wellenvektor zwischen $\boldsymbol{\kappa}$ und $\boldsymbol{\kappa} + d\boldsymbol{\kappa}$ und mit der Polarisation, die durch den Index α (d.h. durch einen Einheitsvektor $\boldsymbol{b}_\alpha \perp \boldsymbol{\kappa}$) charakterisiert wird.

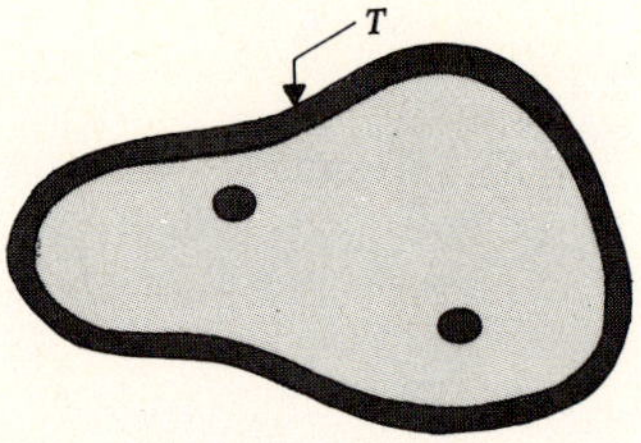

Abb. 9.14.1 Elektromagnetische Strahlung im Gleichgewicht in einem Hohlraum von beliebiger Gestalt. Die Strahlung muß homogen sein.

Wie gewöhnlich nehmen wir an, daß die Dimension des Hohlraums groß im Vergleich zu den typischen Wellenlängen $\lambda = 2\pi\kappa^{-1}$ sind.

Wenn der Hohlraum im Gleichgewicht ist, kann man sofort einige allgemeine Feststellungen über f machen:

1. Der Wert von f ist unabhängig von $\mathbf{r}$, d.h. das Strahlungsfeld ist homogen.

Begründung: Man nehme an, daß $f_\alpha(\boldsymbol{\kappa},\mathbf{r})$ an zwei Orten im Hohlraum verschieden sei. Man betrachte, was geschehen würde, falls zwei *identische* kleine Körper der Temperatur T an diese Orte gebracht würden. (Man stelle sich diese von Filtern umgeben vor, welche nur Frequenzen in dem bestimmten Bereich $\omega = \omega(\boldsymbol{\kappa})$ und nur Strahlung mit einer durch α bestimmten Polarisationsrichtung durchlassen). Da verschiedene Mengen von Strahlung auf die beiden Körper treffen würden, würden diese verschiedene Mengen Energie pro Zeiteinheit absorbieren, und ihre Temperaturen wären unterschiedlich. Dies würde der Gleichgewichtsbedingung maximaler Entropie widersprechen, nach der die Temperatur gleichförmig im ganzen Hohlraum sein muß. Daher ist

$$f_\alpha(\boldsymbol{\kappa},\mathbf{r}) = f_\alpha(\boldsymbol{\kappa}) \qquad \text{unabhängig von } \mathbf{r}.$$

2. Der Wert von f ist von der Richtung von $\boldsymbol{\kappa}$ unabhängig und hängt nur von $|\boldsymbol{\kappa}|$ ab; d.h., das Strahlungsfeld ist isotrop.

Begründung: Man nehme an, daß $f_\alpha(\boldsymbol{\kappa})$ hinge von der Richtung von $\boldsymbol{\kappa}$ ab, z.B. so, daß f größer ist, wenn $\boldsymbol{\kappa}$ nach Norden statt nach Osten zeigt. Wir könnten uns vorstellen, daß ein kleiner Körper einheitlicher Temperatur T (und vom gleichen Filter wie vorhin umgeben) in den Hohlraum gebracht wird, so wie es in Abb. 9.14.2 gezeigt wird. Dann würde der Körper im südlichen Teil mehr Energie absorbieren als im westlichen Teil. Dies würde wieder zu einer unzulässigen Temperaturdifferenz führen. Somit können wir schließen, daß

$$f_\alpha(\boldsymbol{\kappa}) = f_\alpha(\kappa), \qquad \text{wobei } \kappa \equiv |\boldsymbol{\kappa}|$$

3. Der Wert von f ist unabhängig von der Polarisationsrichtung der Strahlung, d.h. das Strahlungsfeld im Hohlraum ist unpolarisiert.

Begründung: Man nehme an, $f_\alpha(\kappa)$ hinge von der durch α bezeichneten Polarisationsrichtung ab. Dann könnten wir uns vorstellen, daß zwei kleine identische

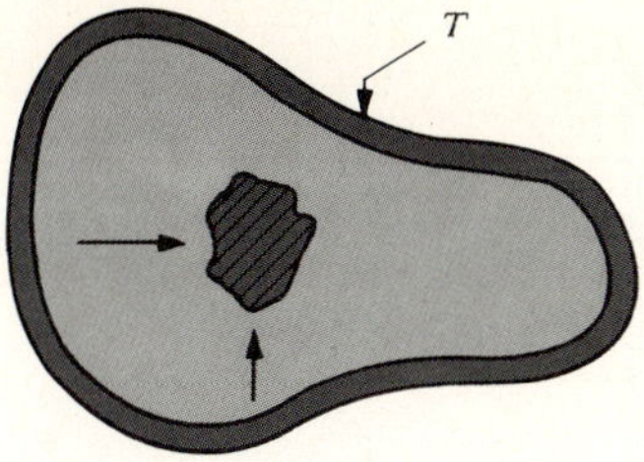

Abb. 9.14.2 Die Strahlung im Gleichgewicht in einem Hohlraum ist isotrop

Körper der Temperatur T nebeneinander in den Hohlraum gebracht würden, die von Filtern umgeben wären, die verschiedene Polarisationsrichtungen durchlassen. Dann würden verschiedene Strahlungsmengen auf die Körper treffen, und es würde sich zwischen ihnen eine Temperaturdifferenz ausbilden, was im Widerspruch zur Gleichgewichtsbedingung stünde. Deshalb ist

$$f_1(\kappa) = f_2(\kappa)$$

unabhängig vom Polarisationsindex.

4. Die Funktion f hängt nicht von der Gestalt oder vom Volumen des Hohlraums ab, auch nicht vom Material, aus dem er gemacht ist, und nicht von der Art der Körper, die er enthalten kann.

Begründung: Man betrachte zwei verschiedene Hohlräume (Abb. 9.14.3), beide mit der Temperatur T, und nehme an, daß die Anteile $f_\alpha^{(1)}(\kappa)$ und $f_\alpha^{(2)}(\kappa)$, die ihre Strahlungsfelder beschreiben, verschieden sind. Wir verbinden in Gedanken die zwei Hohlräume durch ein kleines Loch, das einen Filter enthält, der nur Strahlung in einem schmalen Frequenzbereich um $\omega(\kappa)$ und mit der oben bezeichneten Polarisationsrichtung durchläßt. Dies würde einen Gleichgewichtszustand darstellen, wenn beide Hohlräume die gleiche Temperatur T haben, da dann ein Energieaustausch zwischen den beiden Hohlräumen nicht stattfindet. Wenn aber $f^{(1)} > f^{(2)}$ ist, würde mehr Strahlung pro Zeiteinheit vom Hohlraum 1 in den Hohlraum 2 passieren als in der umgekehrten Richtung. Dann würde eine Temperaturdifferenz zwischen den zwei Hohlräumen entstehen, was im Widerspruch zu der Gleichgewichtsbedingung (gleichförmige Temperatur) steht. Daher schließt man

$$f_\alpha^{(1)}(\kappa) = f_\alpha^{(2)}(\kappa)$$

Somit kommen wir zu dem Ergebnis, daß im thermischen Gleichgewicht $f_\alpha(\kappa)$ *nur* von der Temperatur T des Hohlraums abhängt. Speziell folgt auch, daß f für einen beliebigen Hohlraum das gleiche wie für den Quader ist, den wir der Einfachheit halber bei der Erörterung in Abschnitt 9.13 benutzten.

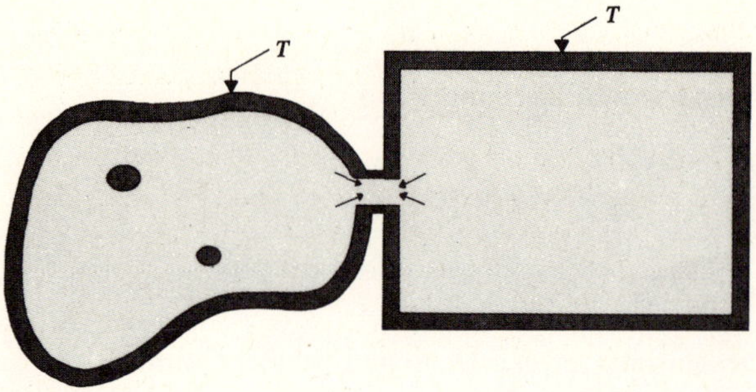

Abb. 9.14.3 Zwei verschiedene Hohlräume bei gleicher Temperatur durch ein kleines Loch verbunden.

9.15 Die von einem Körper bei der Temperatur *T* emittierte Strahlung

In den vorangehenden Abschnitten betrachteten wir den *Gleichgewichts*zustand elektromagnetischer Strahlung in einem Hohlraum der absoluten Temperatur T. Wir kamen durch allgemeine statistische Überlegungen zu einer Anzahl von interessanten Ergebnissen, ohne uns im Detail um die Mechanismen der Strahlungsabsorption und -emission durch die Wände kümmern zu müssen. Die Ergebnisse dieser Diskussion des Gleichgewichtes können jedoch zur Grundlage für die Behandlung viel allgemeinerer Fälle dienen. Man betrachte z.B. einen Körper, der bei einer Temperatur T elektromagnetische Strahlung aussendet. Als konkretes Beispiel denke man an den heißen Draht einer Glühbirne. Wir wissen, daß dieser Körper elektromagnetische Strahlung emittiert und wir sind daran interessiert, wie viel Energie pro Zeiteinheit (oder Leistung) $\mathcal{P}_e(\omega)d\omega$ dieser Körper durch Strahlung im Frequenzbereich zwischen ω und $\omega + d\omega$ emittiert. Die ins Auge gefaßte Situation ist sicherlich *kein* Gleichgewicht. Die Zimmerwände haben eine viel niedrigere Temperatur als der Glühdraht, und es besteht ein kontinuierlicher Energietransport durch die Strahlung vom heißen Draht zu den kälteren Wänden. Es könnte daher scheinen, daß wir nicht länger die Methoden der Gleichgewichtsstatistik benutzen dürfen, um dieses Problem zu diskutieren, und daß wir eine genaue Untersuchung der Prozesse vornehmen müssen, bei denen die Atome des Körpers Strahlung emittieren. Das wäre tatsächlich ein schreckliches Problem der Quantenmechanik und der Elektrodynamik! Es ist jedoch möglich, eine solche Analyse vollständig zu umgehen, indem man zu sehr geschickten allgemeinen Überlegungen Zuflucht nimmt, die auf der Gleichgewichtstheorie beruhen. Die Methode des Vorgehens besteht darin, unter Benutzung einer Energiebilanz die Bedingung anzugeben, unter denen sich der strahlende Körper im Gleichgewicht befände. Das fundamentale Argument, das hier benutzt wird, ist das des „detaillierten Gleichgewichts", d.h. man argumentiert so: Wenn der Körper trotz Emission im Gleichgewicht bleiben soll, dann muß jeder Emissionsprozeß des Körpers durch einen inversen Absorptionsprozeß einfallender Strahlung ausgeglichen werden. Nun ist die auf den Körper treffende Strahlung im Gleichgewicht leicht aus den Ergebnissen der vorigen Abschnitte zu berechnen, in denen es um den einfachen Fall eines idealen Photonengases ging. So kann man unmittelbar die bei einem solchen Prozeß emittierte Leistung finden, *ohne* sich auf die weitaus kompliziertere Rechnung einzulassen, wie eine Ansammlung von wechselwirkenden Atomen Strahlung emittiert.

Körper als Sender und Empfänger von Strahlung. Man betrachte einen beliebigen Körper bei der absoluten Temperatur T. Die von diesem Körper emittierte elektromagnetische Strahlung kann durch die Energie pro Zeiteinheit – oder die Leistung – die vom Körper emittiert wird, beschrieben werden. Im besonderen kann man das „Emissionsvermögen" definieren als

$\mathcal{P}_e(\boldsymbol{\kappa}; \alpha)\, d\omega\, d\Omega =$ die pro Flächeneinheit des Körpers emittierte Leistung mit der Polarisation α in einem Bereich um $\boldsymbol{\kappa}$ (d.h. mit der Frequenz zwischen ω und $\omega + d\omega$ und einem Raumwinkel $d\Omega$ und die Richtung $\boldsymbol{\kappa}$)

Das Strahlungsvermögen hängt von der Art des Körpers und seiner Temperatur ab. Nachdem wir gesehen haben, wie ein Körper als Strahler zu beschreiben ist, wollen wir jetzt versuchen, ihn als Strahlungsabsorber zu charakterisieren. Zu diesem Zweck betrachte man Strahlung der Polarisation α mit einem Wellenvektor in einem kleinen Bereich um $\boldsymbol{\kappa}'$ (d.h. mit der Frequenz zwischen ω und $\omega + d\omega$ und mit einer Ausbreitungsrichtung, die im Raumwinkel $d\Omega$ um $\boldsymbol{\kappa}'$ liegt). Man nehme an, daß Strahlung von dieser Art *auf* den Körper *trifft*, so daß die pro Flächeneinheit des Körpers einfallende Leistung $\mathcal{P}_i(\boldsymbol{\kappa}',\alpha)\, d\omega\, d\Omega$ ist. Davon wird ein Bruchteil $a(\boldsymbol{\kappa}',\alpha)$ vom Körper absorbiert. (Wegen der Energieerhaltung wird dann der Rest der einfallenden Leistung in verschiedene Richtungen reflektiert, wenn wir zusätzlich annehmen, daß der Körper hinreichend dick ist, so daß nichts von der einfallenden Strahlung durch ihn hindurchgeht.) Der Parameter $a(\boldsymbol{\kappa}',\alpha)$ (manchmal „Absorptionsvermögen" genannt) ist charakteristisch für den einzelnen Körper und hängt im allgemeinen auch von dessen Temperatur T ab. Dieser Parameter beschreibt die Eigenschaften des Körpers als Absorber.

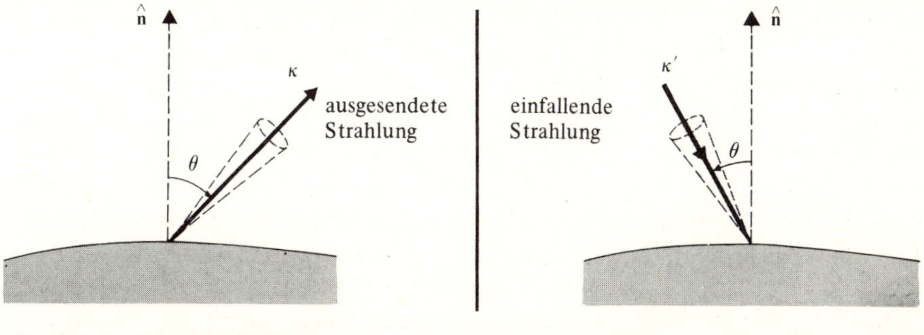

Abb. 9.15.1 Skizze zur Erläuterung von Strahlungsemission und -absorption durch einen Körper

Das Prinzip des detaillierten Gleichgewichtes. Wir haben früher angedeutet, daß es sehr schwierig wäre, Größen wie die Strahlungsleistung $\mathcal{P}_e$ eines Körpers bei der Temperatur T direkt zu berechnen. Um dieses Problem zu umgehen, stellen wir uns den betrachteten Körper in einem Hohlraum der gleichen Temperatur T vor, so daß er im Gleichgewicht mit dem dort vorhandenen Strahlungsfeld ist. Die Charakteristika dieses Strahlungsfeldes sind aus unseren früheren Erörterungen wohlbekannt, welche auf statistischer Gleichgewichtsthermodynamik beruhen. Wir wollen jedoch jetzt näher betrachten, durch welche verschiedenen Mechanismen der Gleichgewichtszustand des Körpers in diesem Hohlraum tatsächlich aufrechterhalten wird. Unter diesen Umständen emittiert der Körper Strahlung. Andererseits trifft ständig Strahlung auf den Körper, der einen bestimmten Bruchteil davon absorbiert. Im Gleichgewichtszustand muß die Energie des Körpers unverändert bleiben. Daher können wir schließen, daß sich diese Prozesse ausgleichen müssen, so daß gilt:

Leistung vom Körper abgestrahlt = Leistung vom Körper absorbiert. (9.15.1)

Wir wollen jedoch Aussagen machen, die viel stärker als diese globale Energiebilanz-Bedingung sind, indem wir feststellen, daß die Prozesse, die das Gleichgewicht aufrechterhalten, sich auch im Detail die Waage halten. Zum Beispiel könnte es denkbar sein, daß in einem Frequenzbereich der Körper mehr Leistung ausstrahlt als absorbiert, während er in einem anderen Frequenzbereich weniger ausstrahlt als absorbiert, und zwar so, daß die Gesamtenergiebilanz (9.15.1) erhalten bleibt. Ein einfaches physikalisches Argument zeigt aber, daß dies nicht der Fall sein kann. Man stelle sich den Körper von einem Filter umgeben vor, der vollständig alle Strahlung absorbiert, außer in einem kleinen Flächenelement, das für Strahlung einer Polarisationsrichtung und einer Frequenz zwischen ω und $\omega + d\omega$ vollständig durchlässig ist. Das Vorhandensein dieses Filters kann solche inneren Parameter des Körpers, wie sein Strahlungs- und Absorptionsvermögen nicht beeinflussen; auch kann es, wegen der Argumente aus dem vorigen Abschnitt, nicht die Natur der Strahlung im Hohlraum beeinflussen. Da der Gleichgewichtszustand genauso gut in Anwesenheit des Filters existieren kann, folgt, daß die Energiebilanz (9.15.1) für dieses bestimmte Flächenelement, für diese bestimmte Polarisationsrichtung und diesen bestimmten Frequenzbereich gelten muß. Da jeder beliebige Filter hätte benutzt werden können, kommt man so zum „Prinzip des detaillierten Gleichgewichtes", welches sicherstellt, daß im Gleichgewicht die von einem Körper

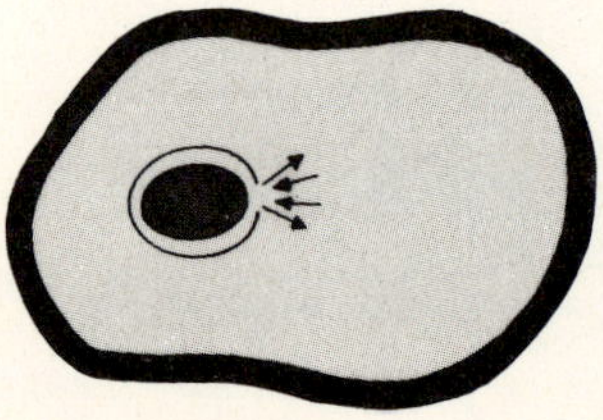

Abb. 9.15.2 Ein Körper in einem Hohlraum von einem Filter umgeben, der nur in einem kleinen Flächenelement für Strahlung einer Polarisationsrichtung und eines schmalen Frequenzbereichs durchlässig ist.

ausgestrahlte und absorbierte Leistung gleich sein müssen, und zwar für *jedes* bestimmte Flächenelement des Körpers, für *jede* bestimmte Polarisationsrichtung und für *jeden* Frequenzbereich

* **Mikroskopische Betrachtung**: Das Prinzip des detaillierten Gleichgewichts ist ein ganz fundamentales Ergebnis und beruht auf Überlegungen, die weit allgemeiner sind als jene, die sich mit Ensembles von Systemen im thermischen Gleichgewicht beschäftigen. Die grundlegende Rechtfertigung des Prinzips beruht auf den fundamentalen Gesetzen der mikroskopischen Physik, z.B. der Schrödinger-Gleichung der Quantenmechanik und den Maxwellschen Gleichungen der Elektrodynamik. Man betrachte ein einzelnes isoliertes System, das aus mehreren schwach wechselwirkenden Teilen besteht (z.B. ein Körper in elektromagnetischer Strahlung). Beim Fehlen der Wechselwirkung zwischen diesen Teilchen, kann das System in irgendeinem seiner Quantenzustände sein, die durch r, s usw. indiziert sind. Das Vorhandensein der Wechselwirkung verursacht Übergänge zwischen diesen Zuständen. Aus den fundamentalen mikroskopischen Gesetzen kann man die resultierende Übergangswahrscheinlichkeit pro Zeiteinheit w_{rs} von Zustand r zum Zustand s berechnen. Nun sind diese mikroskopischen Gesetze alle invariant gegen Umkehr der Zeit, d.h. invariant gegen den Übergang von $+t$ zu $-t$. Bei einer Zeitumkehr geht ein Zustand r in einen Zustand r^* über, usw. (z.B. der Zustand eines Teilchens, der durch seinen Impuls $\boldsymbol{p} = \hbar\boldsymbol{\kappa}$ gekennzeichnet ist, geht über in einen mit dem Impuls $-\boldsymbol{p}$). Wenn wir mit dem „inversen" Übergang den vom Zustand s^* zu r^* bezeichnen, dann beinhaltet die Invarianz der mikroskopischen Gesetze gegenüber Zeitumkehr

$$w_{s^*r^*} = w_{rs} \tag{9.15.2}$$

Dies drückt das „Prinzip der mikroskopischen Reversibilität" aus. Man betrachte z.B. den Prozeß der Emission eines Photons mit dem Wellenvektor $\boldsymbol{\kappa}$. Man erhält als Zeit gekehrten Prozeß die Absorption eines Photons mit dem Wellenvektor $-\boldsymbol{\kappa}$. Die mikroskopische Reversibilität garantiert, daß diese beiden Prozesse mit gleicher Wahrscheinlichkeit auftreten.

Kennt man einmal die Übergangswahrscheinlichkeit für das Eintreten eines Prozesses in einem einzelnen System, so kann man die Wahrscheinlichkeit für das Eintreten dieses Prozesses bei einem statistischem Ensemble von solchen Systemen berechnen. Wir wollen den Übergangsprozeß von einer Menge A von Zuständen (indiziert durch r) zu einer Menge B von Zuständen (indiziert durch s) betrachten. P_r bezeichne die Wahrscheinlichkeit dafür, daß sich das System innerhalb des Ensembles im Zustand r befindet. Dann ist die Wahrscheinlichkeit für das Eintreten des Prozesses $A \to B$ im Ensemble durch

$$W_{AB} = \sum_r \sum_s P_r w_{rs} \tag{9.15.3}$$

gegeben. Hierbei summiert man über alle Anfangszustände r der Menge A, von denen aus das System starten kann, wobei jeder dieser Zustände mit der Wahrscheinlichkeit dafür gewichtet wird, daß das System in diesem Zustand angetroffen wird; dann summiert man diese Wahrscheinlichkeit über die ganze Menge B von möglichen Endzuständen s. Ähnlich kann man für die Wahrscheinlichkeit dafür, daß der inverse Prozeß eintritt.

$$W_{B^*A^*} = \sum_{s^*} \sum_{r^*} P_{s^*} w_{s^*r^*} \tag{9.15.4}$$

schreiben. Unser fundamentales Postulat der Statistik fordert nun, daß in einem Gleichgewichtszustand ein isoliertes System mit gleicher Wahrscheinlichkeit in jedem zugänglichen Zustand des Ensembles angetroffen wird. Alle Wahrscheinlichkeiten P_r haben dann den gleichen Wert P. Deshalb erhält man mit (9.15.2)

$$W_{B^*A^*} = P \sum_{s^*} \sum_{r^*} w_{s^*r^*} = P \sum_{s} \sum_{r} w_{rs}$$

so daß
$$W_{B^*A^*} = W_{AB} \tag{9.15.5}$$

gilt. Das ist das Prinzip des detaillierten Gleichgewichtes. In Worten sagt es: In einem statistischen Ensemble, das ein System im Gleichgewicht repräsentiert, muß die Wahrscheinlichkeit für das Auftreten *irgendeines* Prozesses gleich sein der Wahrscheinlichkeit für das Auftreten des zeitgekehrten Prozesses. Mit „Prozeß" meinen wir Übergänge von einer Menge von Zuständen des Systems zu einer anderen solchen Menge von Zuständen, wobei die Wahrscheinlichkeit für das Auftreten des Prozesses proportional ist zur Anzahl von solchen Übergängen pro Zeiteinheit. Der inverse Prozeß würde sich bei Umkehr des Zeit-Vorzeichens ergeben, speziell bei Umkehr aller Geschwindigkeiten, so daß alles rückwärts in der Zeit abliefe (Bewegungsumkehr).

Von einem Körper emittierte Strahlung. Wir wollen nun das Prinzip des detaillierten Gleichgewichts auf einen Körper der Temperatur T anwenden, der sich im Gleichgewicht mit der Strahlung in einem Hohlraum bei dieser Temperatur befindet. Auf eine Flächeneinheit dieses Körpers trifft die Strahlungsleistung $\mathcal{P}_i(\boldsymbol{\kappa},\alpha)$ pro Frequenzeinheit und Raumwinkelelement um den Vektor $\boldsymbol{\kappa}$; davon wird ein Bruchteil $a(\boldsymbol{\kappa}, \alpha)$ absorbiert, der Rest wird reflektiert. Wir wissen, daß der inverse Prozeß mit gleicher Wahrscheinlichkeit stattfindet. Bei diesem Prozeß wird von dem Flächenelement des Körpers die Leistung $\mathcal{P}_e(-\boldsymbol{\kappa},\alpha)$ pro Frequenzelement und Raumwinkelelement um die Richtung $-\boldsymbol{\kappa}$ emittiert. Durch Gleichsetzen der Leistungen, die bei diesen Prozessen auftreten, erhält man

$$\mathcal{P}_e(-\boldsymbol{\kappa},\alpha) = a(\boldsymbol{\kappa},\alpha)\mathcal{P}_i(\boldsymbol{\kappa},\alpha) \tag{9.15.6}$$

oder
$$\frac{\mathcal{P}_e(-\boldsymbol{\kappa},\alpha)}{a(\boldsymbol{\kappa},\alpha)} = \mathcal{P}_i(\boldsymbol{\kappa},\alpha) \tag{9.15.7}$$

Man beachte, daß auf der linken Seite der letzten Gleichung Größen auftreten, die nur von der Natur des Körpers und seiner Temperatur abhängen. Das sind Parameter, die man aus „first principles" berechnen könnte (wenn wir in der Lage wären, die Rechnung durchzuführen). Die Parameter werden überhaupt nicht durch die Tatsache beeinflußt, daß sich der Körper zufällig im Strahlungsfeld des Hohlraums befindet und den speziellen Gleichgewichtszustand annimmt, den wir gerade betrachten. Andererseits hängt die einfallende Strahlungsleistung auf der rechten Seite von (9.15.7) nur von der Temperatur des Gleichgewichtsstrahlungsfeldes im Hohlraum ab und ist *unabhängig* von der Natur des Körpers. Daher kann man sofort schließen, daß der Quotient auf der linken Seite von (9.15.7) nur von der Temperatur abhängen kann. Deshalb existiert eine sehr enge Beziehung zwischen dem Emissionsvermögen $\mathcal{P}_e$ und dem Absorptionsvermögen a eines Körpers. *Ein guter Strahlungsemitter ist ein guter Strahlungsabsorber und umgekehrt.* Diese qualitative Aussage wird „Kirchhoffsches Gesetz" genannt. Man beachte, daß sich diese Aussage nur auf Körpereigenschaften bezieht und somit allgemein gültig ist, sogar wenn der Körper *nicht* im Gleichgewicht ist.

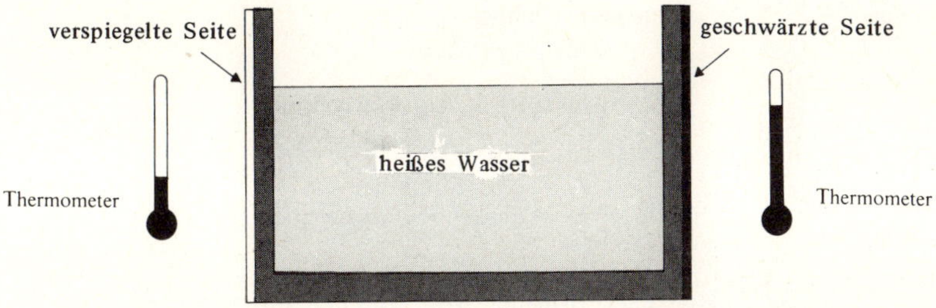

Abb. 9.15.3 Ein klassisches Experiment zur Erläuterung des Kirchhoffschen Gesetzes. Der Behälter ist mit heißem Wasser gefüllt. Die linke Seite ist auf der Außenseite versilbert, so daß es sich um einen schlechten Absorber handelt. Die rechte Seite ist geschwärzt, so daß sie ein guter Absorber ist. Da dann die linke Seite ein schlechterer Strahlungsemitter ist als die rechte, findet man, daß das Thermometer auf der linken Seite eine niedrigere Temperatur anzeigt als das auf der rechten Seite.

Ein besonders einfacher Fall tritt dann auf, wenn $a(\boldsymbol{\kappa},\alpha) = 1$ ist für alle Polarisationen, Frequenzen und Richtungen der einfallenden Strahlung. Ein Körper mit dieser Eigenschaft ist ein idealer Strahlungsabsorber und heißt „schwarzer Körper". (Der Grund für diesen Namen ist klar, da ein Körper, der alle auf ihn treffende Strahlung absorbiert, schwarz *aussehen* würde.) Für einen schwarzen Körper wird (9.15.6) einfach

$$\mathcal{P}_{eb}(-\boldsymbol{\kappa},\alpha) = \mathcal{P}_i(\boldsymbol{\kappa},\alpha) \qquad (9.15.8)$$

Substanzen wie Ruß sind guter Ersatz für schwarze Körper, aber bei weiten kein idealer, da sie nicht alle Strahlung bei allen Frequenzen absorbieren. Die beste Näherung für einen schwarzen Körper ist ein kleines Loch in der Wand eines Hohlraums. Man betrachte ein solches Loch: Jede Strahlung, die von außen auf das Loch trifft, wird im Inneren des Hohlraums eingefangen, wobei die Wahrscheinlichkeit für ein Entkommen durch das Loch als Ergebnis mehrerer Reflektionen vernachlässigbar ist. So verhält sich das Loch wie ein idealer Absorber aller einfallenden Strahlung, d.h. wie ein schwarzer Körper. Gemäß (9.15.8) ist die von einem schwarzen Körper emittierte Leistung unabhängig von seiner speziellen Bauart. Daher kann ein in einen Hohlraum geschnittenes Loch (und in der Praxis ist es so) als Prototyp eines schwarzen Strahlers dienen. Die Emissionscharakteristika dieses Lochs lassen sich natürlich besonders einfach berechnen. Das Problem läßt sich einfach als „Effusion" von Photonen aus dem Hohlraum durch das Loch beschreiben (analog zur Effusion von Molekülen, die in Abschnitt 7.12 diskutiert wurde).

Wir wollen nun (9.15.6) in eine mehr quantitative Form bringen, indem wir explizit die Leistung $\mathcal{P}_i(\boldsymbol{\kappa},\alpha)$ berechnen, die auf die Flächeneinheit eines Körpers in einem Hohlraum der Temperatur T auftrifft.

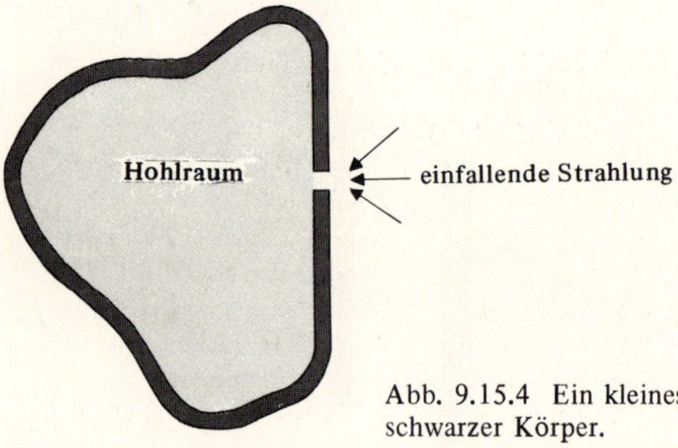

Abb. 9.15.4 Ein kleines Loch in einem Hohlraum wirkt wie ein schwarzer Körper.

Da $f(\kappa)\ d^3\boldsymbol{\kappa}$ die mittlere Anzahl von Photonen pro Volumeneinheit mit einer bestimmten Polarisation und einem Wellenvektor zwischen $\boldsymbol{\kappa}$ und $\boldsymbol{\kappa} + d\boldsymbol{\kappa}$ ist, treffen gemäß Abb. 9.13.2 $(c\ dt \cos\theta) f(\kappa)\ d^3\boldsymbol{\kappa}$ Photonen pro Zeiteinheit dt auf die Flächeneinheit der Hohlraumwand. Da jedes Photon die Energie $\hbar\omega$ transportiert, erhält man

$$\mathcal{P}_i(\boldsymbol{\kappa},\alpha)\ d\omega\ d\Omega = (\hbar\omega)(c \cos\theta\ f(\kappa)\ d^3\boldsymbol{\kappa})$$

Wenn man das Volumenelement $d^3\boldsymbol{\kappa}$ in sphärischen Koordinaten ausdrückt und die Beziehung $\kappa = \omega/c$ benutzt, bekommt man

$$d^3\boldsymbol{\kappa} = \kappa^2\ d\kappa\ d\Omega = \frac{\omega^2}{c^3}\ d\omega\ d\Omega$$

und somit

$$\mathcal{P}_i(\boldsymbol{\kappa},\alpha) = \frac{\hbar\omega^3}{c^2} f(\kappa) \cos\theta \tag{9.15.9}$$

Diese Gleichung ist unabhängig von der Polarisationsrichtung α, da f nicht von ihr abhängt, aber sie *ist abhängig* vom Winkel θ zwischen der Einfallsrichtung und der Oberflächennormalen.

Gemäß dem detaillierten Gleichgewicht (9.15.6) erhält man für die von einem Körper in die Richtung $\boldsymbol{\kappa}' = -\boldsymbol{\kappa}$ emittierte Leistung

$$\mathcal{P}_e(\boldsymbol{\kappa}',\alpha)\, d\omega\, d\Omega = a(-\boldsymbol{\kappa}',\alpha)\, \frac{\hbar\omega^3}{c^2} f(\kappa) \cos\theta\, d\omega\, d\Omega \tag{9.15.10}$$

Absorbiert der Körper isotrop, so daß $a(-\boldsymbol{\kappa}',\alpha)$ unabhängig von der Richtung von $\boldsymbol{\kappa}'$ ist, dann zeigt diese Gleichung, daß die emittierte Leistung proportional zu $\cos\theta$ ist, wobei θ der Winkel zwischen der Emissionsrichtung und der Oberflächennormalen ist. Dieses Ergebnis wird „Lambertsches Gesetz" genannt.

Wir wollen nun die gesamte Leistung $\mathcal{P}_e(\omega)\,d\omega$ finden, die pro Flächeneinheit im Frequenzbereich $\omega \ldots \omega + d\omega$ für *beide* Polarisationsrichtungen emittiert wird. Dazu muß man (9.15.10) über alle möglichen Emissionsrichtungen integrieren, d.h. über den ganzen Raumwinkel $0 < \theta < \pi/2$ und $0 < \varphi < 2\pi$. Dann ist mit 2 zu multiplizieren, um beide Polarisationsrichtungen einzubeziehen. Der Einfachheit halber nehme man an, daß das Absorptionsvermögen $a = a(\omega)$ unabhängig von Einfalls- und Polarisationsrichtung der Strahlung sei. Wegen $d\Omega = \sin\theta\, d\theta\, d\varphi$ erhält man

$$\begin{aligned}\mathcal{P}_e(\omega)\, d\omega &= 2 \int_\Omega \mathcal{P}_e(\boldsymbol{\kappa}',\alpha)\, d\omega\, d\Omega \\ &= a(\omega)\, \frac{2\hbar\omega^3}{c^2} f(\kappa)\, d\omega \left(2\pi \int_0^{\pi/2} \cos\theta \sin\theta\, d\theta\right)\end{aligned}$$

oder
$$\mathcal{P}_e(\omega)\, d\omega = a(\omega)\, \frac{2\pi\hbar\omega^3}{c^2} f(\kappa)\, d\omega \tag{9.15.11}$$

Hier ist die rechte Seite proportional zu $(\hbar\omega) f(\kappa)\, d^3\boldsymbol{\kappa}$, d.h. proportional zur mittleren Strahlungsenergiedichte $\bar{u}(\omega)\,d\omega$ im Inneren eines Hohlraums. Damit kann sie explizit durch $\bar{u}(\omega)$ ausgedrückt werden und mit (9.13.9) ergibt sich das einfache Resultat

▶
$$\mathcal{P}_e(\omega)\, d\omega = a(\omega)[\tfrac{1}{4} c\bar{u}(\omega)\, d\omega] \tag{9.15.12}$$

Unter Benutzung der Gleichgewichtsrelation (9.13.7) für $f(\kappa)$, oder analog der Gleichung (9.13.10), bekommt man

▶
$$\mathcal{P}_e(\omega)\, d\omega = a(\omega)\, \frac{\hbar}{4\pi^2 c^2} \frac{\omega^3\, d\omega}{e^{\beta\hbar\omega} - 1} \tag{9.15.13}$$

Für einen schwarzen Körper ist $a(\omega) = 1$, und dann ergibt sich das berühmte Plancksche Gesetz für die spektrale Verteilung der Strahlung des schwarzen Körpers. Gemäß (9.15.12) ist die Frequenz- und Temperaturabhängigkeit von $\mathcal{P}_e(\omega)$ die gleiche wie die in Abb. 9.13.1 dargestellte.

Die *Gesamtleistung* $\mathcal{P}_e^{(0)}$, die pro Flächeneinheit des Körpers emittiert wird, bekommt man durch Integration von (9.15.13) über alle Frequenzen. Hat $a(\omega)$ den konstanten Wert a in dem Frequenzbereich, in dem $\mathcal{P}_e(\omega)$ nicht vernachlässigbar klein ist, dann stoßen wir auf das gleiche Integral wie bei der Ableitung von (9.13.17). So erhält man

▶ $$\mathcal{P}_e^{(0)} = a(\tfrac{1}{4}c\bar{u}_0) = a(\sigma T^4) \tag{9.15.14}$$

mit $$\sigma \equiv \frac{\pi^2}{60}\frac{k^4}{c^2\hbar^3} \tag{9.15.15}$$

Die Beziehung (9.15.14) heißt Stefan-Boltzmannsches Gesetz, der Koeffizient σ Stefan-Boltzmann-Konstante. Ihr numerischer Wert ist

$$\sigma = (5.6697 \pm 0.0029) \cdot 10^{-8}\ \mathrm{Js^{-1} \cdot m^{-2}\ K^{-4}} \tag{9.15.16}$$

Im Falle eines schwarzen Körpers ist $a = 1$. Im infraroten Gebiet ist $a \approx 0{,}98$ z.B. für Ruß. Andererseits ist $a \approx 0{,}01$ für ein Metall mit einer gut polierten Oberfläche, z.B. für Gold.

Leitungselektronen in Metallen

9.16 Folgerungen aus der Fermi–Dirac-Verteilung

In erster Näherung ist es möglich, die gegenseitige Wechselwirkung von Leitungselektronen in einem Metall zu vernachlässigen. Diese Elektronen können daher wie ein ideales Gas behandelt werden. Ihre Konzentration in einem Metall ist jedoch so hoch, daß sie bei gewöhnlichen Temperaturen nicht in der Näherung der klassischen Statistik behandelt werden können. Zu diesem Schluß kamen wir durch das numerische Beispiel am Ende des Abschnitts 7.4. Deshalb muß die Fermi-Dirac-Statistik benutzt werden, um Leitungselektronen in einem Metall zu behandeln.

In (9.4.14) fanden wir für die mittlere Teilchenzahl im Zustand s die Fermi–Dirac-Verteilung

$$\bar{n}_s = \frac{1}{e^{\alpha+\beta\epsilon_s}+1} = \frac{1}{e^{\beta(\epsilon_s-\mu)}+1} \tag{9.16.1}$$

Hier haben wir die Definition benutzt

$$\mu \equiv -\frac{\alpha}{\beta} = -kT\alpha \tag{9.16.2}$$

Die Größe μ heißt die „Fermienergie" des Systems. (Zusätzlich zeigten wir in (9.3.17), daß μ auch das chemische Potential des Gases ist). Der Parameter α bzw. μ ist durch die Bedingung zu bestimmen, daß

$$\sum_s \bar{n}_s = \sum_s \frac{1}{e^{\beta(\epsilon_s-\mu)}+1} = N \tag{9.16.3}$$

gilt, wobei N die Gesamtzahl der Teilchen im Volumen V ist. Wegen (9.16.3) ist μ eine Funktion der Temperatur.

Wir wollen uns das Verhalten der „Fermi-Funktion" als Funktion von ϵ ansehen

$$F(\epsilon) \equiv \frac{1}{e^{\beta(\epsilon-\mu)}+1} \tag{9.16.4}$$

Dabei wird diese Energie auf ihren niedrigst möglichen Wert $\epsilon = 0$ bezogen. Ist μ so beschaffen, daß $\beta\mu \ll 0$, dann ist $e^{\beta(\epsilon - \mu)} \gg 1$ und F reduziert sich auf die Maxwell–Boltzmann-Verteilung. Im gegenwärtigen Fall sind wir jedoch am entgegengesetzten Grenzfall interessiert, in dem

$$\beta\mu = \frac{\mu}{kT} \gg 1 \tag{9.16.5}$$

In diesem Falle ist für $\epsilon \ll \mu$ (d.h. $\beta(\epsilon-\mu) \ll 0$) $F(\epsilon) = 1$. Wenn andererseits $\epsilon \gg \mu$ (d.h. $\beta(\epsilon - \mu) \gg 0$), so gilt $F(\epsilon) = e^{\beta(\mu - \epsilon)}$, was exponentiell wie die klassische Boltzmannverteilung abfällt. Ist $\epsilon = \mu$, dann ist $F = ½$. Das Übergangsgebiet, in dem F von einem Wert nahe 1 zu einem Wert in der Nähe von Null abfällt, entspricht einem Energieintervall der Größenordnung kT um $\epsilon = \mu$ (vgl. Abb. 9.16.1). Im Grenzfall $T \to 0$ wird dieser Übergangsbereich infinitesimal klein. In diesem Fall ist $F = 1$ für $\epsilon < \mu$ und $F = 0$ für $\epsilon > \mu$, wie es in Abb. 9.16.2

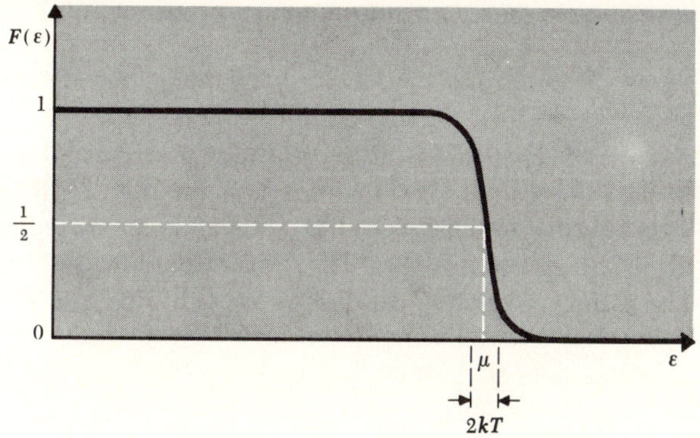

Abb. 9.16.1 Die Fermifunktion für eine Temperatur $T > 0$

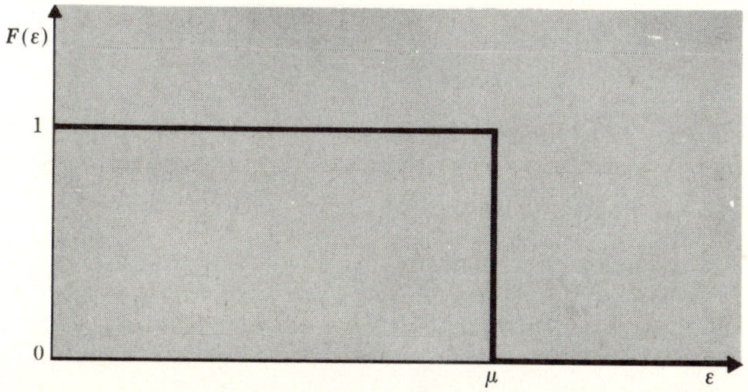

Abb. 9.16.2 Die Fermifunktion bei $T = 0$

dargestellt ist. Dies ist ein augenfälliges Ergebnis für den Grundzustand des Gases bei $T = 0$. Da das Ausschließungsprinzip fordert, daß sich nicht mehr als ein Teilchen in einem Einteilchenzustand befindet, erhält man die niedrigste Energie des Gases, indem man alle Teilchen in die niedrigsten verfügbaren unbesetzen Zustände füllt, bis alle Teilchen untergebracht sind. Das letzte Teilchen, das so zu dem Stapel hinzugefügt wird, hat eine ganz beträchtliche Energie μ, da alle niedrigeren Energiezustände bereits besetzt sind. So sieht man, daß das Ausschließungsprinzip für ein FD-Gas eine große mittlere Energie selbst am absoluten Nullpunkt bedeutet.

Wir wollen die Fermienergie $\mu = \mu_0$ eines Gases bei der Temperatur $T = 0$ berechnen. Die Energie jedes Teilchens ist mit seinem Impuls durch

$$\epsilon = \frac{p^2}{2m} = \frac{\hbar^2\kappa^2}{2m} \tag{9.16.6}$$

verknüpft. Bei $T = 0$ sind alle Zustände niedrigster Energie bis zur Fermienergie μ aufgefüllt. Diese Energie entspricht einem „Fermi-Impuls" der Größe $\mathbf{p} = \hbar\boldsymbol{\kappa}$, so daß

$$\mu_0 = \frac{p_F{}^2}{2m} = \frac{\hbar^2\kappa_F{}^2}{2m} \tag{9.16.7}$$

gilt. Somit sind bei $T = 0$ alle Zustände mit $\kappa < \kappa_F$ besetzt und alle mit $\kappa > \kappa_F$ leer. Das Volumen einer Kugel vom Radius κ_F im $\mathbf{k}$-Raum ist $(\frac{4}{3}\pi\kappa_F{}^3)$. Wegen (9.9.16) gibt es nun $(2\pi)^{-3}\, V$ Translationszustände pro Volumeneinheit im $\boldsymbol{\kappa}$-Raum. Die „Fermikugel" von Radius κ_F enthält deshalb $(2\pi)^{-3}V\,(\frac{4}{3}\pi\kappa_F{}^3)$ Translationszustände. Die gesamte Anzahl von Zuständen in dieser Kugel ist doppelt so groß, da jedes Elektron mit dem Spin ½ zwei Spinzustände für jeden Translationszustand besitzt. Da die Gesamtzahl der Zustände in dieser Kugel bei $T = 0$ gleich der Gesamtzahl von Teilchen sein muß, die in diesen Zuständen untergebracht sind, folgt

$$2\,\frac{V}{(2\pi)^3}\left(\frac{4}{3}\pi\kappa_F{}^3\right) = N$$

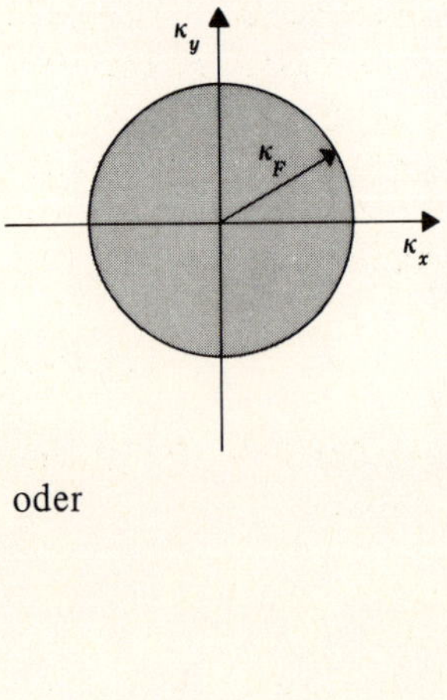

Abb. 9.16.3 Die Fermikugel im $\boldsymbol{\kappa}$-Raum. Bei $T = 0$ sind alle Zustände mit $\kappa < \kappa_F$ vollständig mit Teilchen besetzt, die mit $\kappa > \kappa_F$ sind vollständig leer

oder

▶ $$\kappa_F = \left(3\pi^2 \frac{N}{V}\right)^{\frac{1}{3}} \tag{9.16.8}$$

Also ist $$\lambda_F \equiv \frac{2\pi}{\kappa_F} = \frac{2\pi}{(3\pi^2)^{\frac{1}{3}}} \left(\frac{V}{N}\right)^{\frac{1}{3}} \tag{9.16.9}$$

Dies bedeutet, daß die De Broglie-Wellenlänge λ_F, die dem Fermi-Impuls entspricht, von der Größenordnung des mittleren Teilchenabstandes $(V/N)^{1/3}$ ist. Alle Teilchenzustände mit De Broglie-Wellenlängen $\lambda = 2\pi\kappa^{-1} > \lambda_F$ sind bei $T = 0$ besetzt, die mit $\lambda < \lambda_f$ sind leer.

Aus (9.16.7) erhält man für die Fermi-Energie bei $T = 0$

$$\mu_0 = \frac{\hbar^2}{2m} \kappa_F{}^2 = \frac{\hbar^2}{2m} \left(3\pi^2 \frac{N}{V}\right)^{\frac{2}{3}} \tag{9.16.10}$$

Numerische Abschätzung: Wir wollen die Fermi-Energie für $T = 0$ bei Kupfer, einem typischen Metall berechnen. Seine Dichte ist 9 gcm^{-3} und sein Atomgewicht 63,5. Es gibt dann 9/63,5 = 0,14 Mol Kupfer pro cm^3 oder, mit einem Leitungselektron pro Atom, $Na/V = 8{,}4 \cdot 10^{22}$ Elektronen/cm^3. Nimmt man für die Elektronenmasse $m \approx 10^{-27}$ g, dann erhält man mit (9.16.10)

$$T_F \equiv \frac{\mu_0}{k} \approx 80000\,\mathrm{K} \tag{9.16.11}$$

Die Größe T_F heißt „Fermi-Temperatur". Für ein Metall wie Kupfer ist sie, wie man sieht, viel größer als irgendeine Temperatur T von der Größenordnung der Zimmertemperatur ($T \approx 300$ K). Daher ist sogar bei relativ hohen Temperaturen das Elektronengas hoch entartet. Die Fermi-Verteilung bei Zimmertemperatur hat dann das Aussehen wie in der Abb. 9.16.1, in der $kT \ll \mu$ ist und sich die Fermi-Energie μ nur wenig von ihrem Wert μ_0 bei $T = 0$ unterscheidet, d.h.

$$\mu \approx \mu_0$$

Da es in einem Metall sehr viele Elektronen mit $\epsilon \ll \mu$ gibt, die alle in vollständig besetzten Zuständen sind, spielen diese Elektronen in vielen Fällen eine sehr geringe Rolle für die makroskopischen Eigenschaften des Metalls. Man betrachte z.B. den Beitrag der Leitungselektronen zur spezifischen Wärme des Metalls. Die Wärmekapazität C_V (bei konstantem Volumen) dieser Elektronen kann berechnet werden, wenn man ihre mittlere Energie $\bar{E}(T)$ als Funktion von T kennt:

$$C_V = \left(\frac{\partial \bar{E}}{\partial T}\right)_V \tag{9.16.12}$$

Gehorchten die Elektronen der klassischen MB-Statistik, so daß $F \sim e^{-\beta\epsilon}$ für *alle* Elektronen wäre, dann ergäbe der Gleichverteilungssatz klassisch

$$\bar{E} = \tfrac{3}{2}NkT \qquad \text{und} \qquad C_V = \tfrac{3}{2}Nk \tag{9.16.13}$$

Aber in Wirklichkeit gilt die FD-Verteilung, die die in Abb. 9.16.1 gezeigte Form hat. Eine kleine Änderung von T hat keinen Einfluß auf die vielen Elektronen in den Zuständen mit $\epsilon \ll \mu$, da alle diese Zustände vollständig besetzt sind und es auch bleiben, wenn die Temperatur verändert wird. Die mittlere Energie dieser Elektronen ist deshalb unabhängig von der Temperatur, so daß sie nichts zur Wärmekapazität (9.16.12) beitragen. Allein die kleine Anzahl N_{eff} von Elektronen in dem schmalen Energiebereich der Größenordnung kT um die Fermi-Energie μ trägt zur spezifischen Wärme bei. Der Schwanz von F in diesem Gebiet ist proportional $e^{-\beta\epsilon}$ und benimmt sich wie eine MB-Verteilung; deshalb erwartet man im Einklang mit (9.16.13), daß jedes Elektron in diesem Gebiet grob 3/2 k zur Wärmekapazität beiträgt. Wenn $\rho(\epsilon)\, d\epsilon$ die Zahl der Zustände im Energieintervall zwischen ϵ und $\epsilon + d\epsilon$ ist, dann beträgt die effektive Zahl von Elektronen in diesem Gebiet näherungsweise

$$N_{eff} \approx \rho(\mu)kT \tag{9.16.14}$$

Daher erhält man für die Wärmekapazität

$$C_V \approx N_{eff}(\tfrac{3}{2}k) \approx \tfrac{3}{2}k^2\rho(\mu)T \tag{9.16.15}$$

Noch einfacher kann man sagen, daß sich nur ein Bruchteil kT/μ der gesamten Elektronen im Schwanz der FD-Verteilung befinden, so daß

$$N_{eff} \approx \left(\frac{kT}{\mu}\right)N \tag{9.16.16}$$

und
$$C_V \approx \frac{3}{2}Nk\left(\frac{kT}{\mu}\right) = \nu\frac{3}{2}R\left(\frac{T}{T_F}\right) \tag{9.16.17}$$

Da T/T_F sehr klein ist, ist die molare spezifische Wärme der Elektronen sehr viel kleiner als 3/2 R, wie es sich aus klassischen Überlegungen ergäbe. Das erklärt die Tatsache, daß die molare Wärmekapazität von Metallen, etwa die gleiche ist, wie die von Isolatoren (bei Zimmertemperatur näherungsweise $3R$ wegen der Gitterschwingungen der Atome). Vor Bekanntwerden der Quantenmechanik sagt die klassische Theorie fälschlicherweise voraus, daß die Anwesenheit von Leitungselektronen die Wärmekapazität von Metallen gegenüber Isolatoren um 50 % (d.h. um 3/2 R) vergrößern sollte.

Man beachte auch, daß die spezifische Wärme (9.16.17) nicht temperaturunabhängig ist, wie es klassisch der Fall wäre. Benutzt man den Buchstaben e um den elektronischen Anteil der spezifischen Wärme zu bezeichnen, so hat die molare spezifische Wärme die Form

$$c_V^{(e)} = \gamma T \tag{9.16.18}$$

wobei γ eine Proportionalitätskonstante ist. Bei Zimmertemperatur wird $c_V^{(e)}$ vollständig von der viel größeren spezifischen Wärme der Gitterschwingungen c_V^L überdeckt. Bei sehr niedrigen Temperaturen aber ist $c_V^L = AT^3 \;- A$ ist eine Proportionalitätskonstante [15*]) – und nähert sich deshalb sehr viel schneller dem Wert Null als der elektronische Beitrag (9.16.18), der nur mit T gegen Null geht. Daraus folgt, daß Experimente bei niedrigen Temperaturen die Messung der Größe und Temperaturabhängigkeit der elektronischen spezifischen Wärme gestatten. In der Tat sollte die *gesamte* spezifische Wärme eines Metalls, die man bei niedrigeren Temperaturen mißt, von der Form sein:

$$c_V = c_V^{(e)} + c_V^{(L)} = \gamma T + AT^3 \tag{9.16.19}$$

und damit

$$\frac{c_V}{T} = \gamma + AT^2 \tag{9.16.20}$$

Eine Darstellung von c_V/T über T^2 sollte eine Gerade ergeben, deren Achsenabschnitt γ ist. Abb. 9.16.4 zeigt diese Darstellungen. Die Tatsache, daß man gute Geraden erhält, verifiziert experimentell die Richtigkeit der durch (9.16.19) vorausgesagten Temperaturabhängigkeit.

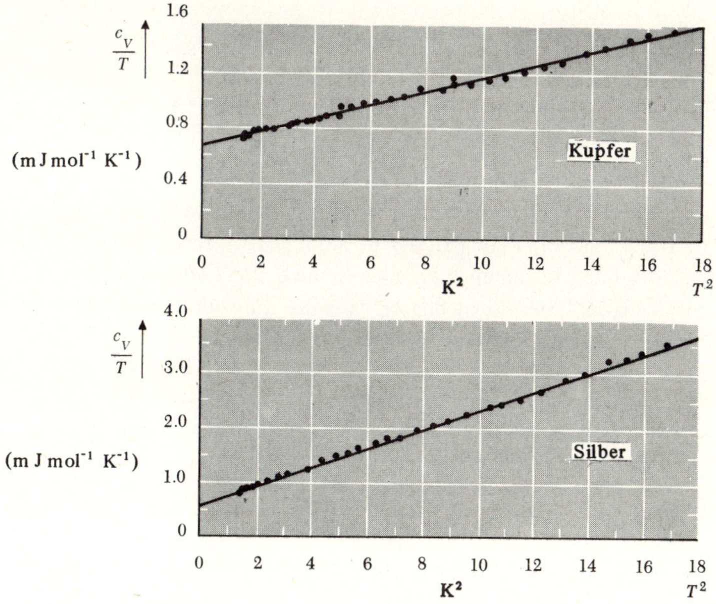

Abb. 9.16.4 Die gemessene spezifische Wärme c_V von Kupfer und Silber dargestellt in der Form: c_V/T als Funktion von T^2 (nach Corak, Garfunkel, Satterthwaite und Wexler, Phys. *98*, 1699 (1955).

15*) Dieses Ergebnis wird in Abschnitt 10.2 abgeleitet.

*9.17 Quantitative Berechnung der spezifischen Wärme der Elektronen

Wir wollen die spezifische Wärme des Elektronengases genauer berechnen und unsere Schätzungen der Größenordnung bestätigen. Die mittlere Energie des Elektronengases ist durch

$$\bar{E} = \sum_r \frac{\epsilon_r}{e^{\beta(\epsilon_r - \mu)} + 1}$$

gegeben. Da die Energieniveaus der Teilchen sehr dicht benachbart sind, kann man die Summe durch ein Integral ersetzen. Damit ist

$$\bar{E} = 2 \int F(\epsilon)\epsilon\, \rho(\epsilon)\, d\epsilon = 2 \int_0^\infty \frac{\epsilon}{e^{\beta(\epsilon-\mu)} + 1} \rho(\epsilon)\, d\epsilon \tag{9.17.1}$$

wobei $\rho(\epsilon)d\epsilon$ die Anzahl der *Translationszustände* ist, die in dem Energieintervall zwischen ϵ und $\epsilon + d\epsilon$ liegen. Hier muß die Fermi-Energie μ aus der Bedingung (9.16.3) berechnet werden, d.h.

$$2 \int F(\epsilon)\rho(\epsilon)\, d\epsilon = 2 \int_0^\infty \frac{1}{e^{\beta(\epsilon-\mu)} + 1} \rho(\epsilon)\, d\epsilon = N \tag{9.17.2}$$

Auswertung der Integrale. Die auftretenden Integrale sind von der Form

$$\int_0^\infty F(\epsilon)\varphi(\epsilon)\, d\epsilon \tag{9.17.3}$$

wobei $F(\epsilon)$ die Fermi-Funktion (9.16.4) und $\varphi(\epsilon)$ eine langsam veränderliche Funktion von ϵ ist. Die Funktion $F(\epsilon)$ hat die in Abb. 9.16.1 dargestellte Form, d.h. sie nimmt ziemlich schnell in einem schmalen Bereich der Größenordnung kT um $\epsilon = \mu$ von 1 auf 0 ab, ist aber sonst überall beinahe konstant. Das legt für die Auswertung des Integrals (9.17.3) ein Näherungsverfahren nahe, bei dem die Tatsache ausgenützt wird, daß überall $F'(\epsilon) = dF/d\epsilon = 0$ ist, außer in einem schmalen Bereich der Größenordnung kT um $\epsilon = \mu$, in dem F' groß und negativ wird. Daher wollen wir das Integral (9.17.3) mittels partieller Integration durch F' ausdrücken.

Es sei
$$\psi(\epsilon) \equiv \int_0^\epsilon \varphi(\epsilon')\, d\epsilon' \tag{9.17.4}$$

Dann gilt

$$\int_0^\infty F(\epsilon)\varphi(\epsilon)\, d\epsilon = [F(\epsilon)\psi(\epsilon)]_0^\infty - \int_0^\infty F'(\epsilon)\psi(\epsilon)\, d\epsilon$$

Der ausintegrierte Term verschwindet, da gemäß (9.17.4) $\psi(0) = 0$ und $F(\infty) = 0$ ist. Somit gilt

$$\int_0^\infty F(\epsilon)\varphi(\epsilon)\, d\epsilon = - \int_0^\infty F'(\epsilon)\psi(\epsilon)\, d\epsilon \tag{9.17.5}$$

Hier hat man den Vorteil, daß wegen des Verlaufs von $F'(\epsilon)$ nur der relativ schmale Bereich von kT um $\epsilon = \mu$ beträchtlich zum Integral beiträgt. In diesem schmalen Bereich kann aber eine relativ langsam veränderliche Funktion in eine Potenzreihe entwickelt werden

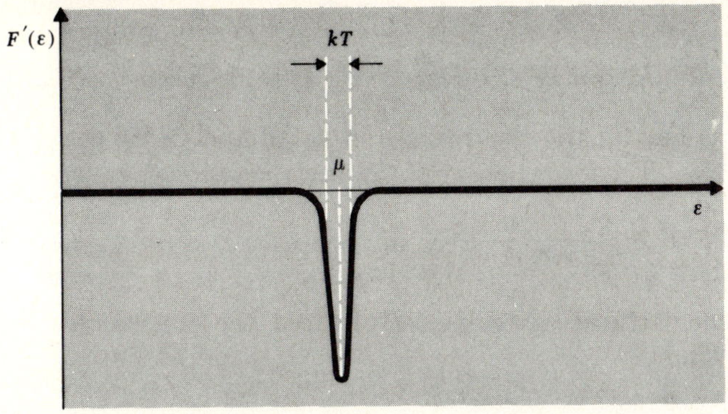

Abb. 9.17.1 Die Ableitung $F'(\epsilon)$ der Fermi-Funktion als Funktion von ϵ

$$\psi(\epsilon) = \psi(\mu) + \left[\frac{d\psi}{d\epsilon}\right]_\mu (\epsilon - \mu) + \frac{1}{2}\left[\frac{d^2\psi}{d\epsilon^2}\right]_\mu (\epsilon - \mu)^2 + \cdots$$

$$= \sum_{m=0}^{\infty} \frac{1}{m!}\left[\frac{d^m\psi}{d\epsilon^m}\right]_\mu (\epsilon - \mu)^m$$

wobei die Ableitungen bei $\epsilon = \mu$ zu bilden sind. Deshalb wird (9.17.5)

$$\int_0^\infty F\varphi\, d\epsilon = -\sum_{m=0}^{\infty} \frac{1}{m!}\left[\frac{d^m\psi}{d\epsilon^m}\right]_\mu \int_0^\infty F'(\epsilon)(\epsilon - \mu)^m\, d\epsilon \qquad (9.17.6)$$

Nun gilt

$$\int_0^\infty F'(\epsilon)(\epsilon - \mu)^m\, d\epsilon = -\int_0^\infty \frac{\beta e^{\beta(\epsilon-\mu)}}{(e^{\beta(\epsilon-\mu)}+1)^2}(\epsilon - \mu)^m\, d\epsilon$$

$$= -\beta^{-m}\int_{-\beta\mu}^{\infty} \frac{e^x}{(e^x+1)^2}\, x^m\, dx$$

mit $\quad x \equiv \beta(\epsilon - \mu) \qquad (9.17.7)$

Da der Integrand ein scharfes Maximum bei $\epsilon = \mu$ (d.h. $x = 0$) hat und da $\beta\mu \gg 1$, kann man die untere Grenze näherungsweise durch $-\infty$ ersetzen. Damit kann man schreiben:

$$\int_0^\infty F'(\epsilon)(\epsilon - \mu)^m\, d\epsilon = -(kT)^m I_m \qquad (9.17.8)$$

mit $\quad I_m \equiv \int_{-\infty}^{\infty} \frac{e^x}{(e^x+1)^2}\, x^m\, dx \qquad (9.17.9)$

Nun ist $\dfrac{e^x}{(e^x+1)^2} = \dfrac{1}{(e^x+1)(e^{-x}+1)}$

eine gerade Funktion von x. Ist m ungerade, so ist der Integrand in (9.17.9) eine ungerade Funktion von x, so daß das Integral verschwindet; also gilt

$$I_m = 0 \qquad \text{für } m \text{ ungerade} \tag{9.17.10}$$

und
$$I_0 = \int_{-\infty}^{\infty} \frac{e^x}{(e^x+1)^2}\, dx = -\left[\frac{1}{e^x+1}\right]_{-\infty}^{\infty} = 1 \tag{9.17.11}$$

Unter Benutzung von (9.17.8) kann die Beziehung (9.17.6) in der Form geschrieben werden:

$$\int_0^\infty F\varphi\, d\epsilon = \sum_{m=0}^{\infty} I_m \frac{(kT)^m}{m!}\left[\frac{d^m\psi}{d\epsilon^m}\right]_\mu = \psi(\mu) + I_2 \frac{(kT)^2}{2}\left[\frac{d^2\psi}{d\epsilon^2}\right]_\mu + \cdots \tag{9.17.12}$$

Das Integral I_2 kann leicht ausgewertet werden (vgl. Aufgabe 9.26 und 9.27). Man findet

$$I_2 = \frac{\pi^2}{3}$$

Deswegen wird aus (9.17.12)

▶ $$\int_0^\infty F(\epsilon)\varphi(\epsilon)\, d\epsilon = \int_0^\mu \varphi(\epsilon)\, d\epsilon + \frac{\pi^2}{6}(kT)^2\left[\frac{d\varphi}{d\epsilon}\right]_\mu + \cdots \tag{9.17.13}$$

Der erste Term auf der rechten Seite ist gerade das Ergebnis, das man für $T \to 0$ entsprechend Abb. 9.16.2 erhaltenwürde. Der zweite Term stellt eine Korrektur dar, die von der endlichen Breite des Gebiets ($\approx kT$) herrührt, in dem F von 1 auf 0 abnimmt.

Berechnung der spezifischen Wärme. Wir wenden jetzt das allgemeine Ergebnis (9.17.13) auf die Berechnung der mittleren Energie (9.17.1) an. So erhält man

$$\bar{E} = 2\int_0^\mu \epsilon\rho(\epsilon)\, d\epsilon + \frac{\pi^2}{3}(kT)^2\left[\frac{d}{d\epsilon}(\epsilon\rho)\right]_\mu \tag{9.17.14}$$

Da im gegenwärtigen Fall wegen $kT/\mu \ll 1$ die Fermi-Energie μ sich nur wenig von ihrem Wert μ_0 bei $T = 0$ unterscheidet, kann die Ableitung in dem zweiten kleinen Korrekturterm näherungsweise an der Stelle $\mu = \mu_0$ genommen werden. Weiterhin kann man in erster Näherung schreiben

$$2\int_0^\mu \epsilon\rho(\epsilon)\, d\epsilon = 2\int_0^{\mu_0} \epsilon\rho(\epsilon)\, d\epsilon + 2\int_{\mu_0}^{\mu} \epsilon\rho(\epsilon)\, d\epsilon = \bar{E}_0 + 2\mu_0\rho(\mu_0)(\mu - \mu_0)$$

da das erste Integral auf der rechten Seite wegen (9.17.1) gerade die mittlere Energie $\bar{E}_0$ bei $T = 0$ ist. Wegen

$$\frac{d}{d\epsilon}(\epsilon\rho) = \rho + \epsilon\rho', \qquad \rho' \equiv \frac{d\rho}{d\epsilon}$$

wird (9.17.14)

$$\bar{E} = \bar{E}_0 + 2\mu_0\rho(\mu_0)(\mu - \mu_0) + \frac{\pi^2}{3}(kT)^2\,[\rho(\mu_0) + \mu_0\rho'(\mu_0)] \tag{9.17.15}$$

Hier kennen wir noch nicht die Änderung $(\mu - \mu_0)$ der Fermi-Energie mit der Temperatur. Nun ist μ durch die Bedingung (9.17.2) bestimmt, die mit (9.17.13) lautet

$$2\int_0^{\mu} \rho(\epsilon)\, d\epsilon + \frac{\pi^2}{3}(kT)^2\rho'(\mu) = N \tag{9.17.16}$$

Hier kann wieder die Ableitung im Korrekturterm näherungsweise bei μ_0 ausgewertet werden, während

$$2\int_0^{\mu} \rho(\epsilon)\, d\epsilon = 2\int_0^{\mu_0} \rho(\epsilon)\, d\epsilon + 2\int_{\mu_0}^{\mu} \rho(\epsilon)\, d\epsilon = N + 2\rho(\mu_0)(\mu - \mu_0)$$

gilt, da das erste Integral rechterhand gerade die Bedingung (9.17.2) ist, die μ_0 bei $T = 0$ bestimmt. Damit wird aus (9.17.16)

$$2\rho(\mu_0)(\mu - \mu_0) + \frac{\pi^2}{3}(kT)^2\rho'(\mu_0) = 0$$

oder $$(\mu - \mu_0) = -\frac{\pi^2}{6}(kT)^2\frac{\rho'(\mu_0)}{\rho(\mu_0)} \tag{9.17.17}$$

Aus Gleichung (9.17.15) wird

$$\bar{E} = \bar{E}_0 - \frac{\pi^2}{3}(kT)^2\mu_0\rho'(\mu_0) + \frac{\pi^2}{3}(kT)^2[\rho(\mu_0) + \mu_0\rho'(\mu_0)]$$

oder $$\bar{E} = \bar{E}_0 + \frac{\pi^2}{3}(kT)^2\rho(\mu_0) \tag{9.17.18}$$

da sich die Ausdrücke mit ρ' aufheben. Für die Wärmekapazität (bei konstantem Volumen) ergibt sich

$$C_V = \frac{\partial \bar{E}}{\partial T} = \frac{2\pi^2}{3}k^2\rho(\mu_0)T \tag{9.17.19}$$

Das stimmt mit der einfachen Größenordnungsrechnung gemäß (9.16.15) überein. Die Zustandsdichte für das freie Elektronengas kann explizit angegeben werden [vgl. (9.9.19)]

$$\rho(\epsilon)\, d\epsilon = \frac{V}{(2\pi)^3}\left(4\pi\kappa^2\frac{d\kappa}{d\epsilon}\, d\epsilon\right) = \frac{V}{4\pi^2}\frac{(2m)^{\frac{3}{2}}}{\hbar^3}\epsilon^{\frac{1}{2}}\, d\epsilon \tag{9.17.20}$$

Gemäß (9.16.10) ist

$$\mu_0 = \frac{\hbar^2}{2m}\left(3\pi^2\frac{N}{V}\right)^{\frac{2}{3}}$$

Damit erhält man

$$\rho(\mu_0) = V\frac{m}{2\pi^2\hbar^2}\left(3\pi^2\frac{N}{V}\right)^{\frac{1}{3}} \tag{9.17.21}$$

Die rechte Seite kann man durch N und μ_0 ausdrücken, indem man V mit (9.16.10) eliminiert. So erhält man

$$\rho(\mu_0) = \left[\frac{m}{2\pi^2\hbar^2}(3\pi^2N)^{\frac{1}{3}}\right]\left[\frac{1}{\mu_0}\frac{\hbar^2}{2m}(3\pi^2N)^{\frac{2}{3}}\right] = \frac{3}{4}\frac{N}{\mu_0} \tag{9.17.22}$$

Damit (9.17.19)

$$C_V = \frac{\pi^2}{2}k^2\frac{N}{\mu_0}T = \frac{\pi^2}{2}kN\frac{kT}{\mu_0} \tag{9.17.23}$$

oder pro Mol

▶ $$c_V = \frac{3}{2}R\left(\frac{\pi^2}{3}\frac{kT}{\mu_0}\right) \tag{9.17.24}$$

Ergänzende Literatur

McDonald, D.K.C.: Introductory statistical mechanics for physicists, Kapitel 3, John Wiley & Son, Inc. New York (1963).

Kittel, C.: Elementary statistical physics, Abschnitte 19–22, John Wiley & Son, Inc., New York (1958).

Landau, L.D.; Lifschitz, E.M.: Statistische Physik, 2. Auflage, Kapitel 5, Akademie-Verlag, Berlin (1969).

Mayer, J.E.; Mayer, M.G.: Statistical mechanics, Kapitel 16, John Wiley & Son, Inc., New York (1940). (Genaue Erörterung entarteter Gase).

Hill, T.L.: An Introduction to statistical thermodynamics, Kapitel 4, 8 und 10, Addison Wesley Publishing Company, Reading, Mass., (1960). (Ideale Gase im klassischen Grenzfall)

Haug, A.: Theoretische Festkörperphysik, Bd. II, §§ 6 und 10, Deuticke, Wien (1970).

Aufgaben

9.1 Man betrachte ein System aus zwei Teilchen, die beide in jedem der drei Quantenzustände mit den Energien 0, ϵ und 3ϵ sein können. Das System ist mit einem Wärmereservoir der Temperatur $T = (k\beta)^{-1}$.

a) Man gebe einen Ausdruck für die Zustandsumme Z an, wenn die Teilchen der klassischen MB-Statistik gehorchen und unterscheibar sind.

b) Wie sieht Z aus, wenn die Teilchen der BE-Statistik gehorchen?

c) Wie sieht Z aus, wenn die Teilchen der FD-Statistik gehorchen?

9.2 a) Aus der Kenntnis der im Text abgeleiteten Zustandsumme Z schreibe man einen Ausdruck für die Entropie eines idealen FD-Gases an. In dem Ausdruck sollen nur $\bar{n}_r$, die mittlere Teilchenzahl im Zustand r, vorkommen.

b) Man schreibe einen ähnlichen Ausdruck für die Entropie eines BE-Gases an.

c) Was wird aus diesen Ausdrücken für S im klassischen Grenzfall, wenn $\bar{n}_r \ll 1$ ist?

9.3 Man berechne die Zustandsumme eines einatomigen Gases im klassischen Grenzfall, indem man sich die Teilchen in einem quaderförmigen Behälter mit ideal reflektierenden Wänden eingeschlossen denkt und jedes Teilchen durch die Wellenfunktion ψ (9.9.22) beschreibt, die an den Wänden verschwindet. Man zeige, daß das Resultat das gleiche ist, das man in (9.10.7) unter Verwendung von laufenden Wellen erhielt.

9.4 a) Ein ideales Gas aus N Atomen der Masse m ist in einem Behälter des Volumens V bei der Temperatur T eingeschlossen. Man berechne das chemische Potential μ dieses Gases. Man kann die klassische Näherung für die Zustandsumme verwenden, wenn man die Ununterscheidbarkeit der Teilchen berücksichtigt.

b) Ein Gas aus N' schwach wechselwirkenden Teilchen ist an eine Oberfläche der Größe A adsorbiert, auf der sich die Teilchen frei bewegen können und somit ein ideales zweidimensionales Gas auf einer solchen Oberfläche darstellen. Die Energie eines adsorbierten Moleküls ist dann $\boldsymbol{p}^2/2m$, wobei $\boldsymbol{p}$ der (zweidimensionale) Impulsvektor und ϵ_0 die Bindungsenergie des Moleküls an die Oberfläche ist. Man berechne das chemische Potential μ' dieses adsorbierten idealen Gases. Die Zustandsumme darf wieder in klassischer Näherung ausgewertet werden.

c) Bei der Temperatur T kann die Gleichgewichtsbedingung zwischen den an der Oberfläche adsorbierten Molekülen und denen im umgebenden dreidimensionalen Gas durch die entsprechenden chemischen Potentiale ausgedrückt werden. Mit Hilfe dieser Bedingung suche man bei der Temperatur T die mittlere Zahl n' der pro Flächeneinheit adsorbierten Moleküle, wenn der mittlere Druck des umgebenden Gases $\bar{p}$ ist.

9.5 Man betrachte ein nichtrelativistisches freies Teilchen in einem kubischen Behälter der Kantenlänge L und des Volumens $V = L^3$.

a) Jeder Quantenzustand r dieses Teilchens hat eine entsprechende kinetische Energie ϵ_r, die von V abhängt. Wie sieht $\epsilon_r(V)$ aus?

b) Man finde den Beitrag $p_r = -(\partial\epsilon_r/\partial V)$ eines Teilchens in diesem Zustand zum Gasdruck (Ergebnis durch ϵ_r und V ausdrücken).

c) Unter Benutzung dieses Ergebnisses zeige man, daß der mittlere Druck $\bar{p}$ irgendeines schwach wechselwirkenden idealen Gases stets mit der mittleren gesamten kinetischen Energie $\bar{E}$ durch $\bar{p} = 2/3\ \bar{E}/V$ verknüpft ist, unabhängig davon, ob das Gas der klassischen, der FD- oder BE-Statistik gehorcht.

d) Warum unterscheidet sich dieses Ergebnis von der für ein Photonengas gültigen Beziehung $\bar{p} = 1/3\ \bar{E}/V$?

e) Man berechne den mittleren Druck $\bar{p}$ mit Hilfe einer halbklassischen Theorie. Dabei wird $\bar{p}$ aus der Impulsübertragung beim Auftreffen der Moleküle auf eine Wand berechnet. Man zeige, daß das so gefundene Ergebnis mit dem in c) für alle 3 Fälle abgeleiteten Ergebnis verträglich ist.

9.6 Man betrachte ein ideales Gas aus N schwach wechselwirkenden nichtrelativistischen Teilchen in einem Volumen V im Gleichgewicht bei der Temperatur T. Mit ähnlichen Begründungen wie in der vorherigen Aufgabe beweise man die folgenden Aussagen, egal, ob das Gas klassischer, FD- oder BE-Statistik gehorcht:

a) Man berechne das Schwankungsquadrat $\overline{(\Delta p)^2}$ des Druckes und zeige, daß es ganz allgemein mit dem Schwankungsquadrat $\overline{(\Delta E)^2}$ der Gesamtenergie des Gases verknüpft ist.

b) Wird $\bar{E}$ und $\overline{(\Delta E)^2}$ durch die Zustandsumme Z ausgedrückt, so ergibt sich $\bar{p}$ und $\overline{(\Delta p)^2}$ als Funktion von Z. Man zeige, daß gilt

$$\overline{(\Delta p)^2} = \frac{2kT^2}{3V}\frac{\partial \bar{p}}{\partial T}$$

c) Für den klassischen Grenzfall berechne man explizit das relative Schwankungsquadrat des Druckes $\overline{(\Delta p)^2}/\bar{p}^2$.

*9.7 Wie groß ist die molare spezifische Wärme eines zweiatomigen Gases für konstantes Volumen bei Zimmertemperatur T_0? Man benutze die Tatsache, daß praktisch für alle zweiatomigen Moleküle die Abstände zwischen den Rotationsenergieniveaus klein gegenüber kT_0 sind, während die Abstände der Niveaus im Schwingungsspektrum groß gegenüber kT_0 sind.

*9.8 Man nehme an, daß N Moleküle HD-Gas in eine Flasche gebracht werden und so lange bei der Temperatur T gehalten werden, bis vollständiges Gleichgewicht eingetreten ist. Die Flasche wird dann zusätzlich zu einer mittleren Zahl n von HD-Molekülen noch H_2- und D_2-Moleküle enthalten. Man berechne das Verhältnis n/N. Die Antwort ist auszudrücken durch: T, die Masse m eines Wasserstoffatoms, die Masse M eines Deuteriumatoms und die Schwingungsfrequenz ω_0 des HD-Moleküls. Man kann annehmen, daß T von der Größenordnung der Zimmertemperatur ist, so daß die Rotationsfreiheitsgrade des Moleküls klassisch behandelt werden können, während $\hbar\omega_0 \gg kT$ ist, so daß die Moleküle im wesentlichen in ihrem niedrigsten Schwingungszustand sind.

9.9 Ein Hohlraum vom Volumen V sei mit elektromagnetischer Strahlung der Temperatur T_i erfüllt. Wenn das Volumen des thermisch isolierten Hohlraums quasistatistisch auf 8 V vergrößert wird, wie groß ist dann die Endtemperatur? (Man vernachlässige die Wärmekapazität der Hohlraumwände).

9.10 Man wende die thermostatische Beziehung $TdS = d\bar{E} + \bar{p}dV$ auf ein Photonengas an. Hierbei gilt $\bar{E} = V\bar{u}$, wobei $\bar{u}(T)$ die mittlere Energiedichte des Strahlungsfeldes ist, die unabhängig vom Volumen V ist. Der Strahlungsdruck ist $\bar{p} = 1/3\ \bar{u}$.

a) Man betrachte S als Funktion von T und V und drücke dS durch dT und dV aus. Man suche $(\partial S/\partial T)_V$ und $(\partial S/\partial V)_T$.

b) Man zeige, daß die mathematische Identität $(\partial^2 S/\partial V \partial T) = (\partial^2 S/\partial T \partial V)$ unmittelbar auf eine Differentialgleichung für $\bar{u}$ führt, aus der man durch Integration das Stefan-Boltzmannsche Gesetz $\bar{u} \sim T^4$ erhält.

9.11 Ein dielektrischer Festkörper hat einen Brechnungsindex n_0, den man bis zu infraroten Frequenzen als konstant betrachten kann. Man berechne den Beitrag der schwarzen Strahlung im Festkörper zur Wärmekapazität bei $T = 300$ K. Man vergleiche das Ergebnis mit der klassischen Gitterwärmekapazität von $3R$ pro Mol.

9.12 Bei einer nuklearen Spaltungsexplosion wird von einer Temperatur der Größenordnung 10^6 K berichtet. Unter der Annahme, daß dies für den Bereich einer Kugel mit 10 cm Durchmesser richtig ist, berechne man näherungsweise:

a) die gesamte elektromagnetische Strahlung von der Oberfläche dieser Kugel
b) den Strahlungsfluß (Leistung pro Flächeneinheit) in einem Kilometer Entfernung
c) die Wellenlänge, die dem Maximum des Strahlungsspektrums entspricht.

9.13 Die Oberflächentemperatur der Sonne ist T_0 (= 5500 K); ihr Radius beträgt R (= $7 \cdot 10^{10}$ cm), während der Erdradius r (= $6{,}37 \cdot 10^8$ cm) ist. Der mittlere Abstand zwischen Sonne und Erde ist L (= $1{,}5 \cdot 10^{13}$ cm). In erster Näherung kann man annehmen, daß Erde und Sonne alle auf sie treffende elektromagnetische Strahlung absorbieren.

Die Erde hat einen stationären Zustand erreicht, so daß sich ihre mittlere Temperatur T zeitlich nicht verändert, trotz der Tatsache, daß die Erde ununterbrochen Strahlung absorbiert und emittiert.

a) Man finde einen Näherungsausdruck für die Temperatur T der Erde in den oben erwähnten astronomischen Parametern.
b) Man berechne diese Temperatur T numerisch.

9.14 Wie groß ist die Gesamtzahl $\mathfrak{N}$ von Molekülen, die pro Zeiteinheit aus (einer Flächeneinheit) der Oberfläche einer Flüssigkeit der Temperatur T austreten können, wenn der Dampfdruck p ist? Man benutze das detaillierte Gleichgewicht, indem man einen Zustand betrachtet, bei dem die Flüssigkeit im thermischen Gleichgewicht mit ihrem Dampf bei dieser Temperatur und diesem Druck ist. Den Dampf behandle man wie ein ideales Gas und nehme an, daß die Moleküle, die auf die Flüssigkeitsoberfläche treffen, nicht merklich reflektiert werden. Man berechne die Zahl $\mathfrak{N}$ der Moleküle, die aus der Oberflächeneinheit von einem Glas Wasser bei 25° C pro Zeiteinheit austreten. Der Dampfdruck von Wasser bei dieser Temperatur ist $3{,}17 \cdot 10^{-2}$ bar.

9.15 Um den Dampfdruck eines Metalls (z.B. Nickel) bei einer höheren Temperatur T zu messen, kann man einen Draht aus diesem Metall in eine evakuierte Glashülle einschließen. Schickt man Strom durch den Draht, dann kann man ihn für die Zeit t auf die gewünschte Temperatur T bringen. (Diese Temperatur kann man mit optischen Mitteln messen, indem man die spektrale Verteilung der emittierten Strahlung beobachtet.) Alle Dampfmoleküle, die den Draht verlassen und auf das Glas treffen, kondensieren dort, da die Hülle auf einer viel niedrigeren Temperatur ist. Durch Wiegen des Drahtes vor und nach dem Experiment kann man den kleinen Massenverlust ΔM pro Längeneinheit des Drahtes messen. Der Radius r des Drahtes kann gleichfalls gemessen werden (die Änderung von r während des Experimentes ist vernachlässigbar). Das Molekulargewicht μ des Metalls ist auch bekannt.

Man gebe einen expliziten Ausdruck an, der zeigt, wie der Dampfdruck $p(T)$ des Metalls bei der Temperatur T aus diesen experimentell gemessenen Größen bestimmt werden kann. (Man nehme an, das Metall sei mit Dampf im Gleichgewicht und jedes Dampfmolekül, das die Metalloberfläche trifft, kondensiere.)

9.16 Ein ideales Fermigas befinde sich am absoluten Nullpunkt und habe die Fermienergie μ. Die Geschwindigkeit eines Moleküls werde mit v bezeichnet. Man suche $\overline{v_x}$ und $\overline{v_x^2}$. (Die Masse jedes Teilchens sei m).

9.17 Man betrachte ein ideales Gas aus N Elektronen in einem Volumen V am absoluten Nullpunkt.

a) Man berechne die gesamte mittlere Energie $\bar{E}$ dieses Gases

b) Man drücke $\bar{E}$ durch die Fermienergie μ aus

c) Man zeige, daß $\bar{E}$ wirklich eine extensive Größe ist, daß aber für festes V $\bar{E}$ nicht proportional zur Zahl N der Teilchen im Behälter ist. Wie kann man sich dieses letzte Ergebnis erklären, trotz der Tatsache, daß es kein Wechselwirkungspotential zwischen den Teilchen gibt?

9.18 Man suche die Beziehung zwischen dem mittleren Druck $\bar{p}$ und dem Volumen V eines idealen Fermi–Dirac-Gases bei $T = 0$.

a) Man berechne dies mit Hilfe der allgemeinen Beziehung $\bar{p} = -(\partial\bar{E}/\partial V)_T$ an der Stelle $T = 0$. Dabei ist $\bar{E}$ die mittlere Gesamtenergie des Gases bei $T = 0$.

b) Man gehe von der Beziehung $\bar{p} = 2/3\ \bar{E}/V$ aus, die in Aufgabe 9.5 abgeleitet wurde.

c) Man benutze das Ergebnis, um näherungsweise den Druck zu berechnen, den Leitungselektronen in Kupfer auf das Kristallgitter, das sie im Volumen des Metalls hält, ausüben. (Ergebnis in Atmosphären angeben.)

9.19 Durch Überlegungen, die auf Eigenschaften der spezifischen Wärme beruhen, beantworte man die folgenden Fragen ohne detaillierte Rechnungen:

a) Um welchen Faktor ändert sich die Entropie von Leitungselektronen in einem Metall, wenn die Temperatur von 200 K auf 400 K erhöht wird?

b) Um welchen Faktor ändert sich die Entropie eines Strahlungsfeldes in einem Hohlraum, wenn die Temperatur von 1000 K auf 2000 K erhöht wird?

9.20 Das Atomgewicht von Natrium (Na) ist 23, die Dichte des Metalls 0,95 g/cm^3. Pro Atom existiert ein Leitungselektron.

a) Man benutze einen Näherungsausdruck für die Fermienergie der Leitungselektronen im Na-Metall, um einen numerischen Wert der Fermitemperatur $T_F \equiv \mu/k$ zu berechnen.

b) Man will eine Probe von 100 cm^3 Na-Metall von 1 K auf 0,3 K abkühlen. Bei so niedrigen Temperaturen ist die Gitterwärmekapazität der Leitungselektronen vernachlässigbar. Man kann das Metall kühlen, indem man es mit flüssigem Helium (He^3) bei 0,3 K in thermischen Kontakt bringt. Wenn für die Verdampfung von 1 cm^3 He^3 0,9 J Wärme benötigt werden, wieviel Flüssigkeit muß dann verdampft werden, um die Na-Probe abzukühlen?

9.21 Mit qualitativen Begründungen (ähnlich denen, die im Zusammenhang mit der Erörterung der spezifischen Wärme von Leitungselektronen in Metallen verwendet wurden), diskutiere man die paramagnetische Suszeptibilität χ, die auf die magnetischen Momente der Spins von Leitungselektronen zurückzuführen ist. Wie ist insbesondere

a) die Temperaturabhängigkeit von χ?

b) die Größenordnung von χ für ein Mol Leitungselektronen?

Um welchen Faktor würde das Ergebnis anders ausfallen, wenn die Elektronen der Maxwell–Boltzmann-Statistik gehorchten?

9.22 Ein Metall hat n Leitungselektronen pro Volumeneinheit, wobei jedes Elektron den Spin ½ und ein zugehöriges magnetisches Moment μ_m hat. Das Metall sei bei $T = 0$ K und befinde sich in einem schwachen äußeren Magnetfeld H. Die Gesamtenergie der Leitungselektronen in Anwesenheit des Feldes H muß dann so klein wie möglich sein. Man benutze diese Tatsache, um einen expliziten Ausdruck für die paramagnetische Suszeptibilität der magnetischen Momente der Spins dieser Leitungselektronen zu finden.

9.23 Die niedrigstmögliche Energie eines Leitungselektrons in einem Metall ist $-V_0$ unterhalb der Energie eines freien Elektrons im Unendlichen. Die Leitungselektronen haben eine Fermienergie (oder chemisches Potential) μ. Die minimale Energie, die zur Entfernung eines Elektrons aus dem Metall nötig ist, beträgt dann $\phi = V_0 - \mu$ und heißt Austrittsarbeit des Metalls. Die Skizze stellt diese Beziehung in einem Diagramm der Energie als Funktion der Lage des Elektrons dar.

Man betrachte ein Elektronengas außerhalb des Metalls im thermischen Gleichgewicht mit den Elektronen im Metall bei der Temperatur T. Die Dichte der Elektronen außerhalb des Metalls ist bei allen Labortemperaturen (d.h. $kT \ll \phi$) ziemlich gering. Durch Gleichsetzen der chemischen Potentiale der Elektronen innerhalb und außerhalb des Metalls finde man die mittlere Anzahl von Elektronen (pro Volumeneinheit) außerhalb des Metalls

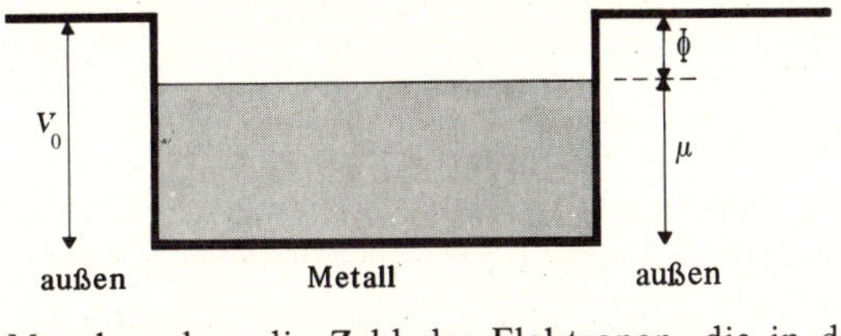

9.24 Man berechne die Zahl der Elektronen, die in der Sekunde aus einer Flächeneinheit der Oberfläche eines Metalls bei der Temperatur T emittiert werden. Damit berechne man die resultierende Elektronen-Stromdichte. Man betrachte die Situation, daß sich ein solches Metall im thermischen Gleichgewicht mit einem Elektronengas außerhalb des Metalls befindet – wie es bei der letzten Aufgabe diskutiert wurde – und benutze das detaillierte

Gleichgewicht. Man nehme an, daß ein Bruchteil r der Elektronen, die das Metall treffen, reflektiert werden.

9.25 Man gebe einen Ausdruck für die mittlere Anzahl $f(\boldsymbol{\kappa})\, d^3\boldsymbol{\kappa}$, von Leitungselektronen pro Volumeneinheit in einem Metall an, wobei der Spin dieser Elektronen eine bestimmte Orientierung hat und der Wellenvektor $\boldsymbol{\kappa}$ (bzw. der Impuls $\boldsymbol{p} = \hbar\boldsymbol{\kappa}$) zwischen $\boldsymbol{\kappa}$ und $\boldsymbol{\kappa} + d\boldsymbol{\kappa}$ liegt. Man verwende dieses Ergebnis und stelle kinetische Überlegungen an, um zu berechnen, wie viele Elektronen im Metall pro Zeiteinheit auf eine Flächeneinheit der Metalloberfläche treffen, und zwar mit genügend Energie, um aus dem Metall auszutreten. Man nehme an, daß ein Bruchteil r dieser Elektronen wieder in das Metall zurück reflektiert werde, ohne es zu verlassen. Man vergleiche das Ergebnis mit dem der vorigen Aufgabe.

9.26 a) Man zeige, daß das in (9.17.9) definierte Integral I_2 durch partielle Integration in der Form

$$I_2 = 4\int_0^\infty \frac{x\,dx}{e^x + 1}$$

geschrieben werden kann.

b) Durch Entwicklung des Integranden nach Potenzen von e^x und Integration der einzelnen Glieder zeige man, daß I_2 durch eine unendliche Reihe ausgedrückt werden kann.

c) Durch Aufsummieren dieser Reihe – mit einer Methode ähnlich der in A.11 verwendeten – zeige man, daß $I_2 = \pi^2/3$ ist.

*9.27 In Rechnungen, bei denen die Fermi–Dirac-Statistik eine Rolle spielt, treten häufig die in (9.17.9) definierten Integrale I_m auf.

a) Man zeige, daß man diese Integrale erhält, wenn es gelingt, das Integral

$$J(k) \equiv \int_{-\infty}^{\infty} \frac{e^{ikx}\,dx}{(e^x + 1)(e^{-x} + 1)} \tag{1}$$

auszuwerten, da eine Reihenentwicklung von $J(k)$ das Ergebnis

$$J(k) = \sum_{n=0}^{\infty} \frac{(ik)^m}{m!} I_m \tag{2}$$

hat.

b) Man werte $J(k)$ als Linienintegral aus, indem man x durch die komplexe Variable z ersetzt. Um die Periodizität der Exponentialfunktion e^z auszunützen, vergleiche man das Integral längs der reellen Achse ($z = x$) mit einem Integral entlang einer Parallelen im Abstand 2π oberhalb der reellen Achse ($z = x + 2\pi i$). Diese Wege können so „verbogen" werden, daß sie zusammenfallen, wenn man die Singularität an der Stelle $z = i\pi$ umgeht.

c) Durch Entwickeln von $J(k)$ und Koeffizientenvergleich k^2 auf beiden Seiten von (2) ermittle man speziell den Wert von I_2.

9.28 Man betrachte ein Gas von schwach wechselwirkenden Teilchen bei einer Temperatur T, die der BE-Statistik gehorchen. Die Gesamtzahl der Teilchen ist *nicht* genau festgelegt, nur die mittlere Gesamtzahl $\bar{N}$ ist gegeben. Das Gas kann dann durch die großkanonische Verteilung (6.9.4) beschrieben werden.

a) Mit dieser Verteilung berechne man die mittlere Zahl von Teilchen $\bar{n}_s$ im Einteilchenzustand s. Man vergleiche das Ergebnis mit (9.6.13)

b) Mit dieser Verteilung berechne man das Schwankungsquadrat der Teilchenzahl $\overline{(\Delta n_s)^2}$. Man zeige, daß das Ergebnis mit (9.6.17) übereinstimmt, aber nicht den Korrekturterm von (9.6.18) enthält.

c) Mit der großkanonischen Verteilung berechne man $\bar{n}_s$ und $\overline{n_s^2}$, wenn die Teilchen der FD-Statistik gehorchen.

*9.29 Die Zustandsumme (9.6.1) kann unter der Bedingung (9.6.3) in folgender Form geschrieben werden

$$Z = \sum e^{-\beta(n_1\epsilon_1+n_2\epsilon_2+\cdots)} \left\{\frac{1}{2\pi}\int_{-\pi}^{\pi} \exp\left[\left(N - \sum_r n_r\right)(\alpha + i\alpha')\right] d\alpha'\right\} \tag{1}$$

Hierbei hat der Klammerausdruck wegen (A.7.15) die Eigenschaft, daß er (unabhängig vom Wert des Parameters α) gleich eins ist, wenn (9.6.3) erfüllt ist und sonst verschwindet. Daher kann die Summe in (1) über *alle* möglichen Werte $n_r = 0, 1, 2, \ldots$ (für alle r) laufen, ohne daß irgendeine weitere Einschränkung nötig ist.

Mit Hilfe von ähnlichen Begründungen, wie sie bei der Methode 2 im Abschnitt 6.8 benutzt wurden, leite man explizit einen Näherungsausdruck für $\ln Z$ her, und zeige, wie der Wert von α zu bestimmen ist. Auf diesem Weg leite man nochmals die Ergebnisse (9.6.9) und (9.6.12) ab.

10. Systeme wechselwirkender Teilchen

In der harmonischen Näherung lassen sich die Gitterschwingungen in einem Festkörper aus N Atomen in $3N$ voneinander unabhängige Normalschwingungen zerlegen (3 Schwingungszweige mit je N Frequenzen), deren Energiezustände durch $\epsilon_r = (n_r + \frac{1}{2})\hbar\omega_r$, $n_r = 0, 1, 2, \ldots$, gegeben sind. Die Gesamtenergie des Zustandes $n_1, n_2, \ldots, n_{3N}$ ist $E = V_0 + \sum_r \epsilon_r$, wobei V_0 das erste Glied in der Taylorentwicklung des Potentials ist. Mit der Frequenzdichte $\sigma(\omega)$, $\int_0^\infty \sigma(\omega)\,d\omega = 3N$, ergibt sich für die spezifische Wärme eines Festkörpers $C_V = k \int_0^\infty \exp(\beta\hbar\omega)\,[\exp(\beta\hbar\omega) - 1]^{-2}\,(\beta\hbar\omega)^2\,\sigma(\omega)\,d\omega$. Die Debye-Approximation (Kontinuumsnäherung) für die Frequenzdichte besteht darin, daß die Frequenzdichte, die man für akustische Wellen erhält über die longitudinalen und transversalen Anteile der Gitterschwingungen mittelt und bei einer geeigneten Frequenz ω_D abbricht: $\int_0^{\omega_D} \sigma(\omega)\,d\omega = 3N$. Für die spezifische Wärme des Festkörpers ergibt sich dann: $C_V = 3Nkf_D(\Theta_D/T)$, $f_D(y) = (3/y^3)\int_0^y \exp x\,(\exp x - 1)^{-2}\,x^4\,dx$, $\Theta_0 = \hbar\omega_D/k$. Dieser Ausdruck ist für hinreichend kleine Temperaturen $C_V = 12\pi^4 Nk(T/\Theta_D)^3/5$. – Die Zustandssumme für ein nichtideales Gas bei geringen Dichten ist $Z = (1/N!)\,(2\pi m/h^2\beta)^{3N/2}\,[N \ln V + N^2 I(\beta)/2V]$, $I(\beta) = \int_0^\infty [\exp(-\beta\mu) - 1]\,4\pi R^2\,dR$. Daraus lassen sich die Virialkoeffizienten, insbesondere die des van der Waalsschen Gases ermitteln. – Die magnetische Suszeptibilität von N Atomen, die in einem Gitter angeordnet sind, ist für hinreichend hohe Temperaturen in der Weißschen Näherung durch das Curie–Weißsche Gesetz gegeben: $\chi = N_g^2 \mu_0^2\,S(S+1)/3k(T - T_c)$; dabei ist der Zusammenhang zwischen Elektronenspin $\boldsymbol{S}$ und magnetischem Moment $\boldsymbol{\mu}$ des Einzelatoms durch $\boldsymbol{\mu} = g\mu_0\boldsymbol{S}$ gegeben, S ist der Wert der magnetischen Quantenzahl und $T_c := 2nJS(S+1)/3k$ die Curie-Temperatur (J ist die Stärke der magnetischen Austauschenergie).

Die statistische Mechanik wurde in den vorangehenden Kapiteln wiederholt benutzt, um Gleichgewichtseigenschaften von Systemen aus der Kenntnis ihrer mikroskopischen Bestandteile zu berechnen. Bisher haben wir uns jedoch auf einfache Systeme von Teilchen beschränkt, deren Wechselwirkung vernachlässigbar klein ist. Die Rechnungen sind dann einfach. Die meisten Systeme der realen Welt sind aber komplizierter als ideale Gase und bestehen aus vielen Teilchen, die *tatsächlich* in merklichem Umfang miteinander wechselwirken (z.B. Flüssigkeiten und feste Körper). Im Prinzip erfordert die Erörterung der Gleichgewichtseigenschaften solcher Systeme wieder nur die Berechnung der Zustandsumme. Aber, obwohl das Problem damit genau definiert ist, kann es sehr komplex und schwierig werden. Tatsächlich geht es bei vielen Fragen, mit denen sich die heutige Forschung auseinandersetzt, um Systeme wechselwirkender Teilchen.

Ein wichtiger und häufig auftretender Fall ist der eines Systems bei hinreichend niedriger absoluter Temperatur. Dann ist nur für Zustände niedriger Energie die Wahrscheinlichkeit, das System dort anzutreffen, merklich von Null verschieden. Daher besteht keine Notwendigkeit, alle möglichen Quantenzustände des Systems zu untersuchen; eine Untersuchung von relativ wenigen Zuständen, deren Energie nicht allzu weit über der Grundzustandsenergie des Systems liegt, ist dann zur Diskussion ausreichend. Dadurch wird die Untersuchung bedeutend leichter. Das allgemeine Verfahren besteht darin, daß man das dynamische Problem zu vereinfachen sucht, indem man neue Variable einführt, durch welche die tiefen angeregten Zustände möglichst einfach beschrieben werden können. Diese angeregten Zustände stellen besonders einfache mögliche Bewegungszustände des Gesamtsystems dar („collective modes"). Genauer gesagt versucht man, die neuen Variablen so zu wählen, daß der Hamiltonoperator in den neuen Variablen formal identisch mit dem Hamiltonoperator eines Systems schwach wechselwirkender Teilchen wird. (Diese Teilchen bezeichnet man im allgemeinen als „Quasiteilchen", um Verwechslungen mit den wirklichen Teilchen zu vermeiden, aus denen das System besteht.) Wenn man das *dynamische* Problem, den Hamiltonoperator auf diese einfache Form zu reduzieren, lösen kann, dann ist das gesamte Problem zu dem eines idealen Gases aus Quasiteilchen äquivalent; das *statistische* Problem wird damit trivial. Wir wollen einige Beispiele für die beschriebene Methode der Analyse mit Hilfe kollektiver Anregungszustände angeben. Man betrachte z.B. einen Festkörper, d.h. ein System, in dem die Wechselwirkung zwischen den Teilchen hinreichend stark ist, so daß diese in einem Gitter mit einer bestimmten Kristallstruktur angeordnet werden. Wenn die Temperatur nicht zu groß ist, sind die Schwingungsamplituden der einzelnen Atome relativ klein. Die kollektiven Bewegungszustände, an denen viele Atome beteiligt sind, stellen dann die möglichen Schallwellen dar, die sich durch den Festkörper ausbreiten. Wenn diese Schallwellen quantisiert werden, zeigen sie ein teilchenähnliches Verhalten und benehmen sich wie schwach wechselwirkende Teilchen, die man „Phononen" nennt. (Hier besteht eine Analogie zu den Lichtwellen, die teilchenartiges Verhalten zeigen, wenn sie quantisiert werden. Die entsprechenden Quasiteilchen sind die bekannten Photonen.) Als weiteres Beispiel mag ein Ferromagnet bei sehr niedriger Temperatur dienen. Hier wechselwirken alle Spins über die zugehörigen magnetischen Dipole sehr stark und zeigen alle bei $T = 0$ in eine bestimmte Richtung. Kleine Abweichungen von dieser vollständigen Ausrichtung stellen niedrig angeregte Zustände dar. Diese Abweichungen können sich wie Wellen durch den Ferromagneten ausbreiten (sie heißen „Spin-Wellen") und zeigen quantisiert teilchenartige Eigenschaften (sie heißen dann „Magnonen"). Andere Systeme, wie flüssiges Helium bei $T = 0$ können ähnlich durch Quasiteilchen beschrieben werden. Diese allgemeinen Bemerkungen sind zugegebenermaßen ziemlich unscharf (Im Abschnitt 10.1 bei der genauen Erörterung von Festkörpern wird diese Methode ausführlich an einem einfachen Beispiel dargestellt.) Sie dürften aber ein ausreichender Hinweis sein, daß es oft möglich ist, ein Problem mit wechselwirkenden Teilchen in der Nähe von $T = 0$ auf ein triviales äquivalentes Problem mit im wesentlichen wechselwirkungsfreien Quasiteilchen zurückzuführen.

Eine andere Situation, die relativ leicht zu behandeln ist, ist der entgegengesetzte Grenzfall, in dem die Temperatur T des Systems hoch genug ist, so daß kT verglichen mit der mittleren Wechselwirkungsenergie der Teilchen groß ist. Da dann die Wechselwirkung zwischen den Teilchen relativ klein ist, kann sie durch systematische Näherungsmethoden (wie geeignete Potenzreihenentwicklungen) berücksichtigt werden. Diese liefern Korrekturterme, die den Grad der Abweichung der Eigenschaften des Systems vom wechselwirkungsfreien Fall beschreiben. Ein Beispiel, für das solche Näherungsmethoden anwendbar sind, ist ein gewöhnliches Gas, das genügend verdünnt und auf genügend hoher Temperatur ist, so daß sein Verhalten nicht übermäßig von dem des idealen Gases abweicht, obwohl es sich wesentlich von ihm unterscheidet. Ein weiteres Beispiel ist ein System wechselwirkender Spins mit einer Temperatur weit über dem Wert, unterhalb dessen Ferromagnetismus auftritt; Abweichungen der Suszeptibilität vom Curieschen Gesetz kommen dann vor, aber die Korrekturterme sind relativ klein.

Die beiden eben geschilderten Situationen stellen vergleichsweise einfache Extreme dar. Im Grenzfall hinreichend niedriger Temperaturen sind die Systeme beinahe vollständig geordnet (z.B. ist das Gitter eines Festkörpers beinahe starr, oder die Spins eines Ferromagneten sind beinahe vollständig ausgerichtet); die kleinen Abweichungen von der perfekten Ordnung können dann ziemlich einfach ermittelt werden. Im anderen Grenzfall genügend hoher Temperatur sind die Systeme beinahe vollständig ungeordnet (z.B. sind die Bewegungen einzelner Moleküle in einem Gas beinahe vollständig unkorreliert, oder die Spins eines Spinsystems sind fast völlig willkürlich gerichtet); die kleinen Abweichungen von der perfekten Unordnung können dann leicht erörtert werden. Es ist der mittlere Zwischenbereich, der am schwierigsten und interessantesten ist, denn hier erhebt sich die Frage, wie ein System aus einer ungeordneten Konfiguration in eine geordnete übergeht, während die Temperatur erniedrigt wird. Das Eintreten der Ordnung kann man bei einer Temperatur T erwarten, bei der kT von der Größenordnung der mittleren Wechselwirkungsenergie eines Teilchens mit den übrigen ist. Aber wie rasch ordnet sich das System, wenn die Temperatur fällt? Die Antwort ist, daß das Ordnen oder wenigstens das Einsetzen des Ordnungsprozesses sehr abrupt bei einer scharf definierten kritischen Temperatur T_c auftreten kann. Der Grund für die Unstetigkeit dieser Übergänge ist, daß das Vorhandensein von beträchtlichen Wechselwirkungen zwischen Teilchen zu „kooperativem" Verhalten führen kann, an dem *alle* Teilchen beteiligt sind; d.h. wenn einige wenige Teilchen lokal geordnet sind, erleichtert dies das Ordnen von einigen weiteren Teilchen in weiterer Entfernung, womit sich die Ordnung durch das gesamte System (wie eine Reihe umfallender Dominosteine) ausbreitet. Wenn sich z.B. ein paar Gasmoleküle zum flüssigen Zustand kondensieren, dann hilft dieser Vorgang anderen Molekülen, zu kondensieren; oder wenn in einer Ansammlung von Spins sich einige wenige in die gleiche Richtung einstellen, erzeugen sie ein effektives Magnetfeld, das die benachbarten Spins zum Ausrichten in ebendieselbe Richtung veranlaßt. Da solche kooperativen Effekte auf Korrelationen zwischen allen Teilchen beruhen, lassen sie sich nur sehr schwer theoretisch erörtern. Im Prinzip ist es natürlich richtig, daß die exakte Zustandsumme Z alle diese Phänomene beschreiben würde, einschließlich der unstetigen Phasenübergänge, deren Existenz sich in einer Singularität der Zustandsumme als Funktion von T an der Stelle T_c äußern würde. Aber das Problem besteht genau darin, daß es sehr schwierig ist, Z zu berechnen, wenn die korrelierten Bewegungen aller Teilchen berücksichtigt werden müssen. Nur die ganz trivialen Probleme können exakt berechnet werden (mit großem mathematischen Scharfsinn), und es ist eine reizvolle Aufgabe, Näherungsmethoden zu entwickeln, die physikalisch wichtige Situationen zu behandeln erlauben. Charakteristisch für diese Methoden ist es, daß sie am unbefriedigsten bei Temperaturen in der Nähe von T_c werden, für die das kooperative Verhalten infolge der Korrelationen wesentlich wird.

In diesem Kapitel werden wir nur einige einfache, aber wichtige Systeme wechselwirkender Teilchen behandeln, und zwar mit den einfachsten Methoden. Wir werden einen Festkörper als Beispiel eines beinahe geordneten Systems bei vergleichsweise niedrigen Temperaturen behandeln; ein etwas nichtideales Gas als Beispiel für eine fast vollständige Unordnung bei vergleichsweise hohen Temperaturen; und schließlich den Fall eines Ferromagneten als ein Beispiel für einen kooperativen Ordnungsvorgang.

Festkörper

10.1 Gitter- und Normalschwingungen

Man betrachte einen Festkörper aus N Atomen. Der Ortsvektor des i-ten Atoms mit der Masse m_i sei r_i, mit den kartesischen Koordinaten x_{i1}, x_{i2}, x_{i3}; die Gleichgewichtslage dieses Atoms sei $r_i^{(0)}$. Jedes Atom kann frei um seine Gleichgewichtslage mit relativ kleiner Amplitude schwingen. Um die Verschiebungen aus dem Gleichgewicht zu messen, führen wir die Variablen

$$\xi_{i\alpha} \equiv x_{i\alpha} - x_{i\alpha}^{(0)} \quad \text{mit } \alpha = 1, 2, 3 \tag{10.1.1}$$

ein. Die kinetische Energie der Schwingung des Festkörpers ist dann

$$K = \frac{1}{2} \sum_{i=1}^{N} \sum_{\alpha=1}^{3} m_i \dot{x}_{i\alpha}^2 = \frac{1}{2} \sum_{i=1}^{N} \sum_{\alpha=1}^{3} m_i \dot{\xi}_{i\alpha}^2 \tag{10.1.2}$$

wobei $\dot{x}_{i\alpha} = \dot{\xi}_{i\alpha}$ die α-Komponente der Geschwindigkeit des i-ten Atoms ist.

Die potentielle Energie $V = V(x_{11}, x_{12}, \ldots x_{N3})$ kann in eine Taylorreihe entwikkelt werden, da die Verschiebungen $\xi_{i\alpha}$ klein sind. Somit erhält man

$$V = V_0 + \sum_{i\alpha} \left[\frac{\partial V}{\partial x_{i\alpha}}\right]_0 \xi_{i\alpha} + \frac{1}{2} \sum_{i\alpha, j\gamma} \left[\frac{\partial^2 V}{\partial x_{i\alpha}\, \partial x_{j\gamma}}\right]_0 \xi_{i\alpha}\xi_{j\gamma} + \cdots \tag{10.1.3}$$

Hier gehen die Summen über i und j von 1 bis N; α und γ laufen von 1 bis 3. Die Ableitungen sind für die Gleichgewichtslagen $x_{i\alpha} = x_{i\alpha}^{(0)}$ (für alle i und α auszuwerten). Diese Ableitungen sind daher einfach Konstante. Speziell V_0 ist einfach die potentielle Energie der Atome in der Gleichgewichtskonfiguration. Da V dort ein Minimum haben muß, gilt $[\partial V/\partial x_{i\alpha}]_0 = 0$, d.h. die Kraft, die auf ein beliebiges Atom wirkt, muß in der Gleichgewichtslage verschwinden. Wenn wir zur Abkürzung die Konstanten

$$A_{i\alpha, j\gamma} \equiv \left[\frac{\partial^2 V}{\partial x_{i\alpha}\, \partial x_{j\gamma}}\right]_0 \tag{10.1.4}$$

einführen, wird aus (10.1.3) unter Vernachlässigung von Gliedern höherer Ordnung als zwei in ξ

$$V = V_0 + \frac{1}{2} \sum_{i\alpha, j\gamma} A_{i\alpha, j\gamma} \xi_{i\alpha} \xi_{j\gamma} \tag{10.1.5}$$

Damit nimmt die Gesamthamiltonfunktion, die die Energie der Schwingungen der Atome im Kristall darstellt, folgende Form an

$$\mathcal{H} = V_0 + \frac{1}{2} \sum_{i\alpha} m_i \dot{\xi}_{i\alpha}^2 + \frac{1}{2} \sum_{i\alpha, j\gamma} A_{i\alpha, j\gamma} \xi_{i\alpha} \xi_{j\gamma} \tag{10.1.6}$$

Der Ausdruck für die kinetische Energie ist einfach, da die Summe nur aus Gliedern besteht, in denen nur eine einzige Koordinate vorkommt. Dagegen ist der Anteil der potentiellen Energie komplizierter, da alle möglichen Produkte von verschiedenen Koordinaten auftreten. Das spiegelt natürlich gerade die Tatsache wider, daß alle Atome wechselwirken und sich nicht wie unabhängige Teilchen bewegen.

Da die kinetische Energie quadratisch in den Koordinaten ist, kann das Problem (10.1.6) unmittelbar auf eine viel einfachere Form reduziert werden, indem man durch eine geeignete Koordinatentransformation die gemischten Terme aus der potentiellen Energie (10.1.5) eliminiert, ohne dadurch die einfache Form der kinetischen Energie (10.1.2) zu zerstören. (Das Verfahren ist analog dem einer Hauptachsentransformation eines Ellipsoids.) Tatsächlich kann man leicht zeigen [1*], daß es stets möglich ist, von den $3N$ alten Koordinaten $\xi_{i\alpha}$ durch eine lineare Transformation zu $3N$ neuen verallgemeinerten Koordinaten q_r

$$\xi_{i\alpha} = \sum_{r=1}^{3N} B_{i\alpha,r} q_r \tag{10.1.7}$$

überzugehen, und zwar werden die Koeffizienten $B_{i\alpha,r}$ so passend gewählt, daß $\mathcal{H}$ in (10.1.6) die einfache Form

$$\mathcal{H} = V_0 + \tfrac{1}{2} \sum_{r=1}^{3N} (\dot{q}_r^2 + \omega_r^2 q_r^2) \tag{10.1.8}$$

annimmt. Hier sind die Koeffizienten ω_r^2 positive Konstanten und es gibt *keine* gemischten Terme, in denen Produkte von zwei verschiedenen Koordinaten vorkommen. Die neuen Koordinaten heißen „Normalkoordinaten" des Systems. In diesen Variablen ist der Hamiltonoperator (10.1.8) einfach eine Summe von $3N$ unabhängigen Gliedern, von denen sich jedes nur auf eine einzige Variable bezieht. Tatsächlich ist (10.1.8) formal identisch mit dem Hamiltonoperator von $3N$ unabhängigen, eindimensionalen harmonischen Oszillatoren, wobei der Oszillator der Koordinate q_r die Frequenz („Normalschwingung") ω_r hat. Die Koordinatentransformation (10.1.7) hat also das komplizierte Problem von N wechselwirkenden Gitterbausteinen auf das äquivalente Problen von $3N$ nichtwechselwirkenden harmonischen Oszillatoren reduziert. Die Behandlung des letzteren Problems ist natürlich sehr einfach.

Zur quantenmechanischen Berechnung wollen wir erst den einfachen eindimensionalen harmonischen Oszillator betrachten. In seinem Hamiltonoperator tritt nur eine Variable q_r auf:

$$\mathcal{H}_r = \tfrac{1}{2}(\dot{q}_r^2 + \omega_r^2 q_r^2) \tag{10.1.9}$$

Die möglichen Quantenzustände des Oszillators werden durch die Quantenzahl n_r

$$n_r = 0, 1, 2, 3, 4, \ldots \tag{10.1.10}$$

numeriert. Die entsprechenden Energien sind durch

$$\epsilon_r = (n_r + \tfrac{1}{2})\hbar\omega_r \tag{10.1.11}$$

gegeben. Man kann nun unmittelbar die Lösung für den vollständigen Hamiltonoperator (10.1.8) angeben. Der Quantenzustand des gesamten Systems ist durch $3N$ Quantenzahlen $\{n_1, n_2, \ldots n_{3N}\}$ charakterisiert, von denen jede die natürlichen Zahlen durchlaufen kann [vgl. (10.1.10)]. Die entsprechende Gesamtenergie ist einfach die Summe der Energien der eindimensionalen Oszillatoren, d.h.

[1*] Vgl. z.B.:
Goldstein, M.: Klassische Mechanik, Kapitel 10, Akademische Verlagsgesellschaft, Frankfurt/Main (1963) oder
Symon, K.R.: Mechanics, 3. Auflage, Abschnitte 12.1–12.3, Addison-Wesley, Reading, Mass., (1971).

$$E_{n_1,\ldots,n_{3N}} = V_0 + \sum_{r=1}^{3N} (n_r + \tfrac{1}{2})\hbar\omega_r \tag{10.1.12}$$

Das kann man in einer etwas anderen Form schreiben:

▶ $$E_{n_1,\ldots,n_{3N}} = -N\eta + \sum_{r=1}^{3N} n_r\hbar\omega_r \tag{10.1.13}$$

wobei $$-N\eta \equiv V_0 + \tfrac{1}{2}\sum_r \hbar\omega_r \tag{10.1.14}$$

eine von den Quantenzahlen n_r unabhängige Konstante ist. Nach (10.1.13) ist $-\eta N$ die kleinstmögliche Energie der Atome, bezogen auf einen Zustand, in dem die Atome in unendlichem Abstand voneinander ruhen. (Beachte: Diese Größe unterscheidet sich von V_0 um die „Nullpunktsenergie" $\frac{1}{2}\, \Sigma\hbar\omega_r$.) Also stellt η die Bindungsenergie eines Atoms im Festkörper am absoluten Nullpunkt dar.

Anmerkung: Wir sind zu dem Ergebnis gekommen, daß der Zustand des Systems vollständig durch den Satz ganzer Zahlen $n_1, \ldots n_{3N}$ beschrieben wird, wobei die zugehörige Energie durch (10.1.13) gegeben ist. Dieses Ergebnis ist genau das gleiche, als würde man es mit einem System von Teilchen zu tun haben, von denen jedes in irgendeinem der durch $r = 1, \ldots, 3N$ numerierten Zustände ist, wobei sich n_1 im Zustand 1, n_2 Teilchen im Zustand 2, . . ., n_{3N} Teilchen im Zustand $3N$ befinden. Von diesem Standpunkt aus wäre der Zustand des Systems durch die Angabe der *Teilchenzahl* n_r vom Typ r festgelegt. Nur diese *Zahlen* sind wichtig, d.h. die Unterscheidbarkeit der Teilchen wird *nicht* erwähnt, und daher spielt es keine Rolle, welches spezielle Teilchen in welchem Zustand ist. Darüberhinaus kann sich jede beliebige Anzahl (n_r = 0, 1, 2, 3, . . .) in jedem beliebigen Zustand r befinden, und die gesamte Teilchenzahl Σn_r ist in keiner Weise festgelegt. Diese Teilchen würden dann der Bose–Einstein-Statistik unterliegen. Zusammenfassend kann man feststellen, daß die quantenmechanische Behandlung der harmonischen Oszillatoren (10.1.8) auf eine Beschreibung der Systemzustände durch ganze Quantenzahlen n_r führt und daß sich dann die Ergebnisse so interpretieren lassen, als ob man es mit einem System aus ununterscheidbaren Teilchen zu tun hätte, für das diese ganzen Zahlen die Anzahl der Teilchen in jedem (möglichen) Zustand angeben. Das ist natürlich nur eine *Interpretation* der Ergebnisse durch Teilchen-Begriffe. Zur Betonung dieser Tatsache werden wir die eben beschriebenen „Teilchen" als „Quasiteilchen" bezeichnen, um damit Verwechslungen mit den wirklichen Teilchen des Systems, d.h. den Atomen, die den Festkörper bilden, zu vermeiden. Die Interpretation durch Quasiteilchen ist ein sehr vorteilhafter Standpunkt. Im betrachteten Falle führt die Quantisierung der Gitterschwingungen zu Quasiteilchen, die man *„Phononen"* nennt (da es sich im Grunde um quantisierte Schallwellen handelt). Die Situation ist ganz analog zur Quantisierung elektromagnetischer Strahlung; die Quasiteilchen, die sich dabei ergeben, nennt man „*Photonen*". Sie zeigen das bekannte teilchenartige Verhalten des Lichtes.

Die Berechnung der Zustandsumme ist mit (10.1.13) unmittelbar möglich:

$$Z = \sum_{n_1, n_2, n_3 \ldots} e^{-\beta[-N\eta + n_1\hbar\omega_1 + n_2\hbar\omega_2 + \cdots + n_{3N}\hbar\omega_{3N}]}$$

$$= e^{\beta N\eta} \Big(\sum_{n_1=0}^{\infty} e^{-\beta\hbar\omega_1 n_1} \Big) \cdots \Big(\sum_{n_{3N}=0}^{\infty} e^{-\beta\hbar\omega_{3N} n_{3N}} \Big)$$

oder $$Z = e^{\beta N\eta} \left(\frac{1}{1 - e^{-\beta\hbar\omega_1}} \right) \cdots \left(\frac{1}{1 - e^{-\beta\hbar\omega_{3N}}} \right) \tag{10.1.15}$$

da man einfach das Produkt von Zustandsummen eindimensionaler harmonischer Oszillatoren hat, die ihrerseits geometrische Reihen sind. Damit gilt

$$\ln Z = \beta N\eta - \sum_{r=1}^{3N} \ln (1 - e^{-\beta\hbar\omega_r}) \tag{10.1.16}$$

Die möglichen Normalschwingungsfrequenzen liegen sehr dicht, und es ist zweckmäßig, folgende Größe zu definieren

$\sigma(\omega)\, d\omega \equiv$ Anzahl der Normalschwingungen mit einer Frequenz zwischen ω und $\omega + d\omega$ (10.1.17)

Die Funktion $\sigma(\omega)$ hat über ω aufgetragen etwa die in Abb. 10.1.1 gezeigte Gestalt. Mit der Definition (10.1.17) läßt sich $\ln Z$ in (10.1.16) als Integral darstellen

$$\ln Z = \beta N\eta - \int_0^\infty \ln (1 - e^{-\beta\hbar\omega}) \sigma(\omega)\, d\omega \tag{10.1.18}$$

Damit erhält man für die mittlere Energie des Festkörpers

$$\bar{E} = -\frac{\partial \ln Z}{\partial \beta} = -N\eta + \int_0^\infty \frac{\hbar\omega}{e^{\beta\hbar\omega} - 1} \sigma(\omega)\, d\omega \tag{10.1.19}$$

Die Wärmekapazität bei konstantem Volumen ist dann

$$C_V = \left(\frac{\partial \bar{E}}{\partial T} \right)_V = -k\beta^2 \left(\frac{\partial \bar{E}}{\partial \beta} \right)_V$$

oder

▶ $$C_V = k \int_0^\infty \frac{e^{\beta\hbar\omega}}{(e^{\beta\hbar\omega} - 1)^2} (\beta\hbar\omega)^2 \sigma(\omega)\, d\omega \tag{10.1.20}$$

Das *statistische* Problem ist also sehr einfach. Die gesamte Schwierigkeit des Problems löst sich also mit der Transformation des Hamiltonoperators von (10.1.6) auf (10.1.8), d.h., man muß ein Problem aus der Mechanik lösen, um die

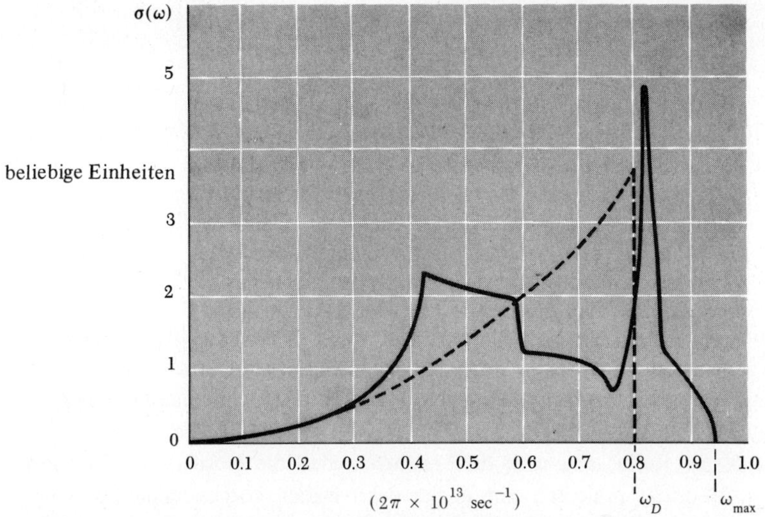

Abb. 10.1.1 Das Normalschwingungspektrum $\sigma(\omega)$ für Aluminium. Die durchgezeichnete Kurve entspricht Röntgen-Streumessungen bei 300 K [nach C.B. Walker, Phys, Rev. *103*, 547 (1956)]. Die gestrichelte Kurve stellt die Debye-Näherung aus Abschnitt 10.2 dar mit der Debye-Temperatur Θ_D = 382 K (abgeleitet aus der spezifischen Wärme)

Normalschwingungsfrequenzen des Festkörpers zu finden und damit $\sigma(\omega)$ für den gerade untersuchten Festkörper zu bestimmen.

Unabhängig von der genauen Gestalt des $\sigma(\omega)$ kann man allgemeine Aussagen für den Grenzfall hoher Temperaturen machen. Der wichtige dimensionslose Parameter in (10.1.18) ist $\beta\hbar\omega = \hbar\omega/kT$. Es sei ω_{max} die maximale Frequenz der Normalschwingungen, d.h. gelte

$$\sigma(\omega) = 0, \text{ wenn } \omega > \omega_{max} \tag{10.1.21}$$

Wenn T groß genug ist, so daß $\beta\hbar\omega_{max} \ll 1$ ist, dann gilt natürlich auch $\beta\hbar\omega \ll 1$ für den gesamten Integrationsbereich des Integrals (10.1.20), so daß man die Exponentialfunktion folgendermaßen entwickeln kann

$$e^{\beta\hbar\omega} = 1 + \beta\hbar\omega + \ldots$$

Also wird für $kT \gg \hbar\omega_{max}$ aus (10.1.20) einfach

$$C_V = k \int_0^\infty \sigma(\omega)\, d\omega = 3Nk \tag{10.1.22}$$

da das Integral gleich der Gesamtzahl der Normalschwingungen ist, d.h.

$$\int_0^\infty \sigma(\omega)\, d\omega = 3N \tag{10.1.23}$$

Die Gleichung (10.1.22) stellt das Dulong-Petitsche Gesetz dar, das wir schon im Abschnitt 7.7 durch den Gleichverteilungssatz im klassischen Grenzfall hoher Temperatur erhielten.

10.2 Die Debyesche Näherung

Die Berechnung der Normalfrequenzdichte $\sigma(\omega)$ ist ein kompliziertes Problem. Obwohl man für Kristalle einfacher Struktur ziemlich gute Berechnungen von $\sigma(\omega)$ machen kann, ist es nützlich, weniger arbeitsintensive Methoden anzuwenden, um einen Näherungsausdruck für $\sigma(\omega)$ zu erhalten.

Man betrachte einen Festkörper, der aus N Atomen mit nicht allzu unterschiedlichen Massen besteht. Bei der Näherungsmethode von Debye vernachlässigt man die Tatsache, daß der Festkörper aus Atomen aufgebaut ist, und behandelt ihn als ein kontinuierliches, elastisches Medium. Jede Normalschwingung dieses Mediums ist durch eine Wellenlänge λ charakterisiert. Der mittlere Abstand zwischen den Atomen im Festkörper sei a. Wenn $\lambda \gg a$, dann werden benachbarte Atome beim Schwingen um beinahe den gleichen Betrag verschoben. In diesem Falle spielt die Tatsache, daß die Atome durch den endlichen Abstand a voneinander getrennt sind, keine Rolle, und man darf erwarten, daß die Normalschwingungen des elastischen Mediums praktisch mit denen des wirklich vorhandenen Festkörpers übereinstimmen. Auf der anderen Seite sind bei Normalschwingungen, für die λ mit a vergleichbar sind, die Auslenkungen benachbarter Atome merklich verschieden. Die diskrete Anordnung der Atome wird dann ziemlich wichtig, und die wirklichen Normalschwingungen der Atome sind folglich ganz anders als die des elastischen Kontinuums. Kurz, die Behandlung des wirklichen Festkörpers als elastisches Kontinuum dürfte für Normalschwingungen mit großer Wellenlänge ($\lambda \gg a$) eine gute Näherung sein. Folglich dürfte für *niedrige* Frequenzen ω die Frequenzdichte des Kontinuums $\sigma_c(\omega)$ praktisch mit der Frequenzdichte $\sigma(\omega)$ des wirklichen Festkörpers übereinstimmen. Für kürzere Wellenlängen bzw. höhere Frequenzen nimmt die Abweichung zwischen $\sigma_c(\omega)$ und $\sigma(\omega)$ zu. Schließlich sind für $\lambda \lesssim a$ $\sigma_c(\omega)$ und $\sigma(\omega)$ völlig verschieden; tatsächlich hat der reale Festkörper keine Normalschwingungen mit so hohen Frequenzen (d.h. $\sigma(\omega) = 0$ für $\omega > \omega_{\max}$), während es für die Frequenzen des kontinuierlichen Mediums keine obere Grenze gibt.

Wir wollen die Normalschwingungen eines Festkörpers untersuchen, den wir als ein isotropes, elastisches und kontinuierliches Medium des Volumens V betrachten. Es sei $\boldsymbol{u}(\boldsymbol{r}, t)$ die Auslenkung eines Punktes in diesem Medium aus seiner Gleichgewichtslage. [Im Grenzfall langer Wellenlängen ist die α-Komponente der Auslenkung des i-ten Atoms $\xi_{i\alpha}$ – definiert in (10.1.1) – dann durch $\xi_{i\alpha}(t) \approx u_\alpha(\boldsymbol{r}_i^{(0)}, t)$ gegeben.] Der Verschiebungsvektor $\boldsymbol{u}$ muß dann einer Wellengleichung genügen, die die Ausbreitung von Schallwellen durch das Medium beschreibt. Die Untersuchung der Normalschwingungen verläuft dann ganz analog zu der im Abschnitt 9.9. Einer Schallwelle mit dem Wellenvektor $\boldsymbol{\kappa}$ entspricht die Frequenz $\omega = c_s\kappa$ und die Anzahl der möglichen Frequenzen zwischen ω und $\omega + d\omega$ (entsprechend dem Betrag von $\boldsymbol{\kappa}$ zwischen κ und $\kappa + d\kappa$) ist analog zu (9.9.18) durch

$$\sigma_c(\omega)\, d\omega = 3\,\frac{V}{(2\pi)^3}\,(4\pi\kappa^2\, d\kappa) = 3\,\frac{V}{2\pi^2 c_s^{\,3}}\,\omega^2\, d\omega \tag{10.2.1}$$

gegeben, wobei der Faktor 3 von den drei möglichen Polarisationsrichtungen (eine longitudinale und zwei transversale) von $\boldsymbol{u}$ für jeden Wellenvektor $\boldsymbol{\kappa}$ herrührt.

Diese Untersuchung kann unschwer genauer durchgeführt werden. Die Verschiebung $\boldsymbol{u}$ kann ganz allgemein in folgender Form geschrieben werden:

$$\boldsymbol{u} = \boldsymbol{u}_t + \boldsymbol{u}_l \tag{10.2.2}$$

mit $$\operatorname{div} \boldsymbol{u}_t = 0 \tag{10.2.3}$$

und $$\operatorname{rot} \boldsymbol{u}_l = 0 \tag{10.2.4}$$

In der Elastizitätstheorie wird gezeigt [2*], daß die Vektoren $\boldsymbol{u}_t$ und $\boldsymbol{u}_l$ mit verschiedenen Ausbreitungsgeschwindigkeiten c_t bzw. c_l folgenden Wellengleichungen genügen:

$$\begin{aligned} \nabla^2 \boldsymbol{u}_t &= \frac{1}{c_t^2}\frac{\partial^2 \boldsymbol{u}_t}{\partial t^2} \\ \nabla^2 \boldsymbol{u}_l &= \frac{1}{c_l^2}\frac{\partial^2 \boldsymbol{u}_l}{\partial t^2} \end{aligned} \tag{10.2.5}$$

Hierbei kann c_t und c_l durch die elastischen Konstanten des Mediums ausgedrückt werden

$$c_t = \left(\frac{\mu}{\rho}\right)^{\frac{1}{2}}, \qquad c_l = \left(\frac{b + \frac{4}{3}\mu}{\rho}\right)^{\frac{1}{2}} \tag{10.2.6}$$

wobei ρ die Dichte des Mediums, μ sein Torsionsmodul und b das Reziproke der Kompressibilität ist.

Die Gleichungen (10.2.5) haben als Lösungen ebene Wellen der Form

$$\boldsymbol{u}_t = \boldsymbol{A}_t\, e^{i(\boldsymbol{\kappa}_t\cdot \boldsymbol{r} - \omega t)}, \qquad |\boldsymbol{\kappa}_t| = \frac{\omega}{c_t} \tag{10.2.7}$$

$$\boldsymbol{u}_l = \boldsymbol{A}_l\, e^{i(\boldsymbol{\kappa}_l\cdot \boldsymbol{r} - \omega t)}, \qquad |\boldsymbol{\kappa}_l| = \frac{\omega}{c_l} \tag{10.2.8}$$

wobei $\boldsymbol{A}_t$ und $\boldsymbol{A}_l$ Konstante sind. Wegen (10.2.3) ist

$$\boldsymbol{\kappa}_t \cdot \boldsymbol{u}_t = 0, \text{ so daß } \boldsymbol{u}_t \perp \boldsymbol{\kappa}_t \text{ gilt.} \tag{10.2.9}$$

Daher stellt $\boldsymbol{u}_t$ eine Verschiebung senkrecht zur Ausbreitungsrichtung der Welle dar, so daß $\boldsymbol{u}_t$ in (10.2.7) die Ausbreitung einer senkrecht zur Aus-

---

2*) Vgl. z. B.:
Page, L.: Introduction to Theoretical Physics, 3. Auflage (1955), D. van Nostrand Company, Inc., New York (1953).

breitungsrichtung polarisierten (traversalen) Schallwelle darstellt. In ähnlicher Weise folgt aus (10.2.4)

$$\boldsymbol{\kappa}_l \times \boldsymbol{u}_l = 0, \text{ so daß } \boldsymbol{u}_l \| \boldsymbol{\kappa}_l \quad \text{gilt.} \tag{10.2.10}$$

Daher ist $\boldsymbol{u}_l$ parallel zur Ausbreitungsrichtung und stellt in (10.2.8) die Ausbreitung einer parallel zur Ausbreitungsrichtung polarisierten (longitudinalen) Schallwelle dar.

Gemäß (9.9.18) ist die Zahl der longitudinalen Wellen mit einer Frequenz zwischen ω und $\omega + d\omega$ und dem Betrag des entsprechenden Wellenvektors zwischen κ_l und $\kappa_l + d\kappa_l$ durch

$$\sigma_c^{(l)}(\omega)\, d\omega = \frac{V}{(2\pi)^3} 4\pi\kappa_l^2\, d\kappa_l = \frac{V}{2\pi^2 c_l^3}\, \omega^2\, d\omega \tag{10.2.11}$$

gegeben. Für die Zahl der transversalen Wellen im Frequenzbereich zwischen ω und $\omega + d\omega$ erhält man – bis auf den Faktor 2, der die beiden möglichen transversalen Polarisationsrichtungen zum Ausdruck bringt – ein ähnliches Ergebnis:

$$\sigma_c^{(t)}(\omega)\, d\omega = 2\, \frac{V}{2\pi^2 c_t^3}\, \omega^2\, d\omega \tag{10.2.12}$$

Die Gesamtzahl der Wellen des elastischen Kontinuums im gleichen Frequenzintervall ist dann

$$\sigma_c(\omega)\, d\omega = [\sigma_c^{(l)}(\omega) + \sigma_c^{(t)}(\omega)]\, d\omega = 3\, \frac{V}{2\pi^2 c_s^3}\, \omega^2\, d\omega \tag{10.2.13}$$

wobei wir eine effektive Schallgeschwindigkeit durch

$$\frac{3}{c_s^3} \equiv \frac{1}{c_l^3} + \frac{2}{c_t^3} \tag{10.2.14}$$

definiert haben, so daß sich c_s auf die Schallgeschwindigkeit reduziert, wenn $c_l = c_t$ ist. Außer daß (10.2.14) und (10.2.6) c_s direkt durch gemessene Schallgeschwindigkeiten oder durch elastische Konstanten ausdrückt, ist (10.2.13) natürlich identisch mit (10.2.1).

Bei der Methode von Debye wird $\sigma(\omega)$ durch $\sigma_c(\omega)$ nicht nur für sehr niedrige Frequenzen, für die die beiden Frequenzdichten etwa übereinstimmen, sondern bis zu den ersten $3N$ Schwingungen des elastischen Kontinuums approximiert. Genauer gesagt, wird $\sigma(\omega)$ durch die Verteilung $\sigma_D(\omega)$ angenähert, die folgendermaßen definiert ist

$$\sigma_D(\omega) = \begin{cases} \sigma_c(\omega) & \text{für } \omega < \omega_D \\ 0 & \text{für } \omega > \omega_D \end{cases} \tag{10.2.15}$$

wobei die „Debye-Frequenz ω_D so gewählt wird, daß $\sigma_D(\omega)$ die richtige Gesamtzahl von $3N$ Normalschwingungen ergibt [genau wie σ in (10.1.23]:

$$\int_0^\infty \sigma_D(\omega)\, d\omega = \int_0^{\omega_D} \sigma_c(\omega)\, d\omega = 3N \tag{10.2.16}$$

Der Verlauf von $\sigma_D(\omega)$ über ω ist in Abb. 10.2.1 dargestellt und wird in Abb. 10.1.1 mit dem wirklichen Frequenzspektrum verglichen.

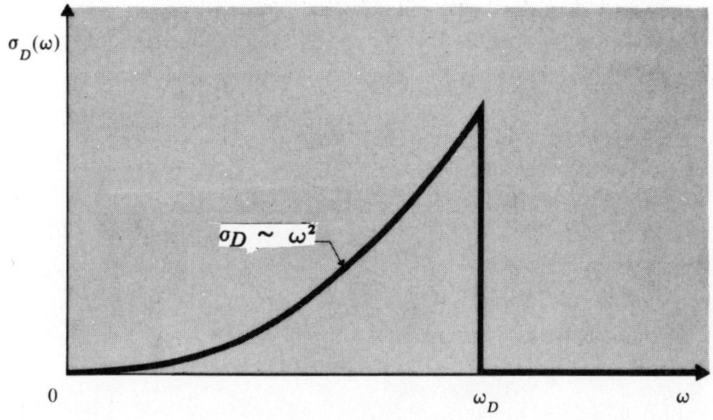

Abb. 10.2.1 Das Debye-Frequenzspektrum

Substitution von (10.2.1) in (10.2.16) ergibt

$$\frac{3V}{2\pi^2 c_s{}^3} \int_0^{\omega_D} \omega^2\, d\omega = \frac{V}{2\pi^2 c_s{}^3} \omega_D{}^3 = 3N \tag{10.2.17}$$

oder

▶ $$\omega_D = c_s \left(6\pi^2 \frac{N}{V}\right)^{\frac{1}{3}} \tag{10.2.18}$$

Also hängt die Debye-Frequenz nur von den Schallgeschwindigkeiten im Festkörper und von der Anzahl der Atome pro Volumeneinheit ab. Näherungsweise ist die entsprechende Wellenlänge $2\pi c_s/\omega_D$ von der Größenordnung der interatomaren Abstände $a \approx (V/N)^{1/3}$. Mit $c_s \approx 5 \cdot 10^5$ cm/s und $a \approx 10^{-8}$ cm ist $\omega_D \approx 10^{14}\, s^{-1}$ eine typische Frequenz im infraroten Bereich des elektromagnetischen Spektrums.

Mit der Debye-Näherung (10.2.15) wird die Wärmekapazität (10.1.2)

$$C_V = k \int_0^{\omega_D} \frac{e^{\beta\hbar\omega}(\beta\hbar\omega)^2}{(e^{\beta\hbar\omega} - 1)^2} \frac{3V}{2\pi^2 c_s{}^3} \omega^2\, d\omega \tag{10.2.19}$$

Mit der dimensionslosen Variablen $x \equiv \beta\hbar\omega$ erhält man daraus

$$C_V = k \frac{3V}{2\pi^2 (c_s \beta\hbar)^3} \int_0^{\beta\hbar\omega_D} \frac{e^x}{(e^x - 1)^2} x^4\, dx \tag{10.2.20}$$

Um den Vergleich mti dem klassischen Resultat $C_V = 3Nk$ zu erleichtern, kann man das Volumen V gemäß (10.2.17) durch N ausdrücken

$$V = 6\pi^2 N \left(\frac{c_s}{\omega_D}\right)^3 \tag{10.2.21}$$

Damit erhält (10.2.20) die Form

▶ $$C_V = 3Nkf_D(\beta\hbar\omega_D) = 3Nkf_D\left(\frac{\Theta_D}{T}\right) \tag{10.2.22}$$

wobei wir die Debye-Funktion $f_D(y)$ eingeführt haben

▶ $$f_D(y) \equiv \frac{3}{y^3}\int_0^y \frac{e^x}{(e^x - 1)^2}\, x^4\, dx \tag{10.2.23}$$

und außerdem noch die „Debye-Temperatur"

▶ $$k\Theta_D \equiv \hbar\omega_D \tag{10.2.24}$$

Bei hohen Temperaturen mit $T \gg \Theta_D$ geht $f_D(\Theta_D/T) \to 1$ aufgrund der allgemeinen Überlegungen am Ende vom Abschnitt 10.1. Tatsächlich kann man für kleine y $e^x \approx 1 + x$ im Integranden von (10.2.23) setzen, so daß gilt

$$\text{für } y \to 0 \qquad f_D(y) \to \frac{3}{y^3}\int_0^y x^2\, dx = 1 \tag{10.2.25}$$

Der interessantere Grenzfall ist der sehr niedriger Temperaturen. Dann ist $\beta\hbar\omega \gg 1$ für relativ niedrige Frequenzen mit $\omega \ll \omega_D$. Physikalisch bedeutet dies, daß nur Oszillatoren mit *niedrigen* Frequenzen in merklichem Umfang thermisch angeregt werden und zur Wärmekapazität beitragen. Mathematisch bedeutet dies, daß wegen der Exponentialfaktoren der Integrand in (10.2.20) nur für kleine Werte von ω merklich von Null verschieden ist. In diesem Fall ist die Kenntnis von $\sigma(\omega)$ für niedrige Frequenzen ausreichend, um C_V bei niedrigen Temperaturen zu bestimmen und genau in diesem Gebiet ist die Debyesche Näherung, d.h. den Festkörper durch ein elastisches Konstinuum zu ersetzen, am besten.

Im Tieftemperaturbereich kann die obere Grenze $\beta\hbar\omega = \Theta_D/T$ des Integrals (10.2.20) durch ∞ ersetzt werden, so daß dieses Integral einfach eine Konstante wird. Daraus folgt unmittelbar für $T \ll \Theta_D$

▶ $$C_V \sim \beta^{-3} \sim T^3 \tag{10.2.26}$$

Anmerkung: Bei hinreichend niedrigen Temperaturen werden Normalschwingungen mit so großen Frequenzen wie ω_D nicht angeregt. Daher ist es unwichtig, ob es eine obere Abschneidefrequenz ω_D gibt oder nicht. Die Bemerkungen von (9.13.18) im Zusammenhang mit Photonen sind in diesem Fall von „Phononen" oder Schall-Normalschwingungen gleichfalls gültig. Die mittlere Zahl von Phononen in unserem dreidimensionalen Problem ist durch

$$\bar{N} \sim \omega^3 \sim T^3 \tag{10.2.27}$$

gegeben, und die entsprechende mittlere Energie ist

$$\bar{E} \sim N(kT) \sim T^4 \qquad (10.2.28)$$

Daraus folgt

$$\bar{C}_V = \frac{\partial \bar{E}}{\partial T} \sim T^3 \qquad (10.2.29)$$

Die T^3-Beziehung in (10.2.26) spiegelt daher einfach die Tatsache wieder, daß wir es mit einem dreidimensionalen Festkörper zu tun haben.

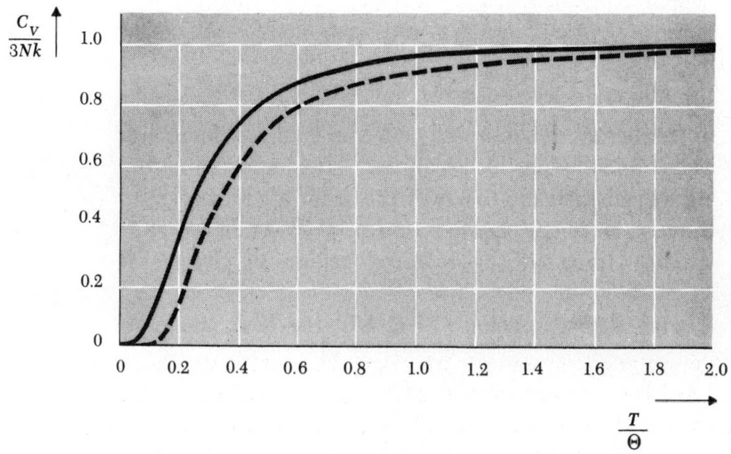

Abb. 10.2.2 Temperaturabhängigkeit der Wärmekapazität C_V entsprechend der Debyeschen Theorie (10.2.22). Die gestrichelte Kurve zeigt zum Vergleich die Temperaturabhängigkeit nach dem einfachen Einsteinschen Modell aus dem Abschnitt 7.7 mit $\Theta_E = \Theta_D$

Das Ergebnis (10.2.26) läßt sich leicht durch eine mehr quantitative Aussage ersetzen. Da in (10.2.20) die obere Grenze für tiefe Temperaturen durch ∞ ersetzt werden kann, wird nun C_V offensichtlich unabhängig von dem genauen Wert, den man für die Abschneidefrequenz ω_D wählt. Dem entstehenden Integral sind wir schon bei der Erörterung der Strahlung des schwarzen Körpers (9.13.16) begegnet. Es kann numerisch ausgewertet oder exakt berechnet werden (s. Anhang A.11). Damit findet man

$$\int_0^\infty \frac{e^x}{(e^x - 1)^2} x^4 \, dx = 4 \int_0^\infty \frac{x^3}{e^x - 1} \, dx = \frac{4\pi^4}{15} \qquad (10.2.30)$$

wobei man das zweite Integral durch partielle Integration erhält. Gleichbedeutend heißt das

$$\text{für } y \gg 1 \qquad f_D(y) = \frac{4\pi^4}{5} \frac{1}{y^3} \qquad (10.2.31)$$

Damit wird (10.2.20)

$$C_V = \frac{2\pi^2}{5} Vk \left(\frac{kT}{c_s\hbar}\right)^3$$

Andererseits kann man diesen Ausdruck durch ω_D oder Θ_D ausdrücken [vgl. (10.2.18) und (10.2.24)]. Mit (10.2.21) oder mit (10.2.22) und (10.2.23) erhält man

$$C_V = \frac{12\pi^4}{5} Nk \left(\frac{T}{\Theta_D}\right)^3 \tag{10.2.32}$$

Die Tatsache, daß für Festkörper C_V bei genügend niedrigen Temperaturen proportional zu T^3 ist, wurde experimentell gut bestätigt, obwohl man gegebenenfalls zu so tiefen Temperaturen gehen muß, daß $T < 0{,}02\ \Theta_D$ gilt (vgl. Abb. 9.16.4 und Abb. 10.2.3). Die Debye-Temperatur Θ_D kann man durch solche Tieftemperaturmessungen durch Vergleich mit dem Koeffizienten von T^3 in (10.2.32) ermitteln. Theoretisch ist Θ_D durch (10.2.18) gegeben, so daß man sie aus den elastischen Konstanten des Festkörpers berechnen kann, entweder aus den bekannten Schallgeschwindigkeiten c_l und c_t oder mit (10.2.6) aus den elastischen Modulen. Die Übereinstimmung ist – wie Tab. 10.2.1 zeigt – gut.

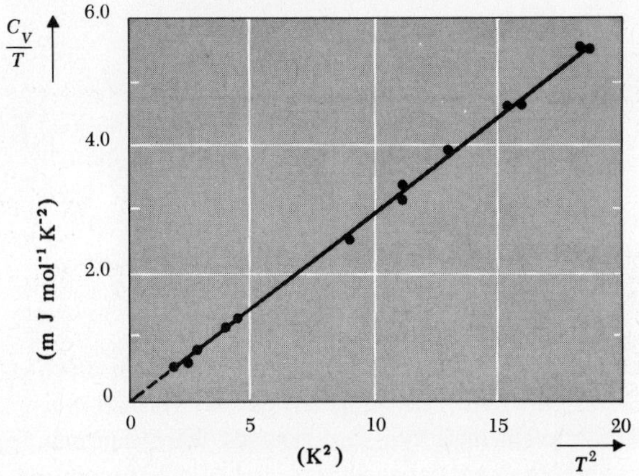

Abb. 10.2.3 Darstellung von C_V/T über T^2 für KCl. Die Kurve zeigt die Gültigkeit des T^3-Gesetzes für tiefe Temperaturen. [Die experimentellen Punkte sind von P.H. Keesom und N. Pearlman, Phys. Rev. *91*, 1354 (1953)]

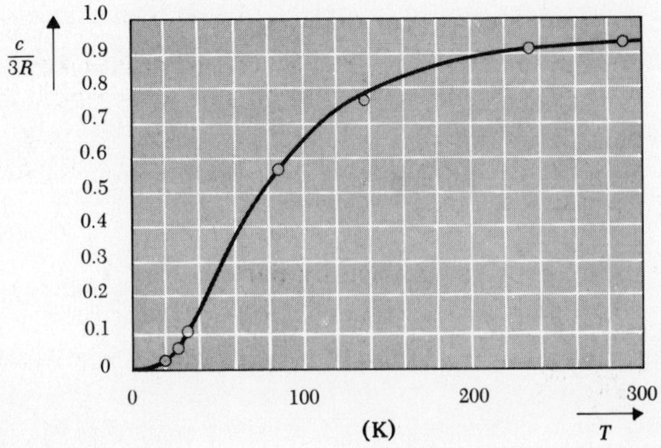

Abb. 10.2.4 Die molare spezifische Wärme von Kupfer: Debye-Theorie mit θ_D = 309 K und experimentelle Punkte. (Nach P. Debye Ann. Physik *39*, 789 (1912).)

Die Debyesche Theorie ergibt in vielen Fällen eine ziemlich gute, wenn auch nicht perfekte Darstellung der Temperaturabhängigkeit der spezifischen Wärme über den gesamten Temperaturbereich. Abb. 10.2.4 zeigt ein Beispiel aus Debyes Originalarbeit.

Tabelle 10.2.1 Vergleich von Debyetemperaturen, die aus Tieftemperaturmessungen der spezifischen Wärmen ermittelt und aus elastischen Konstanten berechnet wurden.

Festkörper	Θ_D aus der spezifischen Wärme (K)	Θ_D aus elastischen Konstanten (K)
NaCl	308	320
KCl	230	246
Ag	225	216
Zn	308	305

Das nichtideale klassische Gas

10.3 Berechnung der Zustandsumme für geringe Dichten

Man betrachte ein einatomiges Gas aus N identischen Teilchen der Masse m in einem Behälter des Volumens V bei der Temperatur T. Wir nehmen an, daß T genügend groß und die Dichte $n \equiv N/V$ genügend klein sei, so daß das Gas mit der klassischen statistischen Mechanik behandelt werden kann. Die Energie bzw. die Hamiltonfunktion des Systems läßt sich in folgender Form schreiben

$$\mathcal{H} = K + U \tag{10.3.1}$$

wobei

$$K = \frac{1}{2m} \sum_{j=1}^{N} \boldsymbol{p}_j^2 \tag{10.3.2}$$

die kinetische Energie des Gases und U die potentielle Energie der Wechselwirkung zwischen den Molekülen ist. Wir bezeichnen die potentielle Wechselwirkungsenergie zwischen den Molekülen j und k mit $u_{jk} \equiv u(R_{jk})$ und nehmen an, daß sie nur vom relativen Abstand $R_{jk} \equiv |\boldsymbol{r}_j - \boldsymbol{r}_k|$ abhängt. Weiter nehmen wir an, daß U einfach die Summe aller Paarwechselwirkungen ist:

$$U = u_{12} + u_{13} + u_{14} + \cdots + u_{23} + u_{24} + \cdots + u_{N-1,N}$$

oder

$$U = \sum_{\substack{j=1 \\ j<k}}^{N} \sum_{k=1}^{N} u_{jk} = \tfrac{1}{2} \sum_{\substack{j=1 \\ j\neq k}}^{N} \sum_{k=1}^{N} u_{jk} \tag{10.3.3}$$

Die potentielle Wechselwirkungsenergie u zwischen einem Paar von Molekülen hat die in Abb. 10.3.1 dargestellte allgemeine Gestalt, d.h. sie ist stark abstoßend, wenn sich die Moleküle sehr nahe sind, und schwach anziehend bei größeren Abständen. Für einfache Moleküle ist es möglich, $u(R)$ durch quantenmechanische Berechnungen zu erhalten. Ein nützliches semiempirisches Potential, das sogenannte „Lennard-Jones-Potential" (12-6-Potential) ist durch

$$u(R) = u_0 \left[\left(\frac{R_0}{R} \right)^{12} - 2 \left(\frac{R_0}{R} \right)^6 \right] \tag{10.3.4}$$

gegeben. Es hat ebenfalls die allgemeine, in Abb. 10.3.1 gezeigte Gestalt. Die beiden konstanten Parameter $-u_0$ und R_0 bezeichnen den Wert des Minimums von u und seine Lage. Dafür, daß $u \sim R^{-6}$ für größere R ist, gibt es eine theoretische Rechtfertigung (vgl. Aufgabe 10.6).

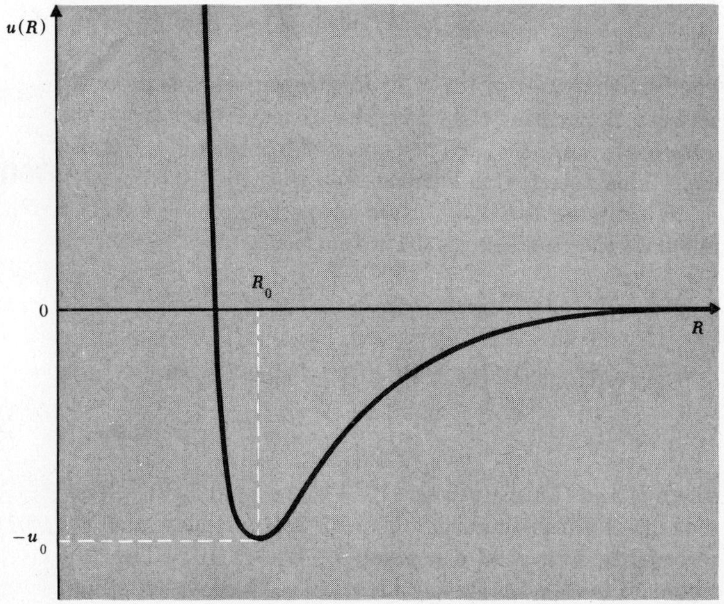

Abb. 10.3.1 Die potentielle Energie $u(R)$ der Wechselwirkung zwischen zwei Molekülen im Abstand R

Ein anderes Potential, das eine weniger realistische Näherung darstellt, aber mathematisch einfacher ist, hat folgende Form

$$u(R) = \begin{cases} \infty & \text{für } R < R_0 \\ -u_0 \left(\frac{R_0}{R} \right)^s & \text{für } R > R_0 \end{cases} \tag{10.3.5}$$

Die Tatsache, daß $u \to \infty$ für $R < R_0$ geht, bedeutet, daß der kleinstmögliche Abstand zwischen den Molekülen R_0 ist, d.h. die Moleküle verhalten sich wie harte

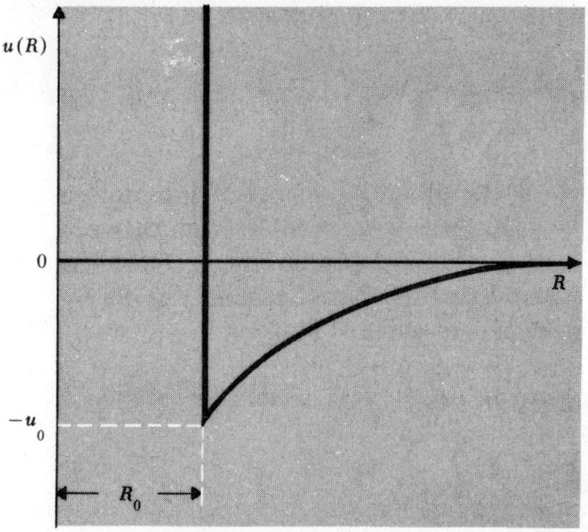

Abb. 10.3.2 Die potentielle Energie $u(R)$ gemäß Gleichung (10.3.5) als Funktion von R

Kugeln vom Radius ½ R_0 mit schwacher Anziehung. Die Wahl $s = 6$ für den Exponenten ist meist die geeignetste. Dieses Potential ist in Abb. 10.3.2 dargestellt.

Um die Gleichgewichtseigenschaften des Gases zu erörtern, ist es nötig, die klassische Zustandsumme zu berechnen

$$Z = \frac{1}{N!}\iint \cdots \int e^{-\beta(K+U)} \frac{d^3\mathbf{p}_1 \cdots d^3\mathbf{p}_N\, d^3\mathbf{r}_1 \cdots d^3\mathbf{r}_N}{h^{3N}}$$
$$= \frac{1}{h^{3N}N!}\int \cdots \int e^{-\beta K(p_1,\ldots,p_N)}\, d^3\mathbf{p}_1 \cdots d^3\mathbf{p}_N$$
$$\int \cdots \int e^{-\beta U(r_1,\ldots,r_N)}\, d^3\mathbf{r}_1 \cdots d^3\mathbf{r}_N \qquad (10.3.6)$$

wobei K und U durch (10.3.2) und (10.3.3) gegeben sind. Der Faktor $N!$ berücksichtigt die Ununterscheidbarkeit der Teilchen, und wir haben in Übereinstimmung mit unserer Diskussion in Abschnitt 9.10 $h_0 = h$ gesetzt. Das erste Integral über die Impulse ist sehr einfach und identisch mit dem in (7.2.6) für das ideale Gas berechneten. Für das zweite Integral schreiben wir

$$Z_U \equiv \int \cdots \int e^{-\beta U(r_1,\ldots,r_N)}\, d^3\mathbf{r}_1 \cdots d^3\mathbf{r}_N \qquad (10.3.7)$$

Dann wird (10.3.6)

$$Z = \frac{1}{N!}\left(\frac{2\pi m}{h^2\beta}\right)^{\frac{3}{2}N} Z_U \qquad (10.3.8)$$

Die Auswertung von Z_U für das der Integrationsbereich für jedes r_j durch das gesamte Volumen V des Behälters gegeben ist, ist ziemlich kompliziert, weil in U gemäß (10.3.3) die Koordinaten nicht einzeln auftreten. Die Berechnung von Z_U stellt also die wesentliche Schwierigkeit bei der Erörterung des nichtidealen Gases dar. Natürlich wird Z_U im Grenzfall des idealen Gases $U \to 0$ einfach, oder wenn die Temperatur so hoch ist, daß $\beta \to 0$ geht; denn dann geht $e^{-\beta U} \to 1$ und $Z_U \to V^N$.

Wenn die Dichte n des Gases nicht zu groß ist, ist es möglich, für die Auswertung der Zustandsumme Z_U systematische Näherungsverfahren zu entwickeln. Diese Verfahren beruhen im wesentlichen auf einer Reihenentwicklung nach Potenzen von n. Bei niedrigen Dichten reichen dann schon die ersten Terme aus, um eine befriedigende Beschreibung des Gases zu bekommen. Tatsächlich kann man eine erste Näherung für Z_U allein aus energetischen Überlegungen erhalten. Die mittlere potentielle Energie des Gases ist durch

$$\bar{U} = \frac{\int e^{-\beta U} U \, d^3\mathbf{r}_1 \cdots d^3\mathbf{r}_N}{\int e^{-\beta U} \, d^3\mathbf{r}_1 \cdots d^3\mathbf{r}_N} = -\frac{\partial}{\partial \beta} \ln Z_U \tag{10.3.9}$$

gegeben. Also gilt

$$\ln Z_U(\beta) = N \ln V - \int_0^\beta \bar{U}(\beta') \, d\beta' \tag{10.3.10}$$

da $Z_U(0) = V^N$ für $\beta = 0$ ist. Gemäß (10.3.3) ist die mittlere potentielle Energie von $\frac{1}{2}N(N-1)$ Molekülpaaren einfach

$$\bar{U} = \tfrac{1}{2}N(N-1)\bar{u} \approx \tfrac{1}{2}N^2\bar{u} \tag{10.3.11}$$

da $N \gg 1$ ist. Wenn weiterhin das Gas ausreichend verdünnt ist, kann man in erster Näherung annehmen, daß die Bewegung irgendeines Molekülpaares nicht mit der Bewegung der restlichen Paare korreliert ist, die daher einfach wie ein Wärmereservoir der Temperatur T wirken. Die Wahrscheinlichkeit dafür, daß das Molekül j relativ zum Molekül k seine Lage im Volumenelement $d^3\mathbf{R}$ und $\mathbf{R} = \mathbf{r}_j - \mathbf{r}_k$ hat, ist dann proportional zu $e^{-\beta u(R)}\, d^3\mathbf{R}$. Daher ist die mittlere potentielle Energie zwischen diesem Molekülpaar durch

$$\bar{u} = \frac{\int e^{-\beta u} u \, d^3\mathbf{R}}{\int e^{-\beta u} \, d^3\mathbf{R}} = -\frac{\partial}{\partial \beta} \ln \int e^{-\beta u} \, d^3\mathbf{R} \tag{10.3.12}$$

gegeben. Dabei läuft die Integration über alle möglichen Werte der Relativkoordinaten $\mathbf{R}$, d.h. im wesentlichen über das Volumen V des Behälters. Da $u \approx 0$ und $e^{-\beta u} \approx 1$ praktisch überall außer für sehr kleine R gilt, ist es zweckmäßig, das Integral in der Form zu schreiben

$$\int e^{-\beta u} \, d^3\mathbf{R} = \int [1 + (e^{-\beta u} - 1)] \, d^3\mathbf{R} = V + I = V\left(1 + \frac{I}{V}\right) \tag{10.3.13}$$

wobei

$$\blacktriangleright \quad I(\beta) \equiv \int (e^{-\beta u} - 1) \, d^3\mathbf{R} = \int_0^\infty (e^{-\beta u} - 1) 4\pi R^2 \, dR \tag{10.3.14}$$

relativ klein ist, so daß $I \ll V$ gilt. Mit (10.3.13) und (10.3.12) erhält man dann

$$\bar{u} = -\frac{\partial}{\partial\beta}\left[\ln V + \ln\left(1 + \frac{I}{V}\right)\right] \approx 0 - \frac{\partial}{\partial\beta}\left(\frac{I}{V} + \cdots\right)$$

oder $$\bar{u} = -\frac{1}{V}\frac{\partial I}{\partial\beta} \tag{10.3.15}$$

Damit wird aus (10.3.11)

$$\bar{U} = -\frac{1}{2}\frac{N^2}{V}\frac{\partial I}{\partial\beta}$$

Also ergibt (10.3.10)

▶ $$\ln Z_U(\beta) = N \ln V + \frac{1}{2}\frac{N^2}{V} I(\beta) \tag{10.3.16}$$

wegen $I = 0$ für $\beta = 0$.

10.4 Zustandsgleichung und Virialkoeffizienten

Die Zustandsgleichung kann man leicht aus der Zustandsumme durch die allgemeine Beziehung

$$\bar{p} = \frac{1}{\beta}\frac{\partial \ln Z}{\partial V} = \frac{1}{\beta}\frac{\partial \ln Z_U}{\partial V} \tag{10.4.1}$$

erhalten, da in (10.3.8) nur in Z_U das Volumen V vorkommt. Daher ergibt sich mit (10.3.16)

$$\beta\bar{p} = \frac{\bar{p}}{kT} = \frac{N}{V} - \frac{1}{2}\frac{N^2}{V^2} I \tag{10.4.2}$$

Dies ist von der allgemeinen Form

$$\frac{\bar{p}}{kT} = n + B_2(T)n^2 + B_3(T)n^3 + \cdots \tag{10.4.3}$$

wobei $n \equiv N/V$ die Zahl der Moleküle pro Volumeneinheit ist. Gleichung (10.4.3) ist eine Entwicklung nach Potenzen von n und stellt die sogenannte „Virialentwicklung" dar, die schon in (5.10.12) erwähnt wurde. Die Koeffizienten B_2, B_3, . . . heißen „Virialkoeffizienten". Für das ideale Gas ist $B_2 = B_3 = \ldots = 0$. Wenn n nicht zu groß ist, sind nur die ersten Glieder in (10.4.3) von Bedeutung. Wir haben die erste Korrektur für Z ausgerechnet, wenn Terme in n^2 wesentlich werden. Damit haben wir den zweiten Virialkoeffizienten B_2 gefunden; aus (10.4.2) und (10.3.14) folgt

▶ $$B_2 = -\tfrac{1}{2}I = -2\pi \int_0^\infty (e^{-\beta u} - 1)R^2\,dR \tag{10.4.4}$$

Die Kenntnis des zwischenmolekularen Potentials u erlaubt daher unmittelbar die Berechnung des ersten Korrekturterms für die Zustandsgleichung des idealen Gases.

Aus dem allgemeinen Verlauf des zwischenmolekularen Potentials (vgl. Abb. 10.3.1) ist es leicht, die Temperaturabhängigkeit von B_2 zu ermitteln. Man betrachte den Integranden von (10.4.4) als Funktion von R. Für kleine R ist u groß und positiv, so daß $(e^{-\beta u} - 1)$ negativ wird; in diesem Bereich liefert dann der Integrand in (10.4.4) einen positiven Beitrag zu B_2. Für größere Werte von R

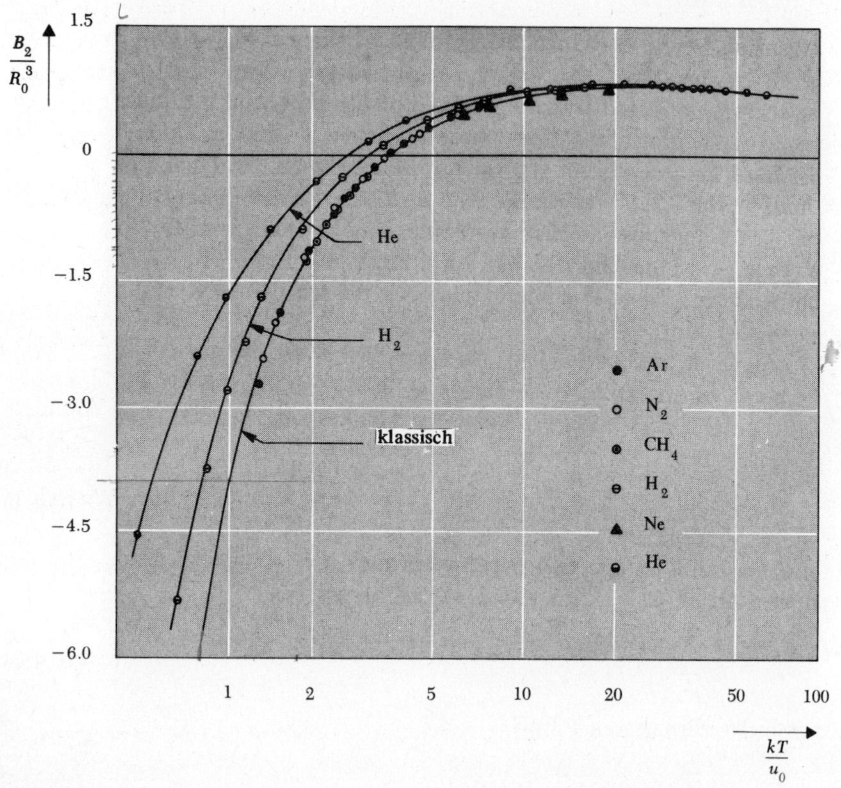

Abb. 10.4.1 Dimensionslose Darstellung der Temperaturabhängigkeit von B_2. Die mit „klassisch" bezeichnete Kurve zeigt das Ergebnis der klassischen Berechnung unter Verwendung des Lennard-Jones-Potentials (10.3.4). Zum Vergleich sind zwei andere Kurven für He und H_2 dargestellt, die unter Berücksichtigung quantenmechanischer Effekte berechnet wurden. (Man sieht, daß quantenmechanische Effekte für diese leichten Gase bei niedrigen Temperaturen wichtig werden.) Die Punkte geben experimentelle Resultate für verschiedene Gase wieder. (Nach J.O. Hirschfelder, C.F. Curtis und R.B. Bird, „Molecular Theory of Gases and Liquids", S. 164, John Wiley & Sons, Inc., New York (1954)).

dagegen ist u negativ und somit $(e^{-\beta u} - 1)$ positiv, und zwar umso größer, je größer β (d.h. je kleiner T) ist; in diesem Bereich liefert der Integrand einen negativen Beitrag zu B_2, der aber bei hohen Temperaturen weniger signifikant ist, so daß dann B_2 positiv ist. Bei irgendeiner Temperatur im Zwischenbereich muß demnach B_2 verschwinden. Daher zeigt die Temperaturabhängigkeit von B_2 das in Abb. 10.4.1 dargestellte Verhalten.

Man kann dieses Verhalten auch physikalisch verstehen. Bei niedrigen Temperaturen mit $kT < u_0$ sind die Moleküle mit größter Wahrscheinlichkeit in Konfigurationen minimaler Wechselwirkungsenergie, für die also die zwischenmolekularen Kräfte anziehend sind. Diese Anziehung versucht, den Druck des Gases gegenüber dem des idealen Gases zu reduzieren, d.h. aber, B_2 ist negativ. Bei höheren Temperaturen mit $kT > u_0$ werden die Moleküle kaum durch das Vorhandensein des Potentialminimums beeinflußt, und der Einfluß der stark abstoßenden Wechselwirkung ist vorherrschend. Diese Abstoßung vergrößert den Druck des Gases gegenüber dem des idealen Gases, d.h. B_2 ist positiv. Wenn schließlich T sehr groß ist, wird die kinetische Energie der Moleküle so groß, daß die Moleküle etwas gegen das abstoßende Potential ankommen können und sich näher kommen als bei niedrigeren Temperaturen. Damit existiert bei genügend hohen Temperaturen eine leichte Tendenz für den Druck und damit für B_2, wieder abzunehmen.

Alle diese qualitativen Züge zeigt Abb. 10.4.1, in der das Ergebnis einer expliziten Berechnung von B_2 mittels eines Lennard-Jones-Potentials (10.3.4) nach Gleichung (10.4.4) dargestellt ist. Man beachte, daß dieses Potential von der allgemeinen Form

$$u(R) = u_0\,\phi\left(\frac{R}{R_0}\right) \tag{10.4.5}$$

ist, wobei u_0 und R_0 zwei Parameter und ϕ eine Funktion des relativen Abstandes R/R_0 ist. Damit kann man für (10.4.4) schreiben

$$B_2 = -2\pi R_0^3 \int_0^\infty (e^{-\beta u_0 \phi(R')} - 1) R'^2\, dR', \qquad R' \equiv \frac{R}{R_0}$$

oder $$B_2' = -2\pi \int_0^\infty (e^{-\phi(R')/T'} - 1) R'^2\, dR' \tag{10.4.6}$$

wobei $$B_2' \equiv \frac{B_2}{R_0^3} \quad \text{und} \quad T' \equiv \frac{kT}{u_0} = \frac{T}{u_0/k} \tag{10.4.7}$$

gesetzt wurde. Daher besagt das Potential (10.4.5), daß B_2' – in den eingeführten dimensionslosen Variablen ausgedrückt – für alle Gase die gleiche universelle Funktion von T' ist. Diese Funktion ist in Abb. 10.4.1 für das Lennard-Jones-Potential (10.3.4) dargestellt. Experimentelle Messungen der Zustandsgleichung liefern Punkte, mit denen man eine empirische Kurve auftragen kann; dabei ist die Frage, wieweit man Übereinstimmung mit der theoretischen Kurve erreichen kann, wenn man nur die zwei Parameter u_0 und R_0 zum Anpassen benutzt. Abb. 10.4.1 zeigt, daß man eine ziemlich gute Übereinstimmung erzielen kann. Die Werte von u_0 und R_0, die die beste Anpassung ergeben, kennzeichnen das zwischenmolekulare Potential. Für Argon erhält man z.B. [3*] R_0 = 3,82 Å und u_0/k = 120 K.

[3*] Werte für andere Gase findet man zusammengestellt in:
Hill, T.L.: Introduction to Statistical Thermodynamics, S. 484, Addison-Wesley Company, Reading, Mass. (1960).

Die Van der Waals-Gleichung. Wir wollen die Berechnung von B_2 für einen speziellen, einfachen Fall durchführen. Wir nehmen an, daß das Potential durch (10.3.5) dargestellt werden kann. Dann wird aus (10.4.4)

$$B_2 = 2\pi \int_0^{R_0} R^2\,dR - 2\pi \int_{R_0}^{\infty} (e^{-\beta u} - 1) R^2\,dR \tag{10.4.8}$$

Man nehme an, die Temperatur sei so hoch, daß

$$\beta u_0 \ll 1 \tag{10.4.9}$$

gilt. Dann ist im zweiten Integral $e^{-\beta u} \approx 1 - \beta u$ und (10.4.8) wird

$$B_2 = \frac{2\pi}{3} R_0^3 - 2\pi\beta u_0 \int_{R_0}^{\infty} \left(\frac{R_0}{R}\right)^s R^2\,dR$$

oder $$B_2 = \frac{2\pi}{3} R_0^3 \left(1 - \frac{3}{s-3}\frac{u_0}{kT}\right)$$

wobei wir angenommen haben, daß $s > 3$ ist, und damit das Integral konvergiert. Dann nimmt B_2 die Form an

$$B_2 = b' - \frac{a'}{kT} \tag{10.4.10}$$

wobei $$b' \equiv \frac{2\pi}{3} R_0^3 \quad \text{und} \quad a' \equiv \left(\frac{3}{s-3}\right) b' u_0 \tag{10.4.11}$$

gesetzt wurde. Die Zustandsgleichung (10.4.3) wird dann unter Vernachlässigung von Gliedern höherer Ordnung als n^2

$$\frac{\bar{p}}{kT} = n + \left(b' - \frac{a'}{kT}\right) n^2 \tag{10.4.12}$$

Damit ist

$$\bar{p} = nkT + (b'kT - a')n^2$$

oder $$\bar{p} + a'n^2 = nkT(1 + b'n) \approx \frac{nkT}{1 - b'n} \tag{10.4.13}$$

Im letzten Schritt nehmen wir an, daß

$$b'n \ll 1 \tag{10.4.14}$$

ist, d.h. die Dichte ist niedrig genug, so daß das mittlere pro Molekül verfügbare Volumen $n^{-1} = V/N$ groß im Vergleich zum Volumen des „harten" Kerns des Moleküls in (10.4.11) ist. Damit wird (10.4.13)

$$(\bar{p} + a'n^2)\left(\frac{1}{n} - b'\right) = kT \tag{10.4.15}$$

was im wesentlichen die Van der Waals-Gleichung darstellt. Man kann diese Rela-lation in eine bekanntere Form durch Einführung des molaren Volumens $v = V/\nu$ bringen, wobei ν die Anzahl der Mole des Gases ist. Es gilt

$$n = \frac{N}{V} = \frac{\nu N_a}{V} = \frac{N_a}{v}$$

wobei N_a die Loschmidtsche Zahl ist. Damit wird aus (10.4.15)

$$\left(\bar{p} + \frac{a}{v^2}\right)(v - b) = RT \qquad (10.4.16)$$

wobei $R = N_a k$ die Gaskonstante ist und

$$a \equiv N_a^2 a' \quad \text{und} \quad b \equiv N_a b' \qquad (10.4.17)$$

gesetzt wurde. Über (10.4.11) sind die Van der Waals-Konstanten a und b durch Parameter ausgedrückt, die das intermolekulare Potential (10.3.5) charakterisieren.

10.5 Eine andere Ableitung der van der Waals-Gleichung

Es ist lehrreich, das Problem des nichtidealen Gases auf einem anderen Weg zu erörtern. Dieser Weg ist zwar ziemlich einfach, setzt aber trotzdem nicht voraus, daß das Gas verdünnt ist. Man greift dabei ein einzelnes Molekül heraus und berücksichtigt die übrigen Moleküle durch ein effektives Potential $U_e(\mathbf{r})$, in dem sich das betrachtete Molekül bewegt, ohne die anderen Moleküle zu beeinflussen. Die Zustandsumme des Systems vereinfacht sich dann zu der eines Systems von N *unabhängigen* Teilchen, jedes mit einer kinetischen Energie vom Betrag $(2m)^{-1}\,\mathbf{p}^2$ und der potentiellen Energie U_e. In dieser Näherung hat man den klassischen Ausdruck

$$Z = \frac{1}{N!}\left[\iint e^{-\beta(p^2/2m + U_e)}\,\frac{d^3\mathbf{p}\,d^3\mathbf{r}}{h^3}\right]^N \qquad (10.5.1)$$

wobei der Faktor $N!$ wieder der Ununterscheidbarkeit der Moleküle Rechnung trägt. Das Integral über den Impuls ist identisch mit dem für das ideale Gas ausgewerteten (7.2.6). Damit wird (10.5.1)

$$Z = \frac{1}{N!}\left(\frac{2\pi m}{h^2\beta}\right)^{\frac{3}{2}N}\left[\int e^{-\beta U_e(r)}\,d^3\mathbf{r}\right]^N \qquad (10.5.2)$$

Das verbleibende Integral erstreckt sich über das gesamte Volumen V des Behälters. Ein weiterer Schritt ist die Feststellung, daß es Gebiete gibt, in denen wegen der starken Abstoßung zwischen den Molekülen $U_e \to \infty$ gilt. Somit verschwindet der Integrand in diesen Gebieten, die zusammen das Volumen V_x haben. Im übrigbleibenden Volumen $(V - V_x)$, in dem sich U_e nur wenig mit dem zwischenmolekularen Abstand ändert, ersetzen wir es näherungsweise durch einen *konstanten* Mittelwert $\bar{U}_e$. Damit wird (10.5.2)

$$Z = \frac{1}{N!}\left[\left(\frac{2\pi m}{h^2\beta}\right)^{\frac{3}{2}} (V - V_x)\, e^{-\beta \bar{U}_e}\right]^N \tag{10.5.3}$$

Es bleibt noch die Aufgabe, die Werte der Parameter $\bar{U}_e$ und V_x abzuschätzen. Die gesamte mittlere Energie der Moleküle ist näherungsweise $N\bar{U}_e$. Da es aber $\frac{1}{2} N(N-1) \approx \frac{1}{2} N^2$ Molekülpaare gibt, folgt aus (10.3.3), daß ihre gesamte mittlere potentielle Energie auch gleich $\frac{1}{2} N^2 \bar{u}$ sein muß. Gleichsetzen dieser Ausdrükke bedeutet, daß

$$\bar{U}_e = \tfrac{1}{2} N \bar{u} \tag{10.5.4}$$

sein muß. Um die mittlere potentielle Energie $\bar{u}$ eines Molekülpaares abzuschätzen, wollen wir annehmen, daß das Potential (10.3.5) die Wirklichkeit angemessen darstellt. Betrachtet man ein gegebenes Molekül j, dann kann man als gröbste Näherung annehmen, daß jedes beliebige andere Molekül überall mit gleicher Wahrscheinlichkeit im Behälter ist, wenn sein Abstand R vom Molekül j größer als R_0 ist. Die Wahrscheinlichkeit dafür, sich in einem Abstand zwischen R und $R + dR$ zu befinden, ist dann $(4\pi R^2 dR)/V$ [4+], so daß gilt

$$\bar{u} = \frac{1}{V}\int_{R_0}^{R} u(R) 4\pi R^2\, dR = -\frac{4\pi u_0}{V}\int_{R_0}^{R}\left(\frac{R_0}{R}\right)^s R^2\, dR$$

Wir nehmen wieder an, daß $s > 3$ ist, d.h. daß $U(R)$ genügend rasch abfällt und das Integral konvergiert. Dann wird (10.5.4)

$$\bar{U}_e = \frac{1}{2} N \bar{u} = -a' \frac{N}{V} \tag{10.5.5}$$

mit $$a' \equiv \frac{2\pi}{3} R_0^3 \left(\frac{3}{s-3}\right) u_0 \tag{10.5.6}$$

Nach (10.3.5) beträgt die kleinstmögliche Entfernung zwischen den Molekülen R_0. Bei jedem Zusammentreffen zwischen zwei Molekülen gibt es ein Volumen, das einem Molekül wegen der Anwesenheit des anderen unzugänglich ist, und zwar eine Kugel vom Radius R_0 (vgl. Abb. 10.5.1). Da es $\frac{1}{2} N(N-1) \approx \frac{1}{2} N^2$ Molekülpaare gibt, ist das gesamte unzugängliche Volumen $\frac{1}{2} N^2 \,(4/3\ \pi R_0^3)$. Das muß aber aus Gründen der Selbstkonsistenz auch gleich NV_x sein, da wir unter V_x das für ein Molekül unzugängliche Volumen verstehen wollten. Daraus folgt

$$V_x = b'N \tag{10.5.7}$$

mit $$b' = \frac{2\pi}{3} R_0^3 = 4\left[\frac{4\pi}{3}\left(\frac{R_0}{2}\right)^3\right] \tag{10.5.8}$$

4+) Zur richtigen Normierung muß durch $V - V_x$ dividiert werden. Das dem Molekül unzugängliche Volumen V_x wird aber in (10.5.3) schon berücksichtigt und ginge hier – wie später ersichtlich wird – nur in einer höheren Näherung ein [nämlich in (10.5.9) im Glied, das proportional $1/V^2$ ist].

b' ist also gerade das vierfache Volumen eines Moleküls mit hartem Kugelkern. Damit ist unsere grobe Abschätzung der Zustandsumme abgeschlossen. Man kann nun die Zustandsgleichung nach der allgemeinen Beziehung (6.5.12) berechnen. Angewandt auf (10.5.3) ergibt das

$$\bar{p} = \frac{1}{\beta}\frac{\partial \ln Z}{\partial V} = \frac{1}{\beta}\frac{\partial}{\partial V}\left[N \ln (V - V_x) - N\beta\bar{U}_e\right]$$

Mit (10.5.5) und (10.5.7) wird daraus

$$\bar{p} = \frac{kTN}{V - b'N} - a'\frac{N^2}{V^2}$$

oder
$$\left(\bar{p} + a'\frac{N^2}{V^2}\right)\left(\frac{V}{N} - b'\right) = kT \tag{10.5.9}$$

Damit haben wir wieder die Van der Waals-Gleichung (10.4.15) erhalten. Die Überlegungen zur Ableitung der Zustandsgleichung (10.5.9) waren ziemlich grob. Sie waren aber allgemeiner als die im vorangehenden Abschnitt, da sie nicht speziell von einem Gas niedriger Dichte ausgingen. Man kann daher erwarten, daß die Van der Waalssche Gleichung (10.5.9), obwohl sie nur eine näherungsweise gültige Zustandsgleichung ist, auch zur näherungsweisen Beschreibung des dichten flüssigen Zustandes geeignet ist. Es dürfte also zulässig sein, diese Gleichung für eine näherungsweise Beschreibung des Phasenüberganges gasförmig – flüssig zu verwenden.

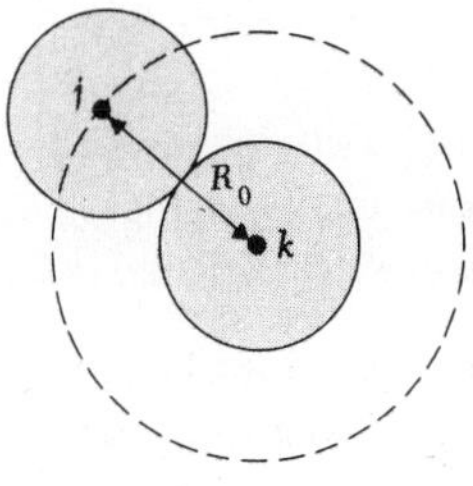

Abb. 10.5.1 Skizze, die veranschaulichen soll, daß die Anwesenheit des Moleküls k eine Kugel vom Radius R_0 für das Molekül j unzugänglich macht. Die Moleküle werden als starre Kugeln vom Radius $\frac{1}{2}R_0$ betrachtet

Ferromagnetismus

10.6 Wechselwirkung zwischen Spins

Man betrachte einen Festkörper aus N Atomen, die in einem regulären Gitter angeordnet sind. Jedes Atom hat einen resultierenden Elektronenspin $\boldsymbol{S}$ und ein damit verknüpftes magnetisches Moment $\boldsymbol{\mu}$. Wird eine Bezeichnungsweise ähnlich der im Abschnitt 7.8 benutzt, so gilt für das magnetische Moment und den Spin eines Atoms folgende Beziehung [5*)]

5*) Fußnote siehe Seite 500.

$$\boldsymbol{\mu} = g\mu_0 \mathbf{S} \tag{10.6.1}$$

Dabei ist μ_0 das Bohrsche Magneton und g ist von der Größenordnung eins. In Gegenwart eines äußeren Magnetfeldes H_0 längs der z-Achse sieht der Hamilton-operator der Wechselwirkung zwischen Magnetfeld und Atomen folgendermaßen aus

$$\mathcal{H}_0 = -g\mu_0 \sum_{j=1}^{N} \mathbf{S}_j \cdot \boldsymbol{H}_0 = -g\mu_0 H_0 \sum_{j=1}^{N} S_{jz} \tag{10.6.2}$$

Zusätzlich erwartet man, daß jedes Atom mit benachbarten Atomen wechselwirkt. Diese Wechselwirkung ist nicht einfach die magnetische Dipol-Dipol-Wechselwirkung aufgrund des magnetischen Feldes, das ein Atom am Ort eines anderen Atoms erzeugt. Sie ist im allgemeinen viel zu schwach, um das Phänomen Ferromagnetismus hervorzubringen. Die vorherrschende Wechselwirkung ist gewöhnlich die sogenannte „Austauschwechselwirkung". Dies ist eine quantenmechanische Konsequenz des Paulischen Ausschließungsprinzips. Da Elektronen nicht den gleichen Zustand besetzen dürfen, können sich zwei Elektronen in benachbarten Atomen mit parallelen Spins räumlich nicht allzu nahe kommen (d.h. sie können nicht die gleichen Elektronenbahnen besetzen); wenn diese Elektronen andererseits antiparallele Spins haben, sind sie schon in verschiedene Zustände und aus dem Pauli-Prinzip folgt keine Einschränkung für ihre gegenseitige Annäherung. Da verschiedene räumliche Abstände verschieden starke elektrostatistische Wechselwirkungen zur Folge haben, zeigt diese qualitative Diskussion, daß die *elektrostatische* Wechselwirkung (die von der Größenordnung 1 eV sein kann und damit viel größer als irgendeine magnetische Wechselwirkung ist) zwischen zwei benachbarten Atomen auch von der relativen Orientierung ihrer Spins abhängt. Das ist der Ursprung der Austauschwechselwirkung, die für zwei Atome j und k in folgender Form beschrieben werden kann

$$\mathcal{H}_{jk} = -2J\mathbf{S}_j \cdot \mathbf{S}_k \tag{10.6.3}$$

Hierbei ist J ein Parameter (der von dem Abstand zwischen den Atomen abhängt), der ein Maß für die Stärke der Austauschwechselwirkung ist. Ist $J > 0$, so ist die Wechselwirkungsenergie $\mathcal{H}_{jk}$ niedriger, wenn die Spins parallel sind als für den Fall antiparalleler Spins. Der Zustand niedrigster Energie ist dann einer, der die *parallele* Spinorientierung der Atome begünstigt, d.h. einer, der Ferromagnetismus hervorruft. Da die Austauschwirkung vom Grad der Überlappung, d.h. von dem näherungsweise gemeinsamen besetzten Raumgebiet der Elektronen zweier Atome abhängt, fällt J rasch mit zunehmendem Abstand zwischen den Atomen ab. Daher ist die Austauschwechselwirkung außer für hinreichend nahe benachbarte Atome vernachlässigbar klein. Also steht jedes Atom bezüglich der Austauschwechselwirkung nur mit seinem nächsten Nachbarn in Wechselwirkung.

5*) Im Abschnitt 7.8 benutzten wir das Symbol $\boldsymbol{J}$ statt $\boldsymbol{S}$, aber die obige Bezeichnung ist bei der Erörterung des Ferromagnetismus üblich; sie vermeidet auch die Verwirrung, die aufgrund der verbreiteten Bezeichnung J für die Austauschenergie entstehen könnte.

Anmerkung: Wir wollen explizit zeigen, daß die *magnetische* Wechselwirkung zwischen den Atomen bei weitem zu klein ist, um für den gewöhnlichen Ferromagnetismus verantwortlich zu sein. Da ein Atom im Abstand r ein magnetisches Feld der Größenordnung μ_0/r^3 erzeugt (Dipol), ist die Größe der magnetischen Wechselwirkung eines Atoms mit seinen n Nachbarn im Abstand r näherungsweise $(n\mu_0^2/r^3)$. Mit $n = 12$, $\mu_0 \approx 10^{-23}$ J/T (Bohrsches Magneton), und $r = 2 \cdot 10^{-8}$ cm ergibt dies eine Wechselwirkungsenergie von $1{,}5 \cdot 10^{-23}$ J, was nach Divison durch k etwa 1 K, entspricht. Diese Wechselwirkungsenergie könnte wohl Ferromagnetismus unterhalb von 1 K erzeugen, sicherlich aber nicht in dem Bereich unterhalb von 1000 K, in dem metallisches Eisen ferromagnetisch ist!

Um das Problem der Wechselwirkung zu vereinfachen, werden wir (10.6.3) durch den einfacheren Ausdruck

$$\mathcal{H}_{jk} = -2\,JS_{jz}S_{kz} \tag{10.6.4}$$

ersetzen. Diese Näherung läßt die physikalische Situation im wesentlichen unverändert und vermeidet die Komplikationen, die vektorielle Größen mit sich bringen. (Diese einfachere Form (10.6.4) heißt „Ising-Modell".)

Der Hamiltonoperator $\mathcal{H}'$ der Wechselwirkung zwischen den Atomen kann dann in folgender Form geschrieben werden

$$\mathcal{H}' = \tfrac{1}{2}\left(-2J\sum_{j=1}^{N}\sum_{k=1}^{n} S_{jz}S_{kz}\right) \tag{10.6.5}$$

Dabei ist J die Austausch-Konstante für benachbarte Atome, und der Index k bezieht sich auf Atome in der „Schale" der nächsten Nachbarn, die das Atom j umgeben. (Der Faktor ½ wurde eingeführt, da beim Ausführen der Doppelsumme die Wechselwirkung zwischen zwei bestimmten Atomen doppelt gezählt wird). Der Gesamthamiltonoperator der Atome ist dann

$$\mathcal{H} = \mathcal{H}_0 + \mathcal{H}' \tag{10.6.6}$$

Das Problem besteht nun in der Berechnung der thermodynamischen Funktionen dieses Systems, z.B. seines mittleren magnetischen Momentes $\bar{M}$ als Funktion der Temperatur und des äußeren Magnetfeldes H_0. Das Vorhandensein der Wechselwirkungen macht diese Aufgabe trotz der extremen Einfachheit von (10.6.5) ziemlich kompliziert. Obwohl das Problem für eine zweidimensionale Spinanordnung für $H_0 = 0$ exakt gelöst wurde, ist das dreidimensionale Problem so schwierig, daß es bis heute jedem Versuch einer exakten Lösung getrotzt hat. Wir werden deshalb das Problem in der einfachsten Näherung in Angriff nehmen, nämlich mit der Molekularfeld-Theorie von Pierre Weiß.

10.7 Molekularfeld-Näherung von Weiß

Man greife ein bestimmtes Atom j heraus, das wir „Zentralatom" nennen wollen. Die Wechselwirkung dieses Atoms mit einem äußeren Feld und seiner Umgebung werden durch folgenden Hamiltonoperator beschrieben

$$\mathcal{H}_j = -g\mu_0 H_0 S_{jz} - 2J S_{jz} \sum_{k=1}^{n} S_{kz} \tag{10.7.1}$$

Das letzte Glied stellt die Wechselwirkung dieses Zentralatoms mit den n nächsten Nachbarn dar. Wir ersetzen nun näherungsweise die Summe über diese Nachbarn durch einen Mittelwert, d.h. wir setzen

$$2J \overline{\sum_{k=1}^{n} S_{kz}} \equiv g\mu_0 H_m \tag{10.7.2}$$

wobei H_m ein Parameter ist, der definitionsgemäß die Dimension eines Magnetfeldes hat. Dieses wird „molekulares" oder „inneres" Feld genannt und muß so bestimmt werden, daß es zu einer selbstkonsistenten Lösung des statistischen Problems führt. Mit diesem Parameter wird dann aus (10.7.1) einfach

$$\mathcal{H}_j = -g\mu_0 (H_0 + H_m) S_{jz} \tag{10.7.3}$$

Die Wirkung der Nachbaratome ist also einfach durch ein effektives Magnetfeld H_m ersetzt worden. Das Problem (10.7.3) ist gerade das elementare Problem eines *einzelnen* Atoms in einem äußeren Feld $(H_0 + H_m)$, das im Abschnitt 7.8 behandelt wurde. Die Energieniveaus des j-ten Zentralatoms sind danach

$$E_m = -g\mu_0 (H_0 + H_m) m_s, \quad m_s = -S, (-S+1), \ldots, S \tag{10.7.4}$$

Daraus kann man unmittelbar die mittlere z-Komponente des Spins dieses Atoms berechnen. Wegen (7.8.13) gilt

$$\overline{S_{jz}} = SB_S(\eta) \tag{10.7.5}$$

mit $$\eta \equiv \beta g\mu_0 (H_0 + H_m), \quad \beta \equiv (kT)^{-1} \tag{10.7.6}$$

$B_s(\eta)$ ist die in (7.8.14) definierte Brillouinfunktion für den Spin S.

Der Ausdruck (10.7.5) enthält den unbekannten Parameter H_m. Um ihn in selbstkonsistenter Weise zu bestimmen sei bemerkt, daß es nichts gibt, was das Zentralatom j vor irgendeinem seiner Nachbaratome auszeichnet. Daher könnte man jedes beliebige dieser Nachbaratome als Zentralatom nehmen und sein Mittelwert von $\overline{S_z}$ muß ebenfalls durch (10.7.5) gegeben sein. Um Selbstkonsistenz zu erreichen, müssen wir also verlangen, daß sich (10.7.2) auf

$$2JnSB_s(\eta) = g\mu_0 H_m \tag{10.7.7}$$

reduziert. Da η durch (10.7.6) mit H_m verknüpft, ist die Bedingung (10.7.7) eine

Bestimmungsgleichung für H_m, mit der das gesamte Problem vollständig zu lösen ist. Drückt man H_m durch η aus, dann wird aus (10.7.7)

$$B_S(\eta) = \frac{kT}{2nJS}\left(\eta - \frac{g\mu_0 H_0}{kT}\right) \tag{10.7.8}$$

woraus η und folglich H_m zu ermitteln ist. Insbesondere wired aus (10.7.8) bei Abwesenheit eines äußeren Feldes

$$\text{für } H_0 = 0: \quad B_S(\eta) = \frac{kT}{2nJS}\,\eta \tag{10.7.9}$$

Die Lösung der Gleichung (10.7.8) oder (10.7.9) kann man leicht erhalten, indem man in einer graphischen Darstellung der Brillouinfunktion $y = B_s(\eta)$ und der Geraden

$$y = \frac{kT}{2nJS}\left(\eta - \frac{g\mu_0 H_0}{kT}\right)$$

den Schnittpunkt $\eta = \eta'$ der zwei Kurven bestimmt. (Vgl. Abb. 10.7.1.)

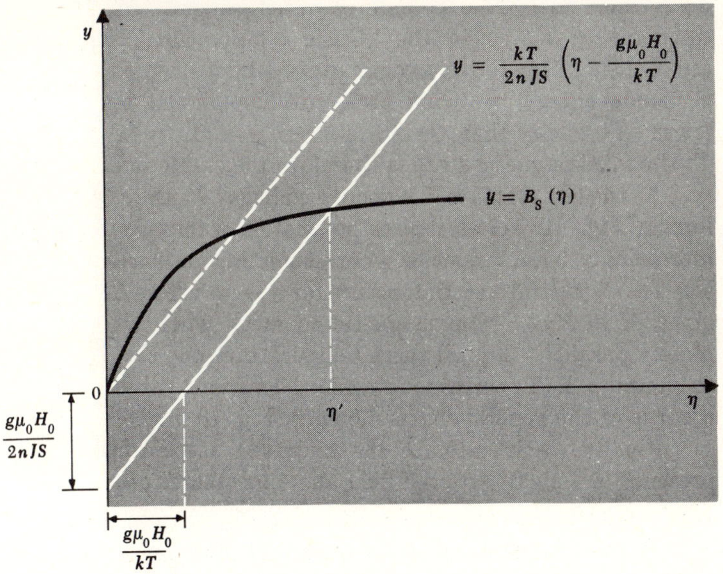

Abb. 10.7.1 Graphische Lösung von Gleichung (10.7.8), die das zum Schnittpunkt der Kurven bei $\eta = \eta'$ gehörige Molekularfeld H_m bestimmt. Die gestrichelte Gerade entspricht dem Fall ohne äußeres Feld.

Hat man einmal den Molekularfeld-Parameter H_m bestimmt, dann ist natürlich das gesamte magnetische Moment des Festkörpers bekannt. Gemäß (7.8.20) und (10.7.5) gilt

$$\bar{M} = g\mu_0 \sum_j \overline{S_{jz}} = Ng\mu_0 S B_S(\eta) \tag{10.7.10}$$

Man betrachte nun den Fall ohne äußeres Magnetfeld. Dann ist $\eta = 0$ immer eine Lösung von (10.7.9), so daß das Molekularfeld H_m verschwindet. Aber es kann noch eine weitere Lösung mit $\eta \neq 0$ existieren, dementsprechend existiert dann ein durch (10.7.10) gegebenes magnetisches Moment. Das Vorhandensein einer solchen spontanen Magnetisierung in Abwesenheit eines äußeren Feldes ist natürlich das Charakteristikum des Ferromagnetismus. Damit eine Lösung mit $\eta \neq 0$ existieren kann, müssen sich die beiden Kurven in Abb. 10.7.1 an einem Punkt $\eta \neq 0$ schneiden, wenn sie beide durch den Ursprung gehen. Die Bedingung hierfür ist, daß der Anstieg der Kurve $y = B_S(\eta)$ im Ursprung größer als die Steigung der Geraden ist, d.h.

$$\left[\frac{dB_S}{d\eta}\right]_{\eta=0} > \frac{kT}{2nJS} \tag{10.7.11}$$

Wenn aber $\eta \ll 1$ ist, nimmt $B_S(\eta)$ die einfache Form (7.8.19) an:

$$B_S(\eta) \approx \tfrac{1}{3}(S+1)\eta \tag{10.7.12}$$

Damit wird (10.7.11)

$$\frac{1}{3}(S+1) > \frac{kT}{2nJS}$$

$$T < T_c$$

oder

$$▶ \quad kT_c \equiv \frac{2nJS(S+1)}{3} \tag{10.7.13}$$

Damit existiert die Möglichkeit, Ferromagnetismus unterhalb einer bestimmten kritischen Temperatur T_c, der „Curie-Temperatur", anzutreffen, die in (10.7.13) durch J ausgedrückt ist. Dieser ferromagnetische Zustand, bei dem alle Spins sich vorzugsweise parallel zueinander orientieren, hat eine niedrigere freie Energie als der Zustand mit $\eta = H_m = 0$. Bei Temperaturen unterhalb von T_c ist deshalb der ferromagnetische Zustand der stabile [6*].

Wenn die Temperatur T unter T_c erniedrigt wird, nimmt die Neigung der gestrichelten Geraden in Abb. 10.7.1 ab, so daß sich ihr Schnittpunkt mit der Kurve

---

[6*] Das bedeutet nicht, daß eine makroskopische Probe ohne äußeres Magnetfeld notwendigerweise ein resultierendes magnetisches Moment besitzt. Um die im Magnetfeld enthaltene Energie zu minimalisieren, strebt die Probe zu einer Unterteilung in viele Bereiche, wobei jeder in eine bestimmte Richtung magnetisiert ist, sich diese Richtungen aber von Bereich zu Bereich unterscheiden. Unsere Diskussion gilt also für einen einzelnen Bereich. Vgl. Kittel, C.: Einführung in die Festkörperphysik, 3. Auflage, Kap. 16, Oldenburg, München (1973).

$y = B_S(\eta)$ nach größeren Werten von η – entsprechend größeren y Werten – hin verschiebt. Für $T \to 0$ geht am Schnittpunkt $\eta \to \infty$ und $B_S(\eta) \to 1$; dann ergibt (10.7.10) $\bar{M} \to Ng\mu_0 S$. Das ist das magnetische Moment, für das alle Spins vollständig parallel orientiert sind. Für alle Temperaturen kann man natürlich mit (10.7.10) $\bar{M}(T)$ berechnen, je nach den verschiedenen Werten von η. Man erhält dann eine Kurve von der in Abb. 10.7.2 gezeigten Gestalt.

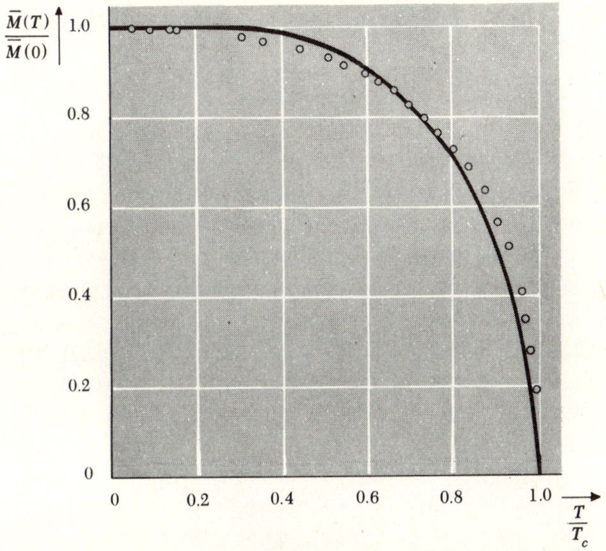

Abb. 10.7.2 Spontane Magnetisierung $\bar{M}$ eines Ferromagneten als Funktion der Temperatur T ohne äußeres Magnetfeld. Die Kurve basiert auf der Molekularfeldtheorie gemäß (10.7.10) und (10.7.9) mit $S = ½$. Die Punkte deuten experimentelle Werte für Nickel an (gemessen von P. Weiß und R. Forrer, Ann. Phys. *5* (1926), 153).

Schließlich untersuchen wir die magnetische Suszeptibilität eines Festkörpers in Anwesenheit eines schwachen äußeren Magnetfeldes bei Temperaturen oberhalb der Curietemperatur (10.7.13). Dann sind wir in einem Gebiet, in dem η in Abb. 10.7.1 klein ist. Daher kann man die Näherung (10.7.12) benutzen, um die allgemeine Selbstkonsistenzbedingung (10.7.8) in folgender Form zu schreiben:

$$\frac{1}{3}(S+1)\eta = \frac{kT}{2nJS}\left(\eta - \frac{g\mu_0 H_0}{kT}\right)$$

Auflösen nach η ergibt, wenn man die Definition (10.7.13) verwendet.

$$\eta = \frac{g\mu_0 H_0}{k(T - T_c)} \tag{10.7.14}$$

Damit wird aus (10.7.10)

$$\bar{M} = \tfrac{1}{3} N g\mu_0 S(S+1)\eta$$

so daß

$$\chi \equiv \frac{\bar{M}}{H_0} = \frac{Ng^2\mu_0^2 S(S+1)}{3k(T-T_c)} \qquad (10.7.15)$$

die magnetische Suszeptibilität von N Atomen ist. Dies nennt man das Curie-Weißsche Gesetz. Es unterscheidet sich von dem Curieschen Gesetz (7.8.22) durch die Anwesenheit des Parameters T_c im Nenner. Damit wird χ in (10.7.15) unendlich, wenn $T \to T_c$ geht, d.h. bei der Curietemperatur, unterhalb der die Substanz ferromagnetisch wird.

Experimentell wird das Curie-Weißsche Gesetz gut bei Temperaturen weit oberhalb der Curietemperatur erfüllt. Es ist allerdings nicht richtig, daß die Temperatur T_c in (10.7.15) exakt die Curietemperatur ist, bei der die Substanz ferromagnetisch wird. Weiterhin ist die Gestalt der nach der Weißschen Molekularfeldtheorie berechneten Kurve in Abb. 10.7.2 quantitativ nicht ganz korrekt. Eine der ernstesten Unstimmigkeiten in der gegenwärtigen Theorie stellt das Verhalten der spezifischen Wärme bei der Curietemperatur ohne äußeres Feld dar. Experimentell zeigt die spezifische Wärme bei dieser Temperatur eine scharfe Unstetigkeit, während die eben diskutierte Theorie eine weniger unstetige Änderung vorhersagt. Die Existenz dieser Diskrepanz ist nicht überraschend in Anbetracht der drastischen Näherungen, die bei dieser einfachen Theorie gemacht wurden: alle Spins wurden

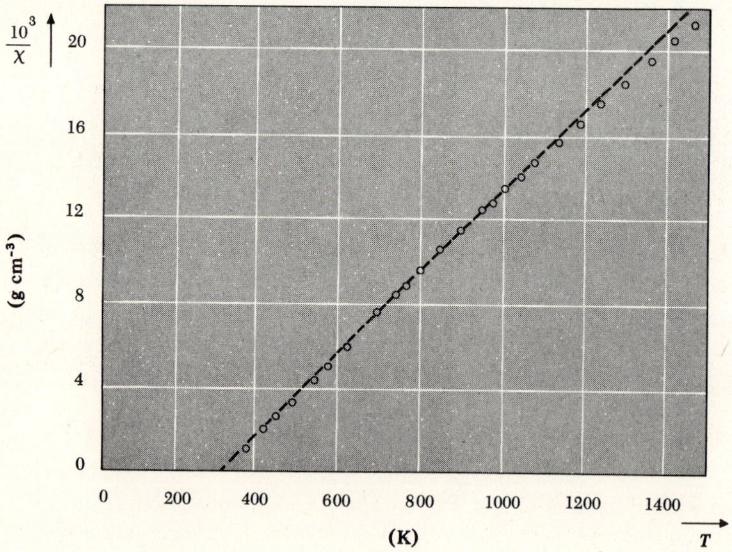

Abb. 10.7.3 Darstellung von χ^{-1} über T (pro Gramm) für Gadoliniummetall überhalb seiner Curietemperatur. Die Kurve ist (außer einigen leichten Abweichungen bei hohen Temperaturen) eine Gerade in Übereinstimmung mit Curie-Weißschen Gesetz (10.7.15). Der Schnittpunkt der Geraden mit der Abszisse ergibt T_c = 310 K. Das Metall wird unterhalb 289 K ferromagnetisch (Experimentelle Daten aus : S. Arajs und R.V. Colvin, J. Appl. Phys. *32* (suppl.) (1961), 336).

durch ein gemitteltes effektives Feld ersetzt und die Existenz irgendwelcher korrelierter Fluktuationen in den Orientierungen der verschiedenen Spins wurde vernachlässigt. Die einfache Theorie ist nichtsdestoweniger bemerkenswert erfolgreich, insofern als sie alle wesentlichen Züge des Ferromagnetismus aufweist. Es erübrigt sich zu sagen, daß verfeinerte Näherungsmethoden entwickelt wurden, die die Übereinstimmung mit dem Experiment beträchtlich verbessern [7*)].

Ergänzende Literatur

Festkörper

Kittel, C.: Einführung in die Festkörperphysik, 3. Auflage, Kapitel 5 und 6, Oldenburg, München (1973).

Lec, J.F.; Scars, F.W.; Turcotte, D.L.: Statistical Thermodynamics, Kapitel 12, Addison Wesley Publishing Company, Reading Mass., (1963).

Becker, R.: Theorie der Wärme, Kapitel 5, (Heidelberger Taschenbücher Nr. 10), Springer, Berlin (1066).

Blackman, M.: The Specific Heat of Solids, In: Handbuch der Physik 7, 325, Springer, Berlin (1955). (Insbesondere Gitterschwingungen).

Haug, A.: Theoretische Festkörperphysik, Band I, Kapitel III, Deuticke, Wien (1964).

Nichtideale Gase

Hill, T.L.: An Introduction to Statistical Thermodynamics, Kapitel 15 und 16, Addison-Wesley Publishing Company, Reading, Mass. (1960).

————: Statistical Mechanics, Kapitel 5, McGraw-Hill, Book-Company, New York (1956). (Darstellung für Fortgeschrittene).

van Kampen, N.G.: Physica *27* (1961), 783. (Einfache Herleitung der Virialentwicklung).

Ferromagnetismus

Kittel, C.: Einführung in die Festkörperphysik, 3. Auflage, Kapitel 16, Oldenburg, München (1973). (Erörterung der Domänenbildung).

Wannier, G.H.: Element of Solid State Theory, Kapitel 4, Univ. Press, Cambridge (1959). (ISING-Modell und andere kooperative Phänomene).

Weiß, P.R.: Phys. Rev. *74*, (1948), 1493. (Enthält Näherungsmethoden zur Behandlung des Ferromagnetismus).

Brout, R.: Phase Transitions, Benjamin Verlag, New York (1965). Ein allgemeiner Überblick über Typen des kooperativen Verhältens, die zu verschiedenen Arten von Phasenübergängen führen.)

7*) Eine der einfachsten davon, die Bethe-Peierls-Weiß-Näherung (der hier genannte Weiß ist ein anderer als Pierre Weiß, der den Begriff des Molekularfeldes einführte) ist eine direkte Verallgemeinerung der in diesem Abschnitt benutzten Methode. Sie behandelt ein Zentralatom *und* seine nächsten Nachbarn exakt und ersetzt alle *anderen* Atome durch ein effektives Molekularfeld. S. P.R. Weiß, Phys. Rev. *74* (1948), 1493.

Aufgaben

10.1 Für quantisierte Gitterschwingungen (Phononen), die im Zusammenhang mit der Debyeschen Theorie der spezifischen Wärme erörtert wurden, ist die Frequenz ω einer fortschreitenden Welle mit ihrem Wellenvektor $\boldsymbol{\kappa}$ durch $\omega = c|\boldsymbol{\kappa}|$ verknüpft, wobei c die Schallgeschwindigkeit ist. Andererseits ist bei quantisierten Magnetisierungswellen (Spinwellen) für die Frequenz ω und die entsprechende Wellenzahl κ die Beziehung $\omega = A\kappa^2$, wobei A eine Konstante ist. Für niedrige Temperturen finde man die Temperaturabhängigkeit der Wärmekapazität, die auf solche Spinwellen zurückzuführen ist.

10.2 Unter Verwendung der Debyeschen Näherung finde man die folgenden thermodynamischen Funktionen eines Festkörpers in Abhängigkeit von der absoluten Temperatur T:

a) $\ln Z$, wobei Z die Zustandsumme ist

b) die mittlere Energie $\bar{E}$

c) die Entropie S.

Man stelle die Lösungen durch die Funktion

$$D(y) \equiv \frac{3}{y^3} \int_0^y \frac{x^3\,dx}{e^x - 1}$$

und durch die Debyetemperatur $\theta_D = \hbar\omega_{\max}/k$ dar.

10.3 Man werte die Funktion $D(y)$ (vgl. Aufgabe 10.2) für die Grenzfälle $y \gg 1$ und $y \ll 1$ aus. Man benutze die Ergebnisse, um die in der vorigen Aufgabe berechneten thermodynamischen Funktionen $\ln Z$, $\bar{E}$ und S für die Grenzfälle $T \ll \theta_D$ und $T \gg \theta_D$ anzugeben.

10.4 Im Ausdruck (10.1.13) für die Energie hängen sowohl η als auch die Normalfrequenzen im allgemeinen vom Volumen V des Festkörpers ab. Man suche unter Verwendung der Debyeschen Näherung die Zustandsgleichung des Festkörpers, d.h. man suche den Druck $\bar{p}$ als Funktion von V und T. Welche Grenzfälle sind gültig, wenn $T \ll \theta_D$ und $T \gg \theta_D$ ist? Man stelle das Ergebnis durch die Größe

$$\gamma \equiv -\frac{V}{\Theta_D}\frac{d\Theta_D}{dV}$$

dar.

10.5 Man nehme an, daß γ eine temperaturunabhängige Konstante sei. (Sie heißt Grüneisenkonstante). Man zeige, daß der thermische Expansionskoeffizient α mit γ durch folgende Beziehung

$$\alpha = \frac{1}{V}\left(\frac{\partial V}{\partial T}\right)_p = \kappa\left(\frac{\partial p}{\partial T}\right)_V = \kappa\gamma\frac{C_V}{V}$$

verknüpft ist, wobei C_V die Wärmekapazität und κ die Kompressibilität des Festkörpers sind.

10.6 Wenn sich ein Elektron in einem Molekül bewegt, existiert in jedem Augenblick eine Trennung von positiver und negativer Ladung im Molekül. Das letztere besitzt deshalb ein zeitlich veränderliches elektrisches Dipolmoment p_1.

a) Wie ändert sich das elektrische Feld dieses Dipols mit dem Abstand R vom Molekül? (R soll viel größer als der Durchmesser des Moleküls sein.)

b) Wenn sich ein anderes Molekül mit der Polarisierbarkeit α im Abstand R vom ersten Molekül befindet, wie hängt dann das vom ersten im zweiten Molekül erzeugte Dipolmoment p_2 von Abstand R ab?

c) Wie hängt die Wechselwirkungsenergie zwischen p_1 und p_2 von R ab? Man zeige, daß dies die Abstandsabhängigkeit des „van der Waals-Potentials", d.h. der langreichweitige Anteil des Lennard-Jones-Potentials ist.

10.7 Man zeige, daß die molare Entropie eines monoatomaren, klassischen nichtidealen Gases bei der absoluten Temperatur T mit einer Dichte von n Atomen pro Volumeneinheit in erster Näherung in folgender Form geschrieben werden kann:

$$S(T, n) = S_0(T, n) + A(T)n$$

Dabei ist $S_0(T, n)$ die Entropie, falls es sich um ein ideales Gas handelt (d.h., wenn das zwischenmolekulare Wechselwirkungspotential $u(R) = 0$ ist). Man zeige, daß der Koeffizient $A(T)$ stets negativ ist (wie erwartet, da die Korrelationen den Grad der Unordnung im Gas vermindern sollten) und drücke $A(T)$ explizit durch u aus.

10.8 Eine adsorbierte Oberflächenschicht der Fläche A besteht aus N Atomen, die sich frei über die Oberfläche bewegen und wie ein klassisches zweidimensionales Gas behandelt werden können. Die Atome wechselwirken über ein Potential $u(R)$ miteinander, das nur von ihrem gegenseitigen Abstand R abhängt. Man finde den Druck dieses Gas-Filmes, d.h. die mittlere Kraft pro Längeneinheit, (bis zu Termen, die den zweiten Virialkoeffizienten enthalten).

10.9 Man betrachte ein System aus N magnetischen Atomen in Abwesenheit eines äußeren Feldes, das durch den Hamiltonoperator (10.6.5) beschrieben wird. Man behandle das Problem mit Hilfe der einfachen Weißschen Molekularfeld-Näherung.

a) Man berechne das Verhalten der mittleren Energie dieses Systems in den Grenzfällen: $T \ll T_c, T \approx T_c$ und $T \gg T_c$. T_c bezeichnet die Curietemperatur.

b) Man berechne das Verhalten der Wärmekapazität für die gleichen drei Grenzfälle.

c) Man skizziere näherungsweise die Temperaturabhängigkeit der Wärmekapazität dieses Systems.

11. Magnetismus und niedrige Temperaturen

Das Arbeitsdifferential der magnetischen Arbeit lautet $đW = -\bar{M}\,dH$ ($\bar{M}$ mittlere Magnetisierung, H magnetische Feldstärke). Dabei ist in $đW$ nur diejenige Arbeit berücksichtigt, die an der Probe geleistet wird, wenn sich das Magnetfeld H ändert. Das Arbeitsdifferential, das neben der Arbeit an der Probe auch die Änderung der Feldenergie berücksichtigt, lautet $đW' = H\,dB$ (B magnetische Induktion). Mit der Methode der adiabatischen Entmagnetisierung, die der adiabatischen Expansion eines Gases analog ist, lassen sich sehr tiefe Temperaturen erzeugen. Anfangstemperatur T_i und Endtemperatur T_f sind mit der Anfangsfeldstärke H_i und der nach Abschaltung des äußeren Feldes verbleibenden Restfeldstärke H_m verknüpft: $T_f/T_i \approx H_m/H_i$. Für ein supraleitendes Material ist die Entropiedifferenz zum normalleitenden Material durch $S_s - S_n = (VH/4\pi)\,dH/dT$ gegeben. Dieser Ausdruck folgt aus der Gleichgewichtsbedingung beider Phasen unter Berücksichtigung des vollständigen Diamagnetismus des Supraleiters ($\boldsymbol{B} \equiv \boldsymbol{0}$).

Magnetische Wechselwirkungen sind von beträchtlichem Interesse; sie sind von besonderer Bedeutung für das Studium der Materie bei tiefen Temperaturen und zeigen außerdem die Hilfsmittel für das Erreichen extrem tiefer Temperaturen. Bevor wir daher die im thermischen Gleichgewicht befindlichen Systeme verlassen, wollen wir uns der Anwendung thermodynamischer Vorstellungen und Begriffe auf die diesen Gegenstand zuwenden.

Das Studium eines makroskopischen Systems bei sehr tiefen Temperaturen bietet eine günstige Gelegenheit, dieses System im Grundzustand oder in dicht darübergelegenen Quantenzuständen zu untersuchen. Die Anzahl der dem System zugänglichen Zustände, bzw. seine Entropie, ist dann sehr klein. Das System weist deshalb einen viel höheren Ordnungsgrad auf, als dies bei hohen Temperaturen der Fall wäre. Die Situation, mit der man es bei tiefen Temperaturen zu tun hat, ist somit durch eine fundamentale Einfachheit [1*] charakterisiert und durch die Möglichkeit, daß einige Systeme einen erstaunlich hohen Ordnungsgrad aufweisen können. Ein Beispiel für eine solche Ordnung ist ein System von Spins, die sich alle, bei hinreichend niedrigen Temperaturen, zueinander parallel einstellen und auf diese Weise ferromagnetisches Verhalten hervorrufen. Ein berühmteres Beispiel stellt flüssiges Helium dar, das bis zum absoluten Nullpunkt flüssig bleibt (vorausgesetzt, daß der Druck nicht größer wird als 25 Atmosphären.) Unterhalb einer kritischen Temperatur von 2,18 K (dem sogenannten „Lambda-Punkt") wird diese Flüssigkeit „supraflüssig"; sie fließt dann völlig reibungslos und kann extrem kleine Löcher durchdringen. Weitere spektakuläre Beispiele hat man in vielen Metallen (z.B. Blei oder Zinn), die unterhalb scharf definierter, kritischer Temperaturen, die jeweils für das betreffende Metall charakterisiert sind, „supraleitend" werden. Die Leitungselektronen bewegen sich in diesen Metallen dann vollständig reibungslos, was zur Folge hat, daß die Metalle in diesem Zustand ideale Elektrizitätsleiter (mit exakt verschwindendem elektrischen Widerstand) sind und verblüffende magnetische Eigenschaften aufweisen. Wir verweisen den interessierten Leser auf die am Ende dieses Kapitels angegebenen Literaturstellen, in denen detaillierter auf diese bemerkenswerten Eigenschaften eingegangen wird. Die vorangehenden Bemerkungen sollten jedoch schon genügen, um anzudeuten, warum die Tieftemperaturphysik ein derart aktiv betriebenes und stark entwickeltes Forschungsgebiet geworden ist.

Es lohnt sich, danach zu fragen, wie dicht ein makroskopisches System in der Praxis an seinen Grundzustand herangeführt werden kann, d.h. bis zu einer wie tiefen absoluten Temperatur es abgekühlt werden kann. Die Technik besteht darin, daß das System in einen Dewar-Gefäß eingeschlossen und dadurch bei niedrigen Temperaturen von seiner auf Raumtemperatur befindlichen Umgebung isoliert wird. (Ein Dewar-Gefäß ist ein Glas- oder Metallgefäß, das durch eine doppelwandige Konstruktion für thermische Isolation sorgt; ein Vakuum zwischen den beiden Wänden des Dewar-Gefäßes verhindert Wärmeleitung durch Restgase, und sau-

[1*] Diese Einfachheit besteht zumindest im Prinzip und steht nicht im Widerspruch dazu, daß etwa die Aufgabe, die Natur des Grundzustandes eines Vielteilchensystems zu verstehen, manchmal alles andere als trivial sein kann.

beres Polieren der Wände, Wärmezufuhr durch Strahlung.) [2*] Helium ist dasjenige Gas, das sich bei der niedrigsten Temperatur verflüssigt, nämlich unter atmosphärischem Druck bei 4,2 K. Die Temperatur der Flüssigkeit läßt sich leicht weiter bis auf etwa 1 K erniedrigen, indem man einfach den Dampf über der Flüssigkeit abpumpt und dadurch seinen Druck soweit wie überhaupt möglich vermindert [3*]. Auf diese Weise ist es mit modernen Techniken sehr einfach, irgendeine Substanz einfach durch Eintauchen in ein aus flüssigem Helium bestehendes Wärmebad auf eine Temperatur von 1 K zu bringen. Wenn man flüssiges He^3 benutzt (dieses seltene Isotop macht normalerweise weniger als den 10^6-ten Teil von gewöhnlichem Helium aus, das nahezu vollständig aus dem Isotop He^4 besteht), kann man ähnliche Methoden anwenden, um ziemlich einfach Temperaturen bis hinunter zu 0,3 K zu erreichen. Erheblich größere Anstrengungen sind notwendig, wenn man bei noch niedrigeren Temperaturen arbeiten will. Mit Hilfe einer (in Abschnitt 11.2 zu erörternden) Methode, die auf der Verrichtung von magnetischer Arbeit durch ein thermisch isoliertes System von Spins beruht, ist es möglich, Temperaturen bis zu 0,01 K oder sogar bis zu 0,001 K zu erreichen. Erweiterungen dieser Methode haben es sogar ermöglicht, 10^{-6} K zu erreichen!

Nach diesen allgemeinen Bemerkungen über Tieftemperaturphysik und ihren Zusammenhang mit dem Magnetismus wollen wir uns einer eingehenden Behandlung magnetischer Systeme zuwenden.

11.1 Magnetische Arbeit

Wir betrachten ein System mit dem Volumen V, das sich in einem äußeren Magnetfeld H_a befindet. Das System kann z.B. eine Probe nirgendeines magnetischen Festkörpers sein. Um wenig instruktive Komplikationen und vor allem Probleme

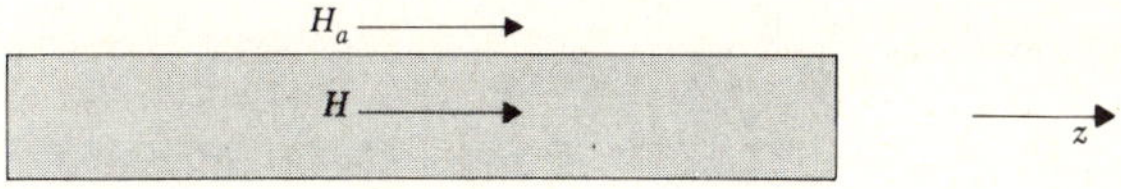

Abb. 11.1.1 Eine lange, zylindrische Probe in einem von außen angelegten Magnetfeld H_a. Hier ist $H = H_a$ und $M_0 = \chi H$.

zu vermeiden, die hauptsächlich in die Theorie des Elektromagnetismus gehören, wollen wir uns für einen physikalisch möglichst einfachen Fall interessieren. Wir nehmen an, daß das von außen angelegte Feld H_a, selbst wenn es räumlich veränderlich ist, über das relativ kleine Volumen der Probe im wesentlichen homogen sei. Weiter nehmen wir an, daß die Probe die Form eines Zylinders habe, der sehr

2*) Eine gewöhnliche Thermosflasche ist ein bekanntes Beispiel für ein Dewar-Gefäß.

3*) Das Prinzip der Methode müßte jedem Wanderer, der schon einmal im Freien abgekocht hat, bekannt sein. Der Siedepunkt von Wasser liegt auf einem Berggipfel wegen des verminderten atmosphärischen Drucks niedriger als in Meereshöhe.

lang ist verglichen mit seinem Durchmesser, und daß die Achse dieses Zylinders immer parallel zur Richtung des Magnetfeldes $\boldsymbol{H}_a$ orientiert sei. Dann ist das mittlere magnetische Moment pro Volumeneinheit $\bar{\boldsymbol{M}}_0 = \bar{\boldsymbol{M}}/V$ überall in der Probe homogen und parallel zu $\boldsymbol{H}_a$. (Diese Eigenschaften würden auch für eine ellipsoidförmige Probe gelten.) Außerdem gilt, wenn $\boldsymbol{H}$ das Magnetfeld im Innern der Probe bedeutet, daß $\boldsymbol{H} = \boldsymbol{H}_a$, da die Grenzbedingungen erfordern, daß die Tangentialkomponente von $\boldsymbol{H}$ stetig ist. Wir erinnern noch daran, daß ganz allgemein die magnetische Induktion $\boldsymbol{B}$ mit der magnetischen Feldstärke $\boldsymbol{H}$ durch die Beziehung

$$\boldsymbol{B} = \mu_0 \boldsymbol{H} + 4\pi \bar{\boldsymbol{M}}_0 \tag{11.1.1}$$

verknüpft ist. Außerhalb der Probe, wo $\bar{\boldsymbol{M}}_0 = \boldsymbol{0}$, gilt $\boldsymbol{B} = \mu_0 \boldsymbol{H}_a$. Die magnetische Suszeptibilität χ pro Volumeneinheit der Probe ist durch $\chi = \bar{M}_0/H$ definiert, so daß (11.1.1) auch in der Form

$$\boldsymbol{B} = \mu' \boldsymbol{H} = (\mu_0 + 4\pi\chi)\boldsymbol{H} \tag{11.1.2}$$

geschrieben werden kann, in der μ' die sogenannte magnetische Permeabilität der Probe ist.

Der thermodynamische Ausgangspunkt für die Anwendung makroskopischer Begriffe auf ein solches magnetisches System ist wieder die Grundgleichung (3.9.6)

$$đQ = T\,dS = d\bar{E} + đW \tag{11.1.3}$$

die für jeden quasistatischen Prozeß Gültigkeit besitzt. Hier ist das System, im allgemeinen, durch zwei äußere Parameter, nämlich durch das Volumen V und das angelegte Magnetfeld $\boldsymbol{H}_a$ charakterisiert. Folglich setzt sich die insgesamt von dem System geleistete Arbeit $đW$ aus einem mechanischen Anteil $\bar{p}\,dV$ (= mechanische Arbeit), der von dem Druck $\bar{p}$ bei einer Volumenänderung dV geleistet wird, und einen magnetischen Anteil $đW^{(m)}$ (= magnetische Arbeit), der mit Änderungen von $\boldsymbol{H}_a$ verbunden ist, zusammen. Wir wollen nun daran gehen, einen Ausdruck für diese magnetische Arbeit herzuleiten.

+ Um die Geometrie einfach zu gestalten, machen wir das Problem eindimensional und nehmen an, daß das angelegte Magnetfeld H_a [4+] in z-Richtung zeigt und daß gilt $H = H_a$. Angenommen sei nun, daß sich die Probe in einem bestimmten Zustande befindet, in dem sie das mittlere magnetische Moment $\bar{M}$ besitzt, und daß die äußere magnetische Feldstärke $H_a = H$ am Ort der Probe langsam um einen kleinen Betrag dH geändert wird. Die bei diesem Prozeß geleistete Arbeit wird aus der Änderung der Energie des magnetischen Feldes wie folgt berechnet: Aus der Elektromagnetik ist die magnetische Feldenergie pro Volumeneinheit

$$E^{(m)} = \frac{1}{8\pi} BH$$

[4+] Da das Problem eindimensional ist, brauchen anstelle der Vektoren jeweils nur (die durch normale Buchstaben gekennzeichneten) Beträge betrachtet werden.

bekannt. Ihr Differential ist

$$dE^{(m)} = \frac{1}{8\pi} B dH + \frac{1}{8\pi} H dB \tag{11.1.4}$$

Ist die magnetische Permeabilität μ' der Probe unabhängig von den Feldänderungen, so wird gemäß (11.1.2) aus (11.1.4)

$$dE^{(m)} = \frac{1}{4\pi} B dH = \frac{1}{4\pi} H dB$$

Daraus folgt mit (11.1.1)

$$dE^{(m)} = \frac{1}{4\pi} \mu_0 H dH + \bar{M} dH$$

Das erste Glied läßt sich mit der magnetischen Induktion für das Vakuum

$$B_0 \equiv \mu_0 H$$

umformen, so daß

$$dE^{(m)} = d\left[\frac{1}{8\pi} B_0 H\right] + \bar{M} dH \tag{11.1.5}$$

gilt.

Damit haben wir die Änderung der Feldenergie in der Probe durch die Änderung des äußeren Magnetfeldes in zwei Anteile zerlegt: Der erste Anteil $d[(8\pi)^{-1} B_0 H]$ beschreibt die Energieänderung des Vakuumfeldes, des Feldes also, das bei Abwesenheit der Probe ($\bar{M} \equiv 0$) am betrachteten Orte vorhanden wäre. Der zweite Anteil $\bar{M}\, dH$ ist die Energieänderung, die allein durch die Anwesenheit der Probe bedingt ist. Die Arbeit, die *am* System geleistet wird, ist deshalb durch

$$đ\mathcal{W}^{(m)} = -d\left[E^{(m)} - \frac{1}{8\pi} B_0 H\right] = -\bar{M} dH$$

und die Arbeit, die *vom* System (hier der Probe) geleistet wird, durch

$$đW^{(m)} = -đ\mathcal{W}^{(m)} = \bar{M}\, dH \tag{11.1.6}$$

gegeben, wobei $\bar{M}$ das gesamte mittlere magnetische Moment der Probe ist. Somit kann die thermodynamische Grundgleichung (11.1.3) geschrieben werden als:

▶ $$T dS = d\bar{E} + \bar{p} dV + \bar{M} dH \tag{11.1.7}$$

wobei die letzten beiden Terme die Gesamtarbeit darstellen, die von der Probe bei einem allgemeinen infinitesimalen quasistatischen Prozeß geleistet wird [+].

Die Relation (11.1.7) kann noch in eine Reihe anderer Formen gebracht werden. Wenn man zum Beispiel anstelle von H lieber $\bar{M}$ als unabhängige Variable betrachten möchte, kann man schreiben $\bar{M}\ dH = d(\bar{M}H) - Hd\bar{M}$, so daß (11.1.7) in

$$T dS = d\bar{E}^* + \bar{p} dV - H d\bar{M} \tag{11.1.8}$$

übergeht, wobei $\bar{E}^* = \bar{E} + \bar{M}H$ eine Enthalpie ist. Die thermodynamischen Aussagen von (11.1.8) und (11.1.7) sind natürlich äquivalent; der wesentliche Inhalt dieser beiden Relationen besteht darin, daß sowohl $d\bar{E}$ als auch $d\bar{E}^*$ vollständige Differentiale von wohldefinierten Größen sind, die den Makrozustand des Systems charakterisieren.

Alternative Betrachtung. Es gibt noch eine andere Möglichkeit, die magnetische Arbeit zu berechnen. Man stelle sich vor, daß sich die Probe im Innern einer dicht gewickelten Zylinderspule befindet, deren Länge l und deren Querschnittsfläche A mit den entsprechenden Größen der Probe übereinstimmen, so daß $V = lA$ das Volumen der Probe ist. Die Zylinderspule möge N Windungen besitzen und ihr elektrischer Widerstand sei vernachlässigbar klein. Wie in Abb. 11.1.2 dargestellt, kann sie an eine Spannungsquelle (z.B. eine Batterie) angeschlossen werden. Um das gewünschte Magnetfeld zu erzeugen, muß von der Spannungsquelle an dem aus Spule und Probe bestehenden System Arbeit geleistet werden. Bei einer Änderung des Magnetfeldes im Spuleninneren wird nämlich in der Spule eine Gegenspannung $\mathcal{V}$ induziert, so daß die Spannungsquelle für eine Spannung $\mathcal{V}$ sorgen muß, um diese induzierte Spannung zu überwinden. Wenn die Stromstärke den Wert I hat, so ist die von der Quelle in der Zeit dt geleistete magnetische Arbeit $đ\mathcal{W}'^{(m)}$ durch

$$đ\mathcal{W}'^{(m)} = \mathcal{V} I\, dt \tag{11.1.9}$$

gegeben. Wir wollen nun $\mathcal{V}$ und I durch die Felder B und H im Spuleninneren ausdrücken. Da der durch jede einzelne Spulenwindung tretende magnetische Fluß gleich BA ist, gilt nach dem Faradayschen Gesetz für den Betrag der induzierten Spannung

$$\mathcal{V} = \frac{1}{c} N \frac{d}{dt}(AB) \tag{11.1.10}$$

wobei c die Lichtgeschwindigkeit ist. Andererseits genügt nach den Ampèreschen Verkettungsgesetz die Feldstärke H der Beziehung

$$Hl = \frac{4\pi}{c}(NI) \tag{11.1.11}$$

Folglich wird aus (11.1.9)

$$đ\mathcal{W}'^{(m)} = \left(\frac{NA}{c}\frac{dB}{dt}\right)\left(\frac{c}{4\pi}\frac{l}{N}H\right) dt = \frac{Al}{4\pi} H\, dB$$

oder
$$đ\mathcal{W}'^{(m)} = \frac{V}{4\pi} H\, dB \tag{11.1.12}$$

Unter Benutzung von (11.1.1) und $\bar{M} = V\bar{M}_0$ wird daraus

$$đ\mathfrak{W}'^{(m)} = \frac{V}{4\pi} H(\mu_0 dH + 4\pi\, d\bar{M}_0) = d\left(\frac{V\mu_0 H^2}{8\pi}\right) + H\, d\bar{M} \qquad (11.1.13)$$

Dieser Ausdruck stellt die Arbeit dar, die notwendig ist, um die Probe zu magnetisieren *und* das Magnetfeld aufzubauen; d.h. er stellt die *an* dem System geleistete Arbeit dar, wobei das System hier aus Probe *und* Magnetfeld besteht. Auch

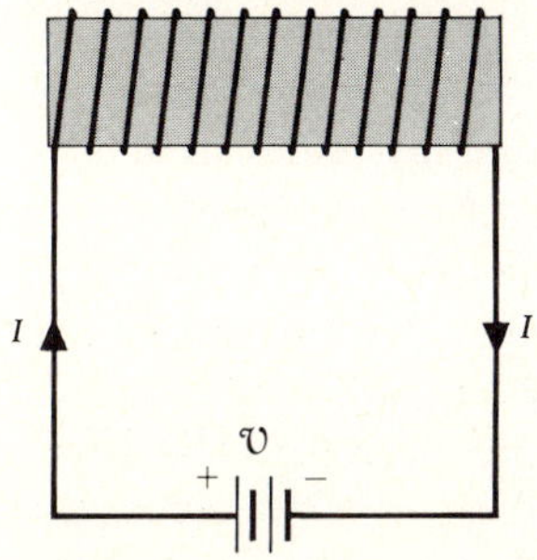

Abb. 11.1.2 Eine magnetische Probe im Inneren einer Zylinderspule

hier besteht – wie in (11.1.5) – das System aus zwei Teilen: dem Vakuumfeld und dem Zusatzfeld, das durch Einbringen der Probe in das Vakuumfeld zusätzlich entsteht.

Das folgende Beispiel mag dazu dienen, den eben besprochenen Sachverhalt zu verdeutlichen. Betrachtet werde ein Gas, das sich, wie in Abb. 11.1.3 gezeigt, zusammen mit einer Feder in einem Zylinder befindet. Man kann dann das Gas als das eigentlich interessierende System betrachten. Umgekehrte kann man aber auch das Gas zusammen mit der Feder als System ansehen. In diesem Fall ist die potentielle Energie der Feder Teil der inneren Energie des Systems.

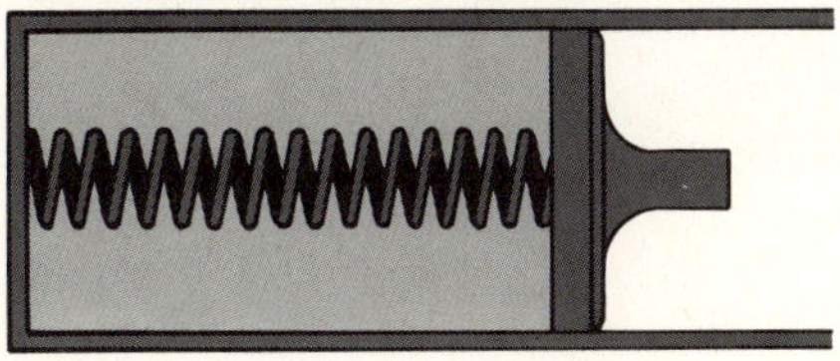

Abb. 11.1.3 Ein Gas, das sich zusammen mit einer Feder in einem Zylinder befindet, der durch einen beweglichen Kolben abgeschlossen ist.

Wenn man sich auf den Standpunkt stellt, daß das interessierende System aus Probe plus Feld besteht, geht die Grundgleichung (11.1.3) unter Benutzung des Ausdrucks (11.1.13) für die magnetische Arbeit $đW'^{(m)} \equiv -đ\mathfrak{W}'^{(m)}$ die *vom* System geleistet wird, in

$$T\, dS = d\left(\bar{E}' - \frac{V\mu_0 H^2}{8\pi}\right) + \bar{p}\, dV - H\, d\bar{M} \qquad (11.1.14)$$

über, wobei $\bar{E}'$ die mittlere Energie dieses Systems bezeichnet. Setzt man $\bar{E}^* = \bar{E}' - V\mu_0 H^2/8\pi$, so wird diese Beziehung mit (11.1.8) identisch und ist deshalb mit

(11.1.7) äquivalent. Daran erkennt man deutlich, daß die thermodynamischen Aussagen unserer Erörterungen unabhängig davon sind, was als System betrachtet wird.

* **Anmerkung**: Es ist aufschlußreich, die Äquivalenz der Ausdrücke (11.1.6) und (11.1.13) für die magnetische Arbeit im einzelnen darzulegen. Zu diesem Zweck betrachten wir die in Abb. 11.1.2 dargestellte Situation. Angenommen man beginnt mit $H = 0$ und einer unmagnetisierten Probe mit $\bar{M} = 0$. Welche Arbeit W muß dann geleistet werden, um den Endzustand zu erreichen, in dem das Feld den Wert H_0 und das magnetische Moment der Probe den Wert $\bar{M}(H_0)$ besitzt? Unter Benutzung der zu (11.1.13) führenden Überlegung erhält man

$$\mathcal{W} = \frac{V\mu_0 H_0^2}{8\pi} + \int_0^{H_0} H\, d\bar{M} \qquad (11.1.15)$$

Wir wollen nun das Problem von einer anderen Seite aus angehen. Angenommen, daß man wieder mit $H = 0$ beginnt und daß die Probe mit $\bar{M} = 0$ sich im Unendlichen befindet. Die gegebene Endsituation läßt sich dann folgendermaßen schrittweise herbeiführen:

1. Das Feld im Inneren der Spule wird auf den Wert H_0 gebracht.
2. Die Probe wird aus dem Unendlichen in die Spule gebracht und dabei magnetisiert. Dies erfordert aus zwei Gründen Arbeit:
   a) Es muß für eine *feste* Stromstärke I_0 in der Spulenwicklung (d.h. für *festes* H_0) Arbeit geleistet werden, um die Probe gegen die Feldkräfte in die Spule hineinzubewegen.
   b) Es muß von der Batterie Arbeit geleistet werden, um die Stromstärke auf dem konstanten Wert I_0 zu halten, weil die sich bewegende, magnetisierte Probe eine Änderung des Flußes durch die Spule und damit eine induzierte Spannung erzeugt.

Nach (11.1.13) ist die bei dem Schritt (1) geleistete Arbeit einfach

$$\mathcal{W} = \frac{V\mu_0 H_0^2}{8\pi} \qquad (11.1.16)$$

Die im Schritt (2 a) *an* der Probe geleistete Arbeit ist nach (11.1.6) durch

$$\mathcal{W} = -\int_0^{H_0} \bar{M}(H)\, dH \qquad (11.1.17)$$

gegeben.

Schließlich ist im Schritt (2 b), für den $H = H_0$ konstant gehalten wird, die von der Batterie geleistete Arbeit durch

$$\mathcal{W} = \frac{V}{4\pi} H_0(B_f - B_i) \qquad (11.1.18)$$

gegeben, wobei B_i der Anfangs- und B_f der Endwert der magnetischen Induktion im Inneren der Spule ist. Aber wenn die Probe anfangs im Unendlichen ist gilt $B_i = \mu_0 H_0$, und wenn die Probe schließlich im Inneren der Spule ist, ergibt (11.1.1) $B_f = \mu_0 H_0 + 4\pi\bar{M}(H_0)/V$. Folglich wird aus (11.1.18)

$$\mathcal{W} = \frac{V}{4\pi} H_0 \frac{4\pi\bar{M}(H_0)}{V} = H_0\bar{M}(H_0) \tag{11.1.19}$$

Addiert man die drei Arbeiten (11.1.16), (11.1.17) und (11.1.19), so erhält man

$$\mathcal{W} = \frac{V\mu_0 H_0^2}{8\pi} - \int_0^{H_0} M(H)\, dH + \bar{M}(H_0)H_0 \tag{11.1.20}$$

Partielle Integration zeigt, daß dieses Ergebnis tatsächlich mit (11.1.15) identisch ist.

11.2 Magnetisches Kühlen

Da es möglich ist, an einer Probe durch Änderung des angelegten Magnetfeldes Arbeit zu verrichten, ist es auch möglich, eine thermisch isolierte Probe durch Änderung eines Magnetfeldes zu erwärmen oder abzukühlen. Auf dieser Möglichkeit beruht eine allgemein benutzte Methode, um sehr niedrige Temperaturen zu erreichen. Das Wesen dieser Methode läßt sich am besten durch Vergleich mit einem mechanischen Analogon erklären. Angenommen man möchte ein Gas durch Leistung mechanischer Arbeit abkühlen. Man kann dabei so vorgehen, wie in dem oberen Teil von Abb. 11.2.1 dargestellt. Das Gas befindet sich zu Beginn in thermischem Kontakt mit einem Wärmebad der Temperatur T_i und wird zunächst durch Kompression auf ein Volumen V_i gebracht, wodurch an ihm Arbeit geleistet wird. Aufgrund seines Kontaktes mit dem Wärmebad kann es aber an dieses Wärme abgeben, so daß es sich nach Erreichen des Gleichgewichts wieder auf der Temperatur T_i befindet. Das Gas wird dann (z.B. durch Entfernen des Wärmebades) thermisch isoliert und durch quasistatische Expansion auf ein Endvolumen V_f gebracht. Bei diesem adiabatischen Prozeß leistet das Gas auf Kosten seiner inneren Energie Arbeit, was zur Folge hat, daß seine Temperatur auf einen Endwert $T_f < T_i$ abfällt.

Die Methode des magnetischen Kühlens ist ganz ähnlich und wird im unteren Teil von Abb. 11.2.1 dargestellt. Das betrachtete System ist eine magnetische Probe, die sich zu Beginn in thermischem Kontakt mit einem Wärmebad der Temperatur T_i befindet. In der Praxis besteht dieses Wärmebad aus flüssigem Helium von etwa 1 K, wobei unter niedrigem Druck stehendes Heliumgas durch Wärmeleitung für den notwendigen thermischen Kontakt zwischen Probe und Bad sorgt. Es wird nun zunächst ein Magnetfeld eingeschaltet und auf einen Wert H_i gebracht. Bei diesem Prozeß wird die Probe magnetisiert, und es wird Arbeit geleistet. Da aber die Probe an das Bad Wärme abgeben kann, befindet sie sich nach Erreichen des

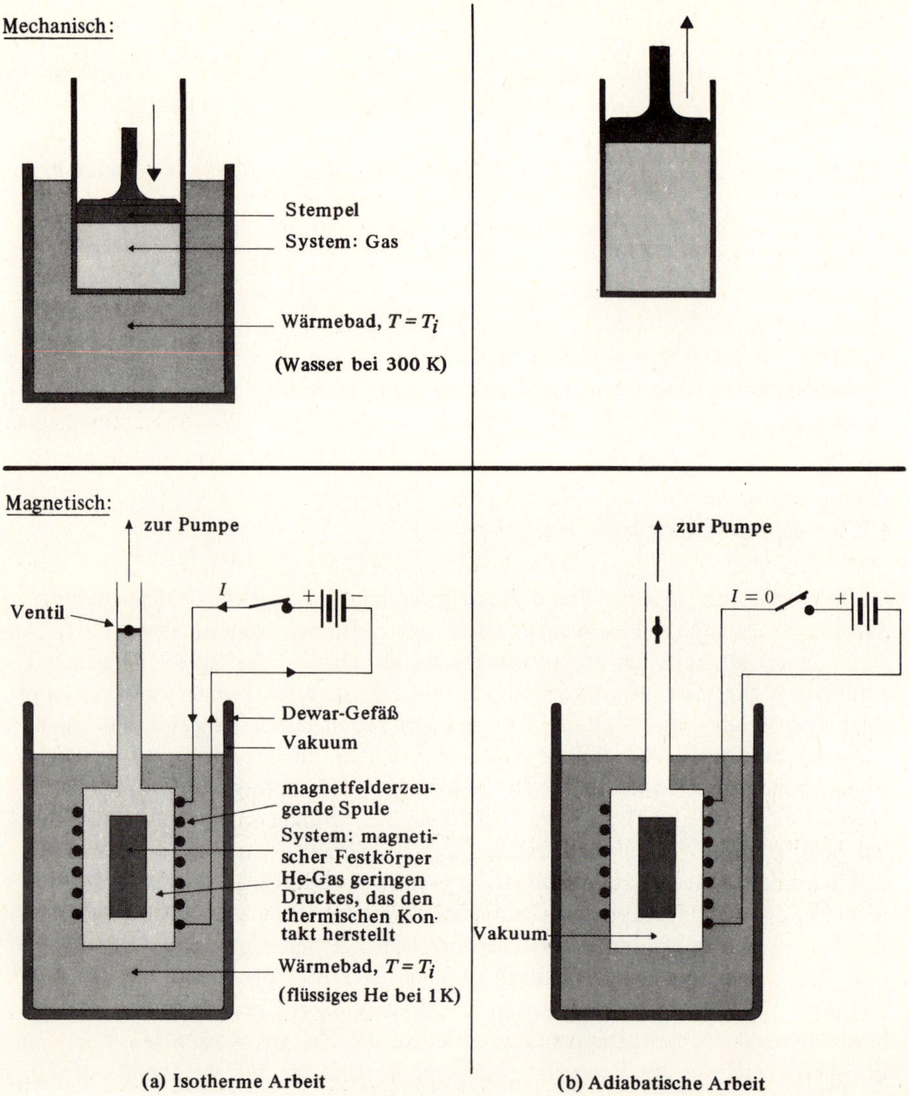

Abb. 11.2.1 Erniedrigung der Temperatur eines Systems durch Verrichtung adiabatischer Arbeit. Oberer Teil: Ein Gas, an dem mechanische Arbeit geleistet wird. Unterer Teil: Eine magnetische Probe, an der magnetische Arbeit geleistet wird.

Gleichgewichts wieder auf der Temperatur T_i. Die Probe wird dann (z.B. durch Abpumpen des für den Wärmekontakt sorgenden Heliumgases) thermisch isoliert und das Magnetfeld quasistatisch auf einen Endwert H_f (gewöhnlich $H_f = 0$) reduziert [5*]. Als Ergebnis dieser „adiabatischen Entmagnetisierung" sinkt die Tempe-

---

[5*] Fußnote siehe Seite 521.

tur auf einen Endwert $T_f < T_i$ ab. Auf diese Art und Weise lassen sich Temperaturen von 0,01 K erreichen. Durch Verfeinerung dieser Methode ist man sogar bis zu Temperaturen von fast 10^{-6} K vorgedrungen.

Wir wollen diese Methode nun genauer untersuchen, um zu verstehen, wie die Temperaturerniedrigung zustande kommt. Der erste Schritt stellt einen isothermen Prozeß dar: hier wird das System auf einer konstanten Temperatur T_i gehalten und durch Änderung eines äußeren Parameters aus einem Makrozustand a in einen anderen Makrozustand b gebracht. Der zweite Schritt ist ein adiabatischer Prozeß: hier ist das System thermisch isoliert und wird quasistatisch durch Änderung des selben äußeren Parameters aus dem Makrozustand b in einen Makrozustand c übergeführt. Die Entropie S des Systems bleibt deshalb bei diesem letzten Schritt konstant. Die ganze Methode läßt sich sehr bequem in einem Entropie-Temperatur-Diagramm darstellen, wie es schematisch in Abb. 11.2.2 für eine paramagnetische Probe im äußeren Magnetfeld H widergegeben ist. Bei einer solchen Probe

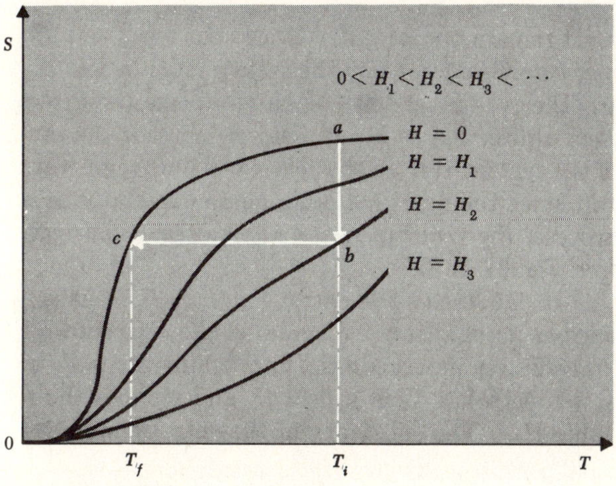

Abb. 11.2.2 Verhalten der Entropie S einer paramagnetischen Probe als Funktion von T für verschiedene Werte der magnetischen Feldstärke H. Der angedeutete Prozeß der adiabatischen Entmagnetisierung $b \rightarrow c$ beginnt bei der Feldstärke $H_i = H_2$ und endet bei $H_f = 0$.

ist die Entropie umso kleiner, je stärker die einzelnen atomaren magnetischen Momente parallel ausgerichtet sind, da dies einen Zustand höherer Ordnung darstellt. Die Entropie S nimmt folglich ab, wenn die Temperatur T abnimmt oder wenn die magnetische Feldstärke H zunimmt. Dieser Sachverhalt wird durch die für verschiedenen Werte von H in Abb. 11.2.2 angegebenen Kurven $S(T)$ dargestellt [6*].

[5*] Das innere Gleichgewicht stellt sich gewöhnlich so schnell ein, daß das Herabschalten des Magnetfeldes auf Null innerhalb einiger Sekunden schon langsam genug ist, um als quasistatisch angesehen zu werden.

[6*] Bei Temperaturen unterhalb von 1 K leisten die Gitterschwingungen einen nur sehr geringen Beitrag zur Wärmekapazität und zur Entropie eines Festkörpers. Praktisch die gesamte Wärmekapazität und Entropie eines magnetischen Festkörpers rührt dort von seinen magnetischen Atomen her und hängt dementsprechend von der magnetischen Feldstärke H ab.

Alles Wesentliche an der Methode geht aus diesem Diagramm hervor. Bei dem isothermen Schritt $a \to b$ (bei dem das Feld in Abb. 11.2.2 von $H = 0$ auf $H = H_2$ anwächst) wird der äußere Parameter des Systems so verändert, daß seine Entropie abnimmt, d.h. daß die Verteilung solcher Systeme über die zugänglichen Zustände weniger zufällig wird (siehe Abb. 11.2.3). Bei dem adiabatischen Schritt $b \to c$ (in dem das Feld in Abb. 11.2.2 von $H = H_2$ auf $H = 0$ zurückgeht) bleibt die Entropie unverändert. Folglich liegt, wie aus Abb. 11.2.2 ersichtlich, die Endtemperatur T_f des Systems niedriger als seine Anfangstemperatur T_i. Mit anderen Worten wird

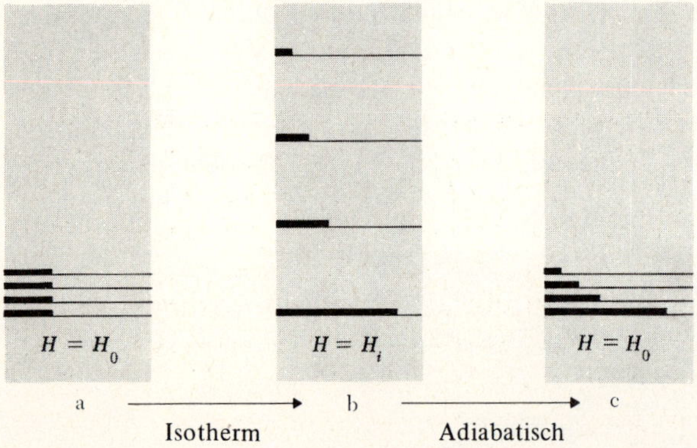

Abb. 11.2.3 Einfluß der isothermen Magnetisierung und adiabatischen Entmagnetisierung auf die Besetzung der atomaren Energieniveaus (Spin 3/2). Die Längen der dicken Querstriche geben jeweils die relativen Besetzungszahlen der entsprechenden Zustände an. Diese relativen Besetzungszahlen ändern sich beim isothermen Prozeß, da sich der Boltzmannfaktor ändert, wenn die Energieniveaus verändert werden. Die relativen Besetzungszahlen ändern sich dagegen nicht beim adiabatischen Prozeß für den die Entropie konstant bleibt. Da die Besetzungsunterschiede am Schluß trotz der kleinen Energielücken sehr groß sind, muß die Endtemperatur sehr niedrig sein.

bei diesem (adiabatischen) Prozeß der äußere Parameter so verändert, daß der Ordnungsgrad des Systems abnehmen müßte, wenn die Temperatur konstant bliebe. Da aber der (durch die Entropie gemessene) Ordnungsgrad des Systems wegen der Adiabasie unverändert bleiben muß, ist, gewissermaßen zum Ersatz, die Temperatur gezwungen „nachzugeben" und auf einen tieferen Wert abzusinken (siehe Abb. 11.2.3).

Wenn man die Entropie $S = S(T, H)$ als Funktion von T und H kennt, d.h. wenn man weiß, wie das in Abb. 11.2.2 gezeigte Diagramm quantitativ genau aussieht, läßt sich sofort die Endtemperatur T_f bestimmen, die man erreicht, wenn man von einer Temperatur T_i und einem Feld H_i ausgeht und das Feld dann adiabatisch auf einen Endwert H_f bringt. Die Konstanz der Entropie bedeutet, daß

$$S(T_f, H_f) = S(T_i, H_i) \tag{11.2.1}$$

gilt. Diese Beziehung legt die unbekannte Temperatur T_f fest.

Wir betrachten zunächst den Fall, daß die Wechselwirkung zwischen den magnetischen Atomen im Festkörper als vernachlässigbar angesehen werden darf. Der einzig wesentliche Parameter des Problems ist dann das aus der magnetischen Energie μH eines Atoms (mit dem magnetischen Moment μ) und der thermischen Energie kT gebildete Verhältnis $\mu H/kT$. Die Verteilungsfunktion und die Entropie können deshalb nur von diesem Verhältnis abhängen. (Die Untersuchung im Abschnitt 7.8 zeigt das explizit.) Folglich gilt $S = S(H/T)$, d.h. die Entropie ist nur eine Funktion des Verhältnisses H/T, und aus (11.2.1) wird

$$S\left(\frac{H_f}{T_f}\right) = S\left(\frac{H_i}{T_i}\right)$$

so daß

$$\frac{H_f}{T_f} = \frac{H_i}{T_i} \quad \text{oder} \quad \frac{T_f}{T_i} = \frac{H_f}{H_i} \tag{11.2.2}$$

[7+)]

Diese Relation ist tatsächlich näherungsweise richtig und erlaubt es, die bei einer adiabatischen Entmagetisierung erreichte Endtemperatur (einigermaßen gut) vorherzubestimmen. Sie erlaubt natürlich *nicht* die Schlußfolgerung, daß sich durch eine Entmagnetisierung auf $H_f = 0$ der absolute Nullpunkt, d.h. $T_f = 0$ erreichen läßt. Der Grund besteht darin, daß die Vernachlässigung der Wechselwirkung zwischen den Atomen nicht mehr möglich ist, wenn die Temperatur sehr niedrig wird. Genauer: man hat die Tatsache zu berücksichtigen, daß zusätzlich zu dem von außen angelegten Feld H_a auf jedes einzelne Atom ein „inneres" oder „molekulares" Feld H_m wirkt, das von den benachbarten Atomen herrührt. Für dieses Feld gilt $H_m \approx \mu/r^3$, wenn es von der magnetischen Dipol-Dipolwechselwirkung mit benachbarten magnetischen Atomen herrührt, die sich in einer mittleren Entfernung r vom betrachteten Atom befinden. (Allgemeiner: wenn ϵ_m die mittlere Wechselwirkungsenergie zwischen den Atomen ist, kann man H_m durch die Beziehung $\mu H_m = \epsilon_m$ definieren.) Wechselwirkungen zwischen den Atomen sind dann vernachlässigbar, wenn die Temperatur so hoch ist, daß $\mu H_m/kT \ll 1$; in allen anderen Fällen sind sie wesentlich. Wenn man nachträglich die Wechselwirkung in die Formel (11.2.2) einbauen möchte, kann man so vorgehen, daß man zunächst unter H_i einfach den Anfangswert des *angelegten* Feldes versteht, der gewöhnlich viel größer ist als H_m. Andererseits, wenn bei dem Versuch, sehr tiefe Temperaturen zu erreichen, das angelegte Feld auf Null geschaltet wird, verschwindet das auf die einzelnen Atome wirkende Feld nicht völlig, sondern nimmt den Wert H_m an, so daß man näherungsweise

$$\frac{T_f}{T_i} \approx \frac{H_m}{H_i} \tag{11.2.3}$$

setzen wird.

Um auf sehr tiefe Temperaturen zu kommen, ist es nach dem Vorangehenden notwendig, magnetische Proben zu verwenden, bei denen die Wechselwirkung zwischen

---

7+) S ist eine umkehrbare Funktion ihrer Variablen. Wäre dies nicht so, dann wären die Kurven in Abb. 11.2.2 nicht monoton steigend oder sie hätten neben dem gemeinsamen Punkt ($S = 0$, $T = 0$) weitere gemeinsame Punkte.

den magnetischen Atomen klein ist. Es ist deshalb nützlich, als Proben Festkörper zu benutzen, bei denen die Konzentration der magnetischen Atome klein ist. Typische Vertreter dieser Sorte Festkörper sind Salze, die durch viele andere Atome getrennte, paramagnetische Ionen enthalten. Ein Beispiel ist Eisen-Ammonium-Alaun ($FeNH_4(SO_4)_2 \cdot 12H_2O$), das magnetische Fe^{3+}-Ionen enthält. Die Wechselwirkungen zwischen diesen Ionen sind so beschaffen, daß man, ausgehend von etwa 1 K und einem Feld von $H_i \approx 0{,}5$ T, Endtemperaturen von ungefähr 0,09 K erreicht. In einem Salz wie Cermagnesiumnitrat ($CeMg_3(NO_3)_{12} \cdot 24H_2O$) sind die inneren Wechselwirkungen, die die magnetischen Cerionen betreffen, wesentlich geringer, so daß man unter sonst gleichen Bedingungen Endtemperaturen von weniger als 0,01 K erreichen kann. Bei dem Versuch, die Wechselwirkung zwischen magnetischen Atomen möglichst klein zu halten, kann man auch versuchen, ihre Konzentration zu vermindern, indem man einen merklichen Bruchteil magnetischer Atome (wie z.B. Fe) im Kristallgitter durch nichtmagnetische Atome (wie z.B. Zn) ersetzt. Natürlich kann man diesen Prozeß der Verdünnung nicht zu weit treiben, weil sonst die mit den magnetischen Atomen verbundene Wärmekapazität zu klein wird. Wenn diese Wärmekapazität kleiner wird als die geringe aber endliche Wärmekapazität, die mit den Gitterschwingungen verbunden ist, ist es nicht mehr möglich, die Temperatur der (aus Gitter plus Spins bestehenden) Probe nennenswert zu erniedrigen [8*].

Die Freiheitsgrade, die mit den möglichen Spinorientierungen der magnetischen Atome verbunden sind, bilden ein „Spinsystem", welches sich in thermischer Wechselwirkung mit den Freiheitsgraden der Translationsbewegung aller Atome befindet, die das „Gittersystem" bilden. (Die Wechselwirkung zwischen den beiden Systemen kommt dadurch zustande, daß die Translationsbewegung der magnetischen Atome fluktuierende magnetische Felder erzeugt, die deren magnetische Momente und zugehörige Spins umorientieren können.) Das äußere Magnetfeld wirkt auf das Spinsystem allein, aber wenn dieses Feld nicht zu rasch geändert wird, bleiben das Gitter- und das Spinsystem immer miteinander im Gleichgewicht. Somit wird die Temperatur des Gitters im gleichen Maß erniedrigt wie die des Spinsystems. Außerdem setzt sich die gesamte Wärmekapazität der Probe aus der des Spinsystems und der des Gitters zusammen.

Thermodynamische Untersuchung. Die Methode der adiabatischen Entmagnetisierung läßt sich leicht in allgemeinen Begriffen darstellen, und zwar durch Betrachtungen, die denen beim Joule-Thomson-Effekt im Abschnitt 5.10 sehr ähnlich sind. Das Volumen V der Probe bleibt bei diesen Experimenten im wesentlichen konstant, so daß nur magnetische Arbeit geleistet wird und die Parameter T und

---

[8*] Es ist unmöglich, das Wasser in einem Swimmingpool dadurch merklich abzukühlen, daß man es in thermischem Kontakt mit einem Golfball bringt, ganz gleich wie kalt dieser Golfball sein mag.

H zur Festlegung des Makrozustandes der Probe genügen. Die Entropie $S(T, H)$ bleibt während der quasistatisch verlaufenden, adiabatischen Entmagnetisierung konstant. Eine Feldänderung dH bei diesem Prozeß ist dann mit der entsprechenden Temperaturänderung dT durch

$$dS = \left(\frac{\partial S}{\partial T}\right)_H dT + \left(\frac{\partial S}{\partial H}\right)_T dH = 0 \qquad (11.2.4)$$

oder

$$\frac{dT}{dH} = \left(\frac{\partial T}{\partial H}\right)_S = -\frac{\left(\frac{\partial S}{\partial H}\right)_T}{\left(\frac{\partial S}{\partial T}\right)_H} \qquad (11.2.5)$$

verknüpft. Es ist

$$T\left(\frac{\partial S}{\partial T}\right)_H = C_H(T,H) \qquad (11.2.6)$$

die bei konstant gehaltenem Magnetfeld gemessene Wärmekapazität der Probe. Zur Vereinfachung des Zählers in (11.2.5) kann man die Grundgleichung (11.1.7) mit $dV = 0$ benutzen:

$$d\bar{E} = T\,dS - \bar{M}\,dH \qquad (11.2.7)$$

Hier treten auf der rechten Seite die Variablenpaare (T, S) und $(\bar{M}, H)$ auf und $(\partial S/\partial H)_T$ ist die Ableitung einer Variablen des einen Paares bezüglich einer Variablen des anderen Paares. Folglich läßt (11.2.7) sofort eine Maxwellsche Relation der Art

$$\left(\frac{\partial S}{\partial H}\right)_T = \left(\frac{\partial \bar{M}}{\partial T}\right)_H \qquad (11.2.8)$$

vermuten.

Der strenge Beweis ergibt sich, wenn man (11.2.7) in der Form

$$dF = -S\,dT - \bar{M}\,dH$$

schreibt, wobei die Größe $F = \bar{E} - TS$ die freie Energie des Systems ist. Die Beziehung

$$\frac{\partial^2 F}{\partial H\,\partial T} = \frac{\partial^2 F}{\partial T\,\partial H}$$

führt dann unmittelbar auf (11.2.8)

Mit

$$\bar{M} = V\chi H \qquad (11.2.9)$$

wobei $\chi = \chi(T, H)$ die magnetische Suszeptibilität der Probe pro Volumeneinheit ist, wird aus (11.2.5)

$$\left(\frac{\partial T}{\partial H}\right)_S = -\frac{VTH}{C_H}\left(\frac{\partial \chi}{\partial T}\right)_H \qquad (11.2.10)$$

Somit reicht die Kenntnis von $\chi(T, H)$ (d.h. der magnetische Zustandsgleichung des Systems) und der Wärmekapazität $C_H(T, H)$ aus, um $(\partial T/\partial H)_S$[9*] zu berechnen.

Dabei ist es so, daß man die Abhängigkeit der Wärmekapazität C_H von H leicht bestimmen kann, wenn $\chi(T, H)$ bekannt ist. Geht man so vor wie in (5.8.6), so erhält man nämlich

$$\left(\frac{\partial C_H}{\partial H}\right)_T = \left(\frac{\partial}{\partial H}\right)_T \left[T\left(\frac{\partial S}{\partial T}\right)_H\right] = T\frac{\partial^2 S}{\partial H \partial T} = T\frac{\partial^2 S}{\partial T \partial H} = T\left(\frac{\partial}{\partial T}\right)_H \left(\frac{\partial S}{\partial H}\right)_T$$

Mit (11.2.8) wird daraus

$$\left(\frac{\partial C_H}{\partial H}\right)_T = T\left(\frac{\partial^2 \bar{M}}{\partial T^2}\right)_H = VTH\left(\frac{\partial^2 \chi}{\partial T^2}\right)_H \qquad (11.2.11)$$

Integration über H für festes T ergibt dann die Beziehung

$$C_H(T,H) = C_H(T,0) + VT\int_0^H \left(\frac{\partial^2 \chi(T,H')}{\partial T^2}\right)_H H'\,dH' \qquad (11.2.12)$$

Folglich genügt es, die Wärmekapazität $C_H(T, 0)$ im *Null*feld und die Funktion $\chi(T, H)$ zu kennen, um $C_H(T, H)$ für alle Felder H berechnen und damit die Größe $(\partial T/\partial H)_S$ in (11.2.10) bestimmen zu können.

Beispiel: Als Spezialfall nehme man an, daß in einem gewissen Temperatur- und Feldstärkenbereich die Suszeptibilität χ näherungsweise dem Curieschen Gesetz

$$\chi = \frac{a}{T}$$

gehorche, wobei a eine Konstante ist. Die Probe möge ferner bei abwesendem Magnetfeld eine (vorwiegend von der Wechselwirkung zwischen magnetischen Atomen herrührende) Wärmekapazität besitzen, die in diesem Temperaturbereich von der Form

$$C_H(T, 0) = \frac{Vb}{T^2}$$

sei, wobei b eine weitere Konstante ist. Dann folgt aus (11.2.12)

$$C_H(T,H) = \frac{Vb}{T^2} + VT\int_0^H \left(\frac{2a}{T^3}\right) H'\,dH' = \frac{V}{T^2}(b + aH^2)$$

Ferner gilt wegen (11.2.8) und (11.2.9)

[9*] Man beachte, daß diese Ableitung dem in (5.10.8) definierten Joule-Thomson-Koeffizienten $(\partial T/\partial p)_H$ entspricht.

$$\left(\frac{\partial S}{\partial H}\right)_T = VH\left(\frac{\partial \chi}{\partial T}\right)_H = -\frac{aVH}{T^2}$$

Folglich wird aus (11.2.4)

$$dS = 0 = \frac{V}{T^3}(b + aH^2)\,dT - \frac{aVH}{T^2}\,dH$$

oder $$\frac{dT}{T} = \frac{aH\,dH}{b + aH^2} = \frac{1}{2}\,d\,[\ln\,(b + aH^2)]$$

Also durch Integration

$$\ln\frac{T_f}{T_i} = \frac{1}{2}\ln\frac{b + aH_f^2}{b + aH_i^2}$$

oder $$\frac{T_f}{T_i} = \left(\frac{b + aH_f^2}{b + aH_i^2}\right)^{\frac{1}{2}}$$

+ Ideales Paramagnetikum mit feldunabhängiger Suszeptibilität: Für einen solchen Stoff läßt sich die Gültigkeit des Curieschen Gesetzes zeigen. Werden in der kalorischen Zustandsgleichung (5.8.12) die Variablen (p, V) $[đW = pdV]$ durch die Variablen der magnetischen Arbeit $(-H;M)$ $[đW = -HdM]$ ersetzt, so ergibt sich die kalorische Zustandsgleichung für eine inkompressible $(dV = 0)$ magnetische Substanz:

$$\left(\frac{\partial E}{\partial M}\right)_T = -T\left(\frac{\partial H}{\partial T}\right)_M + H \qquad (11.2.13)$$

Für ein ideales Paramagnetikum hängt die Energie nur von der Temperatur und nicht von der Magnetisierung ab:

$$E = E(T), \left(\frac{\partial E}{\partial M}\right)_T = 0 \qquad (11.2.14)$$

Damit folgt aus (11.2.13)

$$\left(\frac{\partial H}{\partial T}\right)_M = \frac{H}{T} \qquad (11.2.15)$$

Aufintegration bei konstantem M ergibt:

$$\frac{dH}{H} = \frac{dT}{T}$$

und damit

$$\ln H = \ln T + c(M) \qquad (11.2.16)$$

wobei die „Integrationskonstante" c eine Funktion der Magnetisierung sein kann. Wird (11.2.16) nach M aufgelöst, so ergibt sich

$$M = f\left(\frac{H}{T}\right) \tag{11.2.17}$$

Somit hängt für ein ideales Paramagnetikum die Magnetisierung nur vom Verhältnis H/T ab.

Mit (11.2.9) wird (11.2.17)

$$V\chi = \frac{M}{H} = \frac{1}{H} f\left(\frac{H}{T}\right) \tag{11.2.18}$$

Ist nun die Suszeptibilität unabhängig von H, so wird daraus durch Differentiation nach H

$$0 = \frac{1}{H^2} f\left(\frac{H}{T}\right) + \frac{1}{H} f'\left(\frac{H}{T}\right) \cdot \frac{1}{T}$$

Mit der Abkürzung $x \equiv H/T$ ergibt sich daraus

$$xf'(x) = f(x)$$

was integriert

$$f(x) = cx, \quad c = \text{const.}$$

ergibt. Wird die Abkürzung wieder eingesetzt, so ergibt sich gemäß (11.2.18) für die Suszeptibilität

$$V\chi = \frac{c}{T} \tag{11.2.19}$$

Danach gilt für ideale Paramagnetika, deren Suszeptibilität nicht von der magnetischen Feldstärke abhängt, das Curiesche Gesetz (11.2.19), wenn Volumeneffekte – wie Magnetostriktion – vernachlässigt werden können $^+$.

11.3 Messung sehr tiefer Temperaturen

Messungen der absoluten Temperatur im Bereich unterhalb von 1 K bereiten einige Schwierigkeiten. Da Gase in diesem Bereich zu Flüssigkeiten oder zu festen Substanzen kondensiert sind, stehen keine Gasthermometer zur Verfügung. Andere theoretische Beziehungen (wie z.B. das Curiesche Gesetz, nach dem $\chi \sim T^{-1}$ gilt) mögen bei der Bestimmung von T nützlich sein, besitzen aber meist einen nur beschränkten Gültigkeitsbereich. Wir werden nun zeigen, wie der zweite Hauptsatz der Thermodynamik zur Einführung einer absoluten Temperaturskala in diesem Bereich benutzt werden kann.

Bevor wir mit der eigentlichen Betrachtung beginnen, sei darauf hingewiesen, daß die wirkliche Messung der absoluten Temperatur in diesem Bereich für physikalische Untersuchungen außerordentlich wichtig ist. Denn zunächst sollte nicht vergessen werden, daß der Bereich unterhalb von 1 K *kein* „kleiner" Temperaturbereich ist. Was bei physikalischen Phänomenen ausschlaggebend ist und was im Boltzmannfaktor auftritt, sind die Verhältnisse von kT zu irgendwelchen, für das betrachtete System charakteristischen Energiewerten. Somit sind es Temperatur*verhältnisse,* die sich als wichtig erweisen, und der Bereich von 0,001 K bis 1 K enthält eine Vielzahl von physikalischen Erscheinungen durchaus vergleichbar etwa mit den Bereich zwischen 1 K und 1000 K. Da alle theroetischen Aussagen die absolute Temperatur T enthalten, wäre keinerlei Vergleich von Theorie und Experiment möglich, wenn man die absolute Temperatur, bei der ein bestimmtes Experiment durchgeführt wird, nicht bestimmen könnte.

Es ist nicht schwierig, eine Temperatur zu messen. Man hat dafür nur, wie im Abschnitt 3.5, einen beliebigen makroskopischen Parameter ϑ irgendeines Systems als thermometrischen Parameter zu wählen und dabei alle anderen makroskopischen Parameter dieses Systems festzuhalten. Zum Beispiel könnte man als Thermometer einen paramagnetischen Festkörper benutzten, der unter konstantem Druck gehalten wird. Seine magnetische Suszeptibilität χ läßt sich leicht durch Messung des induktiven Widerstandes einer um ihn gewickelten Spule bestimmen und kann deshalb als thermometrischer Parameter ϑ benutzt werden. Dieser Parameter ϑ ist dann irgendeine unbekannte Funktion der absoluten Temperatur T; d.h. es ist $\vartheta = \vartheta(T)$. Das Problem besteht nun darin, wie man aus der Kenntnis von ϑ den entsprechenden Wert der absoluten Temperatur T erhalten kann.

Der zweite Hauptsatz der Thermodynamik stellt dafür den Ausgangspunkt unserer Diskussion dar. Dieses Gesetz stellt fest, daß die bei einem infinitesimalen quasistatischen Prozeß von einem System aufgenommene Wärme $đQ$ mit der zugehörigen Entropieänderung dS durch

$$T = \frac{đQ}{dS} \tag{11.3.1}$$

verknüpft ist.

Diese Beziehung kann auf das System angewendet werden, das als Thermometer benutzt wird. Dabei wird angenommen, daß bei dem in (11.3.1) betrachteten, infinitesimalen Prozeß die äußeren Parameter des Systems festgehalten werden. Speziell für unseren Fall, bei dem das als Thermometer benutzte System ein paramagnetischer Festkörper und der allein wesentliche äußere Parameter das angelegte Magnetfeld H ist, bedeutet das, daß bei dem mit (11.3.1) gemeinten, infinitesimalen Prozeß die Feldstärke H konstant auf dem Wert H_0 (gewöhnlich $H_0 = 0$) gehalten wird. Dividiert man nun Zähler und Nenner in (11.3.1) durch die mit dem infinitesimalen Prozeß verbundene Änderung $d\vartheta$ des thermometrischen Parameters, so erhält man

$$T = \frac{(đQ/d\vartheta)_0}{(dS/d\vartheta)_0} \tag{11.3.2}$$

wobei der untere Index 0 andeutet, daß bei der Auswertung dieser Größen H auf dem festen Wert H_0 gehalten werden soll.

Der Zähler läßt sich leicht messen: Wenn sich das System in einem durch einen bestimmten Wert von ϑ charakterisierten Makrozustand befindet, hält man das Feld konstant auf dem Wert H_0. Anschließend führt man dem System eine bekannte Wärmemenge $đQ$ zu (indem man z.B. einen Strom durch einen in das System eingebetteten Heizdraht schickt, oder dadurch, daß man die Zerfallsrate und Energieabgabe einer in das System eingebetteten radioaktiven Quelle kennt), und mißt die resultierende Änderung $d\vartheta$ (indem man z.B. die Änderung der magnetischen Suszeptibilität der Probe mißt). Danach berechnet man das Verhältnis

$$\left(\frac{đQ}{d\vartheta}\right)_0 \equiv C_0(\vartheta) \tag{11.3.3}$$

(eine Wärmekapazität in bezug auf ϑ), das natürlich noch von dem ϑ-Wert abhängt, bei dem die Messung durchgeführt wurde. Man kann Messungen dieser Art für einen ganzen Satz von Temperaturen ϑ wiederholen und auf diese Weise eine Kurve $C_0(\vartheta)$ konstruieren, wie sie in Abb. 11.3.1 gezeigt ist.

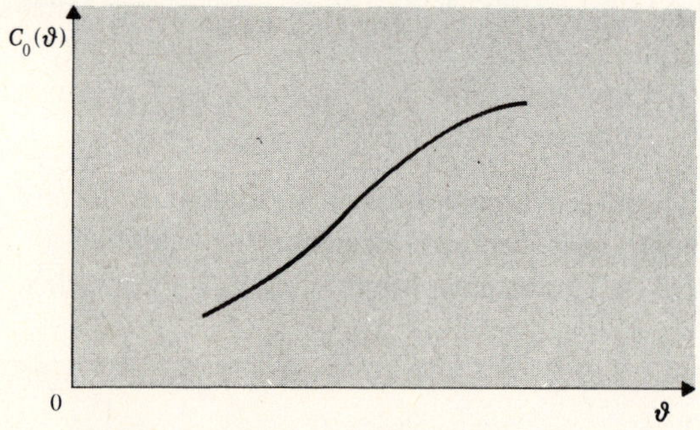

Abb. 11.3.1 Schematischer Verlauf der Kurve $C_0(\vartheta)$

Wir wenden uns nun der Auswertung des Nenners von (11.3.2) zu. Die Entropie kann als eine Funktion von ϑ und H angesehen werden, so daß also $S = S(\vartheta, H)$. Wir setzen voraus, daß $S(\vartheta_i, H)$ bei irgendeiner Temperatur $\vartheta = \vartheta_i$ als Funktion von H bekannt ist. (Dieses ϑ_i kann irgendeine hohe Temperatur oberhalb von 1 K sein, bei der Gasthermometer benutzt werden können, so daß die entsprechende absolute Temperatur T_i bekannt ist.) Angenommen, daß nun das System, das sich ursprünglich auf der Temperatur $\vartheta = \vartheta_i$ befindet, thermisch isoliert wird und das Magnetfeld quasistatisch von H auf den Wert H_0 gebracht wird. Bei dieser adiabatischen Entmagnetisierung bleibt die Entropie unverändert und am Ende des Prozesses erreicht der thermometrische Parameter des Systems irgendeinen Endwert ϑ, der gemessen werden kann. Für die Entropie gilt dann die Beziehung

$$S(\vartheta, H_0) = S(\vartheta_i, H) \tag{11.3.4}$$

Man kann diese Art von adiabatischem Prozeß wiederholen, indem man stets bei $\vartheta = \vartheta_i$, aber jedesmal mit einem anderen Anfangsfeld H beginnt. Es lassen sich so eine ganze Reihe von Endtemperaturen ϑ in dem Endfeld H_0 erreichen. Die entsprechenden Werte von $S(\vartheta, H_0)$ sind dann durch (11.3.4) gegeben. Auf diese Weise läßt sich für den gegebenen Wert H_0 eine Kurve $S(\vartheta, H_0)$ konstruieren (sie-

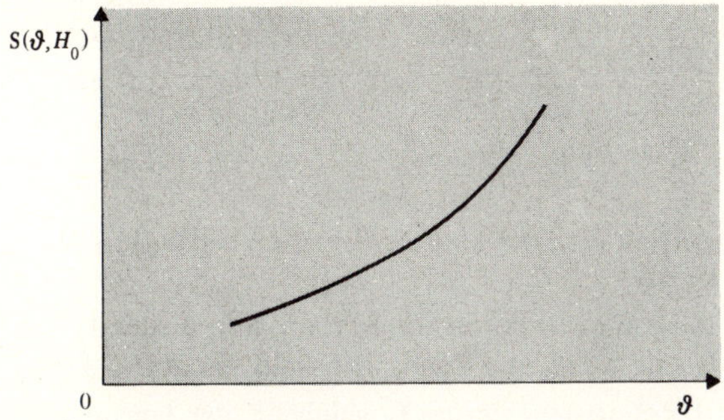

Abb. 11.3.2 Schematische Verlauf der Kurve $S(\vartheta, H_0)$ für einen gegebenen Wert $H = H_0$

he Abb. 11.3.2) und aus dieser Kurve schließlich die in (11.3.2) benötigte Steigung $(\partial S/\partial\vartheta)_0$ bestimmen.

Anmerkung: Man kann diese Steigung auch direkt aus $S(\vartheta_i, H)$ bestimmen. Angenommen, daß eine von dem Feld H ausgehende Entmagnetisierung eine Endtemperatur ϑ, eine von dem Feld $H + dH$ ausgehende Entmagnetisierung dagegen eine Endtemperatur $\vartheta + d\vartheta$ ergibt. Dann folgt aus (11.3.4)

$$\left(\frac{\partial S}{\partial\vartheta}\right)_0 = \frac{S(\vartheta + d\vartheta, H_0) - S(\vartheta, H_0)}{d\vartheta} = \frac{S(\vartheta_i, H + dH) - S(\vartheta_i, H)}{d\vartheta}$$

so daß $$\left(\frac{\partial S}{\partial\vartheta}\right)_0 = \frac{\partial S(\vartheta_i, H)}{\partial H}\,\frac{dH}{d\vartheta} \qquad (11.3.5)$$

folgt.

Die Frage, wie die Temperatur T bei bekanntem ϑ zu bestimmen ist, kann nun beantwortet werden. Einmal kann man für den gegebenen Wert von ϑ die Größe $(\partial S/\partial\vartheta)_0$ als Steigung der Kurve in Abb. 11.3.2 ermitteln und zum anderen kann man den zugehörigen Wert von $C_0 = (đQ/d\vartheta)_0$ aus der Kurve in Abb. 11.3.2) ablesen. Folglich kann mit Hilfe von (11.3.2) der zu ϑ gehörige Wert der absoluten Temperatur T berechnet werden.

Bei dieser Erörterung wurde vorausgesetzt, daß $S(\vartheta_i, H)$ bei der absoluten Temperatur T_i (für die $\vartheta = \vartheta_i$ ist) als Funktion von H bekannt ist. Es genügt aber auch, wenn $(\partial S/\partial H)_\vartheta$ für den Wert ϑ_i bekannt ist; denn dann gilt

$$S(\vartheta_i, H) = \text{constant} + \int_0^H \frac{\partial S(\vartheta_i, H')}{\partial H'}\, dH' \qquad (11.3.6)$$

wobei die Konstante von H unabhängig ist und bei der Berechnung der Entropie*differenz*, die für die Bildung der Ableitung $(\partial S/\partial \vartheta)_0$ notwendig ist, keine Rolle spielt. Wegen (11.2.8) gilt nun für $\vartheta = \vartheta_i$

$$\left(\frac{\partial S}{\partial H}\right)_\vartheta = \left(\frac{\partial \bar{M}}{\partial T}\right)_H = VH\left(\frac{\partial \chi}{\partial T}\right)_H \tag{11.3.7}$$

so daß mit der Suszeptibilität χ bei der relativ hohen absoluten Temperatur T_i (bei der gewöhnlich das Curiesche Gesetz gilt) auch die Entropie $S(\vartheta_i, H)$ in (11.3.6) ausreichend bekannt ist.

11.4 Supraleitfähigkeit

Wir haben bereits erwähnt, daß viele Metalle „supraleitend" werden, wenn sie auf hinreichend tiefe Temperaturen abgekühlt werden. Wird ein solches Metall auf eine Temperatur unterhalb eines scharf definierten Wertes T_c gebracht, der von dem äußeren Magnetfeld $\boldsymbol{H}$ abhängt, in dem sich das Metall befindet, so fällt der elektrische Widerstand des Metalls steil auf den Wert Null ab. Gleichzeitig entstehen im Metall Ströme, die bewirken, daß die magnetische Induktion $\boldsymbol{B}$ im Inneren des Metalls [10*] unabhängig vom angelegten Feld $\boldsymbol{H}$ verschwindet. Dieser supraleitende Zustand des Metalls besteht so lange, wie die Temperatur niedrig genug und das angelegte Feld schwach genug ist; andernfalls ist das Metall normalleitend (siehe Abb. 11.4.1).

Als konkretes Beispiel nehmen wir Blei, das ohne äußeres Feld bei der kritischen Temperatur $T_c = 7{,}2$ K supraleitend wird. Die kritische Feldstärke, die notwendig ist, um seine Supraleitfähigkeit in der Grenze für $T \to 0$ zu zerstören, beträgt $H_c = 0{,}08$ T. Das Fehlen jeglichen Widerstandes läßt sich in beeindruckender Weise demonstrieren, indem man in einem Ring aus supraleitenden Metall einen Strom erzeugt und anschließend alle Stromquellen abschaltet. Es läßt sich dann selbst nach einem Jahr noch keine meßbare Abnahme der Stromstärke im Ring feststellen!

Obwohl die Supraleitfähigkeit bereits 1911 von Kammerlingh Onnes entdeckt wurde, ist erst 1957 (nach Jahren enormer Anstrengung) eine erfolgreiche mikroskopische Theorie dieses bemerkenswerten Phänomens vorgeschlagen worden. Das Wesen dieser mikroskopischen Theorie besteht in der These, daß eine sehr schwache Wechselwirkung zwischen den Leitungselektronen eines Metalls bei genügend tiefen Temperaturen zu Quantenzuständen führen kann, die durch eine stark korrelierte Bewegung dieser Elektronen charakterisiert sind. Die Theorie ist gerade deswegen so kompliziert, weil sie eine saubere quantenmechanische Beschreibung der korre-

[10*] Wir beschränken uns hier auf die sogenannten „Supraleiter 1. Art". Bei den „Supraleitern 2. Art", die für die Erzeugung von sehr starken Magnetfeldern von großer Bedeutung sind, ist die Situation etwas komplizierter.

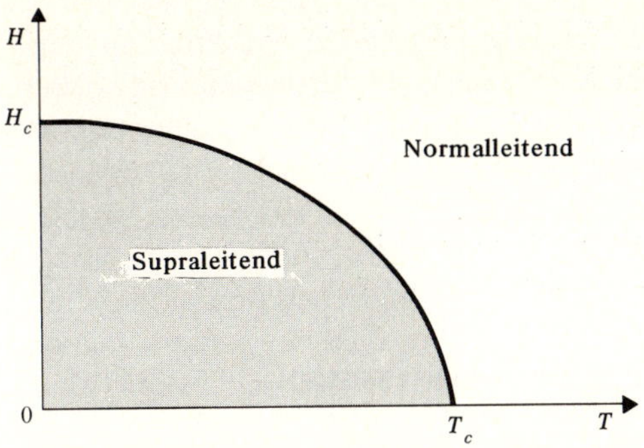

Abb. 11.4.1 Das Gebiet der Temperatur T und der magnetischen Feldstärke H, in dem ein Metall supraleitend ist. Die Kurve, die das Gebiet, in dem das Metall supraleitend ist, von dem Gebiet, in dem das Metall normalleitend ist, trennt, bestimmt die kritischen Temperaturen und die zugehörigen kritischen Felder, bei denen der Übergang des Metalls von dem normalleitenden in den supraleitenden Zustand und umgekehrt stattfindet.

lierten Bewegung von sehr vielen Teilchen, die der Fermi–Dirac-Statistik gehorchen, zu liefern hat. Der Leser wird für weitere Einzelheiten auf die Literaturangaben am Ende dieses Kapitels verwiesen. Hier wollen wir nur von der fundamentalen Eigenschaft Gebrauch machen, daß

$$B \equiv 0 \quad \text{im Inneren eines supraleitenden Metalls} \tag{11.4.1}$$

Sowohl der normalleitende, als auch der supraleitende Zustand eines Metalls lassen sich als wohldefinierte thermodynamische Makrozustände des Metalls behandeln. Der Übergang von dem einen Zustand in den anderen ist ganz genauso ein Phasenübergang, wie der Übergang vom festen in den flüssigen Zustand und kann deshalb thermodynamisch in ähnlicher Weise behandelt werden.

Wir betrachten ein langes, zylinderförmiges Metallstück, dessen Achse, wie in Abb. 11.1.1 gezeigt, zu einem von außen angelegten Magnetfeld H parallel ist. Wenn das Metall normalleitend ist, gilt für sein magnetisches Moment in guter Näherung $\bar{M} = 0$, da seine Suszeptibilität sehr klein ist. Andererseits, wenn das Metall supraleitend ist, bedeutet die Eigenschaft (11.4.1), daß die Probe ein sehr großes magnetisches Moment besitzt. Denn da das Magnetfeld im Inneren des Metalls genauso groß ist wie das angelegte Feld H, folgt aus (11.1.1) für das Innere des supraleitenden Metalls

$$B = \mu_0 H + 4\pi \bar{M} = 0 \tag{11.4.2}$$

Folglich gilt für das magnetische Moment $\bar{M}_s$ der supraleitenden Probe

$$\bar{M}_s \equiv \bar{M} V = -\frac{\mu_0}{4\pi} HV \tag{11.4.3}$$

Es gibt noch einen anderen, direkteren Weg, der zu diesem Ergebnis führt. Wir stellen uns auf einen mikroskopischen Standpunkt, so daß es keinen Unterschied zwischen B und H gibt. Dann wird $B = \mu_0 H$ von *allen* Strömen erzeugt, d.h. sowohl von den makroskopisch fließenden als auch von jenen mikroskopischen Strömen, die für die Magnetisierung der Probe verantwortlich sind. Bei Anwesenheit eines von außen angelegten magnetischen Feldes H muß sich dann ein Kreisstrom

I (entlang der Peripherie des supraleitenden Metallzylinders) ausbilden, der durch seine Richtung und seine Stärke bewirkt, daß die magnetische Induktion im Inneren des Metalls zu Null wird. Nach dem Ampèreschen Verkettungssatz ruft dieser Strom I ein magnetisches Feld H_I hervor, das durch $H_I l = (4\pi/c)I$ gegeben ist, wobei l die Länge der Probe ist. Die Bedingung, daß die magnetische Induktion im Inneren der Probe verschwinden muß, lautet dann

$$H + H_I = H + \frac{4\pi}{cl} I = 0$$

Der entlang der Peripherie der Probe fließende Strom hat somit die Stärke

$$I = -\frac{cl}{4\pi} H \tag{11.4.4}$$

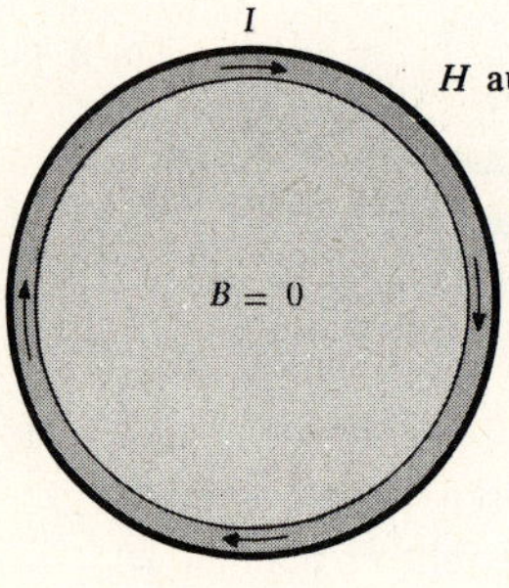

Abb. 11.4.2 Aufsicht auf eine zylindrische, supraleitende Probe in einem äußeren Magnetfeld H. In einer sehr dünnen (ungefähr $5 \cdot 10^{-6}$ cm dicken) Randschicht des Zylinders entsteht ein Kreisstrom I, der im Inneren des Zylinders ein Feld $-H$ erzeugt und so B dort zu Null macht.

Hat die Probe eine Querschnittsfläche A, so erzeugt dieser Strom ein magnetisches Moment [11+)].

$$\bar{M}_s \equiv \mu_0 \frac{I}{c} A = \frac{\mu_0}{c} \left(-\frac{cl}{4\pi} H \right) A = -\frac{\mu_0}{4\pi} HV \tag{11.4.5}$$

wobei $V = A \cdot l$ das Volumen der Probe ist. Daher erhalten wir erneut das Ergebnis (11.4.3).

Um den Strom I bzw. das magnetische Moment $\bar{M}_s$ zu erzeugen, muß Arbeit geleistet werden. Da das Volumen V der Probe in guter Näherung unverändert bleibt, lautet die thermodynamische Grundgleichung (11.1.7), angewendet auf die Probe

---

11+) Die Dipolflächendichte $|\mu|$ einer stationär durchflossenen, fadenförmigen Leiterschleife (sog. magnetisches Blatt) ist durch $|\mu| = \frac{\mu_0}{c} I$ gegeben (s. etwa: Behne, Muschik, Päsler: Theorie der Elektrizität, Kap. 55, Vieweg, Braunschweig, 1971). Die Gesamtmagnetisierung der Probe ergibt sich daraus durch Multiplikation mit ihrer Querschnittsfläche.

$$đQ = T\,dS = d\bar{E} + \bar{M}\,dH \tag{11.4.6}$$

Da uns die Temperatur T (und nicht die Entropie S) als unabhängige Variable zur Verfügung steht, schreiben wir (11.4.6) nun in der Form

$$d(TS) - S\,dT = d\bar{E} + \bar{M}\,dH$$

oder
$$dF = -S\,dT - \bar{M}\,dH \tag{11.4.7}$$

wobei
$$F \equiv \bar{E} - TS \tag{11.4.8}$$

die freie Energie ist. Die Bedingung wachsender Entropie für ein abgeschlossenes System besagt dann, analog zu (8.2.3), daß

$$\Delta S - \frac{Q}{T} \geqslant 0 \quad \text{oder} \quad Q - T\,\Delta S \leqslant 0 \tag{11.4.9}$$

wenn die Probe aus einem Reservoir der konstanten Temperatur T die Wärmemenge Q aufnimmt. Wenn aber das Magnetfeld H konstant gehalten wird, folgt aus (11.4.6) für die von dem System aufgenommene Wärmemenge Q einfach $Q = \Delta\bar{E}$. Folglich zeigt (11.4.9), daß für den Fall konstanter Temperatur T und konstanter Feldstärke H die Bedingung

$$\Delta F \leqslant 0 \tag{11.4.10}$$

gilt; d.h. die Bedingung für stabiles Gleichgewicht lautet wie gewohnt

$$F = \text{Minimum} \tag{11.4.11}$$

wobei F die freie Energie (11.4.8) ist.

Das Problem des Gleichgewichts zwischen der normalleitenden und der supraleitenden Phase eines Metalls ist dann das gleiche wie bei den gewöhnlichen Phasenübergängen, die im Abschnitt 8.5 besprochen wurden. Damit die Minimumseigenschaft (11.4.11) erfüllt ist, darf sich F nicht ändern, wenn das Metall aus dem normalleitenden in den supraleitenden Zustand gebracht wird. Folglich lautet die Bedingung für das Gleichgewicht zwischen der normalleitenden und der supraleitenden Phase bei einer gegebenen Temperatur T und einem gegebenen Magnetfeld H

$$F_n = F_s \tag{11.4.12}$$

wobei F_n und F_s die freien Energien in den jeweiligen Phasen sind. Andererseits, wenn $F_n < F_s$, ist die normalleitende Phase die stabilere von beiden, und wenn $F_s < F_n$, ist die supraleitende Phase die stabilere von beiden.

Die Bedingung (11.4.12) ist überall entlang der Phasenübergangskurve in Abb. 11.4.1 erfüllt. Geht man so vor wie bei der Herleitung der Clausius-Clapeyronschen Gleichung (8.5.9), so ergibt die Beziehung (11.4.12), angewandt auf einen bestimmten Punkt (T, H) der Phasenübergangskurve

$$F_n(T, H) = F_s(T, H)$$

In einem Nachbarpunkt auf dieser Kurve gilt dann entsprechend

$$F_n(T + dT, H + dH) = F_s(T + dT, H + dH)$$

Subtrahiert man diese beiden Beziehungen voneinander, so erhält man

$$dF_n = dF_s \tag{11.4.13}$$

Hier ist dF, ob in der normalleitenden oder supraleitenden Phase, durch (11.4.7) gegeben. Folglich wird aus (11.4.13)

$$-S_n dT - \bar{M}_n dH = -S_s dT - \bar{M}_s dH$$

wobei sich die Indizes n und s jeweils auf die normalleitende bzw. supraleitende Phase beziehen. Somit gilt

$$(S_n - S_s)\, dT = -(\bar{M}_n - \bar{M}_s)\, dH$$

Da $\bar{M}_n \approx 0$, während $\bar{M}_s$ durch (11.4.3) gegeben ist, wird daraus

▶ $$S_n - S_s = -\frac{\mu_0}{4\pi} VH \frac{dH}{dT} \tag{11.4.14}$$

Diese Gleichung ist das Analogon zur Clausius-Clapeyronschen Gleichung (8.5.9); sie verknüpft die Entropiedifferenz mit der Steigung der Phasenübergangskurve.

Da $dH/dT \leqslant 0$, folgt, daß $S_n \geqslant S_s$. Somit besitzt das Metall im supraleitenden Zustand eine kleinere Entropie als im normalleitenden Zustand (d.h. der erstere ist stärker geordnet). Verbunden mit dieser Entropiedifferenz ist eine latente Wärme

$$L = T(S_n - S_s) \tag{11.4.15}$$

die von dem Metall beim Übergang vom supraleitenden in den normalleitenden Zustand aufgenommen werden muß. Man beachte, daß $S_n - S_s = 0$, wenn der Übergang bei nichtvorhandenem äußeren Feld, d.h. bei $H = 0$ stattfindet. In diesem Fall ist mit dem Übergang *keine* latente Wärme verbunden. Für $T \to 0$ fordert der dritte Hauptsatz der Thermodynamik, daß $S_n - S_s \to 0$. Die latente Wärme muß dann ebenfalls für $T \to 0$ verschwinden. Außerdem folgt aus (11.4.14), daß für $T \to 0$ auch $dH/dT \to 0$; das bedeutet, daß die Phasenübergangskurve in Abb. 11.4.1 bei $T = 0$ mit waagerechter Tangente beginnen muß. Alle diese Schlußfolgerungen sind in voller Übereinstimmung mit dem Experiment.

Ergänzende Literatur

Magnetische Arbeit

Kittel, C.: Elementary Statistical Physics, Abschnitt 18, John Wiley & Sons, Inc., New York (1958).

Callen, H.B.: Thermodynamics, Kapitel 14 und Abschnitt 4.10, John Wiley & Sons, Inc., New York (1960).

Literatur zur Tieftemperaturphysik

McDonald, D.K.C.: Near Zero, Anchor Books, New York (1961). (Eine sehr elementarer Überblick.)

Zemansky, M.W.: Heat and Thermodynamics, 5. Auflage, Kapitel 14, McGraw-Hill Book Company, New York (1968).

Mendelssohn, K.: Cryophysics, Interscience Publishers, New York (1960).

Jackson, L.C.: Law-Temperature Physics, 5. Auflage, John Wiley & Sons, Inc., New York (1962).

Lanc, C.T.: Superfluid Physics, McGraw-Hill Book Company, New York (1962). (Superfluides Helium und Superleitfähigkeit)

Lifshitz, E.M.: Superfluidity in Scientific American, Juni (1958).

Reif, F.: Superfluidity and Quasi particles, in Scientific American, November (1960). (Die beiden letzten Artikel geben einfache Berichte für das supraflüssige Helium.

Magnetisches Kühlen

Simon, F.E.; Kurti, N.; Mendelssohn, K.: Law-temperature physics. Pergamon Press, London (1952). (Das zweite Kapitel von Kurti gibt eine gute elementare Erörterung der adiabatischen Entmagnetisierung)

Kurti, N.: Physics Today, *13*, 26, October 1960 (Populärwissenschaftliche Berechnungen zur Annäherung an Temperaturen um 10^{-6} K.)

Supraleitung

Lynton, E.A.: Supraleitung, (B.-J.-Hochschultaschenbücher Nr. 74), Bibliographisches Institut Mannheim (1966). (Eine gute moderne Einführung.)

Kunzler, J.E.; Tanenbaum, M.: Superconducting Magnets, Scientific American Juni (1962).

Buchhold, T.A.: Application of superconductivity, Scientific American, März (1960). (Die beiden letzten Artikel beschreiben praktische Anwendungen der Supraleitung.)

Aufgaben

11.1 Angenommen die Energie eines Systems im Zustand r ist durch $E_r(H)$ gegeben, wenn sich das System in einem Magnetfeld H befindet. Dann ist sein magnetisches Moment M_r gemäß (11.1.7) durch $M_r = -\partial E_r/\partial H$ gegeben. Man benutze dieses Ergebnis, um zu zeigen, daß das mittlere magnetische Moment des Systems, wenn dieses bei der Temperatur T im Gleichgewicht ist, durch $\bar{M} = \beta^{-1}\, \partial \ln Z/\partial H$ gegeben ist, wobei Z die Zustandssumme des Systems ist.

11.2 Die magnetische Suszeptibilität pro Volumeneinheit eines magnetischen Festkörpers ist durch $\chi = A/(T - \theta)$ gegeben, wobei A und θ vom Magnetfeld unabhängige Konstanten sind. Um wieviel ändert sich die Entropie dieses

Festkörper pro Volumeneinheit, wenn das Magnetfeld bei der Temperatur T von $H = 0$ auf $H = H_0$ erhöht wird?

11.3 Die magnetische Suszeptibilität pro Mol einer Substanz, die wechselwirkende magnetische Atome enthält, ist durch das Curie-Weißsche Gesetz $\chi = A/(T - \theta)$ gegeben, in dem A und θ von der Temperatur und dem Magnetfeld unabhängige Konstanten sind. Der Parameter θ hängt jedoch noch vom Druck p gemäß $\theta = \theta_0 (1 + \alpha p)$ ab, wobei θ_0 und α wiederum Konstanten sind. Man berechne die Änderung des molaren Volumens dieser Substanz, wenn bei einer festen Temperatur und festem Druck das Magnetfeld von $H = 0$ auf den Wert $H = H_0$ erhöht wird.

11.4 a) Man zeige, daß bei fester Temperatur die Entropie eines Metalls sowohl im normalleitenden als auch im supraleitenden Zustand vom Magnetfeld unabhängig ist. (Die magnetische Suszeptibilität ist im normalleitenden Zustand vernachlässigbar klein.)

b) Gegeben sei die kritische Kurve $H = H(T)$ für einen Supraleiter. Man finde einen allgemeinen Ausdruck für die Differenz $(C_s - C_n)$ der Wärmekapazitäten des Metalls im supraleitenden und normalleitenden Zustand bei derselben Temperatur T.

c) Wie lautet die Antwort in Teil b) für die Übergangstemperatur $T = T_c$?

11.5 Bei niedrigen Temperaturen ist die Temperaturabhängigkeit der Wärmekapazität C_n im normalleitenden Zustand in guter Näherung durch

$$C_n = aT + bT^3$$

gegeben, wobei a und b Konstanten sind. Im supraleitenden Zustand geht die Wärmekapazität C_s für $T \to 0$ rascher als T gegen Null. Angenommen, daß die kritische Phasenübergangskurve die parabolische Form $H = H_c [1 - (T/T_c)^2]$ besitzt. Wie sieht dann die Temperaturabhängigkeit von C_s aus?

11.6 Man betrachte ein Metall bei nicht vorhandenem Magnetfeld und bei atmosphärischem Druck. Die Wärmekapazität des Metalls im normalleitenden Zustand ist $C_n = \gamma T$; im supraleitenden Zustand ist sie näherungsweise $C_s = \alpha T^3$. Hier sind γ und α Konstanten und T ist die absolute Temperatur.

a) Man drücke α durch γ und die kritische Temperatur T_c aus.

b) Man bestimme die Differenz der inneren Energien des Metalls im normalleitenden und supraleitenden Zustand bei $T = 0$. Man drücke das Ergebnis durch γ und T_c aus. (Man denke daran, daß die Entropie des mormalleitenden und des supraleitenden Zustandes sowohl bei $T = 0$ als auch bei $T = T_c$ gleich groß sind.)

11.7 Die Wärmekapazität C_n eines normalleitenden Metalls bei niedrigen Temperaturen ist durch $C_n = \gamma T$ gegeben, wobei γ eine Konstante ist. Wenn sich dagegen das Metall im supraleitenden Zustand unterhalb der kritischen Temperatur T_c befindet, ist seine Wärmekapazität C_s im Temperaturbereich $0 < T < T_c$ näherungsweise durch $C_s = \alpha T^3$ gegeben, wobei α eine Konstante ist. Die Entropien S_n und S_s des Metalls im normalleitenden und su-

supraleitenden Zustand sind bei der Übergangstemperatur $T = T_c$ gleich; außerdem folgt aus dem dritten Hauptsatz, daß für $T \to 0$ $S_n = S_s$. Mit Hilfe dieser Angaben ermittle man die Beziehung zwischen C_s und C_n bei der Übergangstemperatur T_c

12. Elementare kinetische Theorie der Transportvorgänge

Die Stoßzeit τ, das ist die mittlere freie Flugzeit zwischen zwei Stößen zweier Moleküle, ist mit der Stoßrate w, das ist die mittlere Anzahl der Stöße zweier Moleküle pro Zeiteinheit, durch $\tau = l/w$ verknüpft. Die Stoßrate $w = \bar{V} \sigma_0 n$ hängt von der mittleren Geschwindigkeit $\bar{V}$, dem totalen Streuquerschnitt σ_0 und der Dichte n der Moleküle ab. Für die mittlere freie Weglänge $l(\bar{v}) = \bar{v}\,\tau(\bar{v})$ ergibt sich daraus $l \approx 1/\sqrt{2}\, n\sigma_0$. Betrachtet man die Moleküle näherungsweise als harte Kugeln mit dem Durchmesser d, so ist der totale Streuquerschnitt für den Zusammenstoß zweier Moleküle $\sigma_0 = \pi d^2$. Daher kann man aus der freien Weglänge den Molekülmesser abschätzen und umgekehrt. Aus der Betrachtung des Impulstransportes in einem Gas ergibt sich für die Zähigkeit $\eta = n\bar{v}ml/3$, aus dem Energietransport für die Wärmeleitfähigkeit $\mathcal{H} = n\bar{v}cl/3$ und aus dem Stofftransport für den Koeffizienten der Selbstdiffusion $D = \bar{v}l/3$ (m Masse eines Moleküls, c spezifische Wärme pro Molekül). Daraus ergibt sich die wichtige Tatsache, daß die Viskosität und die Wärmeleitfähigkeit eines verdünnten, idealen Gases unabhängig vom Druck sind. – Die Teilchendichte genügt der Diffusionsgleichung $\partial n/\partial t = D\,\partial^2 n/\partial z^2$, wenn Teilchenstrom und z-Richtung parallel sind. Wird die Diffusion als eindimensionale Zufallsbewegung behandelt, so erhält man für das Schwankungsquadrat der Verrückung $\overline{z^2(t)} = 2\overline{v^2}\tau t/3 = 2Dt$. Aus der klassischen Bewegungsgleichung einer Ladung e der Masse m ergibt sich die elektrische Leitfähigkeit $\sigma_{el} = ne^2\tau/m$.

In den vorhergehenden Kapiteln haben wir uns fast ausschließlich mit Gleichgewichtszuständen befaßt. Zur Behandlung solcher Probleme genügten rein statistische Betrachtungen, und die Untersuchung der Wechselwirkungen, die das Gleichgewicht herstellen, war überflüssig. Bei vielen physikalisch wichtigen Problemen hat man es jedoch mit Nichtgleichgewichtszuständen zu tun.

Man nehme als Beispiel einen Kupferstab, dessen beide Enden auf verschiedenen Temperaturen gehalten werden. Hier liegt *kein* Gleichgewichtszustand vor, weil dazu im ganzen Stab die gleiche Temperatur herrschen müßte. Stattdessen strömt Energie in Form von Wärme vom Ende mit der höheren Temperatur durch den Stab zum Ende mit der niedrigeren Temperatur. Die Größe dieser Energieübertragung wird durch die „Wärmeleitfähigkeit" des Kupferstabes bestimmt. Die Berechnung der Wärmeleitfähigkeit erfordert daher eine genauere Untersuchung der Nichtgleichgewichtsvorgänge, durch die Energie vom einen Stabende zum anderen transportiert wird. Solche Berechnungen können schon für den Fall des idealen Gases, den wir in den nächsten Kapiteln behandeln werden, recht kompliziert sein. Es ist daher sehr wertvoll, möglichst einfache Näherungsmethoden zu entwickeln, die die grundlegenden physikalischen Vorgänge erkennen lassen und die wesentlichen Eigenschaften der Transporterscheingungen halbquantitativ wiedergeben, und die sich schließlich auch bei der Untersuchung komplizierterer Fälle verwenden lassen, bei denen exaktere Rechnungen nicht mehr durchführbar sind. Tatsächlich stellt sich sehr oft heraus, daß diese einfachen Näherungen auf die korrekte Darstellung von Parametern wie Temperatur und Druck führen und daß die so erhaltenen Zahlenwerte sich um nicht mehr als 50 % von den Ergebnissen exakter Rechnungen unterscheiden, bei denen komplizierte Integrodifferentialgleichungen gelöst werden müssen. Daher beginnen wir in diesem Kapitel damit, einige der einfachsten Näherungsmethoden zur Untersuchung von Nichtgleichgewichtsvorgängen zu diskutieren. Wir werden hier zwar nur verdünnte Gase behandeln, jedoch sind dieselben Methoden auch bei der Untersuchung von Transportvorgängen in Festkörpern anwendbar, wo man es mit „verdünnten Gasen" von Elektronen, Phononen (quantisierte Schallwellen mit Teilchencharakter), oder Magnonen (quantisierte Magnetisierungswellen) zu tun hat.

In einem Gas besteht die Wechselwirkung der Moleküle untereinander darin, daß sie zusammenstoßen. Die Stöße sorgen dafür, daß ein Gas schließlich auch dann einen Gleichgewichtszustand mit einer Maxwell–Boltzmannschen Geschwindigkeitsverteilung annimmt, wenn es sich anfänglich nicht im Gleichgewicht befindet. Wir wollen ein *verdünntes* Gas untersuchen. Das Problem wird dann aus folgenden Gründen verhältnismäßig einfach:

a) Jedes Molekül befindet sich dann eine relativ lange Zeit in so großer Entfernung von allen anderen Molekülen, daß es nicht mit ihnen wechselwirkt, oder kürzer: Die *Zeitspanne zwischen zwei Stößen* ist sehr viel größer als die *Dauer des Stoßvorganges.*
b) Die Wahrscheinlichkeit, daß sich *mehr als zwei* Moleküle so nahe kommen, daß sie alle miteinander *gleichzeitig* in Wechselwirkung treten, ist vernachlässigbar

klein gegenüber der Wahrscheinlichkeit dafür, daß nur zwei Moleküle miteinander wechselwirken, oder kürzer: Dreier-Stößе sind sehr viel seltener als Zweier-Stöße. Damit kann man die Untersuchung der Stöße auf das vergleichsweise einfache mechanische Problem der Zweiteilchen-Wechselwirkung beschränken.

c) Die mittlere De Broglie-Wellenlänge der Moleküle ist klein gegenüber ihrem mittleren Abstand. Das Verhalten eines Moleküls zwischen zwei Stößen kann dann mit ausreichender Genauigkeit durch die Bewegung eines eng begrenzten Wellenpaketes oder die klassische Teilchenbahn beschrieben werden, auch wenn man den Streuquerschnitt für Zweier-Stöße quantenmechanisch berechnen muß.

Schließlich soll noch eine allgemeine Bemerkung zum Unterschied zwischen Gleichgewichtszuständen und stationären Zuständen gemacht werden. Ein *abgeschlossenes* System ist dann im Gleichgewicht, wenn keiner seiner Zustandsparameter von der Zeit abhängt. Ein *nicht abgeschlossenes* System A jedoch kann sich auch dann in einem Nichtgleichgewichtszustand befinden, wenn alle Parameter zeitunabhängig sind. Man nennt diesen Zustand „stationär". Dieser Zustand von A ist kein Gleichgewichtszustand, da sich das abgeschlossene Gesamtsystem $A^{(0)}$, das aus A und seiner Umgebung A' besteht, nicht im Gleichgewicht befindet, d.h., da sich die Parameter von A' mit der Zeit ändern.

Beispiel: Man denke sich einen Kupferstab A, der zwei Wärmereservoire B_1 und B_2 mit den verschiedenen Temperaturen T_1 und T_2 verbindet. Ein stationärer Zustand im Kupferstab liegt dann vor, wenn die Temperaturen T_1 und T_2 an den Enden des Kupferstabes konstant gehalten werden und wenn – nach hinreichend langer Zeit – die lokale Temperatur in jedem hinreichend kleinen Gebiet des Stabes konstant geworden ist. Obgleich die Temperatur im Stab sich zeitlich nicht ändert, liegt im Stab kein Gleichgewichtszustand vor, weil der Stab kein abgeschlossenes System darstellt. Betrachtet man nämlich die Umgebung des Stabes, d.h. die beiden Wärmereservoire B_1 und B_2, so sieht man, daß zur Erhaltung des stationären Zustandes im Kupferstab die Temperaturen T_1 und T_2 konstant gehalten werden müssen. Daher muß am Reservoir mit der höheren Temperatur Arbeit geleistet werden und dem Reservoir mit der tieferen Temperatur Wärme entzogen werden. Somit ist die Umgebung von A nicht im Gleichgewicht und daher liegt in A wegen der fehlenden Abgeschlossenheit kein Gleichgewichtszustand vor.

12.1 Die Stoßzeit

Wir betrachten ein Molekül mit der Geschwindigkeit $\boldsymbol{v}$, und es sei

$$\left.\begin{array}{l} P(t) = \text{Wahrscheinlichkeit dafür, daß ein solches Molekül nach} \\ \text{dem letzten Stoß bis zur Zeit } t \text{ nicht mit anderen zusammen-} \\ \text{gestoßen ist.} \end{array}\right\} \quad (12.1.1)$$

Natürlich muß $P(0) = 1$ gelten, da das Molekül nicht innerhalb der kurzen Zeitspanne $t \to 0$ mit anderen zusammenstoßen kann. Andererseits muß $P(t)$ mit wachsender Zeit t kleiner werden, da ein Molekül der ständigen Gefahr eines Zusammenstoßes ausgesetzt ist. Daher wird seine Chance, bis zur Zeit t ohne Zusammenstoß zu überleben mit wachsendem t immer geringer und schließlich gleich Null, d.h. $P(t) \to 0$ für $t \to \infty$. (Im Alltag drückt man das durch „Das kann auf die Dauer nicht gutgehen", oder „Irgendwann erwischt es jeden" aus.) Das Resultat dieser Erörterung ist, daß $P(t)$ eine Form haben muß, wie sie in Abb. 12.1.1 dargestellt ist [1+].

Um nun zu einer statistischen Beschreibung der Stöße zu kommen, definieren wir die „Stoßrate" w durch

$$\left.\begin{array}{l} w\,dt = \text{Wahrscheinlichkeit dafür, daß ein Molekül im Zeitinter-} \\ \text{vall zwischen } t \text{ und } t + dt \text{ mit einem anderen zusammenstößt.} \end{array}\right\} \quad (12.1.2)$$

Die Stoßrate w ist daher die Wahrscheinlichkeit für einen Stoß pro Zeiteinheit. Wir wollen hier annehmen, daß die Stoßrate *von der Vorgeschichte* des Moleküls *unabhängig* ist, d.h. sie soll nicht davon abhängen, wann das Molekül zum letzten Mal gestoßen worden ist. Im allgemeinen kann w jeodch vom Betrag der Geschwindigkeit v des Moleküls abhängen, so daß $w = w(v)$ gilt.

Kennt man die Stoßrate w, kann man die Überlebenschance $P(t)$ ausrechnen, weil die [Wahrscheinlichkeit dafür, daß das Molekül bis zur Zeit $t + dt$ nicht mit einem anderen zusammengestoßen ist] gleich sein muß der [Wahrscheinlichkeit dafür, daß es bis zur Zeit t nicht mit einem anderen zusammengestoßen ist] mal der [Wahrscheinlichkeit dafür, daß es zwischen t und $t + dt$ nicht mit einem anderen zusammenstößt]. Die Formel für den Zusammenhang zwischen $P(t)$ und w ist daher

$$P(t + dt) = P(t)(1 - w\,dt) \qquad (12.1.3)$$

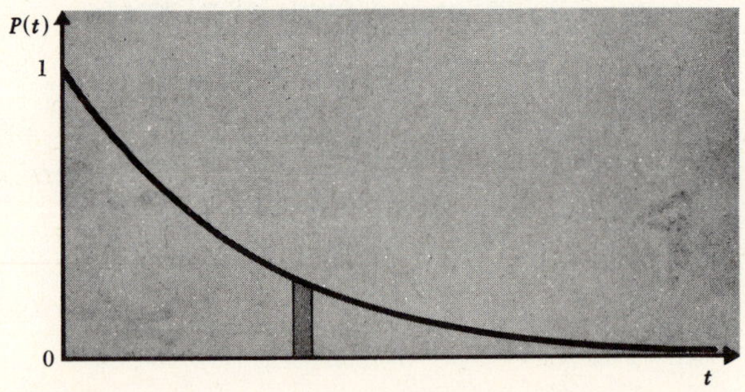

Abb. 12.1.1 Die Wahrscheinlichkeit $P(t)$ dafür, daß ein Molekül nach einem Stoß zur Zeit $t = 0$ bis zur Zeit t nicht mit anderen zusammengestoßen ist.

[1+] Man kann $P(t)$ auch noch anders deuten: Betrachtet man N Moleküle, die alle zur Zeit $t = 0$ ihren letzten Stoß erlitten haben, so gibt $NP(t)$ die Anzahl der Moleküle an, die sich bis zur Zeit t ohne weiteren Stoß bewegt haben. $P(t)$ gibt also gerade den Bruchteil der „überlebenden" Moleküle an.

Daraus folgt

$$P(t) + \frac{dP}{dt}\,dt = P(t) - P(t)w\,dt$$

oder $$\frac{1}{P}\frac{dP}{dt} = -w \tag{12.1.4}$$

Zwischen zwei Stößen (d.h., während einer Zeit von der Größenordnung w^{-1}) ist die Geschwindigkeit eines Moleküls konstant. Wirken aufgrund von Gravitation oder elektromagnetischen Feldern äußere Kräfte auf das Molekül, so ändert sich die Geschwindigkeit während der sehr kurzen Zeitspanne w^{-1} nur geringfügig. Daher kann die Stoßrate auch dann als zeitunabhängig angenommen werden, wenn sie eine Funktion der Geschwindigkeit v ist. Dann läßt sich (12.1.4) leicht integrieren und ergibt

$$\ln P = -wt + \text{constant}$$

oder $$P = C\,e^{-wt}$$

Die Integrationskonstante C bestimmt sich aus der Anfangsbedingung $P(0) = 1$ zu $C = 1$, und man erhält:

▶ $$P(t) = e^{-wt} \tag{12.1.5}$$

Das Produkt aus (12.1.1) und (12.1.2) ergibt

$\mathcal{P}(t)\,dt$ = Wahrscheinlichkeit dafür, daß das Molekül nach der Zeit t im Zeitintervall zwischen t und $t + dt$ mit einem anderen zusammenstößt. (12.1.6)

▶ $$\mathcal{P}(t)\,dt = e^{-wt}w\,dt \tag{12.1.7}$$

Anmerkung: Man könnte $\mathcal{P}(t)\,dt$ auch durch die Überlegung finden, daß diese Wahrscheinlichkeit gleich sein muß [der Chance, bis zum Zeitpunkt t zu überleben] minus [der Chance, bis zum Zeitpunkt $t + dt$ zu überleben], d.h.

$$\mathcal{P}(t)\,dt = P(t) - P(t + dt) = -\frac{dP}{dt}\,dt$$

(12.1.5) führt dann wieder auf (12.1.7). Wird die letzte Gleichung von t bis ∞ aufintegriert, so folgt

$$\int_t^\infty \mathcal{P}(\xi)\,d\xi = -\int_t^\infty \frac{dP}{dt}\,dt = P(t) - P(\infty) = P(t)$$

Dieser Sachverhalt wird in Abb. 12.1.2 dargestellt.

Für die Wahrscheinlichkeit (12.1.7) sollte eine Normierungsbedingung der Form

$$\int_0^\infty \mathcal{P}(t)\,dt = 1 \tag{12.1.8}$$

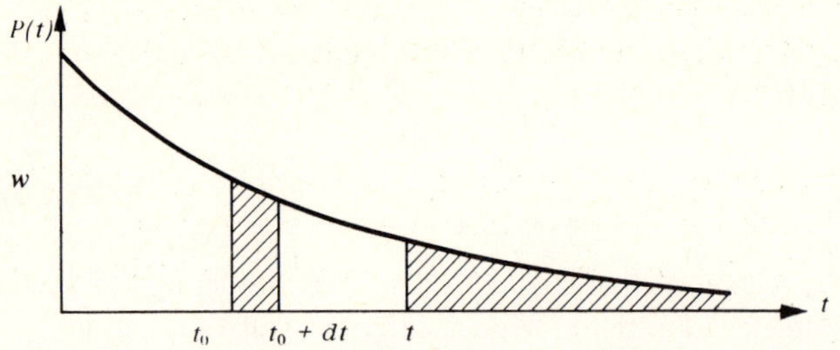

Abb. 12.1.2 Diagramm der Wahrscheinlichkeitsdichte $P(t)$ gemäß 12.1.7. Die schraffierte Fläche rechts von t stellt die Wahrscheinlichkeit $P(t)$ dafür dar, daß ein Teilchen, dessen letzter Stoß zur Zeit $t = 0$ stattfand, bis zur Zeit t keinen Stoß erleidet. Die Fläche zwischen t_0 und $t_0 + dt$ stellt die Wahrscheinlichkeit $\int_{t_0}^{t_0+dt} \mathcal{P}(\xi)d\xi = P(t_0) - P(t_0 + dt)$ dafür, dar, daß das Teilchen von 0 bis t_0 frei fliegt und im Zeitintervall zwischen t_0 und $t_0 + dt$ einen Stoß erleidet.

erfüllt sein, die sicherstellt, daß das Molekül *irgendwann bestimmt* mit einem anderen zusammenstößt. Tatsächlich erfüllt (12.1.7) wegen

$$\int_0^\infty e^{-wt} w \, dt = \int_0^\infty e^{-y} \, dy = 1$$

die Normierungsbedingung (12.1.8)

Die mittlere Zeitspanne $\tau \equiv \bar{t}$ zwischen zwei Stößen wird als „Stoßzeit" bezeichnet. Gemäß (12.1.7) gilt

$$\begin{aligned} \tau \equiv \bar{t} &= \int_0^\infty \mathcal{P}(t) \, dt \, t \\ &= \int_0^\infty e^{-wt} w \, dt \, t \\ &= \frac{1}{w} \int_0^\infty e^{-y} y \, dy = \frac{1}{w} \end{aligned}$$

(Zur Berechnung des Integrals siehe A.3). Daher gilt

$$\tau = \frac{1}{w} \qquad (12.1.9)$$

und (12.1.7) kann in der Form

$$\blacktriangleright \qquad \mathcal{P}(t) \, dt = e^{-t/\tau} \frac{dt}{\tau} \qquad (12.1.10)$$

geschrieben werden. Da im allgemeinen $w = w(v)$ ist, hängt dann auch τ vom Betrag der Geschwindigkeit v des Moleküls ab. Die Strecke, die ein Molekül im Mittel zwischen zwei Stößen zurücklegt, wird die „mittlere freie Weglänge" l des Moleküls genannt. Es ist also

$$l(v) = v \, \tau(v) \qquad (12.1.11)$$

Ein Gas von Molekülen wird dann einfach durch die mittlere Stoßzeit τ oder die mittlere freie Weglänge charakterisiert, die einem Molekül mit der mittleren Geschwindigkeit $\bar{v}$ zugeordnet ist [2+].

Anmerkung: Hängt w vom Betrag der Geschwindigkeit v ab und ändert sich diese während der Zeitspanne von der Größenordnung w^{-1} beträchtlich, dann hängt w auch von der Zeit ab. Die Integration von (12.1.4) ergibt dann anstelle von (12.1.7)

$$\mathcal{P}(t)\, dt = \left\{\exp\left[-\int_0^t w(t')\, dt'\right]\right\} w(t)\, dt \qquad (12.1.12)$$

Anmerkung über die Analogie zu einem Glücksspiel. Die in den vorhergehenden Paragraphen beschriebene Theorie der molekularen Stöße ist mit einem einfachen Glücksspiel vergleichbar. Das Molekül, dem ein Zusammenstoß droht, befindet sich in einer ähnlichen Situation wie ein Würfelspieler, der jedesmal, wenn er eine Sechs wirft, 100 Mark bezahlen muß. (Ein blutrünstigeres Analogon ist das Russische Roulette aus Aufgabe 1.5). Es sei p = Wahrscheinlichkeit dafür, bei einem Versuch eine Sechs zu werfen.

Es wird angenommen, daß die Wahrscheinlichkeit p unabhängig von den vorangegangenen Sechserwürfen ist. Dann ist

$q \equiv 1 - p$ = Wahrscheinlichkeit dafür, bei einem Versuch *keine* Sechs zu werfen.

Die Wahrscheinlichkeit P_n, bei n Versuchen keine Sechs zu werfen, ist

$$P_n = (1 - p)^n \qquad (12.1.13)$$

Die Wahrscheinlichkeit $\mathcal{P}_n$ dafür, in $(n - 1)$ Versuchen keine und dann im n-ten Versuch eine Sechs zu würfeln, ist dann

$$\mathcal{P}_n = (1 - p)^{n-1}p = q^{n-1}p \qquad (12.1.14)$$

Diese Wahrscheinlichkeit ist so normiert, daß man mit Sicherheit in *irgendeinem* Versuch eine Sechs wirft [3+], d.h. es gilt

$$\sum_{n=1}^{\infty} \mathcal{P}_n = 1 \qquad (12.1.15)$$

Dies zeigt man durch Einsetzen von (12.1.14)

$$\sum_{n=1}^{\infty} \mathcal{P}_n = \sum_{n=1}^{\infty} q^{n-1}p = p(1 + q + q^2 + \cdots)$$

[2+] Gemäß (12.1.10), (12.1.5) und (12.1.9) gilt $\tau\mathcal{P}(t) = P(t)$. Man deute dieses Ergebnis.

[3+] Die Sechs muß auf dem Würfel vorkommen, sie darf kein unmögliches Ereignis sein: $p \neq 0$.

und Aufsummation der geometrischen Reihe

$$\sum_{n=1}^{\infty} \mathcal{P}_n = \frac{p}{1-q} = \frac{p}{p} = 1$$

Die mittlere Anzahl $\bar{n}$ von Versuchen, die man braucht, um eine Sechs zu würfeln, ist

$$\bar{n} = \sum_{n=1}^{\infty} \mathcal{P}_n n = \sum_{n=1}^{\infty} q^{n-1} p n = \frac{p}{q} \sum_{n=1}^{\infty} q^n n \tag{12.1.16}$$

Die auftretende Summe läßt sich berechnen, indem man q als Variable ansieht und die Summe differenziert

$$\sum_{n=1}^{\infty} q^n n = q \frac{\partial}{\partial q} \sum_{n=1}^{\infty} q^n$$

$$= q \frac{\partial}{\partial q} \left(\frac{q}{1-q} \right)$$

$$= q \frac{(1-q)+q}{(1-q)^2} = \frac{q}{(1-q)^2}$$

Mit $q = 1 - p$ ergibt sich aus (12.1.16)

$$\bar{n} = \frac{p}{(1-q)^2} = \frac{p}{p^2} = \frac{1}{p} \tag{12.1.17}$$

Alle hier abgeleiteten Ergebnisse sind analog zu denen, die wir vorher für Moleküle erhalten haben. Um zu zeigen, daß sie einander tatsächlich entsprechen, teilen wir die Zeit in infinitesimale Intervalle der festen Länge dt auf. Jedes dieser Zeitintervalle entspricht der Frage: „Erleidet das Molekül einen Stoß im Zeitintervall?" Ein Stoß entspricht dann dem Werfen einer Sechs. Der Zusammenhang zwischen der Wahrscheinlichkeit p und der in (12.1.2) definierten Stoßrate w ist somit

$$p = w\, dt \tag{12.1.18}$$

Die Anzahl n der Versuche am Molekül in der Zeitspanne t ist

$$n = \frac{t}{dt} \tag{12.1.19}$$

Man beachte, daß die Grenzübergänge $dt \to 0$ bzw. $p \to 0$ und $n \to \infty$ so zu führen sind, daß

$$pn = wt \tag{12.1.20}$$

gilt. Gemäß (12.1.13) ist die Überlebenschance (12.1.1)

$$P(t) = (1-p)^n$$

Wegen $p \ll 1$ gilt dann näherungsweise

$$\ln P = n \ln(1-p) \approx -np$$

und daraus folgt mit (12.1.20)

$$P(t) = e^{-np} = e^{-wt} \tag{12.1.21}$$

Ganz analog wird aus (12.1.14)

$$(1-p)^{n-1}p = e^{-wt}w\,dt = \mathcal{P}(t)\,dt \tag{12.1.22}$$

was mit (12.1.7) übereinstimmt. Schließlich ergibt (12.1.19) die Beziehung

$$\bar{t} = \bar{n}dt$$

die mit (12.1.17) in

$$\bar{t} \equiv \tau = \frac{1}{p}\,dt = \frac{dt}{w\,dt} = \frac{1}{w} \tag{12.1.23}$$

übergeht, d.h. in (12.1.9).

12.2 Stoßzeit und Streuquerschnitt

Streuquerschnitt. Eine charakteristische Größe für den Stoß zweier Teilchen ist der „Streuquerschnitt", der berechnet werden kann, wenn die Wechselwirkung zwischen den beiden Teilchen bekannt ist. Dazu betrachtet man zwei Teilchen mit den Massen m_1, m_2, den Ortsvektoren $\mathbf{r}_1$, $\mathbf{r}_2$ und den Geschwindigkeiten $\mathbf{v}_1$, $\mathbf{v}_2$. Man untersucht nun die Relativbewegung der beiden Teilchen in dem Bezugssystem, in welchem das Teilchen 2 ruht. (Man könnte natürlich genauso gut das Teilchen 1 nehmen.) In diesem Ruhesystem des Teilchens 2 wird die Bewegung des Teilchens 1 relativ zu ihm durch den Abstandsvektor $\mathbf{R} = \mathbf{r}_1 - \mathbf{r}_2$ und die Relativgeschwindigkeit $\mathbf{V} = \mathbf{v}_1 - \mathbf{v}_2$ beschrieben, und das Teilchen 2 stellt ein festes Streuzentrum dar. Betrachtet man einen homogenen Strom $\mathfrak{F}_1$ pro Flächeneinheit von Teilchen der Sorte 1, die sich pro Zeiteinheit mit der (Relativ-)Geschwindigkeit $\mathbf{V}$ auf das Teilchen 2 zu bewegen, so wird man in größerer Entfernung vom Streuzentrum infolge der Streuung eine Anzahl $d\mathfrak{N}$ von Teilchen der Sorte 1 pro Zeiteinheit vorfinden, die sich mit einer Geschwindigkeit zwischen $\mathbf{V}'$ und $\mathbf{V}' + d\mathbf{V}'$ bewegen. Dieses Geschwindigkeitsintervall definiert einen kleinen Raumwinkelbereich $d\Omega'$ um die Richtung $\hat{\mathbf{V}}' \equiv \mathbf{V}'/|\mathbf{V}'|$ des gestreuten Teilchenstromes (s. Abb. 12.2.1). (Ist die Streuung elastisch, d.h. bleibt die Energie erhalten, gilt $|\mathbf{V}'| = |\mathbf{V}|$). Die Anzahl $d\mathfrak{N}$ ist proportional zum Strom $\mathfrak{F}_1$ der einfallenden Teilchen und zum Raumwinkel $d\Omega'$, so daß man

$$d\mathfrak{N} = \mathfrak{F}_1\sigma\,d\Omega' \tag{12.2.1}$$

schreiben kann. Der Proportionalitätsfaktor σ wird als „differentieller Streuquerschnitt" bezeichnet. Er hängt im allgemeinen vom Betrag V der Relativgeschwin-

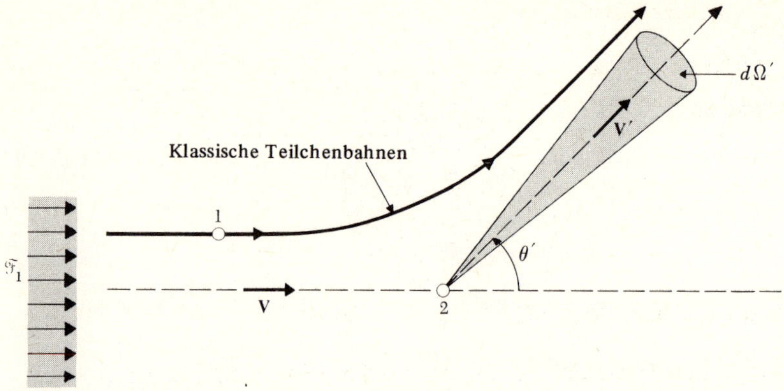

Abb. 12.2.1 Beschreibung des Streuprozesses im Ruhsystem des Teilchens 2.

digkeit und der Streurichtung $\hat{V}'$ relativ zur Einfallsrichtung $V/|V|$ ab, die durch den Polarwinkel θ' und den Azimut φ' gegeben ist. Dieser differentielle Streuquerschnitt $\sigma = \sigma(V; \hat{V}')$ kann klassisch oder auch quantenmechanisch berechnet werden, wenn die Wechselwirkung zwischen den Teilchen bekannt ist. Man beachte, daß σ die Dimension einer Fläche hat, da der Strom $\mathcal{F}_1$ auf die Flächeneinheit bezogen ist.

Durch Integration von (12.2.1) über den vollen Raumwinkel erhält man die Gesamtzahl $\mathfrak{N}$ *aller* pro Zeiteinheit in *alle* Richtungen gestreuten Teilchen. Daher ist

$$\mathfrak{N} = \int_{\Omega'} \mathcal{F}_1 \sigma \, d\Omega' \equiv \mathcal{F}_1 \sigma_0 \tag{12.2.2}$$

mit
$$\sigma_0(V) = \int_{\Omega'} \sigma(V; \hat{V}') \, d\Omega' \tag{12.2.3}$$

$\sigma_0(V)$ wird der „totale Streuquerschnitt" genannt. Im allgemeinen hängt σ_0 vom Betrag V der Geschwindigkeit der einfallenden Teilchen relativ zum Streuzentrum ab.

Die Berechnung von Streuquerschnitten für verschiedene zwischen den Teilchen wirkende Kräfte ist ein Problem, daß in der Mechanik bzw. Quantenmechanik behandelt wird. Wir wollen hier nur kurz das Ergebnis aus der klassischen Mechanik rekapitulieren, das man für den totalen Streuquerschnitt zweier „harter Kugeln" mit den Radien a_1 und a_2 erhält. [Will man die Wechselwirkung zwischen zwei harten Kugeln durch ein Potential V beschreiben, so ist V eine Funktion des Abstandes R der beiden Kugelmittelpunkte, für die $V(R) = 0$ gilt, wenn $R > (a_1 + a_2)$ ist, und $V(R) \to \infty$, wenn $R \leqslant (a_1 + a_2)$]. In Abb. 12.2.2 ist die Relativgeschwindigkeit der beiden Kugeln vor dem Stoß angegeben. Eine heranfliegende Kugel wird nur gestreut, wenn der eingezeichnete Abstand b (der sogenannte Stoßparameter) kleiner als $(a_1 + a_2)$ ist. Daher werden von den im Strom $\mathcal{F}_1$ pro Zeit- und Flächeneinheit einfallenden Teilchen nur diejenigen gestreut, die inner-

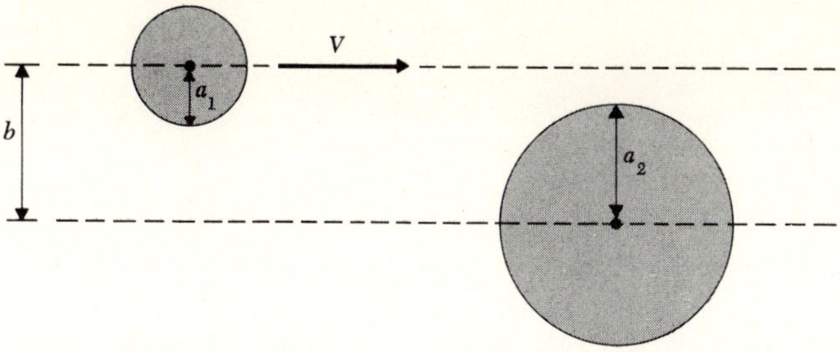

Abb. 12.2.2 Stoß zweier harter Kugeln mit den Radien a_1 und a_2

halb des kreisförmigen Querschnittes mit der Fläche $\pi\,(a_1 + a_2)^2$ liegen. Mit der Definition (12.2.2) erhält man folglich für den totalen Streuquerschnitt zweier harter Kugeln

$$\sigma_0 = \frac{\mathfrak{N}}{\mathfrak{F}_1} = \pi(a_1 + a_2)^2 \tag{12.2.4}$$

Sind die Radien der beiden Kugeln gleich, so gilt

$$\sigma_0 = \pi d^2 \tag{12.2.5}$$

wobei $d = 2\,a$ der Durchmesser der Kugeln ist.

Zusammenhang zwischen Stoßzeit und Streuquerschnitt. Kennt man den Streuquerschnitt σ für die Streuung der Moleküle eines Gases aneinander, so kann man leicht die Wahrscheinlichkeit τ^{-1} pro Zeiteinheit dafür berechnen, daß irgendeines von ihnen einen Stoß erhält. Wir wollen diesen Zusammenhang auf ganz einfachem Wege zeigen, ohne uns um genaue Mittelwertbildungen zu kümmern.

Dazu betrachten wir ein Gas, das nur aus einer einzigen Sorte von Molekülen besteht, deren mittlere Anzahl pro Volumeneinheit n sein soll. Die mittlere Geschwindigkeit der Moleküle sei $\bar{v}$, ihre mittlere *Relativ*geschwindigkeit $\bar{V}$, und σ_0 sei der dazugehörige totale Streuquerschnitt. Wir greifen eine bestimmte Gruppe von Molekülen (etwa die mit einer Geschwindigkeit um v_1) heraus, deren Stoßrate τ^{-1} wir ausrechnen wollen, und bezeichnen ihre mittlere Anzahl pro Volumeneinheit mit n_1. Nun überlegen wir uns, wie ein Molekül dieser Gruppe (sie soll als Typ 1 bezeichnet werden) an allen Molekülen innerhalb eines Volumenelementes $d^3\boldsymbol{r}$ des Gases gestreut wird. Der relativ zu *einem* beliebigen Molekül aus $d^3\boldsymbol{r}$ einfallende Strom von Molekülen des Typs 1 ist bekanntlich (siehe Abb. 12.2.3)

$$\mathfrak{F}_1 = \frac{n_1(\bar{V}\,dt\,dA)}{dt\,dA} = n_1\bar{V}^{\,4+)} \tag{12.2.6}$$

Nach (12.2.2) ist dann $n_1\bar{V}\sigma_0$ die Anzahl der einfallenden Moleküle, die insgesamt pro Zeiteinheit von dem *einen* als Streuzentrum betrachteten Molekül ge-

4+) Hier wurde die Relativgeschwindigkeit V der Moleküle des Typs 1 zur Abschätzung grob durch $\bar{V}$, der mittleren Relativgeschwindigkeit aller Moleküle ersetzt.

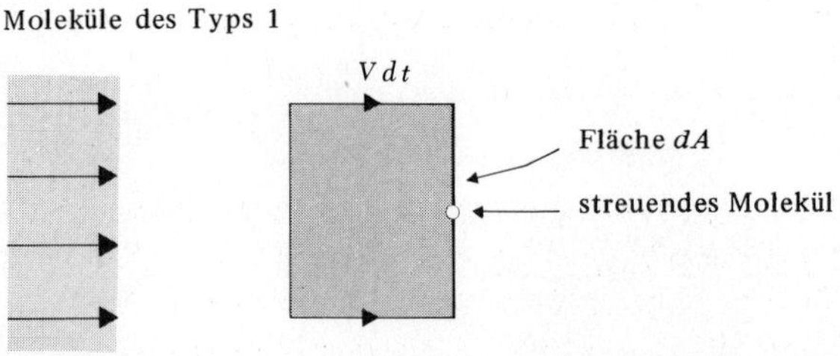

Abb. 12.2.3 Von den n_1 Molekülen pro Volumeneinheit, die ungefähr die Relativgeschwindigkeit V haben, fliegen alle diejenigen in der Zeit dt durch die Fläche dA, welche sich im Volumen $(V dt dA)$ befinden. Sie ergeben den auf das streuende Molekül einfallenden Teilchenstrom $n_1 V$.

streut werden. Die Gesamtzahl der Moleküle des Typs 1, die an *allen* in $d^3\boldsymbol{r}$ befindlichen Molekülen gestreut werden, ist dann

$$(n_1 \bar{V} \sigma_0)(n\, d^3\boldsymbol{r})$$

Teilt man diese durch die Anzahl $n_1 d^3\boldsymbol{r}$ von Molekülen des Typs 1 im betrachteten Volumenelement, erhält man die Stoßwahrscheinlichkeit $w = \tau^{-1}$ pro Zeiteinheit für ein Molekül dieser Sorte. Daher gilt

▶ $$\tau^{-1} = \bar{V} \sigma_0 n \tag{12.2.7}$$

Die Stoßwahrscheinlichkeit wächst also mit der Dichte der Moleküle, der molekularen Geschwindigkeit und dem Streuquerschnitt.

* **Anmerkung**: Diese Rechnung kann mit einer etwas sorgfältigeren Mittelwertbildung leicht korrekt durchgeführt werden. Es sei $f(\boldsymbol{v})\, d^3\boldsymbol{v}$ die mittlere Anzahl von Molekülen pro Volumeneinheit mit einer Geschwindigkeit zwischen $\boldsymbol{v}$ und $\boldsymbol{v} + d\boldsymbol{v}$. (Im Gleichgewichtszustand, den wir hier betrachten, ist dies gerade die Maxwellsche Geschwindigkeitsverteilung.) Wir wollen nun die Stoßwahrscheinlichkeit $\tau^{-1}(\boldsymbol{v}_1)$ eines Moleküls mit einer Geschwindigkeit zwischen $\boldsymbol{v}_1$ und $\boldsymbol{v}_1 + d\boldsymbol{v}_1$ berechnen. Der relative Strom von solchen Molekülen bezüglich eines Moleküls mit der Geschwindigkeit $\boldsymbol{v}$ ist $[f(\boldsymbol{v}_1)\, d^3\boldsymbol{v}_1 V]$ mit $V = |\boldsymbol{v}_1 - \boldsymbol{v}|$. Multipliziert man diesen Strom mit dem differentiellen Streuquerschnitt $\sigma(V; \hat{\boldsymbol{V}}')$ und integriert über alle Streurichtungen $\hat{\boldsymbol{V}}'$ bzw. über alle Raumwinkel $d\Omega'$, so erhält man die Gesamtzahl der Moleküle, die von *einem einzigen* im Volumenelement $\Delta V = \int d^3\boldsymbol{r}$ gestreut werden. Integriert man anschließend über alle Streuzentren (Moleküle) in ΔV und teilt durch die Anzahl der Moleküle mit einer Geschwindigkeit nahe bei $\boldsymbol{v}_1$ in diesem Volumenelement, so ergibt sich

$$\tau^{-1}(\boldsymbol{v}_1) = \frac{\int_{\mathrm{v}} \int_{\Omega'} [f(\boldsymbol{v}_1)\, d^3\boldsymbol{v}_1 V]\sigma(V; \hat{\boldsymbol{V}}')\, d\Omega' [f(\boldsymbol{v})\, d^3\boldsymbol{v}\, d^3\boldsymbol{r}]}{f(\boldsymbol{v}_1)\, d^3\boldsymbol{v}_1\, \Delta V}$$

oder $$\tau^{-1}(\boldsymbol{v}_1) = \int_{\mathrm{v}} \int_{\Omega'} V\sigma(V; \hat{\boldsymbol{V}}') f(\boldsymbol{v})\, d\Omega'\, d^3\boldsymbol{v} \tag{12.2.8}$$

Gleichung (12.2.7) ergibt für die in (12.1.11) definierte mittlere freie Weglänge

$$l = \tau \bar{v} = \frac{\bar{v}}{\bar{V}} \frac{1}{n\sigma_0} \tag{12.2.9}$$

Das Verhältnis $(\bar{v}/\bar{V})$ von mittlerer Geschwindigkeit zu mittlerer Relativgeschwindigkeit ist von der Größenordnung eins. Tatsächlich ist $\bar{V}$ jedoch etwas größer als $\bar{v}$, wie die folgende einfache Überlegung zeigt. Dazu betrachte man zwei Moleküle mit den Geschwindigkeiten $\boldsymbol{v}_1$ und $\boldsymbol{v}_2$. Das Betragsquadrat ihrer Relativgeschwindigkeit $\boldsymbol{V} = \boldsymbol{v}_1 - \boldsymbol{v}_2$ ist

$$\boldsymbol{V}^2 = \boldsymbol{v}_1{}^2 + \boldsymbol{v}_2{}^2 - 2\boldsymbol{v}_1 \cdot \boldsymbol{v}_2 \tag{12.2.10}$$

Bildet man auf beiden Seiten dieser Gleichung den Mittelwert, so wird $\overline{\boldsymbol{v}_1 \cdot \boldsymbol{v}_2} = 0$, da der Winkel zwischen den beiden Geschwindigkeiten alle Werte zwischen 0 und π annehmen kann, so daß das Integral über den Kosinus dieses Winkels verschwindet. Daher erhält man aus (12.2.10)

$$\overline{V^2} = \overline{v_1{}^2} + \overline{v_2{}^2}$$

Vernachlässigt man den Unterschied zwischen der Wurzel aus dem mittleren Betragsquadrat der Geschwindigkeit und der mittleren Geschwindigkeit, so kann man näherungsweise schreiben:

$$\bar{V} \approx \sqrt{\bar{v}_1{}^2 + \bar{v}_2{}^2} \tag{12.2.11}$$

Sind die Moleküle eines Gases alle von der gleichen Sorte, so ist $\bar{v}_1 = \bar{v}_2$. Aus (12.2.11) wird

$$\bar{V} \approx \sqrt{2}\, \bar{v} \tag{12.2.12}$$

und für die mittlere freie Weglänge (12.2.9) ergibt sich

▶ $$l \approx \frac{1}{\sqrt{2}\, n\sigma_0} \tag{12.2.13}$$

Obwohl es nicht übermäßig interessant ist, sei nebenbei bemerkt, daß eine Mittelung von (12.2.8) über die Maxwellsche Geschwindigkeitsverteilung für die Streuung harter Kugeln genau (12.2.13) ergibt.

Interessanter ist vielmehr eine Abschätzung der mittleren freien Weglänge für ein ideales Gas bei Zimmertemperatur ($\approx$ 300 K) und Normaldruck (1 bar). Die Teilchendichte n ergibt sich aus der Zustandsgleichung zu

$$n = \frac{\bar{p}}{kT} = \frac{10^6}{(1.4 \cdot 10^{-16})\,(300)} = 2{,}4 \cdot 10^{19}\ \text{cm}^{-3}$$

Der typische Moleküldurchmesser d beträgt etwa $2 \cdot 10^{-8}$ cm. Nach (12.2.5) wird dann der totale Streuquerschnitt $\sigma_0 \approx \pi(2 \cdot 10^{-8})^2 \approx 12 \cdot 10^{-16}\ \text{cm}^2$, und (12.2.13) ergibt für die mittlere freie Weglänge

$$l \approx 3 \cdot 10^{-5}\ \text{cm} \tag{12.2.14}$$

Daher ist

$$l \gg d, \tag{12.2.15}$$

so daß unsere Näherungen, die auf einem relativ seltenen Zusammentreffen zweier Teilchen basieren, gerechtfertigt werden. Für Stickstoff ist die mittlere Geschwindigkeit nach (7.10.19) von der Größenordnung $\bar{v} \approx 5 \cdot 10^4$ cm $\cdot$ s^{-1}. Die mittlere Zeitspanne zwischen zwei Stößen beträgt dann in etwa $\tau \approx l/\bar{v} \approx 6 \cdot 10^{-10}$ s. Daher ist die Stoßrate $\tau^{-1} \approx 2 \cdot 10^9$ s^{-1}, was einer Frequenz im Mikrowellenbereich entspricht.

12.3 Viskosität (dynamische Zähigkeit)

Definition des Viskositätskoeffizienten. Wir wollen ein flüssiges oder gasförmiges, strömendes Medium untersuchen, das wir im folgenden stets als Flüssigkeit bezeichnen werden, da sich Flüssigkeiten und Gase bei nicht zu großen Störmungsgeschwindigkeiten ungeachtet ihres verschiedenen Aggregatzustandes gleichartig verhalten. Man stelle sich nun in dieser Flüssigkeitsströmung eine Ebene vor, deren Normale in z-Richtung zeigen möge. Dann übt die Flüssigkeit unterhalb dieser Ebene eine Kraft $\boldsymbol{P}_z$ pro Flächeneinheit (eine „Spannung") auf die Flüssigkeit oberhalb dieser Ebene aus. Nach dem dritten Newtonschen Axiom übt umgekehrt die Flüssigkeit oberhalb der Ebene eine Spannung $-\boldsymbol{P}_z$ auf die Flüssigkeit darunter aus.

Die Komponente der Kraft pro Flächeneinheit in Richtung der Flächennormalen oder die Normalspannung, d.h. hier die z-Komponente von $\boldsymbol{P}_z$, ist gerade der in der Flüssigkeit herrschende mittlere Druck $\bar{p}$: $P_{zz} = \bar{p}$. Befindet sich die Flüssigkeit im Gleichgewicht, d.h. ruht sie oder bewegt sie sich mit *räumlich konstanter* Geschwindigkeit, so treten keine Spannungen *tangential* zu der Ebene auf. Mit anderen Worten, es ist die Tangential- oder Schubspannung $P_{zx} = 0$.

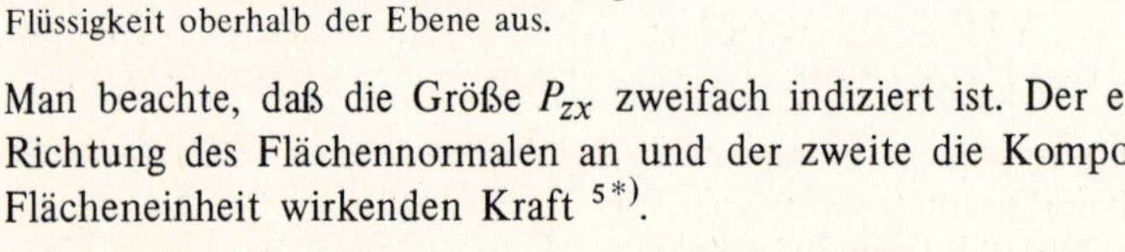

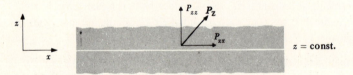

Abb. 12.3.1 Eine gedachte Ebene z = const. in einer Flüssigkeitsströmung. Die Flüssigkeit unterhalb der Ebene übt eine Spannung P_z mit den eingezeichneten Komponenten P_{zx}, P_{zz} auf die Flüssigkeit oberhalb der Ebene aus.

Man beachte, daß die Größe P_{zx} zweifach indiziert ist. Der erste Index gibt die Richtung des Flächennormalen an und der zweite die Komponente der auf die Flächeneinheit wirkenden Kraft [5*].

[5*] Die Größe $P_{\alpha\gamma}$ (wobei α und γ x, y oder z bedeuten können) nennt man den „Drucktensor".

Man betrachte nun einen Nichtgleichgewichtszustand für den die Strömungsgeschwindigkeit räumlich *nicht* konstant ist. Genauer ausgedrückt soll die Flüssigkeit in x-Richtung strömen und sich die Geschwindigkeit in z-Richtung ändern, d.h. $u_x = u_x(z)$, $u_y = u_z = 0$. Diesen Fall kann man dadurch realisieren, daß man die Flüssigkeit zwischen zwei Platten im Abstand L einschließt, wobei die Platte bei $z = 0$ ruht, während sich die Platte bei $z = L$ mit der Konstanten Geschwindigkeit u_0 in x-Richtung bewegt. Die Flüssigkeitsschichten, die an die beiden Platten angrenzen, haften praktisch an diesen, so daß sie ziemlich genau die Geschwindigkeit der jeweiligen Platte annehmen. Die Flüssigkeitsschichten zwischen den Platten haben dann verschiedene Geschwindigkeiten u_x, die zwischen 0 und u_0 variieren. In diesem Falle übt die Flüssigkeit eine tangential gerichtete Kraft auf die bewegte Platte aus, die diese zu verlangsamen sucht, um den Gleichgewichtszustand herzustellen (siehe Abb. 12.3.2).

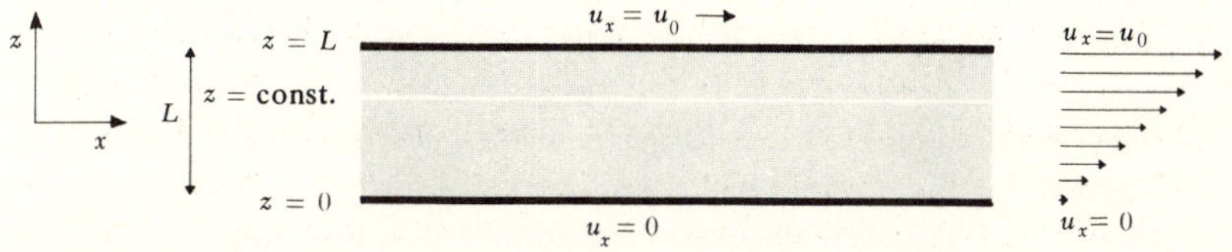

Abb. 12.3.2 Flüssigkeit zwischen zwei Platten. Die untere Platte ruht, die obere bewegt sich mit der Geschwindigkeit u_0 in x-Richtung. Auf diese Weise wird in der Flüssigkeit ein Geschwindigkeitsgefälle $(\partial u_x/\partial z)$ erzeugt.

Allgemeiner übt jede Flüssigkeitsschicht eine Schubspannung P_{zx} auf die Flüssigkeit über ihr aus. Wir hatten nun oben gesagt, daß im Gleichgewicht $P_{zx} = 0$ ist, wenn also $u_x(z)$ *nicht* von z abhängt. Im betrachteten Nichtgleichgewichtsfall ist $\partial u_x/\partial z \neq 0$, so daß man erwarten kann, daß P_{zx} irgendeine Funktion der Ableitung von u_x nach z ist, die für konstantes u_x verschwindet. Denken wir uns diese Funktion in eine Potenzreihe $\partial u_x/\partial z$ entwickelt, so muß der erste Term (die Konstante) nach dem oben Gesagten verschwinden, und wenn die Ableitung hinreichend klein ist, sollte in guter Näherung die lineare Beziehung

$$\blacktriangleright \qquad P_{zx} = -\eta \frac{\partial u_x}{\partial z} \tag{12.3.1}$$

gelten. Die Proportionalitätskonstante η heißt „Viskositätskoeffizient" oder kurz „Viskosität." Wächst u_x mit z, so sucht die Flüssigkeit unterhalb der gedachten Ebene die oberhalb derselben abzubremsen, d.h., die von ihr ausgeübte Kraft zeigt in die negative x-Richtung. Daher haben $\partial u_x/\partial z$ und P_{zx} entgegengesetztes Vorzeichen. Das wurde in (12.3.1) berücksichtigt, so daß der Viskositätskoeffizient η positiv ist. Die Einheit von η ist nach (12.3.1) im SI-System Pa · s (Pascal-Sekunde). Es gilt 1 Pa · s = 1 kg · m^{-1} · s^{-1}. (Die cgs-Einheit „poise" 1 P = 1 gcm^{-1} s^{-1} darf ab. 1.1.1978 nicht mehr benutzt werden). Der lineare Zusammenhang zwischen der Spannung P_{zx} und dem Geschwindigkeitsgradienten $\partial u_x/\partial z$ wird in Flüssigkeiten und Gasen gut bestätigt, wenn der Geschwindigkeitsgradient nicht zu groß ist.

Wir wollen noch kurz die verschiedenen Kräfte diskutieren, die in Abb. 12.3.2 in x-Richtung wirken. Die Flüssigkeit unterhalb der Ebene z = const. übt auf die Flüssigkeit oberhalb dieser Ebene eine Kraft P_{zx} pro Flächeneinheit aus. Da sich die gesamte Flüssigkeit zwischen dieser Ebene und der Platte bei $z = L$ gleichförmig bzw. nicht beschleunigt bewegt, muß die Platte eine Kraft $-P_{zx}$ pro Flächeneinheit auf die angrenzende Flüssigkeit ausüben. Nach dem dritten Newtonschen Axiom muß dann aber auch die Flüssigkeit auf diese Platte bei $z = L$ eine Kraft $+P_{zx}$ pro Flächeneinheit ausüben, die durch (12.3.1) gegeben ist.

Berechnung der Viskosität eines verdünnten Gases. Die Viskosität eines verdünnten Gases kann man ziemlich einfach auf mikroskopischer Grundlage nach der kinetischen Theorie berechnen. Angenommen, die Komponente u_x der mittleren Strömungsgeschwindigkeit (von der angenommen wird, daß sie sehr klein gegenüber der mittleren thermischen Geschwindigkeit der Moleküle ist), sei eine Funktion von z. Wie kommt nun die Spannung P_{zx} zustande? Qualitativ ausgedrückt besteht der Grund darin, daß in Abb. 12.3.2 die Moleküle oberhalb der Ebene z = const. eine etwas größere Impulskomponente in x-Richtung haben als die Moleküle darunter. Die Moleküle durchqueren diese Ebene in beiden Richtungen, wobei sie natürlich auch die x-Komponente des Impulses in beiden Richtungen mittransportieren. Daher nimmt das Gas unterhalb der Ebene Impuls in x-Richtung von den von oberhalb kommenden Molekülen auf, während umgekehrt das Gas oberhalb der Ebene ständig Impuls durch die Moleküle verliert, die die Ebene von unten nach oben durchqueren. Da nach dem zweiten Newtonschen Axion die Impulsänderung eines Systems gleich der auf es wirkenden Kraft ist, wird auf das Gas oberhalb wegen des Impulstransportes durch die Ebene vom Gas unterhalb der Ebene eine Kraft ausgeübt. Genauer ist

P_{zx} = Zuwachs der x-Komponente des mittleren Impulses des Gases oberhalb der Ebene pro Zeit- und Flächeneinheit hervorgerufen durch den Impulstransport von Molekülen, die diese Ebene in beiden Richtungen durchqueren. (12.3.2)

> **Anmerkung:** Das folgende anschauliche Beispiel soll erläutern, wie Viskosität durch Impulsübertragung zustande kommt. Zwei Güterzüge fahren mit unterschiedlicher Geschwindigkeit nebeneinander her. Nun stelle man sich vor, daß auf beiden Zügen Leute Sandsäcke von ihrem Zug auf den anderen werfen. Dann gibt es eine Impulsübertragung zwischen den beiden Güterzügen, die den langsameren beschleunigt und den schnelleren von beiden bremst.

Wir wollen nun die Viskosität auf einfachem Wege näherungsweise berechnen. Ist die Anzahl der Moleküle pro Volumeneinheit n, so bewegt sich ungefähr ein Drittel von ihnen mit der mittleren Geschwindigkeit $\bar{v}$ in z-Richtung, und davon wiederum im Mittel die Hälfte also 1/6 n Moleküle pro Volumeneinheit, jeweils in negativer und positiver z-Richtung. Im Mittel durchqueren daher pro Zeit- und Flächeneinheit jeweils (1/6 $n\bar{v}$) Moleküle die Ebene z = const. von oben und von unten. Die Moleküle, die die Ebene von unten her durchqueren, sind im Mittel das letzte Mal im Abstand l (l = mittlere freie Weglänge) unterhalb der Ebene mit einem anderen zusammengestoßen. Da die mittlere Geschwindigkeit $u_x = u_x(z)$ eine Funktion von z ist, hatten die Moleküle bei $(z - l)$ eine mittlere x-Komponente $u_x\,(z - l)$. Infolgedessen transportiert jedes Molekül der Masse m eine mittlere x-Komponente des Impulses von $m\,u_x(z - l)$ durch die Ebene. Daraus ist zu folgern, daß gilt

Mittlere x-Komponente des Impulses, die pro Zeit- und Flächeneinheit von *unten nach oben* durch die Ebene z = const. transportiert wird = $(1/6\; n\bar{v})\;[mu_x(z+l)]$. (12.3.3)

und analog

Mittlere x-Komponente des Impulses, die pro Zeit- und Flächeneinheit von *oben nach unten* durch die Ebene z = const. transportiert wird = $(1/6\; n\bar{v})\;[mu_x(z+l)]$. (12.3.4)

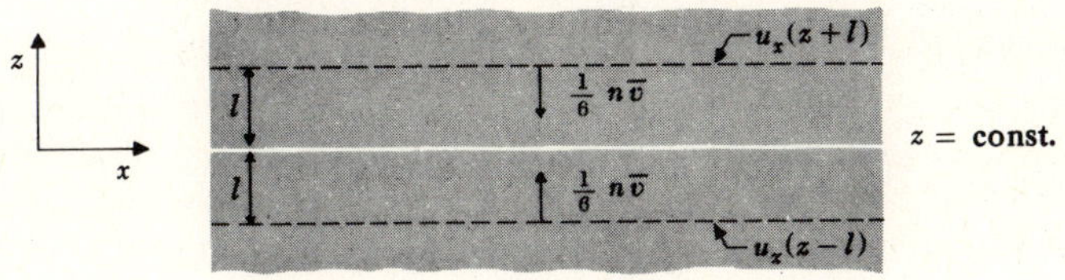

Abb. 12.3.3 Impulstransport durch Moleküle, die eine Ebene durchqueren.

Die Differenz zwischen (12.3.3) und (12.3.4) ist der *effektive* Transport der x-Komponente des Impulses pro Zeit- und Flächeneinheit in positiver z-Richtung durch die Ebene z = const. d.h., die Spannung P_{zx} aus (12.3.2). Daher ist

$$P_{zx} = (\tfrac{1}{6}n\bar{v})[mu_x(z - l)] - (\tfrac{1}{6}n\bar{v})[mu_x(z + l)]$$

bzw.
$$P_{zx} = \tfrac{1}{6}n\bar{v}m[u_x(z - l) - u_x(z + l)] \tag{12.3.5}$$

Nun kann $u_x(z)$ in eine Taylor-Reihe entwickelt und höhere Terme vernachlässigt werden, da sich die Geschwindigkeit u_x innerhalb einer freien Weglänge nicht sehr stark ändern soll. (Wir hatten vorher entsprechend verlangt, daß der Geschwindigkeitsgradient $\partial u_x/\partial z$ nicht zu groß sein darf.) Wir schreiben also

$$u_x(z + l) = u_x(z) + \frac{\partial u_x}{\partial z}\, l \;\cdots$$

$$u_x(z - l) = u_x(z) - \frac{\partial u_x}{\partial z}\, l \;\cdots$$

und erhalten

$$P_{zx} = \frac{1}{6}\, n\bar{v}m \left(-2\, \frac{\partial u_x}{\partial z}\, l\right) \equiv -\eta\, \frac{\partial u_x}{\partial z} \tag{12.3.6}$$

mit

▶ $$\eta = \tfrac{1}{3} n \bar{v} m l \tag{12.3.7}$$

Die Spannung P_{zx} ist tatsächlich proportional zum Gradienten der Geschwindigkeit $\partial u_x/\partial z$ [wie nach (12.3.1) zu erwarten war] und in (12.3.7) ist der Viskositätskoeffizient durch die mikroskopischen Eigenschaften der Gasmoleküle ausgedrückt.

Der Rechenweg war stark vereinfacht worden, und wir haben uns über exakte Mittelwertbildungen nicht den Kopf zerbrochen. Daher sollte man den Faktor 1/3 in (12.3.7) nicht überbewerten, da er sich bei einer etwas sorgfältigeren Rechnung anders ergeben könnte. Andererseits sollte die Abhängigkeit der Viskosität von den Größen n, $\bar{v}$, m und l richtig sein.

Diskussion. Die Formel (12.3.7) führt zu einigen interessanten Aussagen. Nach (12.2.13) ist

$$l \approx \frac{1}{\sqrt{2}\, n\sigma_0} \tag{12.3.8}$$

so daß sich die Dichte aus (12.3.7) heraushebt,

$$\eta = \frac{1}{3\sqrt{2}} \frac{m}{\sigma_0} \bar{v} \tag{12.3.9}$$

Ferner hängt die mittlere Geschwindigkeit [6*)] der Moleküle wegen (7.10.13)

$$\bar{v} = \sqrt{\frac{8}{\pi} \frac{kT}{m}} \tag{12.3.10}$$

nur von der Temperatur, aber nicht von der Dichte des Gases ab. Daher ist die Viskosität *unabhängig* von der Dichte oder dem Druck $\bar{p} = nkT$.

Dieses Ergebnis ist bemerkenswert. Es sagt aus, daß in dem in Abb. 12.3.2 gezeigten Beispiel die bremsende Kraft, die das Gas infolge seiner Viskosität auf die sich bewegende obere Platte ausübt, unabhängig davon ist, ob der Druck des Gases zwischen den Platten 1 bar oder 1000 bar ist. Auf den ersten Blick mag dieses Ergebnis befremdlich erscheinen, da man zunächst erwarten würde, daß die von dem Gas übertragene tangentiale Kraft proportional zur Anzahl der Gasmolekül ist. Der Widerspruch löst sich auf, wenn man beachtet, daß bei einer Verdoppelung der Anzahl der Moleküle zwar zweimal soviele vorhanden sind, die Impuls von einer Platte zur anderen transportieren, daß dann aber auch die mittlere freie Weglänge eines jeden Moleküls halbiert wird, d.h., jedes Molekül kann den Impuls nur noch halb so gut transportieren. Daher bleibt die effektive Impulsübertragung die selbe. Die Tatsache, daß die Viskosität eines Gases bei konstanter Temperatur unabhängig von der Dichte ist, wurde 1860 von Maxwell gefunden und von ihm auch experimentell nachgewiesen.

[6*)] Bei den Überschlagsrechnungen dieses Kapitels könnte man statt der mittleren Geschwindigkeit genauso gut die Wurzel aus dem mittleren Geschwindigkeitsquadrat nehmen, die sich aus dem Gleichverteilungssatz zu $\sqrt{3\,kT/m}$ ergibt.

Dieses Ergebnis kann natürlich nicht für beliebige Dichten gelten, wenn wir uns an zwei der Annahmen erinnern, die schließlich auf die Beziehung (12.3.7) führten;

1. Wir haben angenommen, daß das Gas hinreichend verdünnt sein soll, so daß die Wahrscheinlichkeit für Dreierstöße verschwindend gering ist und nur Zweierstöße betrachtet zu werden brauchten. Diese Annahme ist gerechtfertigt, wenn die Dichte des Gases so klein ist, daß

$$l \gg d \tag{12.3.11}$$

gilt, wobei $d \approx \sqrt{\sigma_0}$ ein Maß für die räumliche Ausdehnung der Moleküle ist.

2. Andererseits nahmen wir an, daß die Gasdichte so hoch ist, das die Moleküle bevorzugt miteinander und nicht mit den Wänden des Behälters zusammenstoßen. Damit wird vorausgesetzt, daß die Dichte so hoch ist, daß

$$l \ll L \tag{12.3.12}$$

gilt, wobei L ein Maß für die kleinste lineare Ausdehnung des Behälters sein soll (z.B. ist L der Abstand der bei den Platten in Abb. 12.3.2).

Wird das Gas so verdünnt, daß die Bedingung (12.3.12) verletzt wird, dann muß die Viskosität abnehmen, da in dem Grenzfall $n \to 0$ (vollständiges Vakuum) die tangentiale Kraft in Abb. 12.3.2 verschwinden muß. (Bei diesem Grenzübergang muß die mittlere freie Weglänge l in (12.3.7) schließlich den Wert der charakteristischen linearen Ausdehnung L des Behälters annehmen.) Man beachte jedoch, daß der Dichtebereich, in welchem (12.3.11) und (12.3.12) zusammen erfüllt sind, sehr groß ist, da für normale (makroskopische) Behälter $L \gg d$ ist. Daher ist die Viskosität eines Gases über einen beachtlichen Bereich unabhängig vom Druck.

Anmerkung: Die obigen Überlegungen lassen sich etwas quantitativer fassen. Die Gesamtwahrscheinlichkeit τ_0^{-1} pro Zeiteinheit dafür, daß ein Molekül mit einem anderen oder der Wand des Behälters zusammenstößt, ist die Summe aus den beiden entsprechenden Partialwahrscheinlichkeiten (warum?):

$$\tau_0^{-1} = \tau^{-1} + \tau_w^{-1} \tag{12.3.13}$$

Dabei ist τ^{-1} die Wahrscheinlichkeit pro Zeiteinheit dafür, mit einem anderen Molekül zusammenzustoßen und τ_w^{-1} die Wahrscheinlichkeit pro Zeiteinheit dafür, auf die Behälterwände aufzutreffen. Die erstgenannte läßt sich nach (12.2.7) durch die entsprechende mittlere freie Weglänge $l \approx (\sqrt{2}\; n\sigma_0)^{-1}$ ausdrücken:

$$\tau^{-1} = \bar{V} n\sigma_0 = \frac{\bar{v}}{l} \tag{12.3.14}$$

Ferner ist die mittlere Zeit, die ein Molekül zur Durchquerung der minimalen linearen Dimension L des Behälters braucht, von der Größenordnung $L/\bar{v}$, so daß man

$$\tau_w^{-1} \approx \frac{\bar{v}}{L} \tag{12.3.15}$$

setzen kann. Daher ergibt sich die tatsächliche mittlere freie Weglänge $l_0 \equiv \tau_0 \bar{v}$ mit (12.3.13) zu

$$\frac{1}{l_0} = \frac{1}{l} + \frac{1}{L} \approx \sqrt{2}\, n\sigma_0 + \frac{1}{L} \tag{12.3.16}$$

Diese mittlere freie Weglänge sollte in (12.3.7) eingesetzt werden, wenn man die Zusammenstöße mit den Wänden näherungsweise berücksichtigen will. Wenn die Dichte n hinreichend klein ist, dann wird $l_0 \to L$ und gemäß (12.3.7) $\eta \sim n$. Es sei jedoch darauf hingewiesen, daß für ein stark verdünntes Gas mit $l \gg L$ (ein solches Gas heißt „Kundsen-Gas") der Begriff der Viskosität des Gases seinen Sinn verliert. Wenn nämlich die Zusammenstöße der Moleküle mit den Wänden überwiegen, werden entsprechend auch die geometrischen Verhältnisse des Behälters wichtig und müssen berücksichtigt werden.

Als nächstes wollen wir die Temperaturabhängigkeit der Viskosität untersuchen. Wenn die Streuung der Moleküle der von harten Kugeln ähnelt, dann ist der totale Streuquerschnitt σ_0 nach (12.2.5) eine von der Temperatur unabhängige Zahl. Aus (12.3.9) ergibt sich, daß die Temperaturabhängigkeit von η dann durch die von $\bar{v}$ bestimmt wird, d.h., wenn sich die Moleküle bei der Streuung wie harte Kugeln verhalten, gilt

$$\eta \sim T^{1/2} \tag{12.3.17}$$

Im allgemeinen hängt $\sigma_0 = \sigma_0(\bar{V})$ jedoch von der mittleren Relativgeschwindigkeit der Moleküle ab, so daß der totale Streuquerschnitt σ_0 wegen $\bar{V} \sim T^{1/2}$ im allgemeinen temperaturabhängig ist. Das führt zu einer etwas stärkeren Temperaturabhängigkeit der Viskosität als in (12.3.17), die dann eher mit $T^{0,7}$ geht. Das läßt sich qualitativ etwa so erklären: Die Wechselwirkung zwischen den Molekülen besteht nicht nur aus einem kurzreichweitigen, abstoßenden Anteil, sondern sie besitzt auch einen langreichweitigen, anziehenden Anteil, der den Streuquerschnitt insbesondere für kleine Geschwindigkeiten vergrößert. Da die Geschwindigkeiten der Moleküle im Mittel mit abnehmender Temperatur kleiner werden, trägt der langreichweitige Anteil der Wechselwirkung bei tiefen Temperaturen stärker zum Streuquerschnitt bei als bei hohen. Infolgedessen wird der Streuquerschnitt σ_0 mit wachsender Temperatur abnehmen, und die Viskosität $\eta \sim T^{1/2}/\sigma_0$ entsprechend stärker als mit $T^{1/2}$ zunehmen.

Man beachte, daß die Viskosität eines Gases mit steigender Temperatur *zunimmt*. Die Viskosität von Flüssigkeiten verhält sich dagegen im allgemeinen ganz anders: Sie *nimmt* rasch *ab* mit wachsender Temperatur. Der Grund für dieses unterschiedliche Verhalten ist, daß der mittlere Abstand zwischen den Molekülen einer Flüssigkeit sehr viel geringer ist als in einem Gas. Daher wird der Impulstransport durch eine Ebene nicht nur durch den bisher besprochenen Mechanismus besorgt, sondern auch durch die Kräfte, die zwischen den Molekülen in unmittelbarer Umgebung der Ebene herrschen. (In dem Beispiel mit den beiden Güterzügen würden diesen Kräften Spiralfedern entsprechen, mit denen man die nebeneinander herfahrenden Züge aneinanderkoppelt.)

Zum Abschluß schätzen wir die Größenordnung von η ab. Der Ausdruck (12.3.7) kann in

$$\eta = \frac{\bar{p}}{\bar{v}}\, l = \frac{\bar{p}}{\bar{v}/l} \tag{12.3.18}$$

umgeformt werden, da der Druck des Gases nach (7.13.1) näherungsweise $\bar{p}$ = 1/3 $nm\bar{v}^2$ ist. (12.3.18) bedeutet in Worten, daß die Größenordnung von η so ist, daß ein Geschwindigkeitsgradient von der Größe der mittleren Geschwindigkeit geteilt durch die mittlere freie Weglänge eine Spannung erzeugen würde, die gleich dem Gasdruck ist [7+]. Unter Normaldruck 1 bar gilt bei Zimmertemperatur (300 K) für Luft in etwa $\bar{v} \approx 5 \cdot 10^2 ms^{-1}$ und $l \approx 3 \cdot 10^{-7}$ m. Damit erhält man aus (12.3.19) größenordnungsmäßig

$$\eta \approx 10^{-1}\, N (10^{-3}\, \mathrm{m})^{-2} / 1{,}7 \cdot 10^{9}\, \mathrm{s}^{-1} = 6 \cdot 10^{-5}\ \mathrm{Pa \cdot s}$$

Gemessen wird für Stickstoff bei Zimmertemperatur $\eta = 1{,}78 \cdot 10^{-5}$ Pa · s (1 Pa · s = 10 $\mathrm{gcm^{-1} s^{-1}}$).

Aus (12.3.9) und (12.3.10) erhält man nach der hier diskutierten elementaren Theorie für die Viskosität

$$\eta = \frac{2}{3\sqrt{\pi}} \frac{\sqrt{mkT}}{\sigma_0} = 0.377 \frac{\sqrt{mkT}}{\sigma_0} \tag{12.3.19}$$

Diese Formel wollen wir später mit den Ergebnissen genauerer Rechnungen vergleichen.

12.4 Wärmeleitfähigkeit

Definition des Koeffizienten der Wärmeleitfähigkeit. Es sei die Temperatur in einer Substanz räumlich *nicht* konstant. Dann liegt sicherlich kein Gleichgewichtszustand vor, und Energie wird in Form von Wärme aus den Gebieten mit höherer Temperatur in die mit niedrigerer Temperatur fließen. Wir wollen den speziellen Fall untersuchen, daß die Temperatur $T = T(z)$ eine Funktion von z allein ist. Es sei

---

[7+] Bei derartig großen Geschwindigkeitsgradienten gilt aber der lineare Zusammenhang zwischen Spannung und Geschwindigkeitsgradienten nicht mehr.

$$\left.\begin{array}{l} Q_z = \text{die Wärme, die pro Zeit- und Flächeneinheit durch die} \\ \text{Ebene } z = \text{const. in Richtung der Flächennormalen transpor-} \\ \text{tiert wird} \end{array}\right\} \qquad (12.4.1)$$

Die Größe Q_z wird als „Wärmestrom" in z-Richtung bezeichnet. Ist die Temperatur überall konstant, so ist $Q_z = 0$. Ist die Temperatur nicht konstant und der Temperaturgradient $\partial T/\partial z$ nicht zu groß, dann kann man annehmen, daß der Zu-

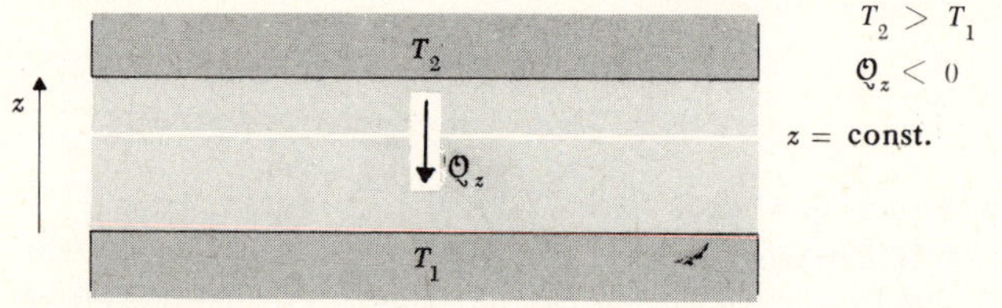

Abb. 12.4.1 Eine Substanz im thermischen Kontakt mit zwei Wärmereservoiren mit den konstanten Temperaturen T_1 und T_2. Falls $T_2 > T_1$ ist, so strömt Wärme in die negative z-Richtung aus dem Gebiet mit der höheren in das der tieferen Temperatur.

sammenhang zwischen dem Temperaturgradienten und dem Wärmestrom in guter Näherung linear ist und schreibt:

$$\blacktriangleright \qquad Q_z = -\kappa \frac{\partial T}{\partial z} \qquad (12.4.2)$$

Die Proportionalitätskonstante κ wird als „Wärmeleitfähigkeit" der Substanz bezeichnet. Da die Wärme von der höheren zu der niedrigeren Temperatur strömt, ist $Q_z < 0$, wenn $\partial T/\partial z > 0$. Daher wurde in (12.4.12) ein negatives Vorzeichen eingeführt, um κ positiv zu machen. Die lineare Beziehung (12.4.2) ist praktisch in allen Gasen, Flüssigkeiten und Festkörpern mit genügend hoher Symmetrie [8+)] erfüllt.

Berechnung der Wärmeleitfähigkeit eines verdünnten Gases. Die Wärmeleitfähigkeit eines verdünnten Gases kann man leicht aufgrund einfacher mikroskopischer Überlegungen berechnen, die denen ähnlich sind, die zur Berechnung der Viskosität benutzt werden. Man betrachte eine Ebene z = const. in dem Gas, in welchem $T = T(z)$ sein möge. Der Wärmetransport kommt dadurch zustande, daß Moleküle diese Ebene in beiden Richtungen durchqueren. Ist $\partial T/\partial z > 0$, so haben die Moleküle, die die Ebene von oben nach unten durchqueren, eine größere mittlere Energie $\bar{\epsilon}(T)$ als die, die die Ebene in entgegengesetzter Richtung durchlaufen. Genauer gesagt, gibt es wieder ungefähr jeweils 1/6 $n\bar{v}$ Moleküle, die die Ebene pro Zeit- und Flächeneinheit durchqueren [9*)]. Dabei ist n die mittlere Anzahl der Moleküle pro Volumeneinheit in der Umgebung der Ebene z = const. und $\bar{v}$ ihre mittlere

8+) Die lineare Abhängigkeit zwischen dem Wärmestrom und dem Temperaturgradienten bleibt auch bei Festkörpern mit geringerer Symmetrie erhalten, nur ist hier die Wärmeleitfähigkeit kein einzelner Koeffizient mehr, sondern ein Tensor 2. Stufe.

9*) Fußnote siehe S. 563.

Geschwindigkeit. Moleküle, die diese Ebene von unten nach oben durchqueren, sind im Mittel im Abstand l (l = mittlere freie Weglänge) unterhalb der Ebene mit einem anderen Molekül zusammengestoßen. Nun ist die mittlere Energie $\bar{\epsilon}$ eines Moleküls eine Funktion der Temperatur, und da in dem hier betrachteten Falle $T = T(z)$ ist, gilt auch $\bar{\epsilon} = \bar{\epsilon}(z)$. Die Moleküle, die die Ebene von unten her durchqueren, führen ihre mittlere Energie $\bar{\epsilon}(z - l)$ mit sich, die sie bei ihrem letzten Zusammenstoß bei $(z - l)$ hatten. Man erhält so den

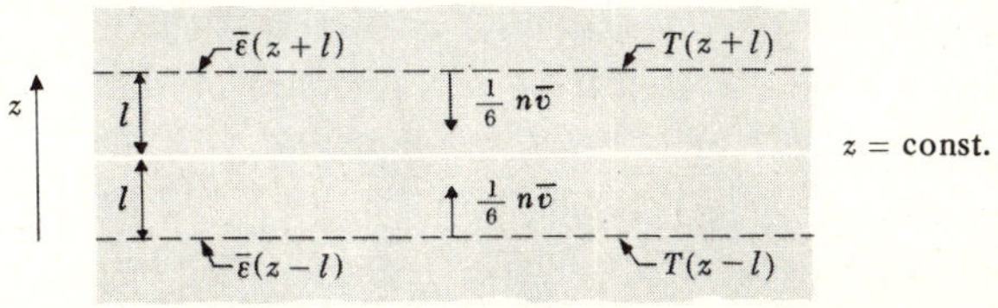

Abb. 12.4.2 Von Molekülen besorgter Energietransport durch eine Ebene

$$\left.\begin{array}{l}\text{mittleren Energietransport pro Zeit- und Flächeneinheit durch} \\ \text{die Ebene von unten her} = 1/6\, n\bar{v}\, \bar{\epsilon}(z - l).\end{array}\right\} \tag{12.4.3}$$

Durch eine Betrachtung der Moleküle, die die Ebene von oben her durchqueren und ihren letzten Zusammenstoß bei $(z + l)$ hatten, erhält man analog den

$$\left.\begin{array}{l}\text{mittleren Energietransport pro Zeit- und Flächeneinheit} \\ \text{durch die Ebene von oben her} = 1/6\, n\bar{v}\, \bar{\epsilon}(z + l).\end{array}\right\} \tag{12.4.4}$$

Die Differenz zwischen (12.4.3) und (12.4.4) ist der *effektive* Fluß $\mathcal{Q}_z$ von Energie pro Zeit- und Flächeneinheit in positiver z-Richtung:

$$\mathcal{Q}_z = \tfrac{1}{6} n\bar{v} \{\bar{\epsilon}(z - l) - \bar{\epsilon}(z + l)\}$$

$$= \frac{1}{6} n\bar{v} \left\{\left[\bar{\epsilon}(z) - l \frac{\partial \bar{\epsilon}}{\partial z}\right] - \left[\bar{\epsilon}(z) + l \frac{\partial \bar{\epsilon}}{\partial z}\right]\right\}$$

bzw. $$\mathcal{Q}_z = \frac{1}{6} n\bar{v} \left(-2l \frac{\partial \bar{\epsilon}}{\partial z}\right) = -\frac{1}{3} n\bar{v} l \frac{\partial \bar{\epsilon}}{\partial T} \frac{\partial T}{\partial z} \tag{12.4.5}$$

da $\bar{\epsilon}$ von z über die Temperatur T abhängt. Wir wollen noch die spezifische Energie *pro Molekül*

$$c \equiv \frac{\partial \bar{\epsilon}}{\partial T} \tag{12.4.6}$$

einführen und (12.4.5) in der Form

9*) Da die Wärmeleitfähigkeit eines Gases im stationären Zustand ohne Konvektionsströme gemessen wird, muß die Anzahl der Moleküle, die irgendeine Ebene pro Zeit- und Flächeneinheit in einer Richtung durchqueren, gleich der Anzahl der Moleküle sein, die diese Ebene in entgegengesetzter Richtung durchqueren. Daher ist es bei diesen einfachen Überlegungen überflüssig, sich bei der Tatsache aufzuhalten, daß aus der Ortsabhängigkeit der Temperatur eine Ortsabhängigkeit der Dichte n und der mittleren Geschwindigkeit $\bar{v}$ resultiert. (Solche Fragen können mit exakteren Methoden in den nächsten Kapiteln genauer untersucht werden.)

$$Q_z = -\kappa \frac{\partial T}{\partial z} \tag{12.4.7}$$

schreiben. Der Wärmestrom hängt also bei diesem mikroskopischen Modell tatsächlich linear vom Temperaturgradienten ab, und der Vergleich mit (12.4.2) ergibt für die Wärmeleitfähigkeit

▶ $$\kappa = \tfrac{1}{3} n\bar{v}cl \tag{12.4.8}$$

Damit haben wir die Wärmeleitfähigkeit aus charakteristischen molekularen Größen berechnet.

In dieser vereinfachten Rechnung verdient der Faktor 1/3 in (12.4.8) wiederum kein besonderes Vertrauen, während die Abhängigkeit von den mikroskopischen Parametern korrekt sein dürfte. Da $l \sim n^{-1}$, kürzt sich die Gasdichte wieder heraus, und mit (12.3.8) läßt sich für die Wärmeleitfähigkeit

$$\kappa = \frac{1}{3\sqrt{2}} \frac{c}{\sigma_0} \bar{v} \tag{12.4.9}$$

schreiben. Sie ist also *unabhängig* vom Gasdruck. Dieses Resultat hat dieselben Ursachen wie die Druckunabhängigkeit der Viskosität η und gilt ebenfalls bei Gasdichten, für die $d \ll l \ll L$ erfüllt ist.

Man beachte, daß aufgrund des Gleichverteilungssatzes in einem monoatomaren Gas $\bar{\varepsilon} = 3/2\, kT$ gilt und daß daher die spezifische Wärme pro Molekül einfach $c = 3/2\, k$ ist.

Da $\bar{v} \sim T^{1/2}$ und c gewöhnlich temperaturunabhängig ist, ergibt (12.4.9) für ein Gas aus harten Kugeln

$$\kappa \sim T^{1/2} \tag{12.4.10}$$

Im allgeneinen trifft das Modell der harten Kugeln auf Moleküle jedoch nicht genau zu, so daß σ_0 von der Temperatur abhängt, wie wir es im Zusammenhang mit der Viskosität erläutert haben. Daher wächst κ wiederum etwas stärker als in (12.4.10) mit der Temperatur an.

Die Größenordnung der Wärmeleitfähigkeit eines verdünnten Gases bei Zimmertemperatur läßt sich schnell abschätzen, indem man typische Zahlenwerte in (12.4.8) einsetzt. Ein üblicher Wert ist die für Argon bei 273 K gemessene Wärmeleitfähigkeit $\kappa = 1{,}65 \cdot 10^{-2}\ \mathrm{Wm^{-1}\ K^{-1}}$.

Setzen wir hier $\bar{v}$ (12.3.10) ein, so wird aus dem näherungsweise gültigen Ausdruck (12.4.9) für die Wärmeleitfähigkeit

$$\kappa = \frac{2}{3\sqrt{\pi}} \frac{c}{\sigma_0} \sqrt{\frac{kT}{m}} \tag{12.4.11}$$

Ein Vergleich zwischen den Formeln (12.4.8) für die Wärmeleitfähigkeit κ und (12.3.7) für die Viskosität η zeigt, daß diese sehr ähnlich gebaut sind. Man erhält für das Verhältnis dieser beiden Größen

$$\frac{\kappa}{\eta} = \frac{c}{m} \tag{12.4.12}$$

Erweitert man die rechte Seite mit der Loschmidtschen Zahl N_a, so ergibt sich die äquivalente Beziehung

$$\frac{\kappa}{\eta} = \frac{c_V}{\mu} \tag{12.4.13}$$

Dabei ist $c_V = N_a c$ die molare spezifische Wärme des Gases bei konstantem Volumen und $\mu = N_a m$ das Molgewicht. Es besteht also zwischen den beiden Transportkoeffizienten κ und η eine experimentell einfach überprüfbare Beziehung. Dabei stellt sich heraus, daß das Verhältnis $(\kappa/\eta)(c_V/\mu)^{-1}$ zwischen 1,3 und 2,5 liegt, also nicht gleich 1,0 ist, wie es aus (12.4.13) folgen würde. Bedenkt man jedoch, auf welch einfachem Wege κ und η hier berechnet wurden, so hat man mehr Grund, davon angetan zu sein, in welchem Ausmaß diese einfache Theorie mit dem Experiment übereinstimmt, als von den Diskrepanzen enttäuscht zu sein. Ein Teil dieser Diskrepanzen geht sicher darauf zurück, daß wir nicht mit der tatsächlichen Geschwindigkeitsverteilung, sondern mit der für alle Moleküle gleichen mittleren Geschwindigkeit $\bar{v}$ gerechnet haben. Je schneller die Moleküle sind, desto häufiger durchqueren sie eine vorgegebene Ebene. Diese schnelleren Moleküle transportieren mehr kinetische Energie, was für die Wärmeleitfähigkeit von Belang ist, nicht aber für die Viskosität. Denn dort ist die mittlere x-Komponente des Impulses wesentlich, die nicht mit der thermischen Geschwindigkeit wächst. Daher ist zu erwarten, daß κ/η größer c_V/μ ist.

* **Anwendung auf nichtklassische Gase.** Es ist bemerkswert, daß sich die einfachen Betrachtungen dieses Abschnittes nicht nur auf klassische, verdünnte Gase anwenden lassen. Nehmen wir als Beispiel die Wärmeleitfähigkeit eines Metalles. Die Wärme wird in einem guten Leiter überwiegend von den Leitungselektronen (d.h. den Elektronen, die für den elektrischen Strom verantwortlich sind) transportiert. Diese Leitungselektronen bewegen sich durch das ideale, periodische Kristallgitter, ohne daß sie an den Gitterbausteinen gestreut werden (eine nur quantenmechanisch erklärbare Eigenschaft). Sie werden jedoch an jeder Abweichung von dieser idealen Periodizität gestreut, wie sie die in jedem Kristall vorhandenen Verunreinigungen oder Gitterbaufehler und die bei endlicher Temperaturen notwendigerweise vorhandenen Schwingungen der Gitterbausteine um ihre ideale Gitterlage darstellen [10+]. (Es wurde schon am Anfang dieses Kapitels darauf hingewiesen, daß man durch Quantisierung dieser Gitterschwingungen die Phononen erhält, die eine Störung der Periodizität des Kristallgitters darstellen.)

10+) Die bei tiefen Temperaturen vorzugsweise angeregten langwelligen Schwingungen des idealen Kristallgitters sind thermische Schallwellen.

Um nun (12.4.8) auf die Leitungselektronen eines Metalls anzuwenden, die ein stark entartetes Fermi-Dirac-Gas darstellen, bemerken wir, daß nur diejenigen Elektronen, deren Energie in einem Bereich der Größenordnung kT um die Fermi-Energie μ liegt – d.h., nur der Bruchteil kT/μ, der zur elektronischen spezifischen Wärme beiträgt (3/2 k pro Elektron) – zur Wärmeleitfähigkeit κ beitragen. Daher bezieht sich das Produkt nc in (12.4.8) nur auf diese Elektronen und ist daher näherungsweise $n(\kappa T/\mu)$ (3/2 k). Es ist also nc proportional zu T. Alle diese Elektronen bewegen sich ferner nahezu mit der Fermi-Geschwindigkeit v_F. Infolgedessen ist die mittlere Geschwindigkeit $\bar{v} \approx \bar{v}_F$ in (12.4.8), und hängt nicht von der Temperatur ab. Bei genügend tiefen Temperaturen dominiert die Streuung der Elektronen an den Verunreinigungen, da die Dichte n_i der Störstellen von der Temperatur unabhängig ist, während die Dichte n_p der thermisch angeregten Phononen mit der Temperatur abnimmt. Da die Störstellen im Gitter ruhen und sich die Elektronen relativ zum Gitter alle mit der Geschwindigkeit v_F bewegen, ist auch der Betrag der Relativgeschwindigkeit Elektron–Störstelle und damit der Streuquerschnitt konstant, inbesondere also temperaturunabhängig. Daher hängt die mittlere freie Weglänge $l_i \sim (n_i \sigma_{0,i})^{-1}$ nicht von der Temperatur ab, so daß aus (12.4.8)

$$\kappa_i \sim T \tag{12.4.14}$$

für Störstellenstreuung folgt. Diese Temperaturabhängigkeit wird für Metalle (und schwache Legierungen, die man als extrem stark verunreinigte Metall ansehen kann) für genügend tiefe Temperaturen experimentell gut bestätigt.

Bei höheren Temperaturen wird die Elektron-Phonon-Streuung dominant. Betrachten wir den Temperaturbereich, in welchem die Wellenlängen aller thermisch angeregten Phononen (oder Gitterschwingungen) groß im Vergleich zur Gitterkonstanten sind (d.h., T muß beträchtlich kleiner als die in Abschnitt 10.2 definierte Debeye-Temperatur sein), dann berechnet sich die Dichte der Phononen analog zu der der Photonen, d.h., die mittlere Anzahl von Phononen pro Volumeneinheit ist $n_p \sim T^3$ [vgl. (10.2.27)]. Nehmen wir an, daß der Streuquerschnitt für die Elektron-Phonon-Wechselwirkung nicht von der Temperatur abhängt, so wird die mittlere freie Weglänge für diese Streuung $l_p \sim n_p^{-1} \sim T^{-3}$. Bei Elektron-Phonon-Streuung erhält man daher aus (12.4.8) für die Temperaturabhängigkeit der Wärmeleitfähigkeit

$$\kappa_p \sim T\left(\frac{1}{T^3}\right) \sim \frac{1}{T^2} \tag{12.4.15}$$

Im allgemeinen hat man beide Streumechanismen nebeneinander zu berücksichtigen. Da beide aber unabhängig voneinander wirken, hat man einfach die entsprechenden Wärmewiderstände (das sind die reziproken Leitfähigkeiten) zu addieren [vgl. die analoge Addition der reziproken freien Weglängen in (12.3.16)]. Die daraus resultierende Wärmeleitfähigkeit κ muß dann die Form

$$\frac{1}{\kappa} = \frac{1}{\kappa_i} + \frac{1}{\kappa_p} = \frac{a}{T} + bT^2 \tag{12.4.16}$$

haben, wobei nach (12.4.14) und (12.4.15) a und b temperaturunabhängige Konstanten sind. Diese Temperaturabhängigkeit (12.4.16) mit ihrem charakteristischen Maximum wird experimentell gut bestätigt.

Zum Abschluß wollen wir die Wärmeleitfähigkeit eines Isolators bei tiefen Temperaturen untersuchen. Da in ihm keine Leitungselektronen vorhanden sind, ist die Wärmeleitfähigkeit vergleichsweise gering, und die Wärme wird ausschließlich von Gitterschwingungen bzw. Phononen transportiert. Bei der Anwendung von (12.4.8) auf Phononen bemerken wir, daß für genügend tiefe Temperaturen $n_p \sim T^3$ gilt. Die mittlere Geschwindigkeit $\bar{v}$ der Phononen ist die Schallgeschwindigkeit, die temperaturunabhängig ist. Die mittlere Energie $\bar{\epsilon}$ eines Phonons ist von der Größenordnung kT, so daß $c = \partial\bar{\epsilon}/\partial T$ von der Größenordnung k und temperaturunabhängig ist. Ist die Temperatur tief genug, so ist die mittlere freie Weglänge der Phononen so groß, daß sie im wesentlichen an den Kristalloberflächen gestreut werden. Dann ist l von der Größenordnung der kleinsten linearen Dimension des Kristalles und hängt nicht von der Temperatur ab. Daher erhält man für einen Isolator bei sehr tiefen Temperaturen einfach

$$\kappa \sim T^3 \tag{12.4.17}$$

Diese Temperaturabhängigkeit ist experimentell nachgewiesen worden.

12.5 Diffusion

Definition des Diffusionskoeffizienten. Man betrachte eine Substanz, die aus gleichartigen Molekülen besteht, von denen jedoch eine bestimmte Anzahl in irgendeiner Weise gekennzeichnet ist. Diese Moleküle könnten zum Beispiel durch ihre Radioaktivität ausgezeichnet sein. Es sei n_1 die Dichte der gekennzeichneten Moleküle. Im Gleichgewichtszustand sind diese Moleküle gleichmäßig über das ganze zur Verfügung stehende Volumen verteilt, d.h., n_1 ist ortsunabhängig. Nun stelle man sich vor, daß sie nicht gleichmäßig verteilt seien, so daß die Dichte n_1 *ortsabhängig* ist – z.B. $n_1 = n_1(z)$ –, wobei allerdings die *Gesamtzahl* n von Molekülen pro Volumeneinheit stets die gleiche bleiben soll. (Das garantiert, daß es keine Bewegung der betrachteten Substanz insgesamt gibt.) Das ist kein Gleichgewichtszustand mehr, und daher werden sich die gekennzeichneten Moleküle so umverteilen, daß die Entropie des Systems wächst, d.h., die Inhomogenität der Dichte n_1 wird ausgeglichen. Der Fluß der gekennzeichneten Moleküle wird mit J bezeichnet, d.h., es sei

J_z = mittlere Anzahl von gekennzeichneten Molekülen, die pro Zeit- und Flächeneinheit eine Ebene (in z-Richtung parallel zur Normalenrichtung) durchqueren. (12.5.1)

Wenn n_1 ortsunabhängig ist, so ist $J_z = 0$. Ist n_1 nicht ortsunabhängig, so erwartet man, daß J_z in guter Näherung linear von dem Dichtegradienten der gekennzeichneten Moleküle abhängt. Daher macht man den Ansatz

$$J_z = -D \frac{\partial n_1}{\partial z} \tag{12.5.2}$$

Die Proportionalitätskonstante D wird als „Diffusionskoeffizient" des betreffenden Stoffes bezeichnet. Ist $\partial n_1/\partial z > 0$, strömen die Teilchen in die negative z-Richtung, um das Konzentrationsgefälle auszugleichen. Daher wurde das negative Vorzeichen in (12.5.2) mit aufgenommen, so daß der Diffusionskoeffizient D stets positiv ist. Die lineare Beziehung (12.5.2) beschreibt die Selbstdiffusion von Molekülen in Gasen, Flüssigkeiten und isotropen Festkörpern hinreichend gut [11*].

Wir wollen als nächstes zeigen, daß die Dichte n_1 wegen der Beziehung (12.5.2) einer einfachen Differentialgleichung genügt. Dazu werde wieder ein eindimensionales Problem untersucht, für das die Dichte der gekennzeichneten Moleküle $n_1(z, t)$ eine Funktion von z und t sei. Betrachtet man ein Volumenelement des Stoffes mit der Dicke dz und der Deckfläche dA, so gilt, da die Anzahl der gekennzeichneten Moleküle erhalten bleibt: Der [Zuwachs der gekennzeichneten Moleküle pro

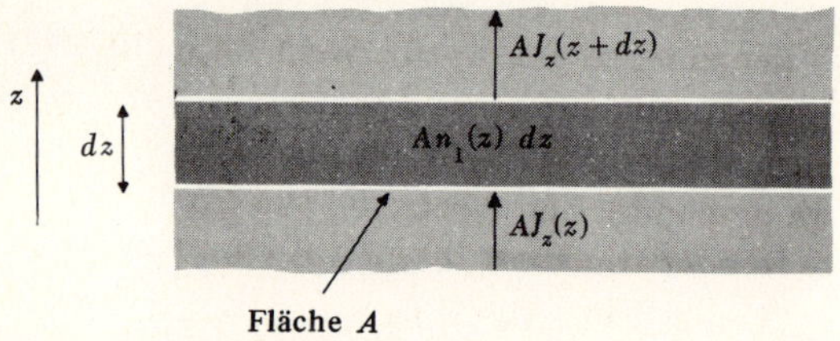

Abb. 12.5.1 Die Skizze erläutert die Erhaltung der Anzahl der Moleküle bei der Diffusion.

Zeiteinheit im Volumenelement] muß gleich der [Zahl der Moleküle, die durch das Oberflächenelement bei z pro Zeiteinheit in das Volumenelement gelangen] minus der [Zahl der Moleküle, die das Volumenelement durch die Oberfläche bei $z + dz$ pro Zeiteinheit verlassen] sein. Als Formel:

$$\frac{\partial}{\partial t}(n_1 A\, dz) = AJ_z(z) - AJ_z(z + dz)$$

oder
$$\frac{\partial n_1}{\partial t} dz = J_z(z) - \left[J_z(z) + \frac{\partial J_z}{\partial z} dz\right]$$

und daraus folgt schließlich

$$\frac{\partial n_1}{\partial t} = -\frac{\partial J_z}{\partial z} \tag{12.5.3}$$

[11*] Man spricht von *Selbst*diffusion, wenn die Moleküle bis auf ihre besondere Kennzeichnung mit den Molekülen der Substanz übereinstimmen (z.B. Radioaktive Isotope). Der allgemeinere und kompliziertere Fall wäre die *gegenseitige* Diffusion von *verschiedenartigen* Molekülen (z.B. He-Atome in Argon).

Diese Gleichung drückt also aus, daß die Anzahl der gekennzeichneten Moleküle erhalten bleibt. Mit der Beziehung (12.5.2) wird daraus die „Diffusionsgleichung"

$$\frac{\partial n_1}{\partial t} = D\frac{\partial^2 n_1}{\partial z^2} \tag{12.5.4}$$

für die Dichte $n_1(z, t)$ (wobei der Diffusionskoeffizent D als ortsunabhängig vorausgesetzt wurde).

Berechnung des Diffusionskoeffizienten in einem verdünnten Gas. Der Diffusionskoeffizient kann für ein verdünntes Gas schnell und mit ähnlich einfachen Überlegungen wie in den vorhergehenden beiden Abschnitten berechnet werden. Man betrachte eine Ebene z = const. in dem Gas. Die mittlere Anzahl von besonders markierten Molekülen, die die Ebene pro Zeit- und Flächeneinheit von unten her durchqueren, ist $1/6\,\bar{v}\,n_1(z-l)$. Entsprechend ist die Anzahl der von oben nach unten durch die Ebene transportierten Moleküle $1/6\,\bar{v}n_1(z+l)$. Der tatsächliche Fluß von markierten Molekülen durch die Ebene in positiver z-Richtung ist daher

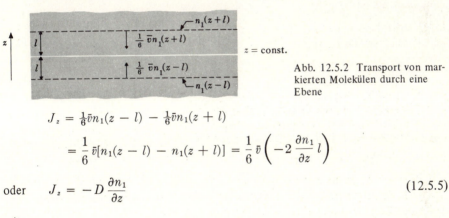

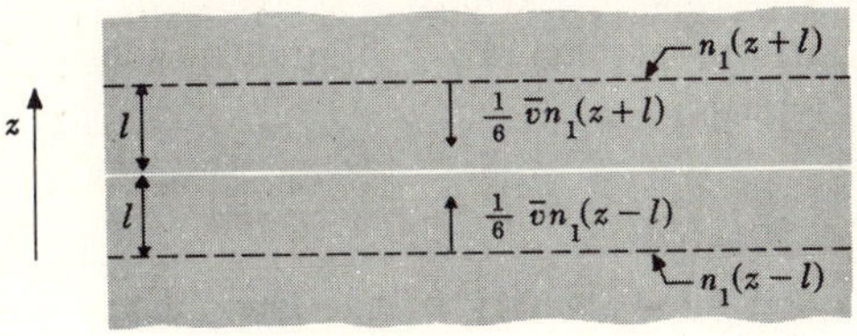

Abb. 12.5.2 Transport von markierten Molekülen durch eine Ebene

$$J_z = \tfrac{1}{6}\bar{v}n_1(z-l) - \tfrac{1}{6}\bar{v}n_1(z+l)$$

$$= \frac{1}{6}\bar{v}[n_1(z-l) - n_1(z+l)] = \frac{1}{6}\bar{v}\left(-2\frac{\partial n_1}{\partial z}l\right)$$

oder $$J_z = -D\frac{\partial n_1}{\partial z} \tag{12.5.5}$$

mit

$$D = \tfrac{1}{3}\bar{v}l \tag{12.5.6}$$

Die Gleichung (12.5.5) ergibt wieder den linearen Zusammenhang zwischen Diffusionsstrom und Dichtegradient, während (12.5.6) in der hier durchgeführten Näherung den Diffusionskoeffizienten darstellt, wie er sich aus mikroskopischen Größen ergibt.

Um etwas über die Temperatur- und Druckabhängigkeit von D zu erfahren, setzen wir die Beziehungen

$$l = \frac{1}{\sqrt{2}\,n\sigma_0} = \frac{1}{\sqrt{2}\,\sigma_0}\frac{kT}{\bar{p}} \tag{12.5.7}$$

und $$\bar{v} = \sqrt{\frac{8}{\pi}\frac{kT}{m}} \tag{12.5.8}$$

in (12.5.6) ein und erhalten

$$D = \frac{2}{3\sqrt{\pi}} \frac{1}{\bar{p}\sigma_0} \sqrt{\frac{(kT)^3}{m}} \tag{12.5.9}$$

Für den einfachen Fall des Gases aus harten Kugeln (σ_0 = const.) erhalten wir bei konstanter Temperatur

$$D \sim \frac{1}{n} \sim \frac{1}{\bar{p}} \tag{12.5.10}$$

und bei konstantem Druck

$$D \sim T^{3/2} \tag{12.5.11}$$

Der Diffusionskoeffizient D *hängt* also vom Druck *ab.*

Aus (12.5.6) ergibt sich die Größenordnung von D bei Zimmertemperatur und Normaldruck zu $1/3\, \bar{v}\, l \approx 1/3\, (5 \cdot 10^4)\, (3 \cdot 10^{-5}) \approx 0{,}5\ \text{cm}^2\, \text{s}^{-1}$. Experimentell mißt man für Stickstoff bei 273 K und 1 bar $D_{N_2} = 0{,}185\ \text{cm}^2 \text{s}^{-1}$.

Der Vergleich zwischen (12.5.6) und der Viskosität η aus (12.3.7) ergibt, daß die beiden über die Beziehung

$$\frac{D}{\eta} = \frac{1}{nm} = \frac{1}{\rho} \tag{12.5.12}$$

zusammenhängen, wobei ρ die Gasdichte ist. Experimentell findet man für den Ausdruck $(D\rho/\eta)$ Werte zwischen 1,3 und 1,5 anstelle des nach (12.5.12) zu erwartenden Wertes 1,0. In Anbetracht unserer äußerst simplen Rechnungen und groben Näherungen kann die Übereinstimmung jedoch als befriedigend bezeichnet werden.

Diffusion als Zufallsbewegung. Man kann die Diffusion auch als eine Zufallsbewegung ansehen, die ein markiertes Molekül ausführt. Dazu wird angenommen, daß die aufeinanderfolgenden Verschiebungen des markierten Moleküls zwischen zwei Stößen voneinander unabhängig oder nicht miteinander korreliert sind. Die z-Komponente der i-ten Verschiebung werde mit ζ_i bezeichnet. Startet das Molekül bei $z = 0$, so ist die z-Komponente seines Ortsvektors nach insgesamt N Verschiebungen

$$z = \sum_{i=1}^{N} \zeta_i \tag{12.5.13}$$

Wir berechnen nun Mittelwerte wie in Abschnitt 1.9. Da die Richtung einer jeden Verschiebung beliebig ist, gilt $\bar{\zeta}_i = 0$ und daher $\bar{z} = 0$. Andererseits ergibt sich für die mittlere quadratische Abweichung

$$\overline{z^2} = \sum_i \overline{\zeta_i^2} + \sum_i \sum_{\substack{j \\ i \neq j}} \overline{\zeta_i \zeta_j} \tag{12.5.14}$$

Nach der Voraussetzung, daß die Verschiebungen nicht miteinander korreliert sind, gilt $\overline{\zeta_i \zeta_j} = \overline{\zeta_i}\,\overline{\zeta_j} = 0$, und daher wird aus (12.5.14) einfach

$$\overline{z^2} = N\overline{\zeta^2} \tag{12.5.15}$$

Das mittlere Verschiebungsquadrat zwischen zwei Stößen läßt sich einfach berechnen. Die z-Komponente der Verschiebung während der Zeit t ist $\zeta = v_z t$, und daher ist

$$\overline{\zeta^2} = \overline{v_z^2 t^2} = \overline{v_z^2}\,\overline{t^2}$$

Aus Symmetriegründen ist $\overline{v_z^2} = 1/3\,\overline{v^2}$ und nach (12.1.10) gilt

$$\overline{t^2} = \int_0^\infty e^{-t/\tau}\frac{dt}{\tau}\cdot t^2 = \tau^2\int_0^\infty e^{-u}\,u^2\,du = 2\tau^2$$

Damit wird das mittlere Verschiebungsquadrat zwischen zwei Stößen

$$\overline{\zeta^2} = \tfrac{2}{3}\overline{v^2}\tau^2 \tag{12.5.16}$$

Da für jede Verschiebung zwischen zwei Stößen im Mittel die Zeit τ benötigt wird, ist die Gesamtzahl N der Verschiebungen in der Zeit t gleich t/τ. Daher ergibt (12.5.15) für das mittlere Verschiebungsquadrat eines Moleküls in z-Richtung während der Zeit t das Ergebnis

▶ $$\overline{z^2(t)} = (\tfrac{2}{3}\overline{v^2}\tau)\;t \tag{12.5.17}$$

Andererseits kann man die mittlere Verschiebung $\overline{z^2(t)}$ auch aus rein makroskopischen Überlegungen berechnen, die sich auf die Diffusionsgleichung (12.5.4) stützen. Dazu stelle man sich vor, daß die gesamte Anzahl N_1 der markierten Moleküle pro Flächeneinheit sich zur Zeit $t = 0$ in einer dünnen Schicht um $z = 0$ befindet. In der folgenden Zeit beginnen die Moleküle zu diffundieren (s. Abb. 12.5.3). Die Erhaltung der Gesamtzahl markierter Moleküle erfordert, daß zu allen Zeiten

$$\int_{-\infty}^{\infty} n_1(z,t)\,dz = N_1 \tag{12.5.18}$$

gilt. Definitionsgemäß ist

$$\overline{z^2}(t) = \frac{1}{N_1}\int_{-\infty}^{\infty} z^2 n_1(z,t)\,dz \tag{12.5.19}$$

Um die Zeitabhängigkeit von $\overline{z^2}$ zu ermitteln, multipliziere man die Diffusionsgleichung (12.5.4) mit z^2 und integriere über z:

$$\int_{-\infty}^{\infty} z^2\frac{\partial n_1}{\partial t}\,dz = D\int_{-\infty}^{\infty} z^2\frac{\partial^2 n_1}{\partial z^2}\,dz \tag{15.5.20}$$

Die linke Seite wird nach (12.5.19)

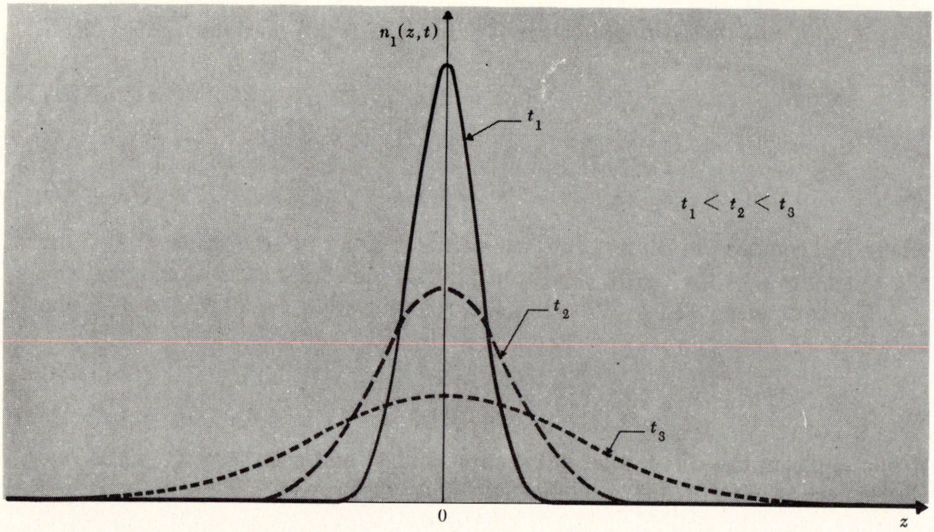

Abb. 12.5.3: Die Teilchenzahldichte $n_1(z, t)$ als Funktion von z zu verschiedenen Zeitpunkten. Zur Zeit $t = 0$ sollen sich alle Moleküle bei $z = 0$ befinden. Die Flächen unter den Kurven sind alle gleich groß und gleich der Gesamtzahl N_1 markierter Moleküle pro Flächeneinheit.

$$\int_{-\infty}^{\infty} z^2 \frac{\partial n_1}{\partial t} dz = \frac{\partial}{\partial t} \int_{-\infty}^{\infty} z^2 n_1 \, dz = N_1 \frac{\partial}{\partial t} \overline{(z^2)}$$

Die rechte Seite kann durch wiederholte partielle Integration vereinfacht werden:

$$\int_{-\infty}^{\infty} z^2 \frac{\partial^2 n_1}{\partial z^2} dz = \left[z^2 \frac{\partial n_1}{\partial z} \right]_{-\infty}^{\infty} - 2 \int_{-\infty}^{\infty} z \frac{\partial n_1}{\partial z} dz$$

$$= 0 - 2[z n_1]_{-\infty}^{\infty} + 2 \int_{-\infty}^{\infty} n_1 \, dz$$

$$= 0 + 2N_1$$

da n_1 und $\partial n_1/\partial z \to 0$ gehen, wenn $|z| \to \infty$. Damit wird aus (12.5.20)

$$\frac{\partial}{\partial t} \overline{(z^2)} = 2D \tag{12.5.21}$$

oder

▶ $$\overline{z^2} = 2Dt \tag{12.5.22}$$

Die Integrationskonstante wurde dabei gleich Null gesetzt, weil aufgrund der Anfangsbedingung, gemäß der sich alle Moleküle anfangs bei $z = 0$ befinden sollen, auch $\overline{z^2} = 0$ für $t = 0$ gilt.

Vergleicht man (12.5.22) mit dem Ergebnis (12.5.17), das man aus der Untersuchung der Zufallsbewegung des Moleküls erhielt, so ergibt sich für die Diffusionskonstante

$$D = \tfrac{1}{3}\overline{v^2}\tau \qquad (12.5.23)$$

bzw. $$D = \tfrac{1}{3}\bar{v}l \qquad (12.5.24)$$

wenn man den Unterschied zwischen $\overline{v^2}$ und $\bar{v}^2$ vernachlässigt und $\bar{v}\tau = l$ setzt. Auf diese Weise erhält man wieder (12.5.6).

12.6 Elektrische Leitfähigkeit

Man betrachte ein System (Flüssigkeit, Festkörper oder Gas), das freibewegliche, geladene Teilchen enthält und das sich in einem kleinen homogenen elektrischen Feld $\mathcal{E}$ (in z-Richtung) befindet. Dieses System ist nicht im Gleichgewicht, sondern es fließt ein elektrischer Strom mit der Stromdichte j_z in z-Richtung. Die Definition der Stromdichte j_z ist

j_z = elektrische Ladung, die im Mittel pro Zeit- und Flächeneinheit durch eine Ebene z = const. in positiver z-Richtung tritt. (12.6.1)

Ist das elektrische Feld nicht zu groß, so erwartet man wieder einen linearen Zusammenhang der Form

$$j_z = \sigma_{el}\, \mathcal{E} \qquad (12.6.2)$$

Die Proportionalitätskonstante σ_{el} heißt „elektrische Leitfähigkeit" des Systems und die Beziehung selbst „Ohmsches Gesetz". Man betrachte nun ein verdünntes Gas von Teilchen mit der Masse m und der Ladung e, die mit irgendwelchen anderen Teilchen zusammenstoßen. Die zugehörige Stoßzeit sei τ. Ein einfaches Beispiel für ein solches System wäre ein schwach ionisiertes Gas, in welchem die Ionen (oder Elektronen) mit den überwiegend vorhandenen neutralen (nichtionisierten) Gasmolekülen zusammenstoßen.

> **Anmerkung**: Ein weiteres Beispiel sind die Leitungselektronen in einem Metall, die an Gitterstörungen (z.B. Verunreinigungen) und Phononen gestreut werden. Zur Behandlung dieses Falles ist jedoch einiges zu beachten, da die Elektronen der Fermi–Dirac-Verteilung gehorchen. Dies wird genauer in Kapitel 13 untersucht.

Wird ein elektrisches Feld in z-Richtung angelegt, so erhalten die geladenen Teilchen eine nichtverschwindende mittlere Geschwindigkeitskomponente $\bar{v}_z$ in z-Richtung. Die Anzahl dieser geladenen Teilchen, die sich im Mittel pro Zeit- und Flächeneinheit durch die Ebene z = const. bewegt, ist daher nv_x, wenn n ihre Dichte ist. Da jedes Teilchen eine Ladung e mit sich führt, erhält man so die elektrische Stromdichte

$$j_z = ne\bar{v}_z \qquad (12.6.3)$$

Bleibt noch $\bar{v}_z$ zu berechnen. Dazu betrachten wir die Bewegung eines geladenen Teilchens zwischen zwei Stößen. Wir setzen für den Zeitpunkt unmittelbar nach dem letzten Zusammenstoß $t = 0$. Die Bewegungsgleichungen des Teilchens für die Zeit bis zum nächsten Stoß lautet

$$m \frac{dv_z}{dt} = e\mathcal{E}$$

und daher gilt

$$v_z = \frac{e\mathcal{E}}{m} t + v_z(0) \qquad (12.6.4)$$

Zur Berechnung des Mittelwertes $\bar{v}_z$ nehmen wir nun an, daß jeder Stoß das Gleichgewicht wieder herstellt, d.h. die Geschwindigkeiten $v(0)$ der Teilchen haben unmittelbar nach dem Stoß keine bevorzugte Richtung mehr. Insbesondere ist daher die z-Komponente der Geschwindigkeit eines Teilchens unmittelbar nach einem Stoß in Mittel $\bar{v}_z(0) = 0$ und unabhängig von der Geschichte des Teilchen bis zu diesem Stoß [12*)]. Multiplizieren wir (12.6.4) mit der Wahrscheinlichkeit (12.1.10) dafür, daß das Teilchen eine freie Flugzeit t hatte und integrieren über alle Zeiten $t \geqslant 0$, so erhalten wir die Geschwindigkeit, die ein Teilchen durch die Beschleunigung im elektrischen Feld zwischen zwei Stößen in Mittel erreicht:

$$\bar{v}_z = \frac{e\mathcal{E}}{m} \bar{t} = \frac{e\mathcal{E}}{m} \int_0^\infty e^{-t/\tau} \frac{dt}{\tau} t = \frac{e\mathcal{E}}{m} \tau \qquad (12.6.5)$$

Da v_z nach (12.6.4) linear von der Zeit abhängt, ergibt sich erwartungsgemäß, daß $\bar{v}_z$ gerade die Geschwindigkeit ist, die ein Molekül während der mittleren Zeitspanne τ zwischen zwei Stößen erreicht. Bei der Integration haben wir angenommen, daß die Stoßrate τ^{-1} nicht von der Geschwindigkeit des Teilchens abhängt. Das ist berechtigt, da das elektrische Feld als so klein vorausgesetzt war, daß die Geschwindigkeitsänderung durch das elektrische Feld zwischen zwei Stößen sehr viel kleiner als die mittlere thermische Geschwindigkeit des Teilchens ist.

Setzt man (12.6.5) in (12.6.3) ein, so erhält man

$$j_z = \frac{ne^2}{m} \tau\mathcal{E} \qquad (12.6.6)$$

oder $$j_z = \sigma_{el}\, \mathcal{E} \qquad (12.6.7)$$

mit der Abkürzung

▶ $$\sigma_{el} = \frac{ne^2}{m} \tau \qquad (12.6.8)$$

12*) Diese Näherung ist am besten erfüllt, wenn die Masse des streuenden Teilchens sehr viel größer als die Masse des gestreuten Teilchens ist. Sonst „erinnert sich" das geladene Teilchen nach jedem Stoß bis zu einem gewissen Grade an seine z-Komponente der Geschwindigkeit vor dem Stoß. Wir wollen hier die Korrekturen vernachlässigen, die sich dadurch ergeben, daß die Geschwindigkeit den Stoß teilweise „überlebt".

Der Zusammenhang zwischen der Stromdichte j_z und dem elektrischen Felde ist also erwartungsgemäß linear, und die elektrische Leitfähigkeit wird in (12.6.8) durch mikroskopische Parameter des Gases ausgedrückt.

Wird die Leitfähigkeit eines Gases durch eine relativ geringe Anzahl von geladenen Teilchen hervorgerufen, so wird die mittlere freie Weglänge hauptsächlich durch Zusammenstößen zwischen diesen und den neutralen Gasmolekülen bestimmt [13*]. Der totale Streuquerschnitt dafür sei σ_{im}, und n_1 sei die Dichte der neutralen Gasmoleküle mit der Masse $m_1 \gg m$ (m = Masse der geladenen Teilchen). Die mittlere thermische Geschwindigkeit der Ladungsträger ist dann sehr viel größer als die der schweren Moleküle, so daß die mittlere Relativgeschwindigkeit zwischen den beiden Teilchensorten ungefähr gleich der thermischen Geschwindigkeit der schnelleren Teilchen ist. Daher ist die Stoßrate eines geladenen Teilchens gemäß (12.2.7) näherungsweise

$$\tau^{-1} \approx n_1 \bar{v} \sigma_{\text{im}} = n_1 \left(\frac{8}{\pi} \frac{kT}{m}\right)^{\frac{1}{2}} \sigma_{\text{im}}$$

und die Leitfähigkeit wird

$$\sigma_{\text{el}} \approx \sqrt{\frac{\pi}{8}} \frac{ne^2}{n_1 \sigma_{\text{im}} \sqrt{mkT}} \tag{12.6.9}$$

Ergänzende Literatur

Present, R.D.: Kinetic Theory of Gases, Kap. 3, McGraw-Hill Book Company, New York (1958). (Siehe auch Abschnitt 8.10–9.2 über Stöße.)

Lee, J.F.; Sears, F.W.; Turcotte, D.L.: Statistical Thermodynamics, Kap. 4, Addison-Wesley Publishing Company, Reading, Mass. (1963).

Kittel, C.: Einführung in die Festkörperphysik, 3. Auflage, S. 268, Oldenbourg, München (1973). (Anwendung zur Wärmeleitfähigkeit der Festkörper.)

Aufgaben

12.1 Mit einem einzigen Würfel wird eine große Anzahl von Würfen ausgeführt.
a) Wie groß ist die mittlere Anzahl der Würfe zwischen zwei Sechsen?
Wie groß ist für irgendeinen Wurf die mittlere Anzahl von Würfen
b) bis die nächste Sechs fällt;
c) seit die letzte Sechs gefallen ist?

12.2 Die mittlere freie Weglänge eines Gasmoleküls sei l. Man nehme an, daß das Molekül gerade einen Stoß erlitten hat. Wie groß ist der mittlere Weg,
a) den es bis zum nächsten Stoß zurücklegt;

[13*] Und selbst wenn die Stöße zwischen geladenen Teilchen häufiger wären, würden sie die elektrische Leitfähigkeit nicht beeinflussen, da die Ladungsträger durch Zusammenstöße lediglich ihre Rollen beim Ladungstransport vertauschen. Das wird in Abschnitt 14.6 genauer gezeigt.

b) den es seit dem letzten Stoß zurückgelegt hat?

c) Welchen Weg legt ein Molekül im Mittel zwischen zwei Stößen zurück?

12.3 Ein geladenes Teilchen der Masse m und der Ladung e bewegt sich in einem verdünnten Gas neutraler Moleküle, mit denen es zusammenstößt. Die mittlere Zeitspanne zwischen zwei Stößen sei τ. Es werde ein elektrisches Feld $\mathcal{E}$ in x-Richtung angelegt

a) Welche Strecke $\bar{x}$ (in Feldrichtung) legt das Teilchen im Mittel zwischen den Stößen zurück, wenn die x-Komponente seiner Geschwindigkeit nach jedem Stoß Null ist.

b) Wie groß ist der Anteil der Fälle, in denen das geladene Teilchen eine Strecke $x < \bar{x}$ zurücklegt?

12.4 Man berechne den differentiellen Streuquerschnitt für die Streuung einer harten Kugel mit dem Radius a_1 an einer ruhenden harten Kugel mit dem Radius a_2. Wie hängt das Ergebnis vom Streuwinkel θ' ab? (Man rechne nach der klassischen Mechanik.)

12.5 Der totale Streuquerschnitt für die Streuung von Elektronen an Luftmolekülen ist etwa 10^{-15} cm^2. Bei welchem Luftdruck erreichen 90 Prozent des von der Kathode emittierten Elektronen eine 20 cm entfernte Anode? (Man nehme dabei an, daß jedes gestreute Elektron die Anode nicht erreicht, d.h., man vernachlässige Mehrfachstreuung.)

12.6 Man gebe eine Abschätzung für die Viskosität η von Argon bei 25° C und 1 bar Druck an. Zur Abschätzung des Durchmessers der als kugelförmige angenommenen Argonatome betrachte man festes Argon mit einer Dichte von 1,65 g cm^{-3}, in welchem die Atome in einer kubisch dichtest gepackten Struktur angeordnet sind. Das Atomgewicht von Ar beträgt 39,9. Man vergleiche die so erhaltene Abschätzung mit dem experimentellen Wert η = $2{,}27 \cdot 10^{-5}$ Pa · s.

12.7 Bei dem Millikanischen Tröpfchenversuch ist die konstante Endgeschwindigkeit des Tröpfchens umgekehrt proportional zur Viskosität der Luft. Wächst die Endgeschwindigkeit des Tröpfchens, bleibt sie konstant, oder wird sie geringer, wenn die Lufttemperatur erhöht wird? Was passiert, wenn der Luftdruck erhöht wird?

12.8 Folgende Anordnung könnte zur Messung der Viskosität von Gasen verwendet werden: Ein innerer Zylinder (Radius R, Länge L) ist an einem Torsionsdraht aufgehängt. Um diesen Zylinder rotiert langsam mit der Winkelgeschwindigkeit ω ein äußerer Zylinder (dessen innerer Radius $R + \delta$ nur wenig größer ist). Der kleine Zwischenraum der Dicke δ ($\delta \ll R$) zwischen den Zylindern ist mit dem zu untersuchenden Gas ausgefüllt. Gemessen wird das Drehmoment G des inneren Zylinders.

a) Man drücke das Drehmoment G durch η und die Konstanten der Meßapparatur aus.

b) Um herauszufinden, welchen Durchmesser der als Torsionsdraht dienende Quarzfaden haben muß, schätze man zunächst die Größenordnung der Viskosität von Luft ab und benutzte das Resultat, um das Drehmoment abzuschätzen, der bei dieser Apparatur gemessen werden muß. Die Abmessungen der Meßapparatur seien $R = 2$ cm; $\delta = 0{,}1$ cm, $L = 15$ cm und $\omega = 2\pi\, s^{-1}$.

12.9 Die Moleküle eines Gases mögen miteinander durch eine Zentralkraft F wechselwirken, die vom Abstand R zweier Moleküle gemäß $F = CR^{-s}$ abhängt; dabei soll s irgendeine positive ganze Zahl und C eine Konstante sein.

a) Man zeige durch Dimensionsbetrachtungen, wie der totale Streuquerschnitt σ_0 der Moleküle von ihrer Relativgeschwindigkeit V abhängt. Man nehme an, daß σ_0 auf klassischem Wege berechnet wird, so daß der totale Streuquerschnitt nur von V, der Masse der Moleküle m, und der Kraftkonstanten C abhängen kann.

b) Wie hängt die Viskosität η eines solchen Gases von der absoluten Temperatur T ab?

12.10 Durch ein Rohr der Länge L mit dem Radius a, an dessen Enden jeweils die Drucke p_1 und p_2 herrschen, fließt infolge der Druckdifferenz eine Flüssigkeit mit der Viskosität η. Man gebe die notwendigen Bedingungen dafür an, daß sich ein zylinderförmiger Ausschnitt der Flüssigkeit (Radius r) unter dem Einfluß der Druckdifferenz und der wegen der Viskosität vorhandenen Schubspannungen gleichförmig – d.h., nicht beschleunigt – bewegt. Ferner gebe man in den folgenden beiden Fällen einen Ausdruck für die Masse der Flüssigkeit $\dot{M}$ an, die pro Sekunde durch das Rohr strömt:

a) Die Flüssigkeit ist inkompressibel und hat die Dichte ρ.

b) Die Flüssigkeit ist ein ideales Gas und hat das Molekulargewicht μ.

(Die Ergebnisse sind die Formeln für die Poissenille-Strömung.) Man nehme an, daß die Flüssigkeitsschicht, die mit den Rohrwänden in Berührung steht, sich in Ruhe befindet. Man beachte, daß pro Zeiteinheit durch jeden Rohrquerschnitt die gleiche Masse strömen muß.

12.11 Man betrachte den allgemeinen Fall, daß die Temperatur T einer Substanz eine Funktion der Zeit t und der Raumkoordinate z ist. Die Dichte der Substanz sei ρ, die spezifische Wärme pro Masseneinheit c und die Wärmeleitfähigkeit κ. Man leite durch ähnliche makroskopische Überlegungen wie die, die auf die Diffusionsgleichung (12.5.4) führten, die partielle Differentialgleichung ab, der die Temperatur $T(z, t)$ allgemein genügen muß.

12.12 Längs der Achse eines langen zylindrischen Behälters (Radius b) ist ein langer zylindrischer Draht (Radius a) aufgespannt, der den Widerstand R pro Längeneinheit hat. Der Behälter ist mit einem Gas der Wärmeleitfähigkeit κ gefüllt und wird auf der konstanten Temperatur T_0 gehalten. Man berechne die Temperaturdifferenz ΔT zwischen dem Draht und den Gefäßwänden, wenn ein kleiner, konstanter elektrischer Strom I durch den Draht fließt. Man zeige, daß man durch die Messung von ΔT die Wärmeleitfähigkeit des Gases bestimmen kann. Man nehme an, daß das System einen stationären Zustand erreicht hat, so daß die Temepratur T überall zeitunabhängig ist. (Hinweis: Man suche die Bedingung, die von jeder hohlzylinderförmigen Gasschicht zwischen den Radien r und $r + dr$ erfüllt sein muß.)

12.13 Man betrachte ein übliches doppelwandiges, zylindrisches Dewar-Gefäß (z.B. eine Thermosflasche). Der äußere Durchmesser der inneren Wand betrage 10 cm, der innere Durchmesser der äußeren Wand 10,6 cm. Das Gefäß enthält eine Mischung aus Wasser und Eis, und die Temperatur außerhalb des Gefäßes sei etwa 25°C, d.h. Zimmertemperatur.

a) Man berechne näherungsweise den Wärmestrom C [in W (Watt) pro cm Gefäßhöhe], der sich aufgrund der Wärmeleitfähigkeit des zwischen den beiden Gefäßwänden befindlichen He-Gases ergibt. (Eine brauchbare Abschätzung für den Radius des Heliumatoms ist etwa 10^{-8} cm).

b) Um wieviel müßte man den Druck zwischen den Gefäßwänden vermindern, wenn man den unter a) berechneten Wärmestrom auf 1/10 reduzieren will?

12.14 Die Viskosität von Helium bei T = 273 K und 1 bar sei η_1, die von Argon η_2. Die Atomgewichte der beiden Gase seien μ_1 und μ_2.

a) Wie groß ist das Verhältnis σ_2/σ_1 des totalen Streuquerschnittes σ_2 für einen Stoß zwischen zwei Ar-Atomen zum totalen Streuquerschnitt σ_1 für He-He Streuung?

b) Wie groß ist das Verhältnis κ_2/κ_1 der Wärmeleitfähigkeiten von Argon und Helium bei T = 273 K?

c) Wie groß ist das Verhältnis der Diffusionskoeffienten D_2/D_1 der beiden Gase bei T = 273 K?

d) Die Atomgewichte von He und Ar sind μ_1 = 4 bzw. μ_2 = 40. Die gemessenen Viskositäten bei 273 K sind $\eta_1 = 1{,}87 \cdot 10^{-5}$ Pa · s und η_2 = 2,105 10^{-5} Pa · s. Man benutze diese Werte zur näherungsweisen Berechnung der totalen Streuquerschnitte σ_1 und σ_2.

12.15 Um ein Isotopengemisch von N_2-Gas herzustellen, wird in einen kugelförmigen Behälter von 1 *m* Durchmesser, der $N_2{}^{14}$-Gas bei Zimmertemperatur unter Normaldruck enthält, ein wenig $N_2{}^{15}$-Gas durch ein Ventil eingelassen. Unter der Voraussetzung, daß es keine Konvektion in dem Gas gibt, schätze man grob ab, wie lange man warten muß, bis man einigermaßen sicher sein kann, daß die $N_2{}^{14}$- und $N_2{}^{15}$-Moleküle gleichmäßig in dem Behälter verteilt sind.

12.16 Ein würfelförmiger Satellit (Kantenlänge L, Masse M) bewegt sich parallel zu einer seiner Kanten mit der Geschwindigkeit V außerhalb der Erdatmosphäre. Das ihn umgebende Gas habe die Temperatur T und bestehe aus Molekülen der Masse m, deren Anzahl n pro Volumeneinheit sehr klein sein soll, so daß ihre mittlere freie Weglänge sehr viel größer als die Kantenlänge L des Satelliten ist. Man berechne die mittlere (bremsende) Kraft, die das interplanetare Gas auf den Satelliten ausübt, und nehme dabei an, daß die Stöße zwischen den Molekülen und dem Satelliten elastisch sind, und daß die Geschwindigkeit V im Vergleich zur mittleren Geschwindigkeit der Molüke klein ist. Nach welcher Zeit ist die Geschwindigkeit des Satelliten auf die Hälfte des ursprünglichen Wertes zurückgegangen, wenn sonst keine Kraft auf ihn wirkt?

13. Transporttheorie in der Relaxationszeit-Näherung

Für eine vorgegebene Verteilungsfunktion $f(\boldsymbol{r}, \boldsymbol{v}, t)$ der Moleküle wird der Nettotransport $\mathfrak{F}_n(\boldsymbol{r}, t)$ einer Größe χ durch eine Fläche mit der Normalen $\hat{\boldsymbol{n}}$ pro Zeit- und Flächeneinheit berechnet: $\mathfrak{F}_n(\boldsymbol{r}, t) = \int d^3v\, f\hat{\boldsymbol{n}} \cdot \boldsymbol{U}\chi$ (individuelle Molekülgeschwindigkeit $\boldsymbol{U} = \boldsymbol{v} - \boldsymbol{u}$, $\boldsymbol{u}$ mittlere Molekülgeschwindigkeit). Für $f(\boldsymbol{r}, \boldsymbol{v}, t)$ *wird* eine Bestimmungsgleichung aufgestellt, in der die Stöße zwischen den Molekülen zunächst nicht berücksichtigt werden (freie Bewegung der Moleküle, stoßfreie Boltzmann-Gleichung): $Df \equiv \partial f/\partial t + \boldsymbol{v} \cdot \partial f/\partial \boldsymbol{r} + (\boldsymbol{F}/m) \cdot \partial f/\partial \boldsymbol{v} = 0$. Dann wird der Einfluß der Stöße durch ein statistisches Modell beschrieben (Wegintegralmethode), das $f(\boldsymbol{r}, \boldsymbol{v}, t) = \int_0^\infty f^{(0)}(\boldsymbol{r}_0, \boldsymbol{v}_0, t - t') \exp(-t'/\tau)\, dt'/\tau = f^{(0)}(\boldsymbol{r}, \boldsymbol{v}, t) + \int_0^\infty df^{(0)}[t']/dt' \exp(-t'/\tau) dt'$ ergibt ($f^{(0)}$ Lösung der stoßfreien Boltzmann-Gleichung). Aus der Bilanz für die Moleküle in einem Phasenraumvolumenelement ergibt sich eine Bewegungsgleichung für die Verteilungsfunktion $Df = D_c f$, die Boltzmann-Gleichung. Wird der Stoßterm $D_c f$ durch einen Relaxationszeitansatz approximiert $D_c f = (f - f_0)/\tau_0$, so läßt sich die Äquivalenz dieses Ansatzes mit der Wegintegralmethode nachweisen.

Im vorigen Kapitel wurden die im Nichtgleichgewichtszustand auftretenden Transportprozesse in verdünnten Gasen in sehr vereinfachter Weise untersucht. Obgleich diese Untersuchung sicher wertvoll ist und die ins Spiel kommenden physikalischen Vorgänge beleuchtet, ist sie doch nur sehr grob. Es wurde nicht der geringste Versuch unternommen, die Geschwindigkeitsverteilung der Moleküle zu berücksichtigen. In diesem Kapitel werden wir die Theorie der Transporterscheinungen in einer verfeinerten Version behandeln. Das Hauptziel wird sein, eine Vorstellung davon zu gewinnen, wie sich die Geschwindigkeitsverteilung der Moleküle in einem Nichtgleichgewichtszustand gegenüber der im Gleichgewicht verändert. Diese Kenntnis wird dann zur Untersuchung der aus dieser Verteilung resultierenden Transportvorgänge verwendet. Wir werden dieses Problem bis zu einem gewissen Punkt korrekt behandeln, indem wir die Geschwindigkeitsverteilung der Moleküle angemessen berücksichtigen, und auf diese Weise zu einem besseren Verständnis der auftretenden, wesentlichen Parameter gelangen. Nichtsdestotrotz werden wir mit einigen ziemlich drastischen Näherungen arbeiten, um die Schwierigkeiten zu umgehen, die mit einer detaillierten Untersuchung der Streuung der Moleküle verbunden sind. Die sich so ergebende Theorie ist daher immer noch recht einfach und besonders bei komplizierteren Problemen von großem Nutzen. Einerseits hat sie im Vergleich zur allereinfachsten Version den Vorteil, daß sie einen systematischen Weg zur Formulierung der Transportprobleme ermöglicht und daß die wesentlichen Annahmen bei einer Rechnung klar erkennbar sind. Andererseits lassen sich die Rechnungen in dieser Theorie oft dann noch durchführen, wenn die rechnerischen Schwierigkeiten im Rahmen einer exakteren Theorie bereits sehr groß geworden sind. Im nächsten Kapitel werden wir zeigen, wie man die hier vorgeführte Theorie verbessern, d.h. exakter machen kann.

13.1 Transporterscheinungen und Verteilungsfunktionen

Die allgemeine Theorie der Transportvorgänge beruht auf folgender Beobachtung. Angenommen, die *tatsächliche* molekulare Verteilungsfunktion $f(\boldsymbol{r},\boldsymbol{v},t)$ für irgendeinen vorgegebenen Zustand, der im allgemeinen *kein* Gleichgewichtszustand ist, sei bekannt. Üblicherweise ist die Verteilungsfunktion so definiert, daß

$$\left.\begin{array}{l} f(\boldsymbol{r},\boldsymbol{v},t)\, d^3\boldsymbol{r}\, d^3\boldsymbol{v} \equiv \text{mittlere Anzahl von Molekülen, deren Schwer-} \\ \text{punkt sich zur Zeit } t \text{ zwischen } \boldsymbol{r} \text{ und } \boldsymbol{r}+d\boldsymbol{r} \text{ befindet, und de-} \\ \text{ren Schwerpunktsgeschwindigkeit zwischen } \boldsymbol{v} \text{ und } \boldsymbol{v}+d\boldsymbol{v} \text{ liegt.} \end{array}\right\} \quad (13.1.1)$$

Die Funktion $f(\boldsymbol{r},\boldsymbol{v},t)$ beschreibt den makroskopischen Zustand des verdünnten Gases vollständig (wenn man mögliche Anregungen der inneren Freiheitsgrade der Moleküle nicht berücksichtigt) und sollte daher die Berechnung aller physikalischen Größen, wie z.B. der Viskosität oder der Wärmeleitfähigkeit ermöglichen. Infolgedessen läßt sich jeder Transportvorgang behandeln, indem man zunächst versucht, die zu dem entsprechenden Zustand gehörige Verteilungsfunktion $f(\boldsymbol{r},\boldsymbol{v},t)$ zu ermitteln.

Die folgenden allgemeinen Beziehungen mögen das näher erläutern. Es sei

$n(\boldsymbol{r}, t) d^3\boldsymbol{r} \equiv$ mittlere Anzahl aller Moleküle (ohne Rücksicht auf ihre Geschwindigkeit), die sich zur Zeit t im Volumenelement $d^3\boldsymbol{r}$ am Orte $\boldsymbol{r}$ befinden. (13.1.2)

Man hat also über alle Geschwindigkeiten zu summieren und erhält nach der Definition (13.1.1) für die Dichte

$$n(\boldsymbol{r},t) = \int d^3\boldsymbol{v} f(\boldsymbol{r},\boldsymbol{v},t) \tag{13.1.3}$$

Sei allgemeines $\chi(\boldsymbol{r},\boldsymbol{v},t)$ irgendeine Funktion, die eine Eigenschaft eines Moleküls bezeichnet, daß sich zur Zeit t am Orte $\boldsymbol{r}$ befindet und die Geschwindigkeit $\boldsymbol{v}$ hat. Solche Eigenschaften können beispielsweise die Energie ϵ oder eine vektorielle Größe wie der Impuls $\boldsymbol{p}$ des Moleküls sein. Wir wollen in Zukunft den Mittelwert von χ zur Zeit t am Orte $\boldsymbol{r}$ entweder durch einen Querstrich oder eckige Klammern kennzeichnen und definieren

$$\langle \chi(\boldsymbol{r},t) \rangle \equiv \bar{\chi}(\boldsymbol{r},t) \equiv \frac{1}{n(\boldsymbol{r},t)} \int d^3\boldsymbol{v}\, f(\boldsymbol{r},\boldsymbol{v},t) \chi(\boldsymbol{r},\boldsymbol{v},t) \tag{13.1.4}$$

Insbesondere ist die mittlere Geschwindigkeit $\boldsymbol{u}(\boldsymbol{r}, t)$ eines Moleküles am Orte $\boldsymbol{r}$ zur Zeit t durch

$$\boldsymbol{u}(\boldsymbol{r},t) \equiv \langle \boldsymbol{v}(\boldsymbol{r},t) \rangle = \frac{1}{n(\boldsymbol{r},t)} \int d^3\boldsymbol{v}\, f(\boldsymbol{r},\boldsymbol{v},t) \boldsymbol{v} \tag{13.1.5}$$

definiert. Diese Geschwindigkeit $\boldsymbol{u}(\boldsymbol{r}, t)$ ist die Strömungsgeschwindigkeit eines Gases (oder die „hydrodynamische Geschwindigkeit" einer Flüssigkeit, die in der makroskopischen Beschreibungsweise der Hydrodynamik auftritt.). Es ist zweckmäßig, die Geschwindigkeit $\boldsymbol{v}$ eines Moleküls auf die kollektive mittlere Geschwindigkeit $\boldsymbol{u}(\boldsymbol{r}, t)$ zu beziehen. Wir definieren daher die „individuelle Geschwindigkeit" $\boldsymbol{U}$ eines Moleküls durch

$$\boldsymbol{U} \equiv \boldsymbol{v} - \boldsymbol{u} \tag{13.1.6}$$

Aus der Definition (13.1.5) folgt daher, daß die mittlere individuelle Geschwindigkeit verschwindet

$$\langle \boldsymbol{U} \rangle = \langle \boldsymbol{v} \rangle - \boldsymbol{u} = 0 \tag{13.1.7}$$

Bei der Untersuchung von Transporterscheinungen ist man an der Berechnung der Flüsse verschiedener Größen interessiert, deren Definition wir uns nun zuwenden wollen. Dazu denke man sich zur Zeit t am Orte $\boldsymbol{r}$ ein infinitesimales Flächenelement dA, dessen Orientierung durch den Normaleneinheitsvektor $\hat{\boldsymbol{n}}$ beschrieben wird. Um die Diskussion zu vereinfachen, denke man sich eine Ebene mit demselben Normaleneinheitsvektor $\hat{\boldsymbol{n}}$, auf der zur Zeit t der Punkt $\boldsymbol{r}$ liegt, und die dementsprechend das betrachtete Flächenelement dA enthält. Diese Ebene teilt das Gas in zwei Gebiete auf, das (+)-Gebiet, das sich auf der Seite befindet, in die $\hat{\boldsymbol{n}}$ hineinzeigt, und das (−)-Gebiet auf der anderen Seite. Verschwindet die *mittlere*

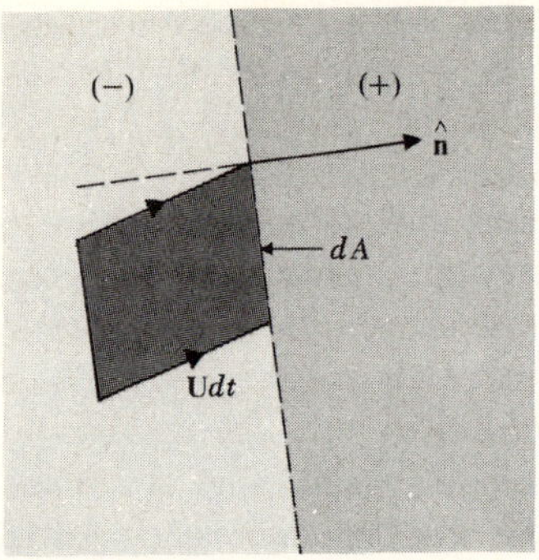

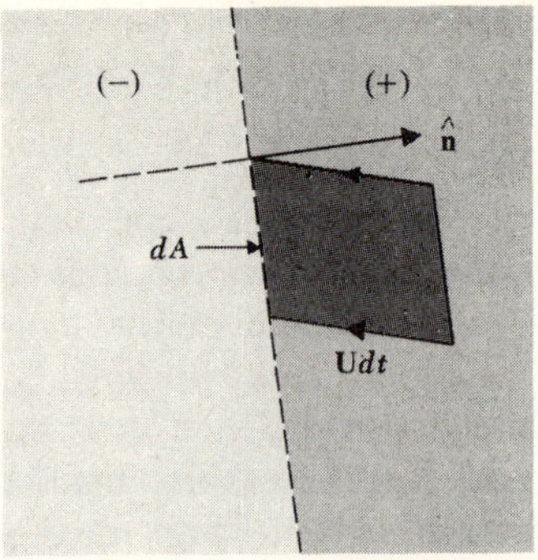

Abb. 13.1.1 Eine Ebene mit der Normalenorientierung $\hat{\boldsymbol{n}}$ teilt das Gas in ein (+)- und ein (–)-Gebiet auf. Sie bewegt sich gegebenenfalls mit der Geschwindigkeit $\boldsymbol{u}(\boldsymbol{r}, t)$. Die Abbildung zeigt Moleküle, die das Flächenelement dA in der Zeit dt von der (–)- zur (+)-Seite durchqueren (linke Skizze) und von der (+)- zur (–)-Seite (rechte Skizze).

Geschwindigkeit $\boldsymbol{u}(\boldsymbol{r}, t)$ der Moleküle nicht, so soll sich das betrachtete Flächenelement dA – und dementsprechend auch die Ebene – mit der Strömung mitbewegen, d.h., es soll sich mit der Geschwindigkeit $\boldsymbol{u}(\boldsymbol{r}, t)$ bewegen und seine Orientierung beibehalten. Da die auf die mittlere Geschwindigkeit $\boldsymbol{u}$ bezogenen Geschwindigkeiten $\boldsymbol{U}$ der Moleküle zufällig verteilt sind, durchqueren die Moleküle in beiden Richtungen das Flächenelement dA und führen die Eigenschaft χ mit sich. Man definiert nun die Komponente in Richtung des Normalenvektors $\hat{\boldsymbol{n}}$ $\mathfrak{F}_n(\boldsymbol{r},t)$ des Flusses der Eigenschaft χ durch das Flächenelement dA als

$$\left.\begin{array}{l}\mathfrak{F}_n(\boldsymbol{r},t) \equiv \text{Nettorate von } \chi\text{, die pro Zeit- und Flächeneinheit durch} \\ \text{das Flächenelement } dA \text{ (mit der durch } \hat{\boldsymbol{n}} \text{ gegebenen Orientierung)} \\ \text{von der (–)- zur (+)-Seite transportiert wird.}\end{array}\right\} \tag{13.1.8}$$

Nimmt man Abb. 13.1.1 zu Hilfe, dann kann man diesen Fluß leicht, so wie wir es bereits gewohnt sind, berechnen. Man betrachtet alle Moleküle, die ungefähr die Geschwindigkeit $\boldsymbol{v}$ haben und sich zur Zeit t in der Umgebung von $\boldsymbol{r}$ befinden. Ihre Geschwindigkeit relativ zu dA ist gerade $\boldsymbol{U} = \boldsymbol{v} - \boldsymbol{u}$. Diejenigen Moleküle, für die $U_n \equiv \hat{\boldsymbol{n}} \cdot \boldsymbol{U} > 0$ ist, durchqueren das Flächenelement von der (–)- zur (+)-Seite. In der Zeit dt durchqueren alle die Moleküle das Flächenelement dA, die sich in dem infinitesimalen, schiefen Zylinder mit der Grundfläche dA und der Seitenlänge $|\boldsymbol{U}dt|$ bzw. der entsprechenden Höhe $|\hat{\boldsymbol{n}} \cdot \boldsymbol{U}dt|$ befinden. Da das Volumen dieses Zylinders $|\hat{\boldsymbol{n}} \cdot \boldsymbol{U}dt\,dA|$ ist, beträgt die Anzahl dieser Moleküle gerade $f(\boldsymbol{r},\boldsymbol{v},t)\, d^3\boldsymbol{v}$ $|\hat{\boldsymbol{n}} \cdot \boldsymbol{U}\,dt\,dA|$ Da weiterhin jedes dieser Moleküle die Eigenschaft $\chi(\boldsymbol{r},\boldsymbol{v},t)$ mit sich führt, ist die von ihnen von der (–)- zur (+)-Seite durch das Flächenelement dA in der Zeit dt *insgesamt* transportierte Eigenschaft χ

$$\int_{\hat{\boldsymbol{n}} \cdot \boldsymbol{U} > 0} f(\boldsymbol{r},\boldsymbol{v},t)\, d^3\boldsymbol{v}\, |\hat{\boldsymbol{n}} \cdot \boldsymbol{U}\,dt\,dA|\, \chi(\boldsymbol{r},\boldsymbol{v},t) \tag{13.1.9}$$

Integriert wird dabei über alle Geschwindigkeiten $\boldsymbol{v}$, für die $\hat{\boldsymbol{n}} \cdot \boldsymbol{U} > 0$ gilt.

Für die Moleküle, die das Flächenelement dA von (+)- zur (–)-Seite durchqueren, verläuft die Untersuchung analog. Für diese Moleküle gilt $U_n \equiv \hat{\boldsymbol{n}} \cdot \boldsymbol{U} < 0$. Die von ihnen von der (+)- zur (–)-Seite durch dA in der Zeit dt ingesamt transportierte Eigenschaft χ ist entsprechend

$$\int_{\hat{\boldsymbol{n}} \cdot \boldsymbol{U}<0} f(\boldsymbol{r},\boldsymbol{v},t)\, d^3\boldsymbol{v}\, |\hat{\boldsymbol{n}} \cdot \boldsymbol{U}\, dt\, dA|\, \chi(\boldsymbol{r},\boldsymbol{v},t) \tag{13.1.10}$$

Der tatsächliche Fluß von χ von der (–)- zur (+)-Seite ist einfach die durch $dtdA$ geteilte Differenz zwischen (13.1.9) und (13.1.10):

$$\mathfrak{F}_n(\boldsymbol{r},t) = \int_{\hat{\boldsymbol{n}} \cdot \boldsymbol{U}>0} d^3\boldsymbol{v}\, f|\hat{\boldsymbol{n}} \cdot \boldsymbol{U}|\, \chi - \int_{\hat{\boldsymbol{n}} \cdot \boldsymbol{U}<0} d^3\boldsymbol{v}\, f|\hat{\boldsymbol{n}} \cdot \boldsymbol{U}|\, \chi \tag{13.1.11}$$

Im ersten Integral gilt $|\hat{\boldsymbol{n}} \cdot \boldsymbol{U}| = \hat{\boldsymbol{n}} \cdot \boldsymbol{U}$, da $\hat{\boldsymbol{n}} \cdot \boldsymbol{U}$ positiv ist; im zweiten dagegen gilt $|\hat{\boldsymbol{n}} \cdot \boldsymbol{U}| = -\hat{\boldsymbol{n}} \cdot \boldsymbol{U}$, weil $\hat{\boldsymbol{n}} \cdot \boldsymbol{U}$ negativ ist. Läßt man in beiden Integralen die Betragsstriche weg und zieht das sich dadurch im zweiten Integranden ergebende Minuszeichen vor das Integral, so addieren sich die beiden Integrale, und man erhält ein einziges Integral über *alle* möglichen Geschwindigkeiten:

▶ $$\mathfrak{F}_n(\boldsymbol{r},t) = \int d^3\boldsymbol{v}\, f\hat{\boldsymbol{n}} \cdot \boldsymbol{U}\chi \tag{13.1.12}$$

Nach der Definition (13.1.4) kann man dafür auch

▶ $$\mathfrak{F}_n(\boldsymbol{r},t) = n\,\langle \hat{\boldsymbol{n}} \cdot \boldsymbol{U}\chi \rangle \tag{13.1.13}$$

schreiben. Also ist $\mathfrak{F}_n$ gemäß (13.1.8) tatsächlich die $\hat{\boldsymbol{n}}$-Komponente

$$\mathfrak{F}_n = \hat{\boldsymbol{n}} \cdot \boldsymbol{\mathfrak{F}} \tag{13.1.14}$$

des *Flußvektors*

$$\boldsymbol{\mathfrak{F}} = n\langle \boldsymbol{U}\chi \rangle \tag{13.1.15}$$

Beispiele: Bei der Berechnung der Viskosität eines Gases (vgl. Abschnitt 12.3) hat man $P_{z\alpha}$ zu ermitteln, die α-Komponente der mittleren Kraft, die die Flüssigkeit unterhalb einer Fläche mit einer Normalen in positiver z-Richtung pro Flächeneinheit auf die Flüssigkeit oberhalb dieser Fläche ausübt. Die entsprechende Impulsänderung wird durch den resultierenden Fluß der α-Komponente des Impulses in positiver z-Richtung bestimmt. Die transportierte molekulare Eigenschaft ist daher $\chi = mv_\alpha$, und es gilt $\hat{\boldsymbol{n}} \cdot \boldsymbol{U} = U_z$. Daher ergibt sich der Impulsfluß, bzw. die Spannung nach (13.1.13) zu

$$P_{z\alpha} = nm\langle U_z v_\alpha \rangle \tag{13.1.16}$$

und $$P_{x\alpha} = nm\,\langle U_x v_\alpha \rangle$$

Dies läßt sich auch als

$$P_{z\alpha} = nm\langle U_z(u_\alpha + U_\alpha)\rangle = nm[u_\alpha\langle U_z\rangle + \langle U_z U_\alpha\rangle]$$

oder $$P_{z\alpha} = nm\langle U_z U_\alpha \rangle \tag{13.1.17}$$

schreiben, da $u_\alpha(\boldsymbol{r}, t)$ nicht von $\boldsymbol{v}$ abhängt und $\langle U_z \rangle = 0$ ist. Ebenso gilt

$$P_{x\alpha} = nm \langle U_x U_\alpha \rangle.$$

Für den in Abb. 12.3.2 beschriebenen Fall zum Beispiel gilt $u_x \neq 0$ und $u_z = 0$. Dann ist $U_z = v_z$ und aus (13.1.16) wird einfach

$$P_{z\alpha} = nm\langle v_z v_\alpha \rangle = m \int d^3v\, f v_z v_\alpha \tag{13.1.18}$$

Für das angegebene Beispiel ist $U_x = v_x - u_x$, und somit wird

$$P_{x\alpha} = nm \langle v_x v_\alpha \rangle - nm u_x \langle v_\alpha \rangle$$

Aus 13.1.18 und unter Beachtung, daß für das gewählte Beispiel die z-Richtung und die y-Richtung gleichartig sind, ergibt sich

$$P_{zz} = nm \langle v_z^2 \rangle$$

$$P_{yy} = nm \langle v_y^2 \rangle$$

Dagegen ist wegen (13.1.6) und (13.1.7)

$$P_{xx} = nm \left[\langle v_x^2 \rangle - u_x^2 \right]$$

Mit

$$u_x^2 = u_x \langle v_x \rangle$$

und (13.1.17) ergibt sich

$$P_{\alpha\alpha} = nm \langle U_\alpha^2 \rangle$$

Der mittlere Druck $\bar{p}$ ist wie folgt definiert

$$\bar{p} \equiv 1/3 \sum_{\alpha=1}^{3} P_{\alpha\alpha}$$

Da im Ruhesystem, und darauf beziehen sich die U_α, in der Flüssigkeit keine Richtung ausgezeichnet ist, gilt

$$\langle U_z^2 \rangle = \langle U_y^2 \rangle = \langle U_z^2 \rangle$$

Daher ist

$$\bar{p} = P_{zz} = nm \langle v_z^2 \rangle \tag{13.1.19}$$

Das Ergebnis stimmt mit (7.13.7) überein, und der Druck ist, wie es auch sein muß, stets positiv. Bei der Berechnung von $P_{z\alpha}$ aus (13.1.18) ist es notwendig, die tatsächliche Verteilungsfunktion $f(\boldsymbol{r}, \boldsymbol{v}, t)$ für den Nichtgleichgewichtszustand zu verwenden. Die Verteilungsfunktion f für ein ruhendes Gas im Gleichgewicht hängt nämlich nur von $|\boldsymbol{v}|$ ab. Der Integrand in (13.1.18) ist dann eine ungerade Funktion in v_z und v_x, und das Integral über alle Geschwindigkeiten verschwindet aus Symmetriegründen. Entsprechend tritt in dem in Abb. 12.3.2 dargestellten Fall nur deshalb eine Schubspannung $P_{zx} \neq 0$ auf, weil die zugehörige Verteilungsfunktion f *keine* Maxwellsche Gleichgewichtsverteilung ist, da das Gas sich bewegt.

In ganz ähnlicher Weise kann man auch den Fluß anderer molekularer Größen angeben. Man betrachte zum Beispiel ein ruhendes, monoatomares Gas mit $\boldsymbol{u} = 0$. Die Energie eines Moleküls ist dann seine kinetische Energie $\frac{1}{2} mv^2$, und der Wärmefluß (besser Energiefluß) Q_z in z-Richtung ist nach (13.1.13)

$$Q_z = n \langle v_z (\tfrac{1}{2} mv^2) \rangle = \tfrac{1}{2} nm \langle v_z v^2 \rangle \tag{13.1.20}$$

13.2 Die stoßfreie Boltzmann-Gleichung

Um die Verteilungsfunktion $f(\boldsymbol{r}, \boldsymbol{v}, t)$ bestimmen zu können, müssen wir erst einmal wissen, welchen Gleichungen die Verteilungsfunktion eigentlich genügen muß. Wir nehmen an, daß jedes Molekül die Masse m hat, und daß es aufgrund der Erdanziehung oder elektrischer Felder unter dem Einfluß einer äußeren Kraft $\boldsymbol{F}(\boldsymbol{r}, t)$ stehe. (Der Einfachheit halber wollen wir annehmen, daß $\boldsymbol{F}$ *nicht* von der Geschwindigkeit $\boldsymbol{v}$ des Moleküls abhängt. Wir schließen also Magnetfelder bei der folgenden Untersuchung aus.) Wir beginnen mit der Untersuchung des besonders einfachen Falles, daß die *Wechselwirkungen* zwischen den Molekülen (also Stöße) *völlig vernachlässigt* werden können. Was läßt sich unter diesen Umständen über $f(\boldsymbol{r},\boldsymbol{v},t)$ aussagen?

Dazu betrachte man die Moleküle, die sich zur Zeit t im Bereich $d^3\boldsymbol{r}$ um $\boldsymbol{r}$ befinden und deren Geschwindigkeiten innerhalb von $d^3\boldsymbol{v}$ um $\boldsymbol{v}$ liegen. Im nächsten Augenblick zur Zeit $t' = t + dt$ werden sich diese Moleküle infolge ihrer Bewegung unter dem Einfluß der Kraft $\boldsymbol{F}$ in der Umgebung $d^3\boldsymbol{r}'$ am Orte $\boldsymbol{r}'$ befinden, und ihre Geschwindigkeiten werden im Bereich $d^3\boldsymbol{v}'$ um $\boldsymbol{v}'$ liegen, wobei

$$\boldsymbol{r}' = \boldsymbol{r} + \dot{\boldsymbol{r}}\, dt = \boldsymbol{r} + \boldsymbol{v}\, dt \tag{13.2.1}$$

und
$$\boldsymbol{v}' = \boldsymbol{v} + \dot{\boldsymbol{v}}\, dt = \boldsymbol{v} + \frac{1}{m} \boldsymbol{F}\, dt \tag{13.2.2}$$

ist. Dieser Sachverhalt läßt sich anschaulich in dem Phasenraum für ein Molekül darstellen, der von seinen $\boldsymbol{r}$ und $\boldsymbol{v}$ entsprechenden sechs Freiheitsgraden aufgespannt wird (siehe Abschnitt 6.11). Jedes Molekül des Gases wird in diesem Phasenraum – der μ-Raum genannt wird – durch einen Punkt dargestellt, dessen Koordinaten die Orts- und Geschwindigkeitskoordinaten des Moleküls sind. Die mittlere Anzahl der Moleküle in einem Volumenelement $d^3\boldsymbol{r}\, d^3\boldsymbol{v}$ am Orte $(\boldsymbol{r}, \boldsymbol{v})$ im μ-Raum ist gemäß (13.1.1) durch die Verteilungsfunktion $f(\boldsymbol{r},\boldsymbol{v},t)$ festgelegt: $f(\boldsymbol{r},\boldsymbol{v},t)\, d^3\boldsymbol{r}\, d^3\boldsymbol{v}$ Wir betrachten nun alle Phasenraumpunkte, die sich in einem vorgegebenen Volumenelement $d^3\boldsymbol{r} d^3\boldsymbol{v}$ am Ort $(\boldsymbol{r}, \boldsymbol{v})$ im Phasenraum befinden. Alle diese Phasenraumpunkte können Moleküle repräsentieren, die infolge ihrer Bewegung zu späteren Zeiten andere Phasenraumpunkte einnehmen werden. Somit entspricht der Bewegung der Moleküle im Ortsraum eine Bewegung von Phasenraumpunkten im μ-Raum. Das Volumenelement $d^3\boldsymbol{r}\; d^3\boldsymbol{v}$ am Phasenraumort $(\boldsymbol{r}, \boldsymbol{v})$ geht somit in ein Volumenelement $d^3\boldsymbol{r}'\; d^3\boldsymbol{v}'$ am Phasenraumort $(\boldsymbol{r}', \boldsymbol{v}')$ über. Der eindimensionale Spezialfall (Bewegung in x-Richtung) ist in Abb. 13.2.1 dargestellt. Hierbei wird – wie aus der Abbildung ersichtlich – vorausgesetzt, daß das Volu-

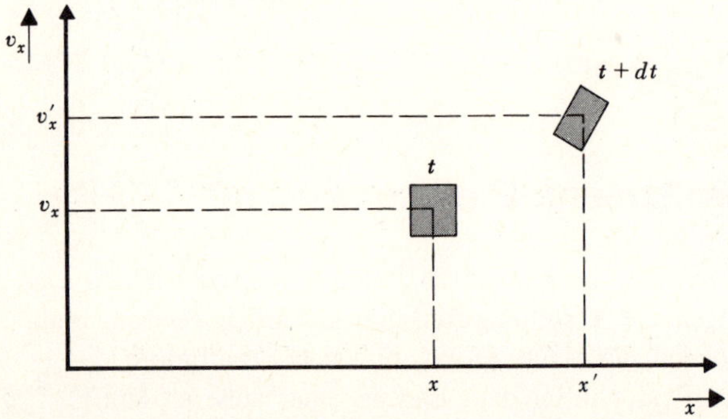

Abb. 13.2.1 Die Abbildung zeigt die Bewegung eines Volumenelements im Phasenraum (μ-Raum) für eine eindimensionale wechselwirkungsfreie Bewegung der Teilchen

menelement im Phasenraum bei der Bewegung nicht „zerreißt", d.h. im Phasenraum benachbarte Moleküle (solche mit fast gleichen Werten $\boldsymbol{r}$ und $\boldsymbol{v}$) bleiben bei der Bewegung benachbart. Dies wäre natürlich – wie vorausgesetzt – nur dann der Fall, wenn es keine Wechselwirkung zwischen den Molekülen (Stöße) gäbe. Nur dann würde ihre Bewegung im Phasenraum vollständig durch (13.2.1) und (13.2.2) beschrieben, d.h., alle Moleküle aus dem Volument $d^3\boldsymbol{r}\; d^3\boldsymbol{v}$ um den Phasenraumpunkt $(\boldsymbol{r}, \boldsymbol{v})$ fänden sich nach der Zeitspanne dt in dem Volumenelement $d^3\boldsymbol{r}'\; d^3\boldsymbol{v}'$ und $(\boldsymbol{r}', \boldsymbol{v}')$ wieder. Es gilt also

$$f(\boldsymbol{r}',\boldsymbol{v}',t')\; d^3\boldsymbol{r}'\; d^3\boldsymbol{v}' = f(\boldsymbol{r},\boldsymbol{v},t)\; d^3\boldsymbol{r}\; d^3\boldsymbol{v} \tag{13.2.3}$$

Das Volumenelement $d^3\boldsymbol{r}\; d^3\boldsymbol{v}$ kann infolge der Bewegung der Moleküle seine Gestalt ändern, wie es in Abb. 13.2.1 angedeutet ist. Hier ist jedoch die Beantwortung der Frage wichtig, ob und gegebenenfalls wie sich der Betrag seines Volumens ändert, da man dann aus (13.2.3) eine Aussage über die Verteilungsfunktion selbst gewinnen kann. Dazu bemerken wir, daß man die Gleichungen (13.2.1) und (13.2.2) auch als Koordinatentransformation im μ-Raum auffassen kann. Das Volumenelement ändert sich bei einer solchen Transformation gemäß

$$d^3\boldsymbol{r}'\; d^3\boldsymbol{v}' = |J|\; d^3\boldsymbol{r}\; d^3\boldsymbol{v} \tag{13.2.4}$$

wobei J die Jacobische Determinante der Transformation von den alten Variablen $\boldsymbol{r}$, $\boldsymbol{v}$ auf die neuen $\boldsymbol{r}'$, $\boldsymbol{v}'$ ist. Die in J auftretenden partiellen Ableitungen für die verschiedenen Komponenten (α, γ = 1, 2, 3) sind

$$\frac{\partial x_\alpha'}{\partial x_\gamma} = \delta_{\alpha\gamma}; \qquad \frac{\partial x_\alpha'}{\partial v_\gamma} = \delta_{\alpha\gamma}\, dt \qquad \text{nach (13.2.1)}$$

$$\frac{\partial v_\alpha'}{\partial x_\gamma} = \frac{1}{m}\frac{\partial F_\alpha}{\partial x_\gamma}dt; \qquad \frac{\partial v_\alpha'}{\partial v_\gamma} = \delta_{\alpha\gamma} \qquad \text{nach (13.2.2)}$$

Dabei haben wir von der Voraussetzung Gebrauch gemacht, daß $\boldsymbol{F}$ unabhängig von $\boldsymbol{v}$ sein soll. Die Jacobische Determinante ist also

$$J = \frac{\partial(x',y',z',v_x',v_y',v_z')}{\partial(x,y,z,v_x,v_y,v_z)} = \left|\begin{array}{ccc|ccc} 1 & 0 & 0 & dt & 0 & 0 \\ 0 & 1 & 0 & 0 & dt & 0 \\ 0 & 0 & 1 & 0 & 0 & dt \\ \hline \frac{1}{m}\frac{\partial F_x}{\partial x}dt & \ldots & \ldots & 1 & 0 & 0 \\ \ldots & \ldots & \ldots & 0 & 1 & 0 \\ \ldots & \ldots & \ldots & 0 & 0 & 1 \end{array}\right|$$

wobei die neun Elemente in der linken unteren Ecke der Determinante alle proportional zu dt sind. Daher gilt

$$J = 1 + \mathcal{O}(dt^2)$$

so daß bis auf Terme von zweiter Ordnung in dt $J = 1$ ist. Daher folgt aus (13.2.4), daß mit der gleichen Genauigkeit

$$d^3\boldsymbol{r}'\, d^3\boldsymbol{v}' = d^3\boldsymbol{r}\, d^3\boldsymbol{v} \tag{13.2.5}$$

gilt, d.h. das Phasenvolumen ändert sich nicht beim wechselwirkungsfreien Übergang $(\boldsymbol{r}, \boldsymbol{v}) \rightarrow (\boldsymbol{r}', \boldsymbol{v}')$, wobei $\boldsymbol{r}'$ und $\boldsymbol{v}'$ durch (13.2.1) bzw. (13.2.2) gegeben sind. Aus der Beziehung (13.2.3) erhalten wir damit die folgende Aussage über den Verteilungsfunktion

$$f(\boldsymbol{r}',\boldsymbol{v}',t') = f(\boldsymbol{r},\boldsymbol{v},t) \tag{13.2.6}$$

oder $\quad f(\boldsymbol{r} + \dot{\boldsymbol{r}}\, dt, \boldsymbol{v} + \dot{\boldsymbol{v}}\, dt, t + dt) - f(\boldsymbol{r},\boldsymbol{v},t) = 0$

Werden also keine Stöße berücksichtigt, so verändert sich die Verteilungsfunktion in erster Ordnung von dt nicht. Entwickelt man $f(\boldsymbol{r}',\boldsymbol{v}',t')$ um $(\boldsymbol{r}, \boldsymbol{v})$ und t in eine Taylor-Reihe, so erhält man daraus

$$\left[\left(\frac{\partial f}{\partial x}\dot{x} + \frac{\partial f}{\partial y}\dot{y} + \frac{\partial f}{\partial z}\dot{z}\right) + \left(\frac{\partial f}{\partial v_x}\dot{v}_x + \frac{\partial f}{\partial v_y}\dot{v}_y + \frac{\partial f}{\partial v_z}\dot{v}_z\right) + \frac{\partial f}{\partial t}\right] dt = 0$$

da (13.2.6) bis zur ersten Ordnung in dt einschließlich exakt gilt. Eleganter läßt sich dafür schreiben

▶ $$Df = 0 \tag{13.2.7}$$

mit $$Df \equiv \frac{\partial f}{\partial t} + \dot{\boldsymbol{r}} \cdot \frac{\partial f}{\partial \boldsymbol{r}} + \dot{\boldsymbol{v}} \cdot \frac{\partial f}{\partial \boldsymbol{v}} = \frac{\partial f}{\partial t} + \boldsymbol{v} \cdot \frac{\partial f}{\partial \boldsymbol{r}} + \frac{\boldsymbol{F}}{m} \cdot \frac{\partial f}{\partial \boldsymbol{v}} \tag{13.2.8}$$

Die Schreibweise ist so zu verstehen, daß $\partial f/\partial \boldsymbol{r}$ den Gradienten bezüglich $\boldsymbol{r}$ bezeichnet, also den Vektor mit den Komponenten $\partial f/\partial x$, $\partial f/\partial y$, $\partial f/\partial z$ und $\partial f/\partial \boldsymbol{v}$ den Gradienten bezüglich der Geschwindigkeit, also den Vektor mit den Komponenten $\partial f/\partial v_x$, $\partial f/\partial v_y$, $\partial f/\partial v_z$ darstellt.

Gleichung (13.2.7) ist eine lineare partielle Differentialgleichung für die Verteilungsfunktion f und stellt die stoßfreie Boltzmann-Gleichung dar. (In der Plasma-Physik wird sie manchmal als „Vlasov-Gleichung" bezeichnet.) Nach dieser Gleichung bleibt die Dichte f in der Umgebung eines sich durch den Phasenraum bewegenden Moleküls konstant.

* **Alternative Herleitung.** Anstatt ein Volumenelement bei seiner Bewegung durch den μ-Raum zu verfolgen, wie wir es in Abb. 13.2.1 getan haben, kann man auch ein *festes* Volumenelement des Phasenraumes im Auge behalten. Betrachten wir also einen *vorgegebenen* Bereich im Ortsraum zwischen $\boldsymbol{r}$ und $\boldsymbol{r} + d\boldsymbol{r}$, indem sich die Moleküle mit Geschwindigkeiten im *vorgegebenen* Bereich zwischen $\boldsymbol{v}$ und $\boldsymbol{v} + d\boldsymbol{v}$ aufhalten sollen (siehe Abb. 13.2.2). In diesem fest vorgegebenen Volumenelement $d^3\boldsymbol{r}\, d^3\boldsymbol{v}$ des Phasenraumes ändert sich die mittlere Anzahl der Moleküle, da diese ihren Ort und ihre Geschwindigkeit ändern. Diese Änderung in der Zeit dt ist durch $(\partial f/\partial t)\, d^3\boldsymbol{r}\, d^3\boldsymbol{v}\, dt$ gegeben und gleich der Anzahl der Moleküle, die während dieser Zeitspanne in das μ-Raumelement $d^3\boldsymbol{r}\, d^3\boldsymbol{v}$ hineingelangen vermindert um die Anzahl, die währenddessen dieses Element verläßt.

Wenn keine Stöße vorkommen, beschreiben (13.2.1) und (13.2.2) allein die Orts- und Geschwindigkeitsänderung der Moleküle. Die Anzahl von Molekülen, die während der Zeit dt in das Phasenraumelement $d^3\boldsymbol{r}\, d^3\boldsymbol{v}$ durch den Teil x = const. seiner „Oberfläche" hineingelangen, ist dann gerade die Anzahl, die im Volumen $(\dot{x}\,dt)\, dy\, dz\, dv_x\, dv_y\, dv_z$ enthalten ist, d.h., sie ist gleich $f \cdot (\dot{x}dt)\, dy\, dz\, dv_x\, dv_y\, dv_z$. Entsprechend ist die Anzahl, die $d^3\boldsymbol{r}\, d^3\boldsymbol{v}$ durch den Oberflächenteil $x + dx$ = const. verläßt, durch den analogen Ausdruck gegeben, mit dem einzigen Unterscheid, daß man $f \cdot \dot{x}$ an der Stelle $x + dx$ anstatt x nehmen muß (s. Abb.). Daher ist die mittlere Anzahl von Molekülen, die tatsächlich während der Zeit dt durch die

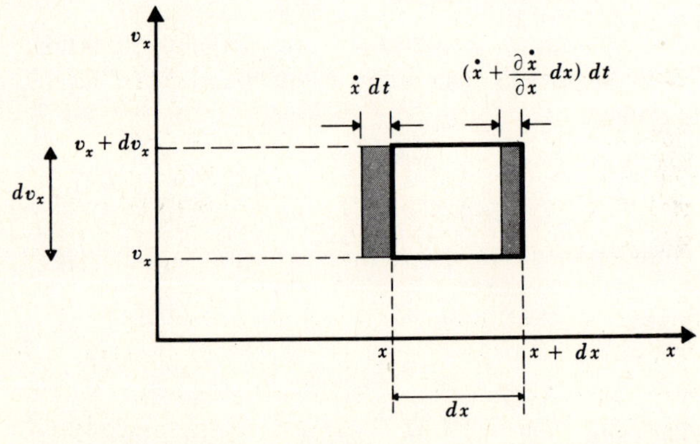

Abb. 13.2.2 Zweidimensionale Erläuterung zur Änderung der mittleren Teilchenzahl in einem vorgegebenen Element des μ-Raumes. Die Teilchen führen eine eindimensionale Bewegung in x-Richtung aus.

Oberflächenelemente x = const. und $x + dx$ = const. in das Phasenraumelement $d^3\boldsymbol{r}\, d^3\boldsymbol{v}$ hineingelangt

$$f\dot{x}\,dt\,dy\,dz\,dv_x\,dv_y\,dv_z - \left[f\dot{x} + \frac{\partial}{\partial x}(f\dot{x})\,dx\right] dt\,dy\,dz\,dv_x\,dv_y\,dv_z$$
$$= -\frac{\partial}{\partial x}(f\dot{x})\,dt\,d^3\boldsymbol{r}\,d^3\boldsymbol{v}$$

Indem man die analogen Beiträge von den übrigen Oberflächenelementen y, z, v_x, v_y, v_z = const. aufsummiert, erhält man

$$\frac{\partial f}{\partial t}\,dt\,d^3\boldsymbol{r}\,d^3\boldsymbol{v} = -\left[\frac{\partial}{\partial x}(f\dot{x}) + \frac{\partial}{\partial y}(f\dot{y}) + \frac{\partial}{\partial z}(f\dot{z})\right.$$
$$\left. + \frac{\partial}{\partial v_x}(f\dot{v}_x) + \frac{\partial}{\partial v_y}(f\dot{v}_y) + \frac{\partial}{\partial v_z}(f\dot{v}_z)\right] dt\,d^3\boldsymbol{r}\,d^3\boldsymbol{v}$$

oder $$\frac{\partial f}{\partial t} + \sum_{\alpha=1}^{3}\left[\frac{\partial f}{\partial x_\alpha}\dot{x}_\alpha + \frac{\partial f}{\partial v_\alpha}\dot{v}_\alpha\right] + \sum_{\alpha=1}^{3} f\left[\frac{\partial \dot{x}_\alpha}{\partial x_\alpha} + \frac{\partial \dot{v}_\alpha}{\partial v_\alpha}\right] = 0 \qquad (13.2.9)$$

Dabei ist

$$x_1 = x,\ x_2 = y,\ x_3 = z$$

$$v_1 = v_x,\ v_2 = v_y,\ v_3 = v_z$$

Da $\boldsymbol{v}$ und $\boldsymbol{r}$ unabhängige Koordinaten des μ-Raums sind und die Kraft $\boldsymbol{F}$ nicht von von $\boldsymbol{v}$ abhängen soll, gilt

$$\frac{\partial x_\alpha}{\partial x_\alpha} = \frac{\partial v_\alpha}{\partial x_\alpha} = 0$$

und $$\frac{\partial \dot{v}_\alpha}{\partial v_\alpha} = \frac{1}{m}\frac{\partial F_\alpha}{\partial v_\alpha} = 0$$

Infolgedessen verschwindet der letzte Term in (13.2.9), so daß sich diese Gleichung auf

$$\frac{\partial f}{\partial t} + \dot{\boldsymbol{r}}\cdot\frac{\partial f}{\partial \boldsymbol{r}} + \dot{\boldsymbol{v}}\cdot\frac{\partial f}{\partial \boldsymbol{v}} = 0$$

reduziert, was mit (13.2.7) identisch ist.

* **Anmerkung**: Die vorangegangene Ableitung ist analog zur Herleitung des Liouvilleschen Satzes im Anhang A.13. Diese Analogie suggeriert die Möglichkeit, die stoßfreie Boltzmann-Gleichung auch für geladene Teilchen (Masse m, Ladung c) im Magnetfeld aufzustellen, für das die Kraft *geschwindigkeitsabhängig* ist. Da die (13.2.1) und (13.2.2) entsprechenden Bewegungsgesetze für $\boldsymbol{r}$ und $\boldsymbol{v}$ nach wie vor aus der Hamilton-Funktion folgen, wenn man anstelle der Geschwindigkeit $\boldsymbol{v}$ den elektromagnetischen Impuls $\boldsymbol{p} = m\boldsymbol{v} + (e/c)\boldsymbol{A}$ nimmt, wobei das Magnetfeld durch das Vektorpotential $\boldsymbol{A}$ gegeben ist ($\boldsymbol{B}$ = rot$\boldsymbol{A}$), könnte man die Verteilungsfunktion $f'(\boldsymbol{r}, \boldsymbol{p}, t)$ einführen, die

statt von $\boldsymbol{v}$ vom Impuls $\boldsymbol{p}$ abhängt. Für diese neue Verteilungsfunktion gilt wieder die stoßfreie Boltzmann-Gleichung

$$\frac{\partial f'}{\partial t} + \dot{\boldsymbol{r}} \cdot \frac{\partial f'}{\partial \boldsymbol{r}} + \dot{\boldsymbol{p}} \cdot \frac{\partial f'}{\partial \boldsymbol{p}} = 0$$

+13.3 Die Bahnintegralmethode

Zur Untersuchung der Transportprozesse müssen nun die Stöße zwischen den Molekülen betrachtet werden. Wir sind daran interessiert, $f(\boldsymbol{r},\boldsymbol{v},t)$ zu finden. Zunächst nehmen wir wieder an, daß keine Stöße vorhanden sind. Ein Molekül, das zur Zeit t die Lage $\boldsymbol{r}$ und die Geschwindigkeit $\boldsymbol{v}$ besitzt, hatte zu einer früheren Zeit $t_0 = t - t'$ die Lage $\boldsymbol{r}_0$ und die Geschwindigkeit $\boldsymbol{v}_0$. Beide Größen lassen sich aus den Bewegungsgleichungen (13.2.1) und (13.2.2) für ein Teilchen im Kraftfeld $\boldsymbol{F}$ berechnen. Sowohl $\boldsymbol{r}_0$ als auch $\boldsymbol{v}_0$ hängen von der verstrichenen Zeit t' und von den $\boldsymbol{r}$, $\boldsymbol{v}$ zur Zeit t ab. Es gilt also

$$\left.\begin{aligned} \boldsymbol{r}_0 &\equiv \boldsymbol{r}(t_0) = \boldsymbol{r}_0(t'; \boldsymbol{r},\boldsymbol{v}) \\ \boldsymbol{v}_0 &\equiv \boldsymbol{v}(t_0) = \boldsymbol{v}_0(t'; \boldsymbol{r},\boldsymbol{v}) \end{aligned}\right\} \tag{13.3.1}$$

Da Stöße nicht betrachtet werden, gilt $Df = 0$, so daß der Wert f unverändert bleibt:

$$f(\boldsymbol{r},\boldsymbol{v},t) = f(\boldsymbol{r}_0,\boldsymbol{v}_0,t_0) \tag{13.3.2}$$

Bevor wir nun den Einfluß der Stöße berücksichtigen werden, müssen wir eine Zwischenbetrachtung anstellen. Wir betrachten zur Zeit t, eine Menge von N Molekülen, die aus genau drei verschiedenen Typen bestehen: Der Molekültyp i ist zur Zeit t_i durch Stoß in die betrachtete Menge gelangt. Wie groß sind die Teilchenzahlen N_i der drei Molekültypen: $N = \sum_i N_i$?

Aus (12.1.1) bzw. (12.1.5) ist der Bruchteil $P(t)$ derjenigen Moleküle bekannt, deren letzter Stoß bei $t = 0$ stattfand und die sich bis zur Zeit t stoßfrei bewegt haben. Aus der Abb. 13.3.1 lassen sich die Gewichte der drei Molekültypen, aus denen die N betrachteten Moleküle bestehen, ablesen. Sie sind $P(t - t_i)$, $i = 1$, 2, 3. Diese Gewichte sind noch nicht auf die Molekülanzahl N normiert. Die Normierungsvorschrift lautet

$$N(t) = c \sum_{i=1}^{3} P(t - t_i) = \sum_{i=1}^{3} N_i$$

Daraus folgt

$$c(t) = \frac{N(t)}{\sum_i P(t - t_i)}$$

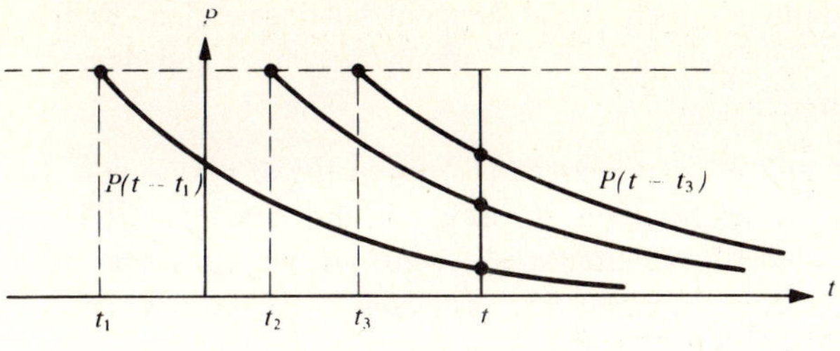

Abb. 13.3.1 Diagramm zur Ermittlung der Bruchteile der Molekültypen in N Molekülen. Die Typen sind durch die Zeiten t_i gekennzeichnet, zu denen die Moleküle durch Stoß in die Menge der betrachteten N Moleküle gelangen.

und damit ergibt sich

$$N_i \equiv cP(t - t_i) = \frac{N(t)\,P(t - t_i)}{\sum\limits_i P(t - t_i)}$$

Daher beträgt der Bruchteil des Molekültyps i von den N zur Zeit t betrachteten Molekülen

$$\frac{N_i}{N} = \frac{P(t - t_i)}{\sum\limits_i P(t - t_i)} \tag{13.3.3}$$

Wir werden nun den Einfluß der Stöße berücksichtigen. Dazu betrachten wir die Wirkung der Stöße auf die Moleküle, die sich in einem Phasenraumelement $d^3\boldsymbol{r}\, d^3\boldsymbol{v}$ um $(\boldsymbol{r}, \boldsymbol{v})$ befinden. Da nur räumlich benachbarte Moleküle zusammenstoßen (siehe Kapitel 12) sind die Änderungen der Ortskoordinaten beim Stoß wesentlich geringer als die der Geschwindigkeitskoordinaten. Daher darf man annehmen, daß das Molekül beim Stoß das Volumenelement $d^3\boldsymbol{r}$ um $\boldsymbol{r}$ nicht verläßt, wohl aber wird das Element $d^3\boldsymbol{v}$ um $\boldsymbol{v}$ beim Stoß verlassen (siehe Abb. 13.3.2). Daher gilt (13.3.2) nicht mehr. Somit besteht die Wirkung der Stöße darin, daß sie die Dichte der Moleküle im Phasenraumelement verändert.

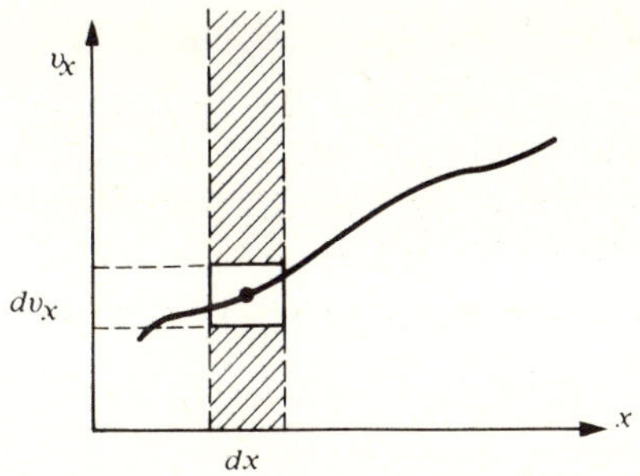

Abb. 13.3.2 Beim Stoß wird ein Molekül aus dem Phasenraumelement $dx\,dv_x$ in den scharffierten Streifen geworfen. Die ausgezogene Trajektorie stellt die stoßfreie Bewegung des Mittelpunkts des Phasenraumelementes dar.

Eine genaue Untersuchung der durch die Stöße bewirkten Dichteveränderung wird in Kapitel 14 gegeben. Hier wird ein anderer Weg eingeschlagen, der als Bahnintegralmethode bezeichnet wird und der auf einer noch zu besprechenden Annahme beruht. Verfolgt man das Phasenraumelement $d^3\boldsymbol{r}_0\, d^3\boldsymbol{v}_0$ um $(\boldsymbol{r}_0, \boldsymbol{v}_0)$, das dort zur Zeit t_0 liegt, auf seiner stoßfreien Trajektorie, so werden durch Stöße sowohl Moleküle aus dem Element entfernt als auch in das Element hineingeworfen. Es findet ein Austausch von Molekülen zwischen dem Phasenraumelement und dem in Abb. 13.3.2 schraffierten Streifen statt.

Die entscheidende Frage ist nun: *Welche Verteilung bringen die Moleküle mit,* die von den verschiedensten Stellen des Streifens zur Zeit t in das Phasenraumelement $d^3\boldsymbol{r}\, d^3\boldsymbol{v}$ um $(\boldsymbol{r}, \boldsymbol{v})$ gestoßen werden? Näherungsweise wird nun angenommen, daß diese einwandernden Moleküle eine *Gleichgewichtsverteilung* $f^{(0)}(\boldsymbol{r},\boldsymbol{v},t)$ besitzen, die sich im Nichtgleichgewicht von der im Phasenraumelement vorliegenden Verteilung $f(\boldsymbol{r}, \boldsymbol{v}, t)$ im allgemeinen unterscheidet. Diese Gleichgewichtsverteilung soll den Einfluß der Umgebung (schraffiertes Gebiet in Abb. 13.3.2) auf das betrachtete Phasenraumelement beschreiben: Das betrachtete Phasenraumelement befindet sich im „Bad" aller anderen Phasenraumelemente des Streifens. Genau diese Annahme liegt der Bahnintegralmethode zugrunde.

Ein Beispiel für eine solche Gleichgewichtsverteilung ist die Maxwell–Boltzmann-Verteilung

$$f^{(0)}(\boldsymbol{r}_0,\boldsymbol{v}_0,t_0) = n\left(\frac{m\beta}{2\pi}\right)^{\frac{3}{2}} e^{-\frac{1}{2}\beta m(\boldsymbol{v}_0-\boldsymbol{u})^2}$$

Die Parameter n, β und $\boldsymbol{u}$ können Funktionen von $\boldsymbol{r}_0$ und t_0, aber keine von $\boldsymbol{v}_0$ sein. Dabei bedeutet n die Teilchendichte, β der Temperaturparameter und $\boldsymbol{u}$ die mittlere Molekülgeschwindigkeit am Ort $\boldsymbol{r}_0$ zur Zeit t_0.

Mit der Annahme, daß die durch die Stöße in das Phasenraumelement $d^3\boldsymbol{r}_0\, d^3\boldsymbol{v}_0$ um $(\boldsymbol{r}_0, \boldsymbol{v}_0)$ zur Zeit t_0 einwandernden Moleküle die Gleichgewichtsverteilung $f_0\,(\boldsymbol{r}_0, \boldsymbol{v}_0, t_0)$ besitzen, soll nun die aktuelle Verteilung $f(\boldsymbol{r}, \boldsymbol{v}, t)$ zur Zeit t in dem Phasenraumelement berechnet werden, das aus $(\boldsymbol{r}_0, \boldsymbol{v}_0)$ durch stoßfreie Bewegung gemäß (13.3.1) bzw. (13.2.1) und (13.2.2) hervorgeht. Dazu betrachten wir alle Moleküle, die sich in $d^3\boldsymbol{r}\, d^3\boldsymbol{v}$ um $(\boldsymbol{r}, \boldsymbol{v})$ zur Zeit t befinden und fragen wie in Abb. 13.3.1 nach den Molekültypen. Ihre Bruchteile sind durch (13.3.3) gegeben. Summation, d.h. hier Integration über die Eintrittszeiten t_0, die den Molekültyp kennzeichnen, ergibt dann die gesuchte Verteilung

$$f\,(\boldsymbol{r}, \boldsymbol{v}, t) = \int_{t_0=t}^{-\infty} f^{(0)}\,(\boldsymbol{r}_0, \boldsymbol{v}_0, t_0)\,\frac{P(t-t_0)}{\int_{t_0=t}^{-\infty} P(t-t_0)dt_0}\,dt_0$$

Die Grenzen sind aus der Abb. 13.3.1 zu entnehmen. Aus (12.1.5) und (12.1.9) ergibt sich die Überlebenswahrscheinlichkeit (12.1.1) zu

$$P(t-t_0) = e^{-\frac{1}{\tau}(t-t_0)}$$

Damit ergibt sich

$$f\,(\boldsymbol{r}, \boldsymbol{v}, t) = -\int_{t_0=t}^{-\infty} f^{(0)}\,(\boldsymbol{r}_0, \boldsymbol{v}_0, t_0)\,\frac{e^{-\frac{1}{\tau}(t-t_0)}}{\tau}\,dt_0$$

Mit der Substitution

$$t - t_0 = t', \quad - dt_0 = dt'$$

wird daraus

$$\blacktriangleright \qquad f(\boldsymbol{r},\boldsymbol{v},t) = \int_0^\infty f^{(0)}(\boldsymbol{r}_0, \boldsymbol{v}_0, t - t')\, e^{-t'/\tau} \frac{dt'}{\tau} \tag{13.3.4}$$

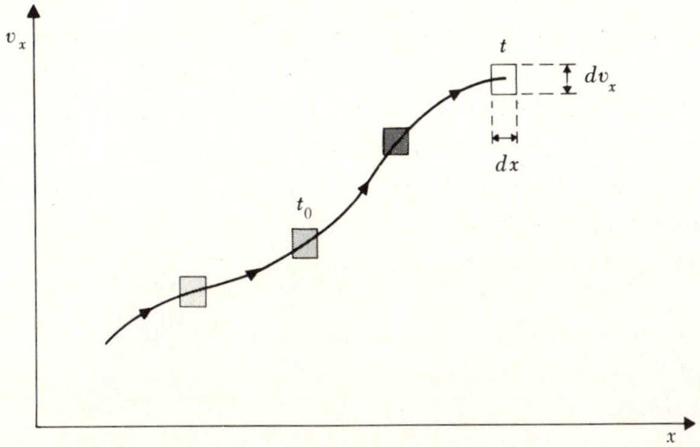

Abb. 13.3.3 Schematische Darstellung des physikalischen Inhalts der Gleichung (13.3.4). Ein spezielles Phasenraumelement $dx\, dv_x$ zur Zeit t wird auf seiner stoßfreien Trajektorie im Phasenraum zurückverfolgt (ausgezogene Linie). Dabei werden die Moleküle nach ihren Eintrittszeiten in das Phasenraumelement klassifiziert (Molekültyp). Die Schattierung stellt die Menge der Moleküle dar, die infolge der Stöße in das Phasenraumelement gelangen und in ihm stoßfrei bis zur Zeit t verbleiben.

Die Integration erstreckt sich über alle früheren Zeiten t'. $\boldsymbol{r}_0$ und $\boldsymbol{v}_0$ sind gemäß (13.3.1) ebenfalls Funktionen von t'. Der Integrand wird für $t' \gg \tau$ vernachlässigbar klein, so daß die Bewegungsgleichung (13.3.1), die $\boldsymbol{r}_0$ und $\boldsymbol{v}_0$ mit $\boldsymbol{r}$ und $\boldsymbol{v}$ in Beziehung setzt, nur für hinreichend kleine Zeiten t' von der Größenordnung von τ gelöst werden muß.

Anmerkung: Bei der Herleitung von (13.3.4) wurde τ wie eine Konstante behandelt. Dies entspricht der Annahme, daß die durch die äußeren Kräfte hervorgerufene Geschwindigkeitsveränderung eines Moleküls in der Zeit τ so klein ist, daß die Änderung der Stoßwahrscheinlichkeit τ^{-1} *zwischen* den Stößen vernachlässigt werden kann. Dann gilt $\tau(v_0) \approx \tau(v)$, und es kann in (13.3.4) $\tau = \tau(v)$ gesetzt werden. Dies ist gewöhnlich eine ausgezeichnete Näherung. Dies gilt aber nicht mehr, wenn τ^{-1} wegen $v = v(t)$ selbst eine Funktion der Zeit wird. Dann muß τ wie in (12.1.12) ersetzt werden und (13.3.4) würde dann

$$f(\boldsymbol{r},\boldsymbol{v},t) = \int_0^\infty f^{(0)}(\boldsymbol{r}_0, \boldsymbol{v}_0, t - t') \exp\left(- \int_{t-t'}^{t} \frac{ds}{\tau(s)}\right) \frac{dt'}{\tau(t - t')}$$

Gleichung (13.3.4) ist die gewünschte „Bahnintegral"-Formulierung des Transportproblems. Sie gestattet, f aus der als bekannt anzusehenden Stoßzeit $\tau(v)$ und aus der vorgegebenen Gleichgewichtsverteilung $f^{(0)}$ zu berechnen. Das ist natürlich *keine* exakte Vorschrift zur Berechnung von f. Sie setzt nämlich die Existenz einer Stoßzeit $\tau(v)$ voraus, die näherungsweise gemäß (12.2.8) über den Streuquerschnitt berechnet werden kann. Die wesentliche Annahme aber besteht darin, daß die durch die Stöße in das Phasenraumelement gelangenden Moleküle eine Gleichgewichtsverteilung besitzen sollen. (13.3.4) stellt eine sehr nützliche Näherung dar [1*]. Da sie von großer Einfachheit ist, lassen sich mit dieser Methode schwierige physikalische Situationen behandeln, ohne daß man es mit mathematischen Schwierigkeiten zu tun bekommt.

Abschließend soll (13.3.4) in einer anderen Form angegeben werden. Wenn $f^{(0)}[t']$ die gesamte Zeitabhängigkeit von $f^{(0)}$ einschließlich der von $\boldsymbol{r}_0$ und $\boldsymbol{v}_0$ kennzeichnet, dann ergibt sich durch partielle Integration von (13.3.4)

$$f(\boldsymbol{r},\boldsymbol{v},t) = -\int_0^\infty f^{(0)}[t']\, d(e^{-t'/\tau}) = -[f^{(0)}[t']\, e^{-t'/\tau}]_0^\infty + \int_0^\infty \frac{df^{(0)}[t']}{dt'}\, e^{-t'/\tau}\, dt'$$

Da $f^{(0)}[0] = f^{(0)}(\boldsymbol{r},\boldsymbol{v},t)$ gilt, erhält man

▶
$$\Delta f \equiv f(\boldsymbol{r},\boldsymbol{v},t) - f^{(0)}(\boldsymbol{r},\boldsymbol{v},t) = \int_0^\infty \frac{df^{(0)}[t']}{dt'}\, e^{-t'/\tau}\, dt' \qquad (13.3.5)$$

13.4 Beispiel: Berechnung der elektrischen Leitfähigkeit

Wir erläutern die Bahnintegral-Methode durch die Behandlung zweier Beispiele. Das erste ist die Berechnung der elektrischen Leitfähigkeit, deren vereinfachte Version wir schon in Abschnitt 12.6 untersucht haben. Wir betrachten wiederum ein Gas von Teilchen mit der Masse m und der Ladung e, die sich in einem homogenen äußeren elektrischen Feld $\mathcal{E}$ bewegen. Die Richtung dieses Feldes sei die z-Richtung. Die Teilchen können Ionen in einem Gas sein, die an den neutralen Molekülen des Gases gestreut werden, oder Elektronen in einem Metall, die an Gitterfehlern gestreut werden. Wir nehmen an, daß die Stöße eine Gleichgewichtsverteilung der Form

$$f^{(0)}(\boldsymbol{r},\boldsymbol{v},t) = g(\epsilon), \qquad \epsilon = \tfrac{1}{2}m\boldsymbol{v}^2 \qquad (13.4.1)$$

herstellen. Für die Ionen in einem Gas ist $g(\epsilon)$ gerade die Maxwell–Boltzmann-Verteilung

---

[1*] Diese Bahnintegralformulierung wird speziell in der Festkörperphysik benutzt: Chambers, R. R.G.: Proc. Phys. Soc. *65A* (1952), 458; Heine, V.: Phys. Rev. *107* (1957), 431; Cohen; Harrison und Harrison, Phys. Rev. *117* (1960), 937.

$$g(\epsilon) = n\left(\frac{m\beta}{2\pi}\right)^{\frac{3}{2}} e^{-\beta\epsilon} \tag{13.4.2}$$

wobei n die Anzahl der Ionen pro Volumeneinheit ist.

Betrachten wir nun ein Teilchen zur Zeit t am Orte $\boldsymbol{r}$ mit der Geschwindigkeit $\boldsymbol{v}$. Seinen Ort $\boldsymbol{r}(t_0)$ und seine Geschwindigkeit $\boldsymbol{v}(t_0)$ [und somit auch seine Energie $\epsilon(t_0)$] zu jedem anderen Zeitpunkt t_0 kann man aus den stoßfreien Bewegungsgleichungen ermitteln. Im vorliegenden Falle lauten sie

$$\begin{aligned} \frac{dv_x}{dt_0} &= \frac{dv_y}{dt_0} = 0 \\ m\frac{dv_z}{dt_0} &= e\mathcal{E} \end{aligned} \tag{13.4.3}$$

Um f aus (13.3.5) zu berechnen, bemerken wir, daß mit $t' = t - t_0$ und (13.4.3)

$$\frac{df^{(0)}}{dt'} = -\frac{df^{(0)}}{dt_0} = -\frac{\partial g}{\partial v_z}\frac{dv_z}{dt_0} = -\frac{\partial g}{\partial v_z}\frac{e\mathcal{E}}{m}$$

bzw.
$$\frac{df^{(0)}}{dt'} = -\frac{e\mathcal{E}}{m}\frac{\partial g}{\partial v_z} = -e\mathcal{E}v_z\frac{dg}{d\epsilon} \tag{13.4.4}$$

gilt, da $\partial\epsilon/\partial v_z = mv_z$ ist. Wir nehmen weiter an, daß das äußere elektrische Feld $\mathcal{E}$ so klein ist, daß sich v_z während einer Zeitspanne von der Größenordnung τ nicht wesentlich ändert, d.h., wir nehmen an, daß $(\partial v_z/dt)\tau = (e\mathcal{E}/m)\tau \ll \bar{v}$ ist, wobei $\bar{v}$ die mittlere thermische Geschwindigkeit der Teilchen ist. Dann lassen sich $dg/d\epsilon$ und v_z mit den Werten, die sie zur Zeit t haben, aus dem Integral in (13.3.5) herausziehen, da der Integrand nur im Zeitintervall $t_0 = t - t' \approx \tau$ einen wesentlichen Beitrag liefert. Damit wird (13.3.5) zu

$$\Delta f = -e\mathcal{E}v_z\frac{dg}{d\epsilon}\int_0^\infty e^{-t'/\tau}\,dt'$$

oder

▶
$$f(\boldsymbol{r},\boldsymbol{v},t) = g(\epsilon) - e\mathcal{E}\tau v_z\frac{dg}{d\epsilon} \tag{13.4.5}$$

Die Komponente der Stromdichte j_n in der Richtung $\hat{\boldsymbol{n}}$ ist der Ladungsfluß durch ein Flächenelement mit dem Normaleneinheitsvektor $\hat{\boldsymbol{n}}$, also

$$j_n = e\int d^3\boldsymbol{v}\, fv_n \tag{13.4.6}$$

Man beachte, daß der Integrand von $\int d^3\boldsymbol{v}\, gv_n$ eine ungerade Funktion der (beliebigen) Geschwindigkeitskomponente v_n ist, weil τ und g nur von $|\boldsymbol{v}|$ abhängen. Daher verschwindet dieses Integral, wie es auch sein muß, da die Stromdichte $\boldsymbol{j}$ im Gleichgewicht ohne elektrisches Feld verschwinden muß.

Der Vektor $\boldsymbol{j}$ der Stromdichte muß aus Symmetriegründen in einem isotropen Stoff parallel zum elektrischen Feld $\mathcal{E}$ sein; daher verschwindet hier nur die z-

Komponente j_z nicht. Die elektrische Leitfähigkeit im System ist definitionsgemäß das Verhältnis $j_z/\mathcal{E} = \sigma_{el}$, für die man aus (13.4.5) und (13.4.6)

$$\sigma_{el} \equiv \frac{j_z}{\mathcal{E}} = -e^2 \int d^3\boldsymbol{v} \frac{dg}{d\epsilon} \tau v_z^2 \tag{13.4.7}$$

erhält. Erwartungsgemäß gilt also für genügend kleine elektrische Felder $j_z \sim \mathcal{E}$.

Wenn g die Maxwell–Boltzmann-Verteilung (13.4.2) ist, wie es etwa für die Ionen oder die (hinreichend wenigen) Elektronen in einem Gas der Fall ist, so wird

$$\frac{dg}{d\epsilon} = -\beta g \tag{13.4.8}$$

und für (13.4.7) ergibt sich

$$\sigma_{el} = \beta e^2 \int d^3\boldsymbol{v}\, g \tau v_z^2 \tag{13.4.9}$$

Zur Auswertung des Integrales benötigt man τ als Funktion von v. Diese Funktion könnte man zwar aus (12.2.8) berechnen, aber das Ergebnis ist ziemlich kompliziert. Zieht man stattdessen näherungsweise einen Mittelwert $\bar{\tau}$ für $\tau(v)$ aus dem Integral, so erhält man

$$\sigma_{el} \approx \beta e^2 \bar{\tau} \int d^3\boldsymbol{v}\, g v_z^2 = \beta e^2 \bar{\tau} (n\overline{v_z^2})$$

Der zweite Mittelwert wird mit der Gleichgewichtsverteilung g berechnet. Daher gilt der Gleichverteilungssatz $\frac{1}{2} m\overline{v}_z^2 = \frac{1}{2} kT$, und das Ergebnis

$$\sigma_{el} = \frac{ne^2}{m} \bar{\tau} \tag{13.4.10}$$

stimmt mit dem vorher abgeleiteten (12.6.8) überein.

Will man (13.4.7) zur Berechnung der Leitfähigkeit eines Metalles verwenden, so ist die Gleichgewichtsverteilung $g(\epsilon)$ für das Gas der Leitungselektronen die Fermi-Verteilung $g \sim (e^{\beta(\epsilon - \mu)} + 1)^{-1}$. Da das Gas stark entartet ist, ist $dg/d\epsilon$ nur dann merklich von Null verschieden, wenn $\epsilon \approx \mu$ (μ = Fermi-Energie, siehe Abschnitt 9.16). Aus (13.4.7) kann man daher entnehmen, daß nur diejenigen Elektronen zum Strom beitragen, deren Energie ungefähr gleich der Fermi-Energie ist. Entsprechend wird auch nur die Stoßzeit $\tau = \tau_F$ dieser Elektronen bei der Berechnung benötigt und kann vor das Integral in (13.4.7) gezogen werden:

$$\sigma_{el} = -e^2 \tau_F \int d^3\boldsymbol{v} \frac{dg}{d\epsilon} v_z^2 \tag{13.4.11}$$

Das verbleibende Integral kann durch die Dichte n der Leitungselektronen ausgedrückt werden. Dazu zerlegen wir das Integral $\int d^3\boldsymbol{v}$ in $\int_{-\infty}^{+\infty} dv_x \int_{-\infty}^{+\infty} dv_y \int_{-\infty}^{+\infty} dv_z$ und betrachten nur die innere Integration über v_z. Wegen $\partial g/\partial v_z = (dg/d\epsilon)(\partial\epsilon/\partial v_z) = mv_z\,(dg/d\epsilon)$ erhält man durch partielle Integration

$$\int_{-\infty}^{\infty} dv_z \frac{dg}{d\epsilon} v_z^2 = \int_{-\infty}^{\infty} dv_z \frac{\partial g}{\partial v_z} \frac{v_z}{m} = \frac{1}{m} [g v_z]_{-\infty}^{\infty} - \frac{1}{m} \int_{-\infty}^{\infty} dv_z\, g$$

wobei der erste Term auf der rechten Seite verschwindet, da $g = 0$ für $v_z = \pm\infty$. Setzt man wieder rückwärts in (13.4.11) ein, so wird daraus

$$\sigma_{\mathrm{el}} = -e^2\tau_F\left(-\frac{1}{m}\int d^3\boldsymbol{v}\, g\right) = \frac{ne^2}{m}\tau_F \tag{13.4.12}$$

da das Integral gleich der Dichte n ist. Die Ausdrücke (13.4.12) und (13.4.10) sind einander ähnlich. Der Unterschied besteht darin, daß wir in (13.4.12) die Geschwindigkeitsabhängigkeit von τ wirklich außer acht lassen können, weil nur die Stoßzeit derjenigen Elektronen von Belang ist, deren Energie in der Nähe der Fermi-Energie liegt. Man beachte jedoch, daß n in (13.4.12) die *Gesamtzahl* der Elektronen pro Volumeneinheit ist.

13.5 Beispiel: Berechnung der Viskosität

Wir untersuchen wieder den in Abb. (12.3.2) dargestellten Fall, in dem die mittlere Geschwindigkeitskomponente $u_x(z)$ des Gases nicht verschwindet und von z abhängt. Wir wollen annehmen, daß die Stöße eine lokale Gleichgewichtsverteilung herstellen, die der eines sich mit der mittleren Geschwindigkeit u_x bewegenden Gases entspricht, wobei u_x die mittlere Strömungsgeschwindigkeit des Volumenelementes ist, in welchem der Stoß stattfindet. Wir erhalten so für die lokale Gleichgewichtsverteilung:

$$f^{(0)}(\boldsymbol{r},\boldsymbol{v},t) = g[v_x - u_x(z), v_y, v_z] = g(U_x, U_y, U_z) \tag{13.5.1}$$

mit $\quad U_x = v_x - u_x(z), \qquad U_y = v_y, \qquad U_z = v_z \qquad (13.5.2)$

wobei g einfach die Maxwell-Verteilung

$$g(U_x,U_y,U_z) = g(U) = n\left(\frac{m\beta}{2\pi}\right)^{\frac{3}{2}} e^{-\frac{1}{2}\beta m U^2} \tag{13.5.3}$$

ist.

Da es keine äußeren Kräfte gibt, bleibt die Geschwindigkeit der Moleküle zwischen den Stößen konstant. Insbesondere gilt für die Bewegung eines Moleküls in z-Richtung als Funktion der Zeit t_0:

$$\frac{dz(t_0)}{dt_0} = v_z(t_0) = v_z \tag{13.5.4}$$

Wenn wir beachten, daß $f^{(0)}[t']$ nach (13.5.1) nur implizit über z von der Zeit $t' = t - t_0$ abhängt, wird

$$\frac{df^{(0)}}{dt'} = -\frac{df^{(0)}}{dt_0} = -\frac{\partial g}{\partial U_x}\frac{\partial U_x}{\partial t_0} = -\frac{\partial g}{\partial U_x}\left(-\frac{\partial u_x}{\partial z}\right)\frac{dz(t_0)}{dt_0}$$

oder nach (13.5.4)

$$\frac{df^{(0)}}{dt'} = \frac{\partial g}{\partial U_x}\frac{\partial u_x}{\partial z} v_z \tag{13.5.5}$$

Da dieser Ausdruck zeitunabhängig ist, folgt aus (13.3.5) einfach

$$▶ \quad f = f^{(0)} + \frac{\partial u_x}{\partial z} \frac{\partial g}{\partial U_x} v_z \tau \tag{13.5.6}$$

Nun können wir die Komponente P_{zx} des Drucktensors berechnen. Sie ist nach (13.1.17)

$$P_{zx} = m \int d^3\boldsymbol{v}\, f U_z U_x \tag{13.5.7}$$

Da $f^{(0)} = g(U)$ eine Funktion von $|\boldsymbol{U}|$ allein ist, verschwindet das Integral $\int d^3\boldsymbol{v}\, f^{(0)} U_z U_x = 0$ der Integrand in U_x und U_z ungerade ist. Nach (13.5.2) gilt ferner $v_z = U_z$, so daß sich schließlich aus (13.5.7) ergibt

$$P_{zx} = -\eta \frac{\partial u_x}{\partial z} \tag{13.5.8}$$

mit

$$▶ \quad \eta = -m \int d^3\boldsymbol{U} \frac{\partial g}{\partial U_x} U_z^2 U_x \tau \tag{13.5.9}$$

Der Koeffzient η in (13.5.8) ist definitionsgemäß die Viskosität. (13.5.9) ist daher der Ausdruck für die Viskosität, den die gegenwärtige Formulierung der Theorie liefert.

Ziehen wir wiederum näherungsweise $\tau(v)$ mit einem Mittelwert $\bar{\tau}$ vor das Integral, dann läßt sich dieser Ausdruck weiter vereinfachen:

$$\eta = -m\bar{\tau} \iint dU_y\, dU_z\, U_z^2 \int_{-\infty}^{\infty} dU_x \frac{\partial g}{\partial U_x} U_x$$

Partielle Integration ergibt

$$\int_{-\infty}^{\infty} dU_x \frac{\partial g}{\partial U_x} U_x = [gU_x]_{-\infty}^{\infty} - \int_{-\infty}^{\infty} dU_x\, g = 0 - \int_{-\infty}^{\infty} dU_x\, g$$

Daher gilt in dieser Näherung

$$\eta = m\bar{\tau} \int d^3\boldsymbol{U}\, g U_z^2 = m\bar{\tau} n \overline{U_z^2} \tag{13.5.10}$$

Da der Mittelwert mit der Maxwell-Verteilung (13.5.3) gebildet wird, gilt der Gleichverteilungssatz $\frac{1}{2} m \overline{U_z^2} = \frac{1}{2} kT$, mit dem

$$▶ \quad \eta = nkT\bar{\tau} \tag{13.5.11}$$

folgt.

Andererseits ist aus Symmetriegründen $\overline{U_z^2} = \frac{1}{3} \overline{U^2}$, womit sich aus (13.5.10)

$$\eta = \tfrac{1}{3} nm\bar{\tau} \overline{U^2} \tag{13.5.12}$$

ergibt. Wenn man näherungsweise $\overline{U^2} \approx \bar{U}^2$ setzt, die mittlere freie Weglänge $\bar{\tau}\bar{U} = l$ einführt, und ferner für den Fall, daß die Strömungsgeschwindigkeit u_x

klein ist, $\bar{U} \approx \bar{v}$ setzt, dann reduziert sich (13.5.12) auf $\frac{1}{3}nml\bar{v}$, also den Ausdruck (12.3.7), der aufgrund einfacher Überlegungen mit Hilfe der mittleren freien Weglänge hergeleitet wurde.

13.6 Boltzmann-Gleichung

Es ist möglich, die Verteilungsfunktion $f(\mathbf{r}, \mathbf{v}, t)$ noch auf einem anderen Wege zu berechnen, der allerdings der Bahnintegral-Methode aus Abschnitt 13.3 gleichwertig ist. Wie in Abschnitt 13.2 betrachten wir die Moleküle, die sich zur Zeit t im Phasenraumelement $d^3\mathbf{r}\, d^3\mathbf{v}$ in der Umgebung des Punktes $(\mathbf{r}, \mathbf{v})$ befinden. Gäbe es keine Stöße, dann würden sich die Moleküle einfach unter dem Einfluß der äußeren Kräfte bewegen, d.h. sie befänden sich zu dem *infinitesimal* späteren Zeitpunkt $t + dt$ am Orte $\mathbf{r}' = \mathbf{r} + \dot{\mathbf{r}}\, dt$ und hätten die Geschwindigkeit $\mathbf{v}' = \mathbf{v} + \dot{\mathbf{v}}\, dt$. In diesem Falle würde die Gleichung (13.2.3) gültig sein. Wenn es jedoch Stöße gibt, dann kann sich die Anzahl der Moleküle in dem Phasenraumelement $d^3\mathbf{r}\, d^3\mathbf{v}$ auch durch Stöße ändern. Der Grund dafür ist, daß durch die Stöße Moleküle aus anderen Bereichen des Phasenraumes in das Element $d^3\mathbf{r}\, d^3\mathbf{v}$ *hinein*gestreut werden können, umgekehrt aber auch Moleküle durch Stöße aus $d^3\mathbf{r}\, d^3\mathbf{v}$ *hinaus* befördert werden können. Wir wollen die Änderung der mittleren Anzahl von Molekülen in $d^3\mathbf{r}\, d^3\mathbf{v}$ pro Zeiteinheit, die durch Stöße bewirkt wird, mit $D_C f\, d^3\mathbf{r}\, d^3\mathbf{v}$ bezeichnen. Ferner können wir anstelle von (13.2.3) folgende Bilanz aufstellen: [Die Anzahl von Molekülen, die sich zur Zeit $t + dt$ in der Umgebung des Phasenraumpunktes $(\mathbf{r} + \dot{\mathbf{r}}\, dt), (\mathbf{v} + \dot{\mathbf{v}}\, dt)$ befinden] muß gleich sein [der Anzahl von Molekülen, die sich zur Zeit t in der Umgebung von $\mathbf{r}, \mathbf{v}$ befanden – und und sich infolge der äußeren Kräfte im Zeitintervall dt nach $(\mathbf{r} + \dot{\mathbf{r}}\, dt), (\mathbf{v} + \dot{\mathbf{v}}\, dt)$ bewegten] *plus* [der Änderung der Anzahl von Molekülen durch Stöße im Phasenraumelement während der Zeit dt], oder formelmäßig

$$f(\mathbf{r} + \dot{\mathbf{r}}\, dt, \mathbf{v} + \dot{\mathbf{v}}\, dt, t + dt)\, d^3\mathbf{r}'\, d^3\mathbf{v}' = f(\mathbf{r},\mathbf{v},t)\, d^3\mathbf{r}\, d^3\mathbf{v} + D_C f\, d^3\mathbf{r}\, d^3\mathbf{v}\, dt$$

Mit (13.2.5) und der Definition (13.2.8) kann man dafür kurz

$$\blacktriangleright \qquad Df = D_C f \qquad (13.6.1)$$

schreiben. Dieses ist die Boltzmann-Gleichung.

Die kompakte Form (13.6.1) verbirgt eine sehr komplizierte Gleichung zur Bestimmung der Funktion f. Schreibt man etwa die sich hinter $D_C f$ verbergende Bilanz für die das Phasenraumelement infolge von Stößen erreichenden und verlassenden Moleküle hin, so enthält $D_C f$ im wesentlichen Integrale über die Verteilungsfunktion. Die Boltzmann-Gleichung (13.6.1) ist dann eine „Integrodifferentialgleichung", d.h., in der Gleichung treten *sowohl* partielle Ableitungen der gesuchten Funktion f *als auch* Integrale über letztere auf. Diese Gleichung ist die Grundlage einer gegenüber diesem Kapitel exakteren Version der Transporttheorie, die wir im nächsten Kapitel untersuchen werden.

In diesem Kapitel ziehen wir es vor, übermäßige Komplikationen durch eine geeignete Näherung für $D_c f$ zum umgehen. Dazu wollen wir einfach *annehmen,* daß die Stöße stets eine *lokale* Gleichgewichtsverteilung $f^{(0)}\,(\boldsymbol{r}, \boldsymbol{v}, t)$ herzustellen versuchen. Weiter wollen wir *annehmen,* daß eine Nichtgleichgewichtsverteilung $f(\boldsymbol{r}, \boldsymbol{v}, t)$ sich infolge der Stöße mit der Zeit exponentiell der lokalen Gleichgewichtsverteilung $f^{(0)}$ nähert. Die Abkling- oder Relaxationszeit τ_0 ist dabei von der Größenordnung der Zeitspanne zwischen zwei Stößen. In einer Formel ausgedrückt, soll gelten

$$D_c f = -\frac{f - f^{(0)}}{\tau_0}$$

Dementsprechend ist $D_c f = 0$, wenn $f = f^{(0)}$ ist. Mit dem Relaxationszeitansatz (13.6.2) ergibt sich aus (13.6.1) die Boltzmann-Gleichung in der Form

$$\blacktriangleright \qquad Df \equiv \frac{\partial f}{\partial t} + \boldsymbol{v} \cdot \frac{\partial f}{\partial \boldsymbol{r}} + \frac{\boldsymbol{F}}{m} \cdot \frac{\partial f}{\partial \boldsymbol{v}} = -\frac{f - f^{(0)}}{\tau_0} \qquad (13.6.3)$$

Dies ist eine partielle Differentialgleichung für f.

13.7 Äquivalenz von Bahnintegral-Methode und Relaxationszeit-Ansatz

Wir wollen zeigen, daß das Bahnintegral (13.3.4) nichts anderes ist als eine Lösung der Boltzmann-Gleichung in der speziellen Form (13.6.3). Infolgedessen ist es gleichgültig, ob man ein Transportproblem nach der Bahnintegral-Methode aus Abschnitt 13.3. oder mithilfe der Boltzmann-Gleichung aus Abschnitt 13.6 untersucht. Die Bahnintegral-Methode ist gewöhnlich bei komplizierteren Fällen der geeignetere Weg, da sie bereits eine Lösung in Integralform darstellt, so daß man keine partielle Differentialgleichung mehr zu lösen braucht.

Um die Gleichwertigkeit der beiden Wege nachzuweisen, betrachten wir die Verteilungsfunktion $f(\boldsymbol{r},\boldsymbol{v},t)$ aus (13.3.4) und fragen, welcher Differentialgleichung sie genügt. Man beachte, daß in (13.3.4) die Variablen $\boldsymbol{r}$, $\boldsymbol{v}$ mit den entsprechenden Variablen $\boldsymbol{r}_0$, $\boldsymbol{v}_0$ durch die Bahngleichung (13.3.1) verbunden sind, d.h., wenn sich das Phasenraumelement zur Zeit $t_0 = t - t'$ bei $\boldsymbol{r}_0$, $\boldsymbol{v}_0$ befand, befindet es sich zur Zeit t bei $\boldsymbol{r}$, $\boldsymbol{v}$. Oder umgekehrt ausgedrückt: Das Phasenraumelement, welches sich zur Zeit $t = t_0 + t'$ bei $\boldsymbol{r}$, $\boldsymbol{v}$ befindet, befand sich zur t_0 bei $\boldsymbol{r}_0$, $\boldsymbol{v}_0$. Wir betrachten nun ein Phasenraumelement, dessen Bahn durch die *Anfangsvorgabe* bestimmt ist, daß es sich zur Zeit t_0 bei $\boldsymbol{r}_0$, $\boldsymbol{v}_0$ befand. Aus der Bahngleichung (13.3.1), die die Bewegung des Phasenraumelementes ohne Stöße unter dem Einfluß einer äußeren Kraft beschreibt, folgt dann weiter, daß das zur Zeit t bei $\boldsymbol{r}$, $\boldsymbol{v}$ befindliche Phasenraumelement zur Zeit $t + dt$ bei $\boldsymbol{r} + \dot{\boldsymbol{r}}\,dt$, $\boldsymbol{v} + \dot{\boldsymbol{v}}\,dt$ angelangt ist. Daher gilt nach (13.3.4)

$$f(\boldsymbol{r},\boldsymbol{v},t) = \int_0^\infty f^{(0)}(\boldsymbol{r}_0, \boldsymbol{v}_0, t - t')\, e^{-t'/\tau} \frac{dt'}{\tau} \tag{13.7.1}$$

und $f(\boldsymbol{r} + \dot{\boldsymbol{r}}\, dt, \boldsymbol{v} + \dot{\boldsymbol{v}}\, dt, t + dt) = \int_0^\infty f^{(0)}(\boldsymbol{r}_0, \boldsymbol{v}_0, t + dt - t')\, e^{-t'/\tau} \frac{dt'}{\tau}$ (13.7.2)

Zieht man (13.7.1) von (13.7.2) ab, so erhält man

$$f(\boldsymbol{r} + \dot{\boldsymbol{r}}\, dt, \boldsymbol{v} + \dot{\boldsymbol{v}}\, dt, t + dt) - f(\boldsymbol{r},\boldsymbol{v},t)$$

$$= \int_0^\infty \frac{\partial f^{(0)}(\boldsymbol{r}_0, \boldsymbol{v}_0, t - t')}{\partial t}\, dt\, e^{-t'/\tau} \frac{dt'}{\tau} \tag{13.7.3}$$

Da ein Phasenraumelement betrachtet wird, das sich auf einer durch die feste Anfangsvorgabe $\boldsymbol{r}_0$, $\boldsymbol{v}_0$ bestimmten Bahn bewegt, kann man auch schreiben

$$\frac{\partial f^{(0)}(\boldsymbol{r}_0, \boldsymbol{v}_0, t - t')}{\partial t} = - \frac{\partial f^{(0)}(\boldsymbol{r}_0, \boldsymbol{v}_0, t - t')}{\partial t'}$$

Teilt man beide Seiten von (13.7.3) durch dt, so ergibt sich

$$Df = - \frac{1}{\tau} \int_0^\infty \frac{\partial f^{(0)}(\boldsymbol{r}_0, \boldsymbol{v}_0, t - t')}{\partial t'}\, e^{-t'/\tau}\, dt' \tag{13.7.4}$$

Die linke Seite stellt gerade den in (13.2.8) definierten Ausdruck Df dar. Durch partielle Integration auf der rechten Seite erhält man

$$Df = - \frac{1}{\tau} \Big[f^{(0)}(\boldsymbol{r}_0, \boldsymbol{v}_0, t - t')\, e^{-t'/\tau} \Big]_0^\infty - \frac{1}{\tau} \int_0^\infty f^{(0)}(\boldsymbol{r}_0, \boldsymbol{v}_0, t - t')\, e^{-t'/\tau} \frac{dt'}{\tau}$$

$$= - \frac{1}{\tau} [0 - f^{(0)}(\boldsymbol{r},\boldsymbol{v},t)] - \frac{1}{\tau} f(\boldsymbol{r},\boldsymbol{v},t)$$

da das übrigbleibende Integral nach (13.7.1) gerade $f(\boldsymbol{r},\boldsymbol{v},t)$ ergibt. Das Resultat ist also

$$Df = \frac{1}{\tau} (f^{(0)} - f) \tag{13.7.5}$$

Die nach der Bahnintegral-Methode bestimmte Verteilungsfunktion (13.7.1) ist also tatsächlich eine Lösung der Boltzmann-Gleichung (13.6.3), wenn man die dort eingeführte Relaxationszeit τ_0 mit der mittleren Zeitspanne τ zwischen zwei Stößen identifiziert. Wir werden daher in Zukunft in der Boltzmann-Gleichung (13.6.3) $\tau = \tau_0$ setzen.

+ Dieser Abschnitt zeigt, daß die grundlegende Annahme der Bahnintegral-Methode, daß nämlich die durch Stöße in ein Phasenraumelement gelangenden Moleküle die Gleichgewichtsverteilung besitzen, mit dem Relaxationszeitansatz (13.6.2) gleichwertig ist. Der rein heuristische Relaxationszeitansatz findet somit seine mikroskopische Erklärung in der Näherungsannahme, daß die Umgebung, mit der das Phasenraumelement der Abb. 13.3.2 durch Stöße wechselwirkt, sich wie eine Gleichgewichtsumgebung verhält.

13.8 Beispiele zur Anwendung der Boltzmann-Gleichung

Bei der Untersuchung von Transportproblemen mit Hilfe der Boltzmann-Gleichung werden für gewöhnlich weitere Näherungen benötigt, um eine Lösung dieser partiellen Differentialgleichung zu erhalten. In den vorwiegend untersuchten Fällen ist die Abweichung vom Gleichgewichtszustand nur gering. Auf diesem Umstand basieren die weiteren Näherungen.

Wir nehmen also an, daß die Ursachen für den Nichtgleichgewichtszustand (wie z.B. äußeres elektrisches Feld, langsam veränderliche Strömungsgeschwindigkeit $u_x(z)$, langsam veränderliches Temperaturfeld) so klein sind, daß die vorliegende Verteilungsfunktion f von der Gleichgewichtsverteilung $f^{(0)}$ nur wenig abweicht. Daher gilt $f = f^{(0)} + f^{(1)}$, wobei $f^{(1)} \ll f^{(0)}$ sein soll. Der Stoßterm der Boltzmann-Gleichung (13.6.3) lautet dann einfach $-f^{(1)}/\tau$. Die Näherung besteht darin, daß wir auf der linken Seite nur den ersten nichtverschwindenden Term $Df^{(0)}$ mitnehmen und $Df^{(1)}$ als sehr viel kleiner vernachlässigen. Dieses Verfahren läßt sich am besten durch einige Beispiele erläutern. Daher werden wir die beiden in den Abschnitten 13.4 und 13.5 nach der Bahnintegral-Methode berechneten Beispiele hier mit Hilfe der Boltzmann-Gleichung untersuchen.

Elektrische Leitfähigkeit. Die Einzelheiten wurden bereits in Abschnitt 13.4 beschrieben. Die Verteilungsfunktion ist bei Abwesenheit eines äußeren elektrischen Feldes $\mathcal{E}$

$$f^{(0)} = g(\epsilon), \qquad \epsilon = \tfrac{1}{2}mv^2 \tag{13.8.1}$$

Für Ionen in einem Gas ist $g(\epsilon)$ die Maxwell–Boltzmann-Verteilung (13.4.2) und für Elektronen in einem Metall die Fermi–Dirac-Verteilung. Wird ein homogenes zeitunabhängiges Feld $\mathcal{E}$ in z-Richtung angelegt, so ist zu erwarten, daß die neue Verteilungsfunktion $f(\boldsymbol{r},\boldsymbol{v},t)$ nach wie vor orts- und zeitunabhängig ist. Da $\boldsymbol{F} = e\boldsymbol{\mathcal{E}}$ nur eine z-Komponente besitzt, lautet die Boltzmann-Gleichung (13.6.3) jetzt einfach

$$\frac{e\mathcal{E}}{m}\frac{\partial f}{\partial v_z} = -\frac{f - f^{(0)}}{\tau} \tag{13.8.2}$$

Wir wollen nun annehmen, daß $\mathcal{E}$ sehr klein ist. Dann kann man erwarten, daß f sich nur wenig von $f^{(0)} = g$ unterscheidet. Daher setzen wir an

$$f = g + f^{(1)}, \text{ mit } f^{(1)} \ll g \tag{13.8.3}$$

Aus (13.8.2) wird dann in erster Näherung

$$\frac{e\mathcal{E}}{m}\frac{\partial g}{\partial v_z} = -\frac{f^{(1)}}{\tau} \tag{13.8.4}$$

Dabei haben wir auf der linken Seite den $f^{(1)}$ enthaltenden Term vernachlässigt, da er von Größenordnung des Produktes der *zwei* kleinen Größen $\mathcal{E}$ und $f^{(1)}$ ist. Die Lösung

$$f^{(1)} = f - g = -\frac{e\mathcal{E}\tau}{m}\frac{\partial g}{\partial v_z} = -e\mathcal{E}\tau v_z \frac{dg}{d\epsilon} \tag{13.8.5}$$

von (13.8.4) ist identisch mit (13.4.5), und die Berechnung der elektrischen Leitfähigkeit kann man Abschnitt 13.4 entnehmen.

Das Ergebnis (13.8.5) ist unter der Voraussetzung $f^{(1)} \ll g$ gültig. Wegen $dg/d\epsilon = -\beta g$ folgt daraus mit (13.8.5) die Bedingung $e\mathcal{E}\tau v_z\beta = e\mathcal{E}(\tau v_z)/kT \ll 1$. Das bedeutet, daß das elektrische Feld so klein sein muß, daß die Energie, die ein Teilchen innerhalb einer freien Weglänge $v_z\tau$ im Feld aufnimmt, sehr viel kleiner als seine mittlere thermische Energie sein muß.

Viskosität. Die Einzelheiten wurden in Abschnitt 13.5 beschrieben. Die lokale Gleichgewichtsverteilung in einer mit der Geschwindigkeit u_x in x-Richtung strömenden Flüssigkeit ist einfach

$$f^{(0)} = g(v_x - u_x, v_y, v_z) = g(U_x, U_y, U_z), \tag{13.8.6}$$

die Maxwell-Verteilung (13.5.3) relativ zur Strömung. Wenn die Strömungsgeschwindigkeit u_x *zeit-* und *ortsunabhängig* ist, dann ist $Df^{(0)} = 0$, und (13.8.6) erfüllt die Boltzmann-Gleichung (13.6.3). Liegt jedoch ein Geschwindigkeitsgefälle z.B. in z-Richtung vor, so daß $\partial u_x/\partial z \neq 0$ ist, dann ist $Df^{(0)} \neq 0$ und (13.8.6) erfüllt nicht mehr die Gleichung (13.6.3). Die gesuchte Funktion f wird zeitunabhängig sein, da die Strömungsgeschwindigkeit es ist, sie wird aber von z abhängen, da u_x von z abhängt. Da keine äußere Kraft vorliegt, d.h. $\boldsymbol{F} = \mathbf{0}$ ist, hat (13.6.3) die einfache Form

$$v_z \frac{\partial f}{\partial z} = -\frac{f - f^{(0)}}{\tau} \tag{13.8.7}$$

Wir nehmen wiederum an, daß $\partial u_x/\partial z$ hinreichend klein sei und damit auch $\partial f/\partial z$, so daß f sich nur wenig von $f^{(0)}$ unterscheidet. Indem wir nun wiederum den Ansatz

$$f = f^{(0)} + f^{(1)}, \quad \text{mit } f^{(1)} \ll f^{(0)} \tag{13.8.8}$$

machen und den $f^{(1)}$ enthaltenden Term auf der linken Seite von (13.8.7) vernachlässigen, erhalten wir

$$v_z \frac{\partial f^{(0)}}{\partial z} = -\frac{f^{(1)}}{\tau} \tag{13.8.9}$$

Wieder ist die Lösung

$$f^{(1)} = f - f^{(0)} = -\tau v_z \frac{\partial f^{(0)}}{\partial z} = \tau v_z \frac{\partial g}{\partial U_x}\frac{\partial u_x}{\partial z} \tag{13.8.10}$$

dieser Gleichung mit dem nach der Bahnintegral-Methode berechneten Ausdruck (13.5.6) identisch.

Ergänzende Literatur

Kittel, C.: Elementary Statistical Physics, Abschnitt 40, 41, 43; John Wiley & Sons, Incl., New York (1958).

Chapmann, S.; Cowling, T.G.: The Mathematical Theory of Non-uniform Gases, 3. Auflage, Kap. 2, Cambridge University Press, Cambridge (1970). (Besprechung der Verteilungsfunktionen und der Flüsse.)

Aufgaben

13.1 Da die Relaxationszeit τ von $|\boldsymbol{v}|$ (oder $\epsilon = \frac{1}{2} mv^2$) abhängt, zeige man durch Ausführung der Winkelintegration in (13.4.7), daß sich die elektrische Leitfähigkeit alternativ in der Form

$$\sigma_{\text{el}} = -\frac{1}{3} e^2 \int \frac{dg}{d\epsilon} \tau v^2 \, d^3\boldsymbol{v}$$

oder

$$\sigma_{\text{el}} = -\frac{4\pi}{3} e^2 \int_0^\infty \frac{dg}{d\epsilon} \tau v^4 \, dv$$

schreiben läßt. Dabei ist $g = g(\epsilon) = g(\frac{1}{2} mv^2)$ die Gleichgewichtsverteilung.

13.2 Unter der Annahme, daß die Verteilung $g(\epsilon)$ der vorigen Aufgabe die Maxwell–Boltzmann-Verteilung ist, zeige man, daß die elektrische Leitfähigkeit in der bequemen Form

$$\sigma_{\text{el}} = \frac{ne^2}{m} \langle\tau\rangle_\sigma$$

geschrieben werden kann. Dabei ist $\langle\tau\rangle_\sigma$ ein geeigneter Mittelwert von $\tau(v)$ über die Geschwindigkeitsverteilung, der durch

$$\langle\tau\rangle_\sigma = \frac{8}{3\sqrt{\pi}} \int_0^\infty ds \, e^{-s^2} s^4 \tau(\tilde{v}s)$$

definiert ist. Hier ist $\tilde{v} = (2kT/m)^{1/2}$ die wahrscheinlichste Geschwindigkeit eines Teilchens im Gleichgewicht, und $s = v/\tilde{v}$ ist eine dimensionslose Variable, die die Geschwindigkeit in Einheiten der wahrscheinlichsten Geschwindigkeit angibt. Der Mittelwert $\langle\tau\rangle_S$ wurde so definiert, daß er gleich τ ist, wenn τ geschwindigkeitsunabhängig ist.

13.3 Man zeige, daß sich der Ausdruck (13.5.9) für die Viskosität in

$$\eta = -\frac{m^2}{15} \int d^3\boldsymbol{U} \frac{dg}{d\epsilon} \tau U^4$$

umformen läßt, wobei $g = g(\epsilon) = g(\frac{1}{2} mU^2)$ die Gleichgewichtsverteilung ist.

13.4 Unter der Annahme, daß die Moleküle eines Gases der Maxwell–Boltzmann-Statistik gehorchen, zeige man, daß sich die Viskosität in der Form

$$\eta = nkT\langle\tau\rangle_\eta$$

schreiben läßt, wobei die mittlere Stoßzeit $\langle\tau\rangle_\eta$ durch

$$\langle\tau\rangle_\eta = \frac{16}{15\sqrt{\pi}} \int_0^\infty ds\, e^{-s^2} s^6 \tau(\bar{v}s)$$

definiert ist. Die Abkürzungen sind die gleichen wie in Aufgabe 13.2, und für eine geschwindigkeitsunabhängige Stoßzeit τ gilt wieder $\langle\tau\rangle_\eta = \tau$.

13.5 Angenommen, in der vorhergehenden Aufgabe [oder in (13.5.11)] läßt sich $\langle\tau\rangle_\eta$ durch den konstanten Wert $\tau = l/\bar{v} = (\sqrt{2}\, n\sigma_0\bar{v})^{-1}$ approximieren, wobei σ_0 der konstante totale Streuquerschnitt für harte Kugeln ist. Man berechne η als Funktion von σ_0, T und der Molekülmasse m und vergleiche das Ergebnis mit der einfachen Berechnung über die freie Weglänge sowie dem Ergebnis der exakten Berechnung (14.8.33).

13.6 Ein verdünntes Gas von monoatomaren Molekülen der Masse m befindet sich in einem Behälter. In z-Richtung herrscht ein schwaches Temperaturgefälle $\partial T/\partial z$. Gesucht ist ein Ausdruck für die Wärmeleitfähigkeit dieses Gases bei der Temperatur T. Unter der Voraussetzung, daß die Maxwell–Boltzmann-Statistik gültig ist, ermittle man in erster Näherung die Verteilungsfunktion f der Moleküle in Gegenwart dieses Temperaturgradienten nach der Bahnintegral-Methode. Die Stoßzeit der Moleküle soll dabei als geschwindigkeitsunabhängig angenommen werden.

Vorschlag: Man nehme an, daß die lokale Gleichgewichtsverteilung die Form

$$g = n\left(\frac{\beta m}{2\pi}\right)^{\frac{3}{2}} \exp\left(-\tfrac{1}{2}\beta m v^2\right)$$

habe, wobei $\beta = (kT)^{-1}$ und die lokale Dichte n beide von z abhängen. Da die experimentellen Bedingungen eine makroskopische Bewegung (Strömung) des Gases verbieten, liefert die Bedingung $\bar{v}_z = 0$ eine Beziehung zwischen n und β. Was sagt diese Beziehung über den Gasdruck aus?

13.7 Man berechne die Verteilungsfunktion aus der vorhergehenden Aufgabe aus der Boltzmann-Gleichung.

13.8 Unter Benutzung der Ergebnisse der beiden vorhergehenden Aufgaben berechne man die Wärmeleitfähigkeit des Gases. Man zeige, daß sie in der Form

$$\kappa = \frac{5}{2}\frac{nk^2T}{m}\tau$$

geschrieben werden kann, wobei τ die konstante Stoßzeit ist.

13.9 Man vergleiche das Ergebnis der vorhergehenden Aufgabe mit dem der einfachen Berechnung über die freie Weglänge $\kappa = {}^1/_3\, nc\,\bar{v}\,l$ aus (12.4.8) für ein monoatomares Gas. Dazu nehme man an, daß die Stoßzeit $\tau \equiv l/\bar{v}$ konstant sei.

13.10 In einem Metall wird der Wärmetransport überwiegend von den Leitungselektronen besorgt. Unter Berücksichtigung der Tatsache, daß die Leitungselektronen ein stark entartetes Fermi–Dirac-Gas bilden, berechne man die Wärmeleitfähigkeit κ des Metalls. Bei der Berechnung (entweder nach der Bahnintegral-Methode oder mit der Boltzmann-Gleichung) ist zu beachten, daß bei der Messung der Wärmeleitfähigkeit kein Strom fließen darf. Daher muß sich die (im Gleichgewicht ortsunabhängige) Dichte der Elektronen im Ortsraum so ändern, daß im Inneren des Metalls ein elektrisches Feld $\mathcal{E}$ entsteht, welches die mittlere Driftgeschwindigkeit der Elektronen zum Verschwinden bringt. Man drücke das Ergebnis für κ durch die Temperatur T des Metalls, die Anzahl n der Elektronen pro Volumeneinheit, ihre Masse m und die Stoßzeit τ_F der Elektronen aus, deren Energie nahezu gleich der Fermi-Energie ist.

13.11 Mit dem Ergebnis der vorigen Aufgabe und dem Ausdruck (13.4.12) für die elektrische Leitfähigkeit berechne man das Verhältnis von Wärmeleitfähigkeit zu elektrischer Leitfähigkeit κ/σ_{el} für ein Metall. Man zeige, daß dieses Verhältnis nur von der Temperatur T und den Naturkonstanten e und k abhängt, nicht aber von der Masse der Elektronen, ihrer Dichte und ihrer Stoßzeit in dem speziellen Metall. (Das Ergebnis ist unter dem Namen Wiedemann–Franzsches Gesetz bekannt.)
Man berechne den numerischen Wert dieses Verhältnisses bei 20° C (T = 293 K) und vergleiche ihn mit dem gemessenen Wert für die folgenden Metalle: Silber, Gold, Kupfer, Blei, Platin, Zinn, Kalium und Zink [die experimentellen Werte entnehme man z.B. aus: Physikalisches Taschenbuch (H. Ebert, Hrsg.) 3. Aufl. S. 340 u. S. 380, Vieweg, Braunschweig (1962)].

14. Die fast exakte Form der Transporttheorie

Der Stoßterm $D_c f$ der Boltzmann-Gleichung ist ein Funktional des Streuquerschnittes σ der Zweierstöße. Wenn man berücksichtigt, daß der Streuquerschnitt gegenüber einer Vertauschung von Anfangs- und Endgeschwindigkeiten invariant ist, erhält man: $D_c f = \int_{v_1} \int_{\Omega'} (f' f'_1 - f f_1)\, V \sigma \, d\Omega' d^3 v_1$ (V Betrag der Relativgeschwindigkeit der Moleküle, f, f' Verteilungsfunktionen vor und nach dem Stoß). Aus der Boltzmann-Gleichung $Df \equiv \partial f/\partial t + v \cdot \partial f/\partial r + (F/m) \cdot \partial f/\partial v = D_c f$ ergibt sich eine Gleichung für die zeitliche Änderung des Mittelwertes $\langle \chi(r, t) \rangle \equiv [1/n(r, t)] \int d^3 v f(r, v, t)\, \chi(r, v, t)$ einer physikalischen Größe χ: $\partial \langle n\chi \rangle / \partial t = n \langle D\chi \rangle - \partial \langle nv\chi \rangle / \partial r + C(\chi)$. Hierbei ist $D\chi$ wie Df erklärt und $C(\chi) = (1/2) \int d^3 v\, d^3 v_1\, d\Omega' f f_1\, V \sigma \Delta\chi$ beschreibt die zeitliche Änderung von χ durch Stöße. $\Delta\chi = \chi' + \chi'_1 - \chi - \chi_1$ ist die totale Änderung von χ während eines Stoßes zwischen zwei Molekülen. Wenn man für χ Erhaltungsgrößen wählt ($\Delta\chi = 0 \rightarrow C(\chi) = 0$), so erhält man die Grundgleichungen der Hydrodynamik; so z.B. aus der Massenerhaltung die Kontinutitätsgleichung $\partial\rho/\partial t + \nabla \cdot (\rho u) = 0$, und aus der Impulserhaltung die Eulersche Gleichung $\rho du/dt = -\operatorname{Div} P + \rho F$. – Falls die Abweichung der Verteilungsfunktion f von der Gleichgewichtsverteilung $f^{(0)}$ gering ist, kann die Boltzmann-Gleichung durch den Ansatz $f = f^{(0)}(1 + \Phi)$, $|\Phi| \ll 1$, bezüglich Φ linearisiert werden: $Df^{(0)} = \mathcal{L}\Phi$, $\mathcal{L}\Phi \equiv \int\int d^3 v\, d\Omega' f^{(0)} f_1^{(0)}\, V\sigma(\Phi' + \Phi'_1 - \Phi - \Phi_1)$. Für die Lösung der linearisierten Boltzmann-Gleichung gibt es im wesentlichen zwei Näherungsverfahren: die „Momentenmethode" und ein „Variationsverfahren". Letzteres beruht darauf, daß der lineare Operator $\mathcal{L}$ symmetrisch und negativ semidefinit ist: $\int \psi \mathcal{L} \Phi d^3 v = \int \Phi \mathcal{L} \psi d^3 v$, $\int \Phi \mathcal{L} \Phi d^3 v \leqslant 0$. Daraus folgt das Variationsprinzip: Das Funktional $M \equiv \int d^3 v \Phi(\mathcal{L}\Phi - 2Df^{(0)})$ nimmt sein Maximum genau dann an, wenn Φ Lösung der linearisierten Boltzmann-Gleichung ist. Die Berechnung der Viskosität nach der Momentenmethode zeigt einerseits, daß man bei einer exakten Rechnung für jede Transportgröße einen eigenen effektiven totalen Streuquerschnitt einführen muß, andererseits stellt sich aber heraus, daß sich die Ergebnisse nicht sehr erheblich von denen der primitiven Berechnung im Kapitel 12 unterscheiden.

Unsere Behandlung von Transportvorgängen im vorigen Kapitel ließ viele Fragen offen. Wir nahmen an, daß es eine Relaxationszeit τ gäbe, und konnten sie nur näherungsweise berechnen. Was noch gravierender ist, wir haben die Wirkung der Stöße nur grob berücksichtigt. So haben wir die Korrelation zwischen den molekularen Geschwindigkeiten vor und nach einem Stoß vernachlässigt. Wir wollen das Problem nunmehr exakter und zufriedenstellender formulieren und *nicht* auf das Konzept der Relaxationszeit zurückgreifen. Dazu werden wir die Wirkung der Stöße auf die Verteilungsfunktion $f(\boldsymbol{r},\boldsymbol{v},t)$ durch den Streuquerschnitt σ für Zweierstöße zwischen den Molekülen beschreiben, d.h., wir werden eine befriedigendere Form des Stoßterms $D_c f$ (13.6.1) herleiten. Die Lösung dieser Gleichung liefert, wenigstens im Prinzip, die Lösung des physikalischen Problems. Da die Gleichung jedoch recht kompliziert ist, ist es nahezu unmöglich, sie zu lösen und man ist auf Näherungsverfahren angewiesen. Trotz der vermehrten Schwierigkeiten hat diese Formulierung des Transportproblems einen entscheidenden Vorteil, weil der Ausgangspunkt der Theorie eine Gleichung ist, die einen ziemlich weiten Geltungsbereich hat. Daher kann man aus ihr allgemeingültige Aussagen herleiten und systematische Näherungsverfahren entwickeln. Geht man dagegen von der einfacheren Formulierung des vorigen Kapitels aus, so ist es schwierig, den begangenen Fehler abzuschätzen und einen systematischen Weg zu finden, auf dem man bestimmte Effekte (wie die Korrelation der Geschwindigkeiten) berücksichtigen kann.

14.1 Zweierstöße

Wir wollen mit der genauen Untersuchung der Zusammenstöße zwischen zwei Molekülen beginnen. Dazu nehmen wir im folgenden stets an, daß die inneren Freiheitsgrade von mehratomigen Molekülen (wie z.B. Rotation und Schwingungen) durch Stöße nicht beeinflußt werden. Daher können die beiden zusammenstoßenden Moleküle einfach als Teilchen mit den Massen m_1 und m_2, den Ortsvektoren $\boldsymbol{r}_1$ und $\boldsymbol{r}_2$ und den Geschwindigkeiten $\boldsymbol{v}_1$ und $\boldsymbol{v}_2$ betrachtet werden. Die Wechselwirkung zwischen diesen beiden Teilchen hängt dann irgendwie von ihrer gegenseitigen Lage und Geschwindigkeit ab. (Wenn die Teilchen einen Spin besitzen, so wollen wir der Einfachheit halber annehmen, daß die gegenseitige Wechselwirkung *nicht* von ihren Spins abhängt.)

Das Stoßproblem läßt sich sehr vereinfachen, wenn man zu geeigneten Variablen übergeht. Aus der Erhaltung des Schwerpunktimpulses beider Stoßpartner folgt die Beziehung

$$m_1\boldsymbol{v}_1 + m_2\boldsymbol{v}_2 = \boldsymbol{P} = \text{const.} \tag{14.1.1}$$

Die Geschwindigkeiten $\boldsymbol{v}_1(t)$ und $\boldsymbol{v}_2(t)$ sind also nicht unabhängig voneinander, sondern müssen stets der Beziehung (14.1.1) genügen. Die andere physikalisch bedeutsame Variable ist die Relativgeschwindigkeit

$$\boldsymbol{v}_1 - \boldsymbol{v}_2 \equiv \boldsymbol{V} \tag{14.1.2}$$

Umgekehrt kann man nach (14.1.1) und (14.1.2) auch $\boldsymbol{v}_1$ und $\boldsymbol{v}_2$ durch $\boldsymbol{P}$ und $\boldsymbol{V}$ ausdrücken:

$$\left.\begin{aligned}(m_1 + m_2)\boldsymbol{v}_1 &= \boldsymbol{P} + m_2\boldsymbol{V}\\ (m_1 + m_2)\boldsymbol{v}_2 &= \boldsymbol{P} - m_1\boldsymbol{V}\end{aligned}\right\}$$

oder

$$\left.\begin{aligned}\boldsymbol{v}_1 &= \boldsymbol{c} + \frac{\mu}{m_1}\boldsymbol{V}\\ \boldsymbol{v}_2 &= \boldsymbol{c} - \frac{\mu}{m_2}\boldsymbol{V}\end{aligned}\right\} \tag{14.1.3}$$

Dabei ist

$$\boldsymbol{c} \equiv \frac{\boldsymbol{P}}{m_1 + m_2} = \frac{m_1\boldsymbol{v}_1 + m_2\boldsymbol{v}_2}{m_1 + m_2} \tag{14.1.4}$$

die konstante Schwerpunktsgeschwindigkeit

$$\boldsymbol{c} = \frac{d\boldsymbol{r}_c}{dt}$$

und

$$\boldsymbol{r}_c \equiv \frac{m_1\boldsymbol{r}_1 + m_2\boldsymbol{r}_2}{m_1 + m_2} \tag{14.1.5}$$

der Ortsvektor des Schwerpunktes [1+]. Zusätzlich wurde noch die Größe

$$\mu \equiv \frac{m_1 m_2}{m_1 + m_2} \tag{14.1.6}$$

die sogenannte „reduzierte Masse" der beiden Teilchen eingeführt.

Für die gesamte kinetische Energie der beiden Teilchen kann man nach (14.1.3) schreiben

$$K = \tfrac{1}{2}m_1\boldsymbol{v}_1^2 + \tfrac{1}{2}m_2\boldsymbol{v}_2^2 = \tfrac{1}{2}(m_1 + m_2)\boldsymbol{c}^2 + \tfrac{1}{2}\mu\boldsymbol{V}^2 \tag{14.1.7}$$

Man betrachte nun einen Stoßprozeß. Die Geschwindigkeiten der Teilchen *vor* dem Stoß mögen $\boldsymbol{v}_1$ und $\boldsymbol{v}_2$ sein, die *nach* dem Stoß $\boldsymbol{v}_1'$ und $\boldsymbol{v}_2'$. Die Verhältnisse lassen sich in den neuen Variablen sehr einfach beschreiben. Die Schwerpunktsgeschwindigkeit $\boldsymbol{c}$ bleibt wegen des Schwerpunktsatzes konstant. Nur die Relativgeschwindigkeit $\boldsymbol{V}$ ändert sich und geht durch den Stoß in $\boldsymbol{V}'$ über. Da wir annehmen, daß durch den Stoß keine inneren Freiheitsgrade angeregt werden, bleibt auch die entsprechende innere Energie der Teilchen konstant, d.h., der Stoß ist clastisch. Dann bleibt die kinetische Gesamtenergie K der beiden Teilchen beim Stoß erhalten, woraus wegen (14.1.7) folgt, daß sich $\boldsymbol{V}^2$ nicht ändert und somit $|\boldsymbol{V}'| = |\boldsymbol{V}|$ gilt. Daher ändert sich beim elastischen Stoß lediglich die Richtung der Relativgeschwindigkeit $\boldsymbol{V}$. Infolgedessen kann man den Stoß einfach durch die Angabe des Polarwinkels θ' und des Azimuthwinkels φ' der Relativge-

[1+] Der Index c deutet auf center of mass = Schwerpunkt hin.

schwindigkeit V' nach dem Stoß beschreiben, wobei die Relativgeschwindigkeit V vor dem Stoß die Polarachse des zugrunde gelegten Koordinatensystems ist.

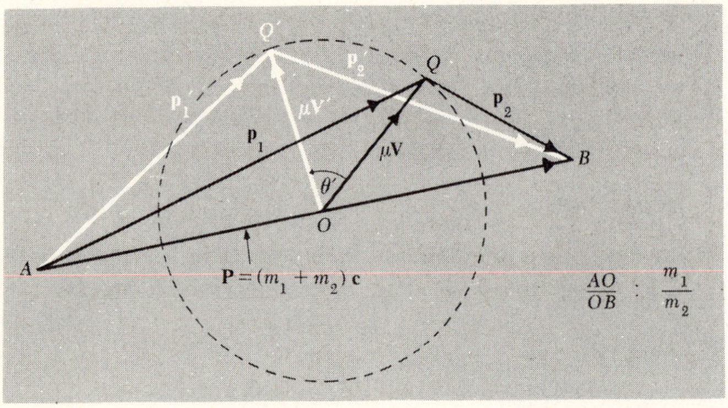

Abb. 14.1.1 Eine geometrische Konstruktion zur Beschreibung eines elastischen Stoßes auf der Grundlage von (14.1.8). Die Impulse der Teilchen vor dem Stoß $p_1 = m_1 v_2$ und $p_2 = m_2 v_2$ werden durch die Vektoren AQ und QB dargestellt. Ihre Summe ist der Gesamtimpuls $P = (m_1 + m_2) c = AB$, der konstant bleibt. Der Punkt 0 teilt die Länge des Vektors AB im Verhältnis $m_1 : m_2$, so daß $AO = m_1 c$ und $OB = m_2 c$ gilt. Infolgedessen stellt der Vektor OQ (gemäß 14.1.8) μV dar. Die Relativgeschwindigkeit V' nach dem Stoß muß dann so sein, daß der Endpunkt Q' des Vektors $\mu V' = OQ'$ auf der Oberfläche der Kugel um 0 mit dem Radius OQ liegt (er muß nicht notwendig auch in der Ebene ABQ liegen). Die Impulse p_1' und p_2' nach dem Stoß werden dann einfach durch die Vektoren AQ' und $Q'B$ dargestellt, und ihre Lage zu den Impulsen p_1 und p_2 vor dem Stoß ist aus der Konstruktion unmittelbar abzulesen.

Am einfachsten erhält man die Beziehung zwischen den Geschwindigkeiten der Teilchen vor und nach dem Stoß, wenn man die Beziehung zwischen den entsprechenden Impulsen vor und nach dem Stoß betrachtet. Aus (14.1.3) ergibt sich

$$\left.\begin{aligned} \boldsymbol{p}_1 &= m_1\boldsymbol{c} + \mu\boldsymbol{V} \\ \boldsymbol{p}_2 &= m_2\boldsymbol{c} - \mu\boldsymbol{V} \end{aligned}\right\} \qquad (14.1.8)$$

Die gleiche Beziehung gilt auch für die gestrichenen Größen (nach dem Stoß), wobei die Schwerpunktsgeschwindigkeit $\boldsymbol{c}$ die gleiche bleibt: $\boldsymbol{c} = \boldsymbol{c}'$. Die sich ergebenden geometrischen Beziehungen sind in Abb. 14.1.1 dargestellt.

Eine entsprechende klassische Betrachtung kann man auch für die von den Teilchen durchlaufenen Bahnen durchführen. Dazu führen wir zusätzlich zum Ortsvektor r_c des Schwerpunktes aus (14.1.5) analog zu (14.1.2) den Vektor der relativen Lage

$$\boldsymbol{r}_1 - \boldsymbol{r}_2 \equiv \boldsymbol{R} \qquad (14.1.9)$$

ein. Dann gilt analog zu (14.1.3)

$$\left.\begin{aligned} \boldsymbol{r}_1{}^* &\equiv \boldsymbol{r}_1 - \boldsymbol{r}_c = \frac{\mu}{m_1}\boldsymbol{R} \\ \boldsymbol{r}_2{}^* &\equiv \boldsymbol{r}_2 - \boldsymbol{r}_c = -\frac{\mu}{m_2}\boldsymbol{R} \end{aligned}\right\} \qquad (14.1.10)$$

Der Schwerpunkt bewegt sich mit der konstanten Geschwindigkeit $\boldsymbol{c}$ aus (14.1.4). Im Koordinatensystem, dessen Ursprung im Schwerpunkt liegt und sich mit ihm bewegt, dem sogenannten *Schwerpunktssystem,* läßt sich die Wirkung eines Stoßes sehr einfach beschreiben: Nach (14.1.10) haben die Ortsvektoren der Teilchen $\boldsymbol{r}_1{}^*$ und $\boldsymbol{r}_2{}^*$ im Schwerpunktssystem zu allen Zeiten entgegengesetzte Richtung und ihre Längen haben ein konstantes Verhältnis, so daß

$$m_1 r_1{}^* = m_2 r_2{}^*$$

Der Relativvektor $\boldsymbol{R}$ der beiden Teilchen geht stets durch den Schwerpunkt. Bezeichnet man die Kraft, die das Molekül 2 auf das Molekül 1 ausübt, mit $\boldsymbol{F}_{12}$, so gilt nach (14.1.10) oder (14.1.8)

$$\frac{d\boldsymbol{p}_1}{dt} = \mu \frac{d^2\boldsymbol{R}}{dt^2} = \boldsymbol{F}_{12} \tag{14.1.11}$$

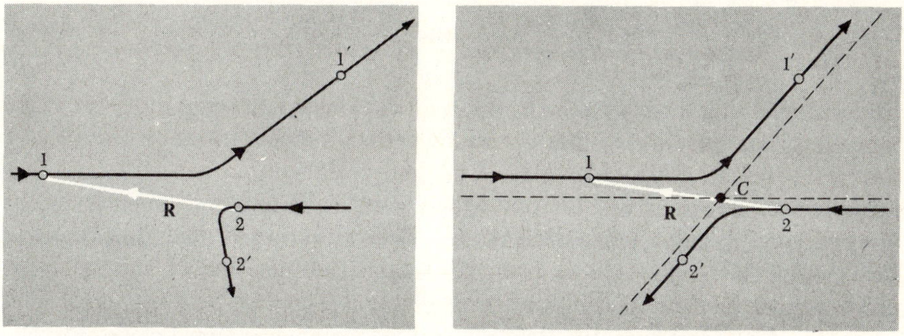

Laborsystem **Schwerpunktssystem**

Abb. 14.1.2 Klassische Bahnen zweier zusammenstoßender Teilchen. Darstellung im Laborsystem und im Schwerpunktssystem.

Daher bewegt sich das Molekül 1 relativ zum Molekül 2 so, als ob es die Masse μ hätte und unter dem Einfluß einer Kraft $\boldsymbol{F}_{12}$ stünde. Die Untersuchung des Zweiteilchenproblems ist damit auf die Lösung eines Einteilchenproblems zurückgeführt. Die Abb. 14.1.3 zeigt, wie der Streuprozeß als Relativbewegung bezüglich des Teilchens 2 aussieht.

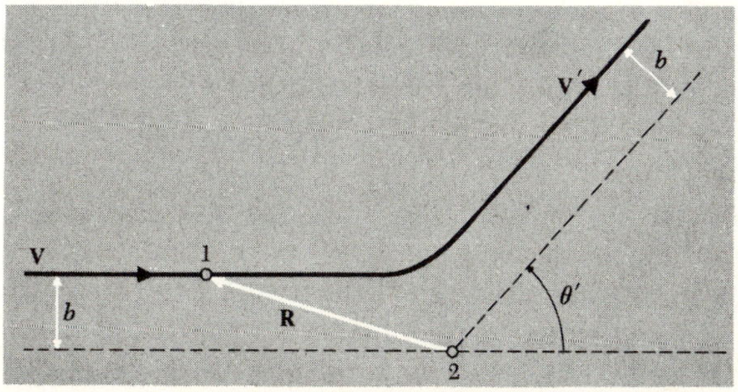

Abb. 14.1.3 Streuprozesse im Ruhsystem des Moleküls 2. Der polare Streuwinkel ist θ'. Klassisch ist θ' eine Funktion des Stoßparameters b. Das ist der kleinste Abstand, in dem das Molekül 1 am Molekül 2 vorbeifliegen würde, wenn es keine Wechselwirkung zwischen den beiden gäbe.

14.2 Streuquerschnitte und Symmetrieeigenschaften

Zwei Moleküle mit den Geschwindigkeiten $\boldsymbol{v}_1$ und $\boldsymbol{v}_2$ können in ihrer Relativbewegung um die Winkel θ' und φ' gestreut werden, die im klassischen Fall Funktionen des Stoßparameters sind. Kennt man jedoch nur die Geschwindigkeiten $\boldsymbol{v}_1$ und $\boldsymbol{v}_2$ vor dem Stoß (und quantenmechanisch ist das die einzige Information, die man haben kann, da die Unschärferelation die gleichzeitige Bestimmung des Stoßparameters b unmöglich macht), dann muß man das Ergebnis des Streuprozesses statistisch beschreiben. Dazu kann man die Größe σ' verwenden, die so definiert wird, daß

$\sigma'(\boldsymbol{v}_1,\boldsymbol{v}_2 \to \boldsymbol{v}_1',\boldsymbol{v}_2')\, d^3\boldsymbol{v}_1'\, d^3\boldsymbol{v}_2' \equiv$ Anzahl der Moleküle pro Zeiteinheit (und pro Einheitsfluß von Molekülen vom Typ 1, die sich mit der Relativgeschwindigkeit $\boldsymbol{V}$ auf ein Molekül vom Typ 2 zu bewegen), die nach dem Stoß Geschwindigkeiten zwischen $\boldsymbol{v}_1'$ und $\boldsymbol{v}_1' + d\boldsymbol{v}_1'$ und $\boldsymbol{v}_2'$ und $\boldsymbol{v}_2' + d\boldsymbol{v}_2'$ haben. (14.2.1)

Analog zu (14.1.3) ist

$$\boldsymbol{v}_1' = \boldsymbol{c}' + \frac{\mu}{m_1}\boldsymbol{V}' \quad \text{und} \quad \boldsymbol{v}_2' = \boldsymbol{c}' - \frac{\mu}{m_2}\boldsymbol{V}' \tag{14.2.2}$$

und wegen der Erhaltung des Gesamtimpulses und der Gesamtenergie gilt $\boldsymbol{c}' = \boldsymbol{c}$ und $|\boldsymbol{V}'| = |\boldsymbol{V}|$. Daher muß σ' verschwinden, wenn $\boldsymbol{v}_1'$ und $\boldsymbol{v}_2'$ diese Bedingungen nicht erfüllen. Im vorigen Abschnitt wurde gezeigt, daß man den Streuprozeß mit den Variablen $\boldsymbol{c}$ und $\boldsymbol{V}$ auch vollständig durch das äquivalente Einkörperproblem der in Abb. 14.1.3 dargestellten Relativbewegung beschreiben kann, wobei $\boldsymbol{V}'$ vollständig durch den Polar- und den Azimutwinkel θ' und φ' in bezug auf $\boldsymbol{V}$ bestimmt ist. Daher kann man eine einfachere, aber weniger symmetrische Größe, den bereits in (12.2.1) eingeführten differentiellen Streuquerschnitt σ definieren:

$\sigma(\boldsymbol{V}')d\Omega' \equiv$ Anzahl der Moleküle pro Zeiteinheit (und pro Einheitsfluß von Molekülen vom Typ 1, die sich mit der Relativgeschwindigkeit $\boldsymbol{V}$ auf ein Molekül vom Typ 2 zu bewegen), die nach dem Stoß eine Relativgeschwindigkeit $\boldsymbol{V}'$ haben, deren Richtung im Raumwinkelelement $d\Omega'$ um die Winkel θ' und φ' liegt (Abb. 12.2.1). (14.2.3)

Der differentielle Streuquerschnitt σ hängt im allgemeinen von $|\boldsymbol{V}| = |\boldsymbol{V}'|$ und den Winkeln θ' und φ' ab, d.h., er hängt sowohl von dem Betrag als auch von der Richtung von $\boldsymbol{V}'$ ab.

Wird über alle möglichen Streurichtungen integriert, so erhält man aus dem differentiellen Streuquerschnitt den totalen

$$\sigma_{\text{tot}}(\boldsymbol{V}) := \int \sigma(\boldsymbol{V}')\, d\Omega'$$

Ebenso ergibt die Integration über alle möglichen Geschwindigkeiten $\boldsymbol{v}_1'$ und $\boldsymbol{v}_2'$ nach dem Stoß eine analoge Größe

$$\sigma'_{\text{tot}}(\boldsymbol{v}_1,\boldsymbol{v}_2): = \iint \sigma'(\boldsymbol{v}_1,\boldsymbol{v}_2 \rightarrow \boldsymbol{v}_1',\boldsymbol{v}_2')\, d^3\boldsymbol{v}_1'\, d^3\boldsymbol{v}_2'$$

Gemäß der Definition (14.2.1) ist σ', und somit auch σ'_{tot}, nur von $\boldsymbol{V} \equiv \boldsymbol{v}_1 - \boldsymbol{v}_2$ abhängig. Daher gilt

$$\sigma'_{\text{tot}}(\boldsymbol{v}_1,\boldsymbol{v}_2) = \sigma_{\text{tot}}(\boldsymbol{V})$$

woraus sich sofort der Zusammenhang

$$\int \sigma(\boldsymbol{V}')d\Omega' = \iint \sigma'(\boldsymbol{v}_1,\boldsymbol{v}_2 \rightarrow \boldsymbol{v}_1',\boldsymbol{v}_2')\, d^3\boldsymbol{v}_1'\, d^3\boldsymbol{v}_2' \tag{14.2.4}$$

ergibt. Dabei sind die Nebenbedingungen für den elastischen Stoß $|\boldsymbol{V}| = |\boldsymbol{V}'|$, $\boldsymbol{V} \equiv \boldsymbol{v}_1 - \boldsymbol{v}_2$ und $\boldsymbol{V}' \equiv \boldsymbol{v}_1' - \boldsymbol{v}_2'$ dadurch erfüllt, daß für solche $\boldsymbol{v}_1$, $\boldsymbol{v}_2$, $\boldsymbol{v}_1'$ und $\boldsymbol{v}_2'$, die diesen Nebenbedingungen nicht genügen, $\sigma' = 0$ ist.

Anmerkung: Es ist nützlich, den Geschwindigkeitsbereich $d^3\boldsymbol{v}_1\, d^3\boldsymbol{v}_2$ durch die Variablen $\boldsymbol{c}$ und $\boldsymbol{V}$ auszudrücken. Es gilt

$$d^3\boldsymbol{v}_1\, d^3\boldsymbol{v}_2 = |J'|\, d^3\boldsymbol{c}\, d^3\boldsymbol{V} \tag{14.2.5}$$

wobei J' die Jakobische Determinante der Transformation (14.1.3) ist. Nun gilt gemäß (14.1.6)

$$dv_{1x}\, dv_{2x} = \frac{\partial(v_{1x},v_{2x})}{\partial(c_x,V_x)}\, dc_x\, dV_x = \begin{vmatrix} 1 & \frac{\mu}{m_1} \\ 1 & -\frac{\mu}{m_2} \end{vmatrix} dc_x\, dV_x$$

$$= -\mu\left(\frac{1}{m_2} + \frac{1}{m_1}\right) dc_x\, dV_x = -dc_x\, dV_x$$

Die Transformation (14.2.5) ist gerade der Betrag des Produktes dreier solcher Ausdrücke, die jeweils zur x, y und z-Komponente gehören. Daher erhält man einfach

$$d^3\boldsymbol{v}_1\, d^3\boldsymbol{v}_2 = d^3\boldsymbol{c}\, d^3\boldsymbol{V} \tag{14.2.6}$$

und entsprechend

$$d^3\boldsymbol{v}_1'\, d^3\boldsymbol{v}_2' = d^3\boldsymbol{c}'\, d^3\boldsymbol{V}' \tag{14.2.7}$$

Nun ist $\boldsymbol{c}' = \boldsymbol{c}$, und $\boldsymbol{V}'$ und $\boldsymbol{V}$ unterscheiden sich lediglich in ihrer Richtung, nicht aber im Betrag. Da sich Volumenelemente bei einer einfachen Drehung des Koordinatensystems nicht ändern, ist $d^3\boldsymbol{V}' = d^3\boldsymbol{V}$. Daher folgt aus (14.2.6) und (14.2.7) ebenfalls

$$d^3\boldsymbol{v}_1'\, d^3\boldsymbol{v}_2' = d^3\boldsymbol{v}_1\, d^3\boldsymbol{v}_2 \tag{14.2.8}$$

Da die Wechselwirkungen zwischen Molekülen elektromagnetischer Natur sind, hat die Wahrscheinlichkeit σ' verschiedene Symmetrieeigenschaften, die sich aus denen des elektromagnetischen Feldes ergeben. Diese Symmetrieeigenschaften stellen Beziehungen zwischen einem vorgegebenen Streuprozeß und geeignet zugeordneten Prozessen her:

1. Die Bewegungsgleichungen sind invariant gegen Zeitumkehr, d.h., invariant gegegen die Substitution $t \to -t$. Einer Zeitumkehr entspricht eine Umkehr der Geschwindigkeiten, und man erhält so den „gekehrten" Stoß, bei welchem die Teilchen ihre Bahnen rückwärts durchlaufen [2+]. (siehe Abb. 14.2.1). Für die Streuwahrscheinlichkeiten der beiden Prozesse muß gelten

$$\sigma'(\boldsymbol{v}_1,\boldsymbol{v}_2 \to \boldsymbol{v}_1',\boldsymbol{v}_2')\, d^3\boldsymbol{v}_1'\, d^3\boldsymbol{v}_2' = \sigma'(-\boldsymbol{v}_1',-\boldsymbol{v}_2' \to -\boldsymbol{v}_1,-\boldsymbol{v}_2)\, d^3\boldsymbol{v}_1\, d^3\boldsymbol{v}_2$$

oder, wenn man (14.2.8) berücksichtigt

$$\sigma'(\boldsymbol{v}_1,\boldsymbol{v}_2 \to \boldsymbol{v}_1',\boldsymbol{v}_2') = \sigma'(-\boldsymbol{v}_1',-\boldsymbol{v}_2' \to -\boldsymbol{v}_1,-\boldsymbol{v}_2) \qquad (14.2.9)$$

Gemäß (14.2.1) bedeut (14.2.9), da die Streuwahrscheinlichkeit σ' für den gekehrten Prozeß gleich ist, daß der einzelne Stoß ein reversibler Prozeß ist. Das bedeutet *nicht,* daß ein Prozeß, der aus Stößen zusammengesetzt ist, stets reversibel sein muß. Als Beispiel betrachte man das Ausströmen eines Gases durch das Loch eines Behälters in das Vakuum. Der gekehrte Prozeß bestände darin, daß das ins Vakuum ausgeströmte Gas sich durch das Loch in den Behälter begeben würde. Obgleich also jeder einzelne elastische Stoß bezüglich der Bewegungsumkehr völlig symmetrisch ist, muß der gekehrte Prozeß nicht immer in der Natur vorkommen, d.h. der Ausgangsprozeß kann irreversibel sein. Das liegt hier daran, daß die Anfangsbedingungen für den gekehrten Prozeß nicht herstellbar sind.

* **Anmerkung**: Haben die Teilchen einen Spin und ist die Wechselwirkung zwischen ihnen spinabhängig, dann erfordert die Zeitumkehr ebenfalls die Umkehrung aller Spins. In diesem Fall würde die Gleichung (14.2.9) nicht in der obigen Form gelten, wohl aber dann, wenn man über alle Spinrichtungen vor und nach dem Stoß mittelt.

2. Die Bewegungsgleichungen sind invariant gegenüber einer Vorzeichenumkehr aller räumlichen Koordinaten $\boldsymbol{r} \to -\boldsymbol{r}$ [3+]. Unter einer solchen „Rauminversion" ändern sich zwar die Vorzeichen aller Geschwindigkeiten, nicht aber die zeitliche Reihenfolge. Daher muß gelten

$$\sigma'(\boldsymbol{v}_1,\boldsymbol{v}_2 \to \boldsymbol{v}_1',\boldsymbol{v}_2') = \sigma'(-\boldsymbol{v}_1,-\boldsymbol{v}_2 \to -\boldsymbol{v}_1',-\boldsymbol{v}_2') \qquad (14.2.10)$$

[2+] Daher wird die Zeitumkehr oder Zeitinversion oft auch besser als *Bewegungsumkehr* bezeichnet.

[3+] Eine Spiegelung aller Koordinaten am Koordinatenursprung ist einem Übergang von einem Koordinatenrechtssystem zu einem Linkssystem gleichwertig. Dieser Übergang darf physikalische Sachverhalte nicht verändern, falls kein Schraubensinn im physikalischen System ausgezeichnet ist (z.B. optisch aktive Medien).

Von besonderem Interesse ist der sogenannte „inverse" Stoß, bei welchem der Ausgangszustand (Geschwindigkeiten vor dem Stoß) mit dem Endzustand (Geschwindigkeiten nach dem Stoß) vertauscht wird. Während bei dem Originalstoß Teilchen mit den Geschwindigkeiten $\boldsymbol{v}_1$, $\boldsymbol{v}_2$ zusammenstoßen und hinterher die Geschwindigkeiten $\boldsymbol{v}_1'$, $\boldsymbol{v}_2'$ haben, passiert beim inversen Stoß genau das Gegenteil, d.h., es stoßen Teilchen mit den Geschwindigkeiten $\boldsymbol{v}_1'$, $\boldsymbol{v}_2'$ zusammen und haben nach dem Stoß die Geschwindigkeiten $\boldsymbol{v}_1$ und $\boldsymbol{v}_2$. (vgl. Abb. 14.2.1 und 14.2.2). Der inverse Stoß ergibt sich dadurch aus dem Originalstoß, daß man die Zeit und die Vorzeichen der räumlichen Koordinaten umkehrt. Indem man die rechte Seite von (14.2.9) (Zeitumkehr) mit (14.2.10) (Rauminversion) umformt, erhält man für die Stoßwahrscheinlichkeit des inversen Stoßes die Beziehung

$$\sigma'(\boldsymbol{v}_1,\boldsymbol{v}_2 \rightarrow \boldsymbol{v}_1',\boldsymbol{v}_2') = \sigma'(\boldsymbol{v}_1',\boldsymbol{v}_2' \rightarrow \boldsymbol{v}_1,\boldsymbol{v}_2) \tag{14.2.11}$$

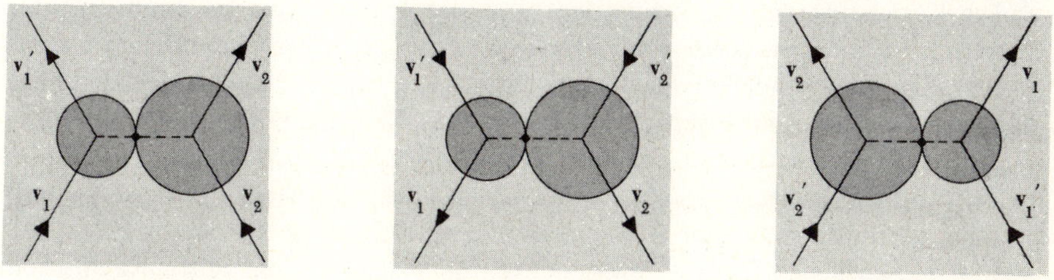

Originalstoß gekehrter Stoß inverser Stoß

Abb. 14.2.1 Stöße zwischen harten Kugeln, die einander aufgrund von Symmetrien zugeordnet sind. Die Streuquerschnitte sind für alle diese Stöße gleich.

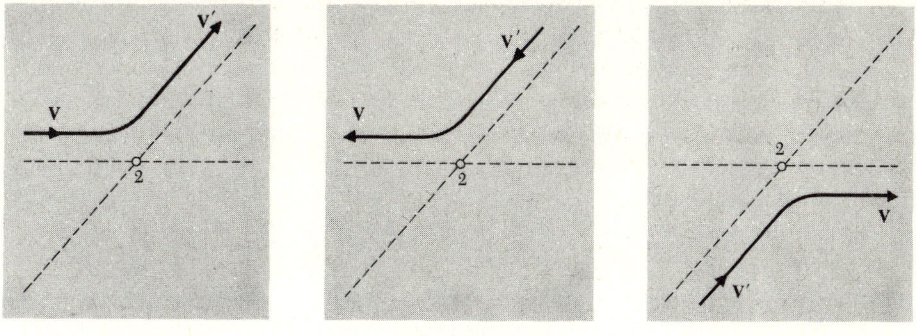

Originalstoß gekehrter Stoß inverser Stoß

Abb. 14.2.2 Die klassische Bahnen für die Relativbewegung bei einander zugeordneten Stößen.

14.3 Aufstellung der Boltzmann-Gleichung

Nunmehr sind wir in der Lage mit den erworbenen Kenntnissen über Stöße zwischen zwei Molekülen einen expliziten Ausdruck für den Stoßterm $D_c f$ in der Boltzmann-Gleichung (13.6.1)

$$Df = D_c f \tag{14.3.1}$$

anzugeben. Zur Berechnung von $D_c f$, der Änderung von f durch Stöße, machen wir folgende Annahmen:

a) Das Gas ist hinreichend dünn, so daß nur Zweierstöße berücksichtigt zu werden brauchen.
b) Der Einfluß der äußeren Kraft $\boldsymbol{F}$ auf den Streuquerschnitt kann vernachlässigt werden.
c) Die Verteilungsfunktion f soll sich weder innerhalb eines Zeitintervalles von der Größenordnung der Stoßdauer (nicht mit der Zeitspanne zwischen zwei Stößen verwechseln!) noch innerhalb eines Raumbereiches, dessen Größenordnung durch die Reichweite der zwischenmolekularen Kräfte bestimmt ist, merklich ändern.
d) Die Korrelation der Geschwindigkeiten zweier Teilchen vor dem Stoß kann vernachlässigt werden. Diese grundlegende Voraussetzung der Theorie wird als die Annahme vom „molekularen Chaos" bezeichnet. Sie ist für hinreichend geringe Teilchendichten gerechtfertigt. Dann ist die mittlere freie Weglänge l sehr viel größer als die Reichweite der zwischenmolekularen Kräfte. Entsprechend ist der Abstand zweier Moleküle vor dem Zusammenstoß, der von der Größenordnung der mittleren freien Weglänge ist, hinreichend groß, so daß eine Korrelation zwischen den Geschwindigkeiten der Moleküle vor dem Stoß unwahrscheinlich ist.

Wir wollen nun die Moleküle betrachten, die sich in einem Volumenelement $d^3\boldsymbol{r}$ um den Ort $\boldsymbol{r}$ befinden, und die Stöße, die dort im Zeitintervall zwischen t und $t + dt$ vorkommen. (Das Volumenelement $d^3\boldsymbol{r}$ soll sehr viel größer als die Reichweite der zwischenmolekularen Kräfte und das Zeitintervall dt sehr viel größer als die Stoßdauer sein. Dennoch kann man beide wegen der Voraussetzung c) als infinitesimal ansehen, da die Änderungen von f sehr klein sein sollen.) Wir möchten ausrechnen, welche Änderung $D_c f(\boldsymbol{r},\boldsymbol{v},t)\, d^3\boldsymbol{r}\, d^3\boldsymbol{v}\, dt$ der Anzahl von Molekülen mit Geschwindigkeiten zwischen $\boldsymbol{v}$ und $\boldsymbol{v} + d\boldsymbol{v}$ durch Stöße hervorgerufen wird. Einerseits werden Moleküle in $d^3\boldsymbol{r}$ durch Stöße mit anderen Molekülen *aus* dem Geschwindigkeitsbereich *heraus*gestreut; die daraus resultierende *Abnahme* der Anzahl von Molekülen im genannten Geschwindigkeitsbereich während der Zeit dt wird mit $D_c^{(-)}f(\boldsymbol{r},\boldsymbol{v},t)\, d^3\boldsymbol{r}\, d^3\boldsymbol{v}\, dt$ bezeichnet. Andererseits werden aber in $d^3\boldsymbol{r}$ auch Moleküle durch Stöße *in* den Geschwindigkeitsbereich $d^3\boldsymbol{v}$ um $\boldsymbol{v}$ *hinein* gestreut; die daraus resultierende *Zunahme* der Anzahl von Molekülen in $d^3\boldsymbol{v}$ um $\boldsymbol{v}$ während der Zeit dt wird mit $D_c^{(+)}f(\boldsymbol{r},\boldsymbol{v},t)\, d^3\boldsymbol{r}\, d^3\boldsymbol{v}\, dt$ bezeichnet. Dementsprechend gilt

$$D_c f = D_c^{(-)} f + D_c^{(+)} f \tag{14.3.2}$$

Zur Berechnung von $D_c^{(-)} f$ betrachten wir die im Volumenelement $d^3\boldsymbol{r}$ befindlichen Moleküle mit einer Geschwindigkeit um $\boldsymbol{v}$ (wir wollen sie als A-Moleküle bezeichnen), die durch Zusammenstöße mit anderen Molekülen (die A_1-Moleküle) aus diesem Geschwindigkeitsbereich herausgestreut werden. Die A_1-Moleküle befinden sich in demselben Volumenelement $d^3\boldsymbol{r}$ und haben irgendeine Geschwindigkeit $\boldsymbol{v}_1$. Die Wahrschinlichkeit für einen Stoß, bei dem ein A-Molekül seine Geschwindigkeit von $\boldsymbol{v}$ nach in etwa $\boldsymbol{v}'$ ändert und ein A_1-Molekül seine Geschwindigkeit von $\boldsymbol{v}_1$ nach in etwa $\boldsymbol{v}_1'$, ist nach (14.2.1) durch die Streuwahrscheinlichkeit $\sigma'(\boldsymbol{v},\boldsymbol{v}_1 \to \boldsymbol{v}',\boldsymbol{v}_1')\, d^3\boldsymbol{v}'\, d^3\boldsymbol{v}_1'$ gegeben. Um die *totale*, durch Stöße hervorgerufene Abnahme $D_C^{(-)}f\, d^3\boldsymbol{r}\, d^3\boldsymbol{v}\, dt$ der Anzahl von Molekülen in $d^3\boldsymbol{r}$ mit einer Geschwindigkeit zwischen $\boldsymbol{v}$ und $\boldsymbol{v} + d\boldsymbol{v}$ während der Zeit dt zu berechnen, muß man $\sigma'\, d^3\boldsymbol{v}'\, d^3\boldsymbol{v}_1'$ zunächst mit dem relativen Fluß $|\boldsymbol{v} - \boldsymbol{v}_1| f(\boldsymbol{r},\boldsymbol{v},t)\, d^3\boldsymbol{v}$ von A-Molekülen multiplizieren, die sich auf ein A_1-Molekül zubewegen. Diesen Ausdruck muß man dann mit der Anzahl der Streuzentren, also der A_1-Moleküle, $f(\boldsymbol{r},\boldsymbol{v}_1,t)\, d^3\boldsymbol{r}\, d^3\boldsymbol{v}_1$ multiplizieren. Dieses so erhaltene Ergebnis ist anschließend über alle Anfangsgeschwindigkeiten $\boldsymbol{v}_1$ der A_1-Moleküle, mit denen die A-Moleküle ja zusammenstoßen können, und alle möglichen Endgeschwindigkeiten $\boldsymbol{v}'$ und $\boldsymbol{v}_1'$ der aneinandergestreuten A- und A_1-Moleküle zu summieren. Das Resultat ist also

$$D_C^{(-)}f(\boldsymbol{r},\boldsymbol{v},t)\, d^3\boldsymbol{r}\, d^3\boldsymbol{v}\, dt = \int_{\boldsymbol{v}_1'} \int_{\boldsymbol{v}'} \int_{\boldsymbol{v}_1}$$
$$[|\boldsymbol{v} - \boldsymbol{v}_1| f(\boldsymbol{r},\boldsymbol{v},t)\, d^3\boldsymbol{v}][f(\boldsymbol{r},\boldsymbol{v}_1,t)\, d^3\boldsymbol{r}\, d^3\boldsymbol{v}_1][\sigma'(\boldsymbol{v},\boldsymbol{v}_1 \to \boldsymbol{v}',\boldsymbol{v}_1')\, d^3\boldsymbol{v}'\, d^3\boldsymbol{v}_1'\, dt] \quad (14.3.3)$$

Dabei wurde von der grundlegenden Annahme d) des molekularen Chaos Gebrauch gemacht, weil die Wahrscheinlichkeit für die gleichzeitige Anwesenheit von Molekülen mit den jeweiligen Geschwindigkeiten $\boldsymbol{v}$ und $\boldsymbol{v}_1$ in $d^3\boldsymbol{r}$ einfach durch das Produkt der Einzelwahrscheinlichkeiten

$$f(\boldsymbol{r},\boldsymbol{v},t)\, d^3\boldsymbol{v} \cdot f(\boldsymbol{r},\boldsymbol{v}_1,t)\, d^3\boldsymbol{v}_1$$

ausgedrückt wurde. Das bedeutet nichts anderes als die Annahme, daß die Geschwindigkeiten $\boldsymbol{v}$ und $\boldsymbol{v}_1$ vor dem Stoß nicht miteinander korreliert, sondern statistisch voneinander unabhängig sind.

Die Berechnung von $D_C^{(+)}f$ verläuft ganz ähnlich. Wir betrachten wieder dasselbe Volumenelement $d^3\boldsymbol{r}$ und untersuchen die Frage, wieviele Moleküle in der Zeit dt durch Stöße eine Geschwindigkeit zwischen $\boldsymbol{v}$ und $\boldsymbol{v} + d\boldsymbol{v}$ erhalten werden. Das erfordert genau die Betrachtung dessen, was wir in Abschnitt 14.2 als „inverse Stöße" bezeichnet haben. Denn nunmehr müssen wir alle Moleküle in $d^3\boldsymbol{r}$ mit den beliebigen Geschwindigkeiten $\boldsymbol{v}'$ und $\boldsymbol{v}_1'$ vor dem Stoß betrachten, von denen eine eines nach dem Stoß eine Geschwindigkeit zwischen $\boldsymbol{v}$ und $\boldsymbol{v} + d\boldsymbol{v}$ und das andere eine Geschwindigkeit zwischen $\boldsymbol{v}_1$ und $\boldsymbol{v}_1 + d\boldsymbol{v}_1$ hat, wobei $\boldsymbol{v}_1$ beliebig ist. Ein solcher Streuprozeß wird durch die Streuwahrscheinlichkeit $\sigma'(\boldsymbol{v}',\boldsymbol{v}_1' \to \boldsymbol{v},\boldsymbol{v}_1)$ beschrieben. Der relative Fluß von Molekülen mit einer Geschwindigkeit aus $\boldsymbol{v}'$ ist $|\boldsymbol{v}' - \boldsymbol{v}_1'| f(\boldsymbol{r},\boldsymbol{v}',t)\, d^3\boldsymbol{v}'$ und diese Moleküle werden von $f(\boldsymbol{r},\boldsymbol{v}_1',t)\, d^3\boldsymbol{r}\, d^3\boldsymbol{v}_1'$ Molekülen mit einer Geschwindigkeit nahe $\boldsymbol{v}_1'$ gestreut. Daher ergibt sich für die Zunahme der Anzahl von Molekülen in $d^3\boldsymbol{r}$ während der Zeit dt, die eine Geschwindigkeit zwischen $\boldsymbol{v}$ und $\boldsymbol{v} + d\boldsymbol{v}$ haben, der Ausdruck

$$D_C^{(+)} f(\boldsymbol{r},\boldsymbol{v},t)\, d^3\boldsymbol{r}\, d^3\boldsymbol{v}\, dt = \int_{\boldsymbol{v}_1} \int_{\boldsymbol{v}_1'} \int_{\boldsymbol{v}'}$$
$$[|\boldsymbol{v}' - \boldsymbol{v}_1'| f(\boldsymbol{r},\boldsymbol{v}',t)\, d^3\boldsymbol{v}'][f(\boldsymbol{r},\boldsymbol{v}_1',t)\, d^3\boldsymbol{r}\, d^3\boldsymbol{v}_1'][\sigma'(\boldsymbol{v}',\boldsymbol{v}_1' \to \boldsymbol{v},\boldsymbol{v}_1)\, d^3\boldsymbol{v}\, d^3\boldsymbol{v}_1 dt] \quad (14.3.4)$$

Die Integration läuft über alle Geschwindigkeiten $\boldsymbol{v}'$ und $\boldsymbol{v}_1'$ der Moleküle vor dem Stoß und über alle Endgeschwindigkeiten $\boldsymbol{v}_1$ desjenigen Stoßpartners, dessen Geschwindigkeit nach dem Stoß nicht in dem interessierenden Geschwindigkeitsbereich um $\boldsymbol{v}$ liegt.

Nach (14.3.2) ergibt sich $D_C f$ als Differenz zwischen (14.3.4) und (14.3.3). Zur Vereinfachung des Ausdruckes ist noch folgendes zu beachten: Nach (14.2.11) sind die Streuwahrscheinlichkeiten zueinander inverser Stöße gleich:

$$\sigma'(\boldsymbol{v}',\boldsymbol{v}_1' \to \boldsymbol{v},\boldsymbol{v}_1) = \sigma'(\boldsymbol{v},\boldsymbol{v}_1 \to \boldsymbol{v}',\boldsymbol{v}_1')$$

Ferner kann man die Relativgeschwindigkeiten

$$\boldsymbol{V} \equiv \boldsymbol{v} - \boldsymbol{v}_1, \qquad \boldsymbol{V}' \equiv \boldsymbol{v}' - \boldsymbol{v}_1' \quad (14.3.5)$$

einführen. Aus der Erhaltung der Energie bei elastischen Stößen folgt dann

$$|\boldsymbol{V}'| = |\boldsymbol{V}| \equiv V$$

Zur Vermeidung unnötiger Schreibarbeit werden die Abkürzungen

$$\begin{aligned} f &\equiv f(\boldsymbol{r},\boldsymbol{v},t), & f_1 &\equiv f(\boldsymbol{r},\boldsymbol{v}_1,t) \\ f' &\equiv f(\boldsymbol{r},\boldsymbol{v}',t), & f_1' &\equiv f(\boldsymbol{r},\boldsymbol{v}_1',t) \end{aligned} \quad (14.3.6)$$

vereinbart. Dann erhält man für (14.3.2)

$$D_C f = \int_{\boldsymbol{v}_1} \int_{\boldsymbol{v}_1'} \int_{\boldsymbol{v}'} (f'f_1' - ff_1) V \sigma'(\boldsymbol{v},\boldsymbol{v}_1 \to \boldsymbol{v}',\boldsymbol{v}_1')\, d^3\boldsymbol{v}_1\, d^3\boldsymbol{v}'\, d\boldsymbol{v}_1' \quad (14.3.7)$$

Weiter kann man dieses Ergebnis unter Benutzung von (14.2.4) durch $\boldsymbol{V}'$ und das zu diesem Vektor gehörige Raumwinkelelement $d\Omega'$ ausdrücken. Beachtet man nämlich, daß $\boldsymbol{v}'$ und $\boldsymbol{v}_1'$ für einen elastischen Stoß gemäß (14.2.2) Funktionen von $\boldsymbol{v}$, $\boldsymbol{v}_1$ und Ω' sind ($m_1 = m_2$),

$$\boldsymbol{v}' = \boldsymbol{c}' + \tfrac{1}{2}\boldsymbol{V}' = \boldsymbol{c} + \tfrac{1}{2} V\boldsymbol{n}_{r'}^0 , = \tfrac{1}{2}(\boldsymbol{v} + \boldsymbol{v}_1) + \tfrac{1}{2} V\boldsymbol{n}_{r'}^0$$

und analog

$$\boldsymbol{v}_1' = \tfrac{1}{2}(\boldsymbol{v} + \boldsymbol{v}_1) - \tfrac{1}{2} V\boldsymbol{n}_{r'}^0$$

Dabei ist $\boldsymbol{n}_{r'}^0$ der Einheitsvektor in Radialrichtung, wenn der Ursprung des Koordinatensystem gemäß Abb. 14.1.3 stets mit einem der beiden Stoßpartner zusammenfällt. Damit sind f' und f_1' Funktionen der Variablen $\boldsymbol{v}$, $\boldsymbol{v}_1$ und Ω'. Wird nun (14.2.4) benutzt, so wird mit (13.2.8) die Boltzmann-Gleichung (14.3.1) für $f(\boldsymbol{r},\boldsymbol{v},t)$

▶ $$\frac{\partial f}{\partial t} + \boldsymbol{v} \cdot \frac{\partial f}{\partial \boldsymbol{r}} + \frac{\boldsymbol{F}}{m} \cdot \frac{\partial f}{\partial \boldsymbol{v}} = \int_{\boldsymbol{v}_1} \int_{\Omega'} (f'f_1' - ff_1) V\sigma\, d\Omega'\, d^3\boldsymbol{v}_1 \quad (14.3.8)$$

mit $\sigma = \sigma(\boldsymbol{V}')$.

14.4 Bilanzgleichungen für Mittelwerte

Man denke sich irgendeine Funktion $\chi(\boldsymbol{r},\boldsymbol{v},t)$ die eine Eigenschaft eines Moleküls beschreibt, daß sich zur Zeit t am Orte $\boldsymbol{r}$ befindet und die Geschwindigkeit $\boldsymbol{v}$ hat. Der Mittelwert von χ ist nach (13.1.4) durch

$$\langle\chi(\boldsymbol{r},t)\rangle \equiv \frac{1}{n(\boldsymbol{r},t)} \int d^3v\, f(\boldsymbol{r},\boldsymbol{v},t)\chi(\boldsymbol{r},\boldsymbol{v},t) \tag{14.4.1}$$

definiert, wobei $n(\boldsymbol{r}, t)$ die mittlere Anzahl der Moleküle pro Volumeneinheit ist. Wir möchten nun wissen, welche Gleichung das Verhalten von $\langle\chi\rangle$ als Funktion von $\boldsymbol{r}$ und t beschreibt. Diese Frage kann man auf zwei Wegen beantworten, indem man entweder ganz von vorne anfängt, oder indem man von der Boltzmann-Gleichung (14.3.8) ausgeht. Da beide Möglichkeiten lehrreich sind, werden wir sie abwechselnd an Beispielen erläutern.

Die direkte Untersuchung. Man betrachte ein festes Volumenelement $d^3\boldsymbol{r}$ um den Ort $\boldsymbol{r}$, welches $n(\boldsymbol{r}, t)d^3\boldsymbol{r}$ Moleküle enthält. Im Zeitintervall zwischen t und $t + dt$ ändert sich der mittlere Gesamtwert $\langle nd^3\boldsymbol{r}\chi\rangle$ der Größe χ für alle Moleküle in $d^3\boldsymbol{r}$ um

$$\frac{\partial}{\partial t}\langle n\chi\rangle\, d^3\boldsymbol{r}\, dt = A_{\text{int}} + A_{\text{flux}} + A_{\text{col}} \tag{14.4.2}$$

Man beachte, daß n stets aus dem Mittelwert herausgezogen werden kann, da es nicht von $\boldsymbol{v}$ abhängt. Die Größen A repräsentieren verschiedene Beiträge, die nunmehr erläutert werden sollen:

1. Es gibt eine eingeprägte Änderung A_{int} [4+)] des mittleren Gesamtwertes von χ, weil sich die Größe $\chi(\boldsymbol{r},\boldsymbol{v},t)$ für jedes Molekül in $d^3\boldsymbol{r}$ sowohl explizit als auch implizit mit der Zeit ändert, da sich während der Zeit dt der Ort eines jeden Moleküles gemäß $d\boldsymbol{r} = \boldsymbol{v}\, dt$ und die Geschwindigkeit gemäß $d\boldsymbol{v} = (\boldsymbol{F}/m)\, dt$ ändern. Entsprechend ist die Änderung von χ

$$\frac{\partial\chi}{\partial t}dt + \frac{\partial\chi}{\partial x_\alpha}v_\alpha\, dt + \frac{\partial\chi}{\partial v_\alpha}\frac{F_\alpha}{m}dt$$

Dabei sind χ_α und v_α die kartesischen Komponenten der Vektoren $\boldsymbol{r}$ und $\boldsymbol{v}$, und es wurde die „Summenkonvention" eingeführt, nach der über doppelt vorkommende griechische Indizes von 1 bis 3 zu summieren ist. Die eingeprägte Änderung des Mittelwertes von χ in $d^3\boldsymbol{r}$ ist

$$A_{\text{int}} = \langle n\, d^3\boldsymbol{r} D\chi\, dt\rangle = nd^3\boldsymbol{r}\, dt\langle D\chi\rangle \tag{14.4.3}$$

mit

$$D\chi \equiv \frac{\partial\chi}{\partial t} + v_\alpha\frac{\partial\chi}{\partial x_\alpha} + \frac{F_\alpha}{m}\frac{\partial\chi}{\partial v_\alpha} = \frac{\partial\chi}{\partial t} + \boldsymbol{v}\cdot\frac{\partial\chi}{\partial\boldsymbol{r}} + \frac{\boldsymbol{F}}{m}\cdot\frac{\partial\chi}{\partial\boldsymbol{v}} \tag{14.4.4}$$

4+) Der Index „int" deutet auf intrinsic = eingeprägt hin.

2. Eine weitere Änderung A_{flux} des mittleren Gesamtwertes von χ in $d^3\boldsymbol{r}$ ergibt sich durch den Nettofluß von Molekülen, die während der Zeit dt in das Volumenelement $d^3\boldsymbol{r}$ hineingelangen. Mit ähnlichen Überlegungen wie in Abschnitt 13.2. ergibt sich, daß das Anwachsen des Mittelwertes von χ, welches durch die Moleküle hervorgerufen wird, die in der Zeit dt durch das Oberflächenelement x_1 = const. in $d^3\boldsymbol{r}$ hineingelangen, gerade der Mittelwert ist, der im Volumen $v_1\, dt\, dx_2\, dx_3$ enthalten ist, d.h., $\langle n\chi[v_1\, dt\, dx_2\, dx_3]\rangle$ (s. Abb. 14.4.1). Die Moleküle, die das Volumenelement $d^3\boldsymbol{r}$ durch das gegenüberliegende Oberflächenelement bei $x_1 + dx_1$ verlassen, bewirken entsprechend eine Abnahme des mittleren Wertes von χ. Sie ist durch

$$\langle n\chi v_1\, dt\, dx_2\, dx_3\rangle + \frac{\partial}{\partial x_1}\langle n\chi v_1\, dt\, dx_2\, dx_3\rangle\, dx_1$$

gegeben. Die Differenz der beiden Ausdrücke ergibt gerade den Anteil der Nettoänderung des mittleren Gesamtwertes von χ in $d^3\boldsymbol{r}$, der auf die Moleküle zurückzuführen ist, die durch die beiden betrachteten Oberflächenelemente hinein- und hinausgelangen:

$$-\frac{\partial}{\partial x_1}\langle n\chi v_1\, dt\, d^3\boldsymbol{r}\rangle$$

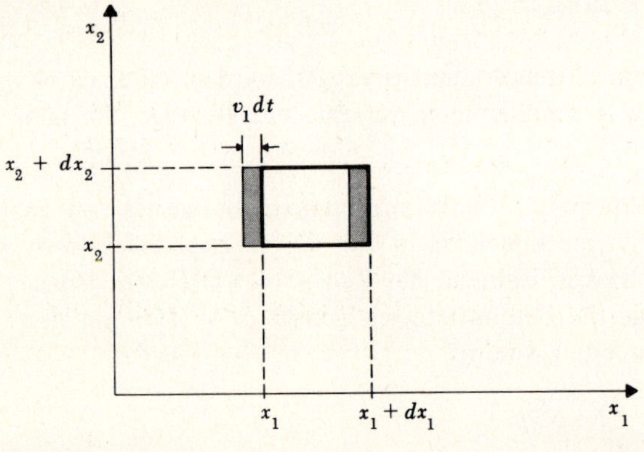

Abb. 14.4.1 Darstellung einer zweidimensionalen Projektion des Volumenelementes $d^3\boldsymbol{r}$

Addiert man die analogen Beiträge von den übrigen Oberflächenelementen auf, so erhält man insgesamt

$$A_{\text{flux}} = -\frac{\partial}{\partial x_\alpha}\langle nv_\alpha\chi\rangle\, dt\, d^3\boldsymbol{r} \tag{14.4.5}$$

3. Schließlich ändert sich der mittlere Gesamtwert von χ in $d^3\boldsymbol{r}$, weil die Moleküle in diesem Volumenelement aneinandergestreut werden. Das liefert den Beitrag A_{col} [5+)]. Durch zwei Moleküle, die mit den Geschwindigkeiten $\boldsymbol{v}$ und $\boldsymbol{v}_1$ zusammenstoßen und nach dem Stoß die Geschwindigkeiten $\boldsymbol{v}'$ und $\boldsymbol{v}_1'$ haben, ändert sich die Größe χ gemäß

[5+)] Der Index „col" deutet auf collision = Stoß hin.

$$\Delta\chi = \chi' + \chi_1' - \chi - \chi_1 \tag{14.4.6}$$

mit
$$\begin{aligned} \chi &\equiv \chi(\boldsymbol{r},\boldsymbol{v},t), & \chi_1 &\equiv \chi(\boldsymbol{r},\boldsymbol{v}_1,t) \\ \chi' &\equiv \chi(\boldsymbol{r},\boldsymbol{v}',t), & \chi_1' &\equiv \chi(\boldsymbol{r},\boldsymbol{v}_1',t) \end{aligned} \tag{14.4.7}$$

Die Anzahl solcher Stöße ist wieder durch

$$[|\boldsymbol{v} - \boldsymbol{v}_1| f(\boldsymbol{r},\boldsymbol{v},t)\, d^3\boldsymbol{v}][\sigma'\, d^3\boldsymbol{v}'\, d^3\boldsymbol{v}_1'][f(\boldsymbol{r},\boldsymbol{v}_1,t)\, d^3\boldsymbol{r}\, d^3\boldsymbol{v}_1]$$

gegeben, wobei wir wieder von der Annahme des molekularen Chaos Gebrauch gemacht haben. Multipliziert man diese Stoßzahl mit $\Delta\chi$ summiert über alle Geschwindigkeiten vor und nach dem Stoß und teilt das Ergebnis durch 2, weil man bei der Summation jedes zusammenstoßende Molekülpaar doppelt zählt, dann erhält man für die Änderung durch Stöße

$$A_{\text{col}} = \tfrac{1}{2}\, d^3\boldsymbol{r}\, dt \int\!\!\int\!\!\int\!\!\int d^3\boldsymbol{v}\, d^3\boldsymbol{v}_1\, d^3\boldsymbol{v}'\, d^3\boldsymbol{v}_1' f f_1 V \sigma'\, \Delta\chi \tag{14.4.8}$$

Mit (14.4.3), (14.4.5) und (14.4.8) kann man Gleichung (14.4.2) in der Form

▶ $$\frac{\partial}{\partial t}\langle n\chi\rangle = n\langle D\chi\rangle - \frac{\partial}{\partial x_\alpha}\langle n v_\alpha \chi\rangle + \mathcal{C}(\chi) \tag{14.4.9}$$

schreiben. Der Term $\mathcal{C}(\chi)$ ist die Änderung von χ pro Zeit- und Volumeneinheit durch Stöße und lautet gemäß (14.4.8) und (14.2.4)

▶ $$\mathcal{C}(\chi) = \frac{A_{\text{col}}}{d^3\boldsymbol{r}\, dt} = \frac{1}{2}\int\!\!\int\!\!\int d^3\boldsymbol{v}\, d^3\boldsymbol{v}_1\, d\Omega' f f_1 V\sigma\, \Delta\chi \tag{14.4.10}$$

Man beachte wiederum, daß n stets aus den eckigen Mittelwertklammern herausgezogen werden kann, da es nicht von $\boldsymbol{v}$ abhängt. Bringt man in Gleichung (14.4.9) den zweiten Term von der rechten Seite auf die linke Seite, so hat sie die typische Form einer Bilanzgleichung.

Die Untersuchung mittels der Boltzmanngleichung. Um eine Gleichung für die Zeitabhängigkeit des in (14.4.1) definierten Mittelwerts $\langle\chi\rangle$ zu bekommen, multiplizieren wir beide Seiten der Boltzmann-Gleichung (14.3.8) mit χ und integrieren anschließend über alle Geschwindigkeiten $\boldsymbol{v}$. So ergibt sich

$$\int d^3\boldsymbol{v}\, Df\, \chi = \int d^3\boldsymbol{v}\, D_c f\, \chi \tag{14.4.11}$$

mit
$$\int d^3\boldsymbol{v}\, Df\,\chi \equiv \int d^3\boldsymbol{v}\, \frac{\partial f}{\partial t}\chi + \int d^3\boldsymbol{v}\, \boldsymbol{v}\cdot\frac{\partial f}{\partial \boldsymbol{r}}\chi + \int d^3\boldsymbol{v}\, \frac{\boldsymbol{F}}{m}\cdot\frac{\partial f}{\partial \boldsymbol{v}}\chi \tag{14.4.12}$$

und
$$\mathcal{C}(\chi) \equiv \int d^3\boldsymbol{v}\, D_c f\,\chi = \int\!\!\int\!\!\int d^3\boldsymbol{v}\, d^3\boldsymbol{v}_1\, d\Omega'\, (f' f_1' - f f_1) V\sigma\chi \tag{14.4.13}$$

Wir wollen nun die Integrale in (14.4.12) so umformen, daß wir Mittelwerte erhalten, d.h., die auftretenden Integrale sollen die Funktion f selbst anstelle ihrer Ableitungen enthalten. Es ist

$$\int d^3\boldsymbol{v}\, \frac{\partial f}{\partial t}\chi = \int d^3\boldsymbol{v}\left[\frac{\partial}{\partial t}(f\chi) - f\frac{\partial\chi}{\partial t}\right] = \frac{\partial}{\partial t}\int d^3\boldsymbol{v}\, f\chi - \int d^3\boldsymbol{v}\, f\frac{\partial\chi}{\partial t}$$

wobei die Integration über $\boldsymbol{v}$ mit der Differentiation nach t vertauscht wurde. Daher gilt

$$\int d^3\boldsymbol{v}\, \frac{\partial f}{\partial t}\chi = \frac{\partial}{\partial t}(n\langle\chi\rangle) - n\left\langle\frac{\partial\chi}{\partial t}\right\rangle \tag{14.4.14}$$

Das zweite Integral in (14.4.12) läßt sich ähnlich umformen. Um unnötige Verwirrung zu vermeiden, schreiben wir vektorielle Größen in kartesischen Komponenten mit griechischen Indizes und verwenden die Summenkonvention. Wenn man beachtet, daß $\boldsymbol{r}$, $\boldsymbol{v}$ und t als *unabhängige* Variable zu betrachten sind, erhält man

$$\begin{aligned}\int d^3\boldsymbol{v}\, \boldsymbol{v}\cdot\frac{\partial f}{\partial \boldsymbol{r}}\chi &= \int d^3\boldsymbol{v}\, v_\alpha \frac{\partial f}{\partial x_\alpha}\chi \\ &= \int d^3\boldsymbol{v}\left[\frac{\partial}{\partial x_\alpha}(v_\alpha f\chi) - v_\alpha f\frac{\partial\chi}{\partial x_\alpha}\right] \\ &= \frac{\partial}{\partial x_\alpha}\int d^3\boldsymbol{v}\, f v_\alpha\chi - \int d^3\boldsymbol{v}\, f v_\alpha \frac{\partial\chi}{\partial x_\alpha}\end{aligned}$$

bzw.

$$\int d^3\boldsymbol{v}\, \boldsymbol{v}\cdot\frac{\partial f}{\partial \boldsymbol{r}}\chi = \frac{\partial}{\partial x_\alpha}(n\langle v_\alpha\chi\rangle) - n\left\langle v_\alpha\frac{\partial\chi}{\partial x_\alpha}\right\rangle \tag{14.4.15}$$

Da wir die Kraft $\boldsymbol{F}$ als geschwindigkeitsunabhängig angenommen haben, gilt

$$\begin{aligned}\int d^3\boldsymbol{v}\, \frac{\boldsymbol{F}}{m}\cdot\frac{\partial f}{\partial \boldsymbol{v}}\chi &= \int d^3\boldsymbol{v}\,\frac{F_\alpha}{m}\frac{\partial f}{\partial v_\alpha}\chi \\ &= \int d^3\boldsymbol{v}\left[\frac{\partial}{\partial v_\alpha}\left(\frac{F_\alpha}{m}f\chi\right) - \frac{F_\alpha}{m}f\frac{\partial\chi}{\partial v_\alpha}\right] \\ &= \left[\frac{F_\alpha}{m}f\chi\right]_{v_\alpha=-\infty}^{v_\alpha=+\infty} - \int d^3\boldsymbol{v}\,\frac{F_\alpha}{m}f\frac{\partial\chi}{\partial v_\alpha}\end{aligned}$$

und da $f\to 0$ mit $|v_\alpha|\to\infty$ und F_α und χ beschränkt bleiben, wird daraus

$$\int d^3\boldsymbol{v}\,\frac{\boldsymbol{F}}{m}\cdot\frac{\partial f}{\partial\boldsymbol{v}}\chi = -\frac{F_\alpha}{m}n\left\langle\frac{\partial\chi}{\partial v_\alpha}\right\rangle \tag{14.4.16}$$

Addition von (14.4.14) bis (14.4.16) ergibt (14.4.12), und das Ergebnis ist

▶ $$\int d^3\boldsymbol{v}\, Df\,\chi = \frac{\partial}{\partial t}(n\langle\chi\rangle) + \frac{\partial}{\partial x_\alpha}(n\langle v_\alpha\chi\rangle) - n\langle D\chi\rangle \tag{14.4.17}$$

$D\chi$ wurde in (14.4.4) definiert.

Wir wenden uns nun der Auswertung des Stoßterms (14.4.13) zu. Dieser läßt sich nach (14.2.4) in der symmetrischen Form

$$\mathfrak{C}(\chi) = \iiiint d^3\boldsymbol{v}\, d^3\boldsymbol{v}_1\, d^3\boldsymbol{v}'\, d^3\boldsymbol{v}_1'\,(f'f_1' - ff_1)V\sigma'(\boldsymbol{v},\boldsymbol{v}_1\to\boldsymbol{v}',\boldsymbol{v}_1')\chi(\boldsymbol{r},\boldsymbol{v},t) \tag{14.4.18}$$

schreiben. Die Symmetrie dieses Ausdrucks erlaubt die Vertauschung von sowohl $\boldsymbol{v}$ mit $\boldsymbol{v}_1$ als auch $\boldsymbol{v}'$ mit $\boldsymbol{v}_1'$. Dabei bleibt σ' ungeändert [6+] und es gilt genauso

---

[6+] Es werden nur Integrationsvariable umbenannt.

$$\mathcal{C}(\chi) = \int\!\!\int\!\!\int\!\!\int d^3\boldsymbol{v}\, d^3\boldsymbol{v}_1\, d^3\boldsymbol{v}'\, d^3\boldsymbol{v}_1'\, (f'f_1' - ff_1) V\sigma' \chi(\boldsymbol{r},\boldsymbol{v}_1,t) \tag{14.4.19}$$

Addition der beiden Gleichungen liefert

$$\mathcal{C}(\chi) = \tfrac{1}{2}\int\!\!\int\!\!\int\!\!\int d^3\boldsymbol{v}\, d^3\boldsymbol{v}_1\, d^3\boldsymbol{v}'\, d^3\boldsymbol{v}_1'\, (f'f_1' - ff_1) V\sigma' [\chi + \chi_1] \tag{14.4.20}$$

wobei χ und χ_1 in (14.4.7) definiert wurden.

Man kann die Symmetrie noch weiter ausnutzen und sowohl $\boldsymbol{v}$ mit $\boldsymbol{v}'$ als auch $\boldsymbol{v}_1$ mit $\boldsymbol{v}_1'$ vertauschen. Diese Vertauschung führt zum inversen Stoß und läßt σ' eben ebenfalls invariant. Daher gilt

$$\begin{aligned}\int\!\!\int\!\!\int\!\!\int d^3\boldsymbol{v}\, d^3\boldsymbol{v}_1\, d^3\boldsymbol{v}'\, d^3\boldsymbol{v}_1'\, f'f_1' V\sigma'[\chi + \chi_1] \\ = \int\!\!\int\!\!\int\!\!\int d^3\boldsymbol{v}\, d^3\boldsymbol{v}_1\, d^3\boldsymbol{v}'\, d^3\boldsymbol{v}_1'\, ff_1 V\sigma'[\chi' + \chi_1']\end{aligned} \tag{14.4.21}$$

wobei χ' und χ_1' ebenfalls in (14.4.7) erklärt wurden.

Durch Einsetzen von (14.4.21) in (14.4.20) erhält man

$$\mathcal{C}(\chi) = \tfrac{1}{2}\int\!\!\int\!\!\int\!\!\int d^3\boldsymbol{v}\, d^3\boldsymbol{v}_1\, d^3\boldsymbol{v}'\, d^3\boldsymbol{v}_1'\, ff_1 V\sigma'\, \Delta\chi$$

oder

▶ $$\mathcal{C}(\chi) = \tfrac{1}{2}\int\!\!\int\!\!\int d^3\boldsymbol{v}\, d^3\boldsymbol{v}_1\, d\Omega'\, ff_1 V\sigma\, \Delta\chi \tag{14.4.22}$$

Dabei ist $\Delta\chi \equiv \chi' + \chi_1' - \chi - \chi_1$ die totale Änderung von χ bei einem Zusammenstoß zwischen zwei Molekülen. Setzt man (14.4.17) und (14.4.22) in (14.4.11) ein, so ergibt sich wieder die Gleichung (14.4.9).

14.5 Erhaltungssätze und Hydrodynamik

Die Bilanzgleichung (14.4.9) nimmt eine sehr einfache Form an, wenn die Größe χ beim Stoß zwischen Molekülen erhalten bleibt, so daß $\Delta\chi = 0$. Dann wird auch $\mathcal{C}(\chi) = 0$ und Gleichung (14.4.9) reduziert sich auf [7*]

$$\frac{\partial}{\partial t}\langle n\chi\rangle + \frac{\partial}{\partial x_\alpha}\langle n v_\alpha \chi\rangle = n\langle D\chi\rangle \tag{14.5.1}$$

Die grundlegenden Größen, die beim Stoß erhalten bleiben, sind zunächst alle Konstanten, insbesondere die Masse m eines Moleküls. Ferner bleibt der Schwerpunktimpuls – also jede Komponente einzeln – der zusammenstoßenden Moleküle erhalten. Nehmen wir schließlich noch an, daß beim Stoß keine inneren Freiheitsgrade der Moleküle angeregt werden, so bleibt auch die gesamte kinetische Energie der zusammenstoßenden Teilchen erhalten. Diese Erhaltungssätze ergeben daher fünf Fälle, in denen $\Delta\chi$ aus (14.4.6) Null wird. Es sind dies die

---

7*) Diese Gleichung und alle daran anschließenden Betrachtungen in diesem Abschnitt gelten sehr allgemein. Ihre Gültigkeit beruht lediglich auf den Erhaltungssätzen und nicht auf der Annahme vom molekularen Chaos und der daraus folgenden speziellen Form (14.4.10) von $C(\chi)$, die ff_1 einfach als Produkt enthält.

Erhaltung der Masse $\chi = m$ (14.5.2)

Erhaltung des Impulses $\chi = mv_\gamma \quad \gamma = 1, 2, 3$ (14.5.3)

Erhaltung der Energie $\chi = \frac{1}{2} mv^2$ (14.5.4)

Daraus ergeben sich mit (14.5.1) die fünf entsprechenden Bewegungsgleichungen, denen eine Gasströmung gehorchen muß.

Erhaltung der Masse. Setzt man $\chi = m$, so folgt aus Gleichung (14.5.1) sofort

$$\frac{\partial}{\partial t}(nm) + \frac{\partial}{\partial x_\alpha}\langle nmv_\alpha\rangle = 0 \quad (14.5.5)$$ [8+)]

Da die Dichte n geschwindigkeitsunabhängig ist, kann sie aus den eckigen Mittelwertsklammern herausgezogen werden. Nach (13.1.5) ist $\langle \boldsymbol{v}\rangle = \boldsymbol{u}$ die Strömungsgeschwindigkeit des Gases. Weiter ist die Massendichte des Gases, d.h., die Masse pro Volumeneinheit

$$\rho(\boldsymbol{r}, t) = mn(\boldsymbol{r}, t) \quad (14.5.6)$$

Daher wird (14.5.5) zu

▶ $$\frac{\partial \rho}{\partial t} + \frac{\partial}{\partial x_\alpha}(\rho u_\alpha) = 0 \quad (14.5.7)$$

oder, wenn man die vektorielle Schreibweise für die Divergenz mit dem Nabla-Operator verwendet

$$\frac{\partial \rho}{\partial t} + \nabla \cdot (\rho \boldsymbol{u}) = 0 \quad (14.5.8)$$

Dieses ist die sogenannte „Kontinuitätsgleichung" der Hydrodynamik. Sie ist die in makroskopischen Begriffen formulierte Bedingung für die Erhaltung der Masse.

Impulserhaltung. Wir setzen jetzt gemäß (14.5.3) $\chi = mv_\gamma$, und die Gleichung (14.5.1) lautet nunmehr

$$\frac{\partial}{\partial t}\langle nmv_\gamma\rangle + \frac{\partial}{\partial x_\alpha}\langle nmv_\alpha v_\gamma\rangle = n\langle m\, Dv_\gamma\rangle \quad (14.5.9)$$

Nach der Definition (14.4.4) ist

$$Dv_\gamma = \frac{F_\alpha}{m}\frac{\partial v_\gamma}{\partial v_\alpha} = \frac{F_\alpha}{m}\delta_{\gamma\alpha} = \frac{F_\gamma}{m}$$

Folglich wird aus (14.5.9), wenn man (14.5.6) verwendet,

$$\frac{\partial}{\partial t}(\rho u_\gamma) + \frac{\partial}{\partial x_\alpha}(\rho\langle v_\alpha v_\gamma\rangle) = \rho F'_\gamma \quad (14.5.10)$$

[8+)] Es gilt $(\partial/\partial t)\langle nm\rangle = (\partial/\partial t)(nm)$, da n und m geschwindigkeitsunabhängig sind und daher bei der Mittelwertbildung unverändert bleiben.

wenn man die Kraft pro Masseneinheit

$$\boldsymbol{F}' \equiv \frac{\boldsymbol{F}}{m} \tag{14.5.11}$$

einführt.

Der zweite Term in (14.5.10) wird sinnvollerweise durch die (kollektive) Strömungsgeschwindigkeit $\boldsymbol{u}$ und die individuelle Geschwindigkeit $\boldsymbol{U}$ ausgedrückt. Nach (13.1.6) ist

$$\boldsymbol{v} = \boldsymbol{u} + \boldsymbol{U}$$

und folglich

$$\langle v_\alpha v_\gamma \rangle = \langle (u_\alpha + U_\alpha)(u_\gamma + U_\gamma) \rangle = \langle u_\alpha u_\gamma + U_\alpha U_\gamma + u_\alpha U_\gamma + U_\alpha u_\gamma \rangle$$

oder $\quad \langle v_\alpha v_\gamma \rangle = u_\alpha u_\gamma + \langle U_\alpha U_\gamma \rangle \qquad (14.5.12)$

da $\quad \langle u_\alpha U_\gamma \rangle = u_\alpha \langle U_\gamma \rangle = 0$

Ferner definieren wir den Spannungstensor $P_{\alpha\gamma}$ durch

$$P_{\alpha\gamma} \equiv \rho \langle U_\alpha U_\gamma \rangle, \qquad P_{\gamma\alpha} = P_{\alpha\gamma} \tag{14.5.13}$$

Diese Definition stimmt mit der in (13.1.7) überein. Mit (14.5.12) und (14.5.13) wird aus der Gleichung (14.5.10)

$$\frac{\partial}{\partial t}(\rho u_\gamma) + \frac{\partial}{\partial x_\alpha}(\rho u_\alpha u_\gamma) = -\frac{\partial P_{\alpha\gamma}}{\partial x_\alpha} + \rho F'_\gamma \tag{14.5.14}$$

Dies ist die Eulersche-Gleichung der Hydrodynamik. Man kann sie in eine durchsichtigere Form bringen, wenn man die linke Seite folgendermaßen umformt:

$$u_\gamma \frac{\partial \rho}{\partial t} + \rho \frac{\partial u_\gamma}{\partial t} + u_\gamma \frac{\partial}{\partial x_\alpha}(\rho u_\alpha) + \rho u_\alpha \frac{\partial u_\gamma}{\partial x_\alpha}$$

$$= u_\gamma \left[\frac{\partial \rho}{\partial t} + \frac{\partial}{\partial x_\alpha}(\rho u_\alpha) \right] + \rho \left[\frac{\partial u_\gamma}{\partial t} + u_\alpha \frac{\partial u_\gamma}{\partial x_\alpha} \right] = 0 + \rho \frac{du_\gamma}{dt}$$

Die erste eckige Klammer verschwindet wegen der Kontinuitätsgleichung (14.5.7), und die zweite stellt die substantielle Ableitung von u_γ dar. Die substantielle Ableitung einer Funktion $\phi(\boldsymbol{r}, t)$ ist definitionsgemäß

$$\frac{d\phi}{dt} \equiv \frac{\partial \phi}{\partial t} + u_\alpha \frac{\partial \phi}{\partial x_\alpha} \tag{14.5.15}$$

Sie gibt die (zeitliche) Änderung der Funktion ϕ für einen Beobachter an, der sich mit der Strömung und deren Geschwindigkeit $\boldsymbol{u}$ mitbewegt. Damit nimmt (14.5.14) die folgende Form an

▶ $$\rho \frac{du_\gamma}{dt} = -\frac{\partial P_{\alpha\gamma}}{\partial x_\alpha} + \rho F'_\gamma \tag{14.5.16}$$

Dies ist der Ausdruck für den physikalischen Tatbestand, daß die zeitliche Änderung des Impulses eines Flüssigkeitselementes durch die Spannungskräfte (einschließlich des gewöhnlichen Druckes), die die umgebende Flüssigkeit auf das Element ausübt, und die angreifenden äußeren Kräfte hervorgerufen wird.

Wir wollen darauf verzichten, mit (14.5.4) die der Energieerhaltung entsprechende hydrodynamische Gleichung herzuleiten. Die auf den Erhaltungssätzen (14.5.2) und (14.5.3) basierenden hydrodynamischen Gleichungen folgen zwar exakt aus der Boltzmann-Gleichung (14.3.8), aber man muß sich im klaren darüber sein, daß sie wenig praktischen Wert besitzen, wenn man darin vorkommende Größen wie den Spannungstensor $P_{\alpha\gamma}$ nicht explizit ausrechnen kann. So liefert die Definition (14.5.3) wohl eine Vorschrift zur Berechnung von $P_{\alpha\gamma}$ aus den Eigenschaften der Moleküle und ihrer Wechselwirkung, aber dazu muß man zuvor die Verteilungsfunktion f bestimmen, d.h., die Boltzmann-Gleichung (14.3.8) lösen. So erhält man je nach den verschiedenen Näherungen, mit denen man die Boltzmann-Gleichung löst, entsprechend auch hydrodynamische Gleichungen in verschiedenen Näherungen. Für weitere Einzelheiten sei auf die angegebene Literatur verwiesen.

14.6 Beispiel: Einfache Untersuchung der elektrischen Leitfähigkeit

Bevor wir die Theorie dieses Kapitels detailliert auf physikalisch interessante Probleme anwenden, wollen wir demonstrieren, wie man die Theorie in ihrer jetzigen Form auch nutzbringend bei mehr qualitativen Untersuchungen verwenden kann. Als Beispiel soll eine halbquantitative Behandlung der elektrischen Leitfähigkeit vorgeführt werden, die einige neue, physikalisch bedeutsame Aspekte aufzeigt, obwohl die Argumentation fast genauso einfach wie im Kapitel 12 sein wird.

Wir betrachten wieder Ionen mit der Masse m und der Ladung e, die sich in einem Gas von neutralen Molekülen mit der Masse m_1 befinden. Die Anzahl der Ionen pro Volumeneinheit sei n, die der neutralen Moleküle n_1. Die Temperatur des Gases ist T, und es wird ein schwaches, homogenes elektrisches Feld $\mathcal{E}$ in z-Richtung angelegt. Wir wollen die elektrische Leitfähigkeit σ_{el} dieses – insgesamt nicht neutralen – Gases ermitteln.

Dieser Fall ist bereits in Abschnitt 12.6, 13.4 und 13.8 behandelt worden. Hier wollen wir jedoch die Stoßprozesse etwas genauer betrachten. Was wir zunächst berechnen müssen, ist die elektrische Stromdichte

$$j_z = enu_z \tag{14.6.1}$$

der Ionen. Da $\mathcal{E}$ zeit- und ortsunabhängig ist, hängen im stationären Zustand weder die Dichte n noch die mittlere Geschwindigkeit $\boldsymbol{u}$ von $\boldsymbol{r}$ und t ab. Man kann sofort die Impulsbilanz (14.4.9) für die Ionen hinschreiben, die den physikalischen Sachverhalt beschreibt, daß die zeitliche [Änderung des mittleren Impulses der Ionen] gleich der [im Mittel vom elektrischen Feld auf die Ionen ausgeübte Kraft] plus der [mittleren Impulsänderung der Ionen durch Stöße] sein muß, d.h. als Formel

$$nm\frac{\partial u_z}{\partial t} = ne\mathcal{E} + \mathcal{C}(mv_z)\ ^{9+)}$$

Im stationären Zustand ist $\partial u_z/\partial t = 0$, und die Impulsbilanz lautet einfach

$$ne\mathcal{E} + \mathcal{C}(mv_z) = 0 \tag{14.6.2}$$

Bei der Berechnung der Änderung des mittleren Impulses der Ionen durch Stöße ist zu beachten, daß beim Zusammenstoß zweier Ionen ihr Gesamtimpuls erhalten bleibt. Folglich ändert sich bei Stößen der Ionen untereinander der mittlere Impuls der Ionen *nicht.* Daher tragen zu $\mathcal{C}\,(mv_z)$ nur die Stöße der Ionen mit den neutralen Molekülen bei.

Die mittlere Anzahl solcher Ion-Molekül-Stöße pro Zeiteinheit ist näherungsweise

$$\tau^{-1} = \bar{V}\sigma_{\text{im}}n_1 \tag{14.6.3}$$

Dabei ist $\bar{V}$ die mittlere Relativgeschwindigkeit zwischen Ionen und Molekülen, und σ_{im} ist der totale Streuquerschnitt für die Streuung eines Ions an einem Molekül. Wie in (12.2.11) schreiben wir für das Quadrat der mittleren Relativgeschwindigkeit

$$\bar{V}^2 \approx \overline{V^2} = \overline{v^2} + \overline{v_1^2} = 3kT\left(\frac{1}{m} + \frac{1}{m_1}\right) = \frac{3kT}{\mu} \tag{14.6.4}$$

wobei wir vom Gleichverteilungssatz Gebrauch machen und die reduzierte Masse

$$\mu \equiv \frac{mm_1}{m + m_1} \tag{14.6.5}$$

einführen.

Anstelle der Änderung des mittleren Impulses der Ionen berechnen wir zunächst die mittlere Änderung des Impulses $\langle\Delta\boldsymbol{p}\rangle$ eines Ions bei einem Ion-Molekül-Stoß. Wir drücken dazu nach (14.1.3) die Geschwindigkeit $\boldsymbol{v}$ des Ions durch seine Relativgeschwindigkeit $\boldsymbol{V}$ bezüglich des Moleküls und die Schwerpunktsgeschwindigkeit $\boldsymbol{c}$ der beiden Teilchen aus und erhalten entsprechend für den Impuls [siehe (14.1.8)]

$$\boldsymbol{p} = m\boldsymbol{v} = m\boldsymbol{c} + \mu\boldsymbol{V}$$

Die Impulsänderung des Ions bei dem Zusammenstoß mit dem Molekül ist dann

$$\Delta\boldsymbol{p} = m(\boldsymbol{v}' - \boldsymbol{v}) = \mu(\boldsymbol{V}' - \boldsymbol{V}) = \mu[(\cos\theta' - 1)\boldsymbol{V} + \boldsymbol{V}_\perp'] \tag{14.6.6}$$

9+) $\langle v_z\rangle = u_z$

Dabei wurde V' in die Komponenten parallel und senkrecht zu V zerlegt. Die hingeschriebene Form von V' ergibt sich, wenn man den Winkel zwischen V und V' mit θ' bezeichnet und beachtet, daß $|V'| = |V|$ gilt. Die senkrechte Komponente von V' wird im Mittel verschwinden, $\langle V'_\perp \rangle = 0$. Wenn sich Ion und Molekül beim Stoß wie harte Kugeln verhalten, dann ist der differentiale Streuquerschnitt für alle Winkel θ' der gleiche, und es verschwindet im Mittel wegen $\langle \cos \theta' \rangle = 0$ auch die parallele Komponente von V'. Dann ergibt (14.6.6) für die mittlere Impulsänderung eines Ions bei einem Stoß mit einem Molekül:

$$\langle \Delta \boldsymbol{p} \rangle = -\mu \langle \boldsymbol{V} \rangle = -\mu \langle \boldsymbol{v} - \boldsymbol{v}_1 \rangle$$

oder $$\langle \Delta \boldsymbol{p} \rangle = -\mu \boldsymbol{u} \tag{14.6.7}$$

wobei wir annehmen, daß das Gas der Moleküle sich im Behälter in Ruhe befindet, für die mittlere Geschwindigkeit der Moleküle also $\boldsymbol{u}_1 = 0$ gilt.

Interessant ist nun der Vergleich von $\langle \Delta \boldsymbol{p} \rangle$ mit dem mittleren Impuls $m\boldsymbol{u}$ der Ionen (Bei dem hier betrachteten Fall ist $\boldsymbol{u}$ natürlich parallel zum elektrischen Feld, und daher verschwindet nur die z-Komponente nicht.) Dazu braucht man (14.6.7) nur in etwas anderer Form zu schreiben:

$$\langle \Delta \boldsymbol{p} \rangle \equiv -\xi m \boldsymbol{u}, \qquad \xi \equiv \frac{\mu}{m} = \frac{m_1}{m + m_1} \tag{14.6.8}$$

Die Größe ξ gibt den Bruchteil des mittleren Impulses an, den ein Ion pro Stoß verliert. Ist $m \ll m_1$, so ist $\xi \approx 1$. Wenn also die Masse m der Ionen sehr viel kleiner als die Masse m_1 der neutralen Moleküle ist, dann verliert ein Ion bei einem Stoß im Mittel praktisch seinen gesamten Impuls in Richtung des äußeren Feldes. Ist andererseits $m \gg m_1$, dann wird $\xi \approx m_1/m$, und ein schweres Ion verliert bei einem Zusammenstoß mit einem sehr viel leichteren Molekül im Mittel nur einen vergleichsweise geringen Anteil seines Impulses in Feldrichtung. In diesem Falle tragen die Stöße mit den neutralen Molekülen nur wenig zur Verringerung der elektrischen Leitfähigkeit bei. Der Faktor ξ in (14.6.8) zeigt, daß die mittlere Geschwindigkeit eines Ions nach dem Stoß sehr stark von seiner mittleren Geschwindigkeit vor dem Stoß abhängen kann, speziell dann, wenn $m \gg m_1$ ist. Daher wird mit diesem Faktor die Korrelation der Geschwindigkeiten vor und nach dem Stoß berücksichtigt, die wir in den beiden vorhergehenden Kapiteln vernachlässigt haben.

Die durch Stöße hervorgerufene mittlere Impulsänderung eines Ions pro Zeiteinheit erhält man, indem man die mittlere Impulsänderung $\langle \Delta \boldsymbol{p} \rangle$ pro Stoß mit der Anzahl τ^{-1} der Ionen-Molekül-Stöße pro Zeiteinheit multipliziert. Mit (14.6.8) ergibt sich dann für die Impulsbilanz (14.6.2) der einfache Ausdruck

$$e\mathcal{E} - \tau^{-1}(\xi m u_z) = 0 \tag{14.6.9}$$

Daraus folgt

$$u_z = \frac{e}{m} \frac{\tau}{\xi} \mathcal{E}$$

und die aus (14.6.1) berechnete elektrische Leitfähigkeit wird

$$\sigma_{el} \equiv \frac{j_z}{\mathcal{E}} = \frac{ne^2}{m}\frac{\tau}{\xi} \tag{14.6.10}$$

Dieser Ausdruck unterscheidet sich von (12.6.8) oder (13.4.10) durch den Faktor ξ, welcher der Korrelation der mittleren Geschwindigkeiten Rechnung trägt. Mit (14.6.3) und (14.6.8) ergibt sich explizit

$$\sigma_{el} = \frac{ne^2}{m}\left[\sqrt{\frac{3kT}{\mu}}\,\sigma_{im}n_1\right]^{-1}\left(\frac{m}{\mu}\right)$$

bzw.
$$\sigma_{el} = \frac{ne^2}{n_1\sigma_{im}}\frac{1}{\sqrt{3\mu kT}} \tag{14.6.11}$$

Man beachte, daß die elektrische Leitfähigkeit hier nur von der *reduzierten* Masse von Ion und Molekül abhängt. Ist $m \ll m_1$, so daß die Korrelation der Geschwindigkeiten vernachlässigt werden kann, dann ist $\mu = m$ und (14.6.11) geht in (12.6.9) über. Im anderen Grenzfall, in dem $m \gg m_1$ ist, gilt $\mu = m_1$, und σ_{el} hängt nicht von der Masse des Ions ab.

Der Ausdruck (14.6.11) zeigt die korrekte Abhängigkeit der elektrischen Leitfähigkeit von den verschiedenen mikroskopischen Kenngrößen des Systems. Insbesondere wird dabei sowohl die Korrelation der mittleren Geschwindigkeiten berücksichtigt, als auch die aus der Herleitung ersichtliche Tatsache, daß die Ion-Ion-Stöße keinen Einfluß auf die elektrische Leitfähigkeit haben. Eine sorgfältigere rechnerische Behandlung der Impulsbilanzgleichung würde natürlich ein numerisch genaueres Ergebnis liefern. Damit befaßt sich jedoch eine der Übungsaufgaben am Ende dieses Kapitels.

14.7 Näherungsmethoden zur Lösung der Boltzmann-Gleichung

Will man die in diesem Kapitel entwickelte Transporttheorie zur quantitativen Behandlung physikalischer Probleme verwenden, so ist man darauf angewiesen, Näherungslösungen der Boltzmann-Gleichung

$$Df = D_c f \tag{14.7.1}$$

zu finden, deren explizite Form in (14.3.8) angegeben wurde. Es soll hier nicht unser Ziel sein, die genauesten Lösungen anzugeben, die sich mit aufwenigen Näherungsverfahren finden lassen. Vielmehr soll gezeigt werden, wie man auf relativ einfachem Wege bereits Lösungen von befriedigender Genauigkeit erhalten kann.

Wir gehen wie vorher wiederum davon aus, daß sich die physikalischen Bedingungen nur wenig von den Gleichgewichtsbedingungen unterscheiden. Dann wird sich die Verteilungsfunktion $f(\boldsymbol{r},\boldsymbol{v},t)$, die Lösung von (14.7.1) ist, nicht allzusehr von einer Maxwell-Verteilung unterscheiden, die dem *lokalen* Gleichgewicht zur Zeit t in der Umgebung des Ortes $\boldsymbol{r}$ entspricht, d.h.

$$f^{(0)}(\boldsymbol{r},\boldsymbol{v},t) = n\left(\frac{m\beta}{2\pi}\right)^{\frac{3}{2}} e^{-\frac{1}{2}\beta m(\boldsymbol{v}-\boldsymbol{u})^2} \tag{14.7.2}$$

wobei n, β und $\boldsymbol{u}$ langsam veränderliche Funktionen von $\boldsymbol{r}$ und t sein können, aber nicht von $\boldsymbol{v}$ abhängen sollen. Da $f^{(0)}$ in derselben Weise von $\boldsymbol{v}$ abhängt wie die wirkliche Gleichgewichtsverteilung, und da der Stoßterm in der Boltzmann-Gleichung nur Integration über Geschwindigkeiten enthält, hat die lokale mit der wirklichen Gleichgewichtsverteilung die Eigenschaft gemeinsam, daß sie durch Stöße nicht geändert wird; d.h., es gilt

$$D_c f^{(0)} = 0 \tag{14.7.3}$$

Anmerkung: Das kann man einfach nachweisen, indem man zeigt, daß für beliebiges $\boldsymbol{r}$ und t

$$f^{(0)}(\boldsymbol{v})f^{(0)}(\boldsymbol{v}_1) = f^{(0)}(\boldsymbol{v}')f^{(0)}(\boldsymbol{v}_1') \tag{14.7.4}$$

gilt. Dann verschwindet der Integrand auf der rechten Seite von (14.3.8). Einfacher ist es, die äquivalente Bedingung

$$\ln f^{(0)}(\boldsymbol{v}) + \ln f^{(0)}(\boldsymbol{v}_1) = \ln f^{(0)}(\boldsymbol{v}') + \ln f^{(0)}(\boldsymbol{v}_1')$$

oder mit (14.7.2)

$$\tfrac{1}{2}m(\boldsymbol{v}-\boldsymbol{u})^2 + \tfrac{1}{2}m(\boldsymbol{v}_1-\boldsymbol{u})^2 = \tfrac{1}{2}m(\boldsymbol{v}'-\boldsymbol{u})^2 + \tfrac{1}{2}m(\boldsymbol{v}_1'-\boldsymbol{u})^2 \tag{14.7.5}$$

zu verifizieren. Nun läßt sich die linke Seite von (14.7.5) in

$$(\tfrac{1}{2}m\boldsymbol{v}^2 + \tfrac{1}{2}m\boldsymbol{v}_1^2) - (m\boldsymbol{v} + m\boldsymbol{v}_1)\cdot\boldsymbol{u} + m\boldsymbol{u}^2$$

umformen und genauso die rechte Seite, nur daß hier die (gestrichenen) Geschwindigkeiten nach dem Stoß stehen. Infolgedessen treten rechts und links nur die konstante mittlere Geschwindigkeit $\boldsymbol{u}$, der Gesamtimpuls und die kinetische Gesamtenergie der stoßenden Teilchen auf, die allesamt bei einem Stoß erhalten bleiben. Daher gilt die Gleichung (14.7.5) und damit auch (14.7.3)

Die linke Seite der Boltzmann-Gleichung verschwindet dagegen für $f^{(0)}$ im allgemeinen *nicht*, d.h., im allgemeinen ist $Df^{(0)} \neq 0$, wenn n, β und $\boldsymbol{u}$ von $\boldsymbol{r}$ und t abhängen. Daher ist die lokale Gleichgewichtsverteilung $f^{(0)}$ im Gegensatz zur wirklichen Gleichgewichtsverteilung keine Lösung der Boltzmann-Gleichung (14.7.1) (14.7.1).

Man kann jedoch mit Hilfe von $f^{(0)}$ und unter Ausnutzung der Voraussetzung, daß sich das System fast im Gleichgewicht befindet, die Lösung f der Boltzmann-Gleichung in der Form

$$f = f^{(0)}(1+\Phi), \quad \text{mit} \quad \Phi \ll 1 \tag{14.7.6}$$

schreiben. Auf der linken Seite von (14.7.1) kann man dann die Korrektur $f^{(0)}\Phi$ gegenüber dem Beitrag, den $f^{(0)}$ selbst liefert, vernachlässigen:

$$Df \approx Df^{(0)} \tag{14.7.7}$$

Die rechte Seite von (14.7.1) ist nach (14.3.8)

$$D_C f = \iint d^3v_1 \, d\Omega' \, (f'f_1' - ff_1) V\sigma \tag{14.7.8}$$

Mit (14.7.6) ergibt sich für ff_1 näherungsweise

$$ff_1 = f^{(0)} f_1^{(0)} (1 + \Phi + \Phi_1)$$

wenn man den in der Korrektur Φ quadratischen Term $\Phi\Phi_1$ vernachlässigt. Genauso wird

$$f'f_1' = f^{(0)} f_1^{(0)} (1 + \Phi' + \Phi_1')$$

wobei nach (14.7.4) $f^{(0)\prime} f^{(0)}{}_1{}'$ durch $f^{(0)} f^{(0)}{}_1$ ersetzt wurde.

Setzt man diese beiden Beziehungen in (14.7.8) ein und beachtet, daß der Teil des Integranden, der nur die lokalen Gleichgewichtsverteilungen $f^{(0)}$ enthält, gerade $D_C f^{(0)}$ ergibt und nach (14.7.3) keinen Betrag liefert, dann erhält man

mit $$D_C f = \mathfrak{L}\Phi \tag{14.7.9}$$

▶ $$\mathfrak{L}\Phi \equiv \iint d^3v_1 d\Omega' \, f^{(0)} f_1^{(0)} V\sigma \, \Delta\Phi \tag{14.7.10}$$

und der Abkürzung

$$\Delta\Phi = \Phi' + \Phi_1' - \Phi - \Phi_1 \tag{14.7.11}$$

Mit der Näherung (14.7.7) für die rechte Seite wird aus (14.7.9) schließlich

▶ $$Df^{(0)} = \mathfrak{L}\Phi \tag{14.7.12}$$

eine Näherung der Boltzmann-Gleichung (14.7.1).

Da $f^{(0)}$ durch (14.7.2) gegeben ist, ist die linke Seite von (14.7.12) bekannt. Die gesuchte Funktion Φ tritt in (14.7.12) nur noch im Integranden auf der rechten Seite auf. Es ist jedoch immer noch schwierig genug, eine Lösung Φ der linearen Integralgleichung (14.7.12) zu finden. Andererseits ist die durch die oben beschriebenen Näherungen erhaltene lineare Integragleichung aber sehr viel einfacher zu behandeln als die Ausgangsgleichung (14.7.1), eine nichtlineare Integro-Differentialgleichung für Φ.

Anmerkung: Wir können eine physikalische Forderung stellen, aus der einige Nebenbedingungen an die Funktion Φ folgen. Wir wollen fordern, daß die tatsächliche Verteilungsfunktion $f(\boldsymbol{r},\boldsymbol{v},t)$ so beschaffen ist, daß die lokalen Größen $n(\boldsymbol{r}, t)$, $\boldsymbol{u}(\boldsymbol{r}, t)$ und $\beta(\boldsymbol{r}, t) \equiv (kT)^{-1}$ in (14.7.2) ihre übliche Bedeutung als Anzahl der Teilchen pro Volumeneinheit, mittlere Geschwindigkeit und als reziproke, mittlere thermische Energie behalten. Etwas mathematischer ausgedrückt, bedeutet dies, daß wir die Gültigkeit der folgenden Beziehungen, die sicher im Gleichgewicht richtig sind – wenn also n, und T orts- und zeitunabhängig sind – auch für den Fall fordern, daß diese Parameter von $\boldsymbol{r}$ und dt abhängen:

$$\left.\begin{aligned} \int d^3\boldsymbol{v}\, f &= n(\boldsymbol{r},t) \\ \frac{1}{n}\int d^3\boldsymbol{v}\, f\boldsymbol{v} &= \boldsymbol{u}\,(\boldsymbol{r},t) \\ \frac{1}{n}\int d^3\boldsymbol{v}\, f\left[\frac{1}{2}m(\boldsymbol{v}-\boldsymbol{u})^2\right] &= kT(\boldsymbol{r},t) \end{aligned}\right\} \qquad (14.7.13)$$

Nun werden diese Gleichungen aber bereits von $f^{(0)}$, dem ersten Term in (14.7.6), erfüllt. Daher folgen aus (14.7.13) für Φ die Bedingungen:

$$\left.\begin{aligned} \int d^3\boldsymbol{v}\, f^{(0)}\Phi &= 0 \\ \int d^3\boldsymbol{v}\, f^{(0)}\Phi\boldsymbol{v} &= 0 \\ \int d^3\boldsymbol{v}\, f^{(0)}\Phi(\boldsymbol{v}-\boldsymbol{u})^2 &= 0 \end{aligned}\right\} \qquad (14.7.14)$$

Zur Bestimmung der Lösung Φ von (14.7.12) können wir etwa einen Ansatz machen, der von q Parametern $A_1, A_2, A_3, \ldots, A_q$ abhängt. Wir könnten Φ zum Beispiel als Potenzreihe in den Komponenten von $\boldsymbol{U} \equiv \boldsymbol{v} - \boldsymbol{u}$ ansetzen

$$\Phi = \sum_{\lambda=1}^{3} a_\lambda U_\lambda + \sum_{\lambda,\mu=1}^{3} a_{\lambda\mu} U_\lambda U_\mu + \cdots \qquad (14.7.15)$$

und die Entwicklungskoeffizienten a_λ, $a_{\lambda\mu}$ usw. sind die Parameter. Setzt man nun ein solches Φ in (14.7.12) ein, so wird man im allgemeinen feststellen müssen, daß $\mathfrak{L}\,\Phi$ und $Df^{(0)}$ von $\boldsymbol{v}$ in verschiedener Weise abhängen. Daher wird es im allgemeinen keinen Satz von Parametern $A_1, \ldots, A_q$ geben, so daß Φ die Gleichung (14.7.12) für alle $\boldsymbol{v}$ erfüllt. Es ist aber zu vermuten, daß man die Gleichung in guter Näherung erfüllen kann, indem man einen optimalen Satz von Parametern $A_1, \ldots, A_q$ wählt. Ein systematischer Weg, solch einen optimalen Satz zu finden, besteht darin, daß wir die strenge Forderung, Φ soll die Gleichung (14.7.12) erfüllen, durch die folgende schwächere ersetzen: Ist $\psi(\boldsymbol{v})$ irgendeine Funktion von $\boldsymbol{v}$, so soll Φ die Gleichung

$$\int d^3\boldsymbol{v}\, \Psi\, Df^{(0)} = \int d^3\boldsymbol{v}\, \Psi\, \mathfrak{L}\Phi \qquad (14.7.16)$$

erfüllen, d.h., wir verlangen von Φ nur noch, daß es die Gleichung (14.7.12) in einem durch $\psi(\boldsymbol{v})$ gegebenen Mittel erfüllt. Da in (14.7.16) über $\boldsymbol{v}$ integriert wird, hängen beide Seiten der Gleichung nicht mehr von $\boldsymbol{v}$ ab. Die Lösung von (14.7.12) erfüllt die schwächere Bedingung (14.7.16) mit jedem ψ, aber *nicht umgekehrt;* d.h., ein Φ, das bei irgendeinem vorgegebenen ψ (14.7.16) erfüllt, braucht nicht notwendig auch der Ausgangsgleichung (14.7.12) zu genügen [10+)]. Nur wenn

[10+)] Fußnote siehe Seite 633.

man ein Φ findet, welches (14.7.16) für *alle* möglichen Ψ erfüllt, dann kann man daraus schließen, daß dieses Φ auch (14.7.12) genügt [11+]. Wählt man nun einen Satz von q Funktionen $\Psi_1, \ldots \Psi_q$ und versucht, die entsprechenden q Gleichungen (14.7.16) zu erfüllen, dann erhält man einen Satz von q *linearen* Gleichungen für die q unbekannten Parameter $A_1, \ldots A_q$. Wenn man die q Funktionen Ψ einigermaßen geschickt gewählt hat, dann darf man erwarten, daß das so bestimmte Φ eine recht gute Näherungslösung der Gleichung (14.7.12) ist. Ferner kann man erwarten, daß die Näherung umso besser wird, je größer der Satz von Funktionen bzw. Parametern ist. Wählt man für Φ den Ansatz (14.7.15), dann ist es am bequemsten, die „Testfunktionen" Ψ in der Form U_λ, $U_\lambda U_\mu, \ldots$ zu wählen. Das eben beschriebene Verfahren wird in diesem Falle als „Momentenmethode" bezeichnet.

Es sei noch darauf aufmerksam gemacht, daß (14.7.16) zu (14.4.11) äquivalent ist. Daher kann (14.7.16) auch als die Bedingung dafür interpretiert werden, daß der *Mittelwert* $\langle\Psi\rangle$ die Bilanzgleichung (14.4.9) erfüllt.

* **Lösung durch ein Variationsverfahren**: Da es ein zur Gleichung (14.7.12) äquivalentes Extremalprinzip gibt, kann man ein sehr elegantes Näherungsverfahren, das sogenannte Kohlersche Variationsverfahren, zur Lösung dieser Gleichung angeben. Wir wollen dieses Extremalprinzip nun herleiten. Dazu stellen wir zunächst fest, daß der durch (14.7.10) definierte Operator $\mathfrak{L}$ linear ist, d.h., für zwei beliebige Funktionen Φ und Ψ gilt:

$$\mathfrak{L}(\Phi + \Psi) = \mathfrak{L}\Phi + \mathfrak{L}\Psi \tag{14.7.17}$$

Ferner weist das Integral in (14.7.16) ein beachtliches Maß an Symmetrie auf. Mit (14.7.10) und (14.2.4) läßt es sich zunächst in der Form

$$\int d^3\boldsymbol{v}\, \Psi\, \mathfrak{L}\Phi = \iiiint d^3\boldsymbol{v}\, d^3\boldsymbol{v}_1\, d^3\boldsymbol{v}'\, d^3\boldsymbol{v}_1'\, f^{(0)} f_1^{(0)}\, V\sigma'(\boldsymbol{v}, \boldsymbol{v}_1 \to \boldsymbol{v}', \boldsymbol{v}_1')\Psi\, \Delta\Phi \tag{14.7.18}$$

schreiben. Wir können nun genauso vorgehen wie bei der Umformung von (14.4.18) in (14.4.22). Zuerst werden $\boldsymbol{v}$ mit $\boldsymbol{v}_1$ und $\boldsymbol{v}'$ mit $\boldsymbol{v}_1'$ vertauscht. Dabei bleiben σ' und $\Delta\Phi$ ungeändert. Auf diese Weise wird aus (14.7.8) (wir lassen der Kürze halber die Integrationsvariablen weg)

$$\int \Psi\, \mathfrak{L}\Phi = \iiiint f^{(0)} f_1^{(0)}\, V\sigma' \Psi_1\, \Delta\Phi$$

Addiert man dies zu (14.7.18), so ergibt sich

$$\int \Psi\, \mathfrak{L}\Phi = \tfrac{1}{2} \iiiint f^{(0)} f_1^{(0)}\, V\sigma'[\Psi + \Psi_1]\, \Delta\Phi \tag{14.7.19}$$

10+) (14.7.16) hat im allgemeinen mehr Lösungen als (14.7.12), weil man wegen der Linearität von $\mathfrak{L}$ zu einer Lösung Φ_1 von (14.7.16) jede Funktion Φ_2 hinzufügen kann, für die $\int d^3 v \Psi \mathfrak{L}\, \Phi_2 = 0$ gilt. $\Phi_1 + \Phi_2$ ist dann ebenfalls Lösung von (14.7.16).

11+) Der Schluß ist streng gültig, wenn die Menge aller Ψ ein vollständiges Funktionensystem bildet.

Die Vertauschung von $\boldsymbol{v}$ mit $\boldsymbol{v}'$ und $\boldsymbol{v}_1$ mit $\boldsymbol{v}_1'$ (d.h., der Übergang zum inversen Stoß) läßt σ' ungeändert, $\Delta\Phi$ ändert sein Vorzeichen. Ferner gilt nach (14.7.4) $f^{(0)\prime} f_1^{(0)\prime} = f^{(0)} f_1^{(0)}$. Daher geht (14.7.19) über in

$$\int \Psi\, \mathfrak{L}\Phi = -\tfrac{1}{2} \int\!\!\int\!\!\int\!\!\int f^{(0)} f_1^{(0)} V \sigma' [\Psi' + \Psi_1']\, \Delta\Phi$$

Addiert man diesen Ausdruck zu (14.7.19), so erhält man die symmetrische Form

$$\int \Psi\, \mathfrak{L}\Phi = -\tfrac{1}{4} \int\!\!\int\!\!\int\!\!\int f^{(0)} f_1^{(0)} V \sigma'\, \Delta\Psi\, \Delta\Phi \tag{14.7.20}$$

mit $\Delta\Psi = \Psi' + \Psi_1' - \Psi - \Psi_1$.

Das Ergebnis (14.7.20) liefert zwei wichtige Aussagen. Erstens folgt daraus die Symmetriebeziehung

▶ $$\int \Psi\, \mathfrak{L}\Phi = \int \Phi\, \mathfrak{L}\Psi \tag{14.7.21}$$

und zweitens ist der Integrand in (14.7.20) für $\Psi = \Phi$ nicht negativ, so daß

▶ $$\int \Phi\, \mathfrak{L}\Phi \leq 0 \tag{14.7.22}$$

gilt. Wir wollen nun die tatsächliche Lösung Φ von (14.7.12) mit *irgendeiner* anderen Funktion $\Phi' = \Phi + \delta\Phi$ vergleichen. Dazu multiplizieren wir beide Seiten von (14.7.12) mit Φ und erhalten durch Integration die Ausdrücke $\int \Phi\, \mathfrak{L}\Phi$ und $\int \Phi D f^{(0)}$. Wir bilden die gleichen Ausdrücke mit Φ' anstelle von Φ und formen sie unter Benutzung von (14.7.21) um. So erhalten wir

$$\int \Phi'\, \mathfrak{L}\Phi' = \int (\Phi + \delta\Phi)\, \mathfrak{L}(\Phi + \delta\Phi) = \int \Phi\, \mathfrak{L}\Phi + 2\int \delta\Phi\, \mathfrak{L}\Phi + \int \delta\Phi\, \mathfrak{L}\, \delta\Phi \tag{14.7.23}$$

und $$\int \Phi' D f^{(0)} = \int (\Phi + \delta\Phi) D f^{(0)} = \int \Phi D f^{(0)} + \int \delta\Phi D f^{(0)} \tag{14.7.24}$$

Vergleicht man den Ausdruck

▶ $$M \equiv \int d^3v\, \Phi\, \mathfrak{L}\Phi - 2 \int d^3v\, \Phi D f^{(0)} = \int d^3v\, \Phi(\mathfrak{L}\Phi - 2 D f^{(0)}) \tag{14.7.25}$$

mit dem entsprechenden, mit Φ' berechneten Ausdruck M', so stellt man fest, daß wegen (14.7.23), (14.7.24) und (14.7.22)

$$M' - M = \int \delta\Phi\, \mathfrak{L}\, \delta\Phi \leq 0 \tag{14.7.26}$$

gilt. Der Ausdruck M wurde mit Bedacht so definiert, daß die in $\delta\Phi$ linearen Terme in (14.7.26) wegen (14.7.12) verschwinden. M hängt also nicht *linear* von der Variation $\delta\Phi$ der Funktion Φ ab und wird bei Variation von Φ stets kleiner. Daher können wir folgendes Extremalprinzip formulieren:

> Der Ausdruck M hat für die Lösung Φ der linearisierten Boltzmann-Gleichung (14.7.12) ein Maximum.

Wenn wir dieses Prinzip umkehren, – die Funktion Φ, für die der Ausdruck M ein Maximum hat, ist Lösung der Gleichung (14.7.12) – dann erhalten wir ein sehr gutes Näherungsverfahren zur Lösung der linearisierten Boltzmann-Gleichung (14.7.12). Wählt man wie oben beschrieben einen q-parametrigen Ansatz für Φ, so wird M eine Funktion dieser Parameter $A_1, \ldots A_q$, und das Extremalprinzip gibt ein Kriterium für den optimalen Parametersatz: Er ist so zu wählen, daß M ein Maximum wird. Man erhält so eine q-parametrige Näherungslösung der Gleichung (14.7.12), die man durch Erhöhung der Anzahl der Parameter systematisch verbessern kann, weil M mit der Anzahl der Parameter wächst.

Das einfachste Beispiel ist ein einparametriger Ansatz der Form $\Phi = A\phi$, wobei der Parameter A nicht von v abhängt und ϕ eine Funktion von $\boldsymbol{v}$ ist. Aus (14.7.25) ergibt sich

$$M(A) = A^2 \int \varphi \mathcal{L} \varphi - 2A \int Df^{(0)}$$

Der optimale Wert von A ist der, für den M ein Maximum annimmt, d.h., der die Bedingung

$$\frac{\partial M}{\partial A} = 0 = 2A \int \varphi \mathcal{L} \varphi - 2 \int Df^{(0)}$$

erfüllt. Daraus ergibt sich

$$\mathrm{A} = \frac{\int Df^{(0)}}{\int \varphi \mathcal{L} \varphi} \tag{14.7.27}$$

Daß es sich dabei tatsächlich um kein Minimum von M handelt, folgt aus (14.7.22). Danach gilt nämlich:

$$\frac{\partial^2 M}{\partial A^2} = 2 \int \phi \mathcal{L} \phi \leqslant 0$$

14.8 Beispiel: Berechnung der Viskosität

Wir untersuchen wieder den in Abb. 12.3.2 dargestellten Fall, in dem das Gas eine mittlere Geschwindigkeit $u_x(z)$ in x-Richtung besitzt, die von z abhängt: $\partial u_x/\partial z \neq 0$. Wir wollen die Schubspannung P_{zx} berechnen.

Alle auftretenden Größen sind zeitunabhängig und bis auf u_x, das nur von z abhängt, auch ortsunabhängig. Daher hat die *lokale* Gleichgewichtsverteilung einfach die bereits in (13.8.6) verwendete Form

$$f^{(0)}(\boldsymbol{r},\boldsymbol{v},t) = n\left(\frac{m\beta}{2\pi}\right)^{\frac{3}{2}} e^{-\frac{1}{2}\beta m\{[v_x-u_x(z)]^2+v_y{}^2+v_z{}^2\}}$$

wobei β und n Konstanten sind. Diese Verteilung läßt sich kürzer schreiben:

$$f^{(0)}(\boldsymbol{r},\boldsymbol{v},t) = g(U) \tag{14.8.1}$$

mit $U_x(z) \equiv v_x - u_x(z), \qquad U_y = v_y, \qquad U_z = v_z$ (14.8.2)

und $g(U) = n\left(\frac{m\beta}{2\pi}\right)^{\frac{3}{2}} e^{-\frac{1}{2}\beta m U^2}$ (14.8.3)

Da keine äußeren Kräfte vorhanden sind, ist $\boldsymbol{F} = 0$, und es gilt einfach

$$Df^{(0)} = v_z \frac{\partial f^{(0)}}{\partial z} = v_z \frac{\partial g}{\partial U_x}\left(-\frac{\partial u_x}{\partial z}\right) = \beta m g(U) U_z U_x \frac{\partial u_x}{\partial z}$$

Dabei wurde nach (14.8.2) v_z durch U_z ersetzt. Mit (14.8.3) lautet die Boltzmann-Gleichung (14.7.12) dann

$$\left(\beta m \frac{\partial u_x}{\partial z}\right) g(U) U_z U_x = \iint d^3\boldsymbol{U}_1\, d\Omega'\, g(U) g(U_1) V\sigma\, \Delta\Phi \tag{14.8.4}$$

Der erste Schritt besteht darin, daß man versucht festzustellen, wie Φ von $\boldsymbol{v}$ oder, was äquivalent ist, von $\boldsymbol{U}$ abhängen muß, damit (14.8.4) erfüllt wird. Die linke Seite dieser Gleichung transformiert sich bei einer Drehung des Koordinatensystems wie das Produkt der Vektorkomponenten $U_x U_z$. Daher muß sich die rechte Seite ähnlich verhalten, und es ist folglich zu erwarten, daß Φ die Form

$$\Phi = A U_z U_x \tag{14.8.5}$$

hat, wobei A im allgemeinen eine Funktion von $|\boldsymbol{U}|$ sein wird. Wir wollen hier jedoch annehmen, daß A in erster Näherung nicht von $|\boldsymbol{U}|$ abhängt, also eine Konstante ist. Um den bestmöglichen Wert des Parameters A zu finden, verfahren wir nach der eingangs beschriebenen Methode und verlangen, daß Φ anstelle der Gleichung (14.8.4) die schwächere Bedingung (14.7.16) erfüllt. Wir werden also beide Seiten von (14.8.4) mit der Testfunktion $U_z U_x$ multiplizieren, anschließend über $\boldsymbol{v}$ bzw. $\boldsymbol{U}$ integrieren und versuchen, die sich ergebende Gleichung durch ein geeignetes A zu erfüllen. Das bedeutet, wir versuchen, statt der Gleichung (14.8.4) die die Gleichung

$$\beta m \frac{\partial u_x}{\partial z} \int d^3\boldsymbol{U}\, g(U) U_z^2 U_x^2 = A \iiint d^3\boldsymbol{U}\, d^3\boldsymbol{U}_1\, d\Omega'\, g(U) g(U_1) V\sigma U_z U_x\, \Delta(U_z U_x) \tag{14.8.6}$$

zu befriedigen. [Es sei darauf hingewiesen, daß das Variationsverfahren nach (14.7.27) genau den gleichen Wert für A ergibt wie (14.8.6)].

Das Integral auf der linken Seite von (14.8.6) ist wegen (14.8.3) einfach

$$\int d^3\boldsymbol{U}\, g(U) U_z^2 U_x^2 = n\left(\frac{m\beta}{2\pi}\right)^{\frac{3}{2}} \int_{-\infty}^{\infty} e^{-\frac{1}{2}\beta m U_y^2}\, dU_y \int_{-\infty}^{\infty} e^{-\frac{1}{2}\beta m U_z^2}\, U_z^2\, dU_z \int_{-\infty}^{\infty} e^{-\frac{1}{2}\beta m U_x^2}\, U_x^2\, dU_x$$

bzw. $\int d^3\boldsymbol{U}\, g(U) U_z^2 U_x^2 = n\overline{U_z^2}\,\overline{U_x^2} = n\left(\frac{kT}{m}\right)^2$ (14.8.7)

Die mit dem Querstrich versehenen Größen sind die mit der Gleichgewichtsverteilung g berechneten Mittelwerte, die man wegen des Gleichverteilungssatzes nicht extra zu berechnen braucht.

Im Integral auf der rechten Seite von (14.8.6) integrieren wir zuerst über $d\Omega'$ und anschließend über $\boldsymbol{U}$ und $\boldsymbol{U}_1$. Entsprechend schreiben wir das Integral in der Form

$$I \equiv \int\int d^3\boldsymbol{U}\, d^3\boldsymbol{U}_1\, g(U)g(U_1)U_zU_x\, J(\boldsymbol{U},\boldsymbol{U}_1) \tag{14.8.8}$$

mit
$$J(\boldsymbol{U},\boldsymbol{U}_1) \equiv \int d\Omega'\, V\sigma\, \Delta(U_zU_x) \tag{14.8.9}$$

Mit (14.8.7) kann man so die Gleichung (14.8.6) in der Form

$$\blacktriangleright \quad n\left(\frac{kT}{m}\right)\frac{\partial u_x}{\partial z} = AI \tag{14.8.10}$$

schreiben. Bevor wir uns mit der etwas langwierigen Auswertung des Integrales I befassen, wollen wir noch zwei Bemerkungen zum Ansatz (14.8.5) machen. Wie man leicht nachprüft, erfüllt er aus Symmetriegründen die Nebenbedingungen (14.7.14). Ferner lassen sich mit diesem Ansatz die Komponenten $P_{zx} = P_{xz}$ des Spannungstensors unmittelbar berechnen. (Alle anderen Komponenten verschwinden wieder aus Symmetriegründen wegen der Form (14.8.5) des Ansatzes.) Nach (13.1.17) gilt:

$$\begin{aligned} P_{zx} &= m\int d^3\boldsymbol{v}\, fU_zU_x = m\int d^3\boldsymbol{U}\, g(U)(1+\Phi)U_zU_x \\ &= 0 + m\int d^3\boldsymbol{U}\, g\Phi U_zU_x = Am\int d^3\boldsymbol{U}\, gU_z^2U_x^2 \end{aligned}$$

Dabei verschwindet das Integral, das $g(U)$ alleine enthält, wiederum aus Symmetriegründen. Das übrig bleibende Integral wurde bereits in (14.8.7) ausgewertet, so daß man

$$\blacktriangleright \quad P_{zx} = nm\left(\frac{kT}{m}\right)^2 A \tag{14.8.11}$$

erhält. Da A aus (14.8.10) bestimmt wird, fehlt zur Berechnung von P_{zx} nur noch die Auswertung des Integrals.

Berechnung des Stoßintegrals *I*. Wir berechnen zunächst das Integral J aus (14.8.9). Da im Integranden V sowohl im Streuquerschnitt $\sigma(V)$ als auch direkt auftritt, drücken wir $\boldsymbol{U}$ durch die Relativgeschwindigkeit $\boldsymbol{V}$ und die Schwerpunktsgeschwindigkeit $\boldsymbol{c}$ aus. Es gilt

$$\boldsymbol{V} = \boldsymbol{v} - \boldsymbol{v}_1 = \boldsymbol{U} - \boldsymbol{U}_1 \tag{14.8.12}$$

Da alle Moleküle die gleiche Masse m haben, gilt weiter

$$\boldsymbol{c} = \frac{m\boldsymbol{v} + m\boldsymbol{v}_1}{2m} = \frac{1}{2}(\boldsymbol{v} + \boldsymbol{v}_1)$$

oder
$$\boldsymbol{C} \equiv \boldsymbol{c} - \boldsymbol{u} = \tfrac{1}{2}(\boldsymbol{U} + \boldsymbol{U}_1) \tag{14.8.13}$$

wobei $\boldsymbol{C}$ die Schwerpunktsgeschwindigkeit in dem mit der mittleren Geschwindigkeit $\boldsymbol{u}$ des Gases bewegten Bezugssystem ist. Aus (14.8.12) und (14.8.13) folgt analog zu (14.1.3)

$$\boldsymbol{U} = \boldsymbol{C} + \tfrac{1}{2}\boldsymbol{V}, \quad \boldsymbol{U}_1 = \boldsymbol{C} - \tfrac{1}{2}\boldsymbol{V} \tag{14.8.14}$$

Und für die Geschwindigkeiten nach dem Stoß gilt entsprechend

$$\boldsymbol{U}' = \boldsymbol{C} + \tfrac{1}{2}\boldsymbol{V}', \quad \boldsymbol{U}_1' = \boldsymbol{C} - \tfrac{1}{2}\boldsymbol{V}' \tag{14.8.15}$$

da $\boldsymbol{C}$ beim Stoß konstant bleibt. Nun ist nach (14.7.11)

$$\Delta(U_z U_x) = U_z' U_x' + U_{1z}' U_{1x}' - U_z U_x - U_{1z} U_{1x}$$

woraus sich mit (14.8.14)

$$\begin{aligned} U_z U_x + U_{1z} U_{1x} &= (C_z + \tfrac{1}{2}V_z)(C_x + \tfrac{1}{2}V_x) + (C_z - \tfrac{1}{2}V_z)(C_x - \tfrac{1}{2}V_x) \\ &= 2C_z C_x + \tfrac{1}{2}V_z V_x \end{aligned}$$

ergibt. Wegen (14.8.15) gilt die analoge Gleichung für die Geschwindigkeiten nach dem Stoß, und daher wird

$$\Delta(U_z U_x) = \tfrac{1}{2}(V_z' V_x' - V_z V_x) \tag{14.8.16}$$

Folglich erhält man für das Integral (14.8.9)

$$J = \frac{1}{2}\int_0^{\pi}\int_0^{2\pi} \sin\theta'\, d\theta'\, d\varphi'\, V\sigma[V_z' V_x' - V_z V_x] \tag{14.8.17}$$

Dabei sind θ' und φ' Polar- und Azimutwinkel von $\boldsymbol{V}'$ in einem Koordinatensystem mit $\boldsymbol{V}$ als Polarachse. Der Vektor $\boldsymbol{V}$ ist bezüglich der Integration in (14.8.17) eine Konstante, da jene nur über die Richtungen von $\boldsymbol{V}'$ läuft. Man stelle sich vor, daß $\boldsymbol{V}$ in die ζ-Achse eines kartesischen Koordinatensystems ξ, η, ζ gelegt wird. Ohne Beschränkung der Allgemeinheit kann man die ξ-Achse, von der aus der Winkel φ' gemessen wird, so legen, daß sie in der $(\boldsymbol{V}, \hat{\boldsymbol{z}})$-Ebene liegt. Wir bezeichnen die Einheitsvektoren in Richtung der ξ-, η- und ζ-Achse mit $\hat{\boldsymbol{\xi}}$, $\hat{\boldsymbol{\eta}}$, $\hat{\boldsymbol{\zeta}}$ und analog mit $\hat{\boldsymbol{x}}$, $\hat{\boldsymbol{y}}$, $\hat{\boldsymbol{z}}$ die Einheitsvektoren in Richtung der x-, y- und z-Achse des Laborsystems. Die geometrischen Beziehungen sind in Abb. 14.8.1 dargestellt. Da $|\boldsymbol{V}'| = |\boldsymbol{V}|$ ist, kann man schreiben

$$\boldsymbol{V}' = V\cos\theta'\hat{\boldsymbol{\zeta}} + V\sin\theta'\cos\varphi'\hat{\boldsymbol{\xi}} + V\sin\theta'\sin\varphi'\hat{\boldsymbol{\eta}}$$

Beachtet man, daß $V\hat{\boldsymbol{\zeta}} = \boldsymbol{V}$ und $\hat{\boldsymbol{\eta}} \perp \hat{\boldsymbol{z}}$, so erhält man

$$\begin{aligned} V_z' &= \boldsymbol{V}'\cdot\hat{\boldsymbol{z}} = V_z\cos\theta' + V\sin\theta'\cos\varphi'\,\hat{\boldsymbol{\xi}}\cdot\hat{\boldsymbol{z}} \\ V_x' &= \boldsymbol{V}'\cdot\hat{\boldsymbol{x}} = V_x\cos\theta' + V\sin\theta'\cos\varphi'\,\hat{\boldsymbol{\xi}}\cdot\hat{\boldsymbol{x}} + V\sin\theta'\sin\varphi'\,\hat{\boldsymbol{\eta}}\cdot\hat{\boldsymbol{x}} \end{aligned} \tag{14.8.18}$$

Wir wollen annehmen, daß die Wechselwirkungskräfte zwischen den Molekülen nur von ihrem gegenseitigen Abstand abhängen. Dann ist der differentielle Wirkungsquerschnitt σ vom Azimutwinkel φ' unabhängig, d.h., $\sigma = \sigma(V; \theta')$, und das Integral (14.8.17) wird sehr viel einfacher. Untersuchen wir zunächst die Integration über φ' von 0 bis 2π. Da $\int \sin\varphi' d\varphi' = \int \cos\varphi' d\varphi' = \int \sin\varphi' \cos\varphi' d\varphi' = 0$ und

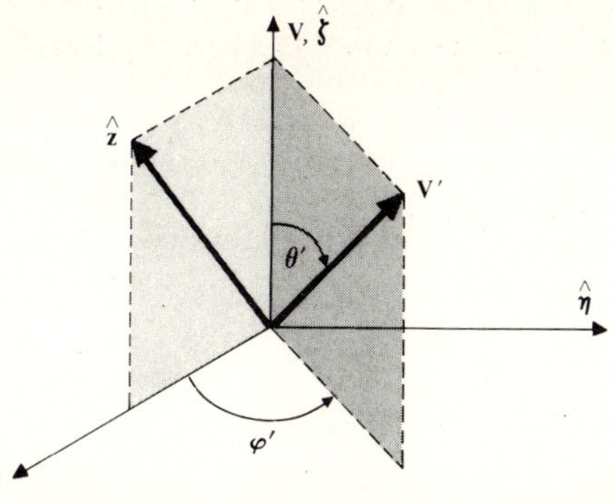

Abb. 14.8.1 Geometrische Beziehungen zwischen dem Vektor $\boldsymbol{V}$ vor und dem Vektor $\boldsymbol{V}'$ nach dem Stoß. Die $\hat{z}$-Achse des Laborsystems ist ebenfalls eingezeichnet.

$\int \cos^2\varphi' d\varphi' = \int \sin^2\varphi' d\varphi' = \pi$ ist, verschwinden alle gemischten Terme in (14.8.17), wenn man (14.8.18) einsetzt und über φ' integriert. Man erhält so

$$\int_0^{2\pi} d\varphi' \, (V_z'V_x' - V_zV_x) = 2\pi V_zV_x \cos^2\theta' + \pi V^2 \sin^2\theta' (\hat{\xi}\cdot\hat{z})(\hat{\xi}\cdot\hat{x}) - 2\pi V_zV_x \tag{14.8.19}$$

Um daraus den Vektor $\hat{\xi}$ zu eliminieren, stellen wir die Einheitsvektoren des Laborsystems im ξ, η, ζ-System dar (d.h., die Koeffizienten sind die Richtungscosinusse zwischen den jeweiligen Einheitsvektoren) und beachten, daß $\hat{z} \perp \hat{x}$. Folglich gilt [12+)]

$$\hat{z}\cdot\hat{x} = 0 = (\hat{\xi}\cdot\hat{z})(\hat{\xi}\cdot\hat{x}) + (\hat{\eta}\cdot\hat{z})(\hat{\eta}\cdot\hat{x}) + (\hat{\zeta}\cdot\hat{z})(\hat{\zeta}\cdot\hat{x})$$

und da $\hat{\eta} \perp \hat{z}$, folgt daraus weiter

$$V^2(\hat{\xi}\cdot\hat{z})(\hat{\xi}\cdot\hat{x}) = -V^2(\hat{\zeta}\cdot\hat{z})(\hat{\zeta}\cdot\hat{x}) = -V_zV_x$$

Daher läßt sich (14.8.19) umformen in

$$\int_0^{2\pi} d\varphi' \, (V_z'V_x' - V_zV_x) = \pi V_zV_x(2\cos^2\theta' - \sin^2\theta' - 2) = -3\pi V_zV_x \sin^2\theta'$$

und (14.8.17) läßt sich in der Form

$$▶ \quad J = -\tfrac{3}{4}V_zV_xV\sigma_\eta(V) \tag{14.8.20}$$

schreiben, wobei

$$▶ \quad \sigma_\eta(V) \equiv 2\pi \int_0^{\pi} \sigma(V,\theta') \sin^3\theta' \, d\theta' \tag{14.8.21}$$

ist und als der totale effektive Streuquerschnitt für die Viskositätsberechnung interpretiert werden kann.

Wir wenden uns nun wieder dem Stoßintegral (14.8.8) zu, für das man mit (14.8.20)

12+) $z = (z\cdot\zeta)\xi + (z\cdot\eta)\eta + (z\cdot\zeta)\zeta$.

$$I = -\tfrac{3}{4}\iint d^3\boldsymbol{U}\, d^3\boldsymbol{U}_1\, g(U)g(U_1)U_zU_xV_zV_xV\sigma_\eta(V)$$

oder mit (14.8.3)

$$I = -\frac{3}{4}n^2\left(\frac{m\beta}{2\pi}\right)^3 \iint\limits_{-\infty}^{\infty} d^3\boldsymbol{U}\, d^3\boldsymbol{U}_1\, e^{-\frac{1}{2}\beta m(U^2+U_1^2)}U_zU_xV_zV_xV\sigma_\eta(V) \quad (14.8.22)$$

erhält. Der Integrand hängt wieder von der Relativgeschwindigkeit $\boldsymbol{V}$ ab und daher führen wir wieder die Transformation (14.8.14) auf die Variablen $\boldsymbol{V}$ und $\boldsymbol{C}$ aus. Analog zu (14.2.6) gilt $d^3\boldsymbol{U}\,d^3\boldsymbol{U}_1 = d^3\boldsymbol{C}\,d^3\boldsymbol{V}$, und aus (14.8.22) wird

$$I = -\frac{3}{4}n^2\left(\frac{m\beta}{2\pi}\right)^3 \iint\limits_{-\infty}^{\infty} d^3\boldsymbol{C}\, d^3\boldsymbol{V}\, e^{-\beta m(C^2+\frac{1}{4}V^2)}$$

$$\left(C_zC_x + \frac{1}{4}V_zV_x + \frac{1}{2}C_zV_x + \frac{1}{2}C_xV_z\right)V_zV_xV\sigma_\eta$$

$$= -\frac{3}{4}n^2\left(\frac{m\beta}{2\pi}\right)^3 \int_{-\infty}^{\infty} d^3\boldsymbol{C}\, e^{-\beta mC^2}\int_{-\infty}^{\infty} d^3\boldsymbol{V}\, e^{-\frac{1}{4}\beta mV^2}\left(C_zC_xV_zV_x + \frac{1}{4}V_z^2V_x^2 + \frac{1}{2}C_zV_zV_x^2 + \frac{1}{2}C_xV_z^2V_x\right)V\sigma_\eta(V)$$

Ersichtlich sind drei von den Termen in der Klammer ungerade Funktion in V_z oder/und V_x und verschwinden daher bei der Integration über $\boldsymbol{V}$ aus Symmetriegründen. Übrig bleibt

$$I = -\frac{3}{16}n^2\left(\frac{m\beta}{2\pi}\right)^3 \int_{-\infty}^{\infty} d^3\boldsymbol{C}\, e^{-\beta mC^2}\int_{-\infty}^{\infty} d^3\boldsymbol{V}\, e^{-\frac{1}{4}\beta mV^2}V_z^2V_x^2V\sigma_\eta(V) \quad (14.8.23)$$

Im Anhang A.4 wird gezeigt (A.4.2), daß

$$\int_{-\infty}^{\infty} d^3\boldsymbol{C}\, e^{-\beta mC^2} = 4\pi\int_0^{\infty} e^{-\beta mC^2}\, C^2\, dC = \left(\frac{\pi}{m\beta}\right)^{\frac{3}{2}} \quad (14.8.24)$$

Stellt man $\boldsymbol{V}$ im Laborsystem in Kugelkoordinaten mit $\hat{\boldsymbol{z}}$ als Polarachse dar, so gilt

$$V_z = V\cos\theta,\ V_x = V\sin\theta\cos\varphi,\ \text{und}\ d^3\boldsymbol{V} = V^2\,dV\sin\theta\, d\theta\, d\varphi.$$

Auf diese Weise ergibt sich

$$\int d^3\boldsymbol{V}\, e^{-\frac{1}{4}\beta mV^2}V_z^2V_x^2V\sigma_\eta(V) =$$

$$\int_0^{\infty} dV\, e^{-\frac{1}{4}\beta mV^2}V^7\sigma_\eta(V)\int_0^{\pi} d\theta\sin^3\theta\cos^2\theta\int_0^{2\pi} d\varphi\cos^2\varphi$$

$$= \left[\left(\frac{2}{\sqrt{m\beta}}\right)^8\int_0^{\infty} ds\, e^{-s^2}s^7\sigma_\eta\left(\frac{2s}{\sqrt{m\beta}}\right)\right]\left[\frac{4}{15}\right][\pi] \quad (14.8.25)$$

wobei wir die dimensionslose Variable

$$s = \frac{1}{2}\sqrt{m\beta}\,V = \frac{1}{\sqrt{2}}\frac{V}{\bar{v}}$$

eingeführt haben, die die Relativgeschwindigkeit V in Einheiten der wahrscheinlichsten Geschwindigkeit $\tilde{v}$ des Gases im Gleichgewicht angibt. Würde σ_η nicht von der Relativgeschwindigkeit abhängen, dann ergäbe das Integral in (14.8.25) gemäß Anhang A.4 gerade $3\sigma_\eta$. Für den allgemeineren Fall wollen wir jedoch durch

$$\bar{\sigma}_\eta\,(T) \equiv \frac{1}{3}\int_0^\infty ds\, e^{-s^7}\sigma_\eta\left(\frac{2s}{\sqrt{m\beta}}\right) \tag{14.8.26}$$

einen mittleren effektiven Streuquerschnitt definieren. Mit dieser Definition lautet (14.8.25) nunmehr

$$\int d^3V\, e^{-\frac{1}{4}\beta mV^2} V_z{}^2 V_x{}^2 V \sigma_\eta(V) = \frac{1024\pi}{5}\,\frac{\bar{\sigma}_\eta}{(m\beta)^4} \tag{14.8.27}$$

Setzt man (14.8.27) und (14.8.24) in (14.8.23) ein, so erhält man für das Stoßintegral

$$I = -\frac{24}{5\sqrt{\pi}}\, n^2 \left(\frac{kT}{m}\right)^{\frac{5}{2}} \bar{\sigma}_\eta \tag{14.8.28}$$

Auswertung des Viskositätskoeffizienten. Mit (14.8.28) ergibt sich der Parameter A nach (14.8.10) zu

$$A = -\frac{5\sqrt{\pi}}{24}\,\frac{1}{n\bar{\sigma}_\eta}\left(\frac{m}{kT}\right)^{\frac{3}{2}}\frac{\partial u_x}{\partial z} \tag{14.8.29}$$

und aus (14.8.11) erhält man

$$P_{zx} = -\eta\,\frac{\partial u_x}{\partial z}$$

mit

$$\eta = \frac{5\sqrt{\pi}}{24}\,\frac{\sqrt{mkT}}{\bar{\sigma}_\eta} \tag{14.8.30}$$

Damit ist die Berechnung durchgeführt. Aus (14.8.20) ist zu ersehen, daß η nur von der Temperatur und nicht vom Druck abhängt.

Man beachte, daß in die Berechnung der Viskosität der effektive Streuquerschnitt σ_η aus (14.8.21) und nicht der totale Streuquerschnitt $\sigma_0 = 2\pi \int_0^{2\pi} \sigma \sin\theta'\, d\theta'$ eingeht. Der zusätzliche Faktor $\sin^2\theta'$ in σ_η verleiht der Streuung um etwa einen rechten Winkel ein besonderes Gewicht. Der physikalische Grund dafür ist einsichtig; die Streuung um einen solchen Winkel behindert die für die Viskosität verantwortliche Impulsübertragung besonders stark.

Beispiel: Wir wollen (14.8.30) für den speziellen Fall auswerten, daß die Moleküle sich bei der Streuung wie harte Kugeln mit dem Radius a verhalten. Dann ist der totale Streuquerschnitt

$$\sigma_0 = \pi(2a)^2 = 4\pi a^2 \tag{14.8.31}$$

Der differentielle Streuquerschnitt für harte Kugeln hängt nicht vom Streuwinkel θ' ab (siehe Aufgabe 12.4). Daher gilt

$$\sigma = \frac{\sigma_0}{4\pi} = a^2$$

und für den effektiven Streuquerschnitt (14.8.26) ergibt sich

$$\sigma_\eta = 2\pi\left(\frac{\sigma_0}{4\pi}\right)\int_0^\pi \sin^3\theta'\,d\theta' = \frac{1}{2}\sigma_0\left(\frac{4}{3}\right) = \frac{2}{3}\sigma_0$$

Da er nicht von V abhängt, wird der mittlere effektive Streuquerschnitt (14.8.26)

$$\bar{\sigma}_\eta = \sigma_\eta = \tfrac{2}{3}\sigma_0 \tag{14.8.32}$$

Für die Viskosität (14.8.30) erhält man damit

$$\eta = \frac{5\sqrt{\pi}}{16}\frac{\sqrt{mkT}}{\sigma_0} = 0.553\frac{\sqrt{mkT}}{\sigma_0} \tag{14.8.33}$$

Das ist ein sehr guter Wert für das Modell harter Kugeln. Höhere Näherungen würden dieses Ergebnis nur um 1,6 Prozent vergrößern.

Es ist noch interessant zu bemerken, daß (14.8.33) um den Faktor 1,47 größer ist als das Ergebnis (12.3.19), das man aufgrund der sehr einfachen Berechnung über die mittlere freie Weglänge erhält.

Ergänzende Literatur

Relativ einfache Betrachtungen

Present, R.D.: Kinetic Theory of Gases, Kap. 8 und 11, McGraw-Hill Book Company, New York (1958).

Guggenheim, E.A.: Elements of the Kinetic Theory of Gases, Pergamon Press, New York (1960).

Sommerfeld, A.: Thermodynamik und Statistik, 3. Auflage, Kap. 5, Geest & Portig Leipzig (1965).

Kennard, E.M.: Kinetic Theory of Gases, Kap. 4, McGraw-Hill Book Company, New York (1938).

Anspruchsvolle Bücher

Huang, K.: Statistische Mechanik, Kap. 3, 5 und 6, (B-I-Hochschultaschenbücher Nr. 68, 69, 70), Bibliographisches Institut, Mannheim (1964).

Watson, K., M.; Bond, J.W.; Welch, J.A.: Atomic Theory of Gas Dynamics, Addison-Wesley Publishing Company, Reading, Mass. (1965).

Chapman, S.; Cowling, T.G.: The Mathematical Theory of Non-uniform Gases. 3. Auflage, Cambridge University Press, Cambridge (1970).

Hirschfelder, J.V.; Curtiss, C.F.; Byrd, R.B.: Molecular Theory of Gases and Liquids, Kapitel 7 und 8, John Wiley & Son, Inc., New York (1954).

Aufgaben

14.1 Man berechne die bereits in Abschnitt 14.6 untersuchte elektrische Leitfähigkeit eines Gases, welches aus n Ionen pro Volumeneinheit mit der Ladung e und der Masse m und aus n_1 neutralen Molekülen pro Volumeneinheit mit der Masse m_1 besteht. Der Einfachheit halber werde angenommen, daß der totale Streuquerschnitt σ_{im} für die Streuung eines Ions an einem Molekül der totale Streuquerschnitt für harte Kugeln sei. Da das Gas der neutralen Moleküle in dem Behälter ruht, verschwindet seine Driftgeschwindigkeit. Man leite den Ausdruck für die elektrische Leitfähigkeit durch eine exakte Behandlung der Impulsbilanz aus Abschnitt 14.6 her.

14.2 Man untersuche den bereits in Aufgabe 13.6 beschriebenen Fall, in welchem sich ein einatomiges, verdünntes Gas mit der Temperatur T in einem Behälter befindet und ein schwaches Temperaturgefälle in z-Richtung vorliegt. Die Masse der Moleküle ist m und der differentielle Streuquerschnitt für die Stöße zwischen den Molekülen ist $\sigma(V_i\, \theta')$.

a) Man stelle einen einfachen Ansatz für die Verteilungsfunktion auf. Dazu greife man den Vorschlag aus Aufgabe 13.6 auf und beachte, daß $\bar{v}_z = 0$, weil es keinen Massentransport (Konvektion) geben darf.

b) Man löse mit diesem Ansatz näherungsweise die Boltzmann-Gleichung und berechne mit dieser Näherungslösung die Wärmeleitfähigkeit des Gases. Man drücke das Ergebnis durch T, m und den effektiven totalen Streuquerschnitt $\bar{\sigma}_\eta(T)$ aus, der in (14.8.26) definiert wurde.

c) Man berechne die Wärmeleitfähigkeit des Gases unter der Annahme, daß sich die Moleküle beim Stoß wie harte Kugeln verhalten und drücke das Ergebnis durch den entsprechenden totalen Streuquerschnitt σ_0 aus.

14.3 Für ein einatomiges, verdünntes Gas zeige man durch Vergleich der allgemeinen Ausdrücke für die Wärmeleitfähigkeit κ aus Aufgabe 14.2 und für die Viskosität η (14.8.30), daß das Verhältnis κ/η eine Konstante ist, die nicht von der speziellen Wechselwirkung zwischen den Molekülen abhängt.

a) Man gebe den numerischen Wert dieses Verhältnisses an.

b) Man vergleiche diesen Wert mit dem, den man aufgrund aller einfachster Berechnungen über eine mittlere freie Weglänge erhält.

c) Man vergleiche den Wert des Verhältnisses, der mit der exakten Theorie ausgerechnet werde, mit den experimentellen Werten für verschiedene einatomige Gase. Die Tabelle enthält einige Werte für die Atomgewichte μ, die Viskosität η (in Pa · s) und die Wärmeleitfähigkeit κ ($W \cdot m^{-1} K^{-1}$) bei $T = 373$ K.

Gas	μ	η	κ
Neon	20.18	$3.65 \cdot 10^{-5}$	$5.67 \cdot 10^{-2}$
Argon	39.95	$2.70 \cdot 10^{-5}$	$2.12 \cdot 10^{-2}$
Xenon	131.3	$2.81 \cdot 10^{-5}$	$0.702 \cdot 10^{-2}$

14.4 Der allgemeine Ausdruck (6.6.24) für die Entropie eines Systems legt die Vermutung nahe, daß die Größe H, die folgendermaßen durch die Verteilungsfunktion $f(\boldsymbol{r},\boldsymbol{v},t)$ definiert ist:

$$H \equiv \int d^3\boldsymbol{v}\, f \ln f$$

mit der Entropie des Gases zusammenhängt. Man verifiziere mit der Maxwellschen Geschwindigkeitsverteilung, daß $H = -S/k$ gilt, wobei S die Entropie pro Volumeneinheit eines einatomigen idealen Gases ist.

14.5 Aus der Definition

$$H \equiv \int d^3\boldsymbol{v}\, f \ln f$$

leite man einen allgemeinen Ausdruck für die zeitliche Ableitung dH/dt ab. Dazu beachte man, daß f der Boltzmann-Gleichung genügt, und nutze die Symmetrie des sich ergebenden Ausdrucks auf ähnliche Weise aus, wie es bei der Auswertung des Stoßtermes am Ende von Abschnitt 14.4 geschah.

a) Auf diesem Wege zeige man, daß

$$\frac{dH}{dt} = -\frac{1}{4}\iiint d^3\boldsymbol{v}\, d^3\boldsymbol{v}_1\, d\Omega'\, V\sigma(\ln f'f_1' - \ln ff_1)(f'f_1' - ff_1)$$

b) Da für jedes x und y

$$(\ln y - \ln x)\,(y - x) \geqslant 0$$

gilt (das Gleichheitszeichen gilt nur für $x = y$), zeige man, daß $dH/dt \leqslant 0$ ist, und daß das Gleichheitszeichen dann und nur dann auftritt, wenn $f'f_1' = ff_1$. Dies ist das sogenannte Boltzmannsche H-Theorem, welches besagt, daß die Größe H monoton abnimmt (d.h., die durch $-kH$ definierte verallgemeinerte Entropie nimmt monoton zu). Da im Gleichgewicht $dH/dt = 0$ gelten muß, ist dann notwendigerweise auch $f'f_1' = ff_1$.

14.6 Der Gleichgewichtsbedingung $f'f_1' = ff_1$ äquivalent ist

$$\ln f' + \ln f_1' = \ln f + \ln f_1$$

d.h., $\ln f$ bleibt im Gleichgewicht bei einem Stoß erhalten. Daher kann der natürliche Logarithmus der Gleichgewichtsverteilung nur eine Linearkombination derjenigen Größen eines Moleküls sein, die bei einem Stoß erhalten bleiben. Dieses sind, neben einer Konstanten, die 3 Impulskomponenten und die kinetische Energie. Infolgedessen kann die Gleichgewichtsbedingung nur durch einen Ausdruck der Form

$$\ln f = A + B_x m v_x + B_y m v_y + B_z m v_z + C(\tfrac{1}{2} m v^2)$$

erfüllt werden, wobei die Koeffizienten A, B_x, B_y, B_z und C Konstanten sind. Man zeige, daß die Gleichgewichtsverteilung f daher notwenigerweise die Maxwellsche Geschwindigkeitsverteilung sein muß (für ein Gas, dessen mittlere Geschwindigkeit nicht zu verschwinden braucht).

15. Irreversible Prozesse und Schwankungen

Eine Bewegungsgleichung für die Besetzungswahrscheinlichkeiten P_r von Systemzuständen r bei Nichtgleichgewichtsprozessen ist die Mastergleichung $dP_r/dt = \sum_s (P_s W_{sr} - P_r W_{rs})$. Die Übergangswahrscheinlichkeiten W_{rs} pro Zeiteinheit aus dem Zustand r in den Zustand s ergeben sich aus den mikroskopischen Eigenschaften des Systems. – Die Brownsche Bewegung eines Teilchens wird durch die Langevin-Gleichung $m dv/dt = \mathfrak{F} - \alpha v + F'(t)$ beschrieben ($\mathfrak{F}$ äußere eingeprägte Kraft, F' rein zufallsartig schwankende Kraft). Aus der Langevin-Gleichung ergibt sich für das mittlere Schwankungsquadrat der Verrückung $\langle x^2 \rangle = 2kT\,[t - \gamma^{-1}\,(1 - \exp(-\gamma t))]/\alpha$, $\gamma \equiv \alpha/m$. Für große Zeiten ergibt ein Vergleich mit der Diffusionsgleichung die Einsteinsche Relation $\mu/D = e/kT$ ($\mu \equiv \bar{v}/E$ Beweglichkeit eines Teilchens der Ladung e in einem elektrischen Feld der Stärke E, D Diffusionskoeffizient). Die in der Langevin-Gleichung auftretende Reibungskonstante α hängt mit der Korrelationsfunktion $K(s) \equiv \langle F(t')F(t'+s)\rangle_0$ der zufällig schwankenden Kraft zusammen: $\alpha = \int_{-\infty}^{\infty} K(s)ds/2kT$, $m d\bar{v}/dt = \mathfrak{F} - \alpha\bar{v}$. – Für die bedingte Wahrscheinlichkeit $P(v, s|v_0)$ dafür, daß ein Teilchen zur Zeit $t = s$ die Geschwindigkeit v hat, wenn es zur Zeit $t = 0$ die Geschwindigkeit v_0 hatte, gilt die Fokker-Planck-Gleichung $\partial P/\partial s = -\partial(M_1 P)/\partial v + (1/2)\,\partial^2(M_2 P)/\partial v^2$ ($M_1 = -\gamma v$, $M_2 = 2kT\gamma/m$). – Für die Spektraldichte $J(\omega)$ der Korrelationsfunktion $K(s) \equiv \langle y(t)y(t+s)\rangle$ einer stationären zufälligen Funktion $y(t)$ gelten die Wiener-Chintschin-Relationen: $K(s) = \int_{-\infty}^{\infty} J(\omega)\exp(i\omega s)ds$, $J(\omega) = (1/2\pi)\int_{-\infty}^{\infty} K(s)\exp(-i\omega s)ds$. Aus ihnen ergibt sich $J(\omega) = (\pi/\Theta)|C(\omega)|^2$ ($C(\omega) = (1/2\pi)\int_{-\infty}^{\infty} y_\Theta(t')\exp(-i\omega t')dt$, wobei $y_\Theta(t)$ die Funktion ist, die im Intervall $-\Theta < t < \Theta$ mit $y(t)$ übereinstimmt und sonst verschwindet). Als ein Spezialfall dieser Formel ergibt sich das Nyquist-Theorem, das die Spektraldichte der Spannungsschwankungen an einem elektrischen Widerstand mit seiner Temperatur in Beziehung setzt. – Für Systeme in Gleichgewichtsnähe gelten die linearen phänomenologischen Gleichungen $d\bar{y}_i/dt = \sum_j \alpha_{ij}\bar{Y}_j$, $\bar{Y}_j = \overline{\partial S/\partial y_i}$. Dabei sind die phänomenologischen Koeffizienten durch $\alpha_{ij} = (1/k)\int_{-\infty}^{0} \langle \dot{y}_i(0)\,\dot{y}_i(s)\rangle_0\,ds$ gegeben. Für sie gelten die Casimir-Onsagerschen Reziprozitätsbeziehungen $\alpha_{ij}(\mathbf{B}) = -\alpha_{ji}(-\mathbf{B})$ ($\mathbf{B}$ magnetische Induktion). – Die phänomenologische irreversible Thermodynamik beruht auf den Voraussetzungen des lokalen Gleichgewichts, der Bilanzgleichungen für Masse, Impuls, Energie und Entropie, der linearen phänomenologischen Gleichungen zwischen den thermodynamischen Flüssen und Kräften und den Casimir-Onsagerschen Reziprozitätsbeziehungen. Wird das lokale Gleichgewicht nicht vorausgesetzt, müssen dynamische Analoga zur Gleichgewichtstemperatur und zur Gleichgewichtsentropie eingeführt werden.

In diesem Kapitel werden einige allgemeine Aussagen über solche Systeme gemacht, die nicht notwendig im Gleichgewicht sind. Wir werden untersuchen, wie und wie schnell die Systeme sich ihrem Gleichgewicht annähern. Wir werden ebenfalls Verständnis für die Reibungseffekte (z.B. solche, die durch viskose Kräfte oder elektrische Widerstände verursacht werden) gewinnen, die zur Energiedissipation in vielen für uns interessanten Systemen führen. Schließlich werden die Schwankungen untersucht, die gewisse Systemparameter im thermischen *Gleichgewicht* zeigen. Obgleich diese verschiedenen Fragen zunächst in keinem Zusammenhang zu stehen scheinen, wird unsere Diskussion zeigen, daß sie tatsächlich sehr eng miteinander verbunden sind.

Übergangswahrscheinlichkeiten und Master-Gleichung

15.1 Abgeschlossene Systeme

Man betrachte ein abgeschlossenes System A. Sein Hamiltonoperator (oder seine Energie) sei

$$\mathcal{H}_0 = \mathcal{H} + \mathcal{H}_i \tag{15.1.1}$$

Dabei ist $\mathcal{H}$ der Hauptteil des Hamiltonoperators und $\mathcal{H}_i$ ist ein kleiner zusätzlicher Anteil [1+], der irgendwelche schwache Wechselwirkungen beschreibt, die nicht in $\mathcal{H}$ enthalten sind. (z.B. im Falle eines verdünnten Gases enthält $\mathcal{H}$ alle Anteile der kinetischen Energie der Moleküle, während $\mathcal{H}_i$ die schwache Wechselwirkung zwischen den Molekülen beschreibt.) Die zu $\mathcal{H}$ gehörigen Quantenzustände [2+] seien durch r gekennzeichnet und die zugehörigen Energieniveaus durch E_r. Falls $\mathcal{H}_i = 0$ gilt, sind diese Zustände Quantenzustände [2+] des gesamten Hamiltonoperators $\mathcal{H}_0$, so daß das System A in jedem dieser Zustände unendlich lange verbleiben würde (es finden dann keine Übergänge in andere Zustände statt). Ist $\mathcal{H}_i \neq 0$, so gilt dies nicht mehr, da $\mathcal{H}_i$ Übergänge zwischen den verschiedenen ungestörten Zuständen r bewirkt. Falls $\mathcal{H}_i$ klein ist und falls die zugänglichen Energieniveaus hinreichend dicht liegen [3*], so existiert für nicht zu kleine Zeitintervalle eine wohl definierte Übergangswahrscheinlichkeit W_{rs} pro Zeiteinheit für einen Übergang des Systems A aus dem ungestörten Zustand r in den ungestörten Zustand s.

1+) Ein Operator $\mathcal{H}_i$ heißt gegenüber einem anderen $\mathcal{H}$ klein, $\mathcal{H}_i \ll \mathcal{H}$, wenn *alle* Eigenwerte von $\mathcal{H}_i$ klein gegenüber *allen* Eigenwerten von $\mathcal{H}$ sind.

2+) Eigenzustände.

3*) Betrachtet man ein Ensemble von Systemen, deren Energieniveaus nicht genau gleich sind (z.B. eine Menge von Atomkernen in einem örtlich schwach veränderlichen Magnetfeld), so liegen die zugänglichen Energieniveaus quasikontinuierlich.

Es gilt

$$\text{für } E_r \neq E_s, \quad W_{rs} = 0 \tag{15.1.2}$$

Ferner gilt die Symmetrierelation

$$\blacktriangleright \quad W_{sr} = W_{rs} \tag{15.1.3}$$

* **Anmerkung:** Aus der Quantenmechanik ist bekannt, daß

$$W_{rs} \sim |\langle s|\mathcal{H}_i|r\rangle|^2 = \langle s|\mathcal{H}_i|r\rangle^* \langle s|\mathcal{H}_i|r\rangle$$

gilt. Dabei ist $\langle s|\mathcal{H}_i|r\rangle$ das Matrixelement von $\mathcal{H}_i$ zu den Zuständen r und s. Da $\mathcal{H}_i$ hermetisch ist, so daß $\langle s|\mathcal{H}_i|r\rangle = \langle r|\mathcal{H}_i|s\rangle^*$ gilt, folgt (15.1.3) sofort. Man beachte, daß diese Symmetrieeigenschaft, die aussagt, daß der zu $r \to s$ entgegengesetzte Übergang $s \to r$ gleichwahrscheinlich ist, nicht ganz dieselbe ist, wie die Symmetrieeigenschaft (9.15.2), die die mikroskopische Reversibilität beinhaltet.

Es sei $P_r(t)$ die Wahrscheinlichkeit dafür, daß das System A zur Zeit t im Zustand r vorgefunden wird. P_r wird in der Zeit sowohl zunehmen, weil Systeme aus anderen Zuständen in den gegebenen Zustand r übergehen, als auch abnehmen, weil das System aus dem Zustand r in andere Zustände s übergeht. Somit kann die Zeitabhängigkeit durch die Gleichung

$$\frac{dP_r}{dt} = \sum_s P_s W_{sr} - \sum_s P_r W_{rs} \tag{15.1.4}$$

beschrieben werden [4+]. Zusammengefaßt

$$\blacktriangleright \quad \frac{dP_r}{dt} = \sum_s (P_s W_{sr} - P_r W_{rs}) \tag{15.1.5}$$

Gibt es nun N Zustände, so lassen sich N solcher Gleichungen für die N unbekannten P_r hinschreiben. Daher gestattet die Kenntnis der Übergangswahrscheinlichkeiten W_{rs}, die Wahrscheinlichkeiten P_r als Funktionen der Zeit zu berechnen.

Die Gleichung (15.1.5) wird „Master-Gleichung" genannt. Man beachte, daß alle Glieder reel sind und daß die Zeit t linear in der ersten Ableitung eingeht. Daher bleibt die Master-Gleichung nicht invariant gegen Zeitumkehr, d.h. wenn t durch $-t$ ersetzt wird. Somit beschreibt diese Gleichung das *irreversible* Verhalten eines Systems. Daher ist sie den mikroskopischen Bewegungsgleichungen (z.B. Schrödinger-Gleichung) völlig unähnlich, da diese eine gegen Zeitumkehr invariante Beschreibung geben [5*]. Obgleich die Master-Gleichung mit der Schrödinger-Gleichung

[4+] Diese Bewegungsgleichung für die Besetzungswahrscheinlichkeiten ist eine „ad-hoc-Gleichung", eine solche also, die zunächst nicht aus anderen Grundlagen ableitbar ist.

[5*] Zur Erörterung der Zeitumkehrinvarianz: siehe: Tolman, R.C.: „The principles of Statistical Mechanics, Abschnitt 37 und 95, University Press, Oxford (1938).

zusammenhängt, sind die genauen Näherungsschritte, die zur Herleitung der Master-Gleichung führen, kompliziert und umfassen die interessante Frage, wie man von reversiblen mikroskopischen Gleichungen zu einer irreversiblen Beschreibung gelangt [6*]. Diese Frage wird ausführlicher im Abschitt 15.7 behandelt werden.

Falls das abgeschlossene System im Gleichgewicht ist, fordert das grundlegende statistische Postulat der a priori-Gleichwahrscheinlichkeit für alle r und s

$$P_r = P_s \tag{15.1.6}$$

Wegen der Symmetrieeigenschaft (15.1.3) ergibt die rechte Seite von (15.1.5)

$$P_s W_{sr} - P_r W_{rs} = P_s (W_{sr} - W_{rs}) = 0 \tag{15.1.7}$$

Damit ergibt (15.1.5) $dP_r/dt = 0$ für alle r und beschreibt daher genau eine Gleichgewichtssituation.

Eine hinreichende, aber nicht notwendige Bedingung für zeitunabhängige Besetzungswahrscheinlichkeiten, $dP_r/dt = 0$ für alle r, ist die Beziehung (15.1.7), die eine Bedingung für das detaillierte Gleichgewicht darstellt, nach der die Übergangsrate $P_s W_{sr}$ irgendeines Übergangs $s \to r$ gleich der Übergangsrate des umgekehrten Übergangs $r \to s$ ist:

$$P_r W_{rs} = P_s W_{sr} \tag{15.1.8}$$

Wie schon gezeigt wurde, ist diese Bedingung im Gleichgewicht erfüllt. Es gibt aber stationäre Nichtgleichgewichte, die durch $dP_r/dt = 0$ für alle r definiert sind, für die (15.1.8) *nicht* erfüllt ist [7*].

Man beachte, daß unter der *Annahme,* die Bedingung für detailliertes Gleichgewicht möge im Gleichgewicht $(P_r = P_s)$ gelten, aus (15.1.8) sofort $W_{sr} = W_{rs}$ folgt. Da die Übergangswahrscheinlichkeiten dynamische Größen sind, die nicht davon abhängen, ob sich das System im Gleichgewicht befindet oder nicht, folgt, daß die Symmetrierelation $W_{sr} = W_{rs}$ ganz allgemein gültig sein muß, auch wenn das System nicht im Gleichgewicht ist. Somit erhält man wieder das Ergebnis (15.1.3).

15.2 System in Kontakt mit einem Wärmereservoir

Es wird ein System A betrachtet, das in thermischem Kontakt mit einem sehr viel größeren System A' steht. Der gesamte Hamiltonoperator des zusammengesetzten Systems $A^{(0)} = A + A'$ ist

$$\mathcal{H}^{(0)} = \mathcal{H} + \mathcal{H}' + \mathcal{H}_i$$

[6*] Zu dieser Frage siehe: Zwanzig, R.W. in: „University of Colorado Lectures in Theoretical Physics", *3*, S. 106, Interscience Publ., New York (1961).

[7*] Siehe z.B. Klein, M.J.: Phys. Rev. *97* (1955), 1446.

Dabei ist $\mathcal{H}$ der Hamiltonoperator von A, $\mathcal{H}'$ der des Wärmereservoirs A', und $\mathcal{H}_i$ ist sehr klein und beschreibt die schwache Wechselwirkung zwischen A und A'. Ohne Wechselwirkung ($\mathcal{H}_i = 0$) wird die Energie von A im Zustand r mit E_r bezeichnet, die von A' im Zustand r' durch $E'_{r'}$. Die Wechselwirkung $\mathcal{H}_i$ bewirkt Übergänge zwischen diesen Zuständen und ist dafür verantwortlich, daß Gleichgewicht zwischen A und A' hergestellt wird.

Es sei P_r die Wahrscheinlichkeit dafür, A im Zustand r vorzufinden, und $P'_{r'}$ die dafür, A' in r' anzutreffen. Der Zustand des zusammengesetzten Systems $A^{(0)}$ ist durch ein Paar von Quantenzahlen r und r' gekennzeichnet; die Wahrscheinlichkeit dafür, $A^{(0)}$ in diesem Zustand vorzufinden ist $P_{rr'}^{(0)} = P_r P'_{r'}$. Im zusammengesetzten System veranlaßt die Wechselwirkung $\mathcal{H}_i$ Übergänge zwischen den doppelt indizierten Zuständen. Unter ähnlichen Annahmen wie im Abschnitt 15.1 existieren wohl definierte Übergangswahrscheinlichkeiten $W^{(0)}(rr' \to ss')$ pro Zeiteinheit vom Zustand rr' in den Zustand ss'. Es gilt

$$\text{für} \qquad E_r + E'_{r'} \neq E_s + E'_{s'}, \quad W^{(0)}(rr' \to ss') = 0 \tag{15.2.1}$$

Gemäß (15.1.3) gilt für das abgeschlossene System $A^{(0)}$ die Symmetrierelation

$$W^{(0)}(ss' \to rr') = W^{(0)}(rr' \to ss') \tag{15.2.2}$$

Erinnern wir uns an die im Gleichgewicht gültigen, folgenden Beziehungen. P_r ist proportional zur Gesamtanzahl der dem System $A^{(0)}$ zugänglichen Zustände, wenn A sich in einem vorgegebenen Zustand r befindet; somit gilt nach den Ausführungen im Abschnitt 6.2

$$P_r \sim 1 \cdot \Omega'(E^{(0)} - E_r) \sim e^{-\beta E_r} \tag{15.2.3}$$

Dabei ist $\Omega'(E')$ die Anzahl der dem System A' zugänglichen Zustände, wenn E' die Energie von A', $E^{(0)}$ die konstante Gesamtenergie von $A^{(0)}$ ist und $\beta \equiv \partial \ln \Omega'/\partial E'$ (an der Stelle $E' = E^{(0)}$) der Temperaturparameter des Reservoirs A' ist.

Man kann die kanonische Verteilung (15.2.3) für das System A ebenfalls dadurch erhalten, daß die Bedingung für das detaillierte Gleichgewicht im Gleichgewicht als erfüllt angenommen wird und daß die Wechselwirkung zwischen A und A' Übergänge zwischen allen Zuständen von A bewirkt. Dann gilt

$$P_r P'_{r'} W^{(0)}(rr' \to ss') = P_s P'_{s'} W^{(0)}(ss' \to rr') \tag{15.2.4}$$

wobei $W^{(0)} \neq 0$ ist. Mit der Gleichung (15.2.2) wird daraus

$$\frac{P_r}{P_s} = \frac{P'_{s'}}{P'_{r'}} \tag{15.2.5}$$

A' besitzt eine kanonische Verteilung, weil das Gleichgewicht von A' nicht dadurch gestört wird, wenn dieses System mit einem Wärmereservoir der Temperatur β in Kontakt gebracht wird. Somit gilt

$$P'_{r'} \sim \exp(-\beta E'_{r'})$$

und (15.2.5) wird

$$\frac{P_r}{P_s} = \frac{e^{-\beta E'_{s'}}}{e^{-\beta E'_{r'}}} = e^{-\beta(E'_{s'}-E'_{r'})} \tag{15.2.6}$$

Die Energieerhaltung beim Übergang verlangt

$$E_r + E'_{r'} = E_s + E'_{s'} \qquad \text{oder} \qquad E'_{s'} - E'_{r'} = -(E_s - E_r)$$

Damit wird (15.2.6)

$$\frac{P_r}{P_s} = e^{-\beta(E_r-E_s)} = \frac{e^{-\beta E_r}}{e^{-\beta E_s}} \tag{15.2.7}$$

und man gewinnt wieder die kanonische Verteilung (15.2.3) für das System A.

Nun wird eine allgemeine *Nichtgleichgewichtssituation* betrachtet, aber unter der Annahme, daß das Wärmereservoir A' so groß ist, daß unabhängig von A A' stets im Gleichgewicht bleibt. Somit wird unabhängig von der Energie von A' stets angenommen, daß zu A' ein Ensemble gehört, das gemäß einer kanonischen Verteilung mit dem konstanten Temperaturparameter β verteilt ist. Unter diesen Vorbedingungen wird nach der Netto-Übergangswahrscheinlichkeit W_{rs} pro Zeiteinheit gefragt, mit der das Teilsystem A vom Zustand r in den Zustand s übergeht. Es ist einleuchtend, daß $W_{rs} \neq W_{sr}$ gilt. Abb. 15.2.1 zeigt, wie sich dies ergibt.

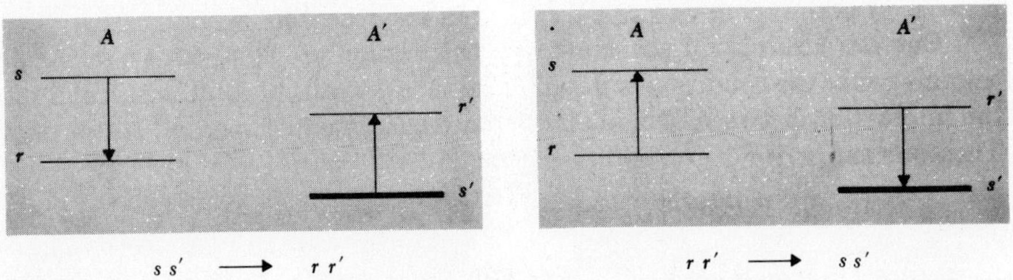

Abb. 15.2.1 Das Diagramm zeigt ein System A in thermischem Kontakt mit einem Wärmereservoir A'. Die Linien kennzeichnen die Energieniveaus der Zustände r und s von A und die Zustände r' und s' von A'. Da A' stets im thermischen Gleichgewicht verbleibt, ist A' viel wahrscheinlicher im Zustand s' tieferer Energie anzutreffen (gekennzeichnet durch die dicke Linie) als im oberen Zustand r'. Somit finden die Übergänge vom Typ $ss' \to rr'$ (linkes Diagramm) häufiger statt als jene vom Typ $rr' \to ss'$ (rechtes Diagramm). Daher gilt $W_{sr} > W_{rs}$. Die Übergänge erzeugen daher im thermischen Gleichgewicht eine Verteilung für die A wahrscheinlicher im Zustand r als im Zustand s ist.

Die Übergangswahrscheinlichkeit W_{rs} kann man dadurch erhalten, daß man zunächst die Übergangswahrscheinlichkeit $W^{(0)}(rr' \to ss')$ für das zusammengesetzte System $A^{(0)}$ mit der Wahrscheinlichkeit $P'_{r'}$ dafür multipliziert, daß A' im speziellen Zustand r' ist, und anschließend über alle möglichen Ausgangszustände r' und alle möglichen Endzustände s', in denen sich A' befinden kann, summiert:

$$W_{rs} = \sum_{r's'} P'_{r'} W^{(0)}(rr' \to ss') = C \sum_{r's'} e^{-\beta E'_{r'}} W^{(0)}(rr' \to ss') \tag{15.2.8}$$

Dabei wurde $P'_{r'} = C \exp(-\beta E'_{r'})$ mit C = const. verwendet. Analog gilt

$$W_{sr} = C \sum_{r's'} e^{-\beta E'_{s'}} W^{(0)}(ss' \to rr') \tag{15.2.9}$$

Die Energieerhaltung (15.2.1) verlangt $E'_{s'} = E'_{r'} + E_r - E_s$. Mit der Symmetrierelation (15.2.2) wird (15.2.9)

$$W_{sr} = C \sum_{r's'} e^{-\beta E'_{r'}} e^{-\beta(E_r - E_s)} W^{(0)}(rr' \to ss') = e^{-\beta(E_r - E_s)} W_{rs}$$

Somit gilt

$$\blacktriangleright \quad \frac{W_{sr}}{W_{rs}} = e^{-\beta(E_r - E_s)} = \frac{e^{-\beta E_r}}{e^{-\beta E_s}} \tag{15.2.10}$$

Gewöhnlich ist $\beta > 0$ und somit $W_{sr} > W_{rs}$, falls $E_s > E_r$. Im System A sind somit Übergänge in Zustände kleinerer Energie wahrscheinlicher als Übergänge in entgegengesetzter Richtung. Genau dies ist erforderlich, um in A die Verteilung für das thermische Gleichgewicht herzustellen. Wird nun *angenommen,* daß die Bedingung für das detaillierte Gleichgewicht im Gleichgewicht gilt

$$P_r W_{rs} = P_s W_{sr} \tag{15.2.11}$$

so ergibt sich mit der kanonischen Verteilung (15.2.7) unmittelbar die Relation (15.2.10) für die Übergangswahrscheinlichkeiten.

Die Beziehung (15.2.10) wird durchsichtiger, wenn die Größe $\lambda_{rs} = \lambda_{sr}$ eingeführt wird, die durch

$$e^{-\beta E_s} W_{sr} = e^{-\beta E_r} W_{rs} \equiv \lambda_{rs} \equiv \lambda_{sr}$$

definiert ist. Dann gilt

$$W_{sr} = e^{\beta E_s} \lambda_{sr}, \qquad W_{rs} = e^{\beta E_r} \lambda_{rs} \tag{15.2.12}$$

und (15.2.10) gilt wegen $\lambda_{rs} = \lambda_{sr}$.

Die Besetzungswahrscheinlichkeiten für das System A befriedigen wieder die Master-Gleichung (15.1.5)

$$\frac{dP_r}{dt} = \sum_s (P_s W_{sr} - P_r W_{rs}) = \sum_s \lambda_{sr} (P_s e^{\beta E_s} - P_r e^{\beta E_r}) \tag{15.2.13}$$

Liegt im Gleichgewicht wieder die kanonische Verteilung (15.2.3) für das System A vor, so verschwindet die rechte Seite von (15.2.13) für alle r, und es gilt $dP_r/dt = 0$, wie es auch sein muß.

15.3 Magnetische Resonanz

Ein lehrreiches und wichtiges Beispiel für die im vorigen Abschnitt entwickelten Ideen ist die magnetische Resonanz. Man betrachte eine Substanz, die aus N nicht miteinander wechselwirkender Atomkerne (oder Elektronen) mit dem Spin ½ und dem magnetischen Moment μ besteht. Wird diese Substanz in ein äußeres Magnetfeld H gebracht, so kann sich jeder Spin parallel (+) oder antiparallel (–) zu H einstellen. Die beiden möglichen Energien eines jeden Kerns sind dann

$$\epsilon_\pm = \mp \mu H \tag{15.3.1}$$

Es sei n_+ die mittlere Anzahl der Spins parallel zu H, n_- die antiparallel zu H. Natürlich gilt $n_+ + n_- = N$.

Der gesamte Hamiltonoperator des Systems ist

$$\mathcal{H}^{(0)} = \mathcal{H}_n + \mathcal{H}_L + \mathcal{H}_i$$

Dabei ist $\mathcal{H}_n$ der Hamiltonoperator, der die Wechselwirkung zwischen den nuklearen Momenten und dem äußeren Feld H beschreibt. $\mathcal{H}_L$ ist der Hamiltonoperator des „Gitters", d.h. alle spinfreien Freiheitsgrade der Kerne und alle anderen Atome der Substanz werden durch ihn beschrieben. Der Hamiltonoperator $\mathcal{H}_i$ beschreibt die Wechselwirkung zwischen den Kernspins und dem Gitter und bewirkt Übergänge zwischen den Spinzuständen der Kerne. (z.B. erzeugt das magnetische Moment eines sich *bewegenden* Kerns ein zeitlich veränderliches Magnetfeld am Ort der anderen Kerne, und dieses Feld bewirkt Übergänge.) Es sei W_{+-} die Übergangswahrscheinlichkeit für den Übergang $+ \to -$, der durch die Wechselwirkung

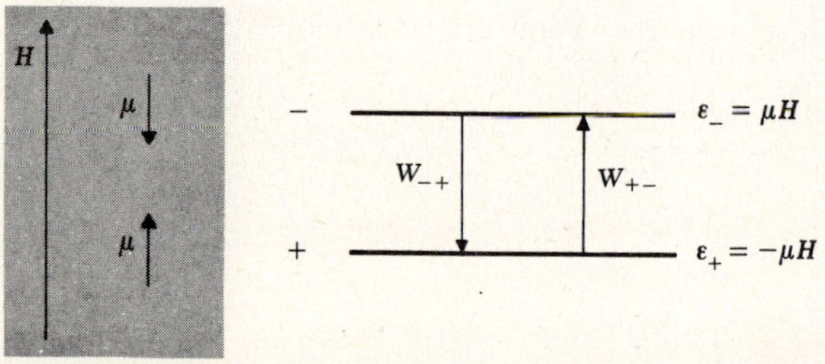

Abb. 15.3.1 Energieniveaus eines Kernes mit dem Spin ½ in einem äußeren Magnetfeld H. Das magnetische Moment μ wird in diesem Diagramm als positiv angenommen.

mit dem Gitter bewirkt wird. Das Gitter selbst kann als ein großes System angesehen werden, das stets sehr dicht, am Gleichgewicht mit der Temperatur $T = (k\beta)^{-1}$ ist. Somit gilt (15.2.10)

$$\frac{W_{-+}}{W_{+-}} = \frac{e^{-\beta\epsilon_+}}{e^{-\beta\epsilon_-}} = e^{\beta(\epsilon_- - \epsilon_+)} \tag{15.3.2}$$

Nach (15.3.1) gilt

$$\beta(\epsilon_- - \epsilon_+) = 2\beta\mu H.$$

Für Kerne ist das magnetische Moment $\mu \approx 5 \cdot 10^{-20}$ erg/T, so daß für Felder $H \approx 1$ T (Tesla)

$$\beta\mu H = \frac{\mu H}{kT} \approx \frac{5 \cdot 10^{-4}}{T} \ll 1$$

für nicht zu kleine Temperaturen gilt. Selbst für elektronische Momente, die um den Faktor 10^3 größer sind, ist diese Ungleichung fast stets gut erfüllt. Wird die Exponentialfunktion entwickelt, und nach dem zweiten Glied abgebrochen, so wird aus (15.3.2) mit

$$\begin{aligned} W_{+-} &\equiv W \\ W_{-+} &= W(1 + 2\beta\mu H), \quad \text{wobei } \beta\mu H \ll 1 \end{aligned} \tag{15.3.3}$$

Schließlich sei noch ein äußeres magnetisches Wechselfeld mit der Kreisfrequenz ω vorhanden. Falls $\hbar\omega \approx \epsilon_- - \epsilon_+ = 2\mu H$ ist, wird dieses Feld Übergänge zwischen den Spinzuständen der Kerne hervorrufen. (Für $H \approx 1$ T (Tesla) ist ω eine typische Radiofrequenz von der Größenordnung 10^8 s^{-1}). Die Übergangswahrscheinlichkeit pro Zeiteinheit für den durch das Radiofrequenzfeld hervorgerufenen Übergang $+ \rightarrow -$ sei w_{+-}. Wieder gilt die Symmetrieeigenschaft (15.1.3)

$$w_{+-} = w_{-+} \equiv w \tag{15.3.4}$$

Dabei ist $w = w(\omega)$ nur dann wesentlich von Null verschieden, wenn die Resonanzbedingung $\hbar\omega \approx 2\mu H$ erfüllt ist.

Die Master-Gleichungen für $n_+(t)$ und $n_-(t)$ sind

$$\left.\begin{aligned} \frac{dn_+}{dt} &= n_-(W_{-+} + w) - n_+(W_{+-} + w) \\ \frac{dn_-}{dt} &= n_+(W_{+-} + w) - n_-(W_{-+} + w) \end{aligned}\right\} \tag{15.3.5}$$

Wird die zweite Gleichung von der ersten abgezogen, so ergibt sich

$$\frac{d}{dt}(n_+ - n_-) = -2n_+(W_{+-} + w) + 2n_-(W_{-+} + w) \tag{15.3.6}$$

Wird die Differenz der mittleren Besetzungszahlen

$$n \equiv n_+ - n_- \tag{15.3.7}$$

eingeführt und (15.3.3) benutzt, so wird aus (15.3.6)

$$\frac{dn}{dt} = -2(W + w)n + 2\beta\mu HWN \tag{15.3.8}$$

Dabei wurde

$$4\beta\mu HWn_- = 4\beta\mu HW\tfrac{1}{2}(N - n) \approx 2\beta\mu HWN$$

gesetzt, weil für den interessierenden Temperaturbereich stets $n \ll N$ ist.

Nun werden verschiedene Fälle untersucht. Zuerst wird das Gleichgewicht ohne Radiofrequenzfeld betrachtet, d.h. $w = 0$. Mit der Gleichgewichtsbedingung $dn/dt = 0$ ergibt sich dann aus (15.3.8) für die Differenz der mittleren Besetzungszahlen

$$n_0 = N\beta\mu H \tag{15.3.9}$$

Dieses Ergebnis folgt natürlich, weil *Gleichgewicht* vorliegt, auch aus der kanonischen Verteilung

$$n_\pm = N\frac{e^{\pm\beta\mu H}}{e^{\beta\mu H} + e^{-\beta\mu H}} \approx N\frac{1 \pm \beta\mu H}{2} = \frac{1}{2}N(1 \pm \beta\mu H)$$

Daher nimmt $n_0 = n_+ - n_-$ den Wert (15.3.9) an.

Somit kann (15.3.8) in der Form

$$\blacktriangleright \quad \frac{dn}{dt} = -2W(n - n_0) - 2wn \tag{15.3.10}$$

geschrieben werden. Ohne Radiofrequenzfeld ($w = 0$) ergibt die Integration von (15.3.10)

$$n(t) = n_0 + [n(0) - n_0]e^{-2Wt} \tag{15.3.11}$$

Dabei ist $n(0)$ die Differenz der mittleren Besetzungszahlen zur Anfangszeit $t = 0$. Somit nimmt $n(t)$ seinen Gleichgewichtswert n_0 in einem exponentiellen Zeitverlauf mit der „Relaxationszeit" $(2W)^{-1}$ an. Einleuchtend ist, daß die Relaxationszeit umso kürzer ist, je stärker die Wechselwirkung W zwischen den Spins und dem Gitter-Wärmereservoir ist.

Nun wird der Fall betrachtet, in dem die Wechselwirkung zwischen den Spins und dem Gitter sehr schwach ist, so daß $W \approx 0$ ist, wobei das Radiofrequenzfeld eingeschaltet ist. Dann wird (15.3.10)

$$\frac{dn}{dt} = -2wn$$

und ausintegriert

$$n(t) = n(0)\, e^{-2wt} \tag{15.3.12}$$

Die Differenz der mittleren Besetzungszahlen wird innerhalb einer charakteristischen Zeit $(2w)^{-1}$ exponentiell Null. Diese Zeit ist umgekehrt proportional zur Stärke der Wechselwirkung mit dem Radiofrequenzfeld. Der Grund dafür ist folgender: Da anfänglich mehr Kerne im Zustand kleinerer Energie vorhanden sind (Abb. 15.3.1), nimmt das System der Kernspins Energie aus dem Radiofrequenzfeld auf, d.h. Spins gehen vom Zustand tieferer Energie in den höherer Energie über. Da das Spinsystem abgeschlossen ist ($W \approx 0$), wird von ihm so lange Energie aufgenommen, bis $n_+ = n_-$ ist, d.h. $n = 0$ ist. Mit der wachsenden Energie des Spinsystems wächst auch seine Temperatur, die Spintemperatur T_S. Die Gittertemperatur verändert sich wegen der fehlenden Wechselwirkung dabei nicht. Im

Gleichgewichtsendzustand ($n = 0$), in dem das Spinsystem „abgesättigt" ist, hat T_s einen beliebig großen Wert [8+)].

Im allgemeinen gibt das Spinsystem wegen $W \neq 0$ Energie an das Gitter ab, das wegen seiner großen Wärmekapazität nur eine geringe Temperaturzunahme zeigt. Wird nun das Radiofrequenzfeld eingeschaltet, so stellt sich ein stationärer Endzustand ein, der durch $dn/dt = 0$ gekennzeichnet ist. Aus (15.3.10) wird dann

$$W(n - n_0) = -wn$$

oder
$$n = \frac{n_0}{1 + (w/W)} \qquad (15.3.13)$$

Somit ist n kleiner als der Gleichgewichtswert n_0 bei fehlendem Radiofrequenzfeld, und zwar hängt dies vom Quotienten w/W der Übergangswahrscheinlichkeiten ab. Für $w \ll W$ gilt $n \approx n_0$, für $w \gg W$ gilt $n \approx 0$, und man erhält Sättigung.

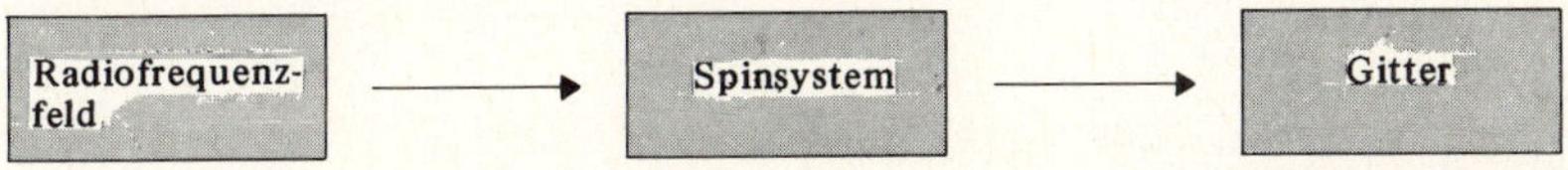

Abb. 15.3.2 Resultierender Energiefluß in einen stationären Resonanzabsorptionsversuch.

15.4 Dynamische Kernpolarisation; Overhauser-Effekt

Die Grundideen der letzten Abschnitte lassen sich gut an Verfahren erläutern, bei denen Nichtgleichgewichstzustände eines Systems zur Erzeugung von Kernpolarisationen benutzt werden (der sogen. Overhauser-Effekt ist ein solches Verfahren). Es wird eine Substanz betrachtet, die sowohl Kerne mit dem Spin ½ und dem magnetischen Moment μ_n als auch ungepaarte Elektronen mit dem Spin ½ und dem magnetischen Moment $\mu_e (\mu_e < 0)$ enthält. Die Substanz befinde sich in einem äußeren Magnetfeld H, das parallel zur z-Richtung sei. Weiter wird angenommen, daß die Hauptwechselwirkung zwischen einem Kern und einem Elektron die „Hyperfeinstruktur-Wechselwirkung" sei, d.h. jene, die durch das vom Elektron am Kernort erzeugte Magnetfeld entsteht. (Diese Wechselwirkung wird durch einen Hamiltonoperator der Form $\mathcal{H}_{ne} = a\boldsymbol{I}\cdot\boldsymbol{S}$ beschrieben, wobei $\boldsymbol{I}$ der Kern- und $\boldsymbol{S}$ der Elektronenspinoperator sind). Da der Hamiltonoperator dieses Systems (Kern und Elektron) invariant gegen Drehungen um die z-Achse ist, muß die z-Komponente des Gesamtspins $I_z + S_z$ eine Konstante der Bewegung sein. Daher können nur solche Übergänge durch die Wechselwirkung stattfinden, für die eine Kernspinumkehrung stets mit der entgegengesetzten Elektronenspinumkehrung verbunden ist: $+\,\boldsymbol{-} \to -\,\boldsymbol{+}$ oder $-\,\boldsymbol{+} \to +\,\boldsymbol{-}$. Dabei kennzeichnen $+$ oder $-$ die parallele oder antiparallele Ausrichtung der Kernspins zum äußeren Feld. $\boldsymbol{+}$ und $\boldsymbol{-}$ sind die analogen Symbole für die Elektronen.

8+) Man sieht dies an der kanonischen Verteilung für ein Zweiniveausystem (15.2.7): $P_+ \equiv n_+ = n_- \equiv P_- \to (\beta \to \infty)$ wegen $E_+ \neq E_-$.

Die Kerne wechselwirken vorzugsweise mit den Elektronenspins, die ihrerseits mit dem Gitter-Wärmereservoir wechselwirken. Über diese Wechselwirkungskette gelangen die Kernspins ins thermische Gleichgewicht mit der Gittertemperatur $T = (k\beta)^{-1}$. Es seien n_+ und n_- die mittlere Besetzungszahlen der Kernspinzustände + und −, N_+ und N_- die der Elektronenspinzustände + und −. Man erhält im thermischen Gleichgewicht für die Kernenergieniveaus $\epsilon_\pm = \mp\mu_n H$

$$\frac{n_+}{n_-} = \frac{e^{\beta\mu_n H}}{e^{-\beta\mu_n H}} = e^{2\beta\mu_n H} \tag{15.4.1}$$

Für die Elektronen mit den Energieniveaus $E_\pm = \mp\mu_e H$ ergibt sich im Gleichgewicht [9+)]

$$\frac{N_+}{N_-} = \frac{e^{\beta\mu_e H}}{e^{-\beta\mu_e H}} = e^{2\beta\mu_e H} \tag{15.4.2}$$

Der Polarisationsgrad der Kerne und der Elektronen kann durch folgende Größen

$$\xi_n \equiv \frac{n_+ - n_-}{n_+ + n_-} \qquad \text{und} \qquad \xi_e \equiv \frac{N_+ - N_-}{N_+ + N_-} \tag{15.4.3}$$

angegeben werden, und es gilt

$$-1 \leqslant \xi_{n,e} \leqslant 1$$

Da $|\mu_e| \approx 1000\,|\mu_n|$, gilt gemäß (15.4.1) und (15.4.2) $|\xi_n| \ll |\xi_e|$. Selbst wenn man zu so hohen Feldern H und tiefen Temperaturen T übergeht, bei denen die Elektronen fast vollständig polarisiert sind, ist der Polarisationsgrad der Kernspins noch sehr klein, speziell viel zu klein, um kernphysikalische Versuche an polarisierten Kernen anzustellen.

Das aus den Kernspins und den Elektronenspins zusammengesetzte System ist im thermischen Kontakt mit dem Gitter-Wärmereservoir der Temperatur β. Gemäß (15.2.10) müssen die Übergangswahrscheinlichkeiten W_{ne} die folgende Relation erfüllen

$$\frac{W_{ne}(+\,\boldsymbol{-} \to -\,\boldsymbol{+})}{W_{ne}(-\,\boldsymbol{+} \to +\,\boldsymbol{-})} = e^{-\beta(\epsilon_- + E_+ - \epsilon_+ - E_-)} = e^{-2\beta(\mu_n - \mu_e)H} \tag{15.4.4}$$

Wird die Bedingung für das detaillierte Gleichgewicht im Gleichgewicht als gültig vorausgesetzt, so gilt

$$n_+ N_- W_{ne}(+\,\boldsymbol{-} \to -\,\boldsymbol{+}) = n_- N_+ W_{ne}(-\,\boldsymbol{+} \to +\,\boldsymbol{-}) \tag{15.4.5}$$

Mit (15.4.4) wird diese Bedingung

$$\frac{n_+}{n_-}\frac{N_-}{N_+} = e^{2\beta(\mu_n - \mu_e)H} \tag{15.4.6}$$

9+) Kernspinsystem und Elektronenspinsystem besitzen den gleichen Temperaturparameter β. Für Nichtgleichgewichtszustände braucht dies nicht der Fall zu sein.

Dieses Ergebnis ist mit den Gleichgewichtsrelationen (15.4.1) und (15.4.2) verträglich.

Nun wird ein Radiofrequenzfeld zugeschaltet, dessen Frequenz mit der Elektronenspinresonanzfrequenz übereinstimmt. Es werde vorausgesetzt, daß dieses Feld stark genug sei, um das Elektronenspinsystem abzusättigen, so daß $N_+ = N_-$ gilt. Nimmt man an, daß die Bedingung (15.4.5) für das detaillierte Gleichgewicht auch für stationäre Zustände ihre Gültigkeit behält, wird aus (15.4.6)

$$\frac{n_+}{n_-} = e^{2\beta(\mu_n - \mu_e)H} \approx e^{-2\beta\mu_e H} \qquad (15.4.7)$$

wobei $|\mu_e| \gg |\mu_n|$ benutzt wurde. Somit sind die Kernspins nun mit einem Betrag polarisiert, als würden sie das sehr viel größere *elektronische* magnetische Moment besitzen! Dieses bemerkenswerte Ergebnis wird „Overhauser-Effekt" genannt. Er erlaubt, beträchtliche Kernspinpolarisierungen stationär herzustellen.

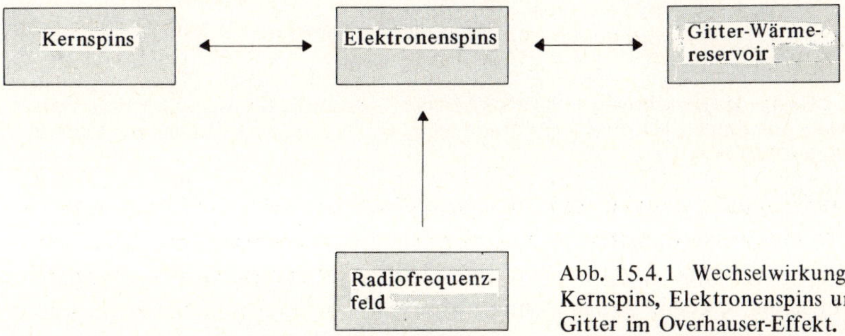

Abb. 15.4.1 Wechselwirkung zwischen Kernspins, Elektronenspins und dem Gitter im Overhauser-Effekt.

Alternative Erörterung. Eine allgemeinere Erörterung des Effektes kann dadurch gegeben werden, daß das Gitter-Wärmereservoir betrachtet wird. Für den Zustand $(+\,-)$ habe das Reservoir der Energie E'. Die Wahrscheinlichkeit $P(+\,-)$ für das Auftreten dieses Zustands ist proportional zur Anzahl der dem zusammengesetzten System zugänglichen Zustände, d.h. zur Anzahl $\Omega'(E')$ der Zustände, die dem Reservoir zugänglich sind, wenn Kern und Elektron in diesem einen Zustand sind. Somit gilt

$$P(+\,-) \sim \Omega'(E')$$

Dieses wird nun mit dem Zustand $(-\,-)$ verglichen, in dem Kern- und Elektronenspin antiparallel zum äußeren Feld sind. Gegenüber dem Zustand $(+\,-)$ hat das Reservoir die Energie $\Delta E'$ aufgenommen, und es gilt analog

$$P(-\,-) \sim \Omega'(E' + \Delta E') = \Omega'(E')\, e^{\beta\,\Delta E'}$$

Dabei wurde $\ln \Omega'$ um E' entwickelt, abgebrochen und mit

$$\beta \equiv \frac{\partial \ln \Omega'}{\partial E'}$$

der Temperaturparameter des Reservoirs bezeichnet. Daher gilt

$$\frac{P(+\,-)}{P(-\,-)} = e^{-\beta\Delta E'} \tag{15.4.8}$$

oder äquivalent

$$\frac{n_+N_-}{n_-N_-} = \frac{n_+}{n_-} = e^{-\beta\Delta E'} \tag{15.4.9}$$

Nun soll $\Delta E'$ berechnet werden. Der Zustand $(-\,-)$ entsteht aus dem vorhergehenden Zustand $(+\,-)$ gemäß der in Abb. 15.4.1 skizzierten Wechselwirkungen in zwei Schritten, die in Abb. 15.4.2 dargestellt sind.

a) Im ersten Schritt kehren Kern und Elektron ihre Spins durch Spin-Spin-Wechselwirkung.

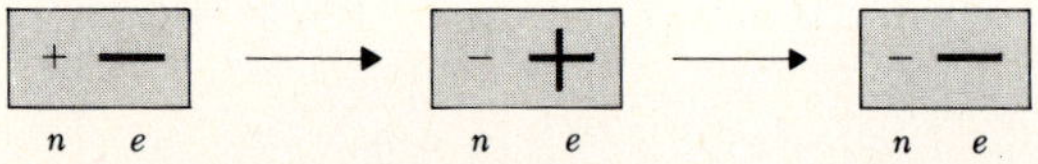

Abb. 15.4.2 Übergang vom Zustand $(+\,-)$ zum Zustand $(-\,-)$ durch Kernspin-Elektronenspin-Wechselwirkung und durch Elektronenspin-Gitterwechselwirkung (oder Elektronenspin-Radiofrequenzfeld-Wechselwirkung).

b) Im zweiten Schritt wird der Elektronenspin durch Elektron-Gitterwechselwirkung oder durch Wechselwirkung mit dem Radiofrequenzfeld gekehrt. Es sei E_{ne} die Gesamtenergie des aus Kern und Elektron bestehenden Systems. Die Änderung dieser Energie bei beiden Schritten ist

$$\text{Schritt } a\text{:}\ \Delta_a E_{ne} = (\epsilon_- - \epsilon_+) + (E_+ - E_-) = 2\mu_n H - 2\mu_e H = 2(\mu_n - \mu_e)H \tag{15.4.10}$$

$$\text{Schritt } b\text{:}\ \Delta_b E_{ne} = (E_- - E_+) = 2\mu_e H \tag{15.4.11}$$

Durch Addition erhält man die gesamte Energieänderung des Systems, das aus Kern und Elektron besteht.

$$\Delta E_{ne} = 2\mu_n H \tag{15.4.12}$$

Zuerst wird der Fall des thermischen Gleichgewichtes ohne Radiofrequenzfeld betrachtet. Wegen der dann geltenden Erhaltung der Energie muß die Änderung der Gesamtenergie (15.4.12) durch das Gitter-Wärmereservoir geliefert werden. Somit gilt

$$\Delta E' = -\Delta E_{ne} = -2\mu_n H \tag{15.4.13}$$

(15.4.9) wird dann

$$\frac{n_+}{n_-} = e^{2\mu_n H} \tag{15.4.14}$$

in Übereinstimmung mit (15.4.1).

Nun wird der stationäre Zustand mit angeschalteten Radiofrequenzfeld betrachtet, das das Elektronenspinsystem absättigt. Da dann die Wechselwirkung zwischen dem Elektronenspinsystem und dem Radiofrequenzfeld viel stärker als die zwischen Elektronenspinsystem und Gitter ist, wird die Elektronenspinumkehrung im Schnitt b durch die Wechselwirkung mit dem Radiofrequenzfeld bewirkt. Die für diesen Prozeß benötigte Energie wird daher durch das äußere Radiofrequenzfeld und *nicht* vom Gitter geliefert. Die Energieänderung des Wärmereservoirs ist somit nur gleich der im Schnitt *a*. Somit gilt

$$\Delta E' = -\Delta_a E_{ne} = -2(\mu_n - \mu_e)H \tag{15.4.15}$$

Daher wird aus (15.4.9)

$$\frac{n_+}{n_-} = e^{2\beta(\mu_n - \mu_e)H} \approx e^{-2\beta\mu_e H} \tag{15.4.16}$$

Somit erhalten wir wieder (15.4.7), die den Overhauser-Effekt beschreibende Gleichung.

Einfache Erörterung der Brownschen Bewegung

15.5 Langevinsche Gleichung

Ein hinreichend kleines, makroskopisches Teilchen, das in eine Flüssigkeit eingetaucht ist, zeigt eine Zitterbewegung, eine Zufallsbewegung. Diese bereits in Abschnitt 7.6 erwähnte Erscheinung wird „Brownsche Bewegung" genannt. Sie verrät sehr deutlich die statistischen Schwankungen, die in einem System im thermischen Gleichgewicht auftreten.

Es gibt eine Menge wichtiger Erscheinungen, die grundsätzlich ähnlich sind. Beispiele dafür sind die Zufallsbewegung eines Spiegels in einem empfindlichen Galvanometer oder die Schwankungen in einem elektrischen Widerstand. Somit kann die Brownsche Bewegung als Prototyp dienen, dessen Untersuchung einen beträchtlichen Einblick in den Mechanismus gewährt, der für die Existenz von Schwankungen und der „Energiedissipation" verantwortlich ist. Dieses Problem ist auch von großem praktischen Interesse, weil solche Schwankungen die Ursache für das sogenannte „Rauschen" bilden, das die mögliche Genauigkeit empfindlicher physikalischer Messungen begrenzt.

Der Einfachheit halber werden wir die Brownsche Bewegung in *einer* Dimension behandeln. Es wird daher ein Teilchen der Masse m betrachtet, dessen Schwerpunktskoordinate zur Zeit t mit $x(t)$ bezeichnet wird und dessen zugehörige Geschwindigkeit $v \equiv dx/dt$ ist. Dieses Teilchen taucht in eine Flüssigkeit ein, deren absolute Temperatur T ist. Es ist eine hoffnungslose Aufgabe, die Wechselwirkung der Schwerpunktskoordinate x mit allen anderen Freiheitsgraden detailliert zu beschreiben (d.h. die innere Bewegung der Atome des makroskopischen Teilchens ebenso wie die Bewegung der Moleküle der es umgebenden Flüssigkeit). Diese anderen Freiheitsgrade können aber als ein Wärmereservoir mit irgendeiner Temperatur T angesehen werden, und ihre Wechselwirkung mit x kann in eine resultierende Kraft $F(t)$ zusammengefaßt werden, die die Zeitabhängigkeit von x bestimmt. Zusätzlich kann das Teilchen mit anderen äußeren System (Gravitationsfeld, elektrisches Feld) über eine Kraft wechselwirken, die mit $\mathfrak{F}(t)$ bezeichnet wird. Die Geschwindigkeit v des Teilchens unterscheidet sich im allgemeinen wesentlich von ihrem Mittelwert im Gleichgewicht [10*].

Das Newtonsche Bewegungsgesetz für x kann in der Form

$$m\frac{dv}{dt} = \mathfrak{F}(t) + F(t) \tag{15.5.1}$$

geschrieben werden. Hier weiß man sehr wenig über die Kraft $F(t)$, die die Wechselwirkung zwischen x und den vielen anderen Freiheitsgraden des Systems beschreibt. Grundsätzlich muß $F(t)$ von den Lagen der vielen anderen Atome abhängen, die in ständiger Bewegung sind. Somit ist $F(t)$ irgendeine schnell schwankende Funktion der Zeit t, die sich in einer höchst unregelmäßigen Weise verändert. Man kann tatsächlich nicht die funktionale Abhängigkeit des F von t angeben. Um voranzukommen, muß man das Problem statistisch formulieren. Daher hat man ein Ensemble aus vielen gleichpräparierten Systemen zu betrachten, die alle aus dem Teilchen und der es umgebenden Flüssigkeit bestehen. Für jedes dieser Systeme ist die Kraft $F(t)$ irgendeine Zufallsfunktion der Zeit (siehe Abb. 15.5.1). Nun kann man versuchen, über dieses Ensemble statistische Aussagen zu machen.

Z.B. kann man für eine vorgegebene Zeit t_1 nach der Wahrscheinlichkeit $P(F_1, t_1)dF_1$ dafür fragen, daß die Kraft F im Ensemble zu dieser Zeit einen Wert zwischen F_1 und $F_1 + dF_1$ annimmt. Oder für zwei vorgegebene Zeiten t_1 und t_2 kann man nach der Verbundwahrscheinlichkeit $P(F_1, t_1; F_2, t_2)$ $dF_1 dF_2$ dafür fragen, daß zur Zeit t_1 die Kraft zwischen F_1 und $F_1 + dF_1$ liegt und daß zur Zeit t_2 die Kraft zwischen F_2 und $F_2 + dF_2$ liegt. Der Ensemble-Mittelwert der Kraft F zur Zeit t_1 ist somit

$$\bar{F}(t_1) \equiv \frac{1}{N}\sum_{k=1}^{N} F^{(k)}(t_1)$$

[10*] Es sei $\mathfrak{F} = 0$, und zu einer Anfangszeit habe das Teilchen die Geschwindigkeit v, die sich von ihrem thermischen Mittelwert $\bar{v} = 0$ unterscheidet. (Dieses $v \neq 0$ kann durch eine spontane Schwankung entstanden sein oder durch die Anwendung einer äußeren Kraft, die zur Anfangszeit ausgeschaltet wurde). Es entsteht die Frage, wie schnell sich die Teilchengeschwindigkeit ihrem Mittelwert nähert, der durch das thermische Gleichgewicht festgelegt ist?

Dabei läuft die Summe über alle N Systeme des Ensembles, die durch k gekennzeichnet sind.

Die folgenden beschreibenden Aussagen können über $F(t)$ gemacht werden. Die Rate, mit der $F(t)$ variiert, kann durch eine „Korrelationszeit" τ^* charakterisiert werden, die grob die Zeit mißt, die zwischen zwei aufeinanderfolgenden Maxima (oder Minima) der schwankenden Funktion $F(t)$ liegt. Die Zeit τ^* ist bezüglich einer *makroskopischen* Skala klein (Sie sollte grob von der Größenordnung des mittleren Molekülabstandes dividiert durch die mittlere Molekülgeschwindigkeit sein, d.h. um 10^{-13} s, falls $F(t)$ Wechselwirkungen mit Molekülen einer typischen Flüssigkeit beschreibt). Darüberhinaus ist keine Richtung im Raum ausgezeichnet, weil dies für typische Flüssigkeiten der Fall ist und weil äußere Kräfte nicht in $F(t)$ vorkommen. Daher muß $F(t)$ ebenso oft positiv wie negativ sein, so daß der Ensemble-Mittelwert $\bar{F}(t)$ verschwindet.

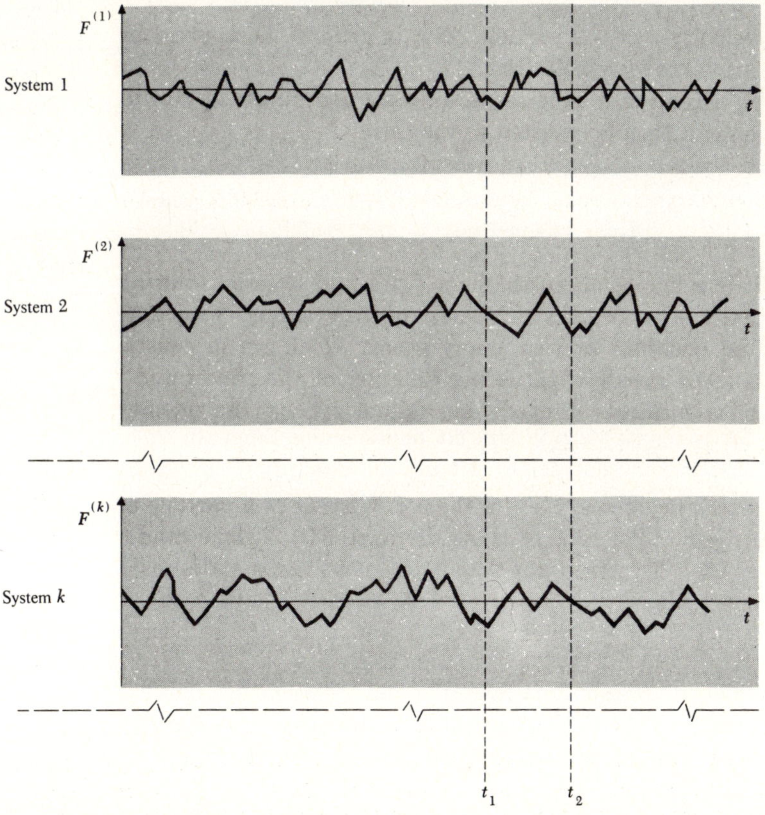

Abb. 15.5.1 Ensemble aus Systemen, das das Verhalten der schwankenden Kraft $F(t)$ erläutert, die auf ein sich stationär bewegendes Teilchen wirkt. Hier ist $F^{(k)}(t)$ die Kraft im k-ten System des Ensembles als Funktion der Zeit t.

Die Gleichung (15.5.1) gilt für jedes Mitglied des Ensembles, und unser Ziel ist es, aus ihr statistische Aussagen über v zu gewinnen. Da $F(t)$ eine schnell schwankende Funktion der Zeit ist, folgt aus (15.5.1), daß v ebenfalls mit der Zeit schwankt. Über diesen Schwankungen aber liegt eine weit langsamer veränderliche Zeitabhängigkeit von v. Man kann z.B. nach dem Ensemble-Mittelwert $\bar{v}$ der Geschwindigkeit fragen, der eine gegenüber v langsam veränderliche Funktion der Zeit ist. In der Zerlegung

$$v = \bar{v} + v' \tag{15.5.2}$$

bezeichnet v' den Teil von v, der schnell schwankt (obgleich nicht so schnell wie $F(t)$, weil die Masse m sich bemerkbar macht) und dessen Mittelwert verschwindet. Der langsam veränderliche Teil $\bar{v}$ ist von entscheidender Bedeutung (obgleich er klein ist), weil er das Langzeitverhalten des Teilchens bestimmt. Um dies zu untersuchen, wird (15.5.1) über ein Zeitintervall τ integriert, das klein bezüglich der *makroskopischen* Zeitskala, aber groß gegen τ^* ist: $\tau \gg \tau^*$. Dann erhält man

$$m[v(t+\tau) - v(t)] = \mathfrak{F}(t)\tau + \int_t^{t+\tau} F(t')\, dt' \tag{15.5.3}$$

Dabei wurde angenommen, daß sich die äußere Kraft $\mathfrak{F}$ nur so langsam mit der Zeit verändert, daß diese Veränderung in der Zeit τ zu vernachlässigen ist. Das letzte Integral in (15.5.3) sollte sehr klein sein, da $F(t)$ in der Zeit τ sehr oft sein Vorzeichen wechselt. Daher könnte man erwarten, daß der langsam veränderliche Teil von v nur auf die äußere Kraft $\mathfrak{F}$ zurückzuführen ist, d.h. man könnte versucht sein

$$m \frac{d\bar{v}}{dt} = \mathfrak{F} \tag{15.5.4}$$

zu schreiben.

Aber diese Näherung ist zu grob, um die physikalische Situation zu beschreiben, denn die Wechselwirkung mit der Umgebung, die durch $F(t)$ ausgedrückt wird, muß so sein, daß sie stets dahin tendiert, das Teilchen ins Gleichgewicht zu bringen. Wird z.B. die äußere Kraft $\mathfrak{F} = 0$ gesetzt, so bewirkt die Wechselwirkung, ausgedrückt durch $F(t)$, daß, falls $\bar{v} \neq 0$ zu einer Anfangszeit ist, sich $\bar{v}$ seinem Gleichgewichtswert $\bar{v} = 0$ annähert. Aber (15.5.4) sagt diesen Trend auf den Gleichgewichtswert zu nicht voraus. Der Grund dafür ist die zu sorglose Behandlung von F in (15.5.3). Wir haben nicht die Tatsache berücksichtigt, daß die Wechselwirkungskraft F durch die Bewegung des Teilchens derart beeinflußt wird, daß F selbst ebenfalls einen langsam veränderlichen Anteil $\bar{F}$ besitzt, der das Teilchen ins Gleichgewicht bringt. Daher können wir analog zu (15.5.2)

$$F = \bar{F} + F' \tag{15.5.5}$$

schreiben, wobei F' der schnell schwankende Anteil von F ist, dessen Mittelwert verschwindet. Der langsam variierende Anteil $\bar{F}$ muß irgendeine homogene Funktion $\bar{F}(\bar{v})$ von $\bar{v}$ sein, weil $\bar{F}(0) = 0$ gilt. Falls $\bar{v}$ nicht zu groß ist, kann $\bar{F}(\bar{v})$

durch eine abgebrochene Potenzreihe in $\bar{v}$ um $\bar{v} = 0$ dargestellt werden, deren erstes Glied verschwindet. Wird nur das lineare Glied berücksichtigt, muß $\bar{F}$ die allgemeine Form

$$\bar{F} = -\alpha\bar{v} \tag{15.5.6}$$

haben, wobei α irgendeine positive Konstante (die sogenannte „Reibungskonstante") ist, und das Minuszeichen ausdrücklich anzeigt, daß die Kraft $\bar{F}$ in eine solche Richtung wirkt, daß sie mit wachsender Zeit $\bar{v}$ zum Verschwinden bringt. Bisher sind wir nicht in der Lage, irgendeinen Wert für α anzugeben. Wir können vermuten, daß α irgendwie durch F selbst darstellbar sein muß, weil die das Gleichgewicht wieder herstellende Reibungskraft ebenfalls durch die durch $F(t)$ beschriebenen Wechselwirkungen verursacht wird.

Im allgemeinen wird dann der langsam veränderliche Anteil von (15.5.1)

$$m\frac{d\bar{v}}{dt} = \mathfrak{F} + \bar{F} = \mathfrak{F} - \alpha\bar{v} \tag{15.5.7}$$

Schließt man die schnell schwankenden Anteile v' und F' von (15.5.2) und (15.5.5) mit ein, so wird aus (15.5.1)

▶ $$m\frac{dv}{dt} = \mathfrak{F} - \alpha v + F'(t) \tag{15.5.8}$$

Dabei wurde näherungsweise $\alpha\bar{v} \approx \alpha v$ gesetzt (der Fehler ist zu vernachlässigen, weil der schneller schwankende Beitrag $\alpha v'$ gegenüber dem dominanten Glied $F'(t)$ klein ist). (15.5.8) wird „Langevinsche Gleichung" genannt. Sie unterscheidet sich von der ursprünglichen Gleichung (15.5.1) durch die Zerlegung der Kraft $F(t)$ in einen langsam veränderlichen Anteil $-\alpha v$ und in einen schnell schwankenden Anteil $F'(t)$, der „rein zufällig" ist, d.h. sein Mittelwert verschwindet stets, unabhängig von der Geschwindigkeit oder der Lage des Teilchens. Die Langevinsche Gleichung (15.5.8) beschreibt somit das Verhalten des Teilchens zu allen späteren Zeiten, wenn seine Anfangsbedingungen angegeben werden.

Da die Langevinsche Gleichung die Reibungskraft $-\alpha v$ enthält, umfaßt sie Prozesse, für die die mit der Koordinate x verbundene Energie des Teilchens im Laufe der Zeit auf andere Freiheitsgrade verteilt wird (z.B. auf die Moleküle der das Teilchen umgebenden Flüssigkeit). Dies ist natürlich mit unserer makroskopischen Erfahrung im Einklang, daß Reibungskräfte allgegenwärtig sind. Jedoch handelt es sich hier um ein interessantes und begrifflich schwieriges, allgemeines Problem. Man betrachte ein System A in Kontakt mit einem großen System B. Die *mikroskopischen* Gleichungen, die die Bewegung des zusammengesetzten Systems $(A + B)$ beschreiben, enthalten *keine* Reibungskräfte. Die Gesamtenergie bleibt erhalten, und die Bewegung ist reversibel (Reversibel bedeutet: wenn das Vorzeichen der Zeit t gekehrt wird, bleibt die Bewegungsgleichung unverändert, und alle Teilchen durchlaufen [klassisch] ihre Bahnen rückwärts). Faßt man aber nur A ins Auge, so kann die Wechselwirkung zwischen A und dem Wärmereservoir B angemessen durch Bewegungsgleichungen beschrieben werden, die Reibungskräfte enthalten. Somit zeigt A Energiedissipation und seine Bewegung ist nicht reversibel. Wie also entstehen die nicht reversiblen Bewegungsgleichungen von A aus den reversiblen des zusammengesetzen Systems $(A + B)$? Welche Näherungen führen von den reversiblen zu den nicht reversiblen Bewegungsgleichungen? Die Erörterung dieser Fragen in voller Allgemeinheit liegt außerhalb des Umfangs dieses Buches. Im Abschnitt 15.7 werden wir allerdings zu einer genaueren Untersuchung der Näherungen zurückkommen, die zur irreversiblen Langevinschen Gleichung (15.5.8) führen.

Zwischen der Langevinschen Gleichung und der Bewegungsgleichung für den Strom I, der einen Leiter der Selbstinduktivität L durchfließt, besteht eine Analogie. Es sei $\mathcal{V}(t)$ die Spannung an den Leiterenden. Der Strom I wird durch die Wechselwirkung der Elektronen mit den Atomen des Leiters beeinflußt. Der resultierende Effekt dieser Wechselwirkung auf den Strom I kann durch eine effektive, schwankende Spannung $V(t)$ dargestellt werden. Diese kann in einen langsam veränderlichen Anteil $-RI$ (R ist eine positive Konstante) und einen schnell schwankenden Anteil $V'(t)$ zerlegt werden, dessen Mittelwert verschwindet. Das Analogon der Langevinschen Gleichung (15.5.8) wird dann

$$L \frac{dI}{dt} = \mathcal{V} - RI + V'(t) \tag{15.5.9}$$

Die Reibungskonstante R ist hier einfach der elektrische Widerstand des Leiters.

15.6 Berechnung des Schwankungsquadrates der Verrückung

Es werde angenommen, daß die Langevinsche Gleichung eine angemessene phänomenologische Beschreibung der Brownschen Bewegung darstellt und uns zeigt, wie mit ihrer Hilfe interessierende physikalische Größen berechnet werden können. Ohne äußere Kräfte wird aus (15.5.8)

$$m \frac{dv}{dt} = -\alpha v + F'(t) \tag{15.6.1}$$

Die Reibungskraft kann durch eine rein makroskopische hydrodynamische Herleitung angegeben werden, nämlich aus der Bewegung einer makroskopischen Kugel vom Radius a mit der Geschwindigkeit v in einer Flüssigkeit der Viskosität η. Diese Berechnung ergibt eine Reibungskraft $-\alpha v$, wobei

$$\alpha = 6\pi\eta a \tag{15.6.2}$$

ist. Diese Beziehung ist als „Stokessches Gesetz" [11*] bekannt.

[11*] Siehe Aufgabe 15.1 Eine strenge hydrodynamische Herleitung findet sich z.B. bei: Page, L.: Introduction to theoretical physics, 3. Aufl., Princeton, N.J.: Van Nostrand (1952), 286 oder Joos, G.: Lehrbuch der theoretischen Physik, 12. Aufl, 205, Akad. Verlags-Gesellschaft, Frankfurt a.M. (1970).

Es wird das thermische Gleichgewicht betrachtet. Aus Symmetriegründen verschwindet natürlich die mittlere Verrückung $\bar{x}$, $\bar{x} = 0$, da keine Richtung im Raum ausgezeichnet ist. Um die Stärke der Schwankungen zu berechnen, wird (15.6.1) benutzt, um das Schwankungsquadrat der Verrückung $\langle x^2 \rangle = \overline{x^2}$ eines Teilchens im Zeitintervall t zu ermitteln (Ensemble-Mittelwerte sollen durch Balken oder spitze Klammern gekennzeichnet werden). Mit $v = \dot{x}$ und Multiplikation beider Seiten von (15.6.1) mit x erhält man

$$mx\frac{d\dot{x}}{dt} = m\left[\frac{d}{dt}(x\dot{x}) - \dot{x}^2\right] = -\alpha x\dot{x} + xF'(t) \tag{15.6.3}$$

Nun wird der Ensemble-Mittelwert auf beiden Seiten gebildet. Wie im Zusammenhang mit der Langevinschen Gleichung (15.5.8) ausgeführt wurde, verschwindet der Mittelwert der schwankenden Kraft F' stets, unabhängig davon, welchen Wert v oder x besitzt. Daher gilt $\langle xF' \rangle = \langle x \rangle \langle F' \rangle = 0$ [12+]. Darüber hinaus gilt der Gleichverteilungssatz $\frac{1}{2} m\langle \dot{x}^2 \rangle = \frac{1}{2} kT$. Somit wird (15.6.3)

$$m\left\langle \frac{d}{dt}(x\dot{x}) \right\rangle = m\frac{d}{dt}\langle x\dot{x} \rangle = kT - \alpha\langle x\dot{x} \rangle \tag{15.6.4}$$

> **Anmerkung**: Die Operationen der zeitlichen Ableitung und der Ensemble-Mittelwertbildung sind miteinander vertauschbar. Denn wenn y im k-ten System des Ensembles aus N Systemen zur Zeit t den Wert $y^{(k)}(t)$ annimmt, so gilt
>
> $$\frac{d}{dt}\langle y \rangle = \frac{d}{dt}\left(\frac{1}{N}\sum_{k=1}^{N} y^{(k)}(t)\right) = \frac{1}{N}\sum_{k=1}^{N}\frac{dy^{(k)}}{dt} = \left\langle \frac{dy}{dt} \right\rangle$$
>
> weil die Reihenfolge von Differentiation und Summation vertauscht werden kann.

Die Beziehung (15.6.4) ist eine einfache Differentialgleichung für die Größe $\langle x\dot{x} \rangle$, die unmittelbar gelöst werden kann. Man erhält

$$\langle x\dot{x} \rangle = Ce^{-\gamma t} + \frac{kT}{\alpha} \tag{15.6.5}$$

Dabei ist C eine Integrationskonstante. In der Definition

$$\gamma \equiv \frac{\alpha}{m} \tag{15.6.6}$$

bezeichnet γ^{-1} eine charakteristische Zeitkonstante des Systems. Nimmt man an, daß jedes Teilchen im Ensemble zur Zeit $t = 0$ am Ort $x = 0$ startet, so daß x die Verrückung aus der Anfangslage mißt, ergibt sich für C die Beziehung $0 = C + kT/\alpha$. Daher wird aus (15.6.5)

[12+] x und F' sind als statistisch unabhängig voneinander angenommen.

$$\langle x\dot{x}\rangle = \frac{1}{2}\frac{d}{dt}\langle x^2\rangle = \frac{kT}{\alpha}(1 - e^{-\gamma t}) \tag{15.6.7}$$

Nochmalige Integration ergibt

▶ $$\langle x^2\rangle = \frac{2kT}{\alpha}[t - \gamma^{-1}(1 - e^{-\gamma t})] \tag{15.6.8}$$

als Endergebnis.

Man beachte zwei wichtige Grenzfälle. Falls $t < \gamma^{-1}$ ist, folgt aus

$$e^{-\gamma t} = 1 - \gamma t + \tfrac{1}{2}\gamma^2 t^2 - \cdots$$

eine gute Näherung durch Abbruch nach dem quadratischen Glied, die mit (15.6.8)

$$\text{für } t \ll \gamma^{-1} \quad \langle x^2\rangle = \frac{kT}{m}t^2 \tag{15.6.9}$$

ergibt. Daher verhält sich das Teilchen für eine kurze Anfangszeit so, als wäre es frei und bewege sich mit der konstanten thermischen Geschwindigkeit $v = (kT/m)^{1/2}$.

Für den anderen Grenzfall $t \gg \gamma^{-1}$, $e^{-\gamma t} \to 0$, wird aus (15.6.8) einfach

$$\text{für } t \gg \gamma^{-1}, \quad \langle x^2\rangle = \frac{2kT}{\alpha}t \tag{15.6.10}$$

Das Teilchen benimmt sich dann wie ein diffundierendes Teilchen, das einer Zufallsbewegung unterliegt, so daß $\langle x^2\rangle \sim t$ gilt. Dies zeigt ein Vergleich mit der Diffusionsgleichung, die mit (12.5.22) auf die Beziehung $\langle x^2\rangle = 2Dt$ führt. Daher ist der zugehörige Diffusionskoeffizient durch

$$D = \frac{kT}{\alpha} \tag{15.6.11}$$

gegeben. Mit (15.6.2) wird aus (15.6.10)

$$\langle x^2\rangle = \frac{kT}{3\pi\eta a}t \tag{15.6.12}$$

Beobachtungen von Teilchen, die eine Brownsche Bewegung ausführten, gestatteten Perrin (ca. 1910) $\langle x^2\rangle$ experimentell zu bestimmen. Mit der Kenntnis der Teilchengröße und -dichte und der Viskosität des Mediums gelang es Perrin, aus diesen Beobachtungen einen hinreichend guten Wert für die Boltzmannsche Konstante k herzuleiten. Somit erhielt er mit der Gaskonstanten R einen Wert für die Loschmidtsche Zahl.

Das Verhalten eines Teilchens in einem äußeren Feld ist ein Problem, das mit dem in diesem Abschnitt behandelten eng verwandt ist. Für ein Teilchen mit der elektrischen Ladung e in einem homogenen elektrischen Feld $\mathcal{E}$ lautet die Langevinsche Gleichung (15.5.8)

$$m \frac{dv}{dt} = e\mathcal{E} - \alpha v + F'(t)$$

Bildet man den Mittelwert auf beiden Seiten und betrachtet den stationären Zustand, der durch $d\bar{v}/dt = 0$ gekennzeichnet ist, so ergibt sich

$$e\mathcal{E} - \alpha\bar{v} = 0$$

Dies zeigt, daß $\bar{v} \sim \mathcal{E}$ ist. Die „Beweglichkeit" $\mu \equiv \bar{v}/\mathcal{E}$ ist dann

$$\mu \equiv \frac{\bar{v}}{\mathcal{E}} = \frac{e}{\alpha} \tag{15.6.13}$$

Somit sind die Beweglichkeit μ und der Diffusionskoeffizient D aus (15.6.11) durch α darstellbar. Daher gibt es eine enge Verbindung zwischen diesen beiden Koeffzienten, nämlich

$$\blacktriangleright \quad \frac{\mu}{D} = \frac{e}{kT} \tag{15.6.14}$$

Diese Gleichung ist als „Einstein-Relation" bekannt.

Genauere Untersuchung der Brownschen Bewegung

15.7 Beziehung zwischen Dissipation und fluktuierender Kraft

Um zu einem besseren Verständnis der Reibungskraft zu gelangen, kehren wir nun zu (15.5.1) zurück und versuchen, diese Gleichung genauer zu behandeln. Es wird wieder ein Zeitintervall τ betrachtet, das *makroskopisch* sehr klein, aber auf einer *mikroskopischen* Skala groß ist:

$$\tau \gg \tau^*$$

Dabei ist τ^* eine Korrelationszeit, die von der Größenordnung der mittleren Periode der Schwankungen der Kraft $F(t)$ ist. Wieder nehmen wir an, daß sich die äußere Kraft F langsam gegen τ verändert. Der langsam veränderliche Anteil der Geschwindigkeit v soll ermittelt werden. Alle Größen, deren Änderungen im Zeitintervall τ zu vernachlässigen sind, werden hier als langsam veränderlich bezeichnet.

Nun wird ein Ensemble aus gleich präparierten Systemen betrachtet, von denen jedes einzelne der Gleichung (15.5.1) genügt. Auf beiden Seiten der integrierten Form (15.5.3) dieser Gleichung wird der Ensemble-Mittelwert gebildet. Man erhält

$$m\langle v(t+\tau) - v(t)\rangle = \mathfrak{F}(t)\tau + \int_t^{t+\tau} \langle F(t')\rangle\, dt' \tag{15.7.1}$$

Falls man jeden Einfluß der Teilchenbewegung auf die Kraft F, die die Umgebung auf das Teilchen ausübt, völlig vernachlässigt, dann ist der Mittelwert $\langle F\rangle$ der gleiche wie jener $\langle F\rangle_0 = 0$, der im statischen Gleichgewicht vorliegt, bei dem das Teilchen irgendwie festgehalten wird und deshalb keine Rückwirkung auf seine Umgebung zeigt. Diese Situation liegt natürlich nicht vor. Es wurde nämlich im Abschnitt 15.5 gezeigt, daß eine Näherung, die einfach in (15.7.1) $\langle F\rangle = \langle F\rangle_0 = 0$ setzt, nicht angemessen ist, weil sie keinen langsam veränderlichen Geschwindigkeitsanteil ergibt, der die Annäherung des Teilchens an das thermische Gleichgewicht beschreibt. Daher ist man darauf angewiesen, einen Ansatz dafür anzugeben, wie $\langle F\rangle$ von der Teilchengeschwindigkeit v abhängt.

Dazu wird ein kleines System A betrachtet, dessen Variable x sei, und das mit einigen anderen Freiheitsgraden über die Kraft F wechselwirkt (z.B. das Teilchen selbst mit seiner Lagekoordinate x und die Flüssigkeitsmoleküle in der unmittelbaren Nachbarschaft des Teilchens). Die vielen anderen noch nicht berücksichtigten Freiheitsgrade (z.B. der Hauptteil der Flüssigkeit), bilden dann ein großes Wärmebad B, dessen Temperatur $T = (k\beta)^{-1}$ im wesentlichen konstant ist, unabhängig davon, ob sich seine Energie um kleine Beträge ändert. Für einen vorgegebenen Wert der Geschwindigkeit v, die als Parameter angesehen wird, können die möglichen Zustände von A durch r gekennzeichnet werden. In einem solchen Zustand nimmt die Kraft F den Wert F_r an.

Zur Zeit t habe das Teilchen die Geschwindigkeit $v(t)$. In erster Näherung wird nun angenommen, daß sich das System A zur Zeit t im stationären Gleichgewicht befinde, für das $\langle F\rangle = 0$ gilt. Die Wahrscheinlichkeit dafür, dann A im Zustand r vorzufinden, wird mit $W_r^{(0)}$ bezeichnet. Im nächsten Näherungsschritt muß nun untersucht werden, wie $\langle F\rangle$ durch die Bewegung des Teilchens beeinflußt wird. Dazu wird eine wenig spätere Zeit $t' = t + \tau'$ betrachtet, zu der das Teilchen die Geschwindigkeit $v(t + \tau')$ besitzt. Die Bewegung des Teilchens beeinflußt seine Umgebung und für hinreichend kleine τ' hängt die mittlere Kraft $\langle F(t')\rangle$ zur späteren Zeit t' von den Bedingungen zur früheren Zeit t ab. Wenn sich nämlich die Teilchengeschwindigkeit verändert, wird das innere Gleichgewicht der Umgebung gestört. Nach einer Zeit τ^* aber (die von der Größenordnung der Zeit zwischen zwei aufeinanderfolgenden Molekülstößen ist) hat die Wechselwirkung zwischen den Molekülen ein neues Gleichgewicht hergestellt, das mit dem neuen Wert der Geschwindigkeit $v = v(t + \tau')$ verträglich ist. Das bedeutet, daß das Wärmebad B wieder gleichwahrscheinlich in irgendeinem seiner Ω zugänglichen Zustände vorgefunden wird. Wenn also in einem Zeitintervall $\tau' > \tau^*$ die Geschwindigkeit des Teilchens sich um $\Delta v(\tau')$ ändert, so verändert sich die Energie von B vom Wert E' auf den Wert $E' + \Delta E'(\tau')$. Die Anzahl der B zugänglichen Zustände geht demgemäß von $\Omega(E)$ in $\Omega(E' + \Delta E')$ über. Da im Gleichgewicht die Wahrscheinlichkeit dafür, A in einem vorgegebenen Zustand r anzutreffen, proportional zur zugehörigen Anzahl der dem Wärmebad B zugänglichen Zustände ist, ist es möglich, beim

Vorliegen desselben Zustandes r zu den Zeiten t und $t + \tau'$ die Wahrscheinlichkeiten zu vergleichen. Wie im Abschnitt 15.4 gilt [13+)]

$$\frac{W_r(t+\tau')}{W_r^{(0)}} = \frac{\Omega(E'+\Delta E')}{\Omega(E')} = e^{\beta\,\Delta E'} \tag{15.7.2}$$

wobei $\beta \equiv (\partial \ln\Omega/\partial E')$ der Temperaturparameter des Wärmebades B ist. Physikalisch bedeutet dies folgendes: *Die Wahrscheinlichkeit dafür, das System A zu einer späteren Zeit im gleichen Zustand wie im Ausgangszustand vorzufinden, wächst mit zunehmender Energie des Wärmebades.* Somit gilt:

$$W_r(t+\tau') = W_r^{(0)}\,e^{\beta\,\Delta E'} \approx W_r^{(0)}(1+\beta\,\Delta E') \tag{15.7.3}$$

Zur Zeit $t' = t + \tau'$ ist der Mittelwert der Kraft F durch

$$\langle F\rangle = \sum_r W_r(t+\tau')F_r = \sum_r W_r^{(0)}(1+\beta\,\Delta E')F_r = \langle(1+\beta\,\Delta E')F\rangle_0$$

gegeben. Dabei ist der letzte Mittelwert mit der Gleichgewichtswahrscheinlichkeit $W_r^{(0)}$ zu berechnen. Da $\langle F\rangle_0 = 0$ ist, gilt

▶ $$\langle F\rangle = \beta\langle F\,\Delta E'\rangle_0 \tag{15.7.4}$$

Dies verschwindet im allgemeinen *nicht.*

Diese Näherungsbetrachtungen werden nun in (15.7.1) benutzt, wobei $\tau \gg \tau^*$ war. Somit erstreckt sich das Integral in diesem Ausdruck über ein hinreichend langes Zeitintervall, so daß wegen $\tau' = t' - t \gg \tau^*$ die Näherung (15.7.4) im Integranden zu benutzen ist.

Der Energiezuwachs von B ist in der Zeit $t' - t$ einfach das Negative der von der Kraft F am Teilchen geleisteten Arbeit. Somit gilt

$$\Delta E' = -\int_t^{t'} v(t'')F(t'')\,dt'' \approx -v(t)\int_t^{t'} F(t'')\,dt'' \tag{15.7.5}$$

Dabei wurde die mit (15.7.1) verträgliche Näherung gemacht, daß sich $v(t)$ in Zeiten der Größenordnung von τ' nicht wesentlich verändert. Mit (15.7.5) wird aus (15.7.4)

$$\langle F(t')\rangle = -\beta\left\langle F(t')v(t)\int_t^{t'} F(t'')\,dt''\right\rangle_0 = -\beta\bar{v}(t)\int_t^{t'} dt''\,\langle F(t')F(t'')\rangle_0 \tag{15.7.6}$$

Hier wurde zuerst über $v(t)$ allein gemittelt, da diese Größe sich viel langsamer als $F(t)$ verändert. Wird in (15.7.6) die Abkürzung

$$s \equiv t'' - t' \tag{15.7.7}$$

eingeführt, so wird aus (15.7.1)

13+) Für hinreichend kleine $\Delta E'$.

$$m\langle v(t+\tau) - v(t)\rangle = \mathfrak{F}(t)\tau - \beta\bar{v}(t) \int_t^{t+\tau} dt' \int_{t-t'}^{0} ds\, \langle F(t')F(t'+s)\rangle_0 \quad (15.7.8)$$

Das letzte Glied der rechten Seite ist langsam veränderlich und bewirkt eine „Dissipation", d.h. auch bei fehlenden äußeren Kräften $\mathfrak{F} = 0$ geht die mittlere Geschwindigkeit $\bar{v}$ mit wachsender Zeit gegen null.

15.8 Korrelationsfunktionen und Reibungskonstante

Der Ensemble-Mittelwert in (15.7.8)

$$K(s) \equiv \langle F(t')F(t'')\rangle_0 = \langle F(t')F(t'+s)\rangle_0 \quad (15.8.1)$$

wird „Korrelationsfunktion" der Funktion $F(t)$ genannt. Der Ensemble-Mittelwert wird hier im Gleichgewicht gebildet, in dem die Verteilung der Systeme im Ensemble unabhängig vom absoluten Wert der Zeit ist. Daher ist dieser Mittelwert von der Zeit t' unabhängig und hängt nur von der *Zeitdifferenz* s ab.

Korrelationsfunktionen treten sehr häufig in der statistischen Physik auf und besitzen verschiedene allgemein interessierende Eigenschaften. Wir können im folgenden annehmen, daß $F(t)$ irgendeine zufällige Funktion von t ist. Wir schreiben t anstelle von t' und lassen den Index an den spitzen Kalmmern weg. Dann ergibt sich

$$K(0) = \langle F(t)F(t)\rangle = \langle F^2(t)\rangle > 0 \quad (15.8.2)$$

Somit ist $K(0)$ gleich dem Mittelwert des Quadrats der schwankenden Funktion F, d.h. gleich ihrem Schwankungsquadrat, falls $\langle F\rangle = 0$. (Natürlich ist $\langle F^2(t)\rangle$ unabhängig vom Zeitpunkt t, weil es sich um eine Gleichgewichtssituation handelt).

Wenn s hinreichend groß wird, müssen $F(t)$ und $F(t+s)$ unkorreliert sein, d.h. die Wahrscheinlichkeit dafür, daß F zur Zeit $t+s$ einen bestimmten Wert annimmt, muß unabhängig davon sein, welchen Wert F zur früheren Zeit t gehabt hatte. Somit gilt

für $s \to \infty$, $\quad K(s) \to \langle F(t)\rangle\, \langle F(t+s)\rangle$

d.h. für $s \to \infty$, $\quad K(s) \to 0 \quad$ falls $\langle F\rangle = 0 \quad (15.8.3)$

Ganz allgemein läßt sich

$$|K(s)| \leqslant K(0) \quad (15.8.4)$$

zeigen. Dies folgt aus der einsichtigen Beziehung

$$\langle [F(t) \pm F(t+s)]^2\rangle \geqslant 0$$

Somit $\quad \langle F^2(t) + F^2(t+s) \pm 2F(t)F(t+s)\rangle \geqslant 0$

oder $\quad \langle F^2(t)\rangle + \langle F^2(t+s)\rangle \pm 2\langle F(t)F(t+s)\rangle \geqslant 0$

Da im Gleichgewichtsensemble $\langle F^2(t+s)\rangle = \langle F^2(t)\rangle = K(0)$ gilt, wird daraus

$$K(0) \pm K(s) \geqslant 0$$

oder $$-K(0) \leqslant K(s) \leqslant K(0)$$

Dies stimmt mit (15.8.4) überein.

Da im Gleichgewicht $K(s)$ gemäß (15.8.1) unabhängig von t' ist, gilt für eine andere Zeit t_1

$$K(s) \equiv \langle F(t)F(t+s)\rangle = \langle F(t_1)F(t_1+s)\rangle$$

Wird $t_1 = t - s$ gesetzt, so wird daraus

$$K(s) = \langle F(t)F(t+s)\rangle = \langle F(t-s)F(t)\rangle = \langle F(t)F(t-s)\rangle$$

oder $$K(s) = K(-s) \tag{15.8.5}$$

Somit hat ein Bild der Korrelationsfunktion K in Abhängigkeit von s das Aussehen, wie es in Abb. 15.8.1 gezeigt wird. In unserem Falle werden die von der

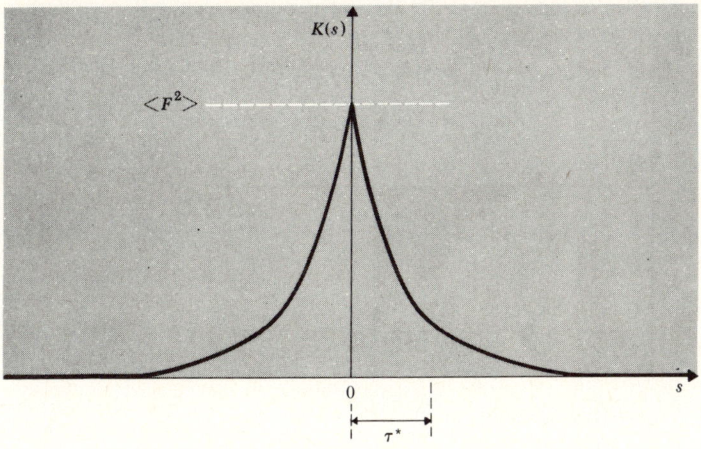

Abb. 15.8.1 Diagramm der Korrelationsfunktion $K(s) \equiv \langle F(t)F(t+s)\rangle$ einer Zufallsfunktion $F(t)$.

Kraft $F(t)$ angenommenen Werte unkorreliert für Zeiten, die größer als von der Ordnung τ^* sind. Daher gilt $K(s) \to 0$ für $s \gg \tau^*$. Aus der Erörterung ist ersichtlich, daß die Korrelationsfunktion $K(s)$ wesentliche Informationen über die statistischen Eigenschaften der zufälligen Variablen $F(t)$ enthält.

Nun kehren wir zur Berechnung des Integrals (15.7.8) zurück. Der Integrationsbereich ist in der Abb. 15.8.2 in der t'-s-Ebene gezeigt. (Man beachte, daß der Integrand, die Korrelationsfunktion $K(s)$ der Kraft F, nur in einem schmalen Bereich $|s| < \tau^* \ll \tau$ von null verschieden ist. Das Integral ist proportional zu $\tau^* \tau$ anstatt zu τ^2, der Fläche des Integrationsgebietes. Somit ist das Integral zur *ersten* Potenz von τ proportional). Da $K(s)$ unabhängig von t' ist, kann die Integration

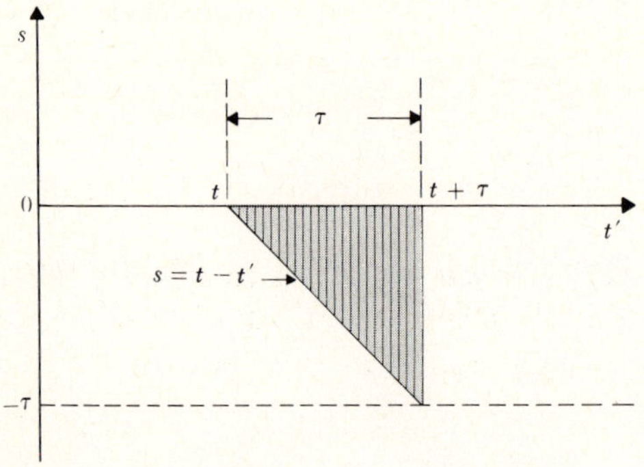

Abb. 15.8.2 Integrationsgebiet des Integrals der Gleichung (15.7.8)

über t' zuerst und ganz einfach ausgeführt werden. Durch Vertauschen der Integrationsreihenfolge im Doppelintegral und durch Ablesen der neuen Integrationsgrenzen aus der Abb. 15.8.2 erhält man

$$\int_t^{t+\tau} dt' \int_{t-t'}^0 ds\, K(s) = \int_{-\tau}^0 ds \int_{t-s}^{t+\tau} dt'\, K(s) = \int_{-\tau}^0 ds\, K(s)(\tau + s)$$

Da $\tau \gg \tau^*$, wobei $K(s) \to 0$ für $|s| \gg \tau^*$, kann man s verglichen mit τ in dem gesamten Bereich vernachlässigen, in dem der Integrand zum Integral beiträgt. Weiter kann die untere Grenze ohne wesentlichen Fehler durch $-\infty$ ersetzt werden. Daher erhält man

$$\int_t^{t+\tau} dt' \int_{t-t'}^0 ds\, K(s) \approx \tau \int_{-\infty}^0 ds\, K(s) = \tfrac{1}{2}\tau \int_{-\infty}^{\infty} ds\, K(s) \tag{15.8.6}$$

Dabei folgt das letzte Gleichheitszeichen aus der Symmetrieeigenschaft (15.8.5). Somit wird aus (15.7.8)

$$m\langle v(t+\tau) - v(t)\rangle = \mathfrak{F}(t)\tau - \alpha\bar{v}(t)\tau \tag{15.8.7}$$

mit der Abkürzung

▶ $$\alpha \equiv \frac{1}{2kT} \int_{-\infty}^{\infty} \langle F(0)F(s)\rangle_0\, ds \tag{15.8.8}$$

Das letzte Glied in (15.8.7) erweist sich als zu τ proportional, genau so wie das die äußere Kraft $\mathfrak{F}$ enthaltende Glied. Da wir annehmen, daß $\bar{v} \equiv \langle v\rangle$ in Zeitintervallen von der Größenordnung τ nur langsam veränderlich ist, ist die linke Seite von (15.8.7) relativ klein. Daher läßt sich (15.8.7) durch die („coarse-grained" [14+]) Zeitableitung

$$\frac{d\bar{v}}{dt} \equiv \frac{\langle v(t+\tau)\rangle - \langle v(t)\rangle}{\tau} = \frac{\langle v(t+\tau) - v(t)\rangle}{\tau}$$

ausdrücken. Somit gilt

14+) „grobkörnig", im Deutschen wird der englische Ausdruck benutzt.

$$m\frac{d\bar{v}}{dt} = \mathfrak{F} - \alpha\bar{v} \tag{15.8.9}$$

Ist $\mathfrak{F} = 0$, so ergibt die Integration

$$\bar{v}(t) = \bar{v}(0)\, e^{-\gamma t}, \qquad \gamma \equiv \frac{\alpha}{m} \tag{15.8.10}$$

Daher erreicht $\bar{v}$ seinen Gleichgewichtswert $\bar{v} = 0$ mit einer Zeitkonstanten γ^{-1}. Da wir angenommen haben, daß $\bar{v}$ langsam veränderlich ist, so daß $(d\bar{v}/dt)\,\tau \ll \bar{v}$ ist, verlangt diese Annahme gemäß (15.8.10), daß $\gamma\tau \ll 1$ gilt oder daß

$$\gamma^{-1} \gg \tau^* \tag{15.8.11}$$

Die Erörterungen, die zu (15.8.9) geführt haben, zeigen, daß die Reibungskraft in der dynamischen Beschreibung eines Systems dann auftritt, wenn die Umgebung, mit der das System wechselwirkt, verglichen mit der kleinsten charakteristischen Zeiteinheit des Systems sehr schnell ins Gleichgewicht kommt. Das Ergebnis (15.8.9) stimmt mit der vorher erörterten phänomenologischen Gleichung (15.5.7) überein und führt somit wieder zu einer Beschreibung der Schwankungen im Rahmen der Langevinschen Gleichung (15.5.8). Aber die neuerliche Untersuchung gab uns eine größere Einsicht, wie die Reibungskraft $-\alpha\bar{v}$ mit der schwankenden Kraft zusammenhängt. Insbesondere gibt uns die Beziehung (15.8.8), die als „Dissipationsschwankungstheorem" bezeichnet wird, einen expliziten Ausdruck für die Reibungskonstante α als Funktion der Gleichgewichtskorrelationsfunktion der schwankenden Kraft. Es ist klar, daß eine solche Verbindung bestehen sollte. Nimmt man nämlich an, daß die Wechselwirkung des Systems (d.h. des Teilchens) mit dem umgebenden Wärmereservoir stark sei, so ist die Kraft $F(t)$, die die Schwankungen im System hervorruft, ebenfalls stark. Weil aber die Wechselwirkung mit dem Wärmereservoir stark ist, wird sich das System schnell mit seiner Umgebung ins Gleichgewicht setzen, wenn es anfangs nicht im Gleichgewicht war. Diese Schnelligkeit, mit der sich das System dem Gleichgewicht nähert, wird durch den Parameter α beschrieben, der dann ebenfalls groß sein muß.

Anmerkung zum analogen elektrischen Problem. Am Ende des Abschnitts 15.5 wurde aufgezeigt, daß ein elektrischer Leiter der Selbstinduktivität L, der vom Strom I durchflossen wird, ein Analogon zur Brownschen Bewegung darstellt. Ist nämlich $\mathfrak{V}$ die angelegte Spannung und $V(t)$ die effektive, schwankende Spannung, die durch die Wechselwirkung der Leitungselektronen mit allen anderen Freiheitsgraden hervorgerufen wird, so genügt der Strom I der Gleichung

$$L\frac{dI}{dt} = \mathfrak{V}(t) + V(t) \tag{15.8.12}$$

Dies ist analog zu (15.5.1), wobei $L = m$, $I = v$ und $V(t) = F(t)$ ist. Falls $\mathfrak{V}$ eine relativ langsam veränderliche Funktion der Zeit ist, gibt eine Überlegung, die zu der analog ist, die (15.8.9) ergab, die Gleichung

$$L\frac{d\bar{I}}{dt} = \mathcal{V} - R\bar{I} \tag{15.8.13}$$

Diese Gleichung ist natürlich die übliche für einen elektrischen Kreis mit der Selbstinduktivität L und dem Widerstand R. Aber die Überlegung hier hat die Ursache des Widerstands auf die schwankende Spannung zurückgeführt. Analog zu (15.8.8) ergibt sich

$$R = \frac{1}{2kT}\int_{-\infty}^{\infty} \langle V(0)V(s)\rangle_0\, ds \tag{15.8.14}$$

*15.9 Schwankungsquadrat der Geschwindigkeit

Der Ausdruck (15.8.8) für die Reibungskonstante α durch die Korrelationsfunktion der Kraft F läßt eine Beziehung zwischen α und den Schwankungen der Geschwindigkeit v vermuten, da diese durch F verursacht werden. Es wird ein Teilchen betrachtet, das sich im Gleichgewicht mit dem ihm umgebenden Medium befindet. Für fehlende äußere Kräfte gilt dann

$$m\frac{dv}{dt} = F(t)$$

und

$$m\Delta v(\tau) \equiv m[v(t+\tau) - v(t)] = \int_t^{t+\tau} F(t')\, dt' \tag{15.9.1}$$

Die Größe $\langle[\Delta v(\tau)]^2\rangle$ wird nun berechnet. Aus (15.9.1) ergibt sich

$$m^2\langle[\Delta v(\tau)]^2\rangle = \left\langle \int_t^{t+\tau} dt'\, F(t') \cdot \int_t^{t+\tau} dt''\, F(t'')\right\rangle$$

$$= \int_t^{t+\tau} dt' \int_t^{t+\tau} dt''\, \langle F(t')F(t'')\rangle \tag{15.9.2}$$

$$= \int_t^{t+\tau} dt' \int_{t-t'}^{t+\tau-t'} ds\, \langle F(t')F(t'+s)\rangle \tag{15.9.3}$$

wobei $s = t'' - t'$ ist. Der Ensemble-Mittelwert der Kraft F kann hierbei so berechnet werden, als sei das Teilchen im stationären Gleichgewicht, weil Korrekturen dieser Näherung Glieder mit mehr als zwei Faktoren F enthalten, die somit klein gegen das führende Glied sind (d.h. sie gehen schneller als linear in τ gegen null).

Das Integral (15.9.2) sieht bis auf seine Grenzen dem Integral (15.7.8) sehr ähnlich und kann deshalb auch ähnlich berechnet werden. Der Integrand von (15.9.3) ist die Korrelationsfunktion $K(s)$, und das Integrationsgebiet in der t'-s-Ebene ist

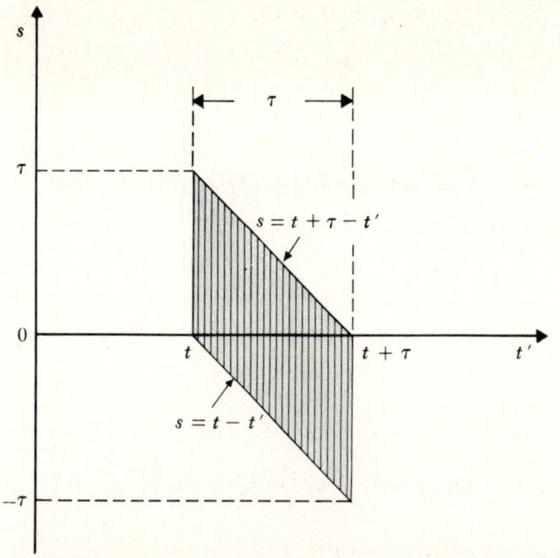

Abb. 15.9.1 Integrationsgebiet des Integrals der Gleichung (15.9.3)

in Abb. 15.9.1 dargestellt. Wieder läßt sich die Tatsache ausnutzen, daß der Integrand unabhängig von t' ist, so daß zuerst über t' integriert werden kann. Liest man die Grenzen aus Abb. 15.9.1 ab, so erhält man

$$\int_t^{t+\tau} dt' \int_{t-t'}^{t+\tau-t'} ds\, K(s) = \int_0^\tau ds \int_t^{t+\tau-s} dt'\, K(s) + \int_{-\tau}^0 ds \int_{t-s}^{t+\tau} dt'\, K(s)$$

$$= \int_0^\tau ds\, K(s)(\tau - s) + \int_{-\tau}^0 ds\, K(s)(\tau + s)$$

Da $\tau \gg \tau^*$ ist und $K(s) \to 0$ für $|s| \gg \tau^*$ gilt, kann s wieder gegen τ im Integranden vernachlässigt werden. Die Integrationsgrenze τ wird näherungsweise durch ∞ ersetzt. Dann wird aus (15.9.3)

$$m^2\langle[\Delta v(\tau)]^2\rangle = \tau \int_0^\infty ds\, K(s) + \tau \int_{-\infty}^0 ds\, K(s) = \tau \int_{-\infty}^\infty ds\, K(s)$$

oder $$\langle[\Delta v(\tau)]^2\rangle = \frac{\tau}{m^2} \int_{-\infty}^\infty \langle F(0)F(s)\rangle_0\, ds \tag{15.9.4}$$

Somit ist $\langle[\Delta v]^2\rangle$ direkt proportional zu τ. Ein Vergleich mit (15.8.8) zeigt, daß diese Größe durch die Reibungskonstante α darstellbar ist:

▶ $$\langle[\Delta v(\tau)]^2\rangle = \frac{\tau}{m^2}(2kT\alpha) = \frac{2kT}{m}\gamma\tau \tag{15.9.5}$$

Dabei ist $\gamma \equiv \alpha/m$.

(15.8.7) wird für $\mathfrak{F} = 0$

▶ $$\langle\Delta v(\tau)\rangle = -\frac{\alpha}{m}\bar{v}\tau = -\bar{v}\gamma\tau \tag{15.9.6}$$

Daher ergibt (15.9.5) die Beziehung

$$\langle[\Delta v(\tau)]^2\rangle = -\frac{2kT}{m}\frac{\langle\Delta v(\tau)\rangle}{\bar{v}} \tag{15.9.7}$$

*15.10 Korrelationsfunktion der Geschwindigkeit und Schwankungsquadrat der Verrückung

Als Anwendungsbeispiel soll das Schwankungsquadrat der Verrückung $\langle x^2(t)\rangle$ eines Teilchens zur Zeit t mit einer mehr direkten Methode als der im Abschnitt 15.6 benutzten berechnet werden. Es wird das Gleichgewicht ohne äußere Kräfte betrachtet. Weiter sei $x(0) = 0$ für $t = 0$. Da $\dot{x} = v$ ist, gilt

$$x(t) = \int_0^t v(t')\,dt' \tag{15.10.1}$$

Man erhält somit

$$\langle x^2(t)\rangle = \left\langle\int_0^t v(t')\,dt' \int_0^t v(t'')\,dt''\right\rangle = \int_0^t dt' \int_0^t dt''\,\langle v(t')v(t'')\rangle \tag{15.10.2}$$

In diesem zeitunabhängigen Problem kann die Korrelationsfunktion K_v der Geschwindigkeit nur von der Zeitdifferenz $s = t'' - t'$ abhängen, so daß

$$\langle v(t')v(t'')\rangle = \langle v(0)v(s)\rangle \equiv K_v(s) \tag{15.10.3}$$

gilt. Das Integral (15.10.2) ist im wesentlichen das gleiche wie in (15.9.2). Durch Vertauschen der Integrationsreihenfolge ähnlich wie die in Abb. 15.9.1 erhält man

$$\begin{aligned}\langle x^2(t)\rangle &= \int_0^t ds \int_0^{t-s} dt'\,K_v(s) + \int_{-t}^0 ds \int_{-s}^t dt'\,K_v(s)\\ &= \int_0^t ds\,K_v(s)(t-s) + \int_{-t}^0 ds\,K_v(s)(t+s)\end{aligned}$$

Ersetzt man $s \to -s$ im zweiten Integral und benutzt die Symmetrieeigenschaft $K_v(-s) = K_v(s)$ aus (15.8.5), so ergibt sich

$$\blacktriangleright \quad \langle x^2(t)\rangle = 2\int_0^t ds\,(t-s)\langle v(0)v(s)\rangle \tag{15.10.4}$$

Daher benötigt man zur Berechnung von $\langle x^2(t)\rangle$ nur die Kenntnis der Geschwindigkeitskorrelationsfunktion (15.10.3).

Weil die Ableitung von v über die Langevinsche Gleichung mit F verbunden ist, kann man leicht eine Differentialbeziehung für die Korrelationsfunktion K_v finden. Aus (15.5.8)

$$m\frac{dv}{dt} = -\alpha v + F'(t) \tag{15.10.5}$$

ergibt sich durch Integration

$$v(s+\tau) - v(s) = -\gamma v(s)\tau + \frac{1}{m}\int_s^{s+\tau} F'(t')\,dt' \qquad (15.10.6)$$

Dabei ist $\gamma \equiv \alpha/m$ und $\tau \gg \tau^*$ ist makroskopisch klein. Werden beide Seiten mit $v(0)$ multipliziert und der Ensemble-Mittelwert gebildet, so ergibt sich

$$\langle v(0)v(s+\tau)\rangle - \langle v(0)v(s)\rangle$$

$$= -\gamma\langle v(0)v(s)\rangle\tau + \frac{1}{m}\langle v(0)\int_s^{s+\tau} F'(t')\,dt'\rangle \qquad (15.10.7)$$

In der Mittelwertbildung kann die schwankende Kraft F' als rein zufällig und von v unabhängig angesehen werden, da jede Abhängigkeit von der Bewegung des Teilchens schon explizit im Reibungsglied αv von (15.10.5) berücksichtigt wurde. Daher erhält man

$$\left\langle v(0)\int_s^{s+\tau} F'(t')\,dt'\right\rangle \approx \langle v(0)\rangle\left\langle\int_s^{s+\tau} F'(t')\,dt'\right\rangle = 0$$

Damit wird aus (15.10.7) für $\tau > 0$ in guter Näherung

$$\frac{d}{ds}\langle v(0)v(s)\rangle \equiv \frac{\langle v(0)v(s+\tau)\rangle - \langle v(0)v(s)\rangle}{\tau} = -\gamma\langle v(0)v(s)\rangle \qquad (15.10.8)$$

Durch Integration wird daraus für $s > 0$

$$\langle v(0)v(s)\rangle = \langle v^2(0)\rangle e^{-\gamma s}$$

Wegen der Symmetrieeigenschaft $\langle v(0)v(-s)\rangle = \langle v(0)v(s)\rangle$ ergibt sich daraus für *alle* Werte von s der Ausdruck

▶ $$\langle v(0)v(s)\rangle = \langle v^2(0)\rangle e^{-\gamma|s|} = \frac{kT}{m} e^{-\gamma|s|} \qquad (15.10.9)$$

Dabei haben wir den Gleichverteilungssatz $\langle \tfrac{1}{2} mv^2(0)\rangle = \tfrac{1}{2} kT$ benutzt. Diese Korrelationsfunktion hat die in Abb. 15.8.1 dargestellte Abhängigkeit. Man beachte, daß die von der Geschwindigkeit angenommenen Werte nur über ein Zeitintervall der Größe γ^{-1} miteinander korreliert sind. Dieser Zeitintervall ist umso kürzer, je größer die Reibungskonstante ist.

Mit (15.10.9) wird aus (15.10.4)

$$\langle x^2(t)\rangle = \frac{2kT}{m}\int_0^t ds(t-s)\,e^{-\gamma s} \qquad (15.10.10)$$

Für Zeiten $t \gg \gamma^{-1}$ geht $e^{-\gamma s} \to 0$, wenn nur $s \gg \gamma^{-1}$. Daher kann man im Integranden $t - s \approx t$ setzen, und die obere Integrationsgrenze näherungsweise durch $t \to \infty$ ersetzen. Damit wird aus (15.10.10)

$$\text{für } t \gg \gamma^{-1},\quad \langle x^2(t)\rangle = \frac{2kT}{m}\int_0^\infty ds\, t\, e^{-\gamma s} = \frac{2kT}{m\gamma}t \qquad (15.10.11)$$

Allgemeiner ergibt sich aus (15.10.10) für beliebige γ

$$\langle x^2(t)\rangle = \frac{2kT}{m}\left(t + \frac{\partial}{\partial\gamma}\right)\int_0^t ds\, e^{-\gamma s}$$

oder $$\langle x^2(t)\rangle = \frac{2kT}{m\gamma}\left[t - \frac{1}{\gamma}(1 - e^{-\gamma t})\right] \qquad (15.10.12)$$

Dies stimmt mit (15.6.8) überein.

Berechnung von Wahrscheinlichkeitsverteilungen

*15.11 Fokker–Planck-Gleichung

Es wird die Brownsche Bewegung ohne äußere Kräfte betrachtet. Nun soll nicht die einfachere Frage behandelt werden, wie sich der Mittelwert der Geschwindigkeit v mit der Zeit t verändert, sondern es soll die genauere Frage nach der Zeitabhängigkeit der Wahrscheinlichkeit $P(v, t)dv$ dafür gestellt werden, daß die Teilchengeschwindigkeit zur Zeit t zwischen v und $v + dv$ liegt. Man erwartet, daß diese Wahrscheinlichkeit nicht von der gesamten Vergangenheit, die das Teilchen erlebt hat, abhängt, sondern durch die Geschwindigkeit $v = v_0$ zu einer früheren Zeit t_0 bestimmt wird. (Diese Annahme kennzeichnet Prozesse, die „Markoff"-Prozesse" genannt werden. Sie gilt also nicht allgemein, sondern man hat nachzuweisen, daß ein betrachteter physikalischer Prozeß markoffsch ist). Daher kann P genauer als eine bedingte Wahrscheinlichkeit dargestellt werden, die von den Parametern v_0 und t_0 abhängt:

$$P\,dv = P(vt|v_0 t_0)\,dv \qquad (15.11.1)$$

ist die Wahrscheinlichkeit dafür, daß die Geschwindigkeit zur Zeit t zwischen v und $v \div dv$ liegt, wenn zur früheren Zeit t_0 die Geschwindigkeit v_0 vorlag. Da diese Wahrscheinlichkeit nicht vom Zeitnullpunkt abhängt, kann P nur von der Zeitdifferenz $s = t - t_0$ abhängen. Daher gilt

$$P(vt|v_0t_0)\,dv = P(v,s|v_0)\,dv \qquad (15.11.2)$$

Dies ist also die Wahrscheinlichkeit dafür, daß unter der Voraussetzung, die Geschwindigkeit habe zu irgendeiner Zeit den Wert v_0, sie nach der Zeit s zwischen v und $v + dv$ liegt. Für $s \to 0$ weiß man, daß $v = v_0$ gilt:

$$\text{für } s \to 0, \qquad P(v, s|v_0) \to \delta(v - v_0) \qquad (15.11.3)$$

Dabei ist $\delta(v - v_0)$ die Diracsche Deltafunktion, die bis auf die Stelle $v = v_0$ verschwindet.

Geht andererseits $s \to \infty$, so muß das Teilchen mit seiner Umgebung der Temperatur T ins Gleichgewicht kommen, unabhängig davon, wie seine Vergangenheit gewesen sein mag. Daher wird dann P unabhängig von v_0 und auch unabhängig von der Zeit; d.h. die Wahrscheinlichkeit reduziert sich auf die kanonische Verteilung:

$$\text{für } s \to \infty, \qquad P(v,s|v_0)\,dv \to \left(\frac{m\beta}{2\pi}\right)^{\frac{1}{2}} e^{-\frac{1}{2}\beta m v^2}\,dv \tag{15.11.4}$$

Man kann sofort eine allgemeine Bedingung angeben, die die Wahrscheinlichkeit $P(v, s|v_0)$ befriedigen muß. Es wird ein hinreichend kleines Zeitintervall τ betrachtet. In diesem Zeitintervall soll die „Änderung der Besetzungswahrscheinlichkeit des Zustandes v" (Teilchen hat die Geschwindigkeit v und $v + dv$) unter der Voraussetzung berechnet werden, daß vor der Zeit s der Zustand v_0 vorlag. Dies geschieht durch das Aufstellen einer Bilanzgleichung (siehe Abb. 15.11.1). In der Zeit τ verlassen W_- Systeme des Ensembles den Zustand v und W_+ Systeme gehen von irgendwoher in den Zustand v über. Ist $w(v)$ die Besetzungswahrscheinlichkeit des Zustandes v, und $w(v|v_1)$ die Übergangswahrscheinlichkeit vom Zustand v_1 in den Zustand v, so gilt

$$W_- = dv \int_{v_1} w(v)\, w(v_1|v)\, dv_1$$

$$W_+ = dv \int_{v_1} w(v_1)\, w(v|v_1)\, dv_1$$

Die zu berechnende Änderung der Besetzungswahrscheinlichkeit ist dann (Abb. 15.11.1)

$$\frac{\partial P(v, s|v_0)}{\partial s}\, dv\tau = -W_- + W_+$$

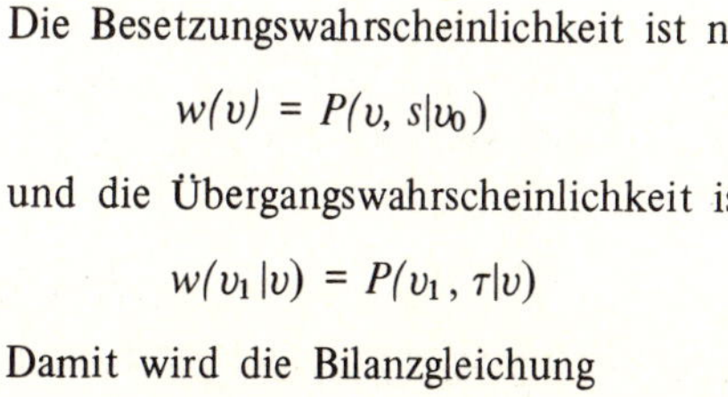

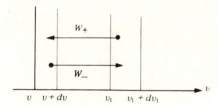

Abb. +15.11.1 Zur Bilanzgleichung der Änderung der Besetzungswahrscheinlichkeit

Die Besetzungswahrscheinlichkeit ist nun

$$w(v) = P(v, s|v_0)$$

und die Übergangswahrscheinlichkeit ist

$$w(v_1|v) = P(v_1, \tau|v)$$

Damit wird die Bilanzgleichung

$$\frac{\partial P}{\partial s}\,\tau = -\int_{v_1} P(v,s|v_0)\cdot P(v_1,\tau|v)\,dv_1 + \int_{v_1} P(v_1,s|v_0)\,dv_1\cdot P(v,\tau|v_1) \tag{15.11.5}$$

Dabei erstrecken sich die Integrale über alle möglichen Geschwindigkeiten. $P(v, s|v_0)$ hängt nicht von v_1 ab. Es gilt die Normierungsbedingung

$$\int_{v_1} P(v_1,\tau|v)\, dv_1 = 1 \tag{15.11.6}$$

Wird $v_1 \equiv v - \xi$ gesetzt, so wird aus (15.11.5)

$$\frac{\partial P}{\partial s}\tau = -P(v,s|v_0) + \int_{-\infty}^{\infty} P(v - \xi, s|v_0)P(v, \tau|v - \xi)\, d\xi \tag{15.11.7}$$

Man beachte, daß (15.11.5) der allgemeinen Master-Gleichung (15.1.5) und somit auch der Boltzmann-Gleichung (14.3.8) gleichwertig ist. In der letzteren Gleichung kann ein Molekül seine Geschwindigkeit plötzlich dadurch um einen sehr großen Betrag ändern, daß es mit einem anderen Molekül zusammenstößt. Im vorliegenden Fall kann sich die Geschwindigkeit v eines *makroskopischen* Teilchens im hinreichend kleinen Zeitintervall τ nur um einen kleinen Betrag ändern. Daher kann man behaupten, daß die Wahrscheinlichkeit $P(v, \tau|v - \xi)$ nur dann wesentlich von null verschieden ist, wenn $|\xi| = |v - v_1|$ hinreichend klein ist. Daher ist nur die Kenntnis des Integranden von (15.11.7) für kleine Werte ξ zur Berechnung des Integrals vonnöten. Der Integrand wird in eine Taylorreihe nach Potenzen von $-\xi$ um die Stelle $\xi = 0$ entwickelt:

$$P(v - \xi, s|v_0)P(v, \tau|v - \xi) = \sum_{n=0}^{\infty} \frac{(-\xi)^n}{n!}\frac{\partial^n}{\partial v^n}[P(v,s|v_0)P(v + \xi, \tau|v)]$$ [15+)]

Damit wird aus (15.11.7)

$$\frac{\partial P}{\partial s}\tau = -P(v,s|v_0) + \sum_{n=0}^{\infty} \frac{(-1)^n}{n!}\frac{\partial^n}{\partial v^n}\left[P(v,s|v_0)\int_{-\infty}^{\infty} d\xi\, \xi^n P(v + \xi, \tau|v)\right] \tag{15.11.8}$$

Das Glied für $n = 0$ ist wegen der Normierungsbedingung (15.11.6) einfach $P(v, s|v_0)$. Für die anderen Glieder wird zweckmäßig die Abkürzung

$$M_n \equiv \frac{1}{\tau}\int_{-\infty}^{\infty} d\xi\, \xi^n P(v + \xi, \tau|v) = \frac{\langle[\Delta v(\tau)]^n\rangle}{\tau} \tag{15.11.9}$$

eingeführt. Dabei ist $\langle[\Delta v(\tau)]^n\rangle = \langle[v(\tau) - v(0)]^n\rangle$ das n-te Moment der Geschwindigkeitsänderung in der Zeit τ. Damit wird (15.11.8)

15+) Die Taylor-Koeffizienten sind

$$\frac{\partial^n}{\partial(v - \xi)^n}[P(v \overset{\downarrow}{-} \xi, s|v_0)\, P(v, \tau|v \overset{\downarrow}{-} \xi)]|_{v - \xi = v},$$

wobei die Variablen in den Argumenten von P, nach denen abgeleitet wird, durch $\downarrow$ gekennzeichnet wurden. Durch die Substitution $v - \xi \to v$ ergibt sich:

$$\frac{\partial^n}{\partial v^n}[P(\overset{\downarrow}{v}, s|v_0)\, P(v + \xi, \tau|\overset{\downarrow}{v})]|_{v = v + \xi}$$

$$\frac{\partial P(v,s|v_0)}{\partial s} = \sum_{n=1}^{\infty} \frac{(-1)^n}{n!} \frac{\partial^n}{\partial v^n} [M_n P(v,s|v_0)] \tag{15.11.10}$$

Für $n > 2$ geht $\langle(\Delta v)^2\rangle \to 0$, und zwar schneller als τ selbst (siehe Aufgabe 15.11). Da τ *makroskopisch* klein ist (obgleich $\tau \gg \tau^*$), können die Glieder mit M_n, $n > 2$, in (15.11.10) vernachlässigt werden. Daher reduziert sich die Gleichung für $P(v, s|v_0)$ auf

▶ $$\frac{\partial P}{\partial s} = -\frac{\partial}{\partial v}(M_1 P) + \frac{1}{2}\frac{\partial^2}{\partial v^2}(M_2 P) \tag{15.11.11}$$

Dies ist die sogenannte „Fokker–Planck-Gleichung". Sie ist eine partielle Differentialgleichung für P und enthält als Koeffizienten nur die beiden Momente M_1 und M_2 von P für ein makroskopisch kleines Zeitintervall. Für die Brownsche Bewegung sind diese Momente bereits in den Abschnitt 15.8 und 15.9 berechnet worden. Auf einem anderen Wege können sie leicht aus der Langevinschen Gleichung abgeleitet werden (siehe Aufgabe 15.11). Die Beziehungen (15.9.6) und (15.9.7) zeigen, daß

$$\left.\begin{aligned} M_1 &= \frac{1}{\tau}\langle \Delta v(\tau)\rangle = -\gamma v \\ \text{und} \quad M_2 &= \frac{1}{\tau}\langle [\Delta v(\tau)]^2\rangle = \frac{2kT}{m}\gamma \end{aligned}\right\} \tag{15.11.12}$$

gilt. Damit wird aus (15.11.11)

$$\frac{\partial P}{\partial s} = \gamma \frac{\partial}{\partial v}(vP) + \gamma \frac{kT}{m}\frac{\partial^2 P}{\partial v^2} \tag{15.11.13}$$

oder

▶ $$\frac{\partial P}{\partial s} = \gamma P + \gamma v \frac{\partial P}{\partial v} + \gamma \frac{kT}{m}\frac{\partial^2 P}{\partial v^2} \tag{15.11.14}$$

Alternative Methode. Die Bedingung, die eine Größe $P(v, t|v_0, t_0)$ erfüllen muß, um eine vollständige Wahrscheinlichkeitsbeschreibung für ein Problem zu geben, kann ganz allgemein formuliert werden. Zur Zeit t_1, $t_0 < t_1 < t$, sei die Geschwindigkeit v_1. Das Teilchen kann seine Endgeschwindigkeit v zur Zeit t auf vielen Wegen über verschiedene Zwischengeschwindigkeiten v_1 erreichen (siehe Abb. 15.11.2). Die Wahrscheinlichkeit dafür, daß ein Teilchen, das zur Zeit t_0 die Geschwindigkeit v_0 besitzt, zur Zeit t_1 eine Geschwindigkeit zwischen v_1 und $v_1 + dv_1$ erreicht und zur Zeit t eine Ge-

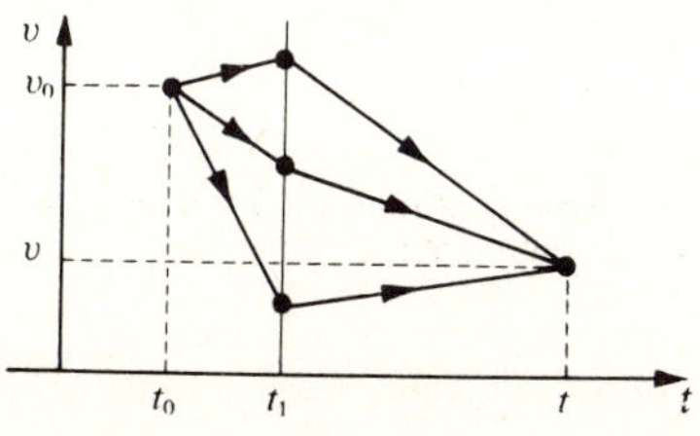

Abb. +15.11.2 Drei mögliche Wege in der t-v-Ebene sind für den Übergang aus dem Zustand (v_0, t_0) in den Zustand (v, t) über den Zwischenzustand (v_1, t_1) eingetragen.

schwindigkeit zwischen v und $v + dv$ hat, ist durch $P(v, t|v_1, t_1)\,dv \cdot P(v_1, t_1|v_0, t_0)\,dv_1$. Da alle Zwischengeschwindigkeiten möglich sind, gilt die allgemeine Beziehung [16+)]

$$P(vt|v_0t_0)\,dv = \int_{-\infty}^{\infty} P(vt|v_1t_1)\,dv \cdot P(v_1t_1|v_0t_0)\,dv_1 \tag{15.11.15}$$

wobei die Integration über alle Zwischengeschwindigkeiten v_1 läuft. Mit den Zeitdifferenzen

$$s \equiv t_1 - t_0 \quad \text{und} \quad \tau \equiv t - t_1$$

wird $t - t_0 = s + \tau$ und (15.11.15) kann gemäß (15.11.2) einfacher geschrieben werden

▶ $$P(v, s + \tau|v_0) = \int_{-\infty}^{\infty} P(v,\tau|v_1)P(v_1,s|v_0)\,dv_1 \tag{15.11.16}$$

Dies ist eine Integralgleichung für P, die „Smoluchowskische Gleichung" genannt wird.

Um (15.11.16) in eine Differentialgleichung zu verwandeln, wird sie für kleine τ betrachtet. Mit $v_1 \equiv v - \xi$ wird dann aus (15.11.16)

$$P(v,s|v_0) + \frac{\partial P}{\partial s}\tau = \int_{-\infty}^{\infty} P(v,\tau|v - \xi)P(v - \xi, s|v_0)\,d\xi \tag{15.11.17}$$

Dabei ist $P(v, \tau|v - \xi)$ nur für kleine ξ wesentlich von null verschieden. (15.11.17) ist mit (15.11.7) identisch, so daß man wieder die Fokker–Planck-Gleichung (15.11.11) erhält.

*15.12 Lösung der Fokker–Planck-Gleichung

Um $P(v, s|v_0)$ zu finden, muß die Fokker–Planck-Gleichung (15.11.14) gelöst werden, und zwar unter den Anfangsbedingungen (15.11.3)

$$\text{für } s \to 0, \qquad P(v, s|v_0) \to \delta(v - v_0) \tag{15.12.1}$$

Die Lösungsmethode soll kurz skizziert werden. Zunächst wird die einfachere Gleichung betrachtet, die man durch Nullsetzen der zweiten Ableitung $\partial^2 P/\partial v^2 = 0$ (in 15.11.14) erhält

$$\frac{\partial P}{\partial s} - \gamma v \frac{\partial P}{\partial v} = \gamma P \tag{15.12.2}$$

Das sieht dem vollständigen Differential

16+) Gleichung von Chapman-Kolmogoroff.

$$\frac{\partial P}{\partial s}\,ds + \frac{\partial P}{\partial v}\,dv = dP$$

ähnlich. Wird (15.12.2) mit dem integrierenden Faktor $\lambda(v, s)$ multipliziert, so ergibt eine Identifizierung

$$ds = \lambda, \quad dv = -\lambda\gamma v, \quad dP = \lambda\gamma P$$

d.h. $\dfrac{dv}{ds} = -\gamma v$ und $\dfrac{dP}{ds} = \gamma P$

oder $v = u\,e^{-\gamma s}$ und $P = Q\,e^{\gamma s}$

Dabei sind u und Q Konstanten. Dieses Ergebnis für P legt es nahe, die ursprüngliche Gleichung (15.11.14) durch Variation der Konstanten zu lösen. Daher wird der Lösungsansatz

$$P(v, s) = e^{\gamma s}Q(u, s), \quad \text{wobei } u \equiv v e^{\gamma s} \tag{15.12.3}$$

gemacht, und man erhält

$$\frac{\partial P}{\partial v} = e^{2\gamma s}\frac{\partial Q}{\partial u}$$

$$\frac{\partial^2 P}{\partial v^2} = e^{3\gamma s}\frac{\partial^2 Q}{\partial u^2}$$

und $$\frac{\partial P}{\partial s} = \gamma\,e^{\gamma s}Q + e^{\gamma s}\left[\frac{\partial Q}{\partial s} + \frac{\partial Q}{\partial u}\left(\frac{\partial u}{\partial s}\right)_v\right] = \gamma\,e^{\gamma s}Q + e^{\gamma s}\left[\frac{\partial Q}{\partial s} + \gamma u\frac{\partial Q}{\partial u}\right]$$

Somit wird aus (15.11.14)

$$\frac{\partial Q}{\partial s} = \gamma\,\frac{kT}{m}\,e^{2\gamma s}\,\frac{\partial^2 Q}{\partial u^2} \tag{15.12.4}$$

Um den Faktor $e^{2\gamma s}$ zu eliminieren, wird eine neue Zeitskala θ so eingeführt, daß $ds \equiv e^{-2\gamma s}d\theta$ gilt

$$\theta \equiv \frac{1}{2\gamma}\,(e^{2\gamma s} - 1) \tag{15.12.5}$$

Damit wird (15.12.4)

$$\frac{\partial Q}{\partial \theta} = C\,\frac{\partial^2 Q}{\partial u^2}, \qquad \text{mit } C \equiv \gamma\,\frac{kT}{m} \tag{15.12.6}$$

Dies ist die gewöhnliche Diffusionsgleichung mit der Lösung

$$Q = (4\pi C\theta)^{-\frac{1}{2}}\,e^{-(u-u_0)^2/4C\theta} \tag{15.12.7}$$

die die Bedingung $Q \to \delta(u - u_0)$ für $\theta \to 0$ erfüllt. In den ursprünglichen Variablen erhält man dann

▶ $$P(v,s|v_0) = \left[\frac{m}{2\pi kT(1 - e^{-2\gamma s})}\right]^{\frac{1}{2}} \exp\left[-\frac{m(v - v_0\,e^{-\gamma s})^2}{2kT(1 - e^{-2\gamma s})}\right] \tag{15.12.8}$$

Man beachte, daß sich für $s \to \infty$ die Maxwell-Verteilung (15.11.4) ergibt. Weiter ist (15.12.8) zu jeder beliebigen Zeit eine Gaußsche Verteilung mit dem Mittelwert $\overline{v(s)} = v_0 e^{-\gamma s}$. Dieses Ergebnis stimmt mit (15.8.10) überein.

Fourieranalyse zufälliger Funktionen

15.13 Fourieranalyse

Bei der Behandlung zufälliger Funktionen der Zeit $y(t)$ ist es oft sehr nützlich, ihre Frequenzanteile zu betrachten, die durch Fourieranalyse erhalten werden. Dies hat den Vorteil, daß man nur die Amplituden und die Phasen einfacher sinusförmig veränderlicher Funktionen zu betrachten hat, und das ist im allgemeinen wesentlich einfacher als die sehr komplizierte Zeitabhängigkeit der zufälligen Funktion $y(t)$ zu betrachten. Ist außerdem $y(t)$ eine Größe, die als Eingabe eines linearen Systems benutzt wird (z.B. eine elektrische Spannung an einem elektrischen Kreis, der Widerstände, Induktionen und Kapazitäten enthält), dann ist es weit einfacher, die einzelnen Frequenzkomponenten auf ihrem Weg durch das System zu betrachten als das Problem ohne Fourierzerlegung von $y(t)$ zu untersuchen.

Die Größe $y(t)$ hat statistische Eigenschaften, die durch ein repräsentatives Ensemble beschrieben werden, ähnlich dem, das in der Abb. 15.5.1 für die Funktion $F(t)$ dargestellt ist. Wir wollen $y(t)$ in einem sehr großen Zeitintervall $-\theta < t < \theta$ durch eine Superposition von trigonometrischen Funktionen darstellen (schließlich wird zum Grenzwert $\theta \to \infty$ übergegangen). Um Konvergenzschwierigkeiten zu vermeiden, werden wir die Fourierdarstellung der modifizierten Funktion

$$y_\Theta(t) \equiv \begin{cases} y(t) & \text{für } -\theta < t < \theta \\ 0 & \text{sonst} \end{cases} \tag{15.13.1}$$

benutzen. Gemäß (A.7.27) genügt die komplexe Exponentialfunktion der Vollständigkeitsrelation

$$\frac{1}{2\pi} \int_{-\infty}^{\infty} e^{i\omega(t-t')}\, d\omega = \delta(t - t') \tag{15.13.2}$$

Dabei ist $\delta(t - t')$ die Diracsche Deltafunktion. Für *jedes einzelne System des Ensembles* kann die Funktion $y_\theta(t)$ in der Form geschrieben werden:

$$\begin{aligned} y_\Theta(t) &= \int_{-\infty}^{\infty} dt'\, \delta(t - t') y_\Theta(t') \\ &= \frac{1}{2\pi} \int_{-\infty}^{\infty} dt' \int_{-\infty}^{\infty} d\omega\, e^{i\omega(t-t')} y_\Theta(t') \end{aligned}$$

oder

$$y_\Theta(t) = \int_{-\infty}^{\infty} C(\omega)\, e^{i\omega t}\, d\omega \tag{15.13.3}$$

mit $$C(\omega) = \frac{1}{2\pi} \int_{-\infty}^{\infty} y_\Theta(t')\, e^{-i\omega t'}\, dt'$$

oder

$$C(\omega) = \frac{1}{2\pi} \int_{-\Theta}^{\Theta} y(t')\, e^{-i\omega t'}\, dt' \tag{15.13.4}$$

Im letzten Schritt wurde die Definition (15.13.1) benutzt. (15.13.3) ist die gewünschte Fourierintegral-Darstellung der Funktion $y_\theta(t)$ als Superposition komplexer Exponentialfunktionen verschiedener Frequenzen ω. Der Koeffizient $C(\omega)$ ist durch (15.13.4) bestimmt. Da $y(t)$ reell ist, gilt für das konjugierte Komplexe

$$y^*(t) = y(t) \tag{15.13.5}$$

Daher folgt aus (15.13.4)

$$C^*(\omega) = C(-\omega) \tag{15.13.6}$$

In irgendeinem System k des Ensembles kann somit die Funktion $y^{(k)}(t)$ durch ihren zugehörigen Fourierkoeffizienten $C^{(k)}(t)$ dargestellt werden, der durch (15.13.4) gegeben ist.

15.14 Ensemble- und Zeitmittelwerte

Es gibt zwei Arten von interessierenden Mittelwerten. Die erste ist der gewöhnliche statistische Mittelwert von y zu einer *vorgegebenen Zeit* über alle Systeme des Ensembles. Dieser *Ensemble*-Mittelwert (auch Scharmittelwert genannt), der durch $\bar{y}$ oder $\langle y \rangle$ gekennzeichnet wird, ist durch

$$\overline{y(t)} \equiv \langle y(t) \rangle \equiv \frac{1}{N} \sum_{k=1}^{N} y^{(k)}(t) \tag{15.14.1}$$

definiert. Dabei ist $y^{(k)}(t)$ der Wert von $y(t)$, der im k-ten System des Ensembles zur Zeit t angenommen wird. N ist die sehr große Anzahl der Systeme des Ensembles.

Die zweite Art von Mittelwerten ist der Mittelwert von y in einem *vorgegebenen System des Ensembles* über ein sehr langes Zeitintervall 2θ ($\theta \to \infty$). Dieser *Zeitmittelwert* wird durch $\{y\}$ gekennzeichnet. Seine Definition für das k-te System ist

$$\{y^{(k)}(t)\} \equiv \frac{1}{2\Theta} \int_{-\Theta}^{\Theta} y^{(k)}(t+t')\, dt' \tag{15.14.2}$$

(Schlagwortartig kann man sagen, daß der Ensemble-Mittelwert in der Abb. 15.5.1 für festes t senkrecht gebildet wird, der Zeitmittelwert für festes k waagerecht.)

Man beachte, daß die Zeitmittelwertbildung mit der Ensemble-Mittelwertbildung vertauschbar ist. Es gilt nämlich

$$\langle\{y^{(k)}(t)\}\rangle = \frac{1}{N}\sum_{k=1}^{N}\left[\frac{1}{2\Theta}\int_{-\Theta}^{\Theta} y^{(k)}(t+t')\,dt'\right]$$

$$= \frac{1}{2\Theta}\int_{-\Theta}^{\Theta}\left[\frac{1}{N}\sum_{k=1}^{N} y^{(k)}(t+t')\right]dt' = \frac{1}{2\Theta}\int_{-\Theta}^{\Theta}\langle y(t+t')\rangle\,dt'$$

oder $$\langle\{y^{(k)}(t)\}\rangle = \{\langle y(t)\rangle\} \tag{15.14.3}$$

Es wird nun eine Situation betrachtet, die bezüglich y „stationär" ist, d.h. es gibt keinen ausgezeichneten Zeitnullpunkt für die statistische Beschreibung von y. Alle Mitglieder $y^{(k)}(t)$ des Ensembles werden also dadurch erzeugt, daß in irgendeinem Mitglied der Zeitnullpunkt um beliebige Beträge verschoben wird. (Im Gleichgewicht ist dies natürlich für alle statistischen Größen richtig). Für solche stationären Ensemble gibt es eine enge Beziehung zwischen dem Ensemble-Mittelwert und dem Zeitmittelwert [17*], wenn man annimmt, daß die Funktion $y^{(k)}(t)$ eines jeden Systems des Ensembles jeden ihr zugänglichen Wert in einer hinreichend langen Zeit tatsächlich annimmt. (Dies wird die „ergodische" Annahme genannt.) Es wird nun das k-te System des Ensembles betrachtet und die Zeitskala in sehr lange Intervalle der Größe 2θ eingeteilt (siehe Abb. 15.14.1). Da θ sehr groß ist, ist das Verhalten von $y^{(k)}(t)$ in jedem dieser Zeitabschnitte unabhängig vom Verhalten der Funktion in jedem anderen Zeitabschnitt. Eine große Anzahl M solcher Zeitabschnitte bildet dann ein ebenso gutes repräsentatives Ensemble für das statistische Verhalten von y wie das ursprüngliche Ensemble. Daher ist der Zeitmittelwert gleich dem Ensemble-Mittelwert.

Genauer muß in einem solchen stationären Ensemble der Zeitmittelwert von y über eine sehr lange Zeit θ zeitunabhängig sein. Weiter bedingt die ergodische Annahme, daß der Zeitmittelwert für fast alle [18+] Systeme des Ensembles gleich sein muß:

$$\{y^{(k)}(t)\} = \{y\} \qquad \text{unabhängig von } k \tag{15.14.4}$$

In einem stationären Ensemble muß der Ensemble-Mittelwert zeitunabhängig sein:

$$\langle y(t)\rangle = \langle y\rangle \qquad \text{unabhängig von } t \tag{15.14.5}$$

Die Beziehung (15.14.3) führt unmittelbar zu einem interessanten Ergebnis. Wird über (15.14.4) der Ensemble-Mittelwert genommen

---

17*) Diese Beziehung besteht nicht für eine zu vernachlässigende Anzahl außergewöhnlicher Systeme des Ensembles.

18+) Eine genaue Untersuchung zeigt, daß die Anzahl der Systeme, für die diese Aussage nicht zutrifft, zu vernachlässigen ist (Satz von Birkhoff).

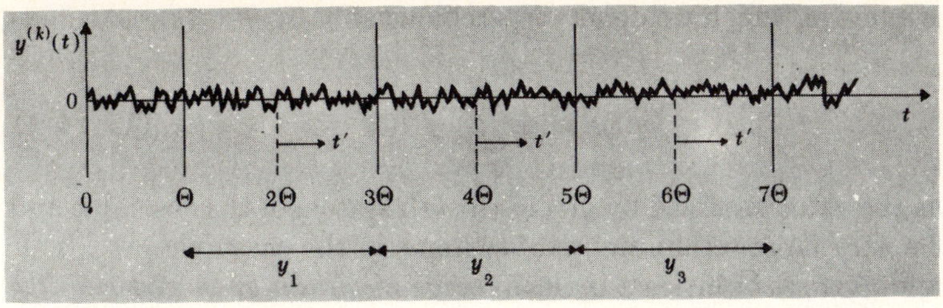

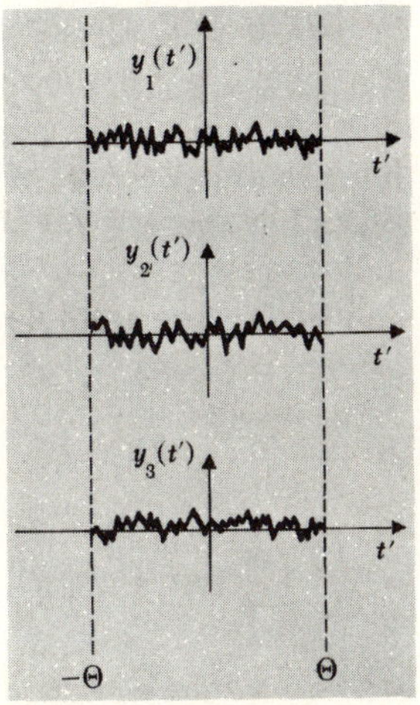

Abb. 15.14.1 Zeitabhängigkeit von $y^{(k)}(t)$ in einem stationären ergodischen Ensemble. Die Zeitskala ist in sehr lange Zeitintervalle der Größen 2θ eingeteilt. Diese Abschnitte sind links senkrecht angeordnet. Sie bilden ein anderes repräsentatives Ensemble, das dem ursprünglichen äquivalent ist. Es gilt $y_j(t') \equiv y^{(k)}(2j\theta + t')$, $-\theta < t' < \theta$.

$$\langle\{y^{(k)}(t)\}\rangle = \{y\}$$

und über (15.14.5) der Zeitmittelwert

$$\{\langle y(t)\rangle\} = \langle y\rangle$$

so ergibt sich für ein *stationäres ergodisches Ensemble* das wichtige Ergebnis [19+)]

$$\{y\} = \langle y\rangle \tag{15.14.6}$$

15.15 Wiener–Chintschin-Theorem

Man betrachte die stationäre zufällige Funktion $y(t)$. Ihre Korrelationsfunktion ist dann definitionsgemäß

$$K(s) \equiv \langle y(t)y(t+s)\rangle \tag{15.15.1}$$

Sie ist wegen der Stationarität zeitunabhängig. Man beachte, daß $K(0) = \langle y^2\rangle$ für den Fall $\langle y\rangle = 0$ das Schwankungsquadrat ist.

19+) (15.14.6) wird oft Ergodentheorem genannt.

Das Fourierintegral der Korrelationsfunktion ist analog zu (15.13.3)

$$\blacktriangleright \qquad K(s) = \int_{-\infty}^{\infty} J(\omega)\, e^{i\omega s}\, d\omega \qquad (15.15.2)$$

Der Koeffizient $J(\omega)$ heißt „Spektraldichte von y". Aus (15.15.2) folgt, daß $J(\omega)$ umgekehrt durch $K(s)$ ausdrückbar ist. Analog zu (15.13.4) erhält man

$$\blacktriangleright \qquad J(\omega) = \frac{1}{2\pi} \int_{-\infty}^{\infty} K(s)\, e^{-i\omega s}\, ds \qquad (15.15.3)$$

Anmerkung: Dies folgt explizit aus (15.15.2), in dem beide Seiten mit $e^{-i\omega' s}$ multipliziert und über s integriert wird:

$$\begin{aligned} \int_{-\infty}^{\infty} ds\, K(s)\, e^{-i\omega' s} &= \int_{-\infty}^{\infty} ds \int_{-\infty}^{\infty} d\omega\, J(\omega)\, e^{i(\omega-\omega')s} \\ &= 2\pi \int_{-\infty}^{\infty} d\omega\, J(\omega)\, \delta(\omega - \omega') \\ &= J(\omega') \end{aligned}$$

Dies ist für $\omega' = \omega$ mit (15.15.3) identisch.

Die Korrelationsfunktion $K(s)$ ist reell und befriedigt daher die Symmetrieeigenschaft

$$K^*(s) = K(s) \quad \text{und} \quad K(-s) = K(s) \qquad (15.15.4)$$

Daher folgt aus (15.15.3), daß $J(\omega)$ ebenfalls reell ist und ähnliche Symmetrieeigenschaften erfüllt:

$$J^*(\omega) = J(\omega) \quad \text{und} \quad J(-\omega) = J(\omega) \qquad (15.15.5)$$

Anmerkung: Dies ist unmittelbar einsichtig. Wegen (15.15.3) und (15.15.4) gilt

$$J^*(\omega) = \frac{1}{2\pi} \int_{-\infty}^{\infty} K(s)\, e^{i\omega s}\, ds = \frac{1}{2\pi} \int_{-\infty}^{\infty} K(s)\, e^{-i\omega s}\, ds = J(\omega)$$

und $$J(-\omega) = \frac{1}{2\pi} \int_{-\infty}^{\infty} K(s)\, e^{i\omega s}\, ds = \frac{1}{2\pi} \int_{-\infty}^{\infty} K(s)\, e^{-i\omega s}\, ds = J(\omega)$$

Dabei wurde die Integrationsvariable s in den zweiten Integralen durch $-s$ ersetzt.

(15.15.2) enthält das wichtige Ergebnis

$$\langle y^2 \rangle = K(0) = \int_{-\infty}^{\infty} J(\omega)\, d\omega = \int_0^{\infty} J_+(\omega)\, d\omega \qquad (15.15.6)$$

mit $\quad J_+(\omega) \equiv 2J(\omega) \qquad (15.15.7)$

$J_+(\omega)$ ist die doppelte Spektraldichte für positive Frequenzen.

Die Fourierintegrale (15.15.2) und (15.15.3) heißen Wiener–Chintschin-Relationen. Sie können auch reell geschrieben werden, wenn $e^{\pm i\omega s} = \cos \omega s \pm i \sin \omega s$ gesetzt und beachtet wird, daß gemäß (15.15.4) und (15.15.5) der Teil des Integranden, der $\sin \omega s$ enthält, ungerade ist und deshalb ein verschwindendes Integral ergibt. Somit werden (15.15.2) und (15.15.3)

$$K(s) = \int_{-\infty}^{\infty} J(\omega) \cos \omega s \, d\omega = 2 \int_{0}^{\infty} J(\omega) \cos \omega s \, d\omega \tag{15.15.8}$$

$$J(\omega) = \frac{1}{2\pi} \int_{-\infty}^{\infty} K(s) \cos \omega s \, ds = \frac{1}{\pi} \int_{0}^{\infty} K(s) \cos \omega s \, ds \tag{15.15.9}$$

Nun sollen $K(s)$ und $J(\omega)$ durch die Fourierkoeffizienten der ursprünglichen zufälligen Funktion $y(t)$ ausgedrückt werden. Wenn $y(t)$ stationär und ergodisch ist, dann ist $K(s)$ zeitunabhängig, und der Ensemble-Mittelwert kann durch den Zeitmittelwert über irgendein System des Ensembles ersetzt werden. Daher kann (15.15.1) geschrieben werden:

$$K(s) = \langle y(0)y(s) \rangle = \{y(0)y(s)\}$$

oder $$K(s) = \frac{1}{2\Theta} \int_{-\Theta}^{\Theta} dt' \, y(t')y(s + t')$$

Dabei wurde die Definition (15.14.2) benutzt. Wird $y(t')$ durch die modifizierte Funktion $y_\theta(t')$ aus (15.13.1) ersetzt, so wird

$$K(s) = \frac{1}{2\Theta} \int_{-\infty}^{\infty} dt' \, y_\Theta(t')y_\Theta(s + t') \tag{15.15.10}$$

(Das Ersetzen von $y(s + t')$ durch $y_\theta(s + t')$ im Integranden ist deshalb erlaubt, weil es nur einen Fehler der Größenordnung s/θ verursacht, der im Grenzübergang $\theta \to \infty$ vernachlässigbar ist.) Mit der Fourierentwicklung (15.13.3) wird aus (15.15.10)

$$\begin{aligned}
K(s) &= \frac{1}{2\Theta} \int_{-\infty}^{\infty} dt' \int_{-\infty}^{\infty} d\omega' \, C(\omega') \, e^{i\omega' t'} \int_{-\infty}^{\infty} d\omega \, C(\omega) \, e^{i\omega(s+t')} \\
&= \frac{1}{2\Theta} \int_{-\infty}^{\infty} d\omega' \int_{-\infty}^{\infty} d\omega \, C(\omega')C(\omega) \, e^{i\omega s} \int_{-\infty}^{\infty} dt' \, e^{i(\omega'+\omega)t'} \\
&= \frac{1}{2\Theta} \int_{-\infty}^{\infty} d\omega \int_{-\infty}^{\infty} d\omega' \, C(\omega')C(\omega) \, e^{i\omega s}[2\pi \, \delta(\omega' + \omega)] \\
&= \frac{\pi}{\Theta} \int_{-\infty}^{\infty} d\omega \, C(-\omega)C(\omega) \, e^{i\omega s} \\
&= \frac{\pi}{\Theta} \int_{-\infty}^{\infty} d\omega \, |C(\omega)|^2 \, e^{i\omega s} \qquad \text{mit (15.13.6)}
\end{aligned}$$

oder $$K(s) = \int_{-\infty}^{\infty} J(\omega) \, e^{i\omega s} \, ds$$

mit

$$\blacktriangleright \quad J(\omega) = \frac{\pi}{\Theta} |C(\omega)|^2 \tag{15.15.11}$$

Daher erhält man also

$$\langle y^2 \rangle = K(0) = \frac{\pi}{\Theta} \int_{-\infty}^{\infty} |C(\omega)|^2 \, d\omega \tag{15.15.12}$$

Die Beziehung (15.15.11) stellt die Verbindung her zwischen der Spektraldichte $J(\omega)$ und dem Fourierkoeffizienten $C(\omega)$ irgendeines Systems des Ensembles. Sie zeigt, daß $J(\omega)$ nicht negativ sein kann.

15.16 Nyquist-Theorem

Ein elektrischer Widerstand R sei mit dem Eingang eines linearen Verstärkers verbunden, der so abgestimmt ist, daß er die Kreisfrequenzen im Bereich zwischen ω_1 und ω_2 durchläßt. Die Stromschwankungen durch die zufällige thermische Bewegungen der Elektronen im Widerstand entstehen, bewirken am Verstärker ein zufälliges Ausgangssignal (oder „Rauschen"). Die Wechselwirkungen, die für diesen zufälligen Strom verantwortlich sind, können durch eine effektive, schwankende Spannung $V(t)$ am Widerstand dargestellt werden. Wird diese Spannung durch ihre Fourier-Komponenten dargestellt, so ergibt sich gemäß (15.15.6)

$$\langle V^2 \rangle = \int_0^{\infty} J_+(\omega) \, d\omega \tag{15.16.1}$$

Dabei ist $J_+(\omega)$ die Spektraldichte der Spannung $V(t)$. Da $J_+(\omega)$ nicht negativ ist, stellt es ein geeeignetes Maß für die Stärke des eingegebenen zufälligen Rauschens $V(t)$ dar. Der Anteil des Eingangssignals, der zum verstärkten Rauschsignal am Ausgang beiträgt, ist durch das Integral von $J_+(\omega)$ zwischen den Grenzen ω_1 und ω_2 gegeben. Um daher den Einfluß des thermischen Rauschens auf elektrische Messungen abschätzen zu können, ist es nötig, die Spektraldichte der Spannung $V(t)$ zu kennen.

Die allgemeine Erörterung im Abschnitt 15.8 hat schon gezeigt, daß es eine enge Verbindung zwischen der schwankenden Spannung $V(t)$ und dem Widerstand R eines elektrischen Leiters der Temperatur T gibt. Die explizite Beziehung (15.8.14) war

$$R = \frac{1}{2kT} \int_{-\infty}^{\infty} \langle V(0) V(s) \rangle_0 \, ds \tag{15.16.2}$$

Mit (15.15.3) läßt sich die rechte Seite unmittelbar durch die Spektraldichte $J(\omega)$ von V ausdrücken

$$R = \frac{1}{2kT} [2\pi J(0)] = \frac{\pi}{kT} J(0) \tag{15.16.3}$$

oder $\quad J_+(0) \equiv 2J(0) = \frac{2}{\pi} kTR \qquad (15.16.4)$

Die Korrelationszeit τ^* der schwankenden Spannung ist sehr klein (grob von der Größenordnung, mit der ein Elektron zwischen zwei Stößen fliegt: ca. 10^{-14} s). Somit gilt $K(s) \equiv \langle V(0)V(s)\rangle_0 = 0$ für $|s| \gg \tau^*$, und diese Korrelationsfunktion besitzt bei $s = 0$ ein scharfes Maximum (siehe Abb. 15.16.1). Demgemäß folgt aus dem Fourierintegral (15.15.3), daß in dem Bereich, in dem $K(s)$ *nicht* verschwindet, $e^{-i\omega s} \approx 1$ ist, wenn ω so klein ist, daß $\omega\tau^* \leqslant 1$ gilt. Für alle Werte ω, die kleiner als $1/\tau^*$ sind, hat das Integral daher den gleichen Wert, nämlich

$$\text{für } |\omega| \ll \frac{1}{\tau^*}, \quad J(\omega) = J(0) \qquad (15.16.5)$$

Somit gehört zu einer Korrelationsfunktion mit scharfem Maximum auf der Zeitskala eine sehr breite Spektraldichte im Frequenzbereich. (Dies ist zur Heisenbergschen Unschärferelation der Quantenmechanik analog: $\Delta\omega\Delta t \geqslant 1$). Aus (15.16.4) ergibt sich somit

▶ $$\text{für } \omega \ll \frac{1}{\tau^*}, \quad J_+(\omega) = \frac{2}{\pi} kTR \qquad (15.16.6)$$

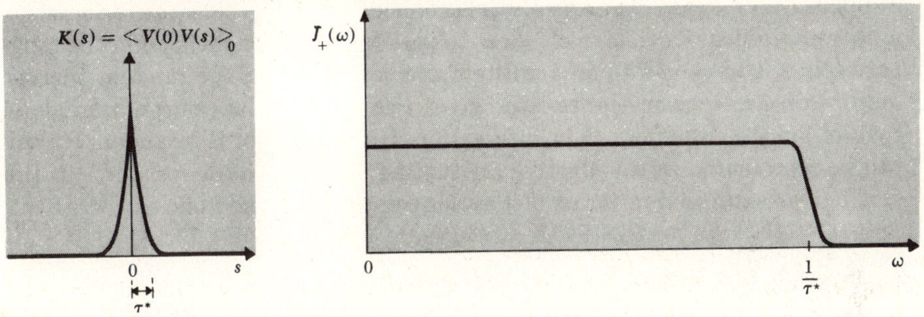

Abb. 15.16.1 Diagramm der Korrelationsfunktion $K(s)$ und der Spektraldichte $J_+(\omega)$ der schwankenden Spannung $V(t)$.

Diese wichtige Gleichung setzt die Spektraldichte $J_+(\omega)$ der schwankenden Spannung zum Widerstand R in Beziehung. Sie wird „Nyquist-Theorem" genannt. Dieses Theorem ist ein Spezialfall des allgemein gültigen Dissipationsschwankungstheorems. (z.B. gibt es für den Fall der Brownschen Bewegung eine ähnliche Beziehung zwischen der Spektraldichte der schwankenden Kraft $F(t)$ und der Reibungskonstanten α.)

Man beachte, daß gemäß (15.16.5) $J_+(\omega)$ unabhängig von ω ist, bis Frequenzen von der Größenordnung 10^{15} Hz erreicht werden, die weit vom Mikrowellenbereich entfernt sind. Eine so wie $V(t)$ schwankende Größe, die eine frequenzunabhängige Spektraldichte besitzt, wird als „weißes Rauschen" bezeichnet („weiß" deshalb, weil im weißen Licht alle Frequenzen gleichmäßig vertreten sind.) Man beachte weiter, daß J_+ proportional zu R und zur absoluten Temperatur T des Widerstandes ist. Thermisches Rauschen nimmt somit mit fallender Temperatur des Widerstandes ab.

15.17 Nyquist-Theorem und Gleichgewichtsbedingungen

Das Nyquist-Theorem ist ein so wichtiges und allgemeines Ergebnis, daß sich weitere Erörterungen lohnen. Speziell ist es von Interesse zu zeigen, daß das Theorem mit den Bedingungen verträglich ist, die für jedes Gleichgewicht erfüllt sein müssen. Es ist tatsächlich möglich, sich *irgendeine* Gleichgewichtssituation mit einem elektrischen Widerstand auszudenken und das Nyquist-Theorem aus der Forderung herzuleiten, daß die Gleichgewichtsbedingungen sauber erfüllt sind.

Man betrachte dazu einen einfachen Stromkreis (Abb. 15.17.1) aus einem Widerstand R in Serie mit einr Induktivität L und einer Kapazität C. Das ganze System sei bei der Temperatur T im Gleichgewicht. Schwankungen des Stromes I werden wieder als durch eine zufällige effektive Spannung am Widerstand erzeugt angesehen. Die komplexe Fourierkomponente $V_0(\omega)e^{i\omega t}$ dieser Sapnnung soll betrachtet werden. Den zugehörigen Strom $I_0(\omega)e^{i\omega t}$ bei dieser Frequenz findet man aus der üblichen Stromkreisgleichung

$$L\frac{dI}{dt} + RI + \frac{1}{C}\int I\,dt = V(t)$$

Für die spezielle Frequenz ω ergibt sich

$$I_0(\omega) = \frac{V_0(\omega)}{Z(\omega)}, \qquad \text{wobei } Z(\omega) = R + i\left(\omega L - \frac{1}{\omega c}\right) \tag{15.17.1}$$

die Impedanz (der komplexe Widerstand) des Stromkreises ist.

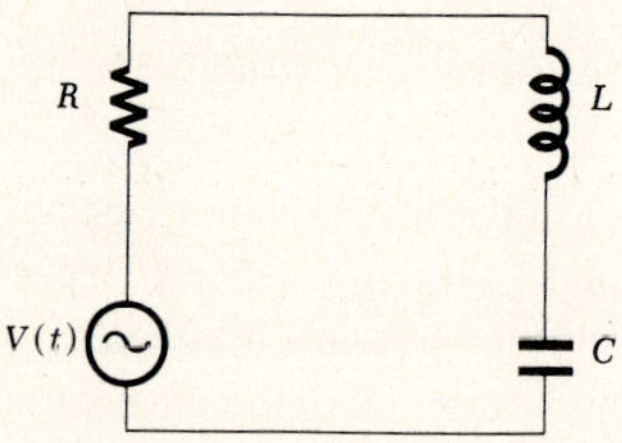

Abb. 15.17.1 Ein Stromkreis aus einem Widerstand R in Serie mit einer Induktivität L und einer Kapazität C.

Allgemeine statistische Argumente fordern, daß im thermischen Gleichgewicht die in der Induktivität gespeicherte mittlere Energie durch

$$\langle \tfrac{1}{2} L I^2 \rangle = \tfrac{1}{2} kT \tag{15.17.2}$$

gegeben ist. Die Stromkreisgleichung muß mit diesem Ergebnis verträglich sein.

Es ist nicht unmittelbar einzusehen, daß (15.17.2) direkt aus dem klassischen Gleichverteilungssatz folgt [20*]. Der Strom I wird als makroskopischer Parameter des Systems angesehen und die freie Energie F des Stromkreises als Funktion von I. Dann ist die Wahrscheinlichkeit $P(I)\,dI$ dafür, daß der Strom seinen Wert zwischen I und $I + dI$ im thermischen Gleichgewicht mit einem Wärmereservoir der Temperatur T annimmt, gemäß (8.2.10) proportional zu $\exp(-\Delta F/kT)$. Hierbei ist ΔF die auf $I = 0$ bezogene freie Energie. Eine Bewegung aller Ladungen als Ganzes, die einen Strom I erzeugt, aber ihren relativen Bewegungszustand zueinander unverändert läßt, hat einen vernachlässigbaren Einfluß auf die Entropie S der Ladungen. Somit ist $\Delta S = 0$ und $\Delta F = \Delta E - T\Delta S = \Delta E$, so daß wegen $\Delta E = \frac{1}{2} LI^2$

$$P(I)\,dI \sim e^{-\Delta E/kT}\,dI \quad \sim e^{-\frac{1}{2}LI^2/kT}\,dI \tag{15.17.3}$$

gilt. Mit (15.17.3) und (A.4.5) folgt

$$\left\langle \frac{1}{2} LI^2 \right\rangle = \frac{1}{2} L \frac{\int_{-\infty}^{\infty} P(I)\,dI\,I^2}{\int_{-\infty}^{\infty} P(I)\,dI} = \frac{1}{2} kT$$

d.h. es gilt der Gleichverteilungssatz [21+]. Ist V_C die Spannung an der Kapazität, so ergibt eine ähnliche Überlegung $\langle \frac{1}{2} CV_C^2 \rangle = \frac{1}{2} kT$ (siehe Fußnote).

Im Stromkreis der Abb. 15.17.1 kann die in der Induktivität gespeicherte mittlere Energie gemäß (15.15.12) durch Fourierkomponenten ausgedrückt werden:

$$\left\langle \frac{1}{2} LI^2 \right\rangle = \frac{1}{2} L \frac{\pi}{\Theta} \int_{-\infty}^{\infty} |I_0(\omega)|^2\,d\omega = \frac{1}{2} L \frac{\pi}{\Theta} \int_{-\infty}^{\infty} \frac{|V_0(\omega)|^2}{|Z(\omega)|^2}\,d\omega$$

$$= \frac{1}{2} L \int_{-\infty}^{\infty} \frac{J(\omega)}{|Z(\omega)|^2}\,d\omega = \frac{1}{2} L \int_{0}^{\infty} \frac{J_+(\omega)}{|Z(\omega)|^2}\,d\omega$$

Dabei wurde die Beziehung (15.15.11) zwischen der Spektraldichte der Spannung $V(t)$ und ihrem Fourierkoeffizienten benutzt:

$$J_+(\omega) \equiv 2J(\omega) \equiv \frac{2\pi}{\Theta} |V_0(\omega)|^2 \tag{15.17.4}$$

Die Bedingung (15.17.2) wird daher von einer Spektraldichte der schwankenden Spannung erfüllt, die der Gleichung

---

20*) Um den Gleichverteilungssatz anwenden zu können, ist es nötig zu zeigen, daß die Gesamtenergie aller Teilchen im Stromkreis in folgender Form dargestellt werden kann: $\frac{1}{2} LI^2$ plus weitere Glieder, die generalisierte Koordinaten und Impulse aller Teilchen aber *nicht* I enthalten.

21+) Die Induktivität ist ein Freiheitsgrad des Stromkreises und somit kommt nach dem Gleichverteilungssatz auf ihn im Mittel die Energie $\frac{1}{2} kT$.

$$\int_0^\infty \frac{J_+(\omega)\,d\omega}{R^2 + (\omega L - 1/\omega C)^2} = \frac{kT}{L} \tag{15.17.5}$$

genügt. Dabei wurde (15.17.1) benutzt. (15.17.5) wird

$$\frac{1}{R^2}\int_0^\infty \frac{J_+(\omega)\,d\omega}{1 + (L/\omega R)^2(\omega^2 - \omega_0{}^2)^2} = \frac{kT}{L}, \qquad \text{mit } \omega_0 \equiv (LC)^{-1/2} \tag{15.17.6}$$

Für sehr große L hat der Integrand ein sehr scharfes Maximum bei der Frequenz $\omega = \omega_0$. Daher kann man $J_+(\omega) = J_+(\omega_0)$ setzen und vor das Integral ziehen. In dieser Näherung gilt $\omega^2 - \omega_0^2 = (\omega + \omega_0)(\omega - \omega_0) \approx 2\omega_0(\omega - \omega_0)$ und $L/\omega R = L/\omega_0 R$. Damit wird das Integral (15.17.6)

$$\frac{J_+(\omega_0)}{R^2}\int_0^\infty \frac{d\omega}{1 + (2L/R)^2(\omega - \omega_0)^2} = \frac{J_+(\omega_0)}{R^2}\int_{-\infty}^\infty \frac{d\eta}{1 + (2L/R)^2\eta^2}$$
$$= \frac{J_+(\omega_0)}{R^2}\left[\pi\left(\frac{R}{2L}\right)\right]$$

Dabei wurde die Abkürzung $\eta \equiv \omega - \omega_0$ eingeführt und die Integration näherungsweise von $-\infty$ bis $+\infty$ ausgedehnt, da der Integrand für $\eta \neq 0$ vernachlässigbar klein ist. Somit ergibt sich aus (15.17.6)

▶ $$J_+(\omega_0) = \frac{2}{\pi}kTR \tag{15.17.7}$$

Da ω_0 *irgendeine* Frequenz sein kann, die durch die Wahl von C bedingt ist, erhalten wir wieder das Nyquist-Theorem (15.16.6). Damit wurde also gezeigt, daß das Theorem mit dem Ausdrück für die mittlere thermische Energie (15.17.2) in einer Induktivität verträglich ist.

Als ein weiteres Beispiel wird der in Abb. 15.7.2 dargestellte Stromkreis betrachtet, der sich bei der Temperatur T im thermischen Gleichgewicht befindet. Dabei

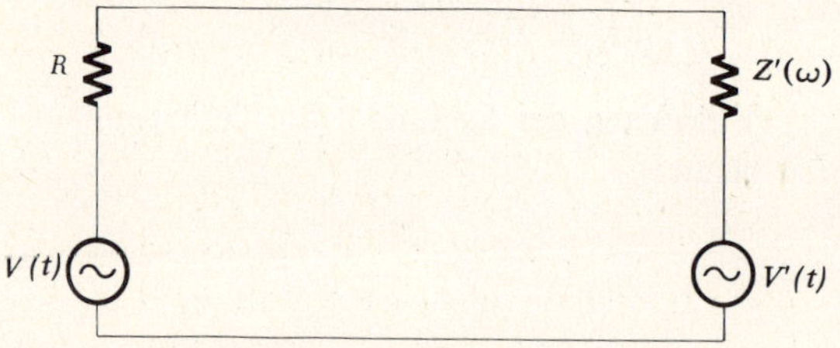

Abb. 15.17.2 Stromkreis aus Widerstand R und Impedanz $Z'(\omega)$ beide im thermischen Gleichgewicht mit der Temperatur T.

ist $Z'(\omega) = R'(\omega) + i\chi'(\omega)$ eine beliebige Impedanz mit dem Wirkwiderstand $R'(\omega)$ und dem Blindwiderstand $\chi'(\omega)$, die beide frequenzabhängig sind. Die schwankenden thermischen Spannungen am Widerstand R und Impedanz Z' werden mit $V(t)$ bzw. $V'(t)$ bezeichnet. Das Gleichgewicht, das in Abb. 15.17.2 dargestellt ist, läßt sich wie folgt kennzeichnen: Die mittlere Leistung $\mathcal{P}'$, die die Impedanz durch die Existenz der zufälligen Spannung $V(t)$ aufnimmt, ist gleich der mittleren Leistung $\mathcal{P}$, die der Widerstand durch die Existenz der zufälligen Spannung $V'(t)$ absorbiert:

$$\mathcal{P}' = \mathcal{P} \qquad (15.17.8)$$

Nun wird ein schmaler Frequenzbereich zwischen ω und $\omega + d\omega$ betrachtet. Da (15.17.8) allgemein gilt, muß die Gleichung auch in jedem solchen Frequenzbereich gültig sein [22*]. Der Frequenzanteil $V_0(\omega)$ der Spannung $V(t)$ erzeugt im Kreis einen Strom $I_0 = V_0/(R + Z')$. Daher ist die durch Z' aufgenommene mittlere Leistung

$$\mathcal{P}' \sim |I_0|^2 R' = \left| \frac{V_0}{R + Z'} \right|^2 R' \qquad (15.17.9)$$

Analog ist die durch R aufgenommene mittlere Leistung

$$\mathcal{P} \sim |I_0'|^2 R = \left| \frac{V_0'}{R + Z'} \right|^2 R \qquad (15.17.10)$$

Dabei ist die Proportionalitätskonstante die gleiche wie in (15.17.9). Daher folgt aus (15.17.8)

$$|V_0|^2 R' = |V_0'|^2 R$$

oder

$$J_+(\omega) R'(\omega) = J_+'(\omega) R \qquad (15.17.11)$$

Dabei ist J_+ die Spektraldichte von $V(t)$ und J_+' die von $V'(t)$. Daher gilt gemäß (15.17.7)

$$J_+'(\omega) = \frac{R'(\omega)}{R} \left(\frac{2}{\pi} kTR \right) = \frac{2}{\pi} kTR'(\omega) \qquad (15.17.12)$$

Dies zeigt, daß die Spektraldichte der thermisch schwankenden Spannung einer *jeden* Impedanz gemäß dem Nyquist-Theorem stets mit ihrem Wirkwiderstand bei gegebener Frequenz verbunden ist.

Schließlich ist es lehrreich, Nyquists ursprüngliche Herleitung seines Theorems vorzustellen. Der Widerstand R kann wie folgt durch eindimensionale schwarze Strahlung ersetzt werden: Man betrachte eine verlustlose, eindimensionale Übertragungsstrecke großer Länge L, die an beiden Enden, wie die Abb. 15.17.3 zeigt, mit Widerständen R versehen ist. Das Gesamtsystem befinde sich im Gleichgewicht bei der Temperatur T. Die spezielle Übertragungsstrecke wird so gewählt, daß ihre charakteristische Impedanz R ist. Dann wird jede Spannungswelle, die sich längs der Übertragungsstrecke ausbreitet, vollständig durch den sich am Ende befindlichen Widerstand R ohne Reflexion absorbiert. Ein Widerstand ist damit tatsächlich ein Analogon zum eindimensionalen schwarzen Strahler. Eine Spannungswelle $V = V_0 \exp[i(kx - \omega t)]$ pflanzt sich längs der Übertragungsstrecke mit einer Geschwindigkeit $c' = \omega/k$ fort. Um die stehenden Wellen zu zählen, kann man die sich ausbreitenden Wellen im Bereich zwischen $x = 0$ und $x = L$ den Randbedin-

---

22*) Dies ist eine Aussage des detaillierten Gleichgewichts. Durch ein geeignetes Filter mit dem Wirkwiderstand X_f kann man im Stromkreis erreichen, daß nur Ströme dieses Frequenzbereiches fließen. X_f kann in den folgenden Erörterungen zum Wirkwiderstand X' hinzugerechnet werden.

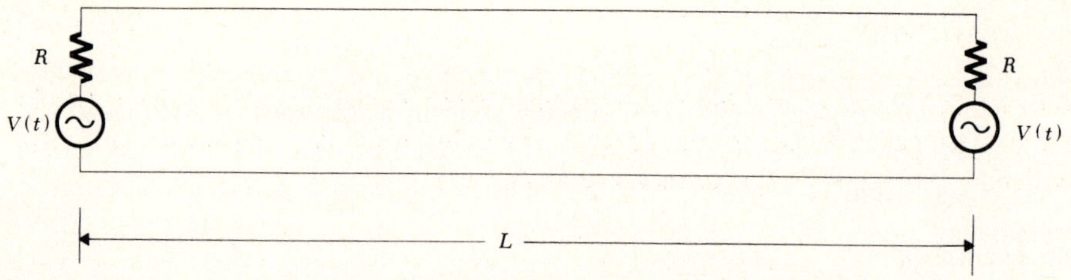

Abb. 15.17.3 Eine lange Übertragungsstrecke der Länge L, die an ihren beiden Enden mit gleichen Widerständen R versehen ist, die gleich der charakteristischen Impedanz der Übertragungsstrecke sind.

gungen $V(0) = V(L)$ unterwerfen. Dann ist $kL = 2\pi n$, n ganzzahlig, und es gibt $\Delta n = (1/2\pi)\, dk$ stehender Wellen *pro Einheitslänge* der Übertragungsstrecke im Frequenzbereich zwischen ω und $\omega + d\omega$. Die mittlere Energie einer jeden stehenden Welle ist gemäß (9.13.1) durch

$$\epsilon(\omega) = \frac{\hbar\omega}{e^{\beta\hbar\omega} - 1} \to kT \qquad \text{für } \hbar\omega \ll kT \tag{15.17.13}$$

gegeben.

Nun wird von der üblichen Bedingung des detaillierten Gleichgewichtes Gebrauch gemacht: In jedem schmalen Frequenzbereich zwischen ω und $\omega + d\omega$ muß die vom Widerstand absorbierte Leistung gleich der emittierten sein. Da in diesem Frequenzbereich $(2\pi)^{-1}\,(d\omega/c')$ Wellen pro Einheitslänge vorhanden sind, ist die pro Zeiteinheit auf den Widerstand fallende mittlere Energie in diesem Frequenzbereich

$$\mathcal{P}_i = c' \left(\frac{1}{2\pi}\frac{d\omega}{c'}\right) \epsilon(\omega) = \frac{1}{2\pi}\,\epsilon(\omega)\, d\omega \tag{15.17.14}$$

Dies ist die durch den Widerstand *aufgenommene* Leistung. Gemäß dem Prinzip vom detaillierten Gleichgewicht muß dies gleich der Leistung sein, die vom Widerstand in diesen Frequenzbereich *abgegeben* wird. Ist V die durch den Widerstand erzeugte thermische Spannung, so bewirkt sie in der Übertragungsstrecke einen Strom der Größe $I = V/2R$. Somit absorbiert der Widerstand am anderen Ende der Leitung die mittlere Leistung

$$R\langle I^2 \rangle = R\left\langle \frac{V^2}{4R^2} \right\rangle = \frac{1}{4R}\int_0^\infty J_+(\omega)\, d\omega$$

wobei (15.15.6) benutzt wurde. Im Frequenzbereich zwischen ω und $\omega + d\omega$ liegt der Anteil $(4R)^{-1}\, J_+ d\omega$. Dies mit (15.17.14) gleichgesetzt, ergibt

$$\frac{1}{4R}\, J_+(\omega)\, d\omega = \frac{1}{2\pi}\,\epsilon(\omega)\, d\omega$$

Somit gilt

$$J_+(\omega) = \frac{2}{\pi} \frac{\hbar\omega}{e^{\beta\hbar\omega} - 1} R \tag{15.17.15}$$

Dies ist bei Berücksichtigung quantenmechanischer Korrekturen das genaue Ergebnis von Nyquist. Da bei gewöhnlichen Temperaturen bis zu Frequenzen im Mikrowellenbereich $\hbar\omega \ll kT$ gilt, wird aus (15.17.15)

$$\text{für } \hbar\omega \ll kT, \qquad J_+(\omega) = \frac{2}{\pi} kT R$$

das mit (15.16.6) und mit (15.17.7) übereinstimmt.

Allgemeine Erörterung irreversibler Prozesse

15.18 Schwankungen und Onsagersche Reziprozitätsbeziehungen

Am Schluß dieses Kapitels soll gezeigt werden, daß die im Abschnitt 15.7 zum Studium der Brownschen Bewegung angestellten Erörterungen auf ein mehr abstraktes Niveau gehoben werden können und dann zu allgemeinen Ergebnissen sehr weiter Anwendbarkeit führen.

Man betrachte ein abgeschlossenes System A, das durch n makroskopische Parameter $\{y_1, y_2, \ldots, y_n\}$ beschrieben wird. Der mögliche Bereich, den jeder der Parameter y_i annehmen kann, sei in schmale Teilbereiche der Größe δy_i eingeteilt. Mit $\Omega(y_1, \ldots, y_n)$ werde die Anzahl der dem System A zugänglichen Zustände bezeichnet, wenn die Parameter in einem schmalen Bereich um $\{y_1, \ldots, y_n\}$ liegen. Definitionsgemäß ist dann $S = k \ln \Omega$ die zu A gehörige Entropie. In dieser allgemeinen Erörterung mag es hilfreich sein, an einige spezielle, einfache Beispiele zu denken: y bezeichne die Lage des Gewichtes in der Abb. 15.18.1, oder y sei die Teilchengeschwindigkeit v bei der Brownschen Bewegung.

Im Gleichgewicht ist im repräsentativen Ensemble die Wahrscheinlichkeit dafür, A im Bereich um $\{y_1, \ldots, y_n\}$ vorzufinden durch

$$P(y_1, \ldots, y_n) \sim \Omega(y_1, \ldots, y_n) = e^{S(y_1, \ldots, y_n)/k} \tag{15.18.1}$$

gegeben. Der wahrscheinlichste Zustand ist durch das Maximum $\tilde{S}$ von S gegeben, in dem die Parameter die Werte $y_i = \tilde{y}_i$ annehmen:

$$\left[\frac{\partial S}{\partial y_i}\right] = 0 \quad \text{für alle } i \tag{15.18.2}$$

Die eckigen Klammern bezeichnen die Stelle $y_i = \tilde{y}_i$, für alle i, an der die Ableitungen zu berechnen sind. Taylorentwicklung um das Maximum von S und Abbruch nach dem quadratischen Glied ergibt

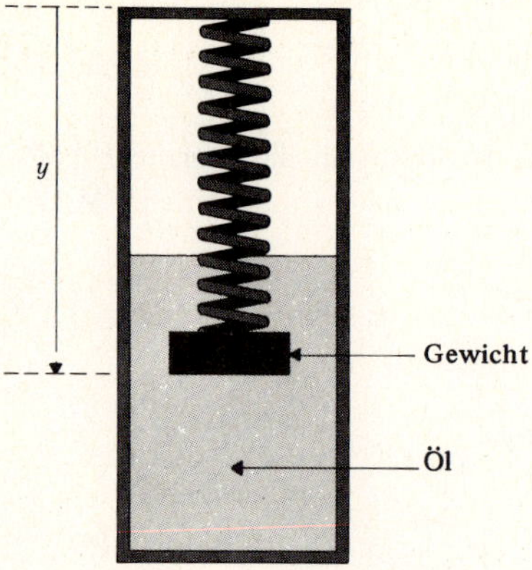

Abb. 15.18.1 Ein abgeschlossenes System aus einem an einer Feder hängenden Gewicht, das in zähes Öl eintaucht.

$$S(y_1, \ldots, y_n) - S(\tilde{y}_1, \ldots, \tilde{y}_n) = \tfrac{1}{2} \sum_{ik} C_{ik}(y_i - \tilde{y}_i)(y_k - \tilde{y}_k) \qquad (15.18.3)$$

$$\text{mit} \qquad C_{ik} = C_{ki} \equiv \left[\frac{\partial^2 S}{\partial y_i \partial y_k}\right] \qquad (15.18.4)$$

Diese Gleichung gilt für kleine Werte von $|y_i - \tilde{y}_i|$.

Es werde nun angenommen, daß einer oder mehrere Parameter y_i von $\tilde{y}_i$ verschiedene Werte annehmen. Dies mag durch äußeren Eingriff verursacht sein (z.B. durch Befestigung des Gewichtes in einer bestimmten Lage) oder durch spontane Schwankungen im System entstehen. Werden nun die Parameter sich selbst überlassen, so ist A in einem höchst unwahrscheinlichen Zustand. Daher werden sich die y_i mit der Zeit ändern bis A seinen wahrscheinlichsten Zustand erreicht. Dieses schwierige Nichtgleichgewichtsproblem soll nun untersucht werden. Insbesondere sollen einige Aussagen über die *Geschwindigkeiten* gewonnen werden, mit denen sich die Parameter verändern.

Rein phänomenologisch kann man wie folgt argumentieren. Größen wie $\dot{y}_i \equiv dy_i/dt$ und $\partial S/\partial y_i$ sind sehr schnell schwankende Funktionen der Zeit. Ihre Ensemble-Mittelwerte sind langsam veränderliche Funktionen der Zeit, die die makroskopisch beobachtbaren Größen beschreiben. Falls $\overline{\partial S/\partial y_i} = 0$ für alle i gilt, ist das System gemäß (15.18.2) im Gleichgewicht. Dann sind die Mittelwerte $\bar{y}_i$ aller Parameter zeitliche Konstanten: $d\bar{y}_i/dt = 0$, für alle i. Wenn andererseits nicht alle Größen $\overline{\partial S/\partial y_i}$ verschwinden, ist das System nicht im Gleichgewicht. Man erwartet dann, daß

$$\frac{d\bar{y}_i}{dt} = f(\bar{Y}_1, \bar{Y}_2, \ldots, \bar{Y}_n), \qquad \text{mit } Y_i \equiv \frac{\partial S}{\partial y_i} \qquad (15.18.5)$$

gilt. Dabei ist f irgendeine homogene Funktion: $f = 0$, wenn $\bar{Y}_i = 0$ für alle i. Wenn der Zustand nicht zu weit vom Gleichgewicht entfernt ist, dann sind die Größen $\bar{Y}_i$ alle klein und die Parameter $\bar{y}_i$ verändern sich relativ langsam mit der Zeit. Dann läßt sich (15.18.5) in eine Taylorreihe entwickeln, und man erhält als kleinste Ordnung nicht verschwindender Glieder eine lineare Beziehung der Form

$$\blacktriangleright \quad \frac{d\bar{y}_i}{dt} = \sum_{j=1}^{n} \alpha_{ij} \bar{Y}_j \tag{15.18.6}$$

Die „phänomenologischen Koeffizienten" d_{ij} sind Konstanten. Gemäß (15.18.3) gilt

$$\blacktriangleright \quad \bar{Y}_j = \overline{\frac{\partial S}{\partial y_j}} = \sum_k C_{jk}(\bar{y}_k - \tilde{y}_k) \tag{15.18.7}$$

Für $\bar{y}_k = \tilde{y}_k$, für alle k, verschwinden die „treibenden Kräfte" $\bar{Y}_j$; (15.18.6) beschreibt dann das Gleichgewicht, für das $d\bar{y}_i/dt = 0$ gilt. Im Nichtgleichgewicht müssen sich die $\bar{y}_i$ derart verändern, daß die Entropie mit der Zeit anwächst.

Nunmehr soll das Problem genauer mit statistischen Methoden behandelt werden, die denen ähnlich sind, die im Abschnitt 15.7 zur Erörterung der Brownschen Bewegung benutzt wurden. Jeder Parameter y_i kann als eine zufällige Variable angesehen werden, die sehr schnell in der Zeit schwankt. Ihre Fluktuationsrate ist durch $\dot{y}_i \equiv dy_i/dt$ gegeben und kann durch irgendeine Korrelationszeit τ^* charakterisiert werden, die die mittlere Zeit zwischen zwei aufeinanderfolgenden Maxima (oder Minima) der Funktion y_i angibt. Diese Zeit τ^* ist von der Größenordnung der Relaxationszeit, die das System benötigt, um nach einer plötzlichen kleinen Auslenkung aus dem Gleichgewicht in dieses zurückzukehren. τ^* ist auf einer makroskopischen Skala sehr klein. Unser Interesse gilt dem Verhalten von y_i in Zeitintervallen, die weit größer als τ^* sind. Daher führen wir ein Zeitintervall τ ein, das mikroskopisch groß ist, $\tau \gg \tau^*$, aber das makroskopisch so klein ist, daß die Ensemble-Mittelwerte $\bar{y}_i \equiv \langle y_i \rangle$ sich in dieser Zeit τ nur wenig verändern. Dann betrachten wir das Ensemble und werden versuchen, die „coarse-grained"[23+)] Zeitableitung von $\langle y_i \rangle$ zu finden, d.h. den Wert des Integrals

$$\frac{1}{\tau} \langle y_i(t+\tau) - y_i(t) \rangle = \frac{1}{\tau} \int_t^{t+\tau} \langle \dot{y}_i(t') \rangle \, dt' \tag{15.18.8}$$

In erster Näherung können wir annehmen, daß der Wert von $\langle \dot{y}_i \rangle$ zur Zeit t der gleiche ist, als würden sich die Parameter $\bar{y}_i$ von A nicht mit der Zeit verändern, d.h. $\langle \dot{y}_i(t) \rangle = 0$, so als würde Gleichgewicht herrschen. Für eine gute Näherung muß man aber beachten, daß mit der zeitlichen Änderung der Parameter y_i der Wert von $\dot{y}_i$ im Ensemble zu jeder späteren Zeit t' davon abhängt, wie die Parameter sich selbst mit der Zeit verändern. Es werde nun angenommen, daß sich die Parameter in kleinen Zeitintervallen τ' ($\tau' > \tau^*$) nur um kleine Beträge $\Delta y_i(\tau')$ ändern[24+)]: $y_i(t+\tau') = y_i(t) + \Delta y_i(\tau')$. Da $\tau' > \tau^*$ ist, kann das System A sein inneres Gleichgewicht stets wieder herstellen, so daß es gleichwahrscheinlich in irgendeinem seiner Ω ihn zugänglichen Zustände vorzufinden ist, die mit den

23+) „grobkörnig", im Deutschen wird der englische Ausdruck benutzt.

24+) Dies ist eine Stetigkeitsforderung.

neuen Werten der Parameter verträglich sind. Daher ändert sich in der Zeit τ' die Anzahl der zugänglichen Zustände Ω (oder die Entropie $S = k \ln \Omega$ des Systems) um den Betrag

$$\Delta S(\tau') \equiv k \ln \Omega[y_1(t+\tau'), y_2(t+\tau'), \cdots] - k \ln \Omega[y_1(t), y_2(t), \cdots] \quad (15.18.9)$$

Es sei W_r die Wahrscheinlichkeit dafür, daß das System im Zustand r vorgefunden werde, in dem der Wert von $\dot{y}_i$ gleich $(\dot{y}_i)_r$ ist. Wenn das System im inneren Gleichgewicht ist, so ist W_r proportional der Anzahl der dem System unter diesen Umständen zugänglichen Zustände. Daher kann man für den Quotienten aus den Wahrscheinlichkeiten dafür, daß das System zur Zeit $t + \tau'$ und zur Zeit t im Zustand r ist

$$\frac{W_r(t+\tau')}{W_r(t)} = \frac{\Omega(t+\tau')}{\Omega(t)} = e^{\Delta S(\tau')/k} \quad (15.18.10)$$

schreiben, wobei $\Delta S(\tau')$ die Entropieänderung des Systems in der Zeit τ' ist. Für kleine Zeiten τ' gilt

$$W_r(t+\tau') \approx W_r(t)\left[1 + \frac{1}{k}\Delta S(\tau')\right] \quad (15.18.11)$$

Der Mittelwert von $\dot{y}_i$ ist zur Zeit $t' = t + \tau'$ durch

$$\langle \dot{y}_i(t')\rangle = \sum_r W_r(t+\tau')(\dot{y}_i)_r = \left\langle \dot{y}_i\left[1 + \frac{1}{k}\Delta S(\tau')\right]\right\rangle_0$$

gegeben. Dabei wird der letzte Mittelwert mit der ursprünglichen Wahrscheinlichkeit $W_r(t)$ zur Zeit t berechnet, für die wir Gleichgewicht vorausgesetzt hatten: $\langle \dot{y}_i\rangle_0 = 0$. Daher gilt

$$\langle \dot{y}_i(t')\rangle = \frac{1}{k}\langle \dot{y}_i(t')\,\Delta S(\tau')\rangle_0 \quad (15.18.12)$$

wobei nach (15.18.9) die Entwicklung

$$\Delta S(\tau') = S[y_1(t+\tau'), \ldots] - S[y_1(t), \ldots] = \sum_j \frac{\partial S}{\partial y_j}\Delta y_j(\tau') \quad (15.18.13)$$

gilt.

Da $\tau \gg \tau'$ ist, kann (15.18.12) in den Integranden von (15.18.8) eingesetzt werden. Eine Rechnung ähnlich der im Abschnitt 15.7 ergibt

$$\begin{aligned}\langle y_i(t+\tau)-y_i(t)\rangle &= \frac{1}{k}\int_t^{t+\tau}\langle \dot y_i(t')\,\Delta S(t'-t)\rangle_0\,dt' \\ &= \frac{1}{k}\int_t^{t+\tau}dt'\left\langle \dot y_i(t')\sum_j \frac{\partial S}{\partial y_j}\Delta y_j\,(t'-t)\right\rangle_0 \\ &= \frac{1}{k}\sum_j \int_t^{t+\tau}dt'\left\langle \dot y_i(t')Y_j(t)\int_t^{t'}dt''\,\dot y_j(t'')\right\rangle_0 \\ &\approx \frac{1}{k}\sum_j \bar Y_j(t)\int_t^{t+\tau}dt'\int_t^{t'}dt''\,\langle \dot y_i(t')\dot y_j(t'')\rangle_0\end{aligned}$$

Dabei wurde $Y_j \equiv \partial S/\partial y_j$ gesetzt und über diese langsam veränderliche Funktion einzeln gemittelt. Mit $s \equiv t'' - t'$ und demselben Wechsel der Integrationsvariablen wie in Abb. 15.8.2 ergibt sich mit (15.8.6)

$$\langle y_i(t+\tau)-y_i(t)\rangle = \frac{1}{k}\sum_j \bar Y_j\int_{-\tau}^{0}ds\int_{t-s}^{t+\tau}dt'\,K_{ij}(s) = \frac{1}{k}\sum_j \bar Y_j\tau\int_{-\infty}^{0}ds\,K_{ij}(s) \tag{15.18.14}$$

wobei $K_{ij}(s) \equiv \langle \dot y_i(t)\dot y_j(t+s)\rangle_0 = \langle \dot y_i(0)\dot y_j(s)\rangle_0$ (15.18.15)

die Kreuzkorrelationsfunktion zwischen $\dot y_i$ *und* $\dot y_j$ im Gleichgewicht ist. Somit ergibt (15.18.14) nach Division durch τ die coarse-grained Zeitableitung

▶ $$\frac{d\bar y_i}{dt} = \sum_j \alpha_{ij}\bar Y_j \tag{15.18.16}$$

mit

▶ $$\alpha_{ij} = \frac{1}{k}\int_{-\infty}^{0}ds\,K_{ij}(s) \tag{15.18.17}$$

(15.18.16) sind die phänomenologischen Gleichungen (15.18.6). Die phänomenologischen Koeffizienten α_{ij} sind nun explizit durch die Gleichgewichtskorrelationsfunktion der $\dot y$ gegeben. (15.18.17) ist eine allgemeine Form des Dissipationsschwankungstheorems.

Symmetrie-Eigenschaften. Die Tatsache, daß $\langle \dot y_i(t)\,\dot y_j(t+s)\rangle_0$ im Gleichgewicht von t unabhängig sein muß, verlangt, daß diese Größe invariant gegen die Substitution $t \to t+s$ ist. Daher gilt

$$\langle \dot y_i(t)\dot y_j(t+s)\rangle_0 = \langle \dot y_i(t-s)\dot y_j(t)\rangle_0 = \langle \dot y_j(t)\dot y_i(t-s)\rangle_0$$

oder $K_{ij}(s) = K_{ji}(-s)$ (15.18.18)

Daher folgt aus der freien Wahl des Zeitnullpunktes *nicht,* daß $K_{ij}(s)$, $i \neq j$, eine gerade Funktion in s ist (nur die K_{ii} sind in s gerade).

Nun sollen aus der *Bewegungsumkehr* des betrachteten Vorgangs physikalische Folgerungen gezogen werden. Unter Bewegungsumkehr versteht man die Operation, die bewirkt, daß jede zeitliche Folge von Systemzuständen in umgekehrter Reihenfolge durchlaufen wird (ein Film wird rückwärts vorgeführt). Somit wird bei der Bewegungsumkehr t durch $-t$, die Teilchengeschwindigkeit v durch $-v$, ein Magnetfeld $\boldsymbol{B}$

durch $-\boldsymbol{B}$ ersetzt. Die mikroskopischen Bewegungsgleichungen sind invariant gegen Bewegungsumkehr, daher durchlaufen alle Teilchen bei Bewegungsumkehr ihre Bahnen in umgekehrter Richtung (Dies ist die Eigenschaft der „mikroskopischen Reversibilität", die im Abschnitt 15.1 schon erwähnt wurde). Durch ein Kreuz† sollen nun solche Größen gekennzeichnet werden, die zur gekehrten Bewegung gehören. Für die Korrelationsfunktion, die die Schwankungen im Gleichgewicht beschreibt, muß daher gelten

$$\langle \dot{y}_i(0)\dot{y}_j(s)\rangle_0 = \langle \dot{y}_i(0)\dot{y}_j(-s)\rangle_0{}^\dagger$$

oder $$K_{ij}(s) = K_{ij}{}^\dagger(-s) \qquad (15.18.19)$$

Ein Vergleich mit (15.18.18) ergibt sofort

▶ $$K_{ij}(s) = K_{ji}{}^\dagger(s) \qquad (15.18.20)$$

oder gemäß (15.18.17)

▶ $$\alpha_{ij} = \alpha_{ji}{}^\dagger \qquad (15.18.21)$$

Nun sei ein äußeres Magnetfeld $\boldsymbol{B}$ vorhanden. In dem üblichen Fall, in dem y_i und y_j *beide* Auslenkungen oder *beide* Geschwindigkeiten sind, wechselt die Größe $\dot{y}_i\dot{y}_j$ bei Bewegungsumkehr ihr Vorzeichen nicht. Dann folgt aus (15.18.19) und (15.18.18)

$$K_{ij}(s;\,\boldsymbol{B}) = K_{ij}(-s;\,-\boldsymbol{B}) = K_{ji}(s;\,-\boldsymbol{B})$$

und man erhält:

$$\alpha_{ij}(\boldsymbol{B}) = \alpha_{ji}(-\boldsymbol{B}) \qquad (15.18.22)$$

Wenn y_i eine Verrückung und y_i eine Geschwindigkeit ist oder umgekehrt, so wechselt $\dot{y}_i\dot{y}_j$ unter Bewegungsumkehr sein Vorzeichen. Somit gilt dann

$$K_{ij}(s;\,\boldsymbol{B}) = -K_{ij}(-s;\,-\boldsymbol{B}) = -K_{ji}(s;\,-\boldsymbol{B})$$

und man erhält

$$\alpha_{ij}(\boldsymbol{B}) = -\alpha_{ji}(-\boldsymbol{B}) \qquad (15.18.23)$$

Die Symmetriebeziehungen (15.18.21) [oder spezieller (15.18.22) und (15.18.23)] heißen „Onsagersche" oder „Casimir-Onsagersche Reziprozitätsbeziehungen". Zusammen mit den phänomenologischen Gleichungen (15.18.16) bilden sie die Grundlage einer ganzen Disziplin, der makroskopischen irreversiblen Thermodynamik. In diese Disziplin fällt z.B. das thermoelektrische und thermoelastische Verhalten von Festkörpern, die Bewegung chemisch reagierender, zäher und wärmeleitender Flüssigkeiten, die galvanomagnetischen Effekte sowie Vorgänge in heterogenen Systemen, wie Flüssigkeitspermeation durch Membranen, und Prozesse in homogenen Systemen, wie die chemischen Reaktionen. Zur Zeit wird versucht, die makroskopische irreversible Thermodynamik auch auf biologische Systeme anzuwenden. Literaturhinweise finden sich am Ende dieses Kapitels.

Abschließend soll gezeigt werden, daß die *mikroskopische* Reversibilität in keiner Weise der Tatsache widerspricht, daß in einer *makroskopischen* Beschreibung alle Parameter stets Gleichgewichtswerten zustreben und somit ein irreversibles Verhalten zeigen. Man beachte eine Variable y, deren Schwankungen im Gleichgewicht schematisch in der Abb. 15.18.2 skizziert sind. Der Einfachheit halber werde an-

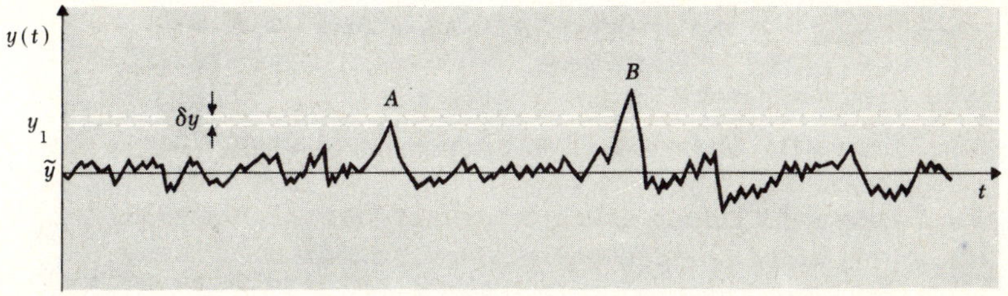

Abb. 15.18.2 Diagramm der Zeitabhängigkeit eines schwankenden Parameters $y(t)$ im Gleichgewicht.

genommen, daß kein Magnetfeld vorliegt und daß y invariant gegen Bewegungsumkehr sei (z.B. sei y eine Auslenkung). Wenn man vom Zeitpunkt $t = t_0$ in die Zukunft blickt, so unterscheidet sich die Situation in keiner Weise davon, als würde man von t_0 aus die Vergangenheit betrachten. Genauer: Würde man das zeitliche Verhalten der schwankenden Größe $y(t)$ auf einem Film aufzeichnen und diesen Film einem Betrachter rückwärts vorführen, so könnte dieser nicht entscheiden, ob ihm der Film vorwärts oder rückwärts vorgeführt würde. Diese Symmetrie von Vergangenheit und Zukunft kennzeichnet die mikroskopische Reversibilität des betrachteten Prozesses.

Es sei *bekannt,* daß ein Parameter seinen Wert in dem schmalen Bereich zwischen y_1 und $y_1 + \delta y_1$ annimmt, wobei y_1 wesentlich vom Wert $\tilde{y}$ verschieden ist, um den y schwankt (siehe Abb. 15.18.2). Dann muß y in der Nähe einer der wenigen Spitzen A liegen, die zu einer sehr großen unwahrscheinlichen Schwankung gehören. Dann aber wird y in der darauf folgenden Zeit abnehmen, weil es dicht an einem Maximum liegt. (y würde auch abnehmen, wenn man in die Vergangenheit blicken würde.) Der Fall, daß y den Wert y_1 annähme und mit der Zeit *anwüchse,* entspricht einer Spitze B, die größer als A ist. Auf der linken Seite dieser Spitze *wächst* y mit der Zeit an. Das Auftreten solcher hohen Spitzen B ist aber sehr viel weniger wahrscheinlich als das schon sehr unwahrscheinliche Auftreten von Spitzen, die so groß wie A sind. Ist daher *bekannt,* daß y so groß wie y_1 ist, dann kann man daraus schließen, daß diese Größe fast immer mit der Zeit *abnehmen* und sich $\tilde{y}$ nähern wird. Widersprechen die angeführten Argumente nicht der Tatsache, daß y zunächst *anwachsen* muß, um einen so großen Wert wie y_1 als Ergebnis einer spontanen Schwankung zu erreichen? Die Antwort ist: nein; denn wenn $|y_1 - \tilde{y}|$ nicht zu klein ist, sind spontan auftretende Spitzen, die so groß wie A sind, fantastisch selten. Daher ist die einzig realistische Hoffnung, y in der Nähe von y_1 zu beobachten, dadurch gegeben, daß durch *äußeren* Eingriff y auf

auf den Wert y_1 gebracht wird. Werden dann die äußeren Zwänge aufgehoben, ist die Situation dieselbe, als ob y seinen Wert y_1 durch eine vorhergehende spontane Schwankung erreicht hätte. Daher wird y fast immer so vorgefunden, daß es gegen $\tilde{y}$ *abnimmt.*

+15.19 Skizze der thermodynamischen Theorien irreversibler Prozesse

In diesem Abschnitt werden abschließend die phänomenologischen Theorien der irreversiblen Prozesse kurz vorgestellt. Dabei sei an unser bisheriges Vorgehen erinnert: Die phänomenologische Thermostatik – die Theorie also, die makroskopische Systeme im Gleichgewicht behandelt – wurde in den Kapiteln 3, 4 und 5 aus dem Postulat der Statistischen Thermodynamik hergeleitet. Ebenso wurden im vorstehenden Abschnitt 15.18 die statistischen Grundlagen der linearen irreversiblen Thermodynamik erläutert, die ebenfalls eine phänomenologische Theorie ist (siehe Tabelle am Beginn des Kapitels 1 [25+)]). Dabei bezieht sich die Bezeichnung „linear" auf den linearisierten Zusammenhang (15.18.6) zwischen den „Kräften" $\bar{Y}_j$ und den zugehörigen „Flüssen" $d\bar{y}_j/dt$. In beiden Fällen – der Thermostatik und der linearen irreversiblen Thermodynamik – gibt es statistische Begründungen der phänomenologischen Theorien. In der ersten Hälfte der sechziger Jahre wurden weitere phänomenologische Theorien irreversibler Prozesse erarbeitet, deren statistische Grundlagen wenig entwickelt und weitgehend überhaupt unbekannt sind (dies ist der dritte Kasten der linken unteren Ecke der Tabelle am Anfang des 1. Kapitels). Wir erleben hier den analogen Vorgang zur geschichtlichen Entwicklung der Thermostatik, die anfänglich ebenfalls auf phänomenologischer Grundlage entwickelt wurde. Will man nun einen Eindruck auch von den neueren phänomenologischen Theorien vermitteln, so müssen wir in diesem letzten Abschnitt des Buches das wohl bewährte Konzept verlassen, die phänomenologischen Theorien aus statistischen Grundlagen zu entwickeln.

Lineare irreversible Thermodynamik. Da die Thermostatik in den Kapiteln 4 und 5 ausführlich behandelt wurde, wenden wir uns sogleich der linearen irreversiblen Thermodynamik zu, die auch kurz als TIP (Thermodynamik der irreversiblen Prozesse) bezeichnet wird. Obgleich wir uns in den Anwendungen auf die linearisierten Gleichung (15.18.6) und damit auf die Casimir-Onsagerschen Reziprozitätsbeziehungen (15.18.22) und (15.18.23) beschränken werden, lassen sich einige grundlegende Bemerkungen zur Erweiterung dieser Reziprozitätsbeziehungen auf die nichtlinearen Gleichungen (15.18.5) für den magnetfeldfreien Fall leicht machen.

25+) Eine phänomenologische Einführung in die Thermodynamik der irreversiblen Prozesse findet man z.B. bei J.U. Keller in M. Päsler: Phänomenologische Thermodynamik, de Gruyter Verlag, Berlin–New York (1975).

Die makroskopischen Variablen $(y_1, y_2, \ldots, y_n)$ und die aus ihnen gemäß (15.18.5) abgeleiteten Größen Y_i, $i = 1, 2, \ldots, n$, sind völlig willkürlich gewählt worden. Daher lassen sich auch anstelle der y_i neue Variable

$$\hat{y}_i = \sum_{k=1}^{n} A_{ik} y_k, \quad i = 1, \ldots, n \tag{15.19.1}$$

einführen. Die Entropie (15.18.3) ist dann eine Funktion dieser neuen Variablen

$$S = S(\hat{y}_1, \ldots, \hat{y}_n). \tag{15.19.2}$$

Daraus ergibt sich mit der Kettenregel

$$\frac{\partial S}{\partial y_i} = \sum_j \frac{\partial S}{\partial \hat{y}_j} A_{ji}, \tag{15.19.3}$$

wobei vorausgesetzt wurde, daß die Transformationskoeffizienten A_{ik} in (15.19.1) nicht von den y_k abhängen, d.h. (15.19.1) stellt eine lineare Transformation der y_k in die $\hat{y}_i$ dar. Mit der Definition

$$\hat{Y}_j \equiv \frac{\partial S}{\partial \hat{y}_j} \tag{15.19.4}$$

und mit (15.18.5) wird aus (15.19.3)

$$Y_i = \sum_j A_{ji} \hat{Y}_j. \tag{15.19.5}$$

Die lineare Transformation (15.19.1) muß eine Inverse besitzen, da sonst aus den neuen Variablen $\hat{y}_i$ nicht auf die alten y_k zurücktransformiert werden könnte. Für die inverse Transformation A_{ji}^{-1} ergibt sich aus (15.19.1)

$$\sum_{i=1}^{n} A_{ji}^{-1} \hat{y}_i = \sum_{i,k=1}^{n} A_{ji}^{-1} A_{ik} y_k. \tag{15.19.6}$$

Da die Inverse auf die y_j zurückführt, gilt

$$\sum_{i=1}^{n} A_{ji}^{-1} A_{ik} = \delta_{jk} = \begin{matrix} 1, j = k, \\ 0, j \neq k, \end{matrix} \tag{15.19.7}$$

denn damit wird aus (15.19.6)

$$\sum_{i=1}^{n} A_{ji}^{-1} \hat{y}_i = \sum_{k=1}^{n} \delta_{jk} y_k = y_j. \tag{15.19.8}$$

Aus (15.19.5) und (15.19.8) ist ersichtlich, daß die Transformation von den $\hat{Y}_j$ auf Y_i durch die A_{ji}, von den $\hat{y}_j$ auf y_i durch A_{ij}^{-1} vermittelt wird. Diese beiden Transformationen werden *zueinander kontragredient* genannt. Werden also die unabhängigen Variablen y_j transformiert, so transformieren sich die gemäß (15.18.5) konjugierten Größen Y_j kontragredient zu den y_j.

Um zukünftig die Indizes zu sparen, wollen wir die wesentlich übersichtlichere Matrixschreibweise benutzen. In ihr werden die n Gleichungen (15.19.1) durch

$$\begin{pmatrix} \hat{y}_1 \\ \hat{y}_2 \\ \cdot \\ \cdot \\ \cdot \\ \hat{y}_i \\ \cdot \\ \cdot \\ \cdot \\ \cdot \\ \hat{y}_n \end{pmatrix} = \begin{pmatrix} A_{11} & A_{12} & \cdot\cdot\cdot\cdot & A_{1n} \\ A_{12} & A_{22} & \cdot\cdot\cdot\cdot & A_{2n} \\ \cdot & \cdot & & \\ \cdot & & & \\ \cdot & & & \\ A_{i1} & ! & \cdot\cdot\cdot\cdot & A_{in} \\ \cdot & & & \cdot \\ \cdot & & & \cdot \\ \cdot & & & \cdot \\ \cdot & & & \cdot \\ A_{in} & \cdot & \cdot\cdot\cdot\cdot & \cdot \end{pmatrix} \begin{pmatrix} y_1 \\ y_2 \\ \cdot \\ \cdot \\ \cdot \\ y_i \\ \cdot \\ \cdot \\ \cdot \\ \cdot \\ y_n \end{pmatrix} \tag{15.19.9}$$

dargestellt. Die in (15.9.1) ausgeschriebene Gleichung ist in diesem Schema die i-te Zeile, wobei die Regeln der Matrizenmultiplikation zu beachten sind [26+)]. Das Schema (15.19.9) ist natürlich zu umfangreich, um es stets auszuschreiben. Daher führt man für die Spalten links und ganz rechts in (15.19.9) die Symbole $\hat{y}$ und y ein. Das Schema der (A_{ik}) in der Mitte wird als Matrix bezeichnet und durch A abgekürzt. Somit ergibt sich für (15.19.9)

$$\hat{y} = Ay \tag{15.19.10}$$

Diese Matrizengleichung ist eine Zusammenfassung der n Gleichungen (15.19.1), die keine Indizes enthält und daher außerordentlich übersichtlich ist. Genau so wird aus (15.19.5)

$$Y = \tilde{A}\,\hat{Y} \tag{15.19.11}$$

Dabei ist $\tilde{A}$ die zu A gestürzte Matrix (beachte die Reihenfolge der Indizes in (15.19.5) gegenüber (15.19.1)]

$$\tilde{A} \equiv \begin{pmatrix} A_{11} & A_{21} & \cdot\cdot\cdot\cdot & A_{n1} \\ A_{12} & A_{22} & \cdot\cdot\cdot\cdot & A_{n2} \\ \cdot & & & \cdot \\ \cdot & & & \cdot \\ \cdot & & & \cdot \\ A_{1n} & \cdot\cdot\cdot & \cdot\cdot\cdot\cdot & A_{nn} \end{pmatrix} \tag{15.19.12}$$

Aus (15.19.7) wird in Matrixschreibweise

$$A^{-1} A = E, \tag{15.19.13}$$

dabei ist E die Einheitsmatrix

26+) Eine 2-2-Matrix wird mit einer Spalte wie folgt multipliziert:

$$\begin{pmatrix} a_{11} & a_{12} \\ a_{21} & a_{22} \end{pmatrix} \begin{pmatrix} z_1 \\ z_2 \end{pmatrix} = \begin{pmatrix} a_{11} z_1 + a_{12} z_2 \\ a_{21} z_1 + a_{22} z_2 \end{pmatrix}$$

$$E \equiv \begin{pmatrix} 1 & 0 & 0 & . & . & . & . & 0 \\ 0 & 1 & 0 & . & . & . & . & 0 \\ 0 & 0 & 1 & . & . & . & . & 0 \\ . & & & & & & & . \\ . & & & & & & & . \\ . & & & & & & & . \\ 0 & . & . & . & . & . & . & 1 \end{pmatrix} \tag{15.19.14}$$

Wird (15.19.10) nach y aufgelöst, so ergibt sich

$$y = A^{-1}\,\hat{y} \tag{15.19.16}$$

Wird nun A^{-1} als B bezeichnet, $A^{-1} \equiv B$, so erhält man aus (15.19.11) und (15.19.16)

$$y = B\hat{y} \tag{15.19.17}$$

$$Y = \widetilde{B^{-1}}\,\hat{Y} \tag{15.19.18}$$

Transformieren sich also die Variablen $\hat{y}$ mit B, so transformieren sich die zu $\hat{y}$ konjugierten Größen $\hat{Y}$ kontragredient mit $\widetilde{B^{-1}}$.

Wir müssen nun den für die TIP zentralen Begriff der *Entropieerzeugung* einführen. Dazu betrachten wir die Entropie (15.18.3), die dort als Funktion der schnell schwankenden makroskopischen Parameter y angegeben war, als Funktion der Ensemblemittelwerte $\bar{y}$

$$\bar{S} = S(\bar{y}) \tag{15.19.19}$$

und bilden ihre Zeitableitung

▶ $$\dot{\bar{S}} = \sum_k \bar{Y}_k\,\dot{\bar{y}}_k \equiv \bar{Y} \cdot \dot{\bar{y}} \tag{15.19.20}$$

Die phänomenologische Gleichung (15.18.5) wird in Matrixschreibweise

$$\dot{\bar{y}} = f(\bar{Y}) \tag{15.19.21}$$

Werden nun für die „Kräfte" und „Flüsse" neue, in der TIP üblichen Bezeichnungen eingeführt

$$X \equiv \bar{Y}, \quad J \equiv \dot{\bar{y}}, \tag{15.19.22}$$

so wird aus (15.19.20) mit (15.19.21)

▶ $$\dot{\bar{S}} = J \cdot X = X \cdot f(X) \tag{15.19.23}$$

Werden die linearisierten phänomenologischen Gleichungen (15.18.6) benutzt, so ergibt sich

▶ $$\dot{\bar{S}} = X \cdot \alpha X \tag{15.19.24}$$

Dies ist eine quadratische Form in den Kräften X, α ist die phänomenologische

Matrix, die im magnetfeldfreien Fall die Onsagerschen Reziprozitätsbeziehungen (15.18.21) erfüllt

$$\alpha = \tilde{\alpha}^{\dagger} \tag{15.19.25}$$

Hier bezieht sich das Kreuz auf gegen Bewegungsumkehr ungerade Parameter [siehe (15.18.19)]. Dabei muß man wohl zwischen Zeitumkehr und Bewegungsumkehr unterscheiden. So heißt die Transformation des Arguments von α

$$(t, \boldsymbol{B}) \to (-t, \boldsymbol{B}) \tag{15.19.26}$$

Zeitumkehr, während

$$(t, \boldsymbol{B}) \to (-t, -\boldsymbol{B}) \tag{15.19.27}$$

Bewegungsumkehr genannt wird. Das † bedeutet gemäß (15.18.19)

$$(t, \boldsymbol{B})^{\dagger} = (t, -\boldsymbol{B}) \tag{15.19.28}$$

Daher bedeutet gemäß (15.18.22) und (15.18.23) die Gleichung (15.19.25):

Sind y_i und y_j beide gerade oder beide ungerade gegen Bewegungsumkehr, so gilt

$$\alpha_{ij}(\boldsymbol{B}) = \tilde{\alpha}_{ij}(-\boldsymbol{B}) = \alpha_{ji}(-\boldsymbol{B}) \tag{15.19.29}$$

Ist eines der beiden y_i oder y_j gerade, das andere ungerade gegen Bewegungsumkehr, so gilt

$$\alpha_{ij}(\boldsymbol{B}) = -\tilde{\alpha}_{ij}(-\boldsymbol{B}) = -\alpha_{ji}(-\boldsymbol{B}) \tag{15.19.30}$$

Hierbei wurde wie schon im Abschnitt 15.18 angenommen, daß die Variablen y_j, $j = 1, \ldots, n$, entweder gerade oder ungerade gegen Bewegungsumkehr sind. Hat man also zunächst andere Variable gewählt, so muß man diese in ihre gegen Bewegungsumkehr geraden und ungeraden Anteile zerlegen und diese Anteile als Variable wählen.

In der Nähe des Gleichgewichts ist die Differenz $S(y) - S(y)$ gemäß (15.18.3) eine quadratische Form in den Abweichungen der Variablen $\boldsymbol{y}$ von ihren Gleichgewichtswerten $\tilde{\boldsymbol{y}}$ (dabei liegt ein festes $\boldsymbol{B}$ vor).

$$S(\boldsymbol{y}) - S(\tilde{\boldsymbol{y}}) = \tfrac{1}{2}(\boldsymbol{y} - \tilde{\boldsymbol{y}}) \cdot C(\boldsymbol{y} - \tilde{\boldsymbol{y}}) \tag{15.19.31}$$

Dabei ist C eine symmetrische Matrix, $C = \tilde{C}$, deren Komponenten C_{ik} gemäß (15.18.4) Zahlen, nämlich die Entwicklungskoeffizienten sind. Ohne Beschränkung der Allgemeinheit lassen sich die Variablen so wählen, daß $\tilde{\boldsymbol{y}} = \boldsymbol{0}$ ist. Dann wird aus (15.19.31)

$$S(\boldsymbol{y}) - S(\boldsymbol{o}) = \tfrac{1}{2}\, \boldsymbol{y} \cdot C\boldsymbol{y} \tag{15.19.32}$$

Nun sei y_k eine gegen Bewegungsumkehr gerade, y_i eine dagegen ungerade Variable. Wir betrachten folgenden Zustand

$$\check{y} = \{ 0, 0, \ldots, y_k, .0., y_i, \ldots, 0, 0 \} \qquad (15.19.33)$$

Dann wird aus (15.19.32) wegen der Symmetrie von C

$$S(\check{y}) - S(o) = C_{ik}\, y_i\, y_k \qquad (15.19.34)$$

In (15.18.3) wurde die Entropie um den Gleichgewichtszustand entwickelt, in dem sie maximal wird. Daher gilt für alle Zustände, die dem Gleichgewicht hinreichend nahe sind, d.h. für alle Zustände, für die (15.19.32) eine hinreichende Näherung darstellt

$$S(\check{y}) - S(o) \leqslant 0 \qquad (15.19.35)$$

Somit gilt für hinreichend kleine y_k und y_i gemäß (15.19.34) auch

$$C_{ik}\, y_i\, y_k \leqslant 0 \qquad (15.19.36)$$

Der zu $\check{y}$ gekehrte Zustand $\hat{y}$ ist

$$\hat{y} = (0,0, \ldots, y_k, \ldots, -y_i, \ldots, 0, 0) \qquad (15.19.37)$$

Es gilt analog zu (15.19.36)

$$S(\hat{y}) - S(o) = -C_{ik}\, y_i\, y_k \leqslant 0 \qquad (15.19.38)$$

Dies läßt sich mit (15.19.36) nur dann vereinbaren, wenn

$$C_{ik} = 0 \qquad (15.19.39)$$

gilt. Somit ist gezeigt worden, daß alle die C_{ik} verschwinden, deren einer Index zu einer gegen Bewegungsumkehr geraden Variablen, der andere Index zu einer ungeraden Variablen gehört. Wegen (15.19.32) kommen somit „gemischte" Glieder in $S(y)$ nicht vor, d.h. *$S(y)$ ist gerade gegen Bewegungsumkehr.*

Gemäß (15.18.5) gilt dann die Aussage: *Ist y_i (un)gerade gegen Bewegungsumkehr, so ist Y_i auch (un)gerade.* Die Symmetrieeigenschaft von $\boldsymbol{Y}$ überträgt sich auf $\bar{\boldsymbol{Y}}$ und und gemäß (15.19.22) auf $\boldsymbol{X}$. Führt man nun Vorzeichen

$$\lambda_j = \pm 1 \qquad (15.19.40)$$

mit der sie definierenden Eigenschaft

$$X_j(t, \boldsymbol{B}) = \lambda_j X_j(-t, -\boldsymbol{B}) \qquad (15.19.41)$$

ein, so lassen sich (15.19.29) und (15.19.30) gemeinsam schreiben

$$▶ \quad \alpha_{ij}(\boldsymbol{B}) = \lambda_i \lambda_j\, \alpha_{ji}(-\boldsymbol{B}) \qquad (15.19.42)$$

Das sind die **C**asimir-**O**nsagerschen **R**eziprozitätsbeziehungen (CORB). Mit der Diagonalmatrix

$$\Lambda \equiv \begin{pmatrix} \lambda_1 & 0 & \cdot & \cdot & \cdot & 0 \\ 0 & \lambda_2 & \cdot & \cdot & \cdot & 0 \\ \cdot & & & & & \cdot \\ \cdot & & & & & \cdot \\ \cdot & & & & & \cdot \\ 0 & \cdot & \cdot & \cdot & \cdot & \lambda_n \end{pmatrix} \tag{15.19.43}$$

wird aus (15.19.41)

$$\blacktriangleright \quad \boldsymbol{X}(t, \boldsymbol{B}) = \Lambda \boldsymbol{X}(-t, -\boldsymbol{B}) \tag{15.19.44}$$

und aus (15.19.42)

$$\blacktriangleright \quad \alpha(\boldsymbol{B}) = \Lambda \tilde{\alpha}(-\boldsymbol{B})\Lambda \tag{15.19.45}$$

Aus (15.19.32) ergibt sich für die Ensemblemittelwerte $\bar{\mathfrak{y}}$

$$S(\bar{\mathfrak{y}}) - S(o) = \tfrac{1}{2}\,\bar{\mathfrak{y}} \cdot C\bar{\mathfrak{y}} \leqslant 0 \tag{15.19.46}$$

Dabei wurde (15.19.35) berücksichtigt. Die zeitliche Ableitung ist

$$\dot{S}(\bar{\mathfrak{y}}) \equiv \dot{\bar{S}} = \dot{\bar{\mathfrak{y}}} \cdot C\bar{\mathfrak{y}} = \boldsymbol{J} \cdot \boldsymbol{X}, \tag{15.19.47}$$

wobei (15.19.19), (15.19.23) und die Symmetrie von C verwendet wurden.

Es wird nun eine Annahme über die zeitliche Änderung $\dot{\bar{S}}$ der Entropie gemacht. Das abgeschlossene System (siehe z.B. Abb. 15.18.1) strebt irgendwie seinem Gleichgewicht zu, das durch $\bar{\mathfrak{y}} = \boldsymbol{o}$ gekennzeichnet ist. Dabei muß gemäß (15.19.46) die Entropie anwachsen. Dieses Anwachsen muß aber im allgemeinen nicht in jedem Zeitpunkt vorliegen. Die von der TIP beschriebenen Systeme sollen nun alle – und das ist eine Einschränkung ihres Gültigkeitsbereiches – sich so ihrem Gleichgewicht nähern, daß stets

$$\dot{\bar{S}} = \boldsymbol{J} \cdot \boldsymbol{X} \geqslant 0 \tag{15.19.48}$$

zu allen Zeiten gilt, d.h. die Entropieproduktion soll nicht negativ sein. Diese Aussage ist im Rahmen der TIP das Analogon zum zweiten Hauptsatz.

Der hier angegebene Weg stellt keineswegs eine Herleitung der Grundgleichungen der TIP dar. So ist z.B. der in (12.4.1) eingeführte Wärmestrom keine Zeitableitung irgendeiner Zustandsvariablen. Außerdem wurde von den Bilanzgleichungen der Kontinuumsphysik kein Gebrauch gemacht, weil diese außerhalb des Rahmens dieses Buches liegen. Daher ist der hier eingeschlagene Weg als eine Plausibilitätserklärung für die Grundgleichungen der TIP zu verstehen, die nun noch einmal zusammengestellt werden und die für uns als Axiome anzusehen sind.

1. Es gibt thermodynamische Kräfte $\boldsymbol{X}$ und Flüsse $\boldsymbol{J}$, deren Skalarprodukt die nicht negative Entropieproduktion σ ist:

$$\sigma = \boldsymbol{J} \cdot \boldsymbol{X} \geqslant 0 \tag{15.19.49}$$

2. Die Flüsse sind zu jedem Zeitpunkt Funktionen der Kräfte

$$\boldsymbol{J} = f(\boldsymbol{X}) \tag{15.19.50}$$

Diese Beziehungen sind materialabhängig. Sie heißen phänomenologische Gleichungen.

3. Für die phänomenologische Matrix α der linearisierten phänomenologischen Gleichungen gelten die CORB.

$$\alpha(\boldsymbol{B}) = \Lambda\alpha(-\boldsymbol{B})\Lambda \tag{15.19.51}$$

wobei Λ durch

$$\boldsymbol{X}(t, \boldsymbol{B}) = \Lambda\boldsymbol{X}(-t, -\boldsymbol{B}) \tag{15.19.52}$$

gegeben ist.

Beispiel: Wärmeleitung. Gemäß (12.4.2) gilt für die Wärmestromdichte

$$\boldsymbol{W} = -(\kappa)\,\mathrm{grad}\, T \tag{15.19.53}$$

Dabei ist $\boldsymbol{W}$ der thermodynamische Fluß und -grad T [27+)] die zugehörige Kraft. (κ) ist der Tensor der Wärmeleitfähigkeit, der der phänomenologischen Matrix entspricht. (15.19.53) ist eine lineare phänomenologische Gleichung, der bekannte Fouriersche Ansatz für die Wärmeleitung. Da grad T invariant gegen Zeitumkehr ist, gilt

$$\Lambda = E, \tag{15.19.54}$$

so daß sich für fehlendes Magnetfeld aus (15.19.51) die Symmetrie für κ ergibt

$$\kappa = \tilde{\kappa}. \tag{15.19.55}$$

Die Entropieproduktion ist gemäß (15.19.49)

$$\sigma = -\boldsymbol{W}\cdot\mathrm{grad}\, T \geqslant 0 \tag{15.19.56}$$

Dies entspricht der Erfahrung, daß die Richtung der Wärmestromdichte mit der negativen Richtung des Temperaturgradienten in anisotropen Materialien stets einen spitzen Winkel einschließt.

Beispiel: Thermomechanischer Effekt. Zwei große verschieden temperierte mit einem Gas gefüllte Behälter stehen unter verschiedenen Druck und sind durch ein dünnes Rohr miteinander verbunden (siehe Abb. 15.19.1). Durch dieses Rohr wird infolge der Druckdifferenz Δp pro Zeiteinheit die Masse I transportiert und infolge der Temperaturdifferenz ΔT die Wärmemenge I_Q. Beide Transporterscheinungen sind miteinander gekoppelt. Daher sind die li-

27+) grad T ist der Vektor mit den kartesischen Koordinaten $\partial T/\partial x$, $\partial T/\partial y$, $\partial T/\partial z$.

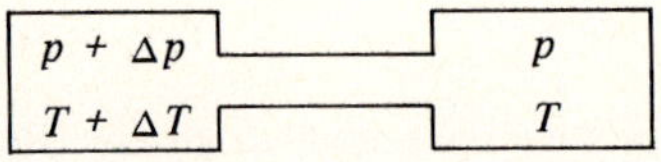

Abb. 15.19.1 Ein diskontinuierliches System aus zwei Behältern, die verschieden temperiert sind, unter verschiedenem Druck stehen und durch ein dünnes Rohr miteinander verbunden sind.

nearen phänomenologischen Gleichungen zwischen den Kräften Δp, ΔT und den Flüssen I, I_Q:

$$I = a_{11}\,\Delta p + a_{12}\,\Delta T \tag{15.19.57}$$

$$I_Q = a_{21}\,\Delta p + a_{22}\,\Delta T \tag{15.19.58}$$

oder in Matrixschreibweise

$$\begin{pmatrix} I \\ I_Q \end{pmatrix} = \begin{pmatrix} a_{11} & a_{12} \\ a_{21} & a_{22} \end{pmatrix} \begin{pmatrix} \Delta p \\ \Delta T \end{pmatrix} \tag{15.19.59}$$

Die Entropieproduktion dieses irreversiblen Vorgangs ist

$$\sigma = I\,\Delta p + I_Q\,\Delta T \tag{15.19.60}$$

Ist $\Delta p = 0$ und $\Delta T \neq 0$, so gilt

$$I = a_{12}\,\Delta T \tag{15.19.61}$$
$$I_Q = a_{22}\,\Delta T \tag{15.19.62}$$

Obgleich keine Druckdifferenz vorliegt, findet ein Materietransport durch die Verbindung der beiden Behälter statt. Diese Erscheinung wird als *thermomechanischer Effekt* bezeichnet. I_Q gehört zur üblichen *Wärmeleitung.*

Ist $\Delta T = 0$ und $\Delta p \neq 0$, so gilt

$$I = a_{11}\,\Delta p \tag{15.19.63}$$
$$I_Q = a_{12}\,\Delta p \tag{15.19.64}$$

Obgleich keine Temperaturdifferenz vorliegt, findet ein Wärmetransport durch die Verbindung der beiden Behälter statt. Diese Erscheinung wird als *mechanokalorischer Effekt* bezeichnet. I gehört zur üblichen *Kapillarströmung.* Die Koeffizienten werden wie folgt bezeichnet:

a_{11}: Permeabilität,
a_{12}: thermomechanische Permeabilität,
a_{21}: mechanokalorische Wärmeleitfähigkeit,
a_{22}: Wärmeleitfähigkeit.

Da Δp und ΔT invariant gegen Zeitumkehr sind, gilt für den magnetfeldfreien Fall

$$a_{12} = a_{21} \tag{15.19.65}$$

Gemäß (15.19.61) und (15.19.64) stellen die Onsagerschen Reziprozitätsbeziehungen folgenden Zusammenhang her

$$\frac{I(\Delta p = 0)}{\Delta T} = \frac{I_Q(\Delta T = 0)}{\Delta p} \qquad (15.19.66)$$

Daher ist der thermomechanische Effekt mit dem mechanokalorischen verknüpft: Die mit diesen Effekten verbundenen Materie- und Wärmetransporte verschwinden nur zusammen oder sind beide ungleich null.

Klassifizierung: Effekt und Umkehreffekt. Der Umkehreffekt zum thermomechanischen Effekt ist der mechanokalorische und umgekehrt. Dazu folgendes Schema:

$\Delta p \rightarrow I_Q$ mechanokalorischer Effekt
$\updownarrow \quad \updownarrow$
$I \leftarrow \Delta T$ thermomechanischer Effekt

oder allgemein

Kraft I → Fluß II Effekt
$\updownarrow \quad \updownarrow$
Fluß I ← Kraft II Umkehreffekt

Beispiel: Thermoelektrische Effekte. Es wird ein isotropes Medium betrachtet, in dem Wärme- und Elektrizitätsleitung stattfindet. Die elektrische Feldstärke -grad φ treibt den elektrischen Strom $\boldsymbol{i}$, der Temperaturgradient grad $(1/T)$ den Wärmestrom $\boldsymbol{W}$. Beide Phänomene sind miteinander gekoppelt, so daß sich die folgenden phänomenologischen Gleichungen ergeben

$$\boldsymbol{W} = \lambda \operatorname{grad}(1/T) - \frac{a}{T} \operatorname{grad} \varphi \qquad (15.19.67)$$

$$\boldsymbol{i} = \beta \operatorname{grad}(1/T) - \frac{\gamma}{T} \operatorname{grad} \varphi \qquad (15.19.68)$$

Das Produkt aus Flüssen und Kräften ist gleich der Entropieproduktion

$$\sigma = \boldsymbol{W} \cdot \operatorname{grad}(1/T) - \frac{\boldsymbol{i}}{T} \operatorname{grad} \varphi \qquad (15.19.69)$$

Aus der Entropieproduktion lassen sich umgekehrt die Flüsse und Kräfte ablesen, die in den phänomenologischen Gleichungen (15.19.67) und (15.19.68) vorkommen.

Die CORB (15.19.51) sind hier wegen fehlenden Magnetfeldes und wegen der gegen Zeitinversion geraden Kräfte einfach durch

$$a = \beta \qquad (15.19.70)$$

gegeben.

Es wird nun die folgende Meßanordnung betrachtet (siehe Abb. 15.19.2): Die beiden Lötstellen zwischen den Leitern A und B, die aus verschiedenen Material sind, werden auf unterschiedliche Temperaturen T_1 und T_2 gebracht. Ein hochohmiges Spannungsmeßgerät unterbindet den Strom in der Leiterschleife AB. Es zeigt eine Spannung $\Delta\varphi$ an. Dieser Effekt wird nach

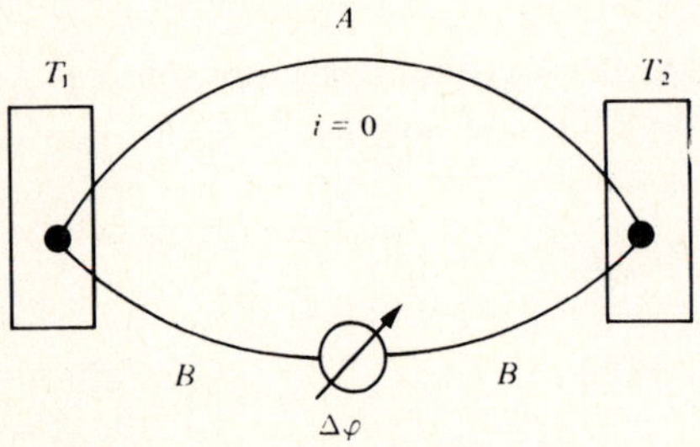

Abb. 15.19.2 Bringt man die beiden Lötstellen zwischen zwei verschiedenartigen Leitern A und B auf unterschiedliche Temperaturen $T_1 \neq T_2$, so entsteht bei verschwindendem Strom in der Leiterschleife eine Spannung $\Delta\varphi$ (Seebeck-Effekt).

Seebeck benannt. Er läßt sich mit den linearen phänomenologischen Gleichungen (15.19.67) und (15.19.68) wie folgt beschreiben:

Mit $\boldsymbol{i} = \boldsymbol{0}$ wird aus (15.19.68)

$$\text{grad}\ \frac{1}{T} = \frac{\gamma}{\beta T}\ \text{grad}\ \varphi \tag{15.19.71}$$

Da das betrachtete System ein diskontinuierliches, eindimensionales ist, geht die allein interessierende x-Komponente von (15.19.71)

$$-\frac{1}{T^2}\frac{dT}{dx} = \frac{\gamma}{\beta T}\frac{d\varphi}{dx} \tag{15.19.72}$$

in die Beziehung

$$\frac{\Delta\varphi}{\Delta T} = -\frac{\beta}{\gamma T} \tag{15.19.73}$$

über.

Der Quotient aus der Spannung und der Temperaturdifferenz wird *Thermokraft* genannt. Ihre Größe hängt von den phänomenologischen Koeffizienten β und γ ab.

Aus (15.19.67) folgt mit (15.19.71)

$$\boldsymbol{W} = \left(\lambda - \frac{\alpha\beta}{\gamma}\right)\text{grad}\ \frac{1}{T} \tag{15.19.74}$$

oder für diskontinuierliche Systeme

$$W = -\left(\lambda - \frac{\alpha\beta}{\gamma}\right)\frac{\Delta T}{T^2} \tag{15.19.75}$$

Dabei ist W die Wärmemenge, die der einen Lötstelle zugeführt und der andren entzogen werden muß, um die Temperaturdifferenz zwischen beiden Lötstellen konstant zu halten, d.h. zwischen den Lötstellen findet ein Wärmetransport statt. Die Koeffizienten λ, a, β und γ haben im kontinuierlichen und im diskontinuierlichen System unterschiedliche Bedeutung und somit auch verschiedene Werte. Der Einfachheit halber wurden in (15.19.75) keine neuen Bezeichnungen eingeführt.

Man beachte, daß die Wärmeleitfähigkeit $\lambda - \frac{a\beta}{\gamma}$ in (15.19.74) von λ, der reinen Wärmeleitung für grad $\varphi = \mathbf{0}$, verschieden ist. Die Richtung des Wärmeübergangs läßt sich aus der Entropieproduktion (15.19.69) ermitteln. Mit (15.19.74) ergibt sich

$$\sigma = \left(\lambda - \frac{a\beta}{\gamma}\right)\left(\text{grad } \frac{1}{T}\right)^2 \geqslant 0 \tag{15.19.76}$$

Daraus folgt

$$\lambda - \frac{a\beta}{\gamma} \geqslant 0 \tag{15.19.77}$$

Somit geht gemäß (15.19.75) die Wärme von der Lötstelle mit der höheren Temperatur auf die mit der niederen Temperatur über.

Die Versuchsbedingungen zum Seebeck-Effekt sind so gewählt, daß die Temperaturdifferenz zwischen den Lötstellen und der in der Leiterschleife fließende Strom fest vorgegeben sind ($\Delta T \neq 0$, fest; $\boldsymbol{i} = \mathbf{0}$). Nun werden die Versuchsbedingungen so eingerichtet, daß gilt: $\Delta T = 0$; $\boldsymbol{i} = \boldsymbol{i}_0$, fest (siehe Abb. 15.19.3). Eine variable Spannungsquelle wird so eingestellt, daß in der

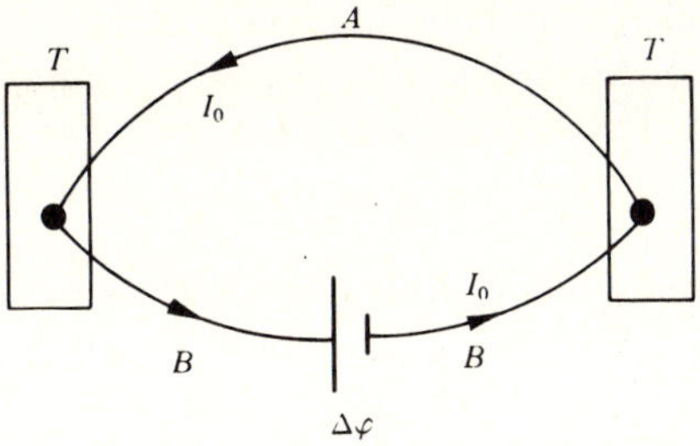

Abb. 15.19.3 Schickt man durch eine Leiterschleife, – wie skizziert – die aus zwei verschiedenartigen Leitern A und B besteht, einen Strom, so entsteht ein Wärmetransport zwischen den beiden gleichtemperierten Lötstellen (Peltier-Effekt).

Leiterschleife der Strom $I_0 = \int_{\mathfrak{F}} \boldsymbol{i}_0 \cdot d\boldsymbol{f}$ fließt, wobei $\mathfrak{F}$ die Querschnittsfläche der fadenförmigen Leiter ist. Die phänomenologischen Gleichungen (15.19.67) und (15.19.68) werden für die gewählten Versuchsbedingungen

$$\boldsymbol{W} = -\frac{a}{T} \text{ grad}\,\varphi \tag{15.19.78}$$

$$\boldsymbol{i}_o = -\frac{\gamma}{T} \text{ grad}\,\varphi \tag{15.19.79}$$

Für diskontinuierliche Systeme wird daraus unter Beibehaltung der alten Bezeichnungen für die neuen Koeffizienten

$$W = -\frac{a}{T}\,\Delta\varphi \qquad (15.19.80)$$

$$I_0 = -\frac{\gamma}{T}\,\Delta\varphi \qquad (15.19.81)$$

Der Quotient

$$\frac{W}{I_0} = \frac{a}{\gamma} \qquad (15.19.82)$$

heißt Peltier-*Wärme*. Er ist proportional der Wärmemenge W, die durch den Strom I_0 transportiert wird, obgleich beide Lötstellen gleichtemperiert sind. Dieser Effekt wird Peltier-Effekt genannt.

Wegen der Onsagerschen Reziprozitätsbeziehungen (15.19.70) hängt die Peltier-Wärme (15.19.82) mit der Thermokraft (15.19.73) folgendermaßen zusammen:

$$\blacktriangleright \quad \frac{W}{I_0} = -\frac{1}{T}\,\frac{\Delta\varphi}{\Delta T} \qquad (15.19.83)$$

Diese Beziehung wird nach Thomson benannt. Da Thermokraft und Peltier-Wärme Meßgrößen sind, kann die Thomson-Beziehung (15.19.83) zur experimentellen Nachprüfung der Onsagerschen Reziprozitätsbeziehungen benutzt werden.

Beispiel: Galvano- und thermomagnetische Effekte. Für die bisher behandelten Beispiele war ein äußeres Magnetfeld $\boldsymbol{B}$ ohne Belang. Für die nun zu besprechenden Effekte ist ein äußeres Magnetfeld wesentlich. Es wird ein isotroper, homogener Leiter in einem äußeren homogenen Magnetfeld betrachtet (siehe Abb. 15.19.4). Die Probe im Magnetfeld sei länglich und plattenförmig. In ihr kann Elektrizitäts- und Wärmeleitung stattfinden. Daher sind die linearen phänomenologischen Gleichungen dieses Problems

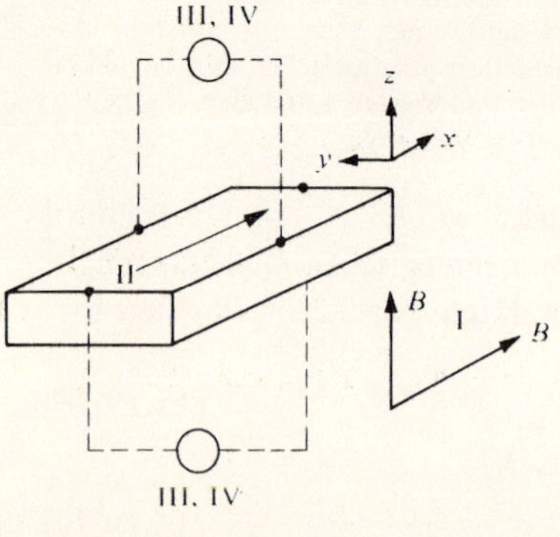

Abb. 15.19.4 Zur Klassifizierung der galvano- und thermomagnetischen Effekte: Eine längliche, plattenförmige Probe, in der Wärme- und Elektrizitätsleitung stattfinden kann, befindet sich in einem äußeren Magnetfeld $\boldsymbol{B}$. Die Effekte lassen sich nach vier Merkmalen klassifizieren: I: Richtung des Magnetfeldes, II: Art des Flusses in der Probe, III: Art der durch den Fluß hervorgerufenen Reaktion, IV: Richtung der Reaktion.

$$\begin{pmatrix} W \\ i \end{pmatrix} = \begin{pmatrix} A & B \\ C & D \end{pmatrix} \begin{pmatrix} \text{grad}\,(1/T) \\ (1/T)E \end{pmatrix} \tag{15.19.84}$$

Dabei ist $\boldsymbol{W}$ die Wärmestromdichte, $\boldsymbol{i}$ die elektrische Stromdichte, T die Temperatur und $\boldsymbol{E}$ die elektrische Feldstärke. Die Form der phänomenologischen Gleichungen läßt sich unmittelbar aus der Entropieproduktion ablesen

$$\sigma = \boldsymbol{W} \cdot \text{grad}\,(1/T) + \frac{1}{T}\boldsymbol{i} \cdot \boldsymbol{E} \tag{15.19.85}$$

Das erste Glied dieser Gleichung ist uns schon aus (15.19.56) und aus (15.19.69) bekannt. Das zweite Glied entspricht dem zweiten in (15.19.69) und stellt die vom Strom erzeugte Joulesche Wärme geteilt durch die Temperatur dar.

Die phänomenologischen Größen A, B, C und D in (15.19.84) sind Matrizen, obgleich das betrachtete Material isotrop ist. Die Anisotropie entsteht durch das äußere homogene Magnetfeld, das dem System eine Vorzugsrichtung aufprägt. Wird der isotrope Leiter um eine Achse gedreht, die parallel zum äußeren Magnetfeld verläuft, so bleibt die Situation unverändert. Liegt die z-Richtung in Richtung des Magnetfeldes, so haben die Matrizen A, B, C und D die folgende Form

$$\begin{pmatrix} a_{11} & a_{12} & 0 \\ -a_{12} & a_{11} & 0 \\ 0 & 0 & a_{33} \end{pmatrix} \tag{15.19.86}$$

Dieses Aussehen der Matrizen kann leicht folgendermaßen ermittelt werden: Wenn eine lineare Vektorfunktion

$$y = Sx \tag{15.19.87}$$

in einem System mit einer Vorzugsrichtung gegeben ist, dann ändert sich nichts durch eine Drehung O um diese Vorzugsrichtung, d.h. gemäß

$$\hat{y} := \mathrm{O}y = \mathrm{O}S\mathrm{O}^{-1}\,\mathrm{O}x =: \hat{S}\hat{x} \tag{15.19.88}$$

gilt

$$S \equiv \hat{S} = \mathrm{O}S\mathrm{O}^{-1} \tag{15.19.89}$$

Nun ist die Drehung um den Winkel φ um die z-Achse durch die Matrix

$$\begin{pmatrix} \cos\varphi & \sin\varphi & 0 \\ -\sin\varphi & \cos\varphi & 0 \\ 0 & 0 & 1 \end{pmatrix} \tag{15.19.90}$$

darstellbar, und es gilt $\mathrm{O}^{-1} = \tilde{\mathrm{O}}$ (nachrechnen!). Wie man sich durch Ausmultiplizieren überzeugen kann, gilt

$$SO = \begin{pmatrix} S_{11}\cos\varphi - S_{12}\sin\varphi & S_{11}\sin\varphi + S_{12}\cos\varphi & S_{13} \\ S_{21}\cos\varphi - S_{22}\sin\varphi & S_{21}\sin\varphi + S_{22}\cos\varphi & S_{23} \\ S_{31}\cos\varphi - S_{32}\sin\varphi & S_{31}\sin\varphi + S_{32}\cos\varphi & S_{33} \end{pmatrix} \quad (15.19.91)$$

und

$$OS = \begin{pmatrix} S_{11}\cos\varphi + S_{21}\sin\varphi & S_{12}\cos\varphi + S_{22}\sin\varphi & S_{13}\cos\varphi + S_{23}\sin\varphi \\ -S_{11}\sin\varphi + S_{21}\cos\varphi & -S_{12}\sin\varphi + S_{22}\cos\varphi & -S_{13}\sin\varphi + S_{23}\cos\varphi \\ S_{31} & S_{32} & S_{33} \end{pmatrix} \quad (15.19.92)$$

Gemäß (15.19.89) folgen aus (15.19.91) und (15.19.92) durch komponentenweisen Vergleich Bedingungen für die S_{ik}:

$$S_{13}\,(1 - \cos\varphi) = S_{23}\sin\varphi \quad (15.19.93)$$

$$S_{23}\,(1 - \cos\varphi) = -S_{13}\sin\varphi \quad (15.19.94)$$

Aus diesen beiden Gleichungen ergibt sich für beliebige φ

$$S_{13}\,(1 - \cos\varphi)^2 = -S_{13}\sin^2\varphi \quad (15.19.95)$$

woraus $S_{13} = 0$ folgt. Daher gilt gemäß (15.19.93) auch $S_{23} = 0$. Völlig analog ergibt sich $S_{31} = 0$ und $S_{32} = 0$.

Ein Vergleich von (15.19.91) mit (15.19.92) zeigt weiter

$$S_{21} = -S_{12}, \quad S_{11} = S_{22} \quad (15.19.95)$$

Damit ist die Form (15.19.86) der Matrizen A, B, C und D (15.19.84) für isotrope Systeme in einem äußeren Magnetfeld in z-Richtung bestätigt worden.

Die phänomenologischen Matrizen A, B, C und D in (15.19.84) hängen gemäß (15.19.51) vom Magnetfeld, aber nicht von den Kräften grad $(1/T)$ und $(1/T)\boldsymbol{E}$ ab:

$$a_{11}(\boldsymbol{B}) = a_{11}(-\boldsymbol{B}), \; a_{33}(\boldsymbol{B}) = a_{33}(-\boldsymbol{B}) \quad (15.19.96)$$

$$a_{12}(\boldsymbol{B}) = a_{21}(-\boldsymbol{B}) = -a_{12}(-\boldsymbol{B}) \quad (15.19.97)$$

Dabei folgt das letzte Gleichheitszeichen aus (15.19.95). Die in (15.19.51) auftretende Matrix Λ ist gleich der Einheitsmatrix, weil die Kräfte gegen Zeitinversion gerade sind. Daher treten in (15.19.96) und (15.19.97) keine zusätzlichen Vorzeichen auf. Gemäß (15.19.96) und (15.19.97) gibt es drei unabhängige phänomenologische Koeffizienten, von denen zwei gerade Funktionen des Magnetfeldes sind. Die gleichen Ausführungen treffen auch auf die Matrix D zu, für die (15.19.96) und (15.19.97) ebenfalls gültig sind.

Anders wirken sich die CORB (15.19.51) für die beiden Matrizen B und C aus. Für sie gilt

$$b_{11}(\boldsymbol{B}) = c_{11}(-\boldsymbol{B}),\ b_{33}(\boldsymbol{B}) = c_{33}(-\boldsymbol{B}) \tag{15.19.98}$$

$$b_{12}(\boldsymbol{B}) = -c_{12}(-\boldsymbol{B}) \tag{15.19.99}$$

Die Versuchsbedingungen werden nun so gewählt, daß sich die auftretenden Effekte leicht klassifizieren lassen (siehe Abb. 15.19.4): Zunächst kann das äußere Magnetfeld $\boldsymbol{B}$ senkrecht zur Platte oder in Richtung der länglichen Platte orientiert sein:

I äußeres Magnetfeld
  a) transversal,
  b) longitudinal.

Zweitens kann der betrachtete Fluß in Richtung der länglichen Platte ein elektrischer Strom oder ein Wärmestrom sein:

II Fluß
  a) elektrischer Strom,
  b) Wärmestrom.

Drittens kann die vom Fluß hervorgerufene Reaktion (Kraft) eine elektrische Potentialdifferenz oder eine Temperaturdifferenz sein:

III Reaktion (Kraft)
  a) Potentialdifferenz,
  b) Temperaturdifferenz.

Viertens kann die auftretende Reaktion verschieden gerichtet sein, nämlich senkrecht zum Fluß oder in Richtung des Flusses:

IV Richtung der Reaktion
  a) transversal zum Fluß
  b) longitudinal zum Fluß.

Nach diesem Schema lassen sich alle auftretenden Prozesse klassifizieren, z.B. ist I a, II b, III b, IV a ein Effekt, bei dem das Magnetfeld transversal zur Probe gerichtet ist, und ein Wärmestrom eine Temperaturdifferenz transversal (quer) zu seiner Richtung erzeugt. Es gibt *keinen* Effekt mit der Kombination I b, IV a, bei dem Feld und Fluß parallel sind, die Reaktion aber senkrecht zum Fluß auftritt. Dies ist leicht wie folgt einzusehen: Sind Feld und Fluß parallel, so tritt keine Lorentzkraft auf, die einen Effekt senkrecht zum Fluß verursachen könnte.

Die Anzahl aller möglichen galvano- und thermomagnetischen Effekte erhält man, wenn man von den 2^4 denkbaren Möglichkeiten, die Merkmale I a bis IV b auszuwählen, die vier nicht auftretenden Effekte I b * * IV a abzieht. Somit gibt es 12 verschiedene Effekte, von denen sechs besondere Bezeichnungen tragen, die nun angeführt werden:

Vier total transversale Effekte (I a, IV a)

I a II a III a IV a	Hall-Effekt
I a II a III b IV a	Ettingshausen-Effekt
I a II b III a IV a	Ettingshausen-Nernst-Effekt
I a II b III b IV a	Righi-Leduc-Effekt

Longitudinale Effekte:

I a II a III b IV b	Nernst-Effekt
I b II a III b IV b	Kelvin-Effekt

Wegen der plattenförmigen Gestalt der Probe liegt hier ein zweidimensionales Problem vor. Für dieses werden die phänomenologischen Gleichungen (15.19.84) unter Berücksichtigung von (15.19.86)

$$\begin{pmatrix} W_x \\ W_y \\ i_x \\ i_y \end{pmatrix} = \begin{pmatrix} a_{11} & a_{12} & b_{11} & b_{12} \\ -a_{12} & a_{11} & -b_{12} & b_{11} \\ c_{11} & c_{12} & d_{11} & d_{12} \\ -c_{12} & c_{11} & -d_{12} & d_{11} \end{pmatrix} \begin{pmatrix} \frac{\partial}{\partial x}\frac{1}{T} \\ \frac{\partial}{\partial y}\frac{1}{T} \\ E_x/T \\ E_y/T \end{pmatrix} \tag{15.19.100}$$

Dabei liegt das Magnetfeld in z-Richtung. Somit gilt (15.19.100) für alle I a-Effekte (siehe Abb. 15.19.4). Für die I b–Effekte, bei denen $\boldsymbol{B}$ in x-Richtung liegt, werden die phänomenologischen Gleichungen

$$\begin{pmatrix} W_x \\ W_y \\ i_x \\ i_y \end{pmatrix} = \begin{pmatrix} a_{11} & 0 & b_{11} & 0 \\ 0 & a_{22} & 0 & b_{22} \\ c_{11} & 0 & d_{11} & 0 \\ 0 & c_{22} & 0 & d_{22} \end{pmatrix} \begin{pmatrix} \frac{\partial}{\partial x}\frac{1}{T} \\ \frac{\partial}{\partial y}\frac{1}{T} \\ E_x/T \\ E_y/T \end{pmatrix} \tag{15.19.101}$$

weil die (15.19.86) entsprechende Matrix die Form

$$\begin{pmatrix} a_{11} & 0 & 0 \\ 0 & a_{22} & a_{23} \\ 0 & -a_{23} & a_{22} \end{pmatrix} \tag{15.19.102}$$

hat. Aus (15.19.100) und (15.19.101) ist durch Abzählen unter Berücksichtigung von (15.19.96) bis (15.19.99) ersichtlich, daß die zwölf Effekte durch die neun unabhängigen Koeffizienten a_{11}, a_{12}, a_{22}, b_{11}, b_{12}, b_{22}, d_{11}, d_{12}, d_{22} darstellbar sind. Zwei der zwölf Effekte sollen nun genauer besprochen werden.

Hall-Effekt (I a II a III a IV a):

Das elektrische Feld wird in x-Richtung fest vorgegeben (E_x/T). Es treibt den II a-Fluß (i_x). Die Komponenten des Temperaturgradienten werden zu null vorgegeben. Im stationären Zustand stellt sich eine zeitunabhängige Querspannung (hervorgerufen durch E_y/T) ein. Daher ist im stationären Zustand $i_y = 0$. Somit wird aus den phänomenologischen Gleichungen (15.19.100) für die I a-Effekte

$$\begin{aligned} W_x &= \frac{b_{11}}{T} E_x + \frac{b_{12}}{T} E_y \\ W_y &= \frac{-b_{12}}{T} E_x + \frac{b_{11}}{T} E_y \\ i_x &= \frac{d_{11}}{T} E_x + \frac{d_{12}}{T} E_y \\ 0 &= \frac{-d_{12}}{T} E_x + \frac{d_{11}}{T} E_y \end{aligned} \qquad (15.19.103)$$

Aus den letzten beiden Gleichungen ergibt sich

$$i_x = \frac{1}{T}\left(\frac{d_{11}^2}{d_{12}} + d_{12}\right) E_y \qquad (15.19.104)$$

Da gemäß (15.19.96) und (15.19.97) d_{11} eine gerade Funktion in $\boldsymbol{B}$ und d_{12} ungerade in $\boldsymbol{B}$ ist, ergibt sich für den Hall-Koeffizienten.

$$\alpha_H \equiv \frac{1}{|\boldsymbol{B}|T}\left(\frac{d_{11}^2}{d_{12}} + d_{12}\right), \qquad (15.19.105)$$

daß er eine ungerade Funktion in $\boldsymbol{B}$ ist. Aus (15.19.104) folgt für den Quotienten aus Hall-Feldstärke und dem treibenden Fluß

$$\frac{E_y}{i_x} = \alpha_H |\boldsymbol{B}| \qquad (15.19.106)$$

Daher wechselt mit der Umkehr des äußeren Magnetfeldes die Hall-Spannung ihr Vorzeichen.

Kelvin-Effekt (I b II a III b IV b):
Das äußere Magnetfeld liegt in x--Richtung (siehe Abb. 15.19.4). Daher treffen die phänomenologischen Gleichungen (15.19.101) zu. Der treibende Fluß ist ein elektrischer Strom i_x, der durch die Feldstärke E_x hervorgerufen wird. In x-Richtung (IV b) entsteht ein Temperaturgradient (III b). Die Temperaturdifferenz und die Spannung in y-Richtung wird zu null gesetzt. Somit wird aus (15.19.101)

$$\begin{aligned} W_x &= a_{11} \frac{\partial}{\partial x} \frac{1}{T} + b_{11} \frac{E_x}{T} \\ W_y &= 0 \\ i_x &= c_{11} \frac{\partial}{\partial x} \frac{1}{T} + d_{11} \frac{E_x}{T} \\ i_y &= 0 \end{aligned} \qquad (15.19.107)$$

Zu Beginn des Versuchs hat sich eine Temperaturdifferenz in x-Richtung noch nicht aufgebaut. Das vorgegebene E_x läßt ein W_x fließen, das ein $\frac{\partial}{\partial x}\frac{1}{T}$ so lange aufbaut, bis im stationären Zustand W_x verschwindet und $\frac{\partial}{\partial x}\frac{1}{T}$ zeitunabhängig wird. Somit gilt für den stationären Zustand

$$E_x = -\frac{a_{11}T}{b_{11}} \frac{\partial}{\partial x} \frac{1}{T} \qquad (15.19.108)$$

und damit folgt

$$i_x = \left(c_{11} - \frac{a_{11}\,d_{11}}{b_{11}}\right) \frac{\partial}{\partial x} \frac{1}{T} \qquad (15.19.109)$$

Gemäß (15.19.96) sind a_{11} und d_{11} gerade Funktionen in $\boldsymbol{B}$. c_{11} und b_{11} sind nach (15.19.98) weder gerade noch ungerade in $\boldsymbol{B}$. Daher ist die sich beim Kelvin-Effekt durch den elektrischen Strom ausbildende longitudinale Temperaturdifferenz weder gerade noch ungerade gegen Magnetfeldumkehr.

Nichtlineare phänomenologische Gleichungen. Für die hier vorgestellten Phänomene der Diffusion, der Wärme- und Elektrizitätsleitung stellen die linearisierten phänomenologischen Gleichungen (15.18.6) eine außerordentlich gut zutreffende Näherung dar. Im Falle von chemischen Reaktionen sind die linearen Näherungen unbrauchbar, und man muß mit den nichtlinearen Gleichungen (15.19.21) arbeiten:

$$\boldsymbol{J} = f(\boldsymbol{X}) \qquad (15.19.110)$$

Gibt es nun auch für die nichtlinearen Gleichungen Beziehungen, die zu den CORB des linearen Falles analog sind? Wir wollen diese Frage genauer stellen. Wird (15.19.110) mit einer Restglieddarstellung um das Gleichgewicht $\boldsymbol{X} = \boldsymbol{0}$ Taylor-entwickelt, so ergibt sich

$$\boldsymbol{J}(\boldsymbol{B}) = \left.\frac{\partial \boldsymbol{J}(\boldsymbol{B})}{\partial \boldsymbol{X}}\right|_{\boldsymbol{X}=\boldsymbol{0}} \cdot \boldsymbol{X} + \left.\frac{\partial^2 \boldsymbol{J}(\boldsymbol{B})}{\partial \boldsymbol{X}\partial \boldsymbol{X}}\right|_{\boldsymbol{X}=\boldsymbol{Y}} : \boldsymbol{X}\boldsymbol{X} \qquad (15.19.111)$$

Dabei ist $\boldsymbol{Y}$ ein Zwischenwert der Kräfte zwischen $\boldsymbol{0}$ und $\boldsymbol{X}$. Wird (15.19.111) in Komponenten ausgeschrieben, so ergibt sich

$$J_i(\boldsymbol{B}) = \sum_k \alpha_{ik}(\boldsymbol{B}) X_k + \sum_{kj} L_{ikj}(\boldsymbol{Y};\, \boldsymbol{B}) X_k X_j \qquad (15.19.112)$$

mit

$$L_{ikj} \equiv \frac{\partial^2 J_i}{\partial X_k \partial X_j} = L_{ijk} \qquad (15.19.113)$$

Für die α_{ik} gelten die üblichen CORB (15.19.51). Gelten ähnliche Beziehungen auch für die $L_{ikj}(\boldsymbol{Y}; \boldsymbol{B})$? Dies kann prinzipiell bejaht werden. Ihre Herleitung geht über den Rahmen dieses Buches hinaus. Deshalb soll hier nur der einfachste Fall gerader Kräfte ($\Lambda = E$) und fehlenden Magnetfeldes ($\boldsymbol{B} = \boldsymbol{0}$) behandelt werden.

Für den linearen Anteil ergeben sich aus (15.19.42) die Onsagerschen Reziprozitätsbeziehungen

$$\alpha_{ik} = \alpha_{ki}, \text{ d.h. } \alpha = \tilde{\alpha}$$

Zum nichtlinearen Anteil wird eine geeignete Null addiert [28+]:

$$0 = \sum_{kj} [L_{kij}(Y) - L_{jik}(Y)] X_k X_j \qquad (15.19.114)$$

Damit wird der nichtlineare Anteil aus (15.19.112)

$$\sum_{kj} [L_{ikj}(Y) + L_{kij}(Y) - L_{jik}(Y)] X_k X_j$$

Definiert man

$$\mathcal{L}_{ik} \equiv \sum_{j} (L_{ikj} + L_{kij} - L_{jik}) X_j \qquad (15.19.115)$$

so gilt wegen (15.19.113)

$$\mathcal{L}_{ik}(Y) = \mathcal{L}_{ki}(Y) \qquad (15.19.116)$$

und die phänomenologischen Gleichungen (15.19.112) werden

$$J_i = \sum_k \alpha_{ik} X_k + \sum_k \mathcal{L}_{ik}(Y) X_k \qquad (15.19.117)$$

mit den nichtlinearen Onsagerschen Reziprozitätsbeziehungen

$$\alpha_{ik} + \mathcal{L}_{ik}(Y) = \alpha_{ki} + \mathcal{L}_{ki}(Y) \qquad (15.19.118)$$

Somit lassen sich für den magnetfeldfreien Fall bei geraden Kräften die nichtlinearen Anteile der phänomenologischen Gleichungen ohne Benutztung der linearen Onsagerschen Reziprozitätsbeziehungen in eine symmetrische Matrix umformen. Damit ist für diesen Spezialfall gezeigt, daß es auch im nichtlinearen Bereich Reziprozitätsbeziehungen gibt.

Die lineare irreversible Thermodynamik ist eine Theorie, die in der ersten Hälfte der fünfziger Jahre ihren Abschluß erhielt. Ihr Anwendungsgebiet reicht von Prozessen in kontinuierlich ausgebreiteter Materie, wie den hier behandelten thermoelektrischen und galvanomagnetischen Effekten, über Anwendungen in heterogenen Systemen, wie den Prozessen an Membranen, bis hin zu Prozessen in homogenen Systemen, wie z.B. den chemischen Reaktionen.

28+) Die Beweisidee stammt von F. Sauer: Nonequilibrium thermodynamics of kidney tubule transport, im Handbook of Physiology, Renal Physiologie, S. 399 bis S. 414.

Abschließend seien einige Namen und Jahreszahlen genannt: Onsager 1931, Meixner 1939–1954, Eckart 1940, Casimir 1945, De Groot 1945–1954, Prigogine 1947–1954.

Rationale Thermodynamik. Die Schwäche der linearen Thermodynamik der irreversiblen Prozesse besteht in der ungenügenden Berücksichtigung der Materialeigenschaften des betrachteten Systems. Es gibt nun eine Theorie, die gerade eine sorgfältige Analyse der Materialgleichungen vornimmt, nämlich die von der Truesdellschen Schule entwickelte nichtlineare Feldtheorie der klassischen Mechanik oder, wie sie kurz genannt wird, die Rationale Mechanik. Im Rahmen der Rationalen Mechanik existieren Ansätze zu einer thermodynamischen Verallgemeinerung dieser Theorie. Um diese als Rationale Thermodynamik bezeichnete Verallgemeinerung zu beleuchten, müssen zunächst einige Begriffe der Rationalen Mechanik erläutert werden.

Die Bewegungen eines Körpers unter dem Einfluß von Kräften werden in der Rationalen Mechanik als topologische Abbildungen [29+)] einer Anfangskonfiguration des Körpers beschrieben ($\boldsymbol{r}$ ist der Ortsvektor)

$$\boldsymbol{r} = \chi(\boldsymbol{r}_0, t), \quad \boldsymbol{r}_0 = \chi(\boldsymbol{r}_0, t_0) \tag{15.19.119}$$

d.h. das Massenelement eines Körpers, das sich zur Zeit t_0 am Orte $\boldsymbol{r}_0$ befand, ist zur Zeit t am Orte $\boldsymbol{r}$.

Unter der Geschichte der Bewegung eines Körpers versteht man den Ausdruck

$$\chi^t(\boldsymbol{r}_0, s) := \chi(\boldsymbol{r}_0, t-s), \quad s \geqslant 0 \tag{15.19.120}$$

Das ist ein Bahnstück, welches die Bewegung eines Teilchens beschreibt, das sich zur Zeit t_0 am Orte $\boldsymbol{r}_0$ befand. Dieses Bahnstück reicht aus der Vergangenheit kommend bis zur Zeit t. Die Materialeigenschaften, die in der klassischen Mechanik z.B. durch die sehr speziellen Spannungs-Dehnungs-Beziehungen zum Ausdruck kommen, werden in der Rationalen Mechanik durch Funktionale beschrieben. So ist z.B. der Spannungstensor (12.3.1) ein Funktional [30+)] der Geschichte der Bewegung:

$$P(\boldsymbol{r}, t) = \underset{s=0}{\overset{\infty}{\mathbb{P}}} \left(\chi^t(\boldsymbol{r}_0, s); \boldsymbol{r}, t\right) \tag{15.19.121}$$

Somit hängt der Spannungstensor nicht allein von der augenblicklichen Konfiguration des Körpers ab, wie dies z.B. bei den Spannungs-Dehnungs-Beziehungen der Fall wäre, sondern über die Geschichte der Bewegung gehen auch die Konfigurationen der Vergangenheit ein. Das System besitzt somit ein „Gedächtnis". Das Funktional $\mathbb{P}$ ist selbstverständlich nicht beliebig, aber für die weiteren Erwägungen spielt es keine Rolle, welchen einschränkenden Axiomen es unterliegt. Alle

---

29+) Dies ist eine eindeutige, stetige Abbildung.

30+) Eine Abbildung, die auf „Bahnstücken" definiert ist.

möglichen Materialeigenschaften werden somit in der Rationalen Mechanik durch alle Abbildungen $(\chi^t) \to (\mathbb{P})$ beschrieben, die diese einschränkenden Axiome erfüllen.

Das wesentliche Anliegen der Rationalen Thermodynamik besteht nun darin, die Materialeigenschaften besser zu beschreiben als dies in der schon vorgestellten, linearisierten irreversiblen Thermodynamik nach Onsager geschieht. Da neben der mechanischen Bewegung eines Einkomponentensystems in einer Thermodynamik noch das Temperaturfeld $T(r, t)$ als unabhängige Größe hinzutritt, wird das Materialverhalten in der Rationalen Thermodynamik in Erweiterung zur Rationalen Mechanik durch eine Abbildung der Geschichte eines *thermokinetischen* Prozesses auf einen *kalorodynamischen* beschrieben:

$$(\chi^t, T^t) \to (P, q, u, s) \qquad (15.19.122)$$

Der kalorodynamische Prozeß besteht aus dem Spannungstensor P, der Wärmestromdichte $\boldsymbol{q}$, der Dichte der inneren Energie u und der Entropiedichte s, und zwar in dem Sinne, daß der kalorodynamische Prozeß ein Funktional der Geschichte des thermokinetischen Prozesses ist:

$$\begin{pmatrix} P \\ q \\ u \\ s \end{pmatrix} (r, t) = \overset{\infty}{\underset{s=0}{\mathbb{F}}} (\chi^t(\boldsymbol{r}_0, s)\, T^t(\boldsymbol{r}_0, s); \boldsymbol{r}, t) \qquad (15.19.123)$$

Diese Abbildungen sind wie die Materialgleichungen der Mechanik nicht beliebig. Sie müssen mit den Bewegungsgleichungen, den Bilanzgleichungen und mit den Materialaxiomen verträglich sein. Außerdem müssen die Funktionale $\mathbb{F}$ mit dem zweiten Teil des zweiten Hauptsatzes verträglich sein, der in der irreversiblen Thermodynamik durch (15.19.48) dargestellt wird. In der Rationalen Thermodynamik wird dafür die Gültigkeit der Clausius-Duhemschen Ungleichung verlangt:

$$\rho \frac{ds}{dt} + \operatorname{div} \frac{q}{T} \geqslant 0 \qquad (15.19.124)$$

(ρ Massendichte). Somit wird in der Rationalen Thermodynamik das Material gerade dadurch beschrieben, daß gleiche thermokinetische Prozesse je nach Material verschiedene kalorodynamische erzeugen können. Die verschiedenen Materialien lassen sich durch eine geeignete Klassifikation der Materialfunktionale charakterisieren.

Wie in der irreversiblen, so werden in der Rationalen Thermodynamik Temperatur und Entropie für Nichtgleichgewichtszustände als definiert angenommen. Auf diese Problematik werden wir im nächsten Abschnitt noch genauer eingehen.

Die Rationale Thermodynamik wurde in der ersten Hälfte der sechziger Jahre entwickelt. Sie ist heute noch nicht abgeschlossen: Coleman 1963, Noll 1963, Wang, Bowen 1966, Mizel 1966, Gurtin 1968, Truesdell 1969, I. Müller, 1972, Day 1972.

Thermodynamik fern vom lokalen Gleichgewicht. Die zentrale Größe der Thermostatik, die absolute Temperatur, wurde in (3.5.3) gemäß (3.3.8) für Systeme im thermischen Gleichgewicht definiert. Dieser Temperaturbegriff, der auch in der TIP und der Rationalen Thermodynamik verwendet wird, läßt sich nicht ohne weiteres auf Nichtgleichgewichtssysteme übertragen. Dies wird an folgendem Beispiel deutlich: Ein Kasten aus isolierenden Wänden sei durch eine ebenfalls isolierende Wand in zwei Teile geteilt, in denen sich zwei stark verdünnte Gase mit den (thermostatischen) Temperaturen T_1 und T_2 im Gleichgewicht befinden. Die Dichte der Gase sei so gering, daß die freie Weglänge der Moleküle ein Vielfaches der Linearabmessungen des Kastens betragen möge. Entfernt man nun die Mittelwand, so werden sich die beiden Gase wegen der seltenen Stöße in kurzen Zeiten in erster Näherung ohne Energieaustausch mischen. Im Kasten entsteht eine Nichtgleichgewichtsgesamtheit, die aus zwei Gleichgewichtsgesamtheiten verschiedener Temperatur besteht und für die eine gemeinsame Temperatur im Sinne der Thermostatik nicht definiert ist.

Dieses Beispiel zeigt, daß im allgemeinen ein Analogon für die thermostatische Temperatur im Bereich der Nichtgleichgewichtsprozesse gesucht werden muß. Eine Ausnahme machen die Systeme, für die die Gibbssche Fundamentalgleichung der Thermostatik (8.7.7) an jedem Ort des Systems zu allen Zeiten gilt. Die thermostatischen Zustandsvariablen innere Energie E, Volumen V und Teilchenzahlen N_i werden im Bereich des thermodynamischen Systems als Felder aufgefaßt. Die infinitesimale Umgebung eines jeden festen Ortes wird als ein offenes thermostatisches Gleichgewichtssystem angesehen, für das die Zustandsvariablen der Thermostatik und somit auch die Temperatur definierbar sind. Besteht ein Nichtgleichgewichtssystem aus Untersystemen, deren Zustand sich allein durch die Zustandsvariablen der Thermostatik beschreiben läßt, so wird das Nichtgleichgewichtssystem als im *lokalen Gleichgewicht* befindlich bezeichnet. In einem solchen System variieren die thermostatistischen Zustandsvariablen von Ort zu Ort, aber in jedem Ort herrscht Gleichgewicht zu allen Zeiten. Der irreversible Prozeß, der in einem solchen System abläuft, wird also durch Austausch von Wärme, Arbeit und Stoff zwischen den infinitesimalen Gleichgewichtssystemen bestimmt, und zwar derart, daß die Zustände lokal durch die Variablen der Thermostatik beschrieben werden können. Somit müssen Änderungen von Zustandsvariablen stets über die Gibbssche Fundamentalgleichung verknüpft sein. Da dieser Zusammenhang zu allen Zeiten gelten soll, lassen sich die Differentiale der Zustandsvariablen auf die Zeit beziehen. Für die spezifischen Größen (durch kleine Buchstaben gekennzeichnet) – also auf die Masseneinheit bezogen – wird dann die Gibbssche Fundamentalgleichung

$$T \frac{ds}{dt} = \frac{du}{dt} + p \frac{dv}{dt} - \sum_i \mu_i^* \frac{dy_i}{dt} \qquad (15.19.125)$$

mit

$$\mu_i^*: = \frac{\mu_i}{M_i}, \; y_i = \frac{\rho_i}{\rho}, \; \rho = \sum_i \rho_i \equiv \frac{1}{v} \qquad (15.19.126)$$

wobei μ_i^* das spezifische chemische Potential, y_i der Massenbruch und ρ_i die Partialdichte des i-ten Stoffes sind. Das gerade d/dt bedeutet dabei die substantielle zeitliche Änderung, die dadurch entsteht, daß zu einer Anfangszeit die Massenpunkte eines kleinen Volumenelements als ein thermostatisches System ausgezeichnet und in ihrem zeitlichen Verlauf verfolgt werden. Die zeitlichen Änderungen, die durch die geraden d/dt beschrieben werden, sind also die Änderungen, die ein mit dem ausgezeichneten Volumenelement mitbewegter Beobachter sieht, wie in Abbildung 15.19.5 illustriert. In der hier eingenommenen Auffassung wird also das gesamte physikalische System in eine Menge infinitesimal kleiner sich bewegender thermostatischer Systeme zerlegt, die im gegenseitigen Arbeits-, Wärme- und Stoffaustausch stehen und für welche die erweiterte Gibbssche Fundamentalgleichung (15.19.125) gilt.

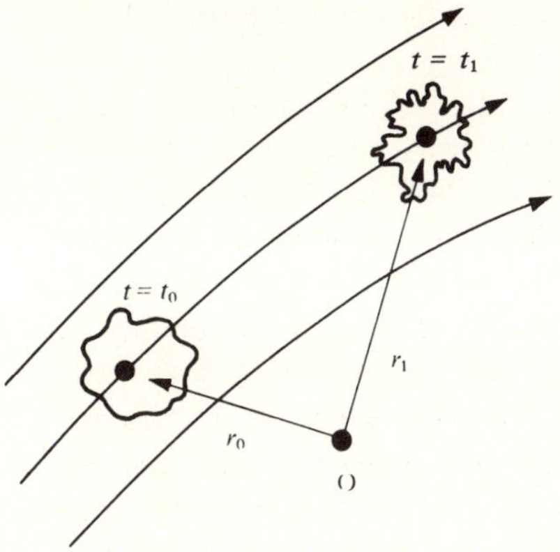

Abb. 15.19.5 Zur Zeit $t = t_0$ wird eine Umgebung eines Beobachters am Orte r_0 ausgezeichnet. Der Beobachter bewegt sich mit seiner Umgebung und befindet sich zur Zeit $t = t_1$ am Orte r_1. Die thermodynamischen Größen seiner Umgebung haben sich in der Zeit $t_1 - t_0$ verändert. Diese Änderung der Größen heißt substantiell.

Aus dieser folgt mit den Bilanzgleichungen für Masse, Energie und Impuls eine Entropiebilanzgleichung für kontinuierlich ausgebreitete Systeme, die hier nicht angegeben werden soll, weil dies den Rahmen dieser Skizze sprengen würde. Vielmehr wird auf die am Ende des Buches zitierte spezielle Literatur verwiesen.

Ist nun ein Nichtgleichgewichtssystem nicht im lokalen Gleichgewicht, d.h. kann (15.19.125) nicht mehr an jedem Ort zu allen Zeiten angeschrieben werden, dann sind die thermostatischen Variablen nicht mehr ausreichend zur Beschreibung des Systems. Es müssen zu den thermostatischen Variablen zusätzliche thermodynamische Variable eingeführt werden. Diese dynamischen Variablen lassen sich nicht aus der auf dem Postulat der a-priori-Gleichwahrscheinlichkeit (Abschnitt 2.3) beruhenden statistischen Thermostatik ablesen, denn diese gilt nur für das Gleichgewicht. Meixner (1967) hatte nun die Idee, neben der thermostatischen Temperatur formal eine dynamische Temperatur einzuführen. Dieses Vorgehen ist analog dem der Mechanik deformierbarer Medien, in der zwischen dem (dynamischen) Drucktensor [negativer Spannungstensor (12.3.1)] und dem durch die thermische

Zustandsgleichung definierten (statistischen) Druck unterschieden wird. Die von Meixner eingeführte dynamische Temperatur läßt sich zunächst nicht innerhalb einer phänomenologischen Theorie definieren, was einen nicht zu unterschätzenden Mangel darstellt. Hier liegt wie in allen Nichtgleichgewichtstheorien die gleiche Problematik zur Definition einer Temperatur vor, wie sie eingangs an dem einfachen Diffusionsbeispiel erläutert wurde.

Im folgenden wird nun skizziert, wie phänomenologisch eine dynamische Temperatur definiert werden kann, und wie mit dieser zusätzlichen Variablen eine einfache Thermodynamik der diskreten Nichtgleichgewichtssysteme fern vom lokalen Gleichgewicht aufgebaut werden kann.

Ausgangspunkt ist die von Schottky (1929) angegebene Definition eines *thermodynamischen Systems:* Ein makroskopisches Teilstück (der Welt) wird dann als thermodynamisches System bezeichnet, wenn seine Wechselwirkung mit der Umgebung allein durch Arbeits-, Wärme- und Stoffaustausch beschrieben werden kann.

Die Gleichgewichtsvariablen eines solchen diskreten Systems sind gemäß (8.7.1) durch

$$(E, x, N) \tag{15.19.127}$$

gegeben (x = Arbeitsvariable, N = Anzahlen der Moleküle). Im Nichtgleichgewicht erhöht sich die Anzahl der Variablen. Eine dieser zusätzlichen Variablen läßt sich wie folgt konstruieren: Steht ein Nichtgleichgewichtssystem über eine stoffundurchlässige Kontaktfläche mit einem Wasserreservoir (3.6) in thermischem Kontakt, so gibt es einen Wärmeübergang $\dot{Q}$ zwischen System und Reservoir. Ist das System an der Kontaktfläche wärmer als das Reservoir so ist $\dot{Q} < 0$, anderenfalls gilt $\dot{Q} > 0$. Mit weiteren Voraussetzungen läßt sich zeigen, daß es genau ein Wärmereservoir mit der thermostatischen Temperatur $T = \theta$ gibt, so daß der Wärmeübergang zwischen dem Nichtgleichgewichtssystem und diesem Wärmereservoir (siehe Abb. 15.19.6) verschwindet. θ wird die *Kontakttemperatur* des Systems bezüglich der vorgegebenen Kontaktfläche genannt.

Die Kontakttemperatur ist eine Meßgröße, die für das Nichtgleichgewicht definiert wurde und die für das Gleichgewicht in die thermostatische Temperatur des thermischen Gleichgewichtes (3.4) übergeht.

Um Nichtgleichgewichte zu beschreiben, wird nun der Satz der Gleichgewichtsvariablen (15.19.127) um die Kontakttemperatur erweitert. Dabei muß – wie später ersichtlich wird – die thermostatische Temperatur T der Umgebung parametrisch berücksichtigt werden. Wir erhalten also als Variable eines diskreten Nichtgleichgewichtssystems

$$(E, x, N, \theta; T) \tag{15.19.128}$$

Der von diesen Variablen aufgespannte Raum heißt *minimaler Zustandsraum.* Er enthält die Variablen des thermokinetischen Prozesses (siehe 15.19.122), der durch eine Trajektorie $\mathfrak{T}$ im minimalen Zustandsraum dargestellt wird (siehe Abb.

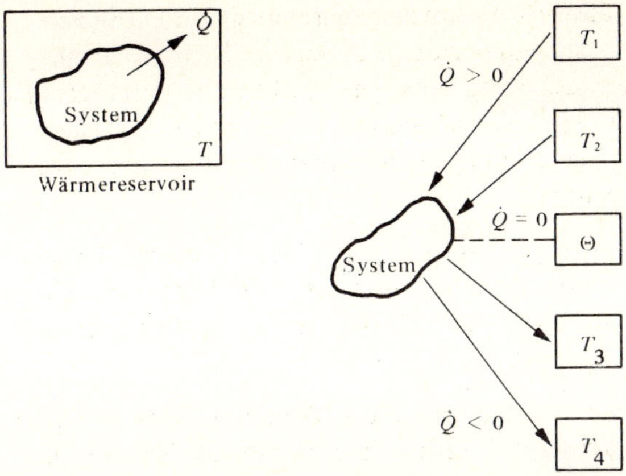

Abb. 15.19.6 Es gibt genau ein Wärmereservoir der thermostatischen Temperatur $T = \theta$, für das der Wärmeübergang zwischen ihm und einem Nichtgleichgewichtssystem bei vorgegebener stoffundurchlässiger Kontaktfläche verschwindet.

15.19.7). Zum kalorodynamischen Prozeß gehören die abhängigen Variablen $\boldsymbol{X}$ – die generalisierten Kräfte – der Wärmeübergang $\dot{Q}$, die dynamischen Enthalpien $\boldsymbol{h}$ pro Molekül und eine noch geeignet zu definierende Nichtgleichgewichtsentropie S. Der kalorodynamische Prozeß ist ein Funktional der Geschichte des thermokinetischen Prozesses (siehe z.B. 15.19.123), $\dot{Q}$ hängt außerdem noch parametrisch von der thermostatischen Umgebungstemperatur T ab.

$$\begin{pmatrix} \dot{Q} \\ \boldsymbol{X} \\ \boldsymbol{h} \\ S \end{pmatrix}(t) = \underset{s\,=\,0}{\overset{\infty}{\mathit{ff}}}\,[E^t(s),\ \boldsymbol{x}^t(s),\ N^t(s),\ \theta^t(s);\ T(t)] \qquad (15.19.129)$$

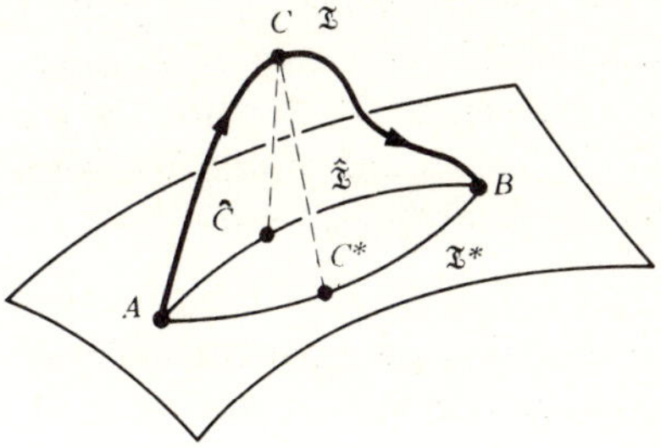

Abb. 15.19.7 Ein Nichtgleichgewichtsprozeß $\mathfrak{T}$ verläuft zwischen zwei Gleichgewichtszuständen von A nach B. Zu jedem Punkt C der Trajektorie $\mathfrak{T}$ des Nichtgleichgewichtsprozesses im minimalen Zustandsraum gibt es gemäß (15.19.131) zwei Projektionen $\hat{C}$ und C^*, die E-Projektion und die θ-Projektion von C. Alle Punkte $\hat{C}$ bzw. C^* bilden die E-Projektion $\hat{\mathfrak{T}}$ zu $\mathfrak{T}$ bzw. die θ-Projektion $\mathfrak{T}^*$ zu $\mathfrak{T}$.

Das Funktional ff muß mit dem ersten Hauptsatz

$$\dot{Q} + \boldsymbol{X} \cdot \dot{\boldsymbol{x}} + \boldsymbol{h} \cdot \dot{\boldsymbol{N}}^e = \dot{E} \qquad (15.19.130)$$

($\dot{\boldsymbol{N}}^e$ = externe Änderung der Anzahl der Moleküle) verträglich sein, der eine Verallgemeinerung von (4.2.1) für offene Systeme ist. Eine weitere Einschränkung für ff ergibt sich aus dem (zweiten Teil des) zweiten Hauptsatzes, über den noch genauer zu sprechen sein wird.

Zu jedem thermokinetischen Prozeß, der durch eine Trajektorie $\mathfrak{T}$ im minimalen Zustandsraum (15.19.128) dargestellt wird, gibt es *Projektionen* auf den Gleichgewichtsteilraum (15.19.127). Zwei dieser Projektionen sind von speziellem Interesse (siehe Abb. 15.19.7)

$$(E,\ x,\ N,\ \theta;\ T) \begin{array}{l} \nearrow (E,\ x,\ N) \\ \searrow (E_\theta,\ x,\ N) \end{array} \qquad (15.19.131)$$

Dabei ist E_θ die Energie, die durch die Kontakttemperatur θ über die kalorische Zustandsgleichung (3.12.1) bei vorgegebenen x und N bestimmt ist

$$E_\theta = E_{st}(\theta,\ x,\ N) \qquad (15.19.132)$$

Der Bahnparameter t der Nichtgleichgewichtstrajektorie $\mathfrak{T}$ überträgt sich durch Projektion auf die Punkte im Gleichgewichtsteilraum. Dort entstehen gemäß (15.19.131) zwei Trajektorien (siehe Abb. 15.19.7), die E-Projektion $\hat{\mathfrak{T}}$ und die θ-Projektion $\mathfrak{T}^*$:

$$\begin{array}{ll} \hat{\mathfrak{T}}: & (E,\ x,\ N)\ (t) \\ \mathfrak{T}^*: & (E_\theta,\ x,\ N)\ (t) \end{array} \qquad (15.19.133)$$

Sowohl die E- als auch die θ-Projektion sind (reversible) Prozesse im Gleichgewichtsteilraum, die begleitende Prozesse zu $\mathfrak{T}$ genannt werden. Längs der begleitenden Prozesse sind alle Größen wohl definiert, weil jeder Zustand dieser Prozesse durch die Variablen der Thermostatik beschrieben wird.

Ist $\mathfrak{T}$ selbst ein reversibler Prozeß, so fallen seine E- und θ-Projektion zusammen. Die Kontakttemperatur ist in diesem Falle gleich der thermostatischen Temperatur T_{st}, die gemäß (3.12.5) und (3.12.4) eindeutig mit der Energie zusammenhängt:

$$\theta = T_{st}, \quad E = E_{T_{st}} \qquad (15.19.134)$$

Daher wird aus (15.19.131)

$$(E_{T_{st}},\ x,\ N,\ T_{st};\ T) \begin{array}{l} \nearrow (E_{T_{st}},\ x,\ N) \\ \searrow (E_{T_{st}},\ x,\ N) \end{array} \qquad (15.19.135)$$

Die „Abweichung" (wie auch immer definiert) der E- und θ-Projektion voneinander ist somit ein Maß für die Irreversibilität des Nichtgleichgewichtsprozesses $\mathfrak{T}$.

Um die Möglichkeiten zur Definition einer Nichtgleichgewichtsentropie zu studieren, gehen wir von der wohl bekannten Gleichgewichtsentropie aus, für die die Gibbssche Fundamentalgleichung (8.7.6)

$$T_{st}\dot{S}_{st} = \dot{E}_{st} - X_{st}\cdot\dot{x} - \mu_{st}\cdot\dot{N} \qquad (15.19.136)$$

gilt. Mit dem ersten Hauptsatz (15.19.130) für reversible Prozesse ergibt sich daraus ($\dot{N} = \dot{N}^i + \dot{N}^e$, $\dot{N}^i$ = interne Änderung der Molekülzahlen)

$$T_{st}\dot{S}_{st} = \dot{Q}_{st} + (h_{st} - \mu_{st})\cdot\dot{N}^e - \mu_{st}\cdot\dot{N}^i \qquad (15.19.137)$$

Diese für reversible Prozesse gültige Beziehung muß nun für das Nichtgleichgewicht verallgemeinert werden. Eine eindeutige Vorschrift dafür läßt sich nicht angeben. Wir definieren

$$\dot{S} \equiv \frac{\dot{Q}}{\tau_1} + \frac{h - \mu'_{st}}{\tau_2} \cdot \dot{N}^e - \frac{\mu'_{st}}{\tau_3} \cdot \dot{N}^i + \Sigma \tag{15.19.138}$$

Dabei sind τ_1, τ_2, τ_3 noch festzulegende Temperaturen, Σ die noch festzulegende Entropieerzeugung, die ein Funktional der Geschichte des thermokinetischen Prozesses sein soll und μ'_{st} ein geeignet zu wählender Satz von chemischen Potentialen im Gleichgewicht. h sind die in (15.19.129) auftretenden dynamischen Enthalpien. Aus (15.19.137) und (15.19.138) ergibt sich

$$\dot{S} = \dot{S}_{st} + \frac{\dot{Q}}{\tau_1} - \frac{\dot{Q}_{st}}{T_{st}} + \left(\frac{h}{\tau_2} - \frac{h_{st}}{T_{st}} + \frac{\mu_{st}}{T_{st}} - \frac{\mu'_{st}}{\tau_2}\right) \cdot \dot{N}^e + \left(\frac{\mu_{st}}{T_{st}} - \frac{\mu'_{st}}{\tau_3}\right) \cdot \dot{N}^i + \Sigma \tag{15.19.139}$$

Wie ein Vergleich von (15.19.137) mit (15.19.138) zeigt, gibt es keine natürliche Verallgemeinerung der Gleichgewichtsentropie auf das Nichtgleichgewicht. Jede mögliche Verallgemeinerung muß jedoch mit der im Gleichgewichtsteilraum definierten Gleichgewichtsentropie verträglich sein. Diese Verträglichkeit wird durch ein *Einbettungsaxiom* des Gleichgewichtsteilraums in den minimalen Zustandsraum gesichert:

$$\mathfrak{T} \int_A^B \dot{S}\, dt = S_{st}^B - S_{st}^A \tag{15.19.140}$$

(A, B Gleichgewichtszustände). Dieses Einbettungsaxiom läßt sich auch physikalisch interpretieren: Befindet sich ein System in einem Gleichgewichtszustand, so ist dem System (d.h. seinen Zustandsvariablen) nicht anzusehen, wie es in diesen Zustand gelangt ist; welcher Nichtgleichgewichtsprozeß $\mathfrak{T}$ zwischen A und B auch durchlaufen wird, stets muß die Änderung einer Nichtgleichgewichtsentropie gleich der Differenz der Gleichgewichtsentropie sein.

Das Einbettungsaxiom gilt ebenfalls für alle Größen, die Zustandsfunktion im Gleichgewichtsteilraum sind: Für E (trivialerweise) und für alle thermostatischen Potentiale.

Aus (15.19.139) wird gemäß (15.19.140) für ein spezielles S mit

$$\mu'_{st} \equiv \mu_{st}, \quad \tau_3 = T_{st}, \quad \tau_1 = \tau_2 = T \tag{15.19.141}$$

$$0 = \mathfrak{T} \int_A^B \left(\frac{\dot{Q}}{T} - \frac{\dot{Q}_{st}}{T_{st}}\right) dt + \mathfrak{T} \int_A^B (s - s_{st}) \cdot \dot{N}^e\, dt + \mathfrak{T} \int_A^B \Sigma\, dt \tag{15.19.142}$$

wobei die Abkürzungen

$$s \equiv \frac{h - \mu_{st}}{T}, \quad s_{st} \equiv \frac{h_{st} - \mu_{st}}{T_{st}} \tag{15.19.143}$$

benutzt wurden. Die Integrale in (15.19.142) erstrecken sich von A nach B längs $\mathfrak{T}$ oder von A nach B längs eines reversiblen Prozesses im Gleichgewichtsteilraum. Wird nun $\mathfrak{T}$ von B nach A längs dieses Prozesses geschlossen, so ergeben sich Umlaufintegrale über eine geschlossene Trajektorie (siehe Abb. 15.19.7):

$$0 = \oint \left(\frac{\dot{Q}}{T} + s \cdot \dot{N}^e \right) dt + \mathfrak{T} \int_A^B \Sigma \, dt \tag{15.19.144}$$

Für geschlossene Systeme ($\dot{N}^e = 0$) gilt die Clausiussche Ungleichung [31+)]

$$\oint \frac{\dot{Q}}{T} \, dt \leqslant 0 \tag{15.19.145}$$

die uns in einer speziellen Form in (5.11.6) schon begegnet ist (Vorzeichen der Wärmeübergänge beachten!). Für offene Systeme gilt nun eine erweiterte *Clausiussche Ungleichung* [31+)]

$$\oint \left(\frac{\dot{Q}}{T} + s \cdot \dot{N}^e \right) dt \leqslant 0 \tag{15.19.146}$$

die eine Formulierung des zweiten Hauptsatzes darstellt. Diese Ungleichung ist allgemeiner als (15.19.48), weil (15.19.146) eine in der Zeit integrale Aussage darstellt, aus der nicht die Definitheit des Integranden folgt.

Mit (15.19.146) wird aus (15.19.144)

$$\mathfrak{T} \int_A^B \Sigma \, dt \geqslant 0 \tag{15.19.147}$$

Diese Ungleichung, die die Entropieproduktion insbesondere wegen des Einbettungsaxioms erfüllen muß, wird *Semipassivitätsbedingung* genannt. Die Entropieproduktion Σ muß deshalb in (15.19.138) so definiert werden, daß (15.19.147) erfüllt ist. Dabei sind durchaus nichtdefinite $\Sigma(t)$ zugelassen.

Für positiv definite Entropieproduktionen

$$\Sigma(t) \equiv \Sigma^+(t) \geqslant 0 \tag{15.19.148}$$

wird aus (15.19.138) mit (15.19.141) und (15.19.143)

31+) Genaueres findet man z.B. in R. Haase, Thermodynamik der irreversiblen Prozesse, Steinkopff, Darmstadt (1963), § 1.10.

$$\dot{S} \geqslant \frac{\dot{Q}}{T} + s \cdot \dot{N}^e - \frac{\mu_{st}}{T_{st}} \cdot \dot{N}^i \qquad (15.19.149)$$

Für Prozesse konstanter Teilchenzahlen wird daraus

$$\dot{S} \geqslant \frac{\dot{Q}}{T} \qquad (15.19.150)$$

Ist die thermostatische Temperatur T der Umgebung in der Zeit stückweise konstant

$$T(t) = \begin{cases} T_1 \text{ zwischen } A \text{ und } C \\ T_2 \text{ zwischen } C \text{ und } B \end{cases} \qquad (15.19.151)$$

so wird aus (15.19.149) durch Integration

$$\Delta S \geqslant \frac{Q_1}{T_1} + \frac{Q_2}{T_2} \qquad (15.19.152)$$

mit

$$\Delta S := \mathfrak{T} \int_A^B \dot{S}\, dt, \quad Q_i := \mathfrak{T} \int_{D_1^i}^{D_2^i} \dot{Q}\, dt$$
$$D_1^1 \equiv A,\ D_2^1 = D_1^2 \equiv C,\ D_2^2 \equiv B \qquad (15.19.153)$$

Man vergleiche (15.19.152) mit (5.11.6) und beachte, daß die ΔS verschiedene Bedeutung besitzen. In (15.19.152) wird ΔS aus einer Nichtgleichgewichtsentropie (15.19.149) des betrachteten Systems ermittelt. In (5.11.6) ist ΔS die Differenz der thermostatischen Entropien der beiden Wärmereservoire mit den thermostatischen Temperaturen T_1 und T_2.

Wird die Clausiussche Ungleichung (15.19.146) für eine spezielle Trajektorie ausgewertet, so ergibt sich eine Ungleichung für diskrete Systeme, die der fundamentalen Ungleichung von Meixner für kontinuierlich ausgebreitete Systeme entspricht, mit dem Unterschied, daß hier alle auftretenden Temperaturen phänomenologisch definiert sind.

Aus (15.19.142) wird mit (15.19.147)

$$0 \geqslant \mathfrak{T} \int_A^B \left[\frac{\dot{Q}}{T} + s \cdot \dot{N}^e - \left(\frac{\dot{Q}_{st}}{T_{st}} + s_{st} \cdot \dot{N}^e \right) \right] dt \qquad (15.19.154)$$

Wird nun zur begleitenden Gleichgewichtstrajektorie die E-Projektion $\hat{\mathfrak{T}}$ aus (15.19.133) gewählt, so ergibt sich mit dem ersten Hauptsatz (15.19.130) und (15.19.143)

$$\frac{\dot{Q}}{T} + s \cdot \dot{N}^e = \frac{\dot{E}}{T} - \frac{X}{T}\dot{x} - \frac{\hat{\mu}}{T} \cdot \dot{N}^e$$

$$\frac{\dot{Q}_{st}}{T_{st}} + s_{st} \cdot \dot{N}^e = \frac{\dot{E}}{\hat{T}} - \frac{\hat{X}}{\hat{T}} \cdot \dot{x} - \frac{\hat{\mu}}{\hat{T}} \cdot \dot{N}^e \tag{15.19.155}$$

Dabei wurde

$$\dot{E}_{st} \equiv \dot{E}_{\hat{T}} = \dot{E}$$

benutzt, was die Wahl der E-Projektion verständlich macht. Der Weg AB in (15.19.154) wird nun speziell gewählt (siehe Abb. 15.19.7): $AC\hat{C}$. Längs $C\hat{C}$ ist das System isoliert ($\dot{Q} = 0$, $\dot{x} = \mathbf{0}$, $\dot{N}^e = \mathbf{0} \rightarrow \dot{E} = 0$), und alle chemischen Reaktionen sind durch geeignete Katalysatoren gehemmt ($\dot{N}^i = \mathbf{0}$). Daher wird aus (15.19.154) mit (15.19.155)

$$0 \geqslant \mathfrak{T} \int_A^C \left[\left(\frac{1}{T} - \frac{1}{\hat{T}}\right)\left(\dot{E} - \hat{\mu} \cdot \dot{N}^e\right) - \left(\frac{X}{T} - \frac{\hat{X}}{\hat{T}}\right) \cdot \dot{x}\right] dt \tag{15.19.156}$$

Dabei ist C ein beliebiger Nichtgleichgewichtszustand, A ein Gleichgewichtszustand. Die ^-Größen beziehen sich auf die zu $\mathfrak{T}$ gehörige E-Projektion $\hat{\mathfrak{T}}$. Die endgültige Form der Dissipationsungleichung (15.19.156) ist

$$\mathfrak{T} \int_A^C \left[\left(\frac{1}{\hat{T}} - \frac{1}{T}\right)\left(\dot{E} - \hat{\mu} \cdot \dot{N}^e\right) - \left(\frac{\hat{X}}{\hat{T}} - \frac{X}{T}\right) \cdot \dot{x}\right] dt \geqslant 0 \tag{15.19.157}$$

Mit der Dissipationsungleichung für diskrete Systeme in einer Gleichgewichtsumgebung wollen wir die Skizze der thermodynamischen Theorien irreversibler Prozesse beenden. Während die Thermostatik allein aus dem Postulat der Statistischen Thermodynamik in 2.3 herleitbar war, ist dies für die Nichtgleichgewichtsthermodynamik nicht der Fall. Neben der kinetischen Theorie der Transportprozesse (Kap. 12 bis 14) und der statistischen Theorie der irreversiblen Prozesse (Kap. 15) ist die Nichtgleichgewichtsthermodynamik eine weitgehend selbständige Disziplin, die sich seit der zweiten Hälfte der sechziger Jahre in lebhafter Entwicklung befindet.

Ergänzende Literatur

Schwankungserscheinungen

Kittel, C.: Elementary Statistical Physics, Abschnitt 25–32, John Wiley & Son, Inc., New York (1958).

Becker, R.: Theorie der Wärme, Kapitel 6 (Heidelberger Taschenbücher Nr. 16), Springer-Verlag, Berlin (1966).

McDonald, D.K.C.: Noise and Fluctuations: An Introduction, John Wiley & Son, Inc., New York (1962).

Wax, M. (Hrsg.): Selected Papers an Noise and Stachastic Processes, Dover Publications, New York (1954).

(Speziell die Arbeit von S. Chandrasekhar aus Rev. Mod. Physics, *15*, 1 (1943),, gibt eine gründliche Erklärung der Brownschen Bewegung)

McCombier, C.W.: Fluctuation Theory in physical Measurements, Reports on Progress in Physics, *16*, 266 (1953).

Theorie der Schwankungen in der angewandten Physik

Van der Ziel, A.: Noise, Prentice Hall, Englewood Cliffs, N.J. (1954).

Freeman, J.J.: Principles of Noise, John Wiley & Sons, Inc., New York (1958).

Davonport, W.B.; Root, W.L.: Random Signals and Noise, McGraw-Hill Book Company, New York (1958).

Beziehungen zwischen Schwankungen und Dissipation

Callen, H.B.; Welton, J.A.: Irreversibility and generalized Noise, Phys. Rev. *87*, 437 (1952).

Callen, H.B.: The Fluctuation-dissipation Theorem and Irreversible Thermodynamics, In: Ter Haar (Hrsg): Fluctuations, Relaxion and Resonance in Magnetic Systems, 15, Oliver and Boyd, London (1962).

Irreversible Thermodynamik

Kittel, C.: Elementary Statistical Physics, Abschn. 33–35, John Wiley & Sons, Inc., New York (1968).

Becker, R.: Theorie der Wärme, Kapitel 6 (Heidelberger Taschenbücher Nr. 10), Springer-Verlag, Berlin (1966).

Lee, J.F.; Sears, F.W.; Turcotte, D.L.: Statistical Thermodynamics, Kapitel 15, Addison-Wesley Publishing Company, Reading, Mass. (1963).

De Groot, S.R.: Thermodynamik irreversibler Prozesse (B. I. Hochschultaschenbücher Nr. 18/18 a), Bibliograph. Institut Mannheim (1960).

De Groot, S.R.; Mazur, P.: Non-Equilibrium Thermodynamics, Kapitel 7, 8, 9, North-Holland Publishing Co., Amsterdam (1967).

Glansdorff, P.; I. Prigogine: On a General Evolution Criterion im Macroscopic Physics, Physica *30* (1964), 351.

Gyarmati, I.: On the „Governing Principle of Dissipative Processes" and its Extension to Non-linear Problems, Ann. Physik *23* (1969), 353.

Glansdorff, P.; I. Prigogine, Non-Equilibrium Stability Theory, Physica *46* (1970), 344.

Nichtklassische Thermodynamik

Muschik, W.: Thermodynamische Theorien irreversibler Prozesse, Physik in unserer Zeit *3* (1972), 104 (Zur Einführung).

Müller, I.: On the Entropy Inequality, Arch. Rat. Mech. Anal. *26* (1967), 118.

Meixner, J.: Entropie im Nichtgleichgewicht, Rheol. Acta 7 (1968), 8.

———: Thermodynamik der Vorgänge in einfachen fluiden Medien und die Charakterisierung der Thermodynamik irreversibler Prozesse, Z. Physik *219* (1969), 79.

———: Processes in Simple Thermodynamic Materials, Arch. Rat. Mech. Anal. *33* (1969), 33.

Keller, J.U.: Bemerkungen zur Clausius-Duhemschen Ungleichung, Z. Naturf. *24a* (1969), 1989.

———: Ein Beitrag zur Thermodynamik fluider Systeme, Physica *53* (1971), 602.

———: Über den 2. Hauptsatz der Thermodynamik irreversibler Prozesse, Acta Phys. Austr. *35* (1972), 321.

Green, A.E.; N. Laws: On the Entropy Production Inequality, Arch. Rat. Mech. Anal. *45* (1972), 47.

Coleman, B.D.; D.R. Owen: A Mathematical Foundation for Thermodynamics, Arch. Rat. Mech. Anal. *54* (1974), 1.

Kern, W.; G. Weiner; J. Meixner: Beziehungen zwischen der entropiefreien, der chemischen und der rationalen Thermodynamik der Vorgänge, Forschungsberichte des Landes NRW, Nr. 2449, Westdeutscher Verlag, Opladen 1974.

Muschik, W.; G. Brunk: Temperatur und Irreversibilität in der rationalen Mechanik, ZAMM *55* (1975), T 102.

Aufgaben

15.1 Eine Kugel mit dem Radius a bewegt sich mit gleichförmiger Geschwindigkeit v durch eine Flüssigkeit der Zähigkeit η. Die Reibungskraft, die auf die Kugel wirkt, muß eine Funktion von a, v und η sein. (Sie kann nicht von der Dichte der Flüssigkeit abhängen, da Trägheitseigenschaften der Flüssigkeit bei unbeschleunigten Bewegungen ohne Belang sind.) Mit einer Dimensionsanalyse gebe man bis auf Proportionalitätsfaktoren die Abhängigkeit der Reibungskraft von den genannten Größen an. Man zeige, daß das Ergebnis mit dem Stokesschen Gesetz (15.6.2) übereinstimmt.

15.2 W. Pospisil (Ann. Physik 83 (1927), 735) beobachtete die Brownsche Bewegung von Rußteilchen mit dem Radius $0{,}4 \cdot 10^{-4}$ cm. Die Teilchen schwammen in einer Glyzerin-Wasser-Lösung mit der Viskosität von 0,278 Pa · s bei 18,8° C. Das Schwankungsquadrat der Verrückung in 10-Sekunden-Intervallen war $\overline{x^2} = 3{,}3 \cdot 10^{-8}$ cm^2. Mit diesen Daten und der Gaskonstanten berechne man die Loscmidtsche Zahl.

15.3 Man betrachte ein System aus Teilchen der Ladung e, die in einem Volumen eingeschlossen seien. Diese Teilchen seien z.B. Ionen in einem Gas oder Ionen in einem Festkörper, wie NaCl. Die Teilchen seien bei der Temperatur T im thermischen Gleichgewicht. Die z-Richtung liege parallel zu einem elektrischen Feld $\mathcal{E}$.

a) Mit $n(z)$ werde die mittlere Teilchendichte bei z bezeichnet. Man benutze die Ergebnisse der Statistischen Mechanik für das Gleichgewicht, um eine Beziehung zwischen $n(z + dz)$ und $n(z)$ anzugeben.
b) Zu diesen Teilchen gehöre ein Diffusionskoeffizient D. Mit der Definition dieses Koeffizienten gebe man den Fluß J_D an (Anzahl der Teilchen, die pro Zeiteinheit durch die Flächeneinheit in z-Richtung wandern), der zum im a) berechneten Konzentrationsgradienten gehört.
c) Die Teilchen besitzen eine Beweglichkeit μ, die ihre Driftgeschwindigkeit im äußeren Feld $\mathcal{E}$ charakterisiert. Man gebe den Fluß J_μ an, der auf der vom äußeren Feld $\mathcal{E}$ erzeugten Driftgeschwindigkeit beruht.
d) Im Gleichgewicht verschwindet der gesamte Teilchenfluß $J_D + J_\mu$. Daraus berechne man eine Beziehung zwischen D und μ. Das so erhaltene Ergebnis stellt eine sehr allgemeine Herleitung der Einstein-Relation (15.6.14) dar.

15.4 Man betrachte die Langevinsche Gleichung

$$\frac{dv}{dt} = -\gamma v + \frac{1}{m} F'(t) \tag{1}$$

Dabei sei das erste Glied auf der rechten Seite der phänomenologische Ausdruck für den langsam veränderlichen Teil der Wechselwirkungskraft. Ihr schnell veränderlicher Teil werde mit $F'(t)$ bezeichnet. Wenn F' vernachlässigt wird, lautet die Lösung der verbleibenden Gleichung $v = u \exp(-\gamma t)$, wobei u eine Konstante ist. Im allgemeinen Fall mit $F' \neq 0$ nehme man an, daß die Lösung dieselbe Form mit $u = u(t)$ hat. Man zeige, daß sich aus der Langevinschen Gleichung für die Geschwindigkeit zur Zeit t

$$v = v_0 e^{-\gamma t} + \frac{1}{m} e^{-\gamma t} \int_0^t e^{\gamma t'} F'(t')\, dt' \tag{2}$$

ergibt, wobei $v_0 \equiv v(0)$ ist.

15.5 Um die Tatsache auszunutzen, daß die Korrelationszeit τ^* der schwankenden Kraft F' sehr kurz ist, betrachte man eine Zeit τ, $\tau \gg \tau^*$, die makroskopisch sehr kurz ist: $\tau \ll \gamma^{-1}$. Dann sind die Werte der Kraft F' in aufeinanderfolgenden Intervallen der Länge τ nicht miteinander korreliert (alle Korrelationen, die zum langsam variierenden Anteil der Kraft gehören, sind schon explizit im Glied $-\gamma v$ der Langevinschen Gleichung berücksichtigt worden). Nun wird das Zeitintervall t in N Intervalle der Länge τ eingeteilt: $t = N\tau$. Man zeige, daß die Lösung der Langevinschen Gleichung in der vorausgegangenen Aufgabe in folgender Form geschrieben werden kann:

$$v - v_0 e^{-\gamma t} = Y \equiv \sum_{k=0}^{N-1} y_k \tag{1}$$

mit

$$y_k \equiv e^{-\gamma t} e^{\gamma\tau k} G_k = e^{-\gamma\tau(N-k)} G_k \tag{2}$$

und

$$G_k \equiv \frac{1}{m} \int_0^\tau F'(k\tau + s)\, ds \tag{3}$$

Da $\tau \gg \tau^*$ ist, sind die statistischen Eigenschaften der G_K in jedem Intervall der Länge τ gleich. Darüberhinaus sind die y_k (oder die G_k) statistisch unabhängig voneinander.

15.6 Man zeige, daß die Ergebnisse der vorigen Aufgabe direkt aus der Langevinschen Gleichung (1) der Aufgabe 15.4 zu erhalten sind, wenn man diese über das kleine Zeitintervall τ integriert und so die Geschwindigkeit v_k zur Zeit $k\tau$ in Beziehung zur Geschwindigkeit v_{k-1} zur Zeit $(k-1)\tau$ setzt. Daraus erhält man durch wiederholtes Anwenden dieses Schrittes eine Beziehung zwischen v_N und v_0.

15.7 Man benutze die Ergebnisse der Aufgabe 15.5, um eine Beziehung zwischen $\bar{Y}$ und $\bar{G}$ herzuleiten, wobei $\bar{G}$ der Ensemblemittelwert von G_k ist, der nicht von k abhängt. Man zeige, daß die aus $\bar{F'} = 0$ zu erwartende Eigenschaft $\bar{G} = 0$ mit dem Gleichgewichtswert $\bar{v} = 0$ verträglich ist, der für $t \to \infty$ angenommen werden muß.

15.8 Man benutze die Ergebnisse der Aufgabe 15.5, um eine Beziehung zwischen $\bar{Y}^2$ und $\bar{G}^2$ für alle Zeiten t herzuleiten. Man zeige, daß $\bar{G}^2$ dann bestimmt werden kann, wenn man weiß, daß für $t \to \infty$ die Geschwindigkeit durch die Maxwellsche Gleichung gegeben sein muß: $\frac{1}{2}\, m\overline{v^2} = \frac{1}{2}\, kT$. Man gebe den Wert von $\bar{G}^2$ explizit an und finde einen Ausdruck für $\bar{Y}^2$, der für alle Zeiten gilt.

15.9 Der zentrale Grenzwertsatz kann in seiner allgemeinen Form (siehe Aufgabe 1.27) auf die Gleichung (1) der Aufgabe 15.5 angewendet werden, um für große N die Verteilungsfunktion für $Y = \Sigma y_k$ zu finden, da diese Größe eine Summe aus voneinander statistisch unabhängigen Variablen ist. Wird dieses Ergebnis mit dem in Aufgabe 15.8 gefundenen Wert für $\bar{Y}^2$ kombiniert, so läßt sich ein Ausdruck für die Wahrscheinlichkeit $P(v, t/v_0)\, dv$ angeben. Man zeige, daß dieses Ergebnis mit der Lösung (15.12.8) der Fokker-Planck-Gleichung übereinstimmt.

15.10 Man drücke $\bar{G}^2$ durch die Korrelationsfunktion $K(s) = \langle F'(t) F'(t+s)\rangle$ der schwankenden Kraft aus und benutzte das Ergebnis der Aufgabe 15.8, um auf diesem Wege das Dissipationsschwankungstheorem (15.8.8) herzuleiten, das die Reibungskonstante mit $K(s)$ verbindet.

15.11 Man integriere die Langevinsche Gleichung (1) aus Aufgabe 15.4 über das kleine Zeitintervall τ, um $\Delta v \equiv v(\tau) - v_0$ zu finden.

a) Man benutze dieses Ergebnis, um $\overline{\Delta v}$ und $\overline{(\Delta v)^2}$ durch $\bar{G}$ und $\overline{G^2}$ auszudrücken. Man zeige, daß diese Momente zu τ proprtional sind und gebe ihre Werte unter Berücksichtigung der Ergebnisse der Aufgaben 15.7 und 15.8 explizit an.

b) Man drücke $\overline{(\Delta v)^3}$ und $\overline{(\Delta v)^4}$ durch Momente von G aus. Man zeige, daß diese Größen proportional zu τ^2 sind.

c) Man gebe einen Ausdrück für $\overline{(\Delta v)^3}$ explizit an.

15.12 Unter Benutzung der Lösung (2) der Aufgabe 15.4 gebe man die Geschwindigkeitskorrelationsfunktion $\langle v(0)\, v(t)\rangle$ an. Man schreibe dies Ergebnis in T, m, γ und t an.

15.13 Man benutze die Lösung (2) der Aufgabe 15.4, um direkt $\overline{v^2(t)}$ für jede Zeit $t \gg \tau^*$ zu berechnen, ohne daß das Integral in Integrationsintervalle zerlegt wird, so wie das in 15.5 geschah. Man berücksichtige $\tau^* \ll \gamma^{-1}$, so daß die Korrelationsfunktion $\langle F'(0)F'(s)\rangle$ nur für $\gamma s \ll 1$ wesentlich von null verschieden ist. Man zeige, daß dies so gewonnene Ergebnis mit dem vorher erhaltenen übereinstimmt. Man zeige weiter, daß dieses Ergebnis unmittelbar das allgemeine Dissipationsschwankungstheorem (15.8.8) ergibt, wenn man von $\frac{1}{2}\, m\overline{v^2} = \frac{1}{2}\, kT$ für den Gleichgewichtsendzustand ($t \to \infty$) Gebrauch macht.

15.14 Man betrachte die Langevinsche Gleichung (1) aus der Aufgabe 15.4.

a) Man entwickle F' und v nach Fourier und gebe die Beziehung zwischen ihren Koeffizienten an, damit die Langevinsche Gleichung erfüllt ist. Man gebe die Beziehung zwischen der Spektraldichte der Geschwindigkeit und der der Kraft $F'(t)$ an.

b) Unter Benutzung der Wiener-Chintschin Relation gebe man die Spektraldichte der Geschwindigkeit v aus der Kenntnis ihrer Korrelationsfunktion (15.10.9) an.

c) Aus diesen Ergebnissen leite man einen Ausdruck für die Spektraldichte der Kraft F' als Funktion von γ her. Dies ist eine andere Herleitung des Nyquist-Theorems.

Anhang

A · 1 Elementare Summen

Wenn $f(x)$ eine Funktion einer Variablen x ist, die diskrete Werte $x_1, x_2, \ldots x_m$, annehmen kann, dann wird zweckmäßigerweise die Summe

$$f(x_1) + f(x_2) + \cdots + f(x_m) \equiv \sum_{i=1}^{m} f(x_i) \tag{A.1.1}$$

durch den kürzeren Ausdruck auf der rechten Seite abgekürzt. Wegen des Distributivgesetzes der Addition kann man die Summanden zweckmäßig umordnen, z.B.

$$\sum_{i=1}^{m} \sum_{j=1}^{n} x_i y_j = \Big(\sum_{i=1}^{m} x_i\Big) \Big(\sum_{j=1}^{n} y_j\Big) \tag{A.1.2}$$

Hierbei erhält man die rechte Seite, indem man für einen gegebenen x-Wert erst über alle y-Werte summiert und dann die resultierenden Produkte über alle x-Werte summiert.

Eine häufig auftretende Summe ist die „geometrische Reihe"

$$S \equiv a + af + af^2 + \ldots + af^n \tag{A.1.3}$$

wobei jeder Summand aus dem vorhergehenden durch Multiplikation mit f hervorgeht. Dieser Faktor f kann reell oder komplex sein. Zur Berechnung der Summe multiplizieren wir beide Seiten mit f

$$fS = af + af^2 + \ldots + af^n + af^{n+1} \tag{A.1.4}$$

Nun wird (A.1.3) von (A.1.4) subtrahiert,

also ist $(1 - f)S = a - af^{n+1}$

$$S = a\,\frac{1 - f^{n+1}}{1 - f} \tag{A.1.5}$$

Besitzt die Reihe (A.1.3) unendlich viele Glieder, $n \to \infty$, dann konvergiert diese Reihe, falls $|f| < 1$ ist. Tatsächlich geht $f^{n+1} \to 0$, so daß im Falle $n \to \infty$

$$S = \frac{a}{1 - f} \tag{A.1.6}$$

wird.

A · 2 Auswertung des Integrals $\int_{-\infty}^{\infty} e^{-x^2}\,dx$

Das *unbestimmte Integral* $\int e^{-x^2}\,dx$ kann nicht in elementaren Funktionen angegeben werden. I bezeichne das *bestimmte* Integral

$$I \equiv \int_{-\infty}^{\infty} e^{-x^2}\,dx \tag{A.2.1}$$

Der folgende Kunstgriff nutzt die Eigenschaften der e-Funktion zur Berechnung von I aus. Man kann (A.2.1) genauso gut in einer anderen Variablen schreiben

$$I = \int_{-\infty}^{\infty} e^{-y^2}\, dy \qquad \text{(A.2.2)}$$

Multiplikation von (A.2.1) und (A.2.2) ergibt

$$I^2 = \int_{-\infty}^{\infty} e^{-x^2}\, dx \int_{-\infty}^{\infty} e^{-y^2}\, dy$$
$$= \int_{-\infty}^{\infty} \int_{-\infty}^{\infty} e^{-x^2} e^{-y^2}\, dx\, dy$$

oder $$I^2 = \int_{-\infty}^{\infty} \int_{-\infty}^{\infty} e^{-(x^2+y^2)}\, dx\, dy \qquad \text{(A.2.3)}$$

Dieses Integral erstreckt sich über die gesamte xy-Ebene.

Zur Integration in der Ebene wollen wir Polarkoordinaten r, θ einführen. Dann hat man einfach $x^2 + y^2 = r^2$ und das Flächenelement ist $(r\,dr\,d\theta)$. Um die gesamte Ebene zu erfassen, läuft θ von 0 bis 2π und r von 0 bis ∞. Damit wird (A.2.3)

$$I^2 = \int_0^{\infty} \int_0^{2\pi} e^{-r^2}\, r\, dr\, d\theta = 2\pi \int_0^{\infty} e^{-r^2}\, r\, dr \qquad \text{(A.2.4)}$$

da sich die Integration über θ unmittelbar ausführen läßt. Der Faktor r im Integranden macht das letzte Integral trivial:

$$I^2 = 2\pi \int_0^{\infty} (-\tfrac{1}{2})d(e^{-r^2}) = -\pi[e^{-r^2}]_0^{\infty} = -\pi(0-1) = \pi$$

oder $I = \sqrt{\pi}$

Also

▶ $$\int_{-\infty}^{\infty} e^{-x^2}\, dx = \sqrt{\pi} \qquad \text{(A.2.5)}$$

Da e^{-x^2} eine gerade Funktion ist [d.h. $f(x) = f(-x)$] gilt

$$\int_{-\infty}^{\infty} e^{-x^2}\, dx = 2\int_0^{\infty} e^{-x^2}\, dx$$

Also ist

▶ $$\int_0^{\infty} e^{-x^2}\, dx = \tfrac{1}{2}\sqrt{\pi} \qquad \text{(A.2.6)}$$

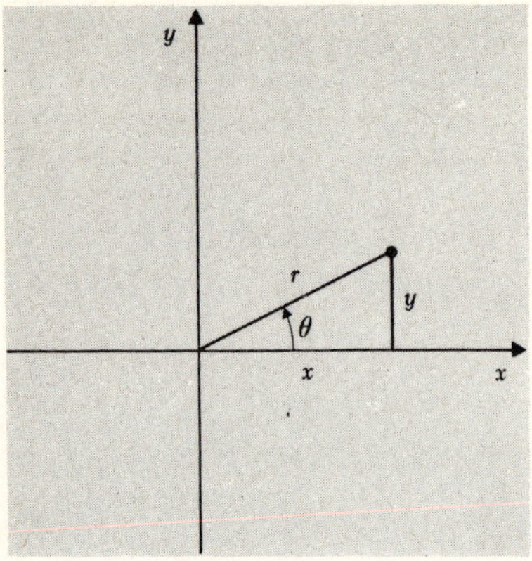

Abb. A.2.1 Zur Auswertung des Integrals (A.2.3) mittels Polarkoordinaten

A · 3 Auswertung des Integrals $\int_0^\infty e^{-x}\, x^n\, dx$

Für $n = 0$ ist die Auswertung trivial

$$\int_0^\infty e^{-x}\, dx = -[e^{-x}]_0^\infty = -[0 - 1] = 1 \tag{A.3.1}$$

Allgemein kann man das Integral durch partielle Integration vereinfachen, d.h. für $n > 0$

$$\begin{aligned}\int_0^\infty e^{-x}\, x^n\, dx &= -\int_0^\infty x^n d(e^{-x}) \\ &= -[x^n e^{-x}]_0^\infty + n\int_0^\infty x^{n-1}\, e^{-x}\, dx\end{aligned}$$

Da der erste Term der rechten Seite für beide Grenzen verschwindet, erhält man die Rekursionsformel

$$\int_0^\infty e^{-x}\, x^n\, dx = n\int_0^\infty e^{-x}\, x^{n-1}\, dx \tag{A.3.2}$$

Ist n eine natürliche Zahl, kann man (A.3.2) wiederholt anwenden:

$$\int_0^\infty e^{-x}\, x^n\, dx = n(n-1)(n-2)\cdots(2)(1)$$

oder

▶ $$\int_0^\infty e^{-x}\, x^n\, dx = n! \tag{A.3.3}$$

Tatsächlich ist das Integral auch für nichtganzzahlige $n > -1$ wohldefiniert. Ganz allgemein ist die „Gamma-Funktion" durch die Beziehung definiert:

$$\Gamma(n) \equiv \int_0^\infty e^{-x} x^{n-1} dx \tag{A.3.4}$$

Aus (A.3.3) folgt für natürliche Zahlen n

$$\Gamma(n) = (n - 1)! \tag{A.3.5}$$

Gleichung (A.3.2) beinhaltet die allgemeine Beziehung

$$\Gamma(n) = (n - 1)\, \Gamma(n - 1) \tag{A.3.6}$$

Aus (A.3.1) folgt

$$\Gamma(1) = 1 \tag{A.3.7}$$

Man beachte auch, daß

$$\Gamma(\tfrac{1}{2}) = \int_0^\infty e^{-x} x^{\frac{1}{2}} dx = 2 \int_0^\infty e^{-y^2} dy$$

wobei wir $x = y^2$ gesetzt haben. Somit ergibt (A.2.6)

$$\Gamma(\tfrac{1}{2}) = \sqrt{\pi} \tag{A.3.8}$$

A · 4 Auswertung von Integralen der Form $\int_0^\infty e^{-\alpha x^2} x^n dx$

Es sei

$$I(n) \equiv \int_0^\infty e^{-\alpha x^2} x^n dx, \qquad \text{wobei } n \geqslant 0 \tag{A.4.1}$$

Mit $x \equiv \alpha^{-1/2} y$ erhalten wir für $n = 0$

$$I(0) = \alpha^{-\frac{1}{2}} \int_0^\infty e^{-y^2} dy = \frac{\sqrt{\pi}}{2} \alpha^{-\frac{1}{2}} \tag{A.4.2}$$

wobei wir (A.2.6) benutzt haben. Ebenfalls gilt für $n = 1$

$$I(1) = \alpha^{-1} \int_0^\infty e^{-y^2} y\, dy = \alpha^{-1}[-\tfrac{1}{2} e^{-y^2}]_0^\infty = \tfrac{1}{2}\alpha^{-1} \tag{A.4.3}$$

Alle Integrale $I(n)$ mit ganzzahligen $n > 1$ können dann auf die Integrale $I(0)$ und $I(1)$ zurückgeführt werden, wenn man nach dem Parameter α differenziert. In der Tat läßt sich (A.4.1) in folgender Form schreiben

$$I(n) = -\frac{\partial}{\partial \alpha}\left(\int_0^\infty e^{-\alpha x^2} x^{n-2} dx\right) = -\frac{\partial I(n-2)}{\partial \alpha} \tag{A.4.4}$$

Dies ist eine Rekursionsbeziehung, die man so oft wie nötig anwenden kann. Zum Beispiel ist

$$I(2) = -\frac{\partial I(0)}{\partial \alpha} = -\frac{\sqrt{\pi}}{2}\frac{\partial}{\partial \alpha}(\alpha^{-\frac{1}{2}}) = \frac{\sqrt{\pi}}{4}\alpha^{-\frac{3}{2}}$$

Auf der anderen Seite kann man in (A.4.1) $x = (u/\alpha)^{1/2}$ setzen. Dann ist $dx = \frac{1}{2}\alpha^{-1/2}u^{-1/2}\,du$, und das Integral erhält die Form

$$I(n) = \tfrac{1}{2}\alpha^{-\frac{1}{2}(n+1)}\int_0^\infty e^{-u}\,u^{\frac{1}{2}(n+1)}\,du$$

Mit Hilfe der Definition (A.3.4) der Gammafunktion kann man dies als

$$\blacktriangleright \quad I(n) \equiv \int_0^\infty e^{-\alpha x^2}x^n\,dx = \frac{1}{2}\Gamma\left(\frac{n+1}{2}\right)\alpha^{-(n+1)/2} \tag{A.4.5}$$

schreiben. Mit (A.4.5), der Eigenschaft (A.3.6) der Gammafunktion und den Werten für $\Gamma(1)$ (A.3.7) und $\Gamma(\frac{1}{2})$ (A.3.8) kann man sich eine kleine Liste von Integralen aufstellen:

$$\begin{aligned} I(0) &= \tfrac{1}{2}\sqrt{\pi}\,\alpha^{-\frac{1}{2}} \\ I(1) &= \tfrac{1}{2}\alpha^{-1} \\ I(2) &= \tfrac{1}{2}(\tfrac{1}{2}\sqrt{\pi})\alpha^{-\frac{3}{2}} = \tfrac{1}{4}\sqrt{\pi}\,\alpha^{-\frac{3}{2}} \\ I(3) &= \tfrac{1}{2}(1)\alpha^{-2} = \tfrac{1}{2}\alpha^{-2} \\ I(4) &= \tfrac{1}{2}(\tfrac{3}{2}\cdot\tfrac{1}{2}\sqrt{\pi})\alpha^{-\frac{5}{2}} = \tfrac{3}{8}\sqrt{\pi}\,\alpha^{-\frac{5}{2}} \\ I(5) &= \tfrac{1}{2}(2\cdot 1)\alpha^{-3} = \alpha^{-3} \end{aligned} \tag{A.4.6}$$

A · 5 Die Fehlerfunktion

Das Integral $\int e^{-x^2}\,dx$ kann nicht durch elementare Funktionen ausgedrückt werden, obwohl wir in Anhang A.2 sahen, daß das bestimmte Integral zwischen 0 und ∞ den einfachen Wert

$$\int_0^\infty e^{-x^2}\,dx = \frac{\sqrt{\pi}}{2} \tag{A.5.1}$$

hat. Da das unbestimmte Integral häufig auftritt, ist es nützlich, folgende Funktion von y zu *definieren*

$$\operatorname{erf} y \equiv \frac{2}{\sqrt{\pi}}\int_0^y e^{-x^2}\,dx \tag{A.5.2}$$

Sie heißt „Fehlerfunktion". Das Integral kann für verschiedene y-Werte numerisch berechnet werden und ist in zahlreichen Werken tabelliert [1*]. Definitionsgemäß ist $\operatorname{erf} y$ eine monoton wachsende Funktion von y, da der Integrand in (A.5.2) positiv ist. Ihre Steigung ist mit y monoton fallend. Offensichtlich ist $\operatorname{erf} 0 = 0$.

[1*] S. z.B. Janke, Emde, Lösch: Tafeln höherer Funktionen, Teubner, Stuttgart, 1960.

Der Faktor vor dem Integral wurde in (A.5.2) so gewählt, daß erf $y \to 1$ mit $y \to \infty$ geht. Das Verhalten von erf y ist in Abb. A.5.1 dargestellt.

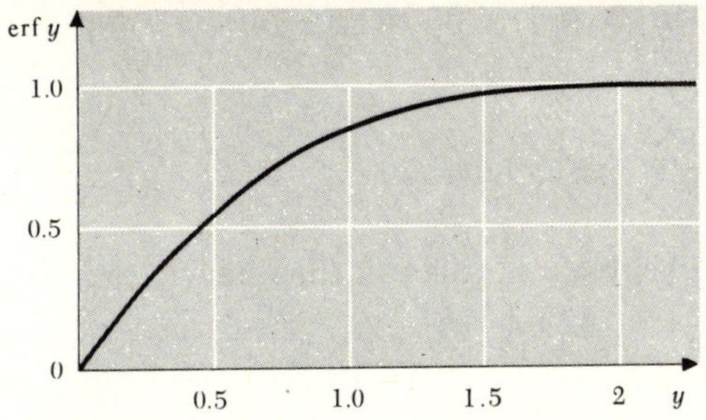

Abb. A.5.1 Die Fehlerfunktion erf y

Reihenentwicklung: Der Integrand von (A.5.2) kann in eine für den gesamten Integrationsbereich gültige Potenzreihe entwickelt werden:

$$\operatorname{erf} y = \frac{2}{\sqrt{\pi}} \int_0^y \left(1 - x^2 + \frac{1}{2} x^4 - \cdots\right) dx$$

oder
$$\operatorname{erf} y = \frac{2}{\sqrt{\pi}} \left(y - \frac{1}{3} y^3 + \frac{1}{10} y^5 - \cdots\right) \tag{A.5.3}$$

Dieser Ausdruck ist nützlich, wenn y so klein ist, daß die Reihe rasch konvergiert. Im entgegengesetzten Grenzfall $y \gg 1$ ist es zweckmäßiger (A.5.2) in der Form zu schreiben:

$$\operatorname{erf} y = \frac{2}{\sqrt{\pi}} \left(\int_0^\infty e^{-x^2} dx - \int_y^\infty e^{-x^2} dx\right) = 1 - \frac{2}{\sqrt{\pi}} \int_y^\infty e^{-x^2} dx$$

wobei das letzte Integral klein gegen 1 ist. Durch sukzessive partielle Integrationen kann man dieses Integral in eine asymptotische Reihe nach y^{-1} entwickeln:

$$\begin{aligned}\int_y^\infty e^{-x^2} dx &= -\frac{1}{2} \int_y^\infty \frac{1}{x} d(e^{-x^2}) = -\frac{1}{2} \left[\frac{e^{-x^2}}{x}\right]_y^\infty - \frac{1}{2} \int_y^\infty \frac{1}{x^2} e^{-x^2} dx \\ &= \frac{1}{2} \frac{e^{-y^2}}{y} + \frac{1}{4} \int_y^\infty \frac{1}{x^3} d(e^{-x^2}) \\ &= \frac{1}{2} \frac{e^{-y^2}}{y} - \frac{1}{4} \frac{e^{-y^2}}{y^3} - \cdots\end{aligned}$$

Also ist für

$$y \gg 1 \quad \operatorname{erf} y = 1 - \frac{e^{-y^2}}{\sqrt{\pi}\, y} \left(1 - \frac{1}{2y^2} \cdots\right) \tag{A.5.4}$$

A · 6 Stirlingsche Formel

Die Berechnung von $n!$ wird sehr mühsam für große Werte von n. Wir würden gern eine Näherungsformel finden, mit der $n!$ für den Grenzfall sehr großer n berechnet werden kann.

Es ist sehr einfach, eine Näherung abzuleiten, die für extrem große n gut ist. Definitionsgemäß gilt

$$n! \equiv 1 \cdot 2 \cdot 3 \cdot \ldots \cdot (n-1) \cdot n$$

$$\ln n! = \ln 1 + \ln 2 + \cdots + \ln n = \sum_{m=1}^{n} \ln m \tag{A.6.1}$$

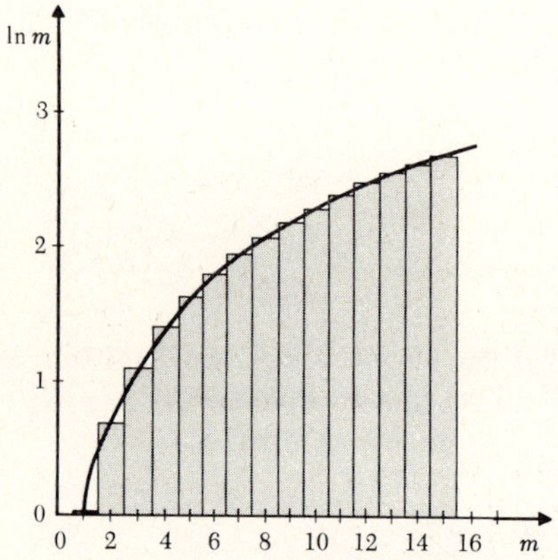

Abb. A.6.1 Verhalten von $\ln n$ als Funktion von n.

Man kann diese Summe (gegeben durch die Fläche der Treppenfigur in Abb. A.6.1) durch ein Integral (Fläche unter der stetigen Kurve in Abb. A.6.1) approximieren. Die Güte dieser Näherung wächst mit dem Bereich, in dem m groß ist, da $\ln m$ sich nur wenig ändert, wenn m um 1 vergrößert wird. Mit dieser Näherung wird (A.6.1)

$$\ln n! \approx \int_1^n \ln x \, dx = [x \ln x - x]_1^n$$

oder

▶ $$\ln n! \approx n \ln n - n \tag{A.6.2}$$

da die untere Grenze vernachlässigbar ist, wenn $n \gg 1$ ist. In den meisten Anwendungen der statistischen Mechanik sind die auftretenden Zahlen so groß, daß (A.6.2) eine gute Näherung darstellt. Es ist aber unschwer möglich, eine viel bessere Näherung durch eine allgemein anwendbare Methode zu bekommen. Als Ausgangspunkt braucht man einen geeigneten analytischen Ausdruck für $n!$ Die Integralformel (A.3.3) stellt einen solchen Ausdruck dar:

$$n! = \int_0^\infty x^n e^{-x} dx \tag{A.6.3}$$

Man betrachte den Integranden $F \equiv x^n e^{-x}$, wenn n groß ist. Dann ist x^n eine schnell anwachsende Funktion von x, während e^{-x} sehr schnell abnimmt. Daher ist das Produkt $F \equiv x^n e^{-x}$ eine Funktion von x, die bei $x = x_0$ ein scharfes Maximum besitzt und nach beiden Seiten sehr rasch abfällt. Wir wollen nun die Lage x_0 des Maximums von F herausfinden. Bequemer ist, mit $\ln F$ zu rechnen. (Da $\ln F$ eine monoton wachsende Funktion von F ist, entspricht natürlich ein Maximum von $\ln F$ einem Maximum von F.) Um das Maximum zu finden, setzen wir

$$\frac{d \ln F}{dx} = 0$$

oder $$\frac{d}{dx}(n \ln x - x) = \frac{n}{x} - 1 = 0$$

also $$x_0 = n \tag{A.6.4}$$

Aber in dem Grad, in dem das Maximum des Integranden F sehr scharf ist, tragen nur Werte von x in der Umgebung von $x_0 = n$ merklich zum Integral (A.6.3) bei. Daher ist die Kenntnis des Integranden F in der Umgebung von n ausreichend für die Auwertung des Integrals. Nun gibt es geeignete Potenzreihenentwicklungen, die F in diesem Gebiet gut darstellen. Damit wird man zu einer geeigneten Näherung für das Integral geführt.

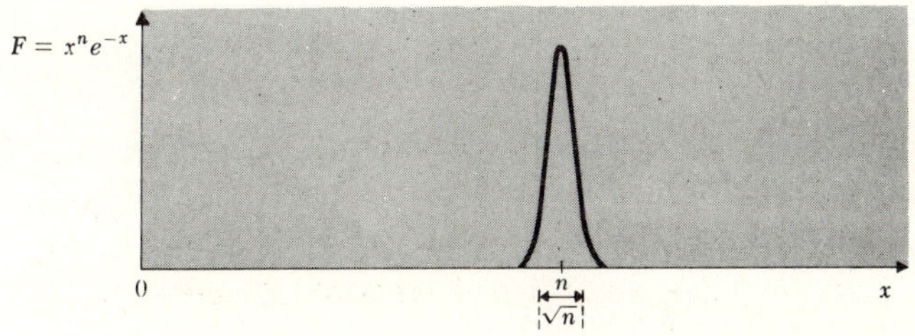

Abb. A.6.2 Verhalten des Integranden $F(x) = x^n e^{-x}$ als Funktion von x für große n-Werte.

Um einen Ausdruck für F in der Umgebung von $x = n$ zu finden, schreiben wir

$$x \equiv n + \xi, \quad \text{wobei } \xi \ll n \tag{A.6.5}$$

ist, und entwickeln $\ln F$ in eine Taylorreihe in ξ (um $x = n$).

Anmerkung: Wir entwickeln lieber $\ln F$ als direkt F, weil F ein sehr scharfes Maximum hat und somit eine rasch veränderliche Funktion von x ist; daher ist es schwierig, eine Potenzreihenentwicklung durchzuführen, die für einen größeren Bereich gültig ist. Dagegen ist $\ln F$ für $F \gg 1$ eine viel langsamer variierende Funktion von x als F selbst und kann deswegen leicht entwickelt werden. Diese Überlegung ist ähnlich wie die am Anfang von Abschnitt 1.5.

Also $\ln F = n \ln x - x = n \ln (n + \xi) - (n + \xi)$ (A.6.6)

Die Entwicklung des Logarithmus in eine Taylorreihe ergibt

$$\ln (n + \xi) = \ln n + \ln \left(1 + \frac{\xi}{n}\right) = \ln n + \frac{\xi}{n} - \frac{1}{2}\frac{\xi^2}{n^2} + \cdots \quad \text{(A.6.7)}$$

Wenn man das in (A.6.6) einsetzt, verschwindet natürlich das Glied erster Ordnung, da $\ln F$ um sein Maximum entwickelt wurde. Also ist

$$\ln F \approx n \ln n - n - \frac{1}{2}\frac{\xi^2}{n}$$

oder $F \approx n^n \, e^{-n} \, e^{-\frac{1}{2}(\xi^2/n)}$ (A.6.8)

Der letzte Exponent zeigt explizit, daß F ein Maximum bei $\xi = 0$ hat, und daß es sehr klein wird, wenn $|\xi| \gg \sqrt{n}$. Für großes n gilt $\sqrt{n} \ll n$, und das Maximum ist sehr scharf (vgl. Abb. A.6.2). Mit (A.6.8) wird dann das Integral (A.6.3)

$$n! = \int_{-n}^{\infty} n^n \, e^{-n} \, e^{-\frac{1}{2}(\xi^2/n)} \, d\xi = n^n \, e^{-n} \int_{-\infty}^{\infty} e^{-\frac{1}{2}(\xi^2/n)} \, d\xi \quad \text{(A.6.9)}$$

Im letzten Integral haben wir die untere Grenze $-n$ durch $-\infty$ ersetzt, da für ξ-Werte $< -n$ der Integrand vernachlässigbar ist. Wegen (A.4.6) ist dieses Integral gleich $\sqrt{2\pi n}$. Somit folgt aus (A.6.9) das Ergebnis

$$n! = \sqrt{2\pi n} \; n^n e^{-n}, \text{ für } n \gg 1 \quad \text{(A.6.10)}$$

Das ist die bekannte Stirlingsche Formel. Sie kann auch in der Form

$$\ln n! = n \ln n - n + \tfrac{1}{2} \ln(2\pi n) \quad \text{(A.6.11)}$$

geschrieben werden. Wenn n extrem groß ist, gilt $\ln n \ll n$. (Z.B. ist für $n = 6 \cdot 10^{23}$ (Loschmidtsche Zahl) $\ln n = 55$). In diesem Fall reduziert sich (A.6.11) wie erwartet auf das einfache Resultat (A.6.2).

Genauigkeit der Stirlingschen Formel: Um diese Frage zu untersuchen, muß man nur systematisch zur nächst höheren Näherung in der Entwicklung von $\ln F$ gehen. Dann ergibt (A.6.7)

$$\ln (n + \xi) = \ln n + \frac{\xi}{n} - \frac{1}{2}\left(\frac{\xi}{n}\right)^2 + \frac{1}{3}\left(\frac{\xi}{n}\right)^3 - \frac{1}{4}\left(\frac{\xi}{n}\right)^4 + \cdots$$

so daß $\ln F = n \ln n - n - \frac{1}{2}\frac{\xi^2}{n} + \frac{1}{3}\frac{\xi^3}{n^2} - \frac{1}{4}\frac{\xi^4}{n^3}$

Das Integral (A.6.9) wird dann

$$n! = n^n \, e^{-n} \int_{-\infty}^{\infty} \exp\left(-\frac{1}{2}\frac{\xi^2}{n}\right) \exp\left(\frac{1}{3}\frac{\xi^3}{n^2} - \frac{1}{4}\frac{\xi^4}{n^3}\right) d\xi \quad \text{(A.6.12)}$$

Hier kann man eine weitere Näherung zur Auswertung des Integrals machen. Der Faktor exp $(-\frac{1}{2}\xi^2/n)$ ist der dominierende, der den Integranden für $|\xi| > n^{1/2}$ vernachlässigbar klein macht. Deswegen ist die Kenntnis des zweiten Faktors nur in dem wesentlichen Bereich $\xi < n^{1/2}$ erforderlich. Dort kann dieser Faktor in eine Taylorreihe entwickelt werden, da

$$\frac{\xi^3}{n^2} \lesssim \frac{n^{\frac{3}{2}}}{n^2} = n^{-\frac{1}{2}} \qquad \text{und} \qquad \frac{\xi^4}{n^3} \lesssim \frac{n^2}{n^3} = n^{-1}$$

gilt und somit diese Glieder sehr viel kleiner als eins sind, wenn n groß ist. Damit kann (A.6.12) durch

$$n! = n^n e^{-n} \int_{-\infty}^{\infty} e^{-\frac{1}{2}(\xi^2/n)} \left[1 + \left(\frac{1}{3}\frac{\xi^3}{n^2} - \frac{1}{4}\frac{\xi^4}{n^3}\right) + \left(\frac{1}{18}\frac{\xi^6}{n^4} + \cdots\right) \right] d\xi \qquad \text{(A.6.13)}$$

approximiert werden, wobei wir die folgende Entwicklung benutzt

$$e^y = 1 + y + \tfrac{1}{2}y^2 + \ldots$$

und alle Terme der Ordnung $n^{-1/2}$ und n^{-1} berücksichtigt haben (Man beachte, daß auch noch $\xi^6/n^4 \lesssim n^3/n^4$ von der Größenordnung n^{-1} ist). Nun verschwindet das zweite Integral mit ξ^3, da der Integrand eine ungerade Funktion von ξ ist. Die restlichen drei Integrale können mit Hilfe der Ergebnisse aus A.4 ausgewertet werden. Also ist

$$\begin{aligned} n! &= n^n e^{-n} \left\{ \sqrt{2\pi n} + 0 - \frac{1}{4n^3}\left[\frac{3}{4}\sqrt{\pi}\,(2n)^{\frac{5}{2}}\right] + \frac{1}{18n^4}\left[\frac{15}{8}\sqrt{\pi}\,(2n)^{\frac{7}{2}}\right]\right\} \\ &= \sqrt{2\pi n}\, n^n e^{-n} \left[1 - \frac{3}{4n} + \frac{5}{6n}\right] \end{aligned}$$

Damit wird

▶ $$n! = \sqrt{2\pi n}\, n^n e^{-n} \left[1 + \frac{1}{12n} + \cdots\right] \qquad \text{(A.6.14)}$$

Das zeigt den nächsten Korrekturterm für die Stirlingsche Formel. Damit ist sogar für so kleine Werte von n wie z.B. 10 die Stirlingsche Formel um weniger als 1 % vom exakten Wert entfernt [2*].

[2*] Eine strengere Abschätzung des maximalen Fehlers, der sich bei Benutzung der Stirlingschen Formel ergeben kann, findet man in:
Courant, R.: Vorlesungen über Differential- und Integralrechnung, 4. Auflage *1*, 317 u. 414, Springer-Verlag, Berlin (1971),
und ebenfalls in:
Courant, R.; Hilbert, D.: Methoden der mathematischen Physik, 3. Auflage, Bd. *1*, 452 (Heidelberger Taschenbücher Nr. 30 u. 31), Springer-Verlag, Berlin (1968).

+A · 7 Diracsche Deltafunktion

Die Diracsche Deltafunktion $\delta(x - x_0)$ ist keine Funktion im klassischen Sinne, sondern ein Funktional, d.h. eine Abbildung, die einer Funktion $f(x)$ ihren Funktionswert $f(x_0)$ an der Stelle x_0 zuordnet.

$$f(x_0) = \int_{x_0 - \eta}^{x_0 + \epsilon} f(x)\, \delta(x - x_0)\, dx \quad \text{für beliebige } \epsilon > 0,\ \eta > 0 \tag{A.7.1}$$

Mit $f(x) \equiv 1$ wird daraus

$$1 = \int_{x_0 - \eta}^{x_0 + \epsilon} \delta(x - x_0)\, dx \tag{A.7.2}$$

Zerlegt man nun das Intervall

$$x_0 - \eta \leqslant x_0 - \eta' < x_0 < x_0 + \epsilon' \leqslant x_0 + \epsilon$$

so ergibt sich aus (A.7.2)

$$1 = \int_{x_0 - \eta}^{x_0 - \eta'} \delta\, dx + \int_{x_0 - \eta'}^{x_0 + \epsilon'} \delta\, dx + \int_{x_0 + \epsilon'}^{x_0 + \epsilon} \delta\, dx$$

Da das mittlere Integral gemäß (A.7.2) gleich eins ist, folgt für beliebige $\eta \geqslant \eta' > 0,\ \ \epsilon \geqslant \epsilon' > 0$

$$0 = \int_{x_0 - \eta}^{x_0 - \eta'} \delta(x - x_0)\, dx + \int_{x_0 + \epsilon'}^{x_0 + \epsilon} \delta(x - x_0)\, dx \tag{A.7.3}$$

Beide Integrale müssen einzeln verschwinden. Das ist daraus ersichtlich, daß einerseits unabhängig von η und η' $\epsilon = \epsilon'$ gesetzt werden kann, und andererseits $\eta = \eta'$ unabhängig von ϵ und ϵ' gewählt werden darf. Daher folgt aus (A.7.3)

$$0 = \int_{x_0 + a'}^{x_0 + a} \delta(x - x_0)\, dx \quad \text{für beliebige } a \geqslant a' \text{ mit } aa' > 0 \tag{A.7.4}$$

Wenn also das Integrationsgebiet den Punkt $x = x_0$ nicht enthält, muß wegen der willkürlichen Integrationsgrenzen der Integrand von (A.7.4) verschwinden:

$$\delta(x - x_0) = 0, \quad \text{für } x \neq x_0 \tag{A.7.5}$$

Enthält das Integrationsgebiet den Punkt $x = x_0$, so wird gemäß (A.7.2) das Integral über die „δ-Funktion" stets 1, wie klein auch das Integrationsgebiet sein möge. Daraus folgt

$$\delta(x - x_0) = \infty, \quad \text{für } x = x_0 \tag{A.7.6}$$

Es gibt nun keine klassische Funktion, die die Eigenschaften (A.7.5) und (A.7.6) gleichzeitig besitzt. $\delta(x - x_0)$ wird daher als eine „verallgemeinerte Funktion" oder „Distribution" bezeichnet. Die Theorie der Distributionen ist wohlentwikkelt [3*]. Sie soll hier nicht betrachtet werden, sondern hier wird ein heuristischer Zugang zur δ-Funktion gewählt, der sehr anschaulich ist und alles zeigt, was wir von ihr wissen müssen.

Dieser Weg benutzt die sogenannten „Folgen vom δ-Typ". Was darunter zu verstehen ist, machen wir uns an einem Beispiel klar. Man betrachte die folgende Funktion (Abb. A.7.1):

$$\delta_\gamma(x) = \begin{cases} \frac{1}{\gamma} & \text{für } -\frac{\gamma}{2} < x < \frac{\gamma}{2} \\ 0, & \text{sonst} \end{cases} \qquad \text{(A.7.7)}$$

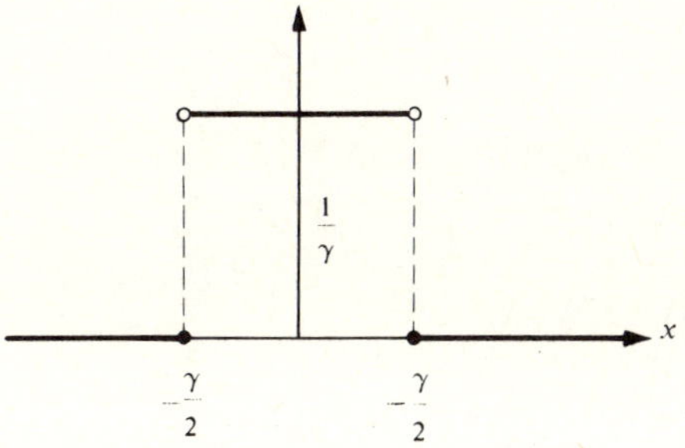

Abb. A.7.1 Die Funktion $\delta_\gamma(x)$ aus (A.7.7).

Es gilt für $a \leqslant -(\gamma/2) < \gamma/2 \leqslant b$

$$\int_a^b \delta_\gamma(x)\,dx = \int_{-\gamma/2}^{\gamma/2} \frac{1}{\gamma}\,dx = \frac{1}{\gamma}\left[\frac{\gamma}{2}+\frac{\gamma}{2}\right] = 1 \qquad \text{(A.7.8)}$$

und zwar gilt dies unabhängig von γ. Somit erfüllt $\delta_\gamma(x)$ für alle $\gamma \geqslant 0$ die Gleichung (A.7.2). Insbesondere gelten für $\gamma \to 0$ für $\delta_\gamma(x)$ die Beziehungen (A.7.5) und (A.7.6) an der Stelle $x_0 = 0$. Für eine stetige Funktion $f(x)$ ist auch (A.7.1) gültig, denn es ist für $\epsilon, \eta \geqslant \gamma/2$

$$\int_{x_0-\eta}^{x_0+\epsilon} f(x)\,\delta_\gamma(x - x_0)\,dx = \frac{1}{\gamma}\int_{x_0-\frac{\gamma}{2}}^{x_0+\frac{\gamma}{2}} f(x)\,dx$$

Mit dem Mittelwertsatz wird daraus

$$\frac{1}{\gamma}\,f(\xi)\cdot\gamma = f(\xi)$$

$$x_0 - \frac{\gamma}{2} < \xi < x_0 + \frac{\gamma}{2}$$

[3*] Gelfand, I.M.; Schilow, G.E.: Verallgemeinerte Funktionen, *1–3*, Dt. Verlag d. Wiss., Berlin (1960–1964). Lighthill, M.J.: Einführung in die Theorie der Fourier-Analysis und der verallgemeinerten Funktionen (B-I-Hochschultaschenbücher 139), Mannhein (1966).

$$\lim_{\gamma \to 0} \int_{x_0 - \eta}^{x_0 + \epsilon} f(x)\, \delta_\gamma(x - x_0)\, dx = f(x_0) \qquad \text{(A.7.9)}$$

Funktionenfolgen $\delta_\gamma(x)$, deren Grenzelement $\gamma \to 0$ die Eigenschaften (A.7.4) und (A.7.5) besitzt und die (A.7.9) erfüllen, heißen „Funktionenfolgen vom δ-Typ". Sie stellen in der angegebenen Weise eine Approximation der eingangs eingeführten „δ-Funktion" dar. Solche Funktionenfolgen vom δ-Typ haben das in Abb. A.7.2 schematisch dargestellte Aussehen. Andere Beispiele für Funktionenfolgen vom δ-Typ sind

$$\delta_\gamma(x) = \frac{1}{\pi} \frac{\gamma}{x^2 + \gamma^2} \qquad \text{(A.7.10)}$$

$$\delta_\gamma(x) = \frac{1}{\sqrt{2\pi}\,\gamma}\, e^{-x^2/2\gamma^2} \qquad \text{(A.7.11)}$$

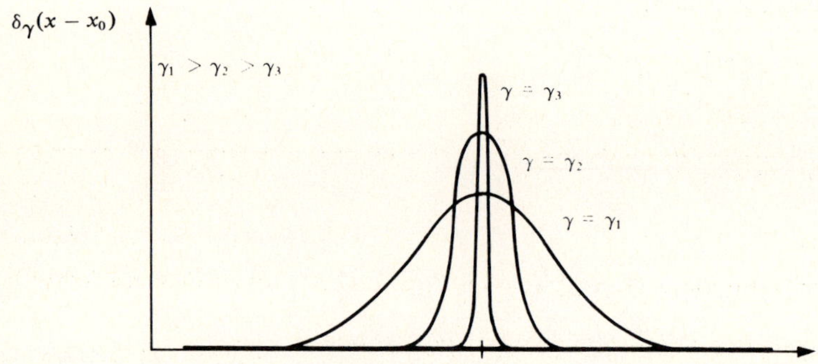

Abb. A.7.2 Funktionenfolge vom δ-Typ.

Es sollen nun einige Eigenschaften der δ-Funktion besprochen werden. Dazu betrachte man eine stetige Funktion $g(x)$ mit nur einfachen Nullstellen x_n

$$g(x_n) = 0, \quad g'(x_n) \neq 0$$

Betrachtet man nun das Integral

$$\int_{\infty}^{\infty} \delta\langle g(x)\rangle f(x)\, dx \qquad \text{(A.7.12)}$$

so trägt gemäß (A.7.1) der Integrand nur an den Stellen zum Integral bei, für die das Argument der δ-Funktion verschwindet. Dies sind aber gerade die Nullstellen x_n der Funktion $g(x)$. Daher wird aus (A.7.12)

$$\sum_n \int_{x_n - \eta}^{x_n + \epsilon} \delta\langle g(x)\rangle f(x)\, dx \qquad \text{(A.7.13)}$$

wenn im Intervall $(x_n - \eta, x_n + \epsilon)$ nur die eine Nullstelle x_n liegt. Wird in (A.7.13) die Integrationsvariable substituiert

$$y = g(x), \quad dy = g' dx, \quad x = h(y) \tag{A.7.14}$$

so ergibt sich

$$\sum_n \int_{g(x_n - \eta)}^{g(x_n + \epsilon)} \delta(y) f[h(y)] \frac{dy}{g'[h(y)]} \tag{A.7.15}$$

Da die neue Variable y über eine Nullstelle von $g(x)$ läuft, folgt gemäß (A.7.1)

$$\sum_n f[h(0)] \cdot \frac{1}{|g'[h(0)]|} \tag{A.7.16}$$

Dabei ergibt sich der Betrag von g' durch eine Überlegung, die in Abb. A.7.3 skizziert ist. Wenn $g'[h(0)] \equiv g'(x_n)$ – dies folgt gemäß (A.7.14) – positiv ist, so gilt $g(x_n - \eta) < 0 < g(x_n + \epsilon)$

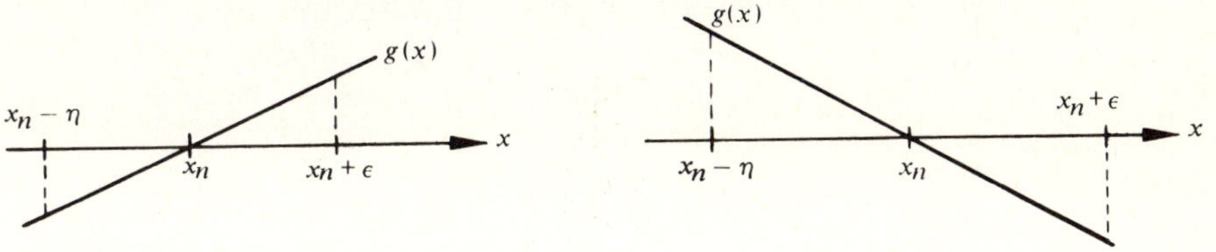

Abb. A.7.3 Zur Untersuchung der Integrationsgrenzen in (A.7.15) bei verschiedenen Vorzeichen von $g'(x_n)$.

Ebenso gilt für $g'(x_n) < 0$ die Beziehung $g(x_n - \eta) > 0 > g(x_n + \epsilon)$. Da zur Auswertung von (A.7.15) mit (A.7.1) stets die kleinere Grenze am Integrationsbeginn stehen muß, läßt sich das Minuszeichen, das im Falle $g' < 0$ durch Vertauschen der Grenzen entsteht, durch Setzen der Betragstriche berücksichtigen.

(A.7.16) wird gemäß (A.7.14)

$$\sum_n \frac{1}{|g'(x_n)|} f(x_n),$$

was sich mit der δ-Funktion wie folgt schreiben läßt:

$$\int_{-\infty}^{\infty} \sum_n \frac{1}{|g'(x)|} f(x) \, \delta(x - x_n) \, dx \tag{A.7.17}$$

Wird dieses mit dem Ausgangspunkt (A.7.12) gleichgesetzt

$$\int_{-\infty}^{\infty} \delta[g(x)] \, f(x) \, dx =$$

$$= \int_{-\infty}^{\infty} \sum_n \frac{\delta(x - x_n)}{|g'(x_n)|} f(x) \, dx \tag{A.7.18}$$

so ergibt sich eine wichtige Eigenschaft der δ-Funktion

$$\delta[g(x)] = \sum_n \frac{\delta(x-x_n)}{|g'(x_n)|}\ ^{4*)} \tag{A.7.19}$$

Aus dieser Beziehung ergeben sich einige weitere Eigenschaften der δ-Funktion. Für $g(x) = \lambda x$, $g'(x) = \lambda$ wird aus (A.7.19)

$$\delta(\lambda x) = \frac{1}{|\lambda|}\,\delta(x) \tag{A.7.20}$$

und für $\lambda = -1$ ergibt sich daraus

$$\delta(-x) = \delta(x) \tag{A.7.21}$$

daß die δ-Funktion „gerade" ist.

Für die Stelle $x_0 = 0$ ergibt sich aus (A.7.1)

$$\int_{-\eta}^{\epsilon} f(x)\, g(x)\, \delta(x)\, dx = f(0)\, g(0) = g(0) \int_{-\eta}^{\epsilon} f(x)\, \delta(x) dx$$
$$= \int_{-\eta}^{\epsilon} f(x)\, g(0)\, \delta(x)\, dx$$

Daher folgt

$$g(x)\, \delta(x) = g(0)\, \delta(x) \tag{A.7.22}$$

und mit $g(x) \equiv x$

$$x\,\delta(x) = 0 \tag{A.7.23}$$

Integraldarstellung der δ-Funktion. Wir betrachten das Integral

$$\frac{1}{2\pi}\int_{-\infty}^{\infty} e^{ikx-\gamma|k|}\, dk$$
$$= \frac{1}{2\pi}\int_{0}^{\infty} e^{ixk-\gamma k}\, dk + \frac{1}{2\pi}\int_{-\infty}^{0} e^{ixk+\gamma k}\, dk$$
$$= \frac{1}{2\pi}\int_{0}^{\infty} e^{(ix-\gamma)k}\, dk + \frac{1}{2\pi}\int_{-\infty}^{0} e^{(ix+\gamma)k}\, dk$$
$$= \frac{1}{2\pi}\left\{\frac{[e^{(ix-\gamma)k}]_0^{\infty}}{ix-\gamma} + \frac{[e^{(ix+\gamma)k}]_{-\infty}^{0}}{ix+\gamma}\right\}$$
$$= \frac{1}{2\pi}\left\{\frac{-1}{ix-\gamma} + \frac{1}{ix+\gamma}\right\}$$

Somit ergibt sich

4*) Diese Gleichung ist zunächst nur eine Kurzschreibweise für die integrale Beziehung (A.7.18). Sie kann aber auch punktweise wie folgt verstanden werden: Für alle $x \neq x_n$ steht gemäß (A.7.5) auf beiden Seiten eine null; für alle $x = x_n$ sind beide Seiten von (A.7.19) im Sinne von (A.7.6) nicht erklärt.

$$\frac{1}{2\pi} \int_{\infty}^{\infty} e^{ikx - \gamma|k|} dk = \frac{1}{\pi} \frac{\gamma}{x^2 + \gamma^2} \tag{A.7.24}$$

Ein Vergleich mit (A.7.10) zeigt, daß dies eine Funktionenfolge vom δ-Typ ist:

$$\delta_\gamma(x) = \frac{1}{2\pi} \int_{-\infty}^{\infty} e^{ikx - \gamma|k|} dk \tag{A.7.25}$$

Daher gilt mit $\gamma \to 0$

$$\delta(x) = \frac{1}{2\pi} \int_{-\infty}^{\infty} e^{ikx}\, dk \tag{A.7.26}$$

oder

▶ $$\delta(x - x_0) = \frac{1}{2\pi} \int_{-\infty}^{\infty} e^{ik(x - x_0)}\, dk \tag{A.7.27}$$

Dies ist die Integraldarstellung der δ-Funktion.

Aus (A.7.27) muß daher mit (A.7.1)

$$f(x_0) = \frac{1}{2\pi} \int_{-\infty}^{\infty} dx\, f(x) \int_{-\infty}^{\infty} dk\, e^{ik(x - x_0)} \tag{A.7.28}$$

folgen. Dies läßt sich nun leicht auf einem anderen Wege nachweisen: Zwischen einer Funktion $f(x_0)$ und ihrer Fouriertransformierten $F(k)$ bestehen die folgenden Beziehungen [5*]

$$f(x_0) = \frac{1}{\sqrt{2\pi}} \int_{-\infty}^{\infty} F(k)\, e^{ikx_0}\, dk \tag{A.7.29}$$

$$F(k) = \frac{1}{\sqrt{2\pi}} \int_{-\infty}^{\infty} f(x)\, e^{-ikx}\, dx \tag{A.7.30}$$

Wird (A.7.30) in (A.7.29) eingesetzt, so ergibt sich (A.7.28) und damit eine andere Bestätigung für (A.7.27).

> **Anmerkung:** Gemäß (A.7.22) gilt
>
> $$e^{k_0 x}\, \delta(x) = \delta(x) \tag{A.7.31}$$
>
> Damit wird aus (A.7.27)
>
> $$\delta(x - x_0) = \frac{1}{2\pi} \int_{\infty}^{\infty} e^{(k_0 + ik)(x - x_0)}\, dk \tag{A.7.32}$$
>
> wobei k_0 *irgendein* beliebiger Parameter ist.

[5*] W.I. Smirnow: Lehrgang der Höheren Mathematik, Teil II, Abschn. 160 u. 161, VEB Dt. Verl. Wiss., Berlin 1958.

A · 8 Die Ungleichung $\ln x \leqslant x - 1$

Wir wollen $\ln x$ mit x für positive x-Werte vergleichen. Man betrachte die Differenz-Funktion

$$f(x) \equiv x - \ln x \tag{A.8.1}$$

$$\left.\begin{array}{lll} \text{Für } x \to 0 & \ln x \to -\infty, & \text{also } f(x) \to \infty \\ \text{Für } x \to \infty & \ln x \ll x; & \text{also } f(x) \to \infty \end{array}\right\} \tag{A.8.2}$$

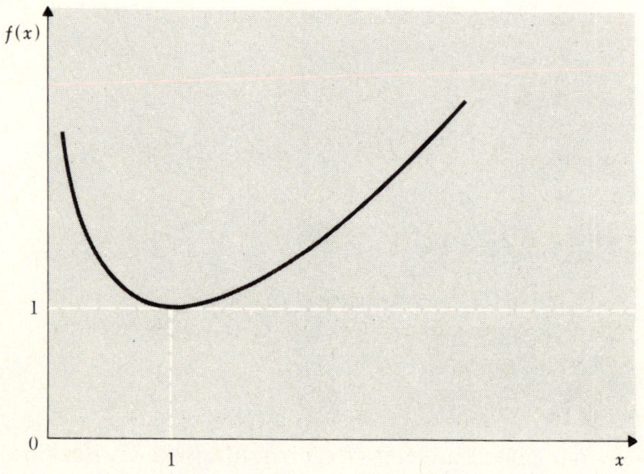

Abb. A.8.1 Die Funktion $f(x) \equiv x - \ln x$.

Um das Verhalten von $f(x)$ zwischen diesen Grenzen zu untersuchen, bemerken wir, daß

$$\frac{df}{dx} = 1 - \frac{1}{x} = 0 \qquad \text{für } x = 1 \tag{A.8.3}$$

ist und $f(x) = 1$ gilt. Da f eine stetige Funktion von x ist, (A.8.2) erfüllt und ein einziges Extremum hat, das durch (A.8.3) gegeben ist, muß f etwa wie in Abb. A.8.1 aussehen und ein Minimum bei $x = 1$ besitzen. Also ist

$$f(x) \geq f(1) = 1 \qquad (\text{„=" für } x = 1) \tag{A.8.4}$$

oder wegen (A.8.1)

$$\ln x \leq x - 1 \qquad (\text{„=" für } x = 1) \tag{A.8.5}$$

A · 9 Beziehungen zwischen partiellen Ableitungen mehrerer Variablen

Man betrachte drei Variable x, y, z, von denen zwei unabhängig voneinander sind. Dann existiert ein funktionaler Zusammenhang der Form

$$z = z(x, y) \tag{A.9.1}$$

wobei x und y als unabhängige Variable betrachtet werden. Für gegebene infinitesimale Änderungen von x und y kann für die entsprechende Änderung von z

$$dz = \left(\frac{\partial z}{\partial x}\right)_y dx + \left(\frac{\partial z}{\partial y}\right)_x dy \text{ [6+]} \tag{A.9.2}$$

geschrieben werden, wobei die „Indizes" auf die während der partiellen Ableitungen konstant gehaltenen Variablen hinweisen.

Ebenso gut könnte man y und z als unabhängige Variable betrachten und (A.9.1) benutzen, um x durch sie auszudrücken:

$$x = x(y, z) \tag{A.9.3}$$

Analog zu (A.9.2) sind dann die infinitesimalen Änderungen der Variablen verknüpft durch

$$dx = \left(\frac{\partial x}{\partial y}\right)_z dy + \left(\frac{\partial x}{\partial z}\right)_y dz \tag{A.9.4}$$

Wir würden nun gerne die partiellen Ableitungen in (A.9.4) durch die in (A.9.2) auftretenden ausdrücken.

Berechnung von $(\partial x/\partial y)_z$. Das Problem ist hier unter Konstanthaltung von z das Verhältnis der beiden Differentiale dx und dy zu finden, wobei dx von dy abhängig ist. Ein konstantes z aber bedeutet $dz = 0$ in (A.9.2), so daß gilt

$$0 = \left(\frac{\partial z}{\partial x}\right)_y dx + \left(\frac{\partial z}{\partial y}\right)_x dy$$

also $$\frac{dx}{dy} = -\frac{(\partial z/\partial y)_x}{(\partial z/\partial x)_y}$$

Da z konstant gehalten wurde, ergibt sich hieraus

▶ $$\left(\frac{\partial x}{\partial y}\right)_z = -\frac{(\partial z/\partial y)_x}{(\partial z/\partial x)_y} \tag{A.9.5}$$

Berechnung von $(\partial x/\partial z)_y$. Nun soll y konstant gehalten werden und der Quotient der (voneinander abhängigen) Differentiale dx und dz berechnet werden. D.h. in (A.9.2) ist $dy = 0$ zu setzen, womit man

$$dz = \left(\frac{\partial z}{\partial x}\right)_y dx$$

erhält. Also ist

[6+] dz heißt „vollständiges Differential von z".

$$\frac{dx}{dz} = \frac{1}{(\partial z/\partial x)_y}$$

oder

$$\blacktriangleright \quad \left(\frac{\partial x}{\partial z}\right)_y = \frac{1}{(\partial z/\partial x)_y} \qquad \text{(A.9.6)}$$

A · 10 Die Methode der Lagrangeschen Multiplikatoren

Gesucht werde das Extremum (Maximum oder Minimum) einer Funktion

$$f(x_1, x_2, \ldots, x_n) \qquad \text{(A.10.1)}$$

von n Variablen $x_1, x_2, \ldots, x_n$, die folgender Einschränkung unterliegen:

$$g(x_1, x_2, \ldots, x_n) = 0 \qquad \text{(A.10.2)}$$

Wenn f ein Extremum an der Stelle $(x_1^{(0)}, x_2^{(0)}, \ldots, x_n^{(0)})$ haben soll, dann darf sich f für eine *beliebige* infinitesimale Änderung der Variablen aus diesem Punkt nicht ändern, d.h.

$$df = \frac{\partial f}{\partial x_1} dx_1 + \frac{\partial f}{\partial x_2} dx_2 + \cdots + \frac{\partial f}{\partial x_n} dx_n = 0 \qquad \text{(A.10.3)}$$

Hierbei sind die Ableitungen am Punkt $(x_1^{(0)}, x_2^{(0)}, \ldots, x_n^{(0)})$ zu bilden.

Da außerdem die Gleichung (A.10.2) für alle x_i erfüllt sein muß, gilt ebenso

$$dg = \frac{\partial g}{\partial x_1} dx_1 + \frac{\partial g}{\partial x_2} dx_2 + \cdots + \frac{\partial g}{\partial x_n} dx_n = 0 \qquad \text{(A.10.4)}$$

wobei die Ableitungen ebenfalls an der Stelle $(x_1^{(0)}, \ldots x_n^{(0)})$ des Extremums gebildet werden sollen.

Wären nun alle Variablen vollständig unabhängig voneinander, dann könnte man alle dx_i außer einem, z.B. dx_k, gleich Null setzen. Dann könnte man aber unmittelbar aus (A.10.3) schließen, daß $(\partial f/\partial x_k) = 0$ für alle k ist.

Aber die Variablen $x_1, x_2, \ldots, x_n$ sind *nicht* alle voneinander unabhängig, da sie durch (A.10.2) untereinander verknüpft sind. Nehmen wir an, man könne eine Variable, z.B. x_n, durch die restlichen $(n - 1)$ Variablen ausdrücken; diese können dann ohne weitere Einschränkungen als unabhängige Variable behandelt werden. Mit anderen Worten, (A.10.3) muß unter der Bedingung (A.10.4) gelöst werden. Der direkte (und schwierige) Weg besteht darin, über (A.10.4) dx_n durch die Differentiale $dx_1, \ldots, dx_{n-1}$ auszudrücken, die nun vollständig unabhängig sind. Nullsetzen aller (außer dx_k) würde unmittelbar auf eine Gleichung als Folgerung aus der Extremalbedingung (A.10.3) führen. Da $k = 1, 2, \ldots, n - 1$, sein kann, erhielte man insgesamt $(n - 1)$ solche Gleichungen.

Die beschriebene Methode ist vollständig korrekt und ausführbar, aber sie ist kompliziert, da sie die Symmetrie des vorgegebenen Problems zerstört. Ein viel einfacheres Verfahren, das die gleiche Aufgabe erfüllt, verdanken wir Lagrange. Bei dieser Methode führt man einen Parameter λ ein, der später bestimmt werden muß, und multipliziert mit ihm die Bedingung (A.10.2). Das Ergebnis addiert man zu (A.10.3) und erhält:

$$\left(\frac{\partial f}{\partial x_1} + \lambda \frac{\partial g}{\partial x_1}\right) dx_1 + \left(\frac{\partial f}{\partial x_2} + \lambda \frac{\partial g}{\partial x_2}\right) dx_2 + \cdots + \left(\frac{\partial f}{\partial x_n} + \lambda \frac{\partial g}{\partial x_n}\right) dx_n = 0 \tag{A.10.5}$$

Natürlich sind hier auch nur $(n - 1)$ Differentiale dx_i voneinander unabhängig, also z.B. $dx_1, \ldots, dx_{n-1}$. Aber wir können noch über den Wert des Parameters λ verfügen. Wir wählen ihn so, daß der Koeffizient von dx_n verschwindet:

$$\frac{\partial f}{\partial x_n} + \lambda \frac{\partial g}{\partial x_n} = 0$$

(Man beachte, daß λ eine für einen speziellen Extremalpunkt $\{x_1^{(0)}, \ldots, x_n^{(0)}\}$ charakteristische Konstante ist, da die Ableitungen an diesem Punkt zu bilden sind.) Wenn aber das letzte Glied aus (A.10.5) eliminiert ist, sind die restlichen Differentiale $dx_1, \ldots, dx_{n-1}$ voneinander unabhängig. Da man jedes dx_k beliebig Null setzen kann, folgt unmittelbar

$$\frac{\partial f}{\partial x_k} + \lambda \frac{\partial g}{\partial x_k} = 0\,, \quad \text{für } k = 1, \ldots, n-1.$$

Das Ergebnis dieser Überlegungen ist also

$$\frac{\partial f}{\partial x_k} + \lambda \frac{\partial g}{\partial x_k} = 0, \quad \text{für } \textit{alle } k = 1, \ldots, n \tag{A.10.6}$$

D.h., nach Einführung des „Lagrange-Multiplikators" λ kann man den Ausdruck (A.10.5) so behandeln, *als ob* alle Differentiale vollständig voneinander unabhängig wären. Die hinderliche Einschränkung (A.10.4) ist somit elegant „beseitigt" worden.

Natürlich ist die Einschränkung nicht verschwunden; was erreicht wurde, ist lediglich ein Verschieben der Schwierigkeiten an eine Stelle, an der die Einschränkung leichter behandelt werden kann. Denn nach dem Lösen der Gleichung (A.10.6) hängen die Lösungen immer noch von dem unbekannten Parameter λ ab. Der Parameter kann dann durch die Forderung bestimmt werden, daß die Lösung die ursprüngliche einschränkende Bedingung (A.10.2) erfüllt.

Die Methode kann leicht auf den Fall von m Bedingungsgleichungen verallgemeinert werden. In diesem Fall sind nur $(n - m)$ Variable unabhängig, und das Problem kann durch Einführen von m Lagrange-Parametern $\lambda_1, \ldots, \lambda_m$ behandelt werden.

A · 11 Berechnung des Integrals $\int_0^\infty (e^x - 1)^{-1} x^3 \, dx$

Es sei $I \equiv \int_0^\infty \frac{x^3 \, dx}{e^x - 1}$ (A.11.1)

Dieses Integral kann durch eine Reihenentwicklung des Integranden ausgewertet werden. Da $e^{-x} \leqslant 1$ für den ganzen Integrationsbereich gilt, kann man schreiben:

$$\frac{x^3}{e^x - 1} = \frac{e^{-x}x^3}{1 - e^{-x}} = e^{-x}x^3([1 + e^{-x} + e^{-2x} + \cdots])$$

$$= \sum_{n=1}^{\infty} e^{-nx}x^3$$

Daher wird (A.11.1)

$$I = \sum_{n=1}^{\infty} \int_0^\infty e^{-nx}x^3 \, dx = \sum_{n=1}^{\infty} \frac{1}{n^4} \int_0^\infty e^{-y}y^3 \, dy$$

oder $I = 6 \sum_{n=1}^{\infty} \frac{1}{n^4}$ (A.11.2)

da der Wert des Integrals 3! = 6 ist [vgl. (A.3.3)]. Diese Reihe konvergiert rasch und kann daher leicht numerisch ausgewertet werden; andererseits kann ihr exakter Wert auch analytisch bestimmt werden:

$$\sum_{n=1}^{\infty} \frac{1}{n^4} = \frac{\pi^4}{90} \tag{A.11.3}$$

Also ist

► $I = \frac{\pi^4}{15}$ (A.11.4)

Der exakte Werte kann direkt durch ein Linienintegral in der komplexen Ebene gefunden werden 7*). Die Summe (A.11.2) läßt an eine Summe von Residuen bei allen ganzzahligen Werten denken. Da die Funktion $(\tan \pi z)^{-1}$ einfache Pole für alle ganzzahligen Werte (von z) hat, läßt sich die Summe (A.11.2) als Linienintegral längs des Weges C ausdrücken (vgl. Abb. A.11.1 a) d.h.

7*) Diese allgemeine Methode, Summen auszuwerten wird beschrieben in:
Morse, P.M.; Feshbach, M.: Methods of Theoretical Physics, *1*, 413, McGraw-Hill Book Company, New York (1953).

$$\sum_{n=1}^{\infty} n^{-4} = \frac{1}{2i} \int_C \frac{dz}{z^4 \tan \pi z} \qquad (A.11.5)$$

wobei der Integrand für $z \to \infty$ verschwindet. Da die Summe durch die Substitution $n \to -n$ unverändert bleibt, kann die Summe ebenso gut durch das gleiche Integral längs des Weges C' ausgedrückt werden. Man kann also für (A.11.5) schreiben

$$2i \sum_{n=1}^{\infty} n^{-4} = \int_C = \int_{C'} = \tfrac{1}{2} \int_{C+C'} = \tfrac{1}{2} \int_{\text{Weg } b} \qquad (A.11.6)$$

wobei man sich den Integranden aus (A.11.5) eingesetzt zu denken hat. Beim letzten Schritt haben wir den Integrationsweg längs der Halbkreise im Unendlichen geschlossen (vgl. Abb. A.11.1 b), da das Integral längs der Halbkreise verschwindet. Nunmehr enthält die von vom Weg b eingeschlossene Fläche keine anderen Singularitäten als $z = 0$. Daher kann man den Integrationsweg auf einen infinitesimalen Kreis C_0 um den Ursprung schrumpfen lassen (vgl. Abb. A.11.1 c). Aber dieses letzte Integral ist einfach. Bei einer Entwicklung des Integranden nach Potenzen von z um $z = 0$ trägt nur der Term mit z^{-1} zum Integral bei (nämlich das 2πi-fache des Residuums). Damit erhält man

$$\frac{1}{z^4 \tan \pi z} = \frac{1}{z^4[\pi z + \frac{1}{3}\pi^3 z^3 + \frac{2}{15}\pi^5 z^5 + \cdots]} = -\frac{\pi^3}{45}\frac{1}{z}$$

$$+ \text{ andere Potenzen von } z \text{ [8+)]};$$

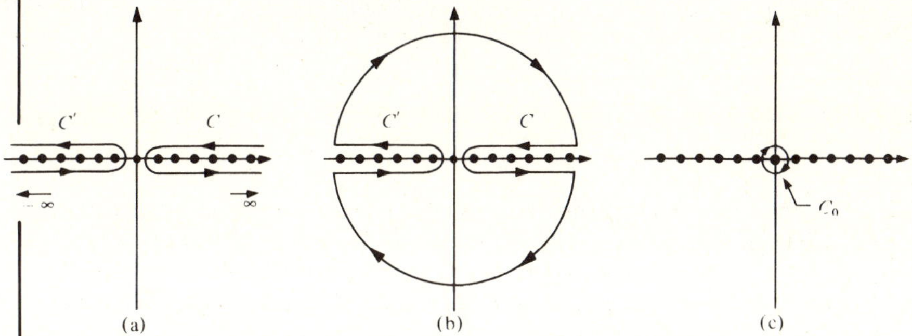

Abb. A.11.1 (a) Die Integrationswege C und C' (im Unendlichen geschlossen). (b) Die Integrationswege C und C' durch Halbkreise im Unendlichen geschlossen. (c) Der Integrationsweg von (b) auf einen infinitesimalen Kreis C_0 um den Ursprung geschrumpft.

8+) Für $0 < |z| < 1$ gilt die folgende Entwicklung: $1/\text{tg}\,\pi z = \text{ctg}\,\pi z = \frac{1}{\pi z} - [\frac{\pi z}{3} + \frac{(\pi z)^3}{45} + \frac{2\,(\pi z)^5}{945} + \ldots]$. Daraus folgt für $\frac{1}{z^4\,\text{tg}\,\pi z} = \frac{1}{\pi z^5} - [\frac{\pi}{3z^3} + \frac{\pi^3}{45z} + \frac{2\pi^5 z}{945} + \ldots]$.

Daher wird aus (A.11.6)

$$2i \sum n^{-4} = \frac{1}{2}(-2\pi i)\left(-\frac{\pi^3}{45}\right) = 2i\left(\frac{\pi^4}{90}\right)$$

was zum Ergebnis (A.11.4) führt (Das Minuszeichen bei $2\pi i$ entsteht durch den Umlaufsinn).

Eine andere Möglichkeit das Integral (A.11.1) auszuwerten besteht darin, nach einer partiellen Integration die Grenzen von $-\infty$ bis $+\infty$ zu erstrekken:

$$I = \frac{1}{8}\int_{-\infty}^{\infty} \frac{x^4\, e^x\, dx}{(e^x - 1)^2}$$

Dieses Integral kann dann direkt berechnet werden, indem man – ohne Reihenentwicklung – einen Integrationsweg in ähnlicher Weise wie in Aufgabe 9.27 benutzt.

A · 12 Das H-Theorem und die Annäherung an das Gleichgewicht

Wir wollen die am Ende von Abschnitt 2.3 beschriebene Situation etwas näher betrachten. Die Quantenzustände eines isolierten Systems seien mit r (oder s) bezeichnet. Die vollständige Beschreibung, die für uns beim Studium dieses Systems von Interesse ist, muß so sein, daß in jedem Zeitpunkt t die Wahrscheinlichkeit $P_r(t)$ dafür, das System in irgendeinem seiner zugänglichen Zustände r zu finden, angebbar ist. Diese Wahrscheinlichkeit soll geeignet normiert sein, so daß für die Summe über alle zugänglichen Zustände stets gilt

$$\sum_r P_r(t) = 1 \qquad \text{(A.12.1)}$$

Kleine Wechselwirkungen zwischen den Teilchen verursachen Übergänge zwischen den zugänglichen Quantenzuständen des Systems. Dementsprechend gibt es eine Übergangswahrscheinlichkeit W_{rs} (pro Zeiteinheit) dafür, daß sich infolge dieser Wechselwirkung das System, das ursprünglich im Zustand r war, schließlich im Zustand s befindet. Ähnlich gibt es eine Wahrscheinlichkeit W_{sr} für den inversen Übergang aus dem Zustand s in den Zustand r. Die Gesetze der Quantenmechanik zeigen, daß die Wirkung kleiner Wechselwirkungen in guter Näherung durch solche Übergangswahrscheinlichkeiten (pro Zeiteinheit) beschrieben werden kann und daß diese die folgende Symmetrieeigenschaft haben [9*]:

[9*] Die für die Gültigkeit dieser Beschreibung durch Übergangswahrscheinlichkeiten und die Symmetrieeigenschaft (A.12.2) notwendigen Bedingungen sind ausführlicher in Verbindung mit Gleichung (15.1.3) erörtert.

$$W_{sr} = W_{rs} \tag{A.12.2}$$

Die Wahrscheinlichkeit P_r dafür, das System in einem bestimmten Zustand r zu finden, *nimmt* mit der Zeit *zu*, da sich das System ursprünglich mit der Wahrscheinlichkeit P_s in irgendeinem anderen Zustand s befand und daraus Übergänge in den gegebenen Zustand r stattfinden; in ganz ähnlicher Weise *nimmt* P_r *ab*, da das System mit der Wahrscheinlichkeit P_r am Anfang im Zustand r war und aus diesem Zustand Übergänge in alle anderen Zustände s stattfinden. Die Änderung der Wahrscheinlichkeit P_r pro Zeiteinheit kann daher durch die Übergangswahrscheinlichkeiten (pro Zeiteinheit) durch folgende Beziehung ausgedrückt werden:

$$\frac{dP_r}{dt} = \sum_s P_s W_{sr} - \sum_s P_r W_{rs}$$

oder

$$\frac{dP_r}{dt} = \sum_s W_{rs}(P_s - P_r) \tag{A.12.3}$$

Wobei wir die Symmetrieeigenschaft (A.12.2) [10*)] benutzt haben.

Wir betrachten jetzt die Größe H, die als Mittelwert von $\ln P_r$ über alle zugänglichen Zustände definiert ist; d.h.,

$$H \equiv \overline{\ln P_r} \equiv \sum_r P_r \ln P_r \tag{A.12.4}$$

Diese Größe verändert sich mit der Zeit, da sich die Wahrscheinlichkeiten P_r zeitlich verändern. Differentiation von (A.12.4) ergibt

$$\frac{dH}{dt} = \sum_r \left(\frac{dP_r}{dt}\ln P_r + \frac{dP_r}{dt}\right) = \sum_r \frac{dP_r}{dt}(\ln P_r + 1)$$

oder

$$\frac{dH}{dt} = \sum_r \sum_s W_{rs}(P_s - P_r)(\ln P_r + 1) \tag{A.12.5}$$

wobei wir (A.12.3) benutzt haben. Vertauschung der Summationsindizes r und s auf der rechten Seite beeinflußt die Summe nicht, so daß man für (A.12.5) ebenso gut schreiben kann

$$\frac{dH}{dt} = \sum_r \sum_s W_{sr}(P_r - P_s)(\ln P_s + 1) \tag{A.12.6}$$

Unter Ausnutzung der Eigenschaft (A.12.2) kann dH/dt in einer ganz symmetrischen Form geschrieben werden, wenn man (A.12.5) und (A.12.6) addiert:

$$\frac{dH}{dt} = -\frac{1}{2}\sum_r \sum_s W_{rs}(P_r - P_s)(\ln P_r - \ln P_s) \tag{A.12.7}$$

10*) Man beachte, daß (A.12.3) gerade die „Master-Gleichung" (15.1.5) darstellt.

Da aber $\ln P_r$ eine monoton wachsende Funktion von P_r ist, folgt aus $P_r > P_s$ $\ln P_r > \ln P_s$ und umgekehrt. Also ist

$$(P_r - P_s)(\ln P_r - \ln P_s) \geqslant 0 \quad \text{(Gleichheitszeichen nur für } P_r = P_s) \quad (A.12.8)$$

Da die Wahrscheinlichkeiten W_{rs} nicht negativ sind, muß jedes Glied in der Summe (A.12.7) positiv oder gleich Null sein. Daraus kann man schließen:

$$\blacktriangleright \quad \frac{dH}{dt} \leq 0 \quad (A.12.9)$$

wobei das Gleichheitszeichen nur gilt, wenn $P_r = P_s$ für *alle* Zustände r und s gilt, zwischen denen Übergänge möglich sind (also $W_{rs} \neq 0$), d.h. für alle zugänglichen Zustände. Also ist

$$\frac{dH}{dt} = 0 \quad \text{nur dann, wenn } P_r = C \text{ für alle zugänglichen Zustände } r \quad (A.12.10)$$

wobei C eine vom Zustand r unabhängige Konstante ist. Das Ergebnis (A.12.9) heißt „H-Theorem" und drückt die Tatsache aus, daß die Größe H die Tendenz hat, mit der Zeit abzunehmen [11*].

Ein isoliertes System ist nicht im Gleichgewicht, wenn irgendeine Größe, und ganz speziell H, sich im Laufe der Zeit ändert. Nun zeigt aber (A.12.7), daß ganz egal, welche Anfangswerte die Wahrscheinlichkeiten P_r hatten, die Größe H solange zum Abnehmen tendiert, wie nicht alle Wahrscheinlichkeiten gleich sind. Die Größe H wird also solange abnehmen, bis H sein mögliches Minimum erreicht hat, wenn $dH/dt = 0$ ist. Der Endzustand ist nach (A.12.10) dadurch gekennzeichnet, daß das System mit gleicher Wahrscheinlichkeit in jedem zugänglichen Zustand zu finden ist. Dieser Endzustand stellt offensichtlich ein Gleichgewicht dar, da irgendwelche späteren Änderungen der Wahrscheinlichkeiten nur einige P_r ungleich machen und somit H anwachsen lassen könnten, was durch (A.12.9) ausgeschlossen ist. Der Endzustand des Gleichgewichts steht also tatsächlich im Einklang mit dem Postulat der gleichen a-priori-Wahrscheinlichkeiten [12*].

A · 13 Das Liouvillesche Theorem der klassischen Mechanik

Man betrachte ein isoliertes System, das durch f generalisierte Koordinaten und Impulse $\{q_1, \ldots q_f, p_1, \ldots p_f\}$ beschrieben wird. In einem statistischen Ensemble von solchen Systemen sei

---

11*) Beachte, daß mit (6.6.24) $S = -kH$ ist. Also drückt (A.12.9) die Tatsache aus, daß die Entropie die Tendenz hat, zuzunehmen.

12*) Eine ausführlichere und kritischere Diskussion des H-Theorems findet sich in: Tolman, R.C.: The Principles of Statistical Mechanics, *12*, Oxford University Press, Oxford (1938); ebenso in: ter Haar, Rev. Mod. Phys., *27*, 289 (1955).

$\rho(q_1, \ldots, q_f, p_1, \ldots, p_f; t)\, dq_1 \ldots dq_f\, dp_1 \ldots dp_f$ = die Anzahl der Systeme des Ensembles, die zur Zeit t ihre Koordinaten und Impulse im Volumenelement $(dq_1 \ldots dq_f, dp_1 \ldots dp_f)$ des Phasenraumes zwischen q_1 und $q_1 + dq_1$, q_2 und $q_2 + dq_2, \ldots, p_f$ und $p_f + dp_f)$ haben.

Jedes System des Ensembles bewegt sich in der Zeit nach den klassischen Bewegungsgleichungen:

$$\dot{q}_i = \frac{\partial \mathcal{H}}{\partial p_i}, \qquad \dot{p}_i = -\frac{\partial \mathcal{H}}{\partial q_i} \tag{A.13.1}$$

wobei $\mathcal{H} = \mathcal{H}(q_1, \ldots, q_f, p_1, \ldots p_f)$ die Hamiltonfunktion des Systems ist. Als Folge dieser Bewegung ändert sich die Phasenraumdichte ρ mit der Zeit. Wir interessieren uns für $\partial\rho/\partial t$ an einem gegebenen Punkt im Phasenraum. Man betrachte irgendein gegebenes festes Volumenelement im Phasenraum zwischen q_1 und $q_1 + dq_1, \ldots, p_f$ und $p_f + dp_f$ (vgl. Abb. A.13.1). Die Anzahl der Systeme, die in diesem Volumen $(dq_1 \ldots dp_f)$ liegen, ändert sich mit den Koordinaten und Impulsen der Systeme gemäß (A.13.1). Während der Zeit dt ändert sich die Zahl der Systeme in diesem Phasenraumvolumen um $(\partial\rho/\partial t)\, dt\, (dq_1 \ldots dp_f)$. Diese

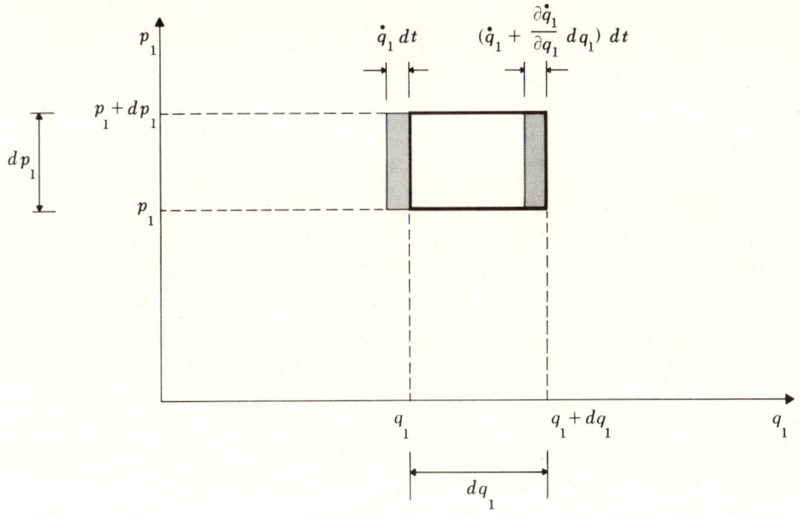

Abb. A.13.1 Schematische Darstellung eines festen Volumenelementes in einem (zweidimensionalen) Phasenraum.

Änderung ergibt sich aus der Zahl der Systeme, die das Volumenelement $(dq_1 \ldots dp_f)$ während der Zeit dt verlassen bzw. hineinkommen. Die Zahl der Systeme, die in das Volumenelement durch die „Fläche" q_1 = const. während der Zeit dt eintreten, ist gerade die Zahl der im Volumen $(\dot{q}_1 dt)\, dq_2 \ldots dp_f$ vorhandenen, d.h. sie hat den Wert $\rho(q_1, \ldots, p_f; t) \cdot (\dot{q}_1 dt\, dq_2 \ldots dp_f)$. Die Zahl der Systeme, die durch die „Fläche" $q_1 + dq_1$ = const. austreten, ist durch einen ähnlichen Ausdruck gegeben (dabei sind ρ und $\dot{q}_1$ anstatt bei q_1 an der Stelle

$q_1 + dq_1$ zu nehmen). Daher treten durch die „Flächen" q_1 = const. und $q_1 + dq_1$ = const. in der Zeit dt

$$\rho\dot{q}_1\,dt\,dq_2\cdots dp_f - \left[\rho\dot{q}_1 + \frac{\partial}{\partial q_1}(\rho\dot{q}_1)\,dq_1\right]dt\,dq_2\cdots dp_f$$
$$= -\frac{\partial}{\partial q_1}(\rho\dot{q}_1)\,dt\,dq_1\,dq_2\cdots$$

Systeme in das Volumenelement $(dq_1 \ldots dp_f)$ ein. Die Gesamtzunahme der Zahl der Systeme in diesem Phasenraumelement während dt erhält man, wenn man über alle Beiträge der durch die „Flächen" $q_1, \ldots, q_f$ und $p_1, \ldots, p_f$ = const. in dieses Volumenelement eintretenden Systeme summiert:

$$\frac{\partial\rho}{\partial t}\,dt\,dq_1\cdots dp_f = \left[-\sum_{i=1}^{f}\frac{\partial}{\partial q_i}(\rho\dot{q}_i) - \sum_{i=1}^{f}\frac{\partial}{\partial p_i}(\rho\dot{p}_i)\right]dt\,dq_1\cdots dp_f$$

oder
$$\frac{\partial\rho}{\partial t} = -\sum_{i=1}^{f}\left[\frac{\partial}{\partial q_i}(\rho\dot{q}_i) + \frac{\partial}{\partial p_i}(\rho\dot{p}_i)\right] \tag{A.13.2}$$

Dafür kann man schreiben

$$\frac{\partial\rho}{\partial t} = -\sum_{i=1}^{f}\left[\left(\frac{\partial\rho}{\partial q_i}\dot{q}_i + \frac{\partial\rho}{\partial p_i}\dot{p}_i\right) + \rho\left(\frac{\partial\dot{q}_i}{\partial q_i} + \frac{\partial\dot{p}_i}{\partial p_i}\right)\right] \tag{A.13.3}$$

Aus den Bewegungsgleichungen (A.13.1) folgt

$$\frac{\partial\dot{q}_i}{\partial q_i} + \frac{\partial\dot{p}_i}{\partial p_i} = \frac{\partial^2\mathcal{H}}{\partial q_i\partial p_i} - \frac{\partial^2\mathcal{H}}{\partial p_i\partial q_i} = 0 \tag{A.13.4}$$

Damit reduziert sich (A.13.3) einfach auf

▶ $$\frac{\partial\rho}{\partial t} = -\sum_{i=1}^{f}\left(\frac{\partial\rho}{\partial q_i}\dot{q}_i + \frac{\partial\rho}{\partial p_i}\dot{p}_i\right) \tag{A.13.5}$$

oder zu der gleichwertigen Aussage

▶ $$\frac{d\rho}{dt} = \frac{\partial\rho}{\partial t} + \sum_{i}\left(\frac{\partial\rho}{\partial q_i}\dot{q}_i + \frac{\partial\rho}{\partial p_i}\dot{p}_i\right) = 0 \tag{A.13.6}$$

wobei $d\rho/dt$ die *totale* Zeitableitung von $\rho(q_1, \ldots, p_f;\, t)$ ist; sie ist ein Maß für die Änderung von ρ (mit der Zeit) für einen Beobachter, der sich mit einem Systempunkt im Phasenraum mitbewegt. Mit (A.13.1) kann man für (A.13.5) auch schreiben

$$\frac{\partial\rho}{\partial t} = -\sum_{i=1}^{f}\left(\frac{\partial\rho}{\partial q_i}\frac{\partial\mathcal{H}}{\partial p_i} - \frac{\partial\rho}{\partial p_i}\frac{\partial\mathcal{H}}{\partial q_i}\right) \tag{A.13.7}$$

Die Beziehung (A.13.5) bzw. (A.13.6) ist als das Theorem von Liouville bekannt.

Man nehme an, daß zu irgendeinem Zeitpunkt t ρ eine Konstante ist (d.h., die Systeme des Ensembles sind gleichförmig über den gesamten Phasenraum verteilt). Oder man nehme noch allgemeiner an, ρ hänge zum Zeitpunkt t nur von der Energie des Systems ab, wobei die Energie eine Konstante der Bewegung [13*] darstellt. Dann ist

$$\frac{\partial \rho}{\partial q_i} = \frac{\partial \rho}{\partial E}\frac{\partial E}{\partial q_i} = 0 \qquad \text{und} \qquad \frac{\partial \rho}{\partial p_i} = \frac{\partial \rho}{\partial E}\frac{\partial E}{\partial p_i} = 0$$

und das Liouvillesche Theorem besagt $\partial\rho/\partial t = 0$. Das bedeutet, daß die Verteilung der Systeme des Ensembles über die Zustände zeitlich *unverändert* bleibt, d.h. man hat ein Gleichgewicht. Insbesondere beschreibt das mikrokanonische Ensemble (für das gilt: ρ = const. für $E_0 < E < E_0 + \delta E$; $\rho = 0$ sonst) tatsächlich einen Gleichgewichtszustand.

In der Quantenmechanik gelten analoge Überlegungen, wobei die klassische Phasenraumdichte durch die Dichtematrix ρ_{mn} ersetzt wird. Die Behandlung ist tatsächlich einfacher als die klassische für jeden, der mit der elementaren Quantenmechanik vertraut ist. Der interessierte Leser sei auf die Zitate verwiesen [14*].

13*) Das gleiche Resultat würde gelten, wenn ρ nur eine Funktion *irgendeines* Satzes $a_1, \ldots, a_m$ von Konstanten der Bewegung wäre.

14*) Siehe z.B.:
Kittel, C.: Elementary Statistical Physics, Abschn. 23, John Wiley & Sons, Inc., New York (1958);
ebenso Tolman, R.C.: The Principles of Statistical Mechanics, Kapitel 9, Oxford University Press, Oxford (1938).

Bibliographie

Allgemeine Lehrbücher

Allis, W.P.; Herlin, M.A.: Thermodynamics and Statistical Mechanics, McGraw-Hill Book Company, New York (1952).

Crawford, F.H.: Heat, Thermodynamics and Statistical Physics, Harcourt, Brace and World, Inc., New York (1963).

King, A.L.: Thermophysics, W.M. Freeman & Company, San Francisco (1962).

Kittel, C.: Physik der Wärme, Oldenbourg, München (1973),

Lee, J.F.; Sears, F.W.; Turcotte, D.L.: Statistical Thermodynamics, 2. Auflage, Addison-Wesley Publishing Company, Reading, Mass. (1963).

Macke, W.: Thermodynamik und Statistik, 3. Auflage, Akadem. Verlags-Ges., Leipzig (1967).

Morse, P.M.: Thermal Physics, 2. Auflage, rev. ed., W.A. Benjamin, New York (1969).

Sears, F.W.: Thermodynamics, the Kinetic Theory of Gases, and Statistical Mechanics, 2. Auflage, Addison-Wesley Book Company, Reading, Mass. (1953).

Sommerfeld, A.: Thermodynamik und Statistik, 3. Auflage, Geest und Portig, Leipzig (1965).

Soo, S.L.: Analytical Thermodynamics, Prentice-Hall Publishing Company, Englewood Cliffs, N.J. (1962).

Wahrscheinlichkeitstheorie

Cramer, H.: The Elements of Probability Theory, John Wiley & Sons, Inc., New York (1955).

Feller, W.: An Introduction to Probability Theory and Its Applications, 3. Auflage, John Wiley & Sons, Inc., New York (1968).

Fisz, M.: Wahrscheinlichkeitsrechnung und mathematische Statistik, 6. Auflage, Akademie-Verlag, Berlin (1970).

Gnedenko, B.W.: Lehrbuch der Wahrscheinlichkeitsrechnung, 6. Auflage, Akademie-Verlag (1970).

Hoel, P.G.: Introduction to Mathematical Statistics, 4. Auflage, John Wiley & Sons, Inc., New York (1971).

Mosteller, F.; Rourke, R.E.K.; Thomas, G.B.: Probability with Statistical Applications, 2. Auflage, Addison-Wesley Book Company, Reading, Mass. (1970). (Elementare Einführung.)

Munroe, M.E.: The Theory of Probability, McGraw-Hill Book Company, Reading, Mass., New York (1959).

Parzen, E.: Modern Probability Theory and Its Applications, John Wiley & Sons, Inc., New York (1960).

Renyi, A.: Wahrscheinlichkeitsrechnung mit einem Anhang über Informationstheorie, 3. Auflage, Dt. Verlag der Wissensch., Berlin (1971).

Phänomenologische Thermodynamik

Basarow, J.P.: Thermodynamik, 2. Auflage, Dt. Verlag der Wissensch., Berlin (1972).

Callen, H.B.: Thermodynamics, John Wiley & Sons, Inc., New York (1960). (Moderne anspruchsvolle Einführung.)

Fermi, E.: Thermodynamics, Dover Publications, New York (1957). (Eine gute Einführung.)

Guggenheim, E.A.: Thermodynamics, 5. Auflage, North Holland Publisher Company, Amsterdam (1967).

Kirkwood, J.G.; Oppenheim, I.: Chemical Thermodynamics, McGraw-Hill Book Company, New York (1961).

Leontowitsch, M.A.: Einführung in die Thermodynamik, Dt. Verlag der Wissenschaft, Berlin (1953).

Münster, A.: Chemische Thermodynamik, Verlag Chemie, Weinheim (1969).

Pippard, A.B.: The Elements of Classical Thermodynamics, Cambridge University Press, Cambridge (1957).

Zemansky, M.W.: Heat and Thermodynamics, 5. Auflage, McGraw-Hill Book Company, New York (1968).

Statistische Mechanik

Andrews, F.C.: Equilibrium Statistical Mechanics, John Wiley & Sons, Inc., New York (1963). (Eine lesbare elementare Einführung.)

Becker, R.: Theorie der Wärme (Heidelberger Taschenbücher Nr. 10).

Springer-Verlag, Berlin (1966). (Eine gute Einführung in die Statistische Mechanik und die Schwankungserscheinungen.)

[Die 2. Auflage des vorstehenden Werkes erschien in englischer Übersetzung unter dem Titel: Becker, R.: Theory of Heat, 2. ed. rev. by Leibfried, Springer-Verlag, Berlin (1967)].

Brillouin, L.: Science and Information Theory, Academic Press, New York (1962). (Erörterungen im Zusammenhang mit der Informationstheorie.)

Brout, R.: Phase Transitions, W.A. Benjamin, New York (1965).

Chisholm, J.S.R.; Borde, A.H.: An Introduction to Statistical Mechanics, Pergamon Press, New York (1958).

Davidson, N.: Statistical Mechanics, McGraw-Hill Book Company, New York (1962).

Eyring, H.; Henderson, D.; Stover, B.J.; Eyring, E.M.: Statistical Mechanics and Dynamics, John Wiley & Sons, Inc., New York (1963).

Fowler, R.H.: Statistical Mechanics, 2. Auflage, Cambridge University Press, Cambridge (1955). (Basiert auf der Darwin-Fowler-Methode.)

Fowler, R.H.; Guggenheim, E.A.: Statistical Thermodynamics, Cambridge University Press, Cambridge (1965).

Frenkel, J.I.: Statistische Physik, Akademie-Verlag, Berlin (1957).

Hill, T.L.: An Introduction to Statistical Thermodynamics, Addison-Wesley Publishing Company, Reading, Mass. (1960). (Chemisch ausgerichtet.)

Hill, T.L.: Statistical Mechanics, McGraw-Hill Book Company, New York (1956). (Eine gute Darlegung moderner Fragen.)

Huang, K.: Statistische Mechanik, (B.-J.-Hochschultaschenbücher Nr. 68, 69, 70). Bibliogr. Institut, Mannheim (1964).

Katz, A.: Principles of Statistical Mechanics, Freeman, San Francisco, 1967. (Versuch, die Statistische Mechanik informationstheoretisch zu begründen.) San Francisco (1967).

Kittel, C.: Elementary Statistical Physics, John Wiley & Sons, Inc., New York (1958).

Khinchin, A.J.: Mathematische Grundlagen der statistischen Mechanik (B.-I.-Hochschultaschenbücher Nr. 58/58 a), Bibliogr. Institut, Mannheim (1964).

Landau, L.D.; Lifschitz, E.M.: Statistische Physik, 2. Auflage, Akademie-Verlag, Berlin (1969).

Lee, J.F.; Sears, F.W.; Turcotte, D.L.: Statistical Thermodynamics, 2. Auflage, Addison-Wesley Publishing Company, Reading, Mass. (1973). (Eine elementare Einführung.)

Lindsay, R.B.: Introduction to Physical Statistics, John Wiley & Sons, Inc., New York (1941).

McDonald, D.K.C.: Introductory Statistical Mechanics for Physicists, John Wiley & Sons, Inc., New York (1963).

Mayer, J.E./Mayer, M.G.: Statistical Mechanics, John Wiley & Sons, Inc., New York (1940).

Münster, A.: Statistische Thermodynamik, Springer-Verlag, Berlin (1956). [Neuauflage des vorstehenden Werkes in englischer Übersetzung unter dem Titel: Münster, A.: Statistical Thermodynamics, Springer-Verlag, Berlin (1969)].

Münster, A.: Prinzipien der statistischen Mechanik, in: Handbuch der Physik, Bd. III/2, S. 176–412, Springer-Verlag, Berlin (1959).

Muto, T.; Takagi, Y,: Order-Disorder in Alloys, in: Advances in Solid-State Physics, *1*, 194, Academic Press, New York (1955). (Erörterung kooperativer Phänomene.)

Rushbrooke, G.S.: Introduction to Statistical Mechanics, University Press, Oxford (1949).

Schrödinger, E.: Statistische Thermodynamik, Barth-Verlag, Leipzig (1952). (Ein knapp und klar geschriebenes Buch.)

Ter Haar, D.: Foundations of Statistical Mechanics, Rev. Mod. Phys., 27, 289 (1955).

——: Elements of Statistical Mechanics, Holt, Rinchart and Winston, New York (1954).

Tolman, R.C.: The Principles of Statistical Mechanics, University Press, Oxford (1938). (Eine sorgfältige Betrachtung der grundlegenden Begriffe in klassischer Behandlung.)

Tribus, M.: Thermostatics and Thermodynamics, van Nostrand & Company, New York (1961). (Von einem Ingenieur geschriebene informationstheoretische Betrachtung.)

Wilks, J.: Der dritte Hauptsatz der Thermodynamik, Vieweg Verlag, Braunschweig (1963).

Wilson, A.H.: Thermodynamics and Statistical Mechanics, University Press, Cambridge (1957).

Kinetische Theorie

Chapman, S.; Cowling, T.G.: The Mathematical Theory of Non-uniform Gases, 3. Auflage, University Press, Cambridge (1970). (Standardwerk für Fortgeschrittene.)

Ferziger, J.H.; Kaper, H.G.: Mathematical Theory of Transport Processes in Gases, North-Holland Publishing Company, Amsterdam (1972).

Guggenheim, E.A.: Elements of the Kinetic Theory of Gases, Pergamon Press, New York (1960). (Eine elementare Einführung in die exakte Transporttheorie.)

Hirschfelder, J.O.; Curtiss, C.R.; Bird, R.B.: The Molecular Theory of Gases and Liquids, John Wiley & Sons, Inc., New York (1954). (Ein Buch für Fortgeschrittene.)

Jeans, J.: An Introduction to the Kinetic Theory of Gases, University Press, Cambridge (1952).

——: Kinetic Theory of Gases, University Press, Cambridge (1946).

Kennard, E.H.: Kinetic Theory of Gases, McGraw-Hill Book Company, New York (1938).

Kestin, J.; Dorfman, J.R.: A Course in Statistical Thermodynamics, Academic Press, New York (1971).

Liboff, R.L.: Introduction to the Theory of Kinetic Equations, John Wiley & Sons, Inc., New York (1969).

Loeb, L.B.: The Kinetic Theory of Gases, 2. Auflage, McGraw-Hill Book Company, New York (1934).

Patterson, G.N.: Molecular Flow of Gases, John Wiley & Sons, Inc., New York (1956).

Present, R.D.: Introduction to the Kinetic Theory of Gases, McGraw-Hill Book Company, New York (1958). (Eine gute Einführung.)

Sommerfeld, A.: Thermodynamik und Statistik, 3. Auflage, Geest & Portig, Leipzig (1965).

Suchy, K.: Neue Methoden in der kinetischen Theorie verdünnter Gase: Ergebnisse der exakten Naturwissenschaften, *35*, 103, Springer-Verlag (1964). (Eine sehr ausführliche Monographie mit einem Anhang über Tensorrechnung.)

Terletskii Ya,P.: Statistical Physics, North Holland Publishing Company, Amsterdam (1971).

Waldmann, L.: Transporterscheinungen in Gasen von mittlerem Druck. In: Handbuch der Physik, *12,* 295, Springer-Verlag, Berlin (1958).

Watson, K.M.; Boud, J.W.; Welch, J.A.: Atomic Theory of Gas Dynamics, Addison Wesley Publishing Company, Reading, Mass. (1965). (Eine moderne Behandlung für Fortgeschrittene.)

Schwankungen und irreversible Prozesse

Becker, R.: Theorie der Wärme, (Heidelberger Taschenbücher Nr. 10), Springer-Verlag, Berlin (1966). (Im Kapitel 6 findet man eine gute Erörterung der Schwankungserscheinungen.)
[2. Auflage unter dem Titel: Becker, R.: Theory of Heat., 2. ed. rev. by G. Leibfried, Springer-Verlag, Berlin (1967)].

Chandrasekhar, S.: Stochastic Problems in Physics and Astronomy, Rev. mod. Phys. 15 (1943), S. 1–89. (Eine gute Darstellung der Brownschen Bewegung und der Zufallsbewegung.)

Cohen, E.D.G. (Hrsg.): Fundamental Problems in Statistical Mechanics, North-Holland Publishing Company, Amsterdam, 2. Auflage (1962).

Cox, R.T.: Statistical Mechanics of Irreversible Change, Johns Hopkins Press, Baltimore, Md. (1955).

Denbigh, K.G.: Thermodynamics of the Steady State, John Wiley & Sons, Inc., New York (1951).

DeGroot, S.R.: Thermodynamik irreversibler Prozesse, (B.-I.-Hochschultaschenbücher Nr. 18/18 a), Bibliogr. Institut, Mannheim (1960).

DeGroot, S.; Mazur, P.: Grundlagen der Thermodynamik irreversibler Prozesse (B.-I.-Hochschultaschenbücher Nr. 162/162 a), Bibliogr. Institut, Mannheim (1969).

Eisenschitz, R.: Statistical Theory of Irreversible Processes, University Press, Oxford (1958).

Glansdorff, P.; Prigogine, I.: Thermodynamics Theory of Structure, Stability and Fluctuations, John Wiley & Sons, Inc., London (1971).

Gyarmati, I.: Non-equilibrium Thermodynamics, Springer-Verlag, Berlin (1970).

Haase, R.: Thermodynamik der irreversiblen Prozesse, Steinkopf, Darmstadt (1963).

Kirkwood, J.G.; Rass, J.: The Statistical Mechanical Basis of the Boltzmann-Equation, in: Prigogine (ed.): International Symposium on Transport Processes in Statistical Mechanics, p. 1, Interscience Publishers, New York (1958).

Kubo, R.: Some Aspects of the Statistical Mechanical Theory of Irreversible Processes, in University of Colorado, Lectures in Theoretical Physics, *1,* 120; Interscience Publishers, New York (1959).

McCombie, C.W.: Fluctuation Theory of Physical Measurements, Reports on Progress in Physics, *16,* 266 (1953).

MacDonald, D.K.C.: Noise and Fluctuations: An Introduction, John Wiley & Sons, Inc., New York (1962).

Prigogine, I.: Introduction to Thermodynamics of Irreversible Processes, 2. Auflage, John Wiley & Sons, Inc., New York (1962).

Rice, S.A.; Frisch, H.: Some Aspects of the Statistical Theory of Transport, Ann. Review of Phys. Chem., *11*, 137 (1960) (Überblicksartikel über irreversible statistische Mechanik.)

Ross, J.: Contribution to the Theory of Brownian Motion, J. Chem. Phys. *11*, 375 (1956).

Wax, M. (ed.): Selected Papers on Noise and Stochastic Processes, Dover Publications, New York (1954).

Zwanzig, R.W.: Statistical Mechanics of Irreversibility, in University of Colorado, Lectures in Theoretical Physics, *3*, 106, Interscience Publishers, New York (1961).

Rationale Thermodynamik

Day, W.A.: The Thermodynamics of Simple Materials with Fading Memory, Springer Tracts in Natural Philosophy, *22*, Springer-Verlag (1972).

Müller, I.: Thermodynamik, Bertelsmann-Verlag, Düsseldorf (1973).

Truesdell, C.: Rational Thermodynamics, McGraw-Hill Book Company, New York (1969).

Geschichtliches

Broda, E.: „Ludwig Boltzmann", Franz Deuticke Verlag, Wien (1955).

Holton, G.; Roller, D.H.D.: Foundations of Modern Physical Science, Kap. 19, 20 und 25, Addison Wesley Publishing Company, Reading, Mass. (1958).

Hoyer, U.: Über den Zusammenhang der Carnotschen Theorie mit der Thermodynamik, Arch. Hist. Ex. Sc. *13* (1974), 359.

Koenig, F.O.: On the History of Science and of the Second Law of Thermodynamics, in: Evans, H.M. (Hrsg.): Men and Moments in the History of Science, University of Washington Press, Scattle (1959).

Roller, D.: The Early Development of the Concepts of Temperature and Heat, Harvard University Press, Cambridge, Mass. (1950).

Wheeler, L.P.: „Josiah Willard Gibbs", Yale University Press, New Haven (1952).

Numerische Konstanten

Der Tabelle der physikalischen Konstanten liegt die moderne Konvention zugrunde, nach der die relative Atommasse des Isotops ^{12}C zu 12 gesetzt wird*. Die geschätzten Fehlergrenzen sind die $3\,\delta$-Abweichungen der letzten Stellen der davor stehenden Spalte.

Physikalische Konstanten

Größe	Wert	Fehler
Elementarladung	$e = 1{,}60210 \cdot 10^{-19}\,C$	± 7
Lichtgeschwindigkeit	$c = 2{,}997925 \cdot 10^{-8}\,ms^{-1}$	± 3
Plancksche Konstante	$h = 6{,}6256 \cdot 10^{-34}\,Js$	± 5
$\hbar \equiv h/2\pi$	$\hbar = 1{,}05450 \cdot 10^{-34}\,Js$	± 7
Ruhmasse des Elektrons	$m_e = 9{,}1091 \cdot 10^{-28}\,g$	± 4
Ruhmasse des Protons	$m_p = 1{,}67252 \cdot 10^{-24}\,g$	± 8
Bohrsches Magneton		
$e\hbar/2m_ec$	$\mu_B = 9{,}2732 \cdot 10^{-24}\,JT^{-1}$	± 6
Kernmagneton $e\hbar/2m_pc$	$\mu_N = 5{,}0505 \cdot 10^{-27}\,JT^{-1}$	± 4
Loschmidtsche Zahl	$N_a = 6{,}02252 \cdot 10^{23}\,mol^{-1}$	± 28
Boltzmannsche Konstante	$k = 1{,}38054 \cdot 10^{-23}\,JK^{-1}$	± 18
Gaskonstante	$R = 8{,}3143\,JK^{-1}mol^{-1}$	± 12
Stefan-Boltzmannsche Konstante	$\sigma = 5{,}6697 \cdot 10^{-8}\,Jm^{-2}\,s^{-1}\,K^{-4}$	± 29

Näherungsweise Temperaturwerte T, die zu verschiedenen Frequenzen ν gehören ($kT = h\nu$)

$\nu = 10^6\,s^{-1}$	$\longleftrightarrow$	$T = 4{,}8 \cdot 10^{-5}\,K$	Radiowellen
$\nu = 10^{10}\,s^{-1}$	$\longleftrightarrow$	$T = 0{,}48\,K$	Mikrowellen
$\nu = 10^{13}\,s^{-1}$	$\longleftrightarrow$	$T = 480\,K$	Infrarot
$\nu = 10^{15}\,s^{-1}$	$\longleftrightarrow$	$T = 4{,}8 \cdot 10^4\,K$	sichtbares Licht

*) Siehe etwa: H. Ebert (Hrsg.) Physikal. Taschenbuch, Vieweg, Braunschweig 1962, Abschn. 111.6; oder: Physics Today *17* (1964) 48.

Lösungen zu ausgewählten Aufgaben

(unverändert aus der amerikanischen Ausgabe übernommen *))

CHAPTER 1

1.2 (*a*) 0.402; (*b*) 0.667; (*c*) 0.020 ***1.5*** (*a*) $(\frac{5}{6})^N$; (*b*) $(\frac{1}{6})(\frac{5}{6})^{N-1}$; (*c*) 6

1.6 $\overline{m} = 0$; $\overline{m^2} = N$; $\overline{m^3} = 0$; $\overline{m^4} = 3N^2 - 2N$ ***1.8*** $[(2N)!/(N!)^2][\frac{1}{2}]^{2N}$

1.11 (*a*) 0.37; (*b*) 0.08 ***1.13*** 0.003; 0.086; 0.162 ***1.15*** 85 ***1.18*** Nl^2

1.19 $(N^2V^2/R)p^2[1 + (1 - p)/Np]$ ***1.23*** (*a*) Nl; (*b*) $Nb^2/3$

1.25 (*a*) $A(\mu/a^3 + b)^{-\frac{1}{2}}\, db$, where $A = \frac{1}{2}\sqrt{a^3/3\mu}$
(*b*) $\frac{1}{2}A(\mu/a^3 - b)^{-\frac{1}{2}}\, db$, if $-2\mu/a^3 < b < -\mu/a^3$;
$\frac{1}{2}A[(\mu/a^3 - b)^{-\frac{1}{2}} + (\mu/a^3 + b)^{-\frac{1}{2}}]\, db$, if $-\mu/a^3 < b < \mu/a^3$;
$\frac{1}{2}A(\mu/a^3 + b)^{-\frac{1}{2}}\, db$ if $\mu/a^3 < b < 2\mu/a^3$

1.26 $Nb\, dx\, [\pi(x^2 + N^2b^2)]^{-1}$

1.29 $(8\pi l^3)^{-1}$ if $0 < r < l$; $(3l - r)(16\pi l^3 r)^{-1}$ if $l < r < 3l$; 0 if $r > 3l$

CHAPTER 2

2.3 (*a*) $\dfrac{dx}{\pi(A^2 - x^2)^{\frac{1}{2}}}$ ***2.4*** (*a*) $\dfrac{N!}{[(N/2) - (E/2\mu H)]![(N/2) + (E/2\mu H)]!}\dfrac{\delta E}{2\mu H}$

2.7 (*b*) $\bar{p} = \frac{2}{3}\bar{E}/V$ ***2.10*** $(\bar{p}_f V_f - \bar{p}_i V_i)/(1 - \gamma)$

2.11 (*a*) $W = 22{,}400$ joules, $Q = 11{,}800$ joules

CHAPTER 3

3.2 (*a*) $E = -N\mu H \tanh(\mu H/kT)$; (*b*) $E > 0$; (*c*) $M = N\mu \tanh(\mu H/kT)$

3.3 (*a*) $\tilde{E}/\mu^2 N = \tilde{E}'/\mu'^2 N'$; (*b*) $\mu^2 N(bN\mu H + b'N'\mu'H')(\mu^2 N + \mu'^2 N')^{-1}$;
(*c*) $NN'H(b'\mu'\mu^2 - b\mu'^2\mu)(\mu^2 N + \mu'^2 N')^{-1}$;
(*d*) $P(E)\, dE = (2\pi\sigma^2)^{-\frac{1}{2}} \exp[-(E - \tilde{E})^2/2\sigma^2]\, dE$,
where $\sigma \equiv \mu\mu' H[NN'/(\mu^2 N + \mu'^2 N')]^{\frac{1}{2}}$; (*e*) σ^2; (*f*) $\mu'/(\mu b' N^{\frac{1}{2}})$

*) Siehe dazu auch Aufgaben und Lösungen zu „Grundlagen der Physikalischen Statistik und der Physik der Wärme", Walter de Gruyter & Co., Berlin–New York.

CHAPTER 4

4.1 (*a*) $\Delta S_W = 1310$ joules deg^{-1}, $\Delta S_{res} = -1120$ joules deg^{-1}, $\Delta S_{tot} = 190$ joules deg^{-1}; (*b*) 102 joules deg^{-1}

4.3 $\Delta S = c \ln (T_f/T_i) + R \ln (V_f/V_i)$ *4.4* $2.27\ Nk$

CHAPTER 5

5.1 (*a*) $T_f = T_i(V_f/V_i)^{1-\gamma}$ *5.2* (*a*) 314 joules; (*b*) 600 joules; (*c*) 1157 joules

5.4 (*c*) 3.24 joules deg^{-1} *5.5* (*c*) $[T_0 + (mgV_0/\nu c_V A)](1 + R/c_V)^{-1}$

5.6 $\gamma = 4\pi^2\nu^2 m V_0(p_0 A^2 + mgA)^{-1}$ *5.12* $\alpha T\, \Delta p/\rho c_p$

5.13 $\alpha^2 vT - vT(d\alpha/dT)$

5.14 (c) $S(L,T) = S(L_0,T_0) + b(T - T_0) - aT(L - L_0)^2$;
(e) $C_L(L,T) = bT - aT(L - L_0)^2$

5.15 (*b*) $2l\sigma_0 x$; (*c*) $-2l\sigma x$ *5.18* (*a*) $-(1/C_V)[T(\partial p/\partial T)_V - p]$

5.19 (*c*) $(p' + 3/v'^2)(v' - \frac{1}{3}) = \frac{8}{3}T'$ *5.20* $p' = 9 - 12(\sqrt{T'} - \sqrt{3})^2$

5.21 (*b*) $T_0 \exp \left\{ \int_{\vartheta_0}^{\vartheta} [\alpha'\, d\vartheta'/(1 + \mu' C_p'/V)] \right\}$ *5.22* (*a*) $T_i/(T_i - T_0)$

5.23 (*a*) $C(T_1 + T_2 - 2T_f)$; (*b*) $T_f \geq \sqrt{T_1 T_2}$; (*c*) $C(\sqrt{T_1} - \sqrt{T_2})^2$

5.25 $\exp(-10^{18})$ *5.26* $1 - (V_1/V_2)^{\gamma-1}$

CHAPTER 6

6.1 (*a*) $e^{-\hbar\omega/kT}$; (*b*) $(\hbar\omega/2)(1 + 3e^{-\hbar\omega/kT})(1 + e^{-\hbar\omega/kT})^{-1}$ *6.4* T^{-1}

6.6 (*c*) $\bar{E} = N(\epsilon_1 + \epsilon_2 e^{-(\epsilon_2-\epsilon_1)/kT})(1 + e^{-(\epsilon_2-\epsilon_1)/kT})^{-1}$

6.7 (*b*) $S = N_a k \ln (1 + 2e^{-\epsilon/kT}) + (2N_a\epsilon/T)e^{-\epsilon/kT}(1 + 2e^{-\epsilon/kT})^{-1}$

6.8 $(Nea/2) \tanh (e\mathcal{E}a/2kT)$

6.10 (*a*) $\rho(r) = \rho(0) \exp (m\omega^2 r^2/2kT)$; (*b*) $\mu = [2N_a kT/\omega^2(r_1^2 - r_2^2)] \ln [\rho(r_1)/\rho(r_2)]$

6.11 $\alpha = 0.15k/U_0$ *6.12* $(A/3)^{\frac{1}{2}}$, $(A/3)^{\frac{1}{2}}$, $\frac{1}{2}(A/3)^{\frac{1}{2}}$

CHAPTER 7

7.2 (*b*) $kT + mgL(1 - e^{mgL/kT})^{-1}$

7.3 (*a*) $2p(1 + b)^{-1}$; (*b*) $\nu R \ln [(1 + b)^2/b]$; (*c*) $\nu R \ln [(1 + b)^2/4b]$

7.5 $Na \tanh (Wa/kT)$ **7.9** (a) Ma/α; (b) kT/α; (c) $\sqrt{kT\alpha/g^2}$

7.10 (b) $\frac{3}{4}Nk$ **7.12** (b) 164°K **7.14** $\bar{M}_z = N_0\mu\,[\coth\,(\mu H/kT) - (kT/\mu H)]$

7.16 (c) $1 + \frac{1}{2}(\mu/kT)^2(H_2^2 - H_1^2)$ **7.17** 0.843

7.18 $u = (\gamma/2)^{\frac{1}{2}}\bar{v}$; 37 percent have speed less than u.

7.20 (b) $2\pi n(\pi kT)^{-\frac{3}{2}}\epsilon^{\frac{1}{2}}e^{-\epsilon/kT}\,d\epsilon$ **7.22** (c) $I_0 \exp\,[-mc^2(\nu - \nu_0)^2/(2kT\nu_0^2)]\,d\nu$

7.23 (a) 1.1×10^{18}; (b) 1.7×10^{11}; (c) 2.4×10^{-8} mm of Hg

7.24 $4V/\bar{v}A$ **7.27** $2^{(1-\sqrt{\mu_{He}/\mu_{Ne}})}$

7.28 (a) $\frac{1}{2}[p_1(0) + p_2(0)] + \frac{1}{2}[p_1(0) - p_2(0)]e^{-A\bar{v}t/V}$;

(b) $\dfrac{V}{2T}\left[p_1(0)\ln\dfrac{2p_1(0)}{p_1(0) + p_2(0)} + p_2(0)\ln\dfrac{2p_2(0)}{p_1(0) + p_2(0)}\right]$; **7.30** (b) $4\bar{\epsilon}_i/3$

7.31 $\bar{p}A\left[1 - \cos^3\left(\sin^{-1}\dfrac{R}{L}\right)\right] \to \dfrac{2}{3}\bar{p}A\left(\dfrac{R}{L}\right)^2$ if $R \ll L$

CHAPTER 8

8.1
$$\mathcal{P}(V,T)\,dV\,dT = \frac{1}{2\pi}\left(\frac{c_V\rho_0}{k^2T^3\kappa}\right)^{\frac{1}{2}} \exp\left[-\frac{Mc_V}{2kT_0^2}(T - T_0)^2 - \frac{\rho_0}{2M\kappa kT_0}\left(V - \frac{M}{\rho_0}\right)^2\right]dV\,dT$$

8.2 (a) 195°K; (b) $l = 31{,}220$ joules mole^{-1} for sublimation, $l = 25{,}480$ joules mole^{-1} for vaporization; (c) 5740 joules mole^{-1}

8.5 (a) $QRT_r/L\mathcal{V}$; (b) $T_0[1 - (T_0R/L)\ln\,(p_m/p_0)]^{-1}$ **8.6** $T^{-1}[(L/RT) - \frac{1}{2}]$

8.7 $(c_{p_2} - c_{p_1}) + (l/T)\{1 - [T(\alpha_2v_2 - \alpha_1v_1)]/(v_2 - v_1)\}$

8.8 $(2mgkT/abcl^2\rho_i)[(1/\rho_i) - (1/\rho_w)]$

8.11 (a) $\frac{5}{2}kT + mgz - kT[\ln\,(kT/p) + \frac{3}{2}\ln T + \sigma_0]$

8.13 2, for small dissociation **8.17** $K_p(T) = p\xi^3(1 - \xi)^{-2}(2 + \xi)^{-1}$

8.19 (d) $p/kT = e^{-\beta\eta}/ev_0$; (f) $L/RT_b = \ln\,(v_g/v_0)$

CHAPTER 9

9.2 $S = -k\sum_r [\bar{n}_r \ln \bar{n}_r \pm (1 \mp \bar{n}_r)\ln\,(1 \mp \bar{n}_r)]$ (upper sign for FD, lower for BE)

9.4 (c) $\bar{p}h(2\pi m)^{-\frac{1}{2}}(kT)^{-\frac{3}{2}}\exp\,(\epsilon_0/kT)$ **9.6** (c) $2/3N$ **9.7** $\frac{5}{2}R$

9.8 $\left[\frac{(m+M)^2}{mM}\right] \exp\left[-\frac{\hbar\omega}{2kT}\left(1-\frac{m^{\frac{1}{2}}+M^{\frac{1}{2}}}{[2(m+M)]^{\frac{1}{2}}}\right)\right]$

9.13 (a) $T_0\sqrt{R/2L}$ **9.15** $p(t) = (\Delta M/rt)\sqrt{RT/2\pi\mu}$

9.16 $\overline{v_x^2} = 2\mu/5m$ **9.18** (a) $[(3\pi^2)^{\frac{2}{3}}/5](\hbar^2/m)(N/V)^{\frac{5}{3}}$ **9.22** $\chi = 3n\mu_m^2/2\mu$

9.23 $(2/h^3)(2\pi mkT)^{\frac{3}{2}}e^{-\Phi/kT}$ **9.24** $[4\pi me(1-r)/h^3](kT)^2e^{-\Phi/kT}$

9.26 (b) $I_2 = 4\sum_{n=0}^{\infty}(-1)^n/(n+1)^2$ **9.27** (b) $J(k) = \pi k/\sinh \pi k$

CHAPTER 10

10.2 (a) $\ln Z = (N\eta/kT) - 3N\ln(1-e^{-\Theta_D/T}) + ND(\Theta_D/T)$;
(b) $\bar{E} = -N\eta + 3NkTD(\Theta_D/T)$;
(c) $S = Nk[-3\ln(1-e^{-\Theta_D/T}) + 4D(\Theta_D/T)]$

10.3 For $T \ll \theta_D$, $\ln Z = (N\eta/kT) + (N\pi^4T^3/5\Theta_D^3)$,
$\bar{E} = -N\eta + (3\pi^4/5)(NkT^4/\Theta_D^3)$,
$S = (4\pi^4/5)Nk(T/\Theta_D)^3$;
for $T \gg \Theta_D$, $\ln Z = (N\eta/kT) + N[-3\ln(\Theta_D/T) + 1]$,
$\bar{E} = -N\eta + 3NkT$, $S = Nk[-3\ln(\Theta_D/T) + 4]$

10.4 $\bar{p} = N(\partial\eta/\partial V) + (3\gamma NkT/V)D(\Theta_D/T)$

10.7 $-\frac{1}{2}k\int_0^{\infty}[1-e^{-\beta u}(1+\beta u)]4\pi R^2\,dR$

10.9 (a) $\bar{E} = -2nNS^2J$, if $T \ll T_c$;
$\bar{E} = -\frac{5NS(S+1)NkT}{S^2+S+1}\left[1-\frac{3kT}{2nJS(S+1)}\right]$, if $T \approx T_c$;
$\bar{E} = 0$, if $T \gg T_c$;
(b) $C \to 0$, if $T \ll T_c$; $C = \frac{15Nk^2T}{nJ[S^2+S+\frac{1}{2}]}\left[1-\frac{S(S+1)nJ}{3kT}\right]$, if $T \approx T_c$;
$C = 0$ if $T \gg T_c$

CHAPTER 11

11.2 $\Delta S = -AH_0^2/2(T-\theta)^2$ **11.3** $\Delta v = -A\theta_0\alpha H_0^2/2[T-\theta_0(1+\alpha\bar{p})]^2$

11.4 (b) $C_s - C_n = (VT/4\pi)(dH/dT)^2 + (VTH/4\pi)(d^2H/dT^2)$;
(c) $(VT_c/4\pi)(dH/dT)^2$ **11.6** (a) $\alpha = 3\gamma/T_c^2$; (b) $-\gamma T_c^2/4$

CHAPTER 12

12.3 (a) $(e\mathcal{E}/m)\tau^2$; (b) 0.757 **12.4** $\frac{1}{4}(a_1+a_2)^2$ **12.8** (a) $G = 2\pi R^3L\eta\omega/\delta$

12.9 (b) $\eta \propto T^{(s+3)/2(s-1)}$

12.10 (a) $(\pi/8)(\rho a^4/\eta L)(p_1 - p_2)$;
(b) $(\pi/16)(\mu a^4/\eta RTL)(p_1{}^2 - p_2{}^2)$

12.11 $\partial T/\partial t = (\kappa/\rho c)(\partial^2 T/\partial z^2)$

12.12 $(I^2 R/2\pi\kappa) \ln (b/a)$

12.15 $t \approx 3$ hours

12.16 $\mathfrak{F} = \mu n\bar{v}VL^2$, $t = M \ln 2/mn\bar{v}L^2$

CHAPTER 13

13.6 $\bar{v}_z = 0$ gives $(1/n)(\partial n/\partial z) = (1/\beta)(\partial\beta/\partial z)$,
$f = g + (gv_z\tau/T)(dT/dz)[\frac{5}{2} - \frac{1}{2}(mv^2/kT)]$

13.11 $\kappa = (\pi^2/3)(nk^2T/m)\tau_F$ **13.12** $\kappa/\sigma_{el} = (\pi^2/3)(k/e)^2T$

CHAPTER 14

14.1 $\sigma_{el} = (3\pi^{\frac{1}{2}}/8)(ne^2/n_1\sigma_{im}{}^{(0)})(2\mu kT)^{-\frac{1}{2}}$, where $\mu = m_1m/(m_1 + m)$

14.2 (b) $\kappa = \frac{25}{32}(k/\overline{\sigma_\eta})\sqrt{\pi kT/m}$; (c) $\kappa = \frac{75}{64}(k/\sigma_0)\sqrt{\pi kT/m}$

14.3 $\kappa/\eta = 15k/4m$

CHAPTER 15

15.7 $\bar{Y} = \sum_{k=0}^{N-1} e^{-\gamma\tau(N-k)}\bar{G} = 0$ **15.8** $\overline{G^2} = 2kT\gamma\tau/m$, $\overline{Y^2} = (kT/m)(1 - e^{-2\gamma\tau})$

15.10 $\gamma = (2mkT)^{-1} \int_{-\infty}^{\infty} K(s)\, ds$

15.11 (a) $\overline{\Delta v} = -\gamma v_0\tau$, $\overline{(\Delta v)^2} \approx \overline{G^2} = 2kT\gamma\tau/m$;
(b) $\overline{(\Delta v)^3} = -3\gamma v_0\tau\overline{G^2}$, $\overline{(\Delta v)^4} = \overline{G^4}$; (c) $\overline{(\Delta v)^3} = -6kT\gamma^2\tau^2v_0/m$

15.13 $\overline{v^2(t)} = v_0{}^2e^{-2\gamma t} + [(1 - e^{-2\gamma t})/2\gamma m^2] \int_{-\infty}^{\infty} K(s)\, ds$

15.14 (a) $J_{F'}(\omega) = m^2(\gamma^2 + \omega^2)J_v(\omega)$;
(b) $J_v(\omega) = (kT/\pi m)[\gamma/(\gamma^2 + \omega^2)]$;
(c) $J_{F'}{}^{(+)}(\omega) = (2/\pi)mkT\gamma$

+ Glossar

Die dünnen Pfeile → verweisen auf Schlagworte im Register, die fetten ⇒ auf solche im Glossar.

Das Glossar läßt sich als kurze Einführung in den Themenkreis des Buches benutzen, wenn man in folgender Reihenfolge zu lesen beginnt:

System, thermodynamisches
System, abgeschlossenes
Wärme (Wärmeübergang)
Arbeit
Energie
Systemzustand
Phasenraum
Statistisches Ensemble
Repräsentatives Ensemble
Theorem von Liouville
Stationäres Ensemble
Zugänglicher Teil des Phasenraums
Wahrscheinlichkeit
a-priori-Wahrscheinlichkeit
Grundpostulat der Statistischen Mechanik

Abzählmethoden (sogen. „Statistiken"): Für wechselwirkungsfreie Teilchen ist die ⇒ Energie eines → Mikrozustandes eine gewichtete Summe aus Einteilchenenergien. Die Gewichtsfaktoren sind die → Besetzungszahlen der Einteilchenenergiezustände, die zum Energiespektrum eines der wechselwirkungsfreien Teilchen gehören. Diese Energie eines Mikrozustandes des Vielteilchensystems wird nun in die ⇒ Zustandssumme eingesetzt, die zu ihrer Auswertung eine Summation über Mikrozustände des Systems verlangt. Dazu muß man wissen, wodurch die Mikrozustände eines Systems (⇒ Systemzustand) gegeben sind. Je nach der Natur der betrachteten wechselwirkungsfreien Teilchen müssen verschiedenartig ausgewählte Mikrozustände des Vielteilchensystems in der Zustandssumme berücksichtigt werden: Es gibt drei Kriterien für diese Auswahl oder wie man sagt – zur Abzählung von Mikrozuständen:

1. Sind die wechselwirkungsfreien Teilchen unterscheidbar oder nicht unterscheidbar?
2. Ist die → Besetzbarkeit der Einteilchenenergiezustände beliebig oder begrenzt?
3. Ist die → mittlere Teilchenzahl bestimmt (d.h. fest) oder unbestimmt?

Danach gäbe es $2^3 = 8$ Möglichkeiten, Mikrozustände auszuwählen. Von diesen acht Möglichkeiten sind für die statistische Physik nur vier interessant, die in der folgenden Tabelle zusammengestellt sind:

Abzählmethode nach:	MAXWELL-BOLTZMANN	BOSE-EINSTEIN	FERMI-DIRAC	Photonenzählung
Teilchen	unterscheidbar	nicht unterscheidbar	nicht unterscheidbar	nicht unterscheidbar
Besetzbarkeit	beliebig	beliebig	begrenzt	beliebig
mittlere Teilchenzahl	bestimmt	bestimmt	bestimmt	unbestimmt

Klassische Teilchen – solche gibt es im Gegensatz zur Makrophysik in der Mikrophysik nur näherungsweise – gehorchen der MB-Zählung, → Bosonen der BE-Zählung, → Fermionen der FD-Zählung und → Photonen der Photonenzählung. – Je nach der Abzählmethode muß die Summation in der Zustandssumme über andere Mikrozustände ausgeführt werden, was für die verschiedenen Abzählmethoden verschiedene Zustandssummen ergibt.

A-priori-Wahrscheinlichkeit: Die ⇒ Wahrscheinlichkeit $P(\Delta\Gamma)$ dafür, daß der → Mikrozustand eines Systems durch eine Präparationsvorschrift in dem Teil $\Delta\Gamma$ des ⇒ zugänglichen Teils des Γ-Raums liegt, ist über die als bekannt vorausgesetzte Dichtefunktion $\rho(\mathfrak{R}, t)$ des zur Präparationsvorschrift gehörigen ⇒ statistischen Ensembles definiert. Die Dichtefunktion $\rho(\mathfrak{R}, t)$ müßte durch beliebig oft wiederholtes Präparieren von Systemen mit der gleichen Präparationsvorschrift experimentell ermittelt werden. Da dies im allgemeinen nicht möglich ist, werden zunächst a-priori-Annahmen über $\rho(\mathfrak{R}, t)$ gemacht, d.h. aufgrund von Plausibilitätsbetrachtungen wird eine Hypothese über $\rho(\mathfrak{R}, t)$ gemacht, die durch Beobachtungen noch nicht bestätigt ist. Mit diesem hypothetischen $\rho(\mathfrak{R}, t)$ erhält man gemäß der Definition der ⇒ Wahrscheinlichkeit die *a-priori-Wahrscheinlichkeit,* die mit Testverfahren an der Erfahrung bestätigt werden muß (s. etwa: Schilling, H.: Statistische Physik in Beispielen, Fachbuchverlag, Leipzig 1972). Um ein a-priori $\rho(\mathfrak{R}, t)$ zu postulieren, wählt man ein System mit möglichst einfachen → makroskopischen Nebenbedingungen aus. Hier bietet sich das ⇒ abgeschlossene System im ⇒ Gleichgewicht an (⇒ Grundpostulat der Statistischen Mechanik). Unnötig zu sagen, daß solche hypothetischen Dichtefunktionen notwendigerweise dem ⇒ Liouvilleschen Theorem zu genügen haben.

Arbeit: Wird die Energieänderung zweier miteinander wechselwirkender Systeme allein durch Änderungen der → Arbeitsvariablen **x** bewirkt, so heißt die zugehörige → Wechselwirkung *mechanisch.* Ist $\overline{\Delta_{\mathbf{x}}E}$ die Änderung der mittleren ⇒ Energie (⇒ Ensemble-Mittelwert) eines der beiden Systeme, so heißt $W \equiv \overline{\Delta_{\mathbf{x}}E}$ die am System geleistete *makroskopische Arbeit.* Für ⇒ quasistatische Prozesse lautet das → Arbeitsdifferential $đW = \sum_\alpha \bar{X}_\alpha \, dx_\alpha$. Dabei sind die $\bar{X}_\alpha$ die ⇒ Ensemble-Mittelwerte der generalisierten Kräfte $\bar{X}_\alpha = \overline{\frac{\partial E}{\partial x_\alpha}}$, die für quasistatische Prozesse wohl definiert sind.

Energie: In diesem Buch wird die Kenntnis des Energiespektrums (d.h. die Menge aller Energieeigenwerte) des betrachteten Systems vorausgesetzt. Somit sind die Energiewerte aller → Mikrozustände in Abhängigkeit von den Werten der → äußeren Parameter als bekannt anzusehen. Liegt daher ein ⇒ statistisches Ensemble vor, so ist der ⇒ Ensemble-Mittelwert der Energie ebenfalls eine bekannte Funktion der äußeren Parameter. Während jedoch die Energiewerte der Mikrozustände durch die äußeren Parameter allein bestimmt sind, hängt der Ensemble-Mittelwert der Energie naturgemäß auch von der Dichtefunktion des statistischen Ensembles ab. Somit verändert sich der Energiemittelwert sowohl bei Änderung der äußeren Parameter als auch durch Abänderung des statistischen Ensembles. Sind die äußeren Parameter zeitlich konstant, so sind die → Arbeitsvariablen ebenfalls zeitlich konstant, und ein → geschlossenes System zeigt mit seiner Umgebung rein thermische Wechselwirkung (⇒ Wärme). Ist andererseits ein geschlossenes System thermisch isoliert, so entsteht eine Wechselwirkung mit seiner Umgebung allein durch Änderung seiner Arbeitsvariablen (⇒ Arbeit). Für die zeitliche Änderung des Energiemittelwertes gilt allgemein der ⇒ erste Hauptsatz.

Ensemble-Mittelwert: Ist $\rho(\mathfrak{R}, t)$ die Dichtefunktion eines ⇒ statistischen Ensembles und $A(\mathfrak{R}, t)$ eine Phasenraumfunktion, die eine physikalische Größe darstellt (z.B. die Hamiltonfunktion $H(\mathfrak{R}, t)$ stellt die Energie dar), so heißt

$$\overline{A}(t) := \frac{\int_\Gamma A(\mathfrak{R}, t)\, \rho(\mathfrak{R}, t)\, d\Omega}{\int_\Gamma \rho(\mathfrak{R}, t)\, d\Omega}$$

der *Ensemble-Mittelwert von* A ($d\Omega$ = Volumenelement des ⇒ Phasenraums). Läßt sich dieser Mittelwert als der Mittelwert der Meßwerte interpretieren, die an einem System aus dem statistischen Ensemble ermittelt wurden, so ist das Ensemble ⇒ *repräsentativ,* wenn dies für die wesentlichen physikalischen Größen des Systems zutrifft. Sind die → Schwankungen klein, so stimmt der Ensemble-Mittelwert näherungsweise mit dem Meßwert selbst überein. In diesem Falle wird der Ensemble-Mittelwert oft einfach als Mittelwert bezeichnet, oder man spricht vom „mittleren A" (z.B. von der mittleren Energie eines Systems).

Entropie: Als Entropie eines Systems wird definiert

$$S(E, N) \equiv k \ln \Omega(E, N)$$

Dabei ist k die → Boltzmann-Konstante und $\Omega(E, N)$ für feste Teilchenzahl N die Anzahl der Zustände des Systems, die im Energieintervall $E \ldots . E + \delta E$ liegen (⇒ Zustandsdichte). Gemäß der ⇒ Gleichgewichtsbedingung wird für ein ⇒ abgeschlossenes System A^0, das aus den beiden Teilsystemen A und A' besteht, $A^0 = A \cup A'$, Ω_0 maximal:

$$\Omega_0(E, N) = \Omega(E, N)\, \Omega'(E', N')$$

$$E_0 = E + E', \quad N_0 = N + N'$$

Aufgrund der Definition ist die Entropie für Teilsysteme eine additive Größe. Daher läßt sich die Gleichgewichtsbedingung mit den Entropien S und S′ der beiden Teilsysteme A und A′ wie folgt darstellen

$$S(E, N) + S'(E', N') \to \text{maximal.}$$

Ist P_r eine → Wahrscheinlichkeitsverteilung (⇒ Wahrscheinlichkeit) (z.B. die → kanonische Verteilung), so gilt

$$S = -k \sum_r P_r \ln P_r.$$

Da dieser Ausdruck aus der → Informationstheorie als Shannon-Maß für die fehlende Information wohl bekannt ist, gelingt eine verallgemeinerte Entropiedefinition auch für Nichtgleichgewichtsverteilungen.

Gleichgewicht: Die Definition des Gleichgewichts für ein → makroskopisches System lautet: Ist der → Makrozustand eines Systems zeitlich unveränderlich, so heißt das System *im Gleichgewicht befindlich,* wenn nach seiner Isolierung dieser Makrozustand erhalten bleibt. Zur Beschreibung von Gleichgewichtssystemen eignen sich somit ⇒ Gleichgewichtsgesamtheiten, weil die ⇒ Ensemble-Mittelwerte für diese Gesamtheiten zeitunabhängig sind und makroskopische Zustandsvariable durch Ensemble-Mittelwerte dargestellt werden (→ Ergodentheorem).

Gleichgewichtsbedingung (thermische): Wird ein ⇒ abgeschlossenes System A^0 in zwei beliebige, miteinander thermisch wechselwirkende Teilsysteme A und A′ zerlegt, $A^0 = A \cup A'$, so läßt sich die Anzahl der Zustände Ω_0 des Gesamtsystems (⇒ Zustandsdichte) als Funktion der Energie E des Teilsystems A untersuchen. Es gilt

$$\Omega_0(E) = \Omega(E)\,\Omega'(E^0 - E),$$

wobei der Erhaltungssatz für die Energie von A^0 $E^0 = E + E'$ benutzt wurde. Für Vielteilchensysteme gilt (⇒ Zustandsdichte)

$$\Omega_0(E) \sim E^f (E^0 - E)^{f'}.$$

Weil die Anzahl der → Freiheitsgrade f sehr groß ist, besitzt $\Omega_0(E)$ für $E = \tilde{E}$ ein außerordentlich scharfes und großes Maximum, d.h. fast alle Zustände des Gesamtsystems A^0 sind so geartet, daß das Teilsystem A die Energie $\tilde{E}$ besitzt. Da gemäß dem ⇒ Grundpostulat der Statistischen Mechanik für ein abgeschlossenes System das ⇒ repräsentative Ensemble gleichmäßig über den dem System ⇒ zugänglichen Teil des Phasenraums verteilt ist, sind die Zustände mit $E \neq \tilde{E}$ im Gleichgewicht so selten, daß sie zu vernachlässigen sind. Daher erhält man als Gleichgewichtsbedingung

$$\Omega_0(E) \to \text{maximal oder}$$

$$\partial\Omega_0/\partial E = 0 \to E = \tilde{E}.$$

Gleichgewichtsgesamtheiten: ⇒ Stationäre Ensemble werden auch als Gleichgewichtsgesamtheiten bezeichnet. Je nach den vorliegenden → makroskopischen Nebenbedingungen gibt es verschiedene Gleichgewichtsgesamtheiten. Das stationäre Ensemble für ein ⇒ abgeschlossenes System ist das → mikrokanonische Ensemble, das unmittelbar mit dem ⇒ Grundpostulat der Statistischen Mechanik zusammenhängt. Ist ein System in Kontakt mit einem ⇒ Wärmereservoir, so ist die zugehörige Gleichgewichtsgesamtheit durch das → kanonische Ensemble gegeben. Besteht darüberhinaus noch Kontakt mit Stoffreservoiren, so ist die Gleichgewichtsgesamtheit das → großkanonische Ensemble.

Grundpostulat der Statistischen Mechanik: Das Grundpostulat setzt für ein bestimmtes ⇒ statistisches Ensemble eine ⇒ a-priori-Wahrscheinlichkeit. Es postuliert:

> Ein ⇒ abgeschlossenes System besitzt im Gleichgewicht ein ⇒ repräsentatives Ensemble, das im ⇒ zugänglichen Teil des Γ-Raums gleichverteilt ist,

oder

> Ein isoliertes System im Gleichgewicht ist gleichwahrscheinlich in jedem seiner zugänglichen Zustände.

Es gibt zahlreiche Versuche, dieses Grundpostulat zu beweisen oder durch andere Postulate zu ersetzen (→ Ergodenhypothese). Da es aber von den Bewegungsgleichungen der Mechanik (und der Quantenmechanik) unabhängig ist, ist es bisher nicht gelungen, die Statistische Mechanik ohne weitere Postulate zu begründen.

Hauptsatz, dritter: Für tiefe ⇒ Temperaturen nehmen quantenmechanische Systeme ihren Grundzustand der Energie E_0 an, der nur einen geringen Entartungsgrad oder keine Entartung zeigt. Demzufolge ist die Anzahl $\Omega(E_0)$ der dem System ⇒ zugänglichen Zustände klein und die zugehörige ⇒ Entropie ebenfalls. Da außerdem der Entartungsgrad des Grundzustandes (d.h. $\Omega(E_0)$) unabhängig von den Werten der → äußeren Parameter ist, nimmt die Entropie S einen Wert S_0 an, der ebenfalls unabhängig von den äußeren Parametern ist. Daher gilt:

> Die Entropie eines Gleichgewichtssystems hat die Grenzwerteigenschaft
>
> $T \to 0_+ . \qquad S \to S_0 .$
>
> Dabei ist S_0 eine von allen Parametern des betrachteten Systems unabhängige Konstante.

Mit Hilfe des dritten Hauptsatzes läßt sich die Entropie eines Systems vollständig ermitteln, weil durch ihn die Normierung der Entropie festliegt (Bestimmung der Entropiekonstanten).

Hauptsatz, erster: Energieänderungen (⇒ Energie) eines ⇒ thermodynamischen Systems beruhen auf der Wechselwirkung mit seiner Umgebung, d.h. die Energie ist in ⇒ abgeschlossenen Systemen eine Erhaltungsgröße. In → geschlossenen Systemen ändert sich die Energie definitionsgemäß durch thermische (⇒ Wärme) und mechanische (⇒ Arbeit) Wechselwirkung:

$$\overline{\Delta E} = Q + W.$$

In → offenen Systemen muß die Definition des ⇒ Wärmeübergangs, die auf der thermischen Wechselwirkung zwischen geschlossenen Systemen beruht, erweitert werden. Dazu muß in offenen Systemen der Wärmeübergang $\dot{Q}^*$ pro Zeiteinheit in zwei Anteile aufgespalten werden: einen, der mit dem Massenaustausch zusammenhängt und einen anderen, der auf rein thermischer Wechselwirkung, d.h. allein auf Temperaturdifferenzen beruht. Diese Aufspaltung ist willkürlich:

$$\dot{Q}^* = \dot{Q} + \sum_{j=1}^{N} h_j \dot{n}_j^e.$$

Dabei ist $\dot{n}_j^e$ die Molzahländerung der j-ten Komponente infolge externen Massenaustausches. In der Wahl der h_j steckt die Willkür. Werden sie so gewählt, daß h_j die partielle molare → Enthalpie der j-ten Komponente darstellt, so ist $\dot{Q}$ der Wärmeübergang der allein auf Temperaturdifferenzen beruht (s. etwa: R. Haase, Thermodynamik der irreversiblen Prozesse, Darmstadt 1963, § 1.7). Somit lautet der erste Hauptsatz für offene Systeme:

$$\dot{\overline{E}} = \dot{Q} + \dot{W} + \sum_{j=1}^{N} h_j \dot{n}_j^e$$

Hauptsatz, nullter: Sind zwei nur thermisch miteinander wechselwirkende Systeme untereinander im ⇒ Gleichgewicht ($\dot{Q} = 0$, ⇒ Wärme), so heißt dieses Gleichgewicht → *thermisch*. Nach der ⇒ Gleichgewichtsbedingung sind dann der → Temperaturparameter und somit auch die ⇒ Temperatur beider Systeme gleich. Sind drei Systeme untereinander im thermischen Gleichgewicht, so ist die Gleichheit der Temperaturen eine transitive Eigenschaft:

> Sind zwei Gleichgewichtssysteme im thermischen Gleichgewicht mit einem dritten Gleichgewichtssystem, so sind sie auch miteinander im thermischen Gleichgewicht.

Die Existenz des thermischen Gleichgewichts zeigt, daß der makroskopische ⇒ Systemzustand im Gleichgewicht neben den → äußeren Parametern noch mindestens eine weitere thermodynamische Zusatzvariable enthalten muß (z.B. die ⇒ Temperatur). Aus der Transitivität des thermischen Gleichgewichtes folgt, daß ein makroskopischer Gleichgewichtszustand neben den äußeren Parametern und den Teilchenzahlen *genau* eine weitere thermodynamische Zusatzvariable enthält (auch diese Aussage wird oftmals als nullter Hauptsatz bezeichnet).

Hauptsatz, zweiter: Jedem → Makrozustand eines Gleichgewichtssystems ist eine Größe S, die ⇒ Entropie, zugeordnet, die folgende Eigenschaften hat:

In jedem Prozeß, der in einem thermisch *isolierten* System (⇒ Wärme) abläuft und von einem makroskopischen Gleichgewichtszustand ausgehend in einem solchen endet, kann die Entropiedifferenz nicht negativ sein: $\Delta S \geqslant 0$ (⇒ Gleichgewichtsbedingung). Wenn das System nicht abgeschlossen ist und einen ⇒ quasistatischen infinitesimalen Prozeß durchläuft und dabei die Wärmemenge $đQ$ aufnimmt, so gilt $dS = đQ/T$. Dabei ist T die absolute ⇒ Temperatur.

Phasenraum: Werden die f generalisierten Ortskoordinaten q_k und die f generalisierten → Impulse p_k als kartesische Koordinaten eines (euklidischen) Raumes angesehen, so heißt dieser Raum der *(große) Phasenraum* oder → *Γ-Raum* (f = Anzahl der → Freiheitsgrade). Demgemäß wird jeder → Mikrozustand eines klassischen Systems durch einen Punkt im Γ-Raum repräsentiert. Mikrozustände quantenmechanischer Systeme werden durch → Wellenfunktionen und somit durch Hilbertraumvekotren dargestellt, die den Γ-Raumpunkten im klassischen Fall analog sind. Teile des Γ-Raums entsprechen daher Teilen des Hilbertraums. – Hat man es mit wechselwirkungsfreien Teilchen zu tun, so wird häufig der (kleine) Phasenraum für ein Teilchen benutzt, der auch *μ-Raum* genannt wird. Er wird durch die 3 Ortskoordinaten und die 3 Impulskoordinaten eines (einatomigen) Moleküls aufgespannt. In diesem 6-dimensionalen (euklidischen) Raum stellt also ein Punkt den Mikrozustand eines Moleküls dar.

Quasistatischer Prozeß: Ein Prozeß wird durch die Zeitabhängigkeit der → äußeren Variablen, und des ⇒ statistischen Ensembles beschrieben. Sind nun die zeitlichen Änderungen der äußeren Variablen gegen die des Ensembles zu vernachlässigen, so wird das Ensemble sehr schnell ⇒ stationär. In dieser Zeit haben sich die äußeren Variablen nur unwesentlich geändert. Ein solcher Prozeß läßt sich daher so beschreiben, als ob zu jeder Zeit eine ⇒ Gleichgewichtsgesamtheit vorläge, die mit den augenblicklichen Werten der äußeren Parameter verträglich ist. Sowohl die äußeren Parameter als auch die Gleichgewichtsgesamtheit sind Funktionen der Zeit, aber zu jeder Zeit liegt eine Gleichgewichtsgesamtheit vor, die mit derjenigen stationären identisch ist, die zu den gerade vorliegenden Werten der äußeren Parameter paßt. Ist ein Prozeß durch eine solche Familie von Gleichgewichtsgesamtheiten (Zeit als Scharparameter) beschreibbar, so heißt er *quasistatisch.* Oftmals wird ein solcher Prozeß *reversibel* genannt, während alle nicht reversiblen als *irreversibel* bezeichnet werden.

Repräsentatives Ensemble: Ein Synonym für ⇒ statistisches Ensemble ist *repräsentatives Ensemble.* Man benutzt diesen Ausdruck, wenn die → makroskopischen Nebenbedingungen zum statistischen Ensemble besonders betont werden sollen: Das Ensemble ist für die vorliegenden Nebenbedingungen repräsentativ. Oftmals soll durch den Gebrauch dieses Ausdrucks bekräftigt werden, daß eine hypothetische Dichtefunktion (⇒ a-priori-Wahrscheinlichkeit) tatsächlich „repräsentativ" für eine physikalische Situation ist.

Stationäres Ensemble: Ein ⇒ statistisches Ensemble heißt *stationär,* wenn seine zugehörige Dichtefunktion an allen Orten des → Γ-Raums zeitlich unveränderlich ist. Somit beschreibt ein stationäres Ensemble eine Gleichgewichtssituation (⇒ Gleichgewicht, ⇒ Gleichgewichtsgesamtheiten).

Statistisches Ensemble: Ein statistisches Ensemble besteht aus einer Menge von identischen Systemen, die den gleichen makroskopischen → Nebenbedingungen (Präparationsvorschrift) unterworfen sind und die sich daher gemäß ihrer Präparation im gleichen → Makrozustand befinden. Mit diesen Makrozustand sind viele → Mikrozustände verträglich, so daß sich in der Menge identischer Systeme mit gleichem Makrozustand die Systeme in verschiedenen Mikrozuständen befinden. Daher wird ein statistisches Ensemble durch eine Punktmenge im ⇒ Phasenraum dargestellt, die für eine hinreichend große Anzahl von Systemen durch eine Dichtefunktion auf den → Γ-Raum (Anzahl der Systempunkte pro Volumeneinheit) ersetzt werden kann. Diese Darstellung eines klassischen statistischen Ensembles muß für quantenmechanische Systeme abgeändert werden: Die Dichtefunktion auf dem Γ-Raum wird durch den Dichteoperator ersetzt (Weiteres geht über den Rahmen dieses Buches hinaus, siehe etwa: Fick, E.: Einführung in die Grundlagen der Quantentheorie, 3. Teil, Kap. 7, Akad. Verl. Ges., Frankfurt 1968).

System, abgeschlossenes (isoliertes): Ein ⇒ thermodynamisches System heißt abgeschlossen, wenn es nicht mit seiner Umgebung in Wechselwirkung steht. Nach dem ⇒ ersten Hauptsatz ist somit die Energie des Systems eine Erhaltungsgröße, weil seine → Arbeitsvariablen zeitunabhängig sind und ein Stoffaustausch mit der Umgebung nicht besteht. Die Molzahlen des Systems können sich allerdings durch chemische Reaktionen ändern. Ein abgeschlossenes System ist definitionsgemäß adiabatisch isoliert (kein Wärmeaustausch) und geschlossen (kein Stoffaustausch).

System, thermodynamisches: Ein → makroskopisches System heißt thermodynamisch, wenn die Wechselwirkung mit seiner Umgebung durch ⇒ Arbeits-, ⇒ Wärme- und ⇒ Stoffaustausch beschrieben werden kann (Schottky).

Systemzustand: Systeme lassen sich makroskopisch und mikroskopisch beschreiben. Die makroskopische Beschreibung geschieht durch die Angabe des → Makrozustandes des Systems. Dieser ist durch spezielle makroskopische Zustandsvariable gekennzeichnet, das sind im allgemeinen die → äußeren Parameter (→ Arbeitsvariable) und weitere makroskopische → Nebenbedingungen (z.B. stoffliche und/oder thermische Isolierung). Die mikroskopische Beschreibung wird durch die Angabe der → Wellenfunktion oder durch einen Satz von Quantenzahlen bestimmt. Zu einem Makrozustand eines Systems gehören im allgemeinen sehr viele Mikrozustände, nämlich alle jene, die die gleichen Werte der makroskopischen Variablen (Energie, äußere Parameter, . . .) besitzen. Werden somit Systeme in einen bestimmten Makrozustand gebracht (Präparation), so sind die Mikrozustände dieser Systeme, obwohl sie der gleichen makroskopischen Präparation unterlagen, im allgemeinen verschieden voneinander. Diese Systeme bilden ein ⇒ statistisches Ensemble im ⇒ Phasenraum.

Temperatur: Zwei Teilsysteme A und A′ mit den ⇒ Energien E und E′ stehen in → thermischer Wechselwirkung (⇒ Wärme) miteinander. Das Gesamtsystem A^0 aus A und A′, $A^0 = A \cup A'$, sei ein ⇒ abgeschlossenes System. Ist $\Omega(E)$ die Zahl der Systemzustände zwischen E . . . . E + δE (⇒ Zustandsdichte), so lautet die ⇒ Gleichgewichtsbedingung für A^0:

$$\partial \ln \Omega_0 (E)/\partial E = 0 = \partial \ln \Omega(E)/\partial E - \partial \ln \Omega'(E')/\partial E'.$$

Definiert man den → *Temperaturmeter* zu

$$\beta(E) \equiv \partial \ln \Omega(E)/\partial E = (1/k)\, \partial S(E)/\partial E,$$

wobei S die ⇒ Entropie des Systems und k die → Boltzmann-Konstante ist, so lautet die Gleichgewichtsbedingung

$$\beta(E) = \beta'(E'),$$

d.h. im ⇒ Gleichgewicht sind die Temperaturparameter von A und A′ gleich. Für Systeme, deren Energie nicht nach oben beschränkt ist, wächst $\Omega(E)$ stark mit E an (⇒ Zustandsdichte), so daß für diese Systeme $\beta > 0$ für alle E ist. Ist die Energie eines Systems nach oben beschränkt, so gibt es Energiebereiche, in denen $\beta < 0$ ist (→ negative Temperaturen, → Spinsystem). Als → *absolute Temperatur* wird definiert

$$T \equiv 1/k\beta,$$

und es gilt

$$1/T = \partial S/\partial E.$$

Theorem von Liouville: Es wird ein ⇒ statistisches Ensemble aus klassischen Systemen betrachtet, das durch eine Dichtefunktion im → Γ-Raum dargestellt wird. Da die → Mikrozustände der Systeme des Ensembles sich mit der Zeit verändern, ist auch die Dichtefunktion des Ensembles im allgemeinen zeitlich veränderlich. Wie ändert sich dabei das Volumen, das von einer Menge von beliebigen, fest gewählten Systempunkten eingenommen wird? Werden zu einer Anfangszeit alle Mikrozustände innerhalb eines Volumens im Γ-Raum als Anfangszustände von Systemen eines statistischen Ensembles gewählt und in ihrer natürlichen Bewegung im Γ-Raum verfolgt, so nehmen diese Systempunkte zu einer späteren Zeit ein Volumen ein, das im allgemeinen in einem anderen Teil des Γ-Raums liegt als das Ausgangsvolumen. Das Theorem von Liouville sagt nun aus, daß das Anfangsvolumen und das Volumen zur späteren Zeit die gleiche Größe im Γ-Raum besitzen. Da sich die Anzahl der betrachteten Systeme (und somit die Anzahl der Γ-Raumpunkte) nicht mit der Zeit verändert, verschwindet wegen der Invarianz des Volumeninhalts die → substantielle Ableitung der Dichtefunktion. Für quantenmechanische Systeme gilt für den Dichteoperator eine analoge Aussage (s. Literaturangabe ⇒ statistisches Ensemble).

Wärme (Wärmeübergang): Stehen zwei → geschlossene Systeme, deren → Arbeitsvariable zeitunabhängig sind, miteinander in Wechselwirkung, so daß die ⇒ Energien der beiden Systeme (⇒ Ensemble-Mittelwert) sich zeitlich verändern, so heißt diese → Wechselwirkung *thermisch.* Ist $\overline{\Delta E}$ die Änderung der mittleren ⇒ Energie eines der beiden Systeme, so heißt $Q \equiv \overline{\Delta E}$ die vom System aufgenommene Wärme. Die absorbierte Wärme $\dot{Q}$ pro Zeiteinheit wird Wärmeübergang genannt.

Wärmereservoir: Stehen zwei Systeme in thermischer Wechselwirkung miteinander und ist die ⇒ Temperaturänderung beim ⇒ Wärmeübergang in einem der beiden Systeme zu vernachlässigen, so heißt dieses Gleichgewichtssystem → *Wärmereservoir.* Dieser Begriff ist relativ: So hängt er sowohl vom Prozeß als auch vom Partner ab, mit dem der thermische Kontakt besteht.

Wahrscheinlichkeit: Eine sehr anschauliche, aber wenig präzise Definition der → Wahrscheinlichkeit ist die von v. Mises: Die Wahrscheinlichkeit ist der *Grenzwert der → relativen Häufigkeiten.* Zunächst ist nicht gesagt ob, unter welchen Bedingungen und in welchem Sinne ein solcher Grenzwert existiert. Eine präzise, axiomatische, und damit formale Definition, die aber für unsere Zwecke auch nicht sehr hilfreich ist, stammt von Kolmogoroff: Wahrscheinlichkeit ist eine *nichtnegative, volladditive Mengenfunktion auf einer Borelschen Mengenalgebra* (s. etwa: Rényi, A.: Wahrscheinlichkeitsrechnung, Dt. Verlag. Wiss., Berlin 1962, Kap. II, § 6). Für unsere Zwecke werden wir den Begriff der Wahrscheinlichkeit stets im folgenden Sinne benutzen: Systeme werden so präpariert, daß sie sich alle im gleichen → Makrozustand befinden. Diese Systeme bilden ein ⇒ statistisches Ensemble, das mit einer Dichtefunktion im ⇒ zugänglichen Teil des Phasenraums verteilt ist. Diese Dichtefunktion wird durch die Präparationsvorschrift bestimmt. Es sei nun vorausgesetzt, daß für eine bestimmte Präparationsvorschrift die Dichtefunktion $\rho(\mathfrak{R}, t_0)$ zur Zeit t_0 bekannt sei [$\mathfrak{R} = (p_1, p_2, \ldots, p_f, q_1, q_2, \ldots, q_f)$ ist ein Punkt im → Phasenraum]. $\Delta\Gamma$ sei ein Teil des zugänglichen Teils des Γ-Raums. Nun werde ein weiteres System der gleichen Präparationsvorschrift unterworfen. Sein → Mikrozustand nach der Präparation läßt sich nicht voraussagen. Man kann aber aufgrund der Kenntnis von ρ eine Einschätzung dafür angeben, mit welcher *Wahrscheinlichkeit* der Mikrozustand nach der Präparation in $\Delta\Gamma$ zu finden sein wird, indem man definiert

$$0 \leqslant P(\Delta\Gamma) = \frac{\int_{\Delta\Gamma} \rho(\mathfrak{R}, t_0)\, d\Omega}{\int_{\Gamma} \rho(\mathfrak{R}, t_0)\, d\Omega} \leqslant 1$$

(Γ zugänglicher Teil des Γ-Raums, $d\Omega$ Volumenelement im Γ-Raum). $P(\Delta\Gamma)$ erfüllt alle Axiome einer oben erwähnten Kolmogoroffschen Wahrscheinlichkeitsalgebra.

Zugänglicher Teil des Phasenraums: Alle → Mikrozustände, die mit vorgegebenen makroskopischen → Nebenbedingungen verträglich sind, bilden einen Teilraum des → Γ-Raums, der als *zugänglicher Teil des Γ-Raums* bezeichnet wird. Werden Systeme so präpariert, daß sie sich alle in dem → Makrozustand befinden, der den makroskopischen Nebenbedingungen entspricht, so nehmen die Systeme Mikrozustände an, die im zugänglichen Teil des Γ-Raums liegen. Die so präparierten Systeme bilden ein ⇒ statistisches Ensemble. Problem: Wie sieht die Dichtefunktion eines solchen Ensembles im Γ-Raum aus? (⇒ Grundpostulat der Statistischen Mechanik).

Zustandsdichte: Die als diskret vorausgesetzten Energieeigenwerte eines Vielteilchensystems werden auf einer Energieskala E der Größe nach angeordnet. Die Energieskala werde in gleichgroße Intervalle der Größe δE eingeteilt. Die Größe von δE sei so gewählt, daß δE makroskopisch klein ist, jedoch sehr viele Energieeigenwerte des Vielteilchensystems enthält (Diese liegen sehr dicht). Als *Zustandsdichte* $\omega(E)$ wird die Anzahl $\Omega(E)$ der Energieeigenwerte zwischen E und $E + \delta E$ bezogen auf δE definiert

$$\Omega(E) = \omega(E)\,\delta E.$$

$\omega(E)$ – und damit auch $\Omega(E)$ – ist für Vielteilchensysteme eine außerordentlich schnell wachsende Funktion von E

$$\Omega(E) \sim E^f$$

(f = Anzahl der → Freiheitsgrade).

Zustandssumme: Die Normierungskonstante der → kanonischen Verteilung ist eine Summe von → Boltzmann-Faktoren über den ⇒ zugänglichen Teil des Γ-Raums, also über → Mikrozustände des Systems. Diese Summe heißt *Zustandssumme* (partition function). Aus ihr lassen sich alle makroskopischen Größen des betrachteten Systems durch Differentiation erhalten. Daher ist die Kenntnis der Zustandssumme so wichtig. Im allgemeinen ist man auf ihre näherungsweise Berechnung angewiesen. Für wechselwirkungsfreie Teilchen gelingt unter Berücksichtigung verschiedenartiger ⇒ Abzählmethoden eine exakte Berechnung der Zustandssumme. – Die Normierungskonstante der → großkanonischen Verteilung wird analog als → *große Zustandssumme* bezeichnet. Für sie gilt Entsprechendes wie für die Zustandssumme der kanonischen Verteilung. – Für die mikrokanonische Verteilung ist $\Omega(E)$ die Normierungskonstante.

Internationales Einheitensystem (SI)

1. Basisgrößen, Basiseinheiten

Basisgröße	Basiseinheit	Einheitenzeichen
Länge	Meter	m
Masse	Kilogramm	kg
Zeit	Sekunde	s
Elektrische Stromstärke	Ampere	A
Thermodynamische Temperatur	Kelvin	K

2. Atomphysikalische Einheiten

Größe	Einheit	Einheitenzeichen
Stoffmenge	Mol	mol
Teilchenmasse	atomare Masseneinheit	u
Energie	Elektronvolt	eV

3. Abgeleitete mechanische Einheiten

Größe	Einheit	Einheitenzeichen
Arbeit	Joule	J
Beschleunigung	Meter durch Sekundenquadrat	m/s^2
Dichte	Kilogramm durch Kubikmeter	kg/m^3
Druck	Pascal	Pa
Energie	Joule	J
Energiestrom	Watt	W
Fläche	Quadratmeter	m^2
Frequenz	Hertz	Hz
Geschwindigkeit	Meter durch Sekunde	m/s
Kraft	Newton	N
Leistung	Watt	W
Massenstrom, Massendurchfluß	Kilogramm durch Sekunde	kg/s
Spannung, mechan.	Pascal	Pa
Viskosität, dynam.	Pascalsekunde	$Pa \cdot s$
Viskosität, kinemat.	Quadratmeter durch Sekunde	m^2/s
Volumen	Kubikmeter	m^3
Volumenstrom, Volumendurchfluß	Kubikmeter durch Sekunde	m^3/s
Wärmemenge	Joule	J
Wärmestrom	Watt	W
Winkel, ebener	Radiant	rad
Winkel, räumlicher	Steradiant	st
Winkelgeschwindigkeit	Radiant durch Sekunde	rad/s
Winkelbeschleunigung	Radiant durch Sekundenquadrat	rad/s^2
Druck	Bar	bar
Kreisfrequenz	1 durch Sekunde	s^{-1}
Masse	Gramm	g
Masse	Tonne	t
Spannung, mechan.	Bar	bar
Volumen	Liter	l

Größe	Einheit	Einheitenzeichen
Winkel, ebener	Vollwinkel	
Winkel, ebener	rechter Winkel	∟
Winkel, ebener	Grad	°
Winkel, ebener	Minute	′
Winkel, ebener	Sekunde	″
Winkel, ebener	Gon	gon
Zeit	Minute	min
Zeit	Stunde	h
Zeit	Tag	d

3.1 Weitere gesetzliche, abgeleitete Einheiten der Mechanik

Größe	Einheit	Ebenfalls gebräuchliche, gesetzliche Einheiten
Drehimpuls, Drall	$N \cdot m \cdot s \cdot rad$	
Drehmoment	J/rad	
Drehzahl	$2 \cdot \pi \cdot rad/s$	s^{-1}
Elastizitätsmodul	Pa	N/mm^2, bar
Enthalpie	J	kJ
Enthalpie, spezifische	J/kg	kJ/kg
Entropie	J/K	kJ/K
Entropie, spezifische	$J/kg \cdot K$	$kJ/kg \cdot K$
Flächenträgheitsmoment	m^4	cm^4
Gewichtskraft	N	kN, MN
Gaskonstante	$J/kg \cdot K$	$kJ/kg \cdot K$
Heizwert	J/kg, J/m^3	kJ/kg, kJ/m^3
Impuls	$N \cdot s$	
Massenträgheitsmoment	$kg \cdot m^2$	$g \cdot m^2$, $t \cdot m^2$
Moment	$N \cdot m$	
Strahlzahl	$W/m^2 \cdot K^4$	
Volumen, spezifisches	m^3/kg	
Wärmedurchgangskoeffizient	$W/m^2 \cdot K$	
Wärmekapazität	J/K	kJ/K
Wärmekapazität, spezifische	$J/kg \cdot K$	$kJ/kg \cdot K$
Wärmeleitfähigkeit	$W/m \cdot K$	
Widerstandsmoment	m^3	cm^3

3.2 Definitionen und Umrechnungen

$$N = \frac{kg \cdot m}{s^2} \qquad J = N \cdot m = \frac{kg \cdot m^2}{s^2}$$

$$Pa = \frac{N}{m^2} = \frac{kg}{s^2 \cdot m} \qquad \frac{J}{m} = N$$

$$Pa \cdot s = \frac{N \cdot s}{m^2} = \frac{kg}{s \cdot m} \qquad W = \frac{J}{s} = \frac{N \cdot m}{s} = \frac{kg \cdot m^2}{s^2}$$

$$Ws = J$$

$$N \cdot s = \frac{kg \cdot m}{s} \qquad Hz = s^{-1}$$

$N \cdot m \cdot s = J \cdot s = \frac{kg \cdot m^2}{s}$

$\frac{J}{kg} = \frac{m^2}{s^2}$

1 W = 3,6 kJ/h

1 kJ/h = 0,27778 W

$1\ N/mm^2 = 10\ bar$

$1\ bar = 100000\ Pa = 10^5\ \frac{N}{m^2}$

$1\ g = \frac{1}{1000}\ kg$

1 t = 1000 kg = 1 Mg

$1\ l = 1\ dm^3 = \frac{1}{1000}\ m^3$

1 rad = 57,296° = 57° 17′ 45″

$1\ \text{Vollwinkel} = 2 \cdot \pi \cdot rad = 360°$

$1 ∟ = \frac{\pi}{2}\ rad = 90°$

$1° = \frac{\pi}{180}\ rad = \frac{1∟}{90}$

$1' = \frac{\pi}{10800}\ rad = \frac{1°}{60}$

$1'' = \frac{\pi}{648000}\ rad = \frac{1'}{60}$

$1\ gon = \frac{\pi}{200}\ rad = \frac{1∟}{100}$

1 min = 60 s

1 h = 3600 s = 60 min

1 d = 86400 s = 24 h

3.3 Nicht mehr benutzt werden dürfen

Größe	Einheit	Einheitenzeichen
Länge	Fermi	
Länge	Fuß	′
Länge	Meile	
Länge	Mikron	μ
Länge	Zoll	″
Länge	Ångström	Å
Länge	typographischer Punkt	p
Fläche	Quadratmeter	qm
Fläche	Quadratkilometer	qkm
Fläche	Quadratdezimeter	qdm
Fläche	Quadratzentimeter	qcm
Fläche	Quadratmillimeter	qmm

Größe	Einheit	Einheitenzeichen
Fläche	Morgen	
Volumen	Kubikmeter	cbm
Volumen	Kubikzentimeter	ccm
Volumen	Kubikmillimeter	cmm
Volumen	Kubikdezimeter	cdm
Winkel	Neugrad	^{g} (hochgesetzt)
Winkel, ebener	Neuminute	^{c} (hochgestellt)
Winkel, ebener	Neusekunde	^{cc} (hochgestellt)
Masse	Doppelzentner	
Masse	Pfund	℔
Masse	Zentner	
Temperatur	Grad Fahrenheit	°F
Temperatur	Grad Rankine	°R
Temperatur	Grad Réaumur	°R
Temperatur	Grad Kelvin	°K
Temperaturdifferenz	Grad	grd
Fallbeschleunigung	Gal	Gal
Kraft	Dyn	dyn
Kraft	Pond, Kilopond	p, kp
Kraft	Kraftkilogramm	kg_p, kg_f
Arbeit, Energie	Erg	erg
Arbeit, Energie, Wärmemenge	Kalorie	cal
Druck	Atmosphäre, technisch	at
Druck	Atmosphäre, physikal.	atm
Druck	Meter Wassersäule	m WS
Druck	Millimeter Wassersäule	mm WS
Druck	Millimeter Quecksilbersäule	mm Hg
Druck	Torr	Torr
Druck, absolut	Atmosphäre	ata
Überdruck	Atmosphäre	atü
Viskosität	Grad Engler	°E
Viskosität, dyn.	Poise	P
Viskosität, kin.	Stokes	St
Leistung	internationales Watt	W_{int} (int. W)
Leistung	Pferdestärke	PS

3.4 Umrechnungen

Technische Einheiten in SI-Einheiten

1 Fermi = 10^{-15} m
1 Fuß = 12 Zoll (1′ = 12″) = 30,48 cm
1 Meile = 7500 m
1 μ = 0,001 mm = 10^{-6} m
1 Zoll = 25,4 mm
1^{g} = 1 gon
1 °K = 1 K
1 erg = $10^{-7} \frac{kg\,m^2}{s^2}$
1 at = 98066,5 Pa
1 atm = 101325 Pa
1 m WS = 0,1 at = 9806,65 Pa
1 mm WS = 1 kp/m² = 9,80665 Pa
1 mm Hg = 13,5951 kp/m² = 133,3224 Pa
1 Torr = 1 mm Hg = 133,3224 Pa

1 Gal = 0,01 m/s^2
1 Å = $(1 \pm 5 \cdot 10^{-7}) \cdot 10^{-10}$ m
1 PS = 735,49875 W
1 dyn = 10^{-5} N
1 kp = 9,80665 N

$$1\ \mathrm{P} = 1\,\frac{\mathrm{dyn} \cdot \mathrm{s}}{\mathrm{cm}^2} = \frac{1}{98{,}0665}\,\frac{\mathrm{kp} \cdot \mathrm{s}}{\mathrm{m}^2} = 0{,}1\ \mathrm{Pa} \cdot \mathrm{s}$$

$$1\,\frac{\mathrm{kp} \cdot \mathrm{s}}{\mathrm{m}^2} = 9{,}80665\ \mathrm{Pa} \cdot \mathrm{s}$$

$$1\ \mathrm{St} = 1\,\frac{\mathrm{cm}^2}{\mathrm{s}} = 10^{-4}\ \mathrm{m}^2/\mathrm{s}$$

$$1^{\mathrm{c}} = \frac{\pi}{20000}\ \mathrm{rad}$$

$$1^{\mathrm{cc}} = \frac{\pi}{2000000}\ \mathrm{rad}$$

1 kcal = 4,1868 kJ
1 kcal/h = 1,163 W
1 kp/mm^2 = 98,0665 bar

SI-Einheiten in Technische Einheiten

1 Nm = 10^7 erg
1 bar = 1,019716 at = 0,986923 atm
1 Pa = 0,1019716 mm WS
1 bar = 10,19716 m WS
1 Pa = 0,0075006 mm Hg
1 kW = 1,35962 PS
1 N = 10^5 dyn
1 N = 0,1019716 kp

$$1\ \mathrm{Pa} \cdot \mathrm{s} = 10\ \mathrm{P} = 0{,}1019716\,\frac{\mathrm{kp} \cdot \mathrm{s}}{\mathrm{m}^2}$$

1 m^2/s = 10^4 St = 10^6 cSt
1 kJ = 0,238845 kcal
1 W = 0,8598 kcal/h
1 bar = 0,01019716 kp/mm^2

4. Abgeleitete, elektrische und magnetische Einheiten

Größe	Einheit	Einheitenzeichen
Spannung, el. Potentialdifferenz	Volt	V
Widerstand	Ohm	Ω
Leitwert	Siemens	S
Elektrizitätsmenge, Ladung	Coulomb	C
Kapazität	Farad	F
Flußdichte, Verschiebung	Coulomb durch Quadratmeter	C/m^2
Feldstärke	Volt durch Meter	V/m
Magnet. Feldstärke	Ampere durch Meter	A/m
Magnet. Fluß	Weber	Wb *
Magnet. Flußdichte, Induktion	Tesla	T
Induktivität	Henry	H

* Das Weber (Wb) darf auch als Voltsekunde (Vs) bezeichnet werden.

4.1 Definitionen

$$V = \frac{W}{A} = \frac{kg \cdot m^3}{s^3 \cdot A}$$

$$\Omega = \frac{V}{A} = \frac{W}{A^2} = \frac{kg \cdot m^2}{s^3 \cdot A^2}$$

$$S = \frac{A}{V} = \frac{A^2}{W} = \frac{s^3 \cdot A^2}{kg \cdot m^2}$$

$$C = As$$

$$F = \frac{C}{V} = \frac{s \cdot A^2}{W} = \frac{s^4 \cdot A^2}{kg \cdot m^2}$$

$$\frac{C}{m^2} = \frac{A \cdot s}{m^2}$$

$$\frac{V}{m} = \frac{W}{A \cdot m} = \frac{kg \cdot m}{s^3 \cdot A}$$

$$Wb = V \cdot s = \frac{W \cdot s}{A} = \frac{kg \cdot m^2}{s^2 \cdot A}$$

$$T = \frac{Wb}{m^2} = \frac{V \cdot s}{m^2} = \frac{W \cdot s}{m^2 \cdot A} = \frac{kg}{s^2 \cdot A}$$

$$H = \frac{Wb}{A} = \frac{V \cdot s}{A} = \frac{W \cdot s}{A^2} = \frac{kg \cdot m^2}{s^2 \cdot A^2}$$

4.2 Nicht mehr benutzt werden dürfen

Größe	Einheit	Einheitenzeichen
Stromstärke	Biot	Bi
Blindleistung	Blindwatt	bW
Elektrizitätsmenge	Franklin	Fr
El. Kapazität	internat. Farad	F_{int} (int. F)
El. Spannung	internat. Volt	V_{int} (int. V)
El. Stromstärke	internat. Ampere	A_{int} (int. A)
El. Widerstand	internat. Ohm	Ω_{int} (int. Ω)
Magnet. Feldstärke	Oersted	Oe
Magnet. Fluß	Maxwell	M (Mx)
Magnet. Flußdichte	Gamma	γ
Magnet. Flußdichte	Gauß	G (Gs)
Magnet. Spannung	Gilbert	Gb
Induktivität	internat. Henry	H_{int} (int. H)

4.3 Umrechnungen

$1\ \mathrm{Fr} = \frac{1}{3 \cdot 10^9}\ \mathrm{C}$

$1\ \mathrm{Bi} = 10\ \mathrm{A}$

$1\ \mathrm{F_{int}} = \frac{1}{1{,}00049}\ \mathrm{F}$

$1\ \mathrm{V_{int}} = 1{,}00034\ \mathrm{V}$

$1\ \mathrm{A_{int}} = \frac{1{,}00034}{1{,}00049}\ \mathrm{A}$

$1\ \Omega_{\mathrm{int}} = 1{,}00049\ \Omega$

$1\ \mathrm{Oe} = \frac{10^3}{4 \cdot \pi}\ \frac{\mathrm{A}}{\mathrm{m}}$

$1\ \mathrm{M} = 10^{-8}\ \mathrm{Wb}$

$1\ \gamma = 10^{-9}\ \mathrm{T}$

$1\ \mathrm{G} = 10^{-4}\ \mathrm{T}$

$1\ \mathrm{Gb} = 1\ \mathrm{Oe} \cdot \mathrm{cm} = \frac{10}{4 \cdot \pi}\ \mathrm{A}$

$1\ \mathrm{H_{int}} = 1{,}00049\ \mathrm{H}$

Sachregister

Durch • gekennzeichnete Schlagworte finden sich im Glossar.